青岛市地下综合管廊技术与管理研究

青岛市住房和城乡建设局　组织编写
陈　勇　钟　晖　　主　编

中国建材工业出版社

图书在版编目（CIP）数据

青岛市地下综合管廊技术与管理研究 / 青岛市住房和城乡建设局组织编写；陈勇，钟晖主编 . —北京：中国建材工业出版社，2020.8

ISBN 978-7-5160-2869-8

Ⅰ. ①青… Ⅱ. ①青… ②陈… ③钟… Ⅲ. ①市政工程—地下管道—运营管理—研究—青岛 Ⅳ. ① TU990.3

中国版本图书馆 CIP 数据核字（2020）第 054261 号

青岛市地下综合管廊技术与管理研究

Qingdaoshi Dixia Zonghe Guanlang Jishu yu Guanli Yanjiu

青岛市住房和城乡建设局 组织编写

陈 勇 钟 晖 主 编

出版发行：中国建材工业出版社

地 址：北京市海淀区三里河路 1 号

邮 编：100044

经 销：全国各地新华书店

印 刷：北京鑫正大印刷有限公司

开 本：787mm × 1092mm 1/16

印 张：40

字 数：960 千字

版 次：2020 年 8 月第 1 版

印 次：2020 年 8 月第 1 次

定 价：380.00 元

本社网址：**www.jccbs.com**，微信公众号：**zgjcgycbs**

《青岛市地下综合管廊技术与管理研究》编委会

《青岛市地下综合管廊技术与管理研究》编写组

顾　问： 王恒栋　李跃飞

主　编： 陈　勇　钟　晖

成　员： 王彦亭　刘景伟　王艳美　颜　锋　张星一　黄　涛　吴景福
刘　静　田继强　崔　琪　于　波　李西亮　赵丞丞　胡安庆
付　健　鹿　琳　王　鹏　郑　慧　刘凤波　刘红军　张　鹏
杨　雪　张季宝　孟　涛　颜　磊　刘　振　王　洋　潘盛龙
张伟钢　石淑倩　马　帅　修运刚　高世荣　赵　锋　王亚男
张元帅　刘晓昌　曹翔皓　邢　雷　王圣凯　张在溪　徐海博
黄仁杰

前　言

城市地下综合管廊又称综合管沟、共同沟，即在城市地下建造一个市政共用隧道，可容纳电力、通信、热力 、给水、排水、燃气等两类及以上工程管线，设有专门的检修口、吊装口和监测系统，实施统一规划、统一建设和统一管理的市政公用设施，以达到地下空间的综合利用和资源的共享。

随着城市快速发展，对地下管线建设规模和运行管理要求越来越高。因地下管线建设、运行导致的道路重复开挖、管线泄漏爆炸、路面塌陷等问题严重影响了城市运行秩序和人民群众生命财产安全。推进综合管廊建设是保障地下管线安全运行，提高城市综合承载能力和城镇化发展质量的重要举措。2014 年以来，国务院办公厅先后印发《关于加强城市地下管线建设管理的指导意见》和《关于推进城市地下综合管廊建设的指导意见》等文件，统筹推进城市综合管廊的建设，并在全国 36 个大中城市开展综合管廊建设试点，探索投融资、建设维护、定价收费、运营管理等模式，提高综合管廊建设管理水平。

2008 年，青岛市在国内率先成网成片规划建设综合管廊。2016 年，财政部、住房城乡建设部启动第二批中央财政支持综合管廊试点工作，青岛入选试点城市。青岛市结合新区开发、重大基础设施和城市道路建设，在李沧区、西海岸新区、高新区、蓝色硅谷核心区、胶东国际机场五个区域开展试点，建设综合管廊 49km。在财政部、住房城乡建设部和省相关部门的指导帮助下，青岛市圆满完成了试点任务。截至 2019 年底，青岛市累计建成运营综合管廊已达 110km，入廊管线涵盖给水、再生水、雨水、污水、热力、燃气、电力和通信等，总长度近 1000km，规模总量全国居首。同时，青岛市构建起全市统一的综合管廊规划体系，制定统一的配套政策制度，编制了一系列规范标准，突出协同发展，强化技术科研创新，打造专业运维队伍，形成了具有青岛特色的“多维化协调、全域化规划、综合化保障、多元化建设、专业化运营、市场化收费、统一化监管”的经验。

青岛市立足长远发展和实际需求，坚持高起点规划、高标准建设、高水平管理，组织国内知名专家学者、参建单位、第三方专业咨询研究机构，开展综合管廊投资、建设、运维等 11 项课题研究，重点在综合管廊有偿使用收费、竣工验收、运行管理、投融资模式等方面寻求突破，形成“四三二多”理论成果，即：建设监管控制、运行维护安全管理、智慧运营管理、建设期成本控制“四个体系”；竣工验收、运营维护、有偿使用收费“三项标准”；重力流（污水）入廊、防水防腐“两种典型设计技术工艺”；政府投资、PPP、企业自筹 + 财政补贴等“多渠道”综合管廊投融资模式。相关研究成果在《建筑经济》《工程经济》《中国工程咨询》等核心期刊上发表，转化为政策文件、规范标准等，为规范综合管廊规划建设管理工作发挥了重要指导作用。

青岛市将继续深入贯彻习近平总书记视察山东、视察青岛提出的“办好一次会，搞活一座城”的指示要求，将综合管廊建设作为践行“五大发展”理念，推进城市发展转型，优化城市空间布局，提升城市品质和综合承载能力，保护和改善城市生态环境的重要举措，全面推广、复制试点经验，秉持“一张蓝图干到底、一年接着一年干”的决心，持续有序推进综合管廊建设。

秉承“为国内同类城市提供可复制的综合管廊规划、建设、管理、运营经验，发挥引领示范作用”的初心，将青岛市试点过程中的部分研究成果和经验做法结集出版，抛砖引玉，不当及错误之处，敬请批评指正。

主编

2020 年 5 月

目 录

第一篇
青岛市地下综合管廊
建设现状研究

PART 1

第1章 绪　　论

1.1 研究背景

1.1.1 城市概况

1.1.1.1 区位分析

青岛市地处山东半岛南部，位于东经119° 30′ ～121° 00′、北纬35° 35′ ～37° 09′，东南濒临黄海，环抱胶州湾，与朝鲜半岛、日本列岛隔海相望，东北与烟台市相邻，西与潍坊市毗连，南与日照市接壤，是我国著名的以港口贸易、轻化工业、金融服务、旅游度假、海洋科研为主要特色的沿海开放城市，全国五大外贸港口之一，国家历史文化名城和旅游胜地。

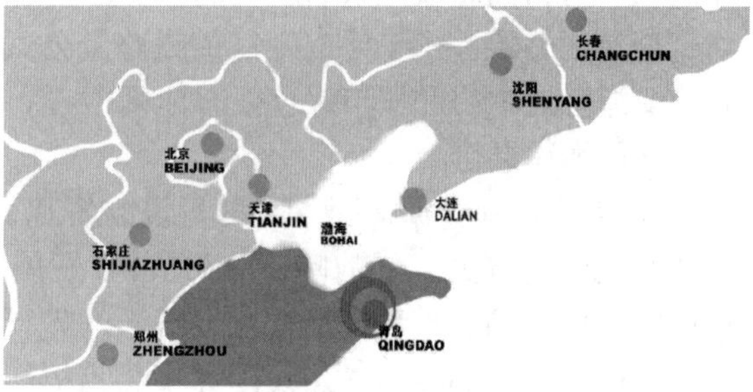

图 1-1 青岛市区位图

1.1.1.2 行政区划及城市空间结构

（1）行政区划

2012年11月，国务院做出《关于同意山东省调整青岛市部分行政区划的批复》，山东省政府发出《关于调整青岛市部分行政区划的通知》，决定对青岛部分行政区划实施调整：撤销青岛市市北区、四方区，设立新的青岛市市北区，以原市北区、四方区的行政区域为新的市北区的行政区域；撤销青岛市黄岛区、县级胶南市，设立新的青岛市黄岛区，以原青岛市黄岛区、县级胶南市的行政区域为新的黄岛区的行政区域。调整后，青岛市辖6个市辖区（市南、市北、李沧、崂山、黄岛、城阳），代管4个县级市（即墨、胶州、平度、莱西）。

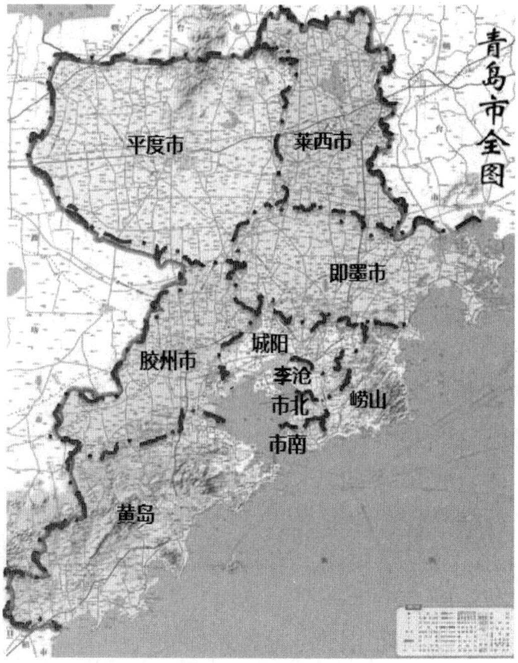

图 1-2 青岛市行政区划图

（2）城市空间结构（图1-3）

随着逐步落实国家蓝色经济区战略，青

岛应进一步抓住机遇实施三城联动，以胶州湾为核心，建设功能互补、相互依托、各具特色的东岸、西岸、北岸三大城区，形成大青岛的核心区域。以中心城区为主体，外围组团为依托，交通走廊为纽带，推进市域城乡公平、高效、和谐的统筹发展，形成网络化、扁平化、富有持续竞争力的市域城乡一体化格局。

1）青岛中心城区包括东岸城区、西海岸新区和北岸城区。

①东岸城区

东岸城区包括市南区、市北区、崂山区、李沧区。东岸城区是以行政、文化、金融、商贸、商务、旅游度假为主体功能的综合服务中心。

市南区是青岛的行政文化、金融商务、滨海旅游中心，城市历史文化和滨海特色风貌的重要体现区。

市北区是青岛重要的商贸商务、科教研发、文化创意、特色旅游中心，邮轮母港城，城市历史文化传统街区的重要体现区。

崂山区是青岛的金融商务、文化会展、科技研发、旅游度假中心，国家级高新技术产业开发区、崂山国家级风景名胜区的核心区。

李沧区是服务山东半岛地区的铁路及公共交通枢纽、交通商务中心，青岛重要的商贸流通、滨海宜居中心和城市绿色生态休闲中心。

②西海岸新区

2014年6月9日，国务院批复设立青岛西海岸新区（属于第9个国家级新区），是青岛实施蓝色经济国家发展战略、“率先科学发展、实现蓝色跨越”的战略高地，是青岛参与国际竞争合作、辐射带动半岛蓝色经济区的先行先试示范区，按照海陆统筹、创新引领、集约紧凑、提升品质的要求，建设国际集装箱枢纽港、临港产业配套和先进制造业基地，西海岸地区的港航商务中心，新区金融商务中心，自由贸易港区，跨国经济合作先行先试区，影视文化产业基地，滨海旅游度假区。

③北岸城区

北岸城区包括城阳区及红岛经济区，规划建设为科技型、生态型、人文型新城区。

城阳区定位为青岛北部综合服务中心、新兴产业和先进制造业聚集区、胶州湾北部综合交通枢纽和物流中心。红岛经济区定位为青岛市的公共服务与公共管理中心、科技创新与研发孵化中心、文化创意中心、蓝色硅谷战略新兴产业发展园区，生态宜居示范区。

2）外围组团

①即墨组团，紧邻中心城区的北岸城区，青岛重要的次中心城市之一，构建大青岛都市区的重要功能组团，青烟威综合发展带的重要节点，发展成为山东半岛的商贸中心和先进制造业基地。

②胶州组团，紧邻中心城区的北岸城区，青岛重要的次中心城市之一，构建大青岛都市区的重要功能组团，济潍青综合发展带的重要节点，发展成为山东半岛的物流枢纽、空港及航空产业综合配套区、先进制造业基地。胶州滨海区域是胶州湾大沽河、洋河河口湿地保护区，胶州湾湾底水动力循环最弱的地区，原则上不布局工业制造项目；双积路以西建设成为高端科技产业聚集区，双积路以东加强河口湿地保护，建设成为胶州湾生态宜居示范区。

③平度组团，青岛北部的次中心城市之一，济潍青综合发展带的重要节点，发展成为国家农副产品生产加工基地、先进制造业基地。

④莱西组团，青岛北部的次中心城市之一，青烟威综合发展带的重要节点，青岛水源保护地，发展成为现代农业产业化基地、先进制造业基地。

⑤鳌山湾组团，指蓝色硅谷核心区，是滨海综合发展带鳌山湾群的重要节点，国际海洋科研中心和自主创新示范区、海洋科技生态新城和滨海旅游度假目的地；除农村新型社区以及支撑全域的交通、绿化、市政工程以外，严格控制鳌山湾北部的田横地区（田横、金口镇）的开发建设，给未来发展预留空间。

⑥董家口港城组团，是国际枢纽港青岛港群的重要组成部分，第四代国际物流贸易港；国家大宗散货集散和能源储运中心；临港高端制造业集聚区，港城融合发展的示范区。

⑦空港组团，区域性国际枢纽机场，航空产业、临空经济聚集区，重点发展航空物流、航空制造业和空港商务。

⑧王台组团，国际合作与交流先行示范区，积极对接中德生态园，融入西岸城区，共同打造成为国家级西海岸新区的核心区。

⑨姜山组团，以轻工业、循环经济产业为主导的先进制造业基地。重点发展航空制造业和循环经济产业。

⑩ 新河组团，以化工产业为主导的先进制造业基地；重点发展精细化工、现代物流等产业。

⑪ 海洋高新区，是西海岸新区的重要组成部分，青岛重要的次中心城市之一，构建未来大青岛都市区的重要功能组团，滨海综合发展带的重要节点。

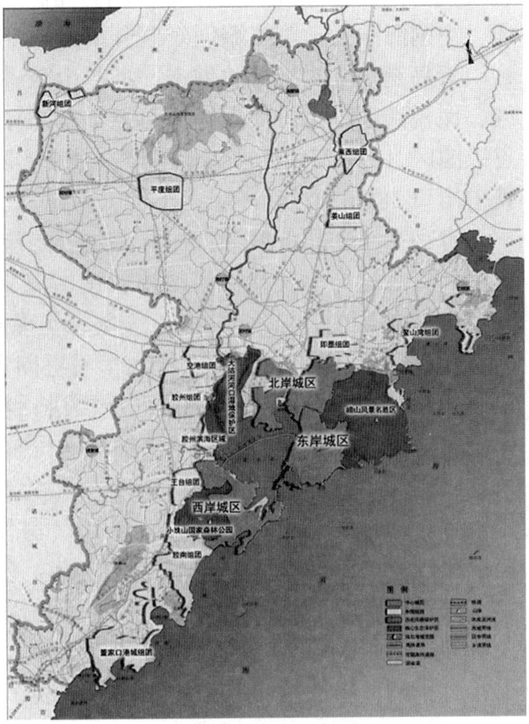

图 1-3　青岛市空间布局图

1.1.1.3　人口规模

青岛市总面积为 11282km^2，户籍人口 792.9 万人，常住人口 929.05 万人（2017 数据）。其中，六区（市南、市北、李沧、崂山、黄岛、城阳）为 3293km^2，户籍人口 387.3 万人，常住人口 502.8 万人。即墨、胶州、平度、莱西等四市为 7989km^2，户籍人口 405.6 万人，常住人口 426.25 万人。

到 2020 年，规划市域总人口规模控制在 1200 万人左右。中心城区城市人口规模约 610 万人。

1.1.1.4　社会经济发展概况

青岛是以胶州湾和黄海为依托逐步发展起来的海滨城市，地处亚欧大陆和太平洋的海陆交汇地带，又是中国东部沿海南北交通的中间地带，处于大交通格局的“十字”枢纽，海陆空立体交通，非常发达。青岛港是著名的天然良港，与 130 多个国家和地区的 450 多个港口有贸易往来，是我国沿黄流域和环太平洋西岸重要的国际贸易口岸和海上运输枢纽。

青岛是东北亚国际航运物流中心、海洋经济国际合作先导区、滨海度假旅游目的地，是国家蓝色经济示范区（海洋科技自主创新领航区、军民融合创新示范区、深远海开发战略保障基地、陆海统筹发展试验区）、国家海洋科技城、综合交通枢纽，也是计划单列市、“一带一路”节点和支点城市，经过多年建设和发展，形成了鲜明的城市优势和特色。

青岛是一个港口城市，拥有前湾港、董家口港两大亿吨海港，也是华东地区重要的航空枢纽。2015 年，青岛港货物吞吐量 4.85 亿吨、集装箱吞吐量 1743.5 万标箱，分别增长 3.5% 和 5.1%，列世界第 7 大港口。青岛是一个海洋科研城市，聚集了全国 30% 的海洋科研机构、40% 以上的涉海两院院士、50% 的海洋高层次科研人才，拥有国家海洋实验室、国家深海基地、中国海洋大学等高端创新平台。

青岛是一个对外开放城市，拥有山东省唯一一个国家级新区——青岛西海岸新区、高新区、保税港区、出口加工区、中德生态园和胶州经济技术开发区 5 个国家级园区，以及 4 个省级园区、16 个市级园区。2015 年，全市实际利用外资 66.9 亿美元；进出口总额 4359.8 亿元，其中出口 2816.7 亿元。

青岛是一个品牌城市，拥有海尔、海信、青啤、中车四方等品牌企业，被誉为中国品牌之都。青岛是一个文化旅游城市，山、海、城浑然一体，是国内外知名滨海旅游度假城市，2015 年接待国内外游客 7200 万人次，实现旅游总收入 1200 亿元。

“十二五”以来，青岛市深入学习贯彻党的十八大和十八届三中、四中、五中全会精神，全面贯彻落实习近平总书记系列重要讲话精神，按照省委、省政府的部署要求，紧紧围绕率先科学发展、实现蓝色跨越、加快建设宜居幸福的现代化国际城市的目标，牢固树立“五大发展理念”，协调推进“四个全面”战略布局，坚持世界眼光、国际标准，发挥本土优势，积极寻标对标达标夺标创标，尚实干、勇作为、敢担当，各项工作取得了新成绩。2017 年是全市上下凝心聚力、拼搏奋进的一年。坚持以习近平新时代中国特色社会主义思想为指导，在省委省政府和市委的坚强领导下，深入学习贯彻党的十八大、十八届历次全会和十九大精神，按照市第十二次党代会和市第十六届人大一次会议确定的目标任务，坚持稳中求进工作总基调，以供给侧结构性改革为主线，开拓进取，扎实工作，经济社会实现持续健康发展。预计，全市生产总值实现 11000 亿元左右，同比增长 7.5% 左右；一般公共预算收入达到 1157.1 亿元，增长 7.1%；固定资产投资增长 7.5% 左右；社会消费品零售总额增长 10.5% 左右；全体居民人均可支配收入增长 8% 左右；城镇登记失业率 3.1%；居民消费价格上涨 2% 左右；完成节能减排降碳任务。

“十三五”期间按照“打造山东半岛蓝色经济区”的要求，加快转变经济发展方式，调整优化经济结构和产业空间布局，重点强化蓝色经济的产业发展和战略性新兴产业的培育，努力把青岛建设成为开放度高、信息通畅、服务便捷、辐射力强、城市功能完善的区域性经济中心城市，各项经济指标和城市综合实力位于全国主要城市前列，成为全国最有活力、最有吸引力、最有竞争力的城市之一。

1.1.1.5 自然条件分析

（1）地形地貌

青岛为海滨丘陵城市，地势东高西低，南北两侧隆起，中间低凹，山地占 15.5%，丘陵占 25.1%，平原占 37.7%，洼地占 21.7%。胶州湾东岸有主峰为 1132.7m 的崂山及其余脉所构成，城市呈南北向的带状形态。

地貌多为低山丘陵区，低山顶部为侵蚀构造地形。丘陵地带部分为陵坡，部分岩石裸露，第四纪覆盖层厚度不超过 10m，工程地质分为三个区：（1）海积及河流淤积区：分布于沿海、河地带，地下水位较高，为堆积黏土和淤泥软土。（2）残积和坡积盆地：分布于高程

10～50m 区，为花岗岩风化土，地下水位较低。（3）分布于陡坡高山，为花岗岩构造（图 1-4）。

（2）气候

图 1-4　青岛市地形地貌图

青岛地处北温带季风区域，属温带季风气候。市区由于海洋环境的直接调节，受来自洋面上的东南季风及海流、水团的影响，故又具有显著的海洋性气候特点。空气湿润，雨量充沛，温度适中，四季分明。全年 8 月份最热，平均气温 25.1℃；1 月份最冷，平均气温 -1.2℃。日最高气温高于 30℃ 的日数，年平均为 11.4 天；日最低气温低于 -5℃的日数，年平均为 22 天。降水量年平均为 775.6mm，春、夏、秋、冬四季雨量分别占全年降水量的 14%、57%、22%、7%。年降水量最多为 1272.7mm（1911 年），最少仅 308.2mm（1981 年），降水的年变率为 62%。

（3）水文

全市水资源基本受大气控制，年平均水资源量 $22.1\times10^8m^3$。其中，地表水 $16.0\times10^8m^3$，地下水 $9.3\times10^8m^3$。多年平均降水量 775.6mm，7 月最大为 179.6mm，8 月次之为 170.9mm，1 月最小为 8.8mm。多年平均蒸发量为 1410mm，月平均最高值出现在 5 月份，为 175mm，内陆蒸发量大于近海地区。

（4）河流水系

受海洋气候影响，青岛市气候温和，雨量集中，河网比较发达，全市河网密度为 $0.28km/km^2$。河流水系主要受地形、地貌及地质构造的影响，其水文动态变化随季节起伏很大，为季风区雨源型，多为独立入海的季节性山溪性小河。流域面积在 $100km^2$ 以上的较大河流有 33 条，按照水系分为大沽河、北胶莱河以及沿海诸河流三大水系。

青岛市过城河道有 83 条，总长度约 522km，其中青岛市中心城区河道大部分排入胶州湾，汇水面积较小，河流流径短，中上游坡度大，汇流快，水量集中，洪峰形成快，消解也快，下游地势平坦，坡度小，水流速度减慢，再加上入海口海潮顶托以及泥砂淤积等因素影响，使河道行洪能力降低，表现为典型的上切下淤型地貌。

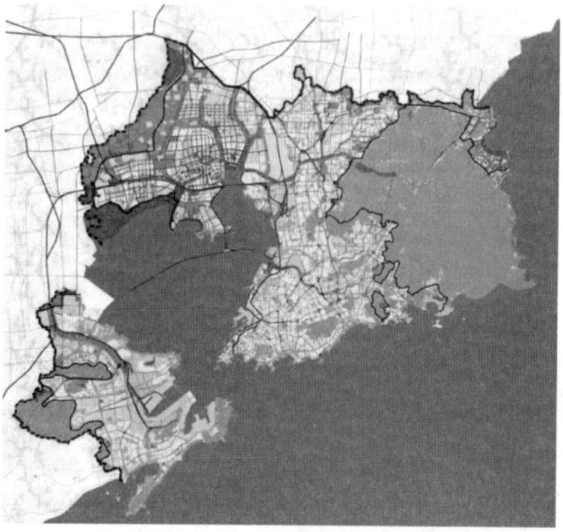
图 1-5　河流水系分布图

市内三区河道由南向北分为四大流域，分别是：前海流域、海泊河流域、李村河流域和楼山河流域，由海泊河、李村河、张村河、楼山后河等 24 条主要河道组成，河道总长度约 83km，总流域面积约 $194km^2$（图 1-5）。

城阳区主要河流有桃源河、墨水河、白沙河、洪江河、羊毛沟等，支流有小水河（白沙河水系）、曹村河（白沙河水系）、葛家河（墨水河水系）、虹字河（墨水河水系）、小寨子河（墨水河水系）等 12 条河道。其中流域面积 100km^2 以上 3 条，流域面积 10km^2 至 100km^{2}8 条。

黄岛区内有南辛安河、辛安前河、辛安后河、岔河、周家夼河等 12 条河道，总长 139km，流域面积 113.2km^2，其中流域面积 10km^2 以上有 5 条，即南辛安河、辛安前河、龙泉河、岔河、九曲河。区内河流均属季节性河流，且多为独立入海的山溪型小河，径流量的季节性变化较为明显，雨季水位暴涨、流量激增、枯季流量骤减，甚至干枯断流。目前，区内多数河道防洪标准为十年一遇，其中岔河、南辛安河等经过近年来的治理，防洪标准达到二十年一遇。

（5）潮汐

胶州湾潮汐特征比值小于 0.50，属规则半日潮类型，每个太阴日（24 时 48 分）有两次高潮和两次低潮，两次高潮的高度相差很小。但随着赤纬的变大，也出现了潮汐日不等现象，月赤纬增大（回归潮）附近，潮汐日不等较显著，月球在赤道附近（分潮点）潮汐日不等几乎消失。潮汐不等的性质由日朝和半日潮相位差决定。

1.1.2 规划编制情况

支撑地下综合管廊建设的相关规划已编制完毕，主要包括:《青岛市城市总体规划（2011-2020 年）》《青岛市市内四区主次干道管线综合规划》《青岛城市地下空间资源综合利用总体规划（2014-2030 年）》《青岛地下综合管廊专项规划（2016-2030 年）》《青岛市“十三五”城市基础设施建设发展规划》《青岛市地下综合管廊五年项目滚动规划》《青岛市 2016 年度地下综合管廊建设计划》。

1.1.3 青岛试点实施情况

青岛是国家计划单列城市，地处山东半岛南部，是国家海洋经济国际合作先导区、国家蓝色经济示范区、“一路一带”海上战略支点、山东半岛蓝色经济区核心城市，经过多年建设和发展，形成了鲜明的城市优势和特色。

青岛市 2008 年开始启动高新区地下综合管廊的规划、建设工作，建立了成网成片的地下综合管廊系统，已建成总长度达到 54km，并全部投入运营。在六年的安全运营中，青岛市积累了丰富的建设和运营经验，形成了具有积极示范意义的地下综合管廊样板工程，相关做法得到了上级的充分认可。

按照“轴向敷设、环状布局、网状服务”的布局原则，青岛市于 2009 年编制完成《青岛高新技术产业新城区主次干道管线综合规划》，2016 年 4 月印发《青岛地下综合管廊专项规划（2016-2030 年）》。预计“十三五”期间在全市六区四市范围新建地下综合管廊 94km，至 2030 年新建 196km，并确定了近三年的建设计划。

为加快城市基础设施建设，自 2013 年以来，青岛市大力贯彻落实国家有关部署要求，按照《关于加强城市基础设施建设的意见》(国发〔2013〕36 号）的文件，以及《关于加强城市地下管线建设管理的指导意见》(国办发〔2014〕27 号)《关于推进城市地下综合管廊建设的指导意见》(国办发〔2015〕61 号）及中央城市工作会议的有关要求，积极推进各项政策措施的贯彻落实。因成效明显，《国务院办公厅关于对落实有关政策措施成效较明显地区予以激励支持的通知》(国办函〔2016〕21 号）中，青岛市受到国务院的表扬和激励，是山东省唯一的“免督查”城市。

2016 年 5 月，通过竞争性评选，青岛市成功入选全国第二批地下综合管廊试点城市名单，同时入选国家第二批“海绵城市”试点，是全国第二批试点城市中唯一一个获得“双试点”的城市。

青岛市地下综合管廊试点项目具有如下特点：一是覆盖范围广，涵盖老城区、国家级经济新区、国家级高新技术园区、县市的行政商贸中心区；二是土地资源集约利用，试点项目统筹考虑与涉及到的青荣城际铁路、地铁、机场、城市立交等交叉建设，做到集约高效使用土地资源；三是使用新技术新材料，试点项目推广应用预制拼装管廊，并采用科学先进耐腐蚀的廊内管道电缆吊、支架，尝试采用国际领先的防水防火防电磁干扰的管道电缆穿隔密封系统；四是大胆尝试道路下所有管线入廊，试点项目中入廊管线最多达到 8 种，包括燃气管线和雨污水管线，积极探讨雨污水管线入廊的条件，做到因地制宜、科学合理；五是运营管理措施系统全面，除自动监控系统先进完备外，部分试点项目考虑了管廊内检修车通行，改善操作环境；六是探索积极有效的投融资及建设运营模式，试点项目既有政府投资建设，也有 PPP 模式、企业自主投资模式，建设运营模式包括 EPCO 和 TOT 等。按照“因地制宜、应入尽入”的原则，入廊管线共涉及 8 类，包括给水、雨水、污水、燃气、热力、电力、通信、再生水，并适当预留空间满足管线扩容需求。

全国第二批地下综合管廊试点项目建设的实施期为 2016—2018 年。目前，青岛市地下综合管廊试点项目的廊体建设即将完成，2018 年的工作重点是开展管廊配套设施建设、各类管线的入廊建设以及相关配套制度建设和专题研究工作。

针对相关配套制度建设和专题研究工作，结合国家设立地下综合管廊试点城市的相关要求和我市地下综合管廊建设实际情况，青岛市地下综合管廊建设工作领导小组办公室拟针对青岛市地下综合管廊的规划、设计、施工、运行维护和制度建设等全过程，总结和发掘技术创新和工作亮点，提炼出可复制、可推广的建设经验，并开展相关课题研究。

1.2　课题研究总体目标

作为地下综合管廊和海绵城市的双试点城市，青岛市结合自身区域特点和实际建设管理情况，与其他城市相比，拟在以下方面打造亮点：以试点项目建设为契机，结合青岛市为海滨丘陵城市的特点，打造复杂地质条件下的工程建设示范；结合预制拼装技术，打造管廊主体构件标准化、预制拼装技术应用示范；结合青岛市地下综合管廊试点建设项目经验，打造配套政策方面的探索性示范；进一步吸引社会资本方参与地下综合管廊建设工作，打造 PPP 融资、EPCO 建设运营模式的示范。

本次系列课题研究的主要目的包括：经验总结、典型示范和探索创新三个方面。

（1）经验总结

结合国家设立地下综合管廊试点城市的相关要求和我市地下综合管廊建设实际情况，针对青岛市地下综合管廊的规划、设计、施工、运行维护和制度建设等全过程的经验和问题进行总结，作为后续项目推进实施的宝贵经验，推广青岛管廊经验和模式，并针对存在的问题提出探索性的研究思路和方向。

（2）典型示范

结合青岛山海城市、旅游城市和北方城市等特点，在管廊收费、运作模式、安全保障、运维管理等方面，总结提炼出可复制、可推广的建设和管理经验，作为省内和国内其他城市的示范参考。

（3）探索创新

根据住房城乡建设部、财政部和山东省等相关工作要求，结合青岛管廊实际情况，在与地铁统筹建设、老城区综合管廊规划建设、管廊配套技术标准等方面开展探索创新，解决青岛市管廊建设的实际问题，并为省内和国内其他城市提供借鉴。

1.3 国内地下综合管廊现状概况

1.3.1 综合管廊概况

1958 年，我国首次在天安门广场修建 1.07km 的综合管廊，容纳电力、通信、热力管线并预留了供水管线的位置。

1993 年，上海市浦东新区张杨路综合管廊项目启动。张杨路综合管廊西起浦东南路东至上川路，全长 7.04km，纳入了电力电缆、通信电缆、给水管道和燃气管道等多种市政管线，是我国大陆地区真正意义上第一条现代化、高水准的综合管廊（图 1-6）。

图 1-6　张杨路综合管廊

中国台湾地区的市民大道（东西向快速路道路）管廊范围自环河北路至基隆路全长 6.3km，其中 2.7km 与地铁共建，2.5km 与地下街地下停车场共建，1.1km 由台北市府独立建设，其中非共建部分（环河北路至金山街）配合地下街地下停车场工程施筑，至于共建部分，从金光街至光复南路则配合地铁处工程，利用隧道空层做管廊空间。

金义都市新区综合管廊规划建设长度约 12km，为全国第一个兼顾人防需要的综合管廊项目。综合管廊 2013 年开始建设，整体呈 F 形，由左右两厢组成，两厢高度相等，左厢为单排管，仅敷设直径 50cm 的热力管，右厢为双排管，左边是中水管和给水管，右侧沿墙体设置很多托臂，上设多层桥架，分别敷设电力管线、通信管线等（图 1-7）。

图 1-7　金义都市新区综合管廊

金义都市新区综合管廊工程在增加造价 0.63% 的情况下，实现了兼顾人防需要，为新区增加了一条面积达 3.6 万 m^2 的地下通道，与沿线邻近的地下空间和人防工程互联，全面提高了“生命线”工程的综合防灾抗损能力。

广州大学城综合管廊是广东省规划建设的第一条综合管廊，也是当时国内距离最长、规模最大、体系最完整的综合管廊，该管廊于 2003 年下半年开工建设，2004 年投入使用，2005 年全部建成。广州大学城综合管廊全长 18km，并配备控制中心及监控系统、消防系统、排水系统、通风系统、照明系统，便于今后综合管廊的运行管理和监控（图 1-8）。

图 1-8　广州大学城综合管廊现场图

广州大学城综合管廊主要布置了供电、供水、供冷、电信和有线电视五种管线。各种管线按强弱电分离、水电分离和按防火等级不同进行分舱的原则各自独立分层布置，并留有足够的空间，便于人员和设备进入其中安装和维修。

从 2007 年开始，厦门就展开了综合管廊的相关建设。目前，厦门已投入使用的综合管廊长度达 48km，主要位于集美新城核心区及翔安新城范围内。目前在建长度达到 54km，今后还计划建设 118km。现状部分综合管廊还可以满足检修车通行要求（图 1-9）。厦门市围绕地下综合管廊规划建设工作，先后制定了《厦门市城市综合管廊管理办法》《关于城市综合管廊规划设计规划指引》《城市综合管廊使用费和维护费收费标准》等多项政策制度，明确了综合管廊的规划、建设、管理及收费标准，为地下综合管廊试点城市申报工作提供了制度保障。

图 1-9　厦门市综合管廊现场图

厦门综合管廊规划建设的主要特点是结合高压缆线入地建设缆线管廊、结合新区开发对管线主要路由建设综合管廊、结合主干路网实施形成管廊骨架。

苏州市已建设的综合管廊主要位于苏州工业园，其中，苏州月亮湾综合管廊工程长为 920m，于 2010 年建成，主要容纳管线为 20kV 电力、通信、给水管、供冷管，截面尺寸为 3m × 3.4m，断面形式采用单舱断面管廊全长，集供电、供水、供冷、通信等综合管线为一体，自 2011 年 11 月正式投入使用以来，该管廊运营良好，为 120 万 m^2 商用、住宅建筑提供服务；苏州滨湖新城综合管道工程长为 3300m，主要容纳管线为 10kV 电力、通信、给水管、中水管、冷热水管，断面形式为三舱和双舱（图 1-10）。

从 2010 年 5 月到 2013 年 11 月 19 日，横琴新区历时 3 年 6 个多月建成现代化的综合管廊，总投资约 19.8 亿元。

《横琴新区控制性详细规划》中提出管廊布局，在小横琴山与中心沟一带规划“曰”字形路线，后期专项规划阶段对综合管廊进行专题研究，明确提出区域高压电缆入地，节省土地近 1km^2。

横琴设立了三座监控中心，在位于环岛北路的横琴地下综合管廊监控中心，管理人员可以通过大屏幕清晰地看到地下管廊的实时监控图像，确保管廊的正常运作。

图 1-10　苏州市月亮湾综合管廊

2013 年之前，全国共有 16 个省（区、市）的 28 个城市开工建设综合管廊，总长度约 398.6km，总投资 160.5 亿元。

截至 2015 年底，已开工建设综合管廊的城市由 2013 年的 28 个增加到 99 个，累计开工建设综合管廊总长度 1332.4km，总投资约 708.1 亿元。

2016 年底，全国 132 个城市和 30 个县城开工建设综合管廊 2005km，总投资 1793 亿元；截至 2017 年底，225 个城市、62 个县城开工建设综合管廊 4009km，总投资 3726 亿元，目前已实际形成廊体 2000km 以上。

1.3.2　系统规划设计

全国有 480 多个城市编制了综合管廊规划，其中 200 多个城市通过城市人民政府的审批。《城市地下综合管廊工程规划编制指引》和《城市地下综合管廊建设规划技术指导》中指出，规划设计方案和特色与城市规模相匹配。

（1）大城市及以上城市

郑州市切合中部地区大城市城镇化快速发展的实际情况，运用“六个结合”的全方位统筹协调、多因素组合叠加的分析方法，与相关规划紧密衔接，创造性地建立“大系统 + 小集中”的综合管廊规划体系，为郑州市由外延扩张发展向内涵提升转变提供基础支撑。

针对深圳特区特点，深化和丰富规划编制内容。注重规划的可实施性，提出“因地、因时、因势”的规划原则，抓住轨道交通建设等 8 类有利实施市级开展综合管廊建设，提高了规划的可实施性。运用 GIS 分析技术，将管廊的布局建立在大量数据分析的基础上，构建规划逻辑体系。

结合西宁市区独特地形优势，创新性地采用雨、污水组合箱涵形式在全市域将雨、污水全面入廊；管廊规划设计与海绵城市相结合，通过设计独立的雨水舱，实现西部地区降水资源合理利用。

（2）中小城市

威海市针对东部沿海中等城市特点，积极践行市政基础设施，“多规合一”理念，采用定性规划、定量验证的方式构建综合管廊系统，构建建设区域量化评价体系，结合独特的山海格局构筑合理、高效的综合管廊系统，合理确定综合管廊断面。

针对贵安新区典型喀斯特地貌和山地城市建设用地紧张等特点，以高压电力规划为主导，并与其他市政专项规划相互融合，构建综合管廊系统布局。

（3）重要片区

统筹考虑区域功能、地块开发、市政交通、现状管线等内容，合理确定综合管廊布局。

1.3.3　建设施工技术

六盘水市针对喀斯特地貌和山地城市特点，探索形成了溶洞回填和引流的技术措施；苏州采用SMW工法等多种施工工艺，解决了过轨道交通、河道、隧道等复杂地段难题；厦门、哈尔滨、长沙等，探索形成“胶接 + 预应力”“承插式”“节段预制”“叠合预制”“整体装配式”等预制拼装工艺；沈阳、海口、厦门、苏州等城市，在国内率先研发并使用双圆盾构、U形盾构、顶管、暗挖等施工工艺和设备；长沙、海口等城市，结合施工情况，优化改良了叠合板、内膜滑车等传统施工工艺；哈尔滨市积累了寒地综合管廊建设施工经验。

1.3.4　运营管理模式

（1）体制机制建设国内成立综合管廊建设领导小组、综合管廊管理机关处室、综合管廊管理站或中心等机构。

（2）投融资模式

积极探索创新综合管廊建设投融资模式，推广应用政府和社会资本合作（PPP）模式，探索采用管线单位入股组建项目公司模式。

郑州市中心城区地下综合管廊PPP项目，由施工方和设计单位联合体作为社会资本方，充分发挥施工和设计在整个工程建设过程中的主导作用；入廊管线单位参股项目公司，借鉴当地综合管线运营维护管理经验，保障项目顺利实施。

长沙市地下综合管廊PPP项目公司，政府出资方由多家管线单位共同出资组成，采取TOT+BOT模式运行。TOT部分建设方为道路对应业主代建，建设完成后将管廊廊体移交PPP项目公司运营维护管理；BOT模式由PPP项目公司负责融资、建设、运营和移交。

（3）收费模式

探索实施综合管廊有偿使用和产权登记制度，实行“一廊一费”，保本微利、分期付费、低开高走；静态投资分摊，动态全市统一收费；全市统一收费标准，有助于明确各管线单位的权责关系，减少各管线单位之间的争议。

（4）运行维护保障

构建建设运营一体化综合管廊管理模式，成立专业化综合管廊建设运营机构，建立完善综合管廊运营维护标准制度，提升综合管廊智能化管理服务能力。

第2章　青岛市地下综合管廊上位政策

2.1　国家层面政策

2013年9月6日，国务院发布《关于加强城市基础设施建设的意见》（国发〔2013〕36号），要求开展城市地下管廊试点，用3年左右的时间，在全国36个大中城市全面启动地下管廊试点工程；中小城市因地制宜建设一批管廊项目。新建道路、城市新区和各类园区地下管网应按照管廊模式进行开发建设。

2014年6月3日，国务院办公厅发布《关于加强城市地下管线建设管理的指导意见》(国办发〔2014〕27号)，提出随着城市快速发展，地下管线建设规模不足、管理水平不高等问题凸显，一些城市相继发生大雨内涝、管线泄漏爆炸、路面塌陷等事件，严重影响了人民群众生命财产安全和城市运行秩序。为切实加强城市地下管线建设管理，保障城市安全运行，提高城市综合承载能力和城镇化发展质量，要把加强城市地下管线建设管理作为履行政府职能的重要内容，统筹地下管线规划建设、管理维护、应急防灾等全过程，综合运用各项政策措施，提高创新能力，全面加强城市地下管线建设管理。

2015 年 8 月 3 日，国务院办公厅发布了《国务院办公厅关于推进城市地下综合管廊建设的指导意见》（国办发〔2015〕61 号），明确了地下综合管廊的概念，要求推进城市地下综合管廊建设，并为切实做好城市地下综合管廊建设工作，提出了相关意见。《意见》要求自 2015 年起，城市新区、各类园区、成片开发区域的新建道路要同步建设地下综合管廊；老城区要结合旧城更新、道路改造、河道治理、地下空间开发等，因地制宜、统筹安排地下综合管廊建设。在交通流量较大、地下管线密集的城市道路、轨道交通、地下综合体等地段，城市高强度开发区、重要公共空间、主要道路交叉口、道路与铁路或河流的交叉处，以及道路宽度难以单独敷设多种管线的路段，要优先建设地下综合管廊。

2016 年 2 月 6 日，中共中央、国务院发布了《关于进一步加强城市规划建设管理工作的若干意见》（中发〔2016〕6 号）。《意见》明确要求建设地下综合管廊，要认真总结推广试点城市经验，逐步推开城市地下综合管廊建设，统筹各类管线敷设，综合利用地下空间资源，提高城市综合承载能力。城市新区、各类园区、成片开发区域新建道路必须同步建设地下综合管廊，老城区要结合地铁建设、河道治理、道路整治、旧城更新、棚户区改造等，逐步推进地下综合管廊建设。加快制订地下综合管廊建设标准和技术导则。凡建有地下综合管廊的区域，各类管线必须全部入廊，管廊以外区域不得新建管线。管廊实行有偿使用，建立合理的收费机制。鼓励社会资本投资和运营地下综合管廊。各城市要综合考虑城市发展远景，按照先规划、后建设的原则，编制地下综合管廊建设专项规划，在年度建设计划中优先安排，并预留和控制地下空间。完善管理制度，确保管廊正常运行。

2014 年 12 月 26 日，财政部、住房城乡建设部发布《关于开展中央财政支持地下综合管廊试点工作的通知》（财建〔2014〕839 号）提出中央财政对地下综合管廊试点城市给予专项资金补助，一定三年，具体补助数额按城市规模分档确定，直辖市每年 5 亿元，省会城市每年 4 亿元，其他城市每年 3 亿元。

2015 年 4 月，公布第一批地下综合管廊试点城市名单，共有 10 个城市入围：包头、沈阳、哈尔滨、苏州、厦门、十堰、长沙、海口、六盘水、白银。

2016 年 4 月，公布第二批地下综合管廊试点城市名单，共有 15 个城市入围：广州、石家庄、四平、青岛、威海、杭州、郑州、保山、南宁、银川、平潭、景德镇、成都、合肥、海东。

2016 年 6 月 17 日，住房建乡建设部召开了全国地下综合管廊推进工作电视电话会议，陈政高部长再次强调提出“凡是管线，包括煤气、污水必须全部入廊。已经开工没有入廊的要修改设计，要想出办法确保管线全部入廊，否则不予验收。正在设计没有施工的，必须把这两项内容加进去，否则不能开工建设。”

2.2　山东省贯彻政策的要求

2015 年 4 月 16 日山东省人民政府办公厅发布了《山东省人民政府办公厅关于贯彻落实国办发〔2014〕27 号文件加强城市地下管线建设管理的实施意见》，为认真贯彻落实《国务院办公厅关于加强城市地下管线建设管理的指导意见》（国办发〔2014〕27 号）精神，积极推进城市地下综合管廊建设。

《山东省人民政府办公厅关于贯彻落实国办发〔2015〕61号文件推进城市地下综合管廊建设的实施意见》中要求，到2020年年底，全省建成标准地下综合管廊长度力争达到800km以上。按照各市综合经济实力和城市规模，“十三五”期间，济南市和青岛市分别建成60km以上，淄博、烟台、潍坊、济宁、临沂等市分别建成40km以上，枣庄、东营、泰安、威海、日照、莱芜、德州、聊城、滨州、菏泽等市分别建成30km以上。

当前，我省市地下综合管廊建设进入新的发展阶段，加快推进各类管线入廊尤为紧迫和重要。按照国家和我省推进城市地下综合管廊建设的有关要求，《关于推进地下管线纳入城市地下综合管廊的意见》(鲁建城建字〔2017〕26号）中就做好地下管线纳入城市地下综合管廊工作提出意见。

2.3　青岛市响应政策

青岛市积极响应国家及地方的各项政策和要求，高度重视地下综合管廊配套政策的制定工作，先后完成《青岛市城市综合管廊工程建设技术导则（试行)》、《关于我市地下综合管廊实行有偿使用制度的指导意见》(青价费〔2016〕11号)、《地下综合管廊建设资金管理暂行办法》《青岛市综合管廊建设考核评价暂行办法》《青岛市人民政府办公厅关于加快地下综合管廊建设的实施意见》（青政办发〔2016〕9号)、《青岛市财政局地下综合管廊及海绵城市建设PPP项目运作组织管理办法》等一系列法律法规作为青岛市地下综合管廊建设的依据，分别从政策、技术、法律法规等方面对综合管廊规划、建设、运营管理提出相应要求，为综合管廊的长远发展提供了强有力的保障。

青岛市政府已于2016年3月25日正式批复《青岛地下综合管廊规划（2016—2030年)》。根据规划，先期确定2016—2018年试点项目21个，建设地下综合管廊48.59km。

第3章　青岛市地下综合管廊建设现状及分析

3.1　即墨区地下综合管廊项目建设现状与分析

3.1.1　区域概况

即墨区地处山东半岛西南部，是青岛市所属的县级市，其地理位置界于东经120 °17′ ～121 ° 23′ 、北纬36 ° 18′ ～36 ° 37′ 之间。即墨区东临黄海，南依青岛崂山区和城阳区，西接胶州、平度二市，北靠莱西、莱阳二市，东北部隔丁字湾与烟台海阳市相望。

2013年即墨区启动新一轮城市总体规划编制，2006版总规划将城市定位为“以商贸、轻工业、旅游和农副产品出口加工为主导产业的现代化中等城市”，新一轮总规分别从国家、大区域和都市区层面，提出了建设“国际先进海洋科研中心、中国北方知名商贸城市和青岛都市区北翼次中心城市”的城市定位，目标到2030年成为人口规模220万人、城市化水平85%的现代化大城市。站在历史性新起点，即墨的城市职能、规模、产业布局和空间结构即将发生深刻变革。

2017 年 9 月 20 日，国务院、山东省政府批复了青岛市区划调整的请示，同意撤销县级即墨市，设立青岛市即墨区。

3.1.1.1 地形地貌

即墨区地势总体比较复杂，起伏波动较大，但中心城区大致由北向南逐渐降低，东西两侧向中间的墨水河方向逐渐降低。规划范围内有马山、盟旺山等高地。

3.1.1.2 地质

即墨区在地质构造上位于鲁东隆起区的胶莱盆地东南部。分布在境内的主要地层有新生界侏罗系莱阳组、白垩系青山组及王氏组。即墨地区褶皱构造不发育，以断裂构造变动为主要表现形式。断裂构造以市区为交汇点，呈放射状分布。按构造空间、展布特征大致分为北东向和北西向两组断裂。

即墨区地层自新至老为第四系的海积层、冲积层、坡积层和冲积坡积层；白垩系的王氏组第二段、青山组第二段、青山组第一段；侏罗系的莱阳组第四段、莱阳组第三段及第二段。因此，在东部沿海地带分布着淤泥、淤泥质粉砂及细砂，在沿河地带分布着黏土质砂土及黏土层，在丘陵区分布着砾砂质黏土和砾石，在河谷两侧分布着细砂和黏质土。岩石的分布在境内西北部为紫色砂页岩、砂页岩，中部地区为安山岩和凝灰岩；东南部为花岗岩；东北部为砾岩、砂砾岩、细砂岩。

3.1.1.3 社会经济

2018 年前三季度，即墨区完成地区生产总值 1084.9 亿元，同比增长 8.5%；地方公共财政预算收入 85.8 亿元，同比增长 6.0%；实现社会消费品零售额 341.8 亿元，同比增长 10.5%。

3.1.1.4 人口

2017 年，即墨区常住人口 122.45 万人。随着即墨产业结构的逐步转型，第一产业规模且呈下降态势，大量剩余劳动力有待转出，而第二和第三产业对就业人口的需求趋于稳定。人口结构也逐渐发生转变，农业人口占总人口比例逐年下降。

3.1.1.5 路网现状

依据即墨区城市特征，用地格局，交通需求分布，构筑功能清晰、等级结构合理、布局完善的道路网络，提高区域辐射能力，形成市域范围内高效畅达的交通体系，支持城市发展与产业布局。

路网结构：结合既有及未来规划道路特征，构建“一环一连十五射”的市域干线路网，其中中心城区处于环线内，维持既有方格网形态，外围形成放射式路网结构，服务城市空间拓展及产业发展需求。

快速路网：结合快速路布局原则和即墨现有路网条件，规划“两横四纵”快速路网，总规模 111km。考虑即墨主城区与青岛城阳区之间的空间位置关系，通过与青岛市快速路网一体融合，强化区域主要发展轴带的快速交通联系。

干线路网：结合干线性主干路布局原则与即墨现状路网格局，即墨区域规划“两横五纵”干线性主干路网，总规模 171km。

干线公路网：规划的 298km 干线公路主要包含省道 218、县道 099、县道 095、省道 217、省道 603、田新路、省道 602、蓝王路、省道 202、国道 204 复线、省道 212、省道

297、省道 293 等。在兼顾对外交通联系的同时，重点加强汽车产业新城、国际陆港、临港产业区等城市周边重要产业地区的快速集疏散能力，强化国际陆港作为生活性物流配送节点的货运交通组织功能。通过与城区快速路和干线性主干路衔接，构成城乡一体化干道网络。

3.1.1.6　管线现状

即墨区现有管线以沿道路直埋为主，部分电力、通信、有线电视电缆采用架空敷设。

目前，即墨区已建设给水管道长度 293km，污水管道长度 442km，雨水管道长度 511km，燃气管道长度 190km，供热热水管道长度 94km、供热蒸汽管道约 36km，电力管线总长度为 384km、路灯电缆 389km，通信管道长度约为 809km、有线电视缆线 104km。

3.1.2　总体规划布局

根据即墨区总体规划，强化中心体系，分片区发展，形成“一轴三心七片区”的空间结构（图 3-1）。

至 2030 年，规划中心城区人口规模为 140 万人。优化用地布局，合理利用存量土地，提高土地利用效率，城市建设用地规模控制在 160km^2 左右，人均城市建设用地控制在 115m^2 以内。

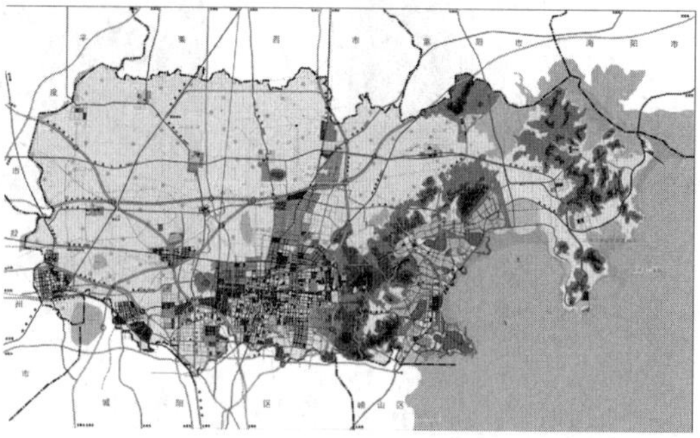

图 3-1　即墨区中心城区用地规划图

3.1.3　综合管廊规划布局（图 3-2）

3.1.4　综合管廊试点项目情况

即墨区试点项目位于蓝色硅谷核心区，集中在南部区域，分别为：山大南路（滨海大道至山大东路）、山大东路（滨海公路至环山路）、硅谷大道（鹤山路至规划九号线）、滨海大道（尼姑山河至新民河）共 4 段，总长度约为 8.92km（图 3-2、图 3-3）。综合管廊主要容纳电力、通信、热力、天然气、给水、污水及再生水等管线，断面形式包括单舱、三舱及四舱等形式。

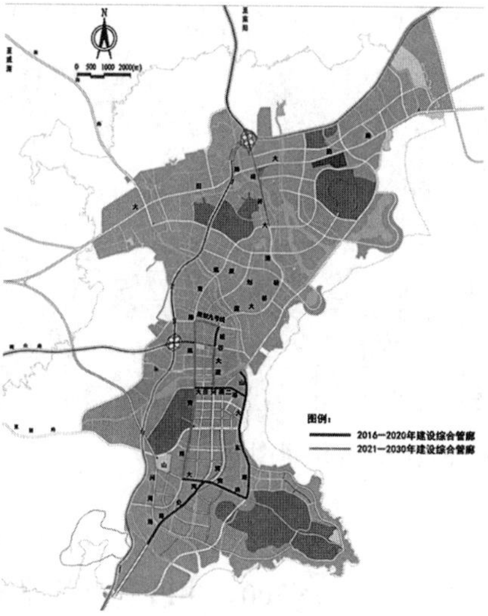

图 3-2　即墨区中心城区用地规划图

图 3-3　蓝色硅谷核心区在建综合管廊分布示意图

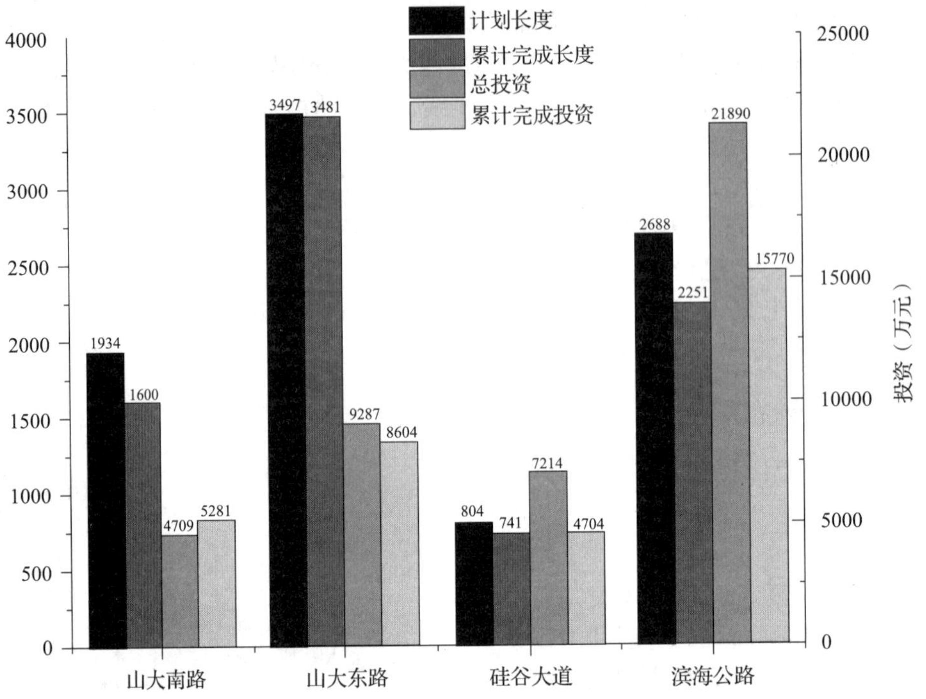

注：累计完成长度、投资截至2018年12月。

图 3-4 蓝色硅谷综合管廊试点项目完成统计图

（1）青岛蓝色硅谷核心区山大南路综合管廊建设工程

建设单位名称：青岛蓝谷管理局。

投资项目性质：ppp 模式。

项目简介：山大南路西起滨海大道，东至规划山大东路，规划为东西走向，道路等级为城市主干道，规划红线宽度 58m，道路长度为 1.60km。综合管廊总长度 1934m（图 3-4、图 3-5）。

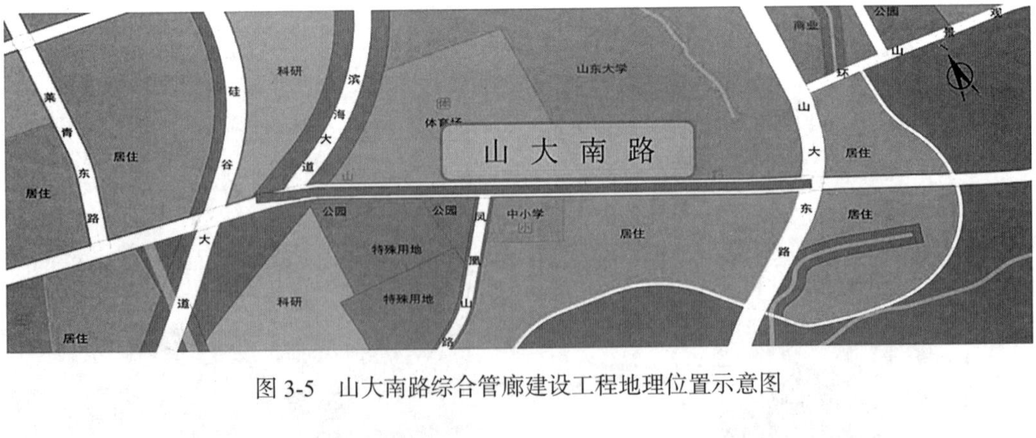

图 3-5 山大南路综合管廊建设工程地理位置示意图

综合管廊主线管廊内各专业管线种类及容量如下：电力电缆 12 回路 10kV、3 回路 110kV，通信线缆 10 孔，给水管道为 DN500，再生水管道为 DN300。主线管廊标准段横断面净尺寸为 $B \times H = 3.4\text{m} \times 3.0\text{m}$（图 3-6）。

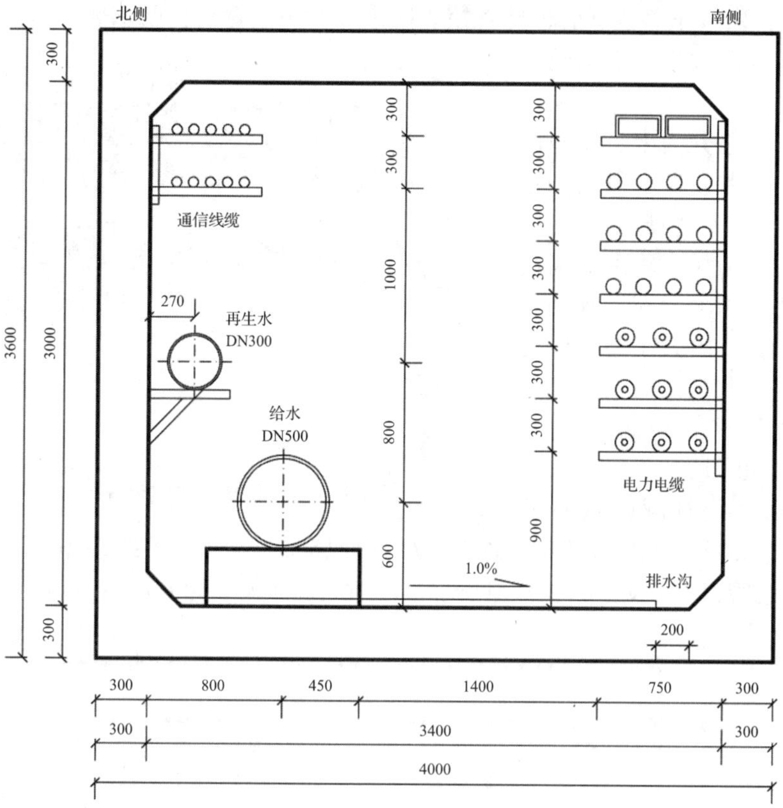

图 3-6　主线管廊标准段横断面图

山大南路主线综合管廊主要沿北侧绿化带敷设，管廊中心线距人行道边线约 2m，靠近主要用户方向的道路一侧，同时与为综合管廊附属设施及出线井等重要节点的设置预留空间。除入廊管线外，山大南路还存在现状雨水、现状污水及现状燃气等管线（图 3-7）。

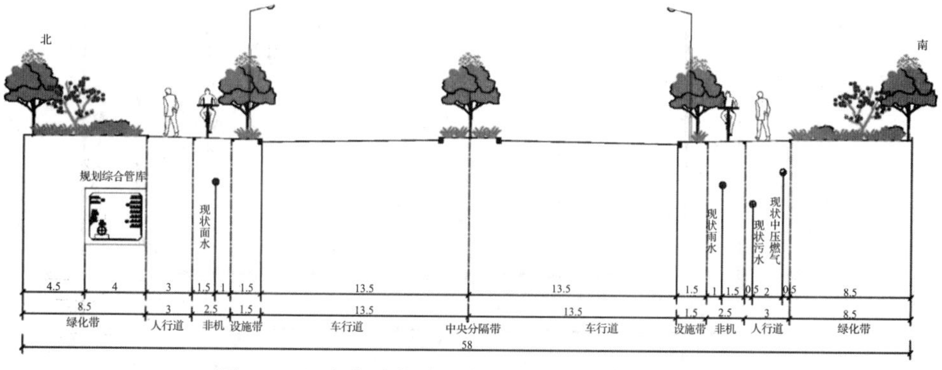

图 3-7　山大南路管线综合及综合管廊位置示意图

项目实施进度：截止到 2018 年 12 月，已累计完成廊体合计 1600m，其中主廊 1311m、支廊 289m，管线累计入廊 56589m，廊体总体完成比例 83%；项目计划总投资 4709.31 万元，目前已完成投资 5281.00 万元。

（2）青岛蓝色硅谷核心区山大东路（滨海大道至环湾路）综合管廊建设工程

建设单位名称：青岛蓝色硅谷管理委员会。

投资项目性质：ppp 模式。

项目简介：山大东路位于蓝色硅谷核心区东部，山大青岛校区东侧，东侧濒临鳌山湾。山大东路北起滨海大道，南至规划环湾路，总长度约3.48km。以山大北路为界，将山大东路分为南、北两段道路横断面不同的路段，南段规划道路等级为准快速路、北侧规划道路等级为城市主干道。山大东路南段南起规划环山路，北至山大北路，规划道路红线宽度为64m。山大东路北段南起规划山大北路，北至滨海大道，规划道路红线宽度为59m。综合管廊总长度3497m（图3-8）。

图3-8 山大东路综合管廊建设工程地理位置示意图

综合管廊主线管廊内各专业管线种类及容量如下：电力电缆4回路12kV、2回路110kV，通信线缆10孔，给水管道为DN400，再生水管道为DN300。主线管廊标准段横断面净尺寸为$B \times H = 3.0\text{m} \times 3.0\text{m}$(图3-9）。

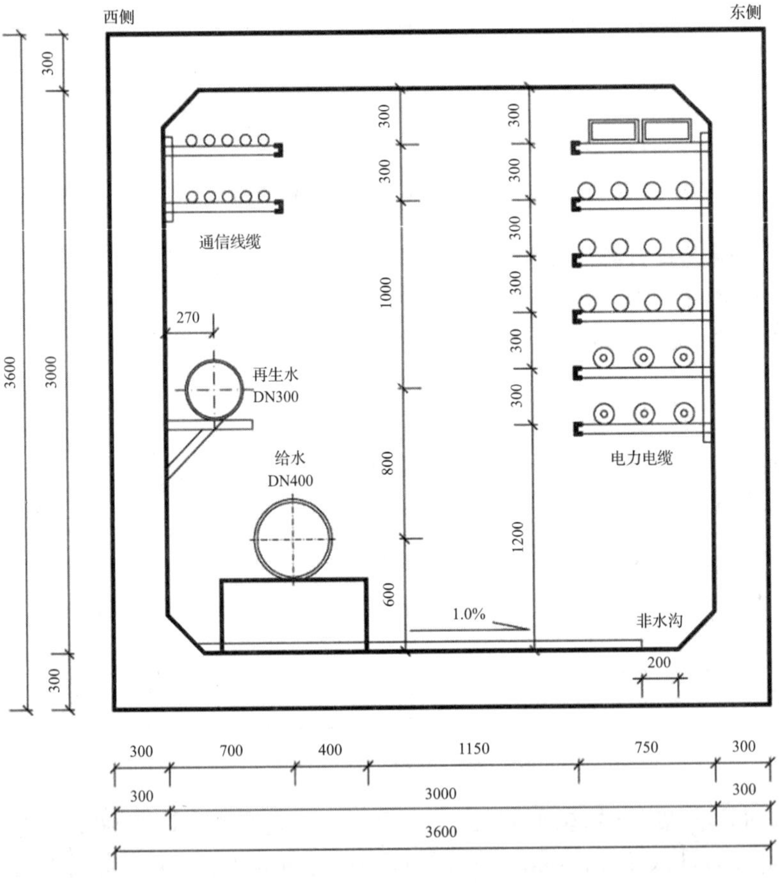

图3-9 主线管廊标准段横断面图

山大东路主线综合管廊规划沿道路西侧设施带敷设，管廊中心线距规划车行道边线约2.8m，同时为综合管廊附属设施及出线井等重要节点的设置预留空间。雨水两侧布置，便于雨水支管的接入；污水布置于西侧，靠近主来水方向，便于支管的接入（图 3-10 ～图 3-12）。

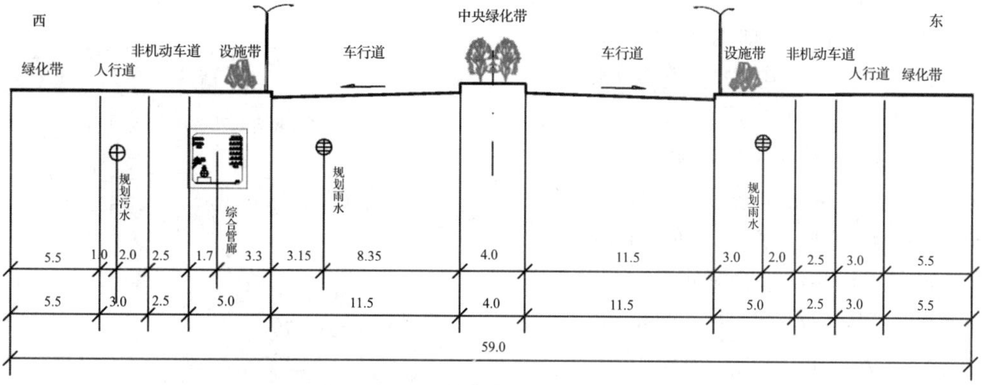

图 3-10 山大东路规划管线横断面（沙滩一路以北段）

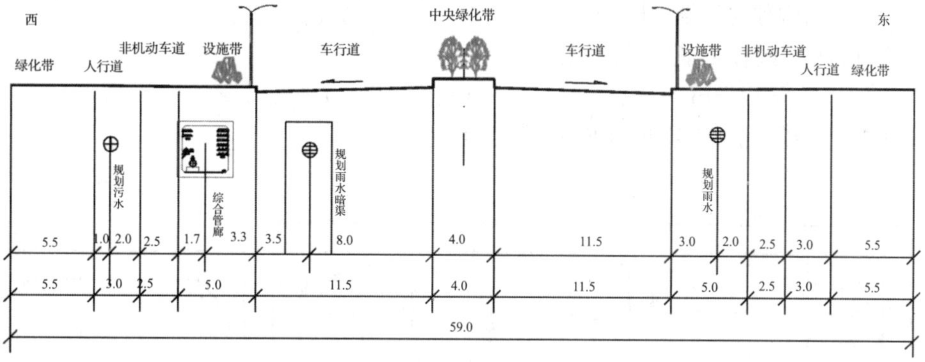

图 3-11 山大东路规划管线横断面（沙滩一路至山大北路段）

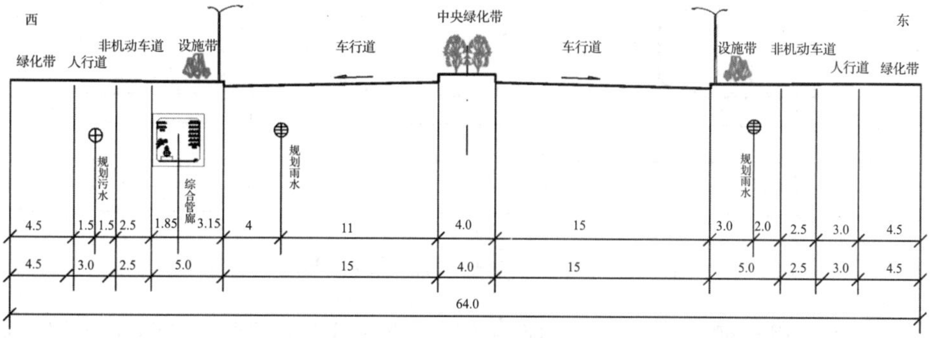

图 3-12 山大东路规划管线横断面（山大北路以南段）

项目实施进度：截止到 2018 年 12 月，已累计完成廊体 3481m，廊体总体完成比例 99%；项目计划总投资 9287.98 万元，目前已完成投资 8604.00 万元。

（3）青岛蓝色硅谷核心区硅谷大道（鹤山路至规划九号线）综合管廊建设工程

建设单位名称：青岛蓝谷管理局。

投资项目性质：ppp 模式。

项目简介：硅谷大道位于蓝色硅谷片区中部，规划道路等级为城市准快速路。本段硅谷大道南起鹤山路，北至规划九号线路南，全长约 700m。根据规划，本段道路红线宽度 64m，为双向八车道道路。轨道交通 R1 号线（蓝色硅谷区间）在道路西侧的 38 ～ 45m 宽城市绿地中架空通行。综合管廊总长度 804m（图 3-13）。

标准段设计综合管廊内各专业管线种类及容量如下：电力电缆 24 回路 10kV、4 回路 110kV，通信线缆 10 孔，热力 DN300，天然气 DN400 中压、DN400 次高压各一条，给水管道为 DN300、DN600 两条，再生水管道为 DN300。硅谷大道主线综合管廊分三舱设置，给水、再生水、热力、通信设在同一舱室（A 舱），电力、天然气分别设置独立舱室（分别为 B 舱、C 舱）。为满足天然气管道安全要求，A、B 舱结构合建，C 舱结构独立于 A、B 舱。

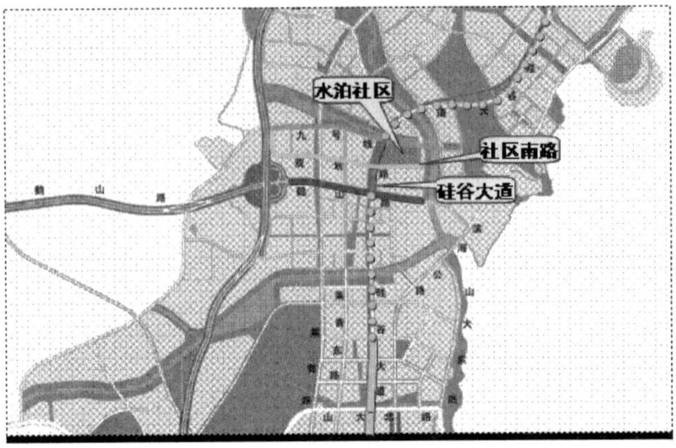

图 3-13　青岛蓝色硅谷核心区硅谷大道综合管廊建设工程地理位置示意图

主线管廊标准段横断面净尺寸：A、B 舱室为 $B \times H$=（2.5m + 3.5m）× 3.0m；C 舱为 $B \times H$ = 2.2m × 2.70m。

硅谷大道主线管廊标准段横断面如图 3-14 所示。

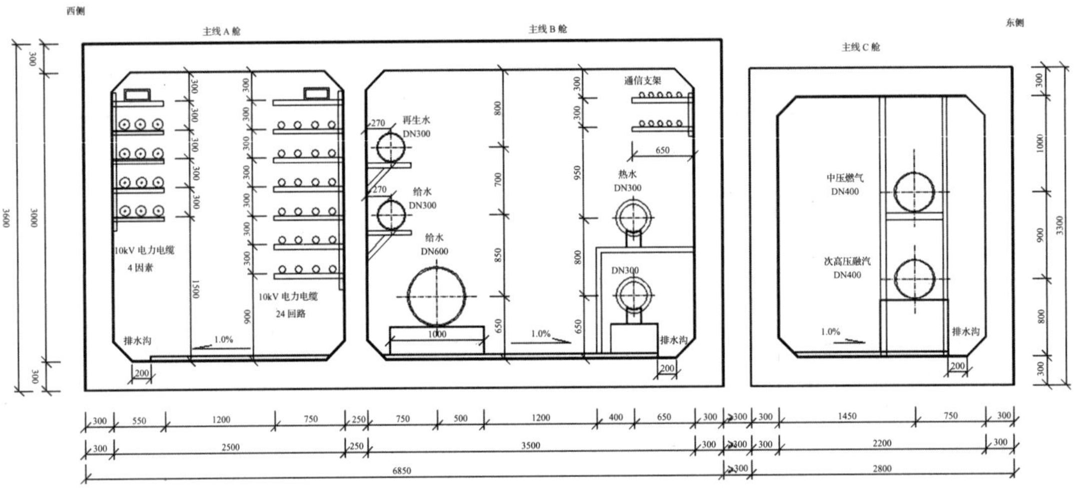

图 3-14　硅谷大道主线综合管廊横断面图

根据硅谷大道道路规划、周边地块规划及各专业管线规划情况，按照综合管廊的设置原则及相关要求，且本次硅谷大道主要用户集中在西侧，考虑与其他专业管线的关系，便于附属设施的设置，硅谷大道综合管廊设置于现状轻轨东侧，硅谷大道道路西侧设施带、人行道及非机动车道下。

同时考虑与轨道交通的衔接关系，保持与轨道交通一定的安全距离，距轻轨边线间距至少 10m。管廊中心线（以下均指 B 舱中心线）距道路中心线约 24.3m（图 3-15）。

本工程将天然气舱设置于东侧，电力舱室设置于西侧。天然气舱室位于轻轨最外侧，远离现状轻轨线，保证轻轨的安全运行，同时利于天然气过路支线管廊的设置，减少施工及运行维护难度。

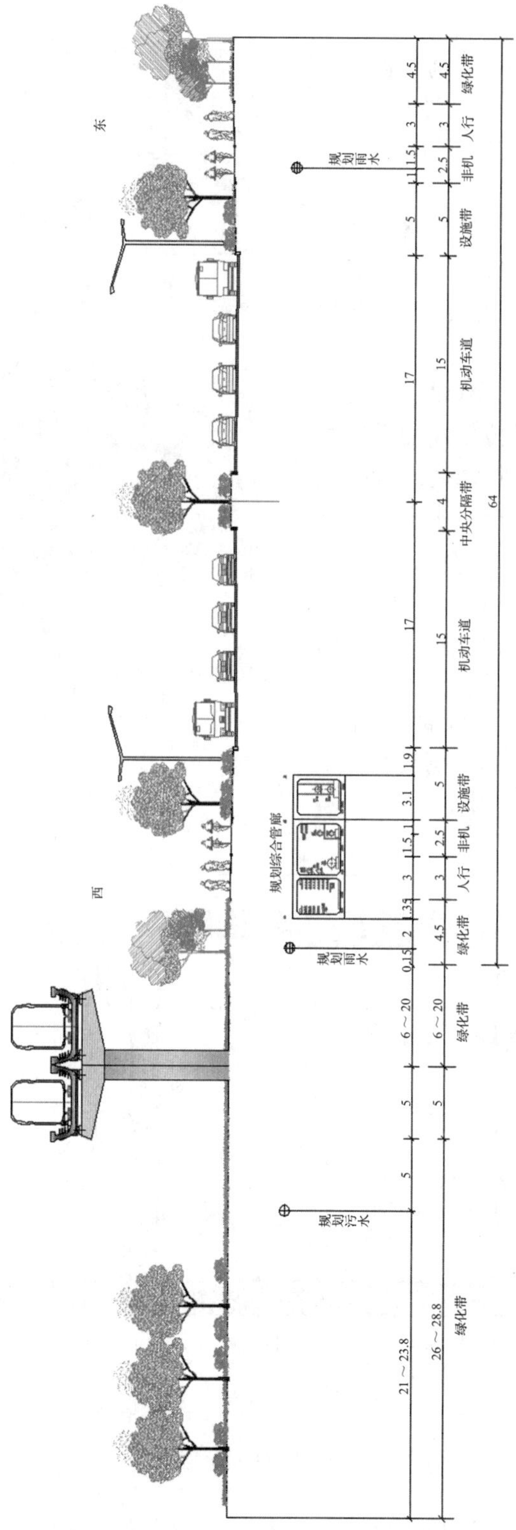

图 3-15　硅谷大道综合管廊位置示意图

项目实施进度：截止到 2018 年 12 月，已累计完成廊体合计 741m，其中主廊 570m、支廊 171m，廊体总体完成比例 92%；项目计划总投资 7214.3 万元，目前已完成投资 4704 万元。

（4）青岛蓝色硅谷核心区滨海公路（尼姑山路至新民河）综合管廊建设工程

建设单位名称：青岛蓝谷管理局。

投资项目性质：ppp 模式。

项目简介：滨海公路（尼姑山路至新民河）综合管廊建设工程，项目北起规划尼姑山路，南至新民河，全长约 2.7km。综合管廊总长度 2688m（图 3-16）。

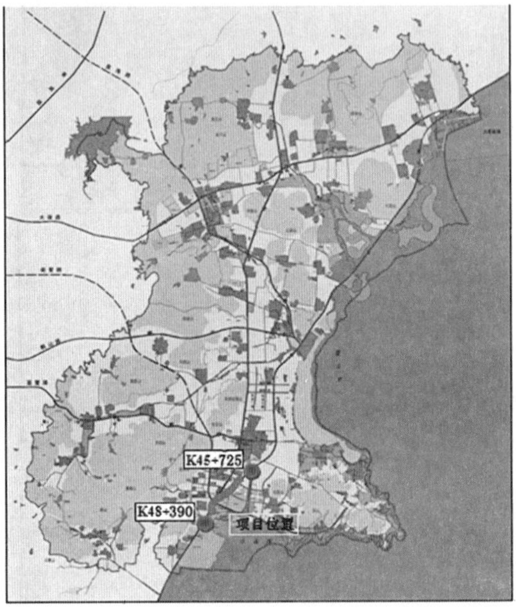

图 3-16　青岛蓝色硅谷核心区滨海公路（尼姑山路至新民河）综合管廊建设工程地理位置示意图

沿滨海公路两侧辅道下方敷设，采用单层箱形结构。主线管廊标准段横断面净尺寸 $B \times H = 7.9\text{m} \times 3.0\text{m}$，分三个舱室，自西侧至东侧依次为燃气舱、水力舱、水电舱，燃气舱净宽 2.0m，水力舱净宽 3.1m，水电舱净宽 2.3m，平均埋深大约 3.2m，入廊管线种类为电力、给水、通信、再生水、燃气、热力 6 种管线。

支管廊采用双舱布置，断面尺寸为 $5.6\text{m} \times 2.8\text{m}$，分为燃气支舱和水电支舱，平均埋深大约 6.2m（图 3-17～图 3-19）。

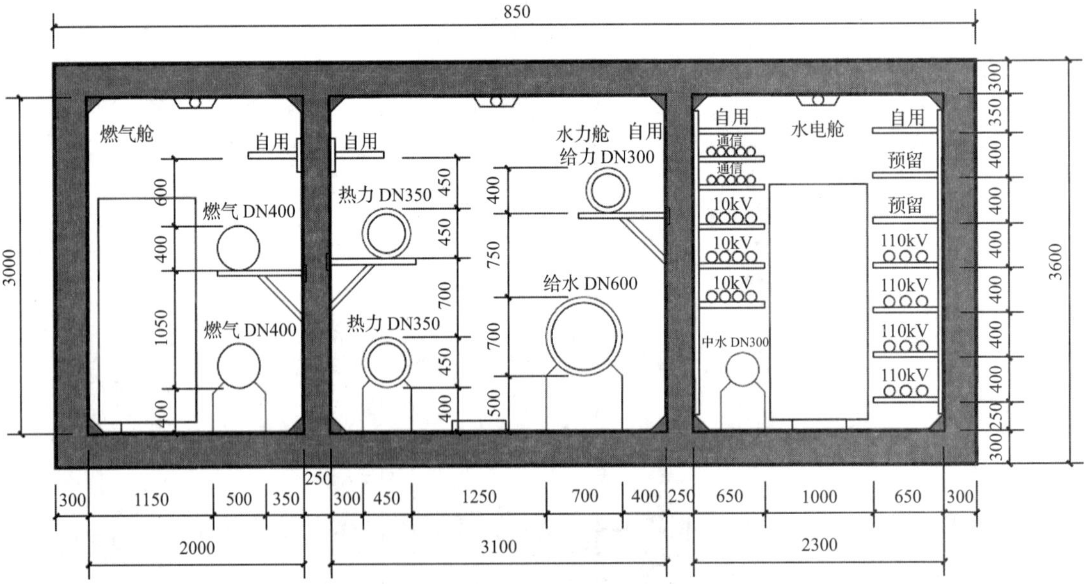

图 3-17　分舱断面布置图

项目实施进度：截止到 2018 年 12 月，已累计完成廊体 2251m，廊体总体完成比例 84%；项目计划总投资 21890.75 万元，目前已完成投资 15770.00 万元。

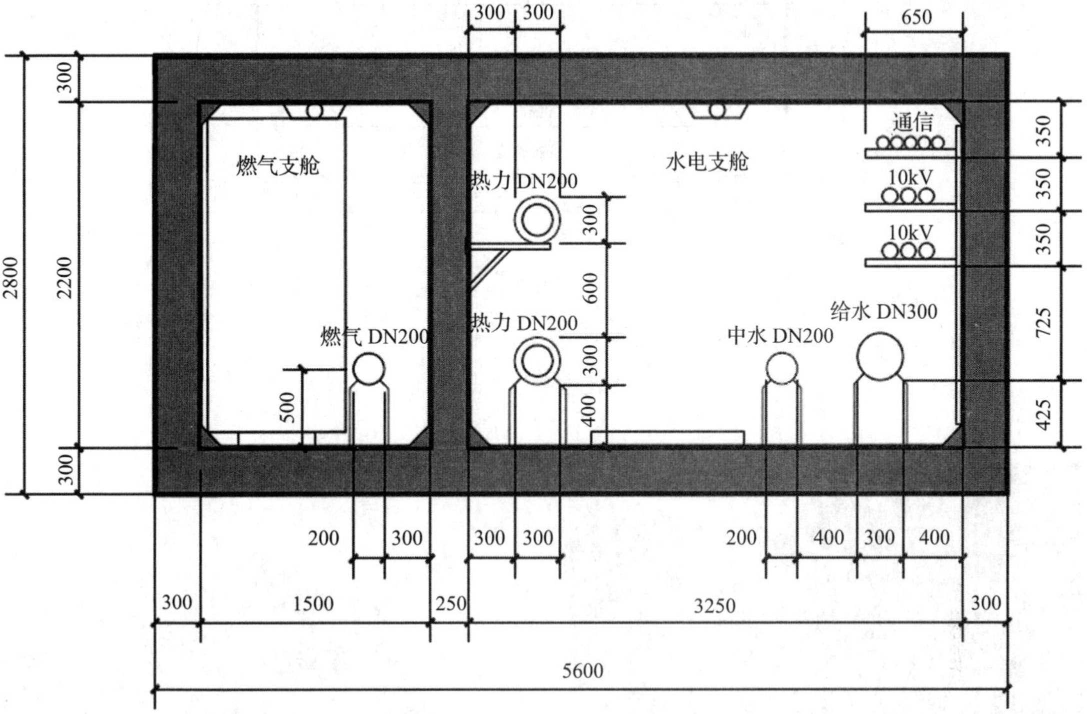

图 3-18　支线综合管廊断面图

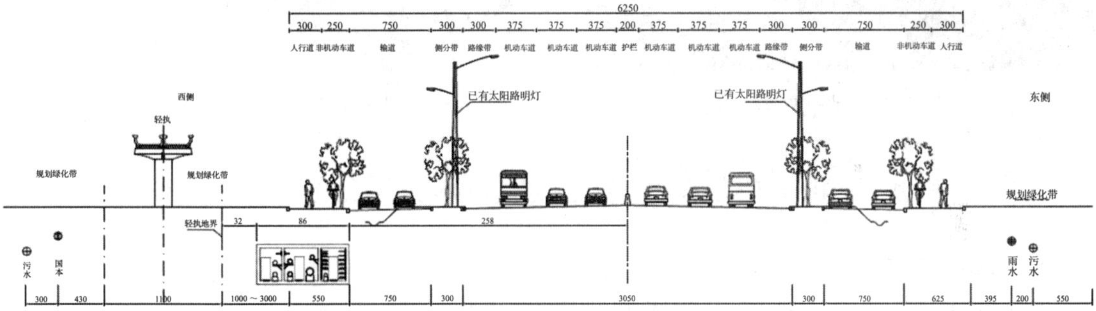

图 3-19　综合管廊横断面示意图（尼姑山路—科技路）

3.1.5　试点项目建设难点及解决方案

（1）工程地质情况差

山大东路管廊西侧为在建山东大学青岛校区，以东地块除在建滨海公园外均未开发，现状大部分为虾池或海滩，管线局部位于现状水面范围内，地质情况较差。

参考地勘资料，管廊基础落于第 1 层杂填土层、第 6 层粉质黏土层等，地基承载力不满足设计要求，需进行地基处理。处理方式采用抛石挤淤，抛石厚度暂定 1.3m，抛石顶加铺 20cm 厚碎石找平层，要求处理后的地基承载力不小于 150kPa（图 3-20、图 3-21）。

（2）入廊管线种类多，管廊断面大、舱室多

以往单舱、双舱室出线依靠二维绘图软件、设计人自身空间想象能力实现。为满足建设要求，硅谷大道管廊工程为三舱断面形式，仅依靠传统的绘图和思维方式，不易懂、不易交流、不可靠。在本工程综合管廊设计中，设计单位依据国内最新设计理念，采用 BIM 设计，实现可视化出图模式，确保设计方案的合理及工程建设的精准（图 3-22）。

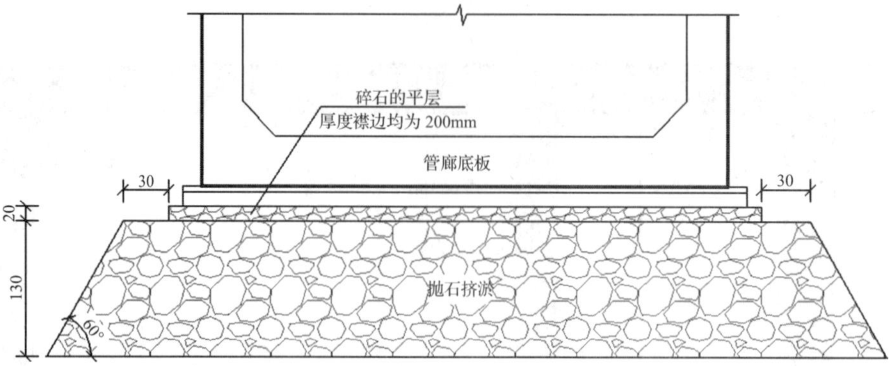

图 3-20　地基处理示意图

图 3-21　地基处理

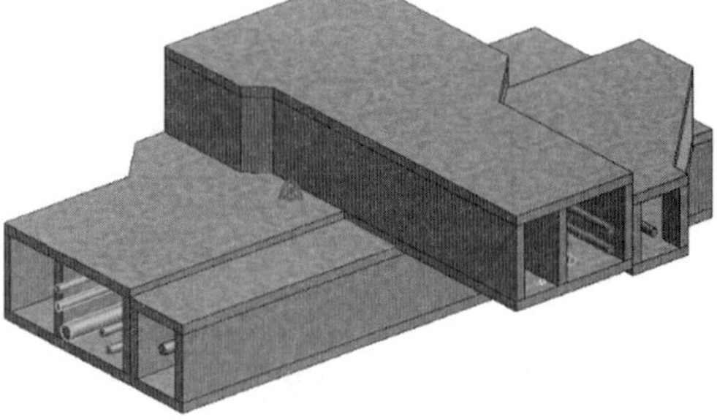

图 3-22　管廊节点图

3.2　红岛经济区地下综合管廊项目建设现状与分析

3.2.1　区域概况

红岛经济区是青岛市委、市政府为实施“三城联动”发展战略，在已先期启动开发的青岛高新技术产业开发区胶州湾北部园区的基础上，整合空间资源、保护胶州湾底生态岸线，统筹并带动区域协调发展设立的。红岛经济区范围包括青岛高新区、红岛街道及河套街道，占地面积约为 160km^2（图 3-23）。

3.2.1.1　地质

红岛经济区 167km^2 规划范围内，地质条件变化极大。

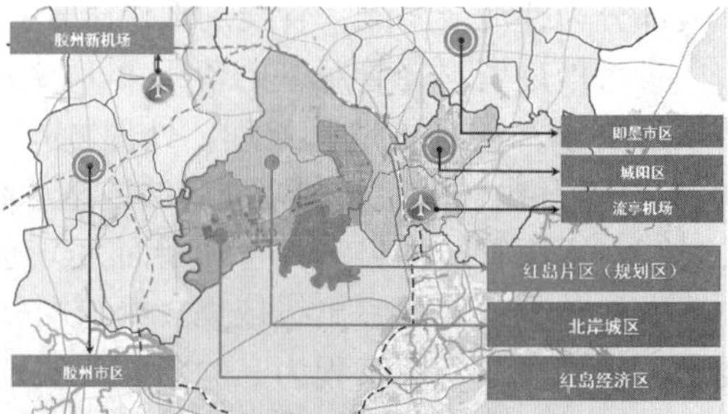

图 3-23　红岛经济区区位图

高新区地貌形态属于滨海沼泽化浅滩，原为虾池、盐田，经人工回填后高程在 2.5m 左右；场区土层共分 5 层，分别为素填土、淤泥质土、粉质黏土、砂层、基岩等，其中淤泥层平均厚度约 2m，且高新区常水位为 1.5m，基础设施施工时沟槽开挖难度大，容易发生塌方。同时在软弱地基上，压缩模量低，协调变形能力很差。红岛片区、河套街道为火山喷发岩产物，地质多为凝灰岩、安山岩、玄武岩、流纹岩等，在进行城市基础设施建设时，土方开挖相对较为困难。

3.2.1.2　道路交通

红岛经济区三大组成部分中，高新区发展起步时间早，到目前为止高新区中、东片区基本建设完毕，红岛街道和河套街道目前正处于大规模开发建设初期，道路交通系统也存在较多空白。

（1）高新区

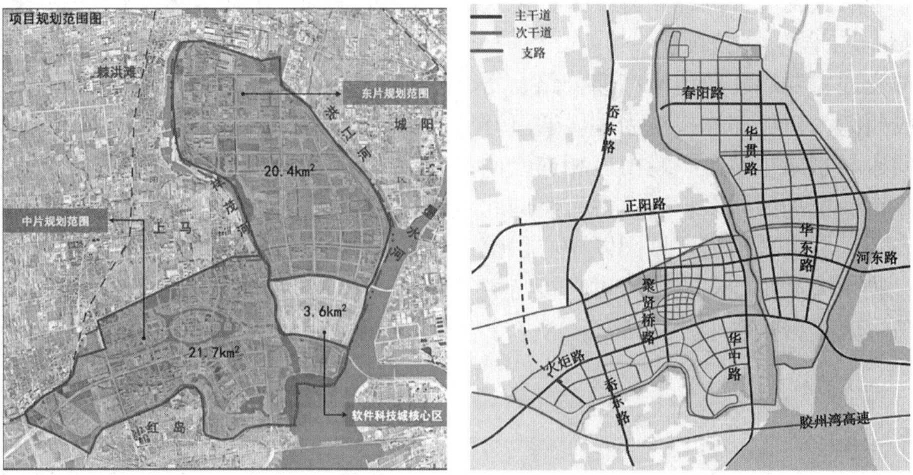

图 3-24　红岛经济区道路交通现状

按照高新区中、东片区及软件科技城控规所规划的道路网体系，高新区道路路网已实施95%。已实施主次干道 140km，占规划总长度的 95%；支路 79km，占规划总长度的 85%；未实施道路主要位于中片区，主次干道 7km，支路 15km（图 3-24）。

（2）红岛经济区西片区

控规将红岛经济区西片区划分为高新区西片区及铁路红岛站周边区域、河套环湾高速以南、龙海路以西片区以及青岛河套及镇驻地周边片区。

高新区西片区及铁路红岛站周边区域规划范围内现有主要道路 8 条，其中等级较高、路况较好的道路，在规划中予以保留或局部改造，主要包括：胶州湾高速公路公路——承担区域对外交通功能，连接青岛主城区和黄岛。

1 条区域性干道——双积公路，承担北岸城区各组团之间交通联系功能。

4 条片区主要道路——包括安和路、前海路、锦海路、绣海路。

河套环湾高速以南、龙海路以西片区规划范围内现状主要有胶州湾高速公路、双积公路、龙海路、前海路、清河路等道路，其余多为乡村道路。

青岛河套及镇驻地周边片区内现有主要道路 27 条，其他多为乡村路，路网密度 1.12km/km²。其中等级较高、路况较好的道路，在规划中予以保留或局部改造，主要包括：

胶州湾高速路——承担区域对外交通功能，连接青岛、黄岛以及经济管理和商务服务中心。

2 条区域性干道——承担北岸城区各组团之间交通联系功能。包括：正阳路、龙海路。

9 条支路——包括汇海路、汇和路、裕和路、平和路、文海路、玉海路、胶马路、兴和路、丰和路。

红岛经济区西片区道路网大部分未按照规划实施。

（3）红岛经济区红岛片区

红岛片区共有各类省级、县乡级、镇级、村级道路 38 条，总里程 79.3km。

片区内部环岛路系统已基本完成，总长达 50 余 km，南北交通主要以岙东路、邵东路、高宿路等道路为主，东西交通主要以宿流路—邵山路、雪驰路、各社区进村路为主。主要道路有岙东路红岛段（省级）10.6km，宿流路（县乡级）6.2km，环岛路（县乡级）10.5km。现状路况较好的道路有 6 条，总长度 26.6km，占地约 41 公顷。

对外交通主要以环胶州湾高速公路、岙东路、胶州湾大桥红岛连接线为主。通过环湾高速向东与东岸主城区、崂山区相连，向西与胶州市、黄岛区联系；通过岙东路向北可到达高新区、上马街道、城阳区中心、流亭机场；胶州湾大桥红岛连接线可直接与黄岛、青岛主城区相联系（图 3-25）。

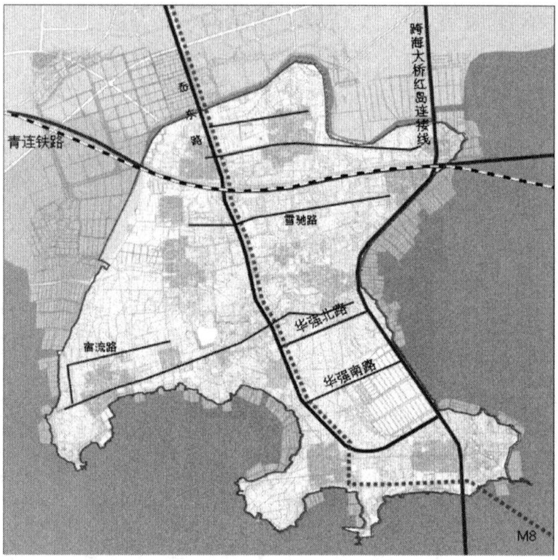

图 3-25　现状交通路网图

3.2.1.3　地下管线现状

（1）高新区

高新区在开发之初，道路建设过程中市政配套管线也同步实施，故高新区中片区、东片区及软件科技城市政管网也基本完善。

（2）红岛经济区西片区

因西片区处于开发建设初期，市政管网也极不完善，基本上是随着道路新建进行的相关配套或者供给原来村庄使用的较为分散的配套管道。

（3）红岛经济区红岛片区

因红岛片区处于开发建设初期，市政管网也极不完善，基本上是随着道路新建进行的相关配套或者供给原来村庄使用的较为分散的配套管道。

现状给水：现状红岛片区的给水由城阳西部供水厂供给，经上马泵站加压后由 DN600 和 DN400 两条管道输送至红岛区域。

现状电力：红岛片区内现状建有 1 处 35kV 红岛站，变电容量为 2 × 20MVA，1 处 110kV 大洋站，变电容量为 2 × 63MVA。

现状供热：规划区域现状主要是农村，共有 17 个村庄，户籍人口约 3.5 万人，无集中供热。部分建筑的供冷供热需求，主要依靠分散的燃煤、燃气或燃油取暖和分体空调满足，热化率极低。

现状通信：红岛片区现有 1 个电信端局；1 个中国联通公司端局电缆共计 211km；红岛邮政支局一处，主要承担邮政投递和营业收寄两大板块；1 处有线电视机房，广播电视用户 95% 为有线接入。

现状燃气：红岛片区现状气源主要有液化石油气、天然气。目前红岛街道内天然气管线中压主管道为 DN300 的 PE 管，可供给居民用户约 30 万户；主管道已覆盖岙东路全线；截至目前红岛街道境内已敷设中压管线 13km，低压管线 7km。

现状雨水：红岛片区范围内雨水就近排放到河流、沟渠，现状道路坡度均较大，现状雨水排放多以路边自然边沟为主，部分街道道路边建有盖板沟。根据资料，华强南路现状暗渠规格为 $B \times H = 2.0\text{m} \times 1.8\text{m}$ 至 $B \times H = 3.5\text{m} \times 2.0\text{m}$，主要收集华强项目和附近道路排入的雨水，自西向东最终排入胶州湾。

现状污水：红岛片区内除部分企业建有小型污水处理设施外，尚未建有完善的污水收集及处理设施。

3.2.2　总体规划布局

红岛经济区所处的特殊区域决定它必须站在整个胶州湾北部新城区的城市空间格局下考虑。北部新城区是青岛实现未来世界级环湾大都市理想必须跨越的发展历程，在整个青岛市范围内，北部新城区将带动腹地胶州、平度等县市的开发，实现大青岛的整体良性发展。

兼顾地区内独特的资源禀赋和现有发展基础，结合新城产业内涵的发展要求，规划打破传统的“内聚式”发展模式，以科技创新发展引擎为核心，按照“内外并举”的发展模式，形成“一核、两轴、三岛群、多园区”的岛链状空间发展格局。依托盐田水系整治和生态安全要求，规划用地布局形成“岛”状特征，以快速交通和生态网络为纽带，串联东部创新岛群、中央科技岛群、西部创智岛群等多个功能岛群，各岛群内组织多个特色鲜明的产业园区。

3.2.3　综合管廊规划布局

3.2.3.1　高新区综合管廊规划

按照规划原则，确定综合管廊“轴向敷设、环状布局、网状服务”的系统布局。

路网规划共确定 46 条主次干道，总长度约 163.4km，包含支路 165km，道路总长度约 328.5km。其中 25 条道路布置了综合管沟，总长约 74.6km，占主次干道总长度的 46%，占道路总长度的 23%。

图 3-26　高新区综合管廊系统规划图

主干沟 4 条，总长度约 18km，占综合管沟总长度的 24%；占主次干道总长度的 11%；占道路总长度的 5%；次干沟 4 条，总长度约 17.8km，占综合管沟总长度的 24%；占主次干道总长度的 11%；占道路总长度的 5%；支沟共 17 条，总长度约 38.7km，占综合管沟总长度的 52%，占主次干道总长度的 24%；占道路总长度的 12%（图 3-26）。

3.2.3.2　红岛经济区西片区综合管廊规划

红岛经济区西片区综合管廊规划以高铁枢纽站、奥体中心、商务区等区域为重点研究区域，形成“四横四纵”干线系统，结合支线、缆线管廊，形成完善“网格状”系统布局。西片区综合管廊规划长度约 76.9km（图 3-27）。

3.2.3.3 红岛经济区红岛片区综合管廊规划

通过分析红岛片区城市发展结构、用地性质规划、道路交通规划及市政管线路由规划，确定红岛片区综合管廊系统为骨架联通式布局。综合管廊规划长度约 40km。

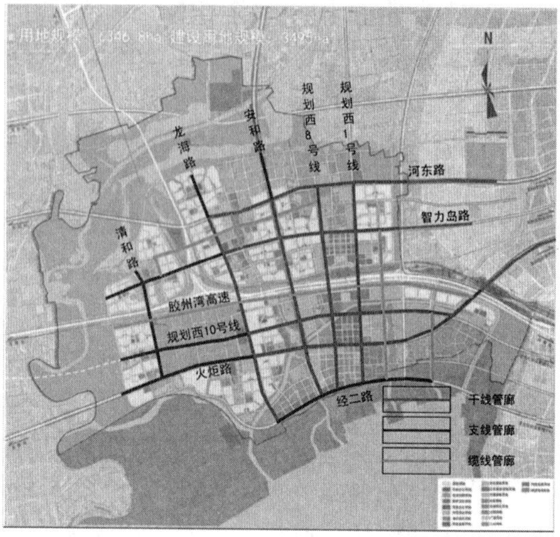

图 3-27 红岛经济区西片区综合管廊规划图

（1）干线管廊：“两横三纵”骨架。

纵向通过纵二路、岙东路、聚贤桥路综合管廊大大提高从高新区引入的各市政主管线的安全性，同时向南延伸贯穿整个红岛片区，将北部综合居住片区、中心综合居住片区及南部休闲、居住、旅游串联为一个整体。

横向通过田海路、经二路加强纵向干线管廊之间的联系，同时横纵骨架形成网格状的系统布局，在一定程度上成环成网，极大地提高了干线管廊的系统性。

（2）支线管廊：“四横”

红岛片区从北至南被分割为北部综合居住片区、中部综合居住片区及南部居住、旅游、休闲综合片区。横向经五路、规划路、华强南路及岙东南路支线管廊在各自的区域内完善综合管廊系统，增强与干线管廊的联系，提高区域内部的管线安全供给率。

缆线管廊：110kV 及以上高压电缆入地敷设本就需要建设电缆沟，将电缆沟扩充并纳入其他管线形成综合管廊是经济有效的方式。除了升级成为综合管廊的路由，其余在区域内部布置的 220kV、110kV、35kV 电力线缆路由应布置缆线管廊，弱化高压线塔对红岛片区景观的影响。至于 10kV 电力电缆以及通信线缆组成的缆线管廊，可以结合周边地块发展需求根据实际情况建设（图 3-28）。

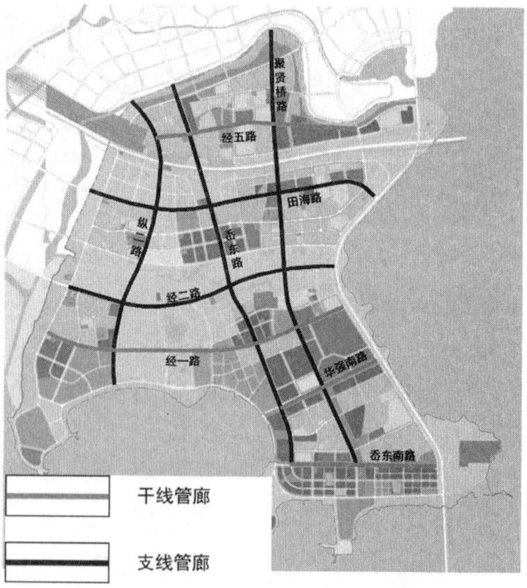

图 3-28 红岛片区综合管廊系统规划图

3.2.3.4 综合管廊试点项目情况

（1）规划西 1 号线综合管廊项目

建设单位名称：高新区建设局。

投资项目性质：PPP 模式。

项目简介：规划西 1 号线综合管廊长约 1117m，将包括雨污水、燃气、电力、通信、给水、再生水及热力等 8 类市政管线均纳入综合管廊，采用五舱断面，断面尺寸为 $B \times H = 14.6\text{m} \times 3.8\text{m}$。管廊位于道路西侧非机动车道及绿化带下（图 3-29、图 3-30）。

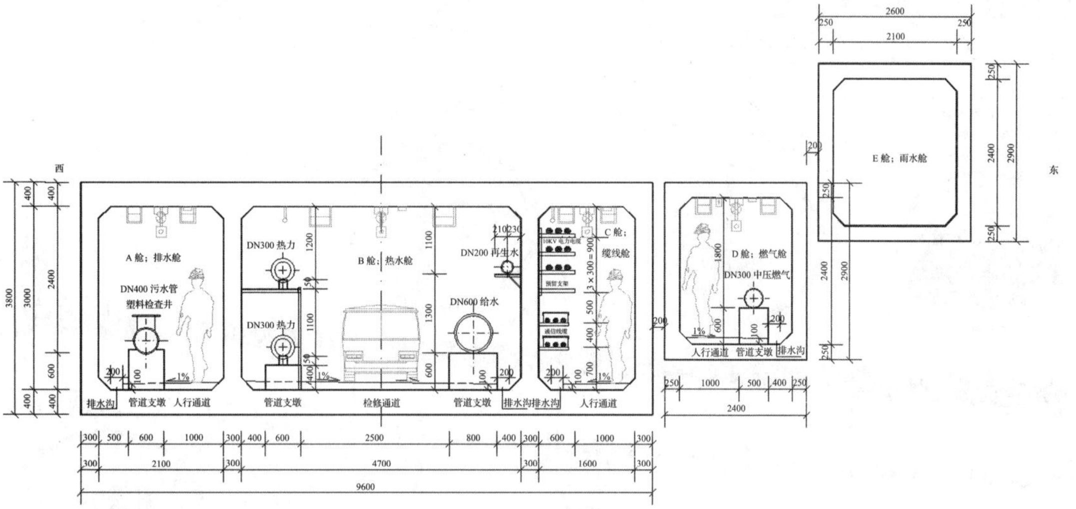

图 3-29　主廊断面图

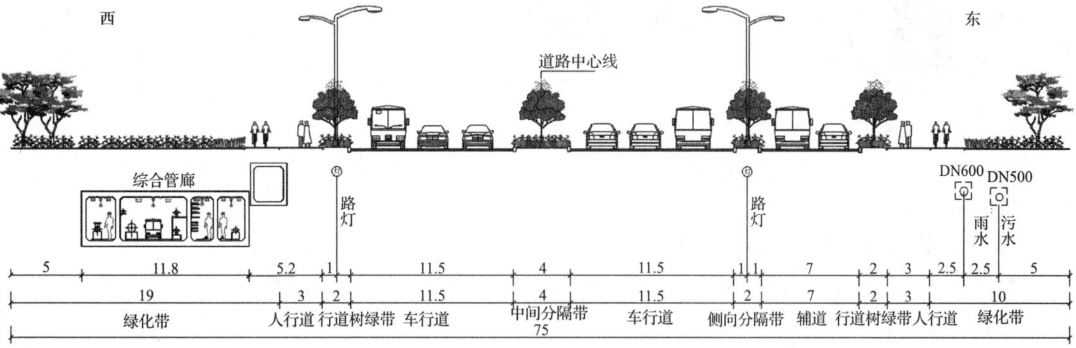

图 3-30　主廊平面位置图

项目实施进度：截止到 2018 年 12 月，已累计完成廊体合计 744m，其中主廊 624m、支廊 120m，廊体总体完成比例 67%；项目计划总投资 7491.15 万元，目前已完成投资 6680.00 万元。

3.2.4　试点项目建设难点及解决方案

（1）8 类市政管线入廊，管线出线情况复杂

规划西 1 号线将所有市政管线纳入综合管廊，相交路口管线出线情况复杂，涉及管廊与管廊、管廊与雨污水、廊内污水交叉问题。为使图纸更加直观，规划西 1 号线综合管廊在设计过程中全程采用 BIM 方式。直观感受各管线交叉、碰撞等问题，在设计各个阶段从数据层、模型层和功能应用层对设计质量进行严格把关，保证试点项目设计质量（图 3-31、图 3-32）。

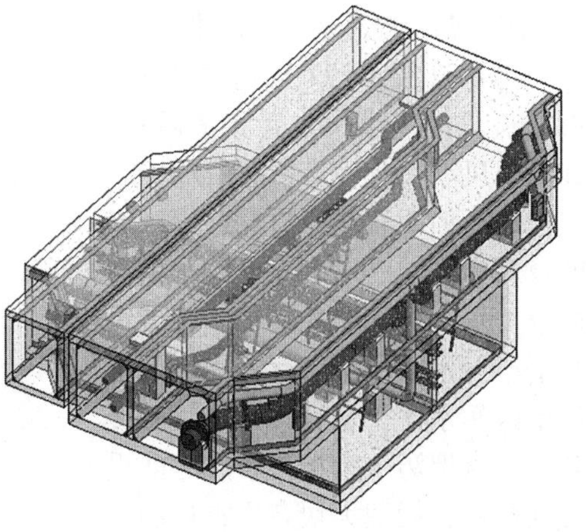

图 3-31　设计过程中 BIM 应用

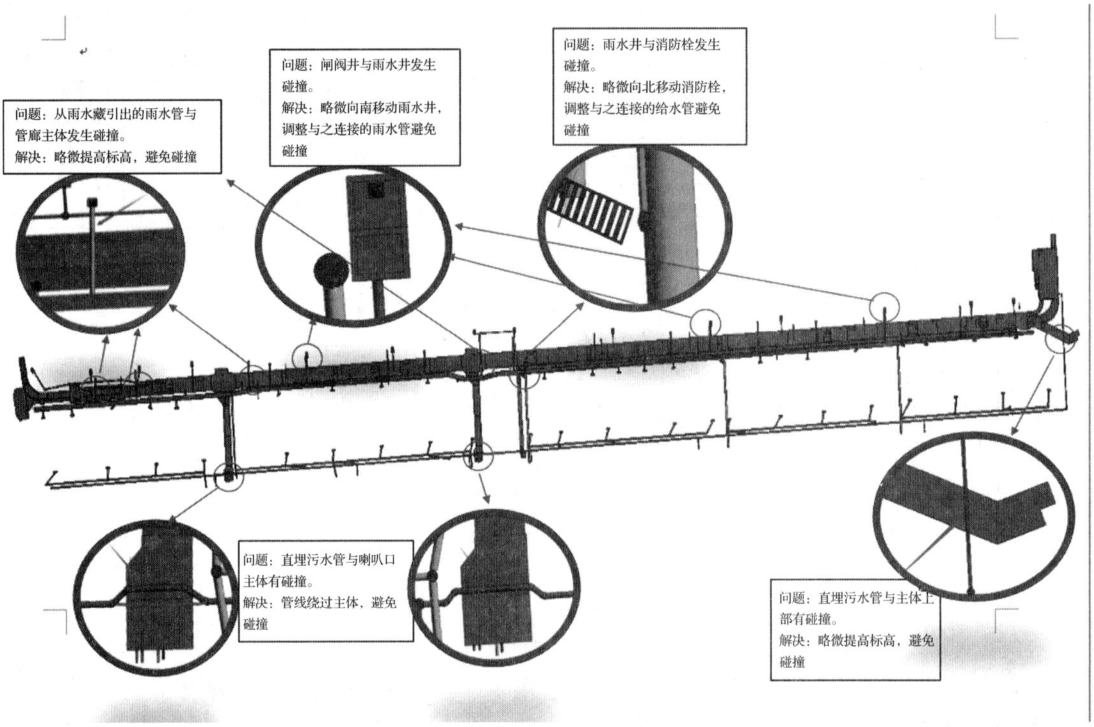

图 3-32　BIM 应用检查管线碰撞等问题

（2）污水、燃气管线入廊，设计难点多

天然气管线进入综合管廊有安全方面的隐患，通过采取科学的技术措施解决燃气管道的安全问题，天然气管线是可以直接进入综合管廊的。但竣工验收难，燃气属于易燃易爆品，竣工后消防验收相当麻烦，并且管廊内的燃气，目前还没有关于管廊内燃气的验收规范可以支撑；工程投资会增加，对运行管理和日常维护也提出了更高的要求。

在设计过程中与《城镇燃气设计规范》《城镇燃气输配工程施工及验收规范》等相关规范编制单位以及燃气管线权属单位对接，落实燃气入廊问题，提高燃气入廊安全性。

污水管线入廊存在四大难点：重力流排放需求、支管接驳需求、廊内通风需求及管道清通需求。

规划西 1 号线通过调整管廊坡度及廊内支墩高度，保证污水重力排放要求，不会额外增加管廊埋深及下游污水管网系统标高。为保证与街区污水支管及直埋污水管的接驳，在直埋污水管接入管廊之前设置闸槽井，拦截大块杂质，控制进入廊内水量，防止廊内管廊堵塞，

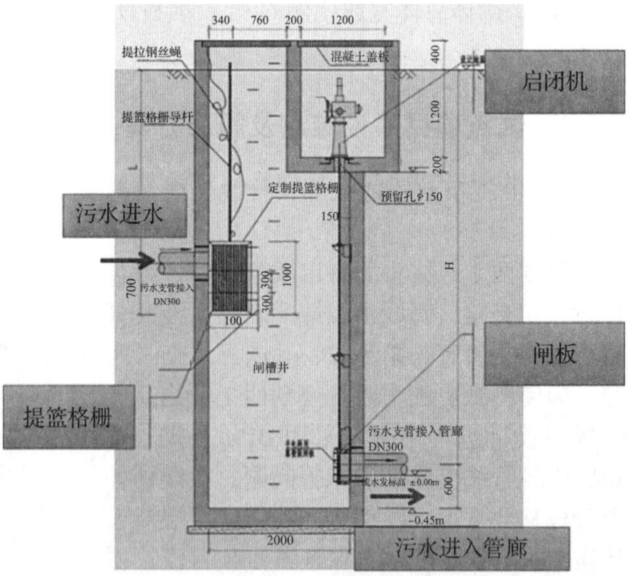

图 3-33　污水支管接驳方案

方便管道检修。污水舱室每个防火分区分别设置 1 个机械进风口（兼补风口）、1 个机械排风（兼排烟口），每个风口处设电动防烟防火调节阀，平时常开，采用机械进排风的通风方式。正常通风换气次数按 6 次 / 小时计算，事故通风换气次数按 12 次 / 小时计算，加强通风，避免爆炸气体积累（图 3-33）。

（3）检修车入廊，车辆进出方式研究

为方便廊内管道后期更换维修，给水、热力舱室设置检修车入廊。检修车出入口方案、与监控中心结合方式、车道与管廊衔接等内容逐一深入研究（图 3-34）。

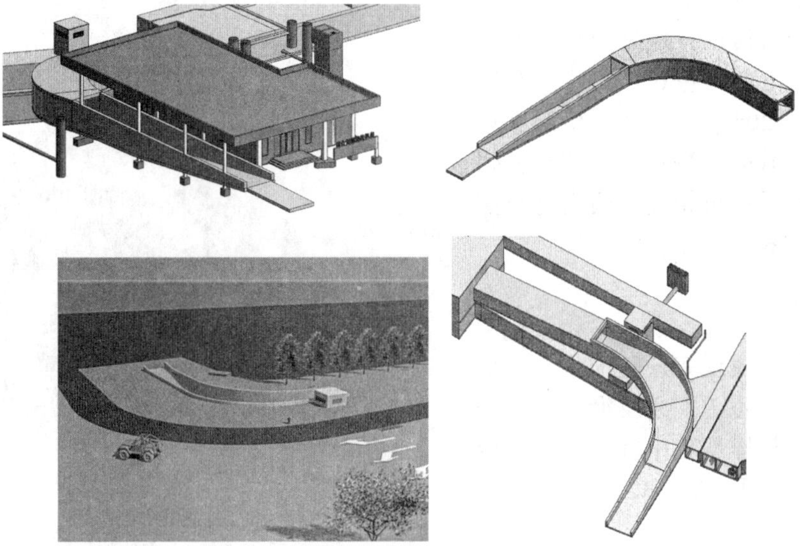

图 3-34　检修车出入方案 BIM 模拟

3.2.5　综合管廊非试点项目建设现状

3.2.5.1　建设规模及投资模式

自 2008 年至今，结合高新区的区域发展和道路实施情况，高新区综合管廊建设主要集中在中片区和东片区。高新区建区至今累计共完成综合管廊长度约 54km，总投入约 19.6 亿元。至此中、东片区管廊已基本完成，高新区区域网络体系基本构建完成。

建区初期青岛高新区综合管廊建设的投融资模式基本可以归结为全额政府投入的模式。自 2008 年至今，高新区投入建设综合管廊资金约 19.6 亿元（图 3-35）。

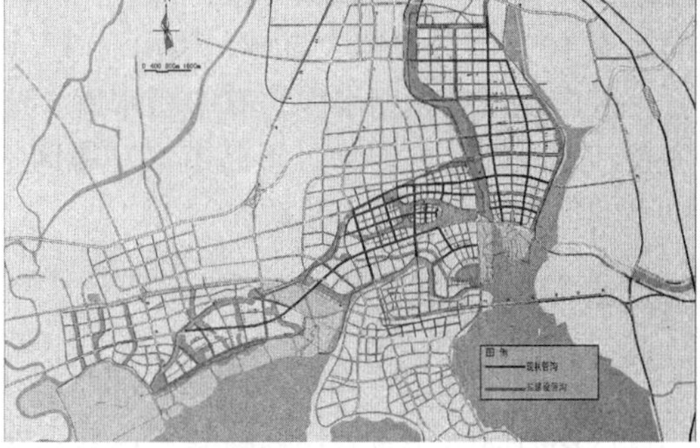

图 3-35　高新区已建综合管廊系统图

3.2.5.2　运营维护

在综合管廊的实际维护运营管理中，高新区已建综合管廊目前实施的是资产持有与管廊运营管理分开的原则。结合青岛高新区的实际情况，综合管廊的管理还是采取政府主导，行业统筹，综合管廊公司专业化管理的措施。

目前高新区综合管廊获得的间接经济效

益占三分之二以上。除通信线缆开始收费外，其余收费项目还在研究阶段。

3.3 西海岸新区地下综合管廊项目建设现状与分析

3.3.1 区域概况

3.3.1.1 地理位置

西海岸新区处于山东半岛蓝色经济区和环渤海经济区内，地处山东东南沿海（北纬 35° 35′ ～36° 08′，东经 119° 30′ ～120° 13′），东南濒临黄海，与青岛老城区隔海相望，北与胶州市毗邻，西与潍坊市相连，西南与日照市接壤（图 3-36）。

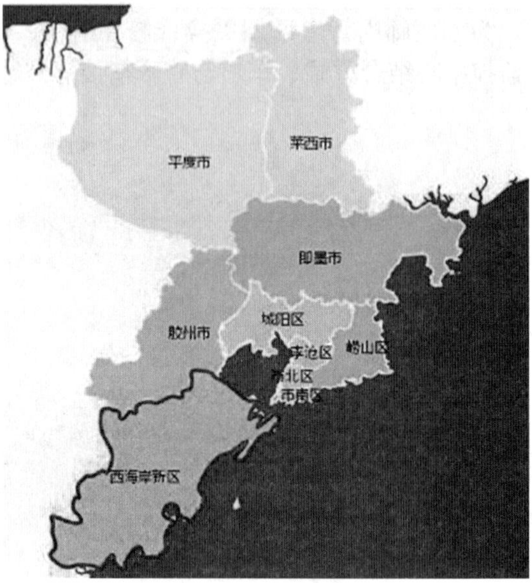

图 3-36 西海岸新区在青岛市的区位

3.3.1.2 地形

西海岸新区属滨海丘陵地带，主要有低山岭地、丘陵、平原及沿海低地四种地貌特征，整体地势中部隆起，由西北向东南逐渐降低（图 3-37）。

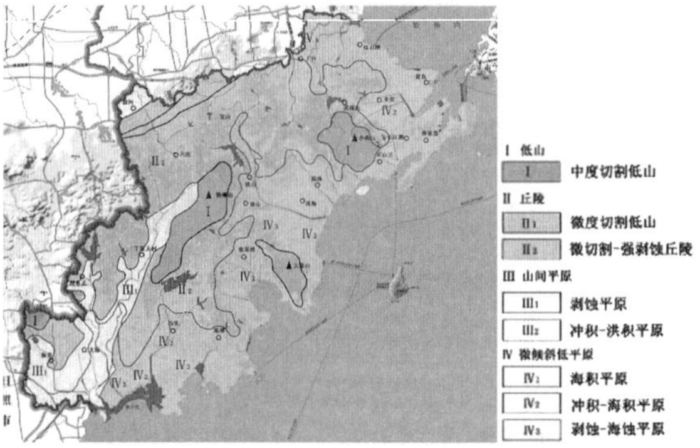

图 3-37 地貌分区图

3.3.1.3 气候

西海岸新区属温带季风气候（海洋性季风气候），经常受到海洋季风和海流、水团的直接影响，空气湿润，雨量充沛，温度适中，四季分明，有明显的海洋气候特点。

3.3.1.4 自然资源

水资源区内的河流属沿海独立入海的诸小河水系。河流均为季风区雨源型河流，其特点是自成流域体系，源短流急，单独入海。全区共有大小河流 125 条，其中较大的河流 10 条，分属四大流域：风河流域、洋河流域、白马—吉利河流域和南胶莱河流域。

区内现没有大型水库，有中型水库 5 座，小型水库 188 座。新区内可做为饮用水源水库主要涉及 8 处，主要为《青岛市水功能区划》中具有引用水水源功能且实际日供水量 1000t 以上的集中式饮用水水源地。

3.3.1.5 工程地质及水文地质

在地质构造上，为胶南隆起，属于鲁东地质次一级构造单元。早期太古代以褶皱为主，元古代以后以断裂为主，其断裂构造线主要为东北向。出露地表的岩石有变质岩、岩浆岩和沉积岩，在这三类岩石中，以变质岩分布最广，出露面积占黄岛区总面积的 39.2%，其次是岩浆岩，出露面积占总面积的22.5%，最后是沉积岩，出露面积占总面积的3.6%，此外还有少量松散岩层，出露面积占总面积的5.8%。

西海岸新区河流水系较多，境内2.5km以上的河流（含大河支流）有125条，其中较大河流10条，独流入海的小河26条，多发源于中部山区，于东、南、东北入海。控制河流6条：白马河、横河、甜水河、吉利河、巨洋河、风河，这些河流均为季节性河流，特点是源短流急，单独入海。径流量的季节变化较为明显，雨季水位暴涨、流量激增，枯季流量骤减，甚至干涸断流。

西海岸新区海岸线曲折多变，北起洋河入海口处的五河头，南至白马河入海处的王家滩口，大陆海岸线总长约150km，其海岸自东北向西南大体为沙岸、岩岸、泥岸三种类型。岩岸，主要包括灵山镇的大岔口、积米崖一带，大珠山的东、南、西三面沿岸以及车轮山到董家口的沿岸三部分，总长51.25km；泥岸，主要包括琅琊、泊里两镇的海岸，总长21.25km。从董家口到王家滩口为沙泥海岸，长度为20.25km。此外，近海的海域有灵山岛、斋堂岛、鸭岛、沐官岛、牛岛、唐岛、胡岛、小冲里岛和牙岛九个岛屿，其海岸线总长为28km，几乎全部为基岩性海岸。

3.3.1.6　路网系统

构建西海岸中心城区、董家口城区既相对独立又联系便捷的路网格局，形成主次分明、层次清晰、过境交通适当分离的路网体系（图3-38）。

（1）西海岸中心城区

2030年，西海岸中心城区道路网总长度约3046km，路网密度约8.2km/km^2，快、主、次、支路的道路密度比为0.40∶1.9∶1.4∶4.5，道路面积率在17%左右。

（2）董家口经济港城

2030年，董家口港城道路网总长度约805km，路网密度约8.05km/km^{2}里，快、主、次、支路的道路密度比例为0.09∶2.76∶1.4∶3.8，道路面积率控制在15%左右。

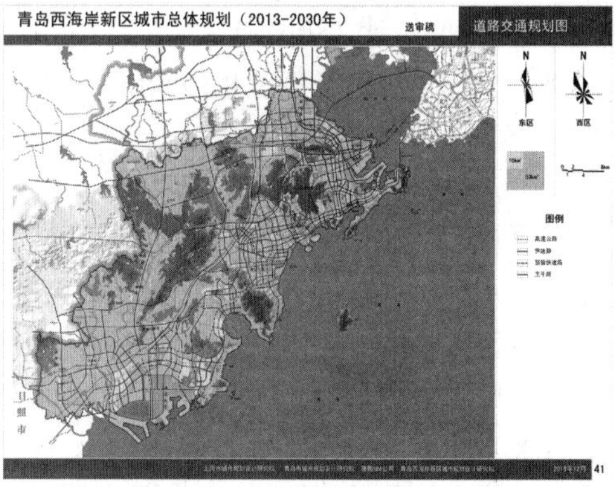

图3-38　西海岸新区道路交通规划图

3.3.1.7　管网系统

目前，西海岸新区的地下管线主要分布于各片区的老城区。黄岛城区现状管线主要集中在原黄岛城区，市政管线种类以给水、中水、电力、电信、热力、燃气、雨水、污水为主。生产或专用管线主要是油田输油、输气管道。

珠山城区现状管线主要集中在原胶南城区，市政管线种类以给水、中水、电力、电信、热力、燃气、雨水、污水为主。

北部国际新城现状管线主要集中在王台镇区及中德产业园区，其中王台镇区市政管线较为老旧，市政管线以给水、中水、电力、电信、热力、燃气、雨水、污水为主，存在部分雨污混流管（渠）；中德产业园区为新建园区，市政管线以给水、中水、电力、电信、热力、燃气、雨水、污水为主。北部国际新城生产或专用管线主要是油田输油、输气管道。

灵山湾影视新城现状管线主要集中在沿海一线，市政管线种类以给水、中水、电力、电信、热力、燃气、雨水、污水为主。

古镇口城区现状管线主要集中在滨海大道沿线，市政管线种类以给水、中水、电力、电信、热力、燃气、雨水、污水为主。

董家口城区现状管线主要集中在港润大道及疏港一路，市政管线种类以给水、中水、电力、电信、热力、燃气、雨水、污水为主。生产管线主要有输油、输气管道。

3.3.2 总体规划布局

西海岸新区实施“一核两港、多区联动、轴带贯通、组团发展”的城镇空间发展战略。预测西海岸新区2030年常住人口达到410万人左右，城镇人口为390万左右。其中，近期到2020年常住人口达到240万人左右。新区2030年城镇建设用地面积面积为468km^2，人均城镇建设用地控制在120m^{2}以内。

3.3.3 综合管廊规划布局

结合西海岸新区综合管廊适建区域及优先建设片区分布情况，在新区规划形成“一轴七片”的综合管廊体系，即在江山路、长江路、人民路、上海路形成综合管廊主轴，在王台片区、前湾商贸区、中德生态园区、辛安片区、唐岛湾商务中心区、高铁商务区、中央活力区七个优先建设片区重点规划的总体布局方案。

西海岸新区总体平面布局如图3-39所示。总长度共计180.86km，道路覆盖率为4.39%，管廊建设密度为0.394km/km^2。

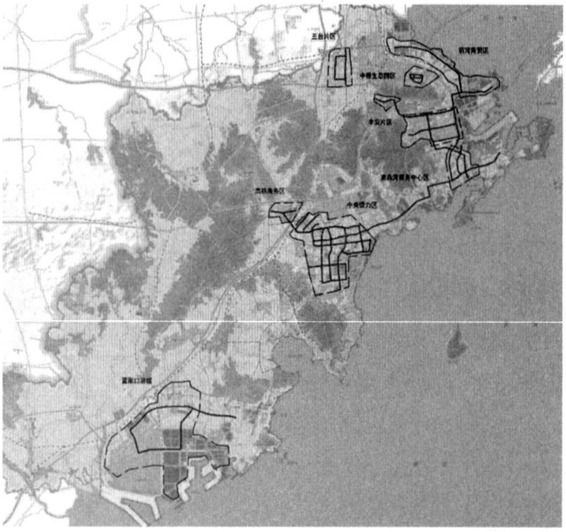

图3-39　西海岸新区综合管廊总体平面布局图

3.3.4 综合管廊试点项目情况

目前西海岸新区在建管廊均为试点项目，分别为：中德生态园十七号线管廊项目、中德生态园四号线管廊项目、中德生态园纵七路管廊项目、董家口经济区贡北路地下综合管廊项目、江山路前湾港路交叉口管廊项目及青岛海洋高新区海口路管廊项目，总长度约为20km。综合管廊主要容纳电力、通信、热力、天然气、给水、污水及再生水等管线，断面形式包括双舱、三舱及四舱等形式。

（1）中德生态园十七号线管廊项目

建设单位名称：中德联合集团有限公司。

投融资模式：PPP模式。

项目简介：中德生态园十七号线位于生态园中部，规划为城市次干道，道路为东西走向，红线宽度30m。主廊西起珠宋路，东至环三号线，电力支廊南起十七号线，北至110kV变电站，综合管廊总长度1667m（图3-17、图3-18）。

主廊位于十七号线道路南侧人行道、绿化带下，分为3舱，分别为电力舱（净尺寸为$B \times H$ = 2.4m × 3.0m）、水信舱（净尺寸为$B \times H$ = 2.0m × 3.0m）、污热舱（净尺寸为$B \times H$ = 3.3m × 3.0m）。主管廊入廊管道分别有：电力舱（10kV24回、110kV4回、35kV6回）、水信舱（DN200给水管道、通信管道）、污热舱（DN400热力管道、DN300～DN400污水管道、DN200中水管道）。

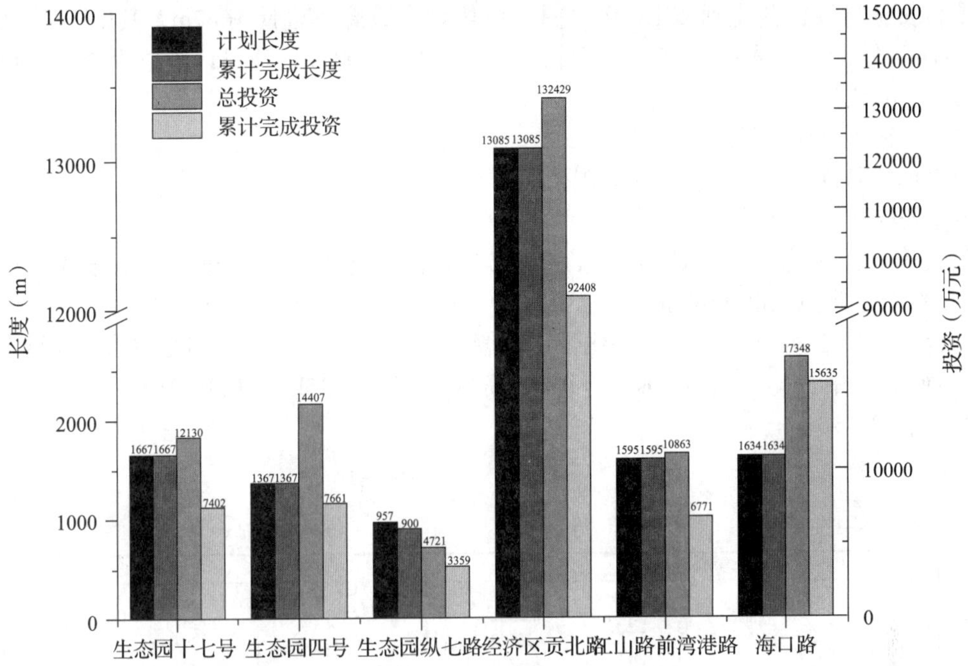

图 3-40　西海岸新区综合管廊试点项目完成统计图

注：累计完成长度、投资截至 2018 年 12 月。

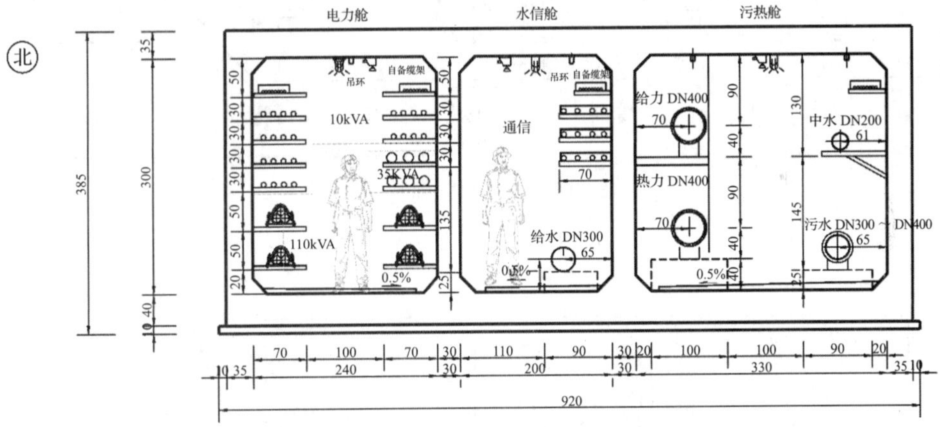

图 3-41　十七号线综合管廊断面图

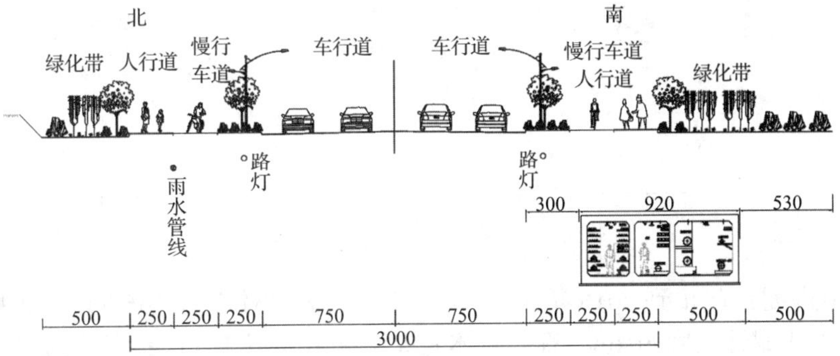

图 3-42　十七号线综合管廊位置图

项目实施进度：截止到 2018 年 12 月，已累计完成廊体合计 1667m，其中主廊 1120m、支廊 547m，管线累计入廊 1120m，廊体总体完成比例 100%；项目计划总投资 12130.00 万元，目前已完成投资 7402.30 万元。

（2）中德生态园四号线管廊项目

建设单位名称：中德联合集团有限公司。

投融资模式：PPP 模式。

项目简介：中德生态园四号线综合管廊首开段西起纵七路，东至十七号线，全长约 1209m。综合管廊总长度 1367m。

综合管廊位于南侧人行道和绿化带下，管廊采用四舱形式，分别是综合舱（给水、再生水、通信）、中压电力舱（10kV 电缆）、高压电力舱（35kV 和 110kV 电缆）、污水舱（图 3-43 ～图 3-45）。

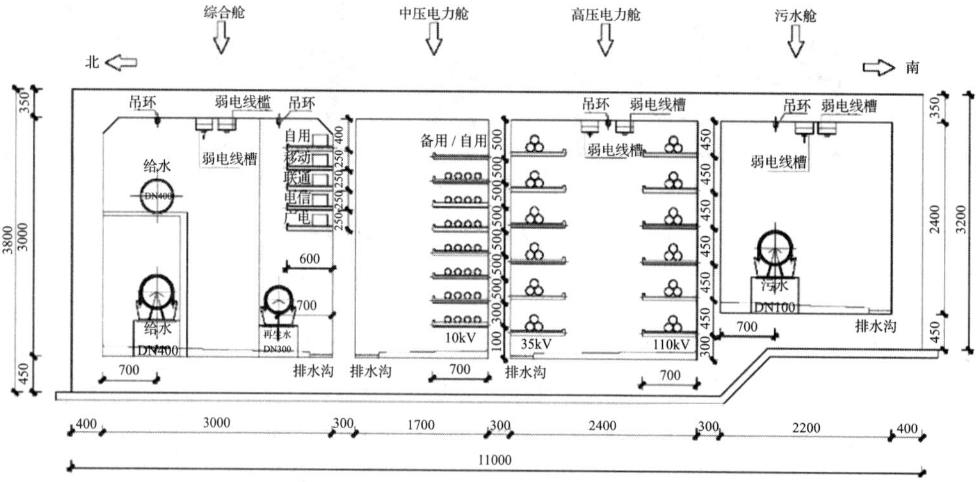

图 3-43　四号线综合管廊断面图一

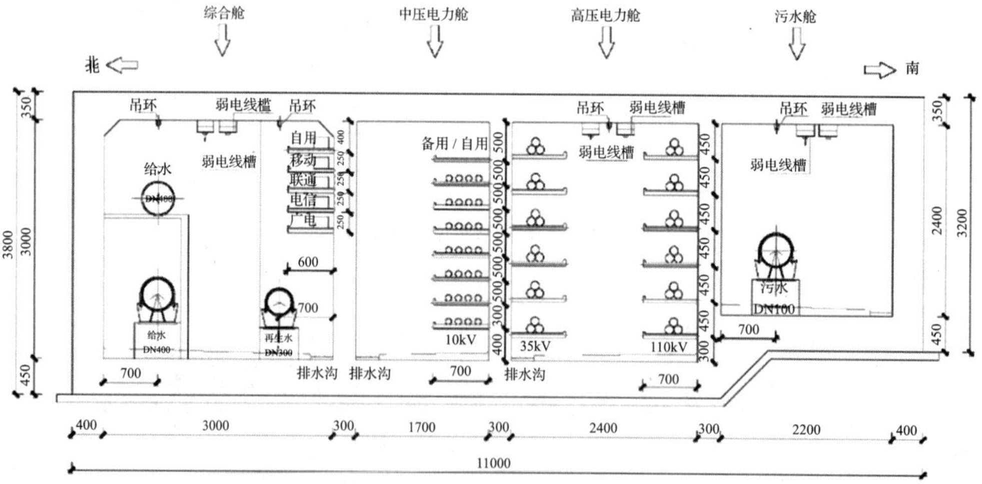

图 3-44　四号线综合管廊断面图二

项目实施进度：截止到 2018 年 12 月，已累计完成廊体合计 1367m，其中主廊 1209m、支廊 158m，管线累计入廊 604m，廊体总体完成比例 100%；项目计划总投资 14407.00 万元，目前已完成投资 7661 万元。

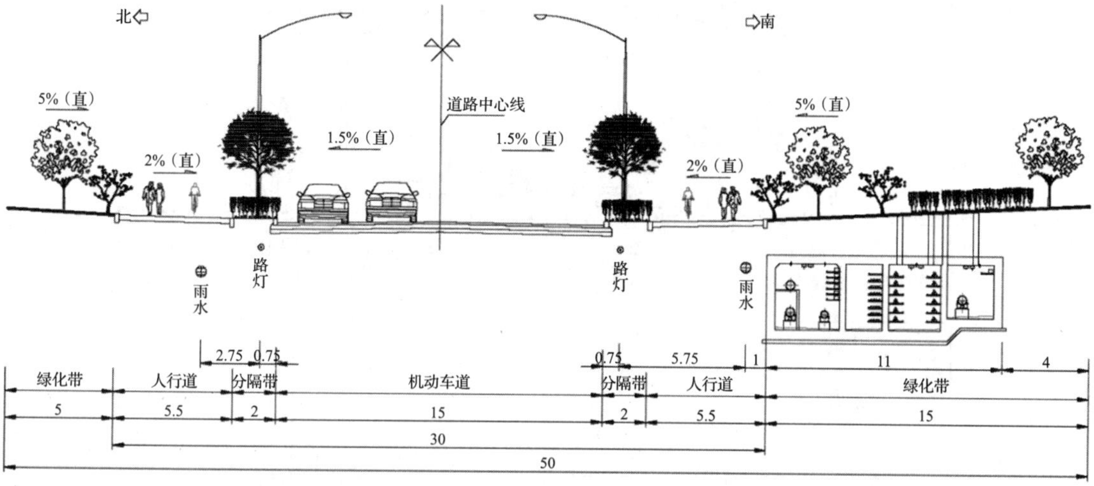

图 3-45　四号线综合管廊位置图

（3）中德生态园纵七路管廊项目

建设单位名称：中德联合集团有限公司。

投融资模式：PPP 模式。

项目简介：纵七路南起园区四号路，北至团结路，综合管廊总长度 957m。

纵七路采用双舱断面形式，西侧舱室为电力舱，东侧舱室敷设有通信、给水、中水、热力和预留管道，净断面尺寸为 $B\times H=(2.3+2.4)$ m×3.0m。支线管廊净断面尺寸为 $B\times H=3.0$ m×3.0m。

综合管廊各专业管线容量及管径如下：10kV 电力电缆，通信 10 孔，给水管道为 DN300，中水管道为 DN200，污水管道为 DN400，预留管道 DN200（图 3-46、图 3-47）。

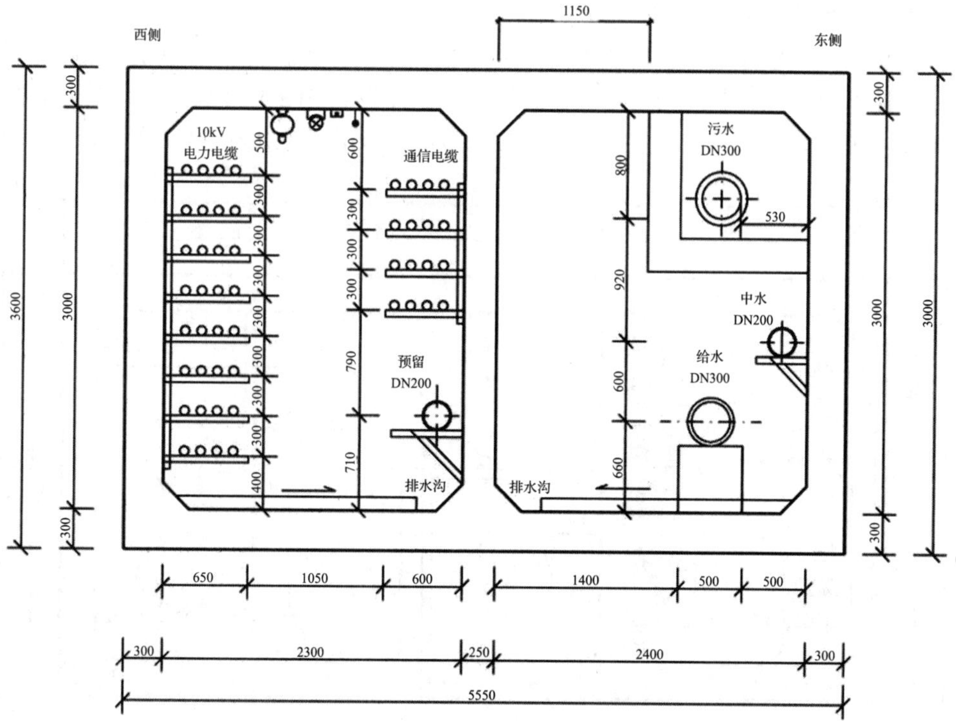

图 3-46　纵七路综合管廊断面图

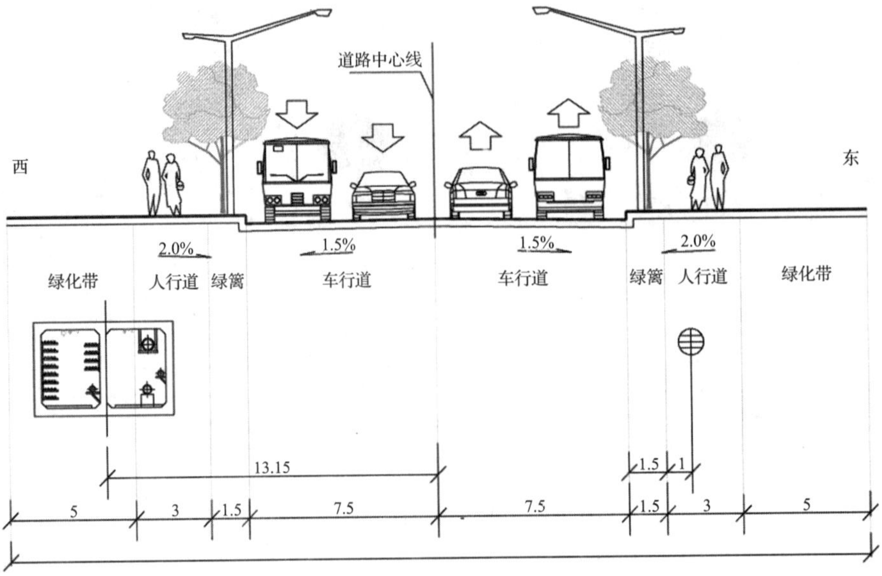

图 3-47　纵七路综合管廊位置图

项目实施进度：截止到 2018 年 12 月，已累计完成廊体合计 900m，其中主廊 785m、支廊 115m，廊体总体完成比例 94%；项目计划总投资 4721.58 万元，目前已完成投资 3359.56 万元。

（4）董家口经济区贡北路地下综合管廊项目

建设单位名称：黄岛区城市建设局。

投融资模式：PPP 模式。

项目简介：贡北路综合管廊位于贡北路，平行道路中心线敷设，位于道路红线外北侧 20m 绿化带内，综合管廊总长度 13095m。

贡北路主管廊分舱断面主要分为两种：一为主管廊三舱断面尺寸 11.30m×4.60m，包括污水舱、水利舱、电力舱，起点为滨海公路，终点为琅琊东路（图 3-48）；二为主管廊两舱断面尺寸 8.35m×4.60m，包括水力舱、电力舱，起点为琅琊东路，终点为中心东路（图 3-49）。

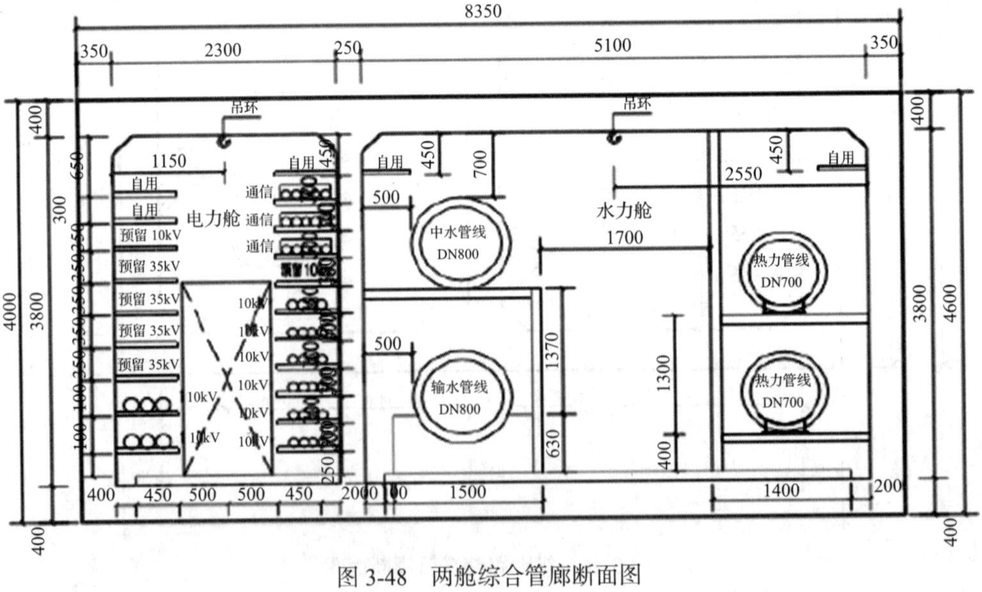

图 3-48　两舱综合管廊断面图

综合管线接入管线有给水、再生水、污水、热力、天然气、110kV 电力、10kV 电力、通信八种管线。

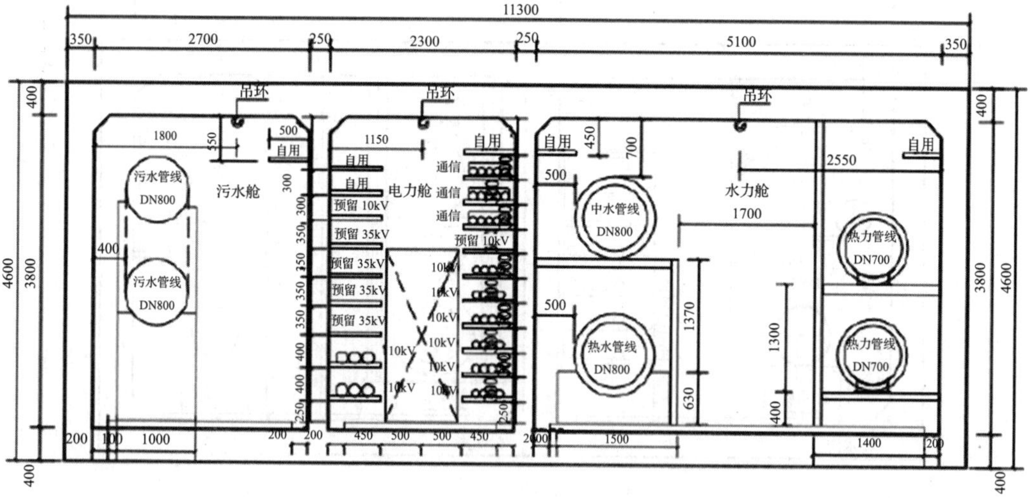

图 3-49　三舱综合管廊断面图

项目实施进度：截止到 2018 年 12 月，已累计完成廊体合计 13085m，其中主廊 12700m、支廊 385m，廊体总体完成比例 100%；项目计划总投资 132429.00 万元，目前已完成投资 92408.02 万元。

（5）江山路前湾港路交叉口管廊项目

建设单位名称：黄岛区城市建设局。

投融资模式：政府投资。

项目简介：江山路前湾港路交叉口综合管廊总长度 1595m。

江山路综合管廊纳入管线包括电力、通信、热力、给水及中水管线。前湾港路以北路段采用三舱形式，断面净尺寸 $B \times H =$（3.0 + 3.5 + 3.0）m × 3.0m（图 3-50）；前湾港路以南路段采用两舱形式，断面净尺寸 $B \times H =$（3.0 + 3.5）m × 3.0m（图 3-51）。

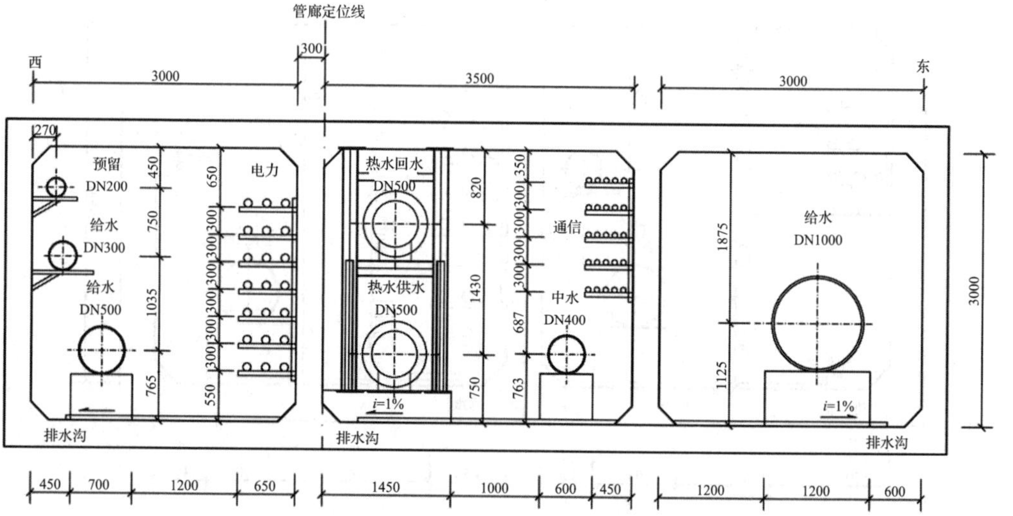

图 3-50　江山路综合管廊断面图（前湾港路以北）

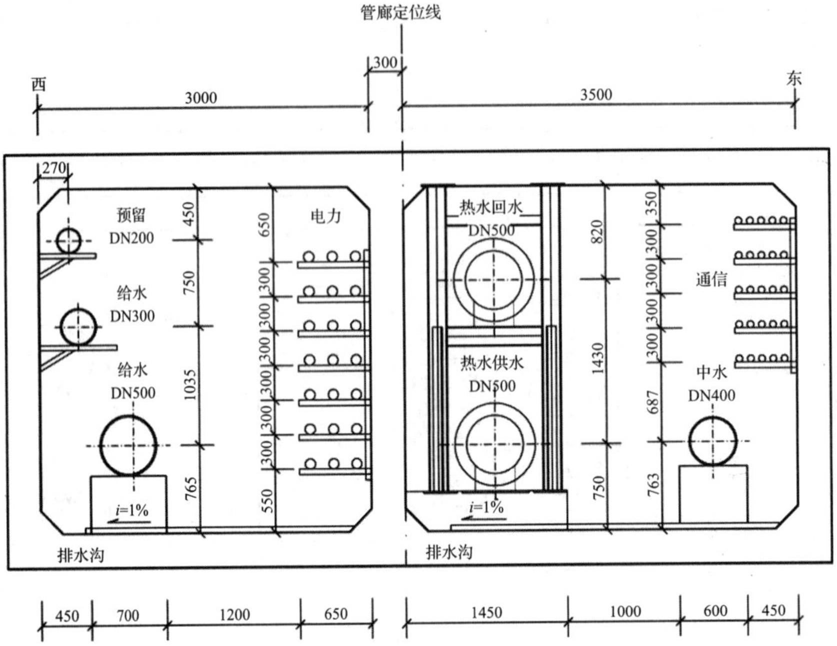

图 3-51　江山路综合管廊断面图（前湾港路以南）

前湾港路综合管廊，纳入管线包括电力、通信、给水及中水管线。江山路以西路段采用两舱形式，断面净尺寸 $B \times H$ =（3.0 + 3.0）m × 3.0m（图 3-52）；江山路以东路段桥下绿化带范围内结合江山路西侧 DN1000 给水管道路由采用三舱形式，断面净尺寸 $B \times H$ =（3.0 + 3.0 + 3.0）m × 3.0m（图 3-53）；桥区范围以外，因前湾港路用地受限，综合管廊断面采用两舱形式，断面净尺寸 $B \times H$ =（3.0+3.0）m × 3.0m（图 3-54）。

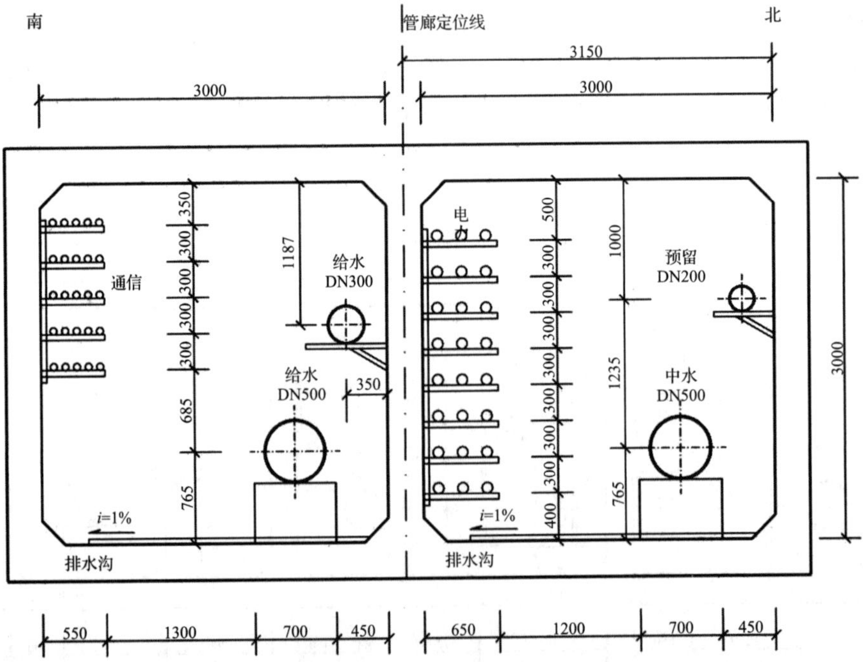

图 3-52　前湾港路综合管廊横断面图（江山路以西）

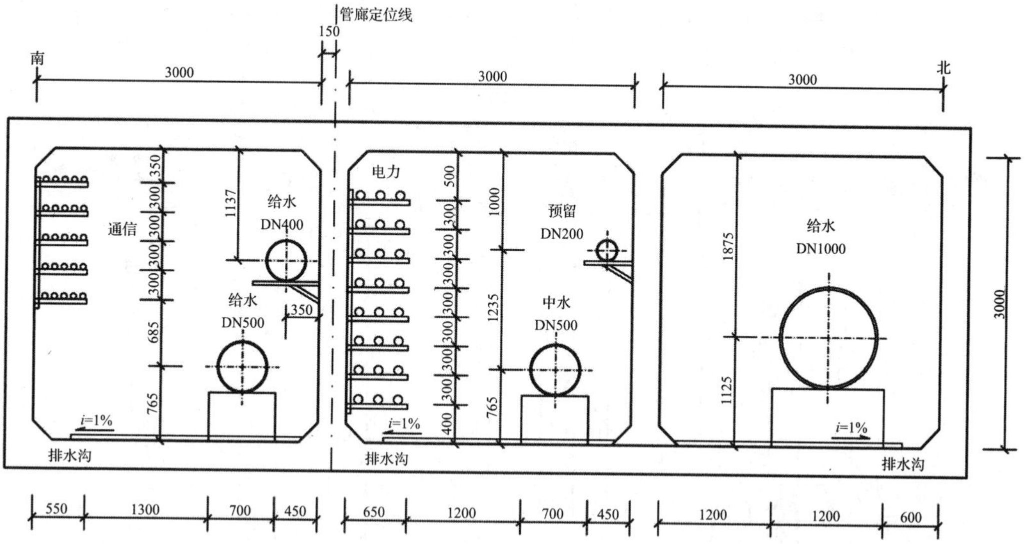

图 3-53　前湾港路综合管廊横断面图（江山路以东）

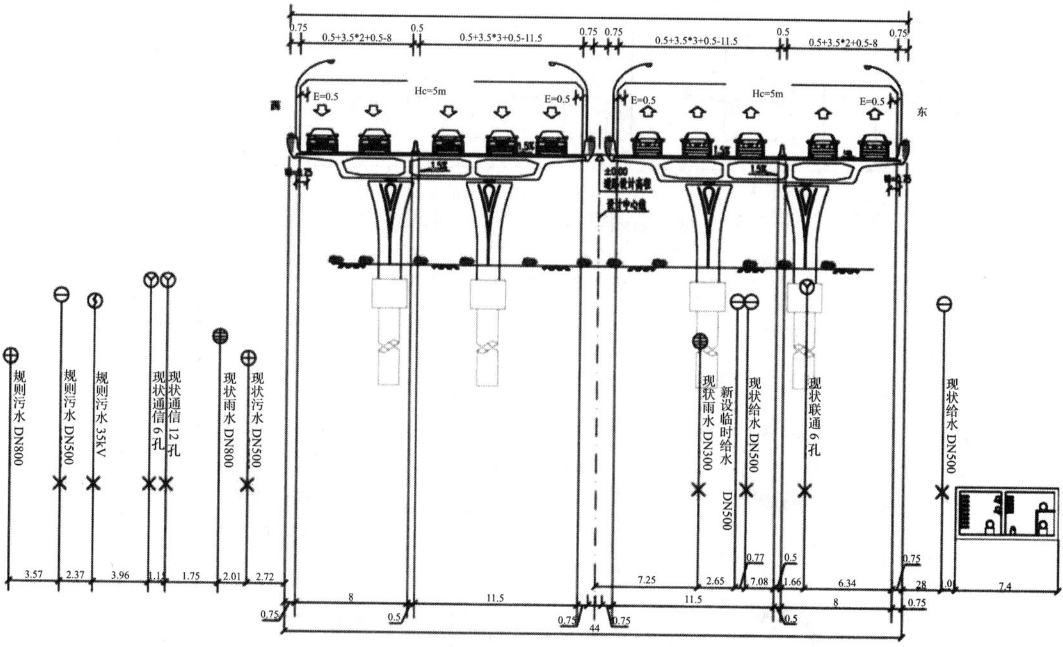

图 3-54　江山路管线综合及综合管廊位置示意图

项目实施进度：截止到 2018 年 12 月，已累计完成廊体合计 1595m，其中主廊 1448m、支廊 147m，管线累计入廊 246m，廊体总体完成比例 100%；项目计划总投资 10863.00 万元，目前已完成投资 6771.00 万元。

（6）青岛海洋高新区海口路管廊项目

建设单位名称：海洋高新区管委。

投融资模式：PPP 模式。

项目简介：海口路综合管廊总长度约 1634m，纳入管线包括电力、通信、热力、给水及中水管线。管廊采用双舱形式，断面净尺寸 $B \times H$ =（2.3+2.9）m × 3.5m（图 3-56、图 3-57）。

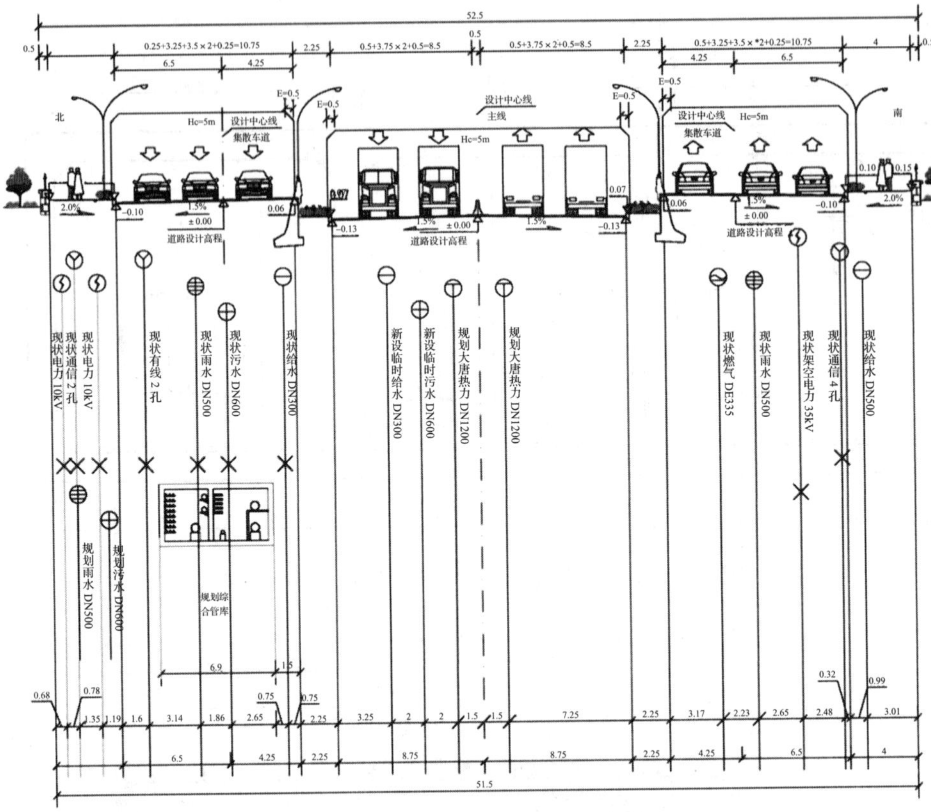

图 3-55　前湾港路管线综合及综合管廊位置示意图

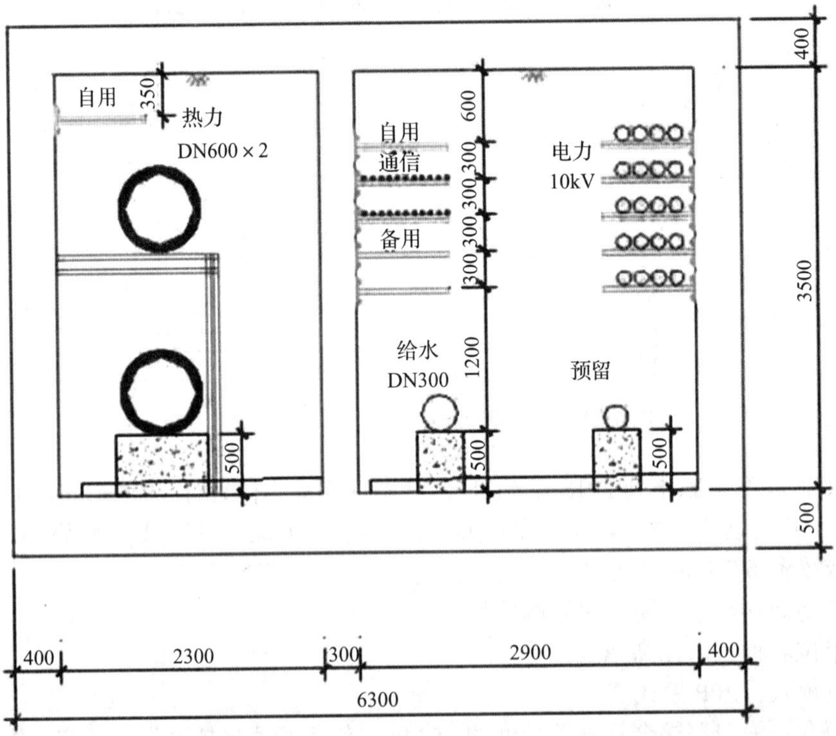

图 3-56　海口路综合管廊断面图

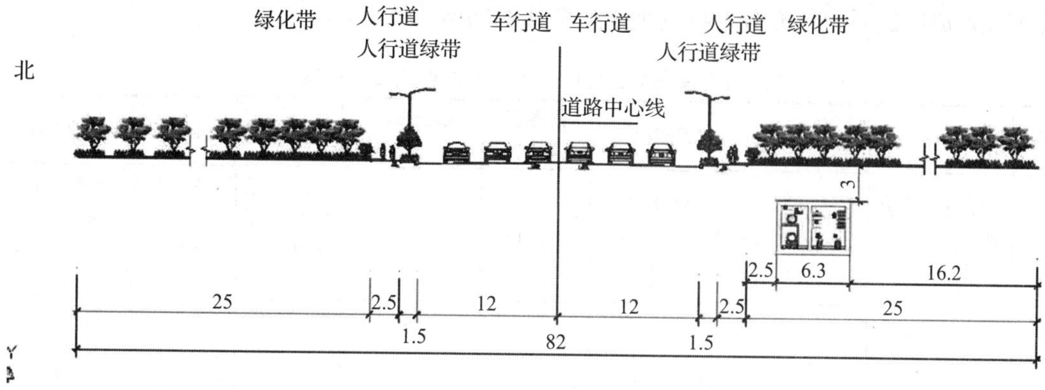

图 3-57　海口路综合管廊位置图

项目实施进度：截止到 2018 年 12 月，已累计完成廊体 1634m，廊体总体完成比例 100%；项目计划总投资 17348.00 万元，目前已完成投资 15635.11 万元。

3.3.5　试点项目建设难点及解决方案

海洋高新区综合管廊试点项目建设多集中在新建区域，建设难度较小，但江山路前湾港路交叉口管廊项目位于老城区内，建设过程中难点相对较多。

（1）管廊线位的选择

因本工程处于配套成熟老城区内，节点内现状管线较多且节点内周边地块均已入驻企业，征地工作繁重，节点内现状管线敷设种类较为齐全，除中水管道尚未规划敷设外，其余市政管线（雨水、污水、给水、通信包括移动、通信、联通及有线电视等、电力（10kV 及 35kV）、恒源热电蒸汽管道等专业管线均有布设，项目充分考虑综合管廊在路线选定上对现状管线的迁改及周边地块的征地工作，确保管线迁改及征地工作的顺利进行。

（2）多专业协作及方案结合

综合管廊设计阶段，项目建设单位与纳入综合管廊的现状管线单位不断地对接方案，以期达到管廊综合利用率最大化目标。

本工程综合管廊位于立交区域，综合管廊路由的选择尚需考虑立交整体方案的布置，包括立交区域内人行系统以及桥梁墩柱的布置。本工程综合管廊吊装口位置的选择根据立交方案尽量布置于环形匝道附近，以实现管道及配件的投料能够在匝道通过吊车悬臂吊装。

因本工程综合管廊大部分位于车行道下，为满足人员逃生及管廊内通风需求，部分逃生口及通风口的设置尚需通过逃生通道及通风风道实现逃生及通风，逃生口及通风井位置的选择结合立交整体方案及景观要求，大部分布置于行人及车辆主视线区域以外，尽量弱化对地面的影响。

（3）管廊断面大、舱室多

以往单舱、双舱室出线依靠二维绘图软件、设计人自身空间想象能力实现。为满足建设要求，本工程多为三舱、四舱断面形式，仅依靠传统的绘图和思维方式，不易懂、不易交流、不可靠。在本工程综合管廊设计中，设计单位依据国内最新设计理念，采用 BIM 设计，实现可视化出图模式，确保设计方案的合理及工程建设的精准。

3.3.6　综合管廊非试点项目建设现状

海洋高新区在完成试点项目建设的同时，也积极开展非试点项目综合管廊建设，力求综合管廊成片成网成系统，充分发挥其地下生命线的功能（表 3-1）。

表 3-1　海洋高新区综合管廊非试点项目汇总表

编号	分布	工法	建设规模	投融资模式	投资成本（万）	时间进度	难点问题及解决方案
1	冷链物流基地中心路综合管廊项目	明挖法	主廊双舱，支廊单舱，主廊总长度约 1385m	企业自筹	7901	土建完成 20%	地处石方区，综合管廊埋深较浅，与雨污水交叉需避让。通过优化排水方案，减少管廊埋深
2	青岛西海岸新区名人岛市政配套一期工程——酒店路综合管廊	明挖法	单舱，主廊长度约 663m	企业自筹	848	已完成	地处小区，难点在于与小区的管线接驳及小区景观衔接，通过优化管廊线位，调整管廊口部位置，在满足功能性前提下，满足景观需求
3	唐河路打通工程（规划金沙二支路—镇平路）	尚未开工	主廊双舱，支廊单舱，主廊总长度约 1610m	政府投资	总投资 47362 万，管廊投资 10364 万	尚未开工	地处老城区，管线迁改复杂，管廊线位选择方案反复，上位规划较多且矛盾点较多，通过前期整合规划，优化管线综合，最终确定管廊方案

3.4　东岸城区地下综合管廊项目建设现状与分析

3.4.1　区域概况

青岛市地处暖温带季风型气候区域，属温带季风气候，因受海洋调节影响，表现出海洋性气候特点：空气湿润、温度适中、四季分明。具有春迟、夏凉、秋爽、冬长，但不很严寒之特点。

3.4.2　综合管廊规划布局

根据青岛市“十三五”道路建设计划、各区市建设计划，市政基础设施、站点、管线现状及规划情况，确定综合管廊布局（图 3-58）。

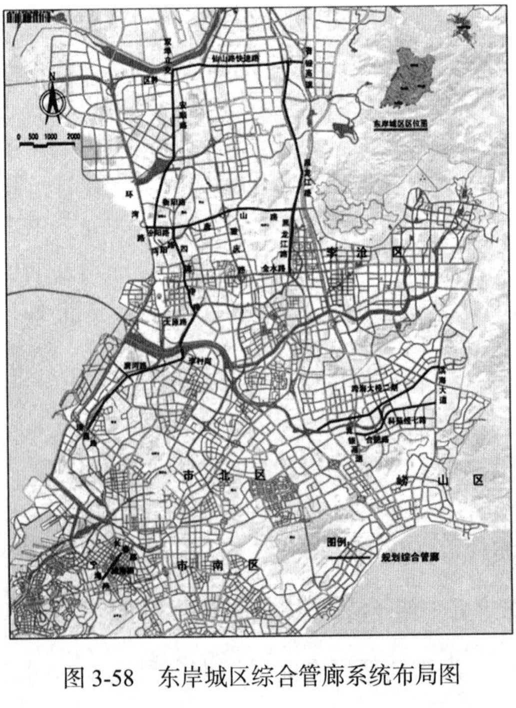

图 3-58　东岸城区综合管廊系统布局图

沿李沧区西部片区及东部片区四流中路（太原路—汾阳路）、安顺路（衡阳路—区界）、唐山路（环湾路—黑龙江路）及黑龙江路（金水路—流亭立交）四条道路建设综合管廊，与城阳区仙山路（双埠立交—青银高速）规划综合管廊呈“井”字形分布，贯穿于整个区域，可辐射服务于区域内各个地块。

市北区唐河路（瑞昌路—李村河）结合道路及管线建设、威海路（宁海路—长春路）结合人防工程、道路及管线改造建设综合管廊。

崂山区结合金家岭金融新区跨海大桥

二期（海尔路—滨海大道）、合肥路（青银高速—滨海大道）及科苑经七路（长沙路—合肥路）三条建设同步建设综合管廊。

3.4.3 综合管廊试点项目情况

安顺路（汾阳路—衡阳路）综合管廊项目

建设单位名称：李沧交通商务区办公室。

投融资模式：PPP 模式。

项目简介：安顺路工程位于李沧西部汾阳路、四流路、衡阳路、环湾路所围合区域，为烟墩山片区。安顺路综合管廊主线管廊平面南起汾阳路，北至衡阳路，长约 770m，综合管廊长度 858m。管廊平面线形与规划道路一致。主线管廊内各专业管线种类及容量如下：电力电缆 10kV 24 回、110kV 3 回，通信线缆 7 孔，2 根 DN1200 热水管道，1 根 DN300 燃气管道，1 根 DN1000 给水输水管道，1 根 DN300 给水配水管道，1 根 DN300 再生水管（图 3-59）。

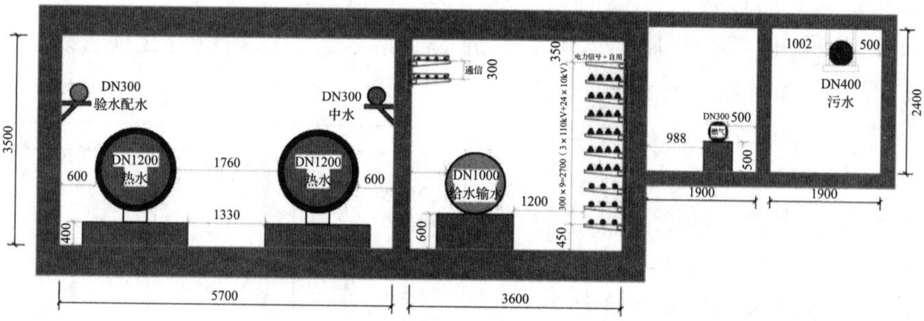

图 3-59 标准段横断面图

安顺路（汾阳路—衡阳路）主线综合管廊主要沿安顺路东侧绿化带敷设，东西两侧车行道同时布置雨污水管线，西侧人行道下设 1 根 DN300 给水配水管线（图 3-60）。

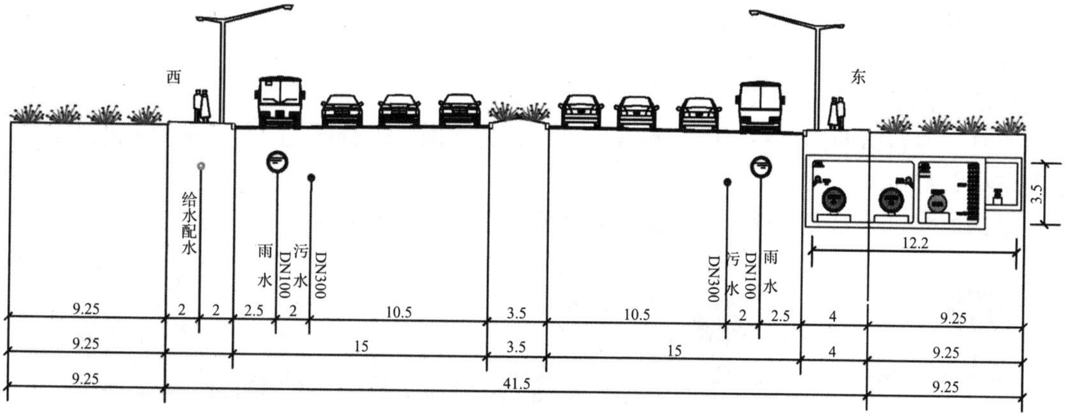

图 3-60 安顺路（汾阳路—衡阳路）管线综合及综合管廊位置示意图

项目实施进度：截止到 2018 年 12 月，已累计完成廊体 801m，其中主廊 733m、支廊 68m，廊体总体完成比例 93%；项目计划总投资 11305.65 万元，目前已完成投资 7037.98 万元。

3.4.4 试点项目建设难点及解决方案

（1）根据《安顺路（沔阳路—衡阳路）改建工程岩土工程勘察报告》，道路沿线第四系主要由全新统人工填土层（Q_{4ml}）、全新统海相沼泽化层（Q_{4mh}）、全新统洪冲积层（Q_{4al+pl}）组成，道路沿线基岩主要由白垩系青山群八亩地组火山角砾岩组成。局部地质情况较差，根据本工程岩土工程勘察报告，本段管廊沿线在 K4+870 ～ K4+950、K5+500 ～ K5+640 以及汾阳路、衡阳路路口范围基础位于淤泥中粗砂层，施工中需进行支护。主要采用两种支护方式，分别为旋喷桩止水帷幕和放坡 + 土钉墙支护。

（2）管廊基坑开挖设计素填土、回填土、淤泥质中粗砂层等，透水性较大。管廊施工处于雨季，需严格控制地下水。根据现场地质情况结合基坑地下水控制经验，主要采用高压旋喷桩止水帷幕阻挡外来地下水汇入基坑。坑内采用“集水坑明排”方式排水，坡顶设置截水台、坡面设置泄水管、坡底设置排水沟和集水井明排水。

3.4.5 东岸城区综合管廊非试点项目建设现状

（1）开平路综合管廊项目

投融资模式：政府投资。

项目简介：开平路综合管廊纳入电力、通信、给水、中水和热力五种管线，雨污水采用直埋敷设方式。管廊横断面外结构尺寸为 $B \times H = 6.1\text{m} \times 3.6\text{m}$。管廊采用双舱横断面形式，分为水、热舱和电缆舱。其中水、热舱位于南侧，净断面尺寸为 $B \times H = 3.5\text{m} \times 3\text{m}$，纳入 DN400 给水、DN200 中水及 2 根 DN400 热力管线以及 2 排通信支架。电缆位于北侧，净断面尺寸为 $B \times H = 1.7\text{m} \times 3\text{m}$，纳入 24 孔中低压电力电缆。具体综合管廊横断面如图 3-61 所示。

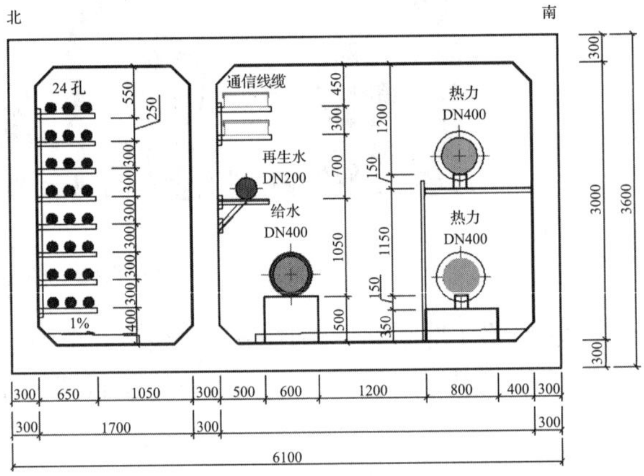

图 3-61　综合管廊标准横断面图

管线布置方案采用综合管廊与直埋敷设相结合的方式，综合管廊设置在的道路中央分隔带之下，主要相交路口处设置支廊，预留给两侧地块；雨污水直埋管线布置在南侧人行道之下；北侧现状电力沟和现状架空线保留。

根据道路设计方案布置各种管线，标准横断面如 3-62 所示。

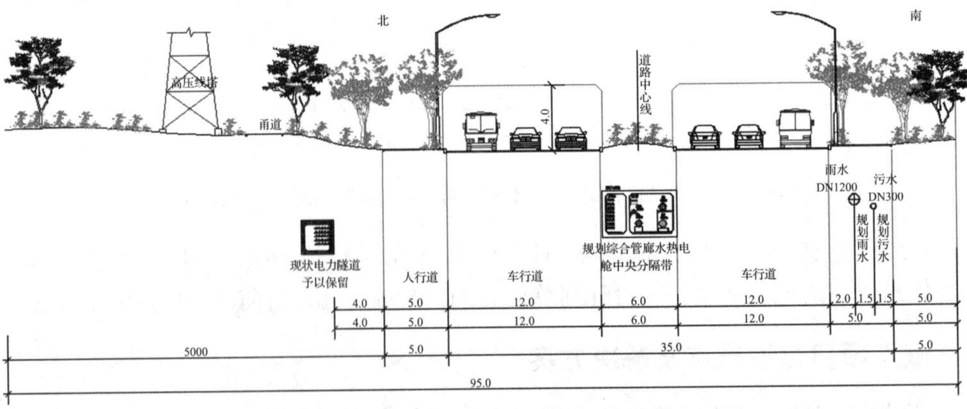

图 3-62　开平路（周口路—重庆路）管线横断面图

项目实施进度：开平路综合管廊目前土建主体已完成30%，管廊坑槽已完成开挖。

3.5　新机场地下综合管廊项目建设现状与分析

3.5.1　区域概况

青岛新机场场址位于青岛市胶州市中心东北14km，大沽河西岸，北侧紧邻胶济客运专线，南侧紧邻胶济铁路。

按照青岛市“环湾发展、三城联动”的发展策略，新机场处于环胶州湾北部的核心区域，市域范围内居中位置，距离东岸城区（青岛）约50km，距离北岸城区（红岛）约18km，距离西岸城区（黄岛）约40km。规划新机场近期征地约15.65km^2，工作区、货运区占地约4.58km^2（图3-63）。

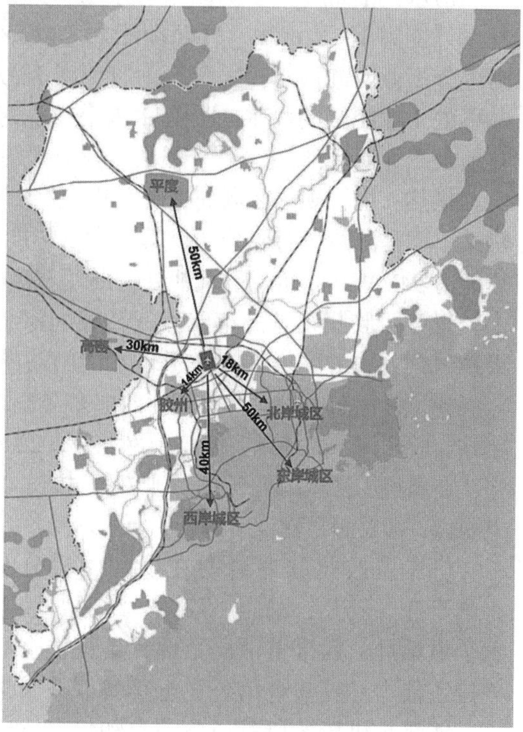

图3-63　胶东国际机场地理位置示意图

3.5.1.1　地形地貌

青岛市新机场位于青岛胶州湾西北岸的胶州市，项目建设区地理坐标为东经120° 04′ 04.2″ ～120° 06′ 47.8″ 、北纬36° 19′ 31.9″ ～36° 23′ 34.9″ ，总占地面积约15.63km^2。胶州市东邻青岛市城阳区、即墨市，西靠高密市、诸城市，南接黄岛区，北连平度市，交通发达，场区北侧为胶济铁路及G20青银高速，西北侧为G15沈海高速，南侧为青连铁路及G204国道。机场场区具体位于胶州市胶东镇北部的前店口村位置，场区内包含7个自然村。场区属滨海平原区，地形平坦开阔，地面标高一般在3.76～17.47m。

3.5.1.2　地质

拟建场地地势较平坦，地形高差总体起伏不大，地貌类型主要为河流堆积地貌和河流侵蚀堆积地貌。场区地下水类型主要可分为第四系孔隙水（潜水、微承压水）和基岩裂隙水。地下水位埋深一般为3～5m，基本趋势场区北部埋藏较深、南侧埋藏较浅，地下径流由碧沟河两侧向河流方向流动。

3.5.1.3　路网规划

根据青岛新机场总体规划，工作区道路系统呈网格型布置形式，由北向南横向道路依次为：环一路、南一路、南三路、南五路、南十五路、航空大道、南七路、南九路、南十一路、南十三路；碧沟河以北工作区纵向道路由西向东依次为：南二路、南四路、南六路、南八路（南进场路地面辅路）、南十路、南十二路、南十四路；碧沟河以南工作区由西向东依次为：南十六路、南六路、南八路（南进场路地面辅路）、南十路、南十八路。工作区道路主要服务于机场、航空公司、驻场单位等各功能用地之间的交通衔接（图3-64）。

3.5.1.4 管线现状

给水：青岛新机场场址范围位于大沽河水源地内，附近有前韩净水厂和李哥庄大洋净水厂。前韩净水厂设计日处理水能力为5.0万m^3/d，由水厂至胶州城区敷设了一条DN600供水管道，每日向城区供水2万m^3/d；李哥庄大洋水厂位于李哥庄大洋食品厂处，设计日处理水能力为0.5万m^3/d，主要供给李哥庄片区。

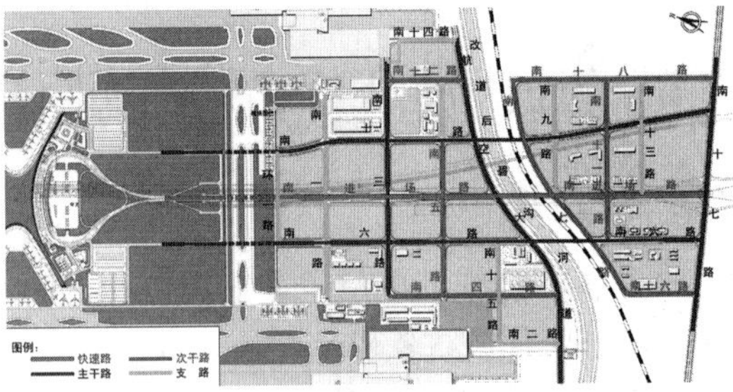

图3-64 新机场工作区规划路网图

污水：目前胶州全市范围内成规模污水处理厂有两座。一座为北控水务胶州污水处理厂，日设计能力10万m^3/d，日处理能力8万m^3/d，主要收集胶州市新、老城区、少海及城区范围部分工业园的污水；另一座为胶州崇杰污水处理厂，日设计能力2万m^3/d，主要收集胶东办事处工业园区的污水。另有2座小规模的污水处理厂，一座为胶西镇污水处理厂，收集镇驻地及工业园区的污水；另一座为张应镇污水处理厂，主要收集工业园区的污水。

供热：机场规划区域周边现有集中供热热源3处，分别为青岛龙发热电厂、海能达北关供热站、幸福源热力有限公司，其最大供热能力163MW，现状集中供热面积196万m^2，剩余供热能力94MW。新机场场址地处青岛龙发热电有限公司规划的供热范围内，可采用市政热力。

燃气：胶州是青岛市天然气转输的枢纽，气源条件较好，机场西北侧建有青岛泰能集团天然气门站，并敷设有一条引自泰能门站的DN600高压管线，自北向南穿过机场规划区域。

供电：山东电网运行方式为西电东送模式，青岛电网处于其受电区，500kV侧经崂山站、琅琊站、胶州站、大泽站主变与主网联系，220kV侧已基本构成环网并开环运行，电网结构较为坚强。在新机场区域附近现有220kV胶州站、220kV官路站，可作为机场中心变提供110kV专线的电源点，能够满足建设新机场的要求。

电信：胶州联通公司在场区周边分布有李哥庄、胶莱、马店、胶北、北关、胶东六个电话局，六个电话局全部具备提供全业务接入能力。胶州电信公司也具备双路由接入，能满足机场的所有通信需求和信息化应用需求。场址通信可由移动公司小麻湾、丰隆屯机房以及联通公司马店、胶东电话局分别接入。胶州移动通信公司在场址附近，已经建设有多个站点机房，可提供PTN、SDH、PON方式接入等。

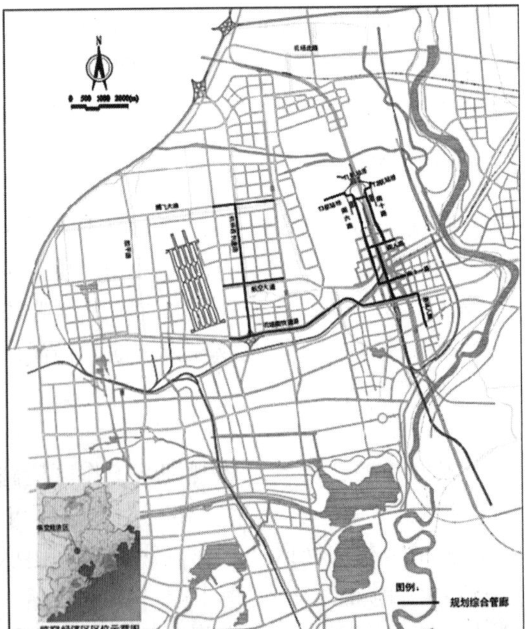

图3-65 临空经济区及胶东机场管廊系统规划图

3.5.2 综合管廊规划布局（图3-65）

3.5.3 综合管廊试点项目情况

青岛新机场项目综合管廊试点项目共9个，分别为：南十路（南三路—T1航站楼）、南六路（南十五路—T1航站楼）、南十一路（南六路—南十八路）、南三路（南六路—南十四路)、南八路(南三路—南十七路)、T2T3 联络通道、T1 航站楼(A 指廊西)新机场货运区、T1 航站楼(A 指廊—远期)西二跑道、航站楼 9 段,总长度约为 19.34km。入廊管线种类包括电力(110kV、35kV、10kV)、通信、热力、燃气、给水、再生水、污水,主廊采用双舱、三舱或四舱结构断面。

新机场综合管廊试点项目完成统计图如图 5-66 所示。

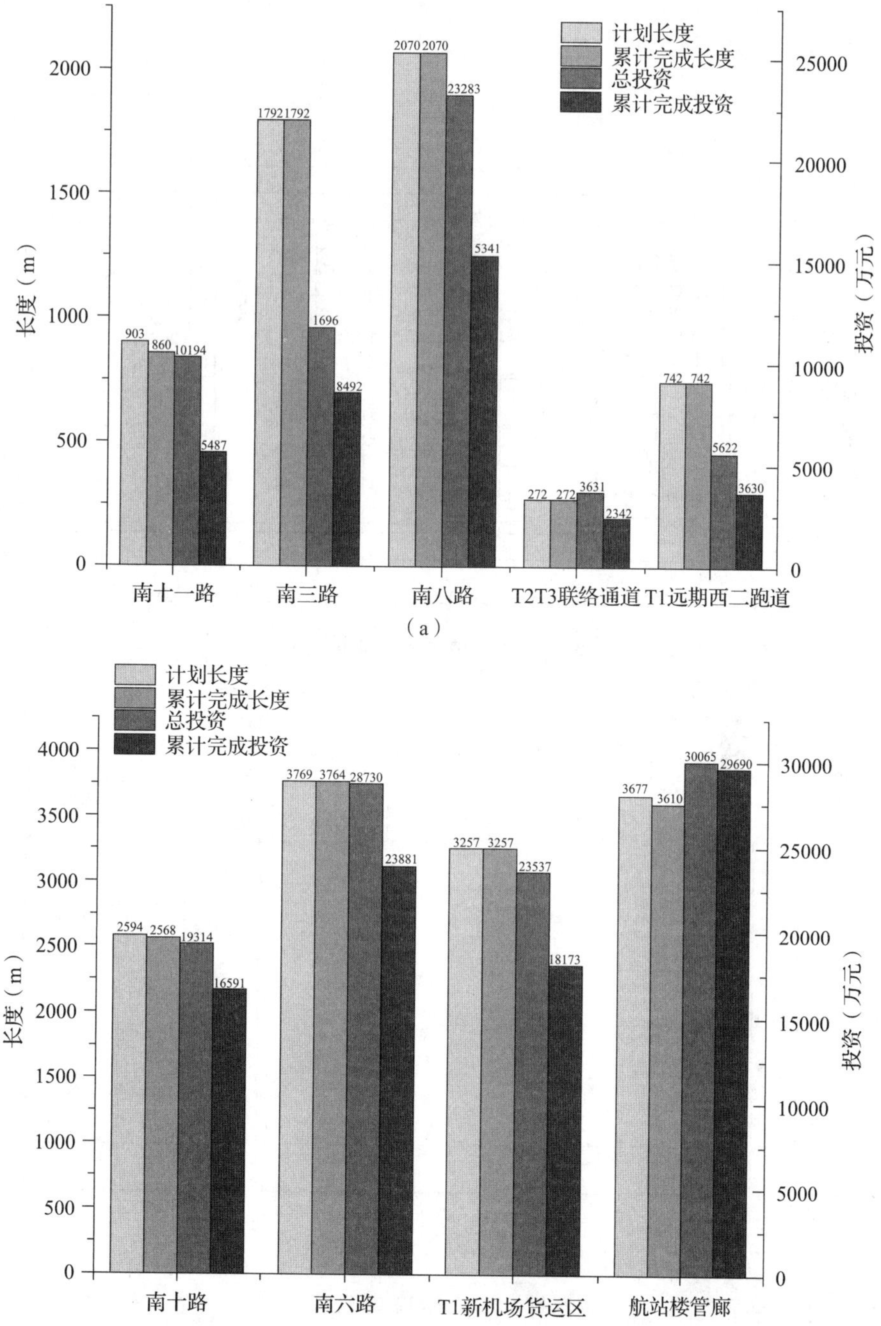

图 3-66　新机场综合管廊试点项目完成统计图

注:累计完成长度、投资截至 2018 年 12 月。

（1）南十路（南三路—T1 航站楼）综合管廊项目

建设单位名称：青岛胶东机场建设指挥部。

投融资模式：企业自筹模式。

项目简介：综合管廊总长度 2594m，管廊主要采用三舱、四舱横断面形式。截止到 2018 年 12 月，已累计完成廊体合计 2568m，其中主廊 2518m、支廊 50m，累计入廊管线 35740m，廊体总体完成比例 99%；项目计划总投资 19314.11 万元，目前已完成投资 16590.93 万元（图 3-67、图 3-68）。

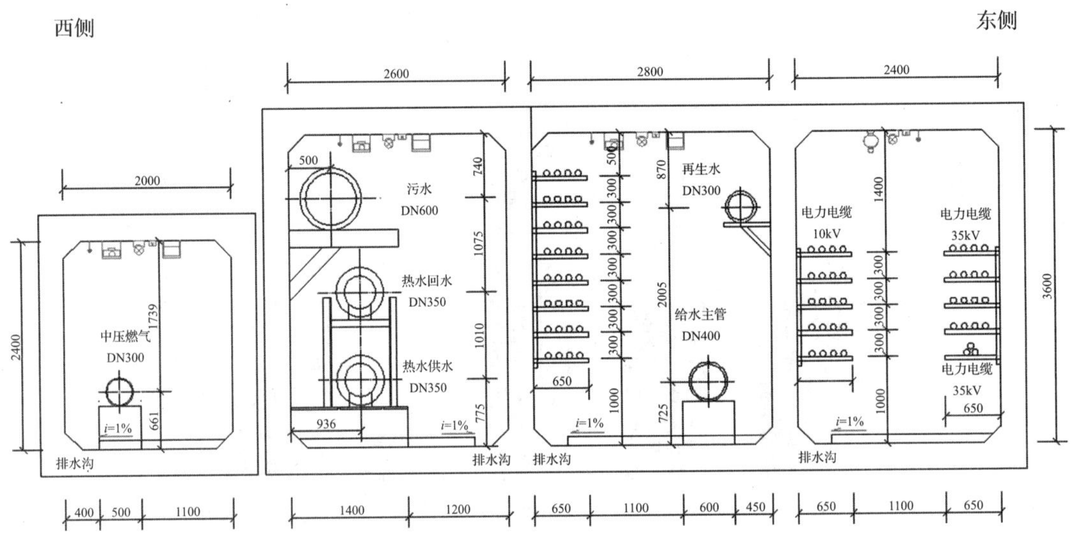

图 3-67　南十路综合管廊断面图

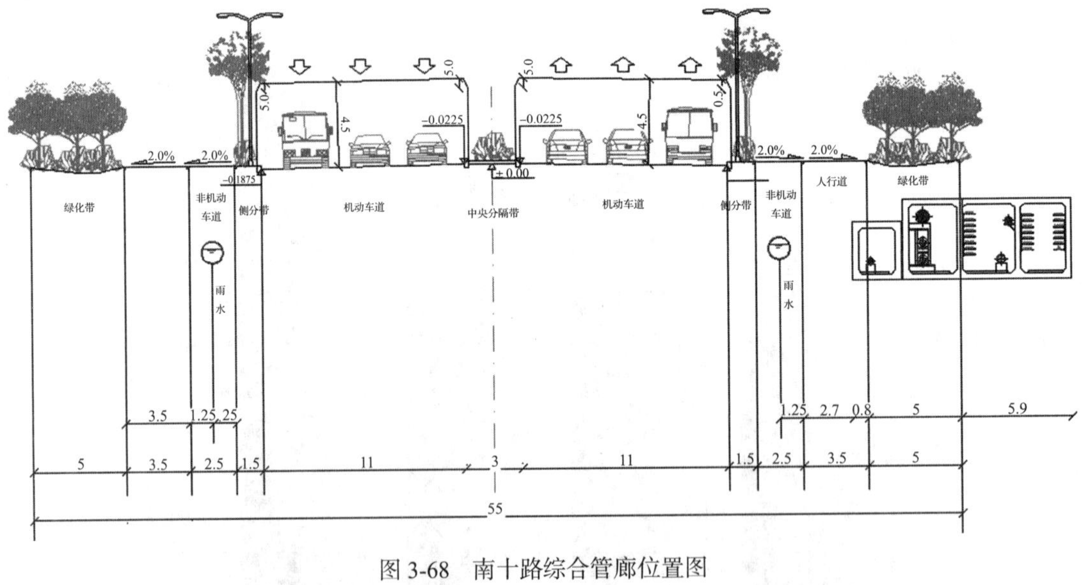

图 3-68　南十路综合管廊位置图

（2）南六路（南十五路—T1 航站楼）综合管廊项目

建设单位名称：青岛胶东机场建设指挥部。

投融资模式：企业自筹模式。

项目简介：综合管廊总长度 3769m，管廊主要采用三舱、四舱横断面形式。截止到

2018年12月，已累计完成廊体合计3764m，其中主廊3184m、支廊580m，累计入廊管线92214m，廊体总体完成比例100%；项目计划总投资28729.88万元，目前已完成投资23881.25万元（图3-69、图3-70）。

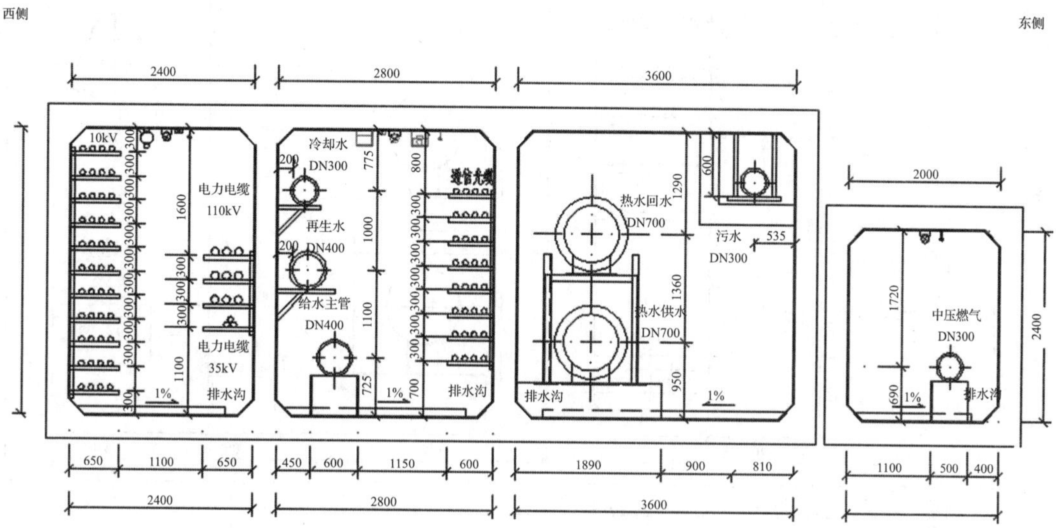

图3-69　南六路综合管廊断面图

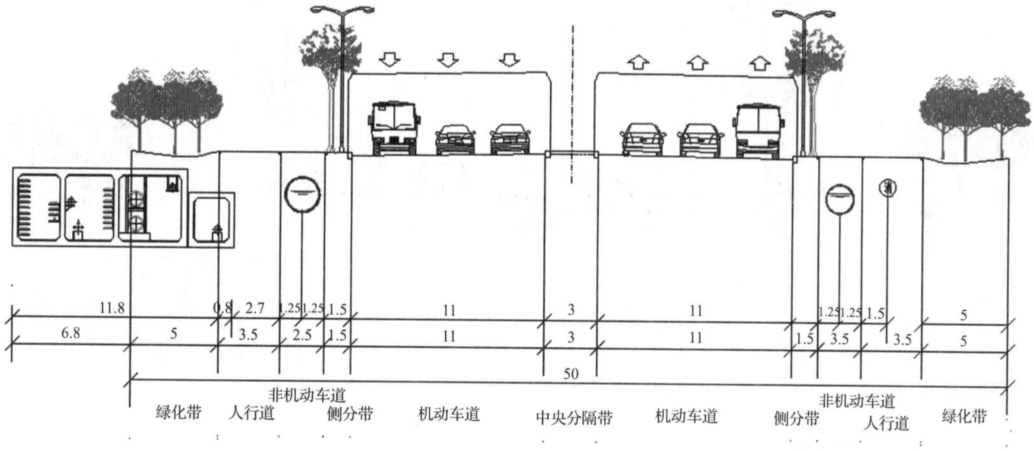

图3-70　南六路综合管廊位置图

（3）南十一路（南六路—南十八路）综合管廊项目

建设单位名称：青岛胶东机场建设指挥部。

投融资模式：企业自筹模式。

项目简介：综合管廊总长度903m，管廊主要采用双舱横断面形式。截止到2018年12月，已累计完成廊体合计860m，其中主廊730m、支廊130m，廊体总体完成比例95%；项目计划总投资10194.40万元，目前已完成投资5487.10万元（图3-71、图3-72）。

（4）南三路（南六路—南十四路）综合管廊项目

建设单位名称：青岛胶东机场建设指挥部。

投融资模式：企业自筹模式。

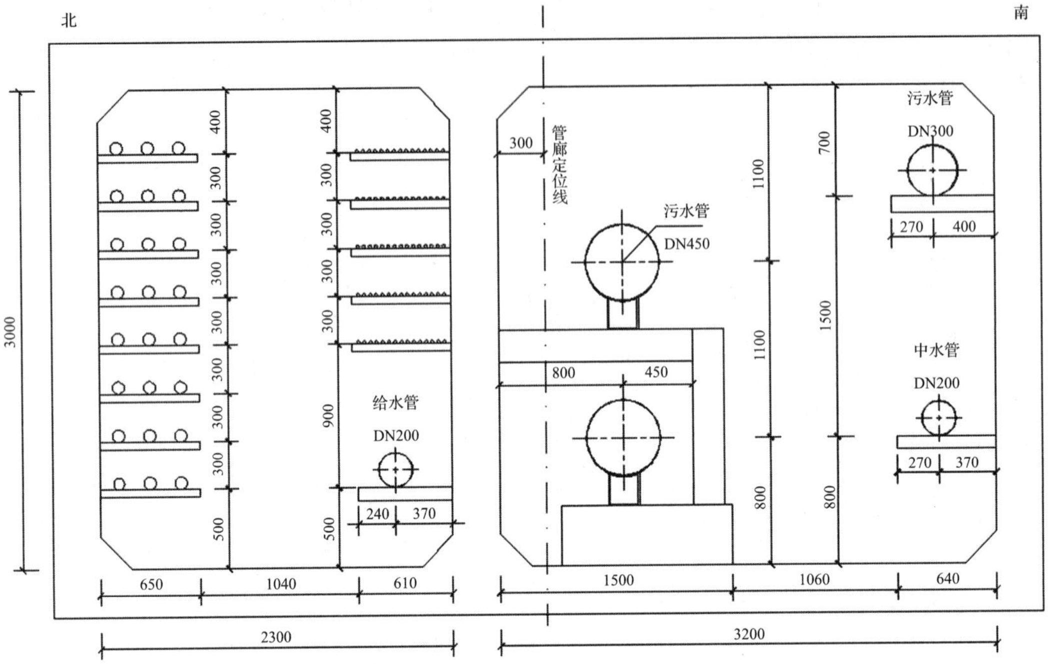

图 3-71　南十一路综合管廊断面图

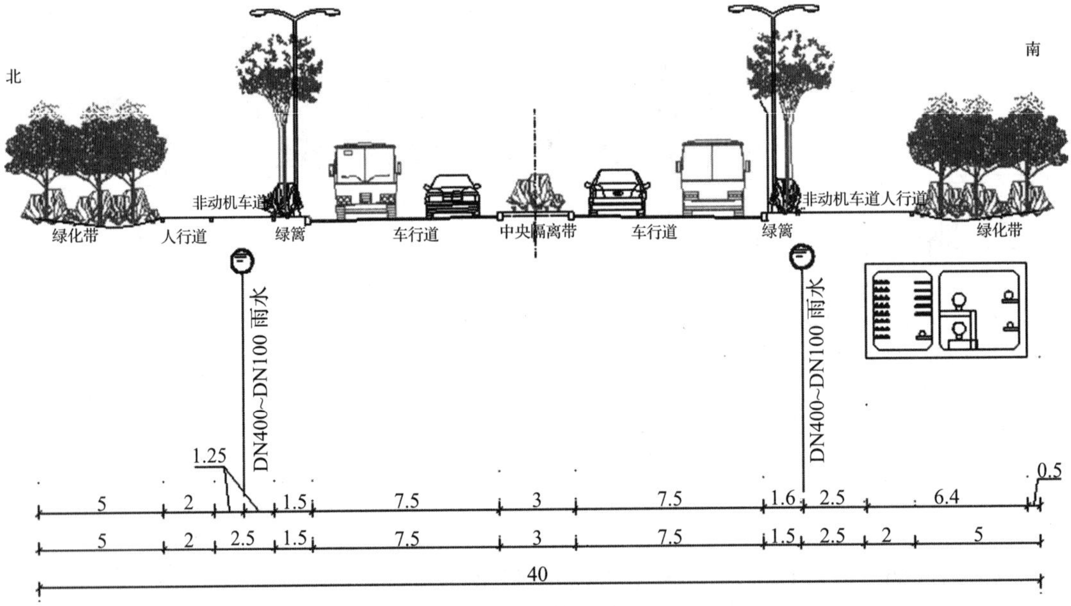

图 3-72　南十一路综合管廊位置图

项目简介：综合管廊总长度 1792m，管廊主要采用三舱两侧布置，北侧单舱、南侧双舱横断面形式。截止到 2018 年 12 月，已累计完成廊体合计 1792m，其中主廊 1512m、支廊 280m，累计入廊管线 2491m，廊体总体完成比例 100%；项目计划总投资 11695.75 万元，目前已完成投资 8491.50 万元（图 3-73 ～图 3-75）。

（5）南八路（南三路—南十七路）

建设单位名称：青岛胶东机场建设指挥部。

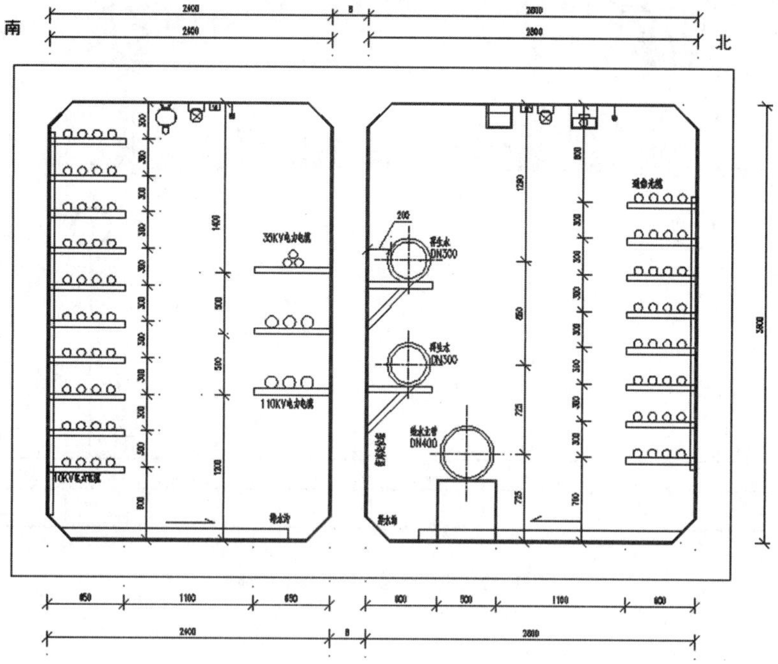

图 3-73　南三路综合管廊断面图一

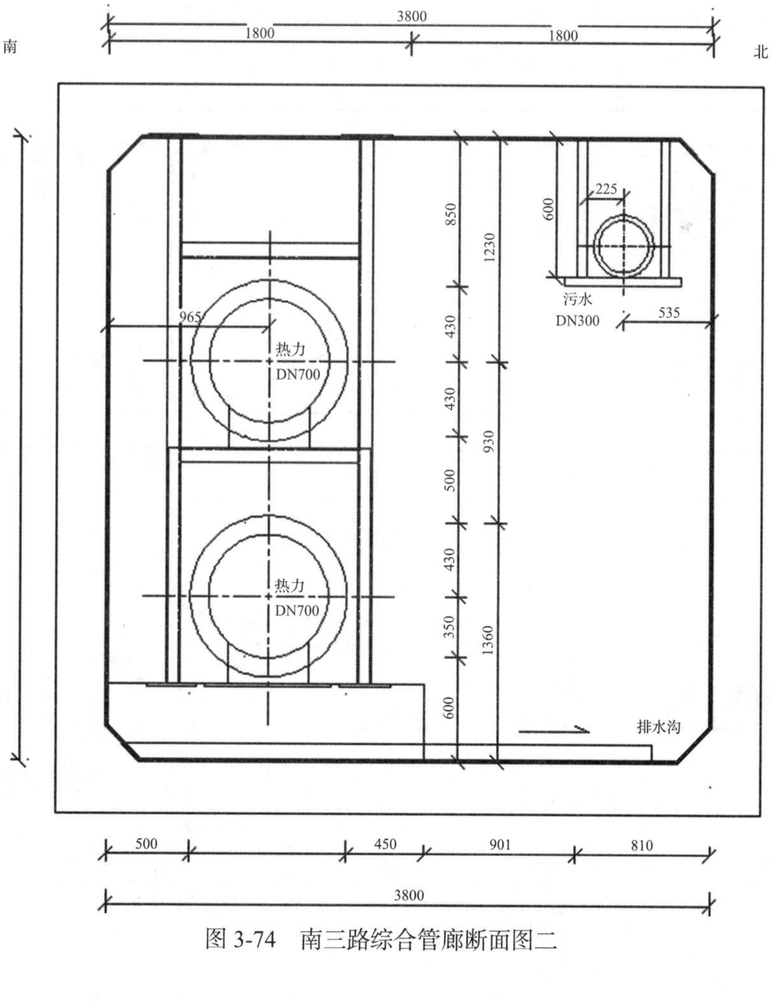

图 3-74　南三路综合管廊断面图二

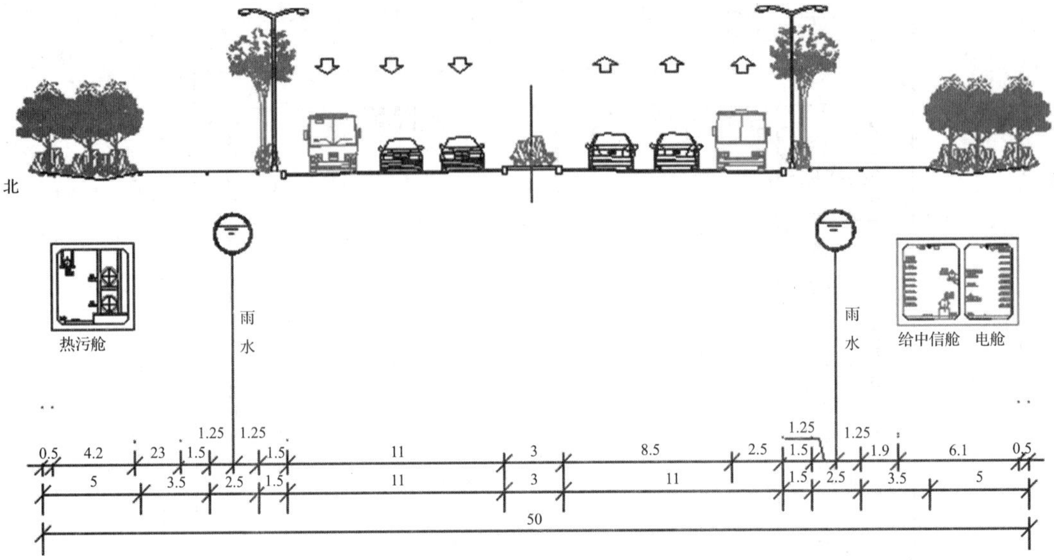

图 3-75　南三路综合管廊位置图

投融资模式：企业自筹模式。

项目简介：综合管廊总长度 2070m，管廊主要采用三舱横断面形式。截止到 2018 年 12 月，已累计完成廊体合计 2070m，其中主廊 1554m、支廊 516m，累计入廊管线 8820m，廊体总体完成比例 100%；项目计划总投资 23282.86 万元，目前已完成投资 15341.34 万元（图 3-76、图 3-77）。

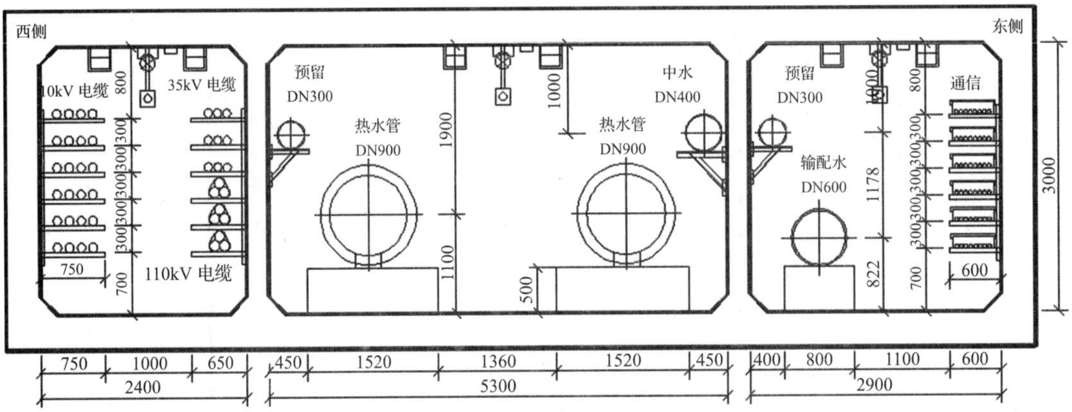

图 3-76　南八路综合管廊断面图

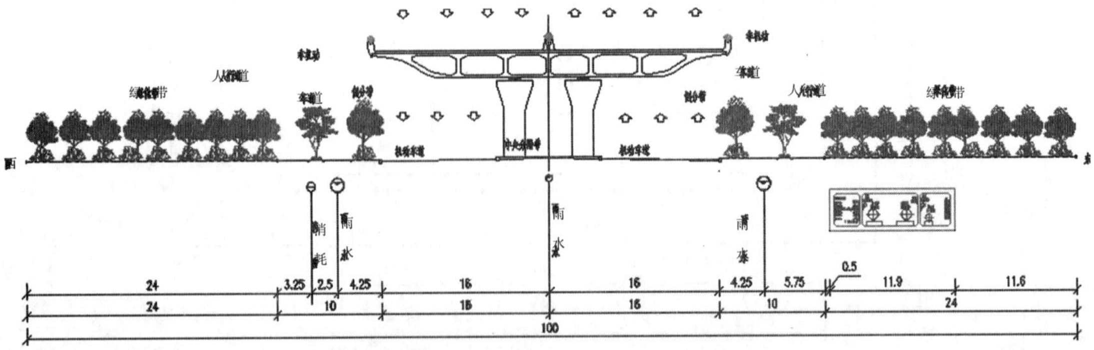

图 3-77　南八路综合管廊位置图

（6）T2T3 联络通道综合管廊项目

建设单位名称：青岛胶东机场建设指挥部。

投融资模式：企业自筹模式。

项目简介：综合管廊总长度 272m，管廊主要采用双舱横断面形式，位于航站楼之间的场区景观带下方。截止到 2018 年 12 月，已累计完成廊体合计 272m，廊体总体完成比例 100%；项目计划总投资 3631.01 万元，目前已完成投资 2342.29 万元（图 3-78）。

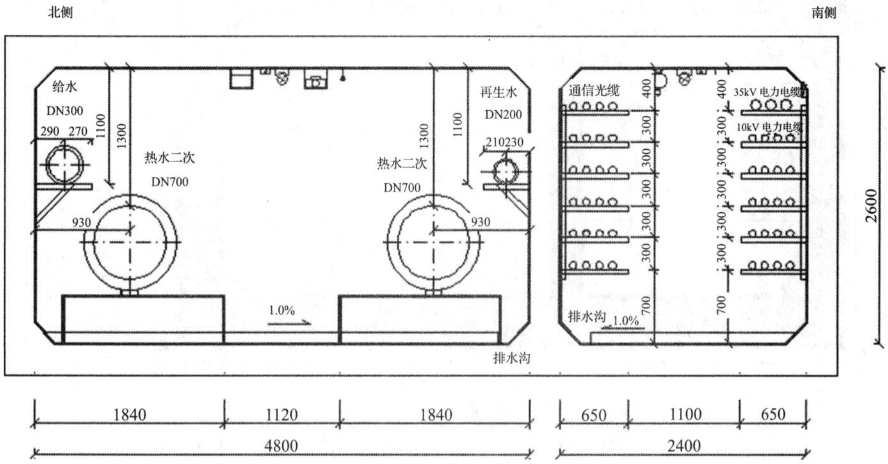

图 3-78　T2T3 联络通道综合管廊断面图

（7）T1 航站楼（A 指廊西—新机场货运区）综合管廊项目

建设单位名称：青岛胶东机场建设指挥部。

投融资模式：企业自筹模式。

项目简介：综合管廊总长度 3257m，管廊主要采用三舱横断面形式。截止到 2018 年 12 月，已累计完成廊体合计 3257m，累计入廊管线 29311m，廊体总体完成比例 100%；项目计划总投资 23536.89 万元，目前已完成投资 18173.32 万元（图 3-79）。

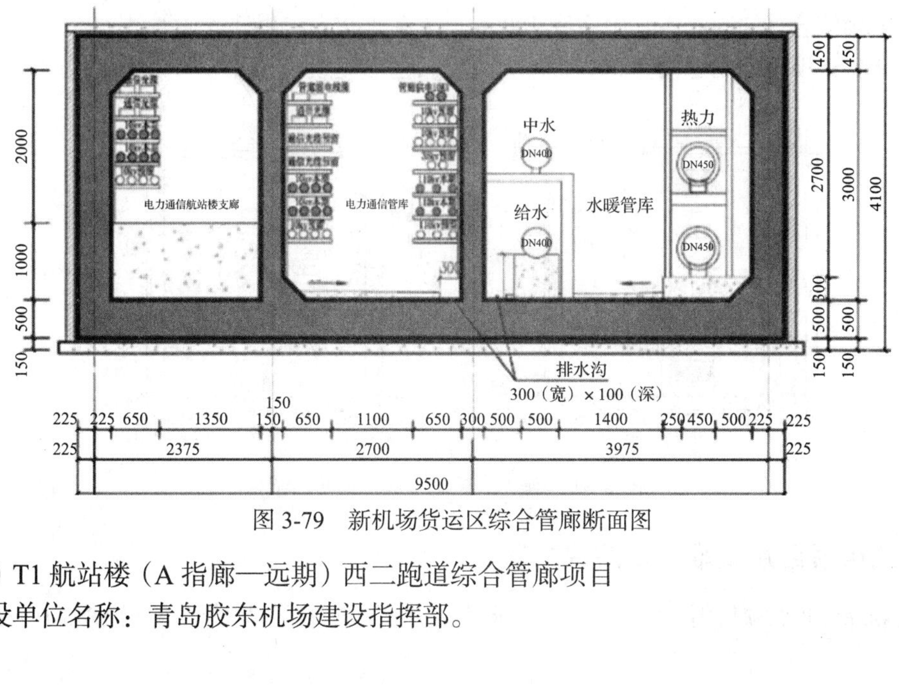

图 3-79　新机场货运区综合管廊断面图

（8）T1 航站楼（A 指廊—远期）西二跑道综合管廊项目

建设单位名称：青岛胶东机场建设指挥部。

投融资模式：企业自筹模式。

项目简介：综合管廊总长度 742m，管廊主要采用双舱（局部三舱）横断面形式。截止到 2018 年 12 月，已累计完成廊体合计 742m，其中主廊 255m、支廊 487m，廊体总体完成比例 100%；项目计划总投资 5622.11 万元，目前已完成投资 3629.77 万元（图 3-80）。

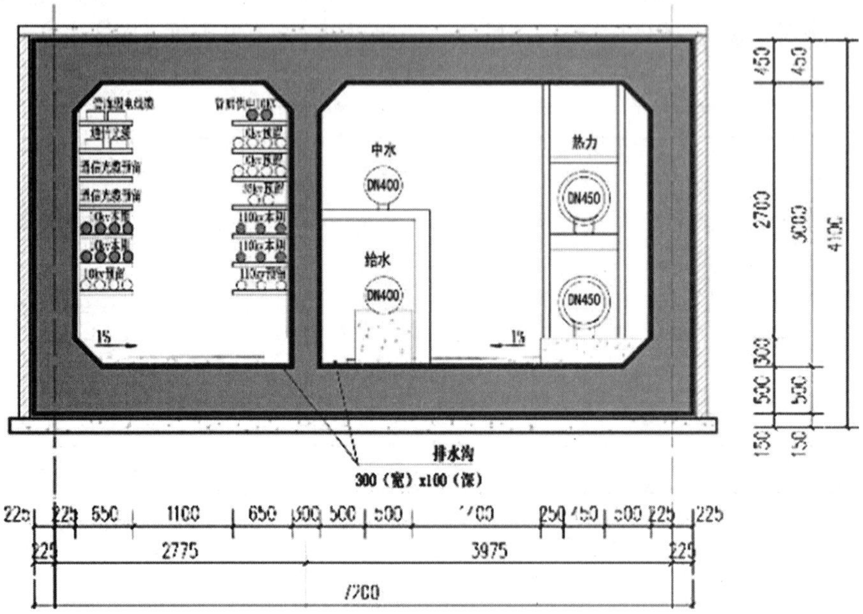

图 3-80　远期西二跑道综合管廊断面图

（9）航站楼综合管廊项目

建设单位名称：青岛胶东机场建设指挥部。

投融资模式：企业自筹模式。

项目简介：综合管廊总长度 3677m，管廊主要采用双舱横断面形式。截止到 2018 年 12 月，已累计完成廊体合计 3610m，其中主廊 1805m、支廊 1805m，累计入廊管线 6852m，廊体总体完成比例 98%；项目计划总投资 30065.00 万元，目前已完成投资 29690.40 万元（图 3-81）。

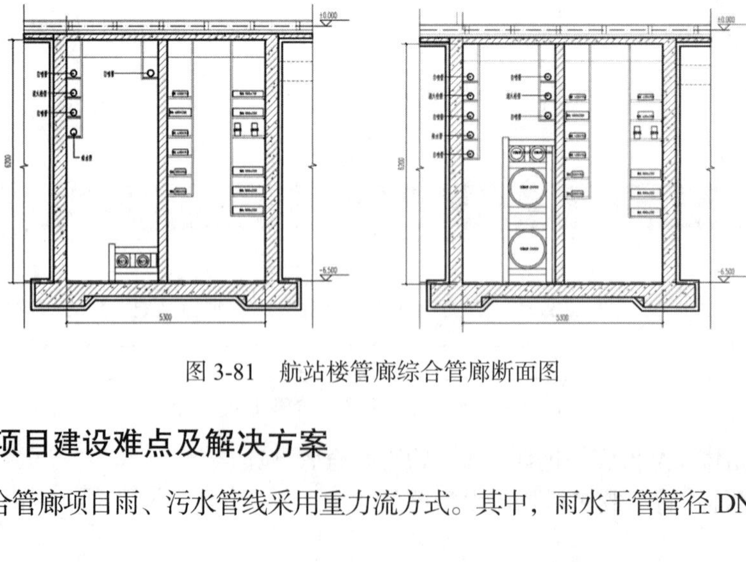

图 3-81　航站楼管廊综合管廊断面图

3.5.4　试点项目建设难点及解决方案

新机场综合管廊项目雨、污水管线采用重力流方式。其中，雨水干管管径 DN800～DN1500，平均埋深 2.0 ～ 3.0m；污水管径 DN300 ～ DN600，平均埋深 3.0 ～ 3.4m，雨污水管道坡度与道路坡度基本一致，并保持位置关系相对固定。在此条件下，比选污水管道在管廊中敷设位置。

（1）污水管道悬吊在顶板可保证管廊与雨水管道在竖向关系上相对独立，但管廊整体埋深较大。

（2）污水管道布置在管廊底部，可降低管廊整体埋深，但与雨水管道交叉处需局部下卧。若污水管道上方还有其他管道时，则其上方管道无法随管廊下卧。

为了充分发挥综合管廊效率，管廊路由确定后，对相关专项规划进行调整。调整基于以下方面：管廊布局实现与市政基础设施站点直接连接；市政专业管线主线尽量沿管廊敷设，充分利用管廊空间；对管廊建设有影响的因素进行微调，例如优化管线综合规划，减少雨水等约束条件与管廊交叉。

基于污水入廊特点，结合污水管道悬吊于污水舱顶板方案，总结以往十字出线井建设经验，提出新的出线井解决方案：受廊外约束因素影响，管廊在约束点处底板下卧，除污水外其余管线随底板一同下卧（污水保持原坡度不变），上部空间只剩污水；顶板局部降板，污水进入交叉管廊，完成管线衔接；交叉节点处上下管廊展宽，各管线水平分布，通过竖向通道相互衔接。在管廊出线井以外区域，底板通过缓坡恢复至常规埋深，与标准段衔接。

3.6 地下综合管廊施工工法、技术、措施现状与分析

综合管廊断面尺寸大，沟槽开挖深、范围广，施工中根据地质、管线、构筑物、建筑物等现状因素，选择最为合适的施工工艺。

3.6.1 明挖现浇施工

明挖现浇法是采用放坡或利用支护结构，在地表进行地下基坑开挖。基坑内部结构的施工方法，主要有放坡开挖和支护开挖两种形式。适用范围为在地面交通和环境允许的地方。

放坡开挖法主要适用于埋深较浅、地下水位较低的地区，边坡通常进行护面防护，喷锚支护或土钉墙支护，支护开挖是指在围护结构内开挖，主要适用于场地有限及地下水较丰富的软弱地基地区，围护结构形式主要有钻孔灌注桩、工字钢桩和钢板桩围堰等。

明挖现浇法具有施工简单、方便，能够提供作业面多、速度快、工期短、工程质量易保证和工程造价低等特点；也存在占地多，影响交通，噪声污染等缺点；但总体来看，明挖法在青岛市综合管廊的建设中仍是主要施工方法。

其中蓝色硅谷山大东路管廊因临近海边，主要采用的拉森钢板桩 + 内支撑的支护方式；蓝色硅谷山大南路及硅谷大道因地质条件较好，地下水位低，主要采取的是放坡开挖法，工艺简单，节约投资；安顺路综合管廊临近后海，地下水位较高，且地质状况较差，主要采取的是旋喷桩止水 + 放坡喷锚支护的方式；机场综合管廊地质较好，且场地空旷，主要采用的是放坡开挖 + 喷锚支护，工艺简单，施工简便。

3.6.2 明挖预制拼装施工

叠合装配式为目前国内广泛应用的一种半预制综合管廊建造方式。借鉴建筑工程中叠合装配式高层建筑的建造方式，将工厂预制的混凝土叠合板件运输至现场，待拼装就位后，以叠合板件为模板绑扎钢筋浇筑混凝土形成结构整体。

半预制方式兼有现浇式和装配式混凝土综合管廊的优点：相比于现浇综合管廊工程，在施

工过程中大大减少模板工程量，机械化定位安装提升工程品质，改善现场作业环境，减少施工作业量，减少工期；相比于全预制装配式综合管廊，由于其现场浇筑混凝土实现各部分构件之间连接并形成整体，避免横向和纵向拼缝的存在，结构整体性能好，防水性能也较优。

通过前期对施工质量、施工技术、施工周期、环境影响以及产业政策等方面的比选，青岛市开平路非试点项目在实施中尝试采用该项技术。

开平路项目管廊断面采用双舱形式，$B \times H = 6.1\text{m} \times 3.6\text{m}$，顶底板、侧墙及中隔墙厚度均为 30cm，每 1m 质量为 12213kg。其中，水、热舱净断面尺寸为 $B \times H = 3.5\text{m} \times 3\text{m}$，电缆净断面尺寸为 $B \times H = 1.7\text{m} \times 3\text{m}$。

预制的管节长度为 1.5m，管节接口处设计为企口承插形式，内设抗剪钢筋，采用橡胶密封圈或密封胶条，两相邻管节之间采用预应力钢筋张拉后相连，形成具有一定刚度的柔性结构，防止管廊在不均匀沉降的情况下出现裂缝（图 3-82、图 3-83）。

图 3-82　预制综合管廊管节

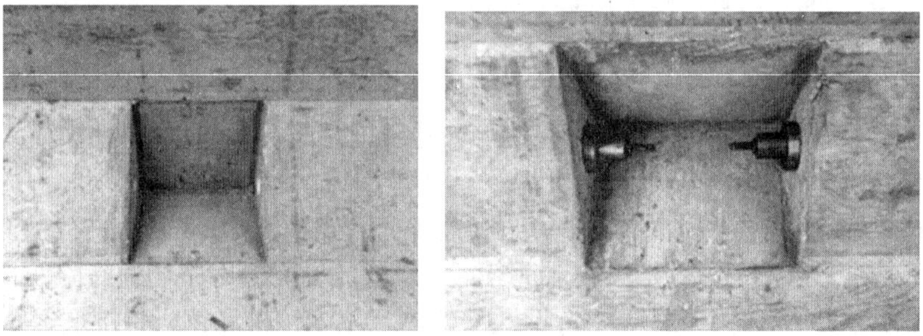

图 3-83　预制管节拼装

对于接线井、投料口井等复杂构造采用预制工艺困难或显著增加造价的，在该类特殊位置采用现浇做法处理。

该项技术对施工现场人员的技术水平要求较高，才能保证较高的施工精度。

3.6.3　非开挖施工

综合管廊常采用明挖现浇施工，但在一些穿越重要节点时常采用非开挖施工，如在横穿现状道路、河道及其他构筑物时，可采用非开挖施工。较为常用的方式有顶管法，工序为为沉井（工作井、接收井）→顶进过路管廊→取出顶进设备→改造工作井作为管廊管线衔接节点。

非试点项目正阳路配套工程中即采用顶管的非开挖施工方式，正阳路为进出高新区主干道，为避免过路管廊施工时交通断流，通过方案比选采用该方式施工，顶进管道管径为 DN2600 和 DN3000，顶进结束后，将工作井和接收井改造成管道接线井。该方法虽然可以降低对重要节点的交通、环境等影响因素，但投资较大，约 3 ～ 5 万 /m。

3.6.4　其他工艺工法实践

3.6.4.1　多种主体结构模板技术

为提高主体结构的施工效率和表观质量，西海岸综合管廊施工中采用了新型模板结构，包括滑移式钢模板体系和分段移动式整体模板体系（图 3-84、图 3-85），提高了工程模板周转效率，减少了混凝土分层浇筑次数，节省了施工工期，降低了施工成本。两种体系均已申请相关国家专利和施工工法。常规模板与新模板体系表观质量有很大不同，如图 3-86 所示。

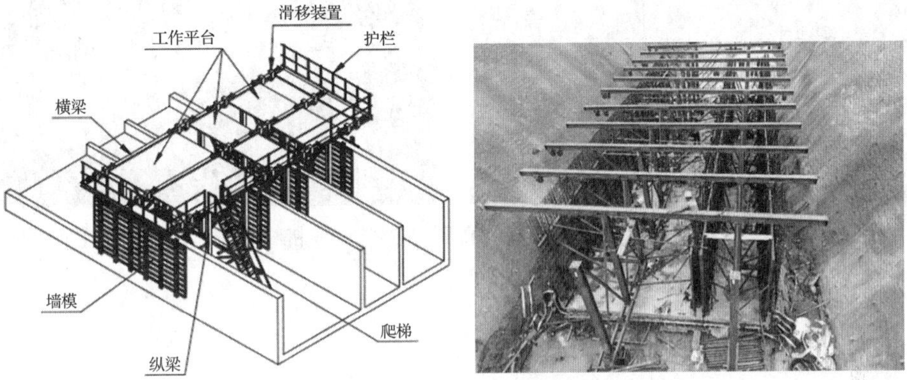

图 3-84　滑移式钢模板体系

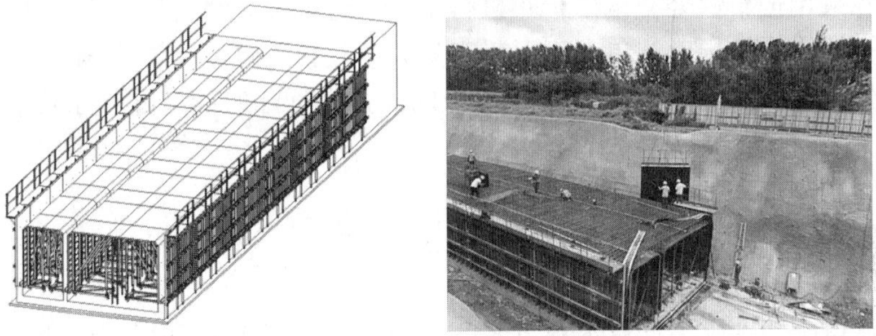

图 3-85　分段移动式整体模板体系

图 3-86　常规模板体系与新模板体系表观质量对比图

3.6.4.2　无人机 GIS 应用

综合管廊工程跨度大，平面尺度狭长，为提高现场施工管理效率，自清表阶段，西海岸综合管廊项目公司即在现场引入无人机设备协助日常施工管理。在天气条件允许的情况下，各工区项目部通过无人机航拍，以空中视角直观记录工程周边环境、每日施工进度，工作面进展情况，现场施工难点等内容，提高了协同管理效率（图 3-87）。

基坑开挖规模较大，开挖前和开挖后的地形原始数据量大，增加了现场测量人员和内业技术人员的工作量和作业时间，为提高地形数据采集处理效率，减少作业人员负担，缩短因测量工作而影响的工期，此项目作为试点，利用无人机结合测绘软件进行了 GIS 技术的应用探索，并采取措施弥补了无人机本身的误差，通过与试验段 GPS 测量数据的比对，确定该方案基本满足工程使用需求，并在全线多处进行推广应用（图 3-88）。

图 3-87　应用无人机实现对施工进度及周边环境的高效巡视

图 3-88　无人机结合航测软件对施工现场的模型还原

3.6.4.3　内外模台车浇筑技术

新机场综合管廊施工受 2019 年机场转场的时间影响决定了其施工工期非常紧凑，在飞行区综合管廊采用创新性轻型钢模台车进行施工。管廊以现浇混凝土箱涵为主，箱涵结构为 C40P8 混凝土结构，结构形式单一，混凝土量大，且施工强度高，为满足合同工期的按期完成，通过采用轻型模板台车大大缩短了模板的支护和拆除时间，加快了混凝土的施工进度，保证了混凝土的质量。

3.7　地下综合管廊管线入廊现状与分析

根据《城市综合管廊工程技术规范》(GB 50838—2015）第 3.0.1 条“给水、雨水、污水、再生水、天然气、热力、电力、通信等城市工程管线可纳入综合管廊。”纵观国内外工程实践，各种城市工程管线均有敷设在综合管廊内的案例。但是管廊建设受内部、外部因素影响较大，因此需从以下几方面对管线入廊的适宜性进行重点分析。

（1）各专业管线的特性。

（2）专业管线之间的相互影响关系。例如热力散热对电力的不良影响，110kV 及以上电力电缆对通信电缆的干扰问题等。

（3）专业管线的安装、使用和运营维护需求。

（4）入廊管线的火灾危险性，对消防、通风、监控、报警等的要求。

（5）与城市规划、环境景观、地下空间利用的协调统一。

（6）经济性。

3.7.1　蓝色硅谷核心区地下综合管廊入廊现状与分析

（1）山大东路

雨污水管道入廊受地形影响较大，山大东路沿线新设综合管廊西侧 DN800 ～ DN1000 污水管道为区域截污干管，埋深较大。同时，山大东路沿线与规划西山河相交。因此，雨污水入廊势必增加管廊整体埋深，从而导致投资加大，管理维护复杂。山大东路综合管廊仅考虑电力、通信、给水及再生水 4 种类管线入廊（表 3-2）。

表 3-2　山大东路管廊入廊管线种类及容量表

管线名称	容量	备注
电力	2 回路 110kV，12 回路 10kV	10kV 4 层支架、110kV2 层支架，共 6 层支架
通信	10 孔	2 层支架
给水	DN400	1 条
再生水	DN300	1 条

（2）山大南路

考虑到天然气管线本身存在的安全隐患，且目前山大南路沿线燃气已实施为现状管线，不考虑天然气入廊；雨污水管道入廊受地形影响较大、增加管廊整体埋深导致投资加大，管理维护复杂，且工程沿线的雨污水管道于近期建设实施完成，不考虑雨水入廊；根据与热力管线单位沟通确认的意见，工程沿线无热力管线的敷设需求。

综上，山大南路综合管廊仅考虑电力、通信、给水及再生水 4 种类管线入廊（表 3-3）。

表 3-3　山大幸路管线入廊管线种类及容量表

管线名称	容量	备注
电力	3 回路 110kV，12 回路 10kV	10kV 、110kV 各 3 层支架，共 6 层支架
通信	10 孔	2 层支架
给水	DN500	1 条
再生水	DN300	1 条

（3）硅谷大道

硅谷大道北段雨水向北就近排入温泉河支流内；南段雨水管道向南排入鹤山路现状雨水边沟，远期排入规划雨水暗渠。鹤山路现状雨水边沟流水底较高，不满足雨水入廊后接入的条件。根据沿线雨水系统规划情况，硅谷大道沿线雨水管道均为起头管道，不存在大的转输流量，管径较小，雨水入廊性价比太低。综合考虑，不考虑雨水管道入廊。

硅谷大道研究范围内周边地块产生的污水主要通过鹤山路、水泊南路及规划九号线等东西向道路的规划污水管道排除。根据本工程沿线污水系统规划情况，硅谷大道沿线污水管道均为起头管道，不存在大的转输流量，管径较小，污水管道入廊性价比太低。结合本工程沿线实际情况，为便于管理，减少工程整体投资，本次污水管道也不入廊。

综上，硅谷大道规划建设综合管廊，仅考虑电力、通信、热力、天然气、给水及再生水 6 种类管线入廊（表 3-4）。

表 3-4　硅谷大道管廊入廊管线种类及容量表

管线名称	容量	备注
电力	4 回路 110kV，24 回路 10kV	6 层 10kV 支架、4 层 110kV 支架，共 10 层支架
通信	10 孔	2 层支架
热力	DN300	2 条（一供一回）
天然气	DN400 中压、DN400 次高压	2 条
给水	DN300、DN600	2 条
再生水	DN300	1 条

（4）滨海公路

滨海公路综合管廊敷设于滨海公路东、西侧辅道下方，滨海公路辅道工程为南北走向，设计北起温泉二路（国际博览中心处，现状滨海公路道路桩号K36+950），南至规划机场快速路（双星度假村处，现状滨海公路道路桩号K49+510），设计全长12.56km。其中，K48+750～K49+510段，考虑远期与机场快速路同步建设实施。因此，施工范围为K36+950～K48+750段，长度11.8km。

本工程综合管廊设计北起尼姑山路，南至新民河，设计起始桩号范围K45+725～K48+400，设计全长约2.7km。

纳入综合管廊的管线有给水、热力、中水、燃气、电力线缆和通信6种管线（表3-5）。

表3-5 滨海公路管廊入廊管线种类及容量表

管线名称	容量	备注
电力	4回路110kV，12孔10kV	
通信	10孔	
热力	DN350	2条（一供一回）
天然气	DN400	2条
给水	DN300、DN600	2条
中水	DN300	1条

综合管廊采用单层箱形结构，净高3.0m。综合管廊断面尺寸为8.50m×3.60m，分三个舱，自西侧至东侧依次为燃气舱、水力舱、水电舱。燃气舱净宽2.0m，水力舱净宽3.1m，水电舱净宽2.3m，平均埋深大约3.2m。

支管廊采用双舱布置，断面尺寸为5.6m×2.8m，分为燃气支舱和水电支舱，平均埋深大约6.2m。

3.7.2 红岛经济区地下综合管廊入廊现状与分析

（1）高新区管线入廊现状

关于入廊管线种类，在《青岛高新技术产业开发区综合管廊可行性研究》中已做了详细论证，最终确定高新区将电力、通信、热力、给水和再生水共5种市政管线纳入综合管廊内；同时预留工业用管道位置（输送非易燃、易爆物品物质），体现出高新区管廊规划的统一性和前瞻性。

当时考虑到燃气管线属于易燃易爆管线，危险性较大，要求较高，一旦发生泄漏，易对人身安全带来影响，当达到一定浓度，如遇到明火，易发生爆炸等事故，燃气管线应单独设置在一个舱室。从当时国内已建成的综合管廊来看，仅上海张杨路综合管廊为燃气单独设置一室外（但一直未运行），再无其他案例。因此从设计、验收以及安全运行角度，未将燃气纳入综合管廊。

雨、污水管道，一般均采用重力流方式，将其纳入综合管廊将大大增加综合管廊的埋设深度，增大综合管廊的断面尺寸，造成工程投资的增加；同时由于污水管道产生的有害易燃气体，会增加了综合管廊的安全隐患。在一些国外发达国家有排水管道进入综合管廊的实例，但当时国内尚无纳入管廊先例，因此高新区当时未将排水管线纳入综合管廊。

（2）红岛经济区西片区管线入廊现状

2016年，红岛经济区西片区开发建设开始大规模启动；2016年，青岛市成为综合管廊国家试点城市之一，红岛经济区西片区规划西1号线是青岛市试点项目代表；2016年，住房建乡建设部召开了全国地下综合管廊推进工作电视电话会议，陈政高部长再次强调提出“凡是管线，包括煤气、污水必须全部入廊。已经开工没有入廊的要修改设计，要想出办法确保管线全部入廊，否则不予验收。正在设计没有施工的，必须把这两项内容加进去，否则不能开工建设。”

在这样的背景下，2016年8月，红岛经济区西片区综合管廊专题研究编制完成，研究中确定了西片区综合管廊系统布局、入廊管线种类等内容。其中入廊管线方面，充分论证了各类管线入廊的可行性，最终确定在满足入廊条件的前提下所有管线均纳入综合管廊。其中入廊管线方面，充分论证了各类管线入廊的可行性，最终确定在满足入廊条件的前提下所有管线均纳入综合管廊。规划西1号线综合管廊除将给水、再生水、电力、通信及热力这类常规管线纳入管廊外，还将入廊难度极大的燃气及排水管线纳入管廊。

以排水管线为例，规划西1号线道路纵坡与排水管线坡向刚好一致，并且位于排水管线系统下游位置，完全符合排水管线入廊的条件（图3-89）。

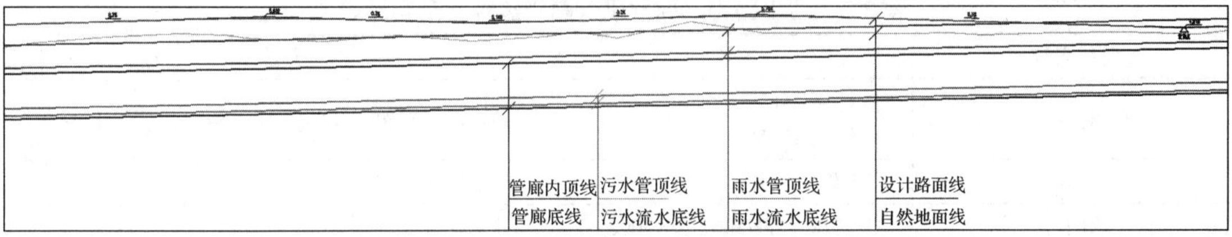

图3-89　西1号线排水管线与综合管廊纵断图

3.7.3　西海岸新区地下综合管廊入廊现状与分析

（1）中德生态园纵七路管廊项目

结合中德生态园园区海绵城市专项规划，雨水不纳入综合管廊，直埋于道路两侧绿化带内结合海绵城市建设设置雨水溢流实施。

根据中韩创新产业园控制性详细规划、相关专业规划，纵七路燃气规划为次高压燃气管道，次高压燃气管道入廊后，对监控及安防要求苛刻，根据前期管线协调会议，燃气主管部门新奥燃气不建议将燃气纳入综合管廊。

因此，中德生态园纵七路综合管廊考虑入廊的管线包括电力、通信、给水、中水、污水管道及预留管道（表3-6）。

表3-6　中德生态园纵七路管廊入廊管线种类及容量表

管线名称	容量	备注
电力	32回路10kV	8层支架
通信	16孔	4层支架
给水	DN300	1条
再生水	DN200	1条
污水	DN400	1条

其中，中德生态园纵七路管廊项目污水入廊，管廊内污水管道随管廊竖向敷设，最终排

入山龙河截污管道内，污水管道间隔一段距离设置检查井、通风口等设施。保证管道内污水的安全。

（2）江山路前湾港路交叉口管廊项目

目前，前湾港路南侧为De335现状燃气管线正在运营，业态良好；江山路无现状燃气管线，通过规划及燃气部门了解到，目前此片区无燃气规划，近远期无敷设意向。

雨污水管道入廊受地形影响较大、增加管廊整体埋深导致投资加大，管理维护复杂，本项目立交工程在设计、建设中应坚持生态优先、因地制宜、统筹建设的原则，充分体现海绵城市建设的总体要求，结合海绵城市建设，雨水管道不再纳入综合管廊。

前湾港路现状DN600污水管道自西向东排至前湾港路污水泵站，根据上位规划，前湾港路现状污水管道管径需扩容至DN800，且现状污水管道埋深较浅，如将污水纳入综合管廊需增加管廊净高，导致管廊多与其他现状专业管线发生竖向冲突，进一步增加管迁工程量，造成工程投资的增加。同时，污水管道会产生有害易燃气体，增加了综合管廊的安全隐患，将污水管线纳入综合管廊，需排水独立成舱，并加强维护监控。

江山路前湾港路交叉口管廊仅考虑电力、通信、热力、给水及中水5种类管线入廊（表3-7）。

表3-7　江山路管廊标准段入廊管线种类及容量表

管线名称	容量	备注
电力	3回路35kV 4回路10kV	35kV3层支架，10kV 4层支架，共7层支架
通信	25孔	5层支架
给水	DN300、DN500、DN1000	各1条
中水	DN400	1条
热水	DN500	供水及回水各1条
预留	DN200	1条

前湾港路管廊标准段入廊具体管线种类及容量见表3-8。

表3-8　前湾港路管廊标准段入廊管线种类及容量

管线名称	容量	备注
电力	3回路35kV 4回路10kV	35kV3层支架，10kV 4层支架，共7层支架
通信	25孔	5层支架
给水	DN400、DN500、DN1000	各1条
中水	DN500	1条
预留	DN200	1条

（3）冷链物流基地中心路综合管廊项目

依据规划，中心路为天然气配气管道末端，规划燃气管径为DN100，若为其单独建舱则建设投资与工程效益不等值，且本工程两侧绿化带空间充裕，满足天然气管道在绿化带内的直埋需求；天然气入廊建设、管理难度较大，平时管理、特别是紧急情况下应急管理要求较高，存在安全风险；同时规范对天然气入廊关于管道材质、阀门设置、相关附属设施的较高要求，因此本工程不建议将天然气纳入综合管廊。污水管线为重力流，管线随流向标高逐步降低，若将重力流管道放于综合管廊内，综合管廊必须按照一定坡度敷设以满足排水的输送要求。根据排水规划，中心路下游污水管道标高无法满足污水入廊后的排放要求，因此，本工程污水采用直埋的敷设方式。

冷链物流基地中心路综合管廊考虑入廊的管线包括电力、通信、热力、给水及中水 5 种类管线（表 3-9）。

表 3-9　冷链物流基地中心路管廊标准段入廊管线种类及容量表

管线名称	容量	备注
电力	28 回路 10kV 12 回路 110kV	10kV7 层支架，110kV 4 层支架，共 11 层支架，双侧布置
通信	8 孔	2 层支架
给水	DN400	1 条
再生水	DN200	1 条
热力	DN300	2 条

3.7.4　东岸城区地下综合管廊入廊现状与分析

（1）安顺路

考虑到安顺路雨水管道入廊受地形、现状雨水管渠高程影响较大、若雨水进管廊，利用管廊本体无法排入下游现状雨水管线。因此雨水不纳入综合管廊内。结合建设单位意见，本次考虑入廊的管线包括电力、通信、热力、燃气、给水、再生水、污水 7 种类管线（表 3-10）。

表 3-10　安顺路（汾阳路～衡阳路）入廊管线种类及容量表

管线名称	容量	备注
电力	3 回路 110kV，24 回路 10kV	110kV 3 层支架，10kV8 层支架，电力通信线缆 1 层支架
通信	7 孔	2 层支架
热力	DN1200	2 根
燃气	DN300	1 根
给水	DN1000 DN300	1 根 DN1000，1 根 DN300
再生水	DN300	1 根
污水	DN300	1 根

（2）开平路

根据上下游排水系统以及道路设计纵坡，开平路雨污水管均为起头管，收集两侧排水后自西向东排入重庆路现状排水管。

开平路雨水管线为起始端，设计管径 DN400 ～ DN1200，总长度约 730m，其中末端管径较大段为 DN800 ～ DN1200，该段总长度约 310m；根据重庆路现场实测数据，雨水管线末端靠近重庆路口约 80m 不具备入廊条件。雨水管在经济方面和技术方面的入廊条件并不充分，因此，不建议将雨水纳入综合管廊。

污水排水坡向与道路坡向一致，约为 0.3% ～ 4.98%，考虑管廊最小覆土要求结合重庆路现状搞成，具备接入重庆路现状污水主管条件。但考虑到本段污水服务范围小、管径容量小，导致经济效益并不突出，同时，污水管廊对防爆、通风等养护要求较高，本工程不建议将污水纳入综合管廊。

综上所述，开平路综合管廊纳入电力、通信、给水、中水和热力 5 种管线，雨污水采用直埋敷设方式。

3.7.5 青岛市地下综合管廊管线入廊汇总分析

经分析，红岛经济区、东岸城区综地下合管廊试点项目所在区域给水、雨水、污水、再生水、天然气、热力、电力、通信等城市工程管线均可纳入综合管廊。

即墨区雨污水管道入廊受地形影响较大，增加管廊整体埋深，导致投资加大、管理维护复杂，故未入廊。

西海岸新区部分地下综合管廊项目所在区域雨水结合海绵城市建设，设置在道路两侧绿化带内，故未入廊；试点项目所在区域因无燃气规划或规划为次高压燃气管道对监控和安防要求苛刻，故主管部门不建议入廊。

新机场地下综合管廊项目因要建海绵机场，故雨水管道没有入廊；因为南八路没规划燃气，故燃气管道没有入廊。重力流污水入廊是目前国内普遍面临的难点，不同于缆线入廊和压力管道入廊，污水入廊主要存在以下特点：污水管道埋深受制于排水系统控制，需以一定坡度坡向下游，对管廊横断面、纵断面以及出线井形式均产生较大影响；污水产生的甲烷、硫化氢等有毒有害气体需快速排至廊外以免影响养护管理人员健康；检查井设置需满足日常检修和事故工况下快速疏通要求；常规缆线和压力管道在传统出线井中通过弯折完成进出线，而重力流污水管道无法弯折，传统出线井形式已无法满足污水进出线需要。新机场地下综合管廊项目通过实践性尝试，较好地解决了上述问题。

3.8 青岛市地下综合管廊建设现状分析

3.8.1 综合管廊建设进度分析

根据青岛市综合管廊规划，各区域综合管廊规划总里程数详见表 3-11。通过对青岛市各区综合管廊建设情况数据分析，发现试点项目基本按照规划进行了实施，但其他非试点项目缓慢，除了机场区域开工比例较高外，其他几个区域管廊开工建设比例相对较低。分析原因，主要有如下几点：

（1）综合管廊系统规划追求管廊功能最大化，系统布局基本“成片成网”，总里程数较长。青岛市综合管廊基本从 2016 年下半年才开始实施，从建设工期角度考虑，导致开工比例较低。

（2）青岛市综合管廊大多规划在新区，区域开发建设刚开始。市政基础设施配套处于起步阶段，综合管廊建设需结合区域开发建设进度及地块需求统筹考虑实施，故建设时序上无法超前。

表 3-11 青岛市综合管廊建设现状数据分析

区域	试点项目实际施工长度（米）	试点项目规划总长度（米）	区域综合管廊规划总长度（米）	区域管廊项目实施比例
即墨区	8073	8923	21700	41.11%
红岛经济区	1117	1117	42700	2.62%

续表

区域	试点项目实际施工长度（米）	试点项目规划总长度（米）	区域综合管廊规划总长度（米）	区域管廊项目实施比例
西海岸新区	20248	20305	180860	11.23%
东岸城区	801	858	33000	2.60%
新机场	18935	19076	19400	98.33%
汇总	49174	50279	297660	16.89%

3.8.2　综合管廊入廊管线及实施断面情况汇总表（表 3-12）

表 3-12　青岛市地下综合管廊入廊情况汇总表

区域	工程名称	电力	通信	给水	再生水	热力	燃气	雨污水
即墨	山大南路	√	√	√	√			
	山大东路	√	√	√	√			
	硅谷大道	√	√	√	√	√	√	
	滨海公路	√	√	√	√	√	√	
红岛	规划西路一号线	√	√	√	√	√	√	√
西海岸	中德生态园十七号线	√	√	√	√	√		√
	中德生态园四号线	√	√	√	√			√
	中德生态园纵七路	√	√	√	√			√
	董家口经济区贡北路	√	√	√	√	√	√	√
	江山路前湾港路交叉口	√	√	√	√	√		
	海洋高新区海口路	√	√	√	√	√		
东岸	安顺路	√	√	√	√	√	√	√
新机场	南十路	√	√	√	√	√	√	√
	南六路	√	√	√	√	√	√	√
	南十一路	√	√	√	√	√	√	√
	南三路	√	√	√	√	√	√	√
	南八路	√	√	√	√	√		
	T2T3 联络通道	√	√	√	√	√	√	√
	T1 航站楼（A 指廊西）	√	√	√	√	√	√	√
	T1 航站楼 A 指廊	√	√	√	√	√	√	√
	航站楼管廊	√	√	√	√	√	√	√

经分析，青岛市综合管廊在规划、建设过程中，常规管线如给水、再生水、电力及通信热力管线均 100% 纳入综合管廊；热力管线入廊率为 84.6%，其作为常规适宜入廊的管线入廊率本应达到 100%，分析原因是山大南路、山大东路等道路本身未规划热力管线；对于燃气管线，入廊率 69%，燃气管线因涉及安全问题且运营维护成本高，行业内对燃气入廊接受程度低，仅部分区域将燃气全部纳入综合管廊。雨污水管线入廊率为 70%，重力流管线入廊需统筹考虑整个区域的排水管网系统，试点项目在规划及设计施工阶段均进行了充分的论证，已做到能入廊即入廊（表 3-13）。

表 3-13　青岛市地下综合管廊入廊情况汇总表

项目	电力	通信	给水	再生水	热力	燃气	污水
管线入廊长度（m）	50279	50279	50279	50279	42524	34700	35199
管线入廊比例（%）	100	100	100	100	84.6	69	70

对于每个区域而言，具体分析如下：即墨区雨污水管道入廊受地形影响较大，增加管廊整体埋深，导致投资加大、管理维护复杂，故未入廊。西海岸新区部分地下综合管廊项目所在区域雨水结合海绵城市建设，设置在道路两侧绿化带内，故未入廊；试点项目所在区域因无燃气规划或规划为次高压燃气管道对监控和安防要求苛刻，故主管部门不建议入廊。新机场地下综合管廊项目因要建海绵机场，故雨水管道没有入廊；因为南八路没规划燃气，故燃气管道没有入廊。

重力流污水入廊是目前国内普遍面临的难点，不同于缆线入廊和压力管道入廊，污水入廊主要存在以下特点：污水管道埋深受制于排水系统控制，需以一定坡度坡向下游，对管廊横断面、纵断面以及出线井形式均产生较大影响；污水产生的甲烷、硫化氢等有毒有害气体需快速排至廊外以免影响养护管理人员健康；检查井设置需满足日常检修和事故工况下快速疏通要求；常规缆线和压力管道在传统出线井中通过弯折完成进出线，而重力流污水管道无法弯折，传统出线井形式已无法满足污水进出线需要。新机场地下综合管廊项目通过实践性尝试，较好地解决了上述问题。

对比试点项目规划断面及实际实施断面，大部分项目实施断面尺寸及分舱数与规划一致，即青岛市综合管廊建设按照规划正全面有序推进（表 3-14）。

表 3-14　青岛市地下综合管廊断面情况对比表

区域	工程名称	规划断面（m × m）	实际实施断面（m × m）
即墨区	山大南路	4 × 3.6，单舱	4 × 3.6，单舱
	山大东路	3.6 × 3.6，单舱	3.6 × 3.6，单舱
	硅谷大道	10.1 × 3.6，三舱	6.85 × 3.6+2.8 × 3.3，三舱
	滨海公路	8.55 × 3.3，三舱	8.5 × 3.6，三舱
红岛经济区	规划西路一号线	15.6 × 3.8，五舱	9.6 × 3.8+2.4 × 2.9+2.6 × 2.9，五舱
西海岸新区	中德生态园十七号线	9.85 × 3.6，四舱	9 × 3.75，三舱
	中德生态园四号线	9.85 × 3.6，四舱	11 × 3.8，四舱
	中德生态园纵七路	9.85 × 3.6，四舱	5.55 × 3.6，双舱
	董家口经济区贡北路	11.1 × 3.8，三舱	11.30m × 4.60，三舱；
	江山路前湾港路交叉口	6.9 × 3.6，双舱；9.85 × 3.6，四舱	10.8 × 3.7，三舱；7.5 × 3.7 双；10.3 × 3.7 三；7 × 3.7 双
	海洋高新区海口路	9.95 × 3.25，四舱	6.3 × 4.4，双舱
东岸城区	安顺路	7 × 4.3+6.7 × 4.3，双舱	10.4 × 4.3+4.55 × 2.9，四舱
新机场区域	南十路	7.05 × 3.6，三舱	9 × 4.4+2.5 × 2.9，四舱
	南六路	7.8 × 3.6，双舱	6.2 × 4.3 双舱
	南十一路	8.6 × 3.6，双舱	11.8 × 3.7，三舱
	南三路	—	8.2 × 3.3，双舱
	南八路	—	7.2 × 4.1，双舱
	T2T3 联络通道	8.45 × 3.6，三舱	9.1 × 4.3+2.5 × 2.9，四舱
	T1 航站楼（A 指廊西）	8.75 × 4，三舱	10.1 × 4.3+2.5 × 2.9，四舱
	T1 航站楼 A 指廊	—	9.5 × 4.1，三舱
	航站楼管廊	—	7.2 × 4.1，双舱

续表

3.8.3　综合管廊建设区域分布分析

目前综合建设大部分集中在新开发区域（表 3-15），老城区因基础设施完善，项目十分少，老城区建设比例仅为 5% 左右，这其中还包含现状拆除后重建的项目（表 3-16）。

表 3-15　青岛市地下综合管廊建设区域情况表

区域	工程名称	建设区域	备注
即墨区	山大南路	新区	
	山大东路		
	硅谷大道		
	滨海公路		
红岛经济区	规划西路一号线	新区	
西海岸新区	中德生态园十七号线		
	中德生态园四号线		
	中德生态园纵七路		
	董家口经济区贡北路		
	江山路前湾港路交叉口	建成区	
	海洋高新区海口路		
东岸城区	安顺路	建成区	现状拆除后重建
新机场区域	南十路	新区	新区
	南六路		
	南十一路		
	南三路		
	南八路		
	T2T3 联络通道		
	T1 航站楼（A 指廊西）		
	T1 航站楼 A 指廊		
	航站楼管廊		

表 3-16　青岛市地下综合管廊建设区域统计表

项目	新城区管廊长度	老城区管廊长度	汇总
管廊长度（m）	47826	2453	50279
比例（%）	7195.1	4.9	100

分析原因，主要存在以下几条：（1）国家政策层面上，对新城区综合管廊建设提出相对严格的建设要求，但对老城区的要求相对宽松。如 2016 年 2 月，中共中央、国务院《关于进一步加强城市规划建设管理工作的若干意见》明确要求：城市新区、各类园区、成片开发区域新建道路必须同步建设地下综合管廊，老城区要结合地铁建设、河道治理、道路整治、旧城更新、棚户区改造等，逐步推进地下综合管廊建设。（2）规划层面上，老城区项目少；（3）施工层面上，老城区难度大；（4）投资上，老城区综合管廊建设涉及现状管线迁改等内容，投资大；（5）从社会影响上，综合管廊建设难度大、施工周期长，对周边居民影响大，社会影响反应较新区强烈。

3.8.4 综合管廊施工工法分析

3.8.4.1 开挖及非开挖施工方式分析对比

青岛市综合管廊建设基本上100%采用大开挖施工方式，非开挖施工仅在极少的过路、过河节点上，比例少，基本可忽略。

主要原因在于：目前实施的综合管廊集中在新开发区域，基本无现状建（构）筑物影响，地下管线少，具备放坡开挖条件，比非开挖施工更加经济。

对于过现状道路、河道等重要节点处，开挖施工影响大，为减少对周边现状管线、道路交通等实施影响，采用非开挖施工方式。

3.8.4.2 现浇及预制施工方式分析对比

统计青岛市综合管廊建设现状，目前施工以现浇为主，部分区域尝试小尺寸断面预制施工。如红岛经济区规划西一号线雨水舱，断面尺寸 $B \times H = 2.6\text{m} \times 2.9\text{m}$，采用预制方式施工；非试点项目开平路综合管廊采取预制与现浇相结合的方式——叠合装配式进行施工。

从试点项目断面情况来看，青岛市综合管廊断面尺寸大，尺寸种类多，断面形式不统一，无法在整个青岛市层面上统筹考虑，预制厂无法大规模生产进行推广；另外，从投资方面考虑，预制施工整体上要比现浇施工造价高10%～25%；再者，预制管廊开展时间短，相关标准、体系尚不成熟，故整个青岛市甚至全国层面上预制管廊仅停留在尝试阶段，施工所占比例低（表3-17）。

表3-17 青岛市地下综合管廊断面情况汇总表

区域	工程名称	实际实施断面
即墨区	山大南路	4×3.6，单舱
	山大东路	3.6×3.6，单舱
	硅谷大道	6.85×3.6+2.8×3.3，三舱
	滨海公路	8.5×3.6，三舱
红岛经济区	规划西路一号线	9.6×3.8+2.4×2.9+2.6×2.9，五舱
西海岸新区	中德生态园十七号线	9×3.75，三舱
	中德生态园四号线	11×3.8，四舱
	中德生态园纵七路	5.55×3.6，双舱
	董家口经济区贡北路	11.30×4.60，三舱；
	江山路前湾港路交叉口	10.8×3.7，三舱；7.5×3.7双舱；10.3×3.7三舱；7×3.7双舱
	海洋高新区海口路	6.3×4.4，双舱
东岸城区	安顺路	10.4×4.3+4.55×2.9，四舱
新机场区域	南十路	9×4.4+2.5×2.9，四舱
	南六路	6.2×4.3双舱
	南十一路	11.8×3.7，三舱
	南三路	8.2×3.3，双舱
	南八路	7.2×4.1，双舱
	T2T3联络通道	9.1×4.3+2.5×2.9，四舱
	T1航站楼（A指廊西）	10.1×4.3+2.5×2.9，四舱
	T1航站楼A指廊	9.5×4.1，三舱
	航站楼管廊	7.2×4.1，双舱

第 4 章　青岛地下综合管廊建设目标及成效

经济、社会、环境效益共同提高是实现一个地区可持续发展的前提，而综合管廊的建设正是按照经济、社会、环境效益相统一的原则，实行全面规划、结合城市发展合理布局进行综合开发（图 4-1）。

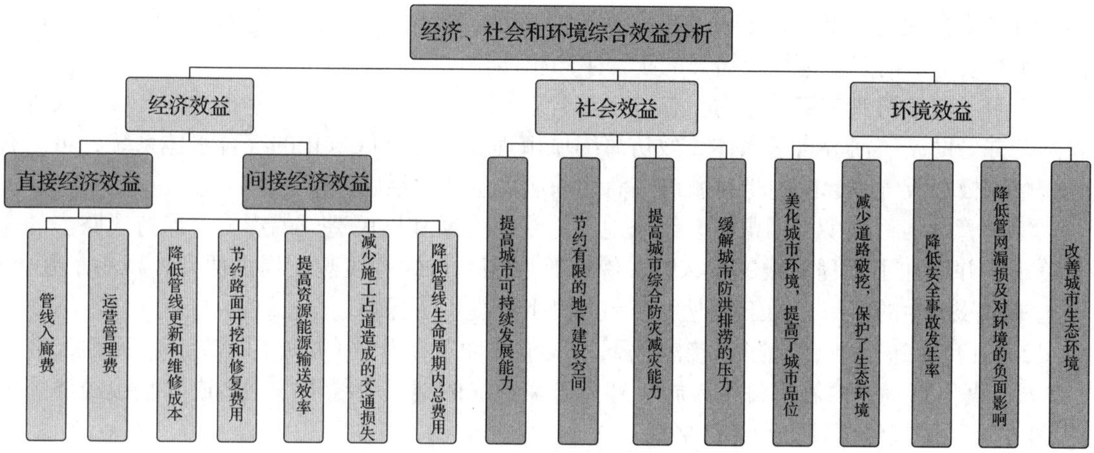

图 4-1　经济、社会、环境综合效益分析

4.1　经济效益分析

地下综合管廊建设和管线入廊，将产生以下经济效益：

降低管线更新和维修成本。为管线维修提供开阔的空间，免除土方开挖，避免给水、排水、燃气、电力电缆、通信电缆等不同专业工程在同一工作面施工、协调花费的时间，缩短施工周期，降低工程造价。

节约路面开挖和修复费用。地下综合管廊使用年限长达 50 年以上，综合管廊建设，可避免管线更新、维修引起的道路二次开挖。降低路面多次修复费用和管线的维修成本。同时，增加道路的完整性和耐久性，提高道路使用寿命。

提高资源能源输送效率。对管线进行集中管理、维护和监控，可降低给水、燃气等入廊管线的泄露和安全事故，提高资源能源输送效率和经济效益。

减少施工占道造成的交通损失。避免各类管线多次更新、维修引起的交通堵塞和出行不便造成的时间和经济损失。

降低管线生命周期内总费用。大幅延长管线寿命，保障管线安全运行和服务能力，大幅降低各类管线在生命周期内的建设也运行成本。

4.2　社会效益分析

提高了城市可持续发展能力。地下综合管廊的使用年限设计为 100 年，具有可用年限长，运维成本相对较低的优势。同时，地下综合管廊建有完善的附属设施，增强了管线保护能力，延长了使用寿命，也为各种管线的扩容、更新提供了极大地方便，提高了城市可持续发展的能力。

节约了有限的地下建设空间。地下综合管廊的建设，可以节约有限的城市地下建设空间，为地下其他建设需求留出了发展空间。同时，地下综合管廊的建设建成后，必然会提高相应区域的城市配套水平及开发建设进程，促进沿线土地增值，实现加快建设开发、释放土地资源、激发土地增值等多赢的效果。

提高了城市综合防灾减灾能力。地下综合管廊作为市政管线综合利用的形式之一，将各种管线紧凑合理地布置在管廊中，提高了各种管线抵御台风、地震等自然灾害的能力，从而保证了社会生产的安全运行及居民的正常生产生活。

缓解了城市防洪排涝的压力。在地下综合管廊建设中，在地势落差合适的区域纳入排水管网，并借助湖、河等自然水体，效仿海绵城市理念，建立区域化的综合水体系统，可以有效缓解因极端天气引起的内涝对城市工商业和居民生产生活的影响。

综合管廊工程减少了因敷设、维修地下管线对交通和居民造成的影响，保持了路容的完整美观，并增加了工程管线的耐久性；综合管廊还为市政管线敷设提供便利，减小了断水、停电等事故发生的概率，为工农业生产和人民生活提供了保障。

2009 年到 2013 年，全国直接因地下管线事故而产生死伤的事故共 27 起，死亡人数达 117 人，据估算，国内城市每年因施工外力破坏造成的地下管线事故，造成的直接经济损失约 50 亿元，间接经济损失约 400 亿元。

数据表明，2016 年全国因管线爆裂导致的事故有 909 起，共造成 127 人死亡、1096 人受伤。根据相关数据推算，国内每年因施工等人为因素造成的损失可达 100 亿之多。综合管廊作为一种新的市政基础设施，一定程度上避免了上述状况的出现。因此，修建综合管廊有不可忽视的社会和经济效益。

4.3 环境效益分析

美化了城市环境，提高了城市品位。地下综合管廊将地上部分管线如电力电缆、通信电缆等纳入其中，不仅可以消除行人和车辆的交通障碍，更重要的是实现地上“无杆化”后，美化了城市环境，消除了视觉污染，避免了因电线杆倾倒折断、电线折断和发生火灾等造成的二次灾害，创造了良好的居民生活环境，提高了城市品位。

减少了道路破挖，保护了生态环境。各种市政管线理想状态下的使用周期一般为 20 年左右，因各种原因会不同程度地缩短管线寿命，需要反复破挖道路，产生的扬尘、噪声及弃土等对居民生活造成极大的影响。地下综合管廊的建设，可以避免管线维护对道路开挖造成的交通阻断、施工扬尘及对居民日常生活的影响。

降低管网漏损及对环境的负面影响。自来水管网以传统直埋式方式敷设地下时，城市管网漏水率通常在 8% 以上，有的城市甚至高达 20% 以上，而给水管网敷设在综合管廊内的漏水量几乎为零，因此给水管网入廊可有效提高供水效率。

降低安全事故发生率。管线入廊可大大降低廊内管线泄漏、爆炸、失火等安全事故的发生概率，以及对周边居民和环境造成的影响。

改善城市生态环境。综合管廊建设，可腾出大量宝贵的城市地面空间，增加城市绿化面积和植被覆盖，增加城市碳汇能力，改善城市生态环境，创造良好的市民生活环境。

通过对经济效益、社会效益和环境效益的分析，青岛市地下综合管廊项目运行后，将带来极大的经济、社会和环境效益，进一步巩固人居城市品牌。

4.4 综合效益分析

综合以上分析，青岛市地下综合管廊项目运行后，将带来极大的经济、社会和环境效益，进一步巩固人居城市品牌。在三种效益中，经济效益是基础，社会效益是核心，环境效益是回馈。地下综合管廊工程建设既是城市发展、统一规划的一个组成部分，又是城镇化、智慧化的必然趋势。在城市发展过程中，如果单纯考虑经济效益，地下综合管廊的建设将缺乏经济基础和可行性；如果综合考虑其经济效益、环境效益和社会效益，将三者有机融合，并尽量将环境效益和社会效益价值化，地下综合管廊的开发才能实现公益效益的最大化。我们认为青岛市地下综合管廊试点项目具有良好的社会、经济、环境效益，有利城市整体基础设施、城市管理水平的提升，实现青岛市的城市战略发展目标，并为国内其他城市提供可借鉴、可复制的成功模式。

第5章 青岛市地下综合管廊建设与国内其他城市比较

5.1 与国内其他试点城市比较

5.1.1 厦门

5.1.1.1 管廊建设情况

在三年的试点期内，厦门全面超额完成了试点工作任务：试点区内完成土建廊体29.23km，占计划的128.80%；完成投资21.54亿元，占计划的109.84%；完成入廊管线总长423.20km，占计划的497.9%。

试点区外，老城区结合市政提升同步配建综合管廊9.3km，缆线管廊109.46km；新城开工建设约40.3km，下达前期计划约100km。

5.1.1.2 管廊特色

厦门首先从规划着手，以“多规合一”平台为基础，编制完成《厦门市地下综合管廊专项规划》，并纳入城市总体规划进行管理，实现管廊与地下空间统筹、与跨岛通道相结合，形成跨岛一体化建设的全市综合管廊系统布局。其中，地下综合管廊建设融进地铁建设，为全国首创。厦门还将管廊建设与海绵城市理念相融合，管廊内设置雨水蓄水舱、预留雨水排放及调蓄空间等。

在管廊建设方面，厦门也不断探索新技术、新工艺。在全国范围内，率先大规模、成批量使用预制拼装工艺，有效提高了管廊施工质量和使用寿命。在一些管廊建设工地，BIM、AI等现代化技术也运用到施工中。

率先实行综合管廊企业化运营管理、较早建立管廊有偿使用机制、积极探索PPP模式，引入社会资本等一系列的探索和创新，有力推动了厦门管廊建设，同时，形成了可复制、可推广的经验，实现跨区域输出，促进全国管廊建设。

5.1.2 海口

海口规划建设综合管廊中，中心组团103.6km，长流组团61.6km，江东组团48.2km，美安科技新城7.7km。若以干支线来划分的话，海口市将建干线型综合管廊137.3km，支线型综合管廊84.8km。

5.1.2.1 管廊建设情况

海口地下综合管廊的建设内容为：地下综合管廊及其附属设施，包括五大片区，43个子项目，共96.47km，要完成总投资额76.28亿元。廊体类型有单舱、双舱、三舱、四舱。入廊管线包括通信、军用、给水、中水、电力、燃气、污水、直饮水（预留）等。附属设施包括投料口、通风口、引出口、分变电所、监测系统、消防系统等。

5.1.2.2 管廊特色

为提高管廊整体施工功效，打破国内外科研技术的垄断，中铁四局根据设计舱位，推出了U形盾构工艺、叠合板工艺、移动模架工艺及顶管法工艺四种科研技术。

5.1.3 沈阳

沈阳老城区干线综合管廊将形成“一环、三纵”的管廊布局结构，长度88km，管廊密度为0.19km/km^2，“一环”沿南运河、北运河、卫工明渠构成环线。“三纵”是南北二干线、南京街、兴华街。

5.1.3.1 管廊建设情况

沈阳老城区的首条综合管廊——南北快速干道综合管廊近期已投入使用。供暖管线目前平稳运行，到2018年，电力、电信、给水、污水、雨水五类管线也将全部入廊。管廊将选择一个试验段，由智能管廊巡检机器人负责后期维护。

沈阳市地下综合管廊南运河段171m试验段——内部称其为“样板间”率先建设完成，沈阳市地下综合管廊南运河段预计2018年底全线贯通。

沈阳市地下综合管廊南运河段西起南运河文体西路，终点位于和睦公园南侧，干线全长12.6km。其试验段位于青年公园内东南角的绿地下方，全长171m。

目前，管廊的分仓施工已完成，廊内各项设备也正在安装。其中，上半圆为电力舱和逃生舱，下半圆为水信舱。在双向的标准段中，右线分舱布置与试验段相同，左线上半圆天然气舱和逃生舱，下半圆为热力舱。

沈阳地下综合管廊南运河段实现多段洞通，已进入二次结构和管线入廊施工阶段。建成后，水、电、热、气、中水、通信六类管线将统一“打包”入住，南运河周边马路将不再“开膛破肚”。

目前，燃气和中水管线已完成管廊沿线、管线进出口、廊内路径的条件考察和同步设计工作，进入预埋件施工阶段。现阶段燃气管线将入廊约10km，中水管线将全线入廊，两类管线均于2018年底投入使用，其他产权单位将在之后陆续入廊。

5.1.3.2　管廊特色

为了更好地管理这些管线，管廊里还安装了多种智慧管理设备。比如，廊体内作业情况可以通过监控系统一览无遗，工作人员在地面上就可以随时了解廊内的情况；管廊位于地下，手机一般没有信号，管廊内安装了语音播报系统，可以通过这个系统对进入管廊的工作人员发布提示信息；在管廊内部，安装了 LED 灯带系统，更节能环保；此外，管廊内部还安装了有毒有害气体自动检测系统，一旦发现管廊内有毒有害气体超标，就可以自动报警，启动通风换气系统，保证工作人员安全健康。

5.1.4　包头

5.1.4.1　管廊建设情况

包头市管廊试点项目计划建设 33.1km，已建成 27km。其中新都市区综合管廊计划建设长度 26.4km，舱内放置供热、电力、燃气、污水等 8 种管线。

包头市项目分为三期建设，目前已建成廊体 20.3km 和控制中心一座，并有 13.8km 投入运营；北梁腾空区综合管廊计划建设长度 6.68km，舱内放置电力、供热、通信等 6 种管线，目前已完成全部廊体建设及控制中心一座，正在进行廊内附属设施安装。为有效与试点项目衔接，扩大项目辐射范围，包头市于 2017 年结合道路改造增建非试点综合管廊，现已完成建设 6.6km。综上，目前已完成综合管廊建设 33.6km，并已有 13.8km 投入运营。

5.1.4.2　管廊特色

新都市区综合管廊均建在道路边缘绿化带下面，设计电力、供热、给水、通信、广电、中水、污水、燃气 8 种管线入廊。管廊以双舱设计结构，各自独立，设有电力专舱（容纳广电、通信等线路）。双舱标准断面 7.25m × 3.5m，入廊管线分层固定在舱内四周支架上，中间留有人员行走管廊。

这里足有一层楼高，管线即使全入廊后仍有很大空间。舱内空间足够大，既保证现有管线入廊，又方便未来城市基础设施扩容。

“让雨水管线入廊，可做到管道泄洪；也可以利用管廊自身的排水功能泄洪。”综合管廊建筑技术、结构设计，预期使用寿命达到 100 年。

新都市区建了综合管廊，控制中心可以实时对管线进行监控，管廊线路设有多个检查口，管线遇故障，工人直接从检查口入廊进行维修作业。保持了路面的完整性和各类管线的耐久性，告别“拉链式马路”现象。

同时，管线统一入廊极大节约了城市空间资源。城市寸土寸金，地上架设高压线需要在地面预留一定宽度的专用空间，而直埋地下的管线也会对道路及两侧造成占用。把各类管线集约布置在综合管廊内，通信、电力等系统未来就不再需要电线杆、高压塔以及城市上空的“蜘蛛网”。综合管廊节约了城市用地，拓展了城市发展空间。

5.1.5　景德镇

5.1.5.1　管廊建设情况

按照规划，景德镇市地下综合管廊试点项目分为昌南拓展区、高铁商务区和景东片区三个片区，建设管廊 30.9km，总投资 26.85 亿元。截至目前，该市综合管廊已开始管线入廊及设备安装工作。

5.1.5.2 管廊特色

在建设中，该市积极探索和应用新材料、新技术，充分发挥管廊试点效应。在站前二路东延伸段等管廊建设中，采用国内领先的叠合式预制拼装技术，不仅缩短了施工周期，而且成本和质量都得到有效保证；为响应国家“以塑代木，以塑代钢”的产业政策导向，使用节能环保的易安特模板，加快了工程进度，提升了清水混凝土的表面光感度；在管廊防水方面，采用新型材料——速凝橡胶沥青防水涂料；在施工过程中，采用 BIM 技术，实现了各种建筑信息在各专业平台间的共享和传递；利用无人机巡检、远程监管指挥系统，保障施工安全。

综合管廊项目更是“建在当代，利于后人”的百年工程。在经济效益上，据管廊承建方中铁四局集团有限公司项目经理丁玉勤估算，仅高压电缆入廊一项就能腾出土地 2513 亩，创造直接经济效益 75 亿元以上，将极大提高土地利用率和土地开发价值。在功能需要上，工程在雨水仓建设中采用陶瓷元素减阻力排水设计，并同污水共仓，为综合管廊雨污水入廊、高效使用管廊、减少工程造价，积累了宝贵的实践经验。在城市特色上，该市从多规合一的视角出发，着重在系统层面构建一体化、集约化、多功能及可持续的城市地上、地下空间综合利用体系，着重保护生态。在推广创新上，该市还将管廊监控和报警中心与智慧城市建设有机融合，中心不仅负责所在片区及周边管廊系统状态监控、运营、维护，还将承担全市地下综合管廊的综合运营管理任务。

5.2 青岛市综合管廊建设优势与不足

青岛市作为国家第二批综合管廊试点城市，综合管廊建设有其自身优势与不足。

5.2.1 优势

5.2.1.1 流程、程序规范

青岛市综合管廊从规划到建设，严格按照建设程序进行。

5.2.1.2 保障措施、文件完善

从 2016 年开始，青岛市政府发布一系列文件，高度重视地下综合管廊配套政策的制定工作，先后发布一系列法律法规作为青岛市地下综合管廊建设的依据，分别从政策、技术、法律法规等方面对综合管廊规划、建设、运营管理提出相应要求，为综合管廊的长远发展提供了强有力的保障。

5.2.1.3 编制导则、标准等，技术支撑

为青岛市综合管廊建设更加规范，统一全市综合管廊建设标准，编制《青岛市城市综合管廊工程建设技术导则（试行）》，为综合管廊建设提供有力技术支撑。

5.2.1.4 经验丰富

青岛市在试点项目前已完成 55km 综合管廊建设，规划、设计、施工及运营经验丰富。

在综合管廊建设过程中总结出一系列设计标准，还有不良地质条件的施工经验，丰富的运维经验以及智慧化管理的经验。

5.2.1.5 尝试新的施工工艺、工法，注重知识产权

青岛市综合管廊试点项目涉及即墨区、红岛经济区、东岸城区、西海岸新区以及新机场区域，覆盖范围广，现场施工情况各地不同。在建设过程中根据现场不同情况，尝试新的施工工艺，保证综合管廊建设高质量、高速度。同时，注重总结经验，并积极申请新工法专利，注重知识产权。

5.2.1.6 综合管廊试点项目覆盖范围广，带动性强

青岛市综合管廊试点项目涉及新机场工作区、不良地质区、轨道交通紧邻区域、生态园区等多种类型区域，管廊建设覆盖范围广，针对不同区域采用不同的设计、施工方式，带动整个青岛市综合管廊建设，对全国综合管廊建设也有很大的借鉴意义。

5.2.2 不足

5.2.2.1 BIM 主要运用于综合管廊设计阶段，施工阶段运用较少

在青岛市综合管廊试点设计、施工及将来的运营过程中，目前多在设计阶段采用 BIM 技术，施工、后期运营阶段应用较少，并没有将全生命周期理念贯穿综合管廊设计、施工及运营维护阶段。后期要逐渐搭建全市层面的 BIM 信息应用平台，真正做到设计、施工、运营全生命阶段 BIM 应用。

5.2.2.2 各区综合管廊系统独立，区域之间无衔接

青岛市综合管廊规划在编制过程中就采取各区域分片规划的形式，整个青岛市分为东岸城区、西海岸新区、北岸城区、即墨区及下属各市分别规划管廊系统，没有整个青岛市层面上的系统布局，且各区域之间管线系统独立，无衔接，无法做到青岛市层面上综合管廊成片成网成系统。故在试点项目实施过程中，虽然各区域内部在上位规划的指引下按部就班进行，能够做到内部成网成系统，但市级层面上没有能够保证管廊系统相互衔接。

5.2.2.3 管廊项目相对单一

目前青岛市已实施的综合管廊功能或建设形式均比较单一，均是单独建设，满足各类管线综合收纳功能。作为地下空间资源开发利用方式之一，与其他地下空间开发项目无衔接。目前其他城市建设较多的与综合体、地铁结合的方式在青岛市综合管廊建设过程中均没有尝试。下一步结合相关规划、建设计划，尝试扩展综合管廊功能，实现地下空间综合利用。

5.2.2.4 老城区的管廊建设案例少

青岛市甚至全国其他试点城市，综合管廊建设大多集中在新建区域，老城区的建设案例相对较少。在城市建成区域实施综合管廊的经验较少。

第 6 章　总结与展望

6.1　科学有序推进综合管廊建设

（1）合理确定综合管廊建设计划

与青岛市及各区建设部门沟通，合理确定综合管廊近期建设计划及建设内容，使综合管廊规划更具可实施性。制定综合管廊滚动建设计划，坚持“轴向敷设、环状布局、网状服务”的布局原则，采用成网成片建设模式，建成一片，使用一片，服务一片，切实发挥地下综合管廊效益。

（2）合理规划新区和老区综合管廊建设

充分考虑新区开发建设、道路建设、老旧管网改造、地下空间开发利用等，按照需求配置综合管廊，优化管廊规划布局和建设规模，形成“大中型综合管廊、小型综合管廊、微型管廊、缆线管廊”并存、布局合理的综合管廊供给结构，统筹考虑规划超前性、因地制宜性和经济合理性。结合青岛市老城片区改造及企业搬迁，研究综合管廊在老城区规划建设的可行性，探讨解决老城区管线密集、敷设困难的问题。

6.2　联系实际，构建特色综合管廊体系

（1）综合管廊与地下空间建设相结合

综合管廊的规划建设不是孤立的，往往是区域地下空间综合开发的一部分。国内外许多城市在统筹地下空间规划建设时，均考虑与重大地下工程结合建设综合管廊，从而节约成本。如北京 CBD 商务中心区、郑东新区龙湖金融中心，均考虑地下交通、地下停车场、地下商业等与综合管廊相结合。随着城镇化进程推进，地下空间开发需求的增强，地下基础设施整合成为必然，青岛市综合管廊与地下空间的结合将成为重要的一种方式。应从前期规划入手，将综合管廊与地下空间建设统筹考虑，不但避免后期出现的各种矛盾，还降低综合管廊的投资成本。如综合管廊与地下空间重合段可利用地下空间某个夹层、结构局部共板。

（2）综合管廊与海绵城市建设技术相结合

住房城乡建设部要求坚决落实管线全部入廊，并下发了《关于提高城市排水防涝能力推进城市地下综合管廊建设的通知》(建城〔2016〕174 号)，将城市排水防涝与综合管廊、海绵城市建设协同推进将是市政基础设施建设未来的一个发展方向。

将综合管廊的设计与海绵城市技术措施相结合，既满足综合管廊的总体功能，又能提高排水防涝标准，提升城市应对洪涝灾害的能力。在青岛市综合管廊与海绵城市规划建设中，提出以下构想：①政策引导，海绵城市与综合管廊结合，进一步发挥综合管廊整合地下空间的功能。②结合城市地貌、气候特征、雨水系统等因素，综合分析各种工况下海绵城市与综合管廊规划建设的关系。③将雨水调蓄功能与综合管廊功能相结合，增设雨水调蓄舱，通过设计坡度控制外，考虑设置复合断面和增加冲洗设施等措施解决淤积问题

6.3　积极推进预制拼装及标准化、模块化

综合管廊常规采用的明挖现浇结构在设计施工中普遍存在着占地面积大、施工现场工作

量、施工质量不易控制、对环境影响较大等不足。但受外部因素限制，青岛市综合管廊目前大多仍采用现浇方式施工，预制拼装尝试较少。综合管廊预制拼装技术是国际综合管廊发展趋势之一，能够大幅提高施工质量，节约施工工期。综合管廊标准化、模块化是推广预制拼装技术的重要前提之一，预制拼装施工成本的幅度取决于建设管廊的规模长度，而标准化可以使预制拼装模板等装备的使用范围不局限于单一工程，从而降低摊销成本，有效促进预制拼装技术的推广应用。此外，编制基于综合管廊标准化的通用图，大幅降低设计单位的工作量，节约设计周期，提高设计图纸质量。在青岛市综合管廊施工中逐步替代现浇结构，是加快修建速度、提高工程质量的有效办法。

6.4　管廊运行智慧化

综合管廊及管线可实现智能化、智慧化，突出隐患防范，突出安全管理。综合管廊、管线应以应用为向导、以数据为核心、以更新为重点、以整合为手段，以计算机自动化管理取代传统的人工管理，形成一支高素质、高效率、高专业化的管理队伍，打造先进实用的管廊、管线管理应用系统。

参考文献

[1] 青岛市地下综合管廊专项规划（六区）(2016—2030 年)

[2] 李俊峰，邱实，魏中华．考虑交通成本的综合管廊建设效益模型研究［J］．中国工程咨询，2018，005：77-84.

[3] 田强，薛国州，田建波，郑立宁．地下综合管廊经济效益研究［J］．地下空间与工程学报，2015，87(S2)，11：5-9

第二篇

青岛市地下综合管廊
发展趋势研究

PART 2

第1章 绪　论

1.1 课题研究背景

1. 项目背景

城市地下综合管廊又称综合管沟、共同沟，即在城市地下建造一个市政共用隧道，可容纳电力、通信、热力、给水、排水、燃气等工程管线的两类及以上，设有专门的检修口、吊装口和监测系统，实施统一规划、统一建设和统一管理的市政公用设施，以达到地下空间的综合利用和资源的共享。按纳入的管线种类和功能，可分为干线综合管廊、支线综合管廊及缆线综合管廊。

推进地下综合管廊建设，统筹各类市政管线规划、建设和管理，是创新城市基础设施建设的重要举措，不仅可以解决反复开挖路面、架空线网密集、管线事故频发等问题，还可以保障城市安全、完善城市工程、美化城市景观、促进城市集约高效和转型发展，有利于提高城市综合承载能力和城镇化发展质量，有利于增加公共产品有效投资、拉动社会资本投入、打造经济发展新动力。

2014年6月3日，国务院办公厅发布《关于加强城市地下管线建设管理的指导意见》(国办发〔2014〕27号）提出，随着城市快速发展，地下管线建设规模不足、管理水平不高等问题突显，一些城市相继发生大雨内涝、管线泄漏爆炸、路面塌陷等事件，严重影响了人民群众生命财产安全和城市运行秩序。为切实加强城市地下管线建设管理，保障城市安全运行，提高城市综合承载能力和城镇化发展质量，要把加强城市地下管线建设管理作为履行政府职能的重要内容，统筹地下管线规划建设、管理维护、应急防灾等全过程，综合运用各项政策措施，提高创新能力，全面加强城市地下管线建设管理。

青岛市2008年开始启动高新区地下综合管廊的规划、建设工作，建立了成网成片的地下综合管廊系统，已建成总长度达到54km，并全部投入运营。为加快城市基础设施建设，自2013年以来，青岛市大力贯彻落实国家有关部署要求，贯彻《关于加强城市基础设施建设的意见》(国发〔2013〕36号）的文件，按照《关于加强城市地下管线建设管理的指导意见》(国办发〔2014〕27号)、《关于推进城市地下综合管廊建设的指导意见》(国办发〔2015〕61号）及中央城市工作会议的有关要求，积极推进各项政策措施的贯彻落实。2016年5月，通过竞争性评选，青岛市成功入选全国第二批地下综合管廊试点城市名单，同时入选国家第二批“海绵城市”试点，是全国第二批试点城市中唯一一个获得“双试点”的城市，试点项目建设的实施期为2016—2018年。

截至2018年12月5日，试点项目建设计划开工的49.32km地下综合管廊全部开工建设，已建成48.80km，占管廊总长度的98.9%，入廊市政管线累计达到234.01km。目前，试点项目的工作重点是开展管廊配套设施建设、各类管线的入廊建设以及相关配套制度建设和专题研究工作。

2. 课题提出过程

本项课题的提出，是基于青岛市地下综合管廊建设在规划布局、资金筹措、建设监管和设计施工等方面遇到的问题和困难提出的。

（1）2016年，青岛市编制并实施了《青岛地下综合管廊专项规划（2016—2030年）》，规划编制范围为青岛市市域（青岛市行政辖区），包括市南、市北、李沧、崂山、城阳、黄岛区、胶州、即墨、莱西、平度。青岛市2016—2020年共计划建设地下综合管廊93.7km，2020—2030年青岛共建设完成地下综合管廊102km。《青岛市地下综合管廊专项规划（2016—2030年）》自印发以来，对于指导我市地下综合管廊建设、优化各类市政管线布局、巩固和提升市政基础设施总体水平起到了重要的作用。但在项目建设实施过程中，由于建设用地规模限制和城市功能区布局调整等原因，部分区、市和功能区提出，需结合实际情况对《专项规划》中的部分项目进行优化调整。近期，青岛市将适时启动《专项规划》的修编工作，在规划修编的过程中，将融入国家最新提出的、适合青岛市自身实际的建设理念。

（2）目前城市地下管廊建设主要的投资模式是政府投资、政府和社会资本合作两种方式。根据青岛市管廊试点项目进行统计，青岛市的地下综合管廊建设成本约8300万元/km。由于地下综合管廊具有很强的公益属性和较低的经营收益，采用PPP模式进行建设要防止形成政府的隐性债务。自2017年以来，财政部密集发文，规范地方政府举债融资行为，政府或政府投资平台融资、发债等行为受到密切监管。推进地下综合管廊建设对于完善城市基础设施建设具有很强的现实意义，但是较高的建设投入所需的资金来源却不能落实。

（3）地下综合管廊区别于架设、埋地等传统方式的一个显著特点就是便于运维管理。目前，各地地下综合管廊建设总体处于推进期，大部分未投入或者刚投入运营，建设和监管的体制机制尚未成熟，多数处于探索起步阶段。探索一条适合青岛市的建设管理路径具有重要的现实意义。

（4）随着综合管廊建设项目的推进，新理念、新技术和新工艺的出现层出不穷，BIM技术、预制拼装、矩形盾构等在项目的建设中发挥了重要的作用。结合青岛市远期在老城区与地下空间综合开发利用等方面的管廊建设规划，从设计施工技术方面提出合适的技术路径，也具有重要的现实意义。

1.2 研究思路和技术路线

本项课题，重点在规划理念、投融资模式、建管体制和设计施工技术四个方面开展研究，主要按照以下步骤开展研究工作。

1. 资料收集，开展青岛市现状的梳理

对青岛市地下综合管廊建设的专项规划、试点城市申报材料、项目审批资料、施工档案等进行收集整理，从规划理念、投融资模式、建管体制和设计施工技术四个方面进行现状梳理，同时总结提出存在的问题。

2. 城市调研，了解国内外的先进做法

通过现场实地调研、函件传真、学习培训和文献研究等方式，收集整理国内外城市的先进做法，横向对比，寻找青岛市管廊建设的不足。

3. 梳理政策，找准管廊的宏观建设方向

对地下综合管廊建设、融资模式和城市建设等方面的政策进行系统性的学习和梳理，从宏观上找准地下综合管廊的发展方向。

4. 总结提炼，提出青岛市管廊的发展建议

通过系统性的研究和横向对比，在规划理念、投融资模式、建管体制和设计施工技术四个方面针对性的提出发展建议。

1.3　课题预期目标

本项课题研究拟结合国家最新政策，参考其他城市的先进做法，达到以下方面的预期研究目标：

（1）总结目前青岛市地下综合管廊规划布局存在的问题，提出青岛市地下综合管廊规划布局的调整思路，为后期管廊规划修编做好准备。

（2）总结目前青岛市地下综合管廊融资方面存在的困难，提出管廊融资和资金筹集的初步思路。

（3）总结目前青岛市地下综合管廊建设管理模式存在的弊端，提出建管体制改进的初步思路。

（4）结合青岛市地下综合管廊建设的实际情况，参考其他城市应用的先进技术，提出适合青岛市地下综合管廊的新技术、新理念。

第 2 章　青岛市地下综合管廊总体建设现状分析

2.1　项目建设现状

2.1.1　规划布局和项目建设情况

1. 基本建设情况

2015 年 7 月 17 日，青岛市人民政府批复了《青岛城市地下空间资源综合利用总体规划（2014—2030 年）》（青政字〔2015〕76 号）。其中，该规划对地下综合管廊规划引导、发展策略、规划方案做出具体要求：要积极推进地下综合管廊建设，在建成区，结合地下街、综合体等其他大规模地下功能开发建设地下综合管廊；在新城区，鼓励综合管廊建设；在新区开发、地下公共空间开发利用及地铁等快速轨道交通设施建设时，考虑整合建设综合管廊；规划建设完善高新区综合管廊；规划在中德生态园、西海岸国际经济产业合作区、西海岸中央商务区、董家口临港工业产业综合经济功能区、蓝色硅谷核心区等新建区域的重要地段探讨建设部分综合管廊。规划还要求即墨、胶州、平度、莱西的地下市政设施发展策略将参照重点规划区发展模式，重点在新区开发中进行地下综合管廊、缆线管廊的示范建设。

2016 年 1 月 14 日，国务院发布《国务院关于青岛市城市总体规划的批复》（国函〔2016〕

11号)，原则同意《青岛市城市总体规划（2011—2020年)》。规划要求加快推进市政设施地下化，利用新区开发、旧区改造以及地下公共空间、地铁等建设时机，因地制宜推进建设地下综合管廊、缆线管沟。在建设资金和管理技术有保证的前提下，在有条件的路段、区域和新开发地区进行地下综合管廊的建设，地下综合管廊建设应与道路改造、管线改造、土地开发等相结合，并应留有余地、适度超前，满足远期需求。

按照国家“十三五”基础设施规划要求和“城市新区确保建设，城市旧区鼓励建设”的规划思路，青岛市地下综合管廊建设紧密结合《青岛市城市总体规划（2011—2020年)》、《青岛市市内四区主次干道管线综合规划》、《青岛市城市供水专业规划（2011—2020年)》、《青岛市排水专业规划（2009—2020年)》、《青岛市燃气专业规划（2011—2020年)》、《青岛市热力专业规划（2011—2020年)》和《青岛市电力专业规划（2011—2020年)》等，编制并批复实施《青岛地下综合管廊专项规划（2016—2030年)》(以下简称管廊规划)，规划编制范围为青岛市市域（青岛市行政辖区)，包括市南、市北、李沧、崂山、城阳、黄岛区、胶州、即墨、莱西、平度。规划中采用指标体系评估青岛地下综合管廊建设适宜性，划分慎建区、宜建区和优先建设区，并确定各区域管廊系统布局。规划确定崂山湾国际生态健康城、董家口港城和红岛经济区三个区域为综合管廊重点建设区域，东岸城区、西海岸新区及原胶南市区三个区域为综合管廊一般建设区域（图2-1)。

根据《管廊规划》要求，青岛市2016年至2020年共计划建设地下综合管廊93.7km。其中，青岛市六区建成地下综合管廊46.9km、即墨建成地下综合管廊13.4km、胶州市建成地下综合管廊28.1km、平度市建成地下综合管廊4.7km、莱西市建成地下综合管廊0.6km。2020年至2030年青岛共建设完成地下综合管廊102km。其中，青岛市六区建成地下综合管廊73.2km、即墨建成地下综合管廊8.3km、胶州市建成地下综合管廊8.8km、平度市建成地下综合管廊4.7km、莱西市建成地下综合管廊7km。地下综合管廊分为干线、支线和缆线综合管廊，其中，干线综合管廊长度24.5km，支线综合管廊长度162.4km，缆线综合管廊长度8.7km。规划地下综合管廊总投资为168.5亿元，其中，近期（2016—2020年）为77.7亿元，远期（2021—2030年）为90.81亿元（图2-2～图2-13)。

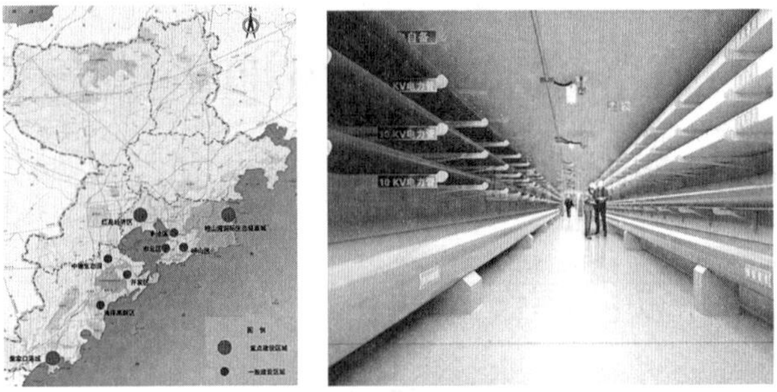

图2-1　青岛市地下综合管廊系统布局及断面效果图

图2-2　西海岸新区（中德生态园）分期规划图

图2-3　西海岸新区（海洋高新区）分期规划图

图 2-4　西海岸新区（开发区）分期规划建设图

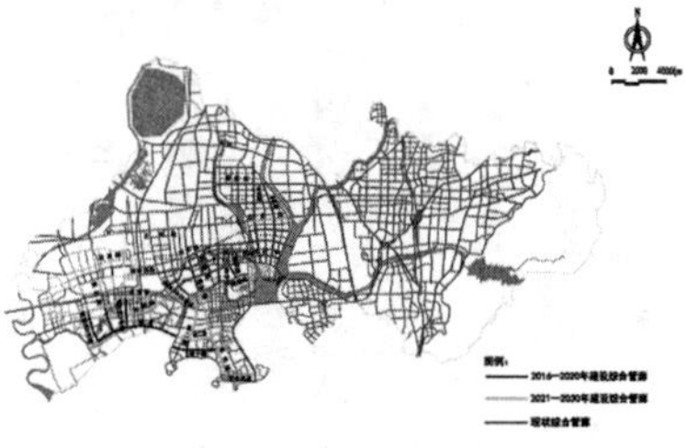

图 2-5　北岸城区分期规划建设图

图 2-6　东岸城区分期规划建设图

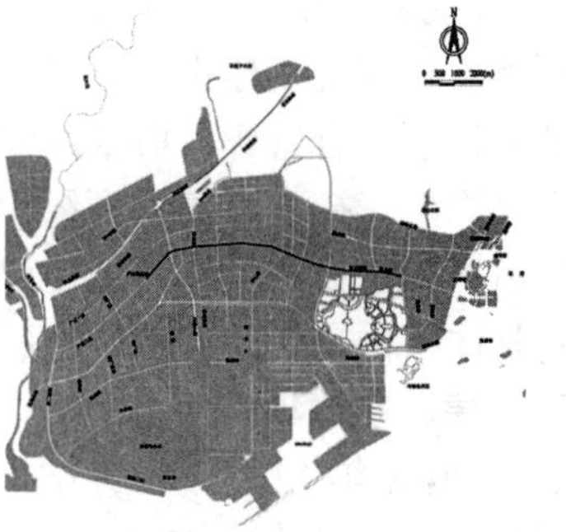

图 2-7　董家口循环经济区分期规划建设图

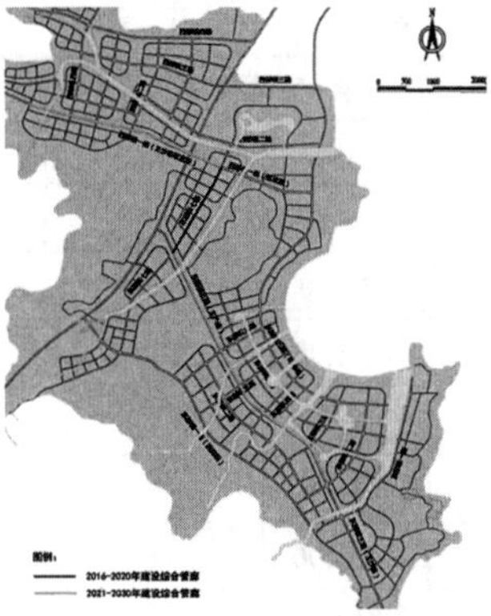

图 2-8　崂山湾国际生态健康城分期规划建设图

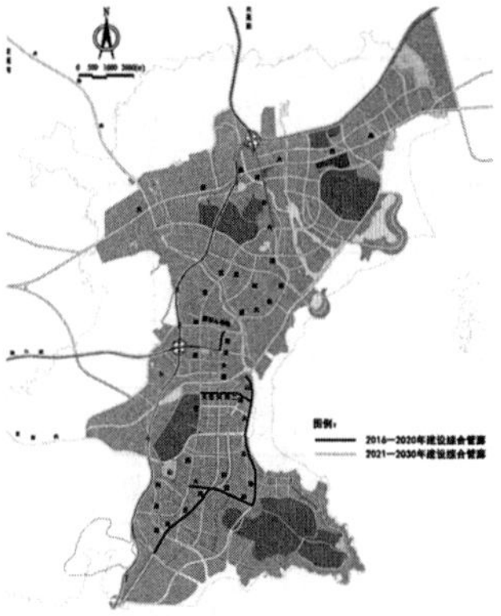

图 2-9　蓝色硅谷核心区分期规划建设图

图 2-10　胶州市临空经济区及加东机场分期规划建设图

图 2-11　胶州市市区分期规划建设图

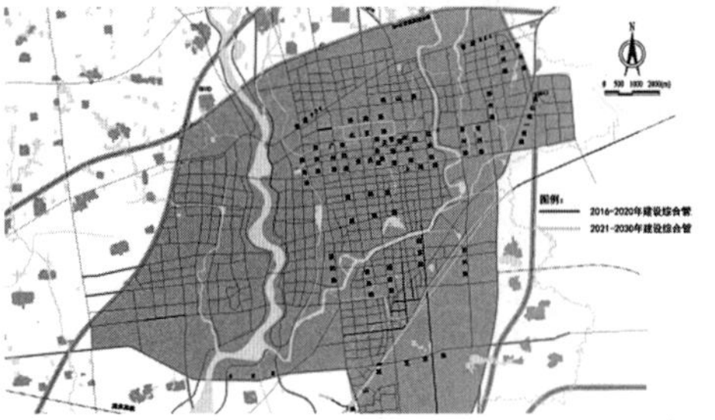

图 2-12　平度市分期规划建设图

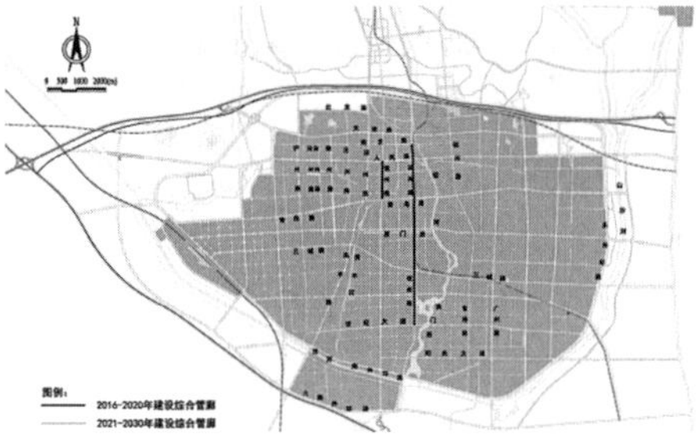

图 2-13　莱西市分期规划建设图

《管廊规划》中提出，要结合地下空间开发、人防工程建设实施综合管廊，为青岛市及全国同类工程的规划建设提供可以借鉴的经验。规划要求在条件允许的情况下，可以将燃气管道纳入地下综合管廊，但要加强通风、排烟、监测、报警等技术措施解决燃气管道入廊带来的安全隐患，探索燃气入廊经验，发挥创新和示范作用。规划中还要求探索山地丘陵城市排水管道入廊建设经验。规划建议综合管廊在建设过程中推行标准化模块化设计、生产及施工提高整体结构安全性及工程质量。

2. 已建、在建项目情况

截至 2018 年 12 月 5 日，试点项目建设进展顺利。计划开工的 49.32km 地下综合管廊全部开工建设，已建成 48.80km，占管廊总长度的 98.9%，入廊市政管线累计达到 234.01km（表 2-1，图 2-14 ～图 2-23）。

表 2-1　试点管廊项目建设进度统计表

序号	位置	项目名称	项目长度（m）	累计完成廊体（米）		累计入廊（m）
				主廊	支廊	
1	李沧	安顺路（汾阳路—衡阳路）	857.50	732.50	68.00	
		合计	**857.50**	**732.50**	**68.00**	
2	即墨	山大南路（滨海大道至山大东路）	1934.47	1311.00	289.00	56589.00
3		山大东路（滨海大道至泰安街）	3497.00	3481.00	0.00	
4		硅谷大道（规划九号线至鹤山路）	804.00	570.00	171.00	
5		滨海公路（尼姑山路至新民河）	2688.00	2251.00	0.00	
		合计	**8923.47**	**7613.00**	**460.00**	**56589.00**
6	胶州（新机场）	南三路（南六路—南十四路）	1700.00	1512.00	280.00	2491.00
		南六路（南十五路—T1 航站楼）	3200.69	3184.00	580.00	92214.00
		南八路（南三路—南十七路）	2047.15	1554.24	516.00	8820.00
		南十路（南三路—T1 航站楼）	2593.85	2517.50	50.00	35740.00
		南十一路（南六路—南十八路）	903.00	730.00	130.00	
		T1 航站楼南侧（T2 航站楼—T3 航站楼）	272.40	272.00	0.00	
		T1 航站楼 A 指廊西—货运区	3098.00	3257.00	0.00	29331.00
		T1 航站楼 A 指廊—远期西二跑道	740.00	255.00	487.00	
		航站楼综合管廊	3677.44	1805.00	1805.00	6852.00
		合计	**18232.53**	**15086.74**	**3848.00**	**175448.00**

续表

序号	位置	项目名称	项目长度（m）	累计完成廊体（米）		累计入廊（m）
				主廊	支廊	
7	西海岸新区	青岛中德生态园十七号线地下综合管廊	1636.00	1120	547.00	1120.00
8		青岛中德生态园园区四号路地下综合管廊	1338.96	1209	158.00	604.00
9		青岛中德生态园纵七路地下综合管廊	957.00	785	115.00	
10		贡北路综合管廊项目	13095.00	12699.50	385.00	
11		江山路前湾港路交叉口	1557.00	1448.00	147.00	246.00
12		海口路综合管廊项目	1610.00	1634.00	0.00	
		合计	**20193.96**	**18895.50**	**1352.00**	**1970.00**
13	高新区	高新区规划西一号线道路及综合配套工程	1117.30	624.00	120.00	
		合计	**1117.30**	**624.00**	**120.00**	
	试点项目小计		**49324.76**	**48799.74**		**234007.00**

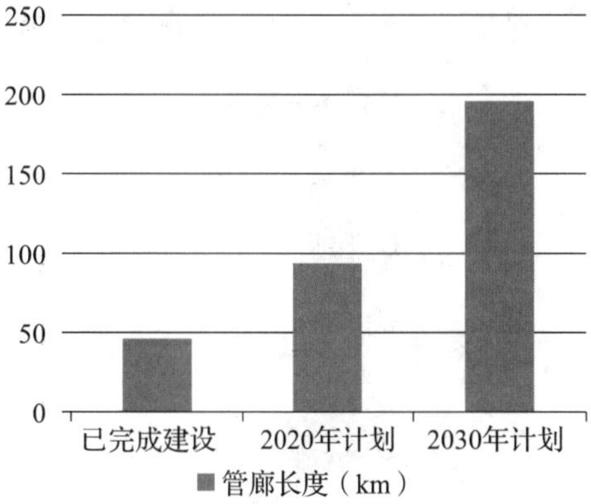

图 2-14　青岛市试点项目管廊建设完成情况

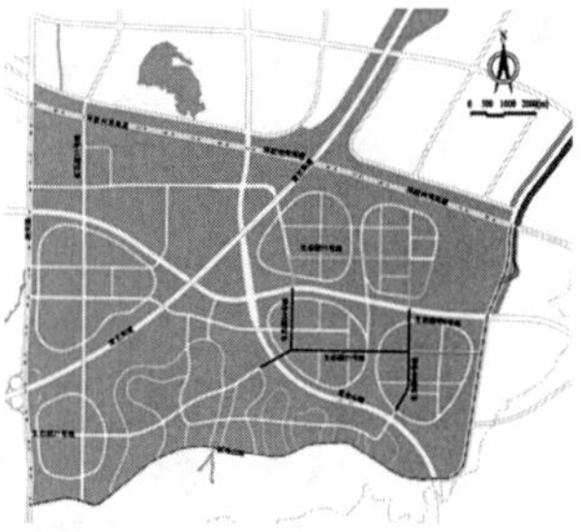

图 2-15　西海岸新区（中德生态园）分期规划建设图

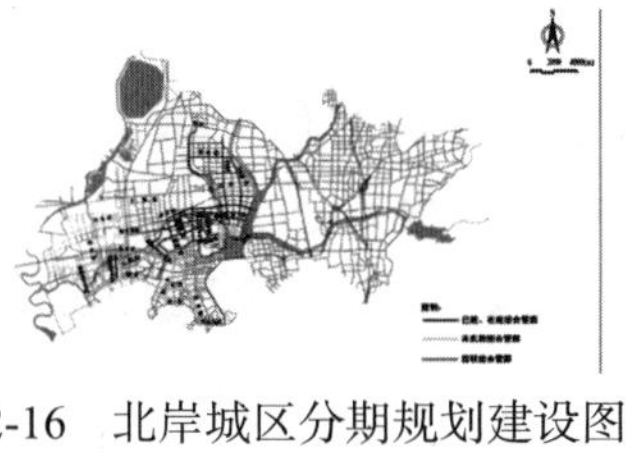

图 2-16　北岸城区分期规划建设图

图 2-17　海岸新区（海洋高新区）分期规划图

图 2-18　西海岸新区（开发区）分期规划建设图

图 2-19　东岸城区分期规划建设图

图 2-20　董家口循环经济区分期规划建设图

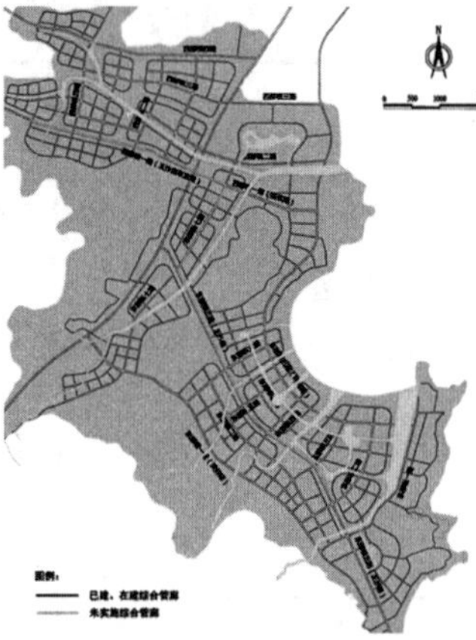

图 2-21　崂山湾国际生态健康城分期规划图

图 2-22　胶州市临空经济区及加东机场分期规划图

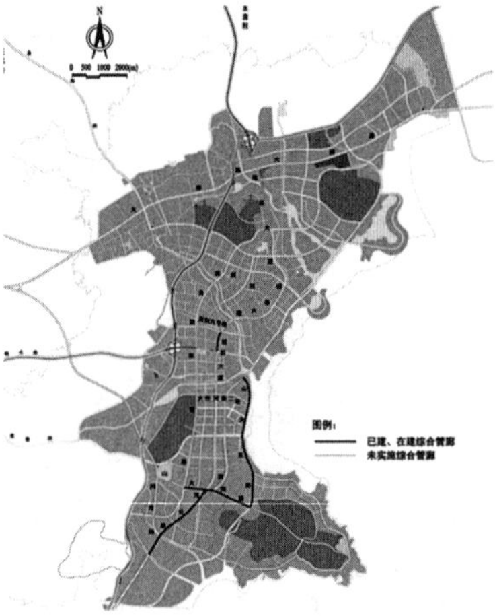

图 2-23　蓝色硅谷核心区分期规划建设图

2.1.2　投融资情况

1. 试点建设项目

青岛市 2008 年开始启动高新区地下综合管廊的规划、建设工作，建立了成网成片的地下综合管廊系统，截至 2014 年已建成长度达 54km，并全部投入运营。在六年的安全运营中，青岛市积累了丰富的建设和运营经验，形成了具有积极示范意义的地下综合管廊样板工程，相关做法得到了上级的充分认可。

青岛市地下综合管廊试点项目共计 21 个，总建设长度 49.54km，建设总投资 40.99 亿元。其中，采用纯政府投资模式项目 1 个，采用 PPP 模式项目 11 个，企业自筹项目 9 个。中央财政连续三年，每年补助地下综合管廊建设资金 3 亿元，三年共计 9 亿元；根据市政府研究确定意见，市本级财政同步安排资金用于试点项目建设，市级财政补助地下综合管廊试点共计 9 亿元。按照“区级实施，市级补助”原则，中央资金和市本级安排的 18 亿元补助资金统筹用于我市地下综合管廊试点建设项目补助。补助原则为：对非 PPP 项目按照约占总投资的 30% 进行补助；对 PPP 项目按照约占总投资的 40% 进行补助，其中，PPP 项目资本金政府出资部分（约占项目总投资的 9.17%）直接拨付至市政空间开发集团；补助资金根据中央资金下达情况和试点项目建设进度逐年安排（表 2-2，图 2-24）。

表 2-2　管廊建设试点项目汇总表

序号	所在区域	项目名称	项目地点（施工范围）	投融资模式	管廊长度（m）	管廊总投资（万元）
1	蓝谷	山大南路综合管廊建设工程	滨海大道—山大东路	PPP	1934.47	4709.31
2		山大东路综合管廊建设工程	滨海大道—泰安街	PPP	3497.00	9287.98
3		硅谷大道综合管廊建设工程	规划九号线—鹤山路	PPP	804.00	7214.30
4		滨海公路综合管廊建设工程	尼姑山路—新民河	PPP	2688.00	21890.75
		蓝谷综合管廊　小计			**8923.47**	**43102.34**
5	新机场	青岛新机场综合管廊工程	南三路（南六路—南十路）	企业自筹	1700.00	11695.75
6			南六路（南十五路—T1 航站楼）含航站区 T3 综合管廊		3200.69	28729.88
7			南八路（南三路—南十七路）		2047.15	23282.86
8			南十路（南三路—T1 航站楼）含航站区 T2 综合管廊		2593.85	19314.11
9			南十一路（南八路—南十八路）		903.00	10194.40
10			T1 综合管廊（T2 航站楼—T3 航站楼）		272.40	3631.01
11			T1 航站楼 A 指廊西—新机场货运区		3098.00	23536.89
12			T1 航站楼 A 指廊—远期西二跑道		740.00	5622.11
13			航站楼管廊		3677.44	30065.00
		新机场综合管廊　小计			**18232.53**	**156072.01**
14	西海岸新区	青岛中德生态园十七号线地下综合管廊	生态园环三号路—珠宋路	PPP	1636.00	12130.00
15		青岛中德生态园园区四号路地下综合管廊	珠宋路—纵七路	PPP	1338.96	14407.00
16		青岛中德生态园纵七路地下综合管廊	园区四号路—团结路	PPP	957.00	4721.58
17		江山路前湾港路交叉口地下综合管廊	江山路前湾港路交叉口	政府投资	1557.00	10863.00
18		董家口经济区贡北路地下综合管廊	滨海大道—204 国道	PPP	13095.00	132429.00
19		青岛海洋高新区海口路地下综合管廊	滨海大道—凤凰山路	PPP	1610.00	17348.00
		西海岸新区综合管廊　小计			**20193.96**	**191898.58**
20	高新区	高新区规划西一号线道路及综合配套工程	经二路—火炬路	PPP	1117.30	7491.15
21	李沧区	安顺路综合管廊项目	汾阳路—衡阳路	PPP	1069.50	11305.65
		试点项目合计			**49536.76**	**409869.72**

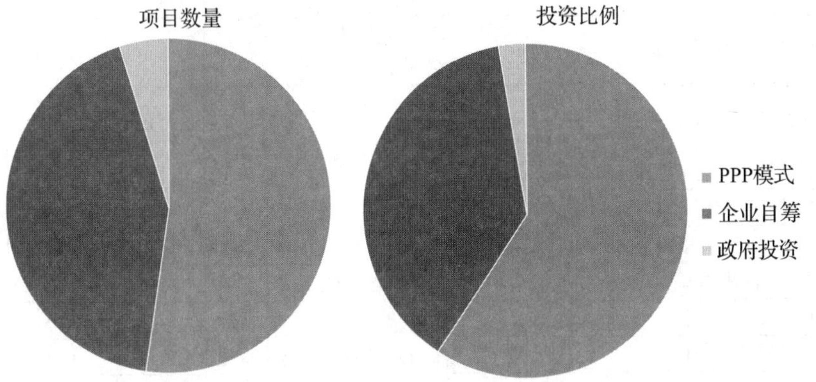

图 2-24　青岛市管廊试点项目资金来源情况

（1）政府投资模式

试点项目中共有1个项目采用纯政府投资模式，项目建设长度1.56km，约占试点项目总投资的2.7%。该试点项目与江山路、前湾港路交叉口立交桥合建，资金来源于黄岛区政府财政投资。

（2）PPP模式

试点项目中共有11个项目采用PPP模式，总长度29.75km，分为5个PPP项目包，约占试点项目总投资的64%，采用BOT建设运营模式以及“可行性缺口补助”的回报机制，市政府授权青岛市政空间开发集团作为政府出资代表与社会资本方组建SPV公司，由SPV公司负责管廊的投融资、建设及运营维护，社会资本取得投资回报的资金来源包括政府补贴和管线使用单位付费等。其中：李沧区管廊试点项目社会资本占股比例为51%；高新区管廊试点项目社会资本占股比例为65.5%；西海岸中德生态园管廊试点项目社会资本占股比例为70%，贡北路、海口路管廊试点项目社会资本占股比例为70%；即墨区管廊试点项目总投资30119万元，全部为社会资本，注资类型为低息贷款。

（3）企业自筹项目

青岛胶东国际机场区域的9条试点管廊项目，由青岛国际机场集团有限公司进行自筹，总长度18.23km，约占试点项目总投资的38.08%。

2. 非试点建设项目

据初步统计，青岛市拟于2020年前开工建设非试点管廊项目约59.78km，拟全部采用政府投资模式进行建设（表2-3）。

表2-3 管廊建设非试点项目汇总表

序号	所在区域	项目名称	责任单位	舱室数量	断面尺寸（m）	建设长度（m）	开竣工时间
1	市北区	威海路平战结合人防工程结建地下综合管廊	青岛中防兴业投资管理有限公司	两舱	待定	1200	2018-2019
2		唐河路打通工程结建地下综合管廊	市北区城管局	两舱	待定	1500	2017-2018
3		开平路打通工程结建地下综合管廊	市北区开发局	两舱	6.1×3.6	710	2017.9-2017.12
4	李沧区	安顺路地下综合管廊项目（衡阳路—北区界）	李沧交通商务区建设办公室	四舱	15.7×4.5	4430	2018-2020
5		唐山路综合管廊（安顺路—黑龙江路）		三舱	10×3.6	5500	2018-2020
6	崂山区	新南路综合管廊	崂山区市政公用局	双舱	7.1×3.35	1000	2017-2018
7	城阳区	世界动车小镇岙东路地下综合管廊	青岛城阳工业园区管委会	三舱	10.9×4	4000	2017.10-2018.12
8	西海岸新区	海西二路综合管廊	青岛西海岸交通投资建设有限公司	待定	待定	1880	2018.12-2019.12
9		玉泉路综合管廊	青岛西海岸交通投资建设有限公司	待定	待定	620	2018.12-2019.12
10	即墨市	营流路（文化路至珠江二路）综合管廊	即墨建设局	单舱	待定	4670	2017-2018
11		振华街架空线入地建设缆线型综合管廊		单舱	待定	2900	2017-2018
12		华山三路（青威路至文化路）综合管廊		待定	待定	1600	2017-2018
13	胶州市	胶东国际机场临空经济区综合管廊项目	胶州市城乡建设局	双舱	待定	5000	2018-2019
14	平度市	杭州路管廊项目	平度市城乡建设局	双舱	6.2×3.4	3200	2017.8-2017.12
15		常州路管廊项目		双舱	5.9×3.4	1500	2017.8-2017.12
16		漳州路管廊工程		双舱	5.9×3.4	5200	2018.6-2019.6

续表

序号	所在区域	项目名称	责任单位	舱室数量	断面尺寸（m）	建设长度（m）	开竣工时间
17	莱西市	济南路（青岛路至珠海路）地下综合管廊工程	莱西市城乡建设局	双舱	6.4 × 3.8	1650	2018-2020
18		济南路（扬州路至绍兴路）地下综合管廊工程		三舱	8.3 × 3.8	1750	2018-2020
19	高新区	经二路管廊	高新区建设局	待定	待定	2600	2018.1-2019.10
20		规划西十号线		待定	待定	562	2017.11-2018.8
21		规划西八号线		待定	待定	1700	2018.1-2019.5
22	蓝谷	硅谷大道与山大南路综合管廊连接段建设工程	蓝谷管理局	待定	待定	857	2017.12-2018.12
23		硅谷大道（鹤山路—沙滩一路）管廊		四舱	12.4 × 3.6	2060	2018.10-2019.12
24		青龙高速连接线（蓝鳌路—滨海公路）干线及支线管廊		双舱	7.1 × 3.8	2670	2018.10-2019.12
25		柴岛路西通干线及支线管廊		双舱	6.25 × 3.8	1020	2018.10-2019.12
合计						59779	

2.1.3　建设管理情况

1. 机构设置

为保障青岛市地下综合管廊试点项目的顺利实施，青岛市成立了地下综合管廊建设工作领导小组，负责地下综合管廊建设工作的统筹调度和组织推进，由市长任组长，副市长任副组长，成员涵盖市政府办公厅、发改、经信、财政、建委、规划、城管、交通、国资委、人防、物价、各区（市）政府、市政空间集团、青岛新机场、能源集团、水务集团、水务集团等部门和单位。

领导小组办公室设在市城乡建设委，具体负责综合管廊相关规划、政策制度拟订、协调实施和监督考评工作。市发展改革、财政、城乡规划、国土房管、城市管理、水利、环保等部门按照各自职责，负责综合管廊建设相关工作。各区（市）政府、经济功能区管委、青岛新机场集团是综合管廊试点建设的责任主体。

经市编委办批准，2018 年 3 月市城乡建设委增设海绵城市建设推进处，主要负责组织拟订综合管廊建设规划、政策并协调实施，统筹协调综合管廊建设工作，协调解决重大问题，承担青岛市地下综合管廊建设工作领导小组办公室的具体工作。

2. 项目建设责任主体

各试点建设项目所在区和功能区管委、青岛国际机场集团有限公司等作为项目建设单位，PPP 项目由青岛市政空间物业管理有限公司作为政府出资方代表与社会资本联合成立项目公司进行建设，非 PPP 项目是由区市政府、园区管委和机场集团负责建设。

3. 运营维护管理主体

根据《青岛市城市地下管线管理条例》第四十六条规定：综合管廊本体及其附属设施的养护和运营管理由综合管廊运营管理单位负责，纳入综合管廊的地下管线养护以及日常管理由其管理维护单位负责。通过立法明确了管廊和市政管线的运营维护管理责任主体。

根据《青岛市人民政府关于组建青岛市政空间开发集团有限责任公司的通知》（青政字〔2015〕115 号）和《关于支持青岛市政空间开发集团有限责任公司开展工作的通知》（青政办

字〔2016〕4 号），青岛市市政工程集团有限责任公司更名并组建为青岛市政空间开发集团有限责任公司，负责开展城市地下综合管廊的投资、建设、运营及维护管理等工作。

目前青岛市地下综合管廊的建管模式是：PPP 项目由青岛市政空间综合管廊投资有限公司作为政府出资方代表与社会资本联合成立项目公司进行运营管理；非 PPP 项目是由区市政府、园区管委建设，后期交由青岛市政空间物业管理有限公司进行管理（图 2-25）。

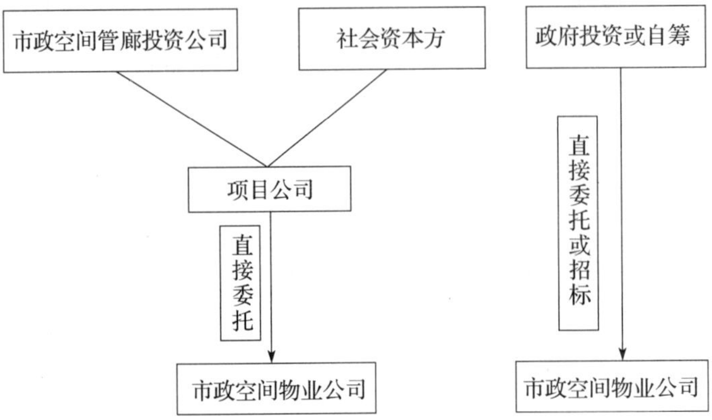

图 2-25　青岛市地下综合管廊运维管理模式示意图

4. 监督考核主体

青岛市地下综合管廊建设工作领导小组下设办公室在城乡建设委，负责项目的建设监管和考核，实行月督查、季度考核和年度考核。市城乡建设委和市财政局，共同负责财政奖补资金的拨付和绩效考核，市城乡建设委按照中央城市管网专项资金的补助情况，结合项目投资、建设进度和上年度绩效考核情况确定补助额度和下达专项补助资金计划，由财政局下达财政支出预算至各区（市）财政局和相关单位。

5. 运营维护模式

目前，青岛市政空间开发集团有限责任公司分别成立了青岛市政空间综合管廊投资运营有限公司和青岛市政空间城市物业管理有限公司负责青岛市城市地下综合管廊的投资建设和运维工作。其中，青岛市政空间综合管廊投资运营有限公司作为 PPP 项目的政府出资方代表，负责与社会资本方共同组建成立 SPV 公司。青岛市政空间城市物业管理有限公司负责对全市（含试点、非试点和各区市投资）的地下综合管廊进行运维。原则上不允许社会资本方或施工单位进行单独运营，涉及保密要求的管廊项目，由青岛市政空间城市物业管理有限公司进行监管，项目单位自行运营。

2.1.4　设计施工技术创新

1. 设计技术

（1）BIM 设计技术

在新机场综合管廊项目中，将给水、电力、通信、给水、污水、燃气等管线纳入综合管廊，管线种类较多。尤其是污水入廊后对管廊横断面设计、出线井形式均提出更高要求，出线井内重力流污水管道衔接、专业管线间碰撞检查、集约化的孔口布置形式等均增大设计难度和复杂程度。出线井空间有限、构造复杂、专业管线众多，面临大量的线缆弯折倒弧、管件阀门定位，传统的二维设计成果不利于施工识图、材料筹备和后期管线安装。

设计中应用 BIM 理念，充分发挥 BIM 技术中可视化、参数化、关联性、准确性、多专业协同等优势，应用基于Revit平台的BIM技术，全部实现综合管廊标准段、出线井、附属设施、专业管线等的三维设计，构建良好的工作平台，优势显著（图2-26）。

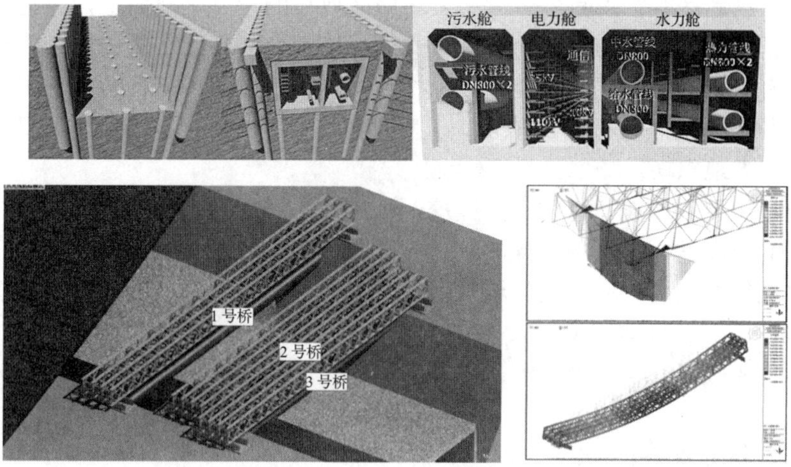

图2-26　施工阶段现状管线保护方案的设计和验算

西海岸新区综合管廊建设中，应用BIM技术，在可视化交底、制定现状管线保护方案、新模板工艺方案设计等方面形成了相应成果，为项目宣传、技术交底、成本管控方面起到了一定效果。

（2）污水入廊设计

重力流污水入廊是目前国内普遍面临的难点，机场项目根据污水入廊存在的特点，通过实践性尝试，较好的解决了一系列问题。主要包括以下几个方面；

①创新污水管道在管廊中布置位置，在不改变原有污水系统、不设置中途提升泵站的条件下，满足污水管道入廊的标高要求；

②创新出线井方式，提出“降板法”“斜板法”的出线井形式，解决重力流污水出线这一难点和重点；

③污水管道纳入综合管廊同步解决检修、养护、通气等系列问题，本工程对检查井设置方案进行探讨，对检查井防水进行研究。

（3）燃气入廊设计

天然气入廊的安全问题是目前推进燃气入廊工作中遇到的最大的问题。其中硅谷大道综合管廊除按照规范设置天然气独立舱室外，天然气舱室结构也进行独立设计，尽可能减少对相邻舱室的影响，保障其他舱室安全。燃气舱内排水沟、集水井也进行优化，采用真空排水系统，舱室内不出现水泵等强电设备，不布置强电管线。另外，结合真空系统、通风系统在天然气舱室内设置专门的泄压设施，一旦发生天然气泄漏意外事故时，能够做到最短时间内减少舱室内天然气密度，降低爆炸的概率。通过各种安全措施强化燃气舱安全保障，大大降低了燃气舱内爆炸的概率。

2. 施工方法技术

施工方法通常根据施工地层、施工环境和设计断面等进行确定，目前地下综合管廊的施工方法主要包括明挖法和暗挖法两种，明挖法包含明挖基槽支护方法、结构主体施工方法（明挖现浇、明挖预制拼装）两种，暗挖法包括顶管法（预制顶推法）、盾构法和浅埋暗挖法三种。

（1）明挖现浇法

青岛市目前规划建设的综合管廊主要集中在近期重点发展的区域，如蓝色硅谷、中德生态园、新机场、高新区等，以新城区为主。新城区典型的特点是地面建构筑物拆迁以及管线迁改总量较少，对综合管廊的建设的限制较少。目前综合管廊最常用的仍是明挖现浇施工工艺。该工艺具有施工简单、方便，能够提供作业面多、速度快、工期短、工程质量易保证和工程造价低等特点；同时也存在占地多，影响交通，噪音污染等缺点，一般对于新区来讲，这些影响可以大大地忽略。

明挖现浇法主要有放坡开挖和支护开挖两种型式。其中蓝色硅谷山大东路管廊因临近海边，主要采用的拉森钢板桩 + 内支撑的支护方式；蓝色硅谷山大南路及硅谷大道因地质条件较好，地下水位低，主要采取的是放坡开挖法，工艺简单，节约投资；安顺路综合管廊临近后海，地下水位较高，且地质状况较差，主要采取的是旋喷桩止水 + 放坡喷锚支护的方式；机场综合管廊地质较好，且场地空旷，主要采用的是放坡开挖 + 喷锚支护，工艺简单，施工简便。

（2）明挖预制拼装施工

叠合装配式为目前国内广泛应用的一种半预制综合管廊建造方式。借鉴建筑工程中叠合装配式高层建筑的建造方式，将工厂预制的混凝土叠合板件运输至现场，待拼装就位后，以叠合板件为模板绑扎钢筋浇筑混凝土形成结构整体。

青岛市开平路非试点项目在实施中尝试采用该项技术。采用标准段预制装配式和节点现浇相结合的方式，具有施工质量、施工技术、施工周期、环境影响以及产业政策等多方面的优势；但对施工现场人员的技术水平要求较高。

（3）非开挖施工

综合管廊常采用明挖现浇施工，但在一些穿越重要节点时常采用非开挖施工，如在横穿现状道路、河道及其他构筑物时，可采用非开挖施工。较为常用的方式有顶管法，工序为沉井（工作井、接收井）→顶进过路管廊→取出顶进设备→改造工作井作为管廊管线衔接节点。

非试点项目正阳路配套工程中即采用顶管的非开挖施工方式，正阳路为进出高新区主干道，为避免过路管廊施工时交通断流，通过方案比选采用该方式施工，顶进管道管径为 DN2600 和 DN3000，顶进结束后，将工作井和接收井改造成管道接线井。该方法虽然可以降低对重要节点的交通、环境等影响因素，但投资较大，约 3 ～ 5 万元 /m。

3. 其他设计施工技术

（1）施工支护技术

西海岸贡北路综合管廊地质条件变化大，周边有自然湿地、村庄、道路等构筑物，根据不同的地质条件，因地制宜，分别采取了拉森钢板桩、高压旋喷桩加内插型钢、分段放坡搭配复合土钉墙（图 2-27）、钻孔灌注桩加高压旋喷桩（图 2-28）等多种基坑支护施工工艺。实现了对施工成本的合理控制，并且最大限度地保护了周边构筑物。

图 2-27　多段放坡搭配复合土钉墙、拉森钢板桩

图 2-28　灌注桩加高压旋喷桩施工工艺

（2）多种主体结构模板技术

为提高主体结构的施工效率和表观质量，西海岸综合管廊施工中采用了新型模板结构，包括滑移式钢模板体系（图 2-29）和分段移动式整体模板体系（图 2-30），提高了工程模板周转效率，减少了混凝土分层浇筑次数，节省了施工工期，降低了施工成本。两种体系均已申请相关国家专利和施工工法（图 2-31）。

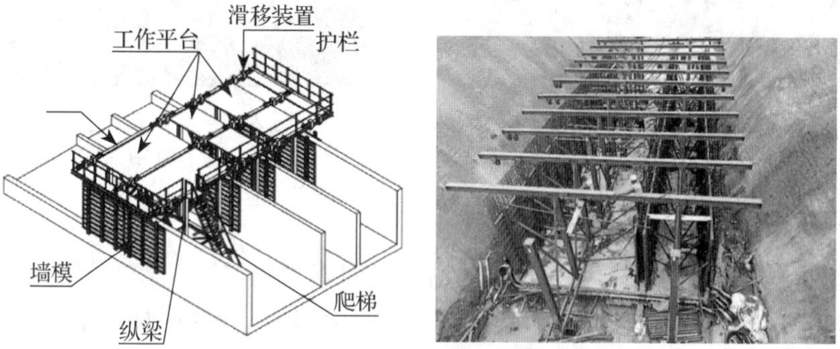

图 2-29　滑移式钢模板体系

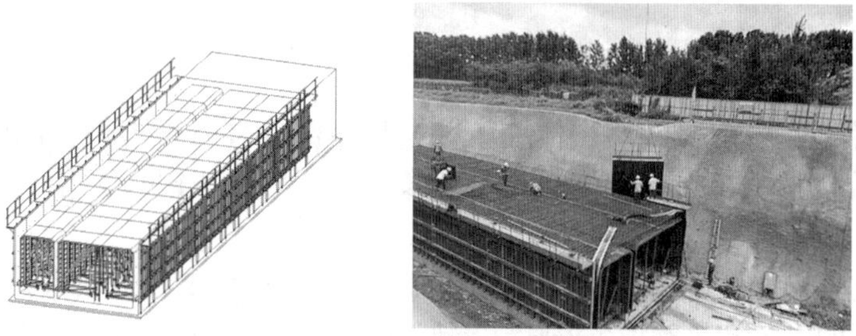

图 2-30　分段移动式整体模板体系

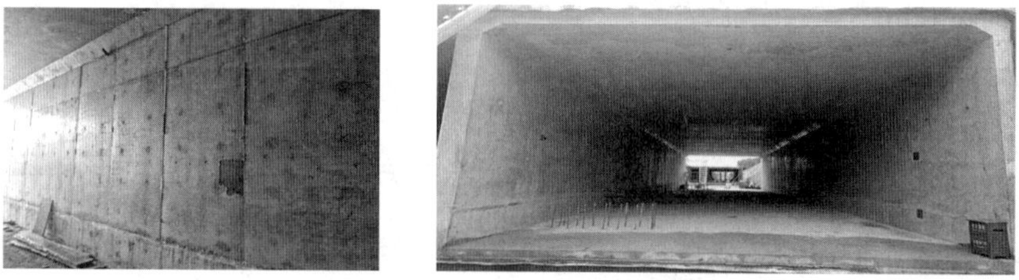

图 2-31　常规模板体系与新模板体系表观质量对比图

（3）无人机 GIS 应用

综合管廊工程跨度大，平面尺度狭长，为提高现场施工管理效率，自清表阶段，西海岸综合管廊项目公司即在现场引入无人机设备协助日常施工管理。在天气条件允许的情况下，各工区项目部通过无人机航拍，以空中视角直观地记录工程周边环境、每日施工进度，工作面进展情况，现场施工难点等内容，提高了协同管理效率（图 2-32）。

基坑开挖规模较大，开挖前和开挖后的地形原始数据量大，加重了现场测量人员和内业技术人员的工作量和作业时间，为提高地形数据采集处理效率，减少作业人员负担，缩短因测量工作而影响的工期，以该项目作为试点，利用无人机结合测绘软件进行了 GIS 技术的应用探索。并采取措施弥补了无人机本身的误差，通过与试验段 GPS 测量数据的比对，确定该方案基本满足工程使用需求，并在全线多处进行推广应用（图 2-33）。

图 2-32　应用无人机实现对施工进度及周边环境的高效巡视

图 2-33　无人机结合航测软件对施工现场的模型还原

（4）内外模板台车浇筑技术

新机场综合管廊施工受 2019 年机场转场的时间影响决定了其施工工期非常紧凑，在飞行区综合管廊采用创新性轻型钢模板台车进行施工。管廊以现浇混凝土箱涵为主，箱涵结构为 C40P8 混凝土结构，结构形式单一，混凝土量大，且施工强度高，为满足合同工期的按期完成，通过采用轻型模板台车大大缩短了模板的支护和拆除时间，加快了混凝土的施工进度，保证了混凝土的质量。

台车模板具有以下三项优点：

（1）整体性好。台车桁架的整体性较好，且各部件具有可拆性，部件间采用连接钢板及螺栓进行连接，且在桁架下部装设行走装置，在实际施工时可利用其下部行走装置整体移动。

（2）简易性好。箱涵内部用定型钢桁架做支撑系统，前期投入较大，但在后期运行过程中，不需要大量的人工和机动设备来搬运钢架管和模板，大量减少人工费用。

（3）机动性强。采用钢模板台车在相邻箱涵之间甚至短距离之间的移动都较为方便快捷，省去了大量安装和拆卸时间，对工程成本和工期控制有利。

2.2　存在问题

2.2.1　管廊建设布局相对分散，综合效益不易发挥

目前国内多数城市和青岛市在管廊规划布局和项目实施上，主要是在行政新区或新的产业园区范围内，开展“段落式”建设，“方便建”的理念胜于“需要建”的理念，实际的应用效果较差，并且管廊的运维管理存在困难。

（1）利益协调难度大

城市地下综合管廊的利益涉及面广，协调难度大。政府部门是主要发起人，对综合管廊项目起主导作用，注重社会效益；社会公众是主要受益者；各管线单位是使用者，若入廊费用和日常维护管理费收取过高，都会对管线单位入廊的意愿产生影响；第三方投资者作为出资人希望城市地下综合管廊能带来收益回报，追求经济效益最大化。

（2）管廊建设不系统

目前管廊地下管廊的建设尚未形成网络布局，管廊建设地点分散，不系统，普遍存在为了建管廊而建管廊的现象，没有将地下管廊的优点最大化的发挥，一定程度上造成了资源的浪费。

（3）现有专项规划与片区新版总体规划不匹配

现状《青岛市城市地下综合管廊专项规划》（2016—2030年）自2015年开始编制，规划范围涵盖青岛六区四市，共计五册，其中六区为一册，其余四市各一册。规划年限为2016—2030年，近期为2016—2020年，远期为2021—2030年。2016年4月8日，该规划经青岛市人民政府办公厅以青政办发〔2016〕11号文件予以批复。

专项规划编制时参考《青岛市城市总体规划》（2011—2020年）及各片区总体规划，无系统性总体规划作为指导，导致规划编制重点不突出。目前，根据调整后的青岛市市区范围，新版青岛市总体规划已启动编制，新版综合管廊专项规划编制工作也需要进行编制。

（4）各区市部分综合管廊建设与专项规划不一致

综合管廊专项规划在编制时，综合考虑了青岛市的建设条件、工程投资、建设周期等多方面因素，在规划规模上进行了控制。但是，根据各区市建设任务要求，每年均需建设3km以上，原有规划布局不能满足建设需求。

目前，各区市结合自身市政道路建设项目，同步研究综合管廊敷设的可行性，重点考虑综合管廊建设的可行性，系统性考虑不足。

（5）现有专项规划未明确监控中心等配套设施要求

现有专项规划在编制时，主要参考住建部颁发的《城市地下综合管廊工程规划编制指引》，该指引中，对规划编制仅提出指导意见，未明确相关要求，如综合管廊监控中心无规划位置及相关要求，导致现有专项规划内容有欠缺。

（6）现有专项规划不满足住建部《城市地下综合管廊建设规划技术导则》相关要求

近期，住建部将颁布《城市地下综合管廊建设规划技术导则》，该导则对系统布局、管线入廊分析、管线断面选型、重要节点控制、配套设施、附属设施等内容均提出了具体要求。现有专项规划需要结合导则具体要求进行细化、完善。

2.2.2　项目总体投资较高，政府财力负担相对较重

目前城市地下管廊建设主要的投资模式是政府投资、政府和社会资本合作两种方式。随着《国务院关于创新重点领域投融资机制鼓励社会投资的指导意见》（国发〔2014〕60号）、《国家发展改革委关于开展政府和社会资本合作的指导意见》（发改投资〔2014〕2724号）、《国家发展改革委关于发布首批基础设施等领域鼓励社会投资项目的通知（发改基础〔2014〕981号）》等文件的发布，国内大量的基础设施和公共事业项目采用PPP模式进行建设。地下综合管廊属于大型基础设施，投资高并且具备一定的准经营特点，在2014年至2017年期间，各地的地下综合管廊建设普遍采用PPP模式进行建设，该模式的应用也推动了地下综合管廊的建设速度。

由于地下综合管廊建设投资大，但公共属性强、收费低，管廊的有偿使用收费无法分担全部投资，最终都是归于政府投资，随着管廊建设规模的增大，政府的财政负担逐年增加。同时，随着基础设施和公共事业领域大量的项目采用PPP模式进行建设，PPP项目中每年由政府负责支出的投资快速增长，增长速度甚至超过了城市公共预算的增加速度，逐渐逼近公共预算10%的支出红线。随着《财政部关于进一步规范地方政府举债融资行为的通知》（财预〔2017〕50号）和《财政部关于规范政府和社会资本合作（PPP）综合信息平台项目库管理的通知》（财办金〔2017〕92号）等文件的下发，国家对于PPP项目的监管更趋严格和规范，对项目的准经营属性要求也越来越高，因此PPP模式在综合管廊建设项目中的应用趋于停滞。

根据《关于青岛市2017年预算执行情况和2018年预算草案的报告》，2017年青岛市全

市一般公共预算支出为1403.03亿元。其中，基本建设项目资金19.5亿元，用于市政府投资项目和地下综合管廊及海绵城市建设。2018年青岛市全市一般公共预算收入预计1232.32亿元，拟用于市财力投资项目和地下综合管廊及海绵城市建设资金11亿元。根据青岛市管廊试点项目进行统计，青岛市的地下综合管廊建设成本约8300万元/km。由于地下综合管廊的项目属性决定了其收益相对较低，并且在确定采用PPP模式进行建设时，暂无有偿使用收费标准可参考借鉴，导致经营性收费较低。青岛市11个采用PPP模式的试点项目，付费机制均采用了可行性缺口补助方式，即：项目公司通过收取入廊使用费和日常维护费弥补项目建设投资和项目公司利润，不足部分采用政府补助的方式，实际一次性建设投资约24.29亿元，扣除可行性缺口补助费用后，在合作期内，政府累计支出约34.74亿元，容易形成政府的隐性债务。

因此，在政府财力有限的情况下开展地下综合管廊建设，亟需拓展新的融资模式或渠道。

2.2.3 管廊建设主体相对分散，进度、标准和模式难以统一

目前，青岛市现行的管廊建管体制是“市级监管、区级实施、市政空间统一运维”，在推进管廊项目建设的过程中，主要存在以下问题：

（1）区市的建设积极性不易调动。在青岛市管廊试点项目的建设和绩效考核过程中，市建委和市财政局等市级部门成为住建部和财政部绩效考核的主体。由于管廊试点项目的建设主体是各区市政府和功能区管委，由于试点项目的完成情况未能纳入各区市和功能区的考核评价工作，市建委和市财政局等不易将管廊建设和考核的压力传递给各区市政府和功能区管委，同时由于管廊投资相对较高，涉及规划、土地等多方面的协调，导致各区市和功能区的积极性也不易调动。

（2）综合管廊建设的系统性不强。由于管廊项目划归给各个区市自行规划建设实施，导致全市的管廊项目规划建设分布零星散乱，很难形成成网成片的布局，管廊的综合效益不能达到最大程度的发挥，不能保证资金的投入效益。

（3）综合管廊建设的标准不统一。各区市政府和功能区管委是管廊试点项目的建设主体，自行审批各自范围内管廊建设项目，导致管廊设计的标准不统一、投资审查的深度不一致、PPP项目的入廊费和运维费收费标准低、特许经营合同模式差别大、运维配套设施不齐全等问题，对后期管廊的竣工验收、费用收取、运营管理、综合调度等造成困扰。

（4）运营维护的质量和效率不易保证。目前，根据市政府的相关文件要求，由青岛市政空间开发集团有限责任公司负责开展城市地下综合管廊的后期运营及维护管理等工作。由于各区市政府和功能区管委是管廊项目的建设主体，对市政空间集团统一运维的方式接受度不一。同时，由于目前管廊项目布局较为分散，市政空间集团统一运维存在运维成本高、管理难度大的问题；由于缺乏行业竞争，运营维护的质量和效率不易保证。

2.2.4 技术创新能力相对较弱，常规施工问题难以避免

目前，青岛市的地下综合管廊建设广泛采用的是大开挖放坡支护和钢筋混凝土现浇技术，在设计施工方面存在的主要问题包括：变形缝渗漏、预埋槽道（预埋钢板）偏移和沉降移位。

1. 变形缝渗漏问题

变形缝是地下综合管廊防水体系的薄弱环节，其渗漏问题是地下构筑物建设、管理中最

头疼的问题，尤其是对于青岛地下水位较高、沿海的区域，当管廊变形缝存在局部破损时，外部水源可通过破损的变形缝渗入结构内侧，造成变形缝漏水。

2. 预埋槽道（预埋钢板）偏移

预埋槽道（预埋钢板）是承载管线的支架与管廊主体连接的主要结构，由于预埋槽道与管廊主体模板连接不牢固、混凝土浇筑过程中振捣未避开预埋槽道，使得预埋槽道（预埋钢板）在混凝土浇筑中发生偏移也是目前青岛综合管廊施工中的常见问题。

3. 沉降移位

综合管廊一般是沿道路敷设的长条形构筑物，因建设时地基处理方式不恰当或处理不到位、管廊处堆载造成沉降、周边因地块开发等因素造成的地下水位下降或荷载变化，使得综合管廊运营过程中管廊存在沉降，这也是目前青岛综合管廊施工中需要解决的问题。

第3章　国内外典型案例

3.1　国外典型案例

3.1.1　国外发展情况概述

1. 欧洲

综合管廊于19世纪发源于欧洲，最早是在圆形排水管道内装设自来水、通信等管道。法国的综合管廊起源于下水道系统，1833年，法国巴黎率先规划建设了世界上第一条地下综合管廊，收容了自来水管、电信管线、压缩空气管道等。如今，这些管廊已包含了巴黎的饮用水系统、日常清洗街道及城市灌溉系统、调节建筑温度的冰水系统以及通信管线系统，形成了世界上最早的综合管廊，而电网、煤气管道、供暖系统出于安全考虑并未并入下水道管廊系统中。

1861年，英国伦敦修建了半圆形地下综合管廊，收容了煤气、自来水、污水管、电信电缆等。德国汉堡从1890年开始建设地下综合管廊，采用先进挖掘技术，进行一次性建设。

2. 日本

日本是目前世界上综合管廊建设法规较为完善、规划较为系统的国家，也是建设技术比较先进的国家。1925年，日本修建了东京第一条地下综合管廊，收容了电力、电话、供水和煤气等管线。1963年制定了《关于建设共同沟的特别措施法》，从法律层面规定了相关部门需在主要干道地下建设“共同沟”，到1992年，全国建成了310km，到2004年，东京市内约1100km的干线道路下都建设了共同沟。

日本在共同沟建设中，其建设资金由道路管理者与管线单位共同承担。其中道路如果为国道，则道路管理者为中央政府，共同沟的建设费用由中央政府承担一部分；当道路为地方道路时，地方政府承担部分的共同沟建设费用，同时地方政府可申请中央政府的无息贷款用做共同沟的建设费用。

后期运营管理中，还是采取道路管理者与各管线单位共同维护管理的模式。共同沟本体的日常维护由道路管理者（或道路管理者与各管线单位组成的联合体）负责，而共同沟内各种管线的维护，则由各管线单位自行负责。其维护管理则由道路管理者与各管线单位共同承担。

日本在综合管廊建设方面有着相当完备的法律、管理和技术体系，制定《共同沟实施法》以及指导规划设计的《共同沟设计指针》等。日本《共同沟实施法》规定，综合管廊的建设费用由道路管理者与管线建设者共同承担，各级政府可以获得政策性贷款的支持以支付建设费用。

3. 俄罗斯

1933 年，前苏联首先在首都莫斯科建设综合管廊，而后在原列宁格勒（现圣彼得堡）和基辅等地新建或改建街道时又陆续进行综合管廊建设。在综合管廊建设过程中前苏联工程师率先将预制拼装工艺引入，研制成功了预制构件现场拼装的预制拼装综合管廊。从实用效果看，该工艺能较为显著地加快综合管廊的建设速度，并已在当前国外新建综合管廊工程中广泛应用。同时受气候影响，俄罗斯综合管廊以大管径的热力管道居多，煤气管未入廊。

4. 美国

1960 年，美国开始进行共同沟方面的研究，1965 年在旧金山将共同沟和地下铁整合建设，并在一些大城市逐步形成了较完善的综合管廊系统，随着城市化的进程，管廊技术日臻完善。

关于世界上地下综合管廊建设进程，如图 3-1 所示。

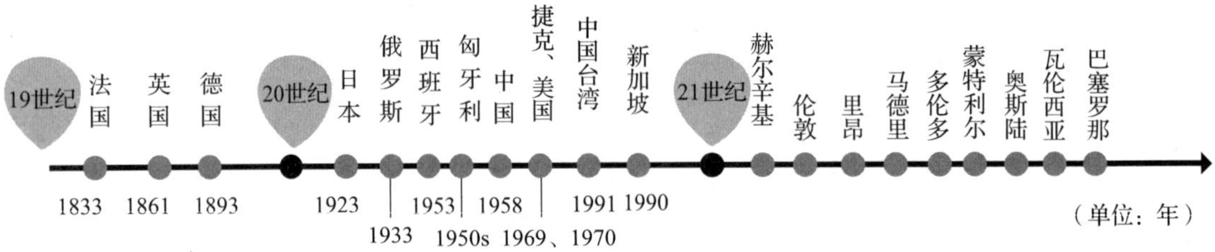

图 3-1　世界上地下综合管廊建设进程

3.1.2　国外综合管廊建设特点

1. 各国具体做法

（1）规划设计

①法国：管廊断面砖石结构采用“垂直廊壁 + 拱顶”模式，巴黎贝勒冈工程计划将巴黎地上建筑与地下供排水系统进行同步规划设计。燃气管道的入廊需避免燃气在舱内泄漏，避免管道腐蚀风险，必须用镀锌或加保护涂层的钢管，允许燃气管道根据温度自由膨胀。

②日本：综合管廊主要沿道路进行敷设，将综合管廊建设规划与城市防灾计划有机结合，同步推进。

③捷克：布拉格中心的综合管廊可分为供应系统和分配系统。供应系统通常埋深 25 ～ 40m，埋于建筑物下，无直连直管；分配系统埋深 2 ～ 12m，直接入户。综合管廊内含水、气、电力电缆（110kV）、通信电缆（金属、光纤）、供热 / 制冷管道。

（2）施工技术

①巴黎：巴黎综合管廊的建设形式随着时间的推移不断发生变化。巴黎最初的下水廊道采用砖石结构。至 1831 年左右，综合管廊的结构变为“垂直廊壁 + 拱顶”模式，此类断面尺寸大约为 1m × 2m。此时下水廊道的建设开始使用砾石和琢石。1844 年，通过使用水泥砂浆，管廊壁厚减少了 1/3。1855 年开始使用罗马水泥。自 1892 年起，开始使用钢筋混凝土。

②日本：东京临海副都信综合管廊主要采用开槽方式建设，本体构造的大部分为钢筋混

凝土箱型结构，耐震等级是按可承受关东大地震的震级强度设计的。日本缆线管廊多采用预制拼装工艺建设，主要用于集约敷设电话线、ISDN、CATV 等多种信息电缆、电力电缆等基础设施。

日本大阪御筋堂地下综合管廊项目施工需要在交通繁忙的环境下挖掘全长约 4km 的主线管廊隧道和 8 个竖井。为了尽量减少地面占用、缩短工期，有 7 个竖井采用了朝上掘进盾构法施工。

（3）体制机制建设

①法国：管廊建设均由国家主导推动，管廊运营管理由国家直接领导机构或巴黎市属机构负责。

②英国：综合管廊由市政府投资建设和管理，管廊及其附属设施归政府所有。

③日本：由中央直接管理的道路综合管廊投资、建设和管理由国土交通省道路部门负责，地方政府管辖道路下的综合管廊投资、建设和管理由地方政府建设局负责。

（4）投融资模式

①法国：建设费用全部由中央政府承担，由巴黎市下水道管理局统一管理。以出租形式提供给管线单位，城市议会讨论表决确定价格，根据实际情况逐年调整变动。

②日本：管廊本体建设资金由入廊管线单位和道路管理部门（政府财政）负担，管线单位承担各自直埋测算的费用及管廊附属设施分摊费用。按分担方式分为四种类型：一是各管线单位负担相当于直埋建设的费用，其余由管理公司承担；二是根据各管线单位收容物占有的空间或面积分担费用的方式；三是根据使用频度及维护管理频度计算得出的分担费用的方式；四是由道路管理公司全额负担费用，以出租形式分给占有空间。

（5）运行维护保障

①日本：本体的运营维护由道路管理部门负责，入廊管线的运营维护由管线单位负责。

②新加坡：由国家发展部负责投资、筹建，市区重建局负责对综合管廊进行行政与质量管理，CPG 集团负责综合管廊的实际运营。

2. 总体发展趋势

（1）普及范围越来越广。如巴塞罗那的管廊网已呈环状，马德里的综合管廊已呈网状。

（2）综合性越来越强。管廊内的设施从早期的通信、电力、煤气、给水、排水、工业用水等逐步增加了供热、废物输送等管道。

（3）非开挖技术发展管廊越来越深。如人口最为密集的东京，已提出了利用深层地下空间资源（地下 50m），建设规模更大的干线共同沟网络体系的设想。

（4）功能越来越多。兼有民用和人防的双重功能，一廊多用。如瑞典斯德哥尔摩市长达 30km，直径 8m 管廊，战时可兼作重要的人防工程。

（5）自动化程度越来越高。管廊运营信息化管理，安装有感应器和探测器，运行状况即时反映在主控室，各种管线每一段的运行情况一目了然。人员或动物一进入管廊即被发现并标明其所在位置。

3.2　国内典型案例

3.2.1　总体建设情况

在 2013 年之前，全国共有 16 个省（区、市）的 28 个城市开工建设综合管廊，总长度约

398.6km，总投资约 160.5 亿元。截至 2015 年底，已开工建设综合管廊的城市由 2013 年的 28 个增加到 99 个，累计开工建设综合管廊总长度约 1332.4km，总投资约 708.1 亿元。2016 年底，全国 132 个城市和 30 个县城开工建设综合管廊 2005km，总投资 1793 亿元。2017 年底，全国 160 个城市和 37 个县城开工建设综合管廊 2004km，总投资 1931 亿元（图 3-2）。

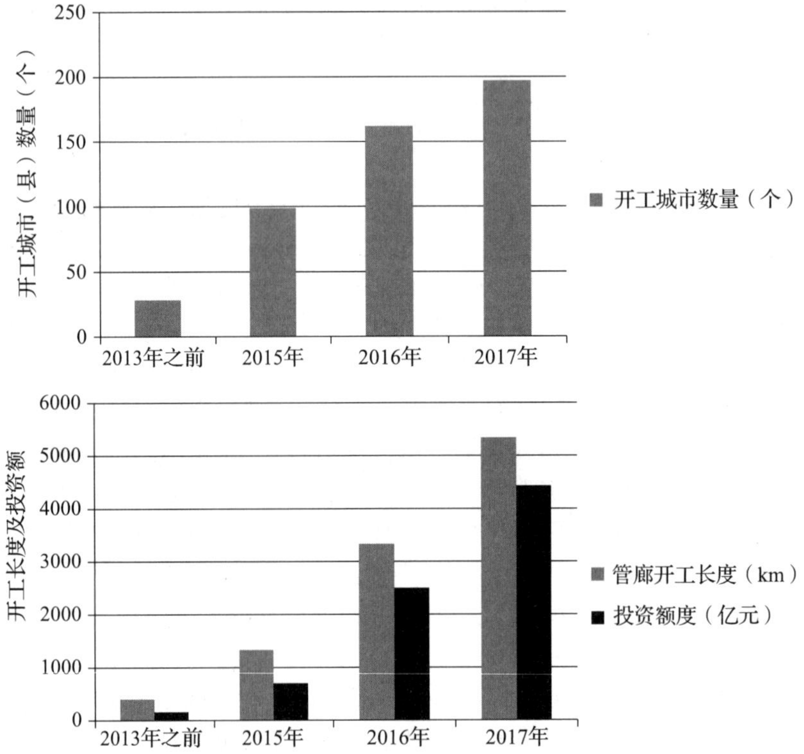

图 3-2　全国地下综合管廊建设进度图

3.2.2　部分试点城市建设情况

1. 广州市

（1）规划建设情况

广州市为了在综合管廊和直埋之间、在管廊内部干支缆之间统筹各专业管线，基于城市总体规划、地下管线综合规划、控制性详细规划以及各地下管线（给水、排水、电力、通信、燃气）、地下空间、道路交通、轨道交通等专项规划，于 2016 年修编了《广州市综合管廊专项规划》。该规划范围涵盖广州市 11 个行政区，分为近、远两期。近期规划为 2016—2020 年，规划新建综合管廊 340.39km，其中干线管廊 210.74km、支线管廊 41.55km、缆线管廊 88.1km。远期规划为 2021 年到 2030 年，进一步完善地下综合管廊，规划新建 190.5km，其中干线管廊 36km、支线管廊 90.9km、缆线管廊 63.6km。同时，主要结合 4 方面建设管廊，一是随城市重点功能区建设（图 3-3），例如天河智慧城、国际金融城、教育城、明珠湾起步区、南站商务区和琶洲地区等；二是随新建轨道工程建设，例如轨道交通 11 号线、18 号线、13 号线等；三是随旧城更新、土地一级开发建设，例如广钢新城、广纸片区、大坦沙岛、花都万达等；四是随新建及改扩建主、次干道道路建设，如广花公路、南大干线、白云五线等。

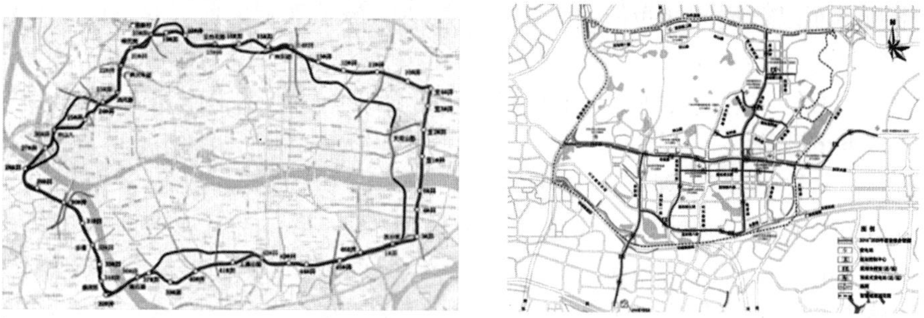

图 3-3　广州市中心城区、天河智慧城地下综合管廊规划布局图

根据该专项规划的统筹指引，至 2020 年，广州市将初步形成以轨道交通十一号线中心环线为主干网、其他地下综合管廊为放射线的“中心环线 + 放射线”地下综合管廊格局，打通新、老城区地下管线“生命线”，释放土地资源，提升土地效益，改善城市形象，形成地下综合管廊“规模化、系统化”，实现地下综合管廊社会效益、经济效益最大化。

《广州市综合管廊专项规划》在编制过程中，规划确定了涵盖“宏观—中观—微观”规划思路，从 3 个层次和维度入手层层递进、逐层聚焦（图 3-4）。首先对现状已建综合管廊进行整合，梳理综合管廊在市域的现状分布、建设运行情况；其次结合广州市城市发展战略平台、各类专项规划等，对综合管廊建设区域进行筛选并确定新的规划方案；最后在现状与新规划管廊的基础上，结合具体工程设计实施方法，论证新旧管廊的关联可能性和技术可达性，从而将全市管廊进行联接成网，发挥其最大的功效。

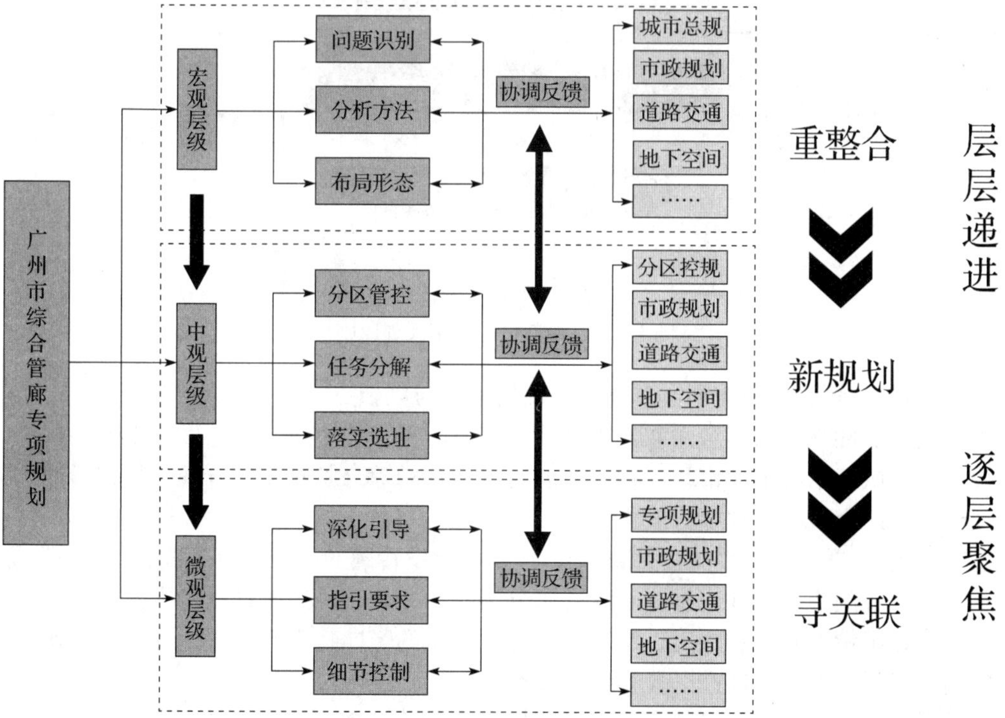

图 3-4　广州市综合管廊专项规划总体编制思路

①在宏观层面分析广州市综合管廊的建设条件，制定建设策略导向，甄别筛选管廊规划建设区域、布局综合管廊总体方案；

②在中观层面以行政区划为依据分解建设任务、落实管廊选址，并与区域控规相协调，预留管廊配套及附属设施用地，达到控制效果；

③在微观层面针对近期实施计划的项目深化管廊节点导则、提出相应的规划控制原则与标准、协调各类市政管线。

《广州市综合管廊专项规划》在编制过程中，遵循了以下编制原则（图 3-5）：

①专项规划要以促进城市可持续发展、确保城市地下空间资源的合理利用，达到社会、经济和环境效益的统一。

②城市建设和发展是个循序渐进的过程，规划应考虑近、远期的衔接关系，使规划具有一定的弹性，从全局出发，统筹安排，满足城市总体布局的要求，使城市地下综合管廊工程成为城市有机整体的重要组成部分。

③要树立动态发展的观念，既要强调规划的引导和控制机制，又要灵活适应市场机制，适时地进行调整、补充和修正，适应城市社会经济发展的实际需要，以便更好地深化规划，实施规划。

④综合管廊规划坚持高起点、高标准、超前规划的指导思想，充分考虑高速度发展的特征，为区域发展预留适当的市政设施容量。

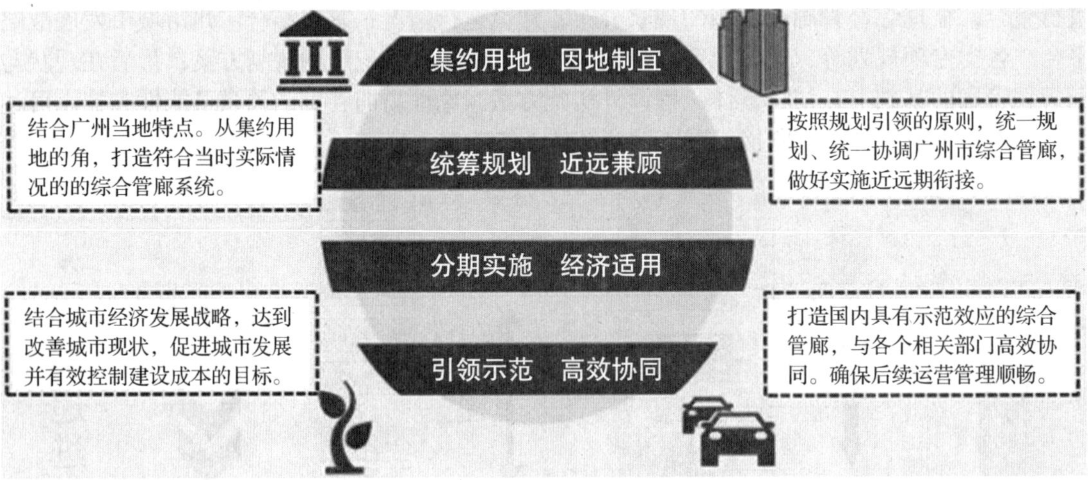

图 3-5　广州市综合管廊规划原则

《广州市综合管廊专项规划》具有以下规划特色与创新点：

①规划系统性强，内容全面兼具落地性，围绕广州市城市重大战略发展平台明确综合管廊建设重点区域，结合重大市政工程、交通枢纽等布局综合管廊总体方案，打破行政边界区规划，全面论证全市综合管廊的关联性。

②首次提出“刚弹结合”的入廊原则，秉承“建设管廊的区域所有管线必须入廊”原则，有序逐步推进各类市政管线入廊，管线入廊分为刚性、弹性、鼓励性 3 种方式。对于不同类型管线入廊提出精准要求和规定，结合广州北高南低的竖向特点，弹性地提出了污水、燃气管线如何入廊问题，逐步推进市政管线全线入廊。

③针对广州“水浸”频发特点，在某些特定的区域，规划提出了“海绵型”综合管廊断面方案以缓解排水压力。规划方案中含有雨水管线，利用管廊本体布置雨水舱，可充分利用海绵城市技术的“渗、滞”理念。

④综合管廊附属设施用地与城市用地规划进行反复的协调反馈，将管廊用地在控规阶段

予以控制预留。当综合管廊穿越规划地下通道、地下商业街、地下人防等地下空间设施时，应尽量与地下空间结合实施，含天然气管道舱室的综合管廊不与地下商业、地下停车场、地下道路、地铁车站以及地面建筑物的地下部分等合建。

（2）投融资模式

综合管廊投资较大、系统性较强，为减轻财政短期压力，广州市主要采取PPP模式推进综合管廊试点项目。首批采用PPP模式的综合管廊项目包括广州市中心城区轨道交通十一号线、广花一级公路和天河智慧城。以上3个综合管廊项目总投资约100多亿元，采用政府与社会资本合作（PPP）模式建设运营，由政府资本出资代表与中标人（社会资本）按照34%∶66%的股权比例出资项目资本金，共同在广州市成立项目公司，其余资金由中标社会资本负责融资。

广州市中心城区轨道交通十一号线地下综合管廊项目采用EPCO模式运作，由中标的社会资本与政府方参股代表合资成立项目公司，与实施机构广州市道路工程研究中心签订《PPP项目合同》，负责轨道交通十一号线地下综合管廊的设计、采购、建设、运营、移交等工作。

广花一级公路和天河智慧城地下管廊项目采用BOT模式运作。由中标的社会资本与政府方参股代表合资成立项目公司与实施机构广州市道路工程研究中心签订《PPP项目合同》，负责地下综合管廊的建设、运营、移交等工作。

上述3个项目均属于准经营性项目，回报方式为实际管廊经营收入，如实际经营收入无法满足项目收益要求，政府则给予社会资本适当的可行性缺口补贴，以满足项目正常的运行和合理的回报。可行性缺口补贴为中标可用性服务费与使用者付费（管线单位付费）之间的差额。

（3）建设管理模式

运营期政府、项目公司、运营机构和入廊管线单位之间权责主要为履行各方之间以及监督、考核、提供（享有）服务和付费等权利和义务。未来地下综合管廊运营管理模式为项目公司作为管理单位负责运营管理，负责地下综合管廊日常巡视、监控以及土建结构和配套设备维护管理；并采取“企业有偿租用”模式实施入廊管线的管理，通过收取入廊费，抵扣部分建设成本，由专业管线权属单位负责管线专业维护管理，项目公司负责管廊廊体及附属设施的正常运行，确保运营效果。

（4）设计施工技术

①广花一级公路综合管廊

A. 采用大截面矩形顶管工艺

大截面矩形顶管施工工艺是非开挖施工技术发展的一项前沿技术，既能保证掘进面的稳定，又能确保隧道顶部土体的稳定。本项目地下综合管廊穿过现有大河流及污水主干管，采用7.7m×4.5m大截面矩形顶管施工，单次最长顶管距离达250m，刷新了国内大截面矩形顶管单次顶进最大距离记录，为复杂环境条件下城市地下综合管廊建设提供了宝贵的经验。

B. 采用综合管廊智慧运维管理系统

以BIM技术及GIS网管信息系统为基础，进行智慧运维管理系统规划，形成了一个以计算机为核心的综合管廊智慧运营维护管理系统，使各种信息数字化、标准化，达到统一管理、智能监控、数据共享以及信息的快速检索查询，实现交换、可视化表达和输出，从而实现对综合管廊智能化运营维护。

②天河智慧城地下综合管廊

A. 采用盾构管廊技术

为老城区综合管廊建设提供了一种可行的建设方案，利用盾构竖井，将管廊人员出入口、逃生口、吊装口、通风口、管线分支口、管廊交叉口、通风机房、管廊分控室、变配电房、排水泵坑等集成在一起，既满足管廊基本功能需求，又有效地减少了盾构井数量，进而降低管廊施工影响和建设投资。

B. 应用商业管廊技术

通过对管廊空间充分发掘利用的方式，提高管廊自身造血功能。智慧城管廊利用盾构始发井改造为地下机械停车场，单井停车位可达 75 个。

C. 采用预制拼装技术

天河智慧城管廊标准断面均采用预制拼装技术，包括 2 舱、3 舱预制管廊，3 舱管廊采用上下分体式。

D. 采用管廊人防技术

为实现对城市生命线的综合防护，实现战后城市生命线快速恢复，广州市管廊还进行了人防设计，人防抗力等级核 6 常 6。

此外，智慧城管廊还采用了“真空排水、垂直开启采光逃生专用装置、消声节能通风装置、采光防盗吊装专用装置”等一批绿色管廊技术。

③沿轨道交通十一号线综合管廊

本项目管廊内部支架采用盾构隧道预埋滑槽方式安装，管片生产时在内侧预埋滑槽，管廊隧道拼装完成后将管线支架通过专用 T 形螺栓直接固定在滑槽上即可，避免了传统工法在隧道内打孔安装支架存在的作业环境差、工效低的问题。

2. 厦门市

综合管廊是解决城市承载力、地下管线安全问题的有力举措，是厦门谋求城市新发展的必然选择。厦门市陆域面积仅有 1699km^2，常住人口已达到 400 万人，厦门本岛的人口密度已达到 2 万人 /km^2，每年遭受的台风等自然灾害频率高，管线遭受损失大。厦门市坚持高起点规划设计，高标准组织实施，高水平运营管理，有序推进全市地下综合管廊规划建设管理工作，三年试点取得了初步成效，探索形成了“规划有统筹、建设有标准、管理有制度、资金有来源、运营有保障”的厦门模式。

（1）规划理念

厦门市将管廊建设作为转变城市职能、提升城市综合治理能力的重要载体，融入美丽厦门战略规划。

①以“规划先行，实用为先，因地制宜，科学发展”为原则，建立了全市上下联动、部门协同、市场运作的高效综合协调推进机制。试点任务超额完成，已投用干支线综合管廊 43.81km，缆线管廊 121.3km，入廊管线约 880km，社会、经济、生态等效益明显。

在新城建设中，同步规划建设综合管廊，采用干支线综合管廊和缆线管廊灵活结合方式。老旧城区结合重要门户、重要活动场所、重要路段、重要城市“客厅”和道路提升改造、架空线缆化等时机，统筹建设综合管廊。同时还结合轨道建设，配套建设弱电管廊，形成以厦门本岛为核心串联岛外新城的放射性线网。

②坚持生态立市，发展绿色管廊；跨岛项目同步规划建设管廊，统筹考虑与金门县市政管线设施建设衔接的远期布局，为远期金门县的供电等市政配套设施建设做好铺垫。管廊建设融入海绵城市理念。

③坚持“规划先行，实用为先，因地制宜，科学安排”四项原则，科学建设管廊。翔安南部新城干、支、缆线管廊比为 1∶1.1∶5.4，片区内干支线管廊，与道路配建比达 19.18%；翔安隧道在应急通道的下方布设给水和高压电力运行通道，保障岛内的供电、供水需求。

④坚持统筹建设，岛内外一体化

轨道 1 号线（已开通）同步预留 30.3km 通信管线通道，远景地铁线网总长 403km，未来将配套建设约 403km 弱电走廊；推进综合管廊与人防设计相结合，翔安隧道已完成人防审批；新城开发统筹建设综合管廊，在建约 40km，下达前期计划约 100km；旧城改造、市政提升同步配建综合管廊，厦门岛内电力线路缆化率已将近 97%，在福建省居首位，国内名列前茅。

⑤规划有统筹，部署全市管廊建设

以“多规合一”平台为基础，编制并修订完善《厦门市地下综合管廊专项规划》，并将地下管廊规划建设纳入《厦门市地下空间规划建设管理办法》进行统筹，规范化城市地下空间的规划管理体系。按照“统筹规划，规划统筹”原则，地上地下空间统筹规划（图 3-6）。

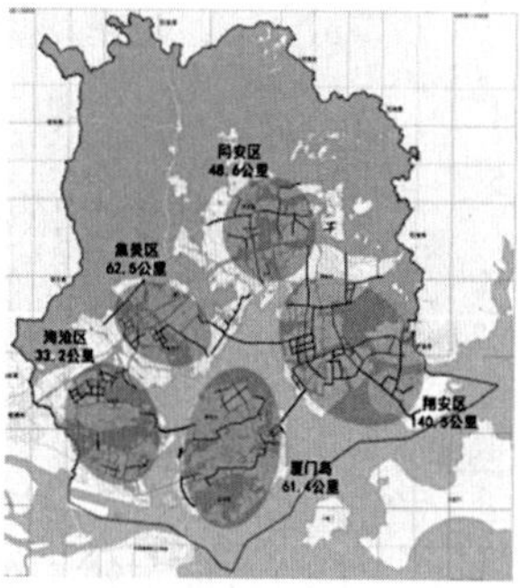

图 3-6　厦门市地下综合管廊规划布局图

（2）投融资模式

①规范资金的使用和管理，保障资金专款专用：出台《厦门市地下综合管廊建设资金使用管理办法》；中央财政专项补助资金和地方配套资金纳入年初基建预算予以安排；规定中央财政专项资金与地方财政资金专款专用、专项管理，资金的申报、拨付及领用程序均按规范进行。

②建设资金来源多渠道，管廊建设成果共建共享：厦门市创新“四大平衡”理念，将管廊建设资金纳入片区平衡进行解决，将管廊建设后产生的土地和社会效益进行平衡考虑，实现社会、经济和环境效益的统一。“四大平衡”即就地平衡、积极平衡、紧张平衡和综合平衡。“就地平衡”即从管廊项目谋划初期开始，必须努力实现其投入与产出的大体平衡；“紧张平衡”就是对管廊项目的资金筹措、征地拆迁、土地拍卖、银行贷款以及建设工期等主要环节一环扣一环，通过紧张调度加以平衡；“积极平衡”即以积极进取的态度和精神，多方筹资建设，创造管廊项目建设条件，实现收支平衡；“综合平衡”即把管廊项目与其他项目统筹考虑，从全市的高度总体调配资金，综合运作、整体平衡。

探索“共建共治共享”模式，鼓励管线单位出资参与建设管廊；落实有偿使用制度，已收取有偿使用费 7420.88 万元；将管廊资产注入到管廊公司并已办理不动产权证书，拓宽融资渠道。

③积极探索 PPP 模式：鼓励和引导社会资本参与政府主导的 PPP 项目，充分发挥政府在市场配置资源的作用。翔安新机场综合管廊 PPP 项目被评选为国家财政部第三批示范项目和国家发改委第二批典型案例。

④出台运维补贴标准，保障管廊运营可持续：在管廊运营维护初期不能通过收费补足成本的，通过立法配套相关政策，由市、区财政部门给予补贴，立法中明确提出“管廊投用初期给予运维补贴”；配套出台运营维护补助资金管理办法，通过主管部门对管廊运营单位的运营绩效考核为依据进行财政补贴，实现按效付费；目前厦门市财政已补助运营维护资金 4233.42 万元，确保综合管廊可持续运营。

⑤将管廊资产注入管廊公司并办理产权，拓宽融资渠道，有效盘活管廊资产。

（3）建管体制

①坚持高位推动，力推管廊建设。依法推进管廊建设，逐步完善管廊相关法制；将综合管廊建设工作纳入《美丽厦门战略规划》和《政府工作报告》；成立了由市政府主要领导任

组长的工作领导小组；市人大、市政协多次调研地下管线、老城区管线（图3-7）。

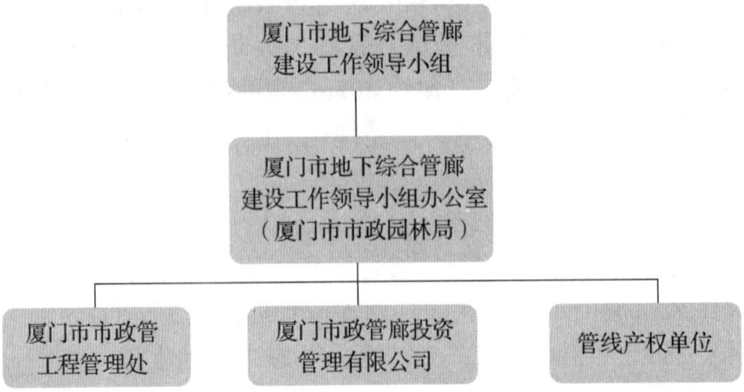

图3-7　厦门市地下综合管廊建设组织结构图

②管理有制度，依法推进建管工作。厦门市出台了1项立法、3种规范、8部办法等20多项配套政策，其中包括：《厦门经济特区城市地下综合管廊管理办法》《城市地下综合管廊运营维护技术规范（暂行）》(DB3502/Z)《厦门市综合管廊工程技术规范》《厦门市综合管廊配套管理用房建设标准》。

③运维有保障，提高管廊运营水平。A. 政府充分发挥监管职能，保障综合管廊安全运营：出台《厦门市地下综合管廊运营维护绩效指标与考核办法》，建立完善的绩效考核制度。B. 成立专业化运营机构，实现综合管廊投资建设运营一体化：率先实行企业化运营管理，成立管廊公司；运用“政府扶持、企业运作”的模式，做大做强管廊公司。C. 强化管线入廊管理工作，建立有偿使用机制：立法明确管线强制入廊制度；全市入廊管线总长度约880km。强化管线入廊管理工作，建立有偿使用机制——已收取有偿使用费7420.88万元。

④通过人大立法、出台管廊运行维护技术标准和颁布运营维护管理的实施意见，保障规范运维管理，明确管廊管理单位与入廊管线单位职责分工，同时划定管廊的安全保护范围，确保管廊安全运行。

⑤培养专业化运维队伍。厦门市在国内率先实行综合管廊企业化运营管理，于2014年成立厦门市政管廊投资管理有限公司，专门负责综合管廊投融资、建设和运营。

⑥采用“政府扶持、企业运作”的模式，一方面促进管廊公司专业化发展，现已通过ISO9001质量管理体系、ISO14001环境管理体系、OHSAS18001职业健康安全管理体系认证，成为国内首家获得“质量、环境、安全”管理体系认证的综合管廊投资建设管理单位；另一方面，通过实物注资、货币注资方式做大做强管廊公司，促其跨区域输出管廊建设运营管理相关经验，现已将市场拓展至全国10余个地市。

（4）设计施工技术

①管廊建设采用标准化施工，大力推行预制拼装工艺，统一管廊舱室标准，提高预制率，同时有效带动并培育了一批装配式建筑业、装配设备制造等相关产业。

②利用参编国家综合管廊相关技术标准的契机，统一了全市综合管廊的监控、报警及安全技术标准。

3. 沈阳市

2015年4月，沈阳市经财政部与住建部竞争性评选成为国家第一批综合管廊试点城市。沈阳市在国家大学科技城已建成完工并投入使用综合管廊23km，在中心城区和新城区沈阳经济技术开发区完成规划设计约100km，多条道路已经开始施工建设。

（1）沈阳国家大学科技城综合管廊

沈阳国家大学科技城位于沈阳市主城区南部，浑南区西部，东至沈丹高速，南至机场，西至苏家屯，北至三环，规划总长度为 31.6km。结合国家大学科技城总体规划和规划区道路的路网布局，并依据各专业的专项规划，采用电力隧道与综合管廊结合的方式，科技城内现状形成“一横三纵”的综合管廊布局。一横：以全运路为横向管廊干线；三纵：以沈中大街、智慧大街、高铁二街作为纵向的管廊干线。综合管廊均在道路两侧的绿化带内敷设。

结合沈阳国家大学科技城高压线较多等特点，将电力、通信管线纳人综合管廊内的主要包括 220kV 电力电缆、66kV 电力电缆、10kV 电力电缆及通信管线。根据国家大学科技城实际特点，考虑安全、造价等因素，给水管线、排水管线、供热管线和燃气管线暂不纳入管廊（图 3-8）。

（2）铁西新城综合管廊

铁西新城位于沈阳市主城区西部，东起三环高速公路，西至新城西边界，北起京沈高速公路，南至浑河。铁西综合管廊根据功能分为干线综合管廊、支线综合管廊、缆线综合管廊，共 97.8km。

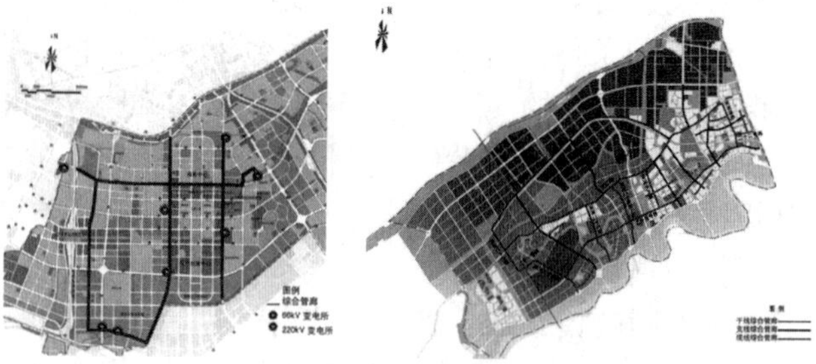

图 3-8　沈阳市大学科技城综合管廊、铁西新城综合管廊规划布局图

①干线综合管廊

在铁西新城范围内共有 8 处位置适宜敷设综合管廊，分别为二十五号路、浑蒲灌渠绿化带、浑河二十六街、浑河十八街、浑河四街、沈辽路、浑河二十三街、浑河二十街西一街，设置干线综合管廊 63.8km。

②支线综合管廊

依据干线综合管廊的布局方案，确定 8 处位置适宜布置支线综合管廊，包括浑河二十五街、浑河二十一街、浑河十六街、浑河十三街、中央大街、曹后公路、十八号路、二十五号路，共设置支线综合管廊 26km。

③缆线综合管廊

依据干线综合管廊、支线综合管廊的布局方案，确定 5 处位置适宜布置缆线综合管廊，包括二十号路、二十六号路、二十三号路、浑河东一街等，设置缆线综合管廊 8km。

（3）老城区综合管廊

本着“老城区集约节约、新城区一步到位”的基本思路，在老城区规划建设干线综合管廊 88km，形成“一环、三纵”的干线布局，同时布置支线管廊 94km，过街缆线管廊 66km（图 3-9）。

4. 哈尔滨市

（1）规划建设

哈尔滨市按照“结合地铁工程、结合老旧管网、结合道路改造、结合新区建设”四个原则统筹规划建设地下综合管廊，编制了《哈尔滨市城市地下综合管廊工程规划》，近期规划 400km，“十三五”期间实施 8 个片区、100km 管廊项目。近期规划了主城区、哈南工业新城和临港经济区等 3 个区域 11

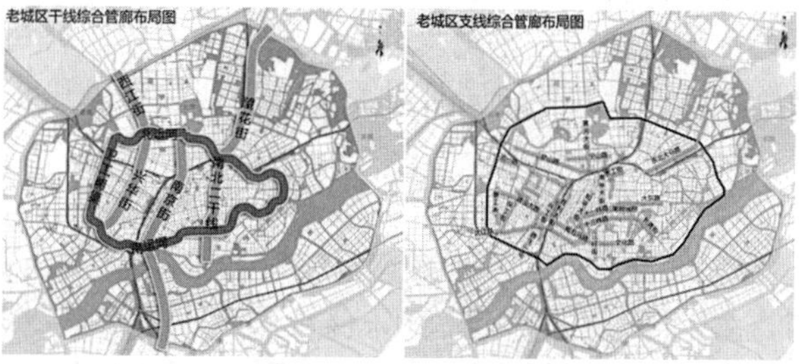

图 3-9　沈阳市老城区地下综合管廊规划布局图

条、总长度 25.5km 的综合管廊，项目总投资 27.1 亿元。截至目前，除了需结合地铁工程同步建设的区段外，完成管廊主体工程总量的 92.5%、完成总投资 95.6%。老城区供热、供水管线实现入廊试运行。

（2）建管体制

哈尔滨市城乡建设委负责城市地下综合管廊建设、运行和维护监督管理，成立了地下综合管廊指挥部，具体由其所属的管线统筹建设处负责，该部门还承担统筹协调城市供水、排水、燃气、热力、电力、通信、广播电视、工业等地下管线及其附属设施建设；城市管道燃气特许经营的实施及监督管理；负责城市地下管线建设工程施工许可管理等职责。

哈尔滨市政府出台了《关于城市管线纳入地下综合管廊的实施意见》，要求符合技术条件的管线必须全部入廊，对建设地下综合管廊区域，不予审批新建直埋管线，为后期管廊运行创造基础条件。针对入廊收费，哈尔滨市的做法是充分考虑管线承担社会公共服务责任和保本微利运行的实际，把着力点放在协商、互惠、共赢上，建立由发改、财政、建设及各管线单位组成的协商平台，共同研究制定标准。入廊收费坚持“明算账、真优惠、给政策”，以管线直埋成本为基准测算，约占管廊建设成本的 25%，日常维护费以保本运营为基本要求，保证项目公司不亏损，管线单位能负担。为了提高管线单位入廊积极性，哈尔滨市拟订了优惠补贴政策，即：管线入廊分 5 期收费，减轻管线单位经济负担；对迁移入廊、先期入廊的给予降低 20% ～ 40% 收费的优惠，运行前期对日常维护给予一定的补贴；管廊运营前期，对日常维护费给予一定比例补贴，对预留管线空间的只收取基础运行费；制发管廊空间租用证，明确管廊使用权，便于管线单位开展入廊费资产递延。

哈尔滨市管廊监管平台按照“统一开发设计运维监管系统、统一租用数据存储云计算服务、集约共用运维中心和监控终端”的整体思路建设，主要有日常管理、环境监控、应急联动、数据采集、三维 BIM、绩效考核 6 个应用子系统，避免各管廊公司分头建设带来的重复建设、监管方式不统一、数据存储不安全等问题。选择具有保密资质的设计单位进行监管平台开发建设，租用数据存储云服务，现场采集数据传到云端存储。通过监管平台对管廊的运维管理进行考核，实现运营监管信息可追溯，为按效付费提供数据支撑。

（3）融资模式

根据测算，哈尔滨市地下管廊先期建设投资为 27 亿元左右。对此，哈尔滨市建委积极创新融资模式，采取政府和社会资本合作投资（PPP 模式），来破解管廊建设的资金瓶颈。管廊建设之初，在认真分析管廊建设、运营和管理的制度保障问题基础上，推行“投资、建设和运营维护一体化 + 入廊单位付费 + 财政运行补贴”的运作方式，政府委托国有集团公司与社会投资人组建项目公司，由项目公司负责投资、建设、运维，社会资本全额投资，组建了哈尔滨市综合管廊项目公司。地方政府授予项目公司特许经营权 25 年，由项目公司负责地下管廊的投融资、建设及运营维护，国有集团公司以 1 元人民币持有项目公司金股。保证社会资本投资最大化，同时对关系公共利益和公共安全事项享有一票否决权。

5. 包头市

（1）规划建设

包头市按照“因地制宜、统筹协调、科学合理”的原则开展地下综合管廊规划建设工作，编制了《包头市城市综合管廊专项规划（2016—2020）》，规划管廊总长约 303km，其中“十三五”期间建设 68km，管廊项目主要依托和结合新区开发建设、棚户区改造、道路建设改造等进行。截至 2018 年 8 月，包头市在建管廊试点项目 4 处，长 46.2km，累计建成 32.3km，入廊管线 60 余千米。包头市综合管廊规划建设的主要特点是：突出组团、系统布局，分期建设、环网闭合，断面多样、因地制宜。

（2）建管体制

包头市城乡建设委负责城市地下综合管廊建设、运行和维护监督管理，具体由市城乡建设委下属事业单位——市燃气热力和地下综合管廊管理处负责。所有综合管廊项目均采用PPP模式，引入社会资本方参与建设运营。在运营管理方面，包头市出台了《包头市地下综合管廊管理暂行办法》《关于加强地下综合管廊运营和管理的决定》，明确管线强制入廊制度，已建成综合管廊区域，要求地下管线全部入廊，除因技术条件无法入廊外，不予审批管廊外的新建管线，既有管线逐步迁移至管廊。

在运营维护方面，包头市建立“立法执行 + 目标考核”的管理模式，加大对各运营公司考核力度，并将考核结果作为财政补贴的依据，出台了《关于加强地下综合管廊运营和管理的决定》《包头市地下综合管廊运营维护管理考核评价暂行制度》，编制了《包头市城市综合管廊运营维护机制》，突出安全管理，明确管廊运营管理机构、管线单位分别依法承担管廊、管线运行安全管理责任。

包头市通过招标确定中科软科技股份有限公司作为管廊监管平台的开发单位，进行统一开发。在系统设计上，考虑近远期相结合，充分考虑保密和信息安全问题，开发过程中通过技术手段来解决。市级平台和项目管理平台实行分级管理，作为市级监管平台，由管廊主管部门负责进行日常的运行维护管理，通过平台对管廊运维单位和运行情况进行监督考核，为财政补贴运营提供基础数据。

第4章　上位政策及趋势分析

4.1　政策解读

4.1.1　管廊推进政策

自2014年开始，国务院、住房城乡建设部、财政部等部门多次发布关于推进地下综合管廊建设的相关文件和指导意见，重点表达了综合管廊建设的必要性和推进意见，国务院总理李克强也多次在公开场合表达了推进综合管廊建设的相关要求，并多次写入《政府工作报告》，要求年度开工建设综合管廊2000km以上。相关政策信息重点包括以下方面：

1.《关于加强城市地下管线建设管理的指导意见》(国办发〔2014〕27号)

2014年6月3日，国务院办公厅发布了《关于加强城市地下管线建设管理的指导意见》(国办发〔2014〕27号，以下简称《管线指导意见》)，提出：要在2015年年底前，完成城市地下管线普查，建立综合管理信息系统，编制完成地下管线综合规划。力争用5年时间，完成城市地下老旧管网改造，将管网漏失率控制在国家标准以内，显著降低管网事故率，避免重大事故发生。用10年左右时间，建成较为完善的城市地下管线体系，使地下管线建设管理水平能够适应经济社会发展需要，应急防灾能力大幅提升。

《管线指导意见》同时提出，要在全国范围内稳步推进城市地下综合管廊建设。在36个大中城市开展地下综合管廊试点工程，探索投融资、建设维护、定价收费、运营管理等模式，提高综合管廊建设管理水平。通过试点示范效应，带动具备条件的城市结合新区建设、旧城改造、道路新（改、扩）建，在重要地段和管线密集区建设综合管廊。城市地下综合管廊应统一规划、建设和管理，满足管线单位的使用和运行维护要求，同步配套消防、供电、照明、监控与报警、通风、排水、标识等设施。鼓励管线单位入股组成股份制公司，联合投资建设综合管廊，或在城市人民政府指导下组成地下综合管廊业主委员会，招标选择建设、运营管理单位。建成综合管廊的区域，凡已在管廊中预留管线位置的，不得再另行安排管廊以外的管线位置。要统筹考虑综合管廊建设运行费用、投资回报和管线单位的使用成本，合理确定管廊租售价格标准。有关部门要及时总结试点经验，加强对各地综合管廊建设的指导。

在此意见出台后，住房城乡建设部、财政部在2015年和2016年通过组织竞争性评选活动的方式，先后批准了包头、沈阳、哈尔滨、苏州、厦门、十堰、长沙、海口、六盘水、白银10个城市，以及郑州、广州、石家庄、四平、青岛、威海、杭州、保山、南宁、银川、平潭、景德镇、成都、合肥、海东15个城市作为第一批和第二批综合管廊试点建设城市，并给予中央财政补贴。

2.《关于推进城市地下综合管廊建设的指导意见》(国办发〔2015〕61号)

2015年8月10日，国务院办公厅发布《关于推进城市地下综合管廊建设的指导意见》(国办发〔2015〕61号，以下简称《管廊指导意见》)，提出：要推进城市地下综合管廊建设，统筹各类市政管线规划、建设和管理，解决反复开挖路面、架空线网密集、管线事故频发等问题，并具体从统筹规划、有序建设、严格管理、支持政策4个方面提出了要求。

《管廊指导意见》明确提出，应划定建设区域，要求从2015年起，城市新区、各类园区、成片开发区域的新建道路要根据功能需求，同步建设地下综合管廊；老城区要结合旧城更新、道路改造、河道治理、地下空间开发等，因地制宜、统筹安排地下综合管廊建设。

3.《关于印发城市地下综合管廊工程规划编制指引的通知》(建城〔2015〕70号)

为了规范和指导城市地下综合管廊工程规划编制工作，提高规划的科学性，避免盲目、无序建设，住房和城乡建设部2015年5月26日发布了《关于印发城市地下综合管廊工程规划编制指引的通知》(建城〔2015〕70号，以下简称《规划指引》)。指出：管廊工程规划应根据城市总体规划、地下管线综合规划、控制性详细规划编制，与地下空间规划、道路规划等保持衔接。编制管廊工程规划应以统筹地下管线建设、提高工程建设效益、节约利用地下空间、防止道路反复开挖、增强地下管线防灾能力为目的，遵循政府组织、部门合作、科学决策、因地制宜、适度超前的原则。

《规划指引》明确了管廊规划的编制主体为各级城市人民政府，主要用于指导和实施管廊工程建设。编制过程中应听取道路、轨道交通、给水、排水、电力、通信、广电、燃气、供热等行政主管部门及有关单位、社会公众的意见。管廊工程规划应统筹兼顾城市新区和老旧城区。新区管廊工程规划应与新区规划同步编制，老旧城区管廊工程规划应结合旧城改造、棚户区改造、道路改造、河道改造、管线改造、轨道交通建设、人防建设和地下综合体建设等编制。

4.《关于提高城市排水防涝能力推进城市地下综合管廊建设的通知》(建城〔2016〕174号)

近些年来，尤其是2016年我国部分区域降雨范围大、强度高、持续时间长，多地发生严重的洪涝灾害，国家高度重视综合管廊的建设，希望能够通过综合管廊的建设弥补排涝设施不足的短板。2016年8月16日，住房城乡建设部发布了《关于提高城市排水防涝能力推进城市地下综合管廊建设的通知》(建城〔2016〕174号)，提出：

（1）各地要做好城市排水防涝设施建设规划、城市地下综合管廊工程规划、城市工程管线综合规划等的相互衔接，切实提高各类规划的科学性、系统性和可实施性，实现地下空间的统筹协调利用，合理安排城市地下综合管廊和排水防涝设施，科学确定近期建设工程。

（2）严格按照国家标准《室外排水设计规范》确定的内涝防治标准，将城市排水防涝与城市地下综合管廊、海绵城市建设协同推进，坚持自然与人工相结合、地上与地下相结合，发挥“渗、滞、蓄、净、用、排”的作用，构建以“源头减排系统、排水管渠系统、排涝除险系统、超标应急系统”为主要内容的城市排水防涝工程体系，并与城市防洪规划做好衔接。

（3）各地要结合本地实际情况，有序推进城市地下综合管廊和排水防涝设施建设，科学合理利用地下空间，充分发挥管廊对降雨的收排、适度调蓄功能，做到尊重科学、保障安全。依据城市地下综合管廊工程规划确定的管廊建设区域，结合地形坡度、管线路由等实际情况，因地制宜确定雨水管道入廊的敷设方式。

（4）各地要放宽市场准入，鼓励支持社会资本参与城市地下综合管廊和排水防涝设施建设。严格落实管线入廊制度，已建成城市地下综合管廊的主次干路，规划管线必须入廊，不得再开挖敷设管线。严格实施城市地下综合管廊有偿使用制度，建立合理的收费机制。鼓励社会资本积极创新模式，通过雨水资源化利用等方式获取额外收益，弥补社会资本的合理回报。

5.《关于进一步加强城市规划建设管理工作的若干意见》

2016年2月6日，中共中央国务院发布《关于进一步加强城市规划建设管理工作的若干意见》(以下简称《意见》)，提出城市规划建设管理中存在的一些突出问题，主要包括：城市规划前瞻性、严肃性、强制性和公开性不够，城市建筑贪大、媚洋、求怪等乱象丛生，特色缺失，文化传承堪忧；城市建设盲目追求规模扩张，节约集约程度不高；依法治理城市力度不够，违法建设、大拆大建问题突出，公共产品和服务供给不足，环境污染、交通拥堵等“城市病”蔓延加重。

《意见》指出，各地要重视城市规划在城市发展中起着战略引领和刚性控制的重要作用，同时推进建设地下综合管廊。各地要认真总结推广试点城市经验，逐步推进城市地下综合管廊建设，统筹各类管线敷设，综合利用地下空间资源，提高城市综合承载能力。城市新区、各类园区、成片开发区域新建道路必须同步建设地下综合管廊，老城区要结合地铁建设、河道治理、道路整治、旧城更新、棚户区改造等，逐步推进地下综合管廊建设。凡建有地下综合管廊的区域，各类管线必须全部入廊，管廊以外区域不得新建管线。管廊实行有偿使用，建立合理的收费机制。鼓励社会资本投资和运营地下综合管廊。各城市要综合考虑城市发展远景，按照先规划、后建设的原则，编制地下综合管廊建设专项规划，在年度建设计划中优先安排，并预留和控制地下空间。完善管理制度，确保管廊正常运行。

6.《城市地下综合管廊建设规划技术导则（征求意见稿）》

2018年10月，住房和城乡建设部发布了《城市地下综合管廊建设规划技术导则（征求意见稿）》(以下简称《技术导则》)，对地下综合管廊规划的功能定位、规划原则、规划内容及深度进行了明确界定。

《技术导则》提出，管廊建设规划是用于指导管廊工程建设的专项规划，是城市规划的重要组成部分，应纳入城市规划体系。管廊建设规划应根据城市总体规划、地下管线综合规划、控制性详细规划编制，与地下空间规划、道路规划等保持衔接。

在地下综合管廊规划建设的过程中，应重点遵循：“因地制宜，科学决策；统筹协调，适度超前”的原则，切实从城市实际发展需求和建设条件出发，合理确定管廊建设区域、建设类型及建设时序，提高规划的科学性和可实施性。从统筹地上地下空间资源利用角度，加强相关规划之间的衔接，统筹管廊与相关各类设施建设，既满足当前建设需求，又适度考虑远期发展需求，为未来管线建设做好预留。

7. 政府工作报告

自发布推进综合管廊建设相关工作文件以来，国务院总理李克强在政府工作报告重点任务中多次提及综合管廊建设。其中,2016 年提出“开工建设城市地下综合管廊 2000km 以上”；2017 年提出“统筹城市地上地下建设，再开工建设城市地下综合管廊 2000km 以上，启动消除城区重点易涝区段三年行动，推进海绵城市建设，使城市既有‘面子’，更有‘里子’”；2018 年提出“加强排涝管网、地下综合管廊等建设”。

4.1.2 投融资政策

自 2014 年开始，国务院、国家发改委、财政部等多次发布了关于符合条件的基础设施建设可以采用政府和社会资本合作方式的相关要求和指导意见，在此背景下，大量的具有经营性的基础设施项目采用 PPP 模式进行建设，少部分准经营性和非经营性的基础设施项目也被包装成 PPP 项目进行建设。此种局面导致政府的隐性负债风险不断增加，“公共预算的 10%”这条红线也逐渐逼近，社会资本方几乎被国企、央企或者政府平台企业“垄断”。在此背景下，自 2017 年开始，财政部连续发文“踩刹车”，对 PPP 违规项目和政府负债进行清理整顿，由于综合管廊的收益性较低，在此之后采用 PPP 模式进行建设的管廊项目逐渐减少。相关政策信息重点包括以下方面：

1.《关于创新重点领域投融资机制鼓励社会投资的指导意见》(国发〔2014〕60 号)

为推进经济结构战略性调整，加强薄弱环节建设，促进经济持续健康发展，2014 年 11 月 16 日，国务院发布了《关于创新重点领域投融资机制鼓励社会投资的指导意见》(国发〔2014〕60 号)，提出要在公共服务、资源环境、生态建设、基础设施等重点领域进一步创新投融资机制，充分发挥社会资本特别是民间资本的积极作用。关于创新基础设施投融资体制的意见包括两条：改革市政基础设施建设运营模式和积极推动社会资本参与市政基础设施建设运营。

（1）改革市政基础设施建设运营模式。推动市政基础设施建设运营事业单位向独立核算、自主经营的企业化管理转变。鼓励打破以项目为单位的分散运营模式，实行规模化经营，降低建设和运营成本，提高投资效益。推进市县、乡镇和村级污水收集和处理、垃圾处理项目按行业“打包”投资和运营，鼓励实行城乡供水一体化、厂网一体投资和运营。

（2）积极推动社会资本参与市政基础设施建设运营。通过特许经营、投资补助、政府购买服务等多种方式，鼓励社会资本投资城镇供水、供热、燃气、污水垃圾处理、建筑垃圾资源化利用和处理、城市综合管廊、公园配套服务、公共交通、停车设施等市政基础设施项目，政府依法选择符合要求的经营者。政府可采用委托经营或转让—经营—转让（TOT）等方式，将已经建成的市政基础设施项目转交给社会资本运营管理。

在创新融资方式、拓宽融资渠道方面，要求：

①探索创新信贷服务。支持开展排污权、收费权、集体林权、特许经营权、购买服务协议预期收益、集体土地承包经营权质押贷款等担保创新类贷款业务。探索利用工程供水、供热、发电、污水垃圾处理等预期收益质押贷款，允许利用相关收益作为还款来源。鼓励金融机构对民间资本举办的社会事业提供融资支持。

②鼓励发展支持重点领域建设的投资基金。大力发展股权投资基金和创业投资基金，鼓励民间资本采取私募等方式发起设立主要投资于公共服务、生态环保、基础设施、区域开发、战略性新兴产业、先进制造业等领域的产业投资基金。政府可以使用包括中央预算投资在内的财政性资金，通过认购基金份额等方式予以支持。

③支持重点领域建设项目开展股权和债权融资。大力发展债权投资计划、股权投资计划、资产支持计划等融资工具，延长投资期限，引导社保资金、保险资金等用于收益稳定、回收期长的基础设施和基础产业项目。支持重点领域建设项目采用企业债券、项目收益债券、公司债券、中期票据等方式通过债券市场筹措投资资金。推动铁路、公路、机场等交通项目建设企业应收账款证券化。建立规范的地方政府举债融资机制，支持地方政府依法依规发行债券，用于重点领域建设。

2.《国家发展改革委关于开展政府和社会资本合作的指导意见》(发改投资〔2014〕2724号)

为鼓励和引导社会投资，增强公共产品供给能力，促进调结构、补短板、惠民生，2014年12月2日，国家发展改革委发布了《关于开展政府和社会资本合作的指导意见》(发改投资〔2014〕2724号)，主要目的在于增强公共产品和服务供给能力、提高供给效率，可以通过特许经营、购买服务、股权合作等方式，与社会资本建立利益共享、风险分担及长期合作关系。通过开展政府和社会资本合作，创新投融资机制，拓宽社会资本投资渠道，增强经济增长内生动力；推动各类资本相互融合、优势互补，促进投资主体多元化，发展混合所有制经济；理顺政府与市场关系，加快政府职能转变，充分发挥市场配置资源的决定性作用。

在《关于开展政府和社会资本合作的指导意见》(发改投资〔2014〕2724号)中，明确了PPP模式的适用范围和相对应的操作模式。

关于适用范围，PPP模式主要适用于政府负有提供责任又适宜市场化运作的公共服务、基础设施类项目。燃气、供电、供水、供热、污水及垃圾处理等市政设施，公路、铁路、机场、城市轨道交通等交通设施，医疗、旅游、教育培训、健康养老等公共服务项目，以及水利、资源环境和生态保护等项目均可推行PPP模式。各地的新建市政工程以及新型城镇化试点项目，应优先考虑采用PPP模式建设。

在操作模式的选择方面，根据项目的经营属性进行区分，因收费情况不同而选择不同的操作模式：

(1)对于具有明确的收费基础，并且经营收费能够完全覆盖投资成本的项目，可通过政府授予特许经营权，采用建设—运营—移交(BOT)、建设—拥有—运营—移交(BOOT)等模式推进。要依法放开相关项目的建设、运营市场，积极推动自然垄断行业逐步实行特许经营。

(2)对于经营收费不足以覆盖投资成本、需政府补贴部分资金或资源的项目，可通过政府授予特许经营权附加部分补贴或直接投资参股等措施，采用建设—运营—移交(BOT)、建设—拥有—运营(BOO)等模式推进。要建立投资、补贴与价格的协同机制，为投资者获得合理回报积极创造条件。

(3)对于缺乏“使用者付费”基础、主要依靠“政府付费”回收投资成本的项目，可通过政府购买服务，采用建设—拥有—运营(BOO)、委托运营等市场化模式推进。要合理确定购买内容，把有限的资金用在刀刃上，切实提高资金使用效益。

在后续采用PPP模式的综合管廊建设项目中，由于综合管廊的一次性投资较高、经营收费较低，各地基本都采用了 BOT 的模式进行建设，建设期和合作期设置在 25 ～ 30 年。通过后续收取入廊使用费和日常运行维护费弥补综合管廊的建设投资和运营维护成本。

3.《关于进一步规范地方政府举债融资行为的通知》(财预〔2017〕50 号)

随着各地基础设施项目的不断推进，政府负债问题越来越突出，在综合管廊建设方面，部分地区出现了政府承诺社会资本最低回报率、政府兜底等做法，导致政府隐性负债增加。2017 年 4 月 26 日，财政部、发展改革委、司法部、人民银行、银监会和证监会联合发布了《关于进一步规范地方政府举债融资行为的通知》(财预〔2017〕50 号)，要求各地对融资平台公司、PPP 合作项目等进行规范整改。《关于进一步规范地方政府举债融资行为的通知》（财预〔2017〕50 号）也成为了 PPP 项目推广应用的分水岭。通知要求：

（1）切实加强融资平台公司融资管理

加快政府职能转变，处理好政府和市场的关系，进一步规范融资平台公司融资行为管理，推动融资平台公司尽快转型为市场化运营的国有企业、依法合规开展市场化融资，地方政府及其所属部门不得干预融资平台公司日常运营和市场化融资。地方政府不得将公益性资产、储备土地注入融资平台公司，不得承诺将储备土地预期出让收入作为融资平台公司偿债资金来源，不得利用政府性资源干预金融机构正常经营行为。金融机构应当依法合规支持融资平台公司市场化融资，服务实体经济发展。进一步健全信息披露机制，融资平台公司在境内外举债融资时，应当向债权人主动书面声明不承担政府融资职能，并明确自 2015 年 1 月 1 日起其新增债务依法不属于地方政府债务。对地方政府违法违规举债担保形成的债务，按照《国务院办公厅关于印发地方政府性债务风险应急处置预案的通知》（国办函〔2016〕88 号)、《财政部关于印发〈地方政府性债务风险分类处置指南〉的通知》(财预〔2016〕152 号）依法妥善处理。

（2）规范政府与社会资本方的合作行为

地方政府应当规范政府和社会资本合作（PPP）行为。允许地方政府以单独出资或与社会资本共同出资方式设立各类投资基金，依法实行规范的市场化运作，按照利益共享、风险共担的原则，引导社会资本投资经济社会发展的重点领域和薄弱环节，政府可适当让利。地方政府不得以借贷资金出资设立各类投资基金，严禁地方政府利用 PPP、政府出资的各类投资基金等方式违法违规变相举债，除国务院另有规定外，地方政府及其所属部门参与 PPP 项目、设立政府出资的各类投资基金时，不得以任何方式承诺回购社会资本方的投资本金，不得以任何方式承担社会资本方的投资本金损失，不得以任何方式向社会资本方承诺最低收益，不得对有限合伙制基金等任何股权投资方式额外附加条款变相举债。

（3）进一步健全规范地方政府举债融资机制

全面贯彻落实依法治国战略，严格执行预算法和国发〔2014〕43 号文件规定，健全规范的地方政府举债融资机制，地方政府举债一律采取在国务院批准的限额内发行地方政府债券方式，除此以外地方政府及其所属部门不得以任何方式举借债务。地方政府及其所属部门不得以文件、会议纪要、领导批示等任何形式，要求或决定企业为政府举债或变相为政府举债。允许地方政府结合财力设立或参股担保公司（含各类融资担保基金公司)，构建市场化运作的融资担保体系，鼓励政府出资的担保公司依法依规提供融资担保服务，地方政府依法在出资范围内对担保公司承担责任。除外国政府和国际经济组织贷款转贷外，地方政府及其所属部门不得为任何单位和个人的债务以任何方式提供担保，不得承诺为其他任何单位和个人的融资承担偿债责任。地方政府应当科学制定债券发行计划，根据实际需求合理控制节奏和规模，提高债券透明度和资金使用效益，建立信息共享机制。

4.《关于规范政府和社会资本合作（PPP）综合信息平台项目库管理的通知》（财办金〔2017〕92号）

为进一步规范政府和社会资本合作（PPP）项目运作，防止PPP异化为新的融资平台，坚决遏制隐性债务风险增量，2017年11月10日，财政部发布《关于规范政府和社会资本合作（PPP）综合信息平台项目库管理的通知》(财办金〔2017〕92号)，对PPP项目的入库标准进行了重新明确，并对不符合入库条件的项目进行集中清理和整改，并要求落实责任主体，确保整改到位。在青岛市地下综合管廊试点项目中，高新区一号线综合管廊项目等也经历了整改阶段。通知要求：

（1）各级财政部门应认真落实相关法律法规及政策要求，对新申请纳入项目管理库的项目进行严格把关，优先支持存量项目，审慎开展政府付费类项目，确保入库项目质量。存在下列情形之一的项目，不得入库：

①不适宜采用PPP模式实施。包括不属于公共服务领域，政府不负有提供义务的，如商业地产开发、招商引资项目等；因涉及国家安全或重大公共利益等，不适宜由社会资本承担的；仅涉及工程建设，无运营内容的；其他不适宜采用PPP模式实施的情形。

②前期准备工作不到位。包括新建、改扩建项目未按规定履行相关立项审批手续的；涉及国有资产权益转移的存量项目未按规定履行相关国有资产审批、评估手续的；未通过物有所值评价和财政承受能力论证的。

③未建立按效付费机制。包括通过政府付费或可行性缺口补助方式获得回报，但未建立与项目产出绩效相挂钩的付费机制的；政府付费或可行性缺口补助在项目合作期内未连续、平滑支付，导致某一时期内财政支出压力激增的；项目建设成本不参与绩效考核，或实际与绩效考核结果挂钩部分占比不足30%，固化政府支出责任的。

（2）各级财政部门应组织开展项目管理库入库项目集中清理工作，全面核实项目信息及实施方案、物有所值评价报告、财政承受能力论证报告、采购文件、PPP项目合同等重要文件资料。属于上述第①、②项不得入库情形或存在下列情形之一的项目，应予以清退：

①未按规定开展"两个论证"。包括已进入采购阶段但未开展物有所值评价或财政承受能力论证的（2015年4月7日前进入采购阶段但未开展财政承受能力论证以及2015年12月18日前进入采购阶段但未开展物有所值评价的项目除外）；虽已开展物有所值评价和财政承受能力论证，但评价方法和程序不符合规定的。

②不宜继续采用PPP模式实施。包括入库之日起一年内无任何实质性进展的；尚未进入采购阶段但所属本级政府当前及以后年度财政承受能力已超过10%上限的；项目发起人或实施机构已书面确认不再采用PPP模式实施的。

③不符合规范运作要求。包括未按规定转型的融资平台公司作为社会资本方的；采用建设—移交（BT）方式实施的；采购文件中设置歧视性条款、影响社会资本平等参与的；未按合同约定落实项目债权融资的；违反相关法律和政策规定，未按时足额缴纳项目资本金、以债务性资金充当资本金或由第三方代持社会资本方股份的。

④构成违法违规举债担保。包括由政府或政府指定机构回购社会资本投资本金或兜底本金损失的；政府向社会资本承诺固定收益回报的；政府及其部门为项目债务提供任何形式担保的；存在其他违法违规举债担保行为的。

⑤未按规定进行信息公开。包括违反国家有关法律法规，所公开信息与党的路线方针政策不一致或涉及国家秘密、商业秘密、个人隐私和知识产权，可能危及国家安全、公共安全、经济安全和社会稳定或损害公民、法人或其他组织合法权益的；未准确完整填写项目信

息，入库之日起一年内未更新任何信息，或未及时充分披露项目实施方案、物有所值评价、财政承受能力论证、政府采购等关键信息的。

5.《关于进一步规范政府和社会资本合作（PPP）工作的通知》(青财债〔2017〕51 号)

为确保 PPP 项目规范实施，有效防控政府债务风险，青岛市财政局于 2017 年 9 月 28 日下发了《关于进一步规范政府和社会资本合作（PPP）工作的通知》(青财债〔2017〕51 号)，要求切实规范 PPP 项目操作中的重要环节、确保 PPP 项目的公益性、强化 PPP 项目核心运营管理、突出 PPP 项目绩效考核，严禁变相融资，坚守 10% 的财政支出红线。通知具体要求：

（1）根据财政部《关于印发政府和社会资本合作模式操作指南（试行）的通知》（财金〔2014〕113 号）和《关于印发政府和社会资本合作项目财政管理暂行办法的通知》（财金〔2016〕92 号）中关于 PPP 项目的操作流程，相关部门、各区市要明确各部门职能分工，不得随意简化程序，特别是实施方案审查、财政承受能力论证和物有所值评价等方面不得漏项，确保 PPP 项目规范高效推进。

（2）根据《预算法》及财政部《关于印发政府和社会资本合作项目财政管理暂行办法的通知》（财金〔2016〕92 号）相关规定，PPP 项目属于公共服务领域的公益性项目，相关部门要对所属 PPP 项目从识别、论证、入库等环节严格把关、准确界定，确保项目性质合法合规。

（3）PPP 项目要坚持以运营为核心，发挥社会资本方的运营优势。对于不包含实际运营内容、社会资本方不实际承担运营风险的项目，不得安排财政资金，特别是涉及重建设、轻运营内容的纯工程类项目，不能以融资为目的包装成 PPP 项目。

（4）根据财政部《关于推广运用政府和社会资本合作模式有关问题的通知》（财金〔2014〕76 号）和《关于印发政府和社会资本合作模式操作指南（试行）的通知》（财金〔2014〕113 号）中关于绩效付费的有关要求，相关部门、各区市要确保 PPP 项目的财政补贴以运营绩效评价结果为依据，通过综合考虑产品或服务价格、建造成本、运营费用、实际收益率、财政中长期承受能力等因素合理确定。对于通过工程可行性付费加少量运营绩效付费的政府付费类 PPP 项目要严格把关，切实减少财政支出责任及风险。

（5）根据财政部《关于进一步规范地方政府举债融资行为的通知》（财预〔2017〕50 号）和《关于坚决制止地方政府以购买服务名义违法违规融资的通知》(财预〔2017〕87 号）的有关精神，各区市财政部门不得以借贷资金出资设立各类投资基金，严禁利用 PPP、政府出资的各类投资基金等方式违法违规变相举债；不得采用建设 - 移交（BT）方式实施 PPP 项目，不得以任何方式承诺回购社会资本方的投资本金，不得以任何方式承担社会资本方的投资本金损失，不得以任何方式向社会资本方承诺最低收益。同时，根据财政部《关于印发政府和社会资本合作模式操作指南（试行）的通知》（财金〔2014〕113 号）和财政部《关于印发政府和社会资本合作项目财政承受能力论证指引的通知》（财金〔2015〕21 号）中的有关规定，“每一年度全部 PPP 项目需要从预算中安排的支出责任，占一般公共预算支出比例应当不超过 10%。”各区市财政部门应严格遵守 10% 红线的硬性约束。

4.2 城市发展存在问题

1. 中国城镇化进程

根据国家统计局发布的《中华人民共和国 2017 年国民经济和社会发展统计公报》显示，2017 年末全国大陆总人口 139008 万人，其中城镇常住人口 81347 万人，占总人口比重（常住人口城镇化率）为 58.52%，比上年末提高 1.17 个百分点。

中国城市化进程，迄今大致包括 1949—1957 年城市化起步发展、1958—1965 年城市化曲折发展、1966—1978 年城市化停滞发展、1979—1984 年城市化恢复发展、1985—1991 年城市化稳步发展、1992 年至今城市化快速发展 6 个阶段。其中，2007 年至 2017 年，中国城镇化的增长率为 13.58%（图 4-1）。

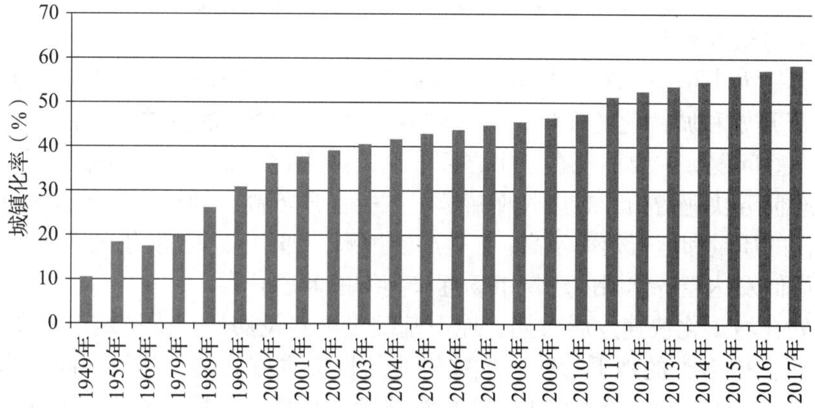

图 4-1　1949—2017 年中国城镇率变化图

中国当前正处在城镇化快速发展关键时期，未来还有很大的发展空间。与此同时，城市地下基础设施建设的相对滞后、建设质量和方式同城市发展存在差距。

2. 城镇化带来的“城市病”

世界上很多国家在城镇化进程中都曾经遇到过“城市病”问题。尽管各国“城市病”的症状有差异，程度不一，但它从显现、发作直到康复都有其内在的客观规律，而这一规律又直接地与城市化的生命周期密切相连。在其发展过程中，城市化具有呈 S 形的上升规律，而“城市病”则具有倒 U 形的升降规律。城镇化率在 30% ～ 70% 时，城镇化处于快速发展阶段。城镇化率在 30% ～ 50% 时，“城市病”处于显性阶段。城镇化率在 50% ～ 70% 时，“城市病”有可能集中爆发。当前和今后一个时期，仍然是我国城镇化的快速发展期，同时也可能是各种城市问题的集中爆发期。

（1）交通拥堵严重

交通是城市发展的动脉。近年来，许多城市纷纷陷入交通堵局，造成城市“肠梗阻”。这不仅降低了城市运转效率，而且导致事故增多、污染加剧，干扰城市功能的发挥，甚至会导致经济社会发展的衰退。

（2）能源资源短缺

能源资源是经济社会发展的必要物质条件。人口众多、能源资源相对不足，是我国的基本国情。城市是消耗能源资源的最大主体。“联合国一份报告指出，虽然城市面积只占全世界土地总面积的 2%，却消耗着全球 75% 的资源”。国际经验表明，城镇化快速发展阶段也是能源资源消耗最大的一个阶段。近年来，水荒、电荒、煤荒、油荒接踵而至，成为制约我国城市经济社会发展的“瓶颈”。

（3）生态环境恶化

城市的人口和产业比较密集，因此对生态的破坏和对环境的污染也较为集中。随着我国城镇化快速推进，城市建设和生产、生活所产生的垃圾、污水、废气等对大气、土壤、地表水、地下水的污染问题非常突出。其中，机动车污染尤为严峻，酸雨状况也不容乐观。这使得不少城市居民拼命寻找各种节假日或出差机会逃离城市，走向自然。

（4）安全基础薄弱

近年来，我国城市安全生产形势严峻，重特大事故时有发生，对人民群众生命财产造成重大损失。城市对自然灾害抵御能力的不足也令人担忧。寒潮袭来，便有不少城市水表冻裂、水管冻爆。到了夏天，又有许多城市遇雨即淹、逢雨必涝。许多城市地上、地下管线网络高负荷运转，部分设备设施老化，一旦发生事故极易造成次生、衍生灾害。

3. 城镇化与综合管廊

根据麦肯锡大中华区《未来十年中国基础设施建设的发展前瞻》研究，过去30年，随着中国的改革开放和城镇化的发展，中国快速成为全球最大的基建市场。在规模增长的同时，也存在一些问题，主要体现在三个方面：一是融资单一，即基础设施建设主要由政府主导，导致政府债务快速增长，难以长期持续；二是品质不高，即城市基础设施建设特别是新型城镇化建设的质量和运行效率不高；三是产能过剩，即中国基建队伍的产能面临过剩压力，未来将面临类似发达经济体国内建筑市场逐步萎缩的问题。

我国正处在城镇化快速发展时期，地下基础设施建设滞后。支撑城市群众生产生活的，主要是7大种、30多类的地下管线。这些管线的投资主体分离，部门不同，建设时序不一致，每每建设或者修理时，就要对路面开膛破肚，形成“马路拉链”。2015年8月10日，国务院办公厅发布《关于推进城市地下综合管廊建设的指导意见》，要推进城市地下综合管廊建设，统筹各类市政管线规划、建设和管理，解决反复开挖路面、架空线网密集、管线事故频发等问题，并具体从统筹规划、有序建设、严格管理、支持政策4个方面提出了要求。

据初步统计，截至2017年年底，全国开始建设综合管廊的市、区（县）约为300个，已建和在建管廊总里程突破5000km，累计投资突破4500亿元。伴随着综合管廊项目的不断推进，目前部分地区也出现了以下问题：①管廊规模过大，尤其是人口数量不多的中小城市，超出了城市发展需求和实际建设能力；②与周边地块开发不同步，造成管廊建成后一定时期的闲置；③对管线入廊需求分析论证不足，易造成“空廊”、“剩廊”或空间不足等问题；④统筹衔接不够，未能实现管廊建设综合效益最大化。

一边是城镇化的快速进程对项目基础设施建设的需求日益增长，一边是综合管廊项目建设的资金投入较大、综合效益难以发挥，这样就对综合管廊项目的建设提出了新的要求：因地制宜的推进综合管廊项目建设、避免盲目建设、“大干快上”。

4.3 发展思路

1. 统一认识

地下综合管廊是应对交通拥堵、空间利用、安全保障、城市景观、防洪排涝等问题的重要途径，已成为新型城镇化背景下管线建设的绿色发展方式，要从多方面落实国家决策部署、有序推进综合管廊建设。

2. 转变观念

综合管廊是除高架、埋地之外的第三种管线敷设形式，是生产力发展到一定阶段后的产物，是城镇化建设的新需求。目前的问题重点不是研究要不要建设管廊、某些区域适不适合建设管廊的问题，而是怎么建设、什么时序建设、选择哪种建设类型的问题（干、支、缆）。

3. 具体思路

（1）以需求为导向，科学有序推进综合管廊建设

贯彻落实新发展理念，顺应城市发展规律的基础；解决现状问题，满足使用需求，合理确

定管廊建设目标、规模和类型；统筹安排综合管廊建设时序，防止盲目贪大求多、不切实际。

①加快架空线入地入沟建设缆线管廊，各地结合旧城更新、道路改造及新区开发、新建道路等，加快架空线入地工程建设；中小城市和县城，结合市政管网建设密度和经济、技术发展条件确定管廊的建设类型，重视缆线管廊建设。实现“直埋架空 1.0 版”向“综合管廊 2.0 版”的升级。

②根据需求构建干线、支线和缆线管廊相协调的管廊体系。干线：保障城市内部及各组团间重要能源输配系统安全；支线：保障服务周边地块、缆线管廊，保障信息传递等作用。

③合理确定综合管廊建设规模和建设时序，做好项目储备。要与城市发展阶段、管线建设需求及经济可承受能力相适应；注重可实施性分析；抓住有利时机，统筹推进管廊建设。

（2）联系实际，构建各具特色综合管廊体系

①结合地区自然特征，破解综合管廊建设技术难题（结合本地自然特征—分析主要问题—充分论证—有针对性的进行技术创新）。

②统筹各类工程建设，提升综合管廊建设综合效益。实现地下空间、地铁统筹集约建设，最大限度减小对环境的影响，降低工程造价和工程风险；结合旧城更新和棚户区改造等，重点规划布局支线和缆线管廊。

③选择适宜的排水、燃气等管线入廊技术，要积极采用新技术、确保施工安全、提升工程质量。排水管线，管廊与重力流排水管网体系衔接；燃气和蒸汽管道，注重相关配套设施、监控设施等设置；积极采用新工艺新设备，提高综合管廊建设水平（装配式施工、暗挖、盾构）。

（3）破解难题，推进综合管廊有偿使用收费和产权登记制度落地

综合管廊有偿使用收费制度的落实是各地综合管廊推进工作中面对的共同难题。各地需加强与管线单位沟通，尽快明确地下综合管廊的收费标准，逐步实现市场化建设经营管理模式；创新投融资模式，多种形式吸引社会资本、民营经济参与综合管廊建设运营。

（4）创新体制，保障综合管廊可持续安全运营

随着地下综合管廊项目的持续建设，大量的综合管廊项目由建设期转入运维期，需尽快明确各类管线的入廊要求、严格入廊管理，完善相应的制度和技术措施，实现综合管廊智能化运营管理。

第 5 章　发展建议

规划布局方面向功能综合化、布局网络化、发展持续化方向发展，投融资模式方面向融资多元化方向发展；建管模式和设计施工技术方面向运行高效化、管理智慧化、建设高质化方向发展。

5.1　兼顾老城、成网成片，系统布局、有序推进

目前针对大城市及以上层级的全市域综合管廊专项规划，没有明确编制思路、方法以及

相应的编制深度控制。根据市建委计划，结合近期批复的青岛总规以及试点项目进展情况，着眼未来、实际出发，拟提出以下规划建议：

（1）建议开展管廊规划的修编工作，与拟调整的新版总体规划相结合，合理确定规范范围、规划年限及规划目标。

（2）按照即将颁布的《城市地下综合管廊建设规划技术导则》相关要求，完善规划内容，合理确定入廊管线，明确综合管廊配套设施、附属设施要求。

（3）合理规划新区和老区综合管廊建设

充分考虑新区开发建设、道路建设、老旧管网改造、地下空间开发利用等，按照需求配置综合管廊，优化管廊规划布局和建设规模，形成“大中型综合管廊、小型综合管廊、微型管廊、缆线管廊”并存、布局合理的综合管廊供给结构，统筹考虑规划超前性、因地制宜性和经济合理性。结合青岛市老城片区改造及企业搬迁，研究综合管廊在老城区规划建设的可行性，探讨解决老城区管线密集、敷设困难的问题。

（4）与地下空间开发相结合

与地下空间规划等内容相结合，研究确定综合管廊规划与地下空间开发相结合实施位置及可行性。如青岛市威海路地下空间开发、太平路隧道等建设与综合管廊规划结合。

（5）合理确定综合管廊建设计划

与青岛市及各区建设部门沟通，合理确定综合管廊近期建设计划及建设内容，使综合管廊规划更具可实施性。在完成地下综合管廊专项规划修编的基础上，制定综合管廊滚动建设计划，坚持“轴向敷设、环状布局、网状服务”的布局原则，采用成网成片建设模式，建成一片，使用一片，服务一片，切实发挥地下综合管廊效益。

5.2 探索融资模式创新，保证项目长足发展

（1）发行地下综合管廊建设专项债券

专项债券也称收益债券，是为筹集资金建设某专项具体工程而发行的债券。相比于一般债券以本地区的财政收入作为担保偿还的模式，专项债券的偿还往往以项目建成后取得的收入作为保证，最大的创新之处就是用项目收益本身作为债券兑付保障，无需政府财政兜底，有效减轻政府财政压力，这对引导政府和社会筹措综合管廊建设资金有一定的启示作用。

参照陕西省西咸新区沣西新城综合管廊（一期）项目收益专项债券的发行方式，专项债券的运作模式为：根据“盘活资产、特许经营、保本微利、债务剥离”的思路，以独立运作的西咸新区鸿通管廊投资有限公司作为债券发行主体，陕西省西咸新区沣西新城开发建设（集团）有限公司提供差额补偿和保证担保，所募集到的资金成立资金专户，封闭运行，专项用于综合管廊项目的建设，将综合管廊租赁费和维护费作为还款来源，按照“融资统一规划、债贷统一授信、动态长效监控、全程风险管理”的模式采取“债贷组合”的方式。此项目专项债券有效解决了综合管廊一期项目的建设资金短缺问题，实现了由银行、信托贷款等间接融资向直接融资的转变，为基础设施建设投融资渠道创新开辟了新道路。

（2）设立综合管廊产业基金

产业基金是一种利益共享、风险共担的集合投资制度。即通过向众多投资者发行基金份额设立基金公司，由基金公司任命基金管理人或委托基金管理人管理基金资产，基金公司主要从事创业投资、企业重组投资和基础设施投资等实业投资。

在地下综合管廊建设中设立综合管廊产业基金运用最成功、体系最完善的地区是中国台湾地区。台北设立了“台北市共同沟建设基金”，属于非营业循环性质的基金，此基金共筹集了25亿元新台币，充分弥补了综合管廊统筹规划、政策研究的资金缺口。之后，各市级政府部门设立“共同管道工程基金”机构，规定基金来源于政府年度预算的专用拨款、管线单位使用综合管廊专用拨款、基金利息收入、贷款利息收入、捐赠收入、其他收入等，开创了地下综合管廊融资新模式，大大推动了综合管廊的发展。

（3）探索“共建共治共享”模式，出台相关规定，鼓励管线单位出资参与建设管廊，实行入廊管线单位“众筹”。参建管廊的管线单位，可以根据《青岛市地下综合管廊有偿使用收费标准》（近期颁布）免除相应年度的入廊费和运维费的基础上，再给予适当年限的优惠，以此拓展资金渠道。

（4）参照土地竞拍活动中“限地价、竞配建”的方式，即设置土地价达到竞拍上限转入竞拍经适房、廉租房或学校的建设指标等方式，在新区建设和老城改造项目招拍挂土地时，设置土地竞拍上限，结合地块的综合管廊建设规划，将管廊的建设长度作为竞拍条件。通过不同地块间的组合，在解决资金渠道的基础上，逐步完善基础设施建设。

（5）探索地下综合管廊产权制度，将管廊资产注入管廊公司并办理产权，拓宽融资渠道，有效盘活管廊资产。根据《物权法》第三十条，特许经营者出资建设地下管廊后，就“因合法建造”而获得这些管廊资产的所有权。《物权法》第一百三十六条规定：“建设用地使用权可以在土地的地表、地上或者地下分别设立”。目前，厦门、海口、哈尔滨和苏州等城市已经在开展地下综合管廊产权登记的探索，地下管廊获得产权证书，已经具备立法层面上的保障。地下综合管廊产权登记制度的完善和实施，将有利于综合管廊资金渠道的拓展。目前，哈尔滨已经明确了综合管廊的政府所有权、项目公司的经营权、入廊管线单位的空间使用权等权属，向管线单位核发管廊空间使用权登记证。苏州明确了地下空间使用权属实行分层供地、分层登记等原则，尝试进行管廊产权登记工作；海口市通过相应的管廊登记制度建设，已有两条管廊取得不动产权证。

（6）探索设立“管廊基础建设基金”，并出台《青岛市综合管廊项目建设资金监督管理办法》，专项用于综合管廊项目建设和项目贷款还本付息。资金来源主要包括：①市本级财政预算安排的资金；②管廊沿线两侧500m内土地出让收益与相关物业开发收益等政府资源性收益资金；③各区、市按照规定上缴的管廊资金；④国家、省安排下达的用于管廊项目建设的各项资金；⑤用于管廊项目建设的银行贷款；⑥以企业债券、中长期票据等融资方式取得的管廊资金；⑦其他用于地铁项目建设的资金。

5.3　理顺建设管理模式，形成政府管理合力

基于青岛市目前综合管廊建管体制存在的问题，建议理顺建管模式，形成“市级监管建设、区级配合实施、行业充分竞争”的模式。

1. 市级监管建设

由青岛市城乡建设委下设的市海绵管廊处负责全市综合管廊的规划、建设指导、绩效考核和资金拨付等，由市发改委负责全市综合管廊的项目建议书、可行性研究报告、初步设计及概算的审批工作。在市级层面成立“青岛市地下综合管廊投资发展有限公司”（或由现在的青岛市政空间开发集团有限责任公司，以下简称“市管廊投资公司”）负责青岛市全市地下综合管廊的投资、建设、运营和管理工作。

2. 区级配合实施

（1）资金配合

市政府按照城市发展规划和管廊建设规划，统筹安排管廊资金，分年度确定投资计划，相关部门按照确定的投资计划组织实施。市财政设立管廊资金专户，用于归集各种渠道取得的管廊资金。

区、市财政承担的管廊资金，由相关区、市按照市政府确定的意见上缴市财政管廊资金专户；区、市财政未按期足额上缴的，由市财政通过体制结算扣款。

（2）机构配合

各区市和功能区管委结合管廊专项规划和建设计划情况，可设立管廊处、室，专门负责协调综合管廊规划、审批、建设和运维等过程中的相关事宜，配合市管廊投资公司完成土地、规划、入廊和运维收费等工作。

3. 行业充分竞争

（1）运维监管

市管廊投资公司代表市政府负责青岛市全市地下综合管廊的运维监管工作，建立综合管廊市级监管维护平台，接入各管廊项目单独建立的监控中心数据。协调各区（市）统一管廊监管平台设计标准，管廊平台与市级平台通过专网通信，在软件开发和硬件建设中，通过设置专网专线、网络隔离与访问控制、入侵检测、漏洞扫描等技术装备，满足信息安全和保密相关要求，同时预留改造和拓展空间。

（2）运维工作

市管廊投资公司可以单独成立管廊物业公司，各区市和功能区管委也可单独成立管廊物业公司，涉密等特殊项目可由上述两类物业公司运维。其他管廊项目，由上述两类物业公司与市场上具有服务资质和能力的管廊物业公司一起通过政府采购方式进行招标确定，并建立绩效考核体系，通过运维考核确定付费情况。

企业自筹项目的运营维护公司由项目单位自主确定。采用 PPP 方式建设的管廊项目，由项目公司负责运营维护，项目公司也可委托第三方专业维护公司进行运维。

5.4 加强设计施工技术创新，打造管廊建设“样板工程”

国家对地下综合管廊的建设目标非常明确，要求“新建道路必须同步建设地下综合管廊，各类管线必须全部入廊”，国家有关部门为管廊建设提供了坚实可靠的技术解决方案。新区管廊建设适合采取明挖的方式，质量好、速度快；老城区适合采取盾构等暗挖方式。管廊及附属设施建设要多尝试采用竹缠绕工艺、多功能涂料、高强度复合尼龙材料以及可靠的监测技术等新材料、新工艺，有效提高耐久性能、减小维护工作量、降低全寿命周期费用、增强安全保障，切实提升管廊建设及运营管理水平。

1. 全面实现 BIM 设计及施工

目前 BIM 在综合管廊设计阶段的主要应用有：协同设计、建立管廊 BIM 模型、校核优化设计成果、管廊节点优化、管廊工程量统计、高效出图、虚拟展示等。

随着 BIM 技术的全面展开和推广，BIM 将在青岛城市综合管廊建设中得到进一步应用：（1）结合 GIS 为综合管廊项目进行科学规划提供可靠直观的基础信息；通过模拟规划方案，多视角、多角度对管廊定线、布局以及断面形式做出合理的规划方案比选，提高规划决策效率和质量，为项目后期顺利开展提供基础保障。（2）实现 BIM 协同设计，视不同设计阶段达到要求的深度和符合相应的建模规则，以实现更多的BIM延伸应用。(3)施工阶段应对上游设计阶段的BIM成果充分挖掘利用，模拟优化场地布局、指导现场施工及进度管理等。

2. 3D打印技术

3D打印是制造业领域正在迅速发展的一项新兴技术。是一种以数字信息化模型为基础，运用粉末状金属或塑胶等可粘合材料，通过一系列物理叠成技术来构造物体的技术。

随着3D打印技术的完善和推广，将成为引领未来建筑行业趋势的众多突破之一。结合管廊工艺，3D打印技术未来可用于管廊重要节点、附属设施等非常规异性结构的建设中来，将大大提高管廊建设效率，缩短建设周期，节省建设费用，提高管廊建设精确度。

3. 矩形盾构

盾构法是暗挖法施工中的一种全机械化施工方法，一般在我国城市地下隧道施工中得到了广泛的应用。

管廊盾构机是满足城市管廊及下穿道路、街道的人行通道建设要求而设计的高度集成化施工设备。利用矩形盾构机进行的施工可取代传统明挖或者暗挖给地面交通带来的不利影响，同时具有施工组织灵活，施工效率高等特点，满足开挖、管片顶进支护、出渣等相关工序的要求。

对于城市地下工况条件复杂，穿越主要道路及众多地下管线以及对地面沉降控制要求较高的情况下，盾构法是未来青岛综合管廊施工的优选工法。

4. 浅埋暗挖

浅埋暗挖法是在距离地表较近的地下进行各种类型地下洞室暗挖施工的一种方法。具有埋深浅、地层岩性差、存在地下水、周围环境复杂（邻近既有建、构筑物）等特点。由于造价低、拆迁少、灵活多变、无须太多专用设备及不干扰地面交通和周围环境等特点，浅埋暗挖法在全国类似地层和各种地下工程中得到广泛应用。

浅埋暗挖法在城市综合管廊中亦可发挥重要作用，特别是在城市重要道路交叉口等位置，采用浅埋暗挖法，可在不断交通的情况下，实现管廊的贯通，是未来青岛综合管廊施工的比选工法。

5. 预制拼装及标准化、模块化

综合管廊常规采用的明挖现浇结构在设计施工中普遍存在着占地面积大、施工现场工作量和施工质量不易控制、对环境影响较大等不足。综合管廊预制拼装技术是国际综合管廊发展趋势之一，能够大幅降低施工成本，提高施工质量，节约施工工期。综合管廊标准化、模块化是推广预制拼装技术的重要前提之一，预制拼装施工成本的高低取决于建设管廊的规模长度，而标准化可以使预制拼装模板等装备的使用范围不局限于单一工程，从而降低摊销成本，有效促进预制拼装技术的推广应用。此外，编制基于综合管廊标准化的通用图，大幅降低设计单位的工作量，节约设计周期，提高设计图纸质量。在青岛市综合管廊施工中将逐步替代现浇结构，是加快修建速度、提高工程质量的有效办法。

6. 综合管廊与地下空间建设相结合

综合管廊的规划建设不是孤立的，往往是区域地下空间综合开发的一部分。国内外许多城市在统筹地下空间规划建设时，均考虑与重大地下工程结合建设综合管廊，从而节约成本。随着城镇化进程推进，地下空间开发需求的增强，地下基础设施整合成为必然，青岛市综合管廊与地下空间的结合将成为重要的一种方式。应从前期规划入手，将综合管廊与地下空间建设统筹考虑，不但避免后期出现的各种矛盾，还降低综合管廊的投资成本。如综合管廊与地下空间重合段可利用地下空间某个夹层、结构局部共板。

7. 综合管廊与海绵城市建设技术相结合

住房城乡建设部要求坚决落实管线全部入廊，并下发了《关于提高城市排水防涝能力推进城市地下综合管廊建设的通知》(建城〔2016〕174号)，将城市排水防涝与综合管廊、海绵城市建设协同推进是市政基础设施建设未来的一个发展方向。

将综合管廊的设计与海绵城市技术措施相结合，既满足综合管廊的总体功能，又能提高排水防涝标准，提升城市应对洪涝灾害的能力。在青岛市综合管廊与海绵城市规划建设中，提出以下构想：(1)政策引导，海绵城市与综合管廊结合，进一步发挥综合管廊整合地下空间的功能。(2)结合城市地貌、气候特征、雨水系统等因素，综合分析各种工况下海绵城市与综合管廊规划建设的关系。(3)将雨水调蓄功能与综合管廊功能相结合，增设雨水调蓄舱，通过设计坡度控制外，考虑设置复合断面和增加冲洗设施等措施解决淤积问题。

参考文献

[1] 雷洪犇．超大城市综合管廊专项规划编制方法探索——以广州市综合管廊专项规划为例[J]．给水排水．2018.

[2] 王建波．城市地下综合管廊投融资体制[J]．土木工程与管理学报．2017.

[3] 白海龙．城市综合管廊发展趋势研究[J]．中国市政工程．2015.

[4] 曾定波．广州城市地下综合管廊管理一体化研究[D]．广东：华南理工大学．2016.

[5] 陆瑞．国内城市地下综合管廊发展方向及管理模式分析[J]．工程建设．2018.

[6] 于晨龙．国内外城市地下综合管廊的发展历程及现状[J]．建设科技．2015.

[7] 宁淑冰．沈阳市综合管廊现状及发展趋势探析[J]．城市住宅．2018.

[8] 刘光勇．PPP模式下地下综合管廊运营管理分析[J]．城乡论坛．2016.

第三篇
青岛市地下综合管廊
建设期成本控制研究

PART 3

第1章　前　　言

1.1　概述

综合管廊建于城市地下，用于容纳两类及以上城市工程管线的构筑物及附属设施。即在城市地下建造一个地下空间，将电力、通信、燃气、供热、给水排水等各种工程管道集于一体，设有专门的检修口、吊装口和监测系统，实施统一规划、统一设计、统一建设和管理，是保障城市运行的重要基础设施和生命线。

中国成本协会发布的《成本管理体系——术语》（CCA2101:2005）标准中对成本的定义是：为过程增值和结果有效已付出或应付出的资源代价（第2.1.2条）。

建设期成本是在项目决策阶段和实施阶段为了实现项目目标所耗费各项费用的综合，具有广义和狭义之分。广义上建设期成本即通常所说的工程造价，从业主/投资者的角度来看，是指建设项目总投资，即完成一个建设项目所需投资费用的总和；从建设市场交易的角度，是指建筑产品的价格，即建设工程承、发包的价格。

地下综合管廊建设期成本控制是为了实现成本目标，将建设成本尽可能地控制在既定范围内而进行的一系列管理行为和经济行为。具体来说就是在项目建设的决策、设计、承发包、施工、竣工结算等阶段对其成本进行各种动态检查、对比、分析，若发现偏差，查明原因，采取纠偏措施及时更正。

1.1.1　建设期成本的特征

（1）形成过程的单件性

由于地下综合管廊的建设地点、平面布局、空间位置、结构与构造形式等各不相同，以及使用材料、建设方法等均有所差异。因此，地下综合管廊建设期成本的形成过程具有单件性，必须遵循特定的程序，就每个项目进行单独计算。

（2）表现形式的多样性

地下综合管廊建设项目周期长、规模大，因此按照基本建设程序必须分阶段进行，期间会出现一些不可预料的变化因素对建设期成本产生影响，相应地也要在不同阶段进行多次估价，以保证有效的成本管理。建设期成本在不同阶段有着不同的表现形式，如投资估算、设计总概算、施工图预算、投标报价、签约合同价、竣工结算、竣工决算等，精确程度也逐步增加（图1-1）。

（3）计价依据的复杂性

建设期成本的计价依据复杂，种类繁多。不同的建设阶段有着不同的估价依据，且互为基础和指导，互相影响。如预算定额是概算定额（指标）编制的基础，概算定额（指标）又是估算指标编制的基础，反过来，估算指标又控制着概算定额（指标）的水平，概算定额（指标）又控制着预算定额的水平。间接费以直接费为基础，二者共同构成了建设期成本的内容。

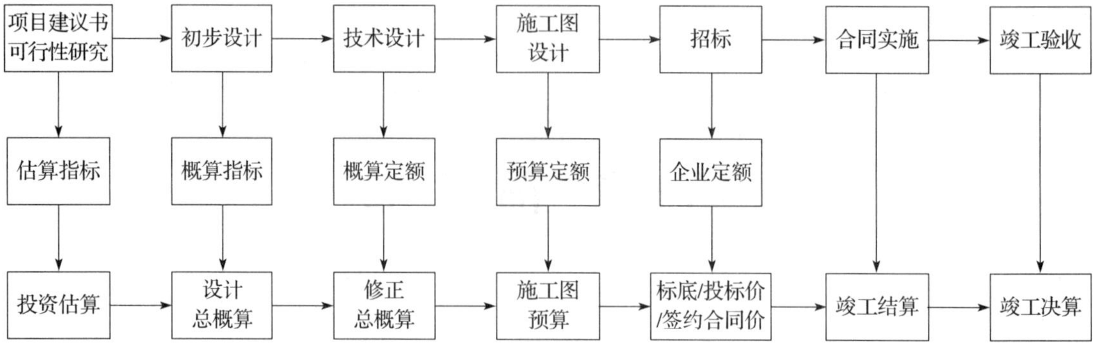

图 1-1　建设期成本表现形式的多样性

（4）成本构成的组合性

建设期成本的计算式分部组合而成的，这与建设项目的组合性有关。建设项目可分为单项工程、单位（子单位）工程、分部（子分部）工程和分项工程。计算建设期成本时，往往从局部到整体，需分部计算分项工程、分部工程、单位工程、单项工程的成本，最后汇成的建设期总成本。

1.1.2　建设期成本控制的特点

地下综合管廊建设期成本控制是针对项目建设决策阶段和实施阶段的成本控制，是在满足其质量、进度基础上进行的控制，同时也是在满足建设单位对地下综合管廊使用功能要求的基础上使所需费用最小而进行的控制，其特点如下：

（1）系统性

地下综合管廊按总体进行设计和施工，建成后有完整的系统，具有使用价值。所以，地下综合管廊是一个非常完整的整体，包含一个非常复杂的系统，包括项目主体、附属配套工程、设备安装工程、机电（给排水、消防、电气）安装工程、环境保护工程等。因此在配置生产要素，分配人力、物力、财力时，追求最佳的效益，做到面面俱到、系统控制、整体优化。

（2）动态性

地下综合管廊建设周期长、投资量大，建设过程总处于不断变化的环境中，存在各种各样的干扰，如恶劣天气、设计不及时、工程量变更、设计图纸变更、材料价格上涨、工程中的突发事件等，所以不可能一开始就设置一个精确的、科学的、一成不变的控制目标，而必须在管廊开始建设时设置成本计划，其后在建设过程中随着现实情况的变化而进行动态成本控制。

（3）约束性

地下综合管廊是在一个特定的环境中批准立项、建设实施，要收到周围环境方方面面的影响，如材料供应情况、建设用地的地质情况、天气因素、设计因素等都会影响到建设期成本控制；并且地下综合管廊建设也和众多利益相关者，如勘察设计单位、承包单位、分包商、材料供应商等有千丝万缕的关系，所以建设期成本控制有一定的约束性。

（4）科学性

地下综合管廊建设要制定好一个成本控制目标，随时监测对成本目标实现有影响力的要素的实时数据，如工程规模、工期、质量、成本等。因此必须采用科学的成本控制方法，才能完成控制目标。

（5）全面性

建设期成本包括建安工程费、设备及工器具购置费、工程建设其他费用、预备费等。因此，在成本控制时要着眼于全局、全方位、全面地控制工程中的各项费用。除此之外，对建设期成本控制应包括建设项目从决策、可行性研究、勘察、设计、施工到竣工验收的整个过程。

1.1.3　建设期成本控制的费用组成

地下综合管廊费用组成包含建安工程费、管廊本体设备购置费、工程建设其他费和基本预备费，不含入廊专业管线敷设费用、征地拆迁费等费用。管廊建筑工程包括标准段、吊装口、通风口、管线分支口、人员出入口、交叉口和端部井等。建安工程费由人工费、材料费、机械费、企业管理费、利润、规费和税金组成。设备购置费由设备原价和设备运杂费组成。工程建设其他费包括建设管理费、可行性研究费、研究试验费、勘察设计费、环境影响评价费、场地准备及临时设施费、工程保险费、联合试运转费等。

1.2　研究背景

1.2.1　国外地下综合管廊建设情况简介

国外地下综合管廊是综合利用地下空间的一种重要手段，某些发达国家已经实现将市政设施发展成为地下管网系统，并与地下轨道交通和地下街道相结合，构成完整的地下空间综合利用系统。

法国从 19 世纪中叶开始，为公共卫生和全民健康需要开始规划建设了一个完整的地下水道网，形成一个完整的给水排水系统。随后，采暖管线、天然气管线、照明线缆、通信线缆等逐步纳入，最终发展成为现代城市地下综合管廊。

德国在 1893 年为配合汉堡地区的道路建设，在人行道下建造了 455m 的地下综合管廊，容纳了暖气管、自来水管、电力电缆、电信线缆及煤气管。1959 年，德国又建造了布佩鲁达尔地下综合管廊，管廊总长约 300m，断面净宽 3.4m，高度为 1.8 ～ 2.3m，容纳了煤气和自来水管道。1964 年前东德的苏尔市和哈利市开始兴建地下综合管廊，至 1970 年共完成超过 15km 地下综合管廊。

英国伦敦 1861 年修建了一条半圆形地下综合管廊，断面尺寸 12m × 7.6m，容纳了煤气管、自来水管、污水管、连接用户的供给管线以及其他电力、电信线缆等。

日本是修建地下综合管廊最最发达的国家之一。日本地下综合管廊以东京、大阪等人口密度高、交通状况复杂的区域为主。近年来，仙台、广岛等地方中心城市已开始推广地下综合管廊。1991 年，日本成立了专门管理地下综合管廊的部门，负责推动综合管廊的建设。至 1997 年，日本已建设完成干线综合管廊 446km。1995 年，日本建成当时世界上规模最大、能够将各种基础设施融为一体的东京临海副都心地下综合管廊。管廊总长度 16km，距地下 10m、宽 19.2m、高 5.2m，历时 7 年、耗资 3500 亿日元。该管廊将给水、再生水、污水、煤气、电力电缆、通信、冷、热水、垃圾收集 9 种管线容纳其中、合理分布。

新加坡从 20 世纪 90 年代末开始，在滨海湾一带建设了一条容纳供水管、通信电缆及电力电缆的地下综合管廊。该管廊全长 3.9km，距地面 3m，耗资 8 亿新元（约合 35.86 亿元人民币），是新加坡地下空间利用的一个成功案例。

美国具有代表性的地下综合管廊为纽约市从東河下穿并连接 Astoria 和 Hell Gate Generatio Plants 的隧道，隧道长约 1.55km，高 67m，收容有 345kV 输配电力线缆、电信缆线、污水管和自来水干线。

1.2.2 国内地下综合管廊建设情况简介

我国地下综合管廊建设起步较晚，地下综合管廊的出现最早可以追溯到 1958 年，天安门广场改造时期，敷设了一条约 1km 长的地下综合管廊。1994 年，上海浦东张杨路地下综合管廊（图 1-2 ～图 1-3）建成，是我国真正意义上的第一条现代化综合管廊。目前，综合管廊还仅在一些经济发达的城市和新区有所建设，尚未得到广泛应用和普及。但随着近几年国家越来越重视城市基础设施建设，积极推动城市综合管廊工程建设，越来越多的大中城市开始着手综合管廊建设的试点和规划，如重庆、广州、南京、济南、哈尔滨、沈阳、厦门、长沙、福州、青岛、大连等。据不完全统计，截至 2016 年，我国大陆地区建成综合管廊长度约 360km，在建约 220km，规划待建约 1000km。

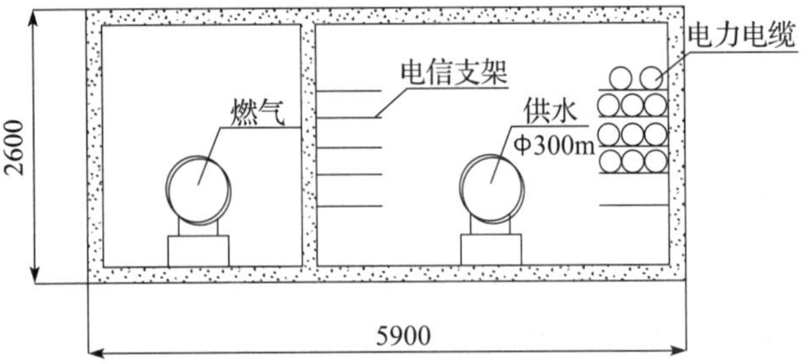

图 1-2　上海张杨路地下综合管廊断面

图 1-3　上海张杨路地下综合管廊

北京市综合管廊的规划建设历程较为久远，从 20 世纪 50 年代末建成第一条综合管廊至今，北京市已建成和正在建的综合管廊长度已经超过 30km。第一条综合管廊是 1958 年在北京天安门广场下建设的约 1.3km 的综合管廊，断面为长方形，宽 3.5 ～ 5.0m，高 2.3 ～ 5.0m，埋深 7.0 ～ 8.0m。1977 年为配合“毛主席纪念堂”施工，又敷设了一条 500m 的综合管廊。1985 年，北京市建设了中国国际贸易中心综合管道，其中容纳了服务于两幢公寓大楼、一幢商业大厦和一幢办公楼的公用管线，管廊内有电力、通信、供热管。20 世纪 90 年代，高碑店污水处理厂内建设了一条长约 5km，断面 2m × 2m ～ 5m × 5.3m 的综合管廊。管廊内收纳管线包括：给水、再生水、空气管、污泥管、热力、电力管线等。北京中关村地下综合管廊及地下商业开发工程于 2006 年底建成，该工程共有三层，地下三层是市政管线管廊，包括水、电、冷、热、燃气、通信等市政管线。2013 年北京未来科技城综合管廊建成，管廊断面 14.2m × 2.9m，全长 3.9km，管廊内收纳管线包括：给水、再生水、通信、热力、电力管线等。

上海市已建成四段综合管廊，分别为浦东新区张杨路综合管廊、松江新城示范性地下综合管廊工程（一期）、“一环加一线”的嘉定区安亭新镇综合管廊系统和上海世博会园区综合管廊，总里程约 24km。

广州市广州大学城综合管廊贯彻了“政府主导，集约建设”的模式，高起点进行园区规划，采用综合管廊布置城市管网。广州大学城地下综合管廊总长 17.4km，所纳入管线包括电力、电信、高质水、杂用水、供热等管线。从安全因素考虑，燃气管道暂不进入综合管廊。2010 年广州亚运会亚运村综合管廊规划建设有“三级综合管廊”，第一级为城市级综合管廊，第二级为村级综合管廊，第三级为服务建筑组团的综合管廊。综合管廊于 2007 年底开始建设，第一级、第二级综合管廊总长度为 4.45km。容纳管线与广州大学城干线综合管廊基本一致，并增加了回用水、污水、垃圾管与高压水管室。

深圳市已建成和正在建的地下综合管廊已超过 21km，分别为大梅沙 - 盐田坳综合管廊、光明新区（光侨路、光侨大道、华夏二路）地下综合管廊、前海合作区（前湾一路、航海路）地下综合管廊及大鹏新区（下沙一大鹏墟镇）地下综合管廊。

昆明市地下综合管廊建设时间较早、规模较大。目前昆明市已建成并投入使用的地下综合管廊约 51km，包括广福路综合管廊、彩云路综合管廊、沣园路综合管廊、飞虎大道南段综合管廊等主干线综合管廊，同时昆明市还坚持了多条专业管沟（电力沟、通信沟），可保证 50 年内不因管线增容而重复开挖路面。根据规划，昆明市 2020 年前将配合道路同步完成飞虎大道北段、春城路延长线、官渡 5 号路、古滇路春雨路等 10 条综合管廊的建设，总长度达 70km。

厦门市是第一批地下综合管廊试点城市，于 2007 年修建的湖边水库综合管廊是福建省第一条综合管廊。该综合管廊是国内最早采用预制拼装工艺建设的综合管廊，总长度约 5.2km，总投资 1.79 亿，入廊管线包括电力、有线电视、通信、给水等管线，其建设经验被推广到全国范围内应用。截至目前，厦门市已建成和正在建设的地下综合管廊超过 40km，线缆管廊 80 余 km。

中国台湾地区已经建成了较为发达的地下综合管廊网络。台湾地下综合管廊始建于 1991 年的台北，目前已建成 400 多 km 地下综合管廊。

我国各城市部分地下综合管廊建设期成本见表 1-1。

表 1-1　国内综合管廊建设期成本一览表

序号	项目名称	建设时间	长度（km）	建设期成本（万元）	成本指标（万元 /km）
1	上海张杨路地下综合管廊	1994	11.13	30000	2695
2	杭州火车站地下综合管廊	1999	0.5	3000	6000
3	上海安亭新镇地下综合管廊	2002	5.8	14000	2414
4	上海松江新城地下综合管廊	2003	0.323	1500	4644
5	佳木斯市林海路地下综合管廊	2003	2	3000	1500
6	广州大学城地下综合管廊	2004	17.4	52200	3000
7	杭州钱江新城地下综合管廊	2005	2.16	3000	1389
8	深圳盐田坳地下综合管廊	2005	2.666	3700	1388
9	兰州新城地下综合管廊	2006	2.42	4847	2003
10	昆明昆洛路地下综合管廊	2006	22.6	50000	2212
11	昆明广福路地下综合管廊	2007	17.76	45200	2545
12	北京中关村地下综合管廊	2007	1.9	4200	2211
13	苏州月亮湾地下综合管廊	2011	0.92	4000	4348
14	沈阳浑南新城地下综合管廊	2012	11.6	51500	4440
15	深圳市华夏路地下综合管廊	2014	1.28	8881	6938
16	深圳市光侨路地下综合管廊	2014	5.5	48000	8727
17	苏州城北路地下综合管廊	2017	11.5	56500	4913
18	郑州滨河国际新城地下综合管廊	2017	5.58	27000	4839
19	宁波东部新城地下综合管廊	2017	6.16	16500	2679
20	集美新城地下综合管廊	2017	12	60000	5000
21	深圳前海合作区地下综合管廊	2017	9.2	64000	6957

1.2.3　青岛市地下综合管廊建设情况

青岛市高新区自 2008 年启动综合管廊的规划、设计和建设工作，2009 年编制完成了《青岛高新技术产业新城区主次干道管线综合规划》，按照“轴向敷设、环状布局、网状服务”的布局，规划综合管廊全长74.6km，约占区内主次干道总长度的46%。青岛市借助青岛国家高新技术产业开发区大规模规划建设的契机，截至目前已建成地下管廊约55km，电力、通信、给水、热力、再生水等市政管线已进廊投入使用，区域管线网络体系已基本构建完成。

2016年，李克强总理作政府工作报告时指出，2016年将开工建设城市地下综合管廊2000km以上。国家财政部、住房城乡建设部在中国建筑文化中心开展了“2016年全国地下综合管廊试点城市竞争性评审”，竞争评审共有20个城市参加，选取15个城市作为试点。最终，青岛市成功入选2016年全国城市地下综合管廊试点城市。

作为全国第二批地下综合管廊试点城市，2016年4月青岛市完成了《青岛地下综合管廊专项规划》(六区)(2016年至2030年)，自2016年青岛市在蓝色硅谷核心区、新机场、西海岸新区、高新区、李沧区五个区域开工建设21条地下综合管廊，总长度超过49km，耗资约41亿元。地下综合管廊舱室类型为单舱、双舱、三舱、四舱及五舱，入廊管线有给水、电力、通信、燃气、热力、中水、污水等。

1.3 研究技术路线

本课题的研究思路，首先，根据管廊建设成本控制方面的需求，确定研究目的；其次，查阅文献了解课题研究新方向，现场考察调研，采用典型研究、对比分析等方法确定研究内容；再次，权威专家指导，完成课题研究初步结论，组织专家评审，形成课题研究报告。

本课题研究方案包括：准确表述研究问题和分解研究问题、安排研究计划及人员分工、课题研究的组织和协调、课题研究成果论证。

(1)准确表述研究问题和分解研究问题。地下综合管廊建设期成本控制从基础性的、容易的、关键性的问题作为切入点，从已建成的管廊建设项目中总结经验，详细分析在建项目建设期成本。

(2)安排研究计划及人员分工。确定课题研究负责人，由负责人选定2～3名专业研究人员组成课题研究小组。课题研究负责人负责课题的总体控制、编写课题研究报告。小组成员全面配合负责人工作，负责成本控制理论研究、创新方法等关键。

(3)课题研究的组织和协调。根据课题研究小组分工，开展课题研究全面工作。通过采用搜集资料、查阅文献、召开专家座谈会议、现场考察等方式，完成青岛市地下综合管廊建设期成本控制课题研究工作。

(4)课题研究成果论证。通过课题研究，形成科学、合理的《青岛市地下综合管廊建设期成本控制研究》报告，组织专家进行评审论证，最终能够用于青岛市地下综合管廊建设实际，并为其他城市提供参考借鉴。

研究方法主要采取查阅文献法、现场调研法、专家咨询法、专家论证法及实例论证法等方法。

1.4 研究内容及目标

第1章介绍了地下综合管廊、建设期成本的基本概念，建设期成本的特征及建设期成本控制的特点；地下综合管廊建设期成本研究的背景介绍了国外及国内数条典型的地下综合管廊建设期的总成本情况。第2章结合青岛市地下综合管廊试点项目的建设情况，分析了影响地下综合管廊建设期成本控制的因素，提出了目前地下综合管廊建设存在的主要问题。第3章地下综合管廊建设期各个阶段成本控制的进行了详细阐述。第4章结合青岛市地下综合管廊试点项目建设情况分阶段提出了建设期成本控制的主要改进措施。第 5 章以青岛市试点项目中的典型案例对地下综合管廊建设期成本控制进行实证分析。第 6 章是结论和建议。

本论文通过对青岛市地下综合管廊建设期成本研究，总结提出地下综合管廊建设期成本控制的影响因素，阐述地下综合管廊建设期成本控制方面存在的问题，分析地下综合管廊建设项目总体成本指标及各分项工程具体的成本指标，通过青岛市地下综合管廊建设工程实例，总结出地下综合管廊建设期成本控制的经验及方法。

第 2 章　地下综合管廊建设期成本控制的影响因素及存在问题分析

我国综合管廊起步晚，但发展迅速，影响综合管廊建设成本的因素和存在的问题也在实践中暴露，本章结合青岛试点地下综合管廊的建设对综合管廊建设期成本的影响因素及存在的问题进行分析讨论。

2.1　地下综合管廊成本控制影响因素分析

地下综合管廊工程建设规模、建造标准、所处位置、地质条件、施工方案都存在差异，上述差异对综合管廊建设期成本有显著影响。合理的度量综合管廊建设期成本构成，把成本控制意识贯彻到综合管廊的规划、设计、管理工作环节中，取得控制综合管廊工程造价的良好效果。主要分析管廊工程建设条件、与相关工程协调建设、断面尺寸、管廊埋深、老旧管线迁移、施工方法等因素对造价水平的影响。

2.1.1　特殊地基处理

地下综合管廊建设位置一般根据综合管廊总体规划要求确定，通常布置在道路一侧绿化带内，如图 2-1 所示。

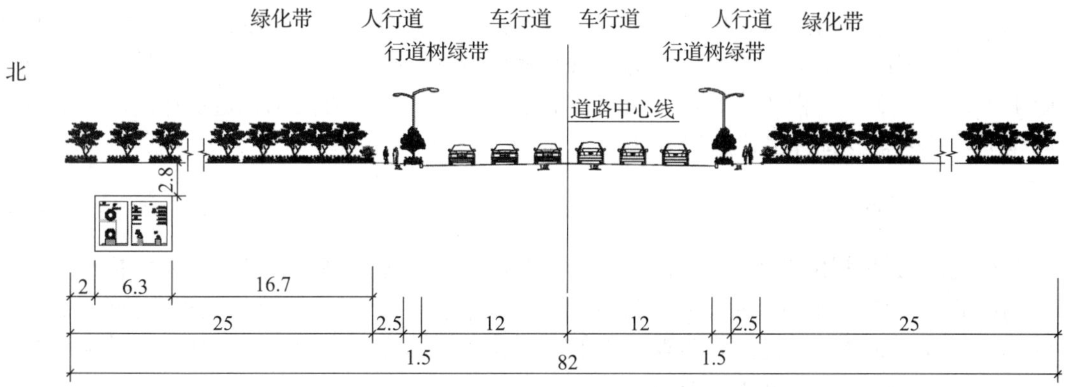

图 2-1　地下综合管廊定位图

地下综合管廊作为线形构筑物，管廊长度短则几百米、长则几十千米，沿线地质条件、土层性质、地下水条件、周边环境等都有很大差异，在设计施工前，应做好详细的地质勘察工作，不同地质条件地基应分别进行处理。例如，青岛市西海岸新区海口路地下综合管廊为临海工程，地质条件较差、地下水位较高、地基承载力较低，地基处理方案如图 2-2 所示。

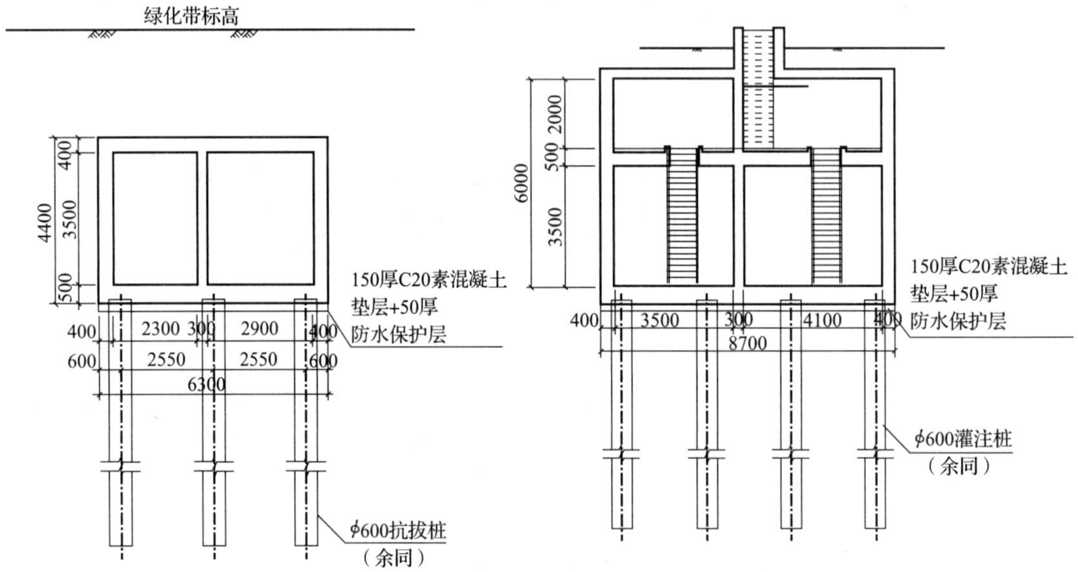

图 2-2　海口路综合管廊地基处理示意图

海口路地下综合管廊全长 1634m，根据上述地基处理方案，因特殊地质条件进行地基处理增加建设期总费用约 2043 万元，即该两舱综合管廊每建设期成本增加 12534 元 /m。管廊标准断面面积为 18.2m^2，即该两舱综合管廊建设期成本增加 689 元 /m^3。

2.1.2　施工方法

地下综合管廊常用施工方法有明挖现浇法、明挖预制拼装法、盾构法、顶管法和浅埋暗挖法。

地下工程施工工法当前主要有开槽施工和不开槽施工。开槽施工即明挖法施工，不开槽施工工法又包括浅埋暗挖法、顶管法、盾构法等。它们各有优劣，一般需根据工程的场地环境条件、结构埋深、地下管线、工程地质条件和环境保护要求，结合工程的功能要求，并考虑施工工艺、工期、工程造价等各方面综合确定。不同的施工方法工程造价相差较大，综合考虑以上各种因素，选择最优施工方法。

2.1.2.1　明挖现浇法

明挖现浇法是利用支护结构支挡条件下，在地表进行地下基坑开挖，在基坑内施工做内部结构的施工方法，如图 2-3 所示。其施工方法具有简单、施工方便、工程造价低的特点，适用于新建城市的管网建设。目前青岛市地下综合管廊多在新区建设，结构埋深及断面形式变化较小，宜采用明挖现浇法较为经济。

图 2-3　明挖现浇法施工

2.1.2.2　明挖预制拼装法

明挖预制拼装法是一种较为先进的施工方法，要求有较大规模的预制厂和大吨位的运输及起吊设备，施工技术要求、工程造价较高，如图 2-4 所示。该施工方法特点是施工速度快，施工质量易于控制。青岛市建设地下综合管廊局部采用明挖预制拼装法进行施工，如西海岸新区江山南路综合管廊为加快施工进度、减小对江山南路交通影响，采用了明挖预制拼装法；规划西一号线也采用预制拼装的做法加快施工进度，如图 2-5 所示。

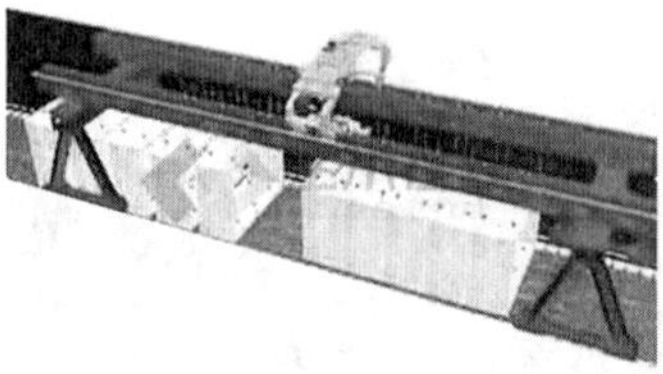

图 2-4　明挖预制拼装法示意图

图 2-5　明挖预制拼装法施工

2.1.2.3　浅埋暗挖法

浅埋暗挖法是在距离地表较近的地下进行各类地下洞室暗挖的一种施工方法，如图 2-6 所示。该方法具有埋深浅，适应地层岩性差，存在地下水，周围环境复杂等情况。在明挖法和盾构法不适应的条件下，浅埋暗挖法显示了巨大的优越性。它具有灵活多变，道路、地下管线和路面环境影响性小，拆迁占地小，不扰民的特点，适用于已建城市的改造，但造价较高。

（a）全断面开挖

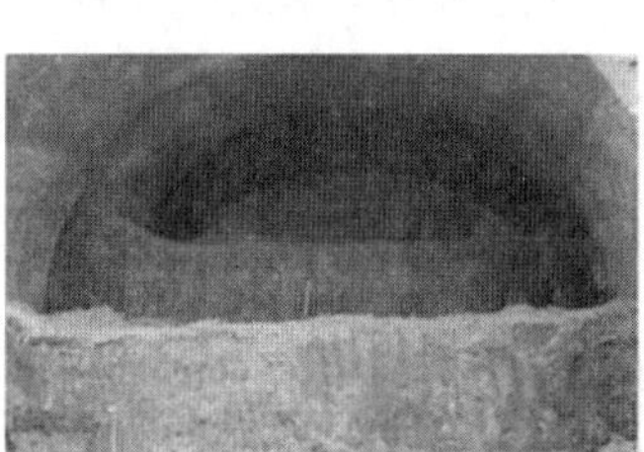

（b）正台阶开挖

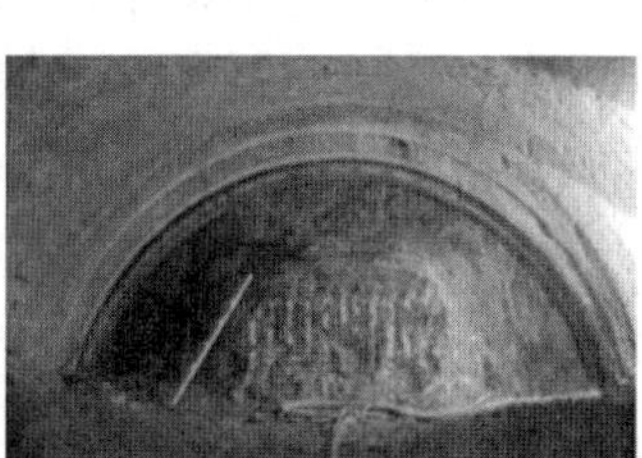

（c）环形开挖预留核心土

图 2-6　浅埋暗挖法施工图

2.1.2.4 顶管法

顶管法是指当管廊穿越铁路、道路、河流或建筑物等各种障碍物时，采用的一种暗挖式施工方法，如图2-7所示。在施工时，通过传力顶铁和导向轨道，用支撑于基坑后座上的液压千斤顶将管线压入土层中，同时挖除并运走管线正面的泥土。适用于软土或富水软土层，无须明挖土方，对地面影响小；设备少、工序简单、工期短、造价低、速度快；适用于中型管道施工，但适应管线变向能力差，纠偏困难。青岛市高新区正阳路为进出高新区主干道，该道路综合管廊设计时，为避免交通断流，沿线多个路口在管线横穿正阳路时，均采用顶管方式施工，顶进管道管径为DN2600和DN3000，顶进结束后，将工作井和接收井改造成管道接线井。

图2-7 顶管法施工图

2.1.2.5 盾构法

盾构法是指使用盾构机在地中推进，通过盾构外壳和管片支撑四周围岩，防止发生隧道内的坍塌，同时在开挖面前方用刀盘进行土体开挖，通过出土机械运出洞外，靠推进油缸在后部加压顶进，并拼装预制混凝土管片，形成隧道结构的一种机械化施工方法，如图2-8所示。该法具有全过程实现自动化作业，施工劳动强度低，不影响地面交通与设施；施工中不受气候条件影响，不产生噪声和扰动；在松软含水层中修建埋深较大的长隧道往往具有技术和经济方面的优越性。其缺点是断面尺寸多变的区段适应能力差，盾构设备费昂贵，对施工区段短的工程不太经济。

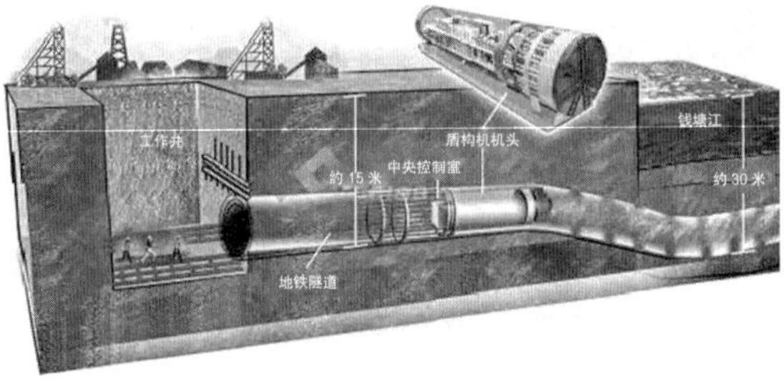

图2-8 盾构法施工图

2.1.3 基坑支护措施

围护结构的选型应综合考虑结构形式、基坑开挖深度、工程地质及水文地质条件、工程建设条件、周边环境、地下管线分布情况、施工工艺等因素，因地制宜地选用技术成熟、经济合理、施工安全、工期短且利于施工的方案。

基坑支护是管廊基坑开挖及支护工程的主要组成部分，是综合管廊建设期成本中最难控制的部分。不同支护条件应选取不同支护结构形式，这样才能有效控制成本，主要基坑支护形式有放坡支护、复合土钉支护、排桩+内支撑支护等。本小结主要以西海岸新区海口路综合管廊基坑支护形式加以分析论证。

2.1.3.1 放坡支护

该支护形式主要适用于周边环境保护低、开挖深度较浅的基坑，采用放坡开挖施工工艺简单、工期短且造价低，但对于开挖深度较大的基坑，不适宜放坡开挖。

2.1.3.2 复合土钉（钢管）支护

该方法应用广泛，技术成熟，基坑开挖范围小，支护结构对土方开挖影响小，竖向的旋喷桩可以起到止水帷幕的作用，斜打土钉（钢管）可以稳定土体。采用此方案时，应考虑土钉（钢管）结构不能进入周边地块已施工地下室范围内，并且周边未开发地块为出让地块，土钉（钢管）结构留在周边地块土体内会对今后地块开发造成一定的影响。如图 2-9 所示为西海岸新区海口路地下综合管廊复合土钉支护形式。

2.1.3.3 桩 + 内支撑支护

采用该方法支护结构可靠性强，对变形控制较好，开挖范围小，对周边环境影响小。但相较于放坡支护及土钉支护，施工工期较长，且支撑结构会对土方开挖造成一定影响。因此，该方法主要用于基坑开挖深度较深但土质情况较差且不具备放坡条件及对变形要求严格的基坑工程。该支护方法与放坡、土钉及钢板桩支护相比较，成本较高。图 2-10 所示为海口路综合管廊桩 + 内支撑支护图。

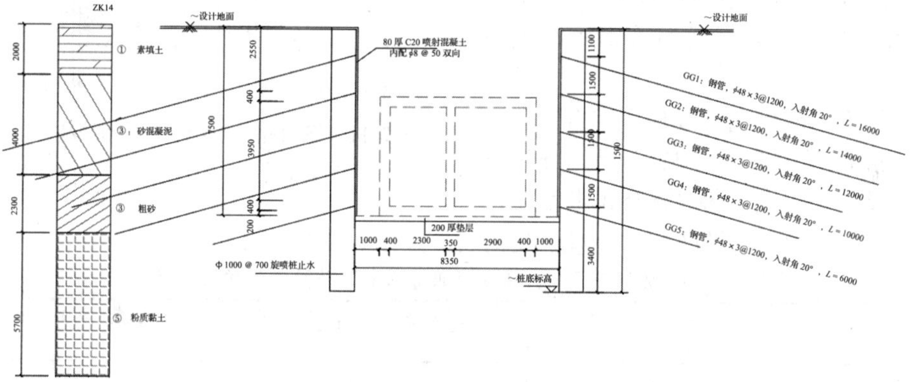

图 2-9 海口路地下综合管廊复合土钉支护图

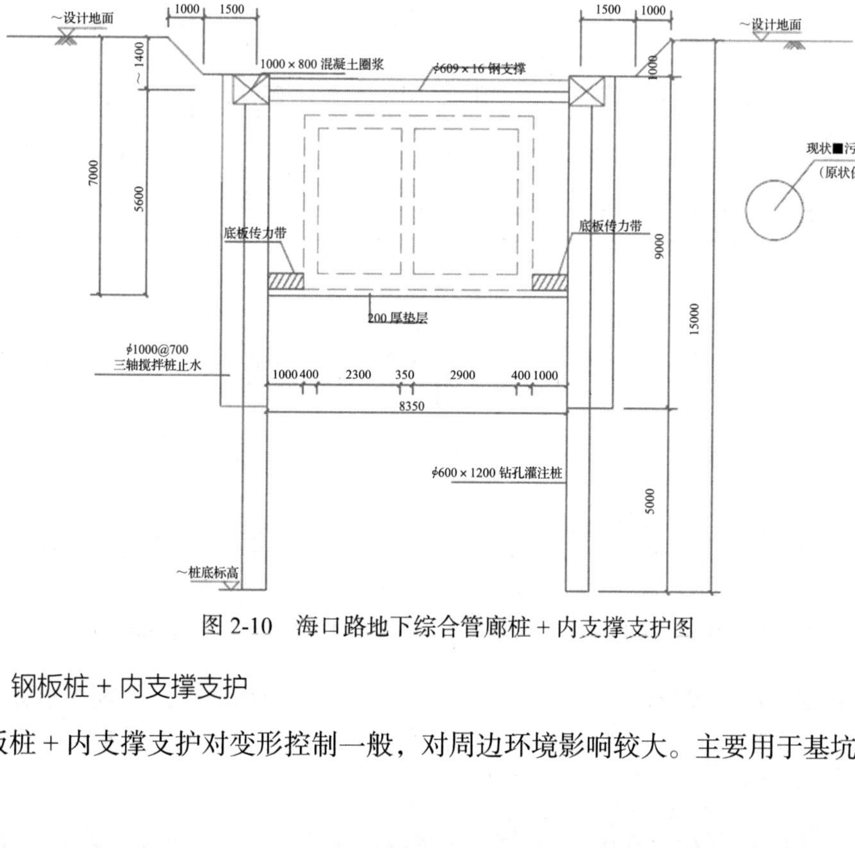

图 2-10 海口路地下综合管廊桩 + 内支撑支护图

2.1.3.4 钢板桩 + 内支撑支护

钢板桩 + 内支撑支护对变形控制一般，对周边环境影响较大。主要用于基坑开挖深度较深、土质情况较差且不具备放坡条件及对变形要求不是十分严格的基坑工程，成本较高。但当岩层埋深较浅，钢板桩遇岩层无法打入时，钢板桩＋内支撑支护形式不适用（图 2-11）。

2.1.4 管廊埋深

地下综合管廊埋深一般较深，埋深的确定要根据其在道路横断面下的具体位置、道路结构、排水管道与其发生交叉的情况、结构抗浮等情况综合考虑。当综合管廊设置在道路机动车道下面，埋深还需考虑车载对其结构的影响。地下综合管廊埋深对综合管廊建设期成本影响显著，较深的埋置深度，不仅会增加土方开挖、基坑支护、降水施工等施工措施等费用，而且会引起关键位置应力增大，影响管廊断面设计；过浅的埋置深度虽然会降低施工措施费用，但会增加管廊管线敷设难度。

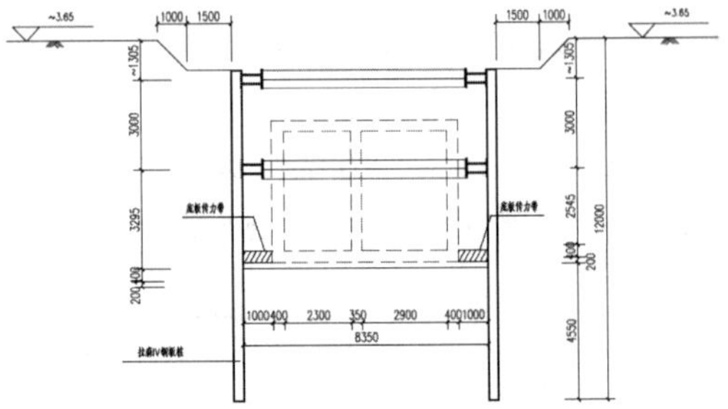

图 2-11 海口路地下综合管廊钢板桩桩＋内支撑支护图

以中德生态园十七号线地下综合管廊为例，标准断面尺寸如图 2-12 所示，分析管廊埋深对投资的影响，每延米标准断面不同埋深的挖方、回填、边坡防护、混凝土及钢筋数量如表 2-1 所示。

表 2-1 中德生态园十七号线管廊每延米标准段工程数量统计表

埋深（m）	廊体宽度（m）	廊体高度（m）	挖方量（m^3）	回填量（m^3）	边坡防护（m^2）	混凝土量（m^3）	钢筋量（kg）
0.0	9.0	3.8	41.4	7.6	7.9	12.9	2219.2
1.0	9.0	3.8	54.0	20.2	10.0	12.9	2219.2
2.0	9.0	3.8	67.3	33.5	12.1	12.9	2219.2
3.0	9.0	3.8	81.2	47.4	14.2	12.9	2219.2
4.0	9.1	3.8	96.5	62.4	16.3	13.4	2219.2
5.0	9.1	3.9	113.5	78.4	18.6	13.4	2219.2
6.0	9.1	3.9	129.5	94.5	20.7	13.4	2219.2
7.0	9.1	3.9	146.3	111.2	22.9	13.4	2473.9
8.0	9.1	3.9	163.7	128.6	25.0	13.4	2473.9
9.0	9.1	3.9	181.7	146.7	27.1	13.4	2473.9
10.0	9.1	3.9	200.4	165.4	29.2	13.4	2473.9
11.0	9.1	3.9	219.8	184.8	31.3	13.4	2473.9

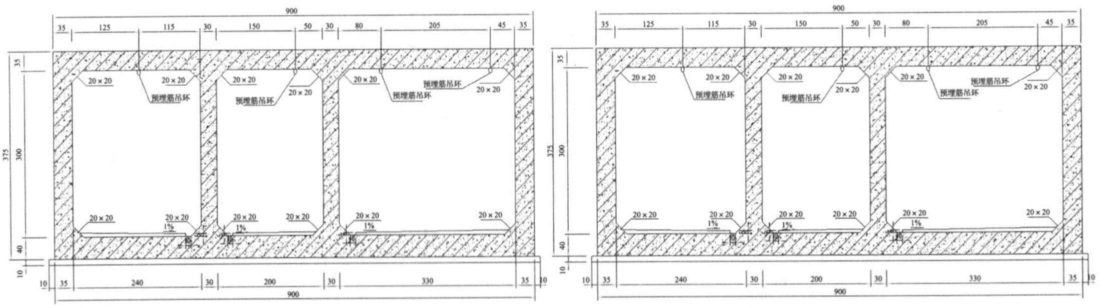

图 2-12 中德生态园十七号线管廊标准断面尺寸及配筋图（埋深 4m 以内）

为分析管廊埋深与投资的关系，简化计算，假定管廊埋深增加仅影响挖填方量、边坡防护、混凝土及钢筋工程量，其他条件不变。挖方主要以土方为主，开挖土方满足回填要求，边坡防护均采用喷锚支护方式。经测算，管廊埋深引起的建设费用增加值如图 2-13 所示。

由图 2-13 可知，管廊埋深与增加费用近似成正比，相关系数为 0.985，相关性较好。该三舱管廊宽度为 9m，以此为基础分析各类管廊埋深对投资的影响，简化考虑每舱宽度为 3m，得出各舱室类型管廊埋深与增加建设费用的关系如图 2-14 所示，关系式见式 2-1 ～式 2-5。

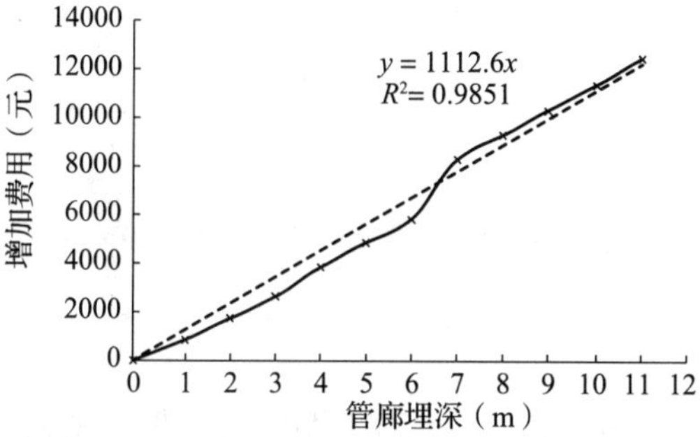

图 2-13　管廊埋深与费用增加关系图

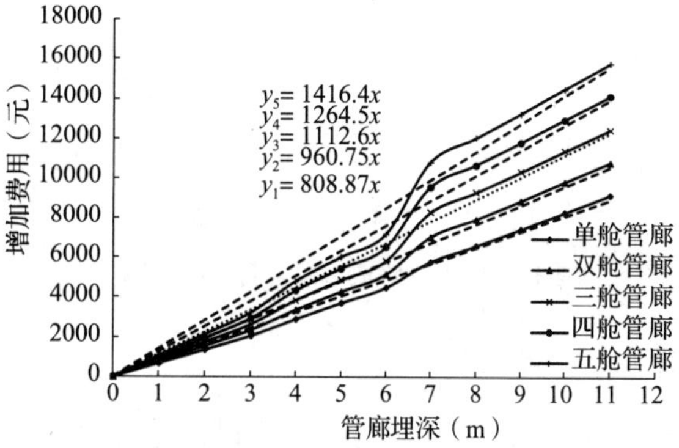

图 2-14　各类管廊埋深与费用增加关系图

$$y_1 = 808.87x \tag{2-1}$$

$$y_2 = 960.75x \tag{2-2}$$

$$y_3 = 1112.6x \tag{2-3}$$

$$y_4 = 1264.5x \tag{2-4}$$

$$y_5 = 1416.4x \tag{2-5}$$

式中，y 为管廊建设费用增加值（元），x 为管廊埋深（m）

2.1.5　管廊断面

2.1.5.1　断面尺寸

地下综合管廊断面分为标准断面和节点断面，节点断面主要指吊装口、通风口、管线分支口、人员出入口、交叉口和端部井等较为复杂的断面。管廊断面尺寸需保证管线的合理间距、相关的工作空间、设备布置，并考虑管线扩容的需求，主要取决于管廊的类型、收容管线的种类与数量、地下空间的限制、经过路段的地质状况、管廊本身结构、施工方式等因素。管廊断面尺寸直接影响管廊混凝土用量，是建设期成本中占比最大的部分，混凝土、钢筋、模板等相关工程费约占管廊建安工程费的 40% 左右。

例如，蓝色硅谷核心区山大南路综合管廊、山大东路综合管廊均为单舱断面管廊。山大南路综合管廊断面尺寸为 3.4m × 3.0m，山大东路综合管廊断面尺寸为 3.0m × 3.0m，其断面尺寸及配筋形式如图 2-15、图 2-16 所示。两条管廊建设工程地质条件、支护方式、设备购置及安装工程等其他条件基本一致，因断面面积增加了 13%，建设成本增加约 15% 左右。

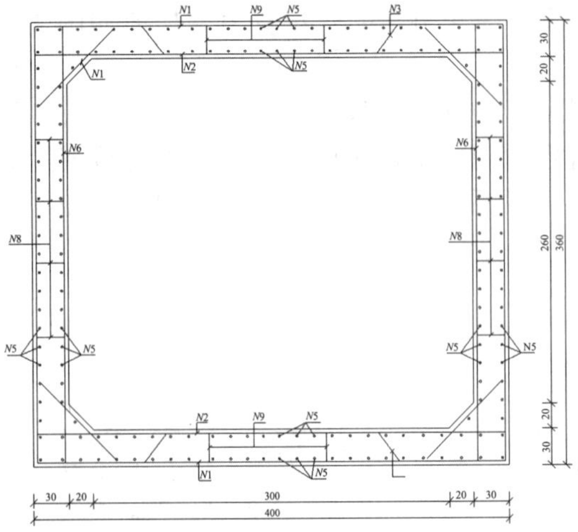

图 2-15　山大南路地下综合管廊断面图

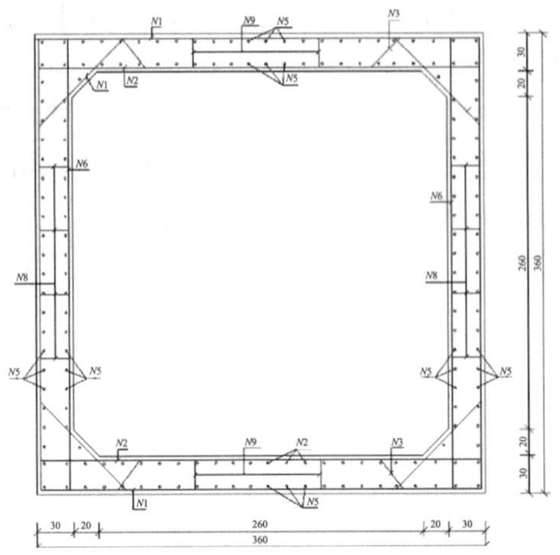

图 2-16　山大东路地下综合管廊断面图

2.1.5.2　断面类型

地下综合管廊的分舱断面设计是管廊设计的前提和核心，综合管廊断面的大小直接关系到管廊所容纳的管线数量以及综合管廊工程造价和运行成本。因此在设计阶段就需要对所建管廊的区域进行详细的调查，明确入廊管线种类并为未来留出足够的空间，依据入廊管线确定综合管廊的舱室类型。

例如，表 2-2 中给出了蓝色硅谷综合管廊入廊管线及舱室类型，入廊管线种类决定舱室类型，一般的舱室越多，综合管廊工程造价越高。

表 2-2　蓝色硅谷综合管廊入廊管线及舱室类型

项目名称	入廊管线种类	舱室类型
山大南路管廊项目	给水、电力、通信、再生水	单舱
山大东路管廊项目	给水、电力、通信、再生水	单舱
硅谷大道管廊项目	给水、热力、燃气、电力、通信、再生水	三舱
滨海公路管廊项目	给水、热力、燃气、电力、通信、再生水	三舱、四舱

地下综合管廊的断面，根据各管线入廊后分别所需的空间、维护及管理通道、作业空间以及照明、通风、排水、消防等设施所需空间，考虑各特殊部位结构形式、分支走向等配置，并考虑设置地点的地质状况、沿线状况、交通等施工条件，以及地铁、排水管道等其他地下埋设物以及周围建设物等条件，作综合研判后来决定经济合理的断面。

矩形断面的空间利用效率高于其他断面，因而一般具备明挖施工条件时往往优先采用矩形断面，施工的标准化和模块化比较容易实现。但当施工条件制约必须采用非开挖技术如顶管法、盾构法施工综合管廊时，一般需要采用圆形断面。在地质条件适合采用暗挖法施工时，采用马蹄形断面更合适，主要考虑到受力性能好，易于施工。当采用明挖预制拼装法施工时，综合考虑断面利用、构件加工、现场拼装等因素，可采用矩形、圆形、马蹄形断面。

2.1.6　管廊舱室数量

通常条件下，为满足使用要求，地下综合管廊分舱设置，各舱室的断面尺寸差异变化不大。表 2-3 所示为青岛市 5 条地下综合管廊试点项目舱室数量与投资及成本指标的关系统计情况。

表 2-3　地下综合管廊舱室数量与投资的关系统计表

序号	项目名称	长度（m）	舱室数量（个）	断面尺寸（m × m）	估算投资（万元）	成本指标（万元 /m）	备注
1	山大东路综合管廊建设工程	3650	1	3.6 × 3.6	9465	2.59	规划入廊管线 4 种：给水、电力、通信、中水
2	青岛中德生态园纵七路地下综合管廊	800	2	（2.3 + 2.4）× 3	4810	6.01	规划入廊管线 6 种：给水、电力、通信、热力、燃气、污水
3	滨海公路综合管廊建设工程	2700	3	（2.5+3.2+2.1）× 2.5	22909	8.48	规划入廊管线 6 种：给水、电力、通信、燃气、热力、中水
4	青岛中德生态园园区四号路地下综合管廊	1210	4	[（3+1.7+2.4）× 3]+[2.2 × 2.4]	14407	11.91	规划入廊管线 6 种：给水、电力、通信、热力、燃气、污水
5	高新区规划西一号线综合管廊工程	1050	5	[（2.1+4.7+1.6）× 3]+[（1.9+2.1）× 2.4]	16500	15.71	规划入廊管线 8 种：给水、电力、通信、热力、燃气、中水、污水、雨水

地下综合管廊舱室断面尺寸一般变化不大，管廊投资与舱室数量近似成正比关系，每舱室投资约 3 万元 /m，如图 2-17 所示。

2.1.7　与邻近工程协调

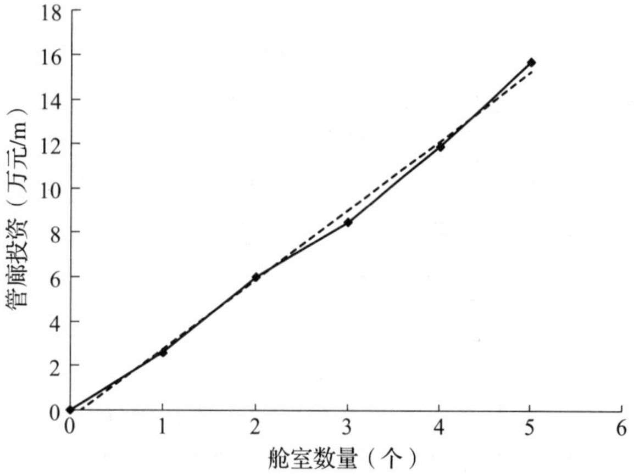

图 2-17　地下综合管廊舱室数量与投资管线图

根据国家相关要求，城市新区、各类园区、成片开发区域新建道路必须同步建设地下综合管廊，老城区要结合地铁建设、河道治理、道路整治、旧城更新、棚户区改造等，逐步推进地下综合管廊建设。目前青岛市正在实施的地下综合管廊工程项目，多数位于城市新区。新区建设过程中，规划建设部门要统筹综合管廊与轨道建设、道路新建、市政管改造、高压线下地及地下空间开发等其他工程的关系，协调管廊工程与其他工程同步实施，可减少管廊独立支护、基坑二次开挖回填等建设费用，还可以避免道路工程拆除及恢复重复投资，例如西海岸新区江山路前湾港路交叉口地下综合管廊与江山南路立交桥工程同步规划、建设实施；胶州新机场多条综合管廊均与机场建设工程同步规划、建设实施。但很多情况下，由于各种原因，综合管廊与相关工程不能同步实施，通常需采用特殊节点形式，增加综合管廊建设成本。以下介绍贡北路地下综合管廊与相关工程协调情况。

2.1.7.1 与轻轨桥墩相交节点

规划地铁 13 号线沿滨海公路西侧布线向南延伸至贡北路与滨海公路交叉口北侧折向西侧，线路布置在贡北路道路中央分隔带内，管廊与轻轨于桩号 K1+881.92 处交叉，为避让轻轨桥墩，管廊向南偏移 15.5m，在桩号 K1+885.60、K1+910.33 处分成三条支管廊向北由轻轨桥墩间垂直穿过，管廊外墙与轻轨桥墩最小距离 1.67m，如图 2-18 所示。因分舱避让造成该段管廊与标准段相比，建设成本增加约 15%。

2.1.7.2　避让轻轨车站节点

贡北路地下综合管廊建设范围内共有轻轨站点4处（琅琊台站、贡口湾站、中心路站、泊里站），规划轻轨站出入口均设于道路两侧绿化带内。地下综合管廊为避让轻轨出入口，向南偏移，管廊中心线与轻轨桥墩和轻轨出入口之间的中线重合，避让段内出地面风亭均布置在道路侧分带内，如图2-19所示。地下综合管廊外墙与高架车站桥墩桩基础最小距离3.53m，与人行天桥楼梯最小距离3.5m。为避让轻轨站点增加了管廊建设长度、加强基坑支护强度，造成建设成本增加。

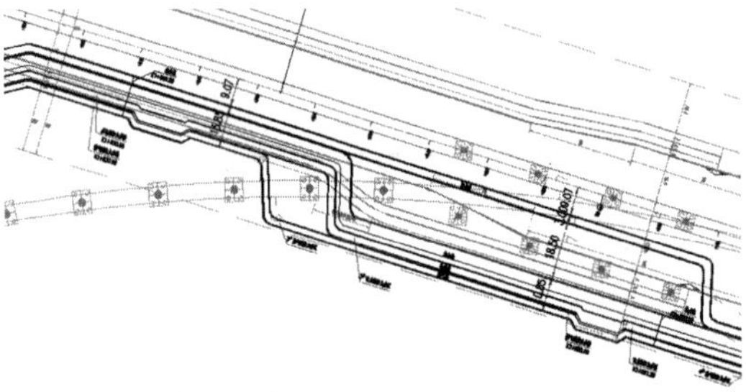

图2-18　管廊避让轻轨桥墩平面图

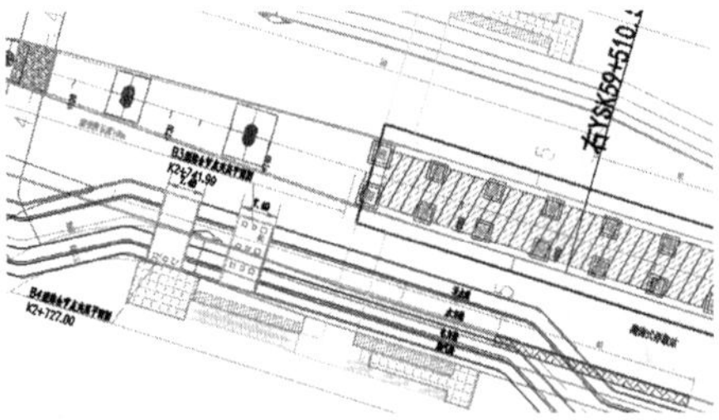

图2-19　管廊避让轻轨出入口平面图

2.1.7.3　路口支线管廊节点

为避免反复开挖，影响主次干路交通，便于日后运营维护管理，在旅游路、琅琊东路、贡西路、中心路、红石路等城市主次干路交叉路口设置过路支线管廊5处，其中旅游路和琅琊东路规划有综合管廊，贡西路、中心路和红石路需考虑过路支线管廊与直埋管线衔接。该节点设置3层结构，最上层满足交叉路口两个方向污水管道的衔接，中间层为干支线主管廊水力舱、电力舱和天然气舱3舱结构，鉴于贡北路雨水管道设计标高的影响，支线管廊位于贡北路干支线主管廊下方，处于最下层，覆土10m，采用下出线方式，与主管廊结构体共构（图2-20）。支线管廊的规划建设增加了本工程的建设成本，从长远规划角度考虑，总体建设成本是降低的。

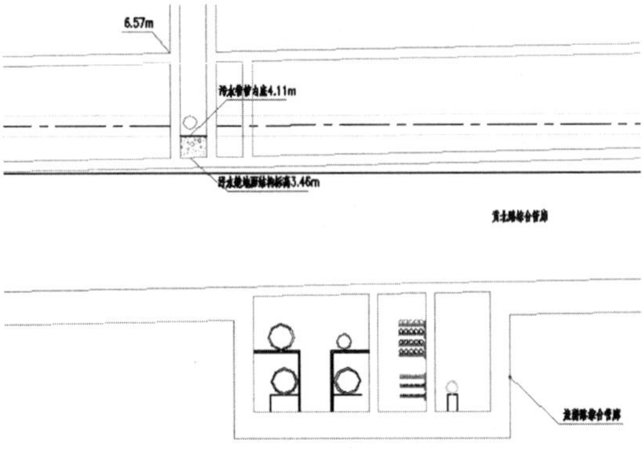

图2-20　路口支线管廊节点剖面图

2.1.7.4　下穿河道及跨河桥节点

贡北路地下综合管廊全线需穿越六条河道及一条防洪排涝渠，即夏河支流、夏河支流、夏河支流、辛家庄河、唐家庄河、横河和东封家庄排涝渠。管廊在穿越河道及防洪排涝渠处下翻，下翻处局部坡度为20%，设楼梯便于平时检修及火灾时疏散。根据《青岛市董家口港城防洪排涝规划》中规划的渠底高度确定综合管廊的顶板高度，顶板高度满足《城市综合管廊工程技术规范》第5.2.1条，即综合管廊穿越河道时应选择在河床稳定的河段，最小覆土深度应满足河道整治和综合管廊安全运行的要求，并应符合顶部高程应在河道底设计高程1.0m以下的要求。管廊下穿河道断面图如图2-21所示。

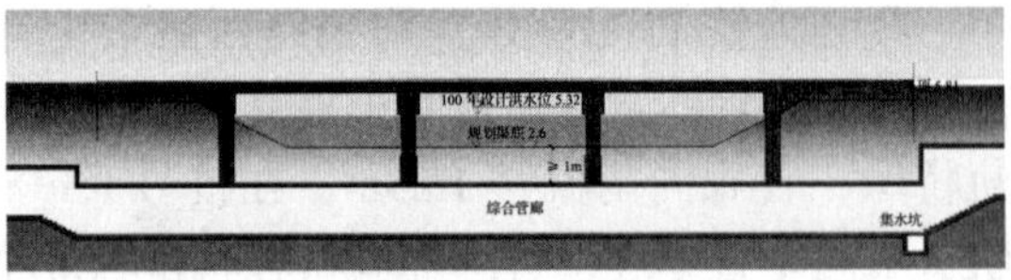

图2-21　管廊下穿河道断面图

2.2　地下综合管廊成本控制存在的问题

2.2.1　管廊规模过大、与周边地块开发不同步

国内自 2015 年开展地下综合管廊试点城市以来，部分地下综合管廊试点建设规模过大，超出了城市发展需求和实际建设能力。建设在城市新区的地下综合管廊与周边地块开发不同步，造成地下综合管廊建成后一定时期闲置。

2.2.2 地下综合管廊建设成本过高

据不完全统计，截止到 2017 年底，全国 225 个城市、62 个县开工建设综合管廊 4009km，总投资约 3726 亿元，平均建设成本为 9294 万元 /km。地下综合管廊建设期投入过大，直接造成管线入廊收费标准增加、管线入廊难等运维难题。

2.2.3　地下管廊干线、支线及缆线的建设比例不协调

干线管廊是指用于容纳城市主干工程管线，采用独立分舱方式建设的综合廊；支线管廊是指用于容纳城市配给工程管线，采用单舱或双方式建设的综合廊；缆线管廊是指采用浅埋沟道方式建设，有可开启盖板，但其内部空间不能满足人员正常通行要求，用于容纳电力缆和通信线缆的管廊。干线地下综合管廊宜在规划范围内选取具有较强贯通性和传输性的建设路由进行布局，支线地下综合管廊选择服务性较强的路由布局，并根据城市用地布局考虑与干线综合管廊系统的关联性。缆线管廊布置于城市新区及具有电力架空线入地要求的旧城改造区、全电缆敷设的城市新建区域或核心区域及电力、通信管线进出较多、接线较复杂的区域。地下管廊干线、支线及缆线比例应符合城市发展需求预测及管廊建设必要性和可行分析。干、支线型地下综合管廊建设成本高，仅用于解决架空线入地性价比较低，因此合理布置缆线管廊对地下综合管廊形成成网、成片的系统的成本控制十分关键。目前，对干线、支线及缆线管廊的建设比例尚无定论，应结合建设地点条件，合理分析论证确定。例如，厦门市翔安南部新城干、支、缆线管廊比例为 1∶1.1∶5.4。

2.2.4　地下综合管廊建设期要求不合理

地下综合管廊建设工程建设期需要经过项目立项、可行性研究、方案设计、初步设计、施工图设计及招投标等阶段，而后才能进行工程施工。每个阶段都需要一定时间，尤其是前期方案论证阶段，需要大量的实地调研、方案对比分析论证等，以确定最优方案。如果过短的建设周期可能导致工程盲目建设、方案不合理、施工过程变更难以控制等诸多问题，造成建设期成本难以控制。如果建设周期过长，又可能出现较多不确定的自然及政策性的风险因素等，造成建设期成本难以控制。

2.2.5　地下综合管廊建设工程位置分散、不利于联网成片

地下综合管廊能够最大程度地发挥功能、实现价值，需要联网成片建设。首先，由于地下综合管廊建设期成本高、建设周期长等原因，造成政府财政压力大，无法建设形成地下综合管廊系统网络。其次，目前国内地下综合管廊建设仍处于试点期，大多数地下综合管廊项目建设在城市新区，而地下综合管廊需求较高的城市老区建设项目较少。再次，尤其是城市老区，现状管线已经敷设完成但错综复杂，使地下综合管廊建设中的征地拆迁、管线迁移、管线入廊等费用难以控制，造成地下综合管廊建设项目难以立项或建设期成本过高。

2.2.6 地下综合管廊建设的新技术、新工艺和智慧管廊建设应用有待提高

青岛市地下综合管廊建设项目的新技术、新工艺和智慧管廊建设应用目前还处于初步应用阶段，新技术、新工艺和智慧管廊的建设是地下综合管廊建设发展的必然趋势，但根据目前的建设情况，新技术、新工艺和智慧管廊的建设应用提高了管廊建设期成本。

目前，地下综合管廊建设主要以传统的明挖现浇施工方法为主，大规模工厂化预制，装配式、集成化、机械化的地下综合管廊施工项目较少。其原因主要是由于综合管廊预制厂前期投入大、大型机械设备价格高、地下综合管廊建设工程位置分散等，造成前期预制拼装技术在管廊中应用成本较高，不利于推广使用。

2.2.7 地下综合管廊的设计标准和规范不全面

目前地下综合管廊建筑的管廊建设规范主要为《城市综合管廊工程技术规范》（GB 50838—2015），而管廊的总体设计、管线设计、附属设施设计、结构设计以及施工验收只能参考相关行业独立的规范和标准。特别是在验收方面，还未形成专门的验收规范，设计验收规范不统一，造成建设标准不统一，过保守或激进都会造成成本的增加。

2.2.8 地下综合管廊设计变更引起建设期成本增加

地下综合管廊长度往往有几 km 甚至十几 km，沿途环境复杂多变，各城市拥有诸多地下商场、地下仓库、地下变电站、越江隧道等，地下空间工程数量还是结构规模上没有详尽数据，由于缺乏统一规划，这些地下空间各自为政，在物理空间上难以形成互联互通的统一格局，加之前期调研工作不到位、设计不周等因素造成设计变更，引起建设成本增加。重视地下综合管廊建设的前期工作，做好管廊沿线的调研，有效规避不良因素。

2.2.9 地下综合管廊燃气管线是否入廊的问题

根据《城市综合管廊工程技术规范》（GB 50838—2015）中 4.3.4 条规定，天然气管道应在独立舱室内敷设。《城镇燃气设计规范》（GB 50028—2006）中 6.3.7 条“地下燃气管道……不宜与其他管道或电缆同沟敷设。当需要同沟敷设时，必须采取有效的安全防护措施”。因此，地下综合管廊燃气管线入廊，均采用独立的燃气舱设计方案。

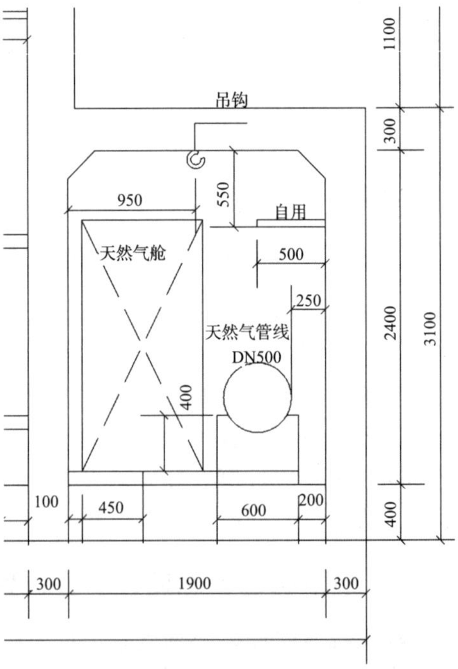

图 2-22 贡北路地下综合管廊燃气舱断面图

燃气舱标准断面内部净高及净宽根据容纳的燃气管线规格、数量、安装要求等综合确定，净高不宜小于 2.4m，净宽通常为 2.0m 左右。由此可见，为使燃气管线入廊，燃气舱的利用效率是较低的，燃气管线是否入廊存在争议。

以贡北路地下综合管廊为例，贡北路地下综合管廊燃气舱标准断面尺寸为 1.9m × 2.4m，规划入廊为 DN500 燃气管线，如图 2-22 所示。

根据地下综合管廊断面面积与建设投资关系可知，燃气舱建设投资约为19300元/m。

燃气管线埋深为地表以下1.5m，管线敷设断面图如图2-23所示。考虑开挖、回填及管道敷设，不考虑燃气管道主材费用，经测算DN500燃气管线直埋成本约1500元/m。

燃气舱建设费用约为燃气管线直埋成本的13倍，从经济性的角度考虑，不建议燃气管线入廊或采取缆线管廊等的其他形式入廊。

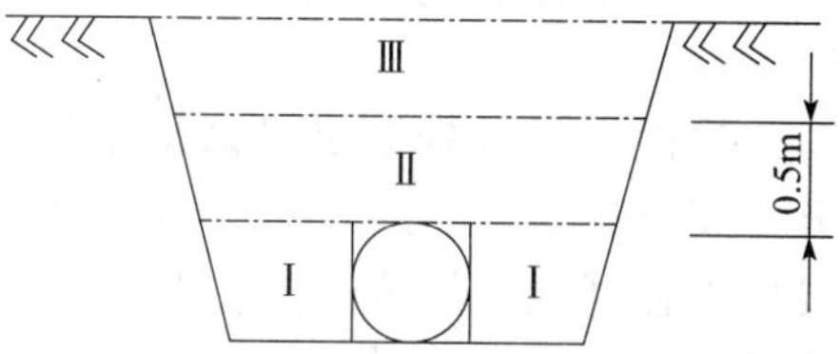

图2-23　燃气管线直埋剖面图

第3章　地下综合管廊建设期成本分阶段控制

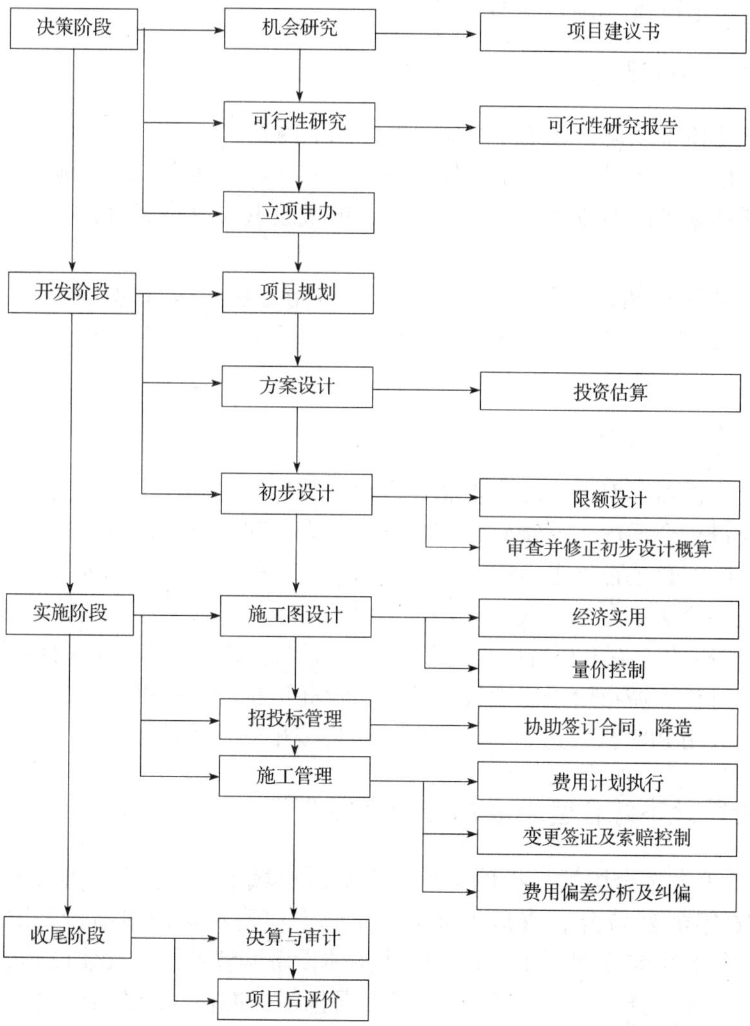

图3-1　地下综合管廊建设期成本分阶段控制流程图

地下综合管廊建设期包括决策阶段、规划开发阶段、实施阶段及收尾阶段，成本控制贯穿于其中，每个阶段和环节都离不开对成本的控制。建设期成本控制流程如图 3-1 所示。

建设期成本控制是针对地下综合管廊建设目标系统所实施的控制活动的一个组成部分，涉及技术、经济、组织和合同等多方面内容。成本控制的目的并不仅是为了将实际建设成本控制在计划范围内，也不只是财务和经济方面的工作。项目建设过程中有大量的单位团体参与实施，建设期各个阶段参与主体与工作任务均布相同，成本控制的侧重点也不同。

3.1 地下综合管廊决策阶段成本控制

3.1.1 决策阶段成本控制重点

地下综合管廊建设项目决策阶段是成本控制的开始，在此阶段，各项技术方案和经济决策对建设期成本控制有重要的作用。决策阶段分为项目建议书和可行性研究报告两个阶段，着重解决“项目该不该建”“项目建多大”的问题。

3.1.1.1 项目建议书决策阶段

地下综合管廊该不该建，应充分论证，考虑如下因素：

（1）综合考虑城市建设影响因素，如经济发展、区域功能定位、用地性质城市发展的组团中心区域、交通繁忙的商业区域、新建城区、旧城改造、道路交通、市政管线、地下空间等因素。

（2）分析规划区自然地质条件如地质灾害、地形地貌、区域地质构造、岩溶与地面塌陷、活动断层与断裂带、地表水、地下水及岩土体条件。划分出地质条件建设适宜性等级分区。

3.1.1.2 项目可行性研究决策阶段

可行性研究阶段需要对地下综合管廊建设地区自然、气候、市场、技术、经济以及环境和社会等多方面进行全面深入的调研和定量分析计算，建设方案进行比选择优，充分论证项目建设用地、市政配套是否落实，技术路线是否可行，资金来源是否到位。

推广政府与社会资本合作模式（PPP），形成政府主导、社会参与的公共服务模式。据财政部 2014 年底发布的《关于开展中央财政支持地下综合管廊试点工作的通知》规定，国家将对地下综合管廊试点城市给予专项资金补助，青岛市也同等程度上对地下综合管廊试点项目进行奖补。对采用 PPP 模式达到一定比例的，将按相应补助基数奖励 10%。

3.1.2 决策阶段地下综合管廊成本控制指标测算

2016 年青岛市入选全国第二批地下综合管廊试点城市后，掀起了地下综合管廊项目建设的热潮。2016 年至 2017 年，青岛市部分地下综合管廊决策阶段造价情况如表 3-1 所示。地下综合管廊估算投资包含建安工程费、管廊本体设备购置费、工程建设其他费和基本预备费，不含入廊专业管线敷设费用。管廊建筑工程包括标准段、吊装口、通风口、管线分支口、人员出入口、交叉口和端部井等。

表 3-1　青岛市部分地下综合管廊决策阶段造价情况

序号	项目名称	舱室类型	长度（km）	断面尺寸（m）	估算投资（万元）	成本指标（万元 /km）	净面积指标（万元 /m²）
1	山大东路综合管廊	1 舱	3.65	3.0 × 3.0	9465	2593	0.86
2	山大南路综合管廊	1 舱	1.60	3.4 × 3.0	4759	2974	0.83
3	中德生态园纵七路综合管廊	2 舱	0.80	（2.3+2.4）× 3.0	4810	6013	1.28
4	滨海公路综合管廊	3 舱	2.70	（2.5+3.2+2.1）× 2.5	22909	8485	1.09
5	江山路前湾港路交叉口综合管廊	3 舱	1.30	（3+3.5+3）× 3	14300	11000	1.16
6	规划西 1 号线综合管廊	5 舱	1.05	［（2.1+4.7+1.6）× 3］+［（1.9+2.1）× 2.4］	16500	15714	1.27
7	安顺路综合管廊	4 舱	1.07	［（6.2+3.6）× 3.5］+［1.9 ×（2.9+2.4）］	18300	17103	1.26

注：地下综合管廊长度不含分支线管廊长度，估算指标 = 估算投资 / 主廊长度，净面积指标 = 成本指标 /（管廊净宽 × 1000）。

逐步推进地下综合管廊建设，对不同断面的综合管廊建设工程造价的进行了规定。管廊本体包括管廊建筑工程、供电照明、通风、排水、自动化及仪表、通信、监控及报警、消防等辅助设施，以及入廊电缆支架的相关费用，但不包括入廊管线、电（光）缆桥架以及给水、排水、热力、燃气管道支架。管廊本体工程指标基价包含地下综合管廊建安工程费、管廊本体设备购置费、工程建设其他费和基本预备费。指标包括土方工程、钢筋混凝土工程、降水、维护结构和地基处理等，但未考虑湿陷性黄土区、地震设防、永久性冻土和地质情况十分复杂等地区的特殊要求，如发生时应结合具体情况进行调整。

表 3-2　城市综合管廊工程投资估算指标

序号	舱室类型	断面面积（m²）	指标基价（元 /m）	序号	舱室类型	断面面积（m²）	指标基价（元 /m）
1	1 舱	10	51091	13	4 舱	65	218928
2	1 舱	20	61133	14	4 舱	75	236368
3	1 舱	35	75557	15	4 舱	85	301078
4	2 舱	20	61133	16	5 舱	45	163742
5	2 舱	35	97815	17	5 舱	55	188896
6	2 舱	45	122121	18	5 舱	65	245054
7	3 舱	35	97815	19	5 舱	75	260950
8	3 舱	45	139953	20	5 舱	85	325697
9	3 舱	55	162061	21	5 舱	95	331938
10	4 舱	35	97815	22	6 舱	85	325697
11	4 舱	45	163742	23	6 舱	95	360476
12	4 舱	55	172394				

根据上述结果，综合管廊决策阶段成本与管廊断面面积可近似为线性关系；断面面积相同，舱室数量增加，造价指标出现增高的趋势。

根据文献［5］得出综合管廊建设成本与断面面积的线性关系，以此与青岛市地下综合管廊决策阶段建设成本进行对比分析，结果如图 3-2 所示。

城市综合管廊建设费用与管廊断面面积的关系用式（3-1）来表示，两者相关系数 R^2 为 0.9647，说明两者线性关系良好。青岛市综合管廊建设费用与断面面积的关系可用式（3-2）来表示，两者相关系数 R^2 为 0.972，说明两者线性关系良好。

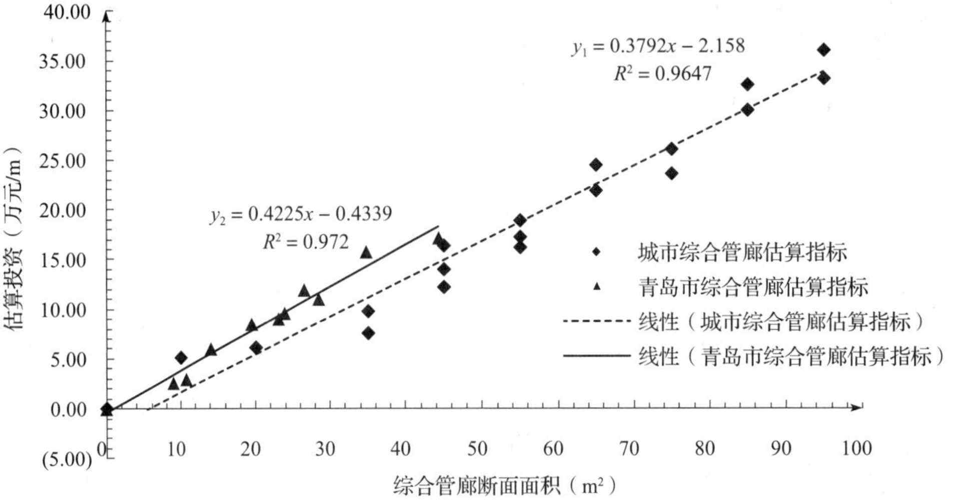

图 3-2　地下综合管廊建设成本与断面面积关系图

$$y_1 = 0.3792x - 2.158 \quad (3\text{-}1)$$

$$y_2 = 0.4225x - 0.4339 \quad (3\text{-}2)$$

式中，y 为综合管廊建设费用（万元），x 为综合管廊断面面积（m^2）

由上式可以看出，决策阶段单位断面面积青岛市综合管廊建设费用高于《造价指标》中城市综合管廊建设费用，提高约 10% 左右，原因如下：

（1）相同断面面积条件下，青岛市综合管廊舱室数量多于《造价指标》中城市综合管廊舱室数量，造成造价指标偏高；

（2）青岛市综合管廊建设过程中，为与远期规划相协调，同步建设部分预留支线管廊，增加造价指标；

（3）与《造价指标》中综合管廊相比，青岛市综合管廊建设项目根据工程具体情况为多种断面类型组合，测算中采用平均断面面积对造价指标有一定影响；

（4）青岛市综合管廊考虑各管廊建设的具体条件，增加了特殊条件下地基处理、基坑支护、外电源引入等《造价指标》规定以外的费用。

3.2　地下综合管廊开发阶段成本控制

3.2.1　方案设计阶段

方案设计的主要任务是提出设计方案，即根据设计任务书的要求和收集到的必要基础资料，结合地下综合管廊建设地点环境，综合考虑技术经济条件和地下综合管廊工艺要求，对地下综合管廊位置、平面布局、空间组合进行可能的合理安排，提出两个或多个方案。

地下综合管廊设计方案遵循“效益至上”的原则，对综合管廊建设方案进行比选。同时，要求设计人员必须牢固树立经济意识，克服重技术、轻经济、设计保守浪费的倾向。技术和经济评价人员应有必要的专业知识，了解设计意图，熟悉工艺技术方案，和设计人员密切配合，用动态分析方法进行多方案技术经济比较。通过方案优化，使工艺合理，从而减少地下综合管廊建设期成本。

3.2.2 初步设计阶段

初步设计是根据可行性研究报告的要求所做的具体实施方案，目的是阐明在指定的地点、时间和成本控制数额内，建设地下综合管廊在技术上的可能性和经济上的合理性，并通过对地下综合管廊所做出的基本技术经济规定，编制地下综合管廊工程总概算。

初步设计阶段推行限额设计，需要依据最终确定的可行性研究方案和投资估算，对影响投资的因素按专业分解，并将规定的投资限额下达到各专业设计人员。各专业设计人员应用价值工程的基本原理，通过多方案的技术经济比选，创造出价值较高、技术经济性较为合理的初步设计方案，并将设计概算控制在批准的投资估算内。在地下综合管廊建设成本不变的情况下，实现综合管廊使用功能和建设规模最大化。

青岛市地下综合管廊概算编制主要采用概算定额法，经各级发改部门委托专业咨询机构进行审查，最终批复地下综合管廊初步设计概算，地下综合管廊各部分建设成本比例如图 3-3 所示。

青岛市地下综合管廊建设期成本主要由建安工程费、工程建设其他费和基本预备费构成。根据图 3-3 可知，建安工程为占总成本的 90%，其中土建成本约占 71%、设备购置及安装工程成本约占 19%，建设工程其他费占总成本 7%，基本预备费占总成本 3%。因此，青岛市地下综合管廊建设期成本控制应主要从建安工程费进行控制，并以土建工程成本为主。

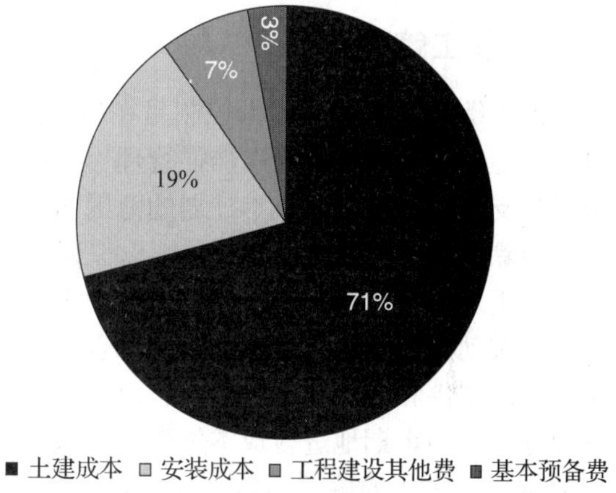

图 3-3　青岛市地下综合管廊建设期成本占比图

3.3 地下综合管廊实施阶段成本控制

3.3.1 施工图设计

施工图设计是根据初步设计的要求，结合现场实际情况，完整地表现综合管廊建筑外形、内部空间分割、结构形式、构造状况以及与周围环境的配合。在工艺方面，应具体确定各种设备的型号、规格等。本文将在第 5 章结合具体工程实例详细分析地下综合管廊施工图设计阶段的成本控制。

3.3.2 招投标管理

招标投标是市场经济条件下进行的工程建设项目发包与承包，以及服务项目采购与提供时，各卖方（投标人）提出自己的条件，买方（招标人）选择条件最优者的一种交易方式。

青岛市地下综合管廊试点项目均采用招标投标的方式，招标投标制有利于发挥市场经济条件下竞争优势；有利于提高市场信息的透明度；有利于促进技术进步，降低产品生产成本；有利于供求双方的相互了解；有利于产品的需求者以最经济的手段实现需求目标。

3.3.2.1 招标控制价

青岛市地下综合管廊招标控制价是根据国家及山东省有关规定的计价依据和计价办法、招标文件、市场行情信息，并根据青岛市地下综合管廊设计施工图纸、常规施工方案等具体条件调整编制的，是对地下综合管廊项目限定的最高工程造价。

采用工程量清单计价，招标控制价主要内容包括分部分项工程费、措施项目费、其他项目费、规费和税金。

3.3.2.2 合同形式选择

地下综合管廊施工合同是发包人与承包人就完成管廊土建施工、设备购置及安装、工程保修等工作内容，确定双方权利和义务的协议。管廊建设工程施工合同是管廊建设工程的主要合同之一，是管廊建设质量控制、进度控制、成本控制的主要依据。青岛市地下综合管廊建设施工合同主要采用固定单价合同和固定总价合同。

3.3.3 施工管理

地下综合管廊施工成本控制是在施工过程中，根据成本计划确定的各项成本控制目标，对影响施工成本的各种因素加强管理，采取各种有效方法和措施，将施工中实际发生的各种消耗和支出严格控制在成本计划的范围内，随时揭示并及时反馈，纠正可能或已经发生的偏差，消除施工中的损失浪费现象，以保证项目成本目标实现。

地下综合管廊施工成本控制可分为事前控制、事中控制和事后控制。在项目的施工过程中，需按动态控制原理和主动控制原理对实际施工成本的发生过程进行有效控制。动态控制是以合同文件和成本计划为目标，以进度报告和工程变更与索赔资料为动态资料。在工程过程实施过程中定期地进行成本发生实际值与目标值得比较，通过比较发现并找出实际支出额与成本目标之间的偏差，然后分析偏差的原因并采取有效措施纠偏。主动控制是将“控制”立足于事先主动地分析各种产生偏差的可能，并采取预防措施，通过快速完成“计划 - 动态跟踪 - 再计划”这个循环过程，来尽量减少实际值与目标值得偏离。

3.3.3.1 施工阶段成本计划与控制的措施

施工阶段的成本计划与控制不是仅仅靠控制工程款的支付来实现的，为了取得施工成本管理的理想效果，应当从多方面采取措施实施管理，通常可以将这些措施归纳为组织措施、技术措施、经济措施、合同措施。

组织措施。地下综合管廊施工阶段成本控制工作只有建立在科学管理的基础上，具备合理的管理体制，完善规章制度，稳定作业秩序，完整准确的信息传递，才能取得成效。组织措施是其他各类措施的前提和保障，而且一般不需要增加费用支出，运用得当可以收到良好的效果。管廊施工组织措施是从施工管理的组织方面采取的措施。包括：建立合理的项目组织结构，落实施工成本管理的组织机构和人员，明确各级施工管理人员的任务和分工；编制施工成本控制工作计划、确定合理详细的工作流程；做好施工采购规划，通过生产要素的优化配置、合理使用、动态管理，有限控制时间成本；委托或聘请有关咨询机构或工程经济专家做好施工阶段必要的技术经济分析与论证。

技术措施。技术措施不仅对解决成本管理过程中的技术问题是不可或缺的，对纠正施工成本管理目标偏差有重要作用。管廊施工过程中降低成本的技术措施包括：对设计变更进行技术经济分析，严格控制设计变更；继续改进设计，挖掘成本节约潜力；确定最佳的施工方案，最合适的施工机械、设备使用方案；审核承包商编制的施工组织计划，对主要方案进行技术经济分析。

经济措施。经济措施是最易为人们所接受和采用的措施，绝不仅仅是财务人员的事情，包括：编制资金使用计划，确定、分解施工成本管理目标；对施工成本管理目标进行风险分析，并制定防范性对策；进行工程计量、复核工程付款账单、签发付款证书；在施工中进行支出跟踪控制，严格控制各项开支；定期收集工程项目成本信息、已完成的任务量情况，更新建筑市场相关成本指数等数据，进行成本分析，对工程施工中的成本支出做好分析预测。

合同措施。采用合同措施控制施工成本，应贯穿从合同谈判开始到合同终结的整个合同周期。

3.3.3.2　工程变更签证及索赔控制

由于地下综合管廊建设项目周期长、涉及关系复杂、受自然条件和客观因素的影响大，导致项目的实际施工情况与招标投标时的情况不一致，出现工程变更。由于变更所引起的工程量的变化、工程的延误等，都可能使项目的成本超出原来的预算成本，需重新调整合同价款。

3.3.3.3　费用偏差分析及纠偏

在地下综合管廊工程的进展中，应当以资金使用计划为依据进行费用偏差分析，即定期地进行计划费用与实际费用的比较，当比较发现发生偏离时，分析偏差原因，采取适当的纠偏措施进行动态控制；同时，根据已完工程的实际支出，对工程项目进行重新的认识，并作出项目费用趋势分析，提出改进和预防偏差措施对费用进行严格控制。

第 4 章　青岛市地下综合管廊成本控制改进措施

综合管廊建设成本高、收益慢是限制综合管廊建设的重要因素，综合管廊的成本控制应是全过程控制，从决策阶段到最后拆除阶段都应该进行成本控制，本章着眼于决策阶段、开发阶段和实施阶段，对综合管廊的成本控制提出相应的改进措施。

4.1　地下综合管廊决策阶段成本控制改进措施

4.1.1　因地制宜、合理规划

综合管廊建设应从市、区自身实际发展需求和建设条件出发，合理确定管廊建设目标、规模和类型，防止盲目贪大求多、不切实际。按照“先规划、后建设”的原则，编制《青岛地下综合管廊专项规划》(2016-2030年)，指导青岛市地下综合管廊的建设。

对综合管廊建设的片区进行划定，并确定地下综合管廊的重点建设区和一般建设区，划分出适建区、选择性建设区域、慎建区。

地下综合管廊适建区。主要为新开发的城市商业中心、城市地下空间高强度成片集中开发区、重要广场、高铁、机场、港口等重大基础设施所在区域；交通流量大、地下管线密集的城市主要道路及远景道路；配合轨道交通、地下道路、城市地下综合体等建设工程地段和其他不宜开挖路面的路段等。

选择性建设区域。主要为开发时限较近的城市建成区内，虽然建成区地下综合管廊的需求较高，但是由于多数道路、城区已经建设完毕，不存在地下综合管廊建设的条件，因此并不适宜作为地下综合管廊大规模建设区域，应当考虑放在远期建设，当在周边地块对管线需求增加或道路需扩宽时，再建设地下综合管廊。

慎建区。主要为城市的老城区，城区发展已基本完成，道路与市政管线均已建设完毕并投入使用，若强行施工修建地下综合管廊，将会造成道路开挖堵塞交通，同时需考虑已建成绿化带迁移、现有管线临时改迁等问题，对周围居民造成严重影响，提高管廊建设成本，因此定为慎建区。

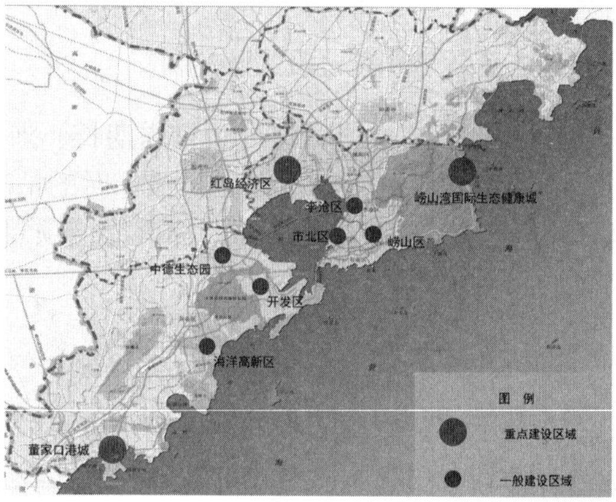

图 4-1　2016—2030年青岛市地下综合管廊专项规划图

图4-1为2016—2030年青岛市地下综合管廊专项规划，从图中可以看到，青岛市地下综合管廊的建设区域主要集中在新开发的城市商业中心、城市地下空间高强度成片集中开发区、重要广场、高铁、机场、港口等重大基础设施所在的区域。

结合青岛市城市总体规划，全面贯彻“全域统筹、三城联动、轴带展开、生态间隔、组团发展”的城市空间发展战略。其中，“三城联动”指以胶州湾为核心，东岸老城区重在做优做美，着力加快城区改造提质和内涵式发展；西岸城区重在做大做强，打造海洋经济特色鲜明的新区；北岸城区重在做高做新，有效整合周边区域，高水平打造科技型、生态型、人文型新城区。

满足青岛地下综合管廊专项规划要求，布局紧凑集约，又辐射发散，与周边的建设项目及用地紧密结合，就近、全面、系统地为其提供市政配套服务，最大程度发挥综合管廊的优势，为青岛市的快速发展提供强有力的基础保障。

目前，青岛市地下综合管廊处于试点建设阶段，择优选择了新区建设地下综合管廊。如蓝色硅谷核心区地下综合管廊系统布局（图4-2）、高新区西片区地下综合管廊系统布局（图4-3）。新区建设地下综合管廊主要优势有：（1）与新建道路一起建设，一步到位，大大降低综合管廊建设期成本；（2）新区管理体系完备，便于综合管廊统一规划、建设、运营和管理；科学准确预测市政负荷，保证综合管廊容量合理；（3）路网结构清晰，道路平直，利于综合管廊主干线和支线的布置；（4）利于地下空间的统一开发，该布局紧凑集约，又辐射发散，与周边的建设项目及用地紧密结合，就近、全面、系统地为其提供市政配套服务，最大程度发挥综合管廊的优势，为核心区的快速发展提供强有力的基础保障。

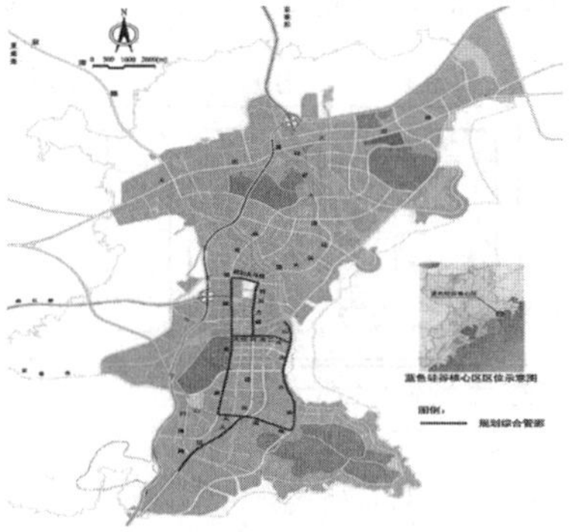

图 4-2　蓝色硅谷核心区综合管廊系统布局

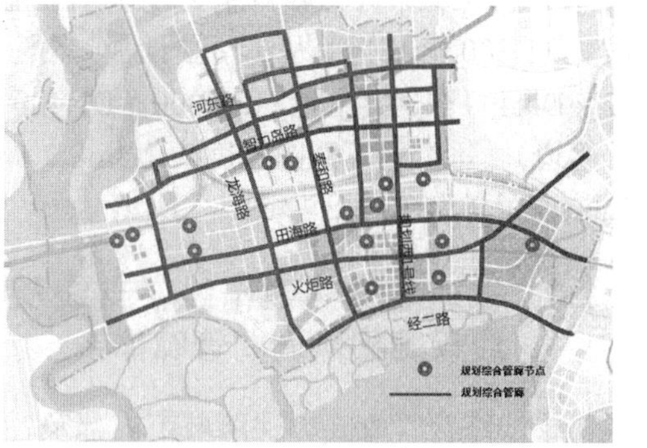

图 4-3　高新区西片区综合管廊系统布局

4.1.2　严格按照政策和规范要求开展可行性研究

为青岛市地下综合管廊建设取得最佳效果，避免失误，在正式立项前进行全面深入的调查、预测、论证，选出技术上先进、经济上合理、实施上可行的最优方案，进行可行性研究规范化管理。规范化管理应符合以下要求：符合国家法律法规；符合国家及本市国民经济和社会发展规划、城市总体规划、土地利用总体规划及行业发展规划；符合国家宏观调控政策、产业政策、行业准入标准；符合本市区域布局和产业结构调整的要求；符合土地、水、能源的合理开发和有效利用要求，有利于促进环境保护和改善生态环境；符合自然文化遗产、文物保护的有关政策；符合社会公众利益，未对建设地及周边地区的公益产生重大不利影响。

4.1.3　严格评审可行性研究，合理确定项目建设规模和投资

首先，依据建设行政主管部门颁布的工程估算或工程概算定额，根据项目设计方案、建设标准，结合工程内容等因素审核投资指标。其次，审核工程建设费用项目是否齐全，有无多列、漏列的现象。再次，审核各项费用费率或计取标准是否符合有关规定。

可行性研究阶段要结合建设条件合理确定地下综合管廊建设规模和舱室类型，地下综合管廊建设规模和舱室类型要与城市发展阶段、管线建设需求及经济可承受能力相适应，并与管廊建设条件相结合。在确定管廊断面面积时，应注重断面大小的可实施性的分析。

例如，青岛市西海岸新区生态园十七号线道路拟建范围为珠宋路至青兰高速段，拟建道路总长度为1330m。道路规划为城市次干道，机动车道宽度15m，每侧绿化隔离带宽度2.5m，慢行车道宽度2.5m、人行道宽度2.5m。结合新建道路规模，新建十七号线综合管廊一条、电力支廊一条，综合管廊主廊全长约1119m，电力支廊全长约为290m。主廊管廊与西侧园区四号线综合管廊相连，向东与电力支廊相连。从西向东分别与珠宋路、环三号线、红十一号线、生态园十号线、换三号线相连，并做出廊设计。电力支廊为综合管廊电力舱室的分支，接入环三号线110kVA变电站内。十七号线雨水考虑河道及海绵城市等诸多因素，且雨水受地形条件约束较大，不适宜将雨水管道入廊。根据中德工业园最终规划要求，十七号线道路下无燃气管道，因此暂不需预留燃气舱。十七号线道路给水管线西与远期四号线管廊相连，且给水管道为压力管道，受地形影响小，考虑将给水管道纳入综合管廊中。中水管道因是压力管道，且受地形条件制约较小，考虑将中水管道纳入综合管廊内。十七号线地下电力管道分为110kVA、35kVA、10kVA三种管道，因电力管道可以将其纳入综合管廊内，考虑将地下电力管道纳入综合管廊内。通信管道管径较小，考虑将通信管道纳入综合管廊

内。热力管道管径为DN400，将其纳入综合管廊内，管廊位置与中水、污水同在一个舱室。因此十七号线综合管廊舱室类型采用三舱布置，依次电力舱（110kV、10kVA、35kVA）、水信舱（D300 给水管道及 24 孔通信）、热污舱（2×DN400 热水管道、DN300、DN400 污水管道）。每个舱室的净宽度为 2.4m、2.0m、3.3m，净高为 3.0m，如图 4-4 所示。

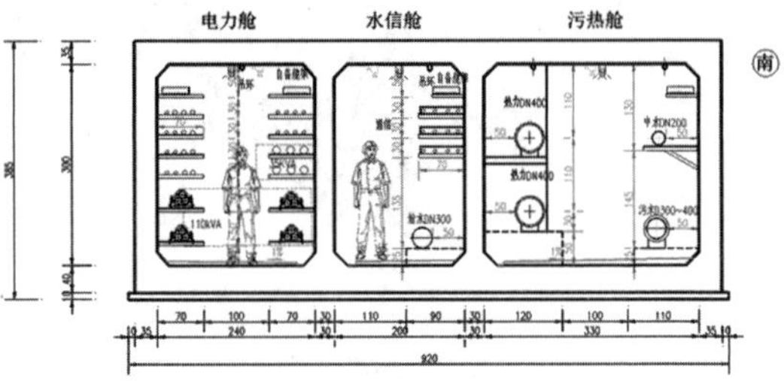

图 4-4　十七号线地下综合管廊断面图

4.1.4　根据需求构建干线、支线及缆线管廊相协调的管廊体系

干线综合管廊要以保障城市内部及各组团间重要能源输配系统安全为目标，统筹规划实施。支线综合管廊是保障服务周边地块、缆线管廊及信息传递等作用。干线、支线及缆线综合管廊形成一个有机的整体，像一棵大树的主干和分支一样优劣互补、协同工作，如图 4-5 所示。

4.1.5　加快缆线管廊建设、解决现阶段“城市病”

与干支线综合管廊相比，缆线管廊建设成本低、建设难度小，而实施效果显著。因此，在满足市政管网建设密度和经济、技术发展条件下，结合旧城、道路改造及新区开发、新建道路，加快缆线管廊建设、实现架空缆线入地。缆线管廊的建设可有效解决现阶段“马路拉链”“空中蜘蛛网”等城市病，因缆线管廊建设期成本较低，可降低城市的财政压力。

图 4-5　干线、支线及缆线管廊系统树状示意图

4.2　地下综合管廊开发阶段成本控制改进措施

4.2.1　做好地下综合管线情况普查工作

地下综合管廊方案设计前，尚应做好地下综合管线情况普查工作。青岛市地下管线普查工作开展较早，1977 年，青岛市基础地理信息中心开始在大沽河引水工程项目中启动开展管线测量业务。随后不断发展，1999 年 6 月，青岛市委托勘察测绘研究院开始了“青岛市综合地下管线系统”开发和建库工作。2012 年，“数字青岛地理空间框架建设”项目建设完成。主要包括一个基础地理信息数据库、一套地理信息公共平台、基于平台的应用示范项目以及保证平台顺利运行的运行支撑体系四大部分。2015 年 6 月，青岛市市区地下管线普查与信息化建设项目圆满完成，顺利通过专家验收，提前半年完成国务院确定的目标任务（国办发〔2014〕27 号）。此次共完成三区 9000 余 km 地下管线普查，建成了地下管线数据库及

图 4-6　青岛市地下管线信息管理系统图

地下管线信息管理系统、地下管线三维展示系统和地下管线浏览查询系统，如图 4-6 所示。具备了数据入库、更新、查询、分析、三维展示等功能，不仅实现了地下管线及地上构筑物的三维展示，而且实现了地上、地下三维一体化可视表达。充分服务于城市规划、建设和管理等各项工作。

4.2.2 合理选择地下综合管廊位置

方案设计中，地下综合管廊位置较为重要，尤其是老城区涉及征地拆迁等因素，直接影响地下综合管廊建设期成本。例如，安顺路道路两侧原用地为工业用地，规划变更为商住用地，现区域内碱厂、钢厂等工业企业已陆续停产、搬迁，大片地块待开发，开发建设强度大、人口密集，安顺路综合管廊沔阳路 - 衡阳路段，长约 1.5km，总投资约 5 亿元，其中拆迁费 1.6 亿元，占总投资的 30%，衡阳路—遵义路段，长约 1.8km，总投资约 8 亿元，其中拆迁费约 3 亿元，占总投资的 37.55%。安顺路地下综合管廊位置如图 4-7 所示。

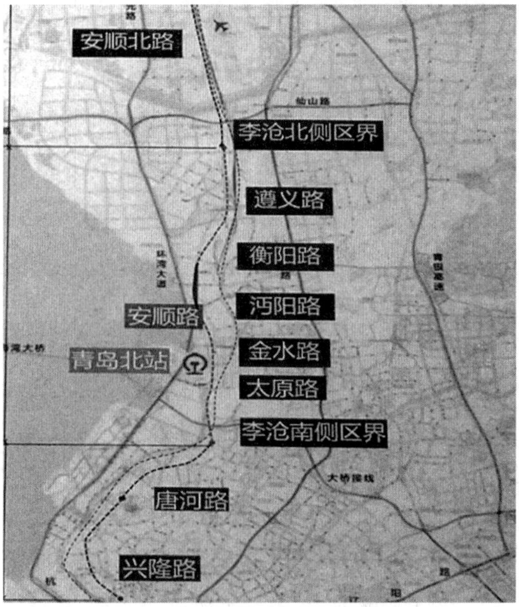

图 4-7 安顺路地下综合位置图

4.2.3 严格审核批复初步设计及概算

初步设计阶段推行限额设计，需要依据最终确定的可行性研究方案和投资估算，对影响投资的因素按专业分解，并将规定的投资限额下达到各专业设计人员。各专业设计人员应用价值工程的基本原理，通过多方案的技术经济比选，创造出价值较高、技术经济性较为合理的初步设计方案，并将设计概算控制在批准的投资估算内。在地下综合管廊建设成本不变的情况下，实现综合管廊使用功能和建设规模最大化。青岛市 8 条地下综合管廊试点项目初步设计批复概算总投资及投资指标情况如表 4-1 所示。

表 4-1 青岛市地下综合管廊试点项目初步设计批复概算投资表

序号	名称	舱室数量	规划入廊管线种类	断面尺寸（m × m）	类型	管廊长度（m）	总投资（万元）	净面积指标（万元 /m²）
1	山大南路综合管廊建设工程	单舱	4 种：给水、电力、通信、中水	3.4 × 3.0 4.0 × 3.0	干支线	1640	4737	0.75
				2.5 × 2.5 3.4 × 3.0	分支线	294		
2	山大东路综合管廊建设工程	单舱	4 种：给水、电力、通信、中水	3.0 × 3.03.6 × 3.0	干支线	3477	9432	0.75
				3.0 × 3.0	分支线	20		
3	滨海公路综合管廊建设工程	三舱	6 种：给水、电力、通信、燃气、中水、污水	7.8 × 2.5	干支线	1577	22826	0.97
		四舱		10.2 × 2.5	干支线	1102		
		单舱		2.5 × 2.5	分支线	10		

续表

序号	名称	舱室数量	规划入廊管线种类	断面尺寸（m×m）	类型	管廊长度（m）	总投资（万元）	净面积指标（万元/m²）
4	青岛中德生态园纵七路地下综合管廊	双舱	5种：给水、中水、污水、电力、通信	4.7×3.0	干支线	781	4810	1.15
		单舱		3.0×3.0	分支线	176		
5	江山路前湾港路交叉口地下综合管廊	三舱	5种：给水、电力、通信、热力、中水	9.5×3.0	干支线	294	10863	1.11
		双舱		6.0×3.0	干支线	1072		
		单舱		3.0×3.0	分支线	191		
7	高新区规划西一号线道路及综合配套工程	五舱	8种：给水、电力、通信、热力、燃气、中水、污水、雨水	8.4×3.0+4.0×2.4	干支线	430	8228	0.76
		四舱		8.4×3.0+2.1×2.4	干支线	314		
		三舱		6.3×3.0+2.1×2.4	干支线	187		
		双舱		4.2×2.8	分支线	128		
		单舱		1.9×2.4	分支线	58		
8	安顺路综合管廊项目	四舱	7种：给水、电力、通信、燃气、热力、污水、中水	9.8×3.5＋1.9×2.9＋1.9×2.4	干支线	607	11644	0.97
		三舱		9.8×3.5+1.9×2.9	干支线	217		
		双舱		7.3×3.59.8×3.5	分支线	162		

由表 4-1 与表 3-1 对比可知，通过审核地下综合管廊初步设计及概算，成本指标均有所降低，一般在 10% 左右。

4.3 地下综合管廊实施阶段成本控制改进措施

4.3.1 地下综合管廊混凝土用量控制

混凝土是地下综合管廊建设工程主体结构的主要材料之一，混凝土的用量直接影响地下综合管廊的建设成本，在保证地下综合管廊安全使用的前提下减少混凝土用量是减少综合管廊建设成本的有效途径。根据青岛市地下综合管廊试点项目设计施工图，得出地下综合管廊标准断面面积及混凝土用量统计表，如表 4-2 所示。由表中结果可知，地下综合管廊断面面积与截面面积比值为 0.66 ～ 0.75，地下综合管廊每 1m² 断面的混凝土用量为 0.33 ～ 0.52m³。不同设计单位对地下综合管廊截面尺寸的选定不尽相同，断面面积与截面面积的比值总体趋于 0.7，地下综合管廊每 1m² 断面混凝土用量趋近于 0.42，如表 4-2、图 4-8 所示。虽然，单位断面面积混凝土用量基本稳定，受具体项目建设情况影响上下浮动，但单位断面混凝土最大用量比最小用量增加 58%。所以，通过减小地下综合管廊混凝土用量来控制地下综合管廊建设期成本，仍有较大幅度的改进空间。

表 4-2　青岛市地下综合管廊试点项目标准断面混凝土用量统计表

管廊名称	舱室类型	截面尺寸（m×m）	断面尺寸（m×m）	每 1m² 混凝土量（m³）	断面 / 截面	混凝土 / 断面面积
①	②	③	④	⑤	⑥＝④/③	⑦＝⑤/④
山大南路	单舱	4×3.6	3.4×3	4.2	0.71	0.41
山大东路	单舱	3.6×3.6	3×3	3.96	0.69	0.44
新机场南三路	单舱	4.2×4.2	3.6×3.6	4.68	0.73	0.36
中德十七号线	双舱	9.18×3.75	（2.4＋2＋3.3）×3	11.325	0.67	0.49

续表

管廊名称	舱室类型	截面尺寸（m×m）	断面尺寸（m×m）	每 1m² 混凝土量（m³）	断面 / 截面	混凝土 / 断面面积
①	②	③	④	⑤	⑥ = ④ / ③	⑦ = ⑤ / ④
中德纵七路	双舱	5.6×3.6	（2.3＋2.4）×3	6.06	0.70	0.43
江山路前湾港路交叉口	双舱	7.4×3.6	（3＋3.5）×3	7.14	0.73	0.37
海口路管廊	双舱	6.3×4.4	（2.3＋2.9）×3.5	9.52	0.66	0.52
高新区规划西一号线	双舱	5.85×3.6	（3.4＋1.6）×3	6.06	0.71	0.40
新机场南三路	双舱	6.1×4.2	（2.8＋2.4）×3.6	6.9	0.73	0.37
新机场南六路	双舱	7.3×3.6	（2.8＋3.6）×3	7.08	0.73	0.37
滨海公路	三舱	9×3.15	（2.5＋3.2＋2.1）×2.5	8.85	0.69	0.45
硅谷大道主廊	三舱	6.85×3.6+2.8×3.3	（2.5+3.5）×3+2.2×2.7	9.96	0.71	0.42
硅谷大道支廊	三舱	5.25×3.6+2.5×3	（1.6+2.8）×3+1.9×2.4	8.64	0.67	0.49
江山路前湾港路交叉口	三舱	10.7×3.6	（3＋3.5＋3）×3	10.02	0.74	0.35
高新区规划西一号线	三舱	9.6×3.8	（2.1＋4.7＋1.6）×3	11.28	0.69	0.45
新机场南六路	三舱	10×4.2	（2.4＋2.8＋3.6）×3.6	10.32	0.75	0.33
新机场南八路	三舱	12×3.8	（2.4＋5.3＋2.9）×3	13.8	0.70	0.43
中德十七号线	三舱	9.1×3.85	（2.4＋2＋3.3）×3	11.935	0.66	0.52
贡北路	四舱	8.35×4.6＋3×3.4＋2.5×3.4	（5.1＋2.3）×3.8＋2.4×2.8＋1.9×2.8	16.95	0.70	0.42

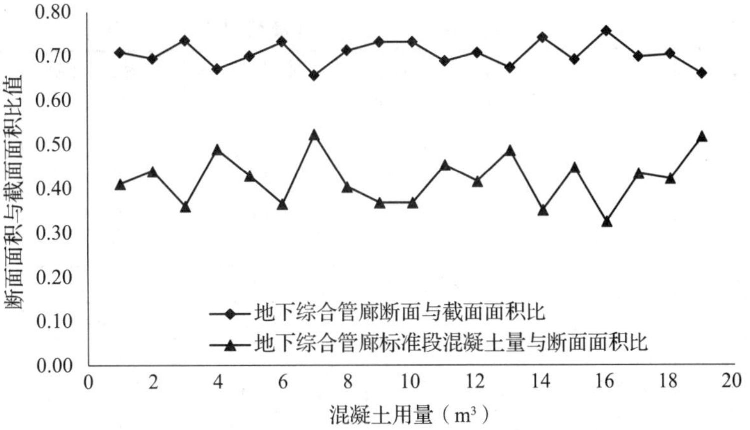

图 4-8　地下综合管廊断面及混凝土用量情况统计图

4.3.2　地下综合管廊钢筋用量控制

地下综合管廊钢筋用量与混凝土用量是相匹配的，表 4-3 中列出了青岛市部分地下综合管廊试点项目标准断面的钢筋用量。由表 4-3 可知，地下综合管廊单位断面面积的钢筋用量为 50.95 ～ 96.07kg。青岛市地下综合管廊混凝土配筋量一般选取合适的力学模型，确定最不利荷载组合，通过结构计算并满足构造措施而确定。虽然，地下综合管廊混凝土结构配筋根据具体项目情况而定，但是最大配筋量比最小配筋量增大 89%。因此，通过减小钢筋用量控制地下综合管廊建设期成本有较大幅度的改进空间。

表 4-3　青岛市地下综合管廊试点项目钢筋情况统计表

管廊名称	舱室类型	断面尺寸（m×m）	延米钢筋量（kg/m）	平米钢筋用量（kg/m²）
山大南路	单舱	3.4×3	799.5	78.38
山大东路	单舱	3×3	660.23	73.36
胶东机场南三路	单舱	3.6×3.6	819.91	63.26
中德纵七路	双舱	（2.3+2.4）×3	991.5	70.32
江山路前湾港路交叉口	双舱	（3+3.5）×3	1300.5	66.69
高新区规划西一号线	双舱	（3.4+1.6）×3	1720.733	114.72
新机场南三路	双舱	（2.8+2.4）×3.6	1147.41	61.29
新机场南六路	双舱	（2.8+3.6）×3	1098.44	57.21
硅谷大道主廊	三舱	（2.5+3.5）×3+2.2×2.7	1229.94	51.38
硅谷大道支廊	三舱	（1.6+2.8）×3+1.9×2.4	1063.89	59.90
新机场南六路	三舱	（2.4+2.8+3.6）×3.6	1614.18	50.95
新机场南八路	三舱	（2.4+5.3+2.9）×3	2906.38	91.40
中德十七号线	三舱	（2.4+2+3.3）×3	2219.2	96.07

地下综合管廊的埋深影响综合管廊的设计，埋深越深其所受的上覆和周边土压力变大，地下综合管廊的板厚增大，使混凝土和钢筋用量也增大。表 4-4 给出了江山路前湾港路交叉口综合管廊不同埋深情况下的综合管廊板厚及钢筋混凝土量。从表中可以看出根据综合管廊的埋深情况，设计给出了不同的板厚设计，板厚从 30cm 增加到 55cm，从而导致的钢筋混凝土用量增加。可见，埋深增加将导致主体结构建设成本的增大。而是否有必要较大幅度的增加板厚及配筋尚需进一步研究探讨。

表 4-4　江山路前湾港路交叉口综合管廊钢筋混凝土用量

序号	舱室类型	覆土厚度（m）	板厚（cm）	断面尺寸（m×m）	混凝土量（m³）	体积配筋率（t/m³）	混凝土/断面面积（m³/m²）	钢筋/断面面积（kg/m²）
1	双舱	3.5	30	3×3+3.5×3	7.3	0.178	0.37	66.69
2	三舱	3.5	30	3×3+3.5×3+3×3	10.26	0.166	0.36	59.73
3	双舱	3.5	30	3×3+3×3	7	0.179	0.39	69.79
4	双舱	5.0	45	3×3+3×3	10.24	0.146	0.57	82.87
5	三舱	5.0	45	3×3+3×3+3×3	12.69	0.156	0.47	73.18
6	单舱	6.0	45	3.5×3	6.74	0.161	0.64	103.63
7	单舱	6.5	40	3×3	5.52	0.182	0.61	111.59
8	双舱	7.0	50	3×3+3.5×3	11.86	0.148	0.61	89.88
9	三舱	7.0	50	3×3+3.5×3+3×3	16.14	0.127	0.57	72.12
10	三舱	8.5	55	3×3+3.5×3+3×3	17.7	0.125	0.62	77.91

4.3.3　地下综合管廊防水工程控制

地下综合管廊防水以混凝土自防水为主，以外包防水卷材措施为辅，如表 4-5 所示。由表可知，地下综合管廊防水混凝土抗渗等级较高，是否需要此抗渗等级要求的混凝土尚需探讨。作为二级防水等级要求的结构，采用两层卷材辅助防水措施的效果是否显著仍需进一步研究。地下综合管廊防水的关键在点而非面，做好施工缝、变形缝等关键节点以及保证混凝土浇筑质量，要比增加辅助防水措施的成本低较多。

表 4-5　青岛市地下综合管廊试点项目防水统计表

序号	管廊名称	防水等级	结构自防水	辅助防水措施
1	山大南路	二级	C35 P8 防水混凝土	喷涂速凝橡胶沥青防水涂料 2.0mm，30 ～ 50g 聚酯胎基布钉固
2	山大东路	二级	C35 P8 防水混凝土	自粘聚合物改性沥青防水卷材采用湿铺法交叉压聚乙烯膜自粘防水卷材，1.5mm + 1.5mm
3	中德十七号线	二级	C40 P6 防水混凝土	1.5mm 厚 CPS 反应粘结型高分子湿铺防水卷材
4	中德纵七路	二级	C35 P8 防水混凝土	自粘聚合物改性沥青防水卷材采用湿铺法交叉压聚乙烯膜自粘防水卷材，1.5mm + 1.5mm
5	江山路前湾港路交叉口	二级	C40 P8 防水混凝土	防水卷材采用 PYID 3.0 10 型自粘聚合物改性沥青防水卷材
6	新机场南三路	二级	C35 P8 防水混凝土	自粘聚合物改性沥青防水卷材采用湿铺法交叉压聚乙烯膜自粘防水卷材，1.5mm + 1.5mm
7	新机场南六路	二级	C35 P8 防水混凝土	自粘聚合物改性沥青防水卷材采用湿铺法交叉压聚乙烯膜自粘防水卷材，1.5mm + 1.5mm
8	硅谷大道主廊	二级	C35 P8 防水混凝土	自粘聚合物改性沥青防水卷材采用湿铺法交叉压聚乙烯膜自粘防水卷材，1.5mm + 1.5mm
9	新机场南六路	二级	C35 P8 防水混凝土	自粘聚合物改性沥青防水卷材采用湿铺法交叉压聚乙烯膜自粘防水卷材，1.5mm + 1.5mm
10	新机场南八路	二级	C35 P8 防水混凝土	自粘聚合物改性沥青防水卷材采用湿铺法交叉压聚乙烯膜自粘防水卷材，1.5mm + 1.5mm

第 5 章　青岛市贡北路地下综合管廊建设期成本控制分析

根据第 4 章表 4-1，与其他地下综合管廊相比，贡北路地下综合管廊长度最长、建设投资最大、规划入廊管线最多、舱室类型也较全面。该条管廊建设时设置了管理监控中心及变电所等配套用房，且贡北路综合管廊是青岛试点综合管廊之一，具有一定的代表性。因此，本章选取贡北路地下综合管廊为实例对地下综合管廊建设期成本控制进行详细分析。

5.1　工程概况

青岛市董家口经济区贡北路地下综合管廊工程位于青岛市黄岛区琅琊镇及泊里镇，地下综合管廊位于贡北路北侧 20m 绿化带下方，平行道路中心线敷设。工程起点位于琅琊镇王家台后村西北侧滨海公路，终点位于 G204 国道，干线管廊全长约 12.8km，全程穿过 20 余个村庄，自东向西经过滨海公路、旅游路、琅琊东路、贡口西路、中心路、藏马路、红石路、G204 国道。规划入廊管线有给水、再生水、污水、热力、天然气、110kV 电力、10kV 电力、通信八种管线（图 5-1）。

贡北路干支线地下综合管廊目前有三种分舱的形式，分别为污水舱、水力舱、电力舱和燃气舱。根据贡北路市政管线的规划长度，主管廊分舱为三种情况。

干支线三舱截面尺寸为 11.30m×4.60m，包括污水舱、水力舱、电力舱，起点为滨海公路，终点为琅琊东路，段落总长约 3.14km。干支线两舱截面尺寸为 8.35m×4.60m，包括水力舱、电力舱，起点为琅琊东路，终点为中心路，段落总长约 5.37km。干支线四舱截面尺寸为 13.45m×4.60m，包括污水舱、水力舱、电力舱、天然气舱，起点为中心路，终点为 G204 国道，段落总长约 4.19km。截面示意图如图 5-2 所示

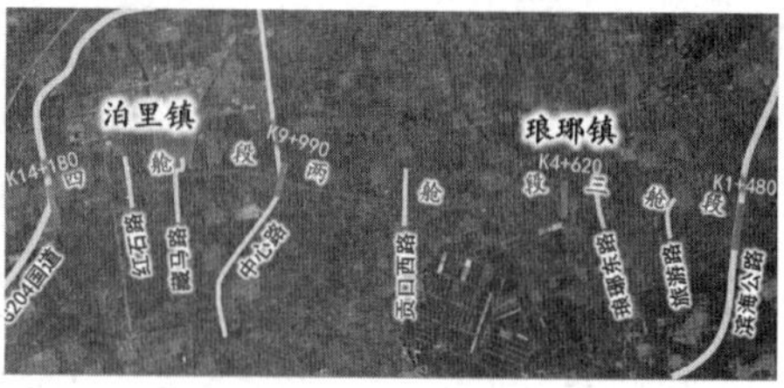

图 5-1　贡北路地下综合管廊区位图

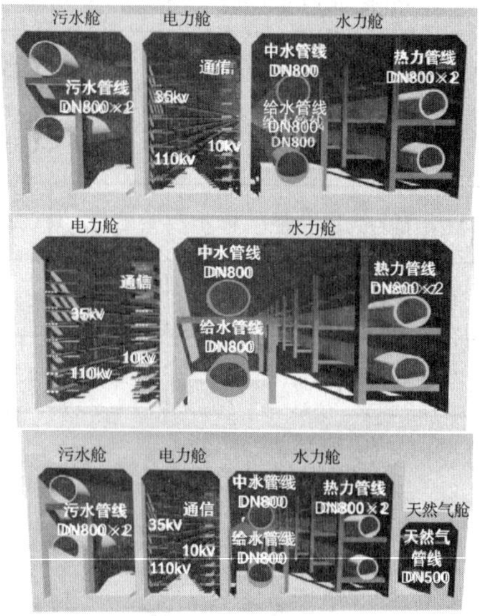

图 5-2　贡北路管廊结构截面示意图

贡北路地下综合管廊本体的建筑工程由标准段和管廊节点组成。管廊节点主要有管廊的通风口、人员出入口、吊装口、管线分支口，节点处为双层箱型现浇混凝土结构，整体埋深约 0.9m 左右。干线管廊主要节点双层箱型结构断面尺寸为夹层净高为 2.3m，管廊层净高 3.8m，净宽根据管廊各舱净宽确定，结构顶板厚 400mm、中隔板厚 300mm，底板厚 450mm，侧墙厚 350mm，夹层内部采用框架结构，框架梁为 500mm×700mm，框架柱为 300mm×500mm，管廊层采用剪力墙结构，剪力墙（中隔墙）厚 250mm 或 300mm，底板下方设 100mm 厚 C15 素混凝土垫层。

根据文献［1］综合管廊逃生口的设置要求，贡北路地下综合管廊节点情况如表 5-1 所示，干支线四舱排风节点夹层平面图及剖面图如图 5-3 ～图 5-4 所示。根据表 5-1 可知，干支线两舱管廊节点间距约 120m，节点段管廊长度与标准段管廊长度比约为 1∶5；干支线三舱管廊节点节点间距约 90m，节点段管廊长度与标准段管廊长度比约为 1∶4，干支线四舱管廊节点间距约 75m，节点段管廊长度与标准段管廊长度比约为 1∶3。

表 5-1　贡北路管廊节点情况

项目名称	总长度（m）	节点名称	节点数量（个）	长度（m）
两舱管廊	5370	标准段	4491	
		排风口	15	879
		进风及吊装口	13	
		管线分支口	15	
		人员出入口	2	
三舱管廊	3140	标准段	2499	
		东侧端头	1	641
		排风口	9	
		进风及吊装口	8	
		管线分支口	15	
		人员出入口	1	

续表

项目名称	总长度（m）	节点名称	节点数量（个）	长度（m）
四舱管廊	4190	标准段	3212	
		西侧端头	1	978
		排风口	25	
		进风及吊装口	11	
		管线分支口	16	
		人员出入口	1	

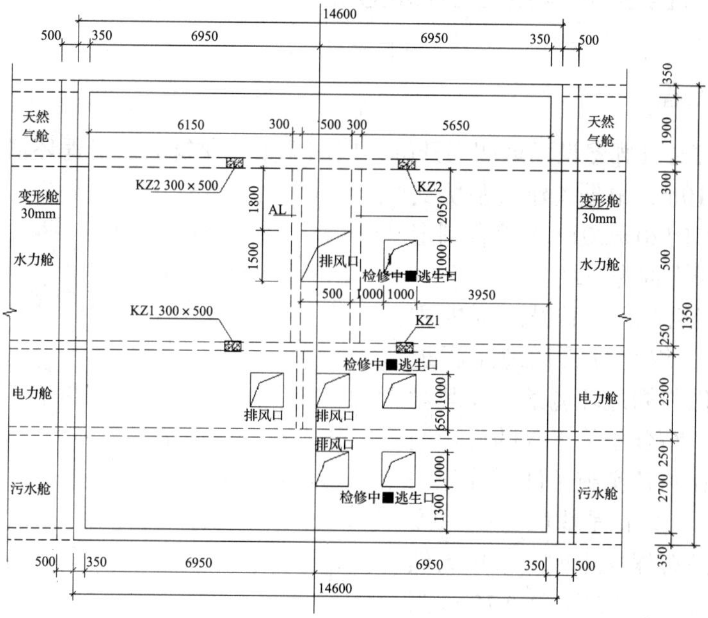

图 5-3 四舱排风节点夹层平面图

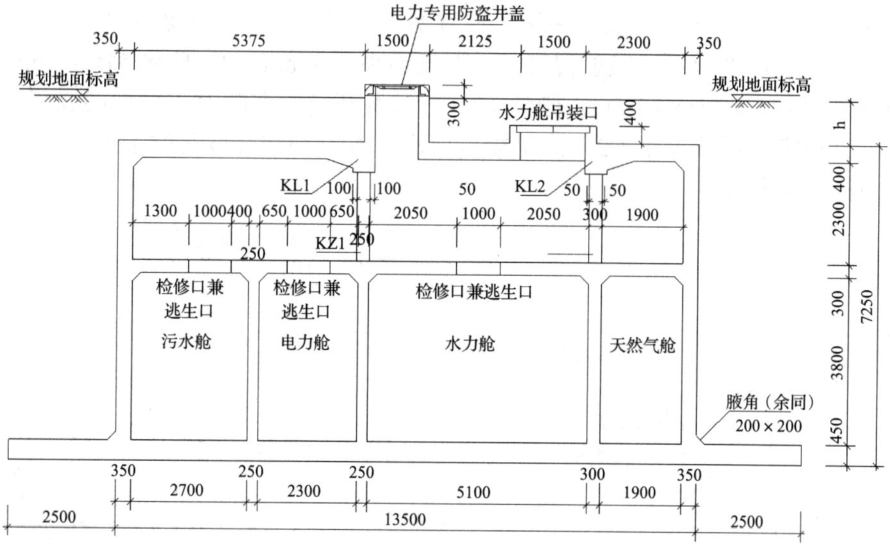

图 5-4 四舱排风节点剖面图

贡北路地下综合管廊为明挖现浇法施工方式，主要施工工序流程如图 5-5 所示。

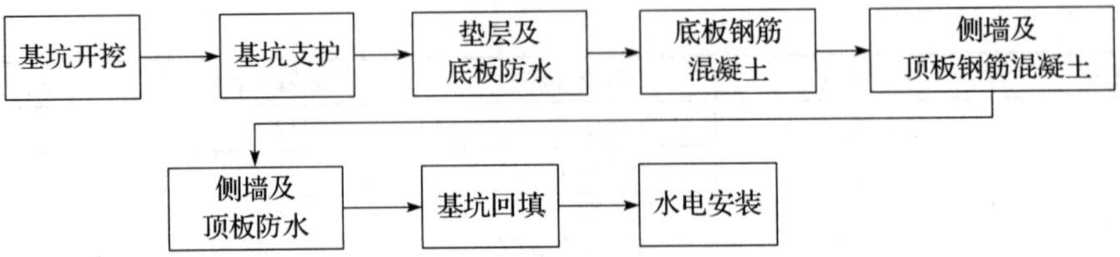

图 5-5　管廊施工工序流程图

5.2　地下综合管廊成本控制指标分析

5.2.1　土石方工程

贡北路地下综合管廊建设场地四周开阔，周围无重要建筑物，工程环境条件较好，基坑开挖深度约 7 ～ 10m，根据《建筑基坑支护技术规程》（JGJ 120—2012 ）综合判定基坑侧壁安全等级全部为三级。

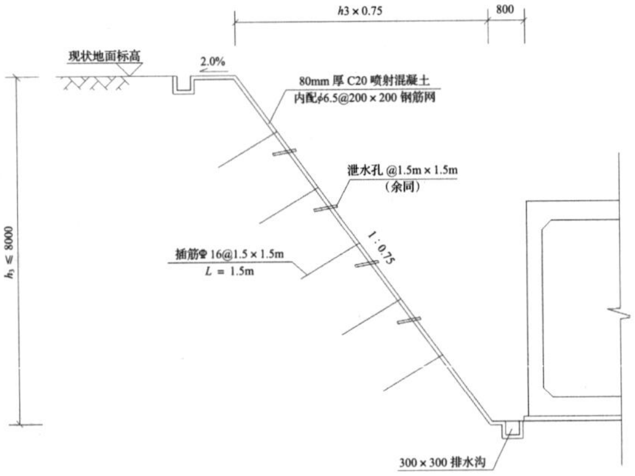

图 5-6　基坑开挖标准断面支护剖面图（一）

根据地质勘察结果，工程范围内主要为Ⅱ～Ⅳ类土，综合分析场地工程地质、水文地质条件与周边环境条件及其对边坡位移的要求，结合相关工程的设计经验，本工程基坑在具备实施条件时优先采用天然放坡开挖。本工程基坑开挖深度约 6 ～ 10m，局部有深挖边坡。采用天然放坡，当 $H \leqslant 8$m 时，坡率 1 : 0.75 ；当 $8\text{m} \leqslant H \leqslant 16$m 时，边坡分两级，一级边坡坡率 1 : 0.75，二级边坡坡率 1 : 1 ；当 $16\text{m} \leqslant H \leqslant 22$m 时，边坡分三级，一级边坡坡率 1 : 0.75，二级边坡坡率 1 : 1，三级边坡坡率 1 : 1.25。坡面面层采用 C20 喷射混凝土，厚度不小于 80mm，内配 ϕ6.5@200mm × 200mm 钢网，插筋采用 ϕ16@1.5m × 1.5m，倾角 10° 。基坑开挖标准断面支护如图 5-6 ～图 5-8 所示，基坑整体稳定性系数大于 1.2，满足规范要求。本工程基坑坑底位于地下水位以下，需采取一定的施工降水措施。

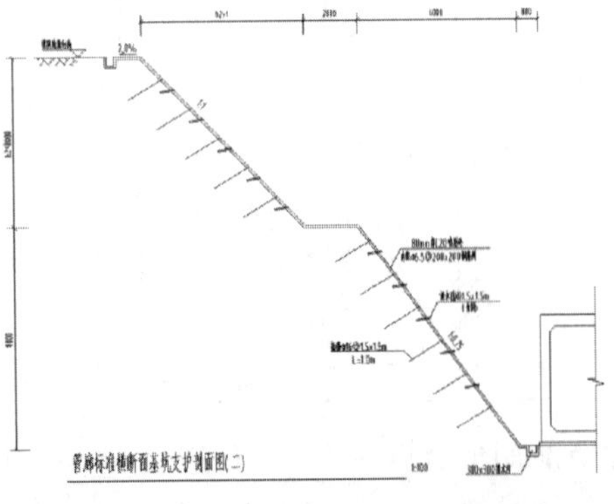

图 5-7　基坑开挖标准断面支护剖面图（二）

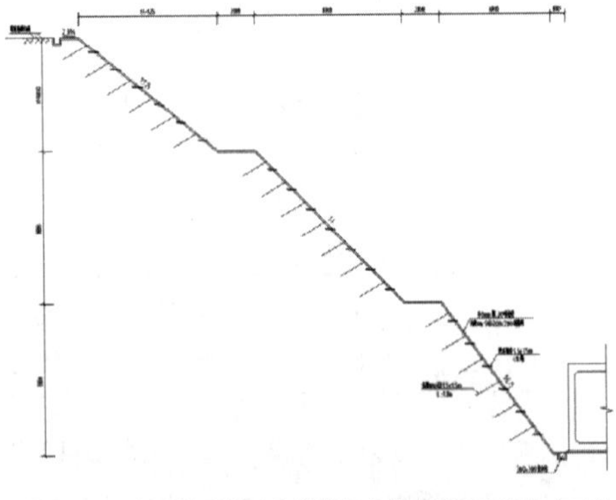

图 5-8　基坑开挖标准断面支护剖面图（三）

管廊回填可采用级配良好的砂土或碎石土、粉质黏土、粉土、黏质粉土，其含水量易为最优含水量，有机质含量不得大于5%。经分析确定，贡北路地下综合管廊开挖土方满足回填要求。

根据贡北路地下综合管廊基坑开挖及支护方案，经测算管廊建筑工程中土石方开挖及支护的工程量指标和费用指标如表5-2、表5-3所示。

表5-2 贡北路地下综合管廊开挖及支护工程量指标表

名称	平均开挖深度（m）	挖方量（m^3/m）	填方量（m^3/m）	余方弃置（m^3/m）	护坡量（m^2/m）
两舱管廊	6.57	116.91	74.06	42.86	18.40
三舱管廊	8.08	206.10	147.79	58.31	23.77
四舱管廊	5.98	130.97	64.23	66.74	15.77

表5-3 贡北路地下综合管廊开挖及支护费用指标表

名称	开挖（元/m）	回填（元/m）	余方弃置（元/m）	护坡（元/m）	排水降水（元/m）	其他措施项目（元/m）	合计（元/m）
两舱管廊	1326.95	1555.17	707.13	3907.83	951.66	127.62	8576.35
三舱管廊	2339.27	3103.63	962.13	5048.50	951.66	127.62	12532.80
四舱管廊	1486.50	1348.75	1101.26	3349.82	951.66	127.62	8365.61

由表5-2可知，采用放坡开挖方式，影响土方开挖、回填及支护的工程量指标的最主要因素为开挖深度，从控制成本角度出发，较深基坑不宜采用放坡开挖方式。

根据文献［5］，管廊断面面积及建筑体积计算见式5-1和式5-2：

$$管廊断面面积=结构内径（净宽度\times 净高度） \tag{5-1}$$

$$管廊建筑体积=断面面积\times 长度 \tag{5-2}$$

由此，计算得出贡北路综合管廊土方开挖指标如表5-4所示。根据表中结果，贡北路综合管廊两舱段及四舱段土方开挖较估算指标要小，而三舱段因开挖深度增加，土方开挖量指标偏高，不利于成本控制。

表5-4 贡北路综合管廊与城市综合管廊土方开挖指标对比表

项目名称	贡北路综合管廊			城市综合管廊		
	断面尺寸（m^2）	延米指标（m^3/m）	建筑体积指标（m^3/m^3）	断面尺寸（m^2）	延米指标（m^3/m）	建筑体积指标（m^3/m^3）
两舱管廊	（2.3＋5.1）×3.8	111.466	3.964	（2.3＋4.3）×4	123.056	4.661
三舱管廊	（2.7+2.3+5.1）×3.8	206.752	5.387	/	/	/
四舱管廊	（2.7＋2.3＋5.1）×3.8＋1.9×2.4	125.745	2.928	（2.6+2+4.8+4）×2.9	193.408	4.764

5.2.2 管廊主体工程

贡北路干支线两舱管廊标准段断面尺寸净空为（2.3＋5.1）m×3.8m，水力舱和电力舱结构顶、底板厚400mm，侧墙厚350mm，中隔墙厚250mm，燃气舱结构顶底、板厚300mm，侧墙厚300mm，板底设100mm厚素混凝土垫层。干支线两舱管廊结构断面如图5-9所示。

贡北路干支线三舱管廊标准段断面尺寸净空为（2.7 + 2.3 + 5.1）m × 3.8m，污水仓、水力舱和电力舱结构顶、底板厚 400mm，侧墙厚 350mm，中隔墙厚 250mm，板底设 100mm 厚素混凝土垫层。干支线三舱管廊结构断面如图 5-10 所示。

贡北路干支线四舱管廊标准段断面尺寸净空为（2.7 + 2.3 + 5.1）m × 3.8m+1.9m × 2.4m，污水舱、水力舱和电力舱结构顶、底板厚 400mm，侧墙厚 350mm，中隔墙厚 250mm，燃气舱结构顶底、板厚 300mm，侧墙厚 300mm，板底设 100mm 厚素混凝土垫层。干支线四舱管廊结构断面如图 5-11 所示。

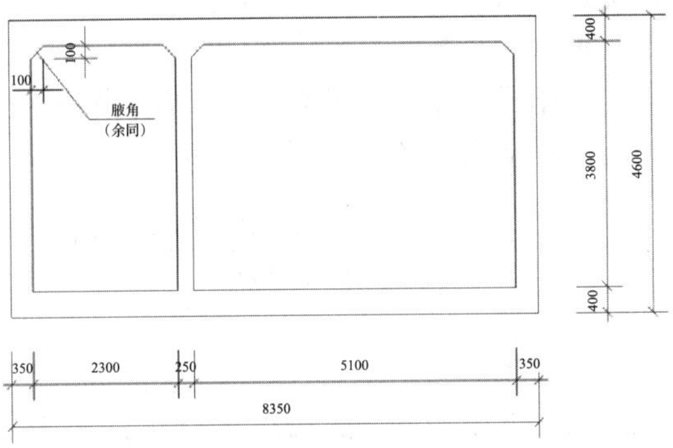

图 5-9　两舱管廊结构断面图

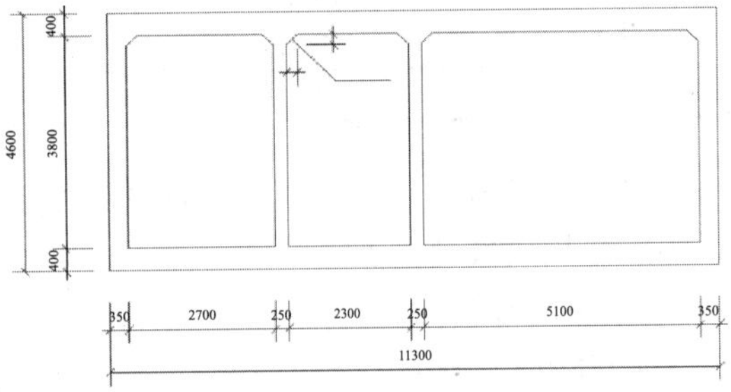

图 5-10　三舱管廊结构断面图

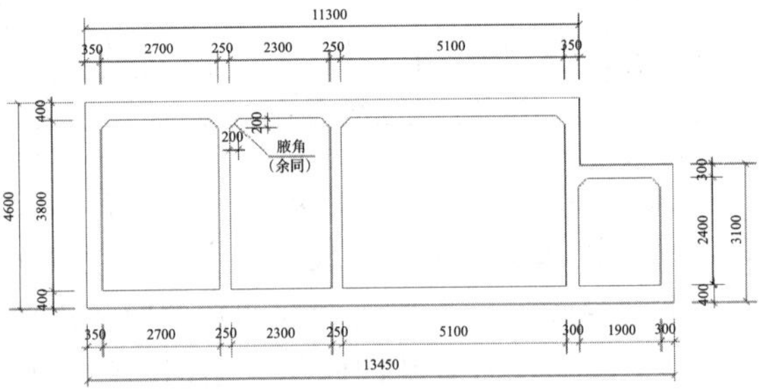

图 5-11　四舱管廊结构断面图

5.2.2.1　地下综合管廊结构系数的概念

为反映综合管廊平面空间利用情况，参照建筑工程引入综合管廊建筑面积的概念。综合管廊建筑面积是指管廊水平平面面积，即外墙水平投影面积的总和。建筑面积包括使用面积、辅助面积和结构面积。管廊使用面积是指管廊平面布置中，可供布置管线的而使用的净面积总和。管廊辅助面积是指管廊平面布置中，为辅助布置管线所占的净面积的总和。管廊结构面积是指管廊平面布置中，墙体、柱等结构所占面积的总和。

为获得较大使用面积，应在满足安全情况下应尽量减小管廊结构面积。管廊结构系数可用管廊结构面积与建筑面积比值表示，如式 5-3 所示：

$$管廊结构系数 = 管廊结构面积 / 管廊建筑面积 \tag{5-3}$$

根据上式，分别计算贡北路综合管廊标准段、节点段和总体结构系数，如表 5-5 所示。

表 5-5　贡北路地下综合管廊结构系数表

项目名称	标准段	节点段	整体
两舱管廊	0.114	0.124	0.116
三舱管廊	0.106	0.113	0.108
四舱管廊	0.108	0.114	0.110

由表 5-5 可知，在通常条件下管廊结构系数变化幅度不大，为控制管廊建设成本且保证

主体结构安全的前提下，地下综合管廊结构系数在 0.10 ～ 0.12 左右。

5.2.2.2　管廊主体

根据贡北路地下综合管廊结构断面图，可得出干支线两舱、三舱和四舱管廊断面面积，经计算得出各综合管廊每 1m 混凝土用量。根据文献［5］，可查得相同断面面积城市综合管廊每 1m 混凝土用量，结果如表 5-6 所示。其中，底板、墙、顶板混凝土比例约 3∶4∶3。

表 5-6　综合管廊每 1m 混凝土用量表

项目名称	管廊标准断面面积（m^2）	贡北路综合管廊		城市综合管廊	
		管廊混凝土量（m^3/m）	标准段管廊混凝土量（m^3/m）	综合管廊混凝土量（m^3/m）	标准段管廊混凝土量（m^3/m）
两舱管廊	28.12	12.981	11.638	13.335	12.622
三舱管廊	38.38	15.249	13.745	19.779	—
四舱管廊	42.94	18.170	16.490	27.730	21.112

由上表可知，贡北路综合管廊受排风、吊装等各类节点影响，每 1m 增加混凝土用量约 11%。贡北路综合管廊较城市综合管廊估算中混凝土用量有所节约，且断面面积越大节约幅度越大。综合管廊受尺寸影响，单位建筑体积混凝土用量也不尽相同，贡北路地下综合管廊单位建筑体积混凝土平均用量约为 0.43m^3。

贡北路地下综合管廊单方主体结构混凝土中垫层、钢筋、模板及脚手架数量指标如表 5-7 所示，每 1m 综合管廊防水、施工缝及变形缝数量指标如表 5-8 所示。

表 5-7　垫层、钢筋、模板及脚手架指标表

项目名称	垫层（m^3/m^3）	钢筋（t/m^3）	模板（m^2/m^3）	脚手架（m^2/m^3）
两舱管廊	0.072	0.137	3.004	1.104
三舱管廊	0.082	0.153	3.406	1.247
四舱管廊	0.082	0.146	2.974	1.277

表 5-8　防水、变形缝及施工缝指标表

项目名称	防水（m^2/m）	变形缝（m/m）	施工缝（m/m）
两舱管廊	28.557	1.225	2.039
三舱管廊	35.788	2.132	3.230
四舱管廊	46.821	2.291	3.331

贡北路地下综合管廊垫层采用 C20 混凝土，廊体结构底板、侧墙及顶板均采用 C45 混凝土抗渗等级 P6。管廊结构外包附加防水层采用 2mm 厚自粘聚合物改性沥青防水卷材，管廊各节点卫浴在绿化带下方时，应在顶板外侧增设 4.0mm 厚耐穿刺聚乙烯胎高聚物改性沥青防水卷材，墙体保温采用 50mm 厚聚苯乙烯泡沫塑料板，如图 5-12 所示。管廊结构防水等级为二级，不允许渗水，结构表面可有少量湿渍。廊体底板、侧墙及顶板变形缝处设钢边橡胶止水带止水，廊体底板变形缝处增设背贴止水带，如图 5-13 所示。廊体底板、侧墙及顶板施工缝均采用钢边橡胶止水带止水，如 5-14 所示。

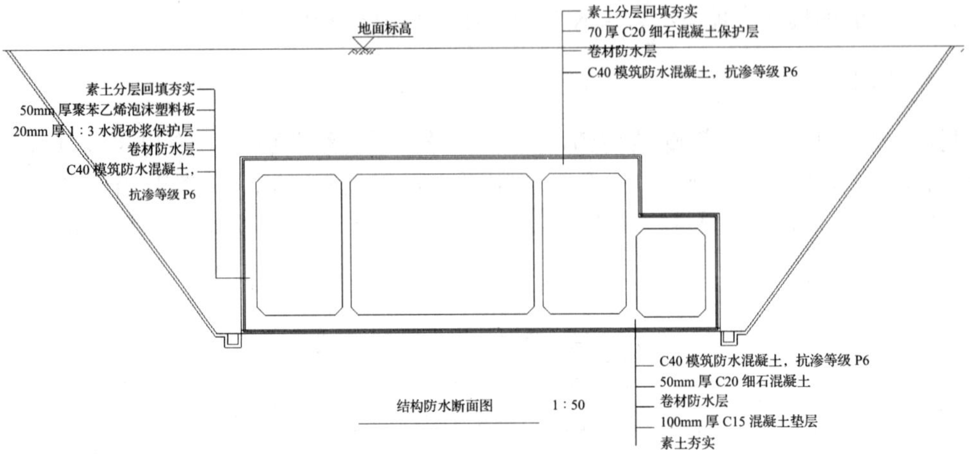

图 5-12 管廊结构防水断面图

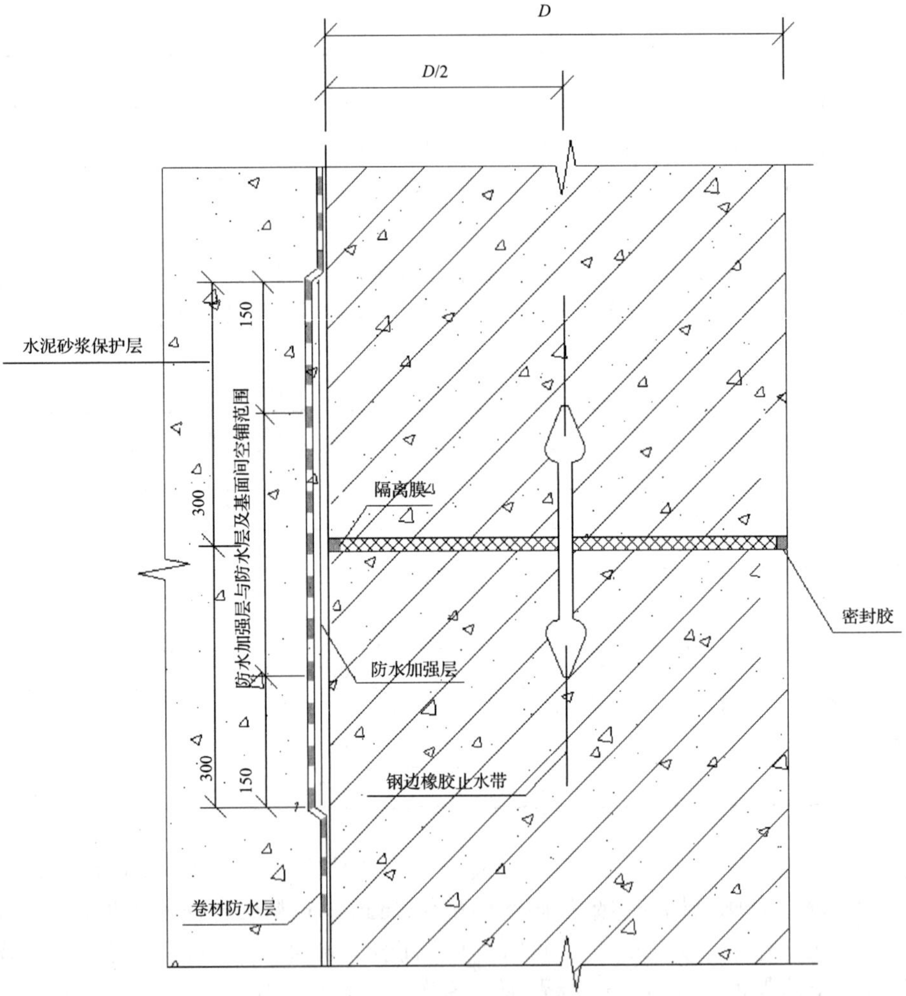

(a) 侧墙变形缝防水构造

图 5-13 管廊变形缝防水图

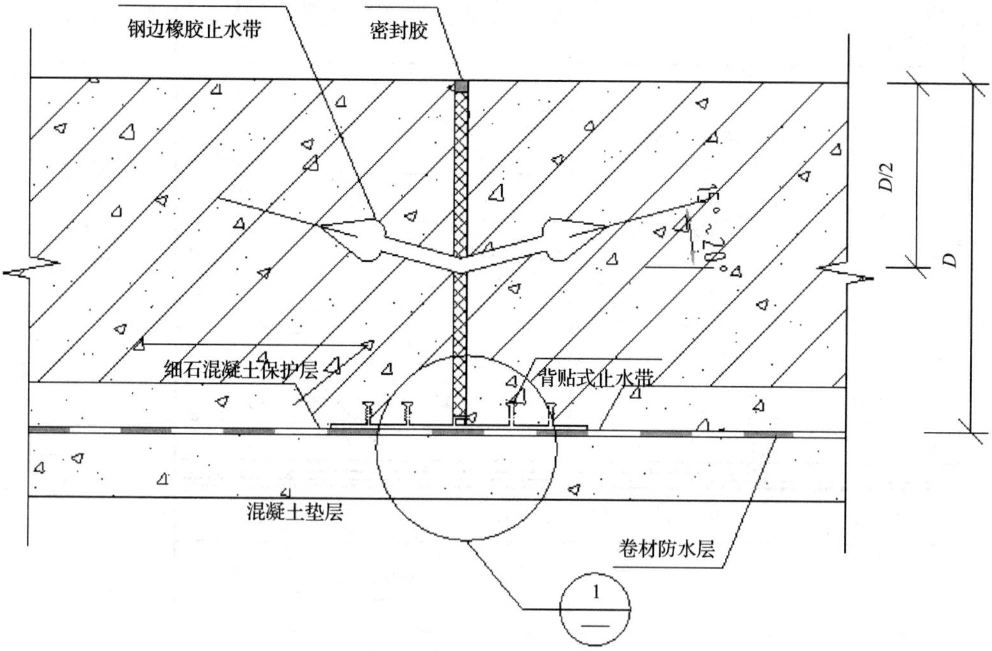

（b）底板变形缝防水构造

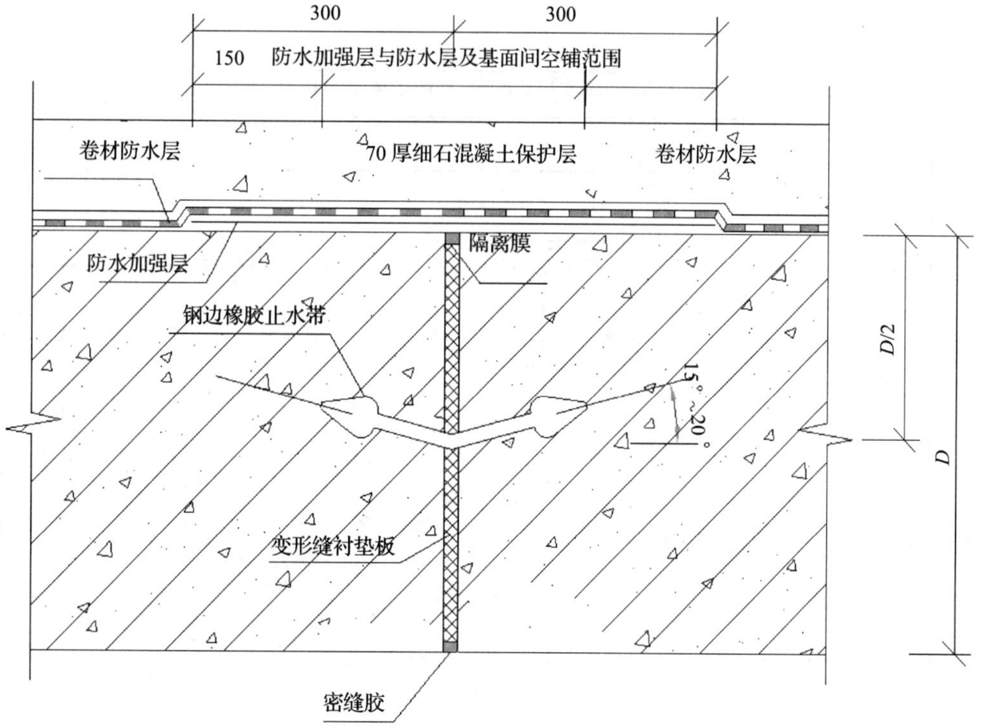

（c）顶板形缝防水构造

图 5-13　管廊变形缝防水图（续）

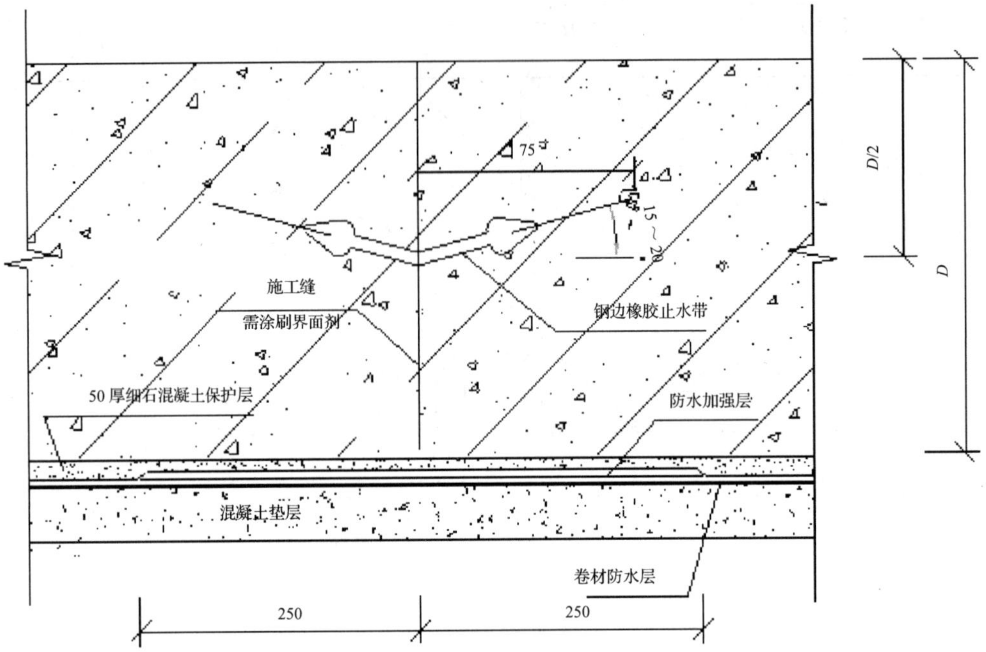

(a) 底板环向施工缝防水构造

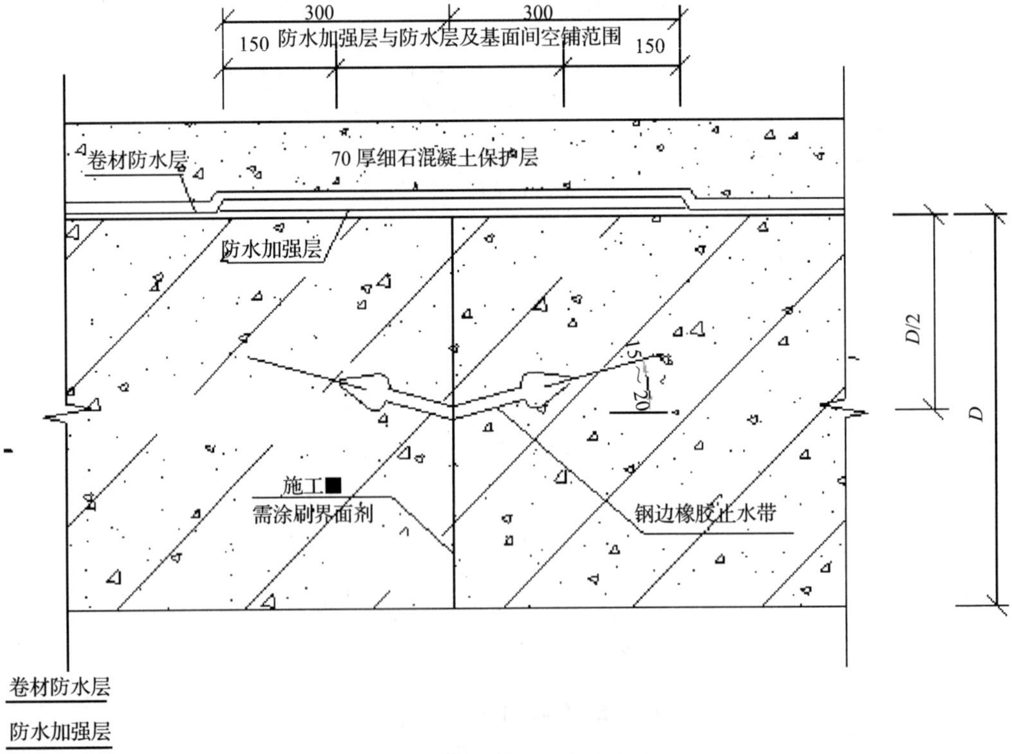

(b) 顶板环向施工缝防水构造

图 5-14 管廊施工缝防水图

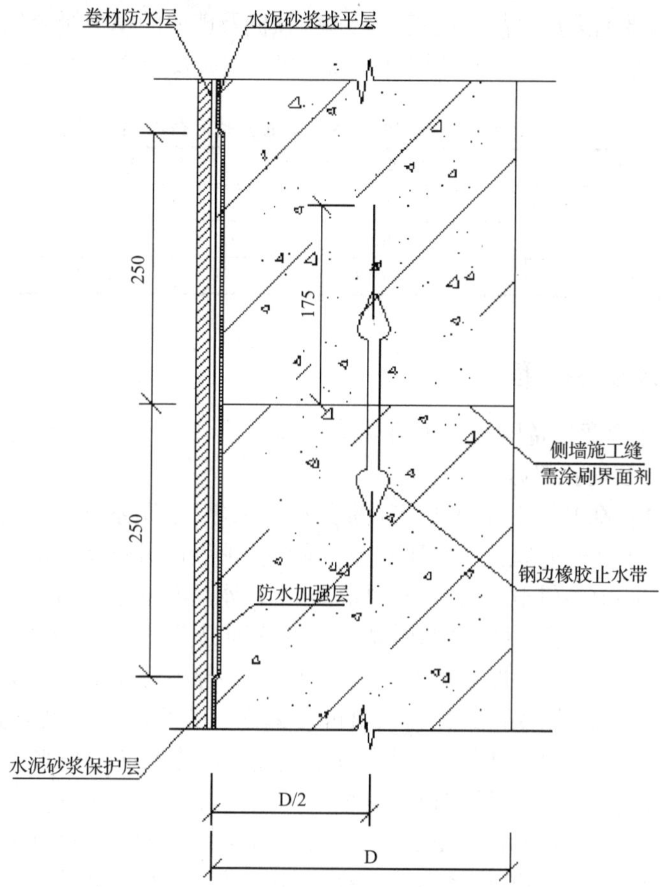

（c）侧墙环、纵向施工缝防水构造

图 5-14　管廊施工缝防水图（续）

根据上述结果，经现场调查确定各项内容全费用单价（包含人工费、材料费、施工机具使用费及相应管理费、利润、规费及税金），确定贡北路综合管廊的费用指标如表 5-8 所示。

表 5-8　管廊主体费用指标表

元 /m

项目名称	垫层混凝土	主体混凝土	钢筋	模板	脚手架	防水	外墙保温	变形缝	施工缝	合计
两舱管廊	494	7529	10338	5070	258	3056	647	147	194	27733
三舱管廊	666	8844	13517	6752	342	3829	628	256	307	35140
四舱管廊	788	10539	15408	7026	418	5010	622	275	316	40401

由上表可知，影响拱北路综合管廊主体费用占比较大项目为结构钢筋、混凝土、模板及防水，因此，在控制建设期成本时应主要从管廊结构混凝土板、墙厚度、钢筋配筋量、模板使用及防水设置这几方面入手。

5.2.2.3　地下综合管廊托架、支墩及装饰工程

给水管、污水管、天然气管支墩采用 C45 混凝土，中水管、热力管支架采用 H 型钢，电缆支架采用托臂槽钢。贡北路管廊内污水舱、水力舱及电力舱地面采用 100mm 厚细石混

凝土抹光，天然气舱地面采用防静电底板。廊体内顶棚及墙面的模板接缝处毛刺要磨平，清理表面油污，保证表面平整光洁。贡北路综合管廊托架、支墩及装饰费用指标如表 5-9 所示。

表 5-9　管廊托架、支墩及装饰费用指标表　　元 /m

项目名称	托架及支墩	装饰工程	合计
两舱管廊	2228	1192	3421
三舱管廊	3041	1627	4669
四舱管廊	3403	1821	5224

5.2.3　设备购置及安装工程

贡北路地下综合管廊设备购置为管廊本体所需的设备，安装工程包含管廊本体的电气、通风、排水、消防及智能化工程。

贡北路地下综合管廊电气工程包括管廊的供配电系统、照明系统、电气控制系统和接地系统。消防用电设备、天然气舱风机、液压井盖、应急照明及疏散指示标记等为二级负荷，各负荷由末端切换的双回路电源供电。排水泵、插座箱、污水舱与水电舱风机及正常照明等为三级负荷，各负荷由单电源供电。供电电源由城市电网分别提供两路 10kV 电源接至两座变电所，电源运行方式为一用一备，当一路电源发生故障时，另一路电源应不同时受到损坏。

贡北路地下综合管廊内部的部分结构可能渗漏水、表面凝结水及管道维修放空水，将造成一定的管廊内积水。因此，廊内需设置排水设施，以排除地面积水。地面水通过排水沟汇集到集水坑，地下综合管廊纵坡与道路纵坡度一致，再由集水坑内的潜水泵就近排入市政污水检查井。潜水泵参数（$Q = 15\text{m}^3/\text{h}$；$H = 22\text{m}$；$N = 2.2\text{kW}$），潜水泵采用自动控制、运行的潜水排污泵。集水坑内设积液位继电器，高液位开泵，低液位停泵，超高液位报警，电力舱、天然气舱集水坑设置单台水泵，水力舱、污水舱集水坑设置两台水泵，考虑同启。天然气舱内水泵采用防爆型。压力排水管采用镀锌钢管，沟槽式或法兰连接，管廊外至污水检查井排水管采用 HDPE 双壁波纹管，承插连接。

根据文献 [1] 要求，地下综合管廊中容纳 6 根及以上电力电缆的舱室应设置自动灭火系统，贡北路地下综合管廊电力舱需设置自动灭火系统，采用干粉自动灭火系统，非贮压式非爆破式超细干粉灭火装置用膨胀螺栓固定翼舱室顶部，布置间距 3m，通过舱内光感及烟感设备识别火灾自动开启干粉灌装置喷射至辐射范围达到覆盖各类灭火效果。

污水舱共设一个防火分隔区，设置机械排风、机械进风系统，管廊中每隔 200m 设置一套通风系统。水力舱设置一个防火分隔区，设置机械排风、自然进风系统，管廊中每隔 200m 设置一套通风系统。电力舱共设 75 个防火分隔区，每个防火分区的长度小于 200m，设置机械排风、自然通风系统。风机为双速风机，平时进、排风低速运行，事故后补、排风高速运行。燃气舱共设置 30 个防火分隔区，每个防火分区的长度小于 200m。设置机械排风、机械进风系统，风机双速风机，平时进、排风低速运行，事故后补、排风高速运行，当天然气浓度大于其爆炸下限浓度值的 20% 时，要启动事故段的通风设备及相邻分区的通风设备，风机高速运行。

贡北路地下综合管廊智能化子系统包括监控与报警统一管理平台、环境与附属设备监控系统、安防系统、通信系统、预警与报警系统、线路敷设及设备安装和接地安全系统等。综合管廊智能化各子系统分别纳入综合管廊管理中心监控室相应系统中，由监控室统一管理。管廊中心管廊智能化各系统机柜、后台系统、大显示器等监控中心设备在本范围内。

监控与报警统一管理平台设置在管理中心监控室内，管理平台与监控室管廊上为监控系统通信并对管廊监控与警报系统进行系统集成。管理平台与电力、给水、中水、热力、污水、天然气等管线监控系统联通。

环境与附属设备监控系统的管理主机设在监控室内，对各监控设备统一监测、控制和管理，采用PLC控制，由传感器、可编程控制器、现场控制模块、传输线路、工业以太网交换机、智能计量仪表、执行器、显示器等组成。监控室内计算机通过工业以太网交换机与现场分区ACU控制器通信，组成千兆以太网。每个分区ACU内监控系统采集的信息为液位信号、风机运行工况、照明系统运行工况、排水泵运行工况、氧气浓度检测值、温度检测仪检测值、湿度检测仪检测值、配电柜04kV进线运行信号、井盖状态信息、红外对射装置报警信号。

安全防范系统为视频监控系统、入侵报警系统、出入口控制系统组成的集成式安防系统，并能集成在一个平台下统一管理。视频监控系统在管廊内配电室、人员出入口等场所分别设置一台摄像机，同时管廊内每个舱室内设置摄像机2台，背靠背安装。在每个人员出入口、通风口处设置双光束红外线自动对射探测器报警装置，并设置声光报警器。

通信系统由光纤电话系统和无线对讲系统组成。在管廊中设置一套光纤电话系统，管理中心监控室内设置一台电话系统通信柜，引入市话中继线12对，用于管理中心内对外电话联系及监控室与管廊内光纤电话通信。无线对讲系统主要由监控室的无线控制器AC、工作站、光纤环网、管廊现场无线AP及手持设备VoIP手机组成。

预警与报警系统由火灾自动报警系统、可燃/有毒气体弹出报警系统及其他灾害报警系统等组成。

根据上述设置要求，贡北路综合管廊本体设备购置费及安装工程费以及相应断面尺寸与城市综合管廊本体设备购置费及安装费指标如表5-10、表5-11所示。

表5-10　综合管廊本体设备购置费指标表

元/m

项目名称	贡北路综合管廊本体设备购置费						城市综合管廊本体设备购置费
	给排水	电气	通信	消防	智能化	合计	
两舱管廊	97	1324	155	1177	1554	4307	4689
三舱管廊	132	1807	212	1606	2122	5879	5468
四舱管廊	148	2022	237	1797	2374	6577	6728

表5-11　综合管廊本体安装工程费指标表

元/m

项目名称	贡北路综合管廊本体安装工程费						城市综合管廊本体安装工程费
	给排水	电气	通信	消防	智能化	合计	
两舱管廊	274	9655	158	1593	287	11969	3835
三舱管廊	375	13178	216	2175	392	16336	4473
四舱管廊	419	14744	242	2433	439	18277	5504

由表5-10、表5-11可知，贡北路综合管廊本体设备购置与城市综合管廊本体设备购置费指标表基本一致，电气、消防和智能化设备购置费占比较大，而给排水及通风工程设备购置费影响较小。贡北路综合管廊本体安装工程费较城市综合管廊本体安装工程费高较多，主要是电气安装工程费用增加较大。贡北路综合管廊电气工程中每1m综合管廊自用桥架、配管及线缆数量指标及费用指标如表5-12、表5-13所示。由表5-12、表5-13可知，贡北路综合管廊电气工程中为管廊本体设备供电所用桥架及电缆费用约占电气工程安装费的83%，占总安装工程费67%，是管廊本体安装工程成本控制的重点。

表 5-12　贡北路管廊自用桥架线缆数量指标表　m/m

项目名称	自用桥架	自用电缆	配管	配线
两舱管廊	4.75	28.66	16.51	26.16
三舱管廊	6.48	39.12	22.53	35.71
四舱管廊	7.25	43.76	25.21	39.95

表 5-13　贡北路管廊自用桥架线缆费用指标表　元 /m

项目名称	自用桥架	自用电缆	配管	配线
两舱管廊	1512	6495	387	123
三舱管廊	2063	8865	528	168
四舱管廊	2308	9918	591	188

5.2.4　管理监控中心及变电所

贡北路地下综合管廊管理监控中心总建筑面积 1609m^2，地上建筑面积 1198m^2，地下建筑面积 414m^2。地下层高 4.8m，首层层高 4.1m，二层层高 3.5m，框架结构。管理监控中心主要功能为管廊的管理、监控、维修中心，地下一层主要是展览室、运行维护、管道转换间、储藏室，首层布置主变电所、运行维护、总值班室、卫生间等设备功能空间，二层主要布置监控中心、运营管理及办公室等。

贡北路地下综合管廊变电所建筑面积为 319m^2，高度 5.45m，框架结构。

贡北路地下综合管廊管理监控中心及变电所单位建筑面积费用指标如表 5-14 所示。

表 5-14　贡北路地下综合管廊管理监控中心及变电所指标表　元 /m^2

名称	土建工程	装饰工程	电气工程	通风工程	给排水工程	消防工程
管理监控中心	1698	937	309	340	84	72
变电所	2222	243	231	22	—	—

5.3　地下综合管廊成本控制的实施

5.3.1　分舱断面类型的确定

地下综合管廊的断面设计是管廊设计的前提和核心，综合管廊断面的大小直接关系到管廊所容纳的管线数量以及综合管廊建设期成本。管廊内的空间需满足各管线平行敷设的间距要求以及行人通行的净高和净宽要求，同时需要对各种公用管线预留发展扩容的余地。在确定断面尺寸时，主要考虑以下几点：（1）电力电缆的支架间距应符合现行国家标准《电力工程电缆设计规范》(B50217）的有关规定；（2）通信线缆的桥架间距应符合现行行业标准《光缆进线室设计规定》（YD/T5151）的有关规定；（3）两侧设置支架或管道时，检修通道净宽 ≥ 1.0m；（4）单侧设置支架或管道时，检修通道净宽 ≥ 0.9m；（5）净高 ≥ 2.4m；（5）考虑各种阀门的安装空间；（6）适当留有扩容的空间。

5.3.1.1　污水管线入廊断面分析

污水管线为无压力管线，受地形等现场条件的影响最大。因此，其他入廊管线以污水管线布置情况进行合理布置。

（1）方案一

污水舱在综合管廊南侧布置，贡北路道路北侧直埋污水支线从检查井筒接入，道路南侧直埋污水支线需避让规划雨水管线，从污水舱结构侧墙接入。综合管廊结构外尺寸 $B \times H$ = 13.85m × 4.6m，污水管道管径为 D400 ～ D800mm。综合管廊断面形式如图 5-15 所示。

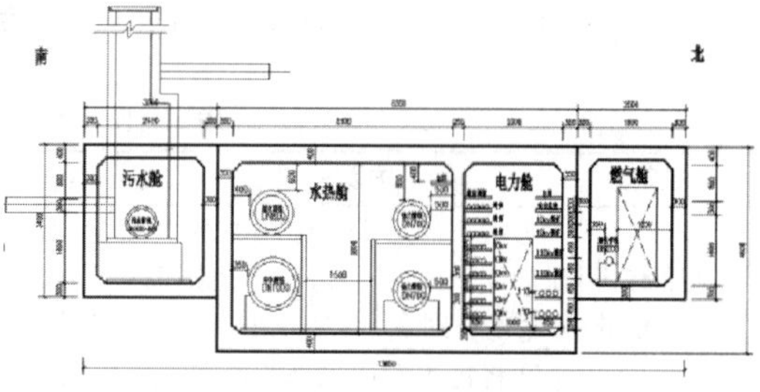

图 5-15　方案一横断面布置

（2）方案二

污水舱在综合管廊两侧布置，贡北路道路两侧地块的污水分别排入南北侧污水舱。综合管廊结构外尺寸 $B \times H$ = 16.85m × 4.6m，污水管道管径为 D400mm。综合管廊断面形式如图 5-16 所示。

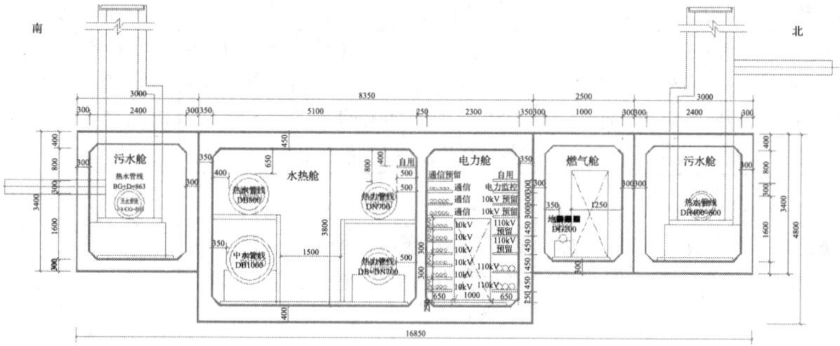

图 5-16　方案二横断面布置

（3）方案三

污水舱在综合管廊底部夹层布置，贡北路道路两侧地块的污水以跌落的方式，从综合管廊底部夹层接入。综合管廊结构外尺寸 $B \times H$=10.85m × 6.4m，污水管道管径为 D400 ～ D800mm。综合管廊断面形式如图 5-17 所示。

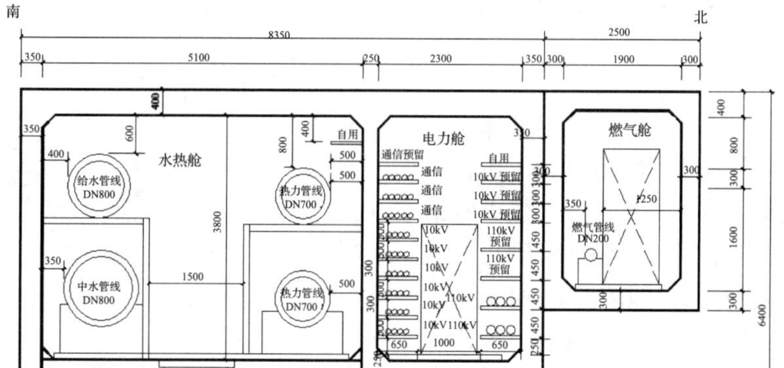

图 5-17　方案三横断面布置

（4）方案比选及结论

综合上述三种方案对比分析如表 5-15 所示，分析选择方案一较合理。

表 5-15　污水入廊方式方案比选表

对比因素	方案一	方案二	方案三
对原有污水管线的调整	①将不满足入廊标高的污水管段局部下调 1 ～ 2m，对董家口区域污水管网系统影响较小	①将不满足入廊标高的污水管段局部下调 1 ～ 2m，对董家口区域污水管网系统影响较小	①需要将污水干线标高全部下调 3 ～ 4m 至入廊要求，对董家口区域污水管网系统影响较大
	②将污水专项规划双侧布置污水管道的方式合并为一条污水管	②不改变污水专项规划双侧布管的方式	②将污水专项规划双侧布置污水管道的方式合并为一条污水管
运营维护方式	管道在管廊内部进行安装调试，检查井出地面设置，人员从地面层进入检查井进行运营维护	管道在管廊内部进行安装调试，检查井出地面设置，人员从地面层进入检查井进行运营维护	管道及检查井设置在管廊底部夹层，人员需从管廊层进入夹层进行运营维护
占地范围	沿道路北侧 16.98m 绿化带敷设，管廊宽度 13.85m，距离道路北侧非机动车道边线为 3.13m	沿道路北侧 16.98m 绿化带敷设，管廊宽度 16.85m，距离道路北侧非机动车道边线仅 0.13m	沿道路北侧 16.98m 绿化带敷设，管廊宽度 10.85m，距离道路北侧非机动车道边线 6.13m
使用安全性分析	①检查井设置在地面层，一旦污水管道淤堵，人员可从地面层采用大中型抽升设备进行清淤疏堵，避免污水舱受污染	①检查井设置在地面层，一旦污水管道淤堵，人员可从地面层采用大中型抽升设备进行清淤疏堵，避免污水舱受污染	①检查井设置在管廊底部夹层，一旦管道淤堵需要在管廊层进行清淤疏浚，存在污染管廊层舱室的风险。
	②检查井直通地面，通过自然通风减少管道内有毒有害气体，避免管道内气体进入综合管廊内，可减少部分通风运行费用	②检查井直通地面，通过自然通风减少管道内有毒有害气体，避免管道内气体进入综合管廊内，可减少部分通风运行费用	②检查井设置在管廊底部夹层，通风不畅，对污水管道的井室和管道的气密性要求较高，管道检修时也易将聚积的有毒气体排入其他舱室
建设成本	较低	较高	较高
结论	推荐方案一		

5.3.1.2　总体分舱断面分析

贡北路地下综合管廊方案设计及论证，根据文献［1］第 4.3.4 条要求天然气管道应在独立舱室内敷设，以及第 4.3.6 条要求热力管道不应与电力电缆同舱敷设的相关条文，提出以下 4 种建设方案：

（1）方案一

综合管廊分为三舱，管廊采用整体预制结构。天然气管道、电力电缆单独成舱，污水管道、再生水管道、给水管道、热力管道和通信线缆敷设于水信舱。综合管廊标准截面尺寸 13.80m × 4.60m，如图 5-18 所示。

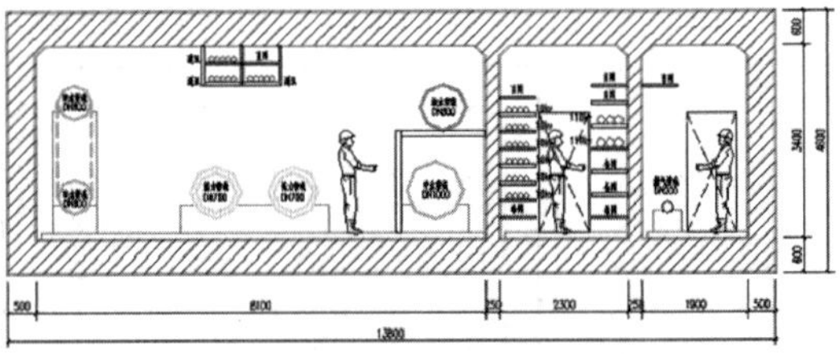

图 5-18　三舱管廊截面图

方案优点：电力电缆单独成舱，最大程度保证了电力系统的安全性，同时考虑电力的增容，预留一定备用支架。污水、再生水、给水、热力、电信共同敷设于水信舱，根据文献［1］第 7.1.6 条，水信舱可不设防火分隔，避免安装防火门及进行防火封堵等防火措施。热力管道落地安装，对管道安装及检修要求低。综合管廊分舱少，管廊附属设施较少，附属设施费用较低。方案缺点：根据文献［1］第 7.2.1 条，含有污水管道的舱室应采用机械进、排风的通风方式，由于水信舱断面较大，造成通风量较大。单管节重量接近 100t，运输、吊装难度大。

（2）方案二

综合管廊分为四舱，管廊采用四个单舱预制结构。天然气管道、电力电缆、污水管道分别单独成舱，通信线缆、给水管道、再生水管道及热力管道敷设于水信舱。综合管廊标准截面尺寸 15.90m × 4.00m，如图 5-19 所示。

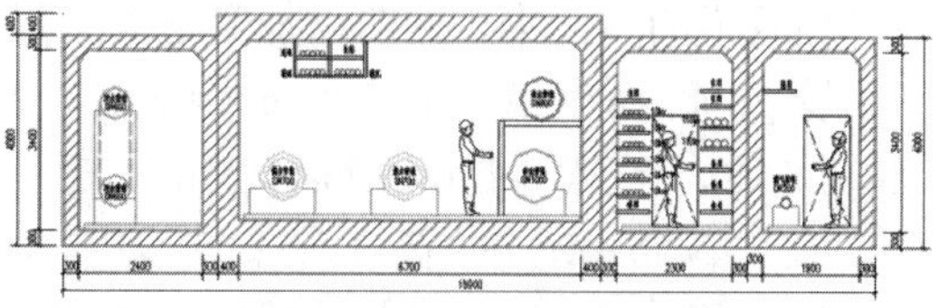

图 5-19　四舱管廊截面图

方案优点：电力电缆单独成舱，最大程度保证了电力系统的安全性，同时考虑电力的增容，预留一定备用支架。再生水、给水、热力、电信共同敷设于水信舱，根据文献［1］第 7.1.6 条，水信舱可不设防火分隔，避免安装防火门及进行防火封堵等防火措施。水信舱可采用自然补风，减少初投资及运行费用。天然气管道、电力电缆、污水管道分别单独成舱，管廊净高可根据各管道敷设要求适当降低。热力管道落地安装，对管道安装及检修要求低。最大舱室单管节重量较小，运输、吊装难度较小。方案缺点：管廊分为四舱，整体宽度增加。预制管节多，接口多。

（3）方案三

综合管廊分为四舱，管廊采用两个单舱预制结构和一个双舱预制结构。天然气管道、污水管道分别单独成舱，通信线缆、电力电缆敷设于电力舱，给水管道、再生水管道及热力管道敷设于水力舱。综合管廊标准截面尺寸 13.85m × 4.60m，如图 5-20 所示。

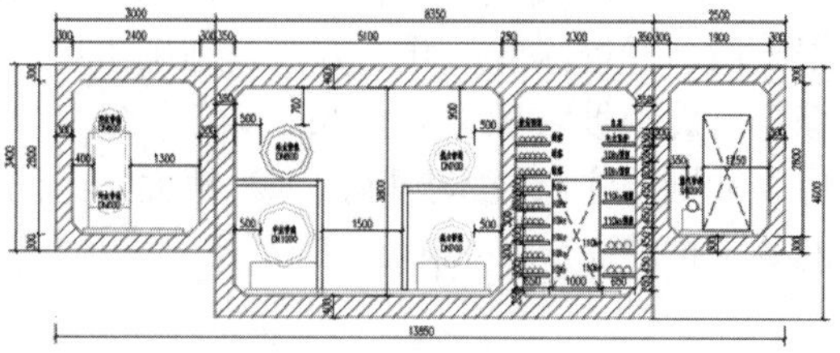

图 5-20　四舱管廊截面图

方案优点：电力舱预留了备用支架，为电力电缆及电信线缆扩容预留了空间。电力舱与水力舱作为双舱结构进行预制，较分舱预制造价低，预制管节少，接口少。水力舱可采用自然补风，减少初设投资及运行费用。天然气管道、电力电缆、污水管道分别单独成舱，管廊净高可根据各管道敷设要求适当降低。最大舱室单管节重量较小，运输、吊装难度较小。方案缺点：热力管道支架敷设，支架需考虑热力管道膨胀推力，对管道安装及检修要求高。

（4）方案四

综合管廊分为五舱，管廊采用五个单舱预制结构。天然气管道、电力电缆、污水管道分别单独成舱，通信线缆、热力管道道敷设于水信舱，给水管道、再生水管道敷设于水力舱。综合管廊标准截面尺寸 16.25m × 4.1m，如图 5-21 所示。

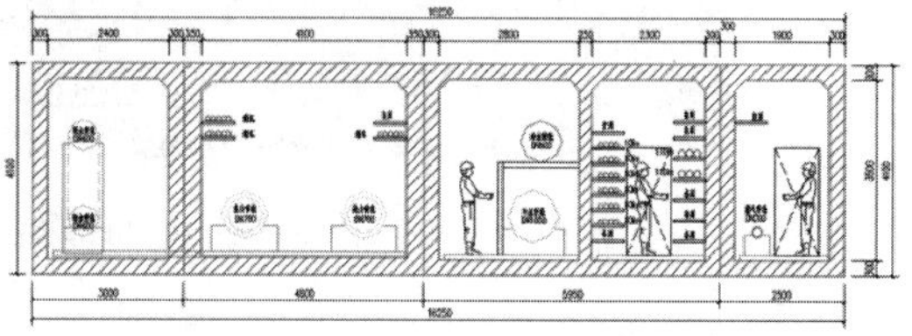

图 5-21　五舱管廊截面图

方案优点：电力电缆单独成舱，最大程度保证了电力系统的安全性，同时考虑电力的增容，预留一定备用支架给水管道、再生水管道同舱，避免与热力管道、污水管道同舱，对给水管道造成热污染及由于污水管破坏对给水系统、再生水系统造成污染。天然气管道、电力电缆、污水管道分别单独成舱，管廊净高可根据各管道敷设要求适当降低。热力管道落地安装，对管道安装及检修要求低。最大舱室单管节重量小，运输、吊装难度小。方案缺点：综合管廊分舱多，管廊附属设施较多，附属设施费用较高。管廊分为五舱，整体宽度增加。预制管节多，接口多。

（5）方案结论

经过对以上四种管廊分舱断面方案比较。方案一土建工程费用最高，其次为方案二，方案四最低，方案三较低。考虑管道巡检方便及节约管廊占地面积，结合管廊造价，推荐方案三为本次综合管廊分舱断面。热力管道可根据其他管道敷设环境温度增加保温层厚度，减少对其他管道的热污染，同时增加管道支架强度，满足热力管道推力要求。

管廊截面尺寸为13.85m×4.6m，南侧污水舱，净宽2.4m，净高2.8m；中间水力舱净宽5.1m，净高3.8m、电力舱净宽2.3m，净高3.8m；北侧天然气舱，净宽1.9m，净高2.8m。

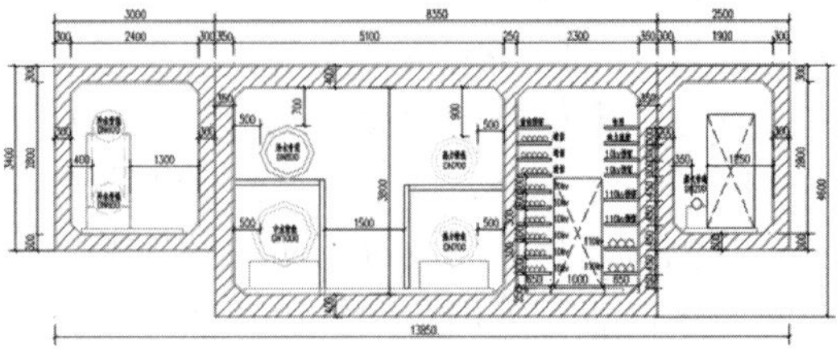

图 5-22　管廊标准截面图

5.3.2 合理优化设计、施工方案

5.3.2.1　地下综合管廊土石方工程的成本控制

土石方工程是综合管廊施工的主要工程之一，包括土石方的开挖、运输、填筑、平整与压实等主要施工过程，以及场地清理、测量放线、排水降水、土壁支护等准备工作和辅助工作。土方边坡坡度以其高度 H 与底宽度 B 之比表示，可做成直线形、折线形或踏步形。根据土质、开挖深度、开挖方法、施工工期、地下水位、坡顶荷载及气候条件等，确定贡北路综合管廊边坡坡度，本章5.2节已介绍。为防止边坡发生滑动，必须采取必要的措施护坡防坍，特别要注意技术排除雨水、地面水，防止坡顶集中堆载及振动，必要时采用钢丝网细石混凝土护坡面层，如图5-23所示。

图 5-23　贡北路综合管廊沟槽开挖及护坡面层

开挖管廊基坑时，如地质条件及周围环境许可，采用放坡开挖是较经济的。对于采用放坡开挖基坑，当开挖深度较大时，为降低放坡坡度、减小开挖工程量，应采用锚杆支护方式。因此，在贡北路综合管廊基坑深度大于10m且无地下水的条件下，为控制成本采用锚杆支护方式，贡北路地下综合管廊锚杆支护基坑如图5-24所示。

在建筑物稠密地区施工，或有地下水渗入基坑时，往往不可能按要求的坡度放坡，为保证施工的顺利和安全，采用基坑支护结构对土壁进行支撑。基坑支护结构形式有多种，根据受力状态可分为横撑式支撑、重力式支护结构、板桩式支护结构等。根据综合管廊的特点，应优先采用横撑式支撑方式。横撑式土壁支撑根据挡土板的不同分为水平挡土板式以及垂直挡土板式两类。水平式挡土板支撑一般适用于基坑深度在5m以内的基坑，因贡北路基坑深度均大于5m，因此采用垂直挡板式支撑。挡墙系统常用的材料有槽钢、钢板桩、钢筋混凝土板、灌注桩及地下连续墙等。因钢板桩截面积小，易于打入，U形、Z形等波浪式钢板桩截面抗弯能力较好，在管廊结构施工完毕后可拔出重复使用，贡北路综合管廊基坑支护段优先采用钢板桩作为挡墙系统。因此贡北路综合管廊基坑深度较大且有地下水（如K1+480+K1+650段）的条件下采用钢板桩支护形式，有利于控制建设成本，如图5-25所示。

图5-24　锚杆支护基坑

图5-25　钢板桩支护基坑

对于邻近建筑物的深基坑，为减小基坑开挖对建筑地基变形的影响，应采用微型桩支护基坑或灌注桩加锚索支护基坑等强支护手段。从成本控制角度，微型桩支护较灌注桩加锚索支护成本节约22%，因此，贡北路综合管廊邻近既有建筑物深基坑优先采用微型桩支护，如图5-26所示。灌注桩加锚索支护成本最高，贡北路综合管廊基坑仅在贴近既有公路基础的深基坑处采用，如图5-27所示。

图5-26　微型桩支护基坑

图5-27　灌注桩加锚索支护基坑

5.3.2.2　地下综合管廊钢筋工程的成本控制

由本章5.2节表5-8可知，综合管廊钢筋工程费用占管廊主体费用的最大，约占38%。为降低钢筋工程成本应主要从两方面考虑，即在保证结构安全的情况下应减小结构配筋率；合理组织钢筋工程施工降低钢筋损耗。

（1）合理确定主要荷载的取值

竖向压力按计算截面以上全部土柱重量考虑；在施工期间围护结构的主动土压力按朗金公式的主动土压力计算，在使用阶段结构承受的水平压力按静止土压力计算，计算中应计及地面荷载和邻近建筑物以及施工等引起的附加水平侧压力；侧向地层抗力和地基反力采用受压弹簧进行模拟；浮力及静水压力按设防水位设计，并考虑水位变化的不利影响；在结构设计中应考虑各种施工荷载可能发生的组合；按 7 度地震作用设计；结构重要性系数为 1.1；作用在结构板面的活荷载，按荷载规范或实际取值。

（2）正确使用计算模型及计算方法

纵向取 1m 宽的结构作为计算单元，设计采用“荷载 – 结构”模型，沿纵向取单位长度按平面杆系有限元法进行计算。用刚度等效的竖向受压弹簧模拟坑底地层对底板垂直位移的约束作用。侧向水土压力在施工阶段采用水土合算的主动土压力计算侧压力，水土合算时土层重度在地下水位以下时取饱和重度；在使用阶段采用水土分算的静止土压力计算。长期使用阶段考虑水反力作用。对于地下结构抗震分析，目前多采用地震系数法和地层位移法，在求出地震荷载或地层位移后，即可用静力计算模型进行结构的抗震分析。计算中采用地震系数法进行计算。得到地震荷载后与恒载组合进行静力计算。经过类似地下工程类比，地震作用工况对结构断面和配筋不起控制作用。

（3）合理组织钢筋工程施工

钢筋工程施工应编制钢筋工程施工方法和技术措施，减少钢筋施工过程中的浪费，降低钢筋消耗。钢筋施工工艺流程图如图 5-28 所示。

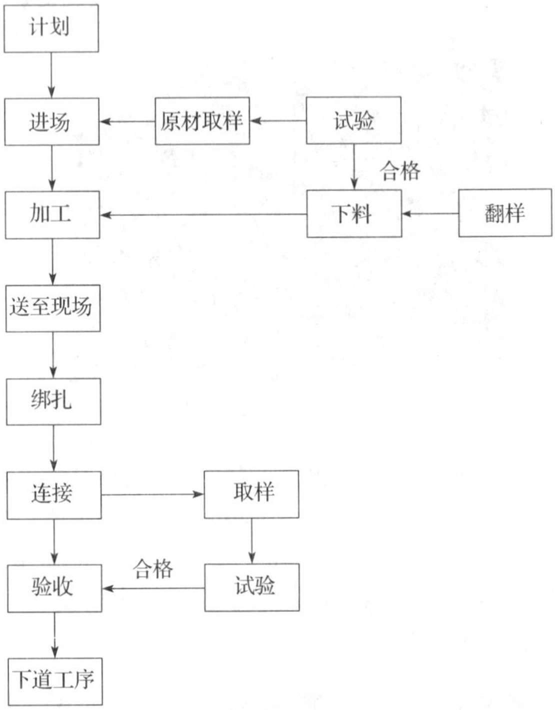

图 5-28　钢筋施工工艺图

5.3.2.3　地下综合管廊模板工程的成本控制

地下综合管廊模板工程费用约占综合管廊主体结构工程费用的 18%，综合管廊模板主要有钢模板和木模板两种形式。模板为周转性材料，且综合管廊断面形式简单、长度较大。因此，综合管廊标准断面宜采用钢模板，变截面及节点位置采用木模板进行施工，可降低模板工程施工成本。

贡北路地下综合管廊的施工单位是青岛市中建筑港集团有限公司，该公司率先采用了基于二次浇筑成型滑移模板体系的现浇地下综合管廊施工工法。该工法与现有的管廊模板滑移体系相比，其独特的旋转倾斜撑杆系统，能够大大减少模板支撑体系中的撑杆数量，减少模板加固操作数量和施工工人数量，同时实现管廊标准段浇筑次数从常规的 3 次减少为 2 次，做到节省工期和减少水平施工缝的效果，如图 5-29 所示。

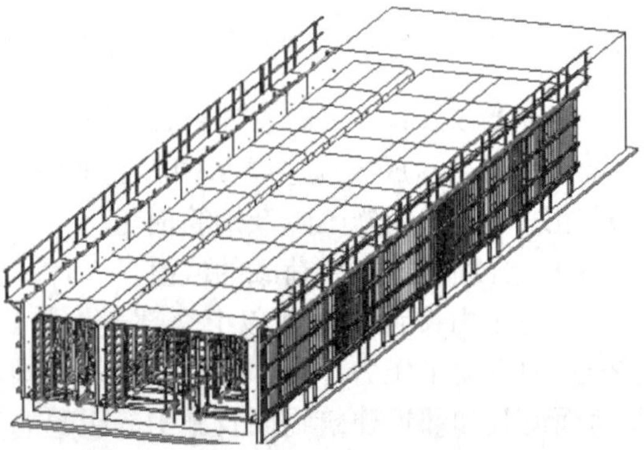

图 5-29　基于二次浇筑成型滑移钢模板体系示意图

本工法在青岛西海岸新区贡北路、海口路地下综合管廊 PPP 项目应用中取得了很好的效果。在经济效益方面，由于施工效率的提高，施工工期的缩短，不但节约配套的设备租赁费及人工费，而且解决了木模板浇筑施工时带来的混凝土表观质量问题。相比于其他钢模板滑移体系，从沉箱芯模结构中受到启发，改进了滑移体系结构，使每段管廊浇筑次数由3次降低为2次，减少1道水平施工缝，进而节省工期近30天，节省施工缝成本近140万元。另外，该工法在西客站商务区的2017年新建扩建道路及综合管廊工程中应用，节省工期近10天，节省施工成本近20万元。

该工法对于地下综合管廊浇筑施工工艺的改进与提高具有重要的现实意义，实现了显著的经济效益和社会价值，并得到了同行的关注与好评。本工法在青岛西海岸新区贡北路、海口路地下综合管廊PPP项目中的实施结果验证了该创新工艺施工流程简单、可操作性强、安全可靠、易掌握、施工工效提高显著、费用降低明显、环保可行，经济社会效益可观。实践证明该创新工艺是科学的、可行的，可以推广应用于本行业及相近行业的其他类似工程中。

5.3.2.4　地下综合管廊电气安装工程的成本控制

由本章5.2节表5-11可知，综合管廊电气安装工程费用占综合管廊本体安装工程费的比例较大，约占80%。贡北路综合管廊安装工程费用明显高于城市综合管廊本体安装工程费用，主要是由于电气安装工程费增加导致的。经分析，电气安装工程费用主要为管廊本体设备供电所必须的桥架及线缆敷设的费用。为降低该项目的成本，应合理减少管廊本体设备数量，尤其是备用设备的数量。这样可以减少综合管廊建设期的成本，在运营维护过程中视使用情况而增加设备。

5.3.3 地下综合管廊工程项目单价控制

5.3.3.1　人工费控制

人工费在整个综合管廊建设期的成本中所占的比例大概在10%左右，主要是根据市场状况确定的。由于市场的变化速度很快，人工单价的变化也不是固定的。总体来看，目前国内工程项目人工费单价呈现较快增长的趋势。因此这项工作只能控制人力的安排，尽量减少工人数量的投入，利用现代化的设备来辅助人工建设，提升效率。

降低人工费用的重点应提高劳动生产率，劳动生产率反映综合管廊施工生产过程中消耗的活劳动与形成建安工程产品数量的关系。建设期人工费成本的高低，在很大程度上取决于劳动生产率的高低。而劳动生产率的高低主要取决于劳动组织、技术装备和劳动者的素质等。提高劳动生产率，首先应积极学习国外先进的项目管理理论和方法，提高技术装备程度、劳动者的操作熟练程度和科学文化水平，从而提高项目全体人员的素质；其次应改善劳动组织，严格执行劳动定额。

因此，进行综合管廊工程施工的时候，应注意以下四点：（1）选择综合素质高的管理人员，合理安排工人数量避免人工闲置；（2）利用劳务分包，规避人工风险；（3）建立奖惩制度，多劳多得来激发工作人员的工作热情；（4）适当增加人员工作压力，提升工作效率。

5.3.3.2　材料费控制

材料费占整个综合管廊建设期成本费用的比例最高，一般为60%～70%。因此，材料成本的节约是综合管廊建设期成本控制的关键。节约材料费用，不单纯从材料使用角度入手，而要求在材料的采购、运输、使用和回收等各个环节，综合考虑采取降低材料费用的支出的措施。首先，要做好材料的采购决策，进料的价格、质量、数量和时间，以及运输方案等要在统筹综合管廊施工的需要和地点的具体情况做出选择。既要保证管廊施工需要，又避免形成积压，结合场内外运输，减少二次搬运。其次，不断改进施工技术，合理使用新技术、新工艺、新材料，开展材料的代用和综合利用，充分做到物尽其用。再次，加强材料管理，制订各种合理的材料定额，如消耗定额、仓储定额等，做到控制有标准。最后，采用经济承包制，将材料消耗的定额指标，进行层层落实，直至工序，并制订相应的材料消耗节超奖惩措施。

5.3.3.3 机械费控制

机械费约占综合管廊工程建设期成本的 5% 左右。但是机械台班的市场价格往往高于机械台班定额基价价格，导致机械费实际成本普遍超出预算的机械费用。因此，加强企业对机械设备管理，不断提高机械的可操作性，时时检查机械和设备，提高机械的运作效率，防止事故的发生，充分发挥机械和设备的使用，从而节省机械成本、提高施工企业机械效率具有重要意义。

在施工中对机械成本进行控制时，根据施工进度和施工的顺序来提升机械使用的最大化性能，增加机械的操作率，降低机械闲置率。同时，基于实际情况的施工现场，尽量使用当地的电力网络，降低施工用电成本。加强各种机械操作人员的短期培训，让他们更精通机械的操作。在施工准备阶段需要各种各样的工程机械操作员，维护好机械的维修，提前准备好施工机械的易损件，使机械总能保持完整性的状态，机器性能最大化。

为节约机械成本，可采取的措施：（1）合理选择施工机械；（2）协调组织，合理使用施工机械，使机械效率最大化；（3）规范机械操作员的操作行为，以防止操作不当或非技术影响工程机械的使用；（4）对机械操作人员进行绩效考核，将机械和设备使用情况与他们的个人经济利益相联系，实施奖惩；（5）做好机械和设备的维修和维护工作，做好日常机械和设备的维修和管理；（6）专业的维修人员应根据设备的技术条件、磨损、操作条件、作业水平和维护等，做好机械的正常保养，确保机械的使用寿命。

5.3.3.4 现场管理费控制

现场管理费包括：现场管理人员工资等，办公费、差旅交通费、固定资产使用费、工具用具使用费、财产保险费、工程排污费以及除以上费用外现场的其他费用。这些费用按各种不同工程类别按费率计算的是没定额可循的，因此，在施工过程中严格控制不得超过标准。特别是现场管理人员的数量配备，按着一专多能、少而精的原则，节约费用开支。做好办公费，差旅交通费，工具用具使用费计划，并按计划执行，实行责任制，节约有奖。

第 6 章　结论与建议

6.1 结论

本文结合青岛市地下综合管廊建设情况，分阶段论述了地下综合管廊建设期成本控制的经验，分析了影响地下综合管廊建设期成本的因素、存在问题及解决措施。最后，以青岛市贡北路地下综合管廊为实例，对地下综合管廊建设期成本指标进行逐项分析，并提出了相应的控制方法。本文主要结论如下：

（1）青岛市地下综合管廊建设期估算单位建筑体积费用指标约为 0.4225 万元 /m^3，与《造价指标》中未考虑特殊要求的城市综合管廊费用指标约为 0.3792 万元 /m^3 增加约为 10% 左右。地下综合管廊建设期成本较高，从地下综合管廊规划、建设区位选择、地基处理方法的优化、施工方法的选择、基坑支护改进、管廊埋深的选择以及主体结构混凝土和钢筋用量等重点因素进行控制。

（2）青岛市地下综合管廊建设期成本中建安工程费约占总成本的 90%，其中土建成本约占 71%、设备购置及安装工程成本约占 19%，建设工程其他费占总成本 7%，基本预备费占总成本 3%。地下综合管廊建设期成本控制应主要从建安工程费进行控制，并以土建工程成本为主。

（3）地下综合管廊建设工程中土石方工程的成本最难控制，应根据具体的工程建设条件选择合理的施工方案及方法。在新区建设的地下综合管廊，采用明挖法较暗挖法经济。明挖法中如地质条件允许、开挖深度不太大，放坡开挖、喷锚支护的方式成本较低。在老区建设的地下综合管廊，应考虑征地拆迁费用的影响来确定采用明挖法还是暗挖法。

（4）地下综合管廊埋深对综合管廊建设期成本影响显著，管廊埋深与增加投资值近似成正比关系，满足地下空间使用要求情况下，为控制地下综合管廊建设期成本，应尽量浅埋。

（5）燃气舱建设费用约为燃气管线直埋成本的 13 倍，从经济性的角度考虑，不建议燃气管线入廊或采取缆线管廊等的其他形式入廊。

（6）地下综合管廊的断面设计是管廊设计的前提和核心，综合管廊断面的大小直接关系到管廊所容纳的管线数量以及综合管廊建设期成本，因此地下综合管廊建设前期应对管廊分舱断面类型进行方案论证，确定既能满足使用条件且成本最低的建设方案。通常条件下地下综合管廊舱室数量越多，断面面积越大，建设期成本越高；相同断面面积条件下，舱室数量越多，建设期成本越高。

（7）通常地下综合管廊结构系数在 0.10 ～ 0.12 左右，单位建筑体积混凝土平均用量约为 0.43m^3，地下综合管廊混凝土体积配筋率约为 0.145t/m^3。地下综合管廊设计时，应合理确定主要荷载的取值、正确使用计算模型及计算方法等方式，降低地下综合管廊结构尺寸、减小配筋来控制建设期成本。

（8）基于二次浇筑成型滑移模板体系的现浇地下综合管廊施工工法，使每段管廊浇筑次数由 3 次降低为 2 次、减少 1 道水平施工缝，可加快施工进度，降低施工成本，具有显著的经济效益和社会价值。

6.2　建议

通过本文论述，地下综合管廊建设期成本控制的建议如下：

（1）干线地下综合管廊建设期的成本为每 1km 近亿元，过大的投入造成了政府及企业较大的经济压力，因此建议加快缆线管廊的建设，以解决现阶段的“城市病”。

（2）贯彻落实“因地制宜、合理规划”的地下综合管廊建设方针，以“先规划、后建设”为原则，构建城市地下综合管廊网络体系。

（3）地下综合管廊建设是一项大型的、长期的、必须的市政基础设施建设工程，“统一规划、多点开花、循序渐进”的进行地下综合管廊工程建设，地下综合管廊建设的“过热”或“过冷”，均不利于城市的发展。

（4）地下综合管廊建设初期建设方案总体上是偏于保守的，随着工程实践的增多，通过不断总结实践经验，采取“新工艺、新技术、新材料”或提高材料强度等手段，降低主要材料、设备等的用量及价格等手段，来控制地下综合管廊建设期成本。

参考文献

[1] 城市综合管廊工程技术规范：GB 50838—2015 [S]. 北京：中国计划出版社.

[2] 刘应明，等. 城市地下综合管廊工程规划与管理 [M]. 北京：中国建筑工业出版社，2016.

[3] 青岛市人民政府. 青岛地下综合管廊专项规划（六区）(2016 年—2030 年)[R]. 2016.

[4] 宋文波. 北京市综合管廊的发展与创新 [R]. 北京：首届城市综合管廊建设高峰论坛，2015.

[5] 城市综合管廊工程造价指标：ZYA1-12（10）2015（试行)[S].

[6] 廖四海，黄立夫，李雄，等. 综合管廊埋深数值分析 [J]. 混凝土与水泥制品，2015（10)：32-34.

[7] 高丽君. 城市综合管廊工程重要节点设计探讨 [J]. 冶金丛刊，2017（3)：214-215.

[8] 刘纯，戚振强. 城市地下综合管廊建设管理模式及关键技术 [J]. 智能城市，2017（3)：86.

[9] 任汉波. 建设项目成本控制与案例 [M]. 北京：中国铁道出版社，2011.

第四篇
青岛市地下综合管廊防水技术总结运用研究

PART 4

第1章　绪　　论

1.1　选题背景

地下综合管廊是一种现代化、科学化、集约化的城市基础设施，对推动城市快速发展起着重要作用。加快推进综合管廊建设，统筹各类市政的管线规划、建设和管理，可以解决反复开挖路面、架空线网密集、管线事故频发等问题，还可以保障城市安全、完善城市工程、美化城市景观、促进城市集约高效和转型发展。

2016年4月，财政部、住房城乡建设部公布第二批地下综合管廊试点城市名单，共有15个城市入围：广州、石家庄、四平、青岛、威海、杭州、郑州、保山、南宁、银川、平潭、景德镇、成都、合肥、海东。青岛市政府于2016年3月25日正式批复《青岛地下综合管廊规划（2016—2030年）》。根据《管廊规划》要求，青岛市2016—2020年共计划建设地下综合管廊93.7km。其中，青岛市六区建成地下综合管廊46.9km、即墨建成地下综合管廊13.4km、胶州市建成地下综合管廊28.1km、平度市建成地下综合管廊4.7km、莱西市建成地下综合管廊0.6km。2020—2030年青岛共建设完成地下综合管廊102km。其中，青岛市六区建成地下综合管廊73.2km、即墨建成地下综合管廊8.3km、胶州市建成地下综合管廊8.8km、平度市建成地下综合管廊4.7km、莱西市建成地下综合管廊7km。

综合管廊属于地下结构，并且管廊整体连通，若管廊发生渗水，其影响面较大，后期维修费用较高。管廊内安装电气、燃气、热力、给水、通信等各种管线，管廊渗漏水严重影响各种管线使用功能，同时存在较大安全风险，防水施工质量至关重要。作为管廊建设的关键技术，防水技术的应用效果关乎工程施工、运营状况、使用功能以及使用寿命等目标能否达成。因此，防水问题是综合管廊建设必须解决的关键技术问题之一。

随着新型防水材料的研发和工程应用以及先进施工方法的投入，地下管廊防水工程取得优异成果，如何正确地利用这些新型的防水材料、有针对性地选用合理的施工工艺，从而取得良好的防水效果是目前管廊建设的重要课题之一。有效解决综合管廊防水问题可以保证综合管廊的施工质量，也能从根本上减少安全隐患，降低后期运营养护成本，延长其使用寿命。青岛地下综合管廊建设过程中也出现了其他地区遇到的渗漏水现象，在管廊防水、治理渗漏方面积累了较多经验。综上，针对青岛市地下综合管廊建设施工过程中的防水设计方案、防水施工关键技术以及防水材料选用等问题进行总结研究，有利于管廊建设的质量，是管廊安全运维的重要保障措施之一，也有利于推动综合管廊建设发展。基于此，形成青岛市地下管廊防水技术总结运用课题。课题旨在对试点工程的设计、施工方案、渗漏水治理进行总结，以期对同类项目建设提供借鉴。

1.2　研究目标

结合国家设立地下综合管廊试点城市的相关要求，根据青岛市地下综合管廊试点项目的建设情况，本着实用的原则，加强技术创新，总结青岛市地下综合管廊建设过程中的防水技术，提炼出可复制、可推广的施工技术经验，为同类项目提供有益借鉴。

本课题结合青岛市地下综合管廊实施情况，参考国家发布的相关技术标准，根据《城市综合管廊工程技术规范》(GB 50838—2015）的相关技术要求，通过专家咨询、现场调研、管廊实施单位论证等多种方式，提出有效的防水方案以及施工注意要点。

1.3 研究目的和意义

课题以青岛市地下综合管廊为主要研究对象，通过理论和实际技术手段相结合的方法，综述青岛市地下综合管廊防水材料的选用、设计方案和施工做法，并针对管廊渗漏水情况，分析其原因及治理措施，总结渗漏处理施工工法，作为今后渗漏水情况治理的参考。课题以青岛管廊为例，总结防水工程技术经验及不足，提出防水推荐方案，形成易操作、可复制、可推广的防水技术。

1.4 研究任务和方法

（1）现场调研其他地区地下管廊，搜集各地区的防水施工方案；通过其他地区地下管廊渗漏案例资料，分析渗漏主要原因及处置方案。

（2）调研青岛地区管廊施工过程中防水抗渗方面的特殊处理措施，结合不同区域的地下水环境，从设计方案、防水材料、施工方案分别总结，包括明挖现浇法、预制装配式、盾构法防水技术研究等，总结目前地下管廊采用的防水工艺及施工要点。

（3）选取典型案例，对防水工程做全面总结，对同类项目提供参考。

（4）通过专家咨询法比较分析总结青岛地区地下管廊建设中防水方面存在的问题，提出防水方面的建议。

第 2 章 地下综合管廊防水工程概述

2.1 水对地下工程的影响

水对地下工程围护结构可产生吸湿作用、毛细作用、侵蚀作用、渗透作用和冻融作用等一系列的有害作用，这是由混凝土的特性、结构和水的成分、特性所决定的。

1. 吸湿作用

任何物质在和气态的水蒸气和液态的水接触时，都能将水吸附在自己的表面，这种现象称为吸湿。砖石、混凝土等建筑材料是一种非均质的多孔材料，在空气中和水中都具有很强的吸湿作用。吸湿作用的强弱与周围介质的温、湿度有关，湿度越高，温度越低，吸湿作用就进行得越强烈。地下工程围护结构所具有的吸湿现象，往往是地下工程潮湿的主要原因。

2. 毛细作用

大部分物质其结构中有许多肉眼不易看见的缝隙，称其为毛细管。毛细管遇水后，只要该处有附着水，水就会沿着这些毛细管上升，直至水的重力超过它的表面张力时才会停止上升。毛细管越细，上升水的重力越不易超过表面张力，因此水位也升得越高，物质也就越容易透水。地下水能被有孔的建筑材料吸收产生毛细上升现象，潮湿的土壤也能通过毛细作用引起潮气上升，这对于地下工程来说是会产生危害的。尤其是地下水或土壤中含有侵蚀性介质时，毛细作用可使整个地下工程受到损害。毛细作用的影响是很大的，即使地下工程埋置在地下水位线以上，地下水往往也会通过土壤的毛细作用造成地下工程的危害。如果建筑材料具有憎水性，那么水就不易润湿管壁，沥青类防水材料、有机硅类防水材料均具备这种性能。

3. 侵蚀作用

地下水对构筑物的侵蚀主要表现在酸、盐及有害气体对各种建筑物的围护结构的损坏，一般以不致密的混凝土、不坚固的石材或金属衬砌的地下构筑物及房屋基础最易受到侵蚀的影响。地下水对混凝土的侵蚀主要表现在碳酸侵蚀、溶出性侵蚀、碳酸盐侵蚀等几个方面。地下水对混凝土的侵蚀程度取决于地下水的侵蚀性、水泥的特性、混凝土的强度和密实性。

4. 渗透作用

地下工程的围护结构材料如砖石、混凝土等均有大量的毛细孔、施工裂缝，在水有一定压力时，水就会沿着这些孔隙流动而产生渗透作用，尤其是地下工程埋得越深，地下水位越高，其渗透压也就越大，地下水的渗透作用也就越严重。地下工程的渗漏水在大多数情况下都是由渗透作用引起的。

5. 冻融作用

严寒地区的建筑工程其围护结构含水时，特别是不致密的混凝土经过多次冻融循环后很容易被破坏。地下工程处于冰冻线以上时，土壤含水，冻结时不仅土中水变成冰，体积增大，而且水分往往因冻结作用而迁移和重新分布，形成冰夹层或冰堆，从而使地基冻胀。冻胀可导致地下工程不均匀地抬起。当冰夹层或冰堆融化时又不均匀地下沉，年复一年地使地下工程产生变形，轻者出现裂缝，重者危及使用。为防止冻融作用的发生，地下工程应尽量构筑在冰冻线以下，必须在冰冻线以上构筑的地下工程应有反冻胀措施，施工时应避开寒冷的冬季。

2.2　地下水渗漏对管廊钢筋混凝土腐蚀

混凝土主体结构有大量的毛细孔、施工裂隙，水具有一定压力时，就会沿着这些孔隙流动而产生渗透作用，特别是地下工程埋得越深，地下水位越高，地下水由于渗透作用通过混凝土的相对量越大。

硅酸盐水泥遇水硬化，并且形成 $Ca(OH)_2$、水化硅酸钙、水化铝酸钙等，这些物质往往会受到地下水的腐蚀。地下水对建筑结构材料腐蚀分为结晶类腐蚀、分解类腐蚀、结晶分解复合类腐蚀三种。

地下水对混凝土建筑物的腐蚀是一项复杂的物理化学过程，在一定的工程地质与水文地质条件下，对建筑材料的耐久性影响很大。

混凝土结构一旦出现裂缝，就会引起漏水，随着时间的推移，该结构在各种荷载外力和内力的不利条件下，混凝土裂缝会逐渐扩大，渗漏水程度也会进一步加剧。而带有侵蚀性介质的地下渗水，还会带来钢筋的腐蚀、膨胀，进而出现混凝土的剥落、承载力降低和寿命缩短等问题。

2.3 综合管廊防水工程的基本方法

由于地下管廊工程所处的位置不同，地下水的类型和埋藏的条件各不相同，因此必须针对地下水存在的特点，采取相应的防水措施。其主要防水方法有隔水、排水、堵水几种，可根据情况单独使用，也可以综合使用。

2.3.1 隔水

隔水是利用不透水材料或弱透水材料，将地下水（包括无压水、承压水、毛细水等）隔绝在建筑空间之外，隔水可以通过构造防水、材料防水来实现。

1. 构造防水

构造防水是依靠建（构）筑物的结构材料（如底板、侧墙、顶板等）自身的密实性以及采用合适的构造形式（如采取坡度、离壁式衬砌、底板设置盲沟排水系统、伸缩缝等构造措施）来阻断水的通路，以达到结构件自身防水目的的一类防水措施。

（1）混凝土结构自防水

地下管廊结构主体为防水混凝土自防水结构，防水混凝土一般分为普通防水混凝土、外加剂防水混凝土和膨胀水泥防水混凝土三大类。在选择材料时，综合考虑建筑物的性质、构造、施工方案、施工条件等各方面因素，并考虑耐久性、可靠性和经济性。主体防水材料对减少地下水对地下管廊的侵蚀破坏，避免地下管廊的渗漏起到关键性作用。

结构管廊自防水混凝土设计抗渗等级应符合表 2-1 的规定。

表 2-1 防水混凝土设计抗渗等级

管廊埋置深度 H（m）	设计抗渗等级
$H<10$	P6
$10 \leqslant H<20$	P8
$20 \leqslant H<30$	P10
$H \geqslant 30$	P12

（2）耐久性设计

管廊工程一般按 100 年的使用寿命进行设计，为此结构设计施工时应采取下列措施确保结构具有足够的耐久性：

①地下结构防水混凝土抗渗等级根据结构埋深而定，且不小于 P6。防水混凝土的施工配合比通过试验确定，试配混凝土的抗渗等级应比设计要求提高一级（0.2MPa）。

②严格控制防水混凝土的氯离子含量；防水混凝土中各类材料的总碱量（Na_2O 当量）不得大于 3kg/m^3，混凝土的氯离子含量不超过 0.06%。

③顶板及与顶板同期浇筑的侧墙采用高性能补偿收缩防水混凝土。选用收缩小的普通水泥，减少混凝土中水泥用量，降低混凝土浇筑后温度，从而控制温升、缩小温差。水胶比应满足《混凝土耐久性设计规范》(GB/T 50476）及结构图纸的有关要求。一般不大于 0.45。

④添加外加剂

在保证结构安全、耐久的前提下，在混凝土中添加的外加剂（通过试验验证后确定），应达到一级品要求并满足《混凝土外加剂应用技术规范》（GB 50119—2013）规定。本工程防水混凝土采用补偿收缩混凝土外加剂应满足技术要求：限制膨胀率：≥ 0.025%（7d 水中）；≥ 0.020%（21d 空气中）。

a. 为减少早期裂缝开展，防水混凝土中需掺入一定数量的粉煤灰和磨细矿渣粉，粉煤灰的级别不应低于Ⅱ级，烧失量应低于 5%。严禁采用 C 类粉煤灰和Ⅱ级以下级别的粉煤灰；磨细矿渣等级为 S95 级，一般宜与粉煤灰同时使用；每立方米混凝土中粉煤灰、硅酸盐水泥的掺量需经试配试验优选确定。

b. 在混凝土中添加聚丙烯纤维，纤维有阻裂效应，能延缓裂缝的产生和扩展，减少及细化裂缝。它能够填埋部分混凝土内部孔隙，减少孔隙大小和数量，极大地增加混凝土基体的密实性，提高混凝土的防渗性。

c. 在混凝土中添加 UEA（膨胀抗裂剂），掺量为 10%，该材料在潮湿状态下能够充分发挥其膨胀的作用。

2. 材料防水

材料防水是依靠采用不同的建筑防水材料来阻断水的通道，以达到隔离目的或增强抗渗漏能力的一类防水措施。材料防水依据所采用的防水材料材性的不同，可以分为刚性防水（如涂抹防水砂浆、浇筑防水混凝土）和柔性防水（如铺设防水卷材、涂刷防水涂料等）。材料防水依据所采用的防水材料品种可分为防水混凝土防水、防水砂浆防水、卷材防水、涂膜防水、塑料板防水、金属板防水等。

2.3.2 排水

排水是建筑防水的重要措施之一，是将水在渗漏进地下工程内部之前加以疏导和排除，其内容包括地表水的排除，人工降低地下水位或将水引入地下工程后再有组织地排走。

2.3.3 堵水

堵水一方面是指向岩石体内注入防水材料，堵塞水流通路而形成一个隔水层，即注浆止水；另一方面是指堵漏，即当防水结构和防水构造受到破坏而发生渗漏时，向破坏处及其附近注入防水材料而起到修复作用。

2.4 综合管廊的防水设计

综合管廊的防水工程可以分为三类，结构自防水、涂膜及卷材防水层与密封防水施工。

1. 合理确定综合管廊工程的防水等级

合理确定综合管廊工程的防水等级是确保综合管廊工程使用功能的前提，也是进行防水设计的准则和依据。综合管廊工程的防水等级确定过低，轻者会影响整个工程的正常使用，重者则会使整个防水设计失败，造成综合管理工程的报废。而防水等级确定过高，又会造成不必要的浪费，得不偿失。

《城市地下综合管廊工程技术规范》（GB 50838—2015）中规定："综合管廊应根据气候条件、水文地质状况、结构特点、施工方法和使用条件等因素进行防水设计，防水等级标准为二级，并应满足结构的安全、耐用性和使用要求。"

根据《地下工程防水技术规范》(GB 50108—2008）的要求，防水等级中一级和二级的标准如表 2-2 所示。

表 2-2　地下工程防水标准

防水等级	防水标准
一级	不允许渗水，结构表面无湿渍
二级	不允许渗水，结构表面可有少量湿渍 工业与民用建筑：总湿渍面积不应大于总防水面积（包括顶板、墙面、地面）的 1/1000；任意 $100m^2$ 防水面积上的湿渍不超过 2 处，单个湿渍的最大面积不大于 $0.1m^2$； 其他地下工程：总湿渍面积不应大于总防水面积的 2/1000；任意 $100m^2$ 防水面积上的湿渍不超过 3 处，单个湿渍的最大面积不大于 $0.2m^2$；其中，隧道工程还要求平均渗水量不大于 $0.05L/(m^2 \cdot d)$，任意 $100m^2$ 防水面积上的渗水量不大于 $0.05L/(m^2 \cdot d)$

2. 合理的结构形式

结构自防水是利用综合管廊本身的密实性、憎水性以及刚度，提高综合管廊本身的抗渗性能，通常被称为刚性防水。它要求综合管廊结构本身必须具备一定的刚度，而合理的结构形式恰恰是提高结构整体刚度的关键。因此，设计中在结构选型方面，应根据防护要求、平时和战时使用功能、工程地质和水文地质条件等因素综合确定，避免结构突变（或断面突变），尽量使结构选型规则、整齐，借以提升结构的整体刚度，减少裂缝开展及变形缝的设置。

3. 构造节点设计

变形缝、施工缝和其他 (如穿墙孔、阴角等) 构造节点的设计在综合管廊工程防水设计中占有重要地位，同时也是防水的薄弱环节，在设计中同时也是防水的薄弱环节，在设计中应尽量不设或少设。

变形缝的渗漏问题是综合管廊工程的通病之一。主要原因为防水设计单一，变形缝防水施工难度较大。因此工程设计时在变形缝的防水处理上加强重视，变单一式的防水设计为复合式防水设计。目前，应用最广的复合式防水设计有中埋式止水带与外贴防水层复合使用；中埋式止水带与遇水膨胀橡胶条、嵌缝材料复合使用；中埋式止水带与可卸式止水带复合使用。

施工缝的防水设计，传统的凹缝、凸缝、阶梯缝、钢板（橡胶）止水带，其原理都是延长渗水线路，等于加大了混凝土的厚度。这一原理除综合管廊本身不完善外，施工时也不好处理，因此不再提倡单独使用，建议采用外贴式止水带与中埋钢板（橡胶）复合使用，其中以遇水膨胀胶条或腻子条与中埋钢板（橡胶）复合使用最佳，但在防护结构中宜采用钢板，以确保工程的防护效果。

穿墙管、线、螺栓宜采用止水环与遇水膨胀腻子条复合使用，且应采取防止转动的措施，如将止水环平面外形改为非圆形。

总之，构造节点的防水设计应避免单一式，尽量采用复合式防水设计，并且尽量减少变形缝、施工缝的设置，以减少综合管廊工程的漏水概率。

2.5　综合管廊的防水施工方法

综合管廊的主体结构设置在地下，为保护综合管廊主体结构、各种收纳管线以及附属设施，防止地下水和雨水渗入，减轻排水经费等，需要对综合管廊进行防水施工。

2.5.1　按防水材料分类

综合管廊防水施工法按照防水材料分类主要有以下几项：刚性防水与柔性防水，其中刚性防水包括结构自防水及砂浆防水；柔性防水包括卷材防水、涂膜防水等。下面对常用的几种防水工法进行简要介绍。

1. 砂浆防水工法

砂浆防水是掺入水泥防水剂的有防水性的砂浆涂抹本体，形成防水层的防水工法。水泥防水剂是砂浆硬化后防止吸水及透水，提高防水性的混合材料。以往的氯化钙、硅酸钠等材料被广泛使用。最近使用乳胶、树脂乳胶、水溶性树脂等高分子材料掺入防水剂的也很多。因为混凝土底层与没有伸缩性的砂浆形成一体，所以防水层施工的同时混凝土底层施工也尤为重要。

2. 涂膜防水工法

涂膜防水是在施工现场把防水剂和硬化剂按比率调和后涂抹底层，由于产生化学反应形成防水薄膜。最近把两种液体混合物用喷枪涂抹的方法被广泛使用。

3. 沥青防水工法

沥青防水工法有融化沥青油毡积层的热工法，也有常温施工法。开挖式坑道的本体防水主要使用的是融化沥青油毡积层的热工法。形成沥青防水主体的是沥青油毡类和氧化沥青。另外，防水层施工的第一层使用沥青底漆。

4. 防水卷材防水工法

开挖坑道使用合成高分子材料防水，有把形成苫布状的沥青油毡用粘结材料粘在一起，形成防水层的方法。防水布防水主要的材料是苫布和使苫布粘结在一起用的胶粘剂。苫布与苫布连接后粘结在综合管廊的本体上。

2.5.2　按管廊施工方法分类

1. 明挖现浇施工防水

采用明挖施工的结构防水，一般由结构的自防水和卷材、涂膜以及防水砂浆防水层构成。通常卷材、涂膜、砂浆防水层均设在主体结构迎水面，并要求其防水层与结构表面粘结良好。根据基坑护坡方法所提供的防水层施做条件，可选择外防外贴或外防内贴两种方法。

2. 预制拼装结构施工防水

近几年，综合管廊采用预制拼装工艺在国内应用逐渐增多，上海、厦门、哈尔滨、长沙、郑州等多个城市开始采用这种施工方法。主要有纵向锁紧型承插拼装法、柔性承插拼装法、胶接预应力拼装法、叠合板式预制拼装法、分仓预制与现浇结合拼装法等。

（1）胶接＋预应力管廊拼接

首先，将运输至现场的综合管廊预制节段通过吊装设备吊放到管廊槽底部预设的临时支架上（包括整段综合管廊的所有节段），调整端块精确定位，安装螺旋千斤顶作为临时支座，进行接缝涂胶施工，每道接缝涂胶完毕后将该节段精确定位并张拉临时应力，以免接缝受扰动后开裂：整段管廊安装就位后，张拉预应力钢束，张拉完毕后进行管道安装，对综合管廊和垫层之间的间隙进行底部灌浆，待灌浆层达到一定强度，解除临时预应力措施，使整段管廊支撑在灌浆层上，设备前移，架设第二段预制管廊；最后浇筑各段端部现浇段混凝土，处理变形缝，使各段综合管廊体系连续。

涂胶工程中应密切注意并采取措施保证预应力管廊的紧密对接。节段之间的胶粘剂可采用环氧树脂胶，环氧粘结材料采用双组分成品，应不含对钢筋有腐蚀和影响混凝土结构耐久性的成分。

涂胶总的原则是快速、均匀并保证涂胶厚度。为了保证管廊节段在环氧胶的作用下把两节段粘贴密实，在设备起吊节段到安装位置时，对拼装节段的两匹配面再一次检查和清理。

正常情况下，采用双面涂胶，每个面涂胶厚度 1.6mm，在预应力孔道和混凝土结构边缘附近，要保留 20mm 的区域无环氧胶粘剂，另外，在凹槽位置不涂胶，以减小整段管廊的长度误差。为了保证在环氧胶失去活性前完成涂抹并张拉临时预应力，涂胶作业采用人工戴橡胶手套涂抹快速作业，并在环氧施胶结束后，用特制的刮尺检查涂胶质量，将涂胶面上多余的环氧胶刮出，厚度不足的再一次进行施胶，保证涂胶厚度。

胶接 + 预应力管廊拼接接口防水施工主要采用端面结构胶（图 2-1），结构胶应涂抹均匀并覆盖整个匹配面，涂膜厚度以 3mm 为宜。结构胶涂抹时应采取措施对预应力孔道进行防护，确保在施加应力后，结构胶能在全断面均匀挤出。

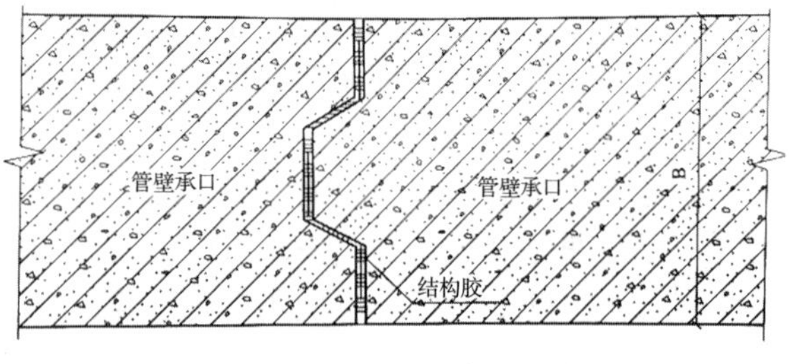

图 2-1　端面结构胶示意图

（2）承插式拼装

承插式拼装主要包括柔性承插拼装和锁紧承插拼装。柔性承插式拼装主要采用双胶圈，两道橡胶圈之间设有注浆孔，安装后可进行接口防水检验，后期若有渗漏可进行注浆补救。锁紧承插拼装主要在拼装完成后在每节段之间预留锁紧扣，利用预应力钢绞线进行锁紧，然后封锚形成大节段。两种拼接方法工艺基本相同。与胶接 + 预应力管廊拼接相比，防水处理无太大区别。承插接口防水主要采用楔形弹性密封圈、遇水膨胀胶圈、腻子复合密封条等防水材料，在接口上进行布设，管节之间拼装后，防水材料与管节挤压密实，起到防水作用（图 2-2、图 2-3）。

3. 盾构法施工防水

根据目前盾构法区间隧道渗漏水的情况，可将盾构法隧道的防水划分为以下四类：管片自防水、管片接缝防水、管片外防水、隧道接口防水。其中管片结构自防水是盾构法管廊防水的根本，接缝防水为重点，确保隧道整体防水。

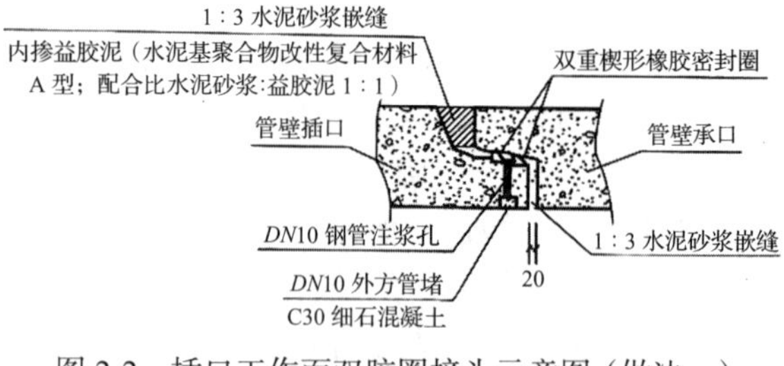

图 2-2　插口工作面双胶圈接头示意图（做法一）

管廊盾构施工可参照隧道施工的防水要求，一般顶部不允许滴漏，其他不允许漏水，结构表面可有少量湿渍并满足下列要求：隧道漏水量不超过 0.05L/(m^2·d)，同时总湿渍面积不应大于总防水面积的 0.2%，任意 100m^2 隧道内表面上的湿渍不超过 3 处，单一湿渍的最大面积不大于 0.2m^2，衬砌接头不允许漏泥砂和滴漏，拱底部分在嵌缝作业后不

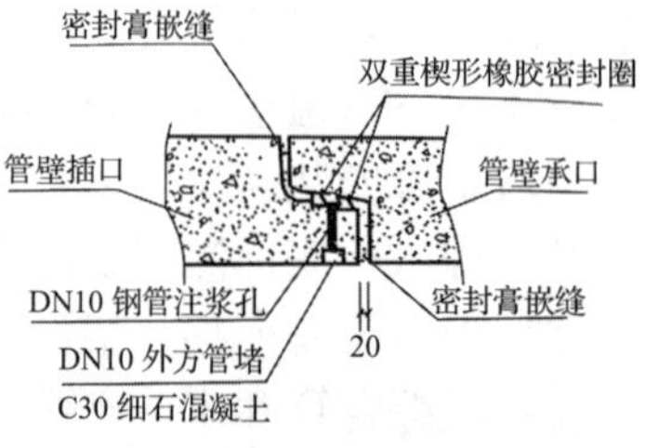

图 2-3　插口工作面双胶圈接头示意图（做法二）

允许有漏水。

管片采用耐久性好的高性能自防水混凝土，通过外掺剂改性提高混凝土的抗渗性，混凝土管片抗渗等级≥ P10，可满足自身防水要求。

管片接缝防水采用密封垫防水，管片密封垫沟槽内粘贴三元乙丙橡胶弹性橡胶密封垫，通过其被压缩挤密来防水。为了确保接缝两侧密封垫接缝宽度，要求管片环缝错台量不大于10mm，错台率不大于10%。

管片外防水主要采用管片壁后注浆技术，及时充填管片与围岩之间的空隙，以达到防水及控制地层沉降的效果。一般注浆量为计算体积的1.5 ～ 2.0倍。

隧道接口防水采取的主要措施是多重防水，包括：联络通道与盾构管片之间的过渡处采用自粘式卷材进行封闭，自粘式卷材在钢管片表面收口部位的端部，设置两道遇水膨胀嵌缝胶；在盾构隧道与联络通道接口处初衬中预埋一圈环向小导管注浆，并在初衬与二次衬砌前之间设置DN50环向软式透水管，二衬与管片间设置缓膨型遇水膨胀嵌缝胶；各结构自身的防水材料在接口处应进行自收口处理；加大接口处环片的同步注浆压力，并进行二次注浆及整环嵌缝处理。

4. 顶管法施工

以管节混凝土自防水为基础，以接缝防水为重点，确保工程整体防水效果；同时，注重钢筋混凝土结构耐久性的设计，以满足结构使用寿命100年的设计要求。

顶管隧道长期在地下水土压力下工作，要防止地下水渗入，首先要求管节混凝土自身具备良好的抗渗性和耐久性。依据国家相关规范，结合结构埋深及水文地质条件等外在因素的影响，对顶管管节混凝土提出抗渗等级（≥ P10）、强度等级（≥ C50）、氯离子扩散系数（$\leq 3\times10^{-8}\mathrm{cm^2/s}$）、电通量（≤ 1000C）、60d干燥收缩率（≤ 0.022%）和裂缝宽度（≤ 0.2mm，且不允许出现贯穿）等一系列技术参数要求，以满足混凝土结构的耐久性要求。

为使管节混凝土满足上述较高的技术性能要求，需从混凝土原材料控制和配合比研究入手，加强管节混凝土制备、运输、浇筑和养护等施工的全过程管理。

从设计角度，控制管节混凝土质量的措施主要有：

（1）原材料控制的关键在于降低水化热，减少混凝土的收缩裂缝。

要求采用低水化热的水泥，并用粉煤灰、矿渣粉等优质活性矿物掺合料取代部分水泥；同时，控制粗细集料的级配，以使胶凝材料与集料结合得更充分，并对于原材料中的碱、氯离子等有害物质作严格限制。

（2）配合比研究的主要目的是控制胶凝材料和水的用量。

胶凝材料用量过多会产生多余的水化热，而水用量过多会使混凝土产生泌水等不利情况；因此，在合理选取水胶比的同时，要求添加聚羧酸系高效减水剂，从而尽可能地解决混凝土中由于存在多余水而引起的多种病害。

（3）混凝土养护的关键在于保温、保湿。通过对温度、湿度及养护时间提出具体要求及有效控制，同时采取有效的养护措施，从而确保结构混凝土的质量。

接口钢套环处设置两道楔形橡胶密封圈加强防水，并在接口中部预留密封垫沟槽，设置弹性密封垫作为辅助防水或者根据管节纵缝结构的特点，将双面覆橡胶腻子防水衬垫板铺贴在接缝表面作为主要防线，同时在纵缝背水面的预留凹槽内嵌填高模量聚氨酯密封胶作加强密封防水。

对于稳定性较差的粉土层，进出洞时洞门封堵效果难以保证，极易导致涌水、漏泥等现象发生，而设置顶管隧道出洞防水装置对顶管出洞的安全有着重要意义，其性能应予以足够的重视。目前国内的出洞防水装置种类主要有插板式和铰链式两种，对于一些大直径超埋深隧道，也可采取双道铰链式装置。还有的工程设计采用施工便捷、无须人工操作又能保证出洞防水质量的单道铰链式出洞防水装置，该装置由固定板、翻板、销套、销轴和开口销等组成。

在施工过程中，当每节顶管管道在安装好之前，首先需要粘贴止水圈和木衬垫。管节与管节之间的接口处要严格按设计规范标准进行镶嵌。不仅如此，还需要尽可能确保顶管管节与顶管机机体是处于同心同轴的状态。各管节相互连接完以后，应确保其处于同一轴线上。各管节之间不应有夹角和错位，确保其接触面受力均匀。

管节接头的防水密封，是采用双重密封形式。第一道密封是通过在一节管节的细端与另一节管节的钢圈之间夹置一个橡胶胀圈。橡胶胀圈坚固又有弹性，而且耐压。为了保证在推顶时由于纵向力和横向力作用时，橡胶圈不会发生位置改变或损坏，需要在管节的细端开出一条环形槽沟，用以装入橡胶胀圈。第二道密封，是在端面之间通过注浆孔注浆密封，使管节与管节之间形成整体，以达到防水、止水的效果。

2.6 国内地下综合管廊防水技术

2.6.1 海口市地下综合管廊

海口地下综合管廊为二级防水标准，综合管廊侧壁及顶板外侧喷涂 2mm 厚非固化橡胶沥青防水涂料，底板采用自粘性 SBS 改性沥青自粘防水卷材。

施工缝采用外贴式止水带与中埋钢板（橡胶）止水带复合使用，水平施工缝采用镀锌钢板止水带和双组分聚硫密封胶组合以达到防水功效。所有施工缝接缝面涂布水泥基渗透结晶型防水涂料。

变形缝防水采用中埋式止水带与遇水膨胀橡胶条、嵌缝材料复合使用。

2.6.2 南京南部新城综合管廊

南京南部新城综合管廊混凝土主体采用 C40 混凝土，抗渗等级 P10，在混凝土中添加 20kg/m^3 防水剂。底板和外墙采用 3mm 厚自粘聚合物改性沥青防水卷材，顶板采用 3mm 厚自粘聚合物改性沥青防水卷材 +4mm 厚改性沥青耐根穿刺防水卷材。

管廊阴阳角、伸缩缝、变形缝等细部节点部位，先设置一道 3mm 厚自粘聚合物改性沥青防水卷材作防水加强层，再进行防水层施工。

2.6.3 白山市地下综合管廊

白山市地下综合管廊为明挖法现浇混凝土施工，防水采用自粘聚合物改性沥青防水卷材复合做法，底板、侧墙、顶板均采用 3mm 厚自粘聚合物改性沥青防水卷材，施工采用预铺反粘法和干粘法。变形缝处采用中埋式橡胶止水带 + 外贴式止水带 + 外贴防水卷材加强层 + 密封膏密封处理。

2.6.4 北京新机场工作区工程地下综合管廊

北京新机场综合管廊为三仓管廊，全长 1011m，三仓综合管廊断面为 8m × 2.8m。工程采用非固化 + 自粘防水卷材复合施工做法，底板、侧墙、顶板均采用 2mm 厚非固化沥青橡胶防水涂料 +3mm 自粘聚合物改性沥青防水卷材。变形缝处为中埋式橡胶止水带 + 外贴式止水带 + 外贴防水卷材加强层 + 聚苯板填缝 + 密封膏密封处理。

2.6.5　北京新机场高速公路地下综合管廊（南四环—新机场）

本项目采用明挖法施工，防水设计等级为二级。防水设计采用 1.5mm 厚高分子自粘胶膜防水卷材为主防水材料，其中底板采用预铺反粘法施工工艺，铺 1.5mm 厚高分子自粘胶膜卷材；侧墙及顶板为 1.5mm 厚高分子自粘胶膜卷材 +2mm 厚聚合物水泥防水砂浆。

2.6.6　三亚市海棠湾海榆东线地下综合管廊

三亚市海棠湾海榆东线地下综合管廊采用明挖现浇法施工，管廊总长度 7.7km。项目防水采用反应粘结型高分子湿铺防水卷材做法，底板、侧墙采用 1.5mm 厚高分子湿铺防水卷材，顶板加铺 1.5mm 厚阻根型高分子湿铺防水卷材。

第 3 章　青岛市综合管廊防水工程方案总结

3.1　概述

本章将从管廊主体结构设计、防水设计标准、防水材料设计选用、防水施工工艺等方面总结青岛已建管廊的防水技术。

3.1.1　防水设计等级

青岛市地下综合管廊试点工程共 21 条管廊，地下结构防水等级均为二级，不允许渗水，结构表面可有少量湿渍。总湿渍面积不大于总防水面积的 2‰，任意 100m^2 防水面积上湿渍不超过 3 处，单个湿渍的最大面积不大于 0.2m^2。

3.1.2　防水原则

防水以混凝土结构自防水为根本，以接缝防水为重点，辅之以附加防水层加强防水。采取措施控制结构混凝土裂缝的开展，增加混凝土的抗渗性能；以变形缝、施工缝等接缝防水为重点，辅以全包柔性防水层加强防水。

3.1.3　管廊施工方式

主要以明挖现浇为主，少数管廊采用预制拼装、暗挖法施工。

3.1.4　防水混凝土

混凝土强度为 C35、C40，抗渗等级为 P6、P8。

3.1.5　防水卷材及涂料

主要选用的防水卷材为自粘聚合物改性沥青防水卷材、反应型高分子湿铺防水卷材、SBS 防水卷材等；选用的涂料主要有非固化橡胶沥青防水涂料、聚合物水泥基防水涂料、速凝橡胶沥青防水涂料等。

3.2 青岛中德生态园园区纵七路地下综合管廊工程

3.2.1 工程概况

纵七路主线综合管廊位于道路西侧绿化带内，主线管廊南起四号路北侧，北至团结路南侧，长约 785m。

综合管廊主线管廊为单箱双室结构，断面净尺寸为：净宽（2.3+2.4）m × 净高 3m。主线管廊顶底板及侧墙厚度均为 30cm，中墙厚度 25cm，支线管廊为单箱单室结构，支线管廊尺寸为净宽 3m × 净高 3m。支线管廊顶底板及侧墙厚度均为 35cm。综合管廊标准段的覆土深度为 2.5m 左右。主线管廊最小纵坡 1.7%，最大纵坡 4.7%。

3.2.2 结构自防水

管廊外墙、顶板、底板、中隔墙均采用 C40 抗渗混凝土，抗渗等级≥ P6。

3.2.3 外防水

结构防水等级为二级，管廊主体防水层采用 1.5mm 自粘聚合物改性沥青防水卷材 +1.5mm 自粘聚合物改性沥青防水卷材（表 3-1）。

表 3-1 纵七路标准段外防水做法

序号	防水位置	做法
1	底板	150mm 厚 C20 细石混凝土垫层
		1.5mm 厚自粘聚合物改性沥青防水卷材
		1.5mm 厚自粘聚合物改性沥青防水卷材
		50mm 厚 C20 细石混凝土保护层
		防水混凝土底板
		50mm 厚 C20 细石混凝土找坡
2	顶板	50mm 厚 C20 细石混凝土保护层
		1.5mm 厚自粘聚合物改性沥青防水卷材
		1.5mm 厚自粘聚合物改性沥青防水卷材
		防水混凝土顶板
3	侧墙	120mm 厚 M7.5 砂浆砌 MU10 多孔砖
		1.5mm 厚自粘聚合物改性沥青防水卷材
		1.5mm 厚自粘聚合物改性沥青防水卷材
		防水混凝土侧壁

3.2.4 细部结构的防水措施

变形缝处的防水采用复合防水构造措施，即中埋式钢边橡胶止水带，背贴式止水带，变形缝衬垫板与外贴防水层复合使用，并用低发泡塑料板和双组分聚硫密封膏嵌缝处理。

防水混凝土连续浇筑，只留水平施工缝，设在壁板的上下转角处，施工缝浇筑混凝土前，将其表面浮浆和杂物清除，其表面浇一层 10 ～ 15mm 厚混凝土原浆，再铺 40mm 厚的 M7.5 防水水泥砂浆，并及时浇筑混凝土，施工缝中设 300mm × 3mm 热镀锌钢板，并用单组份聚氨酯膨胀密封胶密封。

3.3　青岛中德生态园园区四号路地下综合管廊工程

3.3.1　工程概况

四号路地下综合管廊位于中德生态园二期，工程起点位于规划纵七路，工程终点位于规划珠宋路，主管廊长度约 1209m。管廊西端与纵七路综合管廊衔接，东端与十七号线综合管廊顺接（图 3-1）。

四号路地下综合管廊为四舱结构，分别为综合舱、中压电力舱、高压电力舱、污水舱，入廊的管线种类有：给水、再生水、污水、110kV 电力线缆、35kV 电力线缆、10kV 电力线缆、通信等。管廊尺寸为 11m（宽）×3.8m（高），位于道路南侧非机动车道、人行道及绿化带下。本段综合管廊设计范围内无监控中心，监控中心位于项目东侧十七号线综合管廊范围内。采用明挖直埋法施工，管底埋深约 7.30m。

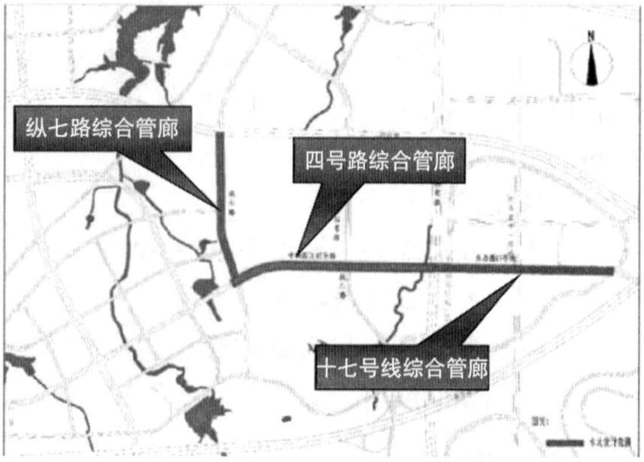

图 3-1　四号线综合管廊位置示意图

3.3.2　自防水

管廊外墙、顶板、底板、中隔墙均采用 C40 抗渗混凝土，抗渗等级≥ P6。

3.3.3　外防水

（1）主体底板、侧墙外防水选用 1.5mm 厚自粘聚合物改性沥青防水卷材（无胎）+1.5mm 厚聚合物水泥防水涂料，顶板选用 4.0mm 厚 SBS 改性沥青耐根穿刺防水卷材 +2mm 厚自粘聚合物改性沥青防水卷材复合防水，具体做法见表 3-2。

表 3-2　中德生态园四号路外防水做法

序号	防水位置	做法
1	底板	防水钢筋混凝土 P6
		50mm 厚 C20 细石混凝土保护层＋隔离层（纸胎油毡）
		1.5mm 厚自粘聚合物改性沥青防水卷材
		1.5mm 厚聚合物水泥防水涂料
		100mm 厚 C20 混凝土垫层
2	顶板	70mmC20 细石混凝土保护层
		油毡隔离层
		4.0mm 厚 SBS 改性沥青耐根穿刺防水卷材
		2mm 厚自粘聚合物改性沥青防水卷材
		防水钢筋混凝土 P6
3	侧墙	防水钢筋混凝土 P6
		1.5mm 厚聚合物水泥防水涂料
		1.5mm 厚自粘聚合物改性沥青防水卷材
		120mm 厚砖砌保护层，M7.5 水泥砂浆砌筑

（2）防水保护层：底板采用 50mm 厚 C20 细石混凝土保护。顶板采用 70mm 厚 C20 细石混凝土保护。侧墙采用砌筑 120mm 砖墙保护。对覆土小于 3m、顶板上方有绿化种植的部分需增设根阻措施。

（3）回填：明挖结构顶板、侧墙外采用透水性弱的黏土等回填或局部回填。

3.3.4 细部结构防水措施

1. 变形缝防水

顶板迎水面及背水面嵌缝 + 中埋式钢边橡胶止水带，侧墙及底板采用外贴式止水带 + 中埋式钢边橡胶止水带 + 背水面嵌缝处理。结构施工时，在顶、侧墙（拱）部有条件时，变形缝两侧的混凝土表面预留凹槽，凹槽内设置不锈钢板接水盒，便于对渗漏水及时引排。

变形缝防水材料类型：变形缝用中埋式钢边橡胶止水带为中孔型。止水带宽度均为 350mm，橡胶厚度 10mm，钢板为镀锌钢板，厚度 1mm。外贴式止水带采用 320mm 宽、橡胶厚度 6mm 的中孔型橡胶类止水带，变形缝处嵌缝采用双组分聚硫密封胶，断面为 20mm × 10mm。

2. 施工缝

防水环向施工缝，设置压差式橡胶止水带，或 350mm 宽钢边橡胶止水带；施工缝断面中部需涂刷水泥基渗透结晶防水材料 1.5kg/m^2。

不在剪力与弯矩最大处或底板与侧墙的交接处留墙体纵向施工缝，施工缝留在高出底板表面不小于 300mm 的墙体上。采用 300mm 宽 3mm 厚镀锌钢板止水带，镀锌层厚度不小于 60μm。混凝土结构施工缝的设置间距不宜大于 16m。

3.4 青岛中德生态园十七号线地下综合管廊工程

3.4.1 工程概况

生态园十七号线位于生态园中部，道路为东西走向，西起珠宋路，东至生态园三十四号线，道路全长 2978.44m。本次道路拟建范围为珠宋路至青兰高速段（即道路桩号 K0+000 ～ K1+330.00），拟建道路总长度为 1330m。

十七号线新建综合管廊一条，新建电力支廊一条，新建综合管廊主廊全长约 1119m，电力支廊全长约为 290m。本段管廊与西侧园区四号线综合管廊相连，向东与电力支廊相连，从西向东分别与珠宋路、环三号线、红十一号线、生态园十号线相连，并做出廊设计。电力支廊为综合管廊电力舱室的分支，接入环三号线 110kV 变电站内。

综合管廊采用钢筋混凝土矩形断面，内置电力、弱电、给水、热力等管线。

裂缝控制等级：三级，最大裂缝宽度限值 0.15mm。

主廊全长约 1120m，平均埋深约 3.5m，穿越山龙河河道处埋深约为 11m 左右。主廊为 4 舱布置，从北向南依次为：电力仓、水信舱（D300 给水管道及 24 孔通信）、热污舱（2 × D400 热水管道、D300、D400 污水管道）。每个舱室的净宽度为 2.4m、2.0m、3.3m；净高为 3.0m。

3.4.2 结构自防水

综合管廊主结构采用 C40 防水混凝土，工程抗渗等级 P8，管廊内铺装采用 C30 细石混凝土，垫层采用 C20 混凝土。

3.4.3　外防水

管廊结构顶板外部采用 70mm 厚 C20 细石混凝土保护层 +4mm 厚 CPS 反应粘结型高分子湿铺防水卷材，侧墙外侧采用采用两层 1.5mm 厚 CPS 反应粘结型高分子湿铺防水卷材 +120mm 厚 M10 砂浆砌 MU10 多孔砖，底板外部采用 50mm 厚 C20 细石混凝土保护层 + 两层 1.5mm 厚 CPS 反应粘结型高分子湿铺防水卷材（表 3-3）。

表 3-3　中德生态园十七号线标准段外防水做法

序号	防水位置	标准段做法
1	底板	100mm 厚 C20 细石混凝土垫层
		2 层 1.5mm 厚 CPS 反应粘结型高分子湿铺防水卷材
		50mm 厚 C20 细石混凝土保护层
		C40 抗渗混凝土
2	顶板	70mm 厚 C20 细石混凝土保护层
		4mm 厚双面 CPS 反应粘结型高分子湿铺防水卷材（耐根穿刺）
		C40 抗渗混凝土
3	侧墙	120mm 厚 M10 砂浆砌 MU10 多孔砖
		2 层 1.5mm 厚 CPS 反应粘结型高分子湿铺防水卷材
		20mm 厚 1：2.5 防水水泥砂浆找平层
		C40 抗渗混凝土

3.4.4　细部结构的防水措施

变形缝处两侧 50cm 及管廊外侧角隅处加设一道防水加强层。

变形缝处在卷材外加铺 1000mm 宽 1.5mm 厚 CPS 反应粘结型高分子湿铺防水卷材加强层，管廊变形缝处设中埋式钢边橡胶止水带，并采用聚苯乙烯泡沫塑料板填塞，低膜量聚氨酯密封胶嵌缝。

施工缝浇筑混凝土前，将其表面浮浆和杂物清除，其表面浇一层 10 ～ 15mm 厚混凝土原浆，再铺 40mm 厚的 M7.5 防水水泥砂浆，并及时浇筑混凝土，施工缝中设 300mm × 3mm 热镀锌钢板，并用单组分聚氨酯膨胀密封胶密封。

3.5　山大南路综合管廊工程

3.5.1　工程概况

山大南路综合管廊（东段）滨海大道东侧至山大东路西侧段主线综合管廊长度约为 1281m；山大南路综合管廊（西段）过滨海大道段综合管廊长度约为 181m，合计 1462m（图 3-2）。

蓝色硅谷综合管廊入廊管线包括电力、通信、给水及再生水 4 类管线。管廊采用单箱单室结构断面。

结构设计基准期 100 年，设计使用年限 100 年，工程防水等级为二级。

综合管廊采用整体现浇闭合框架结构，主廊净断面尺寸为 3.4m × 3.0m、4.0m × 3.0m，顶底板及外侧壁厚度均为 0.30m；支廊净断面尺寸为 3.4m × 3.0m、2.5m × 2.5m，顶底板及外侧壁厚度均为 0.30m。

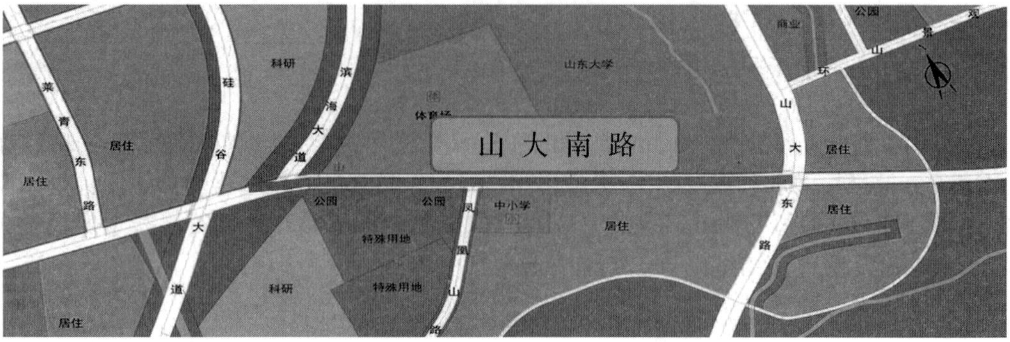

图 3-2 山大南路综合管廊位置示意图

3.5.2 结构自防水

主体结构采用 C35 防水混凝土，设计抗渗等级 P8。

3.5.3 外防水

管廊主体防水层采用喷涂速凝橡胶沥青防水涂料 2mm+（30 ～ 50）g 聚酯胎基布钉固 +50mmC20 细石混凝土保护层（表 3-4）。

表 3-4 山大南路综合管廊标准段外防水做法

序号	防水位置	做法
1	底板	50mm 厚 C20 细粒式混凝土找坡
		防水混凝土底板
		50mm 厚 C20 细石混凝土保护层
		200g/m^2 聚酯无纺布
		喷涂速凝橡胶沥青防水涂料（总厚度 2mm）
		30 ～ 50g 聚酯胎基布针刺钉固
		喷涂速凝橡胶沥青防水涂料 A 组分一层
		150mm 厚 C20 混凝土垫层（表面平整）
		150mm 厚细配碎石层
2	顶板	50mmC20 细石混凝土保护层
		30 ～ 50g 聚酯胎基布钉固
		喷涂速凝橡胶沥青防水涂料 2.0mm
		防水混凝土顶板
3	侧墙	50mm 厚挤塑板保护层
		喷涂速凝橡胶沥青防水涂料 2.0mm
		防水混凝土侧壁

3.5.4 细部结构的防水措施

变形缝处的防水采用复合防水构造措施，即钢边橡胶止水带、背贴式止水带、变形缝衬垫板与外贴防水层复合使用，并用低发泡塑料板和双组分聚硫密封膏嵌缝处理。

防水混凝土连续浇筑，只设水平施工缝，常设在壁板的上下转角处，施工缝浇筑混凝土前，清除其表面浮浆和杂物，表面浇一层 10 ～ 15mm 厚混凝土原浆，再铺 40mm 厚的 M7.5 防水水泥砂浆，并及时浇筑混凝土，施工缝中设 480mm × 4mm 镀锌钢板。

3.6　山大东路（滨海大道至环湾路）地下综合管廊工程

3.6.1　工程概况

山大东路北起滨海大道，南至规划环湾路，总长度约 3.66km（图 3-3）。山大东路新建综合管廊规划入廊管线种类包括电力、通信、给水及再生水 4 种专业管线。管廊采用单舱单室横断面形式，断面净尺寸为 $B \times H = 3.0\text{m} \times 3.0\text{m}$，位于道路西侧设施带内。

结构设计基准期 100 年，设计使用年限 100 年，工程防水等级为二级。综合管廊采用整体现浇闭合框架结构，主廊净尺寸为 3.0m × 3.0m，主廊拓宽段尺寸为 3.6m × 3.0m；支廊净尺寸为 3.0m × 3.0m，顶底板及外侧壁厚度为 0.3m。

图 3-3　山大东路（滨海大道至环湾路）综合管廊位置示意图

3.6.2　结构自防水

主体结构采用 C35 防水混凝土，设计抗渗等级 P8。

3.6.3　外防水

结构防水等级为二级，管廊主体防水层采用 1.5mm 自粘聚合物改性沥青防水卷材 +1.5mm 自粘聚合物改性沥青防水卷材（表 3-5）。

表 3-5　山大东路地下综合管廊标准段外防水做法

序号	防水位置	防水做法
1	底板	50mm 厚 C20 细粒式混凝土找坡
		防水混凝土底板
		50mm 厚 C20 细石混凝土保护层
		1.5mm 自粘混凝土改性沥青防水卷材
		1.5mm 自粘聚合物改性沥青防水卷材
		150mm 厚 C20 混凝土垫层（表面平垫）
		150mm 厚碎石找平层
2	顶板	50mmC20 细石混凝土保护层
		1.5mm 自粘聚合物改性沥青防水卷材
		1.5mm 自粘聚合物改性沥青防水卷材
		防水混凝土顶板
3	侧墙	120mm 砖墙 M7.5 水泥砂浆
		1.5mm 自粘聚合物改性沥青防水卷材
		1.5mm 自粘聚合物改性沥青防水卷材
		防水混凝土侧壁

3.6.4　细部结构的防水措施

变形缝处的防水采用复合防水构造措施，即钢边橡胶止水带，背贴式止水带，变形缝衬垫板与外贴防水层复合使用，并用低发泡塑料板和双组分聚硫密封膏嵌缝处理。

防水混凝土连续浇筑，只设水平施工缝，常设在壁板的上下转角处，施工缝浇筑混凝土前，清除表面浮浆和杂物，表面浇一层 10 ～ 15mm 厚混凝土原浆，再铺 40mm 厚的 M7.5 防水水泥砂浆，并及时浇筑混凝土，施工缝中设 480mm × 4mm 镀锌钢板。

3.7 硅谷大道（鹤山路至规划九号线）地下综合管廊

3.7.1 工程概况

南起鹤山路，北至规划九号线路南，全长约 700m。根据规划，本段道路红线宽度 64m，为双向八车道道路。轨道交通 R1 号线（蓝色硅谷区间）在道路西侧的 38 ～ 45m 宽城市绿地中架空通行（图 3-4）。

硅谷大道综合管廊规划入廊管线种类包括电力、通信、热力、天然气、给水及再生水 6 种管线。管廊采用单箱双室及单箱单室单箱结构断面。

结构设计基准期 100 年，设计使用年限 100 年，工程防水等级为二级，混凝土抗渗等级为 P8。

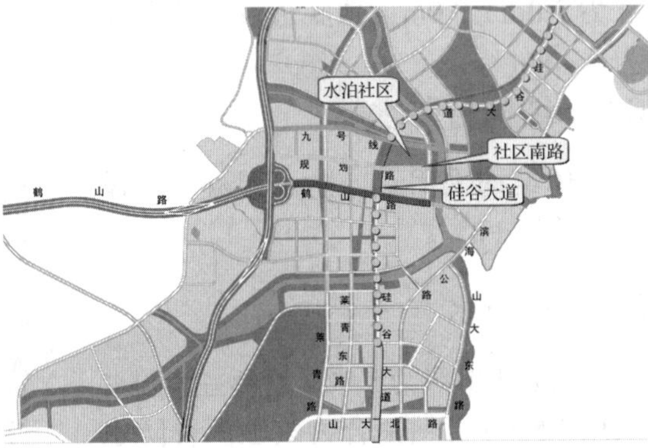

图 3-4 硅谷大道（鹤山路至规划九号线）综合管廊位置示意图

综合管廊采用整体现浇闭合框架结构，主廊为（2.5+3.5）m × 3.0m 单箱双室结构断面、2.2m × 2.7m 单箱单室结构断面，顶底板及外侧壁厚度均为 0.30m；支廊为（1.9+2.8）m × 3.0m 单箱双室结构断面、1.9m × 2.4m 单箱单室结构断面，顶底板及外侧壁厚度均为 0.30m。

3.7.2 结构自防水

主体结构采用 C35 防水混凝土，设计抗渗等级 P8。

3.7.3 外防水

结构防水等级为二级，管廊主体防水层采用 1.5mm 厚自粘聚合物改性沥青防水卷材（2 层）+50mm 厚 C20 细石混凝土保护层。

表 3-6 硅谷大道地下综合管廊标准段外防水做法

序号	防水位置	做法
1	底板	50mm 厚 C20 细粒式混凝土找坡
		防水混凝土底板
		50mm 厚 C20 细石混凝土找坡
		1.5mm 自粘聚合物改性沥青防水卷材
		1.5mm 自粘聚合物改性沥青防水卷材
		100mm 厚 C20 混凝土垫层（表面平整）
		200mm 厚碎石找平层
2	顶板	50mmC20 细石混凝土保护层
		1.5mm 自粘聚合物改性沥青防水卷材
		1.5mm 自粘聚合物改性沥青防水卷材
		防水混凝土顶板

续表

序号	防水位置	做法
3	侧墙	120mm 砖墙 M7.5 水泥砂浆
		1.5mm 自粘聚合物改性沥青防水卷材
		1.5mm 自粘聚合物改性沥青防水卷材
		防水混凝土侧壁

3.7.4　细部结构的防水措施

变形缝处的防水采用复合防水构造措施，即钢边橡胶止水带，背贴式止水带，变形缝衬垫板与外贴防水层复合使用，并用低发泡聚乙烯板和双组分聚硫密封膏嵌缝处理。

防水混凝土连续浇筑，只设水平施工缝，常设在壁板的上下转角处，施工缝浇筑混凝土前，清除其表面浮浆和杂物，表面浇一层 10 ～ 15mm 厚混凝土原浆，再铺 40mm 厚的 M7.5 防水水泥砂浆，并及时浇筑混凝土，施工缝中设 480mm × 4mm 镀锌钢板。

3.8　滨海公路（尼姑山路至新民河）综合管廊工程

3.8.1　工程概况

北起尼姑山路，南至新民河，设计全长约 2.7km（图 3-5）。

纳入滨海公路工程综合管廊的管线有给水、热力、中水、燃气、电力线缆和通信 6 种管线。管廊标准段为单层三舱断面和单层四舱断面。

结构设计基准期 50 年，设计使用年限 100 年，工程防水等级为二级，混凝土抗渗等级不小于 P6。

干线综合管廊标准段为单层现浇钢筋混凝土矩形箱涵结构，根据功能划分为 3 舱，结构在各仓之间设混凝土墙分隔，共分为 3 跨，净宽分别为 2.0m、3.1m、2.3m，净高均为 3.0m，顶板平均埋深约 3.0m，干线管廊随道路线形变化，总长度约为 2.7km。

支线综合管廊标准段为单层现浇钢筋混凝土矩形箱涵结构，根据功能划分为 2 舱，结构在各仓之间设混凝土墙分隔，共分为 2 跨，净宽分别为 1.5m、3.25m，净高均为 2.2m，顶板平均埋深约 6.0m，总长度约为 0.9km。

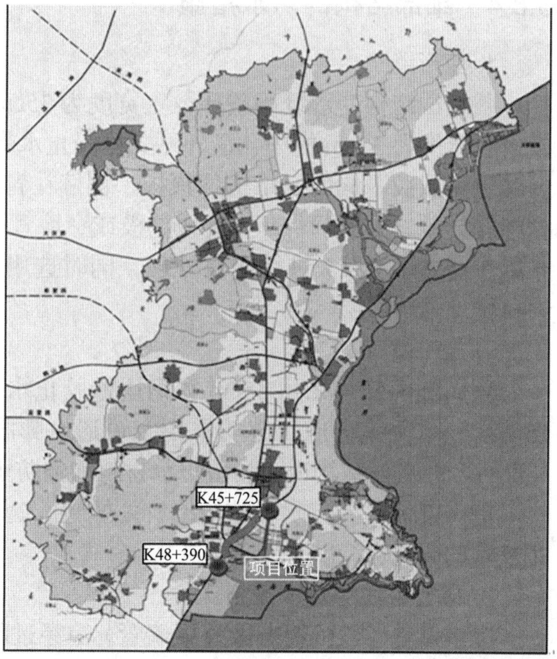

图 3-5　滨海公路（尼姑山路至新民河）综合管廊位置示意图

3.8.2　结构自防水

地下结构迎土面结构采用防水混凝土，防水混凝土的抗渗等级不小于 P6。

结构防水等级为二级，地下结构迎土面结构均采用防水混凝土，防水混凝土的抗渗等级不小于 P6。

3.8.3 外防水

在主体结构的迎水面设置柔性全包防水层，主要以 3mm 厚自粘聚合物改性沥青防水卷材为主（表 3-7）。

表 3-7 滨海公路地下综合管廊标准段外防水做法

序号	防水位置	做法
1	底板	防水钢筋混凝土 P6
1	底板	50mmC20 细石混凝土保护层
		3mm 厚自粘聚合物改性沥青防水卷材
		150 厚 C20 混凝土垫层
2	顶板	70mmC20 细石混凝土保护层
		油毡隔离层
		3mm 厚自粘聚合物改性沥青防水卷材
		防水钢筋混凝土 P6
3	侧墙	防水钢筋混凝土 P6
		3mm 厚自粘聚合物改性沥青防水卷材
		50mm 厚聚苯乙烯泡沫塑料板
		回填分层压实

3.8.4 细部结构的防水措施

1. 变形缝

明挖法结构变形缝均整环设置宽度为 35cm 的中孔型中埋式钢边橡胶止水带。侧墙和底板设置宽度为 35cm 的中孔型外贴式橡胶止水带，顶板的迎水面变形缝内设置 20mm × 10mm 的聚硫密封胶。同时，结构的顶板、侧墙在背水面变形缝内设置 20mm × 10mm 的单组分聚氨酯密封胶，穿墙管件（如接地电极或穿墙管）等穿过防水层的部位采用止水法兰和遇水膨胀腻子条（止水胶）进行防水处理，同时选用 1000mm 宽 2mm 厚自粘聚合物改性沥青防水卷材做加强防水层。

2. 施工缝

环向施工缝均采用 35cm 宽钢边橡胶止水带并粘贴 20mm × 10mm 的遇水膨胀止水胶加强防水；水平纵向施工缝均采用双道遇水膨胀止水胶（20mm × 10mm）并在接缝表面涂刷 1.5kg/m^2 的水泥基渗透结晶型防水材料加强防水。

特殊部位：如与附属结构接口处的施工缝采用双道遇水膨胀止水胶（20mm × 10mm）+注浆管的方式进行防水处理。

3. 穿墙管件的防水措施

穿墙管件（如接地电极或穿墙管）等穿过防水层的部位采用止水法兰和遇水膨胀腻子条（止水胶）进行防水处理，同时根据选用的不同防水材料对穿过防水板的部位采取相应的防水密封处理。

3.8.5 暗挖法施工

下穿滨海公路段该干线管廊采用暗挖法，结构内净空尺寸为 2.0m × 3.0m + 3.1m ×

3.0m+2.3m×3.0m，总宽 9.3m，总高 4.4m，复合衬砌结构，由钢格栅 + 喷射混凝土的初期支护与模注钢筋混凝土的二次衬砌构成，两层衬砌之间设柔性防水层，初衬厚 300mm，二衬顶板、底板厚 400mm，侧墙厚 400mm，中隔墙厚 250mm，因通道开挖断面较大，采用双侧壁导洞法施工，分六个导洞开挖，上、下各分左中右 3 导洞，导洞间设置 250mm 厚临时中隔墙和中隔壁，各导洞均采用台阶法开挖，施工顺序为先开挖中导洞，再开挖两侧导洞。

3.9　贡北路综合管廊工程

3.9.1　工程概况

贡北路综合管廊工程位于贡北路下方，平行道路中心线敷设。范围起点位于琅琊镇王家台后村西北侧滨海公路，终点位于 G204 国道，管廊全长约 12.8km，自东向西经过滨海公路、旅游路、琅琊东路、贡口西路、中心路、藏马路、红石路、G204 国道。贡北路综合管廊平行道路中心线建设，位于道路红线外北侧 20m 绿化带内（图 3-6）。干支线主管廊全长 12.8km，支线管廊长 395m，规划入廊管线有给水、再生水、污水、热力、天然气、110kV 电力、10kV 电力、通信 8 种管线。综合管廊采用采用明挖现浇施工，矩形箱涵结构，天然气管道、污水管道分别单独成舱，通信线缆、电力电缆敷设于电力舱，给水管道、再生水管道及热力管道敷设于水力舱。主管廊标准断面尺寸：13.85m×4.60m。

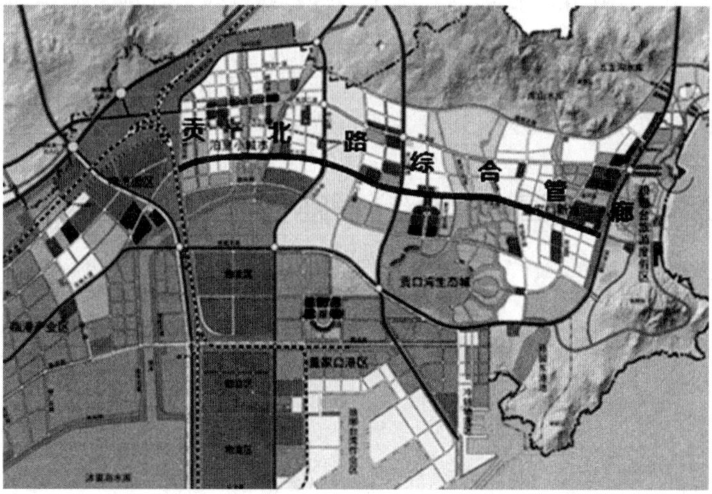

图 3-6　贡北路综合管廊位置示意图

3.9.2　结构自防水

本工程现浇干线管廊主体混凝土结构采用 C45 防水混凝土，抗渗等级 P6。地下结构顶、底板、侧墙采用高性能补偿收缩防水混凝土；限制混凝土的水胶比，C45 混凝土的水胶比不大于 0.40。

3.9.3　外防水

管廊结构设置全外包卷材防水层，外包卷材防水层采用 2mm 厚自粘聚合物改性沥青防水卷材 +2mm 厚非固化橡胶沥青防水涂料（表 3-8）。

表 3-8　贡北路地下综合管廊标准段外防水做法

序号	防水位置	做法
1	底板	C40 防水混凝土，抗渗等级 P6
		50mm 厚 C20 细石混凝土
		4mm 厚自粘聚合物改性沥青防水卷材
		2mm 厚非固化橡胶沥青防水涂料
		150mm 厚 C20 混凝土垫层
2	顶板	70mm 厚 C20 细石混凝土保护层
		油毡隔离层
		2mm 厚自粘聚合物改性沥青防水卷材
		2mm 厚非固化橡胶沥青防水涂料
		C40 防水混凝土，抗渗等级 P6
3	侧墙	120mm 砖墙
		35mm 厚挤塑板
		2mm 厚自粘聚合物改性沥青防水卷材
		2mm 厚非固化橡胶沥青防水涂料
		C40 防水混凝土，抗渗等级 P6

3.9.4　细部结构的防水措施

管廊结构在转角、阴阳角、变形缝及施工缝等特殊部位，在迎土面增加一层相同的防水材料，宽度为 500mm。

现浇管廊结构变形缝部位设置中埋式注浆止水带及背贴式止水带，施工缝部位设置遇水缓膨胀止水条并在缝面涂刷优质水泥基渗透结晶型防水涂料。

3.10　青岛海洋高新区海口路综合管廊工程

3.10.1　工程概况

西起凤凰山路，东至滨海大道，道路红线宽度 82m，实施长度 1634m，入廊管线为：给水、热力、电力、电信、再生水（图 3-7）。

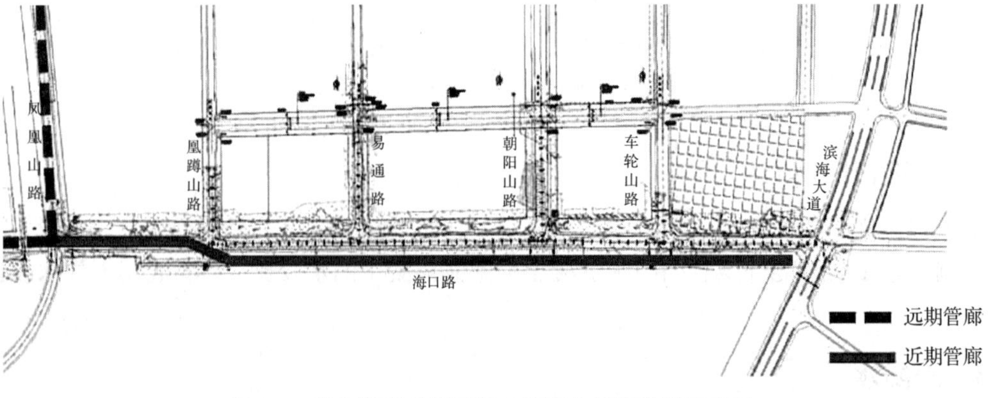

图 3-7　青岛海洋高新区海口路综合管廊位置示意图

本综合管廊结构工程防水等级为二级，设备、管理用房防水等级为一级，有种植顶板防水等级为一级。

3.10.2　结构自防水

主体结构混凝土强度等级≥ C45。管廊口部混凝土抗冻等级 F150。抗渗等级 P6，埋深超过 10m 时抗渗等级为 P8。外壁采用环氧沥青涂层，厚度≥ 300μm。采用添加优质粉煤灰、矿渣微粉等复合超细物掺料和高效减水剂；控制胶凝材料用量、水胶比、混凝土中的含碱量、胶凝材料中的氯离子含量、加强养护等措施，来确保结构混凝土自防水性能。顶板及与同期浇筑的侧墙应采用高性能补偿收缩防水混凝土。

3.10.3　外防水

管廊结构底板、顶板、侧墙迎水面采用自粘橡胶改性沥青防水卷材作为防水层，并于其上做好防水层的保护层。变形缝处、结构阴阳角处防水层需做特殊加强处理（表 3-9）。

表 3-9　海口路地下综合管廊标准段外防水做法

序号	防水位置	防水做法
1	底板	防水钢筋混凝土 P6
		2mm 厚非固化橡胶沥青防水涂料
		2mm 厚自粘聚合物改性沥青防水卷材
		50mm 厚 C20 细石混凝土保护层
		150 厚 C20 混凝土垫层
2	顶板	70mm 厚 C20 细石混凝土保护层
		油毡隔离层
		4.0mm 弹性体改性沥青防水卷材（耐根穿刺）
		2mm 厚自粘聚合物改性沥青防水卷材
		2mm 厚非固化橡胶沥青防水涂料
		防水钢筋混凝土 P6
3	侧墙	防水钢筋混凝土 P6
		2mm 厚非固化橡胶沥青防水涂料
		2mm 厚自粘聚合物改性沥青防水卷材
		35mm 厚聚苯乙烯泡沫塑料板 +120mm 砖墙
		回填分层压实

3.10.4　细部结构的防水措施

1. 变形缝

管廊变形缝处采用中埋式止水带、防水卷材加强层复合。中埋式止水带于顶板、底板、侧墙中兜绕形成封闭圈。

2. 施工缝（主要为纵向水平施工缝）

采用钢板止水带与遇水膨胀密封胶相结合的方式，接缝面涂抹能使裂缝产生结晶自闭功效的水泥基渗透结晶型防水涂料。

3.11　安顺路（汾阳路—衡阳路）综合管廊工程

3.11.1　工程概况

安顺路综合管廊南起汾阳路，北至衡阳路，全长 800m（图 3-8）。规划入廊管线种类包括电力、通信、热力、天然气、给水输水、给水配水、再生水、污水 8 种专业管线，管廊采用四舱，断面尺寸为 $B \times H = 15\text{m} \times 3.5\text{m}$，位于道路东侧绿化带及人行道下。

图 3-8　安顺路（汾阳路—衡阳路）综合管廊工程位置示意图

结构设计基准期：100 年；设计使用年限：100 年；工程防水等级：二级；混凝土抗渗等级：P8；环境类别：Ⅲ类，环境作用等级：Ⅲ -C。

3.11.2　结构自防水

主体结构采用 C40 引气混凝土，设计抗渗等级 P6。

3.11.3　外防水

外防水采用两层 1.5mm 厚自粘式防水卷材（表 3-10）。

表 3-10　安顺路地下综合管廊标准段外防水做法

序号	防水位置	防水做法
1	底板	50mm 厚 C20 细石混凝土找坡层
		500mm 厚防水钢筋混凝土底板
		50mm 厚 C20 细石混凝土保护层
		1.5mm 厚自粘聚合物改性沥青式防水卷材
		1.5mm 厚自粘聚合物改性沥青式防水卷材
		100mm 厚 C20 混凝土垫层
		200mm 碎石垫层
2	顶板	70mmC20 细石混凝土保护层
		1.5mm 厚自粘聚合物改性沥青式防水卷材
		1.5mm 厚自粘聚合物改性沥青式防水卷材
		500mm 厚防水钢筋混凝土顶板
3	侧墙	120mm 砖墙
		1.5mm 厚自粘聚合物改性沥青式防水卷材
		1.5mm 厚自粘聚合物改性沥青式防水卷材
		300mm 厚防水钢筋混凝土侧壁

3.11.4 细部结构的防水措施

变形缝处的防水采用复合防水构造措施，即钢边橡胶止水带，背贴式止水带。

连续浇筑防水混凝土，只允许设水平施工缝，常设在壁板的上下转角处，施工缝浇筑混凝土前，清理干净表面，浇一层 10 ～ 15mm 厚混凝土原浆，再铺 40mm 厚的 M7.5 防水水泥砂浆，并及时浇筑混凝土，施工缝中设 480mm × 4mm 镀锌钢板。

3.12 江山路前湾港路综合管廊工程

3.12.1 工程概况

结构设计基准期为 100 年，设计使用年限为 100 年。地下工程防水等级：二级。

本工程市政配套管线采用综合管廊与直埋相结合的敷设方式。

规划江山路综合管廊设于江山路道路中心线东侧，立交区域内管廊基本位于苜蓿叶绿化带内，桥区范围以外因用地受限，管廊基本位于地面道路车行道下及绿化带内。管廊起止范围南起桩号 K3+115 附近，北至桩号 K3+770 附近，管廊总长约 650m。

规划前湾港路综合管廊立交区域内管廊设于北侧桥下绿化带内，为保证与江山路主线管廊正交布置，管廊边线距离前湾港路主线道路中心线约 39m，立交范围以外，规划前湾港路综合管廊设于规划前湾港路北侧车行道下，管廊边线距离道路中线约 12.5m，前湾港路综合管廊起止范围西起桩号 K5+850 附近，东至桩号 K6+600 附近，管廊总长度约 750m。

主廊采用明挖现浇法施工，支廊采用预制拼接法施工。

3.12.2 结构自防水

主体结构采用 C40 防水混凝土，设计抗渗等级 P8。

3.12.3 外防水

结构防水等级为二级，管廊主体防水层采用自粘式防水卷材，防水卷材采用 PYID3.010 型自粘聚合物改性沥青防水卷材（表 3-11）。

表 3-11　江山路地下综合管廊标准段外防水做法

序号	防水位置	做法
1	底板	防水混凝土底板
		50mm 厚 C20 细石混凝土
		3mm 自粘聚合物改性沥青防水卷材
		基层处理剂
		20mm 厚 1：2.5 防水水泥砂浆找平层
		150mm 厚 C20 素混凝土垫层（表面平整）
2	顶板	回填土
		50mm 厚 C20 细石混凝土
		3mm 自粘聚合物改性沥青防水卷材
		基层处理剂
		20mm 厚 1：2.5 防水水泥砂浆找平层
		防水混凝土顶板

续表

序号	防水位置	做法
3	侧墙	回填土
		60mm 厚梅花形点贴苯板
		3mm 自粘聚合物改性沥青防水卷材
		基层处理剂
		20mm 厚 1：2.5 防水水泥砂浆找平层
		水防水混凝土底板侧壁

3.12.4 细部结构的防水措施

变形缝处的防水采用复合防水构造措施，即钢边橡胶止水带，背贴式止水带，变形缝衬垫板与外贴防水层复合使用，并用低发泡塑料板和双组分聚硫密封膏嵌缝处理；

连续浇筑防水混凝土，只允许设水平施工缝，常设在壁板的上下转角处，施工缝浇筑混凝土前，将其表面浮浆和杂物清除，其表面浇一层 10 ～ 15mm 厚混凝土原浆，再铺 40mm 厚的 M7.5 防水水泥砂浆，并及时浇筑混凝土，施工缝中设 480mm × 4mm 镀锌钢板。

3.12.5 预制管廊防水

预制管廊结构管节接头采用预应力筋连接接头。管节接缝处沿管片四周设置一道封闭的防水弹性密封垫；管节接口处用不小于 500mm 宽 3mm 厚的自粘聚合物改性沥青防水卷材做防水加强层；管节内侧在预留的嵌缝槽内进行嵌缝密封；对每一个预应力筋孔、注浆孔设置缓膨胀型遇水膨胀橡胶密封圈；及时向管节外的环形空隙适量地均匀注浆。预制管廊拼接完成后，外防水同现浇部分。预制管廊与主体现浇管廊的连接处做施工缝，施工缝中设 480mm × 4mm 镀锌钢板。

3.13 高新区规划西一号线综合管廊工程

3.13.1 工程概况

高新区规划西一号线综合管廊工程位于青岛高新区西片区，施工范围南起规划经二路，北至火炬路，道路桩号范围为 K0+015.421 ～ K0+905.888，主体长约 890m（图 3-9）。

综合管廊为规划干线管廊，北端接现状火炬路过路支廊，南端接经二路、规划西一号线相交路口的规划经二路综合管廊。综合管廊采用五舱断面形式，其中管廊主体为单箱三室断面，结构外尺寸为 9.6m × 3.8m，燃气舱采用单箱单室结构，外尺寸为 2.4m × 2.9m，雨水舱采用单箱单室结构，外尺寸为 2.6m × 2.9m。其中燃气采用预制拼装施工方法，其余为明挖现浇法施工。

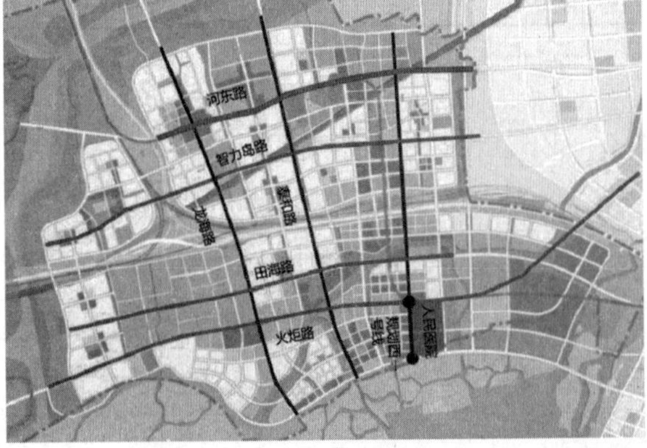

图 3-9 高新区规划西一号线综合管廊位置示意图

3.13.2 结构自防水

主体采用 C40 防水混凝土，设计抗渗等级为 P8。

3.13.3　外防水

结构防水等级为二级，管廊主体防水层采用1.5mm厚自粘式防水卷材+20mm厚M7.5防水水泥砂浆，管廊顶部及侧墙防水层施工后做保护层（表3-12）。

表3-12　高新区规划西一号线地下综合管廊标准段外防水做法

序号	防水位置	做法
1	底板	50mm厚C20细粒式混凝土找坡
		400mm厚防水混凝土底板
		20mm厚M7.5防水水泥砂浆保护层
		1.5mm厚自粘聚合物改性沥青防水卷材
		20mm厚M7.5防水水泥砂浆找平层
		150mm厚C20混凝土垫层（表面平整）
		200mm厚风化砂垫层
2	顶板	40mm厚C20细石混凝土保护层
		1.5mm厚自粘聚合物改性沥青防水卷材
		20mm厚M7.5防水水泥砂浆找平层
		防水混凝土顶板
3	侧墙	300mm厚防水混凝土侧壁
		20mm厚M7.5防水水泥砂浆
		1.5mm厚自粘聚合物改性沥青防水卷材
		50mm挤塑板

3.13.4　细部结构的防水措施

变形缝处的防水采用复合防水构造措施，钢边橡胶止水带，变形缝衬垫与外贴防水层复合使用，并用低发泡塑料板和双组分聚硫密封膏嵌缝处理。

防水混凝土连续浇筑，施工缝只允许设水平施工缝，设在壁板的下转角处，施工缝浇筑混凝土前，将其表面浮浆和杂物清除，其表面浇一层10～15mm厚混凝土原浆，再铺40mm厚的M7.5防水水泥砂浆，并及时浇筑混凝土，施工缝中设330mm×4mm镀锌钢板。

3.13.5　预制管廊防水

燃气舱采用预制拼装做法，与江山路支廊做法相同。预制管廊结构管节接头采用预应力筋连接接头。管节接缝处沿管片四周设置一道封闭的防水弹性密封垫；管节接口处用不小于500mm宽3mm厚的自粘聚合物改性沥青防水卷材做防水加强层；管节内侧在预留的嵌缝槽内进行嵌缝密封；对每一个预应力筋孔、注浆孔设置缓膨胀型遇水膨胀橡胶密封圈；及时向管节外的环形空隙适量的均匀注浆。预制管廊拼接完成后，外防水同现浇部分。预制管廊与主体现浇管廊的连接处做施工缝，施工缝中设480mm×4mm镀锌钢板。

3.14　青岛新机场综合管廊工程

3.14.1　工程概况

青岛新机场处于环胶州湾北部的核心区域。新机场综合管廊包括南三路、南六路、南八路、南十路、南十一路及航站区共六条管廊，总长约 11.4km。管廊的防水做法基本相同，以南三路综合管廊为例总结防水方案。

南三路综合管廊布置于南三路道路两侧，西起南六路、东至南十路，总长约 750m（图 3-10）。

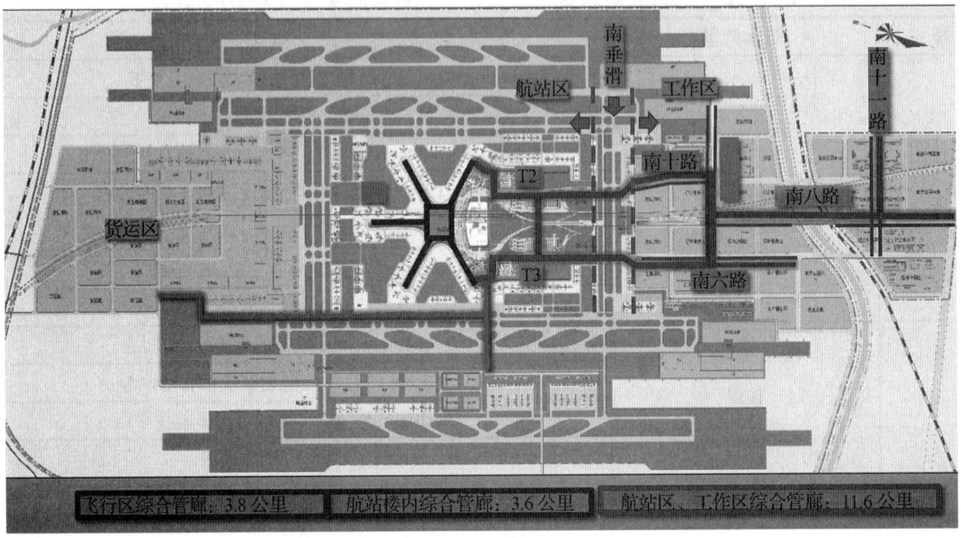

图 3-10　青岛新机场综合管廊位置示意图

主线管廊设计采用单箱单室、单箱双室结构共 4 种标准断面，其中单箱单室标准断面尺寸为 3.6m × 3.6m 和 3.4m × 3.3m 两种，单箱双室标准断面尺寸为（2.8m+2.4m）× 3.6m 和（2.8m+2.4m）× 3.0m 两种。

设计技术标准：结构设计基准期 100 年，设计使用年限 100 年，工程防水等级为二级。

综合管廊采用整体现浇闭合框架结构，顶底板及外侧壁厚度均为 0.30m。

3.14.2　结构自防水

主体结构采用 C35 防水混凝土，设计抗渗等级 P8。

3.14.3　外防水

结构防水等级为二级，管廊主体防水层采用 1.5mm 自粘聚合物改性沥青防水卷材 +1.5mm 自粘聚合物改性沥青防水卷材。

表 3-13　青岛新机场南三路地下综合管廊标准段外防水做法

序号	防水位置	做法
1	底板	50mm 厚 C20 细粒式混凝土找坡
		防水混凝土底板
		50mm 厚 C20 细石混凝土保护层
		1.5mm 厚自粘聚合物改性沥青防水卷材
		1.5mm 厚自粘聚合物改性沥青防水卷材
		100mm 厚 C20 混凝土垫层（表面平整）

续表

序号	防水位置	做法
2	顶板	50mm 厚 C20 细石混凝土保护层
		1.5mm 厚自粘聚合物改性沥青防水卷材
		1.5mm 厚自粘聚合物改性沥青防水卷材
		防水混凝土顶板
3	侧墙	防水混凝土侧壁
		1.5mm 厚自粘聚合物改性沥青防水卷材
		1.5mm 厚自粘聚合物改性沥青防水卷材
		120mm 砖墙 M7.5 水泥砂浆

3.14.4　细部结构的防水措施

变形缝处的防水采用复合防水构造措施，即钢边橡胶止水带、背贴式止水带、变形缝衬垫板与外贴防水层复合使用，并用低发泡塑料板和双组分聚硫密封膏嵌缝处理。

防水混凝土连续浇筑，只设水平施工缝，常设在壁板的上下转角处，施工缝浇筑混凝土前，清除其表面浮浆和杂物，表面浇一层 10 ～ 15mm 厚混凝土原浆，再铺 40mm 厚的 M7.5 防水水泥砂浆，并及时浇筑混凝土，施工缝中设 480mm × 4mm 镀锌钢板。

3.14.5　背贴式橡胶止水带固定装置专利技术

背贴式橡胶止水带由于其结构为柔性且质量较大，在施工过程中如果不对其进行加固处理，无法在浇筑混凝土的时候保证背贴式橡胶止水带不移位，必须有一个可靠简易的固定装置对其进行固定。新机场地下综合管廊施工单位——上海二十冶建设有限公司发明了一种简易方便的背贴式橡胶止水带固定装置。

在混凝土内部设置一个塑料定型结构，两边用止水对拉螺杆，对拉螺杆拉紧塑料定型结构和外墙模板，将背贴式橡胶止水带紧贴外侧模板，从而使背贴式橡胶止水带固定。本固定装置采用上述设计，通过对拉螺杆使塑料结构和模板中间紧固背贴式橡胶止水带。如此，具有便于支模、便于固定和有利于提高背贴式橡胶止水带质量的优点（图 3-11）。

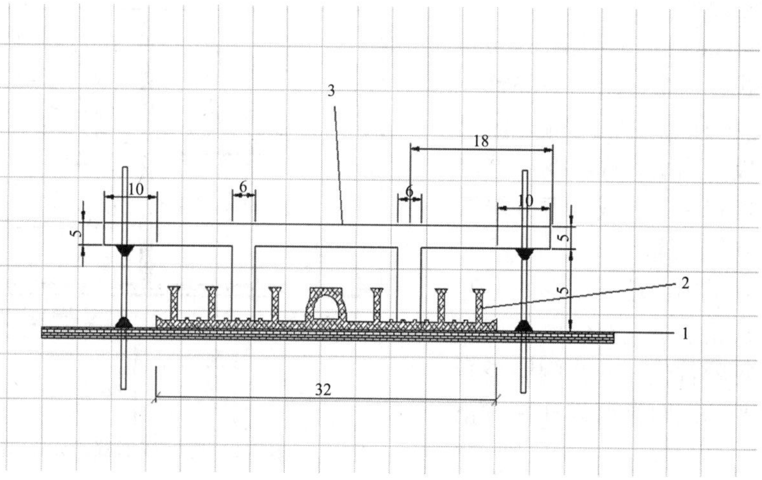

图 3-11　背贴式橡胶止水带固定装置（塑料定型结构）截面图

1—外模板；2—背贴式橡胶止水带；3—对拉螺杆拉紧塑料定型结构

第 4 章　青岛市地下综合管廊细部构造防水

城市综合管廊工程施工中有一系列的施工缝、变形缝、后浇带、穿墙管等不可避免的缝、口，这是综合管廊防水最薄弱的部位，容易因设计标准低、施工不当而出现渗漏。因此，管廊防水以接缝防水为重点。本章对试点工程中所采用的变形缝、施工缝、后浇带、密封构件、穿墙管、通风口、吊装口等细部构造防水部分的设计及施工进行总结。

4.1　变形缝

1. 试点工程中所采用的防水形式

试点工程中变形缝均采用了复合防水构造措施，即选用中埋式止水带、背贴式止水带、密封胶嵌缝、防水卷材附加层、防水砂浆层中的两种及以上的方式进行防水。主要的形式有：

（1）中埋式止水带、背贴式止水带、变形缝衬垫板与外贴防水层复合使用，并用低发泡塑料板和双组分聚硫密封膏嵌缝处理或聚氨酯密封膏密封；

（2）中埋式钢边橡胶止水带 + 迎水面密封胶嵌缝；

（3）迎水面密封胶嵌缝 + 中埋式钢边橡胶止水带 + 背水面密封胶嵌缝；

（4）1000mm 宽防水卷材加强层 + 中埋式钢边橡胶止水带。

2. 典型形式防水方案

以第一种形式为例，具体方案如下：

现浇混凝土的管廊，变形缝设置一般为 30 ～ 40m，缝宽 30mm；采用中埋式橡胶止水带、钢边橡胶止水带或压差式橡胶止水带，均为中孔型。

（1）变形缝防水措施

一般在变形缝迎水面设置 350mm 宽中孔型外贴式止水带；结构中部整环设置 350mm 宽中孔型中埋式钢边橡胶止水带；在顶板、侧墙和底板变形缝内侧采用双组分聚硫密封胶或单组分聚氨酯密封胶进行整环嵌缝。

综合管廊多采用放坡开挖形式，迎水面设置外贴式止水带，在侧墙和顶板处可以采用密封胶替代，或在侧墙混凝土施工模板作业的同时预留设外贴式止水带。

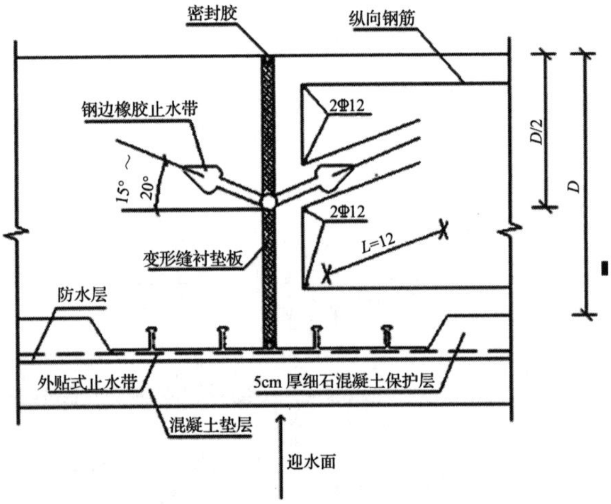

图 4-1　底板变形缝防水构造示意图

（2）变形缝相关防水构造

①底板、顶板变形缝防水做法

底板变形缝防水构造如图 4-1 所示，顶板变形缝防水构造如图 4-2 所示；侧墙变形缝防水构造如图 4-3 所示。

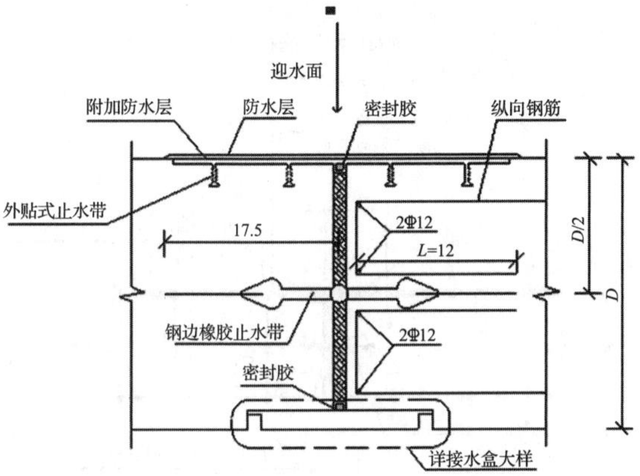

图 4-2　顶板变形缝防水构造示意图

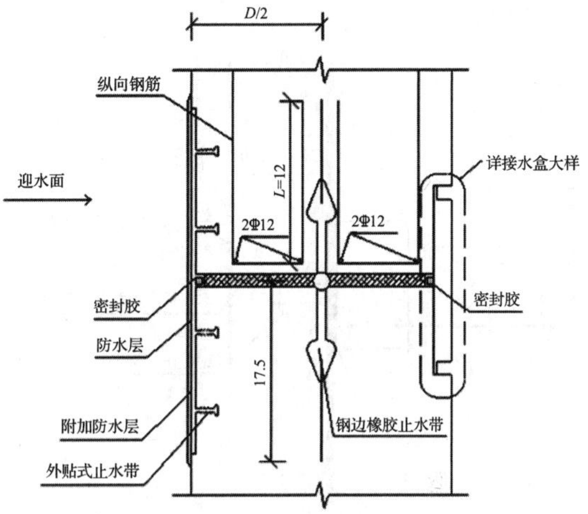

图 4-3　侧墙变形缝防水构造示意图

②变形缝接水盒设置

接水盒在变形缝顶板、侧墙设置，需预留凹槽，深度不得大于结构钢筋保护层的厚度。固定的钉孔部位需用密封胶密封。因管廊变形缝设置较多，接水盒一般可不设置，只在出现渗漏并治理后设置（图 4-4）。

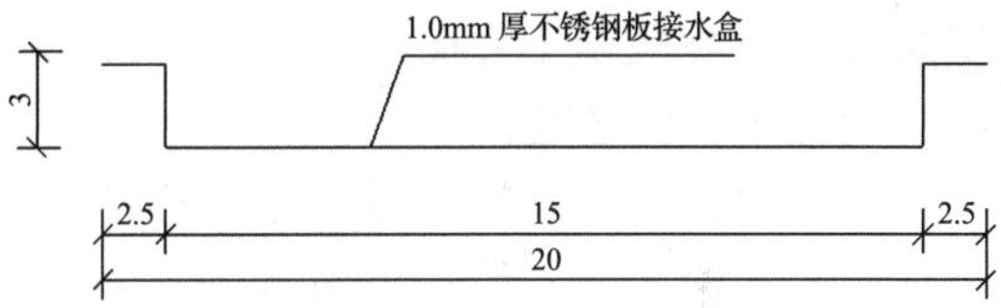

图 4-4　接水盒示意图

③变形缝加强层设置

除变形缝嵌缝外，加强层一般设置 1m 宽，其中左右 300mm 宽与基面粘贴密实，其余部位空铺，以适应结构伸缩变形。

综合管廊结构内侧一般分为 2 ～ 4 仓，仓内以中隔墙分隔，和外墙混凝土一次性浇筑。若设置中埋式止水构件，则考虑止水带与顶板环向止水带的 T 形定制型式。无特殊要求的仓内缝可以采用密封胶嵌缝的措施。

4.2　施工缝

1. 施工缝防水措施

现浇混凝土的管廊一般不设置环向施工缝。单层矩形管廊往往仅在底板与侧墙交接部位设置纵向水平施工缝。

施工缝防水一般可采用中埋式止水构件，包括中埋式钢边橡胶止水带、中埋式橡胶止水带、中埋式丁基橡胶镀锌钢板止水带、中埋式镀锌钢板止水等，也可设置全断面注浆管、遇水膨胀止水胶、遇水膨胀止水条等；施工缝结构断面需涂刷水泥基渗透结晶型防水涂料，用量一般为 1.5 ～ 2.0kg/m^2，或涂刷混凝土界面剂。

2. 施工缝防水相关构造

（1）施工缝防水示意图（图 4-5 ～图 4-7）

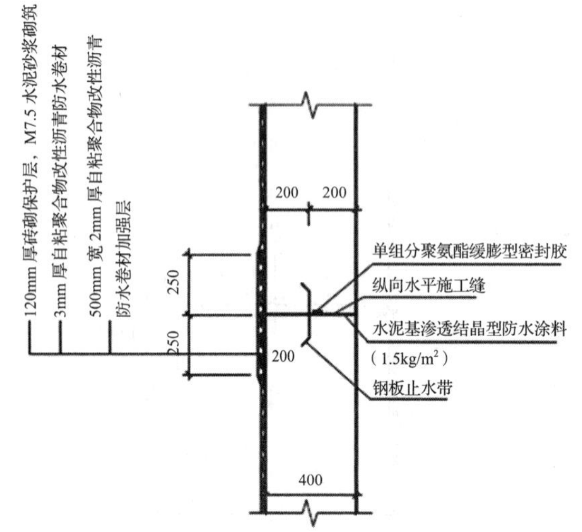

图 4-5　纵向施工缝防水构造图

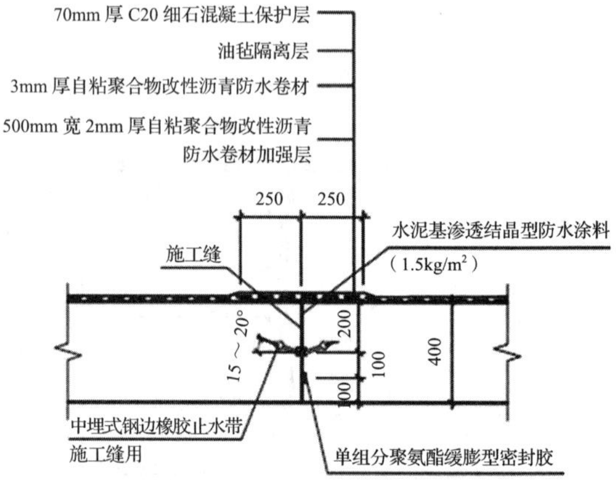

图 4-6　顶板施工缝防水构造图

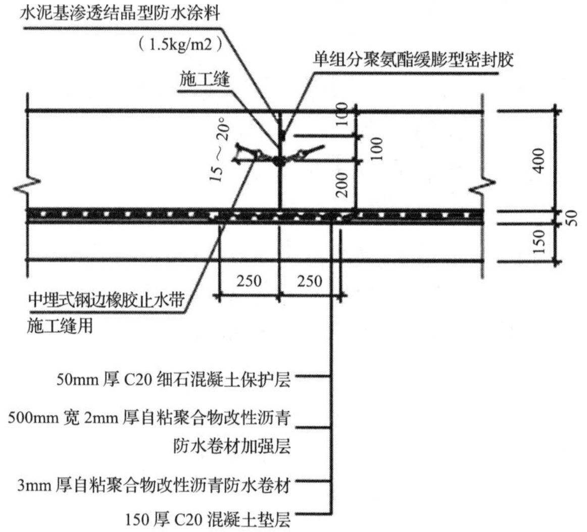

图 4-7　底板施工缝防水构造图

施工缝优先选择中埋式止水构件；水平部位结构中部止水带宜采用盆式安装。结构断面中部涂刷水泥基渗透结晶型防水材料或混凝土界面剂。施工缝部位需设置防水加强层。

环向垂直施工缝的中埋式止水构件与环向水平施工缝一致；纵向水平施工缝宜采用镀锌钢板止水带。

特殊部位施工缝一般用于无法设置中埋式止水构件的部位，如管廊主仓与支廊的接口，施工缝设置在箍筋部位等。

（2）施工缝注浆管与遇水膨胀止水胶施工设置

施工缝优先选用中埋式止水构件，根据工程具体情况和地质情况，可增设遇水膨胀止水胶、全断面注浆管复合使用。在综合管廊分支廊体接口以及施工缝过箍筋部位，无法设置中埋式止水部件时，则按照特殊施工缝措施设置。

在进行钢筋绑扎时，将止水钢板置于两根钢筋中间，通过一根水平钢筋穿透止水钢板，并在水平钢筋上面焊接止水环，将止水环和止水钢板之间满焊连接。止水钢板宽度不小于 480mm，分别埋入底板混凝土中 200mm，该先浇混凝土应高于底板上表面 500mm 以上，钢板厚度为 4mm，为保证钢板施工时具有一定的刚度，钢板长方向两边 40mm 折边，约折 135° 边，使两翘曲面安装方向朝迎水面；待止水钢板基本就位，钢板之间应尽量减少接口，钢板之间的接口可采用搭接焊接，搭接长度宜大于 400mm，焊缝必须满焊。

4.3　后浇带

1. 后浇带防水措施

（1）特殊的施工缝，设置防水加强层，宽为后浇带宽度 + 各外延 200mm；

（2）在后浇带留设部分设置背贴式止水带（两侧均设）；结构中部设置遇水膨胀止水胶（20mm × 10mm）+ 全断面注浆管；

（3）后浇带部位混凝土待龄期达到强度后，浇筑补偿收缩微膨胀防水混凝土，其强度及抗渗等级均不小于两侧混凝土。

2. 后浇带防水设置

顶板、底板、侧墙后浇带防水示意图如图 4-8、图 4-9 所示。

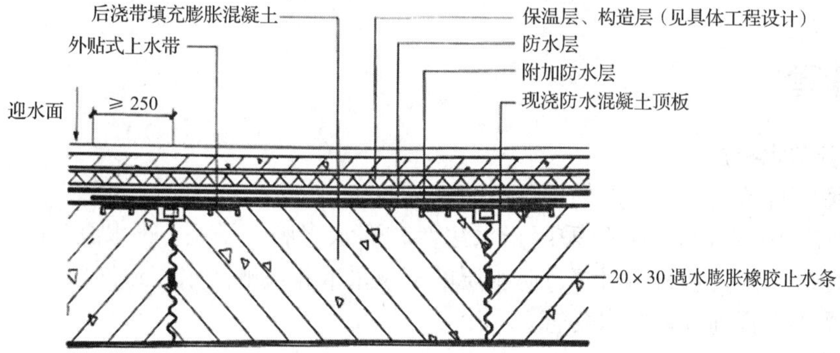

图 4-8　顶板后浇带防水构造图

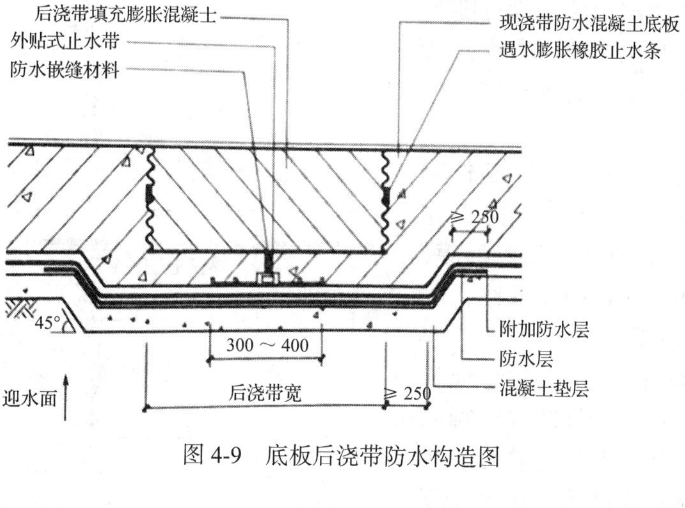

图 4-9　底板后浇带防水构造图

后浇带结构中部不适宜设置中埋式止水构件，否则会造成混凝土振捣困难；后浇带龄期较长，混凝土表面需要采取有效的临时保护措施，防止杂物渣土掉落。

4.4　出仓密封构件

出仓密封构件为用于地下主体管廊分支部位，是各类管线的集中出仓部分，采用三元乙丙橡胶密封件，在 30℃环境下使用寿命可达 100 年。该密封件可以重复拆卸，防水密封性良好（图 4-10）。

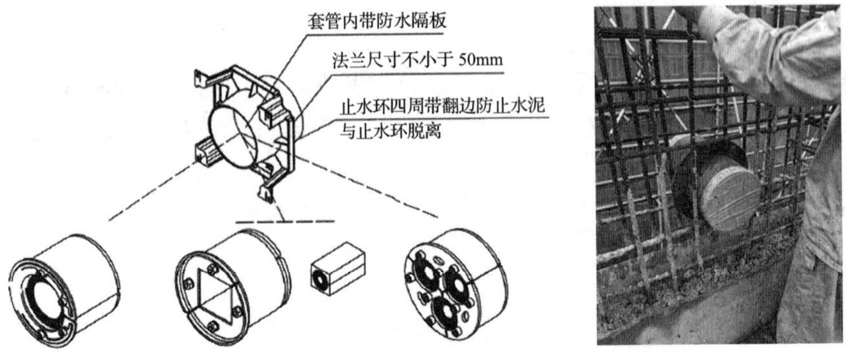

图 4-10　出仓密封构件示意图

4.5　穿墙管

1. 穿墙管防水措施

（1）穿墙管件等穿过防水层的部位采用密封收头。

（2）在结构中部穿墙管部位采用止水法兰和遇水膨胀腻子条（止水胶）进行防水处理，同时根据选用的不同防水材料对穿过防水层的部位采取相应的防水密封处理。

（3）穿墙管需提前预留防水套管。

2. 穿墙管防水施工

提前预留穿墙管：穿墙管需有临时封堵措施；管穿墙做法中法兰盘可随结构形式变化，以满足结构使用需求。法兰盘防锈防腐处理需满足有关建筑用钢结构防锈防腐要求。

穿墙管需有封堵措施；群管施作完毕后，表面采用 20mm 厚聚合物水泥砂浆封盖，再涂刷 2mm 厚聚氨酯涂膜，可采用同强度等级防水混凝土灌注，嵌缝材料符合防火相关要求。

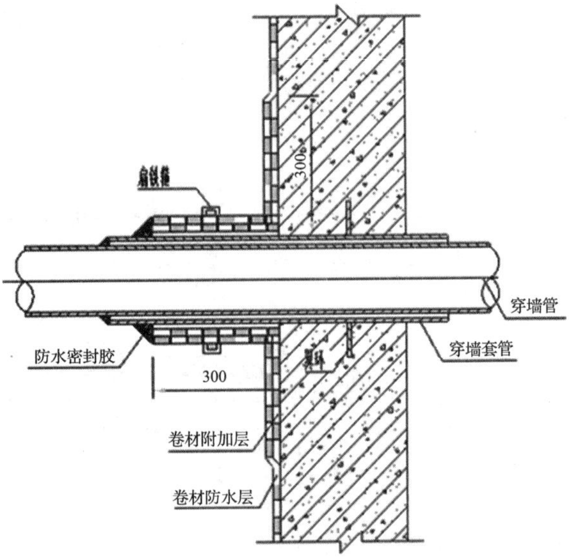

图 4-11　穿墙管防水构造图

综合管廊穿墙管（盒）处是综合管廊防水重点部位，穿墙预埋防水套管采用焊止水翼环或采用丁基密封胶带、遇水膨胀止水胶止水；穿墙管与止水翼环四周满焊，焊缝饱满均匀；采用丁基密封胶带、遇水膨胀止水胶应固定牢靠。

当穿墙管线较多，采用穿墙套管群盒或钢板止水穿墙套管群方法集中出线时，穿墙套管群盒或钢板止水穿墙套管群应焊接固定牢固。

穿墙管（盒）在混凝土浇筑前就位，并应采取措施保证穿墙管（盒）的设计中心线位置和高程。混凝土浇筑前穿墙管两头应临时封堵，混凝土浇筑过程中应防止碰触、错位。

4.6 其他

通风口、分配电所、投料口顶板的防水：通风口、分配电所、投料口顶板及距顶面 1.5m 侧墙需附加防水措施：

（1）顶板及侧壁防水加强采用 20mm 厚 1∶2 水泥砂浆找平；

（2）砂浆表面铺设 3mm 厚 SBS 改性沥青自粘防水卷材；

（3）顶板和侧壁表面浇筑（或喷射）50mm 厚 C20 细石混凝土保护层。

吊装口、进风口、排风口防水构造如图 4-13 ～图 4-15 所示。

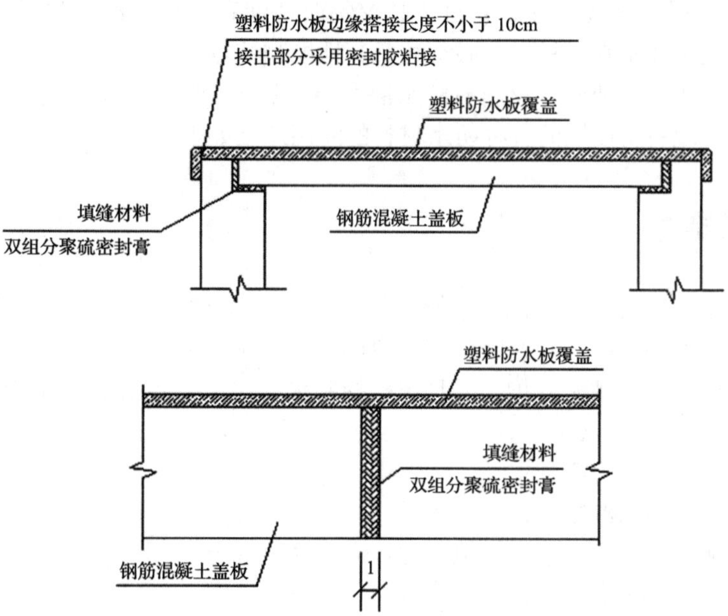

图 4-12 吊装口防水构造图

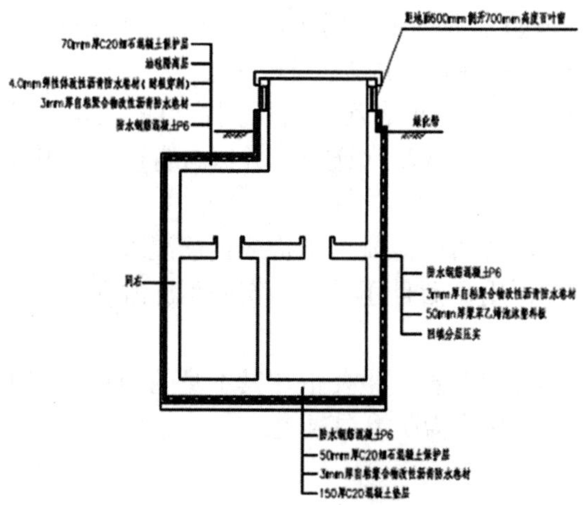

图 4-13 进风口防水构造图

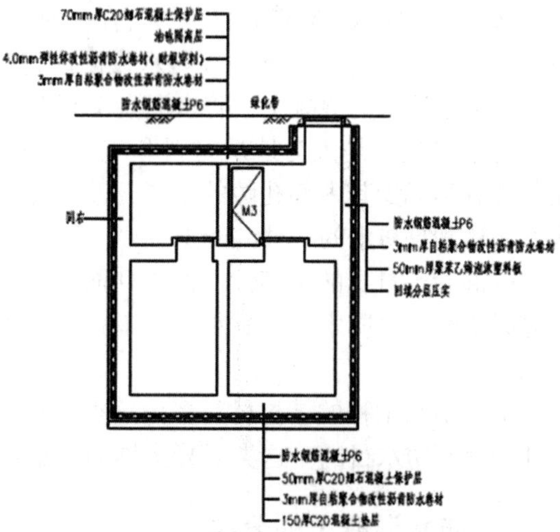

图 4-14 管廊排风口防水构造图

第5章　青岛市地下综合管廊防水材料应用总结

建筑防水材料可分为柔性和刚性两大类。柔性防水材料的拉伸强度高、伸长量大、质量轻、施工方便，但操作技术要求较严，耐穿刺性和起老化性能不如刚性材料。同是柔性材料，卷材由工厂化生产，厚薄均匀，质量比较稳定，施工工艺简单，功效高，但卷材搭接缝较多，接缝处易脱开，对复杂表面及不平整基层施工难度大。而防水涂料其性能和特点与之恰好相反。同是卷材，合成高分子卷材、高聚物改性沥青卷材和沥青卷材也有不同的优缺点。由此可见，在选择防水材料时，必须注意其性能和特点。

试点工程中应用的主要防水材料有防水混凝土、防水砂浆、防水卷材、防水涂料、止水带、密封材料等。现将所使用的各种防水材料的应用总结如下。

5.1　防水混凝土

防水混凝土是一种具有高的抗渗性能，并达到防水要求的一种混凝土。防水混凝土抗渗标号是根据其最大作用水头与建筑物最小壁厚的比值来确定的。它的施工要求浇筑均匀、避免离析、振捣充分、加强潮湿养护，并且严格控制水灰比。主要用于经常受压力水作用的工程和构筑物。

按配制方法主要可分为四种：

（1）改善级配法防水混凝土；

（2）加大水泥用量和使用超细粉填料的普通防水混凝土；

（3）掺外加剂的防水混凝土；

（4）采用特种水泥的防水混凝土。

防水混凝土也称结构自防水，可通过调整混凝土的配合比或掺加外加剂、钢纤维、合成纤维等，并配合严格的施工及施工管理，减少混凝土内部的空隙率或改变孔隙形态、分布特征，从而达到防水（防渗）的目的。在《地下工程防水技术规范》(GB 50108—2008）中规定：一、二、三级明挖法地下工程防水设防应包括一道防水混凝土。防水混凝土为在 0.6MPa 以上水压下不透水的混凝土。防水混凝土有 P4、P6、P8、P10、P12 五个级别。

防水混凝土是人为地从材料和施工两个方面着手，采取各种措施，提高其自身的密实性，抑制和减少其内部孔隙的生成，改变孔隙的特征，堵塞渗水通道，并以自身壁厚及其憎水性来达到自防水的一种混凝土。

以混凝土自身的密实性、憎水性而具有一定防水能力的混凝土结构或钢筋混凝土结构成为混凝土结构自防水，兼具承重、围护、防水三重作用，而且还满足一定的耐冻融和耐侵蚀要求。

地下防水工程的结构材料多为这类混凝土和钢筋混凝土，主要依靠其本身的憎水性和密实性来达到防水目的。这类混凝土称为防水混凝土，又称为防渗混凝土。

5.1.1　防水混凝土的分类

防水混凝土是以调整混凝土的配合比，掺外加剂（如掺加少量的减水剂、引气制、早强剂、密实剂、膨胀剂）或使用新品种水泥等方法来提高自身的密实性、憎水性和抗渗性，使其满足抗渗压力大于 0.6MPa 的不透水性混凝土。

防水混凝土按其组成的不同，主要可分为普通防水混凝土、掺外加剂防水混凝土和膨胀水泥防水混凝土三大类别。它们各自具有不同的特点，可根据不同的工程要求选择使用。

防水混凝土与柔性防水相比较，其具有以下特点：

①兼有防水、承重等功能，能节约材料，加快施工速度；

②在结构物造型复杂的情况下，施工简便，防水性能可靠；

③渗漏水发生时易于检查，便于修补；

④耐久性好；

⑤材料来源广泛，成本低廉；

⑥可改善劳动条件。

防水混凝土在材料的组成方面与普通混凝土虽然相同，但其对性能的要求却不同于普通混凝土，它既有一定的强度要求，又有较高的抗渗要求。防水混凝土的抗渗等级一般根据工程埋置深度 (m) 来确定，见表 5-1。由于防水工程配筋较多，不允许渗漏，其抗渗等级（抗渗标号）最低定为 P6，低于 P6 的混凝土常由于其水泥用量较少，容易出现分层离析等施工问题，抗渗性能难以保证，重要工程的防水混凝土的抗渗等级宜定为 P8 ～ P12。防水工程的设防高度应根据地下水情况和建筑物周围的土壤情况来确定。

表 5-1　防水混凝土设计抗渗等级

工程埋置深度 H（m）	设计抗渗等级
$H<10$	P6
$10 \leqslant H<20$	P8
$20 \leqslant H<30$	P10
$H \geqslant 30$	P12

近年来，又有一批新型防水混凝土应用于工程，如聚合物水泥混凝土、纤维混凝土等。为了提高混凝土的抗渗能力，防水界工程技术人员又采取了各种措施来克服水泥混凝土材料存在的抗拉强度低、极限拉应力变小的缺点，减少其总收缩值，增加其韧性，如采用聚合物混凝土，对混凝土施加预应力，从而使刚性防水得到了新的发展。

5.1.2　防水混凝土防水层对组成材料的要求

1. 防水混凝土使用的水泥

用于防水混凝土的水泥应符合下列规定。

（1）水泥品种宜采用硅酸盐水泥、普通硅酸盐水泥，采用其他品种水泥时应经试验确定。水泥的强度等级不应低于 32.5 级。

（2）在不受侵蚀性介质和冻融作用时，宜采用普通硅酸盐水泥、硅酸盐水泥、火山灰质硅酸盐水泥、粉煤灰硅酸盐水泥、矿渣硅酸盐水泥，使用矿渣硅酸盐水泥时必须掺用高效减水剂。

（3）在受侵蚀性介质作用时，应按介质的性质选用相应的水泥品种。

（4）在受冻融作用时，应优先选用普通硅酸盐水泥，不宜采用火山灰质硅酸盐水泥和粉煤灰硅酸盐水泥。

（5）不得使用过期或受潮结块的水泥，且不得将不同品种或强度等级的水泥混合使用。

2. 防水混凝土所用的砂、石

用于防水混凝土的砂石，应符合下列规定。

（1）宜选用坚固耐久、粒形良好的洁净石子；石子最大粒径不宜大于 40mm，泵送时其最大粒径不应大于输送管径的 1/4；吸水率不应大于 1.5%；不得使用碱活性骨料。石子的质量要求应符合国家现行标准《普通混凝土用碎石或卵石质量标准及检验方法》（JGJ 53）的有关规定。

（2）砂宜选用坚硬、抗风化性强、清净的中粗砂，不宜使用海砂；砂的质量要求应符合国家现行标准《普通混凝土用砂质量标准及检验方法》(GJ 52）的有关规定。

3. 拌制混凝土所用的水

拌制混凝土所用的水，应符合国家现行标准《混凝土用水标准》(JGJ 63）的有关规定。

4. 防水混凝土外加剂

防水混凝土可根据工程需要掺入减水剂、膨胀剂、防水剂、密实剂、引气剂、复合型外加剂及水泥基渗透结晶型防水材料，其品种和掺量应经试验确定。所有外加剂的技术性能应符合国家现行有关标准的质量要求。

5. 防水混凝土掺合料

防水混凝土可掺入一定数量的粉煤灰、磨细矿渣粉、硅粉等。

（1）粉煤灰的品质应符合现行国家标准《用于水泥和混凝土中的粉煤灰》(GB 1596) 的规定，粉煤灰的级别不应低于Ⅱ级，烧失量不应高于 5%，用量宜为胶凝材料总量的 20% ～ 30%，当水胶比小于 0.45 时，粉煤灰用量可适当提高。

（2）硅粉的比表面积不宜小于 $15000m^2 \cdot kg$，二氧化硅含量不低于 85%，用量宜为胶凝材料总量的 2% ～ 5%。

（3）使用复合掺合料时，其品种和用量应通过试验确定。

（4）防水混凝土可根据工程抗裂需要掺入钢纤维或合成纤维。

6. 防水混凝土中的总碱量

每立方米防水混凝土中各类材料的总碱量不得大于 3kg，氯离子含量不应超过胶凝材料总量的 0.1%。

7. 材料要求

（1）主体结构混凝土抗渗等级 P6，埋深超过 10m 时抗渗等级为 P8。

（2）钢筋混凝土结构具有整体密实、防水性、抗腐蚀性，使用阶段钢筋混凝土结构没有渗水裂缝。

（3）结构混凝土（含保护层）达到规定的密实度，混凝土防水等级采用 P6。

（4）拆模以后的混凝土表面采取封闭措施进行养护。

（5）选用优质螺纹钢筋。

（6）加强使用阶段的监测、保护，定期对结构物进行保养、维修。

（7）避免采用高水化热水泥。

（8）顶板应作蓄水养护，侧墙应作不间断喷水养护。

（9）混凝土最大水胶比为 0.40，胶凝材料最小用量 $320kg/m^3$，骨料最大粒径约 20mm。

（10）混凝土氯离子最大含量为 0.06%。

（11）混凝土宜使用非碱活性骨料。当使用碱活性骨料时，混凝土中最大含碱量为 $3.0kg/m^3$。

（12）严格控制混凝土入模温度不超过 28℃。

（13）混凝土外加剂中的氯离子含量不高于混凝土胶凝材料总质量的 0.02%，高效减水剂中的硫酸钠含量不高于减水剂干质量的 15%。

（14）不掺加缓凝剂情况下，一般环境混凝土 12h 标养强度不高于 8kPa，24h 不高于 12kPa。

（15）混凝土浇捣时应保证表层混凝土振捣密实和均匀性，并进行良好养护，同时保证保护层厚度及钢筋位置的准确性。

（16）防腐措施：外壁采用环氧沥青涂层，厚度≥ 300μm。

5.1.3　防水混凝土设计、施工要点

1. 设置施工材料的配合比

地下工程无论是在前期的施工还是后续的使用过程中，都可能会遇到被地下水侵害的情况，而在使用年限的变化中工程自身的防渗漏性能也会逐渐降低，最终影响到整个工程的性能，一旦出现意外，将直接影响到居民的生命与财产安全。

而地下工程混凝土设计与施工是影响整个工程质量的关键环节，需要从以下方面开展相关工作：

（1）对混凝土的水灰比需要保持关注，如果水灰比不合理，很容易影响到混凝土的防渗漏性能。

（2）控制好砂石与灰的比例，避免因此影响到混凝土的密度与稳定性，破坏混凝土整体性能，最终无法实现防水效果。

（3）对混凝土的含砂比例要适时进行合理提升，但也不能超出规定的最大限度。

（4）一般如果混凝土中的含水量过高，会降低混凝土的防渗漏性能，无法有效防水，因此要关注混凝土中的含水量变化情况。

2. 掌控好原材料的质量和使用剂量

在实际施工前需要把控好施工所需要的原材料质量，对进入施工现场的材料要进行现场抽检，对于没有达到相关标准的材料不能够投入施工使用，与此同时还要做好砂石的含泥比例以及级配把关。

直接在现场进行混凝土搅拌的，还需要针对工作人员添加膨胀剂的程序进行培训，以确保添加比例的科学合理，将误差控制在 0.5% 以内，相应地在添加膨胀剂后还需要增加最少 1min 的搅拌时间。

3. 注意钢筋的配筋比

混凝土中钢筋的配比直接影响到混凝土的伸缩性以及抗裂纹性能，甚至影响到裂纹出现后可能存在的宽度，一般情况下有着高配置钢筋配比的混凝土有着更大的收缩应力，容易出现裂纹，因此需要注意钢筋的合理配比。

4. 施工方法选择

在施工现场选择恰当的施工方法之前需要对整个工程区域内的水文情况有一个充分的了解，结合施工现场的实际情况来选择适用的防水施工作业方法。如果遇到地下水位低并且离地板标高还有很远的距离，防水作业需要防止出现地表水网基坑渗漏；如果地下水位很高，在地下 3m 左右的位置就会出现水，地下工程绝大部分的区域都将被地下水覆盖，无形中将加大防水施工难度。

进行施工时可以采用混凝土结构自身防水的特性来进行主体结构搭建，用高分子卷材材

质覆盖增加防水层，营造密封的防水环境，同时还要做好机械排水的准备工作，备用电源也要准备好。

5.1.4 变形缝的设置及施工要求

管廊混凝土结构施工，要按不同部位的抗渗等级，合理设置变形缝。

1. 变形缝的设置

（1）现浇混凝土综合管廊结构变形缝的最大间距宜为30m，预制装配式综合管廊宜为40m。

（2）结构纵向刚度突变处以及上覆荷载变化处或下卧土层突变处，应设置变形缝。

（3）变形缝的缝宽不宜小于30mm。

（4）变形缝应贯通全截面，接缝处应按《地下工程防水技术规范》(GB 50108）及《给水排水工程混凝土构筑物变形缝设计规范》（T/CECS117）设置橡胶止水带、填缝材料和嵌缝材料等止水构造。

（5）管廊混凝土构件接缝处、通风口、投料口、出入口、预留口等部位，是渗漏设防的重点部位，采取预制、预埋措施解决渗漏问题。

2. 变形缝施工要点

（1）变形缝两侧混凝土分成两次间隔浇筑，一侧管廊混凝土浇筑完成后，必须确定预埋止水带无损伤，方可进行另一侧管廊浇筑。

（2）根据结构设缝位置、平面尺寸、竖向尺寸，确定止水带的加工长度及形式，优先采用定制整体式止水带；有接头的橡胶止水带，接头采用热胶叠接，接缝平整、牢固，不得有裂口、脱胶现象。止水带中心线应和变形缝中心线重合，止水带不得穿孔或用铁钉固定，并采取可靠措施防止在混凝土浇筑时止水带发生偏移。

（3）浇筑混凝土前，可在底板变形缝顶面安放宽30mm、高20mm木板条。浇筑完混凝土，在强度能保证其表面及模板不因拆除木板条而损坏时，将木板取出，以形成整齐的凹槽，方便密封膏施工，保证其质量。通过木板条的使用，预留出的凹槽整齐、方正，无变形或者深浅不一的现象，而且橡胶板两侧的清理工作容易操作，与直接埋放聚苯板的方法相比，工程效果更显著，施工质量更加稳定。

（4）结构施工完毕后，统一进行变形缝与水接触面的处理，处理时宜先将变形缝用特制钢丝刷将凹槽两侧混凝土刷出新槎，用压缩空气将浮灰吹干净，然后按照设计要求进行伸缩缝内填塞施工，防止污染墙体，胶条要顺直、平行。设计采用密封膏灌注时，密封膏灌注通过专用密封膏压力枪压入凹槽内，对已压入凹槽内的密封膏用腻子刀整平、压实，在混凝土表面处密封膏微凸出5mm左右，宽度比缝宽每边大10mm左右并与混凝土粘结牢固。但地下水位较高时，变形缝处宜安放遇水膨胀橡胶条，防止地下水渗入变形缝内而发生渗漏现象，影响施工质量。

5.1.5 施工缝的设置及施工要求

（1）综合管廊的水平施工缝宜设置在底板面以上500mm处，地板和顶板不得设施工缝。

（2）施工缝若处理不妥当，会造成管廊渗漏，对构筑物的外观以及构筑物日后的正常运行有重大影响。为保证墙体混凝土施工质量，不渗漏、外形美观，所有外墙壁水平施工缝均在混凝土施工时按设计要求埋置钢质止水板或设置止水凸槽，钢质止水板与结构钢筋点焊固定。

（3）底板混凝土浇筑完毕后，应对水平施工缝进行凿毛处理。

（4）墙壁施工缝以上的模板安装过程中容易造成模板下端与墙壁有缝隙，由此导致浇筑混凝土时，混凝土浆会从缝隙处渗漏出来，造成混凝土漏浆现象，严重时可形成蜂窝、麻面等混凝土质量通病。为防止这种现象发生，可在支墙壁模板前，施工缝以下 30mm 处粘贴双面胶条，安装模板时模板下沿部分与双面胶条贴紧。

（5）侧墙施工缝通常设计选用平缝，为了优化施工缝结构，增大施工缝抗渗能力，延长渗水路径，施工缝可设置成凹凸形施工缝。

5.2 防水砂浆

地下工程的防水主要是采用结构自防水法，即采用防水混凝土来抗渗，为了避免在大面积浇筑防水混凝土的过程中留下一些缺陷，故往往在防水混凝土结构的内外表面抹上一层砂浆，以弥补缺陷，提高地下结构的防水抗渗能力。

砂浆是由胶凝材料、细骨料、掺合料和水以及根据需要加入的外加剂，按一定的比例配制而成的建筑工程材料，在建筑工程中起着粘附、衬垫和传递应力的作用。砂浆按其胶凝材料的不同可分为水泥砂浆、沥青砂浆、聚合物水泥砂浆、水玻璃砂浆等。砂浆按其用途则可分为砌筑砂浆和抹灰砂浆。抹灰砂浆是指以薄层涂抹在建筑物表面的砂浆，抹灰砂浆还可以进一步细分为一般抹灰砂浆、装饰砂浆、防水砂浆、保温隔热砂浆、耐腐蚀砂浆等多种。

应用于制作建筑防水层的砂浆称之为防水砂浆。防水砂浆是通过严格的操作技术或掺入适量的防水剂、高分子聚合物等材料，以提高砂浆的密实性，达到抗渗防水目的的一种重要的刚性防水材料。水泥砂浆防水层一般又称作刚性防水层。

防水砂浆防水与卷材、金属、混凝土等其他防水材料相比较，具有一定的防水功能和施工操作简便、造价便宜、容易修补等优点，但由于其韧性差、较脆、极限抗拉强度低，易随基层开裂而开裂，故难以满足防水工程越来越高的要求。为了克服这些缺点，近年来，利用高分子聚合物材料制成聚合物改性水泥砂浆来提高材料的抗拉强度和物性，则是一个重要的途径。

在国外，在水泥砂浆、混凝土中掺入的聚合物品种很多，主要有胶乳、液体树脂、水溶性聚合物等，并均已作为商品在市场上出售，被广泛地作为防水、防腐、粘结、抗磨等材料来使用。

在国内，掺入水及砂浆和混凝土中的聚合物品种主要有氯丁胶乳、天然胶乳、丁苯胶乳、氯偏胶乳、丙烯酸酯乳液以及有机硅乳液等聚合物，它们应用在地下工程防渗、防潮、船甲板覆层及某些有特殊气密性要求的工程中，取得较好效果。

水泥砂浆防水层适用于结构刚度较大，建筑物变形较小，埋置深度不大，在使用时不会因结构沉降，温度、湿度变化以及受振动等产生有害裂缝的地面及地下防水过程。除聚合物防水砂浆外，其他防水砂浆均不宜用在长期受冲击荷载和较大振动作用下的防水工程，也不适用于处在侵蚀性介质、100℃以上高温环境以及反复冻融的砖砌工程。

采用防水砂浆作防水层，其基层须为混凝土或砖石砌体墙面，混凝土强度等级不应低于 C20；砖石结构的砌筑砂浆其强度等级不应低于 M7.5；基层应保持湿润、清洁、平整、坚实、粗糙。其变形缝设置，当年平均温差 <15℃时，一般建筑物的纵向变形缝间距应小于 30m。

5.3 防水卷材

试点工程中选用的防水卷材多种多样，主要包括自粘聚合物改性沥青防水卷材、弹性体改性沥青防水卷材、反应粘结型高分子湿铺防水卷材。

5.3.1 自粘聚合物改性沥青防水卷材

沥青防水卷材的最大特点便是能够卷曲，具备较强的防水性能，具有价格低的优点，但是沥青防水卷材使用年限较合成材料要短。

沥青类自粘卷材的施工方法主要分为预铺法、湿铺法、复合法三类。

1. 预铺法

预铺法又称预铺反粘法，主要适用于地下管廊底板及其他适合空铺的部位。施工流程为：基层处理→细部构造加强处理→弹基准线→铺设自粘卷材（胶面向上）→搭接卷材→节点密封胶处理→自检→成品保护→质量验收→揭除自粘卷材上表面隔离膜，撒水泥粉→浇筑混凝土。

2. 湿铺法

湿铺法主要用于非外露防水工程，例如管廊工程底板、顶板等，采用水泥浆或聚合物水泥胶与基层粘结。施工流程为：基层处理→基层润湿→节点密封及附加增强层→试铺弹定位线→配制水泥浆料→铺贴自粘卷材→挤压、辊压、排气、粘合→卷材搭接处密封胶处理→自检→成品保护→验收。

3. 与涂料复合施工

复合法主要适用于防水涂膜，管廊底板、顶板、侧墙的防水工程。铺贴立面卷材防水层时，应采取防止卷材下滑的措施。施工流程为：基层处理→涂刷基层处理剂→细部构造增强处理→喷（涂）防水涂膜层→铺贴自粘卷材→挤压、辊压、排气、粘合→卷材搭接处密封胶处理→自检→成品保护→验收。

5.3.2 反应型粘结防水卷材

采用可形成三维网格式界面的反应型粘结强力密封胶为粘结密封层，结在交叉层压强力膜或耐高温聚酯胎上复合而成的防水材料，其上表面为交叉层压力膜，下表面为隔离膜（纸），中间为反应型粘结强力胶，它可以同水泥浆发生物理化学反应，使二者牢固粘结在一起。一般有 1.2mm、1.5mm、2.0mm 三种规格。施工同预铺 / 湿铺防水卷材施工。

5.3.3 高分子防水卷材

高分子合成防水材料应用在建筑防水工程中具有非常明显的优点：防水涂层施工比较容易，对施工人员的要求并不是很高，并且防水层的密实度很高，没有缝隙，具有较强的防水性能，同时还比较轻便，耐久性也比较好。但部分高分子合成防水材料易对生态环境造成污染和破坏。

高分子防水卷材是以合成橡胶、合成树脂或二者的共混体为基料，加入适量的化学助剂和填充材料加工而成的。高分子防水卷材通常分为平膜型、自粘胶膜型、增强型（采用无纺布单面或双面增强）。

自粘胶膜防水卷材作为预铺反粘型防水，一般用在底板和复合式侧墙，不适用于放坡侧墙和结构顶板，基材应为白色、无杂质；胶粘层为半透明状。侧墙及其与底板倒角处应选用

1.0 ～ 1.2m 宽、1.5mm 厚的材料，底板可选用大于 1.2m 宽、1.5mm 厚的材料。

5.4　防水涂料

涂膜防水，就是将防水涂料通过刮涂、刷涂、滚涂或喷涂在结构表面，经溶剂挥发，水分蒸发，组分间的化学反应或反应挥发固化形成一定厚度具有防水能力的涂膜，使表面与水隔绝起到防水、防潮作用。防水涂料具有冷施工、复杂形状易于施工、涂层为连续无接缝、工程一旦渗漏易于查找和维修等优点，在国外被视为卷材的重要补充。防水涂料的缺点是涂层厚度和均匀性不易掌握和控制，施工和固化成膜受环境制约等。

涂料按材料性能可分为柔性（以有机材料为基材制成）和刚性（以水泥为基材制成）；按主要成膜物质的种类（即基本原料）分为橡胶类、合成树脂类、改性沥青类、聚合物水泥类、渗透结晶类和水化涂层类；按固化成型的类别分为反应型、挥发型、反应挥发型和水化结晶渗透型，近年还出现一种不需要成膜的蠕变型的防水涂料——非固化橡胶沥青防水涂料。

5.4.1　聚合物水泥防水涂料施工

1. 材料要求

聚合物水泥防水涂料简称 JS 防水涂料。JS 防水涂料是一种以聚丙烯酸酯乳液、乙烯 - 醋酸乙烯酯共聚乳液等聚合物乳液与各种添加剂组成的有机液料和水泥、石英砂、轻质碳酸钙等无机填料及各种添加剂所组成的无机粉料通过合理配比、复合制成的一种双组分、水性建筑防水涂料。具有比一般有机涂料干燥快、弹性模量低、体积收缩小、抗渗性好等优点，该类涂料同聚乙烯丙纶防水卷材和湿铺防水卷材一起组合形成新的复合防水系统。

JS 防水涂层整体无接缝，能适应基层微量变化等特点。JS 防水乳胶具有有机分子极性基团，因而与很多极性材料具有很好的粘结性，如与高聚物改性沥青卷材、聚乙烯丙纶卷材、三元乙丙卷材等具有良好的粘结性。

JS 防水涂料分为两类：Ⅰ型：以聚合物为主的防水涂料；Ⅱ型：以水泥为主的防水涂料。用途：Ⅰ型产品主要用于非长期浸水环境下的建筑防水工程；Ⅱ型产品使用于长期浸水环境下的建筑防水工程。

JS 复合防水涂料是利用水泥与丙烯酸酯或 EVA 等水乳型聚合物乳液通过合理配比复合而成的双组分防水涂料。施工时可大面积喷涂采用施工。

2. 施工工艺

施工流程为：基层处理→涂底胶→聚合物水泥基防水涂料配制→节点部位加强处理→大面分层涂刮聚合物水泥基防水涂料→防水层收头→组织验收。

5.4.2　非固化橡胶沥青防水涂料

非固化橡胶沥青防水涂料分为常温型、中温型（70℃）、高温型（≥ 150℃）。目前常用的是高温型，主要用于同卷材类产品进行复合施工，涂料喷涂在基层上形成一个整体的防水层（1.5 ～ 2.5mm），然后将卷材铺设在上面形成一个复合防水系统。

1. 材料特点

（1）永不固化

非固化防水材料固含量大，无溶剂及挥发物，在施工过程中及竣工交付后，仍可保持良好的弹塑性，为地下管廊结构提供一定的缓冲保护性能，尤其是在地下管廊使用中，能够保护结构不受到损害。

（2）良好的基层适应性能

基层适应性是指填涂材料对结构的亲和程度。良好的基层适应性能够扩大防水材料的适用范围，从而满足不同应用情况下的使用需求。

非固化防水材料对干、湿基层或其他要求的基层都有良好的适应性，在施工结束后，该材料能与基层形成牢固的满粘结，并对基层细微裂缝起到填充作用，在防水的同时起到保护结构的重要作用。

（3）粘结性强

新型非固化橡胶沥青防水材料中添加了一定比例的增粘性树脂，能够显著增强该材料的粘结性能，且与多种材料具有良好的相容性，尤其是与基层实现无缝粘结，从而增强了防水工程的效果。该材料可适用于潮湿的基面施工，能够有效处理渗漏问题，提高了该材料的应用价值。

（4）自愈性能强

相较于传统的防水材料，非固化橡胶沥青防水材料具有优异的自愈性能，在施工过程中防水层破损的情况下自行修复，从而确保防水工程的整体防水效果，满足地下管廊防水工程的防水要求。

2. 施工要点

（1）施工工艺

材料准备→基层清理→细部附加层施工→非固化橡胶沥青防水涂料施工→铺贴防水卷材→卷材搭接边处理→质量检查、验收。

（2）基层要求及处理

①防水基层应平整、干燥、坚实，不得有起皮、起砂现象；

②防水基层上的管道、预埋件、设备基础等应在防水层施工前埋设和安装完毕；

③阴阳角、平面与立面的转角处应抹成圆弧，圆弧半径宜为 50mm。

（3）细部节点施工

采用刮涂法进行非固态橡胶沥青涂料的附加层施工。将加热后的涂料倒在附加层的基面上，使用刮板进行涂刮，涂刮要均匀不得露底，涂料一般不小于 2mm 厚。在附加层的范围内刮涂完成后，涂料表面覆盖铺贴聚酯无纺布。

（4）大面涂料施工

非固化橡胶沥青涂料可采用两种施工方法：刮涂法施工与喷涂法施工，根据施工现场情况及要求选择合适的方法。在非固化橡胶沥青涂料大面施工前，应确定卷材的铺贴区域及范围。按此基准线将卷材预铺，释放应力、然后将卷材重新打卷。

①刮涂法施工

把加热后的涂料倒在已确定范围的基面上，使用刮板进行涂刮，刮涂厚度应满足设计要求。刮涂应控制好速度，保证涂料均匀，一次达到设计厚度，每次刮涂的宽度应比卷材宽 100mm。

②喷涂法施工

将设备接到专用的喷枪上，调整好喷嘴与基面距离、角度及喷涂设备压力，喷涂后的涂膜层表面应平整，不露底且薄厚均匀。施工时应根据设计厚度多遍喷涂，每遍喷涂时应交替改变喷涂方向，同层涂膜的先后搭接宽度宜为 30 ～ 50mm。每一作业幅宽应大于卷材宽度

100mm。

③铺贴卷材防水层

卷材铺贴于已施工完成的防水涂料表面，铺贴增强型和自粘型高分子防水卷材。自粘聚合物改性沥青卷材的搭接采用冷粘型式（搭接宽度≥ 80mm）。高聚物改性沥青防水卷材的搭接采用热熔法处理（搭接宽度 >100mm），用喷灯充分烘烤搭接边上下两层卷材沥青涂盖层，必须保证搭接处卷材间的沥青密实融合，且从边端挤出均匀的熔融沥青条，对卷材端口进行密封。

5.4.3　喷涂速凝沥青防水涂料施工

速凝沥青防水涂料是一种水乳型环保防水涂料，采用喷涂成型，10s 内成膜，粘结在混凝土基层上，14 ～ 20h 内固结，形成服帖在基层上的整体防水层。

基层（找平层）应设分隔缝，间距 6m × 6m，并用嵌缝材料嵌填，基层应平整、无酥松、无污染、起砂等现象。穿透防水层的管道、预埋件、设备基础、预留洞口等均应在防水层施工前埋设和安装牢固，做好密封处理，并验收合格。

1. 细部节点施工

基层清洁、平整处理后，进行分割嵌缝。细部节点用加层均为涂合成高分子液体橡胶防水胶膜，厚度 0.7mm；合成高分子液体橡胶防水胶膜喷涂施工，一次喷涂成型，厚度为 1.5mm。

（1）变形缝

变形缝内宜填充泡体塑料，上部填放衬垫材料，用 QLR 合成高分子液体橡胶防水胶膜喷涂封盖，顶部加扣金属板或预制混凝土板。

（2）底板

桩头防水处理采用刚性防水材料将柱头四周及钢筋根部封堵密实，后喷涂 QLR 防水胶膜加层、防水层。

（3）穿墙管

穿墙管止水环与主管应焊接密实；穿墙管厚度应在浇筑混凝土前埋置；结构变形或管道伸缩量较小时，穿墙管可采用主管直埋入混凝土的固定方式防水法，并应预留凹槽，槽内喷涂 0.3mm 厚 QLR 防水胶膜，后用水泥砂浆抹出八字，喷涂施工。

2. 大面涂防水层

（1）满粘法施工

基层清理干净，细部处已按规定或图纸要求处理；涂机按工作压力，将料送到喷枪，喷枪口距被喷涂面 600 ～ 800mm。双组分材料交叉后充分混合雾化，到达被喷涂面后瞬间成膜。

喷涂施工宜分区完成，50 ～ 100m^2 为一区域，施工时需连续涂至设计厚度。每一遍的喷涂厚度为 0.35 ～ 0.50mm 厚，上、下交替改变喷涂方向，下一遍覆盖上遍 2/3 宽度，以保证涂层厚度均匀，无漏喷。

（2）空铺法施工

喷涂胶膜层前，用无纺布等隔离材料空铺底层，短边横向搭接宽度为 70mm，长边纵向搭接宽度为 100mm，用 108 胶或其他专用接缝密封材料和水泥钉固定牢靠，其余施工步骤与满粘法施工相同。

5.5 止水带

5.5.1 中埋式橡胶止水带施工

1. 施工工艺流程：挡头模板钻钢筋孔→固定钢筋卡→固定止水带→灌注混凝土→拆挡头板→止水带定位。

2. 施工方法：沿轴线每隔一段距离钻钢筋孔。将制成的钢筋卡穿过挡头模板，内侧卡紧止水带一半，另一半止水带平靠在挡头模板上，待混凝土凝固后拆除挡头挡板，将止水带拉直，然后用钢筋卡卡紧止水带。

3. 施工技术要求

钢边橡胶止水带包括施工缝和变形缝两种止水带（图 5-1、图 5-2），其中变形缝用的钢边橡胶止水带必须为中孔型，施工缝用止水带为平蹼型。钢边橡胶止水带的连接方法：当竖向的钢边橡胶止水带与横向施工缝的钢边止水带连接时，接缝处可能存在渗水线路，要阻断渗水线路，必须将钢边外口与钢边止水带进行焊接连接，止水带钢边内口靠橡胶内侧严禁焊接，焊接时钢边橡胶止水带钢边与橡胶连接部分在焊接时要用湿布覆盖等降温措施，以避免温度过高损坏止水带。

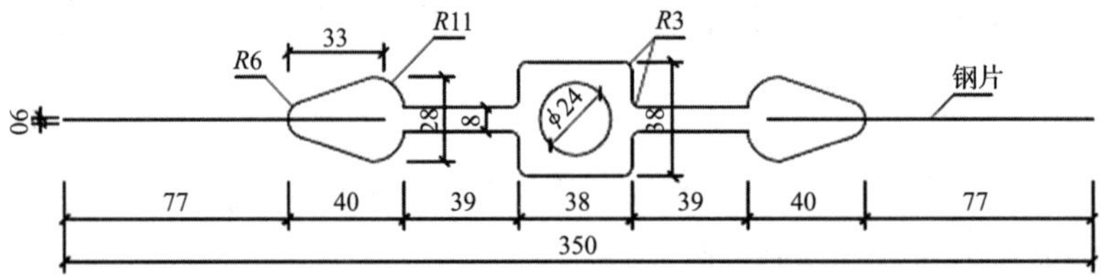

图 5-1 变形缝中埋式钢边橡胶止水带断面示意图

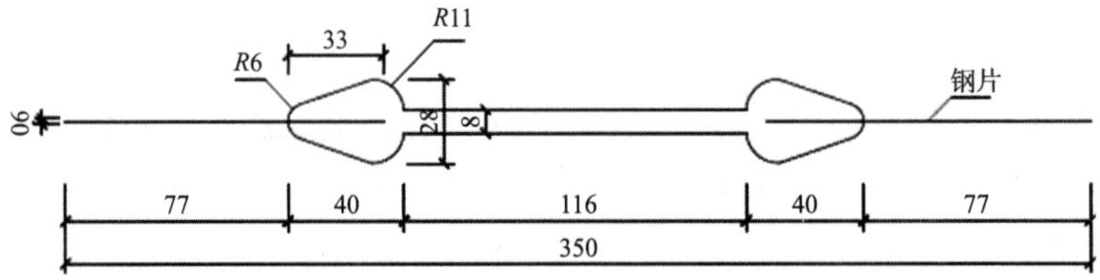

图 5-2 施工缝中埋式钢边橡胶止水带断面示意图

（1）止水带采用铁丝固定在结构钢筋上，固定间距 40cm，要求固定牢固可靠，避免浇筑和振捣混凝土时固定点脱落导致止水带倒伏、扭曲影响止水效果。

（2）水平设置的止水带均采用盆式安装，盆式开孔向上，保证浇捣混凝土时止水带下部的气泡顺利排出。

（3）止水带除对接外，其他接头部位（T 字形、十字型等）接头均采用工厂接头，不得在现场进行接头处理。对接应采用现场热硫化接头。

（4）止水带任意一侧混凝土的厚度均不得小于 15cm。止水带的纵向中心线应与接缝对齐，两者距离误差不得大于 1cm。止水带接缝表面成垂直，误差不得大于 15%。

（5）浇筑和振捣止水带部位的混凝土时，应注意边浇筑、振捣，边用手将止水带扶正，避免止水带扭曲或倒伏。

（6）止水带部位的模板安装定位应准确、牢固，避免跑模、胀模等影响止水带定位的准确性。

（7）止水带部位的混凝土必须振捣充分，保证止水带与混凝土咬合密实，这是止水带发挥止水作用的关键。振捣时严禁振捣棒触及止水带。

5.5.2　外贴式止水带施工

1. 施工技术要求

（1）外贴式橡胶止水带采用胶粘法等固定，不得采用水泥钉穿过防水层固定。

（2）兼作为分区止水带时，应与防水板密贴设置，其他非分区部位可固定在防水板表面或防水层的保护层表面

（3）橡胶止水带应采用现场热硫化对接，当无条件时，可采用未硫化的丁基橡胶腻子片粘贴搭接，搭接宽度不得小于 50mm，搭接部位的齿条间应采用未硫化丁基橡胶腻子片或密封胶进行加强密封。接头两侧止水带的纵向轴线应对齐。塑料止水带的接头要求见分区系统防水施工技术要求。

（4）止水带的纵向中心线应与接缝对齐，误差不得大于 30mm。

（5）止水带安装完毕后，不得出现翘边、过大的空鼓等部位，以免浇筑混凝土时，止水带出现过大的扭曲、移位。

（6）转角部位的止水带齿条容易倒伏，应采用转角预制件或采取其他防止齿条倒伏的措施。

2. 止水带接头方法

橡胶止水带：采用热压机硫化搭接胶合和冷粘结，接头处应平整光洁，抗拉强度不低于母材的 80%；采用以冷接法专用粘结剂连接时，搭接长度不得小于 20cm，粘结剂涂刷应均匀并压实。采用热压机硫化搭接胶合时搭接长度不得小于 10cm。

钢边止水带：中间橡胶板用热压机硫化搭接胶合，接好后，两侧钢边用铆钉将其搭接固定。

3. 注意事项

（1）止水带在混凝土浇筑过程中部分或全部埋在混凝土中，混凝土中有许多尖角的石子和锐利的钢筋头，由于胶合面强度比拉伸强度低，止水带一旦被刺破或撕裂，不需要很大外力，裂口就会扩大，所以在止水带定位和混凝土浇捣过程中，应注意保护止水带，防止止水带破裂，影响止水效果。

（2）施工过程中，止水带必须固定牢固，避免在混凝土浇筑过程中发生位移，保证止水带在混凝土中的正确位置。

（3）止水带固定方法有：利用附加钢筋固定；专用卡具固定、铅丝和模板固定等。

（4）在混凝土浇筑过程中将止水带部分埋进混凝土中，一定要保证止水带在浇筑混凝土以前，先要使其在界面部保持平展，接头部位粘结紧固，再以适当的力充分浇捣、振捣混凝土，使其与混凝土良好地结合，以免影响止水效果。

（5）混凝土浇筑过程中不能让橡胶止水带翻滚、扭结，如发现有扭转现象应及时调正。

（6）止水带的接头必须粘结良好，不应采用不加处理的“搭接”。止水带搭接必须符合设计要求，接缝平整、牢固，不得有裂口和脱胶现象。

（7）止水带应采用不影响其质量的适宜物品进行包装。

（8）每一包装应有合格证，并注明产品名称、产品标记、商标、制造厂名、厂址、生产日期、产品标准编号。

（9）止水带在运输与储存时，应注意勿使包装损坏，放置于通风、干燥处，并应避免阳光直射，禁止与酸、碱、油类及有机溶剂等接触，且隔离热源；应保存于室内，且不得重压。

5.6 管廊接缝密封防水

接缝密封形式主要依据使用的密封材料的类型而定，主要有两种形式：一种是将不定型密封材料嵌填在接缝中，与结构表面粘结并形成塑性或弹性密封体。密封材料主要有改性沥青密封材料与合成高分子密封防水材料。因两种材料性能不同，施工方法应按材料的具体情况而定。目前较多采用的方法有热灌法和冷嵌法，适用于嵌填各类混凝土缝，地下工程节点的防水、防潮以及防渗等。另一种是将定型密封材料衬垫以强力嵌入接缝，依靠自身的弹性恢复力和压紧力，封闭渗漏通道。这类密封材料包括密封条、密封垫（片或圈）、止水带等。

防水密封材料的施工一般都是在工程临近竣工之前进行，此时工期要求紧，各种误差集中，施工条件特殊，如不精心施工，就会降低密封材料的性能，增大漏水的概率。为了满足水密、气密要求，在正确的接缝设计和施工环境下完成任务，就需要充分做好施工准备，各道工序认真施工，并加强施工管理，才能达到要求。

试点工程中使用的密封材料主要有聚硫密封膏、聚氨酯密封膏等材料。

5.6.1 聚硫建筑密封材料

单组分密封材料可直接使用，对于多组分密封材料，必须根据规定的比例准确计量，搅拌均匀，严格控制拌和量、拌和时间、拌和温度。密封材料可使用挤出枪或腻子刀嵌填，嵌填应饱满，防止形成气泡和孔洞。密封材料嵌填后，应在表干前用腻子刀进行压实、修整，使密封膏充分接触、渗透结构表面，排除气泡和孔穴，清除多余的密封膏，形成光滑、流线、整齐的密封缝。

聚硫密封胶是以液态聚硫橡胶为主体材料的弹性密封材料，具有优良的粘结性能，良好的气密性、水密性及低温屈挠性，优异的耐老化、耐油、耐溶剂性能，广泛用于建筑、交通、制冷、电器仪表等行业。双组分聚硫密封胶具有优良的耐疲劳性、耐水性、耐老化性、冻融循环稳定性，具有较高的力学性能，止水效果显著。施工工艺简便，因具有良好的下垂度，在立缝灌注中操作相比其他材料更为简单，能够很好地满足工程进度和确保施工质量的要求。

采用热灌法工艺施工时，密封材料需要在现场塑化或加热，使其具有流塑性。冷嵌法施工是采用手工或电动嵌缝枪，分次将密封材料嵌填在缝内，使其密实防水。

5.6.2 聚氨酯建筑密封材料

聚氨酯建筑密封材料按流动性分为下垂型和自流平型。按拉伸模量分为高模量和低模量。双组分聚氨酯密封胶是以主剂和固化剂按体积比 1：1 分别装入 2 个容器，合装于 1 个大包装挤出管内。当活塞同速将主剂和固化剂挤出时，两剂汇合进入一静态混合器，混合后注入密封接缝。其中主剂一般为端—NCO 预聚物，固化剂由聚醚多元醇等含活泼氢的化合物与添加剂等组成，固化速度可由催化剂量、两组分活性基团活性及其配比等来调节控制。

双组分聚氨酯密封胶的应用领域有：土木建筑业接缝连接、轨道交通路基用嵌缝胶、机场跑道接缝及修补用、隧道的接缝与防水等。

单组分湿气固化聚氨酯密封胶一般是由 PU 预聚体及触变剂、增塑剂、稳定剂、催化剂、填料等组成，借助空气中或被粘体上的湿气反应而固化，粘结性、弹性、伸长率、抗撕裂性、耐温性能优异，使用简便。这类密封剂广泛用作建筑密封剂，如混凝土预制板幕墙、钢筋混凝土和石板、薄板、玻璃纤维钢筋混凝土等施工缝的密封等。

5.6.3　硅酮建筑密封胶

该产品按拉伸模量分为高模量和低模量两个次级别。

硅酮密封胶是一种新型的有机硅弹性体，这种橡胶最突出的特点是无须加热，在室温条件下就可以发生交联固化，使用极其方便，广泛用作粘合剂、密封剂、防护涂料、灌封和制模材料等。室温硫化硅橡胶由于相对分子质量较低，因而素有液体硅橡胶之称，其物理形态通常是可流动的流体或者黏稠的膏状物，黏度在 10^2 ～ $10^6mm^2/s$ 之间。室温硫化硅橡胶采用白炭黑补强后，其扯断强度可达到 1 ～ 6MPa，而添加不同的添加剂可使硫化胶具有阻燃、导电、导热、耐烧蚀等各种特殊性能。室温硫化（RTV）硅酮密封胶的分类根据划分标准的不同而不同。按产品的包装形式，有单组分和双组分之分。单组分室温硫化胶是将基础聚合物、填料、交联剂及硫化剂等在干燥条件下混成均匀的胶料，并将其分装、密封、保存，使用时，挤出胶料，接触空气中的湿气，即发生缩合反应，交联成为弹性体；因其性能稳定，适用于户外及现场施工、室内装潢及各种场合的修补。单组分室温硫化 (RTV) 硅酮密封胶按固化脱除的小分子物质，可分为脱醋酸型、脱酮肟型、脱醇型、脱酰胺型、脱羟胺型、脱酮型等。双组分室温硫化硅酮密封胶是将有关组分根据它们的化学性质，分成两个包装密封存放，使用时，按一定配比混合，即发生缩合反应，交联成弹性体；因其制造方便、价格低、储存时间长、固化快，但必须配备专用注胶机，适合工厂内施工。

图 5-3　管廊背水面密封胶嵌缝

管廊背水面密封胶嵌缝如图 5-3 所示。

第 6 章　地下管廊工程渗漏水情况及治理措施

6.1　渗漏水现象

综合管廊的渗水出现在隧道混凝土底板与侧墙之间连接部位、变形缝（沉降缝）和裂缝，混凝土墙表面，混凝土施工缝，混凝土构件的不均匀沉降等部位（图 6-1 ～图 6-3）。课题组在调研过程中搜集了部分管廊的渗漏水资料，并进行汇总分析。

图 6-1　变形缝漏水

图 6-2　施工缝漏水

图 6-3　墙体漏水

课题小组共采集了其他地区及青岛地区部分管廊中 200 处渗漏点，分析发现综合管廊渗漏的主要部位集中在变形缝渗漏和施工缝渗漏，这两种问题累计频率达 76.31%，属于 A 类因素（图 6-4 所示）。因此在施工过程中，只有控制好变形缝和施工缝的施工质量，才能降低管廊渗漏比率，从而更好地提升工程防水质量。课题组进一步对各部位的渗漏水现象进行分析，总结其原因如下：

（1）防水卷材施工出现质量问题：卷材保护不到位；卷材起壳翘起；粘结不牢固；搭接长度不够；搭接时接口连接不牢固。

（2）沉降缝质量问题：背贴式橡胶止水带、钢边橡胶止水带固定不牢固；连接出现缝隙。

（3）施工缝质量问题：止水带焊接不均匀、安装不牢固；施工缝凿毛清理不彻底等。

（4）混凝土振捣不密实，养护不到位，出现裂缝。

（5）洞口封堵不密实。

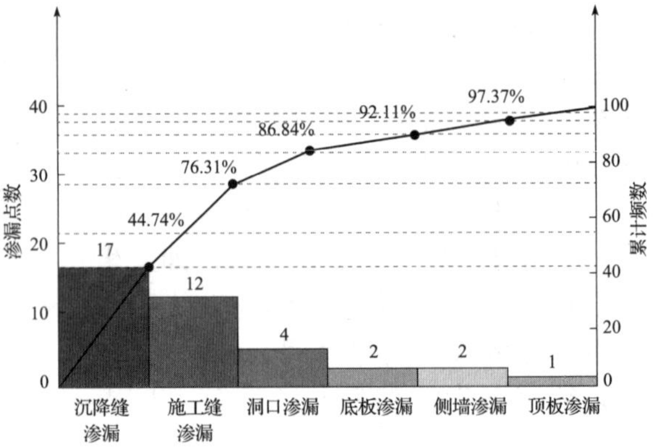

图 6-4　渗漏水案例分析图

6.2　渗漏水处理施工工法

针对上述渗漏水现象，课题组对各施工单位的渗漏水施工工法进行调研，总结提炼出一种目前已运用至管廊渗漏水处理的工法。

6.2.1　工法特点

（1）采用嵌缝堵漏，用低黏度环氧树脂、高效防潮、抗渗堵漏材料等对渗水部位进行处理，取得较好效果。

（2）在施工过程中，无毒无味，无环境污染，对人身无伤害，保证施工安全。

（3）本工法使用于投入使用前，进行渗水处治。施工方法工艺简单，设备体积小巧，不受防水修漏施工场地大小影响。

（4）取得较好的经济及社会效益。

6.2.2　适用范围

综合管廊、地下人行通道、电力管廊等地下构筑物渗水处处理的施工。

6.2.3　工艺原理

渗水防治的基本原理是化学灌浆。化学灌浆时利用手工或机械手段，进行带水堵漏，在化学作用下，将材料灌入到构筑物缝隙内，使灌注材料在缝隙内凝固，达到填充和止水的目的。

6.2.4　施工工艺流程及操作要点

1. 渗水裂缝处理

渗水裂缝包括混凝土施工缝，混凝土构件的不均匀沉降引起的裂缝，早期混凝土由于干裂引起的裂缝，以及穿墙电缆套管与混凝土之间不均匀收缩而引起的裂缝等。按渗水量的大小可分为微渗水裂缝、渗水裂缝和严重渗水裂缝。在处理过程中，应根据不同的裂缝形式，不同的渗水量而采用不同的处理办法。

（1）微渗水裂缝处理

一般情况下这种裂缝表现为表面干燥，但有曾经漏水的痕迹，或是混凝土表面潮湿，但无水流淌痕迹，经过长时间后能把混凝土墙面洇湿成大片水渍。此种裂缝的处理一般采用嵌缝堵漏法。

施工工艺：开槽—清理—配料—填充槽—养护—涂防水涂料。

①沿着混凝土渗水或曾经渗水的裂缝凿出“V”形槽，深度一般为 50 ～ 80mm，外口宽 80 ～ 150mm，如果太浅，封堵后会发生再漏现象。

②把槽内浮尘及杂物清理干净，要求缝面牢固、清洁、平整，不平处可先用水泥砂浆找平，并使其表面充分湿润至饱和（但无积水）。

③将“缓凝型”水不漏按粉：水 =1：（0.30 ～ 0.35）的比例混合，搅拌 2min 成均匀（不含生粉或团粒）的腻子状。手工拌料 1 次不超过 2kg，否则用搅拌器拌料。

④用腻子刀和压子将配料压入槽内，分 2 层或 3 层进行，厚度一般为 3mm，上料时要稍用劲并来回多刮抹几次使涂层密实，同进注意搭接良好。

⑤按比例配制聚合物水泥砂浆，并用刮刀将其嵌入“V”形槽，至填满为止，并用抹子抹平，在砂浆凝结之后湿养护 3 ～ 5d。

⑥按比例配制 JS 复合防水涂料，打底层质量配比为液料：粉料：水 =10：7：14，其他涂层比例为 10：7：（0 ～ 2）。

⑦分层涂覆 JS 复合涂料，每层涂覆要尽量均匀，不能有局部沉积，并要求多滚刷几次使涂料与基层之间不留气泡，粘结结实。各层之间的时间间隔以前一层涂膜干固不粘为准（一般 2 ～ 6h，与现场温度有关）。

⑧整个堵漏工作完毕后，将所使用的工器具清洗干净以备下次使用。

（2）渗水裂缝处理

一般情况下，这种裂缝外部有承压水，擦干漏水面，立即有水渗出，在顶板下滴水或滴水成线，墙面淌水，底板上形成积水。此种裂缝在处理时若只采用刚性材料进行封堵，很难保证施工质量。处理时应加入一种新的柔性堵漏材料——QJZ 腻子型遇水膨胀止水胶条，此种胶条在遇水之后体积能膨胀为原来的 2 ～ 3 倍。在嵌填之后，刚柔结合，达到止水效果。

施工工艺：开槽清理—填膨胀胶条—配料—填充槽—养护—涂防水涂料。

①沿混凝土渗水裂缝切出“U”形槽，深 50 ～ 80mm，宽 30 ～ 40mm，并人工修整，清除槽内杂物，用清水冲洗干净。

②用钢钎、扁铲、手锤等工具嵌填 20mm × 30mm 遇水膨胀胶条，要求填塞均匀紧密，不得有漏塞处，接头处要错槎处理，填塞完毕，用钢钉加以固定。

③在经过嵌缝的缝面上用喷水壶洒水，保持其缝面潮湿，使其遇水膨胀，胶条膨胀到一定程度，并当确认无外水渗入时停止。

④用腻子刀和压子将配料压入槽内，分 2 层或 3 层进行，厚度一般为 3mm，上料时要稍用劲并来回多刮抹几次使涂层密实，同时注意搭接良好。

⑤按比例配制聚合物水泥砂浆，并用刮刀将其嵌入“V”形槽，至填满为止，并用抹子抹平，在砂浆凝结之后湿养护 3 ～ 5d。

⑥按比例配制 JS 复合防水涂料，打底层质量配比为液料：粉料：水 =10：7：14，其他涂层比例为 10：7：（0 ～ 2）。

⑦分层涂覆 JS 复合涂料，每层涂覆要尽量均匀，不能有局部沉积，并要求多滚刷几次使涂料与基层之间不留气泡，粘结结实。各层之间的时间间隔以前一层涂膜干固不粘为准（一般 2 ～ 6h，与现场温度有关）。

⑧整个堵漏工作完毕后，将所使用的工器具清洗干净以备下次使用。

（3）严重渗水裂缝处理

此种裂缝缝隙较大，外界有承压水，形成水流或水柱，个别呈水龙头状，漏水量大于 50mL/min。这种裂缝的处理工艺要比一般裂缝的处理复杂，要经过凿槽、导流、快速封堵、灌浆及漏水口封堵等多个步骤，每一步都必须严格按要求操作，否则会前功尽弃。

施工工艺：开槽清理—打灌浆孔—设置临时导流管—填充槽—灌浆—涂防水涂料。

①清理漏水缝隙周围的污物，并将缝口凿成 V 形槽，同时清理槽内杂物。

②沿裂缝打灌浆孔，一般采用电钻或冲击钻打孔，钻孔间距为 30 ～ 40cm 不等。

③将灌浆塑料管（临时导流管）插入所钻孔内，孔口处以油毡或铝箔挡塞，以防在封堵 V 形槽时灌浆管发生堵塞。

④用“速凝型”或“超速凝型”水不漏封闭 V 形槽，此时灌浆管作为导流管使用，使承压水顺导流管流出以减小 V 形槽内的水压力。

⑤当确认 V 形槽已堵好，漏水仅仅从导流管流出时，在 V 形槽表面涂覆 JS 复合防水涂料，以防灌浆产生压力时再次有缝隙渗水。

⑥灌浆。采用一种新型高效的建筑工程防渗堵漏材料——G11 水溶性聚氨酯。该材料注入漏水部位后，能立即与水发生化学反应，形成弹性固结体于基体缝隙中，该固结体具有弹性并能遇水膨胀，从而达到止水目的。在灌浆时使用手压式注浆泵，通过灌浆管把浆液缓缓注入裂缝。灌浆压力视工程具体情况而定，一般小于 0.3MPa，防止在灌浆时压力过大，造成进浆塑料管破裂。灌浆顺序自上而下，由深到浅。

⑦灌浆完毕后，一般注浆管不再有水渗出，若还有轻微渗水，可采用洞口漏水的处理办法进行处理。

2. 混凝土墙面渗水处理

混凝土墙面渗水、漏水，主要是因为混凝土在浇筑过程中漏振或振捣不够密实，从而形成蜂窝麻面而引起的。根据墙面的渗水量大小，一般可分为微渗水面、渗水面和严重渗水面三种情况，根据不同的情况要采取不同的处理办法。

（1）微渗水面处理

微渗水面是指混凝土表面有渗水痕迹的墙面，包括曾经渗水留下痕迹和现在有洇水痕迹但又无明显渗水的部位。处理这种情况一般采用涂膜堵漏法，即在混凝土表面直接进行涂膜防水。采用一种高效防潮、抗渗堵漏材料——金汤牌水不漏，其型号分为缓凝型、速凝型和超速凝型三种，均为灰色粉末，经配制后，凝固时间可在 1 ～ 90min 范围内调整，抗压强度 30 ～ 40MPa，粘结强度 1.5MPa，具体施工工艺如下：

基面处理—配料—上料—养护。

①基面处理。基面必须充分湿润至饱和（但无积水），并要求牢固、平整、干净，不平处可先用水泥砂浆找平。

②配料。缓凝型材料按比例混合，搅拌约 2min 成均匀（不含生粉或团粒）的腻子状，比例大小可根据凝固时间调整。施工现场温度越高，调料时加水越少；水温越高（但不高于 70℃）凝固时间越短，反之越长。一般在温度 20℃时的比例为粉：水 =1∶0.35，凝固时间为 90min。

③上料。先用抹子或刮板涂抹第一层料，一般每 1m^2 用料 1.2kg，厚度为 0.75mm。待此层硬化后（指压不留痕）将其喷湿（但无积水）再上第二层料。上料厚度同第一层，上料时要稍用劲并来回多刮抹几次使涂层密实，同时注意搭接。

④保湿养护。待涂层硬化后（指压不留痕）马上进行保湿养护，保证涂层潮湿以防粉化。养护方式可分为喷水或盖湿物，养护 2 ～ 3d。

（2）渗水面处理

渗水面是指混凝土墙面渗水，但又无明显孔洞涌水现象，长时间渗水使表面有浮水或流水。这种情况因有水存在而采用超速凝型止水材料，此材料经配制后可在 1min 之内凝固，从而达到止水效果。

施工工艺：基面处理—配料—上料—养护。

①基面处理。基面要求潮湿、牢固、干净、平整，不平处可用此种材料配制 2 倍质量的中砂找平。

②配料。选用超速凝型材料按粉：水 =1∶0.35 搅拌约 2min 成均匀的腻子状。

③上料。用干布将基面擦干后迅速用抹子上第一层料（如有漏水先别管它），待第一层硬化后（指压不留痕）擦干表面上第二层料，若还有较大面积渗水，再用同样的方法上第三层。若只有局部渗水，只需在渗水处再加上一层，直至不漏。

④保湿养护。同微渗水面处理中的保湿养护。

（3）严重渗水面处理

严重渗水面是指有明显渗水及漏水的部位，这种情况是因混凝土面有蜂窝而形成贯通性的孔洞。对待这种渗水面需采用导流的办法，使多数渗水量由从不规则的孔洞流出改为沿导流口排出，减小墙面孔洞的水压力，从而用快速堵漏法进行封堵，最后再对形状规则的导流洞口进行封堵。

施工工艺为：钻孔导流—封堵孔洞—漏水口封堵—养护。

①钻孔导流。用冲击钻打孔，布孔的位置是导流成功与否的关键，要根据混凝土墙面

漏水的实际情况，分析其蜂窝孔洞的实际结构，一般在渗水面的中下部进行钻孔。钻孔后如果发现有多数水能从钻孔中渗出则可以进行下一步封堵。如果导流作用不明显，则应重新打孔，直到有效果后为止。

②采用对渗水面进行处理的办法封堵孔洞，以外墙面所有渗水均从所钻孔中流出为止。

③采用封堵漏水口的处理办法进行封堵。

漏水口包含混凝土墙面因振捣不密实而形成的单个的小孔洞，裂缝灌浆处理后所剩下的灌浆口，严重渗水面处理后所留下的排水孔，以及穿墙电缆套管的管子口等。此种渗漏处理时一般根据漏水量的大小采取不同的堵漏方法。

a. 对于墙面因振捣不密实而形成的单个小孔洞，如果渗水量较小，可以在漏水处凿一个直径 80 ～ 150mm、深 50 ～ 80mm 的工作坑，用清水冲洗干净后，立即用聚合物混凝土或聚合物砂浆一次封堵，并用力将其压实，待其凝结硬化后（一般 3.5min），在其表面用高标号砂浆抹平，在 5d 内保持表面潮湿即可。如果渗水量很大，则须在漏水处凿出工作坑，并在坑中预放一个排水导管，导管周围靠里侧用油毡或铝箔填塞，以防止封堵时砂浆进入管内，然后用聚合物混凝土或砂浆封堵工作坑，使渗漏水完全从导管流出，待聚合物达到一定强度后，再按处理预留孔的堵法进行封堵。

b. 预留排水孔及新钻排水孔的封堵。此种洞口较规则，但漏水量大，一般采用速凝型或超速凝型堵漏材料进行封堵，其配比按粉：水 =1：0.25，反复揉捏成料团，使之略小于漏水口，稍硬后塞入洞口，并用木棒或其他工具压实，即可瞬息止漏。最后在洞口周围抹上一层封口料。封口料的配制按粉：水 =1：(0.3 ～ 0.35)，搅拌成腻子状使用。

c. 穿墙电缆钢管口的封堵。由于管内穿有电缆，必须先在管内做堵漏材料的支撑体，再采用刚柔结合的办法进行施工。

第 7 章　贡北路综合管廊工程防水案例

在青岛市地下综合管廊试点工程中，贡北路综合管廊为主管廊长度最长的管廊，施工方法为明挖现浇法，因此选取贡北路综合管廊作为典型案例，对其防水设计、施工做全面总结。

7.1　防水设计

7.1.1　工程范围

贡北路综合管廊平行道路中心线建设，位于道路红线外北侧 20m 绿化带内。干支线主管廊全长 12.8km，支线管廊长 395m，规划入廊管线有给水、再生水、污水、热力、天然气、110kV 电力、10kV 电力、通信八种管线。综合管廊采用明挖预制法施工，矩形箱涵结构，天然气管道、污水管道分别单独成舱，通信线缆、电力电缆敷设于电力舱，给水管道、再生水管道及热力管道敷设于水力舱。主管廊标准断面尺寸：13.85m × 4.60m，南侧污水舱，净宽 2.4m，净高 2.8m；中间水力舱净宽 5.1m，净高 3.8m；电力舱净宽 2.3m，净高 3.8m；北侧天然气舱，净宽 1.9m，净高 2.8m。纵向坡度 0.2% ～ 1.8%，标准段覆土深度 3.0 ～ 3.5m，局部 5.7m，电力舱设 75 个防火分隔区，天然气舱设 74 个防火分隔区。管廊共设 30 个进风亭，60 个排风亭，115 处吊装口，109 处逃生口，4 个人员出入口，259 处集水坑，80 处出线舱，6 处支线管廊。

7.1.2 设计标准

管廊结构的安全等级为一级，结构中主要构件按设计使用年限 100 年设计，相应结构可靠度理论的设计基准期采用 50 年，重要性系数取 $\gamma_0 = 1.1$。

混凝土结构的环境类别：管廊结构中露天或与无侵蚀性的水或土壤直接接触的地下顶板、底板和外墙等混凝土构件的环境类别为二 b 类；管廊结构内潮湿环境处的结构环境类别为二 a 类，其余管廊结构内部混凝土构件的环境类别为一类。

结构构件在永久荷载和基本荷载组合作用下，应按荷载短期效应组合并考虑长期效应组合的影响进行结构构件裂缝验算。混凝土构件的裂缝宽度应不大于 0.2mm，且不得贯通。当计及地震、人防或其他偶然荷载作用时，可不验算结构的裂缝宽度。

当地下结构处于有侵蚀地段时，应采取抗侵蚀措施，混凝土抗侵蚀系数不得低于 0.8。

本地区结构抗震设防烈度为 7 度，抗震设防分类为乙类，抗震等级为三级。

地下结构设计按最不利情况进行抗浮稳定验算。在不考虑侧壁摩阻力时，抗浮安全系数 $K_f \geqslant 1.05$；结构防水等级为二级；结构耐火等级为一级。

本工程采用明挖法，即采用自上而下开挖基坑，再自下而上浇筑结构的施工方法。采用现浇整体式结构。

7.1.3 防水设计原则

结构防水设计遵循“以防为主，刚柔相济，因地制宜，综合治理”的原则，保证结构物和营运设备的正常使用和行车安全。防水以混凝土结构自防水为根本，以接缝防水为重点，辅之以附加防水层加强防水。

7.1.4 防水设计标准

管廊设备用房防水等级按一级，其余按二级的要求设计。一级防水要求不允许漏水，结构表面无湿渍；二级防水要求不允许漏水，表面可有少量湿渍，结构内表面湿渍面积≤总内表面积的 0.2%，任意 $100m^2$ 内的湿渍≤ 3 点，单一湿渍的最大面积不大于 $0.2m^2$。

1. 防水技术措施

（1）混凝土结构自防水

采用掺加优质粉煤灰、矿渣微粉等复合超细矿物掺合料和高效减水剂；控制胶凝材料用量、水胶比、混凝土中的含碱量、胶凝材料中氯离子的含量、加强养护等措施，来确保结构混凝土自防水性能。

顶板及与顶板同期浇筑的侧墙采用高性能补偿收缩防水混凝土。综合管廊中预留口采用标准预制件预埋来解决渗漏的技术难题。

（2）接缝防水

①变形缝

管廊变形缝处应采用中埋式止水带、外贴式止水带、嵌缝密封胶构成封闭体系。中埋式止水带于顶板、底板、侧墙中兜绕形成封闭圈，外贴式止水带设置于底板素混凝土垫层上，并沿围护结构找平面上翻至顶板，与顶板迎水面嵌缝低模量密封胶相接，从而构成又一封闭圈。

②施工缝（主要为纵向水平施工缝）

采用钢板止水带与遇水膨胀密封胶相结合的方式，接缝面涂抹能使裂缝产生结晶自闭功效的水泥基渗透结晶型防水涂料。

（3）防水层

管廊结构设置全外包卷材防水层，外包卷材防水层采用2mm厚自粘聚合物改性沥青防水卷材+2mm厚非固化橡胶沥青防水涂料。根据《地下工程防水技术规范》（GB 50108—2008）相关条文，管廊主体在采用防水混凝土外，结合本工程场地工程地质与水文地质条件，管廊结构底板、顶板、侧墙迎水面可采用自粘橡胶改性沥青防水卷材作为防水层，并于其上做好防水层的保护层。变形缝处、结构阴阳角处防水层做特殊加强处理。

2. 耐久性设计

本工程按100年的使用寿命进行设计，为此结构设计施工时应采取下列措施确保结构具有足够的耐久性：

（1）主体结构混凝土强度等级≥C45。管廊口部混凝土抗冻等级F150。抗渗等级P6，埋深超过10m时抗渗等级为P8。

（2）钢筋混凝土结构具有整体密实、防水性、抗腐蚀性，使用阶段钢筋混凝土结构没有渗水裂缝。

（3）结构混凝土（含保护层）达到规定的密实度，混凝土防水等级采用P6。

（4）拆模以后的混凝土表面采取封闭措施进行养护。

（5）选用优质螺纹钢筋。

（6）加强使用阶段的监测、保护，定期对结构物进行保养、维修。

（7）避免采用高水化热水泥。

（8）顶板应作蓄水养护，侧墙应作不间断喷水养护。

（9）混凝土最大水胶比为0.40，胶凝材料最小用量320kg/m^3，骨料最大粒径约20mm。

（10）混凝土氯离子最高含量为0.06%。

（11）混凝土宜使用非碱活性骨料。当使用碱活性骨料时，混凝土中含碱量最高为3.0kg/m^3。

（12）严格控制混凝土入模温度不超过28℃。

（13）混凝土外加剂中的氯离子含量不高于混凝土胶凝材料总质量的0.02%，高效减水剂中的硫酸钠含量不高于减水剂干质量的15%。

（14）混凝土浇捣时应保证表层混凝土振捣密实和均匀性，并进行良好养护，同时保证保护层厚度及钢筋位置的准确性。

（15）防腐措施：外壁采用环氧沥青涂层，厚度≥300μm。

7.2 防水工程施工工艺

7.2.1 管廊底板防水施工工艺

1. 施工工艺流程

混凝土垫层施工→基面处理→非固化橡胶沥青防水涂料施工→节点部位加强处理→防水

卷材铺设→搭接卷材、密封节点→自检验收→保护层施工（图 7-1）。

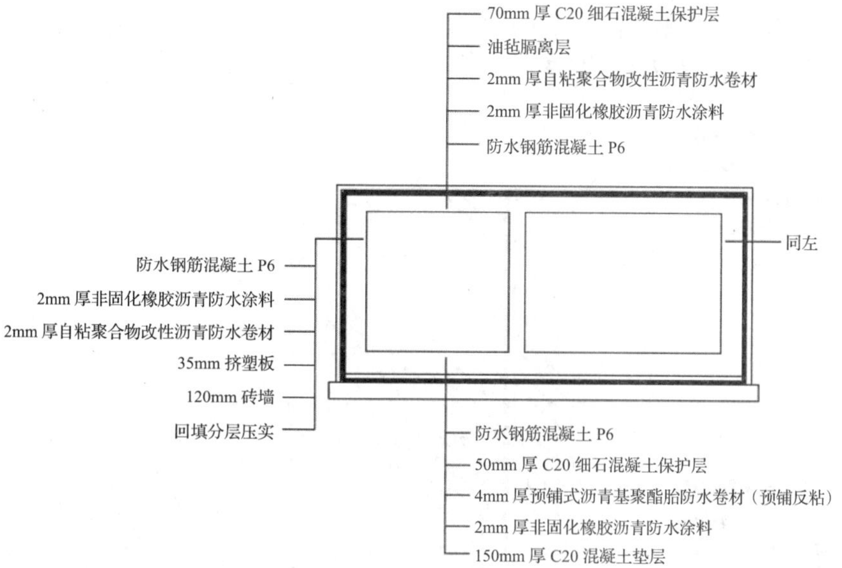

图 7-1　贡北路标准段防水结构图

2. 施工工艺流程说明

（1）混凝土垫层施工

在垫层的基底地质情况、标高、尺寸均经过检查验收合格后方可进行混凝土垫层施工。C20 垫层混凝土采用商品混凝土，利用泵车将混凝土泵送至沟槽基础底；待垫层混凝土养护强度达到 1.2MPa 后方可上人进行后续工作（图 7-2）。

（2）基面处理

基层表面明显凹凸不平时宜先用水泥砂浆抹平；用扫帚或吹风机将基层灰浆及建筑垃圾清理干净。验收的基层应平整、坚实，排水坡度符合设计要求，混凝土表面不得有蜂窝、孔洞等，基层可潮湿，但不得有明水。

图 7-2　贡北路地下综合管廊底板防水施工现场

（3）非固化橡胶沥青防水涂料施工

采用脱桶装置对非固化橡胶沥青防水涂料进行加热脱桶，达到规定的热用温度，手工刮涂的加热温度≥ 120℃，喷涂温度≥ 150℃。

手工刮涂非固化橡胶沥青防水涂料至不小于 2mm 厚，对施工缝部位增厚到 4mm。为保证刮涂厚度，先进行刮涂试验，施工前对刮涂操作工人进行专项交底、培训、考核，方可上岗操作。

刮涂完一定面积后，在铺贴卷材前采用针测法检测涂层厚度。若如厚度不达标或局部需要强化，则再次刮涂将其补上。

（4）节点部位加强处理

针对管廊底板阴阳角、后浇带、变形缝、桩头部位进行加强处理。在地下底板的阴、阳转角部位及施工缝处湿铺施工一道防水卷材附加层，采用卷材相互交叉搭接 500mm 宽，起到防水附加层的作用（图 7-3 ～图 7-5）。

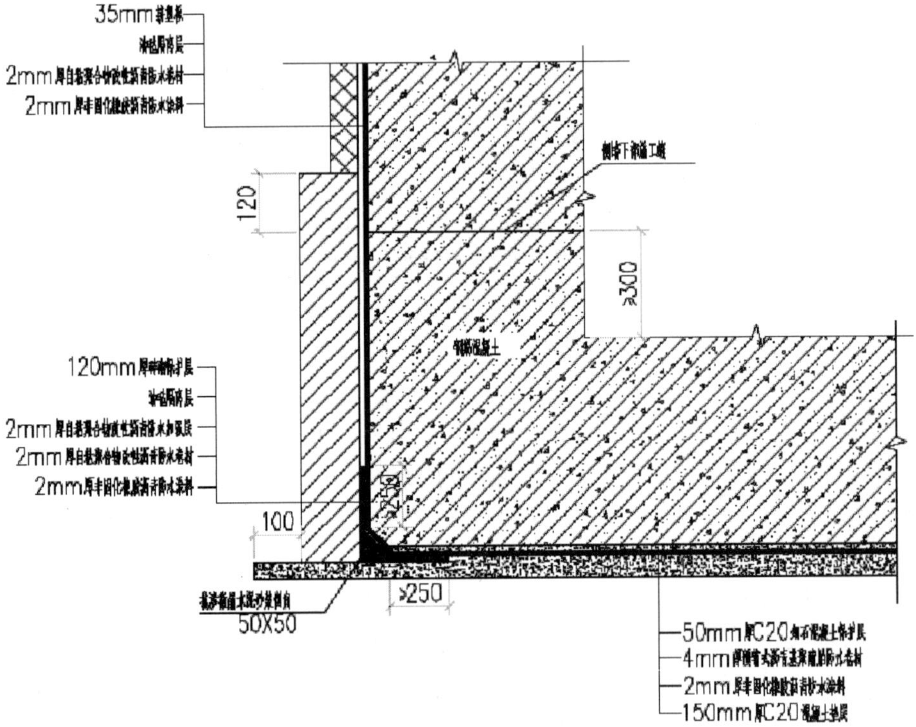

图 7-3　底板细部防水做法示意图

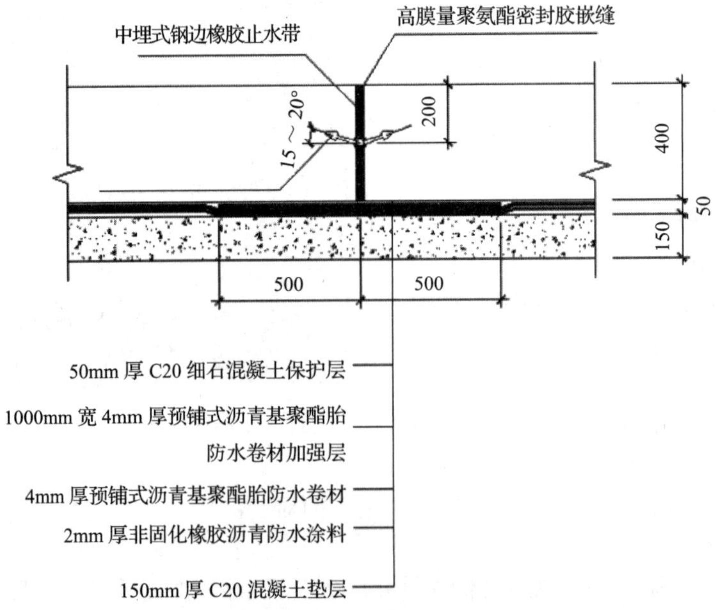

图 7-4　底板变形缝防水构造图

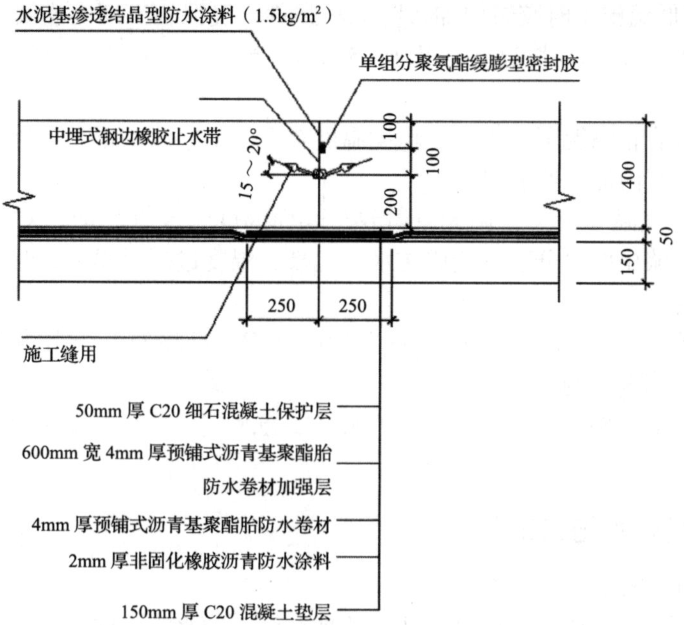

图 7-5　底板施工缝防水构造图

（5）防水卷材铺设

①垫层清理：用铁铲、扫帚等工具清除基层面上的施工垃圾、浮土，若有明水，则需扫除；表面平整度采用 2m 直尺检查，不超过 5mm；含水率是影响防水层质量的重要因素，含水率过高会引起防水层起鼓、粘结不牢，因而在防水层施工前应检查垫层含水率。

②卷材铺设：先按基准线铺好第一幅卷材，再铺设第二幅，然后揭开两幅卷材搭接部位的隔离膜，将卷材搭接。铺贴卷材时，卷材不得用力拉伸，应随时注意与基准线对齐，以免出现偏差难以纠正。

③卷材连接：采用搭接的方式，粘贴后，随即用胶辊用力滚压排出空气，使卷材搭接边粘结牢固。采用自粘搭接的方式，卷材长、短边搭接宽度不小于 60mm。

操作时需同时除去卷材搭接边处上下表面的隔离膜，边揭膜边压实卷材搭接边。

④将防水卷材上表面隔离膜揭除干净。为防止卷材粘脚，可在卷材上撒水泥粉作为隔离措施。

（6）防水层验收

防水层施工后进行检查验收。

（7）保护层施工

随除去卷材上表面隔离膜随进行保护层施工，已除去上表面隔离膜的防水层应在 4h 之内进行混凝土保护层施工。

3. 施工注意事项

（1）防水卷材防水层采用冷作业施工，材料进入工作面后不得以任何形式动用明火。

（2）卷材铺设完成后，要注意后续的保护，以避免对防水层的破坏。

（3）施工过程中若突然降雨，对卷材外边缘进行封边处理。

（4）相邻两排卷材的短边接头应相互错开 300mm 以上，以免多层接头重叠而使得卷材粘贴不平服。

（5）0℃以下低温施工时胶浆内加入防冻早强剂，确保施工期内连续 5 日最低温度不得低于 –5℃。若连续 5 日内环境温度有低于 –5℃时，严禁施工；当日突发降温时，降温前应采取必要保温措施。

（6）基面润湿合格情况下，当施工环境温度降低、空气流动很小导致基面水分散发缓慢时，不用在水泥胶浆内加入保水剂。

（7）施工期间气温＞ 30℃、阳光直射卷材表面温度超过 30℃时，对卷材表面进行淋水降温，以免湿铺胶浆中的水分蒸发造成防水层起鼓；温度过高揭膜困难时可对材料表面进行洒水降温后进行揭膜。

（8）随除去卷材上表面隔离膜随进行保护层施工，已除去上表面隔离膜的防水层必须 2h 之内进行混凝土保护层施工。

（9）在防水层后续施工过程中，如不慎破坏了防水层，一经发现应及时报请防水施工单位进行修补。

7.2.2 管廊侧墙防水施工工艺

1. 侧墙施工工艺流程

侧墙基面处理→墙面涂刷封底剂→非固化橡胶沥青防水涂料施工→调制水泥胶浆→附加层施工→防水卷材铺贴→自检验收→保护层施工。

2. 侧墙施工工艺流程说明

（1）侧墙基面处理

用扫帚、铁铲等工具将基面的灰尘、杂物清理干净，干燥的基面需预先洒水润湿，但不得残留积水。

（2）墙面涂刷封底界面剂

如混凝土墙面过于光滑，使用封底剂将混凝土表面变得粗糙，以增加水泥浆对基层的粘结力，避免抹灰层空鼓起翘；将封底剂一袋（500g）加入 8kg 水中，搅拌溶解后，用辊刷均匀涂刷防水基层表面。

（3）非固化橡胶沥青防水涂料施工

待基面处理完后（若涂刷底漆则需待底漆完全固化），打开加热料罐，预先将材料倒入料灌中加热，待涂料整体温度达到可喷涂状态时（150℃），采用人工刮涂的方式均匀地刮涂非固化橡化沥青防水涂料。刮涂时防水层一次成型，厚度为 2mm。

刮涂完一定面积后，在铺贴卷材前采用针测法检测涂层厚度。若如厚度不达标或局部需要强化，则需再次刮涂将其补上。

（4）附加层施工

铺贴附加层：阴阳角部位加铺一层同质卷材附加层，将卷材裁成相应的形状进行满贴，宽度 50cm。附加层施工必须粘贴牢固，施工要细心。项目质检员对此部位专门做隐蔽工程检查。

（5）防水卷材施工

①卷材揭膜涂刷胶浆

裁剪卷材，揭除卷材一侧粘结面的隔离膜，在卷材表面连续均匀涂刷 0.5mm 厚水泥胶浆，确保胶浆均匀，但不宜过厚，否则将使卷材过重，从而增加施工难度。

②侧墙面抹浆

批浆工人用抹子沿卷材铺贴方向均匀刮抹＞ 1.0mm 厚水泥胶浆，遇到附加层防水卷材时直接接触卷材表面隔离膜刮抹胶浆即可。

③卷材铺贴

将涂刷完水泥浆的卷材铺贴于事先批好胶浆的基面上，长、短边搭接对齐（长、短边≥ 80mm）;

④赶浆排气

沿卷材长边搭接方向向另一侧进行赶浆排气，动作要连续均匀，不允许出现断续的排浆现象发生，确保卷材内水泥胶浆排出。

（6）防水层验收

防水层施工 24 ～ 48h 后，湿铺胶浆固化进行检查验收。

（7）保护层施工

保留卷材上表面隔离膜，35mm 厚挤塑板保护层做 5 点粘结砂浆，直接粘贴在卷材隔离膜表面，然后进行 120mn 砖砌保护墙施工（图 7-6）。

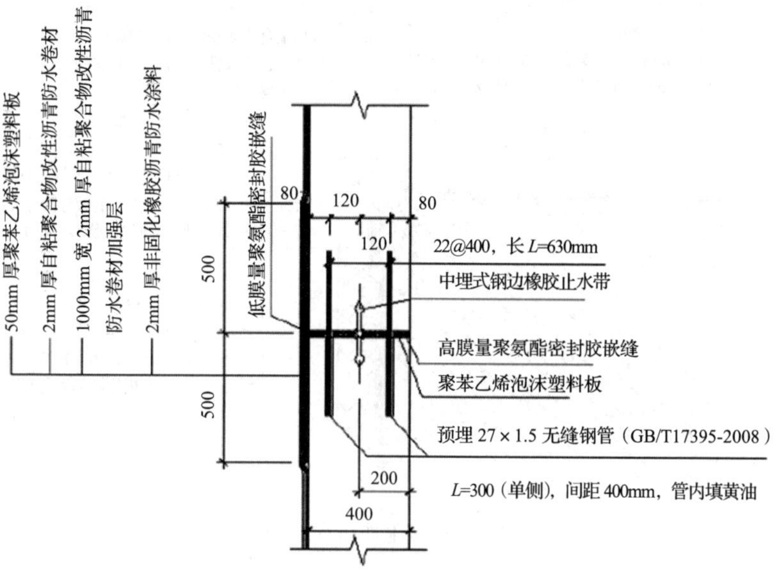

图 7-6　侧墙变形缝防水构造图

7.2.3　管廊顶板防水施工工艺

1. 顶板施工工艺流程

顶板基面处理→非固化橡胶沥青防水涂料施工→调制水泥胶浆→附加层施工→防水卷材铺贴→油毡隔离层施工→自检验收→保护层施工。

2. 顶板施工工艺流程说明

标准段顶板防水层采用 2.0mm 厚 NRC 非固化橡胶沥青防水涂料 +2.0mm 厚自粘聚合物改性沥青防水卷材。其中，NRC 非固化橡胶沥青防水涂料采用机械喷涂法或人工刮涂法施工，2.0mm 自粘卷材与非固化橡胶沥青防水涂料复合铺贴，搭接采用本体自粘搭接。

管廊种植顶板防水层采用 2.0mm 厚 NRC 非固化橡胶沥青防水涂料 +4.0mm 厚 PRM-C 弹性体改性沥青化学耐根穿刺防水卷材。其中，NRC 非固化橡胶沥青防水涂料采用机械喷涂法或人工刮涂法施工；PRM-C 弹性体改性沥青化学耐根穿刺防水卷材与 NRC 非固化橡胶沥青防水涂料同时施工，复合粘结，本体热熔搭接。

（1）顶板基面处理

用扫帚、铁铲等工具将基面的灰尘、杂物清理干净；基面无浮土、油污等杂物。

（2）非固化橡胶沥青防水涂料施工

采用和底板及侧墙相同的施工方法进行防水涂料的施工；采用人工刮涂的方式施工，刮涂均匀，满刮不露底，刮涂厚度≥ 2mm，刮涂时应一次达到规定厚度，每次刮涂的宽度应比粘铺的卷材或保护隔离材料宽 100mm。

刮涂完一定面积后，在铺贴卷材前采用针测法检测涂层厚度。若厚度不达标或局部需要强化，则需要再次刮涂将其补上。

（3）附加层施工

细部节点部位湿铺施工一道 500mm 防水卷材附加层，阴、阳转角部位采用卷材相互交叉搭接 500mm 宽，起到防水附加层的作用（图 7-7 ～图 7-9）。

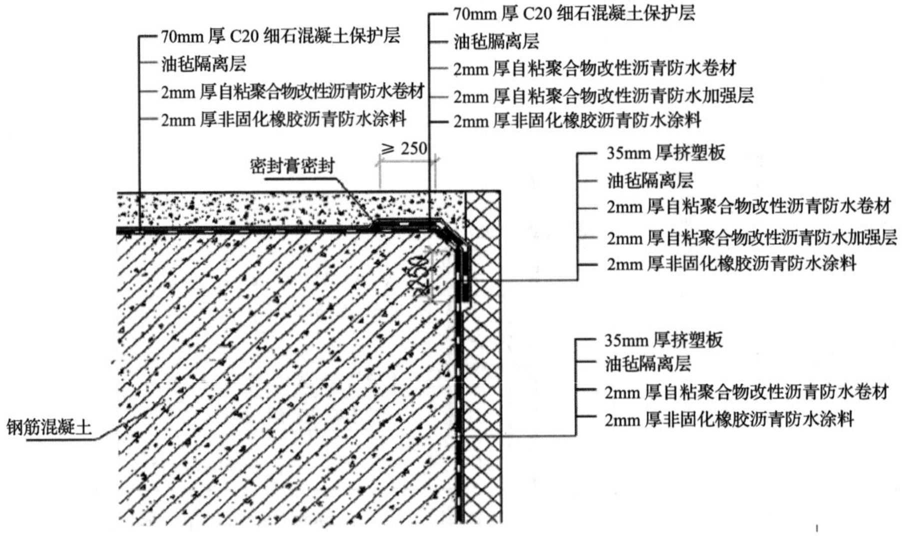

图 7-7 顶板附加防水层处理

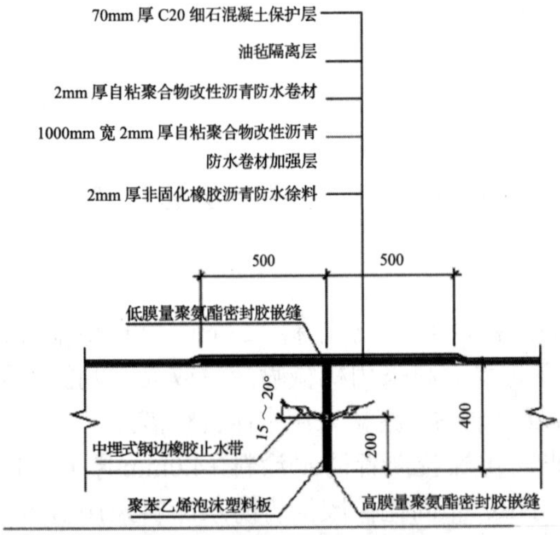

图 7-8 顶板变形缝施工构造图

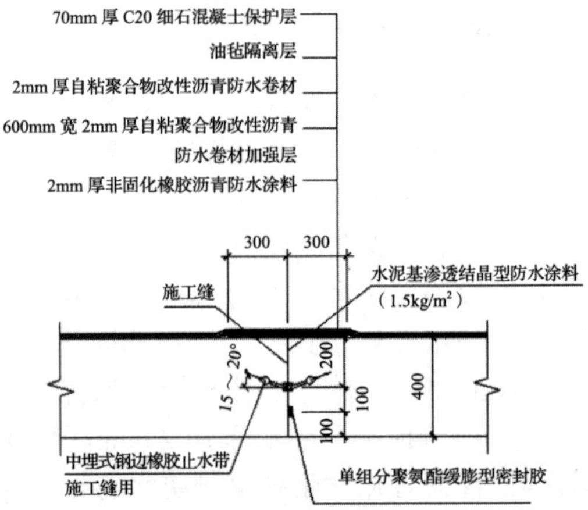

图 7-9 顶板施工缝防水构造图

（4）防水卷材施工

①基面摊涂水泥胶浆：将水泥胶浆摊倒在待施工基面上，用专用刮浆耙将水泥胶浆沿上幅卷材长边边缘在基层上均匀涂刮，涂刷的厚度能够保证排浆量要求。

②卷材铺设：除去卷材一侧大面隔离膜，保留该面长、短边搭接边隔离膜，将该卷材面置于已涂好胶浆基面的表面，并拖抻对正卷材，卷材长、短边搭接宽度≥ 80mm。

③卷材赶浆排气：用专用的长柄排浆工具进行排浆。排浆过程要连续均匀，确保卷材内水泥胶浆排出。

④卷材搭接边粘合：同时除去卷材搭接边处上下表面隔离膜，边揭膜边压实卷材搭接边。

⑤防水层施工遇附加层时，揭除附加层卷材表面隔离膜后涂刮水泥胶浆直接湿铺施工即可。

（5）防水层验收

防水层的检查：防水层施工 24 ～ 48h，湿铺胶浆固化后，进行闭水试验检查。

（6）保护层施工

除去卷材上表面隔离膜。为防止粘脚，可在上面撒水泥粉，然后进行 C20 细石混凝土保护层的施工。

7.2.4　细部构造处理

1. 止水钢板施工

按照设计要求，施工缝防水安装钢板止水带（内墙不设），钢板止水带安装完毕后，为防止混凝土振捣时钢板在板墙中内外晃动，还应在适当位置用短钢筋（尽量采用钢筋下脚料）与墙主筋焊接，其间距为 500mm，且高低交替布置，以防止钢板止水带向一侧倾斜，保证钢板止水带高度上下各一半。

在施工底板钢筋时，需将止水钢板底板钢筋有效连接，可采用 ϕ12mm 钢筋制成门形支架固定于底板钢筋上面，门形架与止水钢板之间采用焊接，具体步骤如下：

（1）先将两根 ϕ12mm 钢筋垂直于底板固定，将止水钢板置于两根钢筋中间，通过一根水平钢筋穿透止水钢板，并在水平钢筋上面焊接止水环，将止水环和止水钢板之间满焊连接。止水钢板宽度不小于 400mm，分别埋入底板混凝土中 200mm，该先浇混凝土应高于底板上表面 200mm 以上，钢板厚度不小于 3mm，为保证钢板施工时具有一定的刚度，最好钢板的长方向两边 50mm 折边，约折 30° 的边。

（2）待止水钢板基本就位，钢板之间应尽量减少接口，钢板之间的接口可采用搭接焊接，搭接长度宜大于 400mm，焊缝必须满焊。

（3）安装方向，无论是水平钢板止水带还是竖向钢板止水带，一定要使两翘曲面安装方向朝迎水面。

2. 钢边橡胶止水带施工

（1）施工方法

①橡胶止水带在混凝土浇筑过程中部分浇筑埋进混凝土中。在浇筑混凝土前，先要使其在界面部位保持平展，接头部分粘结紧固，再以适当的力充分浇捣，震荡混凝土来定位橡胶止水带，使其与混凝土良好地结合，以免影响止水效果。

②橡胶止水带施工缝位置处理要细致，混凝土表面剔凿清理干净，橡胶止水带表面灰浆

垃圾清理干净，连接浇筑时施工缝要用水湿润（图 7-10）。

（2）施工流程

①绑筋支模前，测量人员先在垫层上弹定位墨线，确定变形缝的位置。定位墨线应在支模后仍外露，以便检查橡胶止水带的偏移。

②支模固定橡胶止水带，其中未用模板固定的水平设置的橡胶止水带要利用定型钢筋箍保证其位置准确，箍筋开口部位相应高 50mm 左右，使橡胶止水带端部比中心圆环部位相应高 50mm 左右，便于水平设置的橡胶止水带在人工振捣时能排出空气。对垂直设置的橡胶止水带未用模板固定的部分，在定型钢筋箍上绑间距 300mm 混凝土垫块固定。在橡胶止水带两边各采用 1 块 50mm × 50mm 加固木方，其余部分根据混凝土厚度采用铝模，连接两边木方的短木方间距 1m，保证两边木方连接成为一体，夹住橡胶止水带。外侧的钢管支撑体系与模板间用扣件和 8 号铅丝固定连成一体。为控制水平橡胶止水带的中心标高，在模板上弹出标高控制线，并在底板钢筋处点焊上用以控制检查标高的焊有止水环的钢筋棍，间距 1m。垂直橡胶止水带的垂直度，应采用从底部控制线位置处吊线坠的方法进行控制。变形缝一侧的混凝土达到设计强度 30% 以上后，方能拆模再浇筑另一侧混凝土。

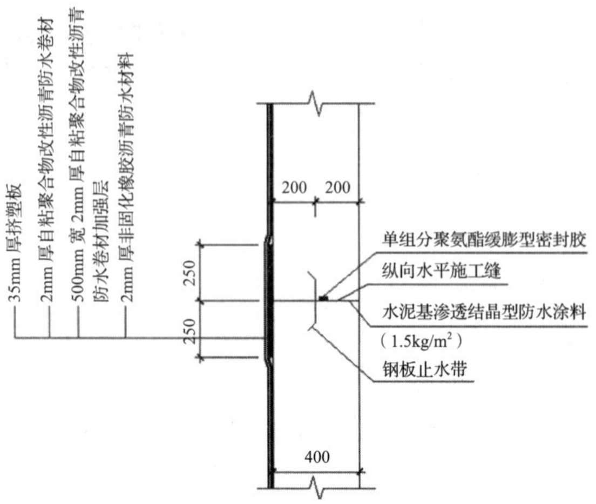

图 7-10　施工缝处理详图

③混凝土施工前，要检查橡胶止水带的位置、构造是否符合设计要求；接头位置处理是否正确；检查橡胶止水带是否有破损和拉裂现象。确认无误后，方可浇筑混凝土。在浇筑水平设置变形缝的混凝土时，应先捣实橡胶止水带附近的混凝土，再用小型振捣棒振捣橡胶止水带下面的混凝土，一直浇筑到距橡胶止水带底面 5cm 左右高时，将橡胶止水带的端部用钝头钩子钩起，用圆头木棒在橡胶止水带上逐点捣实，以利排气和混凝土密实。由于采用坍落度较大的泵送混凝土，要求橡胶止水带端部比设计位置高出 40 ～ 60mm。

浇筑橡胶止水带上部混凝土时，宜采用小型振捣棒，控制棒体的插入深度，不得碰撞橡胶止水带。垂直设置的橡胶止水带两边应同时浇筑。浇筑时须将混凝土运送到变形缝附近，人工下料，并注意铁锹不得磕碰到橡胶止水带或模板。

3. 穿墙套管防水

穿墙洞口预埋防水套管时，防水套管内做密封处理，当有穿墙管道造成无法预埋防水套管时，需将防水卷材直接在管道上上翻，防水卷材外翻 300mm，封口拧紧后用聚氨酯封口。

具体节点如下：（1）管道根部 2mm 厚每侧 200mm 宽聚氨酯防水附加层；（2）刷一道水泥浆聚氨酯防水保护层；（3）卷材包至管道根部时至少外翻 300mm ；（4）在距离管道根部 200mm 处用 20mm 宽铁压条螺栓金属压环将卷材进行封口；（5）聚氨酯封口（图 7-11）。

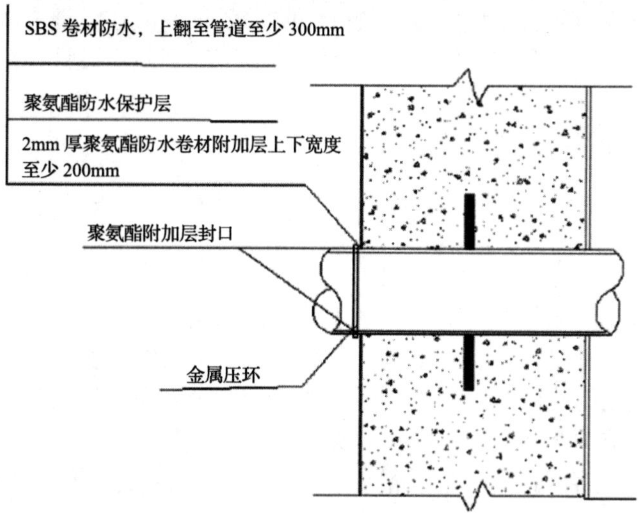

图 7-11 穿墙套管防水示意图

7.3 案例小结

贡北路地下综合管廊工程除在结构缝设置中埋式橡胶止水带 + 背贴式止水带外，又在缝中嵌入了聚氨酯密封胶，能很好地应对管廊结构发生沉降而撕裂止水带导致的渗漏风险。

采用非固化橡胶沥青防水涂料与自粘聚合物改性沥青防水卷材复合防水施工技术，利用非固化橡胶沥青防水涂料优良的粘结和自愈能力与自粘聚合物改性沥青防水卷材很好地结合，能够起到较好的防水效果。

第 8 章 问题与建议

8.1 总结

地下综合管廊工程是重要的生命线工程，所以建设综合管廊一定要高标准、严要求，力争达到当代国际标准。在建设过程中应当高度重视防水的工程质量，正确理解防水特点、防水应用维护与结构耐久性、使用安全性的关系，使防水选材、方案设计以及施工管理与工程结构设计交融共济，才能取得至善至臻的综合效果。

青岛市地下综合管廊试点工程建设过程中地下结构的防水设计遵循“以防为主、刚柔结合、多道防线、因地制宜、综合治理”的原则，确立钢筋混凝土结构自防水体系，即以结构自防水为根本，采取措施控制结构混凝土裂缝的开展，增加混凝土的密实性、抗渗性、抗裂性、防腐性和耐久性等性能；以变形缝、施工缝（包括后浇带）等接缝防水为重点，同时在结构迎水面设置柔性全包防水层。选用不易窜水的防水系统，减少窜水对后期堵漏维修工作带来不利影响，地下管廊防水工程取得了较好的防水效果。但在设计方案上偏保守，材料选择较传统，部分工程外防水及细部结构的防水标准虽然达到防水设计标准，但与管廊长寿命周期不匹配。

8.2 问题与建议

8.2.1 设防标准

现行规范规定管廊防水等级为Ⅱ级，基于管廊结构设计寿命为100年，应该属于特别重要建筑，而民用建筑的地下室尚且按照防水等级Ⅰ级进行设防，所以综合管廊防水等级按照Ⅱ级设防偏低，不满足结构耐久性要求。同时考虑管廊全寿命周期费用最优的要求，管廊要达到结构设计使用年限100年，防水应按Ⅰ级标准进行设防。

目前潍坊鸢飞路综合管廊、北京路关村西区地下综合管廊等均明确采用防水等级为Ⅰ级。

在青岛市试点工程中防水选材基本都达到了防水Ⅰ级标准。建议有关部门组织论证提高青岛地区管廊建设防水设防等级，或通过出台地方防水规范等方式，明确标准，提高地下管廊的建设质量，满足结构耐久性要求。

8.2.2 防水方案

1. 方案分析

试点工程中大部分外部防水以单层或双层自粘聚合物改性沥青防水卷材为主。山大南路综合管廊选用了较新的防水方案：喷涂速凝橡胶沥青防水涂料2mm+（30～50）g聚酯胎基布钉固+50mmC20细石混凝土保护层，贡北路、海口路选用的2mm非固化橡胶沥青防水涂料+2mm厚自粘聚合物改性沥青防水卷材方案为较先进的方案。高新区规划西1号线综合管廊工程选用了非常传统的防水卷材+防水砂浆的复合防水方式。总体上看，试点工程中外防水做法较为传统，只有少数工程采用目前较先进的材料及方案（表8-1）。

表8-1 试点工程外防水做法汇总表

序号	项目名称	防水材料	外防水做法	备注
1	高新区规划西一号线综合管廊工程	防水卷材+防水砂浆	1.5mm自粘聚合物改性沥青防水卷材+20mm厚水泥防水砂浆	
2	纵七路综合管廊	防水卷材为主	1.5mm自粘聚合物改性沥青防水卷材+1.5mm自粘聚合物改性沥青防水卷材	山大东路、硅谷大道、安顺路、新机场综合管廊工程同此做法
3	滨海公路工程综合管廊		3mm厚自粘聚合物改性沥青防水卷材	江山路综合管廊同此做法
4	青岛中德生态园十七号线地下综合管廊工程		1.5mm反应粘结型高分子湿铺防水卷材+1.5mm反应粘结型高分子湿铺防水卷材	
5	青岛中德生态园园区四号路地下综合管廊工程	防水涂料+防水卷材	1.5mm厚聚合物水泥防水涂料+1.5mm厚自粘聚合物改性沥青防水卷材	
6	贡北路综合管廊		2mm厚非固化橡胶沥青防水涂料+2mm厚自粘聚合物改性沥青防水卷材（顶板加铺4mm厚耐根刺穿卷材）	青岛海洋高新区海口路综合管廊工程基本相同
7	山大南路综合管廊	防水涂料为主	喷涂速凝橡胶沥青防水涂料2mm+（30～50）g聚酯胎基布钉固+50mmC20细石混凝土保护层	

2. 问题

在21条试点管廊的防水方案中，工程中仅山大南路综合管廊采用涂料防水，贡北路、海口路中德四号管廊采用了防水涂料+改性沥青卷材复合防水，青岛中德生态园十七号线地下综合管廊工程选用了第三代高分子防水卷材，其余管廊则选择了相对传统的单层或双层改性沥青防水卷材。在新型材料的选择应用上，试点工程选择较少，设计方案较传统。

3. 建议

建议科学地制订先进技术与经济合理相结合的防水设计方案，采取可靠的措施来确保工程质量，达到不渗、不漏，并保证防水工程具有一定的使用年限。防水设计应加强对防水材料的了解，合理选用新型防水材料；通过已完工程总结复合防水的防水效果，充分比选细部结构设防方案。

材料方面，目前防水材料中较为先进的有非固化橡胶沥青防水涂料、TPO防水卷材。在贡北路、海口路管廊工程中选用了非固化橡胶沥青防水涂料，课题第5章中也对其作了简要介绍，这里着重介绍新型防水卷材——TPO（热塑性聚烯烃）。

TPO防水卷材是一种以乙烯树脂为基料，采用聚合技术和特定配方制成的片状热塑性橡胶弹性防水材料，可在中间复合纤维网格布或在片材背面复合无纺布或高分子胶层，制成增强型、背衬型、自粘型、预铺反粘型、TPO防水卷材，不同卷材类型适用于建筑物的屋面与地下室的不同部位。

作为第四代新型防水材料，TPO主要成分为碳原子和氢原子，不含任何增塑剂和氯的成分，与第一代沥青油毡纸、第二代SBS/APP改性沥青和第三代高分子防水卷材相比，TPO具有低于同级别沥青类防水材20%～30%造价的经济性，有效使用寿命长达30年以上的持久性以及易用性、安全性、可靠性高等优势，是集美观与长寿命为一体的环保型防水产品。TPO防水卷材的另一优势在于100%可回收，因而有助于减少碳足迹，更加环境友好。

4. 推荐方案

外设防水层应选取下列之一：涂料+卷材、卷材+卷材、防水砂浆+涂料、防水砂浆+卷材、卷材、涂料。

目前较先进的方案有两类，下一步管廊设计中可根据实际情况选择使用。

（1）非固化橡胶沥青防水涂料+防水卷材复合使用

非固化沥青橡胶防水涂料是一种具有优异弹塑性能、自愈性能、粘结性能和耐老化性能的新型防水材料。它与卷材的复合使用可满足多种环境的施工要求，具有抗疲劳性、蠕变性、不窜水性等其他沥青防水涂料无法比拟的综合应用性能，很好地解决了复合防水中涂料与卷材的结合问题，是集成式创新防水理念，很适合用于地下综合管廊防水工程。

（2）TPO防水卷材防水

TPO热塑性聚烯烃防水卷材结合了三元乙丙防水卷材优异的耐候性与聚氯乙烯防水卷材的可焊接性能，在地下综合管廊底板采用预铺反粘施工工艺及侧墙与顶板采用聚合物水泥基防水灰浆与卷材复合使用双道设防，针对管廊外侧全包式设防，卷材搭接边热风焊接，防水层可形成整体，防水效果可靠，能减少地下综合管廊全生命周期中的渗漏风险，降低管廊后期运营维护费用，是值得推广应用的新型施工工艺（图8-1）。

8.2.3 细部构造防水方案

1. 变形缝

变形缝均采用了复合防水构造措施，即选用中埋式止水带、背贴式止水带、密封胶嵌缝、防水卷材附加层、防水砂浆层中的两种及以上的方式进行防水。主要的形式有：

（1）中埋式止水带、背贴式止水带、变形缝衬垫板与外贴防水层复合使用，并用低发泡塑料板和双组分聚硫密封膏嵌缝处理或聚氨酯密封膏密封；

（2）中埋式钢边橡胶止水带 + 迎水面密封胶嵌缝；

（3）迎水面密封胶嵌缝 + 中埋式钢边橡胶止水带 + 背水面密封胶嵌缝；

（4）1000mm 宽防水卷材加强层 + 中埋式钢边橡胶止水带。

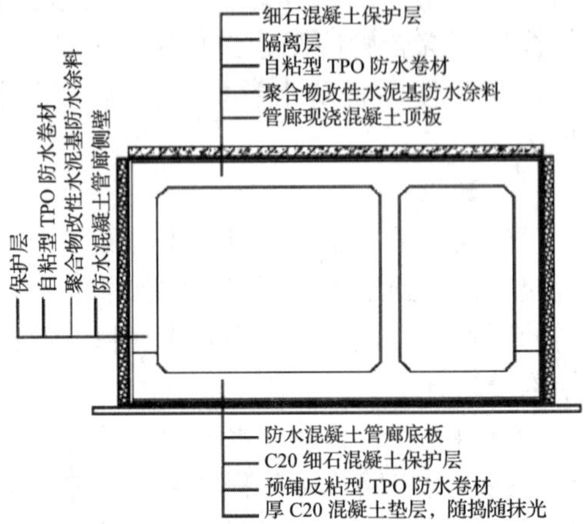

图 8-1 TPO 防水卷材管廊防水构造图

2. 施工缝

施工缝防水处理方式均采用了复合防水构造，主要形式有：

（1）热镀锌钢板 + 密封胶密封方式；

（2）止水带 + 涂刷水泥基渗透结晶型防水材料方式；

（3）止水带与遇水膨胀密封胶相结合的方式，接缝面涂抹能使裂缝产生结晶自闭功效的水泥基渗透结晶型防水涂料；

（4）双道遇水膨胀止水胶（20mm × 10mm）并在接缝表面涂刷 1.5kg/m^2 的水泥基渗透结晶型防水材料加强防水；

（5）环向施工缝均采用 35cm 宽钢边橡胶止水带并粘贴 20mm × 10mm 的遇水膨胀止水胶加强防水；

（6）防水水泥砂浆 + 镀锌钢板。

变形缝及施工缝作为管廊防水的重点部位，应选用多种防水方式复合防水，试点工程中均采用了两种及以上的方式进行防水，基本达到了防水要求。管廊的防水质量是影响其寿命的关键因素，作为百年构筑物，关键部位的防水应做加强处理。

3. 推荐方案

课题组通过调研，咨询专家，推荐变形缝处、施工缝处防水方案如下：

（1）施工缝结构断面内防水措施应选用自粘丁基橡胶钢板止水带、钢板止水带、遇水膨胀止水胶、预埋注浆管中的一种或两种，也可增加选用水泥基渗透结晶型防水涂料。施工缝迎水面可选用 1.5mm 厚聚氨酯防水涂料或聚合物水泥防水涂料、2.0mm 厚湿铺高分子膜基改性沥青防水卷材或喷涂橡胶沥青防水涂料、3.0mm 厚 SBS 聚酯胎改性沥青防水卷材、1.2mm 厚非固化改性沥青防水涂料 +1.5mm 厚高分子膜基自粘改性沥青防水涂料中的一种。

（2）变形缝

变形缝迎水面、背水面的防水措施推荐见表 8-2。

表 8-2　变形缝防水措施

部位		防水材料名称	厚度（mm）	宽度（mm）	选用
侧墙或底板	迎水面	外贴式橡胶止水带	8 ～ 10	350	应选一种或两种
		高分子自粘胶膜防水卷材	1.2	500	
	背水面	可卸式橡胶止水带	8 ～ 10	穿孔式 270，无孔式 170	
顶板	缝内	低模量高分子密封胶	20	500	应选一种或两种
	迎水面	SBS 聚氨酯胎改性沥青防水卷材	4.0	500	
		改性沥青聚乙烯胎防水卷材	4.0	500	
		湿铺聚酯胎改性沥青防水卷材	3.0	500	
		三元乙丙橡胶丁基自粘防水卷材	1.5	500	
	背水面	可卸式橡胶止水带	8 ～ 10	穿孔式 270，无孔式 170	

试点工程中，部分工程接缝处的防水处理标准偏低，建议在今后的管廊建设中能够提高防水做法，保证管廊的建设质量。

8.2.4　防水材料

防水工程的质量很大程度上取决于防水材料的性能和质量。目前我国防水材料的标准存在标准老化滞后、交叉重复矛盾、体系不够合理、标准化协调推进机制不完善等问题；国家标准相对来说为最低标准。由于缺乏具有针对性、实用性强的防水国标和行标，使得防水市场始终存在混乱现象，大量本不适用于防水工程的劣质材料充斥着市场，更让建筑渗漏等问题成为难以解决的“顽疾”。防水材料是防水工程的基础，管廊防水工程建设过程中，应加强对防水材料的检验。另一方面，提高行业、区域标准制定，提高防水材料质量。

8.2.5　施工

防水工程最终是通过施工来实现的，目前管廊防水施工多以手工作业为主，稍有疏忽便可能出现渗漏，因此施工是防水工程中最关键的一环，是防水工程质量好坏的主要方面。做好防水施工，要注重以下几个主要方面：

（1）防水施工必须由防水专业队伍或防水工施工。提高防水工的技术素质是提高防水工程质量的关键。

（2）通过施工图会审，设计单位与施工单位充分沟通，明确设计意图，做好施工交底，从而有针对性地制定防水施工方案和保证防水质量的技术措施。

（3）根据设计要求，编制防水专项施工方案，并根据现场情况及时调整施工方案。比如海口路地下管廊非固化橡胶涂料防水施工时，该区域地下水较丰富，基面不易干燥，就需要及时调整排水施工措施，保证防水施工质量。再如，管廊侧墙保护层中采用 35 厚挤塑板，部分区域由于环境问题，在施工过程中多次出现挤塑板不易粘贴、滑落的现象，造成不必要的返工，应及时调整保护层的设计方案或施工做法。

（4）施工过程中发现渗漏水现象及时记录，及时处理，将问题转化为经验总结，共同提高管廊的建设质量。

（5）现场监理人员应紧密配合施工技术部门、施工质检员和技术监督部门，在防水施工过程中重视检验材料合格证、防水工上岗证，重视每道防水施工工序检查。

第五篇
青岛市地下综合管廊重力流管线入廊研究

PART 5

第1章　课题概况

1.1　研究背景

1.1.1　国家政策层面

城市地下管线是保障城市运行的重要基础设施和“生命线”。近年来，随着城市快速发展，地下管线建设规模不足、管理水平不高等问题凸显，一些城市发生的大雨内涝、管线泄漏爆炸、路面塌陷等事件，严重影响了人民群众生命财产安全和城市运行秩序。

推进地下综合管廊建设，统筹各类市政管线规划、建设和管理，是创新城市基础设施建设的重要举措，不仅可以解决反复开挖路面、架空线网密集、管线事故频发等问题，还可以保障城市安全、完善城市工程、美化城市景观、促进城市集约高效和转型发展，有利于提高城市综合承载能力和城镇化发展质量，有利于增加公共产品有效投资、拉动社会资本投入、打造经济发展新动力。

2013年9月，国务院发布的《关于加强城市基础设施建设的意见》(国发〔2013〕36号)明确指出：开展城市地下综合管廊试点，用3年左右时间，在全国36个大中城市全面启动地下综合管廊试点工程；中小城市因地制宜建设一批综合管廊项目。新建道路、城市新区和各类园区地下管网应按照综合管廊模式进行开发建设。

2014年3月，中共中央、国务院印发《国家新型城镇化规划（2014—2020年)》，规划提出：提高城市可持续发展能力、加强市政基础设施建设，统筹电力、通信、给排水、供热、燃气等地下管网建设，推行城市综合管廊，新建城市主干道路、城市新区、各类园区应实行城市地下管网综合管廊模式。

2014年6月，国务院办公厅发布的《关于加强城市地下管线建设管理的指导意见》（国办发〔2014〕27号）指出：在36个大中城市开展地下综合管廊试点工程，探索投融资、建设维护、定价收费、运营管理等模式，提高综合管廊建设管理水平。通过试点示范效应，带动具备条件的城市结合新区建设、旧城改造、道路新（改、扩）建，在重要地段和管线密集区建设综合管廊。

2015年4月，公布第一批地下综合管廊试点城市名单，共有10个城市入围：包头、沈阳、哈尔滨、苏州、厦门、十堰、长沙、海口、六盘水、白银。

2015年5月，住建部印发《城市地下综合管廊工程规划编制指引》(建城〔2015〕70号)，用于规范和指导城市综合管廊工程规划编制工作。

2015年7月，李克强总理主持召开国务院常务会议，部署推进城市地下综合管廊建设，明确要求编制综合管廊建设专项规划、开展一批地下综合管廊建设示范。

2015年8月，国务院发布的《关于推进城市地下综合管廊建设的指导意见》（国办发〔2015〕51号）指出：到2020年，建成一批具有国际先进水平的地下综合管廊并投入运营，反复开挖地面的“马路拉链”问题明显改善，管线安全水平和防灾抗灾能力明显提升，逐步消除主要街道蜘蛛网式架空线，城市地面景观明显好转。

2015年12月，《山东省人民政府办公厅关于贯彻国办发［2015］61号文件推进城市地下综合管廊建设的实施意见》（鲁政办发〔2015〕56号）明确提出：逐步提高城市道路配建地下综合管廊的比例，有效解决反复开挖路面的“马路拉链”问题，切实提高管线安全水平和防灾抗灾能力，并确定“十三五”期间青岛市建设综合管廊60km的工作目标。

2016年2月，中共中央、国务院《关于进一步加强城市规划建设管理工作的若干意见》明确要求：逐步推开城市地下综合管廊建设，统筹各类管线敷设，综合利用地下空间资源，提高城市综合承载力。城市新区、各类园区、成片开发区域新建道路必须同步建设地下综合管廊，老城区要结合地铁建设、河道治理、道路整治、旧城更新、棚户区改造等，逐步推进地下综合管廊建设。

2016年3月，财政部印发《关于开展2016年中央财政支持地下综合管廊试点工作的通知》(财办建［2016］21号),《通知》要求编制地下综合管廊专项规划、入廊管线不少于3类（含3类）且包括燃气、排水管线。

2016年4月，公布第二批地下综合管廊试点城市名单，共有15个城市入围：广州、石家庄、四平、青岛、威海、杭州、郑州、保山、南宁、银川、平潭、景德镇、成都、合肥、海东。

2016年6月17日，为贯彻落实中央城市工作会议精神，完成2016年《政府工作报告》确定的“开工建设地下综合管廊2000km以上”的工作任务，6月17日，住房城乡建设部召开推进城市地下综合管廊建设电视电话会议，部长陈政高出席会议并讲话。陈政高在讲话中要求，各地要认真贯彻落实党中央、国务院关于推进地下综合管廊建设工作的决策部署，进一步统一思想，加大工作力度，把好事办好。一是要进一步增强工作的自觉性，以高度的历史使命感、责任感来认识和抓好地下综合管廊建设。二是要科学规划，地下综合管廊一经建设就不可更改、不可移动，一定要科学论证、长远考虑。三是坚决落实管线全部入廊的要求，绝不能一边建设地下综合管廊，一边在管廊外埋设管线。四是大力推广PPP模式，推进体制、管理、融资渠道创新。五是加强工程质量管理，精心组织，确保万无一失。六是确保完成今年开工建设2000km以上目标任务，向党中央、国务院和全国人民交上一份合格的答卷。住房城乡建设部副部长倪虹主持会议并通报了全国地下综合管廊建设进展情况。全国各省级住房城乡建设主管部门主要负责人、167个有管廊建设任务的城市政府分管领导及有关方面负责人参加会议。

根据最新的综合管廊试点城市建设要求以及综合管廊设计规范的改版，污水入廊成为一种新的要求和趋势。与其他入廊的线缆和压力管线不同，污水入廊在设计、施工以及养护管理上存在较大差异。污水入廊的同时需同步解决一系列问题。通过对青岛市部分重力流管线入廊的城市综合管廊具体设计分析，并结合管廊施工、其他管线入廊施工中反馈的问题总结重力流综合管廊设计经验，以及新型管线设备在重力流管廊中的具体应用，探讨丘陵城市综合管廊（特别是综合舱）内污水管线系统的设计要点，为系统运营维护管理的研究奠定基础，积极推进重力流污水管线入廊，节约地下空间，统一管线管理。

1.1.2 山东省贯彻政策的要求

2015年4月16日山东省人民政府办公厅发布了《山东省人民政府办公厅关于贯彻落实

(国办发〔2014〕27号)文件加强城市地下管线建设管理的实施意见》，为认真贯彻落实《国务院办公厅关于加强城市地下管线建设管理的指导意见》(国办发〔2014〕27号)精神，积极推进城市地下综合管廊建设。

《山东省人民政府办公厅关于贯彻落实(国办发〔2015〕61号文件)推进城市地下综合管廊建设的实施意见》中要求：到2020年年底，全省建成标准地下综合管廊长度力争达到800km以上。按照各市综合经济实力和城市规模，“十三五”期间，济南市和青岛市分别建成60km以上，淄博、烟台、潍坊、济宁、临沂等市分别建成40km以上，枣庄、东营、泰安、威海、日照、莱芜、德州、聊城、滨州、菏泽等市分别建成30km以上。

《关于推进地下管线纳入城市地下综合管廊的意见》(鲁建城建字〔2017〕26号)中就做好地下管线纳入城市地下综合管廊工作提出如下意见：

一、充分认识管线入廊的重要意义，将管线纳入管廊是城市管线建设发展方式的重大转变，有利于提高管线运行的可靠性、安全性和使用寿命，对节约利用城市地面土地和地下空间、提高城市综合承载能力、促进管廊建设可持续发展具有重要意义。

二、明确管线入廊要求：对已建有管廊的区域，区域内所有管线原则上必须入廊，不得再另行安排管廊以外的管线位置。既有管线应根据实际需要结合管线改造逐步迁移至管廊；新建管线应按照区域内管廊专项规划要求敷设于管廊内。对管廊内管位不能满足管线需求的，管廊建设运营单位会同管线权属单位向设区市管廊建设行政主管部门提出申请。管廊建设行政主管部门接到申请后应组织专家进行论证，根据专家论证结果，出具相应意见书，对确实不能入廊的管线可同意暂不入廊。

三、统筹管廊管线规划和年度建设计划：各地编制管廊专项规划要事先征求管线权属单位的意见，了解各类管线入廊需求，合理确定管线布局、建设时序、断面选型等内容。管线单位应向管廊规划设计单位提供最新的规划建设资料。各类管线专业规划，要与管廊专项规划紧密衔接，合理确定入廊的各类管线接入路由、时序等。各地在制定管廊年度建设计划时，要告知相关管线行业主管部门和管线权属单位，协调开展相关工作。各管线行业主管部门要积极配合管廊建设单位，协调相关管线权属单位结合管廊年度建设计划，合理安排管线入廊建设计划。

四、严格地下管线规划建设管理：按照先规划、后建设的原则，依据批准的管廊规划、地下管线综合规划和控制性详细规划，加强对城市地下管线规划建设管理。新建、改建、扩建地下管线工程，应当依法向城乡建设、规划主管部门申请建设方案审查和建设工程规划许可证。对于应当纳入管廊的管线在管廊外进行建设施工的，规划、建设、市政道路主管部门不予许可审批。各地规划主管部门必须严格执行规划核实制度，未经规划核实或者经核实不符合规划许可内容要求的，建设单位不得组织竣工验收。要加强对规划实施情况的监督检查，对未经许可违规新建的管线，相关行政主管部门应依法予以行政处罚。相关行政主管部门未履行职责的，按照有关规定进行追责。

五、建立健全管廊有偿使用制度：各地要根据《省物价局省住房城乡建设厅关于转发(发改价格〔2015〕2754)文件建立城市地下综合管廊有偿使用制度的通知》(鲁价费发〔2016〕91号)的要求，结合本地实际情况，建立完善切实可行的管廊有偿使用制度，形成科学合理的收费机制。管廊建设运营单位要加强与入廊管线权属单位的沟通协商，明确管廊使用费标准、付费方式、计费周期、定期调整机制等有关事项；暂不具备协商定价条件的，实行政府定价或政府指导价，由物价、住房城乡建设部门制订，报当地人民政府批准。

六、强化组织协调：城市政府要切实落实管廊建设管理主体责任，组织住房城乡建设、规划、城市管理、公用事业、发展改革、经济和信息化、广电、通信和管线权属单位加强沟通协调，建立协调机制，形成工作合力。管廊建设管理主管部门要完善标准规范，抓好工程质量安全，不断提高服务水平。各管线行业主管部门要加强协调，督促管线权属单位积极配合管廊建设，推进管线入廊。管廊建设运营单位和管线权属单位要加强协调，兼顾各方权益，明确各自工作职责，共同抓好工作落实。

1.1.3 青岛市响应政策

青岛市积极响应国家及地方的各项政策和要求，高度重视地下综合管廊配套政策的制定工作，先后完成《青岛市城市综合管廊工程建设技术导则（试行）》、《关于我市地下综合管廊实行有偿使用制度的指导意见》(青价费〔2016〕11号)、《地下综合管廊建设资金管理暂行办法》、《青岛市综合管廊建设考核评价暂行办法》、《青岛市人民政府办公厅关于加快地下综合管廊建设的实施意见》（青政办发〔2016〕9号)、《青岛市财政局地下综合管廊及海绵城市建设PPP项目运作组织管理办法》等一系列法律法规作为青岛市地下综合管廊建设的依据，分别从政策、技术、法律法规等方面对综合管廊规划、建设、运营管理提出相应要求，为综合管廊的长远发展提供了强有力的保障。

青岛市政府已于2016年3月25日正式批复《青岛地下综合管廊规划（2016—2030年)》。根据规划，青岛市将在2017年底前完成17个地下综合管廊试点项目建设，总长度约55.65km，“十三五”末期共建设93.7km的地下综合管廊，可超量完成省政府制定的计划目标。

1.2 研究必要性

（1）落实国家技术推广政策的要求

2013年9月6日，国务院发布〔2013〕36号文“国务院关于加强城市基础设施建设的意见”，文件中指出：加大城市管网建设和改造力度。开展城市地下综合管廊试点，用3年左右时间，在全国36个大中城市全面启动城市地下综合管廊试点工程；中小城市因地制宜建设一批综合管廊项目。新建道路、城市新区和各类园区地下管网应按照综合管廊模式进行开发建设。

2014年6月16日，(国办发〔2014〕27号）“国务院办公厅关于加强城市地下管线建设管廊的指导意见”提出：稳步推进城市地下综合管廊建设。具备条件的城市结合新区建设、旧城改造、道路新（改、扩）建，在重要地段和管线密集区建设综合管廊。

2015年8月3日，(国办发〔2015〕61号)“关于推进城市地下综合管廊建设的指导意见”明确指出：在继续做好试点工程的基础上，总结国内外先进经验和有效做法，逐步提高城市道路配建地下综合管廊的比例，全面推动地下综合管廊建设。

污水管道作为重力流管道，其入廊技术及入廊后产生的一系列问题的解决，将为全国其他省市地区开展工程具有示范意义。

（2）实现青岛市总体规划发展定位的需要

根据批复的《青岛市城市总体规划（2011—2020)》定位，青岛市是国家沿海重要中心城市与蓝色经济领军城市，国际性的港口与滨海度假旅游城市，国家历史文化名城。

青岛市将规划实施《国家新型城镇化规划（2014—2020)》，落实国家海洋强国战略和山东半岛蓝色经济区规划构想，全面实施“全域统筹、三城联动、轴带展开、生态间隔、组团发展”的城市空间发展战略，加强资源环境保护，实现城市转型和可持续发展。规划围绕实施“海洋强国战略”的历史使命，率先科学发展，实现经济、文化、社会和环境相协调的可持续发展；继续提升青岛在国家海洋经济中的战略地位，实现蓝色跨越；将青岛建设成为宜居幸福的现代化国际城市，实现“世界海湾、蓝色之都”的城市发展总目标。

青岛作为国家首批综合管廊试点城市，污水入廊后展开对管廊的建设及研究，可以有效减少地下排水直埋管线施工、养护过程中对城市交通、居民生活的影响，提升青岛市整体社会发展水平，提升青岛市整体城市品质，与青岛市国际性的港口与滨海度假旅游城市，国家历史文化名城的城市目标相互协调。

（3）城市发展的必然要求

加快建设山东半岛蓝色经济区，是山东全省发展的重大举措和省委省政府的近期战略要求，威海城市总体规划充分考虑半岛蓝色经济区的发展要求，慎重对待“青烟威”城市群之间的联动发展关系，完善沿海整体经济布局，促进海洋经济可持续发展，满足城市加快发展、科学发展的需要，将青岛打造成半岛蓝色经济区核心城市。

综合管廊是创新城市基础设施建设的重要举措，是新型市政基础设施建设现代化的重要标志。我国正处在城镇化快速发展时期，地下基础设施建设滞后，推进地下综合管廊建设，统筹各类市政管线规划、建设和管理，不仅可以用好地下空间资源，提高城市综合承载能力，满足民生之需，而且可带动有效投资、增加公共产品供给，提升新型城镇化发展质量，打造经济发展新动力。

（4）城市土地集约利用的需要

土地资源是不可再生的。青岛市以丘陵地带为主，地下空间资源非常有限，按照建设节约型社会的要求，土地必须集约化利用，以增加社会资源和经济效益；土地价格飞涨，要求工程管线集约化建设，尽可能不占用或少占用土地空间，或者在有限的地下空间内实现更多的功能；同时为了满足高起点的建设标准，在“基于生态先导、山水融城、宜人尺度、绿色开发、城乡统筹等”新型规划理念基础上，必然要求尽量减少电力电缆架空线路的敷设，高压电力电缆入地本就需要敷设电缆沟，所以结合高压电缆落地并扩充成综合管廊是经济合理又符合集约化建设要求的做法。以 110kV 电力为例，架空需要高压走廊宽度 15 ～ 25m，若采用管廊形式入地，每 1km 至少增加建设用地约 1.5 公顷。

传统污水管线的直埋方式由于各类结构性缺陷以及对其监管的较高难度，常导致大量地下水等外来水入渗以及管线水外渗污染地下水和土壤的问题，甚至造成道路塌陷等事故的发生，将重力流污水管线纳入综合管廊以便对其进行全程监控管理被视为解决上述问题的一种有效途径。

（5）科学、有序进行城市建设的需要

城市地下管线是城市范围内供水、排水、燃气、热力、电力、通信、广播电视、工业等管线及其附属设施，是保障城市运行的重要基础设施和“生命线”。长期以来，我国城市地下管线都是分部门独立开展规划建设，多以采用直埋的形式进行敷设。这种模式不仅带来了反复开挖路面、重复建设等现象，还引起了翻修困难、管理混乱等问题，更形成了巨大的城市安全隐患。城市地下综合管廊是实施统一规划、设计、施工和维护，建于城市地下用于敷设市政公用管线的市政公用设施。

进行城市综合管廊专项规划，按照“先规划、后建设”的原则，充分发挥规划的引领与前瞻作用，积极与城市交通规划、城市地铁规划、城市地下空间规划以及城市总体规划相互协调，科学布局，合理确定综合管廊系统，统筹全市综合管廊建设工作，便于为后续地下综合管廊建设提供指导。

重力流管线纳入综合管廊之中，不仅减少了传统直埋管线检修时对道路的反复开挖，同时将各种管线综合置于同一构筑物，避免传统直埋重力流污水管线高程与综合管廊之间竖向冲突。

1.3 研究可行性

（1）技术规范全面

2015年，住建部印发了《城市地下综合管廊工程规划编制指引》，修订了《城市综合管廊工程技术规范》，制定了《城市综合管廊工程投资估算指标》（试行），用于指导和规范综合管廊规划的编制。

（2）政策支持力度大

①中央财政专项资金作为引导

财政部会同住建部开展了中央财政支持地下综合管廊试点工作，安排专项资金支持地下综合管廊试点城市，今后继续给予支持。

②融资政策支持

国家鼓励银行业为地下综合管廊项目提供中长期信贷支持，积极开展特许经营权、收费权和购买服务协议预期收益等担保创新类贷款业务。支持符合条件的地下综合管廊建设运营企业发行企业债券和项目收益票据，专项用于地下综合管廊建设项目。

③收费政策支持

国家发改委会同住建部制定城市地下综合管廊实行有偿使用制度的指导意见，引导管廊建设运营企业与入廊管线单位根据市场化共同协商合理确定价格水平，形成合理的收费机制，既有利于吸引社会资本参与管廊建设和运营管理，又有利于调动管线单位入廊积极性。

（3）技术经验成熟

综合管廊在国内已经过几十年的发展，在工程设计、施工技术、运营管理上已趋于成熟。1994年，上海浦东新区张扬路综合管廊是我国大陆地区第一条真正意义上现代化、高水准的综合管廊，采用双室箱涵断面，容纳了给水、电力、通信、天然气等市政管线，配套了相当齐全的安全设施及中央计算机数据采集与显示系统；广州、深圳、济南、武汉、青岛、苏州、无锡、宁波、昆明等城市均已建设综合管廊。

国内外均有污水管线入廊的案例，污水入廊在技术上具有可行性。住建部陈政高部长明确指出：除雨水管外，包括煤气、污水必须全部入廊（推荐地下综合管廊建设电视电话会议，中华人民共和国住房和城乡建设部，北京，2016）。国外污水管线入廊多为污水下沉廊道和压力管线，国内污水管线入廊平原地区污水管廊入廊多为压力管线，青岛市属于丘陵地形，部分区域道路地面起伏较大，重力流（污水）管线入廊具有先决条件。

（4）上位规划齐全

青岛市一直坚持“先规划、后建设”的规划建设理念，目前已完成总体规划、地下空间资源综合利用总体规划、综合交通规划、轨道交通线网规划、“十三五”城市建设规划、市内四区主次干道管线综合规划、各区域控制性详细规划及各市政专项规划等，为规划的编制提供了依据和指导。

（5）建设条件良好

青岛为海滨丘陵城市，地势东高西低，南北两侧隆起，中间低凹。青岛所处大地构造位置为新华夏隆起带次级构造单元——胶南隆起区东北缘和胶莱凹陷区中南部。市区全部坐落于花岗岩之上，地质条件优良，使得综合管廊的实施具备良好的地质条件。

另外，综合管廊规划与道路建设或改造计划、管线规划紧密结合，开工条件许可。

（6）与当地发展情况相结合

污水入廊课题研究与道路建设或改造计划、管线规划紧急结合，使课题研究与当地实际发展情况相结合，能够有效指导后续综合管廊建设工作。

（7）保障措施得力

①组织保障

成立由青岛市市长任组长的地下综合管廊建设工作领导小组，建立综合管廊建设联席会议制度，推进综合管廊建设。

②政策保障

青岛市已制定管线入廊政策、费用分担政策及一系列标准体系，为综合管廊的建设提供强有力的政策支持。

③资金保障

2018 年上半年全市实现生产总值（GDP）5985.4 亿元。市级财政部门列支专门资金用于启动地下综合管廊工程建设，第一批 1.5 亿元专款资金已拨付到位。

④技术保障

建设地下管线信息管理系统，实现了地下管线数据的信息化、动态化、可视化管理；编制完成《青岛市地下综合管廊技术导则》，明确青岛市地方建设标准。

⑤运营维护保障

成立青岛市政空间开发集团有限责任公司，负责开展城市地下综合管廊的投资、建设、运营及维护管理。

1.4　研究主要内容

本项课题研究的重点内容包括五部分：污水管线入廊的先决条件，污水管线入廊布置研究，污水管线同舱管线种类研究，污水管线发生泄漏事故、外渗、清淤时问题研究等。

1.5　研究主要目的及意义

本文结合污水管道的特性和综合管廊的构造特点，分析了入廊污水管的需求要素，并从管廊断面布置、平面位置选取、竖向设计、交叉节点处理、污水出线井设置、廊内污水管通风、清疏养护等方面提出了解决方案，可以为各城市污水管道入廊提供技术参考。

污水管道入廊可减少因污水管道维修带来的路面破坏和对交通出行影响问题，并解决直埋污水管道偏移损毁问题。

通过此研究，可对青岛地区重力流（污水）管线入廊提供工程实践及设计参数，并解决重力流管线入廊存在的问题，具有广阔的市场前景，并可推广应用其他类似项目，具有借鉴指导意义。

第 2 章　国内外研究成果

2.1　国外发展现状

国外污水管线入廊多为污水下沉廊道和压力管线，重力流污水管线入廊借助地势差，综合势差不小于 1%。

2.1.1　欧洲

（1）法国

综合管廊于 19 世纪发源于欧洲，最早是在圆形排水管道内装设自来水、通信等管道。早期的综合管廊由于多种管线共处一室，且缺乏安全检测设备，容易发生意外，因此综合管廊的发展受到很大的限制。

法国的综合管廊起源于下水道系统，其管廊的主要特点是排水系统入廊的规划，合理建设以及后续的科学管理，为今后管廊的建设提供经验。

巴黎当前使用的下水道系统建造于 19 世纪的下半叶，1833 年在城市道路下进行了排水管道网络规划建设，因其系统设计巧妙而被誉为现代下水道系统的鼻祖。地下管廊在设计之初就同时修建了两条相互分离的水道，分别集纳雨水和城市污水。在下水道中设计了紧急泄洪闸门，保证暴雨时雨水直接顺利排入塞纳河，并设泄洪池，以应不时之需，下水道通过清砂船等方式进行养护。如今，这些管廊已包含了巴黎的饮用水系统、日常清洗街道及城市灌溉系统、调节建筑温度的冰水系统以及通信管线系统，形成了世界上最早的综合管廊，而电网、煤气管道、供暖系统出于安全考虑并未并入下水道管廊系统中。

近代以来，巴黎市逐步地推动综合管廊规划建设，并规划了完整的综合管廊系统，收容给水、电力、电信、冷热水管及集尘配管等，并且为适应现代城市管线的种类多和敷设要求高等特点，而把综合管廊的断面修改成矩形形式（图 2-1），迄今为止，巴黎市区及郊区的综合管廊总长已达 2100km。

（2）德国

1893 年，德国在汉堡市的一条街道两侧人行道下，兴建 450m 的综合管廊收容暖气管、自来水管、电力、电信缆线及煤气管，但不含污水管道。1964 年前东德开始制定兴建综合管廊的实验计划，同时拟定推广综合管廊。前东德共收容的管线包括雨水管、污水管、饮用水管、热水管、工业用水干管、电力电缆、通信电缆、路灯用电缆及瓦斯管等（图 2-2）。

（3）西班牙

西班牙在 1933 年开始计划建设综合管廊，1953 年马德里市首先开始进行综合管廊的规划与建设，当时称为服务综合管廊计划，而后演变成目前广泛使用的综合管廊系统。经市政府官员调查发现，建设综合管廊的道路，路面开挖的次数大幅减少，路面塌陷与交通阻塞的现象也得以消除，道路寿命也比其他道路显著延长，在技术和经济上都收到了满意的效果，于是，综合管廊逐步得以推广。

（4）英国

1861 年，英国伦敦在兴建格里哥大街时配套建造了一条宽为 3.66m、高为 2.29m 的半圆形综合管廊，不仅在其中纳入了煤气、给水及排水管线（图 2-3），还配备了引向用户的支管（图 2-4）。此后，在道路和地铁的兴建与改建过程中，英国不断配合进行综合管廊的建设。英国管廊的主要特点为：①综合管廊主体和附属设施均为市政府所有；②容纳有燃气管；③管廊内管道的空间出租给各管线单位；④容纳管线种类多，但容量相对较小。

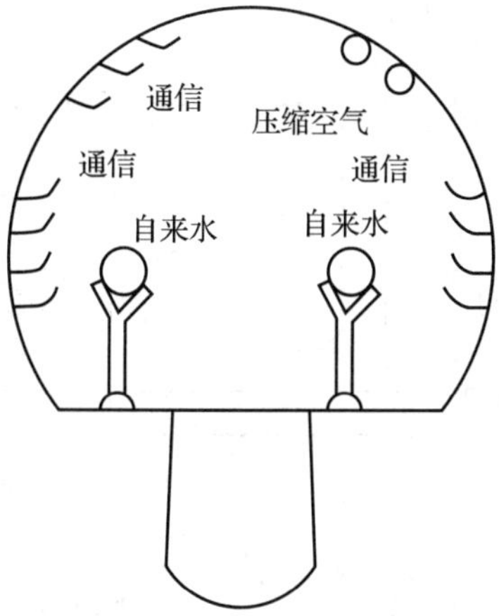

图 2-1　巴黎（重力流，下沉廊道）

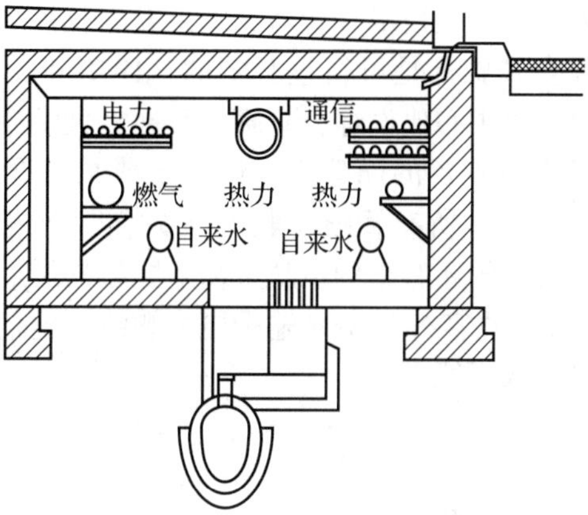

图 2-2　德国（重力流，下沉廊道）

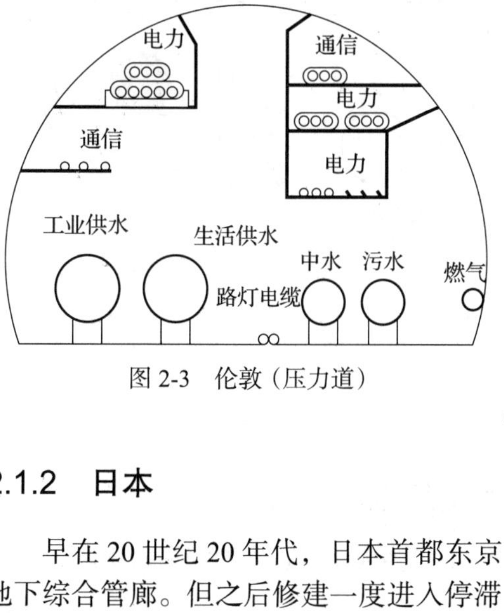

图 2-3　伦敦（压力道）

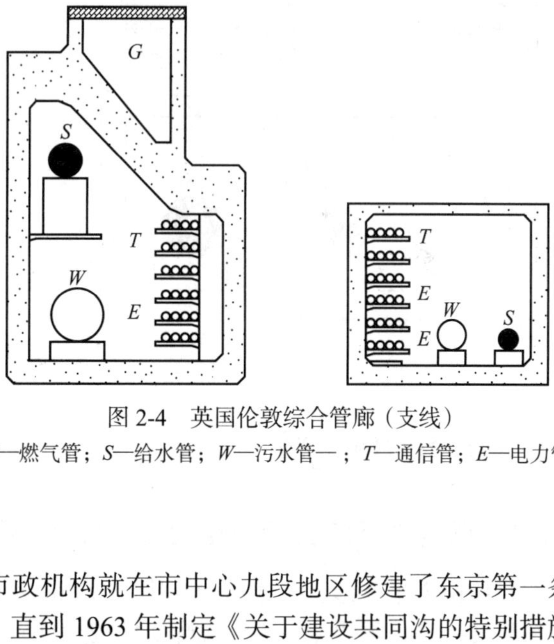

图 2-4　英国伦敦综合管廊（支线）

G—燃气管；*S*—给水管；*W*—污水管—；*T*—通信管；*E*—电力管

2.1.2　日本

早在 20 世纪 20 年代，日本首都东京市政机构就在市中心九段地区修建了东京第一条地下综合管廊。但之后修建一度进入停滞，直到 1963 年制定《关于建设共同沟的特别措施法》，从法律层面规定了日本相关部门需在交通量大及未来可能拥堵的主要干道地下建设“共同沟”。

如今在东京，已投入使用的有日比谷、麻布和青山地下综合管廊。采用盾构法施工的日比谷地下管廊建于地表以下 30 多米处，全长约 1550m，直径约 7.5m。由于日本许多政府部门集中于日比谷地区，须时刻确保电力、通信、供排水等公共服务，因此日比谷地下综合管廊的现代化程度非常高，它承担了该地区几乎所有的市政公共服务功能（图 2-5、图 2-6）。

目前，在东京市区 1100km 的干线道路下，已修建了总长度约为 126km 的地下综合管廊。而在全日本，已经有近 80 个城市修建了总长度超过 2057km 的地下综合管廊。

2.1.3 美国

美国自 1960 年起，即开始了综合管廊的研究。研究结果认为，从技术、管理、城市发展及社会成本上看，建设综合管廊都是可行且必要的。1970 年，美国在纽约州白原市市中心建设综合管廊，其他如大学校园内、军事机关或为特别目的而建设，但均不成系统网络，除了煤气管外，几乎所有管线均收容在综合管廊内。此外，美国具代表性的还有纽约市从東河下穿越的隧道，该隧道长约 1554m，收容有 345kV 输配电力缆线、电信缆线、污水管和自来水干线。

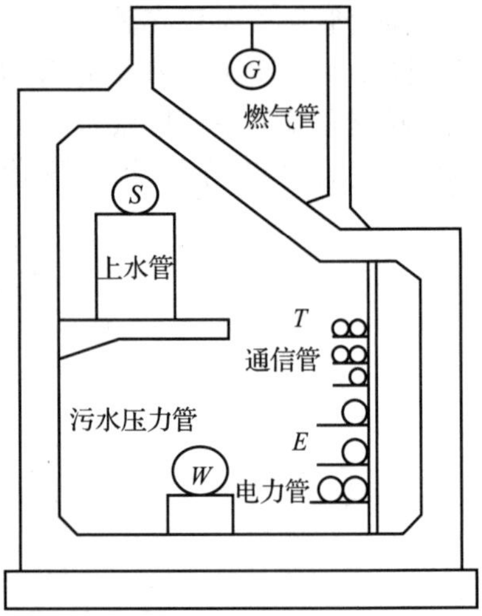

图 2-5　日本（压力道）

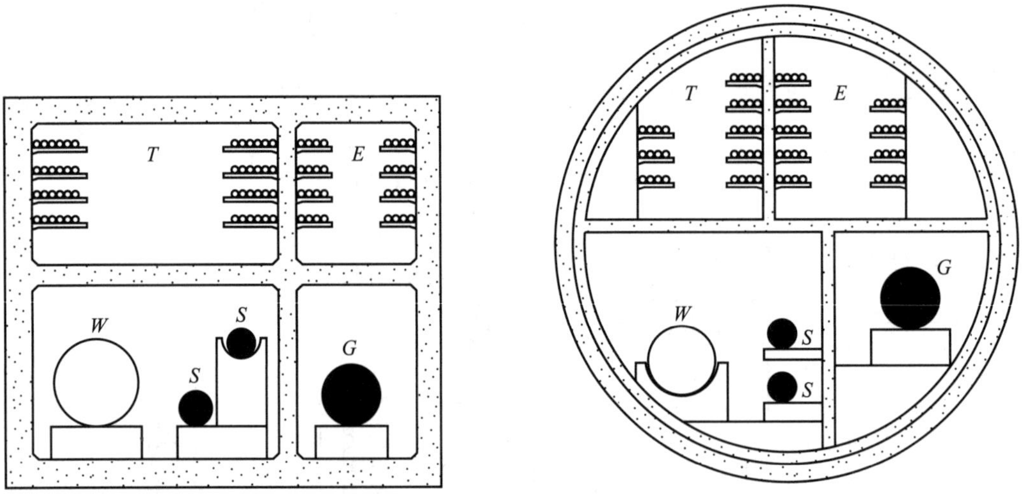

图 2-6　日本横滨综合管廊（干线）

2.2 国内发展现状

2.2.1 国内地下综合管廊重力流（污水）管线入廊现状

目前国内平原地区已建成的管廊，入廊的污水管绝大多为压力管，如深圳盐田坳、昌平未来科技城等，重力流污水管入廊实例较少。

（1）厦门

作为全国第一批综合管廊试点城市，厦门市在建和已完成干支线综合管廊 23.3km，在现状或正在实施的综合管廊中，主要纳入给水、电力、通信、有线电视、交通信号、再生水及污水压力等常规入廊管线，而将雨污水中路管及燃气管排除在外。由于常规入廊管线对管廊竖向要求不高以及特殊节点不多等因素，现有的综合管廊施工大多可采用预制拼装技术，具有施工简便，进度快等优点，然而，传统雨污水管道的直埋方式，由于各类结构性缺陷以及对其监管的较高难度，常常导致大量地下水等外来水入渗以及管道水外渗污染地下水和土壤的问题，甚至造成道路塌陷等事故的发生，因此厦门市目前正将雨污水重力流管线纳入综合管廊，以便对其进行全程监控管理。以厦门翔安高新技术产业基地起步区为例，对雨污水重力流管道入廊后的实际问题进行研究，通过调整原有规划体系来解决，以更好的满足经济型合理性要求。

①通过掌握下游管网或水体情况，合理确定雨污水入廊形式，该项目将污水管道设置在舱室底部。

②重新组织雨污水排放规划，减少管廊逆坡及其与重力管道的交叉。

③调整下游雨污水规划体系，确保管廊与市政设施的合理衔接。

（2）深圳

经了解到，目前深圳市仅大梅沙盐田污水纳入综合管廊，且污水为压力污水，是国内第一条燃气及压力污水管道纳入综合管廊敷设并安全运营超过十年的综合管廊。管廊采用半圆拱形断面，管道包括给水管、污水压力管、燃气管和电缆桥架（电信及广播电视管线）。燃气管道设在单独的沟槽内，沟槽盖板用沥青密封，与沟内其他管线隔离。综合管廊内设置有消防、通风、照明、燃气监控等设施。

（3）杭州

杭州市城站广场综合管廊，污水采用管廊内的污水低压管输送，管径为DN200及DN500。整个城站地区的日平均污水量为9255m^3/d。各地块的污水集中提升到高位井后接入管廊内的排水管。这样可以稳定污水泵工作压力和管廊内污水管压力，并可消除水锤及起到排气作用。污水管采用壁厚9mm的钢管，P_g=6kg/cm^3，管内衬水泥砂，浆、外涂淡黄色防腐漆进行防腐处理。除了利用高位井排气外，在污水管沿途还设了4个DN100SCAR污水复合式排气阀。同时在南、北地块各设一个DN150的放空排泥管，以便污水管排泥与检修。

2.2.2　青岛市地下综合管廊重力流（污水）管线入廊发展现状

目前，青岛市在建综合管廊，除常规入廊管线外，新建功能区大部分已将污水纳入综合管廊。例如：青岛新机场综合管廊及中德生态园片区综合管廊，地处新建城区，基本无现状管线制约，污水专项规划可结合管廊竖向适当调整，为污水入廊创造规划条件。

第3章　污水管线入廊的先决条件

3.1　青岛市的优势条件

青岛市属丘陵地形，重力流管线入廊具有较好条件。青岛市污水入廊的优势和平原城市类似，例如：运营维护更加方便，延长污水管道使用寿命，避免沉降带来的污水管道破损渗漏等等。

此外，青岛城市道路坡度较大，在局部路段可以充分利用地形坡度，在不增加管廊埋深的情况下保证污水重力自流排放。丘陵城市建设成本较高，青岛道路人行道、绿化带宽度较窄，雨污水管道受管位空间限制，经常被布置到机动车道上。污水入廊可以大量减少机动车道上检查井的数量，提高行车舒适性，同时将各种管线纳入综合管廊内，有利于集约利用地下空间，为城市地下空间的开发提供便利条件。

3.2 青岛市的可行性

青岛地处丘陵地带，部分道路起伏较大，综合管廊坡向可与污水管线坡向相行一致，污水管线与综合管廊在相近埋设深度下可纳入综合管廊。

青岛作为综合管廊试点城市，在综合管廊设计时应充分结合项目特点展开污水入廊分析，目前青岛市综合管廊建设大部分集中于高新区、即墨新区、西海岸新区、胶州经济技术开发区等新兴城区，在上述城区建设综合管廊一般受制因素较少，污水管是否纳入综合管廊，结合项目区规划道路或现况道路的标高以及相关的其他市政规划一并考虑，在不大幅增加管廊覆土厚度和增设排水泵站前提下，优先考虑将污水管道纳入综合管廊。

第 4 章 污水管线入廊要点

市政排水管线主要为雨、污水管道，有重力流及压力流两种方式。

若排水管道采用压力流方式，与给水管道相似，可优先考虑纳入综合管廊。

由于雨水、污水管线一般为重力流，管线随流向标高逐步降低，若将重力流管道放于综合管廊内，综合管廊必须按照一定坡度敷设以满足排水的输送要求，会加大管廊埋深，增加综合管廊投资。

综合管廊容纳雨水管线后，当受纳水体水位较高时，雨水管线将无法通过重力流进入受纳水体，须在入河处设置排水泵站，不但增加工程投资，还增加管廊受淹风险；由于雨水管线接入支管较多，须就近排入水体等因素，致使综合管廊开口频繁，增加管廊渗漏风险，因此相比雨水管线，污水管线在入廊可行性上更具优势。

污水易产生硫化氢、甲烷等有害易燃气体，如这些气体泄漏到管廊舱室内，存在安全隐患；同时，污水的渗漏也会对管廊的安全运营及维护管理产生不利影响。因此，纳入综合管廊的污水管线系统应严格密闭，导致设计及施工技术难度增加。

因此，综合管廊容纳重力流排水管线有严格的要求，如“排水管渠进入综合管廊，应设置检修阀门或闸槽”“提高管材标准”“雨水、污水管线系统应严格封闭”“重力流管道并应考虑外部排水系统水位变化、冲击负荷等情况对综合管廊内管道运行安全的影响”等。

4.1 重力流（污水）管线入廊管廊横断面布置形式

在确定污水管入廊的前提下，综合管廊的断面布置尤为关键，除了需要考虑污水管在管廊内的安装和检修，尚需考虑支管的接入、管道疏通及与其他共舱管道的协调等因素，因此综合管廊断面及支管接入方式的设计合理与否尤为重要，以下对常规污水入廊后管廊断面进行分析说明。

（1）污水支管伸顶接入，伸顶通气

入廊污水管纵坡坡向大体同管廊纵坡一致，局部略需要调整，通过廊内污水吊架的相对标高来进行调整。廊内污水主管与廊外污水支管的衔接方式通过设置污水伸顶井实现（图 4-1）。

（2）污水支管侧墙接入，伸顶通气（图 4-2）。

（3）污水支管立管接入，立管通气（图 4-3）。

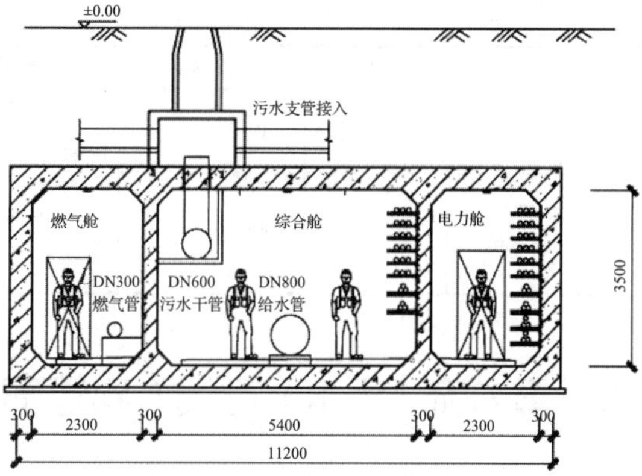

图 4-1　管廊断面及污水支线接入形式一

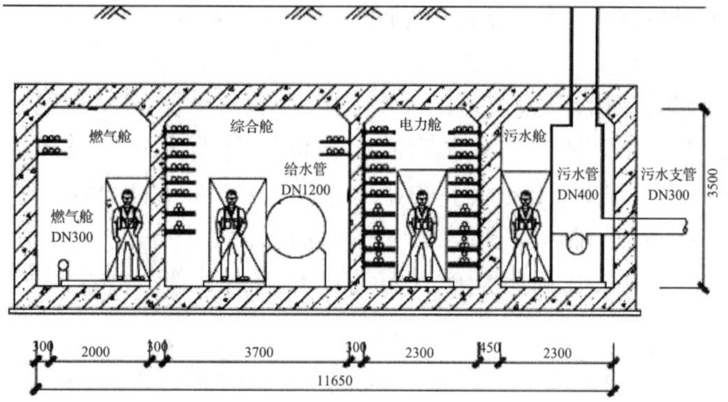

图 4-2　管廊断面及污水支线接入形式二

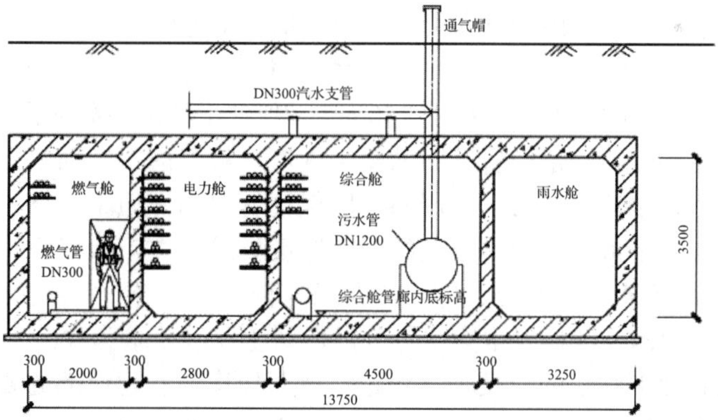

图 4-3　管廊断面及污水支线接入形式三

管廊断面及污水支线接入形式比较见表 4-1。

表 4-1　管廊断面及污水支线接入形式比较

断面布置形式	污水管位	支管接入	检查井设置	优缺点	备注
污水支管伸顶接入，伸顶通气	管廊顶部	顶部接入，悬吊安装	有支管接入处设置检查井	优点：疏通便利，支线接入较为便利，可利用管廊高度调节污水管道坡度，以减少管廊埋深；缺点：支线接入点可能与其他管线出线交叉	DN800 以下时采用

续表

断面布置形式	污水管位	支管接入	检查井设置	优缺点	备注
污水支管侧墙接入，伸顶通气	管廊底部	顶部接入	有支线接入处设检查井	优点：疏通便利，缺点：污水支管埋深较大	
污水支管立管接入，立管通气	管廊底部	侧面	有支线接入处设检查井	优点：管廊内无须设置检查井，缺点：不满足市政部门养护习惯及要求	可能需要配备疏通车

4.2 重力流（污水）管线入廊管廊竖向设计

常规综合管廊入廊管线均为非重力流，为降低管廊埋深，管廊竖向设计时一般依道路坡度顺势敷设，而污水管为重力流管，因此，纳入污水管的综合管廊，其竖向设计坡度需要满足污水管线敷设坡度的要求，管廊埋深应满足街区污水支管（接户管）自流接驳至廊内污水管的要求。

根据污水管道在舱室内的设置位置的不同，污水舱整体竖向设计也不同。

在不增加管廊埋深的情况下，污水管道适合埋设范围为地面以下 –3.4 ～ –5.3m。可通过在舱内上下位置调整，满足 1km 以上的排水坡度（0.8‰ ～ 1.5‰），并在适宜的埋设深度内利用管廊纵坡进一步满足排放距离要求（开挖深度不大于 8m，深浅两端势差 2.5m，满足 2km 以上的排水坡度）。3km 末端采用廊外泵站抬升或主干管。概括为“舱内空间充分利用，舱外埋深合理控制”。

廊内外管道水头易形成管内低压（不小于 1.2m），需要一定的减压措施。另外管材需要考虑防止渗漏。入廊管材须优于埋地管材。管道接口应更注重密封性。建议采用 SRPE 管、PE 管或钢管等压力管管材，刚性接口。

综合管廊在地下空间中占用的空间大小主要包括三个方面：

一是管廊本身的高度。规范要求综合管廊标准断面内部净高不宜小于 2.4m，混凝土综合管廊结构主要承重侧壁的厚度不宜小于 250mm，则综合管廊本体的最小高度为 2.9m。

二是管廊的覆土深度。确定综合管廊的覆土深度一般考虑下列因素：（1）保证工程管线在荷载作用下不损坏正常运行；（2）在严寒地区保证管道内介质不冻结；（3）满足地下设施竖向规划要求；（4）满足道路绿化种植土的成活厚度要求。在市政工程管线设计中，一般管线直埋敷设的最小覆土深度为 0.7m，即可满足行车防冻的要求。市政道路及人行道的绿化带一般种植的植物以灌木及浅根乔木为主，其最低覆土厚度要求为 0.6 ～ 0.9m。

三是综合管廊和地下管线的交叉垂直净距。按照住房城乡建设部的要求，建设综合管廊的区域所有管线都要入廊，但在实际建设过程中，直埋管线与综合管廊并存的现象将会在很长的一个时期内存在。规范要求明挖施工及顶管、盾构施工时综合管廊与地下管线交叉垂直净距分别为 0.5m 和 1.0m。

综上所述，管廊的覆土深度和与其他管线的交叉垂直净距分别取最大值。同时，预留与综合管廊交叉的地下管线的管径最小为 0.3m（按污水管最小管径取值），则综合管廊在城市地下处于 2.2 ～ 5.1m 的高度区间范围内。

国内的绝大部分污水管道采用重力流方式排水（局部出现压力流的情况），出于施工方便、检修方便、投资合理等因素考虑，通常将排水管线的埋设深度控制在地下 0.7 ～ 6m 之内，超过这一区间时一般通过泵站进行提升，在土质情况不好的沿海地区，污水管道埋设深度可适当降低。

地下浅层空间（0 ～ 15m）是地下开发利用价值最高区域，综合管廊作为将市政管线集中放置的地下空间构筑物，可以节省出一大部分浅层利用空间。然而，对于主要通过重力流运行的污水管网来说，污水管道的埋设位置和综合管廊的建设位置关系在地下空间中有很大重叠部分。

4.3　入廊污水管道管材选择

4.3.1　入廊污水管材选用原则

（1）根据入廊污水水质、水温、管廊施工操作条件等因素进行选择。

（2）选用的管材应安全可靠，安装、运行技术成熟。

（3）选用的管材应价格低廉、合理。

（4）选用的管材应检修维护，简单、方便。

（5）选用的管材应便于运输，长度、高度不能超出运输限制，最好就地取材。

（6）选用的管材应符合管网的使用年限。

4.3.2　入廊污水管材要求

（1）入廊污水管管材必须具有足够的强度，以承受内部水压。

（2）入廊污水管管材必须能抵抗污水中杂质冲刷和磨琢，同时具备抗腐蚀功能，特别对有某些腐蚀性的工业废水。

（3）入廊污水管管材防渗等级应适当提高，以防止污水渗出至管廊内。

（4）入廊污水管管材内壁应平整光滑，使水流阻力尽量减小。

4.3.3　入廊污水常用管材特点及适用条件

目前入廊污水管道的常用管材有：

（1）高密度聚乙烯管（HDPE）。

（2）纤维缠绕增强玻璃钢夹砂管（RPMP）。

（3）球墨铸铁管道。

（4）PVC-U 管。

以上管材有其各自的特点和适用条件。

（1）高密度聚乙烯管（HDPE）

高密度聚乙烯管包括双壁波纹管和大口径缠绕增强管，是一种以高密度聚乙烯（HDPE）材料，采用特殊挤出工艺在热熔融状态下缠绕成管，同时熔接成整体制成的管道，管道工作内压 0.2MPa，管道环刚度大于 8MPa（抗外负载），粗糙系数 n=0.009，使用环境温度 –30 ～ 70℃。高密度聚乙烯双壁波纹管最大可做到ϕ 1200，一般应用在ϕ 600 ～ϕ 1000，高密度聚乙烯缠绕结构壁螺旋管最大可做到ϕ 2500，一般应用在ϕ 1000 ～ϕ 1600。耐磨损，耐腐蚀，阻力小，过流能力强，使用寿命 50 年以上，连接方便，密封性能好，不易渗漏，本身良好的柔韧性及柔性接口抗不均匀沉降性能强，质量轻，施工简单，节约工期。

高密度聚乙烯管可采用热熔连接、承插橡胶圈连接、承插粘结、管卡连接、法兰连接等多种连接方式。

（2）纤维缠绕增强玻璃钢夹砂管（RPMP）

以玻璃纤维及其制品为增强材料，以热固性树脂为基体材料，中间夹以石英砂，通过连续往复交叉不缠绕工艺制作而成的一种新型管材。利用不饱和聚酯树脂、环氧树脂等为基体材料，以石英砂及碳酸钙等无机非金属颗粒材料为填料，采用定长缠绕工艺，离心绕铸工艺和连续缠绕工艺制成的，管道直径ϕ400～ϕ2500，管道工作内压0.2MPa，粗糙系数n=0.009。管材密度小，机械强度高，施工安装方便，耐腐蚀，电绝缘性好，传热系数小，内壁光滑，水力阻力小，输送能力高，工程维修简易，使用寿命50年以上。较金属管材强度低，易损坏，施工技术要求高，应妥善储存，不能在阳光下曝晒。大管径的管道须达到要求的环刚度。

玻璃钢夹砂管可以采用“O”形双密封橡胶圈承插连接，因接口起主要作用的是橡胶圈，所以对橡胶圈的要求很高，管道承插接口的弹性密封橡胶圈应由管材生产厂家配套供应，采用氯丁橡胶或其他具有耐酸、碱、污水腐蚀性能的合成橡胶制成，外观需光滑平整，不得有气孔、裂缝、卷褶、破损、重皮等缺陷；也可以采用法兰连接和对接形式。

（3）球墨铸铁管道

采用离心浇注工艺生产的柔性接口排水铸铁管，接口一般为W型卡箍式的或A型法兰承插式。其连接可采用承插式和卡箍式两种柔性接头。

①使用寿命长：采用优质的低硫、低磷生铁，配用锰、硅等多种原料，铁水溶液经过特殊的铸造孕育处理，晶粒细化，大大改善了产品的抗拉强度及抗冲击性能。使用寿命在50年以上。

②柔性抗震：优良的抗震性能，可适用于综合管廊防震设防，适用于各种因素引起的轴向变形在35mm内部渗漏，横向振动挠度可达31.5mm不渗漏。采用法兰压盘和橡胶圈柔性连接，密封性能好，允许在15° 范围内摆动而不渗漏。

③防火强：防火性能优于普通塑料管材。

④强度高：耐冲击，耐腐蚀，不老化，耐高温。

（4）PVC-U管

氯乙烯单体经聚合反应而制成的无定形热塑性树脂加一定添加剂（如稳定剂、润滑剂、填充剂等）组成。UPVC的熔体黏度高，流动性差，即使提高注射压力和熔体温度，流动性变化也不大。

①质轻，搬运装卸便利

PVC管材材质很轻，搬运，施工便利，可节省人工。

②耐化学药品性优良

PVC管具有优异的耐酸、耐碱、耐腐蚀性，化学工业污废水应用较多。

③流体阻力小

PVC管的壁面光滑，对流体的阻力小，其粗糙系数仅为0.009，较其他管材为低，在相同的流量下，管径可予缩小。

④机械强度大

PVC管的耐水压强度，耐外压强度，耐冲击强度等均甚良好。

⑤施工简易

PVC管之间接合施工迅速容易，故施工工程费低廉。

综上对入廊污水管道常用管材的分析，入廊污水管道在管材的选择上应结合项目特点，污水水质、水温等设计因素综合考虑后选择。

4.4　重力流（污水）管线入廊接驳设计

市政污水管道的功能主要为服务于规划排放区域的污水收集，故管道沿线两侧，相交道路均有大量污水管道接入和接出，但污水重力流管道的接入接出标高均必须按照规划控制要求敷设，无法像其他综合管线或管线舱室的交叉处理一样上下翻折，处理好接入接出支管与污水舱室之间相互的交叉处理关系，是进行综合管廊污水入廊设计的难点之一。

（1）管径 DN400 ～ DN800。可参照建筑室内排水管道的做法，宜采用支架方式固定；管廊外侧设置污水检查井，收集支管污水；支管接入廊内干线处以及廊内干线一定间距应设置清扫检查口；廊内管道可采用球墨铸铁、PVC-U 等管材，管道之间、管道与检查井之间的连接必须可靠，宜采用整体性连接；采用柔性连接时，应有“抗拉脱”稳定设施；支干相接处应处理好沉降问题；廊内污水管道的排气装置，应将管道内有害气体直接排到管廊外部安全空间，不得排至管廊内（图 4-4）。

（2）管径 DN800 ～ DN1400。可参照室内排水管道的做法，将检查井设置在管廊内，管道采用支墩方式固定；廊内干线检查井长度可适当加大；廊内管道可采用球墨铸铁、PVC-U、钢塑复合等管材，管道之间、管道与检查井之间的连接必须可靠，宜采用整体性连接；采用柔性连接时，应有“抗拉脱”稳定设施；支干相接处应处理好沉降问题（图 4-5）。

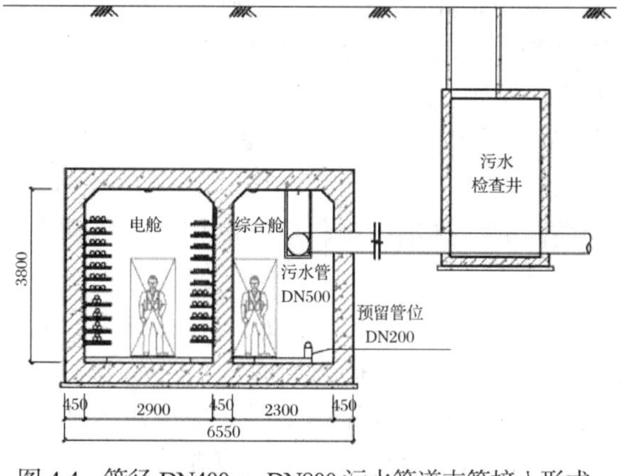

图 4-4　管径 DN400 ～ DN800 污水管道支管接入形式

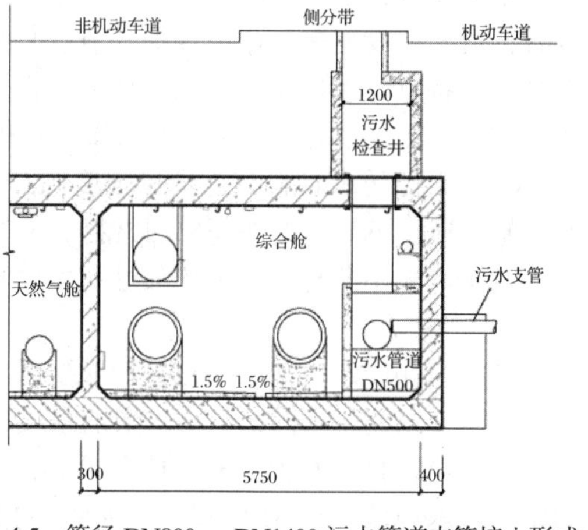

图 4-5　管径 DN800 ～ DN1400 污水管道支管接入形式

（3）管径大于 DN1400。建议采用管廊结构本体排水，综合管廊其他舱可在污水舱上部共沟设置，并满足结构沉降封处密封要求。应采取有效防腐防渗等措施，保证污水舱设计使用寿命达到规范要求。污水舱的地面及连通设施，应有防止下游污水或雨水倒灌至污水舱或其他舱室的措施。污水舱设置的具体要求可按现行国家标准《室外排水设计规范》（GB 50014—2006，2016 年版）执行。

4.5　重力流（污水）管线入廊检修设施

污水舱室每隔一定距离设置检查井、检查口与清扫口以保障管道日常检修与疏通，管道堵塞可从管廊外部进入检查井进行疏通，管道的维护可进舱室进行。

为降低堵塞风险，可采取保障性措施控制检修频率。在舱室外设置污水闸槽井，井内设有提篮格栅，可将市政污水中部分杂物进行截留，减少进入廊内污水管道杂物量；检查井内设有沉泥槽，能够去除部分较大颗粒污染物，进一步提升污水水质。

目前市政污水管清疏方式主要采用两种方式，一是管径小于等于 DN800 的管道，多采用高压清洗车进行逐段机械冲洗，一次冲洗距离一般可达 120m 以上；二是管径大于 DN800 的管道，采用人工进入管道内进行清疏。如前文所述，入廊污水管每隔一定距离（约 120m）设置污水出线井，因此，对于管径小于等于 DN800 的污水管，仍可以采用传统直埋污水管的高压清洗车清疏方式；对于管径大于 DN800 的污水管，除污水出线井外，可考虑在污水管道上增设压力井盖的措施，为人工清疏提供条件。此外，通过在污水出线井处的污水管上设置沉泥三通，并借助抓泥车、吸污车等机械设备，可以将清疏的淤泥、砂石进行清掏至管廊外。

4.6 重力流（污水）管线入廊防水问题

城市地下综合管廊的设计和施工应遵循“防、排、截、堵”，相结合，“刚柔相济，因地制宜，综合治理”的原则，“防、排、截、堵”应以“防”为主，保证防水质量，从根本上杜绝地下水的浸入。

为保证防水效果，综合管廊的主体结构应是结构自防水与柔性防水材料相结合的形式，达到刚柔相济，且柔性防水材料应位于结构迎水面，作为主体结构的防护线。由于综合管廊具有长度大、设缝多、截面规则、节点复杂、位于城市道路下等特点，管廊的外部防水应根据其自身特点、地理条件、施工环境、投资等因素制定出安全可靠、经济合理、切实可行的防水方案。建议管廊的外部防水方案应遵循以下几个原则：

（1）柔性防水材料宜为抗拉强度高、耐久性好、耐侵蚀性好、适应基层的伸缩与开裂，并且施工成熟可靠、方便高效的材料。

（2）当采用两种及以上的柔性防水材料组合防水时，选用的材料应性能相容，达到优势互补。

（3）当侧墙、底板、顶板无特殊要求时，建议采用同种类的材料，减少材料种类，减少施工方案，以利于不同部位防水层的搭接，便于采购、管理及维护。

（4）当综合管廊上方有种植需求时，如绿化带、行道树、城市绿地等，应满足《地下工程防水技术规范》（GB 50108—2008）的要求，顶板防水等级应为一级，应在普通防水层上方设置一道耐根穿刺防水层以确保普通防水层不被植物根系所破坏，造成渗漏。

（5）所制定的防水方案，在材料的选择、施工、维护上，应减少环境污染和安全隐患，达到安全环保。

（6）在满足规范、确保工程质量的前提下控制投资，降低工程造价，保证工程投资经济合理

重力流（污水）管线入廊防水主要构筑三道防水体系。首先，检查井砌筑时在污水管道穿越检查井处采用防水套管；其次，井内流槽砌筑时在管道外圈、流槽内设置止水环，避免管道与流槽接缝处渗水；最后，在检查井内外附加 2mm 厚水泥基渗透结晶防水涂料。同时，检查井主体结构采用 C35 防水混凝土，设计抗渗等级 P8，确立自防水体系。

4.7 重力流（污水）管线入廊管线通风设施

管廊本体位于地下密闭空间，污水管网中由于通风不畅，氧气浓度较低，污水中有机

物在输送过程中逐渐被厌氧微生物生物分解并产生有机挥发性气体和无机爆炸性气体，严重影响维护人员巡视和检修。当污水管道中爆炸性气体浓度达到爆炸极限，遇明火极易发生爆炸。因此，污水入廊后，应满足管道正常通风需求，避免有害气体的积累。

污水管道的舱室宜采用机械进风和机械排风相结合的通风方式。重力流（污水）管线常用通风方式如下：一是采用建筑室内排水模式，即针对污水管道的通气要求，每隔一定距离设通气管保持与大气连通，污水管道中沼气等有毒有害气体经通气管及时排至大气中，每隔一定距离设置检查口与清扫口以保障管道日常检修与疏通，通过顺水三通衔接支管与主管；二是采用市政排水模式，每隔一定距离设置检查井，即按照现行《室外排水设计规范》要求，依据规范要求间距设置排水检查井，直接与大气联通，便于日常检修、疏通，同时满足管道内部存留通气空间与外界交流功能。

传统直埋敷设时，污水管每隔一定距离设置检查井，并借助检查井井盖的孔洞进行通风换气，保证管内有害气体浓度保持在爆炸下限以下。污水管道入廊后，检查井由污水出线井代替，间距较直埋敷设增大很多，因此污水管道入廊后，应对污水管通风方案进行特别设计。研究发现，污水管内水体流动和检查井处的跌水是污水管进行通风换气的动力因素，而管道长度则是通风换气的阻力因素。在管内流速和跌水高度不变时，增加检查井井盖开孔面积可显著增大通气量，减小污水管道内的空气更新置换时间，进而减少有害性气体的浓度，即可显著增加下游管道安全长度。如检查井跌水 0.9m，井盖开孔比分别为 0.125% 和 0.5%，由跌水通风确保的下游污水管道安全长度在 DN600 污水管时分别为 164m 和 465m，DN800 时分别为 246m 和 626m，DN1000 时为 327m 和 810m。按照以上研究结论，可认为只要合理设置污水出线井设置间距以及井盖开孔比，污水管道入廊通风问题即可得到有效解决。

综合管廊按照每 200m 长度设置一个防火分区，在每个防火区间设置机械通风系统并兼作排烟系统，布置风机设备，地上设置通风口。地上通风口净尺寸满足通风设备进出的最小允许限界要求，通风口下檐高出室外设计地面 0.5m，并设置防雨百叶窗，综合管廊内应急出口与通风口结合设计，通风口内设爬梯供人员紧急逃生用。

4.8　重力流（污水）管线入廊管线监控设施

为了充分保障管廊内环境安全，需要对其内部环境进行监测，以达到实时、自动监测地下管廊内的环境，其重要性不言而喻。具体地，主要涉及到管廊内的温湿度、氧气、积水水位、火险、有害气体等数据的监测。

目前，对城市地下管廊环境的监测在技术上已经不是问题，世界各国广泛采用无线数据采集传输的方法，它是基于无线传感器网络技术。首先在地下管廊配置相应的传感器及报警器，借助通信将监测信号从投料口等口部引出到地面上，然后通过无线通信（GPRS）传输到监控中心，最后配套综合管理软件对数据进行分析。简单地说，通过软件对每个测点的地理位置、测量值或工作状态进行连续采集，如出现异常，系统会自动生成报警（声光报警、短信报警、邮件报警可选），第一时间通知到相关人员，将可能出现的险情消灭在萌芽状态，避免造成较大经济损失及影响管廊的正常运行。

需要特别注意的是，由于管廊较长，因此在城市地下管廊中设置监测点时，针对不同的数据监测，需要选择合适的距离。

（1）对于温湿度数据可以参考 200m 一个测点。

（2）对于污水舱气体监测报警则要针对实际情况，数据点的排布距离要大大缩短（或者选择可能会发生报警的特殊区域)。同时还需判断具体是气体成分，产生原因。

（3）对于积水报警则选择低洼或易积水区域监测。

第5章 青岛市污水入廊工程部分实例

5.1 中德生态园纵七路

5.1.1 项目背景

中德生态园纵七路位于中韩创新产业园中心区域，全长约880m，南起中韩园区四号路，北至团结路，规划红线宽24m。红线外两侧各5m绿化带（图5-1）。

5.1.2 综合管廊基本情况

纵七路主线综合管廊位于道路西侧绿化带内，标准段综合管廊中心线距离规划道路中心线13.2m。主线管廊南起园区四号路北侧，北至团结路南侧，长约785m，平面线形基本与规划道路平面线形一致。综合管廊纵坡基本与道路纵坡一致。综合管廊标准段的覆土深度为2.5m左右。主线管廊最小纵坡1.7%，最大纵坡4.7%。

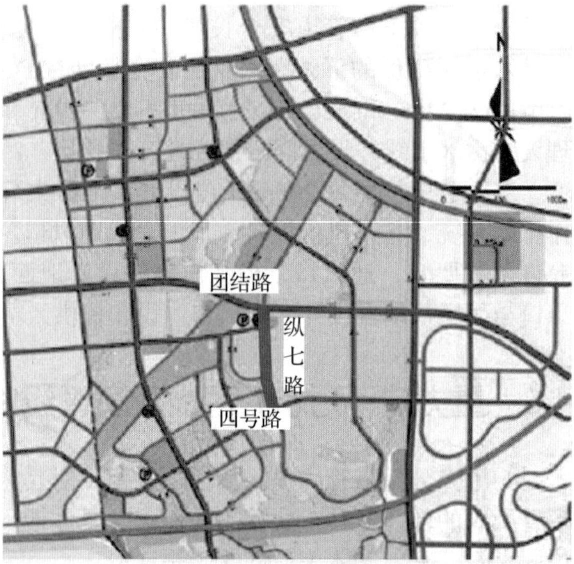

图5-1 纵七路区位图

5.1.3 沿线市政管线规划

根据管线综合规划，本次纵七路分别规划电力（10kV）、通信、给水、污水、雨水、中水共六种管线。

（1）电力

根据《青岛中德生态园先行启动区二期市政基础设施专项规划——电力工程专项规划》（2015—2030年），纵七路规划敷设24孔电力线缆，压力等级为10kV。

（2）通信

根据《青岛中德生态园先行启动区二期市政基础设施专项规划——通信工程专项规划》（2015—2030年），纵七路规划敷设10孔通信管道。

（3）给水

根据《青岛中德生态园先行启动区二期市政基础设施专项规划——给水工程专项规划》（2015—2030年），纵七路规划敷设DN300给水管道。

（4）污水

根据《青岛中德生态园先行启动区二期市政基础设施专项规划——排水工程专项规划》（2015—2030年），纵七路规划敷设DN400污水管道。

（5）雨水

根据《青岛中德生态园先行启动区二期市政基础设施专项规划——排水工程专项规划》（2015—2030年），纵七路规划敷设DN400～DN1000雨水管道。

（6）中水

根据《青岛中德生态园先行启动区二期市政基础设施专项规划——中水与雨水综合利用专项规划》（2015—2030年），纵七路规划敷设DN200中水管道。

综合管廊位于道路西侧绿化带内，平面线形基本与规划道路平面线形一致。主线管廊采用双舱结构断面，净断面尺寸为（2.3+2.4）m×3.0m（$B\times H$），管廊内敷设管线主要包括：电力（10kV）、通信、给水、中水及污水五种专业管线。另外，设置预留管道一处。

纵七路承担中韩创新产业园区南北交通主要功能。纵七路建设综合管廊一并将电力、通信、污水、给水、中水管线纳入综合管廊，管廊一次建成可避免后期破路影响道路功能。

5.1.4　管廊总体设计

5.1.4.1　管廊平面设计

综合管廊平面线形基本上与所在道路的平面线性一致，同时考虑与规划建筑物的平面位置相协调，如果综合管廊位于道路弯道及纵断变坡段时，由于综合管廊内热力、给水管道一般为直管，综合管廊不能为曲线线形，这时以沉降缝为综合管廊的转折和变坡点，将综合管廊划分为若干段直折沟，每段长短以不偏离道路过远或过近影响其他管线为原则，综合管廊的转折角同时要满足其他管线的转弯半径的要求。

根据纵七路管网综合设计，纵七路主线综合管廊位于道路西侧绿化带内。根据雨水管道与规划综合管廊的相对位置关系，布置以下方案：

雨水布置在道路两侧侧人行道下（综合管廊西侧），控制综合管廊覆土不小于1.5m，满足雨水口支管接入要求；同时方便西侧用地排水管道接入。

纵七路主线管廊南起四号路北侧，北至团结路南侧，长约785m，平面线形基本与规划道路平面线形一致，标准段综合管廊中心线距离规划道路中心线13.2m。

根据建设单位要求，管廊沿线仅为规划相交道路预留支线管廊，同时在支线管廊的东、西两端设置出线端墙，实现专业管线出线，满足与相交道路专业管线的衔接；不为沿线两侧地块预留支线管廊，两侧地块市政配套需求均由周边相交道路配套解决。

5.1.4.2　管廊纵断面设计

综合管廊纵坡基本与道路纵坡一致。综合管廊标准段的覆土深度为2.5m左右。主线管廊最小纵坡1.7%，最大纵坡4.7%，纵坡设计同时考虑沟内排水的需要。

5.1.4.3　管廊横断面设计

根据中韩创新产业园控制性详细规划、相关专业规划、建设单位意见及专业管线单位意见，确定综合管廊需敷设各专业管线容量及管径如下：10kV电力电缆，通信10孔，给水管道为DN300，中水管道为DN200，污水管道为DN400，预留管道DN200。在此基础上，根据相关规范布置有以下管廊横断面图（图5-2）。

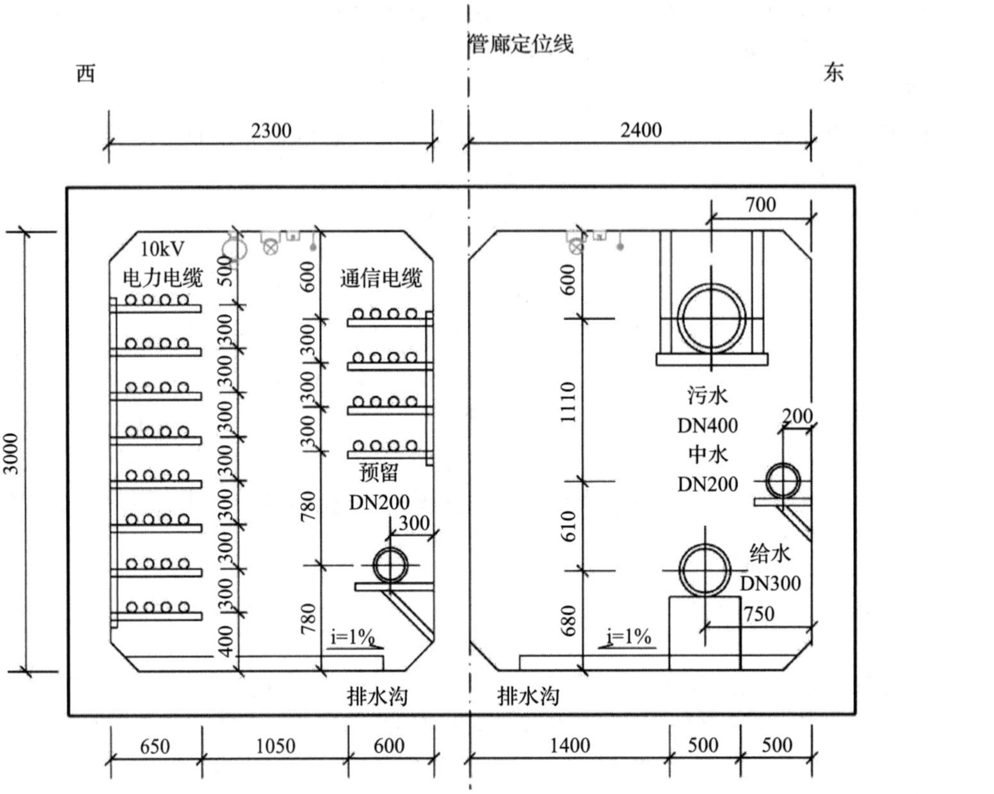

图 5-2　纵七路综合管廊横断面图

为集约化利用管廊空间、减少土地占用、降低工程投资、降低实施难度，布置为双舱断面形式，西侧舱室为电力舱，东侧舱室敷设有通信、给水、中水、热力和预留管道，净断面尺寸为 $B\times H$=(2.3+2.4)m × 3.0m。同时根据相同的布置原则，确定支线管廊净断面尺寸为 $B\times H$=3.0m×3.0m（图 5-3）。

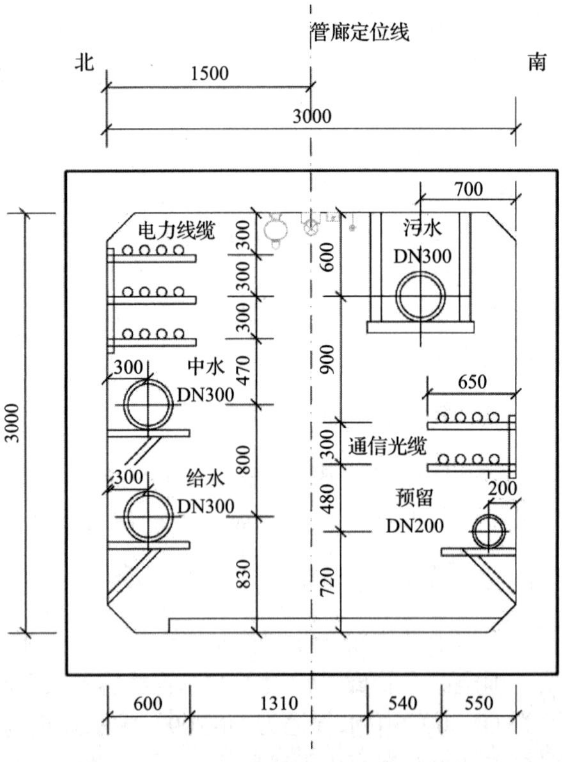

图 5-3　纵七路综合管廊支线管廊横断面图

5.1.4.4　入廊管线种类及容量

本次设计综合管廊采用双舱的横断面形式，根据中韩创新产业园控制性详细规划、相关专业规划、建设单位意见及专业管线单位意见，确定综合管廊内各专业管线容量及管径如下：10kV 电力电缆，通信 10 孔，给水管道为 DN300，中水管道为 DN200，污水管道为 DN400，预留管道 DN200。

支线管廊内各专业管线容量及管径

如下：10kV 电力电缆，通信 8 孔，给水管道为 DN200，中水管道为 DN200，污水管道为 DN300，预留管道 DN200。

5.1.4.5　管线布置形式

（1）主线管廊

综合管廊主线内敷设管线主要包括：电力、通信、给水、中水、污水管道及预留管道。

10kV 电力电缆采用支架形式布置在电力电信舱沟壁上，支架采用角钢，分 8 层布置，支架层间距为 0.3m，水平间距为 1.0m；给水管道敷设在综合舱下方支墩上，支墩采用混凝土支墩；中水管道敷设在综合舱沟壁，支架水平间距 3.0m。通信电缆采用支架形式布置在电力电信舱沟壁，支架采用角钢，分 4 层布置，支架层间距为 0.3m，水平间距为 1.0m。

（2）支线管廊

综合管廊支线内敷设管线主要包括：电力、通信、给水、中水、污水管道及预留管道。

10kV 电力电缆采用支架形式布置在管廊沟壁上，支架采用角钢，分层布置，支架层间距为 0.3m，水平间距为 1.0m；给水管道、中水管道及预留管道敷设在管廊沟壁，支架水平间距 3.0m。通信电缆采用支架形式布置在管廊沟壁上，支架采用角钢，分 2 层布置，支架层间距为 0.3m，水平间距为 1.0m。

5.1.4.6　污水入廊出线井设计

本工程综合管廊主廊与二十七号线支廊交叉节点采用局部升、降错层方式出线。

本工程纵七路管廊承接二十七号线支廊汇集污水，因二十七号线污水标高已为现状标高，在满足标高衔接前提下，创新性地将污水管道悬吊于管廊上方，通过降板法实现污水管道的衔接。

27 号线支廊污水在出线井交汇处，支廊升半层，原悬吊于支廊上方污水管道坐落于出线井上层底部，如图 5-4 所示。

主廊与支廊交汇处，主廊降半层，原悬吊于主廊顶部污水管道坐落于出线井上层底部，完成与支廊污水衔接，如图 5-5 所示。

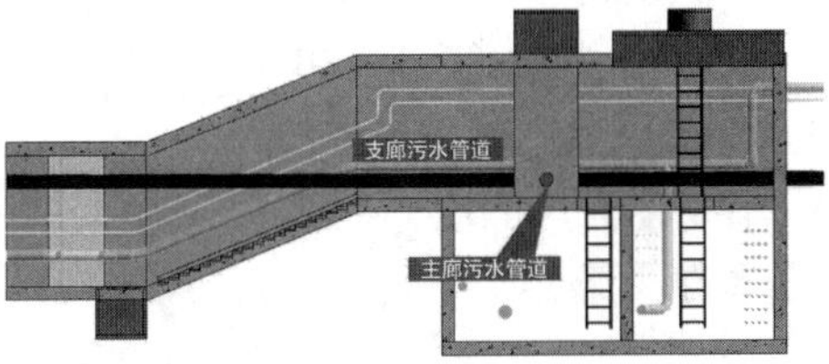

图 5-4　支线管廊剖面图

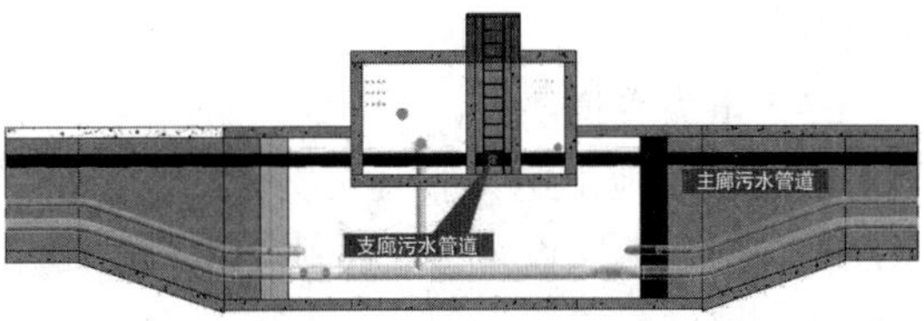

图 5-5　主线管廊剖面图

5.2　中德生态园十七号线地下综合管廊工程

5.2.1　项目背景

本次设计生态园十七号线位于生态园中部，道路为东西走向，西起珠宋路，东至生态园三十四号线，道路全长 2978.44m。本次道路拟建范围为珠宋路至青兰高速段（即道路桩号 K0+000 ～ K1+330.00），拟建道路总长度为 1330m。

生态园十七号线规划为城市次干道，红线宽度 30m，横断面布置为双向四车道。道路路幅布置为：机动车道宽度 15m，每侧绿化隔离带宽度 2.5m，慢行车道宽度 2.5m、人行道宽度 2.5m。

十七号线新建综合管廊一条，新建电力支廊一条，新建综合管廊主廊全长约 1119m（路口交叉支廊不算在内），电力支廊全长约为 290m。本段管廊与西侧园区四号线综合管廊相连，向东与电力支廊相连。从西向东分别与珠宋路、环三号线、红十一号线、生态园十号线、换三号线相连，并做出廊设计。电力支廊为综合管廊电力舱室的分支，接入环三号线 110kVA 变电站内（图 5-6）。

综合管廊采用钢筋混凝土矩形断面，内置电力、弱电、给水、热力等管线，并对综合管廊内的通风、消防、供电、照明、监控、排水和标识系统进行专项设计。

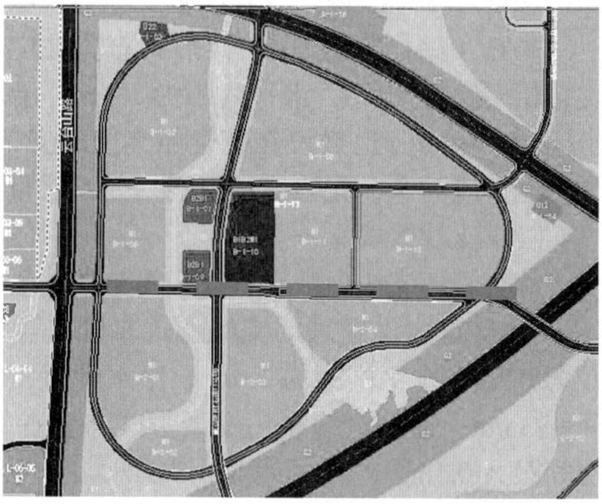

图 5-6　十七号线管廊地理位置图

5.2.2　综合管廊基本情况

入廊管线包括：

（1）雨水管线

因雨水考虑河道及海绵城市等诸多因素，且雨水收地形条件约束较大故本次设计不考虑将雨水管道入廊。

（2）燃气管线

因中德最终规划，本路段下无燃气管道，故本次设计中可不考虑燃气管线入廊。

（3）给水管线

因给水管线西与远期四号线管廊相连，且给水管道为压力管道，受地形影响加小，本次考虑将给水管道纳入综合管廊中。

（4）中水管线

中水管道因是压力管道，且受地形条件制约较小，本次设计中考虑将中水管道纳入综合管廊内。

（5）电力管道

十七号线地下电力管道分为 110kV、35kV、10kV 三种管道，因电力管道可以将其纳入综合管廊内，本次设计考虑将地下电力管道纳入综合管廊内。

（6）通信管道

通信管道管径较小，本次设计中考虑将通信管道纳入综合管廊内。

（7）蒸气管道其他舱室内管线的安全。

本次设计中将蒸气管道与其冷凝水管道设置在单独的舱室内，保证了综合舱。

（8）热力管道

热力管道管径为 DN400，将其纳入综合管廊内，管廊位置与中水、污水同在一个舱室。

5.2.3　沿线市政管线规划

5.2.3.1　给水管线规划

根据《青岛中德生态园控制性详细规划》，规划园区居住人口为 5.67 万人，通过根据各类用水指标计算用水量，预测园区总用水量为 3.57 万 m^3/d，其中绿化、道路广场用水为 0.6 万 m^3/d（图 5-7）。

（1）生活用水量：按人均用水量指标计算，其标准为 100[L/(人 · d)]，规划人口 5.67 万人，其生活用水量 Q_1=0.57 万 m^3/d。

图 5-7 给水管线规划图

（2）公建用水量：公共建筑用水量标准按照 5［ L/（m^2 · d)］计算，区内公共建筑约 228 万 m^2，则公建用水量 Q_2=1.14 万 m^3/d。

（3）工业用水：区内工业用地为一类工业用地，占地约 188 公顷，工业用水量按工业用地用水量指标计算，一类工业用水标准按 $50m^3$/（公顷 · d)，则规划工业用水量 Q_3=0.94 万 m^3/d。

（4）绿化用水：取 $10m^3$/（公顷 · d)，绿化（含小区内绿化）面积 403.70 公顷，则用水量 Q_4=0.40 万 m^3/d。

（5）道路广场用水：用水标准按 $10m^3$/（公顷 · d)，广场用地 196 公顷，则用水量 Q_5=0.20 万 m^3/d。

（6）漏失及不可预见用水量：按前 5 项用水量之和的 10% 计。

（7）规划总用水量：

$Q=(Q_1+Q_2+Q_3+Q_4+Q_5)\times(1+10\%)=3.57$ 万 m^3/d。

5.2.3.2 污水管线规划

根据给水规划，给水管线的折污率为 0.85，则可推算出污水系统的水量（图 5-8）。

5.2.3.3 燃气管线规划

十七号线规划路上无燃气管线。

5.2.3.4 热力管线规划（图 5-9）

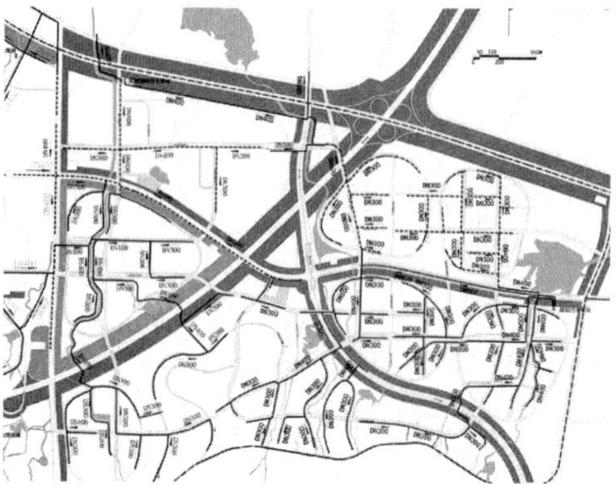

图 5-8 污水管线规划图

图 5-9 热力管线系统图

5.2.3.5 电力管道规划（图 5-10）

5.2.3.6 通信管道规划（图 5-11）

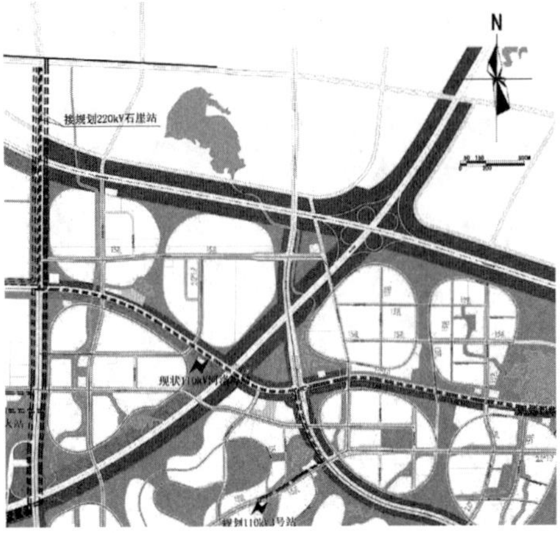

图 5-10　电力管道规划图

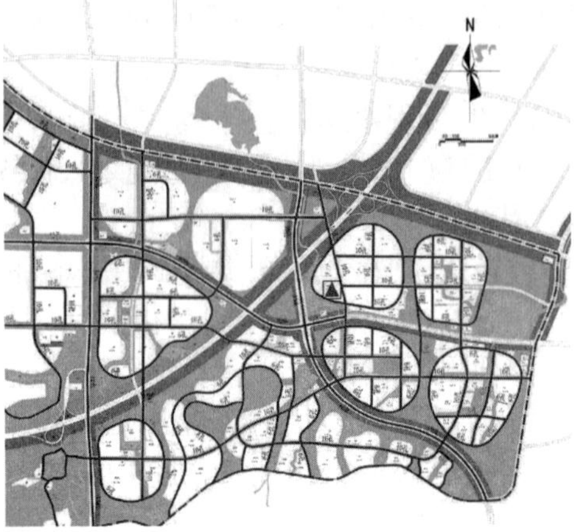

图 5-11　通信管道规划图

5.2.4　综合管廊平面布置

5.2.4.1　设计条件

（1）综合管廊平面线形依据十七号线道路和高架桥平面线形。

（2）竖向上结合十七号线道路竖向设置，避让桥梁桥墩，尽量预留出安全距离。

5.2.4.2　设计指标

综合管廊与相邻地下构筑物的最小距离为 2.5m，最小转弯角度不小于 160°　。

5.2.4.3　设计方案

（1）综合管廊主线西起珠宋路，东至生态园三号线，从西向东分别与珠宋路、环三号线、红十一号线、生态园十号线、环三号线全长约 1120m，为四舱设置。

（2）电力支廊全长约为 290m。电力支廊为综合管廊电力舱室的分支，接入环三号线 110kVA 变电站内。

（3）沿规划路口设管廊分 42 处，分别位于珠宋路、生态园三号线，红十一号线，生态园十号线，总长度共为 285m。

5.2.5　综合管廊竖向设计

5.2.5.1　设计条件

十七号线规划路由上有规划山龙河一条，本次设计管廊需要下穿该规划河道，管廊纵断面设计根据道路竖向确定，穿越河底处，需要集体下卧处理。

5.2.5.2　设计指标

综合管廊的埋设深度，根据管线综合竖向规划确定，管廊平均埋深约 8m，最小纵坡为 0.3%，最大纵坡为 7%。

5.2.5.3　设计方案

十七号线管廊主廊纵断面设计：

主廊全长约 1120m，平均埋深约 8.8m，穿越山龙河河道处埋深约为 13m 左右。

过路支廊：

过路支廊新建 4 处，分别为珠宋路路口、环三号线路口、红十一号线路口及生态园十号线路口。

5.2.6　综合管廊横断面位置

因十七号线道路东侧远期为立交方案，道路宽度及人行道宽度会发生变化，为了保证本次管廊设计对远期桥梁的影响降到最低，本次管廊横断面位置的选取原则是：近远期结合，管廊位置位于远期道路南侧人行道及绿化带下。道路南侧人行道仅预留出路灯设置位置，其余管线均需入廊，道路北侧设置污水管道一条，以满足道路排水需要。

远期桥梁建设后，管廊扔位于人行道下及绿化带下，桥梁的建设基本不会对管廊造成较大的影响。

5.2.7　综合管廊横断面设计

（1）综合管廊断面

主廊为 4 舱布置，从北向南依次为：电力仓（110kV、10kV、35kV）、水信舱（DN300 给水管道及 24 孔通信）、蒸汽舱（DN200 蒸汽管道和 DN 冷凝水管道）、热污舱（2 × DN400 热水管道、DN300、DN400 污水管道）。每个舱室的净宽度为 2.4m、2.0m、2.1m、3.3m；净高为 3.0m（图 5-12）。

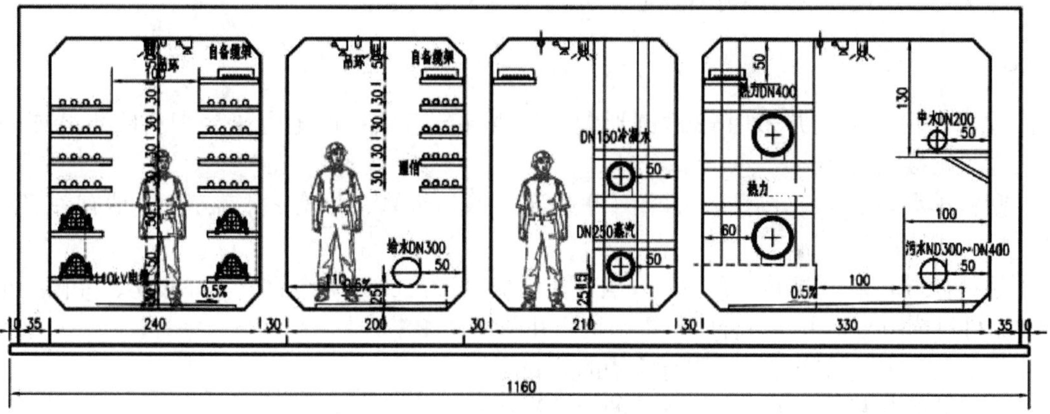

图 5-12　综合管廊断面布置图

（2）电力支廊

电力支廊为综合管廊电力舱的分支，大小与电力舱相同，东侧由电力仓接出后，沿环 3 号线绿化带敷设，最终接入规划 110kVA 变电站内。

路口支廊断面：

过路支廊新建 4 处，分别为珠宋路路口、环三号线路口、红十一号线路口及生态园十号线路口。断面形式均为四舱设置，宽度与综合舱宽度相同均为：2.4m、2.0m、2.1m、3.3m；但净高为 2.6m。

5.2.8　污水入廊情况

管廊内污水管道随管廊竖向敷设，最终排入山龙河截污管道内，污水管道间隔一段距离设置检查井、通风口等设施。保证管道内污水的安全。

5.2.8.1 管道安装

（1）井底座与塑料排水管道连接时承口尺寸应与塑料检查井管材系列（外径系列、内径系列）相匹配。

（2）在井底座与排水管道的连接需要变径时宜采用变径接头，当变径管管径小于井底座接口口径时，应采用管顶平接。

（3）污水管道安装完成以后，应按规范要求进行管道的密闭性检验，达到规范要求后方可进行后续施工。

（4）PE 管道每 1km 管道 24h 的渗水量以不大于 $0.0046D_i$（管道内径 mm）的允许渗水量（m^3）为合格。

5.2.8.2 管材及接口

DN300 ～ DN400 污水管道采用埋地硬聚氯乙烯排水管（内径系列），异形橡胶圈承插接口，管材的环向弯曲刚度不得低于 $8kN/m^2$。具体指标和做法详见国标 06MS201-2-18 ～ 27。接口密封材料及胶粘剂：检查井进、出口管道承插接口的橡胶密封圈、分离式井盖座的内、外插式及分离式井盖座橡胶密封圈应由检查井生产厂家配套供应。橡胶密封圈采用氯丁橡胶或其他具有耐腐蚀性能的合成橡胶，其性能指标应符合现行国家标准《橡胶密封件给、排水管及污水管道用接口密封圈材料规范》GB/T 21873 的要求。

5.2.8.3 污水检查井

管廊内污水检查井采用ϕ800 圆形塑料检查井，有跌差的地方采用塑料跌水井或是用 45° 弯头顺接跌水。

塑料排水检查井有井底座、井筒（井壁管）、收口锥体、井盖、井盖座和其他有关部件组成，均为成套设备。

塑料检查井采用圆形井底座，一次性注塑成型工艺加工制作而成。井底座、井筒（井壁管）的材料选用与要求要符合塑料排水检查井图集“JZS-01”。

污水管道上的检查井应采用有流槽的井底座。

检查井的井筒要高于汇入检查井的管道管顶 0.5m。

5.3 青岛新机场工作区、航站区综合管廊工程

5.3.1 建设背景

5.3.1.1 建设区域

青岛胶东国际机场位于环胶州湾北部核心区域、山东半岛 T 形结构中心位置，是我国重要的区域枢纽机场、面向日韩地区门户机场、环渤海地区国际航空货运枢纽机场。机场及配套管线近期按 2025 年 3500 万人次的客流实施，远期按 2045 年 5500 万人次的客流规划，运行等级为目前国内最高等级的 4F 级。

5.3.1.2 建设需求

机场规划用地 $30.66km^2$，本项目位于机场配套区，区域内规划多处变电站、能源中心、

信息中心等市政基础设施，专业市政管线种类多、容量大，管线交叉频繁。

5.3.1.3　地质特点

场地具有典型的滨海软土特征，局部为强风化泥岩或软弱土层，地质复杂多变且地下水水位较高。根据该类地质的建设经验，此类地质容易导致构筑物或管线的不均匀沉降、地下水入渗等问题。

图 5-13　项目区位图

5.3.1.4　示范项目

配套区市政道路建设综合管廊，满足专业管线的输送和分配功能。按照高起点规划、高标准建设原则，配套区内六条主要市政道路建设综合管廊，是 2016 年综合管廊试点城市的示范项目。

5.3.1.5　功能定位

机场综合管廊是区域市政配套的重要载体，承担对外市政管线输送、对内用户分配的功能。本项目建设综合管廊工程进行统一管理，可以集约利用地下空间、提高安全保障能力、方便运营养护管理。同时，综合管廊依据市政专项规划确定入廊管线种类和规模，并为远期预留条件，具备分期实施操作性。

5.3.2　总体设计

5.3.2.1　建设规模及标准

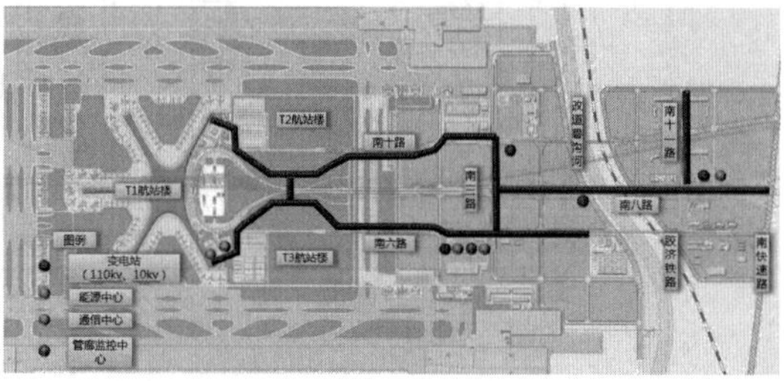

图 5-14　综合管廊平面布局图

综合分析机场配套区路网规划、市政专项规划、配套设施位置等因素，形成以南六路、南八路、南十路为干线综合管廊、以南三路、南十一路、T2T3 联络通道为支线综合管廊、总体呈“齐”字布局的系统结构（图 5-14），综合管廊总长约 11.9km，总投资约 8.7 亿元（表 5-1）。综合管廊布置在人行道及绿化带下，设置一处监控中心。

表 5-1　综合管廊建设情况统计表

项目名称	范围	长度（m）	舱数（个）	净尺寸（宽 × 高）(m)	入廊管线	计划投资（万元）
南十路	北起 B 指廊，南至南三路	2572	3、4	8.6 × 3.0、11.7 × 3.6	给水、电力、通信、热力、燃气、中水、污水	23143
南六路	北起 A 指廊，南至南十五路	3769	3、4	9.4 × 3.0、12.1 × 3.6		30398
南十一路	西起南八路，东至南十八路	928	2	5.8 × 3.0	给水、电力、通信、热力、中水、污水	3920
南三路	西起南六路，东至南十路	1656	3	3.6 × 3.6、5.5 × 3.0		5729
南八路	北起南三路，南至南十七路	2696	3	11.1 × 3.0	给水、电力、通信、热力、中水	20872
T2T3 联络通道	西起 T2 航站楼，东至 T3 航站楼	272	3	7.5 × 2.6		3375
合计	——	11893	——	——	——	87437

5.3.2.2 典型断面设计

本项目规划电力、通信、热力、燃气、给水、中水、污水管线均纳入综合管廊；雨水未纳入综合管廊，结合海绵城市工程同步建设。典型断面为三舱和四舱，如图 5-15 ～图 5-18 所示。标准段综合管廊埋深 5.5 ～ 6.5m。

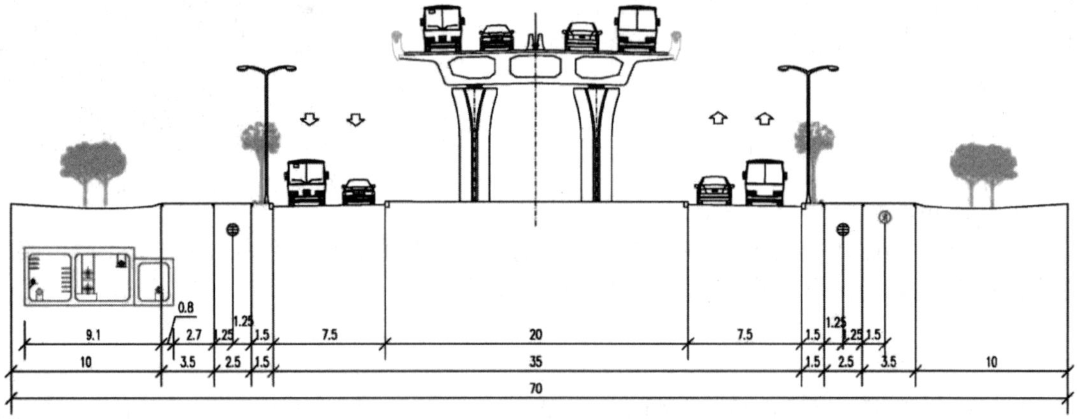

图 5-15　三舱综合管廊三维控制线图

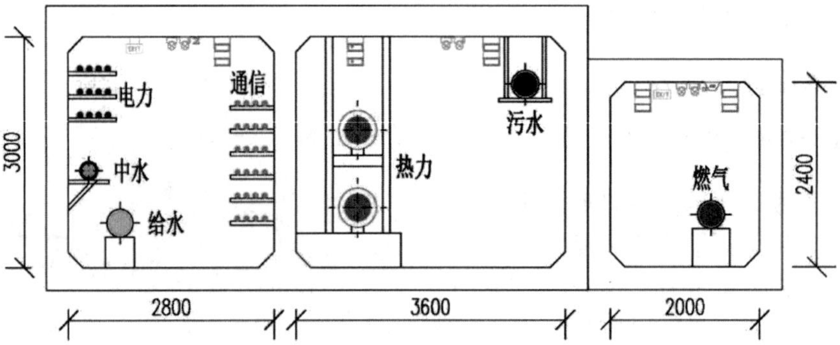

图 5-16　三舱综合管廊典型横断面图

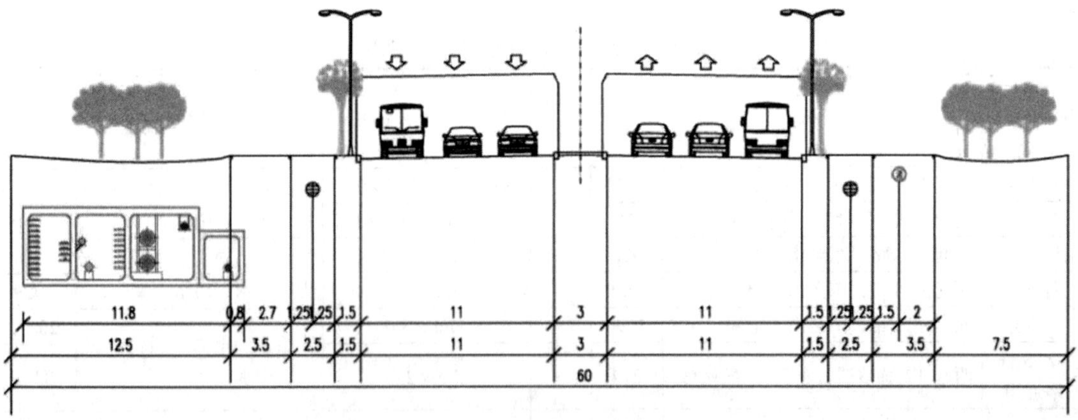

图 5-17　四舱综合管廊三维控制线图

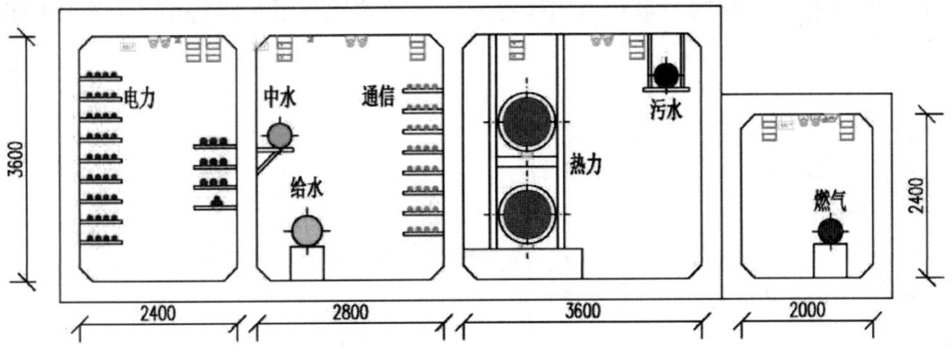

图 5-18　四舱管廊典型横断面图

5.3.2.3　专项规划整合

各市政专项规划独立完成后，根据确定的管廊路由对相关专项规划进行了整合，实现了市政基础设施与管廊系统直接衔接，将市政专业管线主线敷设于管廊内、充分利用管廊空间。同时，优化管线综合规划，减少雨水等约束条件与管廊交叉。

本项目雨、污水管线采用重力流方式，优化了雨、污水管道坡度与道路坡度基本一致，并保持雨水、污水、管廊、路面位置关系相对固定，雨水干管管径 DN800 ～ DN1500，平均埋深 2.0 ～ 3.0m；污水管径 DN300 ～ DN600，平均埋深 3.0 ～ 3.4m。

5.3.2.4　污水入廊

重力流污水入廊是目前国内普遍面临的难点，不同于缆线入廊和压力管道入廊，污水入廊主要的特点：

污水管道埋深受制于排水系统控制，需以一定坡度坡向下游，对管廊横断面、纵断面以及出线井形式均产生较大影响；污水产生的甲烷、硫化氢等有毒有害气体需快速排至廊外以免影响养护管理人员健康；检查井设置需满足日常检修和事故工况下快速疏通要求；常规缆线和压力管道在传统出线井中通过弯折完成进出线，而重力流污水管道无法弯折，传统出线井形式已无法满足污水进出线需要。

本项目通过实践性尝试，较好地解决了上述问题。

（1）污水管道在管廊中设置位置

目前，国内常规采用将污水管道布置于管廊底部的横断面形式，为了满足管廊与雨水竖向交叉的空间需要，管廊需整体下沉于雨水管道下方通过，如图 5-19 所示。本项目若改变原有污水排水系统、增加污水管道埋深、设置中途提升泵站，将大幅增加工程投资，也失去了污水入廊的意义。

本项目污水入廊、雨水未入廊，优化整合后雨、污水管道坡度与道路坡度基本一致，并保持雨水、污水、管廊、路面位置关系相对固定，但尚存在廊外相交道路上

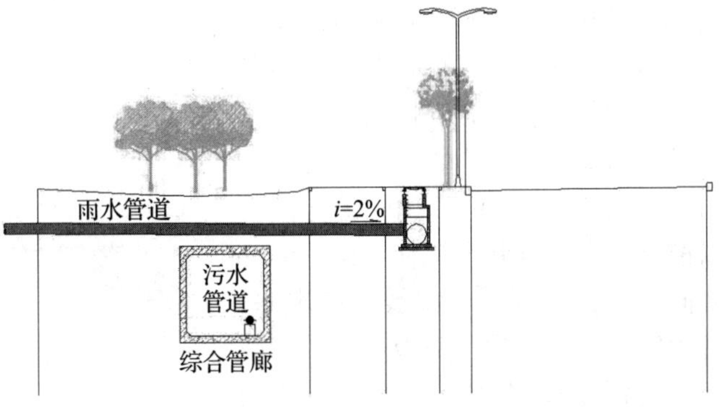

图 5-19　污水管道布置于管廊底部位置关系示意图

雨水与管廊交叉避让、廊内污水管道相接等问题，为此比选了污水管道在管廊中敷设位置，如图 5-20 所示。

方案一中污水管道位于管廊底部，污水管道标高受排水系统控制，受此影响管廊覆土不足 1m，对种植、孔口设置产生影响；同时，每隔一定距离管廊需下卧避让雨水，沿线多处下卧，而污水为重力流管道，无法弯折，导致污水管道与管廊相对位置变化频繁，不易实施。方案二中污水管道位于管廊顶部，控制雨水、污水管道竖向净距 0.8m 左右，在不改变原有排水系统的前提下，满足管廊与雨水管道竖向交叉空间需要。

因此，最终选取方案二，即污水管道悬吊于污水舱顶板。本项目道路、管廊、污水管道坡度基本一致，管道和管廊相对位置关系可局部微调，方便管道安装。

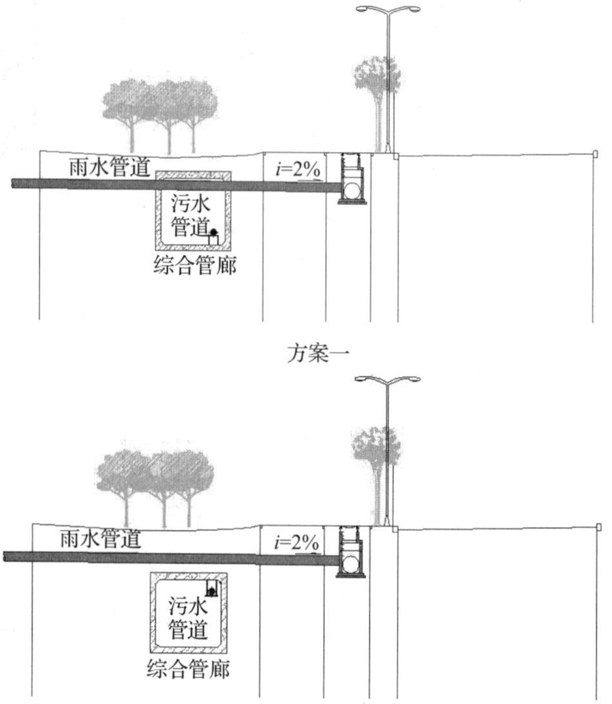

方案二

图 5-20　污水管道在管廊中位置示意图

（2）出线井

基于污水管道悬吊于污水舱顶板方案，常规十字出线井方式不能解决污水管线出线问题，提出新的出线井解决方案。

①“降板法”

为满足一般情况下污水和其他专业管线出线要求，管廊在出线井处底板下卧，除污水外其余管线随底板一同下卧，污水保持原坡度不变，上部空间只剩污水；顶板局部降板，污水进入上层管廊空间，与支线污水完成管线衔接；交叉节点处上下管廊展宽，各管线水平分布，通过竖向通道相互衔接，如图 5-21～图 5-23 所示。在管廊出线井以外区域，底板通过缓坡恢复至常规埋深，与标准段衔接。

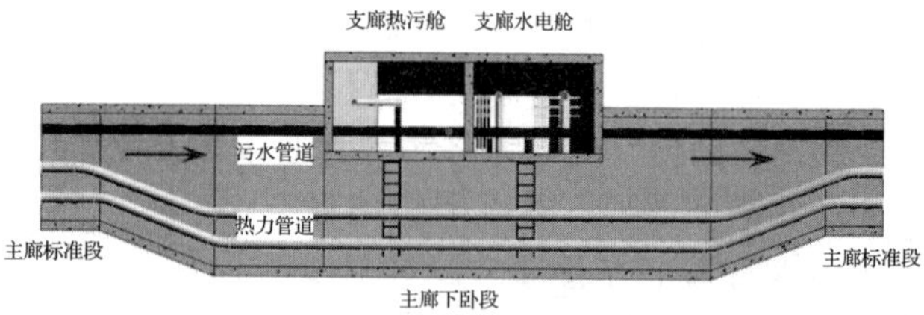

图 5-21　“降板法”出线井主廊方向 BIM 剖面图

该方法适用于管廊顶部无约束条件情况，可节省投资。同时，由于出线井结构本体高度在 6.5～7.0m 之间，廊顶覆土在 1m 以内，该方法可以控制整个出线井埋深在 7.5～8.0m 之间，最大程度减小出线井的埋深；管廊底板降落量少，底板弯折角度较小，管线敷设平顺，压力管道的损失小。

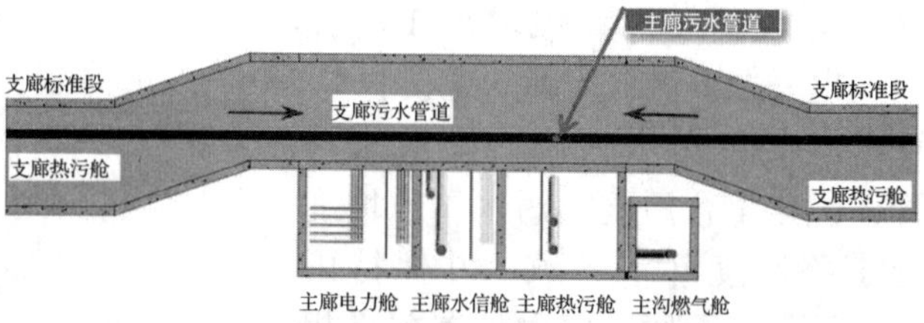

图 5-22　“降板法”出线井支廊方向 BIM 剖面图

对于污水敷设于管廊底部的其他项目，与“降板法”原理类似，可采用顶板上抬方式，即“升板法”，有条件地区可采用。

②“斜板法”

为满足廊外上部受约束条件控制情况下污水和其他专业管线出线要求，将出线井整体降低至约束因素以下，污水舱及污水管道仍沿道路坡度敷设，于出线井上层空间完成汇集并排至下游污水管道；除污水舱外其他舱室及管线下卧至出线井下层空间；交叉节点处上下管廊展宽，除污水外其他管线水平分布，通过竖向通道相互衔接；管廊标准段与出线井间通过一定距离的渐变段衔接，如图 5-24、图 5-25 所示。

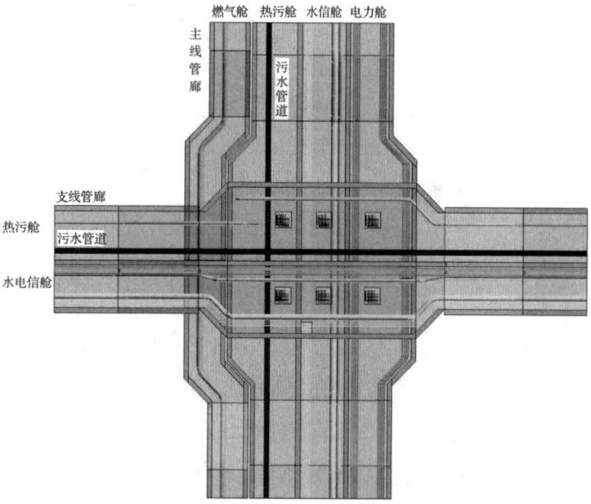

图 5-23　“降板法”污水出线井 BIM 平面图

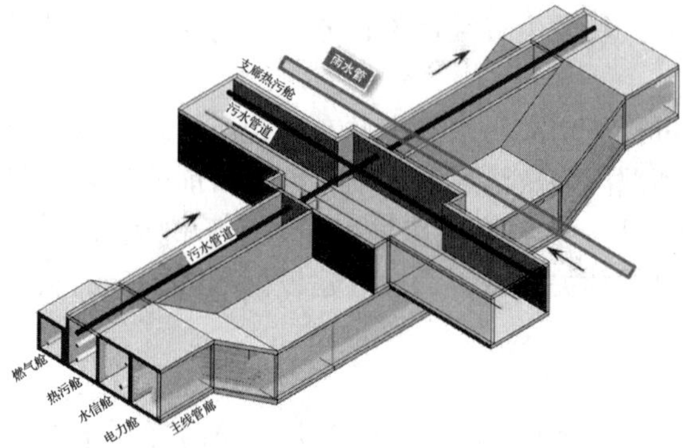

图 5-24　“斜板法”出线井 BIM 俯视图

图 5-25　“斜板法”出线井主廊方向 BIM 剖面图

该方法适用于管廊顶部有约束条件情况，出线井整体位于约束条件以下，埋深可达 9 ～ 10m，投资较大。由于污水舱保持坡度不变，其余舱室整体下卧，管线运行顺畅。出线井与标准段需设置管廊渐变段进行衔接，污水舱室内污水管道下方可设置防滑坡道，方便管道安装及检修，满足通行需求。

（3）日常维护检修解决方案

污水管道纳入综合管廊需同步解决检修、养护、通气等系列问题，本项目对检查井设置方案进行探讨，对检查井防水进行研究。

①检查井设置

目前对于廊内污水检查井如何设置的探讨主要有两个方向：

方案一是检查井、清扫口与通气管结合方式，即参照建筑规范要求，仅在污水管道接入处设置检查井，两座检查井中间设置清扫口和通气管，如图 5-26 所示。污水管道中沼气等有毒有害气体经通气管及时排至大气中；沿线设置的清扫口满足日常维护需求。

方案二是仅设置检查井方式，即按照现行《室外排水设计规范》要求，依据规范要求间距设置排水检查井，直接与大气联通，便于日常检修、疏通，同时满足管道内部存留通气空间与外界交流功能，如下图所示。

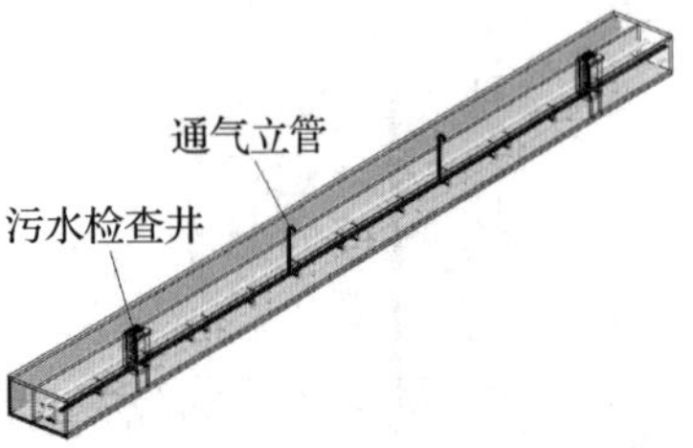

图 5-26　污水检查井设置方案一

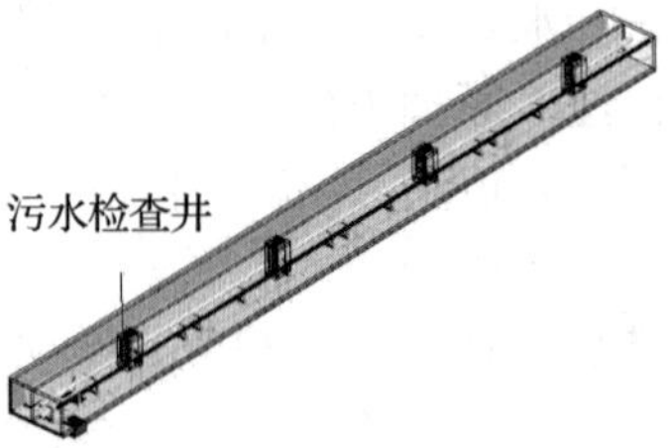

图 5-27　污水检查井设置方案二

从参考规范方面考虑，综合管廊为市政配套设施研究范畴，方案二适应性更强。

从管廊整体性方面考虑，方案一检查井数量少，通气管和清扫口数量多；方案二检查井数量多，无通气管和清扫口。

从安全、卫生方面考虑，方案一在管廊内部进行检修和疏通，对管廊环境产生影响，管廊空间狭长，通风周期内易产生微量有毒、有害气体停留，对养护人员健康有一定影响；方案二检查井孔口全部设置在管廊以外，有利于污水管道内有毒有害气体与外界空间贯通，方便后期管理、养护。

在事故工况下，方案一采用清扫口的清理方式易发生冒溢现象；方案二均在管廊以外进行操作，对管廊内部环境无影响。

综合以上分析，本项目采用方案二。前期进行了增大污水检查井布置距离、减少设置数量的尝试；经调研设备厂家，并与当地养护管理部门多次沟通后，结合地区目前养护管理习惯，最终采用排水规范要求的检查井设置距离。下一步将在地势坡度较大、管网运行良好、检修概率较低条件下，进行增大检查井布置距离的相关尝试，为地区建设标准或规范的制定提供依据。

②检查井防水

本项目构筑三道防水体系，如图 5-28、图 5-29 所示。首先，检查井砌筑时在污水管道穿越检查井处采用防水套管；其次，井内流槽砌筑时在管道外圈、流槽内设置止水环，避免管道与流槽接缝处渗水；最后，在检查井内外附加 2mm 厚水泥基渗透结晶防水涂料。同时，检查井主体结构采用 C35 防水混凝土，设计抗渗等级 P8，确立自防水体系。

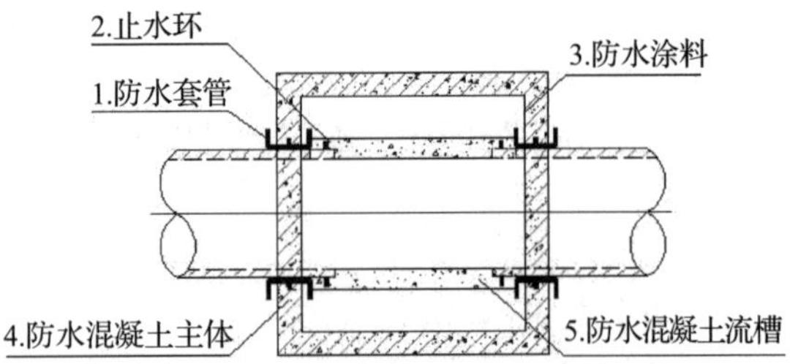

图 5-28　污水检查井防水平面图

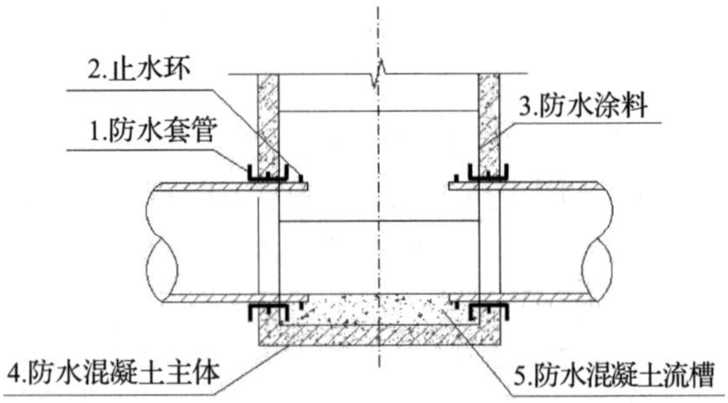

图 5-29　污水检查井防水剖面图

③管材、接口

结合工程实际，从使用寿命、抗渗能力、防腐能力、施工难易度及管材价格等方面进行考虑，确定综合管廊污水管材采用球磨铸铁材质，其运行安全可靠，破损率低，施工维修方便、快捷，防腐性能优异。管道接口采用法兰盘，操作方便，密封性可靠。

（4）附属设施

为降低堵塞风险，本项目采取保障性措施控制检修频率。在舱室外设置污水闸槽井，井内设有提篮格栅，可将市政污水中部分杂物进行截留，减少进入廊内污水管道杂物量；检查井内设有沉泥槽，能够去除部分较大颗粒污染物，进一步提升污水水质，如图 5-30 所示。

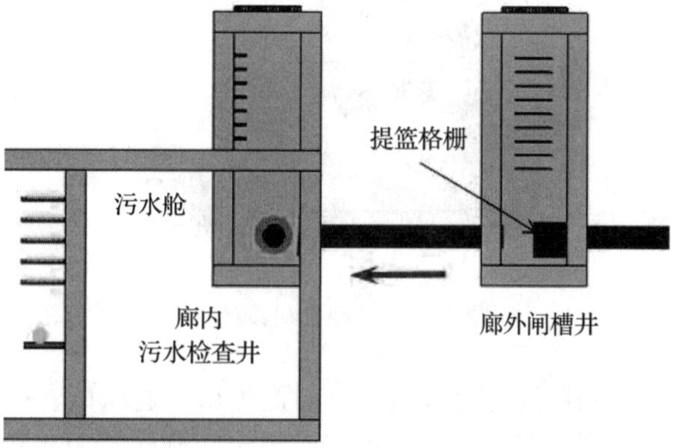

图 5-30　舱室外设置独立污水检查井

为保障综合管廊的安全运营，本项目设置相应的环境检测系统，工作人员掌握廊内实时环境情况，包括温度、湿度以及氧气、硫化氢、甲烷的气体含量，监测报警设置值满足《密闭空间作业职业危害防护规范》的有关规定。

考虑到管廊内洁净需求，在管廊内适当位置预留冲洗水龙头，通过柔性软管连接水龙头，冲洗管线或管廊设备维修时产生的污物，通过集水坑收集后统一排放。

（5）BIM 技术应用

本项目中，污水、燃气均纳入综合管廊，尤其是污水入廊后对管廊横断面设计、出线井形式均提出更高要求，出线井内重力流污水管道衔接、专业管线间碰撞检查、集约化的孔口布置形式等均增大设计难度和复杂程度。不同于传统单舱、双舱断面，污水、燃气入廊后多为三舱、四舱断面，依靠传统的思维方式、绘图手段难以满足相关要求。伴随综合管廊设计更为系统化、专业化，涉及专业门类众多，需要更为高效的多专业协作方式。出线井构造复杂、专业管线众多，面临大量的线缆弯折倒弧、管件阀门定位，传统的设计成果不利于施工识图、材料筹备和后期管线安装。

针对上述设计难点，本项目应用 BIM 理念，在管廊平面、横断面、纵断面、管廊节点、附属工程等方面全部实现三维设计，构建良好的工作平台，优势显著。在完成常规管廊平面、纵断面设计基础上，基于 Revit 平台，重点进行管廊节点设计，包括出线井、管廊孔口、管道系统、支吊架系统等，并最终完成图纸输出。

在对管廊整体思考后，完成管廊横断面设计，这是后续建模工作的基础，如图 5-31、图 5-32 所示。

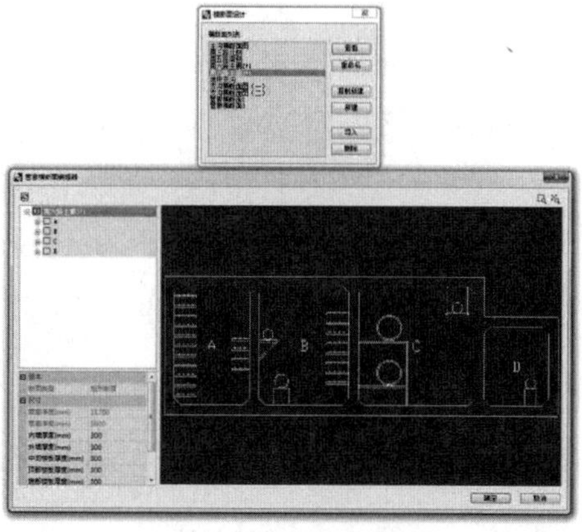

图 5-31　管廊横断面设计

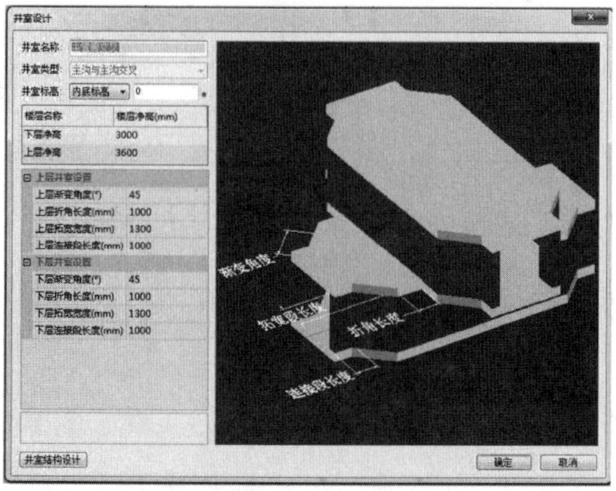

图 5-32　出线井建模

通过设置和修改参数的方式完成出线井构造设计，并根据结构形式进行局部微调，如图 5-33、图 5-34 所示。BIM 应用是思维方式的革命，设计人员沉浸式思维，更多地关注管廊模型整体性，无须考虑模型中的点、线、面，建模实现参数化。

图 5-33　管廊孔口设计

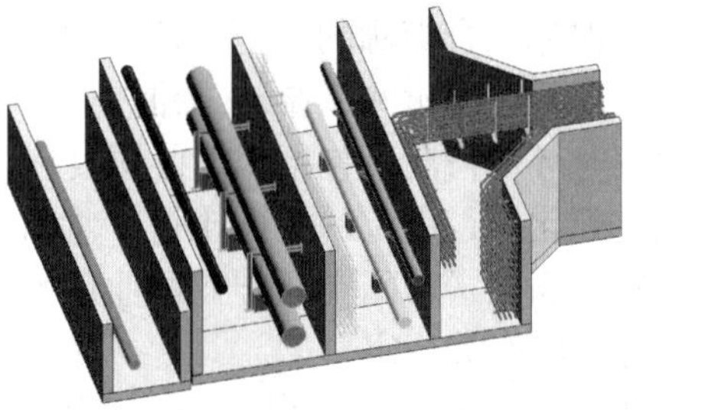

图 5-34　廊内管道及支吊架系统设计

调用综合管廊族库，对逃生口、通风口、投料口、集水坑及其内部附属设备进行选型。

利用辅助软件可根据已设定管廊横断面布置形式自动生成管廊内管道和支吊架系统，可根据具体管道种类、材质、容量选取适宜的支架、吊架、支墩类型。在本阶段，相关专业基于同一模型进行专业管线设计，提供良好的协作平台，有利于项目推进、减少交叉反复。

通过以上设置和选型可以建立出线井的基础模型，后续根据专业管线在弯折、衔接等方面具体要求，优化调整模型。本项目利用 Revit 构建的模型能够直观、具体反映舱室之间、上下游管线之间的衔接关系，便于优化管廊内部空间（图 5-35）。在方案构思、成果展示中，提供高效、易懂，方便施工单位识图，将复杂问题简单化，隐蔽问题表面化，发现问题在图纸中而不是项目建设中（图 5-36）。

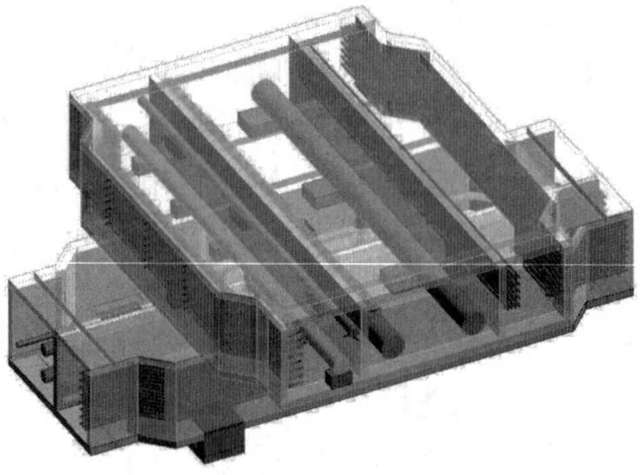

图 5-35　基于 Revit 平台的出线井模型

最后，将三维模型转化为二维图纸输出，如图 5-37 所示。同时，模型对应图纸，有效规避人为疏漏，图纸作为末端产品自动随设计而改变，充分发挥信息化模型效率的优势。

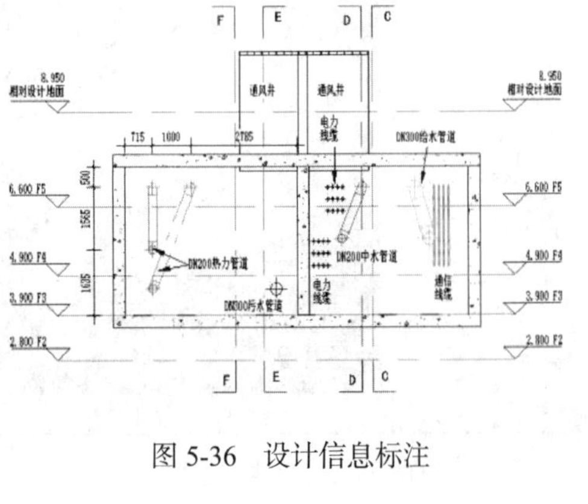

图 5-36　设计信息标注

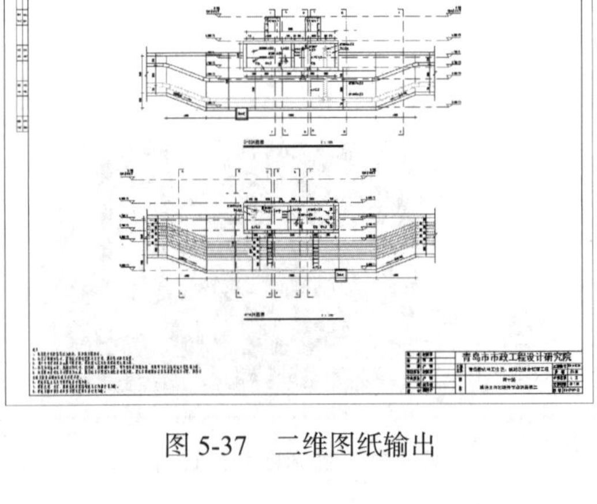

图 5-37　二维图纸输出

（6）实施情况

①建设周期

本项目于2016年12月开工建设，计划2017年10月竣工，目前正根据现场情况完成相关工程节点。

②现场照片（图5-38）

③专家点评

图5-38 现场实施照片

污水入廊的重点是入廊后不应改变原有排水系统，难点是入廊污水的进出线和养护管理问题。本项目从专项规划层面优化调整区域道路、管廊、排水布局，保持管廊、排水坡度方向与道路坡度一致；在不改变原有排水系统、无须设置下游提升泵站前提下，通过创新管廊横断面布置形式和出线井方案，有效解决污水管道入廊进出线问题；在检查井设置形式、防水处理等方面进行了相关研究。

本项目充分发挥BIM技术中可视化、参数化、关联性、准确性、多专业协同等优势，应用基于Revit平台的BIM解决方案，综合管廊标准段、出线井、附属设施、专业管线等全部实现三维设计。

本项目设计理念及方法对滨海软土地区污水管道纳入综合管廊的相关工程具有一定的示范意义，并能提供一定的借鉴经验。

第6章 污水管线入廊同舱管线研究

各类管线能否同舱敷设见表6-1所示。

表6-1 各类管线能否同舱表

管线类型	电力	通信	给水	热力	燃气	雨水	污水
电力	√	︵	√	×	×	×	×
通信	√	√	√	√	×	×	×
给水	√	√	√	√	×	×	×
热力	×	√	√	√	×	×	×
燃气	×	×	×	×	√	×	×
雨水	×	×	×	×	×	√	×
污水	×	×	×	×	×	×	√

说明：√为可同舱敷设；×为不可同舱敷设；︵为有限制条件敷设。

6.1 通信电缆与污水管线同舱研究

电信电缆线介质为非流体，若采用抗干扰能力较强的光缆材料时。电磁干扰作用可以忽略不计。电信电缆属于弱电，对市政管线影响较小。若同舱敷设，电缆桥架与污水管道之间的距离应符合相互之间的安全距离，以避免由于管道漏水而影响电缆的安全运行。

6.2 电力电缆与污水管线同舱研究

电力管线纳入综合管廊采用立柱和支架的形式进行敷设，为解决电力电缆通风、降温、防火、防灾等主要问题，管廊内一般配备高温报警、通风以及消费等附属实施。在满足上述条件下，电力可与污水管线同舱布置。

6.3 供水管线与污水管线同舱研究

污水与给水管线作用强度较小，可根据实际情况，将污水管线设置在综合舱内。污水和雨水管道可与给水和中水管道共处一舱，如同侧布置，给水管道尽量设置于其污水管道上方。

6.4 雨水管线与污水管线同舱研究

雨污水同为重力流管道，雨污水管道可同舱布置，通过优化管廊横断面布置，管廊内雨水采用箱涵、污水采用管道进行排放，并且雨污水同舱同侧布置，以节约管廊断面空间。

第 7 章 结论和建议

7.1 结论

结合污水管道的特性和综合管廊的构造特点，污水管道入廊后的管廊设计应重点解决以下问题：

（1）廊内安装维修更换需求。管廊空间及口部设施设计时，应满足污水管道在管廊内的安装、维修、更换要求。

（2）过流能力需求。入廊后污水管道的过流能力不应减小，即入廊后污水管道的坡度不应被改变，至少不应被减小；或者坡度减小，而管径增大，并应校核管道不淤流速。

（3）重力自流排放需求。入廊后污水管道应仍按一定坡度敷设，不应额外增加污水倒虹段，从而增加污水管堵塞风险。

（4）与街区污水管的接驳需求。污水管每隔一定距离（一般约 120m）需设置街区污水管的接驳井和接驳支管，管廊竖向上应与之避让。

（5）与市政污水管的接驳需求。在交叉路口处，或管廊交叉处，存在两条路上市政污水管的连接，管廊设置不应影响其正常接驳，即应满足自流重力接驳的需求。

（6）通风需求。污水管网中由于通风不畅，氧气浓度较低，污水中有机物在输送过程中逐渐被厌氧微生物生物分解并产生有机挥发性气体和无机爆炸性气体，当污水管道中爆炸性气体浓度达到爆炸极限，遇明火极易发生爆炸。因此，污水入廊后，应满足管道正常通风需求，避免有害气体的积累。

（7）清疏需求：污水管道因污水水质、水量变化及系统运行不合理（如污水泵站长期高水位运行等）导致的流速过低等原因，不可避免地存在淤积问题。目前市政污水管建设时一般根据管径不同隔一定距离设置污水检查井（如 DN800 以下污水管，检查井最大间距为 60m），并通过带高压冲洗水枪的冲洗车进行逐段水力冲洗或人工清疏养护。污水入廊之后，入廊污水管的检查检修设施和清疏方式均应特别考虑。

7.2　建议

虽然较传统直埋敷设，污水管在管廊内敷设有许多优点，但污水管道入廊对管廊建设和污水系统的影响仍不容忽视，如对地势平坦地区，污水管道入廊可能会导致管廊埋深增加，或者出现沿途增设污水提升泵站的情况，此时，污水管道入廊的合理性有待商榷。因此，本文建议管廊规划阶段应对污水管网标高系统进行梳理，核实污水管道入廊后是否仍能自流接驳，并结合排水系统规划（修编）提出应对方案，同时综合评估污水管道入廊前后的管廊建设成本、污水管网建设运营成本、污水处理成本、社会效益、环境效益等，研判污水管道入廊的合理性。

此外，本文提出的污水管道入廊技术方案是基于常规的污水系统建设运营方式和清疏养护机械提出的。而随着我国综合管廊建设的全面铺开，势必带动专门用于综合管廊的运行维护设备的研发和应用，包括专门用于廊内污水管清疏、通风的机械设备、真空排水装置、水力冲洗装置等，从而促使污水管网的建设运营理念的变化，届时污水管道入廊的解决方案将更加多样化，污水管道入廊对管廊造成的不利影响也将被弱化。

污水管是否纳入综合管廊应当结合规划道路或现况道路的标高以及相关的其他市政规划一并考虑。在具备污水管入廊的前提下，污水管入廊设计还需从以下四个方面考量。

（1）为便于污水管道入廊，应结合综合管廊规划布局，适当调整污水系统规划，优化污水管网布局，使污水系统坡度与地势坡度相适应；在保证入廊污水管道最低流速要求的前提下，可适当加大管径（1 ～ 2 级），尽量降低管道坡度。

（2）综合管廊的覆土深度需结合污水管道系统进行适当调整，管廊覆土深度 4 ～ 5m 较为适宜。

（3）污水压力输送管可与其他管道共舱设置，其设置要求按国家标准《城市地下综合管廊工程技术规范》、《室外排水设计规范》。其排气装置应将管道内有害气体直接排到管廊外部安全空间。

（4）污水管道进入综合管廊内，综合管廊应按现行国家标准《城市地下综合管廊工程技术规范》的要求，设置相应的通风、照明、监控等附属设施。利用管廊结构本体排水的污水舱，在加强结构防腐的前提下，可视情况酌情考虑设置。

第六篇
青岛市地下综合管廊有偿使用费收费研究

PART 6

第1章　项目背景

1.1　地下综合管廊定义

地下综合管廊是在城市地下用于集中敷设电力、通信、广播电视、给水、排水、热力、燃气等市政管线的公共隧道。

推进城市地下综合管廊建设，统筹各类市政管线规划、建设和管理，解决反复开挖路面、架空线网密集、管线事故频发等问题，有利于保障城市安全、完善城市功能、美化城市景观、促进城市集约高效和转型发展，有利于提高城市综合承载能力和城镇化发展质量，有利于增加公共产品有效投资、拉动社会资本投入、打造经济发展新动力。

1.2　国家相关政策

近年来，国家密集出台各种支持地下综合管廊建设的相关政策，地下综合管廊建设已经在全国范围内全面展开：

2013 年 9 月 6 日，国务院发布《关于加强城市基础设施建设的意见》(国办发〔2013〕36 号)，计划用 3 年左右时间，在全国 36 个大中城市全面启动地下综合管廊试点工程；中小城市因地制宜建设一批综合管廊项目。新建道路、城市新区和各类园区地下管网应按照综合管廊模式进行开发建设。

2014 年 6 月 3 日，国务院印发《关于加强城市地下管线建设管理的指导建设》(国办发〔2014〕27 号)，提出具备条件的城市结合新区建设、旧城改造、道路新（改、扩）建，在重要地段和管线密集区建设综合管廊。

2014 年 12 月 1 日，住房城乡建设部等五部委印发《关于开展城市地下管线普查工作的通知》(城建〔2014〕179 号)，要求 2015 年底前完成各城市地下管线普查工作。

2015 年 3 月，国家发改委印发《城市地下综合管廊建设专项债券发行指引》(发改办财金〔2015〕755 号)。

2015 年 5 月 26 日，住房城乡建设部发布《城市地下综合管廊工程规划编制指引》，明确综合管廊建设要“先规划，后建设”。

2015 年 8 月 3 日，《国务院办公厅关于推进城市地下综合管廊建设的指导意见》(国办发〔2015〕61 号)，提出需要综合管廊建设需统筹规划、有序建设、严格管理。

2015 年 8 月，国务院办公厅印发了《关于推进城市地下综合管廊建设的指导意见》(国办发〔2015〕61 号)，要求各地加强地下综合管廊建设的推进力度；明确了综合管廊实行有偿使用制度，入廊管线单位应向管廊建设运营单位交纳入廊费和日常维护费。

2015 年 11 月 26 日，国家发改委、住房城乡建设部发布《关于城市地下综合管廊实行有偿使用制度的指导意见》(发改价格〔2015〕2754 号)，对综合管廊有偿使用费标准提出指导性意见。

针对综合管廊有偿使用费的政策主要为国办发〔2015〕61 号文和发改价格〔2015〕2754 号文。

1.3 青岛市综合管廊建设情况

青岛市积极响应国家加强推进地下综合管廊建设的要求，已完成了《青岛地下综合管廊专项规划》，根据《青岛市城市总体规划》确定的各功能组团的职能要求及发展策略，结合新区开发、旧城更新、地下空间利用、重大基础设施等确定综合管廊总体布局（图 1-1）。规划确定崂山湾国际生态健康城、董家口港城和红岛经济区三个区域为综合管廊重点建设区域，东岸城区、西海岸新区及原胶南市区三个区域为综合管廊一般建设区域。

规划期限（2016—2030 年）内新建地下综合管廊 195.7km。其中，近期（2016—2020 年）规划建设综合管廊约 93.7km，远期（2021—2030 年）规划建设综合管廊约 102km，共计约 195.7km。

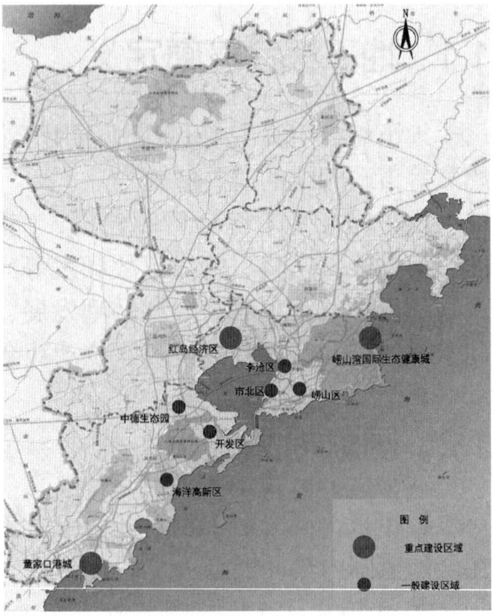

图 1-1 青岛市地下综合管廊总体布局

1.4 课题研究的必要性

根据《国务院办公厅关于推进城市地下综合管廊建设的指导意见》（国办发〔2015〕61 号）第十条规定综合管廊实行有偿使用制度，国家发展改革委、住房和城乡建设部发布的《关于城市地下综合管廊实行有偿使用制度的指导意见发改价格》(〔2015〕2754 号）文件第二条规定，城市地下综合管廊有偿使用费包括入廊费和日常维护费。

建立主要由市场形成价格的机制：

（1）原则上应由管廊建设运营单位与入廊管线单位协商确定；

（2）暂不具备供需双方协商定价条件的城市地下综合管廊，有偿使用费标准可实行政府定价或政府指导价。

在此基础上，2016 年 3 月，青岛市物价局、青岛市城乡建设委员会、青岛市财政局发布了《关于我市地下综合管廊实行有偿使用制度的指导意见》（青价费〔2016〕11 号），明确青岛市综合管廊实行有偿使用的原则。

但上述政策只是给出了有偿使用费收费标准的原则性、指导性意见，并未给出可量化的、明确的收费标准。

收费标准的分摊关系到各方利益，政府部门需要厘清综合管廊收费标准高低与城市基础设施建设及运维的相互影响，给有偿使用费定价提供决策的依据。为规范青岛市地下综合管廊有偿使用制度，建立适合青岛市的有偿使用费收费标准，促进综合管廊与城市建设的协调发展，故委托开展“青岛市地下综合管廊有偿使用收费标准研究工作”，依托于青岛市管廊试点区的建设，对试点区管廊的入廊费及日常维护费收费进行测算，为最终整个青岛市实行

“一城一价”管廊收费模式提供数据支撑和依据。

1.5　测算样本项目概况

本次测算样本项目依托于青岛市管廊试点区，包括：蓝色硅谷区域、青岛新机场区域、黄岛区、高新西区、李沧区五个区综合管廊，共计 17 条管廊，总长 36.61km。项目周期：建设期为运营期拟为 2015—2020 年。试点区管廊规模、长度等详情见第 5 章管廊测算范围。

1.6　研究目标

为引导和规范供需双方合理确定地下综合管廊收费标准，形成可行的收费机制，为综合管廊的规范化建设、经营、管理，研究并编制出适用于青岛市实际情况的有偿使用制度收费标准，为最终整个青岛市实行“一城一价”管廊收费模式提供数据支撑和依据。

1.7　技术路线

青岛市地下综合管廊有偿使用费收费标准测算、分摊的总体思路为：依据《关于城市地下综合管廊实行有偿使用制度的指导意见发改价格》(〔2015〕2754 号）等关于综合管廊实行有偿使用制度的指导意见精神及原则，参考国内外实践案例及青岛市实际情况，根据当地管廊试点区建设情况、管线工程资料、管廊建设资料等，确定青岛市管廊有偿使用费的费用组成及计算方法，分别采用直埋成本法和空间比例法测算。

本专题研究的总体技术路线如图 1-2 所示。

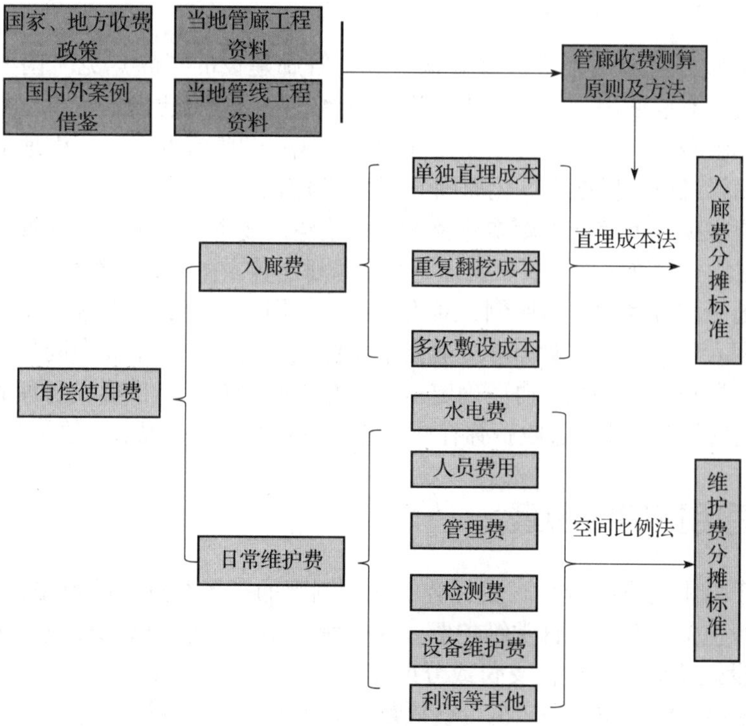

图 1-2　技术路线图

第 2 章　有偿使用费测算依据及原则

2.1　测算依据

（1）国家发展改革委、住房城乡建设部，《关于城市地下综合管廊实行有偿使用制度的指导意见发改价格》〔2015〕2754 号；

（2）上海市政院主编，《城市综合管廊工程技术规范》（GB 50838—2015），2015 年 5 月 22 号发布，6 月 1 号实施；

（3）财政部：《加快地方政府债券发行和安排》(财预〔2015〕62 号)；

（4）发改办财金，《城市地下综合管廊建设专项债券发行指引》（发改办财金〔2015〕755 号）；

（5）财政部办公厅、住房城乡建设部办公厅，《2016 年地下综合管廊试点城市申报指南》（财办建〔2016〕21 号）；

（6）城市综合管廊工程造价指标（试行，2015）；

（7）给水、排水、电力、通信、燃气、热力等相关行业概预算定额、投资估算指标；

（8）国内已建综合管廊工程投资及运营维护收费情况；

（9）青岛部分已建电力、电信、给排水等市政管道的建设参考资料；

（10）青岛市已建和在建的城市地下综合管廊的相关设计资料。

2.2　测算原则

根据《国务院办公厅关于推进城市地下综合管廊建设的指导意见》国办发〔2015〕61 号，综合管廊实施有偿使用，入廊管线单位应向地下综合管廊建设运营单位交纳入廊费和日常维护费，具体收费标准要统筹考虑建设和运营、成本和收益的关系，由地下综合管廊建设运营单位与入廊管线单位根据市场化原则共同协商确定。

入廊费主要根据地下综合管廊本体及附属设施建设成本，以及各入廊管线单独敷设和更新改造成本确定。日常维护费主要根据地下综合管廊本体及附属设施维修、更新等维护成本，以及管线占用地下综合管廊空间比例、对附属设施使用强度等因素合理确定。公益性文化企业的有线电视网入廊，有关收费标准可适当给予优惠。由发展改革委会同住房城乡建设部制定指导意见，引导规范供需双方协商确定地下综合管廊收费标准，形成合理的收费机制。在地下综合管廊运营初期不能通过收费弥补成本的，地方人民政府视情况给予必要的财政补贴。

2.3　有偿使用费构成因素

根据《关于城市地下综合管廊实行有偿使用制度的指导意见发改价格》，城市地下综合管廊有偿使用费包括入廊费和日常维护费。入廊费主要用于弥补管廊建设成本，由入廊管线单位向管廊建设运营单位一次性支付或分期支付。日常维护费主要用于弥补管廊日常维护、管理支出，由入廊管线单位按确定的计费周期向管廊运营单位逐期支付。

（1）管廊建设成本包括：

①管廊工程基坑支护、开挖、回填费用；

②地基处理费用；

③管廊工程本体建设费用（包括管廊主体结构、管线支架支墩、管廊内部排水、照明、通风、消防、监控等附属设施建设费用，不包括入廊管线安装）；

④管廊管线分支口、分支段及控制中心等管廊工程附属设施建设费用；

⑤管廊单独建设时引起的道路占用挖掘费、绿化修复费等；

⑥管廊工程勘察设计费、监理费、建设单位管理费等其他费用。

（2）管廊日常维护成本包括：

①管廊本体及附属设施运行、维护、更新改造等正常成本；

②管廊运营单位正常管理支出；

③管廊运营单位合理经营利润、法定税金。

（3）基于以上考虑，入廊费的费用构成可考虑以下因素：

①城市地下综合管廊本体及附属设施的合理建设投资；

②城市地下综合管廊本体及附属设施建设投资合理回报，原则上参考金融机构长期贷款利率确定（政府财政资金投入形成的资产不计算投资回报）；

③各入廊管线占用管廊空间的比例；

④各管线在不进入管廊情况下的单独敷设成本（含道路占用挖掘费，不含管材购置及安装费用，下同）；

⑤管廊设计寿命周期内，各管线在不进入管廊情况下所需的重复单独敷设成本；

⑥管廊设计寿命周期内，各入廊管线与不进入管廊的情况相比，因管线破损率以及水、热、气等漏损率降低而节省的管线维护和生产经营成本；

⑦其他影响因素。

（4）日常维护费的费用构成可考虑以下因素：

①城市地下综合管廊本体及附属设施运行、维护、更新改造等正常成本；

②城市地下综合管廊运营单位正常管理支出；

③城市地下综合管廊运营单位合理经营利润，原则上参考当地市政公用行业平均利润率确定；

④各入廊管线占用管廊空间的比例；

⑤各入廊管线对管廊附属设施的使用频率；

⑥其他影响因素。

2.4　国内外参考

2.4.1　法国、英国等欧洲国家政府

法国、英国等欧洲国家，由于其政府财力比较强，共同沟被视为由政府提供的公共产品，其建设费用由政府承担，以出租的形式提供给管线单位实现投资的部分回收。至于其出租价格，并没有统一规定，而是由市议会讨论并表决确定当年的出租价格，可根据实际情况逐年调整变动。这一分摊方法基本体现了欧洲国家对于公共产品的定价思路，充分发挥民主表决机制来决定公共产品的价格，类似于道路、桥梁等其他公共设施。由于这些国家的相关法律中有规定，一旦建设有共同沟，相关管线单位必须通过共同沟埋设管线，不得再采用传

统埋设方法。

2.4.2 日本各级政府负担部分费用

虽然日本很早就开始建造地下综合管廊（如关东大地震后，为复兴首都而兴建的八重州共同沟），但真正大规模的兴建地下综合管廊，还是在1963年日本制定了《共同沟法》以后。自此，地下综合管廊就作为道路合法的附属物，在由公路管理者负担部分费用的基础上开始大量建造。管廊内的设施仅限于通信、电力、煤气、上水管、工业用水、下水道六种。随着社会不断发展，管廊内容纳的管线种类已经突破六种，增加了供热管、废物输送管等设施。筑波科学城建立的一整套垃圾管道运送和焚烧处理系统，输送管道就布置在地下公用设施的共同沟中。日本在共同沟建设中，其建设资金由道路管理者与管线单位共同承担（但与中国台湾地区所不同，日本对两者承担的比例没有明确的法律规定）。其中道路如果为国道，则道路管理者为中央政府，共同沟的建设费用由中央政府承担一部分；当道路为地方道路时，地方政府承担部分的共同沟建设费用，同时地方政府可申请中央政府的无息贷款用作共同沟的建设费用。后期运营管理中，还采取道路管理者与各管线单位共同维护管理的模式。共同沟本体的日常维护由道路管理者（或道路管理者与各管线单位组成的联合体）负责，而共同沟内各种管线的维护，则由各管线单位自行负责。其维护管理则由道路管理者与各管线单位共同承担。

2.4.3 中国台湾地区政府负担部分费用

我国台湾地区自20世纪90年代以来，共同沟的推动速度相当快。我国台湾地区综合管廊的快速发展同样离不开政府的直接支持。但是中国台湾相对日本的政策更进了一步，其根本原因在于找到了各方均能接受的费用分摊办法，并以法律的形式保证执行。从投资费用来看，中国台湾地区共同沟是由主管机关和管线单位共同出资建设的，其中主管机关承担1/3的建设费用，管线单位承担2/3，其中各管线单位以各自所占用的空间以及传统埋设成本为基础，分摊建设费用。从共同沟的维护费用分摊来看，管线单位于建设完工后的第二年起平均分摊管理维护费用的1/3，另2/3由主管机关协调管线单位依使用时间或次数等比例分摊。其中的管理费用不包括主管机关编制内人事费用。为确保共同沟建设与维护资金，中国台湾地区还成立了公共建设管线基金，用于办理共同沟及多种电线电缆地下化共管工程的需要。政府机关、管线单位作为资金提供者可以享受一定数量的免息资金以及时保证共同沟所需资金。

2.4.4 广州大学城综合管廊

广州大学城位于广州西南的番禺长洲岛上，建设的综合管廊沿岛屿环形布局，全长18km。综合管廊位于道路之下，与道路一同建设，初步估计土建成本约4亿元，预计当地同等直埋管线土建成本约为8000万元（综合管廊具有一定的预留空间）。该管廊目前刚刚建成，预计使用过程中年折旧费用约1000万元，维护运营费用300万元，采用综合管廊直接经济效益一般，由于没有相关产权，所以只能收取租金，而租金收取由于缺乏相关的政策，各个市政企业也一直没有缴纳，其租金仅300万元。对于一个正常的投资主体，投资4亿元的项目通常要求每年10%约4000万元的投资回报，而广州大学城综合管廊希望收取的年租金约300万元，仅仅与运营维护费用相当，尚且未能如愿。广州综合管廊的建设方提出，关键问题在于缺乏相关的政策法规（控制综合管廊周围的市政直埋、综合管廊的租金和转让、办理权属等），由于相关法律法规的缺失，开发建设管廊之后无法取得相关产权；无法强制市政管线采用综合管廊，发挥综合管廊的优势；出租租金缺乏物价局的规定；而作为上市公司的各管线公司，则希望减少费用，增加固定资产。

2.4.5　厦门市城市地下综合管廊

厦门市物价局于 2013 年 12 月颁布了《关于暂定城市综合管廊使用费和维护费收费标准的通知》(厦价商〔2013〕15 号)，核定了管廊使用费和维护费收费暂行标准。

厦门市物价局价格成本监审分局进行了《厦门市城市综合管廊使用费和维护费定价成本调查报告》。

然后按照《厦门是城市综合管廊管理办法》要求，以“保本微利”的原则，同时借鉴广州等地做法（综合管沟管线入沟费收费标准参照各管线直埋成本原则确定，对进驻综合管沟的管线单位一次性收取管线入沟费），以《调查报告》中厦门市市政工程设计院测算的各类管线使用费直埋成本为基数，加上市政公用事业成本费用利润率平均值 2.6%，拟定综合管廊使用费试行标准。

综合管廊维护费则根据各类管线设计截面空间比例，由各管线单位合理分摊原则，以《调查报告》中测算出的各类管线单位综合管廊维护费定价成本为基数，加上市政公用业成本费用利润率平均值 2.6%，拟定综合管廊维护费试行标准。

但厦门市这个试行标准有个局限性，仅针对的是市政综合舱，纳入的电力管线只有 10kV，给水、中水、污水、雨水等管线都是小管径的支管。而且在测算成本的基础上仅考虑了 2.6% 的成本费用利润率，对于拟实行市场化运作的项目来说，费率比较低。

2016 年厦门定价调整机制约定的两年期限已到，厦门市物价局进行了新一轮的地下综合管廊收费成本监审程序，对入廊费和运营维护费重新调整测算。2016 年 6 月，厦门市发展改革委关于调整城市地下综合管廊有偿使用收费标准的通知，公布了《厦门市城市地下综合管廊有偿使用收费标准（指导价格）》，部分内容如下（表 2-1）：

表 2-1 《厦门市城市地下综合管廊有偿使用收费标准（指导价格）》(部分内容)

<table>
<tr><th rowspan="3">序号</th><th rowspan="3">入廊项目</th><th colspan="3">入廊费</th><th colspan="2">日常维护费</th></tr>
<tr><th rowspan="2">现行价（元 /m）</th><th colspan="2">调后价（元 /m · 孔）</th><th rowspan="2">现行价［元 / m · 根（孔）· 年］</th><th rowspan="2">调后基准价［元 / m · 根（孔）· 年］</th></tr>
<tr><th>按接近投资额测算的基准价</th><th>根据资产收益率建议的执行价</th></tr>
<tr><td rowspan="10">1</td><td>给水、输水工程</td><td></td><td></td><td></td><td></td><td></td></tr>
<tr><td>DN200</td><td>306.49</td><td>4854.17</td><td>1103.22</td><td rowspan="9">135.13</td><td rowspan="3">138.43</td></tr>
<tr><td>DN300</td><td>346.22</td><td>5331.05</td><td>1211.60</td></tr>
<tr><td>DN400</td><td>519.34</td><td>5897.51</td><td>1340.34</td></tr>
<tr><td>DN500</td><td>—</td><td>6447.32</td><td>1465.30</td><td rowspan="3">174.11</td></tr>
<tr><td>DN600</td><td>—</td><td>7595.27</td><td>1726.20</td></tr>
<tr><td>DN800</td><td>—</td><td>8518.28</td><td>1935.97</td></tr>
<tr><td>DN1000</td><td>—</td><td>9481.81</td><td>2154.96</td><td rowspan="3">224.49</td></tr>
<tr><td>DN1200</td><td>—</td><td>10485.85</td><td>2383.15</td></tr>
<tr><td>DN1400</td><td>—</td><td>11611.45</td><td>2638.97</td></tr>
<tr><td rowspan="7">2</td><td>直饮水工程</td><td></td><td></td><td></td><td></td><td></td></tr>
<tr><td>DN100</td><td>—</td><td>4377.29</td><td>994.84</td><td rowspan="6">—</td><td rowspan="5">138.43</td></tr>
<tr><td>DN150</td><td>—</td><td>4599.31</td><td>1045.30</td></tr>
<tr><td>DN200</td><td>—</td><td>4854.17</td><td>1103.22</td></tr>
<tr><td>DN300</td><td>—</td><td>5331.05</td><td>1211.60</td></tr>
<tr><td>DN400</td><td>—</td><td>5897.51</td><td>1340.34</td></tr>
<tr><td>DN500</td><td>—</td><td>6447.32</td><td>1465.30</td><td>174.11</td></tr>
</table>

续表

<table>
<tr><th rowspan="3">序号</th><th rowspan="3">入廊项目</th><th colspan="3">入廊费</th><th colspan="2">日常维护费</th></tr>
<tr><th rowspan="2">现行价（元/m）</th><th colspan="2">调后价（元/m·孔）</th><th rowspan="2">现行价［元/m·根（孔）·年］</th><th rowspan="2">调后基准价［元/m·根（孔）·年］</th></tr>
<tr><th>按接近投资额测算的基准价</th><th>根据资产收益率建议的执行价</th></tr>
<tr><td rowspan="11">3</td><td>再生水工程</td><td></td><td></td><td></td><td></td><td></td></tr>
<tr><td>DN100</td><td>272.87</td><td>4377.29</td><td>994.84</td><td rowspan="10">55.76</td><td rowspan="6">138.43</td></tr>
<tr><td>DN150</td><td>283.79</td><td>4599.31</td><td>1045.30</td></tr>
<tr><td>DN200</td><td>—</td><td>4854.17</td><td>1103.22</td></tr>
<tr><td>DN250</td><td>327.45</td><td>—</td><td>—</td></tr>
<tr><td>DN300</td><td>—</td><td>5331.05</td><td>1211.60</td></tr>
<tr><td>DN400</td><td>—</td><td>5897.51</td><td>1340.34</td></tr>
<tr><td>DN500</td><td>—</td><td>6447.32</td><td>1465.30</td><td rowspan="3">174.11</td></tr>
<tr><td>DN600</td><td>—</td><td>7595.27</td><td>1726.20</td></tr>
<tr><td>DN800</td><td>—</td><td>8518.28</td><td>1935.97</td></tr>
<tr><td>DN1000</td><td>—</td><td>9481.81</td><td>2154.96</td><td>224.49</td></tr>
<tr><td rowspan="7">4</td><td>天然气工程</td><td></td><td></td><td></td><td></td><td></td></tr>
<tr><td>DN150</td><td>—</td><td>5495.19</td><td>5495.19</td><td rowspan="6">—</td><td rowspan="6">239.14</td></tr>
<tr><td>DN200</td><td>—</td><td>5860.33</td><td>5860.33</td></tr>
<tr><td>DN250</td><td>—</td><td>6274.67</td><td>6274.67</td></tr>
<tr><td>DN300</td><td>—</td><td>6688.58</td><td>6688.58</td></tr>
<tr><td>DN400</td><td>—</td><td>7532.69</td><td>7532.69</td></tr>
<tr><td>DN500</td><td>—</td><td>8330.48</td><td>8330.48</td></tr>
<tr><td rowspan="3">5</td><td>电力工程</td><td></td><td></td><td></td><td></td><td></td></tr>
<tr><td>110kV/220kV 高压</td><td>203.67</td><td>1456.94</td><td>960.26</td><td>8.20（孔）</td><td>18.21</td></tr>
<tr><td>10kV 中压</td><td>203.67</td><td>792.68</td><td>522.45</td><td>8.20（孔）</td><td>14.22</td></tr>
<tr><td rowspan="2">6</td><td>通信工程</td><td></td><td></td><td></td><td>4.86（孔）</td><td></td></tr>
<tr><td>通信管道</td><td>141.89</td><td>419.34</td><td>381.22</td><td>4.86（孔）</td><td>8.12</td></tr>
</table>

第 3 章　有偿使用费测算方法

根据《国务院办公厅关于推进城市地下综合管廊建设的指导意见》（国办发〔2015〕61 号）第十条规定综合管廊实行有偿使用制度，国家发展改革委、住房城乡建设部发布的《关于城市地下综合管廊实行有偿使用制度的指导意见发改价格》（〔2015〕2754 号）文件第二条规定，城市地下综合管廊有偿使用费包括入廊费和日常维护费。

3.1　入廊费的定义

入廊费是用于弥补管廊建设成本，由入廊管线单位向管廊建设运营单位一次性支付或分期支付的费用，主要根据地下综合管廊本体及附属设施建设成本，以及各入廊管线单独敷设和更新改造成本确定。

3.2　入廊费的分摊方法

入廊单位分摊比例的确定是分摊的关键，目前有三种思路：直埋成本法、空间比例法以及直埋成本法和空间比例法结合法。

3.2.1　直埋成本法

直埋成本法设管线 j 的第一次直埋成本为 Y_j，管线 j 单独敷设重新翻挖成本为 Z_j，寿命期内翻挖次数为 N_j（≤ 4），则寿命期内管线的直埋成本为：

$$Z=\sum_{j=1}^{m}(Y_j+Z_jN_j)$$

直埋成本考虑的因素包括：

（1）各入廊管线第一次直埋成本（不含管材及安装成本）；

（2）管廊设计寿命周期内，各管线在不入廊情况下因更新改造需要发生的重新敷设成本（其中包括：重新敷设土建费用，施工围挡费用，破除道路及恢复费用）；

（3）因管线破损率，节约的管线维护和日常生产经营成本；

（4）因水、热、气等漏损率较低，节约的管线维护和日常生产经营成本；

（5）根据各专业管线建设暂定工况，再适当考虑其他影响因素进行修正；

（6）建设工程的应缴税金。

3.2.2　空间比例法

空间成本法即管线单位按照进入管廊管线所占空间（管线净空间 + 管线操作空间）的比例分摊管廊投资。

设管廊净空间体积为 V，管线 i 所占的管廊有效空间为 V_i，管廊公有空间为 V_b，则 $\sum_{i=1}^{m} V_i/V+V_b/V=1$。

管线所占空间的确定原则：

1. 综合管廊通道净宽，应满足管道、配件及设备运输的要求，并符合下列规定：

（1）综合管廊内两侧设置支架或管道时，检修通道净宽不宜小于 1.0m；单侧设置支架或管道时，检修通道净宽不宜小于 0.9m。

（2）配备检修车的综合管廊检修通道宽度不宜小于 2.2m。

2. 综合管廊的管道安装净距（图 3-1）不宜小于表 3-1 的规定。

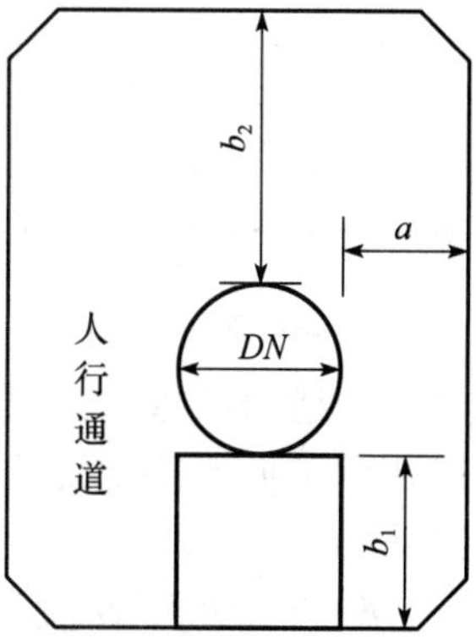

图 3-1　管道安装净距

3. 电力电缆支架间距应符合现行国家标准《电力工程电缆设计规范》GB 50217 的有关规定。电缆支架、梯架或托盘的层间距离，应满足能方便地敷设电缆及其固定、安置接头的要求，且在多根电缆同置于一层情况下，可更换或增设任一根电缆及其接头。在采用电缆截面或接头外径尚非很大的情况下，符合上述要求的电缆支架、梯架或托盘的层间距离的最小值，可取表 3-2 所列数值。

表 3-1　综合管廊的管道安装净距

<table>
<tr><th rowspan="3">DN</th><th colspan="6">综合管廊的管道安装净距（mm）</th></tr>
<tr><th colspan="3">铸铁管、螺栓连接钢管</th><th colspan="3">焊接钢管、塑料管</th></tr>
<tr><th>a</th><th>b_1</th><th>b_2</th><th>a</th><th>b_1</th><th>b_2</th></tr>
<tr><td>DN<400</td><td>400</td><td>400</td><td rowspan="5">800</td><td rowspan="3">500</td><td rowspan="3">500</td><td rowspan="5">800</td></tr>
<tr><td>400 ≤ DN<800</td><td rowspan="2">500</td><td rowspan="2">500</td></tr>
<tr><td>800 ≤ DN<1000</td></tr>
<tr><td>1000 ≤ DN<1500</td><td>600</td><td>600</td><td>600</td><td>600</td></tr>
<tr><td>DN ≥ 1500</td><td>700</td><td>700</td><td>700</td><td>700</td></tr>
</table>

表 3-2　电缆支架、梯架或托盘的层间距离的最小值　mm

<table>
<tr><th colspan="2">电缆电压级和类型、敷设特征</th><th>普通支架、吊架</th><th>桥架</th></tr>
<tr><td colspan="2">控制电缆明敷</td><td>120</td><td>200</td></tr>
<tr><td rowspan="6">电力电缆明敷</td><td>6kV 及以下</td><td>150</td><td>250</td></tr>
<tr><td>6 ～ 10kV 交联聚乙烯</td><td>200</td><td>300</td></tr>
<tr><td>35kV 单芯</td><td>250</td><td>300</td></tr>
<tr><td>35kV 三芯</td><td rowspan="2">300</td><td rowspan="2">350</td></tr>
<tr><td>110 ～ 220kV，每层 1 根以上</td></tr>
<tr><td>330kV、500kV</td><td>350</td><td>400</td></tr>
<tr><td colspan="2">电缆敷设于槽盒中</td><td>h+80</td><td>h+100</td></tr>
</table>

注：h 为槽盒外壳高度。

4. 水平敷设时电缆支架的最上层、最下层布置尺寸，应符合下列规定：

（1）最上层支架距构筑物顶板或梁底的净距允许最小值，应满足电缆引接至上侧柜盘时的允许弯曲半径要求，且不宜小于表 3-2 所列数再加 80 ～ 150mm 的和值。

（2）最上层支架距其他设备的净距，不应小于 300mm；当无法满足时应设置防护板。

（3）最下层支架距地坪、沟道底部的最小净距，不宜小于表 3-3 所列值。

表 3-3　最下层支架距地坪、沟道底部的最小净距　mm

<table>
<tr><th colspan="2">电缆敷设场所及其特征</th><th>垂直净距</th></tr>
<tr><td colspan="2">隧道</td><td>100</td></tr>
<tr><td rowspan="2">电缆夹层</td><td>非通道处</td><td>200</td></tr>
<tr><td>至少在一侧不小于 800mm 宽通道处</td><td>1400</td></tr>
<tr><td colspan="2">公共廊道中电缆支架无围栏防护</td><td>1500</td></tr>
</table>

5. 通信线缆的桥架间距应符合现行行业标准《光缆进线室设计规定》YD/T5151 的有关规定。通信线缆走线托架宽度宜为 300 ～ 400mm，上下层之间距离不宜小于 200mm。走线托架最低层距地面不得小于 300mm；最高层距天花板不宜小于 500mm，梁下不宜小于 250mm。

6. 同一功能管线若单独设舱，则该管线所占空间面积按该舱内净面积计算。

7. 同一舱室内若设有多种管线，则分别计算每种管线的空间面积，原则如下：

（1）单根管线的空间净面积，取满足管线规范要求的最小安装净距的计算面积 A。设相同功能管线数量为 N，则该功能管线的空间面积为 $N \times A$。

（2）带支架管线，若最底层支架下侧设有其他功能管线，如排水给水管线，则两种管线空间净面积计算分界线取在最底层支架下缘。

（3）按照计算得到各单位管线净面积比值分摊该舱室的剩余公摊面积。

（4）各管线净面积与公摊面积之和即为各管线所占的空间面积。

3.2.3　直埋成本和空间比例结合法

该方法结合了直埋成本和空间比例法的优点，测算费用时考虑的因素更为综合全面，但计算较为复杂。

计算原则：

（1）计算各入廊管线在全寿命周期条件下，考虑反复开挖等因素的直埋成本。各管线直埋成本总和一般情况下小于管廊总的建设投资成本。管廊建设投资成本扣除各管线总直埋成本的剩余部分为剩余建设成本。

（2）计算各管线的所占空间面积，按照各管线空间面积比例对剩余建设成本进行分摊。

（3）各管线公司入廊费为各管线两次分摊费用的总和。

3.3　日常维护费的定义

日常维护费是用于弥补管廊日常维护、管理支出，由入廊管线单位按确定的计费周期向管廊运营单位逐期支付的费用，主要根据地下综合管廊本体及附属设施维修、更新等维护成本，以及管线占用地下综合管廊空间比例、对附属设施使用频率等因素合理确定。

3.4　日常维护费的测算方法

1. 日常维护费根据“谁使用谁付费”的原则，由管线单位分摊，分摊的比例考虑以下因素：

（1）管廊本体及附属设施运行、维护、更新改造等正常成本。

（2）管廊运营单位正常管理支出。

（3）管廊运营单位合理经营利润：回报利润率暂定4.9%（最终以青岛市政公用行业平均利润率为准）。

（4）各入廊管线占用管廊空间的成本。

（5）各入廊管线对管廊附属设施的使用成本：各入廊管线对管廊附属设施的使用频率。

（6）其他影响因素。

2. 日常维护费常见计算方法有：

（1）直埋成本与空间比例结合法

分摊的比例按照“直埋成本比例”和“空间比例”相结合的方法综合确定，即赋予管线直埋成本比例和空间比例不同的权重，计算出综合分摊比例。

（2）直埋成本与管线维护使用频率结合法

分摊比例按照“直埋成本比例”与“管线维护使用频率比例”相结合的方法综合确定，即赋予管线直埋成本比例和使用频率比例不同的权重，计算出综合分摊比例。

（3）空间比例与管线维护使用频率结合法

分摊比例按照“空间比例”与“管线维护使用频率比例”相结合的方法综合确定，即赋予管线空间比例和使用频率比例不同的权重，计算出综合分摊比例。

第 4 章　本次测算原则及方法的确定

4.1　测算原则的确定

根据国家发展改革委、住房城乡建设部发布的《关于城市地下综合管廊实行有偿使用制度的指导意见发改价格》(〔2015〕2754 号）文件第二条规定："入廊费主要根据地下综合管廊本体及附属设施建设成本，以及各入廊管线单独敷设和更新改造成本确定。日常维护费主要根据地下综合管廊本体及附属设施维修、更新等维护成本，以及管线占用地下综合管廊空间比例、对附属设施使用强度等因素合理确定。公益性文化企业的有线电视网入廊，有关收费标准可适当给予优惠。由发展改革委会同住房城乡建设部制定指导意见，引导规范供需双方协商确定地下综合管廊收费标准，形成合理的收费机制。在地下综合管廊运营初期不能通过收费弥补成本的，地方人民政府视情给予必要的财政补贴。"

根据国家发展改革委、住房城乡建设部发布的《关于城市地下综合管廊实行有偿使用制度的指导意见发改价格》(〔2015〕2754 号）文件第二条规定，结合山东省青岛市的当地政策情况，因地制宜，综合确定入廊费和运营维护费的测算原则如下：

4.1.1　入廊费的测算原则

（1）入廊费主要考虑各入廊管线单独敷设和更新改造成本确定，结合管廊本体及附属设施建设成本进行调整。

（2）各入廊管线单独敷设成本包括：管线的第一次直埋敷设成本；管线直埋敷设的反复开挖成本。

（3）管线的第一次直埋敷设成本：各管线在不进入管廊情况下的单独敷设成本（含道路占用挖掘费，不含管材购置及安装费用，下同）。管线直埋敷设的反复开挖成本：管廊设计寿命周期内，管线因反复开挖次数的成本，反复开挖次数目前缺乏较大数据的支撑，本报告测算参考相关规范及文献数据。

4.1.2　日常维护费的测算原则

（1）日常维护费主要考虑地下综合管廊本体及附属设施维修、更新等维护成本，以及管线占用地下综合管廊空间比例。

（2）本次测算为减小管线单位的分歧，更好地解决公平的问题，引入了政府单位对综合管廊的的补贴。即政府单位作为管廊日常维护费分担的一方将承担除各入廊管线所占用空间外所有空间所分摊的管廊日常维护费（管线占用空间计算见测试方法）。

（3）管廊运营单位合理经营利润：回报利润率暂定 2.6%（最终以青岛市政公用行业平均利润率为准）。

4.2　测算方法的确定

4.2.1　入廊费测算方法的确定

入廊单位分摊比例的确定是分摊的关键，目前有三种思路：直埋成本法、空间比例法以及直埋成本法和空间比例法结合法。

直埋成本法的优点是能够清楚地测算入廊管线当前时段的直埋成本，以此来推断入廊费的费用标准，计算简单，考虑了各管线单位的直埋成本，便于管线单位理解。在直埋成本法能够直观地反映管线在不进入管廊情况下的单独敷设成本，甚至可以测算出管线在不进入管廊情况下的更新改造所需发生的重新单独敷设的成本，能够客观地反映不进入管廊所带来的投资成本和风险。缺点是各类管线直埋敷设成本测算考虑的因素与现实情况存在一定的偏离，没有考虑特殊地段的特殊处理措施带来的直埋成本增加，直埋成本的确定有一定的复杂性。

空间比例法优点是基于综合管廊收容管线越多其规模越大的原因，符合“成本定价”的原理，操作起来也比较直观，缺点是无法确定管线单位分摊上限，且对于高直埋成本低空间比例和低直埋成本高空间比例的管线会发生较大的分摊偏差，因此易引起分歧，不易推行；而直埋成本和空间比例结合法结合了方案 1 和方案 2 的优点，但是计算较为复杂。

三种测算方法的对比见表 4-1。

表 4-1　各测算方法的对比

编号	分摊法	计算公式	优点	缺点
1	直埋成本法	$Z=\sum_{j=1}^{m}(Y_j+Z_jN_j)$	方法和直埋成本形成对比，管线单位能做到心中有底，易于接受	直埋成本的确定有一定的复杂性
2	空间比例法	$T_i=(V_i+V_iV_b/\sum_{j=1}^{m}V_j)T/V$	基于综合管廊收容管线越多其规模越大的原因，符合“成本定价”的原理，操作起来也比较直观	无法确定管线单位分摊上限，且对于高直埋成本低空间比例和低直埋成本高空间比例的管线会发生较大的分摊偏差，因此易引起分歧，不易推行
3	直埋成本和空间比例结合法	$T_i=Z_iN_i+(V_i+V_iV_b/\sum_{j=1}^{m}V_j)(Z-\sum_{k=1}^{m}Z_kN_k)/V$	结合了方案 1 和方案 2 的优点	计算较为复杂

鉴于住房城乡建设部第 61 号和发改价格〔2015〕2754 号文的要求：最接近管线的直埋敷设成本，最接近管线单位现状管线的建设投资，不增加管线单位的投资负担，易于接受；同时直埋成本法能够清楚地测算入廊管线当前时段的直埋成本，入廊费的分摊标准易于为管线单位接受，管廊建设初期有利于让管线单位接受有偿使用的概念。并且空间比例法无法确定管线单位分摊上限，且对于高直埋成本低空间比例和低直埋成本高空间比例的管线会发生较大的分摊偏差，因此易引起分歧，不易推行。综合考虑，故本次测算采用直埋成本法。

考虑管廊的使用年限与各管线的使用年限存在差异，管线使用寿命普遍低于管廊寿命。考虑入廊费用上更易于为管线单位接受，更加合理，本次以管廊寿命周期（100 年）为基准，测算各入廊管线在管线寿命周期内的总的直埋成本。

采用管廊寿命周期直埋成本法测算，以入廊管线第一次直埋及再次翻挖时费用（考虑道路翻挖修复费用）作为考虑因素。

$$Q_j=Y_j+Z_j$$

式中，Q_j 为管线 j 在管廊寿命周期内总的直埋成本即入廊费；Y_j 为管线 j 第一次单独敷设的直埋成本；Z_j 为管线 j 重新翻挖的直埋成本（含围挡、路面修复），不同管线的翻挖次数不同。

4.2.2 日常维护费测算方法的确定

目前国内主要方法为空间比例法，即对于运营维护费按照管线所占管廊空间比例进行计费，即按空间比例法计费。

本次测算为减小管线单位的分歧，更好地解决公平的问题，引入了政府单位对综合管廊的的补贴。即政府单位作为管廊日常维护费分担的一方将承担除各入廊管线所占用空间外所有空间所分摊的管廊日常维护费。

本次采用“空间比例”法，对各管线单位需承担的日常维护费进行测算。

$$S_j=S\cdot\frac{A_j}{A}$$

式中，S_j 为各入廊管线承担日常维护费；S 为根据管廊运行费用（人员、车辆、水电等）、维护费用、专业检测费用测算得到管廊日常维护费，计算得出的日常维护总费用；A 为管廊总空间为管廊净尺寸 × 总长度；A_j 为入廊管线占用空间为管线占用面积 × 总长度，管线占用面积计算方法如下：

1. 各入廊管线占用面积 A_i（单个断面管廊）：

（1）使用管廊独立舱室的管线。

该独立舱除人行走道空间为政府分担，其余全部面积归入该类管线占位面积，如天然气舱、高压电力舱和雨水舱面积除人行空间，全部计入天然气、高压电线和雨水管线。

（2）综合舱内的管线。

根据管廊断面参考《城市综合管廊工程技术规范》GB 50838—2015 确定。

2. 政府承担部分面积 A_0（单个断面管廊）：

记综合管廊总面积为 A，则政府承担部分面积 $A_0=A-\sum A_i$。

第 5 章　本次报告测算范围

本次费用测算范围包括青岛市五个综合管廊试点区域，分别为蓝色硅谷、新机场区域、黄岛区、高新区及李沧区，共计 17 条管廊，总长约 35.61km。

参考自每条管廊的施工图及初步设计文本，各条管廊概况描述如下：

1. 蓝色硅谷地区综合管廊，共 4 条：

（1）山大南路：山大南路西起滨海大道，东至规划山大东路，规划为东西走向，道路等级为城市主干道，规划红线宽度 58m，道路长度为 1.60km。本次山大南路（滨海大道至山大东路）新建综合管廊，规划入廊管线种类包括电力、通信、给水及再生水共 4 种专业管线，管廊采用单舱，净断面尺寸为 $B\times H$=3.4m × 3.0m，设计综合管廊总长度约为 1462m，位于道路北侧绿化带内。

（2）山大东路：山大东路位于蓝色硅谷核心区东部，山大青岛校区东侧，东侧濒临鳌山湾。本次研究范围为山大东路北起滨海大道，南至规划环湾路，总长度约 3.48km。山大东路新建综合管廊规划入廊管线种类包括电力、通信、给水及再生水共 4 种专业管线，管廊采用单舱，净断面尺寸为 $B \times H$=3.0m × 3.0m，位于道路西侧设施带内。

（3）滨海大道：本工程综合管廊设计北起尼姑山路，南至新民河，设计全长约 2.7km。纳入综合管廊的管线有给水、热力、中水、燃气、电力线缆和通信共 6 种管线。

（4）硅谷大道：硅谷大道位于蓝色硅谷片区中部，规划道路等级为城市准快速路。本段硅谷大道南起鹤山路，北至规划九号线路南，全长约 800m。本次硅谷大道综合管廊规划入廊管线种类包括电力、通信、热力、天然气、给水及再生水共 6 种。本次硅谷大道主线综合管廊分三舱设置，给水、再生水、热力、通信设在同一舱室，电力、天然气分别设置独立舱室。管廊标准段净断面尺寸：水、电舱室为 $B \times H$=6.25m × 3.0m；天然气舱为 $B \times H$=2.2m × 2.70m。主线综合管廊长度约为 635m，位于现状轻轨东侧，硅谷大道道路西侧设施带、人行道及非机动车道下。

2. 新机场区综合管廊，共 6 条：

（1）南三路：南三路综合管廊布置与南三路道路两侧，管廊西起南六路，东至南十路，总长度约 750m。本次主线管廊设计采用单箱单室、单箱双室结共 4 种标准断面，单箱单室标准段净断面尺寸为 $B \times H$=3.6m × 3.6m 和 3.4m × 3.3m 两种，单箱双室标准段净断面尺寸为 $B \times H$=(2.8+2.4)m × 3.6m 和 3.0m 两种。本综合管廊内敷设的管线主要包括电力、通信、给水、再生水、污水及热力共 6 种管线。

（2）南六路：南六路为北工作区主干路，南起南十五路，北至航站区 T2T3 联络通道，全长约 2380m。道路沿线主要为生产辅助区、航站区。南六路管廊主线分为两舱、三舱断面。其中三舱净断面尺寸为：$B \times H$=(2.4+2.8+3.6)m × 3.6m；两舱净断面尺寸为：$B \times H$=(2.4+4.0)m × 3.6m、$B \times H$=(2.8+3.6)m × 3.0m 两种。

（3）南八路：工程全长约 1545m。道路沿线主要为航空公司基地。南八路（南进场路）综合管廊主廊采用三舱结构断面，其中电力管线敷设在西侧舱室，净断面尺寸 $B \times H$=2.4m × 3.0m；热力、预留管线敷设在中间舱室，净断面尺寸 $B \times H$=5.3m × 3.0m，输水、中水、通信管线敷设在东侧舱室，净断面尺寸 $B \times H$=2.9m × 3.0m。

（4）南十路：南十路主线管廊总长约 1775m。南十路全线敷设燃气舱，净断面尺寸为 $B \times H$=2.0m × 2.4m。南三路至南一路为四舱结构断面，净断面尺寸 $B \times H$=(2.0+2.6+2.8+2.4) m × 3.6m（燃气舱室净高 2.4m）；南一路至环一路为四舱结构断面，净断面尺寸 $B \times H$=(2.0+2.6+2.8+2.4)m × 3.0m（燃气舱室净高 2.4m）；环一路至 T2、T3 联络通道为三舱结构断面，净断面尺寸 $B \times H$=(2.0+2.0+3.0)m × 3.0m（燃气舱室净高 2.4m），结构形式均为钢筋混凝土矩形框架式结构。

（5）南十一路：南十一路主线总长约 650m。结构断面为 2 舱断面，净断面尺寸为 (2.3+3.2)m × 3m，支廊净断面尺寸 (2.3+2.5)m × 2.4m、2.0m × 2.4m 两种，结构形式均为钢筋混凝土矩形框架式结构。

（6）航站区：航站区综合管廊工程分西线、南线、东线三部分，西线北接飞行区综合管廊、南接南六路综合管廊，长约 730m；东线南接南十路综合管廊、北至航站区 T1 航站楼 B 指廊，长约 720m；南线西起西线与南六路管廊交口、东至东线与南十路管廊交口，长约 280m。

3. 黄岛区综合管廊共 5 条：

（1）中德生态园十七号线：新建综合管廊主廊全长约 1119m（路口交叉支廊不算在内），电力支廊全长约为 290m。主廊为 4 舱布置，从北向南依次为：电力仓（110kV、10kVA、

35kVA)、水 / 信舱（D300 给水管道及 24 孔通信）、热 / 污舱（2 × D400 热水管道、D300、D400 污水管道）。每个舱室的净宽度为 2.4m、2.0m、3.3m；净高为 3.0m。

（2）四号线：四号路地下综合管廊位于位于中德生态园二期，工程起点位于规划纵七路，工程终点位于规划珠宋路，主管廊长度约 1209m。四号路地下综合管廊为四舱结构，分别为综合舱、中压电力舱、高压电力舱、污水舱，入廊的管线种类有：给水、再生水、污水、110kV 电力线缆、35kV 电力线缆、10kV 电力线缆、通信等。管廊尺寸为 11m（宽）× 3.8m（高），位于道路南侧非机动车道、人行道及绿化带下。本段综合管廊设计范围内无监控中心，监控中心位于项目东侧 17 号线综合管廊范围内。

（3）纵七路：纵七路主线综合管廊位于道路西侧绿化带内，标准段综合管廊中心线距离规划道路中心线 13.2m。主线管廊南起园区四号路北侧，北至团结路南侧，长约 785m，平面线形基本与规划道路平面线形一致。集约化利用管廊空间、减少土地占用、降低工程投资、降低实施难度，布置为双舱断面形式，西侧舱室为电力舱，东侧舱室敷设有通信、给水、中水、热力和预留管道，净断面尺寸为 $B \times H$=(2.3+2.4)m × 3.0m。同时根据相同的布置原则，确定支线管廊净断面尺寸为 $B \times H$=3.0m × 3.0m。

（4）贡北路：贡北路综合管廊工程干支线管廊全长 12.8km，分为四个舱；支线管廊全长约 395m，共 6 处。综合管廊干支线管廊标准断面采用 4 舱通行管沟结构（分为污水舱、水力舱、电力舱、天然气舱），设计结构标准断面内尺寸为 13.85m × 4.6m。入廊廊管线涵盖 DN800 给水管道、DN400 ～ DN1000 再生水管道、DN400 ～ DN800 污水管道、2 根 DN250 ～ DN700 供热管道、1 ～ 3 回 110kV 电力电缆、24 孔 10kV 电力电缆、12 ～ 15 孔通信管道、DN200 天然气管道。

（5）海口路：洋高新区近期实施海口路地下综合管廊工程，为支线管廊，管廊总长度约 1.63km，2 舱管廊。

4. 高新区仅 1 条综合管廊，即高新区西一号线。

西一号线：本次实施范围南起经二路，往北依次与规划路一、规划路二、规划路三、规划路四、规划路五相交，北至火炬路，全长约 922m。规划西 1 号线将电力、通信、热力、给水、再生水、燃气及道路西侧雨、污水管线全部纳入道路西侧综合管廊，管廊横断面外结构尺寸为 $B \times H$=11.8m × 3.8m。管廊采用 5 舱横断面形式，分为雨水舱、排水舱、热水舱、缆线舱和燃气舱。其中排水舱净断面尺寸为 $B \times H$=2.1m × 3m，纳入 DN400 污水管道。热水舱净断面尺为 $B \times H$=4.8m × 3m，纳入 DN600 给水、DN200 再生水及 2 根 DN300 热力管线。缆线舱净断面尺寸为 $B \times H$=1.6m × 3m，纳入 6 孔通信及 9 孔电力电缆。燃气舱净断面尺寸为 $B \times H$=1.9m × 3m，单独纳入 DN300 燃气管道。在燃气舱上部设置 $B \times H$=2.1m × 1.2m 的雨水舱。

5. 李沧区仅 1 条综合管廊，即安顺路。

安顺路：本次设计安顺路综合管廊南起汾阳路，北至衡阳路，全长 800m。规划入廊管线种类包括电力、通信、热力、天然气、给水输水、给水配水、再生水、污水 7 种专业管线，管廊断面包括 4 舱，3 舱、2 舱和单舱，位于道路绿化带和车行道下。结构形式均为钢筋混凝土矩形框架式结构。

基于以上资料，汇总各区域管廊情况见表 5-1 ～表 5-5。

表 5-1　蓝色硅谷管廊概况

管廊路名	长度（km）	断面	断面总面积（m^2）	入廊管线（市政综合舱）		
				序号	管线类别	孔数
山大南路	1.6	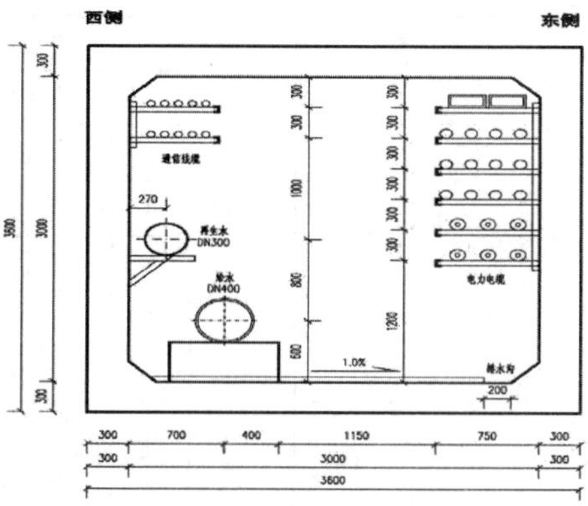	10.20	1	电力高压	9
				2	电力中压 10kV	12
				3	通信管道	10
				4	给水 DN500	1
				5	再生水 DN300	1
山大东路	3.48	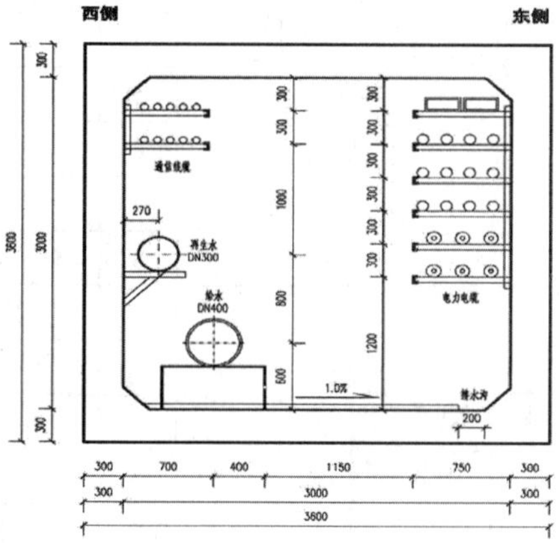	9.00	1	电力高压	6
				2	电力中压	12
				3	通信管道	10
				4	给水 DN400	1
				5	再生水 DN300	1
滨海公路	2.7	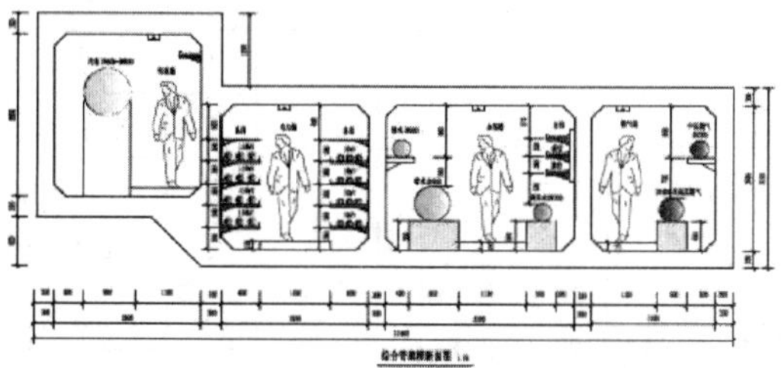	25.00	1	电力高压	12
				2	电力中压	12
				3	通信管道	15
				4	给水 DN300	1
				5	给水 DN600	1
				6	再生水预留 DN300	1
				7	中压燃 DN300+ 次高压燃 DN400	2
				8	污水 DN600 ～ DN800	1
硅谷大道	0.80	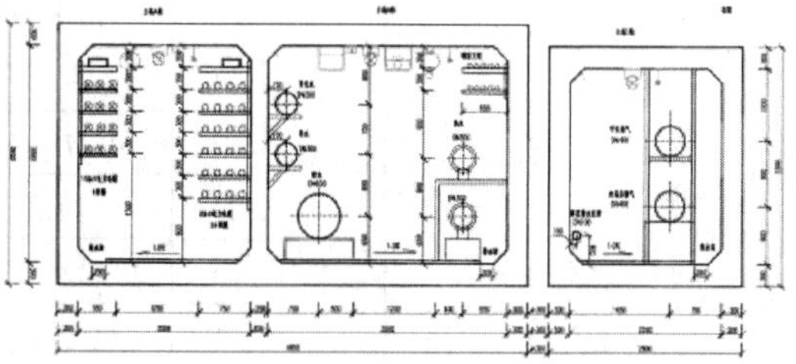	23.90	1	电力高压	12
				2	电力中压	24
				3	通信管道	10
				4	给水 DN300 × 2	2
				5	给水 DN600	1
				6	热水管 DN300	2
				7	中压燃 DN300+ 次高压燃 DN400	3
小计	8.48					

表 5-2 新机场管廊概况

序号	管廊路名	长度（km）	断面	断面总面积（m^2）	入廊管线（市政综合舱）		
					序号	管线类别	孔数
1	南三路	0.75	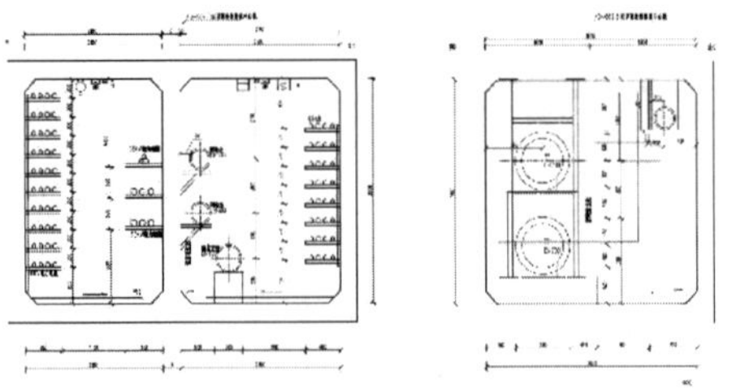	31.68	1	电力高压 110kV	9
					2	电力中压 5kV/10kV	40
					3	通信管道	32
					4	给水 DN400	1
					5	再生水 DN300	2
					6	热力 DN700	2
					7	污水 DN300	1
2	南六路	2.38	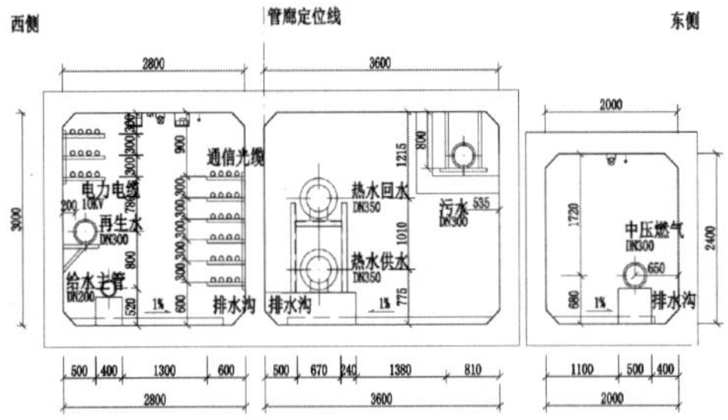	24.00	1	电力高压	0
					2	电力中压 10kV	12
					3	通信管道	24
					4	给水 DN200	1
					5	再生水 DN300	1
					6	热力 DN350	2
					7	污水 DN300	1
					8	中压燃气 DN300	1
3	南八路	1.54	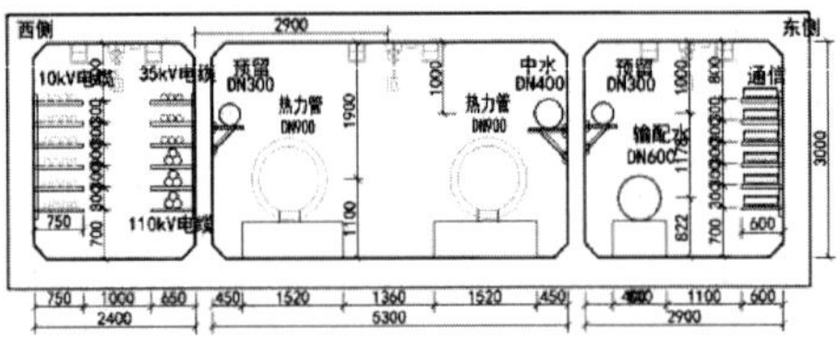	31.80	1	电力高压 110kV	9
					2	电力中压 5kV/10kV	33
					3	通信管道	48
					4	给水 DN300	2
					5	给水 DN600	1
					6	中水 DN400	1
					7	热力管 DN900	2
4	南十路	1.775	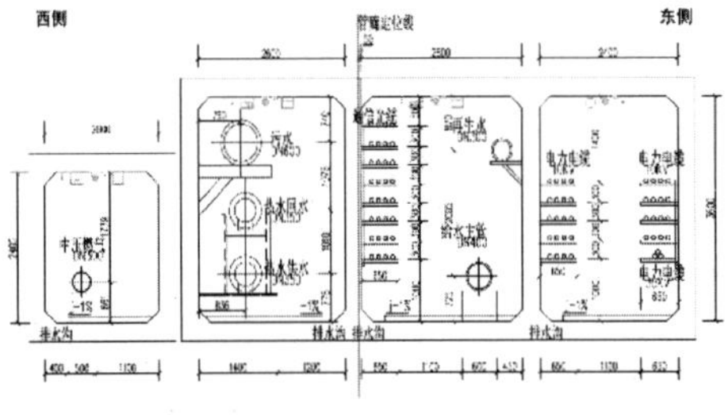	28.20	1	电力高压 110kV	0
					2	电力中压 10/35kV	39
					3	通信管道	32
					4	再生水 DN300	1
					5	给水 DN400	1
					6	热水管 DN350	2
					7	中压燃气 DN300	1
					8	污水 DN600	1
5	南十一路	0.65	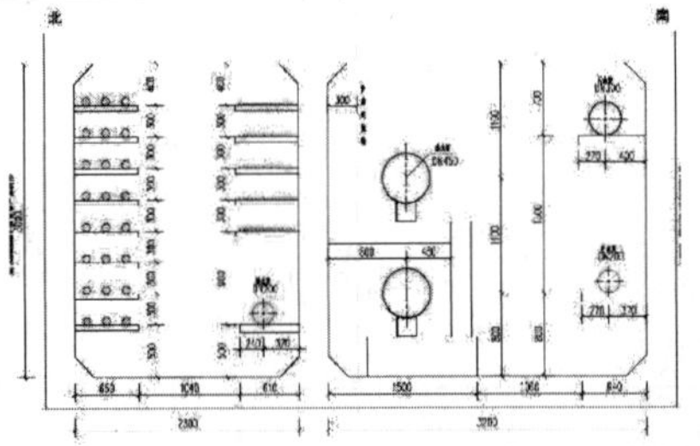	17.50	1	电力高压	0
					2	电力中压 10kV	24
					3	通信管道	32
					5	给水 DN200	2
					6	热力管 DN450	2
					7	污水 DN300	1

续表

序号	管廊路名	长度（km）	断面	断面总面积（m^2）	入廊管线（市政综合舱）		
					序号	管线类别	孔数
6	航站区	1.73	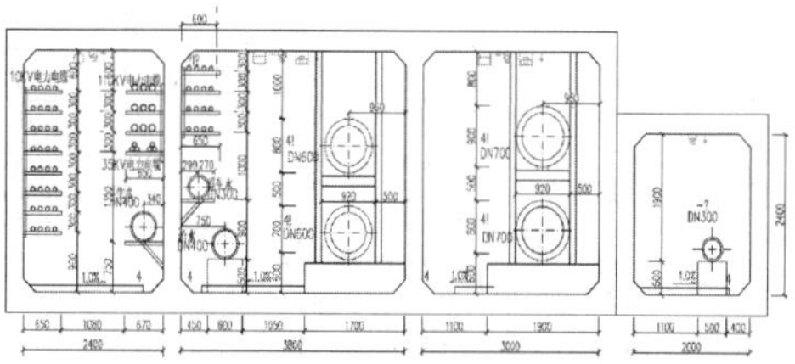	37.92	1	电力高压	9
					2	电力中压	32
					3	通信管道	16
					4	再生水 DN300×2	2
					5	给水 DN400	1
					6	热水管 DN600	2
					7	热水管 DN700	2
					8	污水 DN300	1
7	小计	8.825					

表 5-3　黄岛区管廊概况

序号	管廊路名	长度（km）	断面	断面总面积（m^2）	入廊管线（市政综合舱）		
					序号	管线类别	孔数
1	中德生态园十七号线	1.12	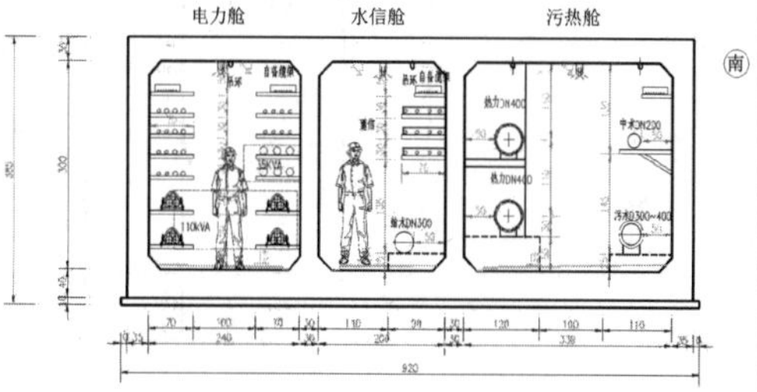	23.10	1	电力高压 110kV	12
					2	电力中压 35kV/10kV	30
					3	通信管道	12
					4	给水 DN300	1
					5	中水 DN200	1
					6	热力 DN400	2
					7	污水 DN300～DN400	1
2	四号线	1.21	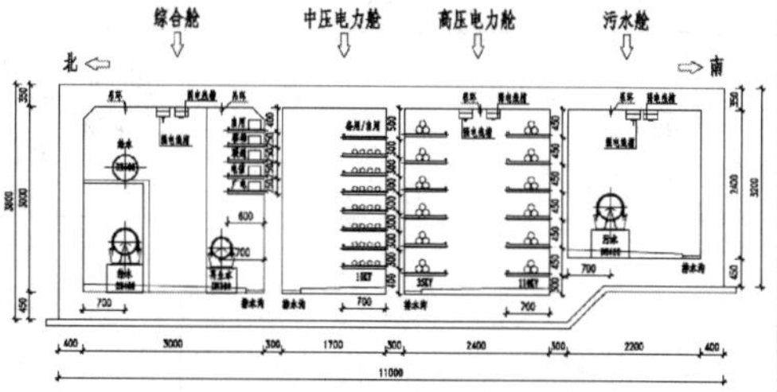	27.90	1	电力高压	36
					2	电力中压 10kV/35kV	28
					3	通信管道	16
					4	给水 DN400	2
					5	再生水 DN300	1
					6	污水 DN400	1
3	纵七路	0.78	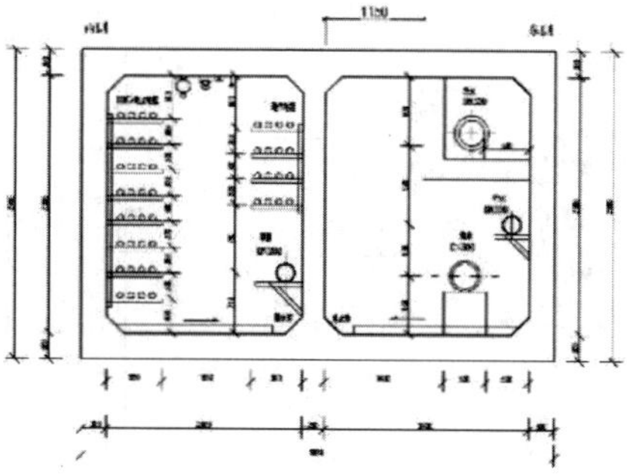	14.10	1	电力高压	0
					2	电力中压 35kV/10kV	32
					3	通信管道	16
					4	给水 DN300	1
					5	预留给水 DN200	1
					6	中水 DN200	1
					7	污水 DN300	1

续表

序号	管廊路名	长度（km）	断面	断面总面积（m²）	入廊管线（市政综合舱）		
					序号	管线类别	孔数
4	贡北路	12.80	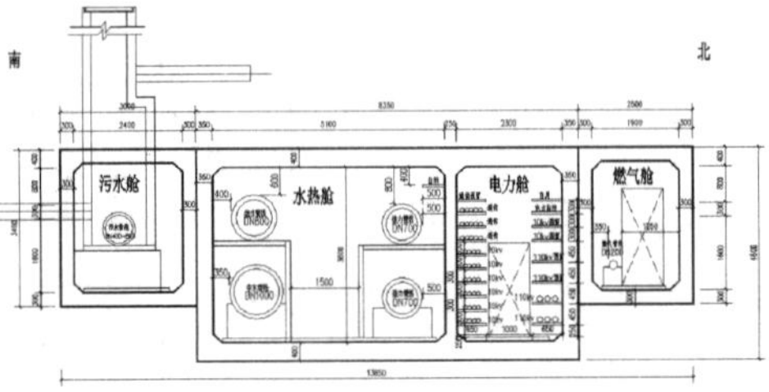	44.46	1	电力高压 110kV	9
					2	电力中压 10kV	32
					3	通信管道	20
					4	中水 DN400 ～ DN1000	1
					5	给水 DN800	1
					6	热力管 DN250 ～ DN700	2
					7	中压燃气 DN200	1
					8	污水 DN400 ～ DN800	1
5	海口路	1.63	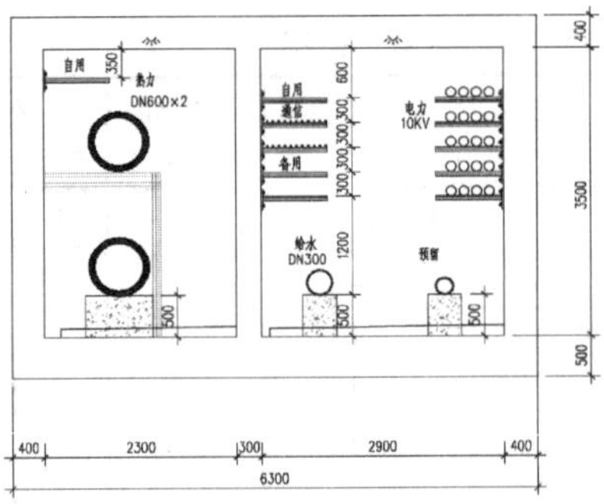	18.55	1	电力高压	0
					2	电力中压 10kV	20
					3	通信管道	16
					4	给水 DN300	1
					5	热力管 DN600	2
6	小计	17.54					

表 5-4　高新区西一号线管廊概况

序号	管廊路名	长度（km）	断面	断面总面积（m²）	入廊管线（市政综合舱）		
					序号	管线类别	孔数
1	高新区西一号线	0.89	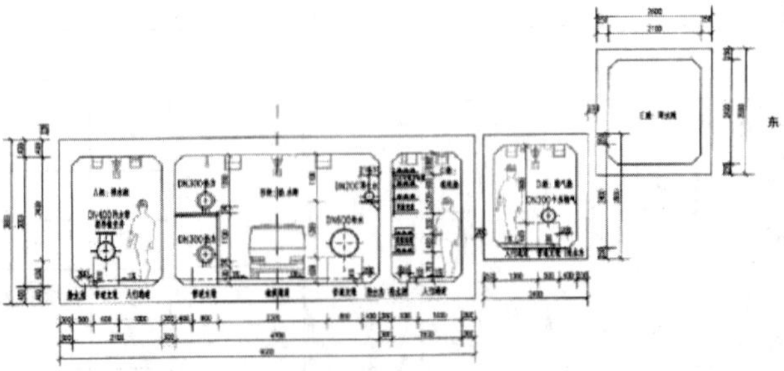	35.04	1	电力高压 110kV	0
					2	电力中压 35kV/10kV	9
					3	通信管道	6
					4	给水 DN600	1
					5	雨水箱涵	1
					6	再生水 DN200	1
					7	热力 DN300	2
					8	污水 DN400	1
					9	燃气 DN300	1

表 5-5　李沧区安顺路管廊概况

序号	管廊路名	长度（km）	断面	断面总面积（m^2）	入廊管线（市政综合舱）		
					序号	管线类别	孔数
1	安顺路	0.8	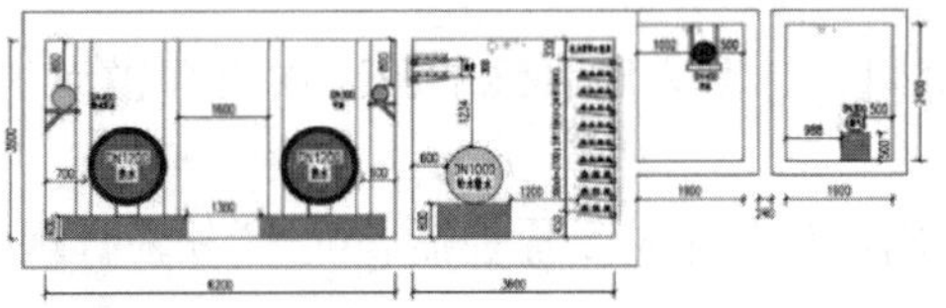	43.42	1	电力高压 110kV	9
					2	电力中压 35kV/10kV	24
					3	通信管道	7
					4	给水 DN1000	1
					5	给水 DN400	1
					6	中水 DN300	1
					7	热力 DN1200	2
					8	污水 DN400	1
					9	燃气 DN300	1

注：

1. 为方便测算，对于有多种断面形式的管廊，采用主断面形式计算。
2. 本次测算管廊的断面面积为内部净面积尺寸。

第 6 章　本次入廊费的测算过程

6.1　测算思路（图 6-1）

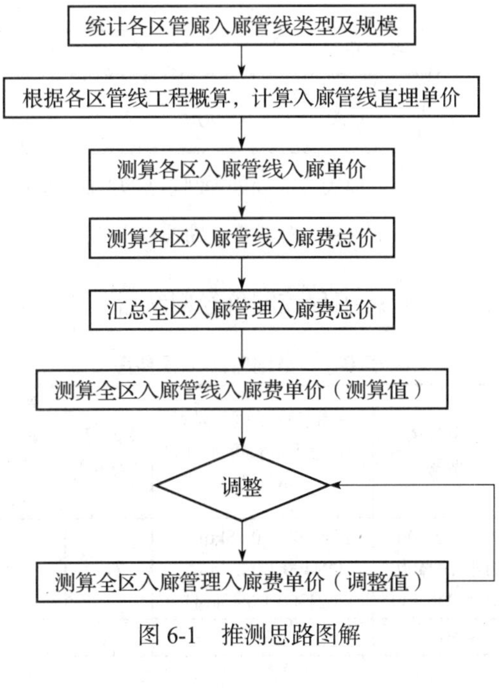

图 6-1　推测思路图解

6.2 测算过程

6.2.1 各区管廊入廊管线类型及规模

详见第 4 章测算范围。

6.2.2 各区管线直埋单价计算

根据各区当地管线工程控制价资料，计算入廊管线的第一次直埋敷设的成本。

测算遵循以下原则：

（1）管线直埋费用以当地同类型同规格管线工程控制价为参考，直埋费用包含工程费、利润、税金等。

（2）若当区无同类型管线工程参考，以其他区同类型管线工程作为参考。

（3）若无同类型管线工程参考，参照当地土方工程及构筑物工程单价，按当地管线工程惯例及规范要求建立工程费用模型进行估算，模型见图 6-2；不同规格管线则按土方及构筑物工程产生的费用差价进行扣除或补偿。

（4）给水、中水、再生水统一作为输水管具有相同直埋费用。

（5）电力 10kV 及 35kV 按电力排管考虑。

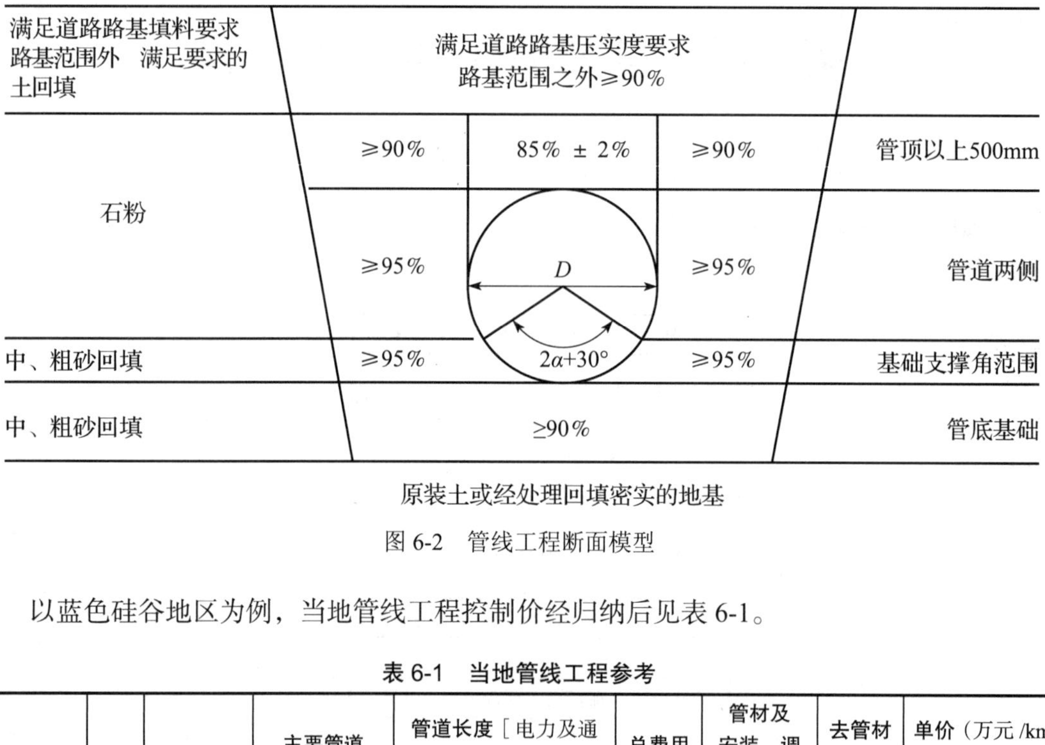

图 6-2 管线工程断面模型

以蓝色硅谷地区为例，当地管线工程控制价经归纳后见表 6-1。

表 6-1 当地管线工程参考

参考工程	编号	管道类别	主要管道型号	管道长度［电力及通信为管道长度 × 孔（km × 孔）］	总费用（万元）	管材及安装、调试费用（万元）	去管材费用（万元）	单价（万元 /km）［电力通信为（万元 /km × 孔］
蓝色硅谷滨海景观工程	1	排水	雨水 DN300、雨水 DN400、污水 DN300	DN300（0.78km）、DN400（0.25km）、DN300（0.43km）	214	17.9	196.1	134.3
	2	给水	DN150	0.6	51.2	13.6	37.6	62.7

续表

参考工程	编号	管道类别	主要管道型号	管道长度［电力及通信为管道长度 × 孔（km × 孔）］	总费用（万元）	管材及安装、调试费用（万元）	去管材费用（万元）	单价（万元 /km）［电力通信为（万元 /km × 孔］
凤凰山路北段建设工程	1	给水	DN200	1	159.5	76.8	82.7	82.7
山大南路排水工程	1	排水	污水 DN400	1.73	228	28.4	199.6	115.4
山大南路电力管沟工程	1	110kV 电力	21 孔	73.5	6484	58.4	6425.6	87.4
山大南路给水工程	1	给水管	DN400	3.5	922.2	197.2	725	207.1
山大南路排水工程 2	1	污水（压力）	DN200、DN300	1.6	187.5	57.2	130.3	81.4

（1）由表 6-1 中可知，当地管线工程有排水、给水、电力，直埋费用可按当地管线工程测算，缺乏通信及电力管线的直埋费用参考。

（2）当地未有管线工程如通信和 10kV 电力，参考新机场区管线工程费用（表 6-2）。

表 6-2 新机场管线工程参考

参考工程	编号	管道类别	主要管道型号	管道长度［电力及通信为管道长度 × 孔（km × 孔）］	总费用（万元）	管材及安装费用（万元）	去管材费用（万元）	单价（万元 /km）［电力通信为（万元 /km × 孔］
青岛新机场工作区、货运区市政工程一标段四	1	通信	12 孔、18 孔、及 24 孔	87.2	742	484.9	257.1	2.9
	2	10kV 电力	6 孔、9 孔	8.52	139.8	48.2	91.6	10.8
	3	10kV 电力	6 孔、9 孔	8.52	139.8	48.2	91.6	10.8

（3）当地未有管线规格，按不同规格管线产生的费用差价对入廊费进行扣除或补偿。

以 DN400 与 DN300 给水管道为例，按覆土厚度 1m 为标准做挖断面模型，DN400 与 DN300 断面面积差 $0.56m^2$。根据“山大南路给水工程”，DN400 给水工程单价 207 万元 /km，其中土方工程单价约 6560 元 /$100m^3$，构筑物费用构筑物深度每增加 0.2m，费用增加约 6680 元 /km。

给水 DN300 与 DN400 差价计算模型和计算结果见图 6-3、表 6-3。

则 DN400 与 DN300 给水管道的单次直埋费用差价为 4.3 万元 /km。同理可得，同种管线不同规格的费用差价。

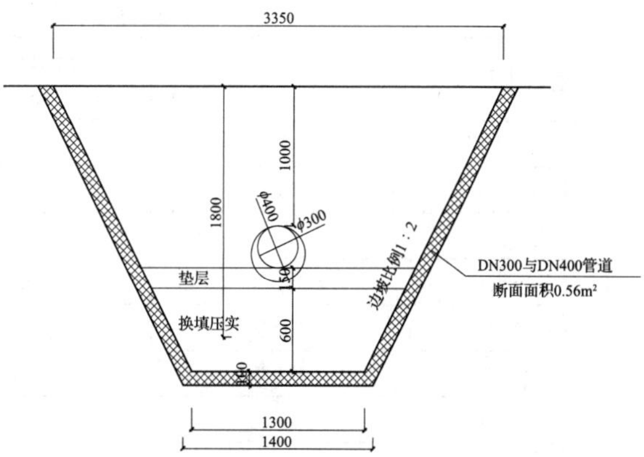

图 6-3 给水 DN300 与 DN400 差价计算模型（按 1.0m 埋深）

表 6-3　给水 DN300 与 DN400 差价计算表

管道对比尺寸	DN300 与 DN400
断面面积差值（m^2）	0.56
土方量差（$100m^3/km$）	5.6
土方费用差（万元 /km）	3.64
构筑物费用差（万元 /km）	0.66
费用总差（万元 /km）	4.3

（4）基于以上管线直埋费用测算原则，则蓝色硅谷地区入廊管线直埋费用见表 6-4。

表 6-4　蓝色硅谷地区入廊管线直埋费用单价

管线类别	单价［万元 /（km × 根 / 孔）］	备注
电力高压 110kV	87.2	当地工程价
电力 10kV	10.8	参考新机场地区
通信	2.9	参考新机场地区
输水 DN600	152.7	当地工程价 + 工程费用补偿
输水 DN500	135.7	当地工程价 + 工程费用补偿
输水 DN400	118.7	当地工程价 + 工程费用补偿
输水 DN200	82.7	当地工程价
污水 DN600	159.8	当地工程价
热力 DN300	136.7	按当地土方及构筑物单价建模估算
燃气 DN300	136.7	同热力
燃气 DN400	156.7	同热力

6.2.3　各区入廊费单价计算

本次入廊费计算原则为在管廊周期即 100 年内，入廊管线第一次直埋敷设费用、道路翻挖修补费用及管线重复敷设费用。

以蓝色硅谷地区为例，当地管线入廊费用见表 6-5。

表 6-5　蓝色硅谷地区入廊管线入廊费用单价

管线类别	单价［万元 /（km × 根 / 孔）］	破除路面费［万元 /（km × 根 / 孔）］	第二次翻挖费［万元 /（km × 根 / 孔）］	总单价［万元 /（km × 根 / 孔）］
电力高压 110kV	87.2	0	0	87.2
电力 10kV	10.8	7.2	10.8	28.8
通信	2.9	6.9	2.6	12.4
给水 DN600	152.7	92	152.7	397.4
给水 DN500	135.7	88	135.7	359.4
给水 DN400	118.7	83	118.7	320.4
输水 DN200	82.7	76	82.7	241.4
污水 DN600	159.8	147	159.8	466.6
热力 DN300	136.7	79	136.7	352.4

续表

管线类别	单价 [万元 / (km× 根 / 孔)]	破除路面费 [万元 /(km× 根 / 孔)]	第二次翻挖费 [万元 /(km× 根 / 孔)]	总单价 [万元 / (km× 根 / 孔)]
燃气 DN300	136.7	79	136.7	352.4
燃气 DN400	156.7	83	156.7	396.4

注意：

（1）管廊电力高压按电力隧道计算，使用周期为 100 年，管廊寿命周期内不开挖翻修。

（2）根据《城镇给水排水技术规范》(GB 50788—2012）第 6.1.2 规定城镇给排水设施中主要的构筑物的主体结构和地下干管，其结构设计使用年限不应低于 50 年。因此按 100 年内 1 次新建 1 次翻挖测算直埋成本。燃气及热力管线使用年限参考成都方面，按使用年限为 50 年计算。

（3）管线重复翻挖为既有道路下的单独翻挖费用。

（4）路面翻挖修复费用参考成都方面，见表 6-6。

表 6-6　道路破除翻挖费用测算

车行道	费用	单位	人行道	费用	单位
快速路、主干路	524	元 /m^2	水泥混凝土砖	217	元 /m^2
其他道路	468	元 /m^2	艺术砖	301	元 /m^2
平均	496	元 /m^2	平均	259	元 /m^2

注意：

1. 按市政设施重置价 120% 计（拆除及新建费用）。

2. 由于每条管廊对占用车行道和人行道的情况难以单独考虑，故本次按车行道和人行道各占一半统计，即 377 元 /m^2。

3. 破除路面费用根据模型估算管道开挖时占用路面面积，模型如图 6-4 所示，电力、通信考虑覆土深度 0.7m，输水、燃气、热力管道为 1m，雨水为 1.5m，污水为 2m。

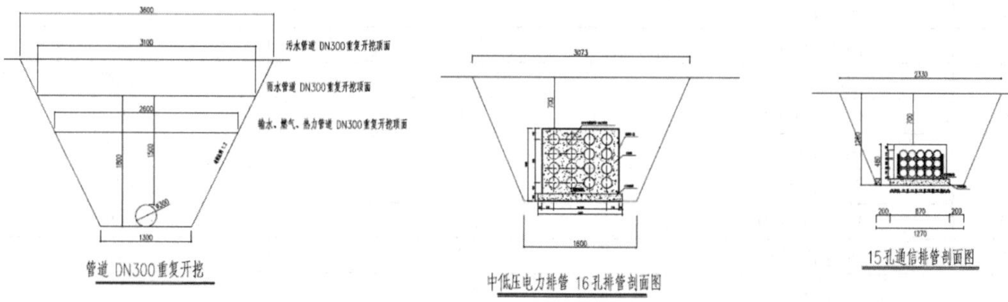

（a）　　　　　　　　（b）　　　　　　　　（c）

图 6-4　管线工程路面开挖模型

各管线破除路面费用见表 6-7。

表 6-7　各管线破除路面费用表

序号	管线类别	开挖面顶宽 (m^2/m)	破除路面及修复费用 [元 / (m× 根 / 孔)]	破除路面及修复费用 [万元 /km× 根 / 孔)]	备注
1	电力工程 10kV	3.07	72.3	7.2	
2	通信工程	2.70	69.4	6.9	
3	输水、燃气、热力管道 DN300	2.10	791.7	79.1	管径每增 0.1m，费用增加 3.8 万元
4	雨水工程 DN300	3.10	1168.7	116.8	
5	污水工程 DN300	3.60	1357.2	135.7	

6.2.4 各入廊管线入廊费总价（表 6-8 ～表 6-12）

表 6-8 蓝色硅谷区按管线寿命直埋成本法计算的总价表

序号	管线类别	管线长度（km・孔）	直埋成本（万元）
1	电力高压 110kV	77.3	6739
2	电力 10kV	64.46	1856
3	通信	99.3	1211
4	给水 DN600	3.5	1391
5	给水 DN500	1.6	575
6	给水 DN400	3.5	1115
7	输水 DN200	12.1	2916
8	污水 DN600	2.7	1260
9	热力 DN300	1.6	564
10	燃气 DN300	3.5	1233
11	燃气 DN400	4.3	1705
12	政府部分	—	—
13	小计	269.5	20565.3

表 6-9 新机场区按管线寿命直埋成本法计算的总价表

序号	管线类别	管线长度（km・孔）	直埋成本（万元）
1	电力高压 110kV	36.3	3163
2	电力 10kV	249.69	7191
3	通信	260.3	3176
4	输水 DN600	4.6	1623
5	输水 DN400	5.8	1578
6	输水 DN300	12.2	2833
7	输水 DN200	3.7	707
8	热力 DN900	3.1	1916
9	热力 DN700	5.0	2679
10	热力 DN600	3.5	1726
11	热力 DN450	1.3	590
12	热力 DN350	8.3	3420
13	燃气 DN300	4.2	1619
14	污水 DN600	1.8	478
15	污水 DN300	4.5	933
16	政府部分	—	—
17	小计	604.2	33632

表 6-10 黄岛区按管线寿命直埋成本法计算的总价表

序号	管线类别	管线长度（km・孔）	直埋成本（万元）
1	电力高压 110kV	174.2	15188
2	电力 10kV	533.68	15370
3	通信	326.6	3985
4	给水 DN1000	12.7	4638
5	给水 DN400	2.6	457
6	给水 DN300	4.8	719
7	给水及再生水 DN200	2.7	360

续表

序号	管线类别	管线长度（km·孔）	直埋成本（万元）
8	污水 DN400	15.1	5582
9	污水 DN300	0.8	254
10	热力 DN400	2.2	624
11	热力 DN600	3.3	1227
12	热力 DN700	25.4	10627
13	燃气 DN200	12.7	2891
14	政府部分		—
15	小计	1116.8	61692

表 6-11　高新区按管线寿命直埋成本法计算的总价表

序号	管线类别	管线长度（km·孔）	直埋成本（万元）
1	电力 10kV	8.01	230.7
2	通信	5.3	65.1
3	给水 DN600	0.9	207.5
4	再生水 DN200	0.9	100.7
5	污水 DN400	0.9	339.3
6	雨水箱涵	0.9	689.7
7	热力 DN300	1.8	445.7
8	燃气 DN300 等	0.9	222.9
9	政府部分	—	—
10	小计		2318.6

表 6-12　李沧区按管线寿命直埋成本法计算的总价表

序号	管线类别	管线长度（km·孔）	直埋成本（万元）
1	电力高压 110kV	7.2	628
2	电力中压 35kV/10kV	19.2	553
3	通信管道	5.6	68
4	给水 DN1000	0.8	292
5	给水 DN400	0.8	142
6	中水 DN300	0.8	119
7	热力 DN1200	1.6	1073
8	污水 DN400	0.8	305
9	燃气 DN300	0.8	200
10	政府部分	—	—
11	小计		3352

说明：

1. 由于各区管线工程中，地质情况、管线埋深、施工方式不同等原因，同一种管线直埋费用有较大差异。优先根据本地区实际工程费用作为参考，其次采用技术手段进行估算。

2. 本收费标准中，入廊费以综合管廊设计使用年限（100 年）为测算依据，入廊费可一次性或分期交纳，建议与各管线单位协商。

3. 电力及通信管线计价单位采用“万元 /（km·孔·年）”；其他管线计价单位采用“万元 /（km·根·年）”。

6.2.5　管线入廊费单价测算值及调整值

根据各管线汇总入廊费及总管线长度，测算入廊费单价作为全市统一费用（表 6-13）。

表 6-13 入廊费单价测算值

项目	管线	管线型号	总入廊费（万元）	总管线长度［根（孔）数 × 长度（km）］	入廊费［万元 /（km × 根（孔）］
1	电力	110kV 高压	25718	302.9	84.9
		10kV 低压	25276	875.0	28.9
2	通信	通信管道	8506	697.2	12.2
3	输水工程	DN1000	4930	13.5	365.2
		DN600	3221	9.0	357.9
		DN500	575.04	1.6	359.4
		DN400	3292	12.7	260.0
		DN300	3671	17.8	205.9
		DN200	4084	19.3	211.3
4	排水工程	污水 DN600	1738.1	4.5	388.8
		污水 DN400	6225.9	16.8	370.6
		污水 DN300	1186.9	5.3	224.4
		雨水箱涵	689.7	0.9	774.9
5	燃气	燃气 DN400	1704.5	4.3	396.4
		燃气 DN300	3275.9	9.3	350.7
		燃气 DN200	2891.0	12.7	227.6
6	热力	热力 DN1200	1072.6	1.6	670.4
		热力 DN900	1915.8	3.1	622.0
		热力 DN700	13306.6	30.4	438.0
		热力 DN600	2953.1	6.7	438.2
		热力 DN400	590.2	1.3	454.0
		热力 DN300	4429.2	11.7	379.2
7	小计		121252		

根据入廊管线费测算值，为保证测算结构与实际工程费用产生因素（管径等）相协调，根据以下原则对测算结果进行调整作为调整值（表 6-14）：

（1）同种管线总入廊费不变；

（2）同种管线入廊费单价和管径成正相关。

表 6-14 入廊费单价调整值

入廊管线信息					入廊费测算值	入廊费调整值	
项目	管线	管线型号	总入廊费（万元）	总管线长度［根（孔）数 × 长度（km）］	入廊费单价［万元 /（km × 根 / 孔）］	入廊费单价［万元 /（km × 根 / 孔）］	总入廊费（万元）
1	电力	110kV 高压	25718	302.9	84.9	84.9	25718
		10kV 低压	25276	875.0	28.9	28.9	25276
小计			50994				50994
2	通信	通信管道	8506	697.2	12.2	12.2	8506
小计			8506				8506
3	输水工程	DN1000	4930	13.5	365.2	449.0	6062
		DN600	3221	9.0	357.9	357.9	3221
		DN500	575.04	1.6	359.4	284.6	455
		DN400	3292	12.7	260.0	240.0	3038
		DN300	3671	17.8	205.9	205.9	3671
		DN200	4084	19.3	211.3	172.0	3325
小计			19773				19772

续表

入廊管线信息					入廊费测算值	入廊费调整值	
项目	管线	管线型号	总入廊费（万元）	总管线长度［根（孔）数 × 长度（km）］	入廊费单价［万元 /（km × 根 / 孔）］	入廊费单价［万元 /（km × 根 / 孔）］	总入廊费（万元）
4	排水工程	污水 DN600	1738.1	4.5	388.8	388.8	1738
		污水 DN400	6225.9	16.8	370.6	370.6	6226
		污水 DN300	1186.9	5.3	224.4	224.4	1187
		雨水箱涵	689.7	0.9	774.9	774.9	690
小计			9840.6			0.0	9840.6
5	燃气	燃气 DN400	1704.5	4.3	396.4	396.4	1705
		燃气 DN300	3275.9	9.3	350.7	350.7	3276
		燃气 DN200	2891.0	12.7	227.6	227.6	2891
小计			7871.4			0.0	7871.4
6	热力	热力 DN1200	1072.6	1.6	670.4	670.4	1073
		热力 DN900	1915.8	3.1	622.0	622.0	1916
		热力 DN700	13306.6	30.4	438.0	439.7	13358
		热力 DN600	2953.1	6.7	438.2	438.0	2952
		热力 DN400	590.2	1.3	454.0	408.2	531
		热力 DN300	4429.2	11.7	379.2	379.2	4429
小计			24267				24258
总计			121252.2				121242.5

6.3　本章小结

本章基于直埋成本法对青岛市五个区域内管线入廊费进行测算，得出入廊管线入廊费总费用及单价，总体结果满足要求。总入廊费约 12.1 亿元，其中管廊总投资约 30.1 亿元，入廊费约占总投资的 40.1%。

建议入廊费按 25 年收取总投资的 30% 计算，则入廊费建议值（表 6-15）可调整为：

表 6-15　入廊费单价建议值

项目	管线	管线型号	入廊费单价调整［万元 /（km × 根 / 孔）］	入廊费单价建议值［万元 /（km × 根 / 孔）］
1	电力	110kV 高压	84.9	63.2
		10kV 低压	28.9	21.5
2	通信	通信管道	12.2	9.1
3	输水工程	DN1000	449.0	334.5
		DN600	357.9	266.6
		DN500	284.6	212.0
		DN400	240.0	178.8
		DN300	205.9	153.4
		DN200	172.0	128.1
4	排水工程	污水 DN600	388.8	289.7
		污水 DN400	370.6	276.1
		污水 DN300	224.4	167.2
		雨水箱涵	774.9	577.3

续表

项目	管线	管线型号	入廊费单价调整［万元/（km×根/孔）］	入廊费单价建议值［万元/（km×根/孔）］
5	燃气	燃气 DN400	396.4	295.3
		燃气 DN300	350.7	261.3
		燃气 DN200	227.6	169.6
6	热力	热力 DN1200	670.4	499.4
		热力 DN900	622.0	463.4
		热力 DN700	439.7	327.6
		热力 DN600	438.0	326.3
		热力 DN400	408.2	304.1
		热力 DN300	379.2	282.5

第 7 章　本次日常维护费的测算过程

7.1　测算思路（图 7-1）

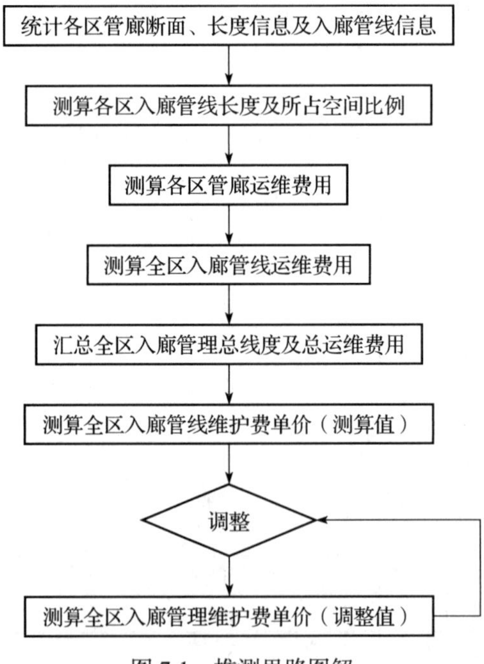

图 7-1　推测思路图解

7.2　测算过程

7.2.1　各区管廊信息及入廊管线信息

各区管廊信息及入廊管线信息见第 5 章。

7.2.2　各区入廊管线所占空间值

各入廊占用管廊面积比例计算原则如下：

1. 各入廊管线占用面积 A_i（单个断面管廊）：

（1）使用管廊独立舱室的管线。

该独立舱除人行走道空间为政府分担，其余全部面积归入该类管线占位面积，如天然气舱、高压电力舱和雨水舱面积全部计入天然气、高压电线和雨水管线。

以燃气舱为例，燃气舱净尺寸为 2.2m×2.7m=5.94m^2，其中政府分摊过道面积即 0.9m×2.7m=2.43m^2，则政府分摊比例 40.9%，余下 59.1% 由燃气管线分担。

（2）综合舱内的管线。

根据管廊断面参考《城市综合管廊工程技术规范》GB 50838—2015 确定。

2. 政府承担部分面积 A_0（单个断面管廊）：

综合管廊总面积为 A，则政府承担部分面积 $A_0=A-\sum A_i$。

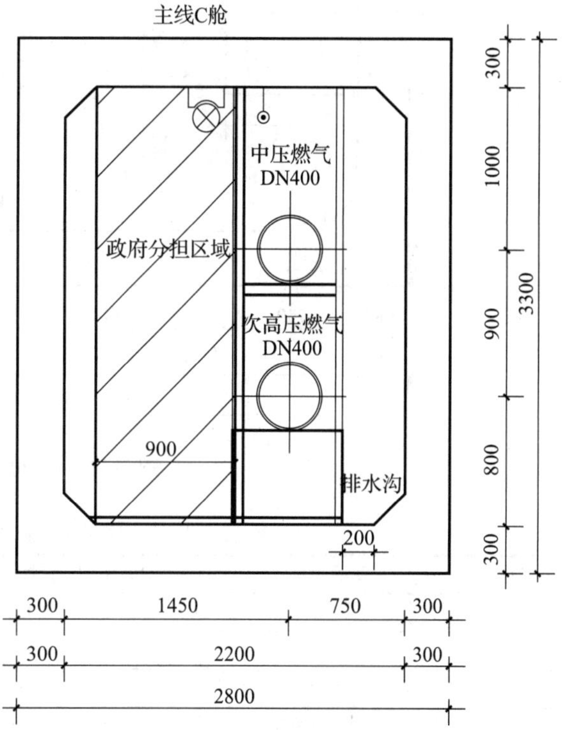

图 7-2　管廊独立舱室断面图

以山大南路为例，断面净尺寸为 3.4m×3m=10.2m^2，其中电力管线占用面积为 0.75m×2.25m=1.68m^2，通信管线占用面积为 0.75m×0.65m=0.48m^2，再生水 DN200 占用面积为 0.48m×1.1m= 0.53m^2，给水 DN500 占用面积为 1.25m×1.67m= 2.08m^2。则政府分担面积为 10.2m−(1.68+0.48+ 0.53+2.08)m=5.34m^2，分摊比例为 53.2%。

3. 各入廊管线体积（单个断面管廊）：各入管廊管线面积乘以管廊长度。

4. 各项目的入廊管线的空间比例。

空间比例计算方法：

（1）第 i 种管线的空间体积：各个项目的管线体积相加。

（2）第 i 种管线的空间体积比例：管线的空间体积除以管廊总体积。

根据以上空间比例测算方法，测得各区管廊入廊管线长度及占用空间信息见表 7-1 ～表 7-5：

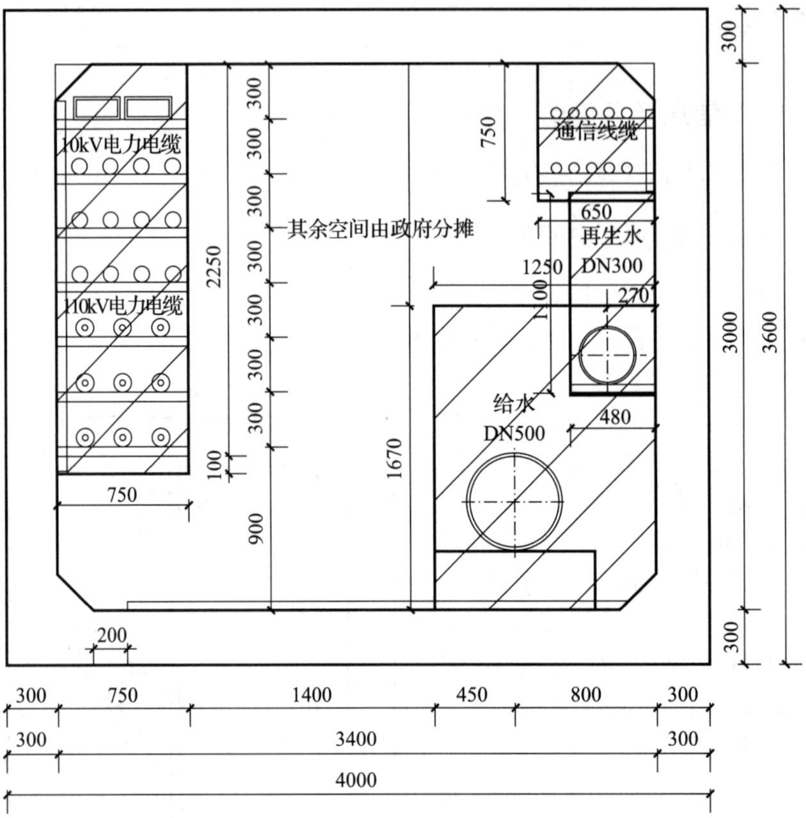

图 7-3　管廊综合舱室断面图

表 7-1　蓝色硅谷片区

序号	管线类别	空间比例（管线空间 / 总空间）	管线长度（孔数 × 长度），(km)
1	电力高压 110kV	5.48%	77.3
2	电力 10kV	7.36%	64.46
3	通信	3.58%	99.3
4	给水 DN600	7.67%	3.5
5	给水 DN500	1.86%	1.6
6	给水 DN400	2.64%	3.5
7	输水 DN200	4.76%	12.1
8	污水 DN600	9.05%	2.7
9	热力 DN300	1.55%	1.6
10	燃气 DN300	2.47%	3.5
11	燃气 DN400	5.23%	4.3
12	政府部分	48.35%	—
13	小计	100.00%	269.5

表 7-2　新机场片区

序号	管线类别	空间比例（管线空间 / 总空间）	管线长度（孔数 × 长度），(km)
1	电力高压 110kV	1.99%	36.3
2	电力 10kV	8.68%	249.69

续表

序号	管线类别	空间比例（管线空间 / 总空间）	管线长度（孔数 × 长度），(km)
3	通信	6.16%	260.3
4	输水 DN600	3.52%	4.6
5	输水 DN400	4.85%	5.8
6	输水 DN300	3.03%	12.2
7	输水 DN200	2.46%	3.7
8	热力 DN900	5.39%	3.1
9	热力 DN700	6.03%	5.0
10	热力 DN600	4.14%	3.5
11	热力 DN450	1.14%	1.3
12	热力 DN350	5.82%	8.3
13	燃气 DN300	3.71%	4.2
14	污水 DN600	0.96%	1.8
15	污水 DN300	4.24%	4.5
16	政府部分	37.86%	—
17	小计	100.00%	604.2

表 7-3　西海岸新区

序号	管线类别	空间比例（管线空间 / 总空间）	管线长度（孔数 × 长度），(km)
1	电力高压 110kV	3.70%	174.2
2	电力 10kV	4.73%	533.68
3	通信	3.94%	326.6
4	给水 DN1000	5.58%	12.7
5	给水 DN400	0.61%	2.6
6	给水 DN300	1.03%	4.8
7	给水及再生水 DN200	0.37%	2.7
8	污水 DN400	7.57%	15.1
9	污水 DN300	0.16%	0.8
10	热力 DN400	0.63%	2.2
11	热力 DN600	1.15%	3.3
12	热力 DN700	10.60%	25.4
13	燃气 DN200	4.78%	12.7
14	政府部分	55.15%	
15	小计	100.00%	1116.8

表 7-4　高新区

序号	管线类别	空间比例（管线空间 / 总空间）	管线长度（孔数 × 长度），(km)
1	电力 10kV	2.40%	8.01
2	通信	1.54%	5.3
3	给水 DN600	6.45%	0.9
4	再生水 DN200	1.20%	0.9
5	污水 DN400	9.42%	0.9
6	雨水箱涵	14.38%	0.9

续表

序号	管线类别	空间比例（管线空间 / 总空间）	管线长度（孔数 × 长度），（km）
7	热力 DN300	9.36%	1.8
8	燃气 DN300 等	6.85%	0.9
9	政府部分	48.40%	—
10	小计	100.00%	19.61

表 7-5　李沧区

序号	管线类别	所占比例（管线空间 / 总空间）	管线长度（孔数 × 长度），（km）
1	电力高压 110kV	2.2%	7.2
2	电力中压 35kV/10kV	3.5%	19.2
3	通信管道	1.0%	5.6
4	给水 DN1000	8.7%	0.8
5	给水 DN400	2.2%	0.8
6	中水 DN300	1.0%	0.8
7	热力 DN1200	29.0%	1.6
8	污水 DN400	5.0%	0.8
9	燃气 DN300	5.5%	0.8
10	政府部分	41.9%	—
11	小计	100.0%	40.6

7.2.3　各区管廊日常维护费用

管廊日常维护费用主要由运行费和维护费组成，各组成因素如图 7-4 所示。

本次报告测算原则为：

（1）各区管廊包含一座监控中心，配备 24 人，工资水平按当地平均收入计算。人员、车辆使用费用按管廊舱室数量及长度分配至各个管廊。

（2）水电费测算依据管廊工程设备安装明细情况。

（3）管廊及附属设施维护费及沉降消防检测费依据管廊工程设备安装及土建明细情况，根据《上海市城市综合管廊养护维修预算定额》。

以蓝色硅谷片区山大南路综合管廊为例，日常维护费测算各项指标见表 7-6 ～表 7-8。

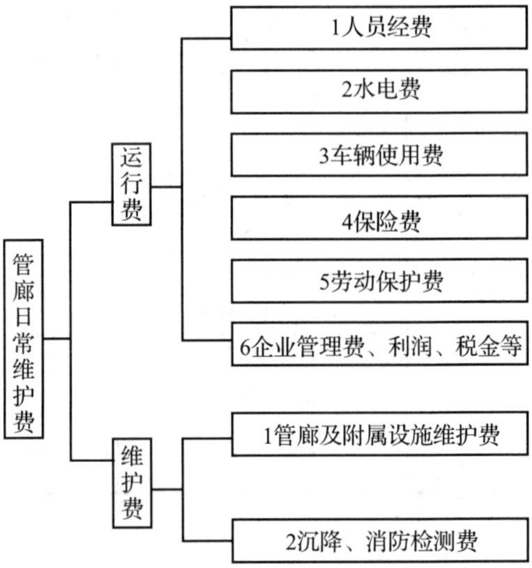

图 7-4　管廊日常维护费用组成

表 7-6　蓝色硅谷山大南路地下综合管廊运行费用测算表

序号	项目	测算结果（元）	计算方法
一	人员经费	1651414.37	运行人员费用（元 / 人）× 人数
二	水电费	284621.87	计算式：[1]+[2]
1	电费	268665.79	

续表

序号	项目	测算结果（元）	计算方法
2	水费	15956.08	
三	车辆使用费	74990.82	计算式：[3]+[4]+[5]+[6]
3	机动车折旧费	16000.00	计算式：机动车折旧＝车价 120000/15 年
4	燃油费	36000.00	估算值 1500 元 / 月
5	机动车保险	14990.82	计算式：7495.41 元 / 年
6	车辆维修保养	8000.00	计算式：4 次保养 ×500 元 +1 次维修 ×2000 元
四	保险费	125000.00	计算式：[7]+[8]
7	公众责任险	25000.00	按照平安公众责任险最高赔偿限额 500 万元，保险费率 0.5% 计算
8	设施安全险	100000.00	含自然灾害和第三者责任险，估算值
五	劳动保护费	30912.00	计算式：[9]+[10]
9	工作服	19200.00	每人长袖 2 套 ×250 元 / 套、短袖 2×150 元 / 套、合计 800 元 / 人。使用年限 2 年，员工 20 人
10	防护用具	11712.00	每人安全帽 1 顶 ×50 元 / 顶，手套 24 双 ×2 元 / 双，绝缘鞋 1 双 ×80 元 / 双、雨鞋 1 双 ×60 元 / 双、雨衣 1 套 ×250 元 / 套，合计 488 元，使用年限 1 年，员工 20 人
六	直接费小计	2166939.06	计算式：[一]+[二]+[三]+[四]+[五]
七	企业管理费	216693.91	计算式：[六]×10%
八	利润	56340.42	计算式：[六]×2.6%
九	税金	146398.40	计算式：([六]+[七]+[八]）× 营改增税率 6%
合计		2586371.78	计算式：[六]+[七]+[八]+[九]

表 7-7　蓝色硅谷山大南路地下综合管廊维护费用测算表

序号	项目	测算结果（元）	计算方法
一	定额直接费	241111.81	计算式：[1]+[2]+[3]
1	人工费	110439.45	人工费合计
2	机械费	53040.65	机械费合计
3	其他费用	77631.71	其他费用合计
二	企业管理费	16348.01	计算式：[1]+[2]×10%
三	利润	6693.96	计算式：([一]+[二])×2.6%
四	措施费	10608.92	计算式：[一]×4.4%
五	间接费	38336.78	计算式：[一]×15.9%
六	税金	14466.71	计算式：[一]×6%
七	工程总造价	327566.18	计算式：[一]+[二]+[三]+[四]+[五]+[六]
八	零星维修费	32756.62	计算式：[七]×10%
合计		360322.80	

表 7-8　蓝色硅谷山大南路地下综合管廊检测费用测算表

序号	项目	测算结果（元）	计算方法
1	沉降收敛检测	67576.10	1 次 / 年
2	消防检测	20833.34	1 次 / 年
合计		88409.43	

各分析费用计算原则如下：

1. 运行费用

人员经费 =24 人 × 当地工资水平（含五险一金等）；

水电费 = 根据设备安装明细，将照明系统、排水系统、监控系统等设备按功率 × 年运行时间 × 当地商业电价（水价）计算；

车辆使用费 = 按配置两辆车，估算每年折旧费 + 燃油费 + 维修费 + 保险费；

保险费 = 按保险公司规定，计算公共责任险 + 设施安全保险；

人员防护服 = 人员工作服 + 防护用具费用；

其余企业管理费、利润及税金取值参考成都、厦门方面。

2. 维护费用

管廊及附属设施维护费 = 根据工程设备安装明细及土建明细，将各管廊及附属设施每年损耗率及所需维护工日，按照《上海市城市综合管廊养护维修预算定额》进行费用测算。

3. 检测费用

管廊检测费用 = 按长度估算检测所需工日，参考成都检测；

人员、车辆使用费经分配后，山大南路管廊年日常维护费为 93 万元 / 年，即 58.25 万元 /（km × 年）。

同理可得各区管廊日常维护费汇总，见表 7-9 ～表 7-13。

表 7-9　蓝色硅谷片区管廊日常维护费及各管线维护费

序号	管线类别	所占比例（管线空间 / 总空间）	管线长度［孔数 × 长度（km）］	总运营维护费（万元）	各管线维护费（万元）
1	电力高压 110kV	5.48%	77.3	809	44.3
2	电力低压 10kV	7.36%	64.46		59.6
3	通信	3.58%	99.3		28.9
4	给水 DN600	7.67%	3.5		62.0
5	给水 DN500	1.86%	1.6		15.0
6	给水 DN400	2.64%	3.5		21.4
7	输水 DN200	4.76%	12.1		38.5
8	污水 DN600	9.05%	2.7		73.2
9	热力 DN300	1.55%	1.6		12.5
10	燃气 DN300	2.47%	3.5		19.9
11	燃气 DN400	5.23%	4.3		42.3
12	政府部分	48.35%	—		391.2
13	小计	100.00%	269.5	809	

表 7-10　新机场片区管廊日常维护费及各管线维护费

序号	管线类别	所占比例（管线空间 / 总空间）	管线长度（孔数 × 长度），(km)	总运营维护费（万元）	各管线维护费（万元）
1	电力高压 110kV	1.99%	36.3	1264	25.2
2	电力低压 10kV	8.68%	249.69		109.8
3	通信	6.16%	260.3		77.9
4	输水 DN600	3.52%	4.6		44.5
5	输水 DN400	4.85%	5.8		61.4

续表

序号	管线类别	所占比例（管线空间/总空间）	管线长度（孔数 × 长度），(km)	总运营维护费（万元）	各管线维护费（万元）
6	输水 DN300	3.03%	12.2	1264	38.3
7	输水 DN200	2.46%	3.7		31.2
8	热力 DN900	5.39%	3.1		68.1
9	热力 DN700	6.03%	5.0		76.2
10	热力 DN600	4.14%	3.5		52.3
11	热力 DN450	1.14%	1.3		14.4
12	热力 DN350	5.82%	8.3		73.5
13	燃气 DN300	3.71%	4.2		46.9
14	污水 DN600	0.96%	1.8		12.2
15	污水 DN300	4.24%	4.5		53.6
16	政府部分	37.86%	—		478.6
17	小计	100.00%	604.2	1264	

表 7-11　黄岛片区管廊日常维护费及各管线维护费

序号	管线类别	所占比例（管线空间/总空间）	管线长度［孔数 × 长度（km）］	总运营维护费（万元）	各管线维护费（万元）
1	电力高压 110kV	3.70%	174.2	2472	91.5
2	电力 10kV	4.73%	533.68		117.0
3	通信	3.94%	326.6		97.4
4	给水 DN1000	5.58%	12.7		137.9
5	给水 DN400	0.61%	2.6		15.0
6	给水 DN300	1.03%	4.8		25.4
7	给水及再生水 DN200	0.37%	2.7		9.1
8	污水 DN400	7.57%	15.1		187.2
9	污水 DN300	0.16%	0.8		3.9
10	热力 DN400	0.63%	2.2		15.6
11	热力 DN600	1.15%	3.3		28.4
12	热力 DN700	10.60%	25.4		262.0
13	燃气 DN200	4.78%	12.7		118.2
14	政府部分	55.15%			1363.3
15	小计	100.00%	1116.8	2472	

表 7-12　高新区管廊日常维护费及各管线维护费

序号	管线类别	所占比例（管线空间/总空间）	管线长度［孔数 × 长度（km）］	总运营维护费（万元）	各管线维护费（万元）
1	电力 10kV	2.40%	8.01	129.3	3.1
2	通信	1.54%	5.3		2.0
3	给水 DN600	6.45%	0.9		8.3
4	再生水 DN200	1.20%	0.9		1.5
5	污水 DN400	9.42%	0.9		12.2
6	雨水箱涵	14.38%	0.9		18.6
7	热力 DN300	9.36%	1.8		12.1
8	燃气 DN300 等	6.85%	0.9		8.9
9	政府部分	48.40%	—		62.6
10	小计	100.00%	19.61	129.3	

表 7-13　李沧区管廊日常维护费及各管线维护费

序号	管线类别	所占比例（管线空间 / 总空间）	管线长度［孔数 × 长度（km）］	总运营维护费（万元）	各管线维护费（万元）
1	电力高压 110kV	2.2%	7.2	142.3	3.1
2	电力中压 35kV/10kV	3.5%	19.2		5.0
3	通信管道	1.0%	5.6		1.4
4	给水 DN1000	8.7%	0.8		12.4
5	给水 DN400	2.2%	0.8		3.1
6	中水 DN300	1.0%	0.8		1.4
7	热力 DN1200	29.0%	1.6		41.3
8	污水 DN400	5.0%	0.8		7.1
9	燃气 DN300	5.5%	0.8		7.9
10	政府部分	41.9%	—		59.6
11	小计	100.0%	37.6	142.3	

7.2.4　全区入廊管线单价测算

汇总各区入廊管线日常维护费及总长度后，各管线日常维护费见表 7-14：

表 7-14　全区综合管廊维护费用测算值

项目	管线	管线型号	总日常维护费（万元）	总管线长度（km）	日常维护费［万元 /（km × 根 / 年）］
1	电力	110kV 高压	167	302.9	0.55
		10kV 低压	294	875.0	0.34
2	通信	通信管道	208	697.2	0.30
3	输水工程	DN1000	150	13.5	11.13
		DN600	115	9.0	12.77
		DN500	15.0	1.6	9.40
		DN400	101	12.7	7.97
		DN300	65.2	17.8	3.65
		DN200	80.3	19.3	4.16
4	排水工程	污水 DN600	85.4	4.5	19.10
		污水 DN400	206.5	16.8	12.29
		污水 DN300	57.5	5.3	10.87
		雨水箱涵	18.6	0.9	20.90
5	燃气	燃气 DN400	42.3	4.3	9.84
		燃气 DN300	83.5	9.3	8.94
		燃气 DN200	118.2	12.7	9.31
6	热力	热力 DN1200	41.3	1.6	25.81
		热力 DN900	68.1	3.1	22.12
		热力 DN700	338.2	30.4	11.13
		热力 DN600	80.8	6.7	11.99
		热力 DN400	14.4	1.3	11.06
		热力 DN300	98.1	11.7	8.40
7	小计		2449		

根据入廊管线费测算值，根据以下原则进行调整：

（1）同种管线总日常维护费不变；

（2）同种管线日常维护费单价和管径成正相关。

表 7-15　全区综合管廊维护费用调整值

项目	管线	管线型号	总日常维护费（万元）	总管线长度（km）	日常维护费测算值［万元/(km×根/年)］	日常维护费建议值［万元/(km×根/年)］
1	电力	110kV 高压	167	302.9	0.55	0.6
		10kV 低压	294	875.0	0.34	0.3
	小计		462			
2	通信	通信管道	208	697.2	0.30	0.3
	小计		208			
3	输水工程	DN1000	150	13.5	11.13	14.6
		DN600	115	9.0	12.77	8.3
		DN500	15.0	1.6	9.40	7.2
		DN400	101	12.7	7.97	6.0
		DN300	65.2	17.8	3.65	4.9
		DN200	80.3	19.3	4.16	4.1
	小计		527			
4	排水工程	污水 DN600	85.4	4.5	19.10	19.1
		污水 DN400	206.5	16.8	12.29	12.3
		污水 DN300	57.5	5.3	10.87	10.9
		雨水箱涵	18.6	0.9	20.90	20.9
	小计		368.0			
5	燃气	燃气 DN400	42.3	4.3	9.84	9.8
		燃气 DN300	83.5	9.3	8.94	9.3
		燃气 DN200	118.2	12.7	9.31	8.9
	小计		244.0			
6	热力	热力 DN1200	41.3	1.6	25.81	25.8
		热力 DN900	68.1	3.1	22.12	18.9
		热力 DN700	338.2	30.4	11.13	11.9
		热力 DN600	80.8	6.7	11.99	10.1
		热力 DN400	14.4	1.3	11.06	9.2
		热力 DN300	98.1	11.7	8.40	8.4
	小计		640.9			
总计			2449			

7.2.5　本章小结

本章基于直埋成本法对青岛市五个区域内管线入廊费进行测算，得出入廊管线年日常维护费用及单价，总体结果满足要求。全市管廊年日常维护费约 4771 万元，其中管线单位承担 2449 万元，入约占总投资的 51.3%。

第8章　结论与建议

8.1　结论

本次对青岛市蓝色硅谷片区、新机场、黄岛区综合管廊、高新区及李沧区的综合管廊入廊费及运维管理费进行测算，结论如下：

（1）本报告入廊费采用直埋成本测算，日常维护费采用空间比例测算，对于结构误差较大处进行调整；

（2）入廊管线直埋成本依据当地管线工程控制价，资料不全之处依照当地费用建模测算及成都、厦门方面经验值；

（3）入廊管线维护费依据当地管廊工程控制价及相关设备设施维护保养条例；

（4）本次测算值可作为青岛市制订收费标准依据。

8.2　建议

（1）本报告数据根据管廊收费建议情况可修订；

（2）本收费标准为试行方案，待运行1～2年后，将根据管廊实际运营成本履行审计核准程序，并对本收费标准进行修编完善。

第9章　附　　件

表9-1　青岛市地下综合管廊有偿使用收费参考标准

序号	管线名称	管线规格	建议入廊费单价	建议日常维护费单价
			入廊费单价 ［元/（m× 根/孔）］	日常维护费 ［元/（m× 根/孔）× 年］
1	电力	110kV 高压	632.5	5.5
		10kV/35kv 低压	215.2	3.4
2	通信	通信管道	90.9	3.0
3	给水、再生水工程	DN1000	3345.1	146.0
		DN800	3005.8	114.7
		DN600	2666.4	83.4
		DN500	2120.3	72.4
		DN400	1788.0	60.0
		DN300	1534.0	48.6
		DN200	1281.4	41.3

续表

序号	管线名称	管线规格	建议入廊费单价	建议日常维护费单价
			入廊费单价［元/（m× 根/孔）］	日常维护费［元/（m× 根/孔）× 年］
4	污水工程	DN600	2896.9	191.0
		DN400	2760.9	122.9
		DN300	1671.6	108.7
5	燃气	DN400	2953.2	98.4
		DN300	2613.0	93.0
		DN200	1695.9	89.0
6	热力	DN1200	4994.5	258.0
		DN900	4633.9	189.0
		DN700	3275.8	119.0
		DN600	3263.1	101.0
		DN400	3041.1	92.0
		DN300	2825.1	84.0

第七篇
青岛市地下综合管廊竣工验收导则研究

PART 7

前　　言

为贯彻落实国家、山东省及青岛市关于推进综合管廊建设的有关文件及指示精神，指导和促进青岛市综合管廊施工管理和竣工验收工作，青岛市住房和城乡建设局组织有关单位，结合我市实际情况，经广泛调查研究并借鉴其他省市经验，在此基础上编制本导则。

本导则共分九章，主要内容有：总则、术语、基本规定、基坑和地基基础质量检验、明挖施工管廊主体结构质量检验、非开挖施工管廊主体结构质量检验、防水工程质量检验、附属构筑物质量检验、附属设施质量检验。

本导则由青岛市住房和城乡建设局组织编制和管理，由青岛市工程咨询院负责技术内容的解释。各单位在使用过程中，如发现需要修改和补充之处，请将意见和建议及时反馈给上述单位（地址：山东省青岛市崂山区海尔路 176 号 2 号楼 12 层；邮编：266061；电话：0532-68895800）。

主 编 单 位：青岛市工程咨询院
青岛青咨工程咨询有限公司

参 编 单 位：中建筑港集团有限公司
青岛市政空间开发集团有限公司
青岛城建集团有限公司
青岛市市政工程设计研究院有限公司

主要起草人员：钟　晖　刘　静　王彦亭　刘景伟　王艳美　李西亮　邢　雷
郑　慧　张永敏　汪　汇　刘国华　金嘉平　李丕刚　赵　锋
王亚男　张元帅　刘晓昌　曹翔皓　闫　蒙　周生展　于建欣
徐海博　刘钰杰　姚智文　于　丹　张先贵　邹淑国　孟　涛
魏金杰

主要审查人员：陈　勇　胡乐常　辛克刚　高　翔　王治田　王　洋　王春胜
尹严明　潘盛龙　张伟钢

第1章　总　　则

1.1　为加强城市地下综合管廊工程竣工验收管理，统一竣工验收流程及对应的施工质量验收标准，确保工程质量，做到技术先进、经济合理、安全适用，制定本导则。

1.2　本导则适用于新建、改建、扩建的城市地下综合管廊工程竣工验收。

1.3　城市地下综合管廊工程建设的招投标、技术文件对工程质量的要求不得低于本导则的规定。

1.4　城市地下综合管廊的竣工验收，应按照本导则，并依据国家、山东省现行有关标准进行验收。

第2章　术　　语

2.1　综合管廊 utility tunnel

建于城市地下，用于容纳两类及以上城市工程管线的构筑物及附属设施。

2.2　现浇钢筋混凝土综合管廊 cast-in-site reinforeed concrete utility tunnel

采用在施工现场支模、钢筋连接、整体浇筑的钢筋混凝土综合管廊。

2.3　节段式预制钢筋混凝土综合管廊 segmental precast rein forced concreteutility tunnel

综合管廊分节段在工厂内制作成型，运输至建设现场，采用拼装工艺施工成为整体。

2.4　预制装配整体式钢筋混凝土综合管廊 assembled mono lithic utility tunnel

将预制混凝土墙板构件或部件通过钢筋的连接，并现场浇筑混凝土形成整体结构的综合管廊。

2.5　非开挖施工 trenchless construction

采用顶管法、盾构法、浅埋暗挖等技术手段，在地表不开槽的情况下进行综合管廊的施作。

2.6　顶管 pipe jacking

借助于顶推装置，将预制管廊节段顶入，同时挖除并运走内部泥土，形成管廊主体结构的非开挖施工方法。

2.7　盾构法 tunnel shield

采用盾构机在地层中掘进的同时，拼装预制管片或现浇混凝土形成管廊主体结构的非开挖施工方法。

2.8　浅埋暗挖 shallow undercutting

利用土层在开挖过程中短时间的自稳能力，采取适当的支护措施，使围岩或土层表面形成密贴型薄壁支护结构的非开挖施工方法。

2.9　监控与报警系统 supervision and alarm system

对综合管廊本体环境、附属设施进行在线监测、控制，对非正常工况及事故进行报警并兼具与管线管理单位或相关管理部门通信功能的各种系统的总称。

2.10　统一管理平台 unified management platform

对综合管廊监控与报警系统各组成系统地进行集成，满足对内管理、对外通信、与管线管理单位、相关管理部门协调等需求，具有综合处理能力的系统。

2.11　预验收 Pre-acceptance

由监理组织的在专项竣工验收或工程竣工验收前，为了避免验收承包商不严格履行质量管理职责，可能影响验收工作的质量和进度，进行的一种的质量验收。

第3章　基本规定

3.1　一般规定

3.1.1　综合管廊工程施工单位应建立健全施工技术、质量、安全生产、绿色施工等管理体系，制定各项施工管理规定，并贯彻执行。

3.1.2　工程施工质量应按下列要求进行验收：

1）工程施工质量应符合规范的规定。

2）工程施工应符合工程勘察、设计文件的要求。

3）参加工程施工质量验收的各方人员应具备规定的资格。

4）工程质量的验收均应在施工单位自行检查、评定合格的基础上进行。

5）隐蔽工程在隐蔽前应由施工单位通知监理工程师和相关单位进行隐蔽验收，确认合格后，形成隐蔽验收文件。

6）监理单位应按规定对涉及结构安全的试块、试件、有关材料和现场检测项目，进行平行检测、见证取样检测并确认合格。

7）检验批的质量应按主控项目和一般项目进行验收。

8）对涉及结构安全和使用功能的分部工程应进行抽样检测。

9）承担见证取样检测及有关结构安全检测的单位应具有相应资质。

10）工程外观质量应由验收人员通过现场检查共同确认。

3.1.3　工程应经过竣工验收合格后，方可投入使用。

3.1.4　当周边存在其他工程与综合管廊工程施工工作面重叠，需进行交叉施工时，应做好交叉部分工作协调和相关技术资料的交接。

3.2　综合管廊质量检验的划分

3.2.1　综合管廊质量验收包括单位（子单位）工程、分部（子分部）工程、分项工程、检验批质量验收及竣工验收。

3.2.2　单位（子单位）工程、分部（子分部）工程、分项工程、检验批的划分可按本附录 A 确定，质量验收记录应按本规范附录 B 填写。

3.3 综合管廊质量检验合格标准

3.3.1 检验批合格质量应符合下列规定：

1）主控项目的质量应经抽样检验合格。

2）一般项目的质量应经抽样检验合格；当采用计数检验时，除有专门要求外，一般项目的合格点率应达到 80% 及以上，且不合格点的最大偏差值不得大于规定允许偏差值的 1.5 倍。

3）检验批应具有完整的施工操作依据和质量检查记录。

3.3.2 分项工程质量验收合格应符合下列规定：

1）分项工程所含检验批均应符合合格质量的规定。

2）分项工程所含检验批的质量验收记录应完整。

3.3.3 分部（子分部）工程质量验收合格应符合下列规定：

1）分部工程所含分项工程的质量应全部验收合格。

2）质量控制资料应完整。

3）涉及结构安全和使用功能的质量应按规定验收合格。

4）外观质量验收应符合要求。

3.3.4 单位 (子单位) 工程质量合格应符合下列规定：

1）单位工程所含分部工程的质量均应验收合格。

2）质量控制资料应完整。

3）单位工程所含分部工程中有关安全和功能的控制资料应完整。

4）影响综合管廊安全使用和周围环境的参数指标应符合规定。

5）外观质量验收应符合要求。

3.3.5 建设项目质量合格应符合下列规定：

1）所含单位工程的质量均应符合质量合格的规定。

2）工程竣工资料应完整。

3.3.6 综合管廊管理用房及配套的建（构）筑物应按相应的房屋建筑工程相关规范合格标准进行验收。

3.3.7 检验批、分项工程、分部工程、单位工程、单项工程和建设项目质量检验记录、工程质量控制资料核查记录和有关安全与主要功能抽测记录应按本导则附录 B 的规定填写。

3.3.8 综合管廊工程质量验收不合格时，应按下列规定处理：

1）经返工返修或更换材料、构件、设备等的分项工程，应重新进行验收。

2）经有相应资质的检测单位检测鉴定能够达到设计要求的分项工程，应予以验收。

3）经有相应资质的检测单位检测鉴定达不到设计要求、但经原设计单位核算认可能够满足结构安全和使用功能要求的分项工程，可予以验收。

4）经返修或加固处理的分项工程、分部（子分部）工程，改变外形尺寸但仍能满足使用要求，可按技术处理方案和协商文件进行验收。

5）通过返修或加固处理仍不能满足结构安全和使用功能要求的分部 (子分部) 工程、单位 (子单位) 工程，不得验收。

3.4 竣工验收程序和组织

3.4.1 综合管廊工程应按图 3-1 实线部分所示流程进行竣工验收，质量监督机构有要求时，按照其要求申请进行竣工前检查。

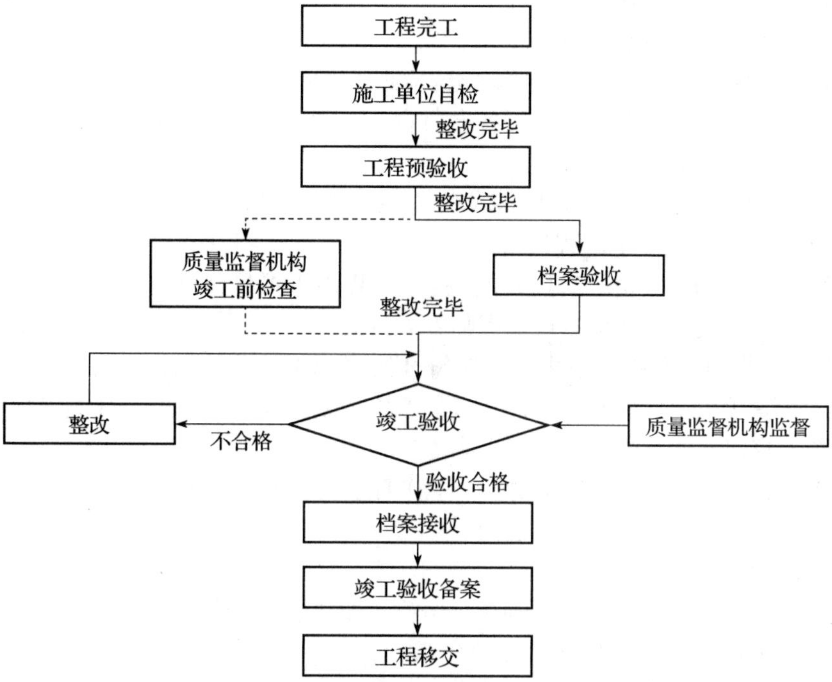

图 3-1 综合管廊工程竣工验收流程图

3.4.2 施工单位完成工程设计和施工合同约定的所有施工内容后视为工程完工。

3.4.3 竣工验收应在符合如下要求后方可开始：

1）完成工程设计和合同约定的各项内容。

2）施工单位在工程完工后对工程质量进行了自检，确认工程质量符合有关法律、法规和工程建设强制性标准，符合设计文件及合同要求，并按现行国家标准《建设工程监理规范》（GB/T 50319）表 B.0.10 向监理提报单位工程竣工验收报审表。同时按本导则附录 E 格式提出工程竣工报告。工程竣工报告应经项目经理和施工单位有关负责人审核签字。

3）监理单位具有完整的监理资料，并根据现行国家标准《建设工程监理规范》（GB/T 50319）第 6.2.13 和 6.2.14 条要求，组织工程竣工预验收，并提出工程质量评估报告。工程质量评估报告应经总监理工程师和监理单位有关负责人审核签字。

4）勘察、设计单位对勘察、设计文件及施工过程中由设计单位签署的设计变更通知书进行检查，并提出质量检查报告。质量检查报告应经该项目勘察、设计负责人和勘察、设计单位有关负责人审核签字。

5）有完整的技术档案和施工管理资料，并取得城建档案管理机构出具的档案已经验收。

6）安全、环保、消防等专项验收合格。

7）有工程使用的主要建筑材料、建筑构配件和设备的进场试验报告，以及工程质量检测和功能性试验资料。

8）有施工单位签署的工程质量保修书。

9）建设主管部门及工程质量监督机构责令整改的问题全部整改完毕，通过了质量监督机构竣工前检查。

10）取得有相应资质的第三方检测单位进行的结构实体质量检测合格报告。

11）法律、法规规定的其他条件。

3.4.4　工程档案资料应符合如下要求：

1）建设、勘察、设计、监理、施工单位应根据《市政基础设施工程施工技术文件管理规定》和城建档案管理机构要求，进行各自负责范围内的工程档案资料收集整理工作，并汇总至建设单位，由建设单位组卷归档。

2）综合管廊工程档案资料归档范围及负责单位见附录 D。

3.4.5　竣工验收应按如下流程进行：

1）工程完工后，施工单位向建设单位提交工程竣工报告，申请工程竣工验收。实行监理的工程，工程竣工报告须经总监理工程师签署意见。

2）建设单位收到工程竣工报告后，对符合竣工验收要求的工程，组织勘察、设计、施工、监理与运营等单位组成验收组，制定验收方案。对于重大工程和技术复杂工程，根据需要可邀请有关专家组参加验收。

3）建设单位应当在工程竣工验收 7 个工作日前将验收的时间、地点及验收组名单书面通知负责监督该工程的工程质量监督机构。

4）建设单位组织工程竣工验收。

①建设、勘察、设计、施工、监理单位分别汇报工程合同履约情况和在工程建设各个环节执行法律、法规和工程建设强制性标准的情况；

②审阅建设、勘察、设计、施工、监理单位的工程档案资料；

③实地查验工程质量；

④对工程勘察、设计、施工、设备安装质量和各管理环节等方面做出全面评价，形成经验收组人员签署的工程竣工验收意见。

3.4.6　竣工验收应按单位（子单位）工程组织验收，应分别按分部工程、质量控制资料核查、安全和主要使用功能核查及抽查结果、观感质量验收四个方面进行评价，最后进行综合评价。

1）分部工程、质量控制资料核查、安全和主要使用功能核查及抽查结果、外观质量验收应采用本导则附录 B 的统一格式。综合评价形成单位（子单位）工程质量竣工验收记录，采用附录 B.0.4 的统一格式。

2）工程质量综合验收结论为“合格”“不合格”两种评价意见，其中安全与使用功能评价为否定项目，若存在影响安全与使用功能的隐患，则工程评价为“不合格”。

3）当专业验收规范对工程中的验收项目未做出相应规定时，应由建设单位组织监理、设计、施工等相关单位制定专项验收要求。

3.4.7　工程竣工验收合格后，建设单位应当及时提出工程竣工验收报告。工程竣工验收报告主要包括工程概况，建设单位执行基本建设程序情况，对工程勘察、设计、施工、监理等方面的评价，工程竣工验收时间、程序、内容和组织形式，工程竣工验收意见等内容。

3.4.8　负责监督该工程的工程质量监督机构应当对工程竣工验收的组织形式、验收程序、执行验收标准等情况进行现场监督，发现有违反建设工程质量管理规定行为的，责令改正，并将工程竣工验收的监督情况作为工程质量监督报告的重要内容。

3.4.9　工程竣工验收合格后，建设单位应完成档案验收及移交工作，并取得城建档案管理机构出具的档案接收认可文件。

3.4.10　工程竣工验收合格后，建设单位应在工程明显部位设置永久性标牌，载明建设、勘察、设计、施工、监理单位名称和项目负责人姓名。

3.4.11　工程竣工验收合格后，建设单位应将工程质量责任主体和各参建单位项目负责人质量终身责任信息档案依法向住房城乡建设部门移交。

3.4.12　建设单位应自工程竣工验收合格之日起 15 日内，依照《房屋建筑和市政基础设施工程竣工验收备案管理办法》(住房和城乡建设部令第 2 号）的规定，向工程所在地的住房城乡建设部门办理竣工验收备案。

3.5　工程移交

工程竣工验收备案后由管廊项目主管部门组织建设单位、运营单位签订《地下综合管廊运维备忘录》(附录 F)。管廊的正式运维时间以《地下综合管廊运维备忘录》中管廊项目主管部门签署之日为准。

第 4 章　基坑和地基基础质量验收

4.1　基坑开挖及支护

4.1.1　一般规定

基坑开挖及支护施工完成后，主体结构开始施工前，应进行验基（槽)，并留存验基（槽）记录。

4.1.2　主控项目

1）基底不应浸泡或受冻，不得扰动、超挖。

检查方法：检查验基（槽）记录。

检查数量：全数检查。

2）基坑边坡、支护结构应安全稳定，无变形、沉降、位移，无线流现象；基底无隆起、沉陷、涌水（砂）等现象。

检查方法：检查验基（槽）记录。

检查数量：全数检查。

3）地基承载力应符合设计要求。

检查方法：检查验基（槽）记录。

检查数量：全数检查。

4.1.3　一般项目

1）基坑边坡护坡应完整，无明显渗水现象；围护墙体排列整齐，钢板桩咬合紧密，混凝土墙体结构密实、接缝严密，围檩与支撑牢固可靠。

检查方法：检查验基（槽）记录。

检查数量：全数检查。

2）基坑开挖及支护的施工允许偏差应符合设计要求、现行国家标准《建筑地基基础工程施工质量验收标准》(GB 50202)、行业标准《建筑基坑支护技术规程》JGJ 120 及其他标准规范的相关规定。

检查方法：检查验基（槽）记录、检验批验收记录和隐蔽工程验收记录。

检查数量：全数检查。

4.2　地基、基础工程

一般规定：地下综合管廊各类地基处理、基础分项工程验收应符合以国家标准《建筑地基基础工程施工质量验收标准》(GB 50202)、山东省地方标准《城市地下综合管廊工程施工及验收规范》(DB37/T 5110）为主的现行国家、行业、地方相关标准规范的规定。

检查方法：检查检验批验收记录、隐蔽工程验收记录和相关试验检测报告。

检查数量：符合规范要求。

4.3　基坑回填

4.3.1　一般规定

回填料含水量控制范围、分层厚度、压实遍数等施工参数应符合设计要求。

4.3.2　主控项目

1）回填材料应符合设计要求，机动车道下回填材料应符合道路设计要求；回填土中不应含有淤泥、腐殖土、有机物、砖、石、木块等杂物。

检查方法：检查检验批验收记录和隐蔽工程验收记录。

检查数量：全数检查。

2）回填高度应符合设计要求；沟槽不得带水回填，回填应对称分层夯实。

检查方法：检查检验批验收记录和隐蔽工程验收记录。

检查数量：全数检查。

3）回填时不得损伤管廊主体及管廊防水层。

检查方法：检查检验批验收记录和隐蔽工程验收记录。

检查数量：全数检查。

4）回填土压实度应符合设计要求。当实际无要求时，应符合现行山东省地方标准《城市地下综合管廊工程施工及验收规范》(DB37/T 5110）表 5.4-4 的相关规定。

检查方法：检查检验批验收记录和隐蔽工程验收记录。

检查数量：全数检查。

4.3.3　一般项目

1）压实后表面应平整，无松散、起皮、裂纹；粗细颗粒应分配均匀。

检查方法：检查检验批验收记录、隐蔽工程验收记录和相关试验检测报告。

检查数量：符合规范要求。

2）基坑回填的允许偏差应符合设计要求和现行国家标准《建筑地基基础工程施工质量验收标准》(GB 50202）的相关规定。

检查方法：检查检验批验收记录、隐蔽工程验收记录和相关试验检测报告。

检查数量：符合规范要求。

4.4　基坑监测

4.4.1　建设单位应委托具备相应资质的第三方机构对基坑工程实施安全监测。

4.4.2　基坑监测应查验仪器检测与巡视检查记录文件，质量验收应与工程设计方案相匹配，尚应符合现行国家标准《建筑基坑工程监测技术规范》(GB 50497）的相关规定。

第5章　明挖施工管廊主体结构质量检验

5.1　现浇钢筋混凝土综合管廊

5.1.1　一般规定

混凝土结构工程质量检验应包括模板、钢筋、混凝土、预应力和混凝土附加外防腐等分项工程的质量检验和混凝土构件的质量检验。

5.1.2　主控项目

现浇结构分项工程质量验收应按现行国家标准《混凝土结构工程施工质量验收规范》GB 50204、《建筑防腐蚀工程施工规范》(GB 50212）的规定执行。

检查方法：检查检验批验收记录、隐蔽工程验收记录和相关试验检测报告。

检查数量：符合对应规范标准要求。

5.1.3　一般项目

现浇结构分项工程质量验收应按现行国家标准《混凝土结构工程施工质量验收规范》(GB 50204）、《建筑防腐蚀工程施工规范》(GB 50212）的规定执行。

检查方法：检查检验批验收记录、隐蔽工程验收记录和相关试验检测报告。

检查数量：符合对应规范标准要求。

5.2 节段式预制钢筋混凝土综合管廊

5.2.1 一般规定

混凝土结构工程质量检验应包括模板、钢筋、混凝土、预应力和混凝土附加外防腐蚀等分项工程的质量检验和混凝土构件的质量检验。

5.2.2 主控项目

1）预制构件应在明显部位标明生产单位、构件型号、生产日期和质量验收标志。构件上的预埋件、插筋和预留孔洞的规格、位置和数量应符合标准图或设计的要求。

检查方法：观察。

检查数量：全数检查。

2）预制构件的外观质量不应有严重缺陷。对已经出现的严重缺陷，应按技术处理方案进行处理，并重新检查验收。

检查方法：观察；检查技术处理方案。

检查数量：全数检查。

3）预制构件不应有影响结构性能和安装、使用功能的尺寸偏差。对超过尺寸允许偏差且影响结构性能和安装、使用功能的部位，应按技术处理方案进行处理，并重新检查验收。

检查方法：量测；检查技术处理方案。

检查数量：全数检查。

4）进入现场的预制构件，其外观质量、尺寸偏差及结构性能应符合标准图或设计的要求。

检查方法：检查构件合格证。

检查数量：按批检查。

5）预制构件接缝处防水措施应符合设计要求，防水材料应具有合格证、厂家检测报告及进场复试报告。

检查方法：观察、检查出厂合格证及相关质量证明文件。

检查数量：全数检查。

6）应对预制拼装综合管廊的严密性进行检验。在进行闭水试验时，内水压力值应符合设计要求，在规定的检验内水压力下允许有潮片，但潮片面积不得大于总外表面积的5%，且不得有水珠流淌。

检查方法：检查现场闭水试验报告。

检查数量：每1000节检验1处，不足1000节的检验1处。

5.2.3 一般项目

1）预制构件的外观质量不宜有一般缺陷。对已经出现的一般缺陷，应按技术处理方案进行处理，并重新检查验收。

检查方法：观察；检查技术处理方案。

检查数量：全数检查。

2）预制构件的加工尺寸偏差应符合现行山东省地方标准《城市地下综合管廊工程施工及验收规范》(DB37/T 5110）表6.6.2-1的规定。

检查方法：检查检验批验收记录。

检查数量：同一工作班组生产的同类型构件，抽查 5% 且不少于 3 件。

3）预制构件安装尺寸允许偏差应符合现行山东省地方标准《城市地下综合管廊工程施工及验收规范》（DB37/T 5110）表 6.6.2-2 的要求。

检查方法：检查检验批验收记录。

检查数量：在同一检验批内，对侧墙、顶板和底板，应抽查不小于总数量的 10%，且不少于 3 件。

5.3　预制装配整体式钢筋混凝土综合管廊

5.3.1　一般规定

除应符合本节相关规定外，尚应符合 5.2 节的相关规定。

5.3.2　主控项目

1）预制构件质量证明文件应齐全。

检查方法：检查质量证明文件或质量验收记录。

检查数量：全数检查。

2）预制墙板和接缝处应进行淋水试验，检验其防水性能是否符合要求。

检查方法：检查现场淋水试验报告。

检查数量：同一检验批抽检不少于 3 处。

5.3.3　一般项目

1）预制构件外观应符合表 5-1 的规定。

表 5-1　外观缺陷质量要求

<table>
<tr><th colspan="3">检查项目</th><th>质量要求</th><th>检查方法</th><th>不合格处理</th></tr>
<tr><td>1</td><td colspan="2">露筋</td><td>不应有</td><td>目测</td><td rowspan="8">根据具体情况由技术部门决定可否返修或技术处理</td></tr>
<tr><td>2</td><td colspan="2">孔洞</td><td>不应有</td><td>目测</td></tr>
<tr><td>3</td><td colspan="2">蜂窝</td><td>不应有</td><td>目测</td></tr>
<tr><td rowspan="2">4</td><td rowspan="2">麻面气泡</td><td>装饰面</td><td>不应有</td><td>目测</td></tr>
<tr><td>一般部位</td><td>每处面积小于 50mm^2，深度小于 3mm</td><td>目测、用尺量</td></tr>
<tr><td>5</td><td colspan="2">起砂、掉皮</td><td>不应有</td><td>目测</td></tr>
<tr><td rowspan="2">6</td><td rowspan="2">缺棱掉角</td><td>装饰面</td><td>不应有</td><td></td></tr>
<tr><td>不显著部位</td><td>长度 20mm 以下，总面积不超过 20cm^2</td><td>目测、用尺量</td></tr>
<tr><td rowspan="2">7</td><td rowspan="2">裂缝</td><td>影响结构性能或缝宽大于 0.3mm</td><td>不应有</td><td rowspan="2">目测、用刻度放大镜检测</td><td rowspan="2">可作技术处理</td></tr>
<tr><td>非受力部位不影响结构性能和使用功能</td><td>不应有</td></tr>
<tr><td rowspan="2">8</td><td rowspan="2">预埋螺栓螺母</td><td>螺纹损伤影响安装使用</td><td>不应有</td><td rowspan="2">目测、用标准螺母检测</td><td>根据具体情况由技术部门决定可否返修或技术处理</td></tr>
<tr><td>螺纹轻微损伤不影响安装使用</td><td>不应有</td><td>可返修</td></tr>
</table>

检查方法：观察。

检查数量：全数检查。

2）预制构件规格尺寸偏差应符合现行山东省地方标准《城市地下综合管廊工程施工及验收规范》(DB37/T 5110）表 6.6.3-2 规定。

检查方法：检查检验批验收记录。

检查数量：符合对应规范标准要求。

3）预制构件安装尺寸允许偏差应符合现行山东省地方标准《城市地下综合管廊工程施工及验收规范》(DB37/T 5110）表 6.6.3-3 规定。

检查方法：检查检验批验收记录。

检查数量：符合对应规范标准要求。

第 6 章　非开挖施工管廊主体结构质量检验

6.1　工作井

6.1.1　一般规定

工作井的围护结构、井内结构施工质量验收标准应按现行国家标准《建筑地基基础工程施工质量验收规范》（GB 50202）、《给水排水构筑物工程施工及验收规范》（GB 50141）的相关规定执行。

6.1.2　主控项目

1）工程原材料、成品、半成品的产品质量应符合国家相关标准规定和设计要求。

检查方法：检查产品质量合格证、出厂检验报告和进场复验报告。

检查数量：全数检查。

2）工作井结构的强度、刚度和尺寸应满足设计要求，结构无滴漏和线流现象。

检查方法：按现行国家标准《给水排水管道工程施工及验收规范》（GB 50268）附录 F 第 F.0.3 条规定，检查施工记录。

检查数量：逐座检查。

3）混凝土结构的抗压强度等级、抗渗等级应符合设计要求。

检查方法：检查混凝土浇筑记录，检查试块的抗压强度、抗渗试验报告。

检查数量：全数检查。

6.1.3　一般项目

1）工作井施工的允许偏差应符合现行山东省地方标准《城市地下综合管廊工程施工及验收规范》(DB37/T 5110）表 7.5.2 规定。

检查方法：检查检验批验收记录。

检查数量：符合对应规范标准要求。

2）顶管顶进工作井、盾构始发工作井的后背墙应坚实、平整；后座与井壁后背墙联系紧密。

检查方法：观察，检查施工记录。

检查数量：逐座检查。

3）结构不得出现明显渗水和水珠现象。

检查方法：按现行国家标准《给水排水管道工程施工及验收规范》（GB 50268）附录F第F.0.3条规定，检查施工记录。

检查数量：逐座检查。

6.2 顶管管节

6.2.1 一般规定

钢筋混凝土成品管质量应符合现行国家标准《混凝土和钢筋混凝土排水管》（GB/T 11836）的规定，管节及接口的抗渗性能应符合设计要求。

6.2.2 主控项目

1）管节及附件等工程材料的产品质量应符合国家有关标准的规定和设计要求。

检查方法：检查产品质量合格证明书、各项性能检验报告，检查产品制造原材料质量保证资料；检查产品进场验收记录。

检查数量：逐个检查。

2）接口橡胶圈安装应位置正确，无位移、脱落现象；钢管的接口焊接质量应符合现行国家标准《给水排水管道工程施工及验收规范》(GB 50268）第5章的相关规定，焊缝无损探伤检验应符合设计要求。

检查方法：检查钢管接口焊接检验报告。

检查数量：逐个检查。

3）综合管廊的管底坡度不得出现明显反坡现象；曲线顶管的实际曲率半径应符合设计要求。

检查方法：观察，检查顶进施工记录、测量记录。

检查数量：全数检查。

4）管节接口端部应无破损、顶裂现象，接口处无滴漏。

检查方法：逐节观察，其中渗漏水程度检查按现行国家标准《给水排水管道工程施工及验收规范》(CB50268）附录F第F.0.3执行。

检查数量：全数检查。

6.2.3 一般项目

1）钢管防腐层及焊缝处的外防腐层及内防腐层质量应符合现行国家标准《给水排水管道工程施工及验收规范》(GB 50268）的规定。

检查方法：观察。

检查数量：全数检查。

2）管节与工作井进、出洞口的间隙应连接牢固，洞口无渗漏水。

检查方法：观察。

检查数量：全数检查。

3）管节内应线形平顺，无突变、变形现象；一般缺陷部位应修补密实、表面光洁；管道无明显渗水和水珠现象。

检查方法：按现行国家标准《给水排水管道工程施工及验收规范》GB 50268 附录 F 第 F.0.3 条、附录 H 的规定观察。

检查数量：全数检查。

4）有内防腐层的钢筋混凝土管道及构件，防腐层应完整附着紧密。

检查方法：观察。

检查数量：全数检查。

5）管道、综合管廊内应清洁，无杂物、油污。

检查方法：观察。

检查数量：全数检查。

6）顶管施工贯通后管道的允许偏差应符合现行山东省地方标准《城市地下综合管廊工程施工及验收规范》(DB37/T 5110）表 7.5.3 的规定。

6.3 综合管廊顶进

6.3.1 一般规定

顶进的主体结构混凝土应达到设计强度，防水层和防护层应符合设计要求。

6.3.2 主控项目

结构尺寸、顶面坡度、错梁、方向墩等应符合设计要求。

检查方法：观察，检查施工记录。

检查数量：全数检查。

6.3.3 一般项目

1）预制管廊允许偏差应符合现行山东省地方标准《城市地下综合管廊工程施工及验收规范》(DB37/T 5110）表 7.5.4-2 的规定。

2）混凝土结构表面应无孔洞、露筋、蜂窝、麻面和缺棱掉角等缺陷。

检查方法：观察。

检查数量：全数检查。

3）综合管廊顶进允许偏差应符合现行山东省地方标准《城市地下综合管廊工程施工及验收规范》(DB37/T 5110）表 7.5.4-3 的规定。

5）分节顶进的综合管廊就位后，接缝处应直顺、无渗漏。

检查方法：观察。

检查数量：全数检查。

6.4 盾构施工管廊

6.4.1 一般规定

盾构管廊主控项目的质量达到100%时，应为合格；一般项目的质量达到95%及以上时，应为合格。

6.4.2 主控项目

1）盾构施工管廊贯通测量中误差应符合现行山东省地方标准《城市地下综合管廊工程施工及验收规范》(DB37/T 5110）表7.5.5-1的技术要求，贯通距离大于2km时贯通测量中误差应由设计、施工、测量人员共同确定。

检查方法：检查检验批验收记录。

检查数量：全数检查。

2）管片出厂时的混凝土强度与抗渗等级应符合设计要求。

检查方法：检查同条件混凝土试件的强度和抗渗报告。

检查数量：应符合现行国家标准《混凝土结构工程施工质量验收规范》（GB 50204）的规定。

3）预制钢筋混凝土管片尺寸允许偏差和检查方法应符合现行山东省地方标准《城市地下综合管廊工程施工及验收规范》(DB37/T 5110）表7.5.5-4的要求。

4）管片混凝土外观质量不应有严重缺陷，管片外观质量缺陷等级宜按表6-1划分。

表6-1 混凝土管片外观质量缺陷等级

缺陷		缺陷描述	等级
1	露筋	管片内钢筋未被混凝土包裹而外露	严重缺陷
2	蜂窝	混凝土表面缺少水泥砂浆而形成石子外露	严重缺陷
3	孔洞	混凝土内孔穴深度和长度均超过保护层厚度	严重缺陷
4	夹渣	混凝土内夹有杂物且深度超过保护层厚度	严重缺陷
5	裂缝	可见的贯穿裂缝	严重缺陷
6		长度超过密封槽、宽度大于0.1mm，且深度大于1mm的裂缝	严重缺陷
7		非贯穿性干缩裂缝	一般缺陷
8	外形缺陷	棱角磕碰、飞边等	一般缺陷
9	外表缺陷	密封槽部位在长度500mm的范围内存在直径大于5mm、深度大于5mm的气泡超过5个	严重缺陷
10		管片表面麻面、掉皮、起砂、存在少量气泡等	一般缺陷

检查方法：观察。

检查数量：全数检查。

5）结构表面应无裂缝、无缺棱掉角，管片接缝应符合设计要求。

检查方法：观察。

检查数量：全数检查。

6）隧道防水应符合设计要求。

检查方法：观察检查，检查施工日志。

检查数量：逐环检查。

7）盾构管廊轴线平面位置和高程偏差应符合现行山东省地方标准《城市地下综合管廊工程施工及验收规范》(DB37/T 5110）表 7.5.5-7 的规定。

6.4.3 一般项目

1）存在一般缺陷的管片数量不得大于同期生产管片总数量的 10%，并应由生产厂家按技术要求处理后重新验收。

检查方法：观察，检查技术处理方案。

检查数量：全数检查。

2）管片成品检漏测试应按设计要求进行。

检查方法：观察，检查施工记录。

检查数量：管片每生产 100 环应抽查 1 环管片进行检漏测试，连续 3 次达到检测标准，则改为每生产 200 环抽查 1 块管片，再连续 3 次达到检测标准，按最终检测频率为 400 环抽查 1 块管片进行检漏测试。如出现一次不达标，则恢复每 100 环抽查 1 块管片的最初检测频率，再按上述要求进行抽检。当检漏频率为每 100 环抽查 1 块管片时，如出现不达标，则双倍复检，如再出现不达标，应逐块检测。

3）盾构管廊允许偏差值应符合现行山东省地方标准《城市地下综合管廊工程施工及验收规范》(DB37/T 5110）表 7.5.5-8 的规定。

第 7 章 防水工程质量检验

7.1 一般规定

7.1.1 对材料的外观、品种、规格、包装、尺寸和数量等进行检查验收，并经监理单位或建设单位代表检查确认，形成相应验收记录。

7.1.2 对材料的质量证明文件进行检查，经监理单位或建设单位代表检查确认后纳入工程技术档案。

7.1.3 材料进场后应抽样检验，检验应执行见证取样送检制度，并出具材料进场检验报告。

7.1.4 材料的物理性能检验项目全部指标达到标准规定时，即为合格；若有一项指标不符合标准规定时，应在受检产品中重新取样进行该项指标复验，复验结果符合标准规定，则判定该批材料为合格。

7.1.5 综合管廊工程应按设计的防水等级标准进行验收。

7.2 防水层

7.2.1 主控项目

1）防水砂浆的原材料、配合比、粘结强度及抗渗性能应符合设计要求，检验方法按现行山东省地方标准《城市地下综合管廊工程施工及验收规范》（DB37/T 5110）第 8.4.2 条执行；

2）水泥砂浆防水层与基层之间应结合牢固，无空鼓现象。

检验方法：观察；用小锤轻击检查。

检查数量：每 100m^2 抽查 1 处，每处 10m^2，且不得少于 3 处。

3）卷材防水层所用卷材及其配套材料应符合设计要求，检验方法按现行山东省地方标准《城市地下综合管廊工程施工及验收规范》(DB37/T 5110）第 8.4.2 条执行。

4）卷材防水层在转角处、变形缝、施工缝、穿墙管等部位做法应符合设计要求。

检验方法：观察；检查隐蔽工程验收记录。

5）涂料防水层所用的材料及配合比应符合设计要求，检验方法按现行山东省地方标准《城市地下综合管廊工程施工及验收规范》(DB37/T 5110）第 8.4.2 条执行。

6）涂料防水层的平均厚度应符合设计要求，最小厚度不得小于设计厚度的 90%，检验方法及数量按现行山东省地方标准《城市地下综合管廊工程施工及验收规范》(DB37/T 5110）第 8.4.2 条执行。

7）涂料防水层在转角处、变形缝、施工缝、穿墙管等部位做法应符合设计要求。

检验方法：观察；检查隐蔽工程验收记录。

8）塑料防水板及其配套材料应符合设计要求，检验方法按山东省《城市地下综合管廊工程施工及验收规范》(DB37/T 5110）第 8.4.2 条执行。

7.2.2 一般项目

1）水泥砂浆防水层表面应密实、平整，不得有裂纹、起砂、麻面等缺陷。

检验方法：观察。

检查数量：每 100m^2 抽查 1 处，每处 10m^2，且不得少于 3 处。

2）水泥砂浆防水层施工缝留槎位置应正确，接槎应按层次序操作，层层搭接紧密。

检验方法：观察；检查隐蔽工程验收记录。

检查数量：每 100m^2 抽查 1 处，每处 10m^2，且不得少于 3 处。

3）水泥砂浆防水层的平均厚度应符合设计要求，最小厚度不得小于设计厚度的 85%，表面平整度的允许偏差应为 5mm，检验方法及数量按现行山东省地方标准《城市地下综合管廊工程施工及验收规范》(DB37/T 5110）第 8.4.2 条执行。

4）卷材防水层的搭接缝应粘贴或焊接牢固，密封严密，不得有扭曲、皱折、翘边或起泡等缺陷。

检验方法：观察。

检查数量：每 100m^2 抽查 1 处，每处 10m^2，且不得少于 3 处。

5）采用外防外贴法铺贴卷材防水层时，立面卷材接槎的搭接长度，高聚物改性沥青类卷材应为 150mm，合成高分子类卷材应为 100mm ；当使用两层卷材时，卷材应错槎接缝，上层卷材应盖过下层卷材。

检验方法：观察；尺量。

检查数量：每 100m^2 抽查 1 处，每处 10m^2，且不得少于 3 处。

6）侧墙卷材防水层的保护层与防水层应结合紧密，保护层厚度应符合设计要求。

检验方法：观察；尺量。

检查数量：每 100m^2 抽查 1 处，每处 10m^2，且不得少于 3 处。

7）卷材搭接宽度的允许偏差应为 ±10mm。

检验方法：观察；尺量。

检查数量：每 100m^2 抽查 1 处，每处 10m^2，且不得少于 3 处。

8）涂料防水层应与基层粘结牢固，涂刷均匀，不得流淌、鼓泡、露槎。

检验方法：观察。

检查数量：每 100m^2 抽查 1 处，每处 10m^2，且不得少于 3 处。

9）涂层间夹铺胎体增强材料时，防水涂料胎体应充分浸透，不得露胎体、翘边和皱折。

检验方法：观察。

检查数量：每 100m^2 抽查 1 处，每处 10m^2，且不得少于 3 处。

10）侧墙涂料防水层的保护层与防水层应结合紧密，保护层厚度应符合设计要求。

检验方法：观察。

7.3 防水细部构造工程

7.3.1 主控项目

1）综合管廊防水细部构造工程用止水带、填缝材料、遇水膨胀止水条或止水胶、水泥基渗透结晶型防水涂料、预埋注浆管和密封材料应符合设计要求，检验方法按现行山东省地方标准《城市地下综合管廊工程施工及验收规范》(DB37/T 5110）第 8.4.3 条执行。

2）综合管廊防水细部构造工程防水构造应符合设计要求。

检验方法：观察；检查隐蔽工程验收记录。

检查数量：全数检查。

3）中埋式止水带埋设位置应准确，其中间空心圆环与变形缝的中心线应重合。

检验方法：观察；检查隐蔽工程验收记录。

检查数量：全数检查。

7.3.2 一般项目

1）止水带埋设位置应准确，固定应牢靠，并与固定止水带的基层密贴，不得出现空鼓、翘边等现象；

检验方法：观察；检查隐蔽工程验收记录。

检查数量：全数检查。

2）遇水膨胀止水胶应采用专用注胶器挤出粘结在施工缝表面，并做到连续、均匀、饱满，无气泡和孔洞，挤出宽度及厚度应符合设计要求；止水胶挤出成形后，固化期内应采取临时保护措施；止水胶固化前不得浇筑混凝土。

检验方法：观察；检查隐蔽工程验收记录。

检查数量：全数检查。

3）止水条施工应符合现行山东省地方标准《城市地下综合管廊工程施工及验收规范》（DB37/T 5110）第 8.4.3 条要求。

第 8 章　附属构筑物质量检验

8.1　井室孔口

8.1.1　一般规定

1）综合管廊井室孔口主要包括：检查井、吊装口、通风口、人员逃生口等构筑物。

2）井室孔口水平位置、高程、结构尺寸、工艺尺寸等应符合设计要求。

3）检查井爬梯和钢护笼安装位置应准确、安全、牢固且应符合设计及现行国家标准《固定式钢梯及平台安全要求》(GB 4053）的要求。

8.1.2　主控项目

1）所用的原材料、预制构件的质量应符合国家有关标准的规定和设计要求。

检验方法：检查产品质量合格证明书、性能检验报告、进场验收记录。

检查数量：全数检查。

2）砌筑水泥砂浆强度、结构混凝土强度应符合设计要求。

检验方法：检查水泥砂浆强度、混凝土抗压强度试块试验报告。

检查数量：每 $50m^3$ 砌体或混凝土每浇筑 1 个台班一组试块。

3）砌筑结构应灰浆饱满、灰缝平直，不得有通缝、瞎缝；预制装配式结构应坐浆、灌浆饱满密实，无裂缝；混凝土结构无严重质量缺陷；井室无渗水、水珠现象。

检验方法：观察。

检查数量：全数检查。

4）钢格栅安装允许偏差应符合现行行业标准《钢格栅板及配套件　第 1 部分：钢格栅板》(YB/T 4001.1）第 11 章的规定。

8.1.3　一般项目

1）混凝土无明显一般质量缺陷；无明显湿渍现象。

检验方法：观察。

检查数量：全数检查。

2）检查井、逃生口、吊装口、通风口、逃生口的施工质量应符合现行山东省地方标准《城市地下综合管廊工程施工及验收规范》(DB37/T 5110）第 9.3 节第 4 ～ 8 款的规定。

3）逃生井盖安装稳固，可正常开启，开启时间、规格应符合设计要求。

检验方法：观察、秒表计时。

检查数量：逐个检查。

8.2 管线支吊架

8.2.1 一般规定

1）综合管廊管线支架的数量、质量应符合设计要求。

2）对采用盾构法施工的综合管廊，其支吊架系统的预埋应符合设计要求。

3）支吊架的防腐施工应符合设计要求。

8.2.2 主控项目

1）所用原料、预制件的质量应符合国家有关标准的规定及设计要求。

检验方法：检查产品质量合格证、性能检验报告、进场试验记录。

2）金属电缆桥架及其支架和引入或引出的金属电缆导管应接地可靠。

检验方法：观察。

3）非镀锌电缆桥架间连接板的两端跨接铜芯接地线，接地线最小允许截面积不得小于 $4mm^2$。

检验方法：观察。

4）镀锌电缆桥架间连接板的两端不得跨接接地线，但连接板两端不得少于 2 个有防松螺帽或防松垫圈的连接固定螺栓。

检验方法：观察。

5）金属的导管和线槽应符合设计要求。

检验方法：观察。

6）金属导管不得对口熔焊连接；镀锌和壁厚小于等于 2mm 的钢导管不得套管熔焊连接。

检查方法：观察。

7）所用的原材料质量应符合国家标准的相关规定和设计要求。

检验方法：检查产品质量合格证明书、性能检验报告、进场验收记录。

8.2.3 一般项目

1）支吊架焊接验收应符合现行国家标准《钢结构焊接规范》(GB 50661）的相关规定。

检查方法：观察及检查施工记录。

2）混凝土基础的强度应符合设计要求。

检查方法：混凝土基础的混凝土强度验收应符合现行国家标准《混凝土强度检验评定标准》(GB/T 50107）的相关规定。

3）管道支架的强度符合设计要求。

检查方法：管道支吊架验收应符合现行国家标准《钢结构工程施工质量验收规范》（GB 50205）的相关规定。

4）混凝土基础应外光内实、位置正确。

检查方法：观察，检查施工记录。

5）电缆桥架安装应符合下列规定：

①直线段钢制电缆桥架长度超过 30m、铝合金或玻璃钢制电缆桥架长度超过 15m 应设

伸缩节；电缆桥架跨越管廊变形缝处应设置补偿装置；

②当设计无要求时，电缆桥架水平安装的支架间距为 1.5 ～ 3m；垂直安装的支架间距不得大于 2m；

③桥架与支架间螺栓、桥架连接板螺栓固定紧固无遗漏，螺母位于桥架外侧；当铝合金桥架与钢支架固定时，有相互间绝缘的防电化腐蚀措施；

④支架与预埋件焊接固定时，焊缝饱满；膨胀螺栓固定时，选用螺栓适配，连接紧固，防松零件齐全；

⑤防腐处理应符合现行国家规范《电气装置安装工程 1kV 及以下配线工程施工及验收规范》(GB 50258）第 2.2.2 条的要求。

6）防爆导管敷设应符合下列规定：

①导管间及与灯具、开关、线盒等的螺纹连接处紧密牢固，除设计有特殊要求外，连接处不跨接接地线，在螺纹上涂以电力复合酯或导电性防锈酯；

②安装牢固顺直，镀锌层锈蚀或剥落处做防腐处理。

检查方法：观察

7）绝缘导管敷设应符合下列规定：

①管口平整光滑；管与管、管与盒（箱）等器件采用插入法连接时，连接处结合面涂专用胶合剂，接口牢固密封；

②直埋于墙体内的刚性绝缘导管，在穿出墙体易受机械损伤的一段，有保护措施；

③当设计无要求时，埋设在墙内或混凝土内的绝缘导管，采用中型以上的导管；

④沿管廊表面和在支架上敷设的刚性绝缘导管，装有温度补偿装置。

检查方法：观察

8）金属、非金属柔性导管敷设应符合下列规定：

①可挠金属管或其他柔性导管与刚性导管或电气设备、器具间的连接采用专用接头；复合型可挠金属管或其他柔性导管的连接处密封良好，防液覆盖层完整无损；

②可挠性金属导管和柔性导管不能做接地的接续导体。

检查方法：观察

9）管道支墩的施工质量应符合现行国家标准《给水排水管道工程施工及验收规范》(GB 50268）第 8.5.3 条的要求。

第 9 章　附属设施质量检验

9.1　消防系统

9.1.1　一般规定

1）综合管廊内应在沿线、人员出入口、逃生口等处设置灭火器材，灭火器材的设置间距不应大于 50m，灭火器的配置应符合现行国家标准《建筑灭火器配置设计规范》(GB

50140)、《电力工程电缆设计标准》(GB 50217)的相关规定。

2)控制器类设备的安装应符合下列规定:

①控制器应安装牢固,不应倾斜;安装在轻质墙上时,应采取加固措施;

②控制器的主电源应有明显的永久性标志,并应直接与消防电源连接,严禁使用电源插头。控制器与其外接备用电源之间应直接连接。

3)模块的连接导线应留有不小于150mm的余量,其端部应有明显标志。隐蔽安装时在安装处应有明显的部位显示和检修孔。

4)火灾自动报警系统设施安装应符合现行国家标准《火灾自动报警系统施工及验收规范》(GB 50166)的相关规定,并应符合下列规定:

①当综合管廊内两侧设置支架或管道时,手动报警按钮宜安装在支架外端或方便人员操作的位置,安装应牢固,并不应影响舱室内管线的安装维护;

②敷设在舱室顶部的线形感温火灾探测器,距顶部距离宜为0.1m。

5)设有火灾自动报警系统的舱室应设置感烟火灾探测器。

6)火灾自动报警系统应与综合管廊统一管理平台连通。

9.1.2 主控项目

1)消防设施验收应审查以下资料:

检验方法:检查产品质量合格证明书、性能检验报告、进场验收记录。

检查明细:

①综合管廊工程消防验收申报表;

②工程竣工验收报告;

③消防产品质量合格证明文件;

④有防火性能要求的建筑构件、建筑材料、室内装修装饰材料,具有符合国家标准或行业标准的证明文件、出厂合格证;

⑤消防设施、电气防火技术检测合格证明文件;

⑥施工、工程监理、检测单位的合法身份证明和资质等级证明文件;

⑦消防设计变更情况、消防设计专家论证会纪要及其他需要提供的材料。

2)现场抽样检查及功能测试应符合现行山东省地方标准《城市地下综合管廊工程施工及验收规范》(DB37/T 5110)第10.9.1条第2款的规定。

9.1.3 一般项目

1)综合管廊的墙体、装修材料、嵌缝材料、防火分隔等施工质量验收应符合现行国家标准《建设工程消防验收评定规则》(GA 836)的相关规定。

检验方法:观察及检查施工记录。

2)综合管廊的气体灭火系统质量验收应符合现行国家标准《气体灭火系统施工及验收规范》(GA 50261)的相关规定。灭火器材施工应符合现行国家标准《建筑灭火器配置验收及检查规范》(GB 50444)的相关规定。细水雾灭火系统施工应符合现行国家标准《细水雾灭火系统技术规范》(GB 50898)的相关规定。

检查方法:观察及检查施工记录。

3)火灾自动报警系统质量验收应符合现行国家标准《火灾自动报警系统施工及验收规范》(GB 50166)的相关规定。

检查方法：观察及检查施工记录。

4）综合管廊的防火门施工应符合现行国家标准《防火卷帘、防火门、防火窗施工及验收规范》(GB 50877）的相关规定。

检查方法：观察及检查施工记录。

9.2　通风系统

9.2.1　一般规定

1）通风系统的通风量应符合设计要求。

2）风管接口位置不得在廊壁或分界墙内，且预留有维修空间以满足维修要求。

3）送风口设置应符合设计要求，安装牢固，进风不受周边环境污染。

4）排风口设置应符合设计要求，安装牢固，含有燃气等有害气体的排风不应对排风口人行通道造成污染，避免明火引燃排风中的可燃气体。

5）通风管道安装应符合现行国家、行业和地方相关标准的规定，并应符合下列规定：

①在穿墙或隔板处，不得有横向接头；

②通风管道的允许漏风量应满足国家规范要求；

③通风管道敷设于综合管廊，其整体坡度应与管廊坡度一致，遇障碍物的部分应进行局部处理。

6）通风系统中，风管、风口等安装质量应符合现行国家、行业和地方相关标准的规定，并应符合下列规定：

①综合管廊廊道与通风机、通风管道、通风口等连接应紧密；

②综合管廊通风系统工程中风管底部无拼接缝，密封材料和施工质量、法兰垫的材质和厚度及施工质量均应符合国家相关技术标准要求；

③通风管道与风机采用防火柔性风管连接后，应能充分伸展，伸展度宜大于或等于60%，风管转弯处其截面不得缩小；

④风管或风亭穿出地面处应设防雨装置，风管或风亭与地面交接处应有防渗水措施。

7）风机安装应符合现行国家标准《通风与空调工程施工规范》（GB 50738）及《风机、压缩机、泵安装工程施工及验收规范》(GB 50275）的相关规定。

8）通风系统中所使用的金属风管、设备、配件等应进行防腐处理，其质量要求应满足设计和国家有关现行标准和规范要求。

9）天然气管道舱室的排风口与周边环境的距离应符合现行图集《综合管廊燃气管道舱室配套设施设计与施工》(18GL502）总说明第3.1.5条的相关规定。

9.2.2　主控项目

1）通风系统材料、半成品、成品等建设材料质量应符合国家有关标准的规定。

检验方法：检查材料、半成品、成品产品质量合格证明书、性能检验报告、进场验收记录。

2）设计变更验收

验收方法：检查设计变更提出的原因，变更内容，变更程序是否符合设计变更要求。

3）现场抽样检查及功能测试应符合现行山东省地方标准《城市地下综合管廊工程施工

及验收规范》(DB37/T 5110）第 10.9.2 条第 3 款的相关规定。

4）天然气舱室使用的风机应满足防爆要求。

检验方法：检查质量合格证明书、产品说明书、性能检验报告。

9.2.3 一般项目

1）综合管廊的通风管道、管道材质、风阀、风口、阻火器、分隔墙等施工质量验收应符合现行国家标准《通风与空调工程施工质量验收规范》(GB 50243）的相关规定。

检验方法：观察及检查施工记录 。

2）管道固定应符合设计要求，固定支架、吊架安装牢固，在最大通风负荷条件下，管道应平稳，无振动。

检验方法：观察。

3）通风系统工程中所使用的金属与非金属风管或风道的施工应符合现行国家标准《通风与空调工程施工规范》（GB 50738）及《通风与空调工程施工质量验收规范》（GB 50243）的相关规定。

检验方法：观察及检查施工记录。

9.3 供配电系统

9.3.1 一般规定

1）电气设备、电力电缆、接地安装应符合现行国家标准《建筑电气工程施工质量验收规范》(GB 50303)、《电气装置安装工程电缆线路施工及验收规范》(GB 50168）和《电气装置安装工程接地装置施工及验收规范》(GB 50169）的相关规定，且应符合下列规定：

①配电柜（箱）及控制柜（台、箱）和配电箱（盘）的安装位置与方式应符合设计要求，并应便于操作和维护；

②配电柜（箱）及控制柜（台、箱）不应安装在影响管廊内专业管线敷设、人员通行且不得安装在有漏水隐患的孔口下方等部位；

③配电柜（箱）及控制柜（台、箱）间线路的线间和线对地的绝缘电阻值不应小于 $0.5M\Omega$。

2）天然气管道舱等爆炸环境下低压电气设备的安装应符合现行国家标准《爆炸危险环境电力装置设计规范》（GB 50058)、《爆炸性气体环境用电设备第 14 部分：危险场所分类》（GB 3836.14)、《爆炸性气体环境用电设备第 15 部分：危险场所电气安装（煤矿除外)》（GB 3836.15）及设计的相关规定。

3）电气设备应按照现行国家标准《电气装置安装工程电气设备交接试验标准》（GB 50150）的规定进行耐压试验合格后方可通电。

9.3.2 主控项目

1）所有电气设备应按照《电气装置安装工程电气设备交接试验标准》(GB 50150）等有关规范的规定进行交接试验，且均应合格。

检查方法：查交接试验记录。

2）变压器安装应位置正确，附件齐全，无渗油现象。变压器的接地应符合现行国家标准《交流电气装置的接地设计规范》(GB/T 50065）的规定。

3）柜、屏、台、箱、盘的金属框架及基础型钢应接地可靠；装有电器的可开启门，门和框架的接地端子间应用裸编织铜线连接，且有标识。

检查方法：观察。

检查数量：全数检查。

4）低压成套配电柜、控制柜（屏、台）和动力、照明配电箱（盘）应有可靠的电击保护。柜（屏、台、箱、盘）内保护导体应有裸露的连接外部保护导体的端子，当设计无要求时，柜（屏、台、箱、盘）内保护导体最小截面积应满足设计要求。

检查方法：观察。

5）高压成套配电柜应符合现行山东省地方标准《城市地下综合管廊工程施工及验收规范》(DB37/T 5110）第 10.9.3 条第 5 款的规定。

6）电动机、电加热器及电动执行机构的可接近裸露导体应接地。

检查方法：观察。

9.3.3　一般项目

1）变压器应按产品技术文件要求进行器身检查，当满足下列条件之一时，可不检查器身。

①制造厂规定可不进行器身检查者；

②容量为 1000KVA 及以下，运输过程无异常情况者。

③就地生产仅做短途运输的变压器，如果事先参加了制造厂的器身总装，质量符号要求，且在运输过程中有效监督，无紧急制动、剧烈振动、冲撞或严重颠簸等异常情况者。

检查方法：查看资料，观察。

2）柜、屏、台、箱、盘相互间或与基础型钢应用镀锌螺栓连接，且防松零件齐全。

检查方法：观察。

3）柜、屏、台、箱、盘安装应符合现行山东省地方标准《城市地下综合管廊工程施工及验收规范》(DB37/T 5110）第 10.9.3 条第 9 款的规定。

4）柜、屏、台、箱、盘内检查试验应符合下列规定：

①控制开关及保护装置的规格、型号符合设计要求；

②闭锁装置动作准确、可靠；

③主开关的辅助开关切换动作与主开关动作一致；

④柜、屏、台、箱、盘上的标识器件标明被控设备编号及名称，或操作位置，接线端子有编号，且清晰、工整、不易脱色。

检查方法：观察。

5）低压电器组合应符合下列规定：

①发热元件安装在散热良好的位置；

②熔断器的熔体规格、自动开关的整定值符合设计要求；

③切换压板接触良好，相邻压板间有安全距离，切换时，不触及相邻的压板；

④信号回路的信号灯、按钮、光字牌、电铃、电筒、事故电钟等动作和信号显示准确；

⑤外壳需接地的，连接可靠；

⑥端子排安装牢固，端子有序号，强电、弱电端子隔离布置，端子规格与芯线截面积大小适配。

检查方法：观察。

6）柜、屏、台、箱、盘间配线应符合现行山东省地方标准《城市地下综合管廊工程施工及验收规范》DB37/T 5110 第 10.9.3 条第 12 款的规定。

7）连接柜、屏、台、箱、盘面板上的电器及控制台、板等可动部位的电线应符合下列规定：

①采用多股铜芯软电线，敷设长度留有适当裕量；

②线束有外套塑料管等加强绝缘保护层；

③与电器连接时，端部绞紧，且有不开口的终端端子或搪锡，不松散、断股；

④可转动部位的两端用卡子固定。

检查方法：观察。

8）电气设备安装应牢固，螺栓及防松零件齐全，不松动。防水防潮电气设备的接线入口及接线盒盖等应做密封处理。

检查方法：观察。

9）在设备接线盒内裸露的不同相导线间和导线对地间最小距离应符合现行山东省地方标准《城市地下综合管廊工程施工及验收规范》DB37/T 5110 第 10.9.3 条第 15 款的规定。

9.4 照明系统

9.4.1 一般规定

1）照明配电箱（柜）安装应符合现行国家标准《建筑电气照明装置施工与验收规范》(GB 50617）的相关规定，且应符合下列规定：

①应急照明箱应有明显标识；

②智能化控制或信号线路引入照明配电箱时应减少与交流供电线路和其他系统的线路交叉，且不得并排敷设或共用同一管槽。

2）照明灯具、开关、插座的安装应符合现行国家标准《建筑电气照明装置施工与验收规范》(GB 50617）的相关规定，且应符合下列规定：

①安装在管道或线缆支架上时，疏散指示灯应固定牢靠；

②插座、开关、灯具应有防水防潮措施，并应具有防外力冲撞的防护措施。

3）防爆灯具、开关、插座的安装及验收应符合现行国家标准《爆炸危险环境电力装置设计规范》(GB 50058）、《爆炸性气体环境用电设备第 14 部分：危险场所分类》(GB 3836.14）、《爆炸性气体环境用电设备第 15 部分：危险场所电气安装（煤矿除外）》(GB 3836.15）的相关规定。

9.4.2 主控项目

1）照明配电箱（盘）安装应符合现行国家标准《建筑电气工程施工质量验收规范》（GB 50303）第 5.2.10 的规定。

2）灯具的安装应符合现行山东省地方标准《城市地下综合管廊工程施工及验收规范》（DB37/T 5110）第 10.9.4 条第 2-5 款的规定。

3）应急照明灯具安装应符合下列规定：

①应急照明灯的电源除正常电源外，另有一路电源供电；或者是独立于正常电源的柴油发电机组供电；或由蓄电池柜供电或选用自带电源型应急灯具；

②应急照明在正常供电常用电源终止供电后，其应急电源供电转换时间应满足《民用建

筑电气设计规范》(JGJ/T 16）第 13.8.6 条第 1 款的要求；

③疏散标志灯应安装在安全出口的顶部，顶部不具备条件时可安装在上部；

④疏散标志灯的设置，不影响正常通行，且不在其周围设置容易混同疏散标志灯的其他标志牌等；

⑤应急照明灯具，运行中温度大于 60℃的灯具，当靠近可燃物时，采取隔热、散热等防火措施。当采用卤钨灯等光源时，不应直接安装在可燃装修材料或可燃物件上；

⑥应急照明线路在每个防火分区有独立的应急照明回路，穿越不同防火分区的线路有防火隔堵措施；

⑦疏散照明线路应符合设计要求。

检验方法：观察、查施工记录。

4）防爆灯具安装应符合下列规定：

①灯具的防爆标志、外壳防护等级和温度级别与爆炸危险环境相适配；

②灯具配套齐全，不用非防爆零件替代灯具配件（金属护网、灯罩、接线盒等）；

③灯具的安装位置离开释放源，且不在各种管道的泄压口及排放口上下方安装灯具；

④灯具及开关安装牢固可靠，灯具吊管及开关与接线盒螺纹啮合扣数不少于 5 扣，螺纹加工光滑、完整、无锈蚀，并在螺纹上涂以电力复合酯或导电性防锈酯。

检查方法：观察。

9.5　监控与报警系统

9.5.1　一般规定

1）综合管廊监控与报警系统设置应符合现行国家标准《城镇综合管廊监控与报警系统工程技术标准》(GB/T 51274）的相关规定。

2）管槽的预埋应符合现行国家标准《电缆管理用导管系统》(GB/T 20041）的相关规定。管线安装应符合现行国家标准《建筑电气工程施工质量验收规范》(GB 50303）、《自动化仪表工程施工及质量验收规范》(GB 50093）的相关规定。

3）光缆敷设、接续、引入应符合现行国家标准《综合布线系统工程验收规范》（GB 50312）和《通信线路工程验收规范》(GB 51171）的相关规定。

4）控制箱、柜、盘和控制、显示、记录等终端设备的安装应符合下列规定：

①应符合现行国家标准《建筑电气工程施工质量验收规范》(GB 50303）、《电气装置安装工程盘、柜及二次回路结线施工及验收规范》(GB 50171）、《自动化仪表工程施工及验收规范》（GB 50093）和《安全防范工程技术规范》(GB 50348）的相关规定；

②应根据施工图纸及产品设计图对控制箱、柜、盘等进行全面检查，应数量准确，外观良好，内部部件齐全，安装稳固，配线正确；

③线缆敷设接续完成后应对线缆孔进行密封处理；

④控制箱、柜、盘的安装位置与方式应符合设计要求，并应便于操作和维护；

⑤控制箱、柜、盘安装不应影响管廊内专业管线敷设、人员通行且不得安装在有漏水隐患的孔口下方等部位；

⑥所有控制、显示、记录等终端设备的安装应平稳，便于操作；

⑦机柜内安装的设备应有通风散热措施，内部接插件与设备连接应牢固。

5）现场仪表的安装应符合设计要求，并应符合下列规定：

①安装位置应方便操作和维护；

②安装应符合现行国家标准《自动化仪表工程施工及质量验收规范》(GB 50093）的相关规定。

6）安全技术防范系统设备安装应符合现行国家标准《安全防范工程技术规范》（GB 50348）的相关规定，并应符合下列规定：

①综合管廊内两侧设置支架或管道时，电子巡查系统的信息采集点（巡查点）宜安装在支架外端或方便人员操作的位置，安装应牢固，并不应影响专业管线的维护安装；

②入侵报警探测器的安装位置和声光警报器应安装在不易发现的位置。

7）电源与接地、防浪涌应符合现行国家标准《建筑电气工程施工质量验收规范》（GB 50303）的相关规定；设备电源接线、设备接地、浪涌保护器设置应符合设计要求。

8）安全防范系统安装应符合设计要求。

9）在综合管廊内现场监控电气设备集中安装地点、人员有可能进出处、监控中心等场所应设有摄像机；综合管廊沿线每个防火分区内应设置一台摄像机，不分防火分区的舱室，摄像机设置间距应不大于100m。视频安防监控系统功能检测及调试应包括下列内容：

①检查、调试摄像机的监控范围，聚焦，图像清晰度，灰度及环境照度与抗逆光效果；

②检查、调试云台及镜头的遥控延迟，排除机械冲击；

③检查、调试视频切换控制主机的操作程序，图像切换，字符叠加；

④调试监视器、录像机、打印机、图像处理器、同步器、编码器、译码器等设备；

⑤对于具有报警联动功能的系统，应检查与调试自动开启摄像机电源、自动切换音视频到指定监视器及自动实时录像，检查与调试系统叠加摄像时间、摄像机位置的标识符及显示稳定性及打开联动灯光后的图像质量；

⑥检查与调试监视图像与回放图像的质量。

10）在综合管廊沿线人员有可能进出处应设有入侵报警探测装置。人侵报警系统功能检测及调试应包括下列内容：

①检测与调试探测器的探测范围、灵敏度、误报警、漏报警、报警状态后的恢复及防拆保护等功能与指标；

②检查控制器的本地与异地报警、防破坏报警、布防与撤防等功能。

11）在综合管廊人员出入口应设有出入口控制系统（包括门禁和电控盖板）。出入口控制系统功能检测及调试应包括下列内容：

①调试卡片阅读机、控制器等系统设备，应能正常工作；

②调试卡片阅读机的开门、关门、提示、记忆、统计、打印等判别与处理；

③调试出入口控制系统与报警等系统间的联动。

12）综合管廊应设有电子巡查系统，系统宜采用离线式。电子巡查管理系统功能检测及调试应包括下列内容：

①检测钮号及对应地点的唯一性；

②检测和电脑之间的通信是否正常；

③检测巡更路线及时效的正确性。

13）其他应符合现行国家标准《安全防范工程技术规范》(GB 50348)、《入侵报警系统工程设计规范》(GB 50394)、《视频安防监控系统工程设计规范》(GB 50395）和《出入口控制系统工程设计规范》(GB 50396）的相关规定。

14）管廊内应设置 ACU 区域控制单元，并应符合设计要求。

15）综合管廊含天然气管道的舱室应设置固定式可燃气体探测报警系统，且应接入综合管廊统一管理平台。可燃气体探测报警系统的验收应符合现行国家标准《城镇综合管廊监控与报警系统工程技术标准》(GB/T 51274）第 11.4.3 条的规定。

9.5.2　主控项目

1）综合管廊监控与报警系统验收应审查以下审查：

检验方法：检查产品质量合格证明书、性能检验报告、进场验收记录。

检查明细：

①系统试运行评述，系统功能检测情况及质量评价；

②试运行报告，内容包括：系统运行起迄日期；试运行是否正常；故障（包括误报警、漏报警）产生的次数、原因和排除故障的日期；系统功能是否符合设计要求以及综合评述；

③正式设计方案及施工图纸（系统原理图、装置平面布置图、控制室设备布置图、设备材料清单)；

④工程竣工验收报告；

⑤设备检测合格证明文件；

⑥施工、工程监理、检测单位的合法身份证明和资质等级证明文件；

⑦系统设计变更情况、设计专家论证会纪要及其他需要提供的材料。

2）现场抽样检查及功能测试应符合现行山东省地方标准《城市地下综合管廊工程施工及验收规范》(DB37/T 5110）第 10.9.5 条第 2 款的规定。

3）信息管理系统的检验应符合现行国家标准《智能建筑工程质量验收规范》(GB 50339）的相关规定。

4）系统测试、检验的样本数量应符合信息管理系统的设计要求。

检查数量：全数检查。

检查方法：检查测试、检验记录。

5）系统配置应符合经审核批准的规划和配置方案，并完整记录。

检查方法：检查规划和配置方案、配置记录。

6）操作系统、数据库、防病毒软件应安装最新版本的补丁程序。

检查方法：观察。

7）信息管理系统管理软件和硬件设备在启动、运行和关闭过程中不应出现运行时错误。

检查方法：观察。

8）信息管理系统管理软件修改后，应通过系统测试和回归测试。

检查方法：观察、查测试记录。

9）信息管理系统集成子系统的硬线连接和设备接口连接应符合现行国家标准《智能建筑工程质量验收规范》(GB 50339）的相关规定。

10）应根据信息管理系统的通信接口、工程资料和设备实际运行情况，对运行数据进行核对。

检查方法：观察。

11）系统应能正确实现经会审批准的信息管理系统的联动功能。

检查方法：观察。

9.5.3 一般项目

1）监控与报警系统质量验收应符合现行行业标准《城镇综合管廊监控与报警系统工程技术标准》(GB/T 51274）的相关规定。

检查方法：观察及检查施工记录。

2）安全防范系统质量验收应符合现行行业标准《安全防范系统验收规则》（GA 308）的相关规定。

检查方法：观察及检查施工记录。

3）应检验信息管理系统管理软件的可扩展性、可容错性和可维护性。

检查方法：观察。

4）应检验网络安全管理制度、机房的环境条件、防泄露与保密措施。

检查方法：观察。

5）应依据网络规划方案和配置方案，配置服务器、工作站、通信接口转换器、视频编解码器等硬件设备的网络地址。

检查方法：观察。

6）操作系统、数据库等基础平台软件、防病毒软件应具有正式软件使用（授权）许可证。

检查方法：观察，查许可证。

7）服务器、工作站等硬件设备的操作系统和防病毒软件应设置为自动更新的运行方式。

检查方法：观察。

9.6 排水系统

9.6.1 一般规定

1）综合管廊内的排水系统管沟及井池的施工、沟底的处理等，均应参照排水管沟及井室的规定执行，并符合现行国家标准《城市综合管廊工程技术规范》(GB 50838)、《建筑给水排水及采暖工程施工质量验收规范》(GB 50242）的相关规定。

2）水泵安装应符合现行国家标准《泵站安装及验收规范》（SL317）中的规定，并应符合下列规定：

①潜水泵与底座配合良好；

②潜水泵的防抬机装置及其井盖的安装应符合设计要求，不应有轴向位移间隙；

③管道阀门和管件的型号和规格应符合设计文件要求，安装方向应准确。

9.6.2 主控项目

1）排水系统的坡度应符合现行山东省地方标准《城市地下综合管廊工程施工及验收规范》(DB37/T 5110）第 10.9.6 条第 1 款的规定。

2）排水措施应符合规范规定和设计要求，排水设施运行正常。

检查方法：观察。

3）排水沟的沟基处理应符合设计要求。

检查方法：观察，检查施工记录。

9.6.3　一般项目

1）井、池的规格、尺寸和位置应符合现行山东省地方标准《城市地下综合管廊工程施工及验收规范》(DB37/T 5110）第 10.9.6 条第 5 款的规定。

2）井盖选用应正确，标志应明显，标高应符合现行山东省地方标准《城市地下综合管廊工程施工及验收规范》(DB37/T 5110）第 10.9.6 条第 6 款的规定。

9.7　标识系统

9.7.1　一般规定

1）标识系统应符合国家现行标准《城市综合管廊工程技术规范》（GB 50838）及相关行业标准的相关规定。

2）各类标识、标牌所用材料应满足耐久、耐火、防潮、防锈要求，标注内容及颜色等方面应符合设计要求。

3）各类标识、标牌安装应符合设计要求，安装牢固、位置醒目端正、无遮挡。

4）采用喷漆或粘贴方式进行标识时，管道表面应清理干净、干燥。采用自喷漆时，喷涂应防止污染，周围应保护到位。喷涂或粘贴应牢固、清晰，喷涂无流坠，粘贴无翘边。

5）标识系统可根据专业管线的入廊情况进行逐步完善。

9.7.2　主控项目

1）各类标识应符合现行国家标准《城市综合管廊工程技术规范》（GB 50838）规定，同时应符合相关管线行业标准。

检查数量：全数检查。

检查方法：分类查看。

2）消防安全疏散标志产品应经过国家有关消防产品质量监督检验测试中心认证合格。

检查数量：全数检查。

检查方法：观察；检查每批产品出厂质量合格证明、性能检验报告。

9.7.3　一般项目

各类标识、标牌的材质、尺寸、数量、标注、颜色及位置等应符合设计要求及现行山东省地方标准《城市地下综合管廊工程施工及验收规范》(DB37/T 5110）第 10.9.7 条第 3 款的规定。

9.8　统一管理平台

9.8.1　一般规定

1）统一管理平台应将综合管廊监控与报警各系统进行有机集成，实现各系统的关联协同、统一管理、信息共享和联动控制。

2）统一管理平台应具备与入廊管线管理单位、相关管理部门信息平台之间信息互通的功能。

3）市级地下监管平台功能应实现综合展示、报警监控、运维管理、监管考核、应急指挥、辅助应用、统计分析等功能。应实现全市地下综合管廊信息汇聚、实时监测、联动处置、考核监管的作用。

4）各管廊监控中心应建设运维监控统一管理系统，系统应包含环境与设备报警监控系统，安防监控报警系统，消防监控报警系统，运维管理业务系统，应急管理系统等功能，并可提供相应的监管运维数据。

5）统一管理平台宜采用 BIM 技术，应用成果应符合相关合同规定。

9.8.2 主控项目

统一管理平台系统技术指标应符合现行国家规范《城镇综合管廊监控与报警系统工程技术标准》(GB/T 51274）第 4.2.7 条的规定。

1）统一管理平台应包括下列信息通信接口：

①与监控与报警系统各组成系统的通信接口；

②与入廊管线管理、相关应急指挥单位信息平台或专业管线监控系统的通信接口；

③与相关管理部门、相关应急指挥信息平台的通信接口。

检查方法：观察。

9.8.3 一般项目

1）统一管理平台应满足综合管廊监控管理、信息管理、现场巡检、安全报警、应急联动等要求，其架构和功能应与综合管廊的管理模式相适应。

检查方法：观察。

2）统一管理平台应具有可靠性、安全性、先进性、易用性、易维护性、可扩展性和开放性。

检查方法：观察。

3）统一管理平台与管线管理单位应具备互通下列信息的功能：

①监控与报警系统监测到的与各入廊管线运行安全有关的环境信息；

②管线管理单位监测到的本专业管线会影响到人身安全、综合管廊本体安全、其他入廊管线安全的信息。

检查方法：观察。

本导则用词说明

1 为便于在执行本导则条文时区别对待，对要求严格程度不同的用词说明如下：

1）表示很严格，非这样做不可的：

正面词采用“必须”，反面词采用“严禁”；

2）表示严格，在正常情况下均应这样做的：

正面词采用“应”，反面词采用“不应”或“不得”：

3）表示允许稍有选择，在条件许可时首先应这样做的：

正面词采用“宜”，反面词采用“不宜”；

4）表示有选择，在一定条件下可以这样做的，采用“可”。

2 条文中指明应按其他有关标准执行的写法为:“应符合……的规定”或“应按……执行”。

本导则引用的法规及标准名录

1.《房屋建筑和市政基础设施工程竣工验收规定》建质〔2013〕171 号。
2.《房屋建筑和市政基础设施工程竣工验收备案管理办法》住房和城乡建设部令第 2 号。
3.《建设工程质量管理条例》中华人民共和国国务院令第 279 号。
4.《市政基础设施工程施工技术文件管理规定》建城〔2002〕221 号。
5.《市政公用工程设计文件编制深度规定》。
6.《建设工程文件归档整理规范》(GB/T 50328)。
7.《建筑工程施工质量验收统一标准》(GB 50300)。
8.《城市综合管廊工程技术规范》(GB 50838)。
9.《建筑地基基础工程施工质量验收标准》(GB 50202)。
10.《建筑基坑工程监测技术规范》(GB 50497)。
11.《混凝土结构工程施工质量验收规范》(GB 50204)。
12.《混凝土强度检验评定标准》(GB/T 50107)。
13.《建筑防腐蚀工程施工规范》(GB 50212)。
14.《钢结构工程施工质量验收规范》(GB 50205)。
15.《工业金属管道工程质量验收规范》(GB 50184)。
16.《现杨设备、工业管道焊接工程施工质量验收规范》(GB 50683)。
17.《给水排水管道工程施工及验收规范》(GB 50268)。
18.《建筑给水排水及采暖工程施工质量验收规范》(GB 50242)。
19.《智能建筑工程质量验收规范》(GB 50339)。
20.《建筑电气照明装置施工与验收规范》(GB 50617)。
21.《电气装置安装工程电气设备交接试验标准》(GB 50150)。
22.《电气装置安装工程电缆线路施工及验收规范》(GB 50168)。
23.《电气装置安装工程接地装置施工及验收规范》(GB 50169)。
24.《电气装置安装工程盘、柜及二次回路结线施工及验收规范》(GB 50171)。
25.《建筑电气工程施工质量验收规范》(GB 50303)。
26.《剩余电流动作保护装置安装和运行》(GB/T 13955)。
27.《城镇综合管廊监控与报警系统工程技术标准》(GB/T 51274)。
28.《自动化仪表工程施工及验收规范》(GB 50093)。
29.《通信线路工程验收规范》(GB 51171)。
30.《综合布线系统工程验收规范》(GB 50312)。
31.《城镇综合管廊监控与报警系统工程技术标准》(GB/T 51274—2017)。
32.《风机、压缩机、泵安装工程施工及验收规范》(GB 50275)。
33.《通风与空调工程施工质量验收规范》(GB 50243)。

34.《防火卷帘、防火门、防火窗施工及验收规范》(GB 50877)。
35.《火灾自动报警系统施工及验收规范》(GB 50166)。
36.《细水雾灭火系统技术规范》(GB 50898)。
37.《建筑灭火器配置验收及检查规范》(GB 50444)。
38.《气体灭火系统施工及验收规范》(GA 50261)。
39.《建设工程消防验收评定规则》(GA 836)。
40.《泵站设备安装及验收规范》(SL 317)。
41.《综合管廊工程 BIM 应用》(18GL 102)。
42.《中国市政行业 BIM 实施指南》(2015 年版)。
43. 山东省《城市地下综合管廊工程施工及验收规范》(DB37/T 5110)。
44. 浙江省《城市地下综合管廊工程施工及质量验收规范》(DB33/T 1150)。

附录 A　综合管廊单位工程、分部工程、分项工程划分

A.0.1　单位工程、分部工程、分项工程和检验批的确定应符合下列规定：

1）建设单位招标文件确定的每一个独立合同应为一个单位工程。当合同文件包含的工程内容较多，或工程规模较大、或由若干独立设计组成时，宜按工程部位或工程量、每一独立设计将单位工程分成若干子单位工程。

2）单位（子单位）工程应按工程的结构部位或特点、功能、工程量划分分部工程。分部工程的规模较大或工程复杂时宜按材料种类、工艺特点、施工工法等，将分部工程划为若干子分部工程。

3）分部工程（子分部工程）可由一个或若干个分项工程组成，应按主要工种、材料、施工工艺等划分分项工程。

4）分项工程需划分检验批时，检验批可根据施工工艺、质量控制和专业验收需要划定。

5）各分部（子分部）工程相应的分项工程划分应按表 A-1 的规定执行，检验批划分宜按表 A-1 的规定执行。本规范未规定时，施工单位应在开工前会同建设单位、监理工程师共同研究确定。

A.0.2　单位工程：具备独立施工条件构筑物、建筑物和独立使用功能的管线工程为一个单位工程。

A.0.3　分部工程：按地基与基础、主体结构、附属构筑物以及各种设备管线支架安装等划分。

表 A-1　综合管廊工程单位工程、分部工程、分项工程划分表

单位工程		**土建工程、管线工程、附属设施、信息管理系统**	
分部工程	子分部工程	分项工程	检验批
基坑工程和地基基础	基坑工程	围堰、基坑支护结构（各类围护）、基坑开挖（无支护基坑开挖、有支护基坑开挖）、基坑回填	每个检验批不大于 200m
	地基基础	地基处理、混凝土垫层、管廊基础、混凝土拼装底板、桩基础	

续表

单位工程		土建工程、管线工程、附属设施、信息管理系统	
明挖法施工管廊主体结构	现浇混凝土结构	底板（钢筋、模板、混凝土）、墙体及内部结构（钢筋、模板、混凝土）、顶板（钢筋、模板、混凝土）、变形缝、表面层（防腐层、防水层、保温层等的基面处理、涂衬）、各类单体构筑物	按变形缝位置划分检验批
	预制拼装混凝土结构	预制构件安装、变形缝、表面层（防腐层、防水层等的基面处理、涂衬）、各类单体构筑物	
	钢制管廊结构	钢结构焊接、紧固件连接、钢零部件加工、钢构件组装及预拼装、钢结构安装、防腐涂料涂装、防火涂料涂装	
非开挖法施工管廊主体结构	工作井	工作井围护结构、工作井	每座井
	顶管	管道接口连接、顶管管道（钢筋混凝土管、钢管、预制管廊）、滑板、管道防腐层（管道内防腐层、钢管外防腐层）、钢管阴极保护、垂直顶升	顶管顶进：每100m；垂直顶升：每个顶升管
	盾构	管片制作、掘进及管片拼装、二次内衬（钢筋、混凝土）、垂直顶升	盾构掘进：每100环； 二次内衬：每施工作业断面； 垂直顶升：每个顶升管
	浅埋暗挖	洞身开挖、喷射混凝土、锚杆、钢筋网、钢架（格栅钢架、型钢钢架）、管棚（含超前小导管）、锁脚锚管、衬砌模板、钢筋、混凝土、仰拱充填、注浆填充（壁后注浆）、防水和排水、洞内排水系统、施工缝与变形缝处理、防水板防水、预注浆堵水、复合式衬砌防水层、监控量测	每施工作业断面
防水工程		水泥砂浆防水层、卷材防水层、涂料防水层、变形缝防水、施工缝防水、穿墙管防水、埋设件、预留管道接头、孔口、集水坑	按变形缝位置划分检验批
附属构筑物	井室孔口	检查井、吊装口、通风口	同一结构类型构筑物不大于10个
	管线支架	进场检验、系统安装、系统验收	每个检验批不大于200m
附属设施	消防系统	防火隔断系统：防火门、防火隔墙灭火器材质量管理、安装设置、配置验收、检查维护； 自动灭火系统：气溶胶灭火、高压水喷雾灭火、细水雾灭火、干粉灭火方式的进场检验、系统安装、系统调试、系统验收； 火灾报警及消防联动系统：火灾和可燃气体探测系统、火灾报警控制系统、消防联动系统	按每个系统划分检验批
	通风系统	送排风（烟）系统：风管与配件制作，部件制作，风管系统安装，消声设备制作与安装，风管与设备防腐，风机安装，系统调试	
	供配电系统	室外电气安装工程：箱式变电所安装、电缆头制作、导线连接和线路绝缘测试、接地装置安装； 变配电室安装工程：变压器安装、成套配电柜安装； 供电干线安装工程：托盘和槽盒安装、导管敷设、电缆敷设、管内穿线和槽盒内敷线、电缆头制作、导线连接和线路绝缘测试、接地装置安装、接地装置敷设； 电气动力安装工程：成套配电柜、控制柜（台、箱）和配电箱（盘）安装、电动机及电动执行机构检查接线、电气设备实验和试运行、托盘和槽盒安装、导管敷设、电缆敷设、管内穿线和槽盒内敷线、电缆头制作、导线连接和线路绝缘测试、接地装置敷设； 自备电源安装工程：成套配电柜、控制柜（台、箱）和配电箱（盘）安装、UPS及EPS安装、导管敷设、电缆敷设、管内穿线和槽盒内敷线、电缆头制作、导线连接和线路绝缘测试、接地装置安装； 防雷及接地装置安装工程：接地装置安装、建筑物等电位联结	

续表

单位工程		土建工程、管线工程、附属设施、信息管理系统	
附属设施	照明系统	电气照明：成套配电柜、控制柜（屏、台）和动力、照明配电箱（盘）安装，梯架、支架、托盘和槽盒安装，导管敷设，管内穿线和槽盒内敷线，塑料护套线直敷布线，电缆头制作、导线连接和线路绝缘测试，普通灯具安装，专用灯具安装，开关、插座安装，建筑照明通电试运行； 备用和不间断电源安装：成套配电柜、控制柜（屏、台）和动力、照明配电箱（盘）安装，柴油发电机组安装，不间断电源装置及应急电源装置安装，母线槽安装，导管敷设，电缆敷设，管内穿线和槽盒内敷线，电缆头制作、导线连接和线路绝缘测试，接地装置安装； 防雷及接地安装：接地装置安装，建筑物等电位连接，浪涌保护器安装	按每个系统划分检验批
附属设施	监控与报警系统	设备监控系统：通风系统，变配电系统，照明系统，给、排水系统，液压井盖监控； 安全防范系统：电视监控系统，入侵报警系统，巡更系统，出入口控制（门禁）系统； 可燃气体报警系统：探测器的数量、性能及安装位置；系统配置情况、接地装置敷设、管线敷设、控制器安装； 综合布线系统：缆线敷设和终接，机柜、机架、配线架的安装，信息插座和光缆芯线终端的安装； 电源与接地：智能建筑电源，防雷及接地； 仪器仪表：型号、校准、性能； 环境：廊内空气环境，视觉照明环境，电磁环境	按每个系统划分检验批
	排水系统	排水管道及配件安装，排水设备安装，防腐，绝热，管道冲洗，试验与调试； 排水沟槽与井池，试验与调试	
	标识系统	进场检验、系统安装、系统验收	
	统一管理平台	硬件设备、管理软件、网络架构、系统调试	

注：综合管廊管理用房按相应的房屋建筑工程规范进行施工及验收。

附录 B　分项、分部、单位工程质量验收记录

B.0.1　分项工程(检验批)的质量验收记录由施工项目部专业质量检查员填写，监理工程师(建设项目专业技术负责人)组织项目部专业质量检查员进行验收，并按表 B-1 记录。

表 B-1　分项工程(检验批)质量验收记录表

工程名称		验收部位	
分部工程名称		施工班组长	
施工单位		专业工长	
施工执行标准名称及编号		项目经理	

续表

主控项目	质量验收规范的规定			施工单位检查评定记录							监理单位验收记录
	1		第　条								
	2		第　条								
	3										
	4										
一般项目	检查项目		允许偏差（mm）	实测值或实测偏差值 (mm)							
				1	2	3	4	应测点数	合格点数	合格率（%）	
	1										
	2										
一般项目合格率平均值（%）											
施工单位检查评定结论			外观、尺寸等可以直接判定的检查项目的检查结果： 质检员： 年　月　日					强度等根据检测报告结果判定的检查项目的检查结果： 质检员： 年　月　日			
监理单位验收结论			外观、尺寸等可以直接判定的检查项目的验收意见： 监理工程师： 年　月　日					强度等根据检测报告结果判定的检查项目的验收意见： 监理工程师： 年　月　日			

注：施工单位及监理单位的实测值或实测偏差值可附页。

B.0.2～B.0.3　分项工程质量应由监理工程师（建设单位项目专业技术负责人）组织施工单位项目技术负责人等进行验收，并按表 B-2～表 B-3 记录。

表 B-2 分项工程质量验收记录

工程名称				检验批数	
施工单位		项目经理		项目技术负责人	
专业分包单位		专业分包单位负责人		专业分包项目经理	

序号	检验批部位、区段	施工单位检查评定结果	监理（建设）单位验收结果
1			
2			
3			
4			
5			
6			
7			
8			
9			
10			
11			
12			

检查结论	施工单位项目技术负责人： 年　月　日	验收结论	监理工程师： 年　月　日

注：分包单位仅指具备资质的专业分包单位。

表 B-3　分部（子分部）工程质量验收记录

工程名称			项目经理	
施工单位			项目技术负责人	
专业分包单位			专业分包技术负责人	
序号	分项名称	检验批数	施工单位检查评定结果	验收意见
1				
2				
3				
4				
5				
6				
7				
8				
质量控制资料				
安全和功能检验（检测）报告				
外观质量验收				
验收结论				
参加验收单位	分包单位	项目经理：		年　月　日
	施工单位	项目经理：		年　月　日
	勘察单位	勘察负责人：		年　月　日
	设计单位	设计负责人：		年　月　日
	监理单位	总监理工程师：		年　月　日
	建设单位	建设单位项目专业负责人：		年　月　日

注：1. 地基与基础分部工程的验收应由施工、勘察、设计单位项目负责人和总监理工程师参加并签字。

2. 主体结构分部工程的验收应由施工、设计单位项目负责人和总监理工程师参加并签字。

3. 分包单位仅指具备资质的专业分包单位。

B.0.4　单位（子单位）工程质量验收记录由施工单位填写，验收结论由监理单位综合验收结论由参加验收各方共同商定，建设单位填写，应对工程质量是否符合设计和规范要求及总体质量水平做出评价，并按表 B-4-1 ～表 B-4-5 记录。

表 B-4-1　单位（子单位）工程质量验收记录

工程名称				工程规模	
施工单位		技术负责人		开工日期	
项目经理		项目技术负责人		竣工日期	
序号	项目	验收记录	验收结论		
1	分部工程	共____分部，经检查____分部，符合标准及设计要求____分部			
2	质量控制资料核查	共____项，经审查符合要求____项，经核定符合标准要求____项			
3	安全和主要使用功能核查及抽查结果	共核查____项，符合要求____项，共抽查____项，符合要求____项			
4	外观质量验收	共抽查____项，符合要求____项			
5	综合验收结论				
参加验收单位	建设单位	勘察单位	设计单位	监理单位	施工单位
	（公章） 单位（项目）负责人： 年　月　日	（公章） 单位（项目）负责人 年　月　日	（公章） 单位（项目）负责人 年　月　日	（公章） 总监理工程师： 年　月　日	（公章） 单位负责人： 年　月　日

表 B-4-2　单位工程质量控制资料核查记录

工程名称				
施工单位				
序号	资料名称	份数	核查意见	核查人
1	图纸会审、设计变更、洽商记录			
2	工程定位测量、交桩、放线、复核记录			
3	施工组织设计、施工方案及审批记录			
4	原材料出厂合格证书及进场检（试）验报告			
5	成品、半成品及小型构件出厂合格证及试验报告			
6	施工试验报告及见检测报告			
7	隐蔽工程验收			
8	施工记录			
9	工程质量事故及事故调查处理资料			
10	分项、分部工程质量验收记录			
11	新材料、新工艺施工记录			
	其他资料			

检查结论：

施工单位项目经理： 年　月　日	总监理工程师： 年　月　日	建设单位项目负责人： 年　月　日

注：质量控制资料应全数检查。

表 B-4-3　单位（子单位）工程观感质量核查表

工程名称						
施工单位						
序号	项目		抽查质量情况	好	一般	差
1	主体构筑物	现浇混凝土结构				
2		装配式混凝土结构				
3	附属构筑物	砌体工程				
4		细部结构				
5		工艺辅助结构				
6		支架安装				
7	变形缝					
8	预埋件、预留孔（洞）					
9	防水、防腐、保温材料					
10	回填土					
观感质量综合评价						

观感质量检查组：

年　月　日

注：1. 检查内容：主体结构外观有无质量缺陷；有无渗漏现象，程度轻重等；附属构筑物的位置、规格、安装有无问题。全数检查。

2. 对观感质量评价为差的项目进行返修。

3. 观感质量现场检查原始记录应作为本表附件。

表 B-4-4 单位（子单位）工程观感质量核查表

<table>
<tr><td colspan="2">工程名称</td><td colspan="5"></td></tr>
<tr><td colspan="2">施工单位</td><td colspan="5"></td></tr>
<tr><td>序号</td><td colspan="2">项目</td><td>抽查质量情况</td><td>好</td><td>一般</td><td>差</td></tr>
<tr><td>1</td><td rowspan="8">附属实施</td><td>消防工程</td><td></td><td></td><td></td><td></td></tr>
<tr><td>2</td><td>通风系统</td><td></td><td></td><td></td><td></td></tr>
<tr><td>3</td><td>供配电系统</td><td></td><td></td><td></td><td></td></tr>
<tr><td>4</td><td>照明系统</td><td></td><td></td><td></td><td></td></tr>
<tr><td>5</td><td>监控与报警系统</td><td></td><td></td><td></td><td></td></tr>
<tr><td>6</td><td>排水系统</td><td></td><td></td><td></td><td></td></tr>
<tr><td>7</td><td>标识系统</td><td></td><td></td><td></td><td></td></tr>
<tr><td>8</td><td>统一管理平台</td><td></td><td></td><td></td><td></td></tr>
<tr><td colspan="3">观感质量综合评价</td><td></td><td></td><td></td><td></td></tr>
</table>

观感质量检查组：

年 月 日

注：1. 检查内容：各系统位置、规格、安装有无问题。全数检查。
2. 对观感质量评价为差的项目进行返修。
3. 观感质量现场检查原始记录应作为本表附件。

表 B-4-5 单位（子单位）工程结构安全和使用功能资料核查及功能抽查记录

工程名称		施工单位	
单位工程		子单位工程	
序号	安全和功能检查项目	资料核查情况	功能检查结果
1	主体构筑物位置及高程测量汇总和抽查检验		
2	工艺辅助构筑物位置及高程测量汇总及抽查检验		
3	混凝土试块抗压强度试验汇总		
4	水泥砂浆试块抗压强度汇总		
5	混凝土试块抗冻试验汇总		
6	混凝土试块抗渗试验汇总		
7	主体结构实体的混凝土强度抽查检验		
8	主体结构实体的钢筋保护层厚度抽查检验		
10	地基基础加固检测报告		
11	防腐、防水、保温层检查汇总及抽检验		
12	附属设施检查汇总报告		
检查结论			

安全及使用功能检查组：

年 月 日

注：抽查项目及频次由验收组协商确定。若竣工验收前，已委托有相应资质的第三方检测单位对单位工程进行了结构实体质量检测。该检测报告可作为功能抽查的组成部分。

附录 C　综合管廊结构实体质量检测

C.0.1　竣工验收前，应对单位工程的实体质量进行检查，宜委托有相应资质的第三方检测单位进行结构实体质量检测并提供检测报告，检测报告作为竣工验收资料的组成部分。

C.0.2　综合管廊结构实体质量检测报告应包括下列主要内容：

1）质量控制资料检查记录

检查数量：全数检查。

检验方法：查质量验收、隐蔽验收、试验检测资料。

2）安全和主要使用功能资料检查记录

检查数量：全数检查。

检验方法：查相关检测记录。

3）观感质量检查记录

检查内容：主体结构外观有无质量缺陷；有无渗漏现象，程度轻重等；附属构筑物的位置、规格、安装有无问题。

检查数量：全数检查。

检验方法：观察。

4）管廊结构性能

检查内容：侧墙、顶板混凝土强度、钢筋保护层厚度。

检查数量：每 50m 抽检 1 处。

检验方法：依据本规范及现行国家标准《混凝土结构工程施工质量验收规范》（GB 50204）进行。

5）管廊实体允许偏差

检查内容：底板顶面高程、廊体净宽、净高、墙厚、墙体垂直度、墙体平整度等。

检查数量：每 50m 抽检 1 处。

检验方法：现场量测。

6）附属构筑物实体允许偏差

检查内容：各类井室、孔口、支墩、栏杆等。

检查数量：抽查全数 10%。

检验方法：现场量测。

7）约定的其他项目

8）综合管廊结构实体质量总体评价结论

附录D 青岛市城市地下综合管廊工程文件归档范围

类别	归档文件	保管单位				
		建设单位	设计单位	施工单位	监理单位	城建档案管理机构
A	工程前期文件材料					
1	项目建议书（代可行性研究方案）及批复文件	●△				▲
2	征地、拆迁审批文件	●△				▲
3	规划选址意见书及附图	●△				▲
4	建设工程规划方案审查意见书及附图	●△				▲
5	工程地质和水文地质勘察报告	●△	○			▲
6	建设用地规划许可证及附图	●△				▲
7	建设工程规划许可证	●△				▲
8	规划方案变更审批文件及附图	●△				▲
9	计划任务书及投资计划的通知	●△				▲
10	工程项目初步设计及概算的批复	●△				▲
11	有关行政主管部门（排水、园林、环保、地震、人防、消防等）审批文件或取得的有关协议	●△				▲
12	施工许可证	●△				▲
13	验线申请表及附图	●△				▲
14	工程质量监督书	●△				▲
15	勘察、设计、施工、监理单位招投标文件及中标通知书	●△				▲
16	勘察、设计、施工、监理合同	●△	●	●	●	▲
17	设计说明书	●△	●			▲
B	施工文件					
1	施工组织设计、施工方案及审批文件	●△		●▲	●▲	▲
2	施工图设计文件会审、设计交底记录	●▲	●▲	●▲	●▲	▲
3	设计变更通知单、洽商记录	●▲	●▲	●▲	●▲	▲
4	原材料、成品、半成品、构配件、设备出厂质量合格证书、出厂检（试）验报告和复试报告			●△	○△	▲
5	施工试验资料：回填压实度表、试块试压报告、钢筋焊接试验报告、桩基检测报告			●△	○△	▲
6	施工记录			●△	○△	▲
7	测量复核记录（导线点、临时水准点）			●△	○△	▲

续表

类别	归档文件	保管单位				
		建设单位	设计单位	施工单位	监理单位	城建档案管理机构
8	沉降位移观测记录及结论	▲		●△		
9	隐蔽工程检查验收记录			●▲	●▲	▲
10	工序（检验批）质量评定资料			●▲	●▲	▲
11	分项工程质量评定资料			●▲	●▲	▲
12	分部工程质量评定资料			●▲	●▲	▲
13	中间验收记录（地基验槽、结构主体）	●△	○△	●▲	●△	
14	单位（子）单位工程质量评定资料	●▲	●▲	●▲	●▲	▲
15	使用功能试验记录	●▲		●▲	●▲	▲
16	事故报告	●▲	●▲	●▲	●▲	▲
C	竣工验收文件					
1	单位工程质量等级评定表	●▲	●▲	●▲	●▲	▲
2	工程竣工报告	●▲	●▲	●▲	●▲	▲
3	施工单位工程竣工报告（合格证明）	▲		●▲		▲
4	工程评价报告（设计单位、勘察单位）	▲	▲			▲
5	工程质量评估报告（监理单位）	▲			▲	▲
6	工程质量事故报告及处理意见（监理单位）	▲	▲	▲	▲	▲
7	工程质量保修书（施工单位）	▲		▲		▲
8	工程竣工验收报告（建设单位）	▲	▲	▲	▲	▲
9	质量终身责任制信息档案	▲	△	△	△	▲
10	工程质量监督报告（质量监督机构）	▲		▲	▲	▲
11	工程竣工备案表	▲		▲	▲	▲
12	决算书及审计文件	▲				▲
13	市政工程竣工移交书	▲		▲		
D	竣工图					
1	工程竣工图（施工单位）	▲		▲		▲
2	含 CAD 版全套设计图纸的电子光盘	▲		△		▲
3	工程竣工测量图（测绘单位）	▲		△		▲

注：1. 质量监督机构、城建档案管理机构有特别要求的，以特别要求为准。

2. 部分过程资料，如施工单位质量体系控制的过程文件（技术交底等、工序评定表、水准测量记录、工序交接记录、配合比通知单、施工日志）等，由各单位根据内部要求自行归档。

3. 表格中“●”表示竣工验收前原件归档保存处，“○”表示竣工验收前复制件/复印件归档保存处。“▲”表示竣工验收后必须原件归档保存，“△”表示竣工验收后选择性归档或复制件/复印件归档保存。

附录E　工程竣工验收报告

报监编号：

市政基础设施工程竣工验收报告

工程名称：

建设单位名称：

竣工验收时间：　　　　年　月　日

中国市政工程协会制

市政基础设施工程竣工验收报告

工程项目名称			
施工单位名称			
勘察单位名称			
设计单位名称			
监理单位名称			
工程报建时间	年　月　日	开工时间	年　月　日
工程造价			

工程概况：

竣工验收程序：

竣工验收内容：

竣工验收组织：

竣工验收标准：

对勘察单位评价：

对设计单位评价：

对施工单位评价：

对监理单位评价：

建设单位执行基本建设程序情况：

工程竣工验收意见：

工程竣工验收结论：

注：结论为：是否符合国家质量标准；能否同意使用。

<table>
<tr><td rowspan="18">竣工
验收
人员
签字</td><td>验收组职务</td><td>姓名</td><td>工作单位</td><td>技术职称</td><td>单位职务</td></tr>
<tr><td>验收组长</td><td>（本人签）</td><td></td><td></td><td></td></tr>
<tr><td rowspan="3">副组长</td><td></td><td></td><td></td><td></td></tr>
<tr><td></td><td></td><td></td><td></td></tr>
<tr><td></td><td></td><td></td><td></td></tr>
<tr><td rowspan="13">验收组成员</td><td>（本人签）</td><td></td><td></td><td></td></tr>
<tr><td></td><td></td><td></td><td></td></tr>
<tr><td></td><td></td><td></td><td></td></tr>
<tr><td></td><td></td><td></td><td></td></tr>
<tr><td></td><td></td><td></td><td></td></tr>
<tr><td></td><td></td><td></td><td></td></tr>
<tr><td></td><td></td><td></td><td></td></tr>
<tr><td></td><td></td><td></td><td></td></tr>
<tr><td></td><td></td><td></td><td></td></tr>
<tr><td></td><td></td><td></td><td></td></tr>
<tr><td></td><td></td><td></td><td></td></tr>
<tr><td></td><td></td><td></td><td></td></tr>
<tr><td></td><td></td><td></td><td></td></tr>
<tr><td></td><td colspan="5">建设单位项目负责人：（建设单位公章）

建设单位法人代表：　　　　年　月　日</td></tr>
</table>

附录 F　地下综合管廊运维备忘录

<table>
<tr><td>工程名称</td><td colspan="4"></td></tr>
<tr><td>工程地点</td><td colspan="2"></td><td>工程竣工造价（万元)）</td><td></td></tr>
<tr><td>开工日期</td><td colspan="2"></td><td>竣工日期</td><td></td></tr>
<tr><td>工程概况
（应包括位置、长度、断面尺寸、结构型式、附属设施、管廊节点、投资模式等）</td><td colspan="4"></td></tr>
<tr><td rowspan="2">建设 / 代建单位</td><td>单位名称</td><td colspan="3"></td></tr>
<tr><td>项目负责人</td><td></td><td>联系电话</td><td></td></tr>
<tr><td rowspan="2">接管单位</td><td>单位名称</td><td colspan="3"></td></tr>
<tr><td>项目负责人</td><td></td><td>联系电话</td><td></td></tr>
<tr><td rowspan="2">质检单位</td><td>单位名称</td><td colspan="3"></td></tr>
<tr><td>项目负责人</td><td></td><td>联系电话</td><td></td></tr>
<tr><td rowspan="2">施工单位</td><td>单位名称</td><td colspan="3"></td></tr>
<tr><td>项目负责人</td><td></td><td>联系电话</td><td></td></tr>
<tr><td rowspan="2">监理单位</td><td>单位名称</td><td colspan="3"></td></tr>
<tr><td>项目负责人</td><td></td><td>联系电话</td><td></td></tr>
<tr><td rowspan="2">设计单位</td><td>单位名称</td><td colspan="3"></td></tr>
<tr><td>项目负责人</td><td></td><td>联系电话</td><td></td></tr>
<tr><td rowspan="2">勘察单位</td><td>单位名称</td><td colspan="3"></td></tr>
<tr><td>项目负责人</td><td></td><td>联系电话</td><td></td></tr>
<tr><td colspan="2">工程竣工验收报告及备案结论</td><td colspan="3"></td></tr>
<tr><td colspan="2">移交档案资料（含电子文本）</td><td colspan="3"></td></tr>
<tr><td colspan="2">工程质量保证书</td><td colspan="3"></td></tr>
<tr><td colspan="5">接管双方需要约定的其他事项：</td></tr>
<tr><td colspan="2">建设 / 代建单位：（公章）

法定代表人：

经办人：

日期：</td><td colspan="2">管廊运营单位：（公章）

法定代表人：

经办人：

日期：</td><td>住房城乡建设部门：（公章）

经办人：

日期：</td></tr>
</table>

注：本表一式三份，接管单位、建设 / 代建单位、住房城乡建设部门各一份。

第八篇

青岛市地下综合管廊运行维护安全管理对策措施研究

PART 8

第1章 绪　论

1.1 课题研究背景

城市地下综合管廊又称综合管沟、共同沟，即在城市地下建造一条市政共用隧道，可容纳电力、通信、热力、给水、排水、燃气等工程管线的两类及以上，设有专门的检修口、吊装口和监测系统，实施统一规划、统一建设和统一管理的市政公用设施，以达到地下空间的综合利用和资源的共享。

综合管廊最早起源于1833年巴黎建设的地下排水系统，也是世界综合管廊早期发展的雏形。因其集约化利用地下空间、安全性能高等优势，综合管廊建设逐渐在欧美、日本等发达国家兴起，经过近两百年来的探索和实践，其施工技术和管理机制日趋成熟。目前，地下综合管廊已成为了国外发达地区市政设施建设管理现代化的象征。

我国综合管廊的发展主要经历了三个阶段：1978年以前的概念阶段、改革开放后的争议阶段与快速发展阶段以及2010年至今的赶超和创新阶段。1958年在北京天安门广场敷设了我国第一条综合管廊，1990年天津新客站管廊是我国综合管廊的雏形，1994年上海浦东新区张杨路管廊是我国第一条较具规模并投入运营的综合管廊，2003年广州大学城综合管廊是国内目前运营的管廊中长度最长的。从2014年国办发27号文《关于加强城市地下管线建设管理的指导意见》出台以后，综合管廊建设在我国逐渐被重视起来，各部门相关政策陆续出台，部分地区也顺势搭上PPP政策快车，开始大规模建设城市综合管廊。2015年4月，财政部与住建部公布海口市、白银市、厦门市、苏州市等10个首批地下综合管廊试点城市。2016年4月，由财政部、住建部、水利部三部委共同评审确定青岛市、广州市、南宁市、郑州市等15个第二批地下综合管廊试点城市，中央财政给予综合管廊试点城市专项资金补助。截至2017年底，中国地下综合管廊开工长度已达4700km，形成廊体2500多km，中国已成为世界上城市地下综合管廊建设规模最大的国家。

青岛市自2008年启动地下综合管廊的规划、建设工作，规划集中在高新区建设地下全长74.6km综合管廊，目前累计已完成约54km。2016年4月，青岛市正式入选国家第二批综合管廊试点城市，并确定2016-2018年建设21个地下综合管廊试点项目，目前大部分管廊都已开工建设，并将陆续进入交付、运营阶段。由于各类管线之间的相互安全影响机理复杂，某一管线发生故障都会直接或间接影响其他管线的安全甚至影响综合管廊整体安全，且管廊运行维护过程中涉及多家管理单位，今后如何界定相关单位安全生产职责，如何开展高效的安全管理工作，从而从根本上防范各类生产安全事故，实现管廊安全运维是青岛市地下综合管廊运行维护监管部门面临的重要问题。

1.2 课题研究目的及意义

本课题研究的主要目的是通过系统分析青岛市地下综合管廊的安全影响因素和安全风险，梳理各相关单位安全生产职责，从而有针对性地提出相应的安全管理对策措施，为今后青岛市地下综合管廊的运行维护安全管理工作提供参考依据。开展本课题研究的主要意义在于以下两个方面：

（1）为解决青岛市地下综合管廊安全管理问题提供切入点

城市地下综合管廊在我国正处于试点阶段，经验相对比较少，政策体系不健全，在规划、施工以及运行维护过程中会出现大量问题，需要规范、协调与政府管理部门、社会资本、管线单位以及社会大众等多方共同加强管廊的安全管理。本文通过对国内外地下综合管廊运行维护安全管理研究现状的分析，总结了目前地下综合管廊运行维护安全管理存在的主要问题，深入分析了青岛市地下综合管廊的安全影响因素，一方面加深了政府和市场主体对综合管廊运行维护安全管理现状的了解，更好地认识到在管廊安全管理过程中出现的主要困境；另一方面有利于相关主体更清楚地理解目前城市地下综合管廊安全管理面临困境的关键原因，为破解困境提供思路。

（2）有利于推动青岛市地下综合管廊平稳有序地发展

综合管廊的建设是城市市政管网建设与管理的战略转型升级，具有显著的、长远的经济与社会效益，开展安全管理对策措施研究有利于保障城市地下综合管廊的安全运行，提升城市地下综合管廊整体防灾能力，有利于进一步规范综合管廊的运行维护安全管理工作，保障其平稳有序地发展。

1.3 研究内容

本课题研究内容主要包括以下几个方面：

（1）国内外管廊安全管理研究现状

梳理国内外综合管廊运行维护安全管理的研究成果，结合国内综合管廊建设实践，分析目前管廊运行维护安全管理存在的主要问题。

（2）青岛市地下综合管廊安全影响因素分析

结合青岛市地下综合管廊建设发展现状特点，从系统的角度出发，分析地下综合管廊的安全影响因素。

（3）青岛市地下综合管廊运行维护安全风险分析

运用作业条件危险性分析法对青岛市地下综合管廊可能发生的主要事故进行风险分析，并采用事故树分析方法对风险级别较高的事故类型进行成因分析，为安全管理对策措施的制定提供依据。

（4）青岛市地下综合管廊运行维护安全管理机制分析

结合青岛市地下综合管廊运行管理机制，综合考虑安全生产有关法律法规要求，分析青岛市地下综合管廊运行维护安全管理机制，梳理相关管理单位安全生产职责。

（5）青岛市地下综合管廊安全管理对策措施

结合青岛市地下综合管廊运行维护安全影响因素及安全风险分析结果，从安全技术、安全管理、应急管理等方面提出相应的安全对策措施。

第 2 章　国内外地下综合管廊安全管理研究现状

2.1　国外地下综合管廊运行维护安全研究现状

目前国外对于地下综合管廊安全的研究，多侧重于规划设计层面和建筑施工层面。在规划设计层面：国外有关学者认为综合管廊的管线与结构是影响管廊功能实现和安全运营的重要方面，对于管线和结构方面的研究主要集中体现在管廊建设设计规范上，如管廊建设规模世界最大的日本在其颁布的《共同管沟设计指针》中，明确了各种情景下城市综合管廊可以纳入的管线类型，并且着重规定了综合管廊断面结构的设计方法、参数等。另外，各种工程管线布置在一起，因为每种管线的使用性质、介质等不同，影响范围不同，极容易发生相互间的干扰，电力电缆与热力管线、电力与燃气管线等之间易产生爆炸或火灾，具有潜在危险，在国外的综合管沟中，认为出于安全因素的考虑，必须特别规划设计防灾安全设施，而且必须有相应的监控、防爆等安全技术措施。在建设施工层面：国外研究主要考虑管廊地下空间安全研究与对交通安全影响研究两方面内容，如日本独立行政学院 Mashimo.H 对于公路隧道的安全保障技术标准和实施措施进行了全面研究，得到了安全是公路隧道工程在设计、施工、运营过程中的首要任务。美国密歇根大学土木与环境工程系的研究人员，借助地理空间数据库技术和可视化方法，对城市公共地下空间建设施工过程中的开挖作业进行研究，实现保障安全施工的目标[1]。

国外对于地下综合管廊在运营管理层面的安全研究，多见于地下空间管理的安全性研究，并将其作为地下公共隧道的一种分类，少有专项研究出现，且主要是对于地下空间安全管理过程的防灾设备和技术开展了大量的研究工作，利用自动化控制的手段，对于地下空间太阳光引入、通风系统、火灾自动报警、自动灭火装置、地下空间救援装置和设备等方面，取得了一定的成果。如德国地下交通设施研究会的研究人员重点设计开发了城市公路隧道通风系统，并对隧道的通风、空气污染物的扩散、汽车尾气以及新鲜空气等标准，构建了标准体系。俄罗斯隧道协会和信号科学与生产合作中心研究人员研究建立了隧道消防系统，在隧道中实现了保证人员及财产安全、降低火灾风险和概率、减少火灾损失的目标[1]。

2.2　国内地下综合管廊运行维护安全管理研究现状

目前，我国综合管廊处于初步建设阶段，国内在综合管廊运行维护安全管理领域尚处于跟踪研究阶段。

在标准规范制定方面，2015 年 5 月，住建部发布了《城市综合管廊工程技术规范》（GB 50838—2015），对综合管廊项目的规划、设计、施工及验收、维护管理等提出明确要求。2017 年 12 月，由住建部、国家质监总局联合发布了《城镇综合管廊监控与报警系统工程技术标准》（GB/T 51274—2017），对统一管理平台设计、环境与设备监控系统设计、安全防范系统设计、火灾自动报警系统设计、可燃气体探测报警系统设计、通信系统设计、入廊管线监控要求、施工及验收、系统维护进行了明确规定，该标准已于 2018 年 7 月 1 日正式实施。除此之外，2018 年 3 月，住建部发布了《城市地下综合管廊运行维护及安全技术标准（征求意见稿）》，对综合管廊本体、附属设施、入廊管线、信息化系统的运行、维护和安全管理提出了较为明确的要求。另外，为了保证综合管廊建设项目的顺利实施，各地区根据有关法律法规规定，结合地区的具体情况和实际需要，因地制宜制定了多项地方性政策，以有效规范本地区综合管廊的规划、建设、运营和维护。如《深圳市地下综合管廊管理办法（试行)》《厦门市城市综合管廊管理办法》《南京市城市地下综合管廊管理暂行办法》等，在一定程度上对地区内综合管廊项目的安全有序推行起到了积极的保障作用。此外，也有部分地区在满足国家技术标准的前提下，根据所在地自然环境、地质情况及经济发展水平等，编制了地方性技术标准。这些标准规范多从综合管廊的规划、设计、施工和运行四个方面做出了详细规定，如《上海市城市综合管廊维护技术规程》《河北省城市地下综合管廊建设技术规程》《深圳市地下综合管廊工程技术规程》等。虽然已制定的标准规范中没有明确安全管理有关具体事项，但对运行维护管理均提出了要求，安全管理作为日常运行管理的一部分，标准规范中有关内容可作为安全管理工作的参考依据。

在学术研究方面，多集中在“点”上的研究。例如：王恒栋[2]从综合管廊结构安全性、防淹、防火、防人为破坏等角度，提出了综合管廊的安全保障措施。翟端端[3]从综合管廊施工的特点进行入手，阐述了综合管廊施工安全保护的措施。陈超[4]从综合管廊监管的盲点、难点、特点三方面具体阐述了综合管廊安全运行管理的需求。黎珍[5]等人以深圳市大梅沙—盐田坳的综合管廊为例，定性和定量地分析天然气管道在综合管廊内存在的安全风险，提出天然气管道入廊的安全措施。

综上所述，国外在地下综合管廊运营管理层面少有专项安全管理方面的研究出现，而国内有关标准规范主要是从综合管廊的规划、设计、建设、运营和维护等多方面进行了规定，学术研究主要侧重研究综合管廊的各种灾害特点及防治措施，有关成果可为今后管廊的安全管理工作提供参考。但不论是标准规范还是学术研究上对安全管理工作的要求、研究都较为分散、独立，总体上缺少专门针对管廊运行维护安全管理方面系统研究，未形成系统化的安全管理体系，不利于未来管廊运行维护的安全管理。

2.3 目前管廊运行维护安全管理存在的问题

通过查阅相关资料，并对已建成综合管廊安全管理工作现状进行调研，发现目前管廊运行维护中安全管理工作存在以下几方面的问题：

一是缺少系统的规划管理。地下综合管廊是一个复杂的综合性工程，涉及管廊运行维护综合管理单位以及水、电、气、热、通信等多家管线权属单位的权益，但是由于缺少相应的协调管理机制，导致各管线单位各自为政，管线出现故障时各方如何进行配合、现场处理的应急预案和工作流程如何制定等，都是对综合管廊运行维护安全管理能力的考验。

二是管廊运营主体的经验不足。目前我国大部分管廊建设还未全面进入运营管理期，从各地综合管廊实施方案来看，一些地方将综合管廊的管理任务转交给临时成立的管理机构，或者交给承担施工任务的社会资本，也有部分在合同中增加了社会资本转让运营权的条款或者安排管线单位联合社会资本运行维护综合管廊的条款。但是综合管廊的运行维护安全管理专业化程度较高，涉及到管线单位的入廊管理、管线的维护以及管廊主体与附属设施的维护等，缺少专业的有经验的综合管廊运营主体会为日后管廊可持续运营埋下隐患。

三是设计、施工遗留问题给今后安全管理工作带来一定的困难。我国综合管廊的建设、运营还处于摸索阶段，之前已建成的管廊因设计、施工阶段考虑不周等原因造成质量存在一定的问题。如管廊本体防水措施不到位，存在变形缝渗滤现象，建设过程中由于未考虑监控设备的防水措施，运营后因渗滤和本身地下空间潮湿环境的影响，监控设备经常出现故障。另外，部分管廊通信系统建设不完善，入廊人员与廊外人员通信不畅，增加了入廊作业人员安全风险，且部分管廊现有监控和报警系统不能满足《城镇综合管廊监控与报警系统工程技术标准》(GB/T 51274—2017）的要求。安全技术上存在缺陷，且整改难度较大，加大了后期安全管理工作的难度。

第3章　青岛市地下综合管廊现状介绍

3.1　青岛市概况

青岛，山东省地级市，简称“青”，山东省经济中心、国家沿海重要中心城市、滨海度假旅游城市、国际性港口城市、国家重要的现代海洋产业发展先行区、东北亚国际航运枢纽、海上体育运动基地，“一带一路”新亚欧大陆桥经济走廊主要节点城市和海上合作战略支点。

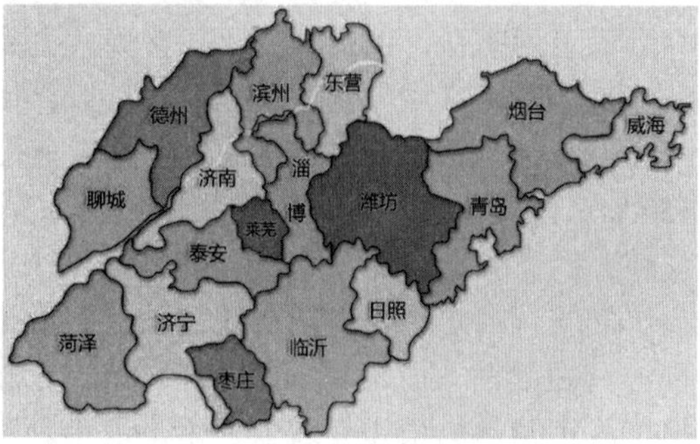

图 3-1　青岛市地理位置图

3.1.1　地理位置

青岛市地处东南部沿海，位于东经119°30′～121°00′、北纬35°35′～37°09′，东、南濒临黄海，东北与烟台市毗邻，西与潍坊市相连，西南与日照市接壤。全市总面积为11282km²（图 3-1）。

3.1.2　功能区划

青岛市行政区目前划分为七区三市，包括市南、市北、李沧、崂山、黄岛、城阳、即墨7个市辖区和胶州、平度、莱西3个县级市。

其中黄岛区也是国务院批准的第九个国家级新区——西海岸新区（图 3-2）。

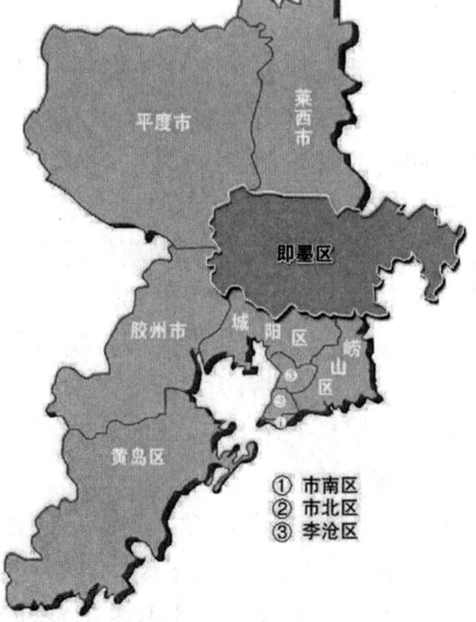

图 3-2　青岛市行政区划图

3.1.3　自然环境

（1）气候

青岛地处北温带季风区，属温带季风气候。市区由于海洋环境的直接调节，受来自洋面上的东南季风及海流、水团的影响，故又具有显著的海洋性气候特点。空气湿润，雨量充沛，温度适中，四季分明。春季气温回升缓慢，较内陆迟 1 个月；夏季湿热多雨，但无酷暑；秋季天高气爽，降水少，蒸发强；冬季风大温低，持续时间较长。据 1898 年以来 100 余年气象资料查考，市区年平均气温 12.7℃，极端

极端高气温 38.9℃（2002 年 7 月 15 日），极端低气温 –16.9℃（1931 年 1 月 10 日）。全年 8 月份最热，平均气温 25.3℃；1 月份最冷，平均气温 –0.5℃。日最高气温高于 30℃的日数，年平均为 11.4 天；日最低气温低于 –5℃的日数，年平均为 22 天。降水量年平均为 662.1mm，春、夏、秋、冬四季雨量分别占全年降水量的 17%、57%、21%、5%。年降水量最多为 1272.7mm（1911 年），最少仅 308.2mm（1981 年），降水的年变率为 62%。年平均降雪日数只有 10 天。年平均气压为 1008.6mbar。年平均风速为 5.2m/s，以南东风为主导风向。年平均相对湿度为 73%，7 月份最高，为 89%；12 月份最低，为 68%。青岛海雾多、频，年平均浓雾 51.3 天、轻雾 108.2 天。

（2）水文

青岛共有大小河流 224 条，均为季风区雨源型，多为独立入海的山溪性小河。流域面积在 100km^2 以上的较大河流 33 条，按照水系分为大沽河、北胶莱河以及沿海诸河流三大水系。

大沽河水系，包括主流及其支流，主要支流有小沽河、五沽河、流浩河和南胶莱河。大沽河是青岛市最大的河流，发源于招远市阜山，由北向南流入青岛，经莱西、平度、即墨、胶州和城阳，至胶州南码头村入海。干流全长 179.9km^2，流域面积 6131.3km^2（含南胶莱河流域 1500km^2），是胶东半岛最大水系。大沽河多年平均径流量为 6.61 亿立方米。该河 20 世纪 70 年代前，径流季节性较强，夏季洪水暴涨，常年有水；之后，除汛期外，中、下游已断流。

北胶莱河水系，包括主流北胶莱河及诸支流，在青岛境内的主要支流有泽河、龙王河、现河和白沙河，总流域面积 1914.0km^2。北胶莱河发源于平度市万家镇姚家村分水岭北麓，沿平度市与昌邑市边界北去，于平度市新河镇大苗家村出境流入莱州湾。干流全长 100km，流域面积 3978.6km^2。该河多年平均径流量为 2.53 亿立方米，多年平均含沙量为 0.24kg/m^3。

沿海诸河系，指独流入海的河流，较大者有白沙河、墨水河、王哥庄河、白马河、吉利河、周疃河、洋河等。

（3）海洋

青岛市海域面积约 1.22 万平方千米，其中领海基线以内海域面积 8405km^2；海岸线（含所属海岛岸线）总长为 816.98km，其中大陆岸线 710.9km，大陆岸线占山东省岸线的 1/4 长。海岸线曲折，岬湾相间。

（4）地质特征

青岛所处大地构造位置为新华夏隆起带次级构造单元——胶南隆起区东北缘和胶莱凹陷区中南部。区内缺失整个古生代地层及部分中生代地层，但白垩纪青山组火山岩层发育充分，在青岛市出露十分广泛。岩浆岩以元古宙胶南期月季山式片麻状花岗岩及中生代燕山晚期的艾山式花岗闪长岩和崂山式花岗岩为主。市区全部坐落于该类花岗岩之上，建筑地基条件优良。构造以断裂构造为主。自第三纪以来，区内以整体性较稳定的断块隆起为主，上升幅度一般不大。

（5）地形地貌

青岛为海滨丘陵城市，地势东高西低，南北两侧隆起，中间低凹。其中，山地约占青岛市总面积（下同）的 15.5%，丘陵占 2.1%，平原占 37.7%，洼地占 21.7%。青岛市海岸分为岬湾相间的山基岩岸、山地港湾泥质粉砂岸及基岩砂砾质海岸 3 种基本类型。浅海海底则有水下浅滩、现代水下三角洲及海冲蚀平原等。青岛市大体有 3 个山系。东南是崂山山脉，

山势陡峻，主峰海拔1132.7m。从崂山顶向西、北绵延至青岛市区。北部为大泽山（海拔736.7m）平度境内诸山及莱西部分山峰均属之。南部为大珠山（海拔486.4m）、小珠山（海拔724.9m）、铁橛山（海拔595.1m）等组成的胶南山群。市区的山岭有浮山（海拔384m）、太平山（海拔150m）、青岛山（海拔128.5m）、北岭山（海拔116.4m）、嘉定山（海拔112m）、信号山（海拔99m）、伏龙山（海拔86m）、贮水山（海拔80.6m）等。

（6）地震烈度

根据《中国地震动参数区划图》（GB 18306—2015），青岛市的地震动峰值加速度，莱西市为0.05g，其他区域均为0.10g；地震动反应谱特征周期为0.40-0.45s，Ⅱ类场地地震烈度，莱西市为6度，其他区域为7度。

3.2　青岛市地下综合管廊试点项目概况

2016年，青岛市作为综合管廊试点城市，制定了《青岛市地下综合管廊专项规划（2016-2030年）》，按照规划，“十三五”期间青岛市计划新建地下综合管廊93.7km，至2030年新建地下综合管廊195.7km。自规划至今，青岛市已完成李沧区、高新区（位于城阳区）、西海岸新区、蓝色硅谷核心区（位于即墨区）、胶东新机场（位于胶州市）五个区域共21个试点项目的管廊主体建设，总长度约49km（总投资约41亿元），管廊的断面形式为单舱到五舱不等，规划入廊管线包括电力、通信、给水、热力、再生水、燃气以及部分雨水、污水管线，详见表3-1所示，具有分散区域多、管线种类多等特点。

表3-1　各区（市）管廊试点项目基本情况一览表

序号	所在区市	项目名称	建设长度（km）	舱室类型	入廊管线种类	投融资方案
1	李沧区	安顺路管廊项目	1.07	四舱	给水、燃气、热力、电力、通信、再生水	PPP
2	高新区	规划西1号线管廊项目	1.117	五舱四舱	给水、燃气、热力、电力、通信、再生水、雨水、污水	PPP
3	西海岸新区	中德生态园17号线管廊项目	1.3	三舱	给水、热力、电力、通信、再生水、污水	企业自筹
4		中德生态园四号线管廊项目	1.206	三舱四舱	给水、热力、电力、通信、再生水、污水	企业自筹
5		中德生态园纵七路管廊项目	0.8	双舱	给水、热力、电力、通信、再生水、污水	企业自筹
6		董家口经济区贡北路地下综合管廊项目	12.8	双舱三舱	给水、燃气、热力、电力、通信、再生水	PPP
7		江山路前湾港路交叉口管廊项目	1.4	三舱四舱	给水、热力、电力、通信、再生水	政府投资
8		青岛海洋高新区海口路管廊项目	1.63	双舱	给水、热力、电力、通信	PPP
9	蓝色硅谷核心区	山大南路管廊项目	1.6	单舱	给水、电力、通信、再生水	PPP
10		山大东路管廊项目	3.65	单舱	给水、电力、通信、再生水	PPP
11		硅谷大道管廊项目	0.8	三舱	给水、热力、燃气、电力、通信、再生水	PPP
12		滨海公路管廊项目	2.7	三舱四舱	给水、热力、燃气、电力、通信、再生水	PPP

续表

序号	所在区市	项目名称	建设长度（km）	舱室类型	入廊管线种类	投融资方案
13	胶东机场	南三路（南六路—南十四路）管廊项目	1.7	北侧单舱南侧双舱	给水、电力、通信、热力、中水、污水	企业自筹
14		南六路（南十五路—T1 航站楼）管廊项目	3.2	三舱四舱	给水、电力、通信、热力、燃气、中水、污水	
15		南八路（南三路—南十七路）管廊项目	2.0	三舱	给水、电力、通信、热力、中水	
16	胶东机场	南十路管廊项目	2.6	双舱三舱四舱	给水、电力、通信、燃气、热力、中水、污水	企业自筹
17		南十一路管廊项目	0.9	双舱	给水、电力、通信、热力、中水、污水	
18		T1 航站楼南侧管廊项目	0.3	双舱	给水、电力、通信、热力、中水	
19		T1 航站楼 A 指廊—货运区管廊项目	3.1	双舱	电力、通信、热力、给水、中水	
20		T1 航站楼 A 指廊—远期西二跑道管廊项目	0.7	双舱	电力、通信、热力、给水、中水	
21		航站楼管廊项目	3.7	单舱	给水、暖通、电力、通信	

3.3 青岛地下综合管廊运维管理机制

3.3.1 政府部门监管主体

根据《青岛市城市地下管线管理条例》第四十二条规定："市、区（市）人民政府应当统筹综合管廊的管理工作。城乡规划、城乡建设、城市管理等部门应当按照职责做好综合管廊规划、建设、运营的管理工作，其他相关职能部门按照各自职责协同做好综合管廊的相关管理工作。"青岛市已通过立法明确了地下综合管廊不同时期的行政主管部门。

3.3.2 运行维护管理主体

《青岛市城市地下管线管理条例》第四十六条规定："综合管廊本体及其附属设施的养护和运营管理由综合管廊运营管理单位负责，纳入综合管廊的地下管线养护以及日常管理由其管理维护单位负责。"由此可知青岛市综合管廊运营管理单位和管线单位是管廊和市政管线的运行维护管理责任主体。

根据《青岛市人民政府关于组建青岛市政空间开发集团有限责任公司的通知》和《关于支持青岛市政空间开发集团有限责任公司开展工作的通知》有关文件内容可知，青岛市委托青岛市政空间开发集团有限责任公司全面负责开展城市地下综合管廊的投资、建设、运营及维护管理等工作。目前，青岛市政空间开发集团有限责任公司分别成立了青岛市政空间综合管廊投资运营有限公司

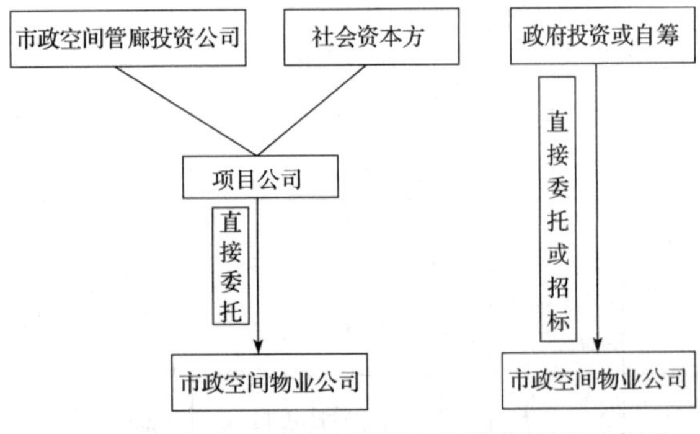

图 3-3　青岛市地下综合管廊运维管理模式示意图

和青岛市政空间城市物业管理有限公司负责青岛市城市地下综合管廊的投资建设和运维工作。其中，青岛市政空间综合管廊投资运营有限公司作为PPP项目的政府出资方代表，负责与社会资本方共同组建成立SPV公司。青岛市政空间城市物业管理有限公司负责对全市（含试点、非试点和各区市投资）的地下综合管廊进行运维。原则上不允许社会资本方或施工单位进行单独运营，涉及保密要求的管廊项目，由青岛市政空间城市物业管理有限公司进行监管，项目单位自行运营（图3-3）。

第4章　安全影响因素分析

地下综合管廊安全影响因素错综复杂，涉及面很广。从系统论的观点出发，与运行安全直接有关的因素可以划分为四类：人、物（设备设施）、环境、管理。

4.1　人的不安全行为

管廊运行过程中管廊运行维护单位以及管线单位巡检、检维修人员均可能发生人的不安全行为，主要有指挥错误（观察失误、指挥失误、违章指挥等）、操作错误（操作技术知识缺乏、误操作、违章作业等）、监护失误以及其他人为影响因素。

（1）若未按要求办理入廊许可审批手续，在未进行有效通风换气和含氧量检测情况下，入廊巡检或检维修作业，可能发生中毒窒息事故。

（2）进入天然气管廊内作业，若未按要求穿戴防静电工作服、未按要求采用不产生火花作业工具或防爆的电气设备，或违章在综合管廊内吸烟、打手机，如果遇到天然气泄漏、积聚达到爆炸极限，可能引发火灾爆炸事故。

（3）地下综合管廊在检修、维修过程中可能进行动火焊割作业，若在燃气舱动火作业时未按规定执行动火作业规程，动火时可能发生火灾、爆炸事故；动火设备电线裸露可能造成触电、火灾；检修设备与其他设备联接电焊时放弧可能引发火灾、爆炸。动火结束后，动火区域高温焊渣清理不净可能引发火灾、爆炸事故。

（4）电力线路检维修过程中，若非专业人员进行电工作业、操作人员未佩戴好绝缘防护用品，操作人员失误等可能发生触电事故。

（5）污水管线可能产生硫化氢等有毒物质，在污水管线检维修过程中，若不进行氧浓度检测和硫化氢浓度监测，不穿戴相应的劳动防护用品，可能发生中毒窒息事故。

（6）蒸汽管线检维修过程中，若发生蒸汽泄漏或保温层破坏，作业人员未穿戴防护用品接触高温蒸汽或高温管道可能发生高温灼烫事故。

（7）进行某一种管线的检维修时，可能由于作业人员的误操作，导致其他管线受到破坏，可能造成管道泄漏、绝缘失效，从而导致火灾、爆炸、触电、中毒窒息、高温灼烫、淹溺等事故的发生。

4.2 物（设备设施）的不安全状态

4.2.1 管廊本体

综合管廊本体包括综合管廊的主体结构及人员出入口、吊装口、逃生口、管线分支口、支吊架等构筑物。

（1）管廊本体因设计、施工质量不合格、后期腐蚀等原因可能发生偏移、渗漏、沉降，严重时可能发生坍塌事故。目前，青岛市的地下综合管廊建设广泛采用的是大开挖放坡支护和钢筋混凝土现浇技术，如果设计不当、施工不到位，管廊建成后容易发生变形缝渗漏、预埋槽道（预埋钢板）偏移和沉降移位的问题。

①变形缝渗漏

变形缝是地下综合管廊防水体系的薄弱环节，其渗漏问题是地下构筑物建设、管理中最头疼的问题，尤其是对于青岛地下水位较高、沿海的区域，当管廊变形缝存在局部破损时，外部水源可通过破损的变形缝渗入结构内侧，造成变形缝漏水。潮湿、高盐的环境会加速管廊内管廊本体、管线设施、附属设施的腐蚀，引发管线泄漏、电气线路短路、廊体强度下降等问题，严重影响综合管廊的长期稳定运行。

②预埋槽道（预埋钢板）偏移

预埋槽道（预埋钢板）是承载管线的支架与管廊主体连接的主要结构，由于预埋槽道与管廊主体模板连接不牢固、混凝土浇筑过程中振捣未避开预埋槽道，使得预埋槽道（预埋钢板）在混凝土浇筑中发生偏移，会造成建成后敷设管线受力不均匀，加速承载管线支架的损坏，造成后期运行维护成本增加；若一定数量的管线支架损坏、断裂时，可能导致管线、管架的“多米诺效应”，造成管线脱架，管线发生断裂，物料发生泄漏，引发一系列的事故。

③沉降移位

综合管廊一般是沿道路敷设的长条形构筑物，因建设时地基处理方式不恰当或处理不到位、管廊处堆载造成沉降、周边因地块开发等因素造成的地下水位下降或荷载变化，或不同时期建设的管廊未在设计、施工阶段对新旧管廊连接处采取足够的保护措施，可能导致综合管廊廊体在运营过程中发生沉降、位移，导致管廊本体、变形缝的破坏，引发渗漏、腐蚀等问题，严重沉降可能使管线脱架，对管廊内的管线、设施直接造成较大破坏，可能引发泄漏，造成火灾、爆炸、灼烫、淹溺等事故。

（2）地下综合管廊的出入口、逃生口未及时关闭，外面人员因好奇心随意出入管廊可能对管廊内部设施造成破坏，或被管廊内的危险物质伤害而引发安全事故。

（3）地下综合管廊的吊装口、管线分支口封闭不严格，可能有蛇、鼠等小动物进入管廊，破坏管廊设备设施，特别是老鼠啃噬电缆，可能引发安全事故；吊装口未安全封闭，还可能导致人员从吊装口掉落，发生高处坠落事故。

4.2.2 各类入廊管线

（1）天然气管线

天然气主要成分是甲烷，易燃，与空气混合能形成爆炸性混合物，爆炸下限为5.3%，上限为15%。正常情况天然气在密闭的管道内输送，一旦出现异常（管道密封不严、管线破裂等）会造成天然气泄漏，泄漏的天然气遇点火源会发生火灾；天然气与空气混合可能形成爆炸性混合性气体，遇点火源、高温会发生严重的爆炸事故；另外，若天然气管道大量泄漏，作业人员在未进行氧含量检测就进入天然气舱室，可能造成窒息事故。

造成管道泄漏的主要原因有：

①系统中天然气的水分含量超标或硫含量较大时，对设备、管道内壁造成较大腐蚀，若管道内壁防腐衬里不满足抗腐蚀要求，可能导致管道腐蚀穿孔，天然气泄漏。

②地下综合管廊环境比较潮湿，天然气管道在潮湿环境长期腐蚀下，可能造成管道腐蚀泄漏。

③因施工条件差、表面粗糙处理不当等原因可能导致焊接时补口补伤不良，长期带压运行可能发生泄漏事故。

④由于天然气管道密封垫片压紧力不足，导致法兰结合面上出现粗糙度失衡的问题，可能导致法兰面与垫片之间的密合度不够，引发天然气的泄漏。

⑤在天然气管道密封垫片的内部，由于其内部存在一定的微小间隙，导致压力介质在管道传输过程中可能会通过此区域，并导致天然气管道出现渗透性的泄漏问题。

⑥受到安装质量因素的影响，导致密封垫片可能出现过度压缩或者是比压不足的问题，同样会引发天然气管道表现出不同程度上的泄漏问题。

⑦阀门由于受到天然气的温度、压力、冲涮、振动腐蚀的影响，以及阀门生产制作中存在的缺陷，阀门在使用过程中不可避免也会产生泄漏。

⑧管道及其安全阀、压力表、紧急切断装置等安全附件，选型不当或质量故障，可能造成气体泄漏事故。

除作业人员穿戴化纤等易产生静电的工作服、使用易产生火花的作业工具或违章吸烟、打手机等人为因素外，因下列物的不安全状态也可能造成泄漏的燃气发生火灾爆炸事故：

①在天然气舱室使用了非防爆的电器或防爆等级不够，以及防爆电器设备和线路安装不符合规范要求可能产生电气火花。

②气体输送过程中摩擦产生静电，系统设置的防静电设施有可能存在质量问题或管理不善，引起静电火花；另外若排风扇的电机未接地或接地不良，事故排风过程中风机转动中可能产生静电，从而引发火灾爆炸事故。

③人体带电，进入现场未采取导除静电措施（如触摸静电消除装置等），引起静电火花。

④进入天然气舱室的门启闭过程中未采取内衬胶皮等不发火花措施，启闭过程中可能产生火花。

⑤未设防雷设施或防雷设施安装不符合要求，遭雷击产生火源。

⑥天然气舱室未采用不发火地面，因碰撞等原因可能产生火花。

⑦天然气放空管上未按要求设置阻火器，外界火源可能经过放空管进入天然气管道。

⑧因出入口关闭不严或其他孔洞密封不严，管廊周围在节庆日燃放礼花、烟火意外落入的火源。

（2）电力电缆

电力电缆因过负荷、短路、接触电阻过大以及高温烘烤等原因可能引发火灾事故。

①过负荷。是指导线的功率或电流超过其额定值。过载故障的主要危害在于，导体在过载的状况下使电能转变成热能，这样导体和其绝缘物局部过热，达到必须温度时，可能发生自燃。

②短路。电气线路当发生短路时，电器线路的支路负荷就会被切除，电流与负荷阻抗的变化成反比。当阻抗趋于很小时，电流越大，故产生的热量非常高，此时的保险如不能瞬时断开，随之导线会起火，从而发生火灾。

③接触电阻。电气线路的搭接，在其接点处接触松动，接点间的电压足以击穿间隙空

气，形成空气导电，如果接触点空隙稍大，又恰巧电源电压波动峰值，会在空气间拉出电弧，点燃靠近的可燃物形成火灾。

④高温烘烤。主要考虑周边管线动火作业，火花溅到电力管线上可能引发火灾事故。

另外，若绝缘胶皮损坏，电力电缆裸露，人员接触可能发生触电事故。

（3）污水管线

地下综合管廊中敷设有污水管道，其输送的生活污水、工业废水、城市自然积水中所含的有机和无机物质在厌氧的条件下受微生物的作用，会产生各种有毒有害、易燃易爆气体，比如硫化氢、甲烷、一氧化碳等。由于设计、施工质量存在问题、疲劳失效、管道阀门或法兰老化、密封不严、管道腐蚀等原因，污水管道可能发生泄漏。若通风不及时，泄漏的有害气体在管廊内积聚达到一定浓度，可能造成人员中毒窒息事故；有害气体与空气混合达到爆炸极限，若遇到点火源可能发生爆炸。

当污水大量泄漏时，现场有毒有害、易燃易爆气体浓度增加，加大了中毒窒息和火灾爆炸的危险性；若发现、处理不及时或污水管道上的切断阀失效、管廊排水设施故障，还可能造成淹溺事故。

（4）热力管线

热力管道内介质温度较高，一旦泄漏，人员接触可能发生灼烫事故，发生灼烫的主要原因有以下几个方面：

①如因管道热胀冷缩，管道或支架发生移位、变形，引起管道或附件焊缝开裂，高温介质蒸汽、热水喷出溅到人体可引发灼烫事故。

②如管道的法兰垫圈老化、密封磨损、锈蚀或螺栓等紧固件松动、锈蚀引起管道或阀门连接接头密封不严，造成蒸汽、热水泄漏。

③疏水阀如选型不正确或安装方式错误会连续排气，人员接触可能造成烫伤事故。

④保温层损坏，或没有隔离设施、警示标志等，人员触及高温设施可造成灼烫事故。

（5）通信线缆

通信线缆一般是弱电，自身发生火灾事故的可能性较小。但是，管廊内因其他原因发生火灾事故，可能会引发通信电缆火灾。

（6）其他水系管线

给水、雨水、再生水等水系管线，因设计、施工质量存在问题、疲劳失效、管道阀门或法兰老化、密封不严、管道腐蚀等均有可能造成泄漏，特别是压力较高，管径较大的水系管线如果发生破裂，若管道上的切断阀失效，管廊排水设施故障或排水不及时，管廊内有人员撤离不及时，可能造成淹溺事故；大量水淹没管廊内电力线路，若电力线路绝缘失效，还可能发生短路、人员触电等事故。

4.2.3 各管线之间的影响

《城市综合管廊工程技术规范》（GB 50838—2015）规定：天然气管道应在独立舱室内敷设，热力管道采用蒸汽介质时应在独立舱室内敷设，热力管道不应与电力电缆同舱敷设，除此之外，其他管线均可同舱敷设。下面对各管线相互之间的影响进行分析：

（1）天然气管线

天然气管线虽然与其他管线不同舱敷设，但一旦发生火灾爆炸事故，则可能会对相邻舱室其他管线造成破坏性损害。另外，若舱体密封不严或损坏（舱体沉降、伸缩缝破损等）导致天然气泄漏进入其他舱室，遇点火源极易产生火灾爆炸事故。

（2）电力电缆

电力电缆主要危险有害因素是火灾，一旦发生火灾事故，对同舱的给水、再生水、污水等水系管道的影响很小，但可能会损坏同舱内的通信管线。

（3）污水管线

污水管道运行过程中会产生硫化氢、甲烷、一氧化碳等易燃或有毒有害气体，易燃气体发生爆炸会对同舱的再生水管道、其他管线造成破坏性损害，有毒有害气体具有一定的腐蚀性，会腐蚀其他管道。

（4）热力管线

蒸汽管线与其他管线不同舱敷设，但是蒸汽管线有一定的压力，一旦发生爆炸事故，则可能会对相邻舱室其他管线造成破坏性损害。

热水管线不应与电力电缆同舱，但可与通信线缆、给水、再生水等其他管线同舱敷设，一旦其管线破损导致高温水泄漏，会加剧同舱室的通信线缆、给水、再生水等其他管线以及管廊内附属设施的腐蚀。

（5）通信线缆

通信线缆对舱内其他管线基本无影响。

（6）其他水系管线

若水系管道爆管导致水泄漏，可能会导致同舱管道腐蚀加剧，造成同舱电力管线短路等故障。

4.2.4 附属设施

地下综合管廊附属设施包括消防系统、通风系统、供配电及照明系统、监控和报警系统等，附属设施对管廊的安全运行起到至关重要的作用，以下对附属设施的危险有害因素进行分析。

（1）消防系统

地下综合管廊消防系统一般主要包括火灾报警装置、自动灭火系统和手提式灭火装置。消防系统在火灾事故发生初期的作用非常关键，若火灾报警装置因故障失灵，现场初期起火未能被及时发现，或者灭火系统控制装置失灵，灭火系统不能被及时启动，极有可能导致火灾事故后果的扩大化，甚至引发爆炸事故。

（2）通风系统

①通风系统的作用主要包括管廊正常运行过程的通风和事故状态的排烟，若通风系统不能正常运行，会导致管廊内部硫化氢、一氧化碳等有毒有害、窒息性气体积聚，作业人员盲目进入，易发生中毒窒息事故。

②若燃气舱内天然气发生泄漏，其通风系统发生故障，燃气舱内泄漏的天然气积聚达到爆炸极限，易发生天然气爆炸事故，作业人员进入也会导致窒息事故。

③若通风口未设防止小动物进入的金属格栅，小动物进入管廊内部，破坏电力电缆、天然气管道等线路，造成线路破损、泄漏，可能引发火灾、爆炸、触电等事故。

（3）供配电及照明系统

地下综合管廊的供配电系统一般包括消防设备、监控与报警设备、应急照明设备、天然气管道舱的监控与报警设备、管道紧急切断阀、事故风机、排水泵、检修插座箱的供电。变配电设备和电力系统是地下管廊中重要的环节，一旦电力系统发生故障，有可能引起人身伤害和设备事故，并造成较大的经济损失。电力、电气系统存在的主要危险因素：

①接地短路。

②电气系统产生过电压（包括操作过电压、外部雷电过电压等）引起电力、电气设备绝

缘击穿，发生短路故障，引起火灾、爆炸事故或人员伤亡。

③电气设备缺相运行电气设备过载，温度骤升，引起绝缘热击穿短路或接地、造成设备烧毁、火灾、爆炸或触电等事故。

④电缆的设计、选择与敷设不合理，或与热力管道靠近敷设，引起着火，造成火灾事故。

⑤带电的电气设备的裸露或安全距离不足。

⑥防护设施欠缺，小动物窜入。高、低压配电装置室，通风孔未设防护网罩，或配电装置室与配电柜相连的电缆线路的孔、洞未封堵，门窗关闭不严等，导致小动物的窜入引起电气短路、造成电气火灾、设备损坏。

⑦管廊内照明灯具、疏散应急照明、安全出口标志灯故障，正常情况下可能导致作业人员行走过程中视线差，被地面障碍物绊倒跌伤，或被管线、设备、桥架等撞伤；事故状态下，会严重影响到人员的逃生速度，导致事故后果扩大化。

（4）排水系统

地下管廊排水主要涉及管道维修放空，发生火灾时的消防水，以及管廊内部积水。若排水系统故障，积水不能被及时排出，易造成设备管道腐蚀、生锈、破损，输送物料泄漏，火灾爆炸、人员触电、淹溺等事故。

（5）监控和报警系统

地下管廊监控系统主要包括环境监测系统（温度、湿度、含氧量、天然气浓度、硫化氢浓度等）；设备监控系统；安防监控系统；预警和报警系统；通信系统；监控中心和统一管理平台。因管廊日常运行过程中基本为无人值守状态，监控和报警系统的作用就尤为重要，监控报警系统出现故障，可能会导致严重的事故发生。

①若含氧量检测仪器故障，导致含氧量显示不准确，人员误入到含氧量不达标的空间，会导致窒息死亡。

②若可燃气体、硫化氢监测报警系统失效，则天然气泄漏、硫化氢超标等情况不能被及时侦测到，管廊内温度过高未被发现，可能会引发火灾爆炸、中毒窒息等事故。

③若通风系统、排水系统、供配电系统、照明系统等监控设备失效，系统故障不能及时报警，造成维修不及时，一旦发生事故可能会造成事故后果扩大化，如一旦发生硫化氢浓度超标或天然气浓度超标事故，通风系统不能正常工作，可能会引发中毒窒息事故，水系管线发生爆管事故，排水系统不能排水，会造成严重的淹溺事故。

④若防入侵系统失效，视频监控系统失效或存在盲区，非相关人员进入管廊不能被及时发现，可能发生人员窒息、中毒等事故；若进入的是蓄意破坏管廊设施的人员或恐怖分子，管廊内设施、电力及燃气等管线遭到破坏，可能引发火灾爆炸等事故。

⑤若发生火灾事故，火灾报警系统未能及时启动，延误了灭火救援工作，会造成火灾事故后果扩大化。

⑥管廊内为封闭空间，若管廊未设置信息通信系统，管廊内手机、对讲机等均无法正常使用，进入管廊内外的人员无法通信联系也无法定位管廊内人员的位置。信息通信不通对正常运营、检维修会造成严重不便；当发生危险时，不利于进行及时的应急指挥、现场处置和人员的营救。

⑦监控和报警系统的监控中心和统一管理平台，因下列原因可能会影响监控数据的准确性或造成系统故障，从而引发生产安全事故：尘埃附着在集成块上，会影响其散热或引起接触不良，尘埃中的金属颗粒和灰尘不仅会磨损磁头，还会引起数据的读写错误，以及使印刷电路板或半导体端子间绝缘不良；若系统接地不良会发生寄生电容耦合的干扰，静电和噪声对元器体和设备造成损坏；老鼠可能咬断自动控制系统的电缆、总线和网络，排泄物可能引起电源和电路板短路；

操作人员各种有意无意的行为可能造成软驱、钥匙锁孔、各种开关按钮等损害，影响使用寿命；干扰存在整个控制过程，电导耦合干扰可诱发监测、控制的差错，甚至诱发严重事故；控制程序设置不完善或参数设置不合理，也可导致生产过程重大事故的发生；过于依赖监控，可能造成操作人员疏于巡视观察，不能及时对出现的异常情况进行调整，导致安全事故的发生。

4.3 环境影响因素

环境影响因素又分为内部环境和外部环境。

4.3.1 内部环境影响因素

影响管廊运营安全的内部不良环境通常是指有毒有害和窒息性气体、场地温度过高、湿度过大等。

（1）有毒有害和窒息性气体

地下综合管廊为地下建筑物，与外界相对隔离，出入口较为狭窄，自然通风不良，可能会积聚硫化氢、一氧化碳、二氧化碳等（尤其是含污水管道的舱室）有毒有害窒息性气体，导致综合管廊内氧含量不足，而缺氧则会对作业人员造成致命的伤害：当含氧量低于12%时，人会在毫无预兆的情况下失去知觉，其速度之快，以至于受害者根本无法自救；当含氧量处于12%至14%时，就会出现呼吸急促、抽搐症状，同时动作协调性、感知能力和判断力明显变差；当含氧量处于15%至19%时，除影响动作协调性外，还会诱发早期的冠状动脉、循环系统及肺部问题。另外燃气舱天然气泄漏，作业人员在未进行氧气含量检测就进入天然气舱室，短时间内吸入大量天然气可造成窒息事故。

（2）高温

管廊内若布置电力、热水管线，可能导致温度偏高，蒸汽管线舱室温度会更高。高温环境可影响作业人员的体温调节、水盐代谢及循环系统、消化系统，泌尿系统等。当作业人员的热调节发生障碍时，轻者影响劳动能力，重者可引起病变或中暑。作业人员水盐代谢的失衡可导致血液浓缩，尿液浓缩、尿量减少，增加心脏和肾脏的负担，严重时引起循环衰竭和热痉挛。长期在高温环境下作业，高血压发病率增加，高温还可抑制人的中枢神经系统，使工人在操作过程中注意力分散，肌肉工作内能力降低，有导致工伤事故的危险。

（3）高湿

管廊属于地下空间，湿度较高，若作业人员长期在高湿的环境下工作会对身体造成一定的危害。

（4）其他因素

检维修作业未考虑与周边环境的相互影响，可能引发安全事故。如对某一管线实施动火作业未考虑对同舱室的电力电缆、通信电缆的影响，未采取相应的隔离措施，火花溅到电力电缆、通信电缆上可能引发火灾事故。

4.3.2 外部环境影响因素

影响管廊运营安全的外部环境包括自然环境、社会环境和其他环境。

（1）自然环境影响因素

自然环境是指自然界提供的、人类暂时难以改变的生产环境。在各种自然灾害中，对地下综合管廊运营安全影响较严重的就是雷击、暴雨、地震等。

①雷击

青岛地区属于雷电灾害多发区域，若管廊装置防雷接地装置故障，管廊内管道设施可能受到雷击，会引发火灾、爆炸事故。

②台风、汛期、海啸

青岛属于海洋性气候，海岸线长，易受到台风影响。台风、汛期发生洪涝灾害，若海水、雨水侵入到地下管廊，又不能及时开启排水系统，易造成管道腐蚀受损，物料泄漏，影响管廊使用寿命。

海啸是指由海底地震，火山爆发和水下滑坡、塌陷所激发的，其波长可达几百 km 的海洋巨波。它在滨海区域的表现形式是海水陡涨，骤然形成“水墙”，伴随着隆隆巨响，瞬时侵入滨海陆地，吞没城镇村庄，然后海水又骤然退去，或先退后涨，有时反复多次，造成生命财产巨大损失。海啸的发生几率较低，但对沿海人员、设施的危害极大。海啸的发生的几率和规模与地震震源条件、震级和震源深度条件以及震源区水深条件关系较大。青岛沿海环境基本不具备发生大型海啸的条件，发生海啸的可能性很小，历史上也没有发生过大海啸或大地震的记录。但在极端条件下，一旦发生海啸，沿海区域设置的地下综合管廊一般不具备防水能力，很容易被海水淹没，若对海啸预警不及时，人员不能及时撤离，容易发生淹溺事故；强烈的海啸冲击也可能对管廊本体直接造成破坏；海啸带来的海水淹没管廊，绝缘能力较差的电气管线会发生短路；海水还会对管廊内管线、设施造成腐蚀等危害；海水带来的沉积物还会掩埋综合管廊，恢复清理难度较大。

③湿度

青岛地处属温带季风气候，由于海洋环境的直接调节，受来自洋面上的东南季风及海流、水团的影响，故又具有显著的海洋性气候特点，空气较湿润；青岛多雾，且多为海雾，雾气中氯离子含量较高，腐蚀性较强。空气湿度大，会降低电气设备绝缘电阻，易发生触电事故，而且极易对管道等设备造成腐蚀从而引发事故。

潮湿、高盐的环境还会严重影响自动化仪表监控系统的正常运行，特别是系统防护等级不足的情况下，设备线路腐蚀严重，导致监控失效或采集的环境数据不准确，造成运维人员对环境中可燃、有毒气体含量判断错误，引发火灾、爆炸、中毒、窒息等事故。

④地震

青岛市属于华北地震区，处于郯庐强震带、燕山渤海强震带和南黄海强震带的环绕之中。根据《建筑抗震设计规范》，青岛市莱西地区抗震设防烈度为 6 度，其他区域抗震设防烈度均为 7 度。若抗震设防等级不足或发生强烈的地震可能会造成地下管廊坍塌，尤其天然气管道破裂造成天然气泄漏，会发生严重的事故。综合管廊及其附属设施的震害特点如下：

A. 接缝处通常为综合管廊薄弱部位，在地震时容易发生错位，甚至断开。

B. 综合管廊受周围土体变形影响较大，而对加速度并不敏感，大部分震害是由于土体变形过大或周围土体发生液化导致。

C. 综合管廊内布设的管道受惯性力影响明显，在随综合管廊结构变形的同时，对加速度较为敏感。

D. 综合管廊震害极易引发次生灾害，且其后期维护与重建成本高昂。

（2）社会环境影响因素

社会环境包括社会的政治环境、经济环境、管理环境以及社会风气等等，其中对地下管廊运行维护安全主要影响体现在：

①地下综合管廊布置燃气管道、饮用水管道等均为服务型基础设施，从而很有可能使地下管廊成为某些不满现实、不满社会的恐怖分子进行蓄意破坏或恐怖袭击的目标，造成群死

群伤的严重后果。

②若管廊安全保护区、控制区管理不严，外围施工开挖道路有可能对综合管廊本体造成损害，从而引发坍塌等安全事故。

（3）其他环境影响因素

后期规划综合管廊需兼顾人防工程，在设计施工过程中主要考虑综合管廊与临近人防工程互联互通以及综合管廊自身防护能力问题，因下列原因可能造成各类事故的发生：

①地下综合管廊作为城市运行的“生命线”，战时可能会成为敌军入侵对象，若设计施工过程中有缺陷，不能满足战时防护能力，一旦“生命线”中断，会给整个城市带来严重的后果。

②考虑综合管廊战时可兼做人员、物资的输送通道，因此设计过程中需与临近的人防工程实行互联互通。平时人防工程用途较多，有的人防工程用于商业、仓储等，这类人防工程，特别是地下商场属于人员密集型场所，防火要求较高，与地下综合管廊的衔接需要考虑密闭、防火等技术要求，并应加强对出入口的安全管理，若技术措施不足，管理不到位，当地下综合管廊发生燃气泄漏、火灾、爆炸等情况，可能传播至人防工程内部，造成严重的人员伤亡、财产损失的后果；人防工程内的人员无意中进入地下综合管廊内，可能发生中毒窒息、触电、灼烫等伤害，还可能损坏综合管廊内的设施，引发其他的危险。

4.4 管理影响因素

安全事故的发生往往是由于管理因素造成的，其主要包括安全组织机构不健全，安全责任制未落实，安全管理规章制度和操作规程不完善、落实不到位，建设项目“三同时”制度未落实，事故应急预案有缺陷，应急管理职责不清晰，培训制度不健全不落实、安全投入不足以及其他管理因素缺陷等。如操作规程制定不合理或者不能有效的落实，违章作业；培训不到位致使工人责任心不强、技术素质差而易发生误操作等，都可能会引发人员伤亡事故的发生。

另外，日后管廊本体与管线分属管理，相互之间的联动机制应贯穿于整个管理过程，若危险信号采集分布各行其是、危险信息源信息处理不准确或者误判，独立的报警或警示方式不足以迅速传递，各自为政的处警方式不足以成规模、快速地进行现场处置等，不仅会使安全隐患发现不及时，更重要的是影响联动效果，致使应急响应效果大打折扣，造成不该有的生命财产损失。

第 5 章 安全风险分析

5.1 风险分析方法简介

5.1.1 作业条件危险性分析（LEC）简介

美国的 K · J · 格雷厄姆和 G · F · 金尼研究人们在具有潜在危险环境中作业的危险性，提出了以所评价的环境与某些作为参考环境的对比为基础，将作业条件的危险性做因变量（D），事故或危险事件发生的可能性（L）、暴露于危险环境的频率（E）及危险严重程度（C）为自变量，确定了它们之间的函数式。根据实际经验他们给出了3个自变量的各种不同情况的分数值，采取对所评价的对象根据情况进行“打分”的办法，然后根据公式计算出其危险性分数值，再从按经验将危险性分数值划分的危险程度等级表或图上，查出其危险程度的一种评价方法。

对于一个具有潜在危险性的作业条件，K·J·格雷厄姆和G·F·金尼认为，影响危险性的主要因素有3个：发生事故的可能性大小；从体暴露在这种危险环境中的频繁程度；一旦发生事故会造成的损失后果。

公式：

$$D = L \times E \times C \tag{5-1}$$

D——危险性大小、即危险性分值；

L——发生事故的可能性大小；

E——从体暴露在这种危险环境中的频繁程度；

C——一旦发生事故会造成的损失后果。

（1）事故或危险事件发生的可能性（L）

事故或危险事件发生的可能性大小，当用概率来表示时，绝对不可能的事件发生的概率为0；而必然发生的事件的概率为1。然而，在做系统安全考虑时，绝不发生事故是不可能的，所以人为地将“发生事故可能性极小”的分数定为0.1，而必然要发生的事件的分数定为10，介于这两种情况之间的情况指定了若干个中间值，如表5-1所示。

表5-1　发生事故的可能性

发生事故的可能性（L）	
分数值	事故发生的可能性
10	完全可能预料
6	相当可能
3	可能、但不经常
1	可能性小，完全意外
0.5	很不可能，可以设想
0.2	极不可能
0.1	实际不可能

（2）从人体暴露在这种危险环境中的频繁程度（E）

人员出现在危险环境中的时间越多，则危险性越大。规定连续出现在危险环境的情况定为10，而非常罕见地出现在危险环境中定为0.5。同样，将介于两者之间的各种情况规定若干个中间值，如表5-2所示。

表5-2　暴露于危险环境的频繁程度表

暴露于危险环境的频繁程度（E）	
分数值	暴露于危险环境中的频繁程度
10	连续暴露
6	每天工作时间暴露
3	每周一次
2	每月一次
1	每年几次
0.5	非常罕见

（3）一旦发生事故会造成的损失后果（C）

事故造成的人身伤害变化范围很大，对伤亡事故来说，可从极小的轻伤直到多人死亡的严重结果。由于范围广阔，所以规定分数值1～100，把需要救护的轻微伤害规定分数为1，把造成多人死亡的可能性分数规定为100，其他情况的数值均在1与100之间，如表5-3所示。

表5-3　发生事故产生的后果

发生事故产生的后果（C）	
分数值	后果
100	大灾难，许多人死亡
40	灾难，数人死亡
15	非常严重，一人死亡
7	严重，重伤
3	重大，致残
1	引人注目，需要救护

（4）危险性大小、即危险性分值（D）

根据经验，总分在20以下是被认为低危险的，这样的危险比日常生活中骑自行车去上班还要安全些；如果危险分值到达70～160之间，就有显著的危险性，需要及时整改；如果危险分值在 160 ～ 320 之间，那么这是一种必须立即采取措施进行整改的高度危险环境；分值在 320 以上的高分值表示环境非常危险，应立即停止生产直到环境得到改善。危险等级划分如表 5-4 所示。

表 5-4　危险等级划分表

危险等级划分（D）	
分数值	危险程度
＞ 320	极其危险，不能继续作业
160 ～ 320	高度危险，要立即整改
70 ～ 160	显著危险，需要整改
20 ～ 70	可能危险，需要注意
＜ 20	稍有危险，可以接受

5.1.2　事故树分析法（FTA）简介

事故（故障）树分析（Fault Tree Analysis，缩写 FTA）是一种结合图形演绎逻辑分析方法。

通过这种方法可以对整个待分析系统进行全面的危险辨识和评价，从而整理出导致事故发生的直接原因，并且可以深入地揭示事故的潜在原因。它采用自上而下分析的原理，将一个系统中可能出现但不希望其出现的故障事件作为顶事件，通过从上到下，从总体到部分，从概况到具体的梳理，并利用树状结构将其逐层细化，抽丝剥茧，用规定的逻辑符号连接各个事件。由此发现各种因素之间的逻辑关系，从而找到事故发生的原因及因素（包括外部环境、设施硬件、软件、或认为因素等），即事故树图的底事件。

事故树分析非常有利于对一个系统故障原因的分析及预防，通过对各个导致事故发生的底事件进行分析、排序，从上至下的梳理，从而有针对性的采取相应防范措施来提高系统的安全性。

事故树是自上而下逐级建树，并且根据事件而相互联系的逻辑图形。“树枝”交叉处用标准的逻辑符号“与”门、“或”门等表示。逻辑门是事故树中非常重要且基础的组成部分，用来说明各事件之间的逻辑关系。事故树中有一系列逻辑关系的符号以及基本术语，简要介绍下本文中使用的各符号及术语意义和作用：

（1）“顶事件”——由研究者自行定义的待研究对象，是整个研究最根本的唯一目标。可以将其理解为“树根”。

（2）“中间事件”——导致顶事件发生的直接事件，使用逻辑门连接顶事件和底事件，由于位于事故图中部位置，且分支很多，可以把它理解为“树枝”。

（3）“底事件”——构成了树状图的底部部分，底事件是导致中间事件、顶事件发生的根本原因，底事件数目繁多，形象似“树叶”。

事故树分析图中的标准符号见表 5-5。

表 5-5　事故树符号及含义

名称	逻辑符号	描述
与门		逻辑门，连接输入事件和输出事件，与门表示当且仅当所有输入事件发生时，输出事件才会发生
或门		逻辑门，连接输入事件和输出事件，或门表示当大于等于一个输入事件发生时，输出事件就会发生
顶事件	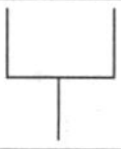	事故树的顶事件
中间事件	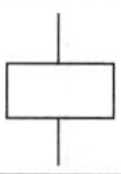	事故树的中间事件，除顶事件和底事件外的其他事件。
基本事件		事故树的底事件
基本事件	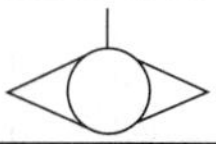	可能还可以进一步分析的事故树底事件

事故树中逻辑门将上下级事件相联结，最终形成一棵倒置的树状逻辑图，树顶为底事件，树根为顶事件。在事故树中，顶事件与底事件中的函数关系，可以用结构函数来表示：

$$\Phi = \phi(x) \tag{5-2}$$

$$x = \{x_1, x_2, \cdots, x_n\} \tag{5-3}$$

式中 x_n——事故树中的顶事件；

Φ——事故树的顶事件状态变量；

$\phi(x)$——事故树结构函数；

$$x_i = \begin{cases} 1 \text{ 底事件发生} \\ 0 \text{ 底事件不发生} \end{cases}$$

$$\Phi = \begin{cases} 1 \text{ 顶事件发生} \\ 0 \text{ 顶事件不发生} \end{cases}$$

事故树分析法逻辑思维清晰，可以帮助分析者寻找到系统的危险因子，将影响系统的内部和外部因素全部展现出来。在分析事故树时的主要步骤如图 5-1 所示，首先需要分析者确定研究目标，然后分析系统内外各种联系，从而发现各种系统内外威胁及其程度，在未来工作中未雨绸缪，防患于未然。

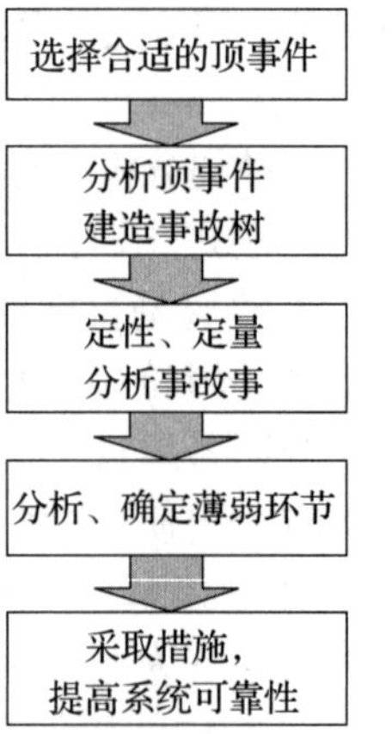

图 5-1　事故树分析步骤图

5.2　风险分析

5.2.1　作业条件危险性分析

运用作业危险性分析方法对管廊运行期间的作业危险性进行评价，评价条件分别为无管控措施和采取管控措施（依据《城市综合管廊工程技术规范》(GB 50838）要求的管控措施）的情况，分析结果见表 5-6。

表 5-6　作业危险性评价结果

管线种类	事故类型	作业危险性评价				危险等级	采取的措施	作业危险性评价				危险等级
		L	*E*	*C*	*D*			*L*	*E*	*C*	*D*	
综合管廊	坍塌	1	4	40	160	高度危险，要立即整改	①建立健全安全组织机构，明确和落实管廊所属单位、运维单位、管线所属单位等的安全责任； ②建立健全维护管理制度和工程维护档案； ③建立健全相应的应急预案，并定期进行培训和演练； ④建立健全并落实培训制度，对运维人员、管线所属单位相关人员、检维修人员培训到位； ⑤保证安全投入； ⑥专业单位日常管理； ⑦定期检测； ⑧定期安全评估； ⑨及时处理安全隐患； ⑩巡检维护人员采取防护措施，配备防护装备 （管理措施下同）	0.2	4	40	32	可能危险，需要注意

续表

管线种类	事故类型	作业危险性评价				危险等级	采取的措施	作业危险性评价				危险等级
		L	E	C	D			L	E	C	D	
综合管廊	中毒窒息	6	4	40	960	极其危险，不能继续作业	①机械通风； ②对含氧量进行监测； ③进行严格的入廊审批； ④配备相应的劳动防护用品	1	4	15	60	可能危险，需要注意
天然气管线	火灾爆炸	3	4	40	480	极其危险，不能继续作业	①机械通风； ②防爆设计； ③可燃气体监测报警及视频监控； ④消防设施； ⑤警示标示	1	4	15	60	可能危险，需要注意
	中毒窒息	1	4	40	160	高度危险，要立即整改		0.5	4	15	30	可能危险，需要注意
污水管线	火灾爆炸	1	4	40	160	高度危险，要立即整改	①入廊前设置检修闸门或闸槽； ②视频监控； ③可燃、有毒气体监测报警	0.5	4	15	30	可能危险，需要注意
	中毒窒息	6	4	40	960	极其危险，不能继续作业		1	4	15	60	可能危险，需要注意
电力电缆	触电	3	4	15	180	高度危险，要立即整改	①采用阻燃或不燃电缆，设置绝缘胶皮。 ②设置电气火灾监控系统； ③在电缆接头处应设置自动灭火装置； ④通风降温措施； ⑤消防设施	0.5	4	15	30	可能危险，需要注意
	火灾	1	4	40	160	高度危险，要立即整改		1	4	7	28	可能危险，需要注意
热力管线	灼烫	3	4	7	84	显著危险，需要整改	①管道及其配件保温材料采用难燃或不燃材料； ②加强防腐； ③视频监控； ④通风降温。	1	4	3	12	稍有危险，可以接受 续表
通信线缆	火灾	0.5	4	40	80	显著危险，需要整改	①通信线缆采用不燃材料； ②视频监控。	0.2	4	15	12	稍有危险，可以接受
水系管线	淹溺	1	4	15	60	可能危险，需要注意	①入廊前设置检修闸门或闸槽； ②合理选择管材，加强管材防腐； ③通气阀； ④视频监控； ⑤排水措施	0.5	4	7	14	稍有危险，可以接受

从分析结果中可以看出：在无管控措施的条件下，“天然气管线火灾爆炸事故”“污水管线发生中毒窒息事故”“管廊内中毒窒息事故”危险等级均为“极其危险”；“综合管廊坍塌事故”“天然气管线中毒窒息事故”“污水管线火灾爆炸事故”“电力电缆触电、火灾事故”危险等级为“高度危险”；“热力管线灼烫事故”“通信线缆火灾事故”危险等级为“显著危险”；“各水系管线淹溺事故”的危险等级为“可能危险”。

各管线在采取相关技术措施，并落实有效的管控措施后，发生事故的风险等级降低为“可能危险”和“稍有危险”，但相对而言，管廊内发生中毒窒息事故和天然气管道舱室发生火灾爆炸事故的风险相对较大。

5.2.2　事故树分析

地下综合管廊内天然气管道的风险较大，天然气泄漏后容易发生火灾、爆炸、窒息等严重事故；地下综合管廊空间属于受限空间，入廊作业中毒窒息事故风险相对较大。因此，本文选取地下综合管廊内的天然气管道泄漏和地下综合管廊内人员中毒窒息作为顶上事件分别进行事故树分析。

5.2.2.1 地下综合管廊燃气管道泄漏事故树分析

（1）地下综合管廊天然气管道泄漏事故树的建立

地下综合管廊内的天然气管道系统，一般统一将阀门设置于外部阀门井内，管道其他附属设备所占比例很小，廊内系统基本由主干管道构成，故可忽略附属设备如阀门法兰等的渗透泄漏。因此，管道系统主体的断裂和穿透可以说是造成管道泄漏的两大原因，这两个事故因素是“或门”关系，无论哪个因素发生，都会导致顶事件的发生。通过分析这两个一级中间事件，依此下推，继续深入分析，迭代，最终找到各种基础事故因素即底事件，形成一棵完整的事故树。

通过对综合管廊内燃气管道泄漏的具体分析，得到综合管廊内天然气管道泄漏事故树中间事件和基本事件代号。该事故树共考虑了 50 个基本事件，详见表 5-7。

表 5-7 地下综合管廊天然气管道泄漏事故树中间事件和基本事件代号

事件代号	事件名称	备注	事件代号	事件名称	备注
A_1	破裂		D_1	巡线	
A_2	穿孔		D_2	人为恶意破坏	
B_1	第三方损坏		D_3	管壁强度降低	
B_2	腐蚀开裂		D_4	特定介质腐蚀	
B_3	误操作		D_5	施工缺陷	
B_4	自然灾害		D_6	初始缺陷	
B_5	内腐蚀		D_7	运行中变差	
B_6	管外腐蚀		E_1	管道安装	
C_1	违章施工，损坏管道		E_2	防腐绝缘涂层	
C_2	人为故意破坏		E_3	管道焊接	
C_3	应力腐蚀		X_1	未与燃气公司协调，明确管道位置	施工方未做好定位，如地铁施工等
C_4	施工误操作		X_2	施工人员违章操作	由于操作工人违章施工问题导致
C_5	维护		X_3	强行挖掘、打桩	地面施工方强行挖掘导致管廊破坏
C_6	内防腐失效		X_4	法制宣传不够	由于宣传不到位，导致破坏
C_7	内防腐环境		X_5	巡线频率低	巡线频率低容易导致事故不能及时发现
C_8	大气腐蚀一电化学腐蚀环境		X_6	巡线员失责	巡线员责任心不强，未能及时发现、处理事故
C_9	防腐设施失效		X_7	报警系统不完善	报警系统不完善导致发现事故不能及时通报
X_8	公关不善	本地群众有意见，导致恶意破坏	X_{30}	焊后检查清理不仔细	

续表

事件代号	事件名称	备注	事件代号	事件名称	备注
X_9	当地居民缺乏法律意识	由于居民缺少法律意识造成的偷盗、破坏	X_{31}	施工监理不严格	导致施工缺陷未被发现
X_{10}	存在应力集中	由于沉降等导致管道变形而引起应力集中	X_{32}	维护人员责任心差	未能发现管道破损
X_{11}	存在残余应力	管道加工造成的残余应力	X_{33}	维护有缺漏	
X_{12}	内应力较大	管道内部组织发生了不均匀的体积变化	X_{34}	塌方	造成管道破损
X_{13}	硫化氢含量	廊内环境硫化氢含量较高	X_{35}	地震	
X_{14}	氧含量	廊内环境氧含量足够	X_{36}	燃气成分变化未及时检测	未能及时发现燃气酸度变化
X_{15}	湿度	廊内环境较湿润	X_{37}	内防腐层施工质量差	
X_{16}	管材抗腐蚀能力差		X_{38}	缓蚀剂失效	
X_{17}	管件缺陷未发现	管件有初始缺陷	X_{39}	管道内衬脱落	内防腐失效
X_{18}	管段错口大	安装过程中造成管道有泄漏口	X_{40}	内涂层老化破损	内防腐层失效
X_{19}	机械损伤	管道安装过程中造成的机械损伤	X_{41}	清管不当损坏内防腐层	破坏管内防腐层
X_{20}	防腐绝缘涂层脆性过大	防腐涂层易剥离	X_{42}	燃气含硫化氢	硫化氢含量高
X_{21}	防腐绝缘涂层老化剥离	防腐涂层剥离	X_{43}	燃气含二氧化硫	二氧化硫含量高
X_{22}	防腐绝缘涂层过薄		X_{44}	燃气含二氧化碳	二氧化碳腐蚀性
X_{23}	防腐绝缘涂层发生破损		X_{45}	管内有水	腐蚀
X_{24}	焊接方法不当	焊接方法不当，造成的管道应力	X_{46}	空气潮湿	水分附着在管道壁上，形成电化学腐蚀
X_{25}	焊接材料不合适		X_{47}	空气中氯离子含量高	对管道造成电化学腐蚀
X_{26}	表面预处理质量差	焊接时表明处理工作质量差	X_{48}	灰尘 / 微颗粒	吸附水、酸性物质，形成电化学腐蚀
X_{27}	未焊接部分过大		X_{49}	第三方破坏	人为破坏，防腐失效
X_{28}	存在过热组织	焊接时造成过热组织	X_{50}	防腐层检测次数少	腐蚀产生未及时发现
X_{29}	存在显微裂痕	焊接时造成危险裂痕未发现			

根据综合管廊内天然气管道可能发生的 50 个底事件，并通过中间事件及“与”门和“或”门的连接，构造出的事故树如图 5-2，更加形象直观的描述了各个底事件与顶事件发生之间的逻辑关系，以及底事件的重要性。

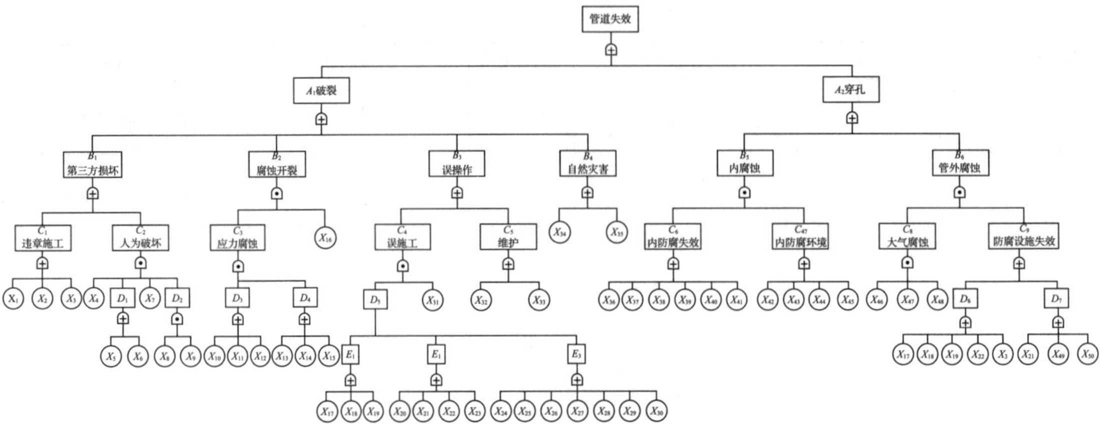

图 5-2　地下综合管廊天然气管道泄漏事故树分析

（2）地下综合管廊天然气管道泄漏事故树最小割集

割集：指事故树中某些底事件的组合。当这个割集中的底事件均发生时，顶事件一定发生。

最小割集：最小割集被包含于割集，最小割集就是单元内没有多余事故因素，任意一个都不可以减去。例如：C（X_1，X_2，X_3，X_4）为一个最小割集，若去掉其中任意一个底事件，C 便不再是一个割集。

顶事件 T 与最小割集 C_i 的逻辑关系为“或”门，各个最小割集 C_i 与其包含的基本事件 X_i 的逻辑关系为“与”门。

最小割集具有重要意义，它可以通过阶数表征系统的危险性大小，例如一个割集阶数（即割集内包含底事件的个数）越少，它发生的可能性就越大，危害性也就越大。另外，若有一个底事件同时出现在多个最小割集中，那么意味着该底事件发生概率较大，危险性较高。

在分析系统的安全性与可靠性时，应当抓住主要矛盾，即通过找出事故树的最小割集，对事故树进行定性分析。可以致命度、重要度为考量条件，筛选出阶数较小的最小割集，其次找出在各最小割集中出现次数较多的底事件因素，从而可以有的放矢，通过最小割集指出系统的薄弱环节并避免顶事件的发生。

本次事故树分析使用“下行法”求解系统最小割集。

“下行法”的求解过程为：

从顶事件开始，通过逻辑门，找到下一级割集，最终确定底事件最小割集。“下行法”与构建事故树思维相反，“与门”变“或门”，“或门”变“与门”。“与门”相当于增加割集阶数，“或门”相当于增加割集个数。遇到“与门”就将其输入事件放在同一个割集中，遇到“或门”就将其输入事件排成一列，排成各个不同的割集，直到将事故树底事件全部换完。最后利用集合运算规则布尔代数加以简化、结合，得到全部最小割集。根据“下行法”

分析本文事故树得到最小割集见表 5-8。

表 5-8　地下综合管廊天然气管道泄漏事故树分析最小割集汇总表

序号	最小割集	序号	最小割集	序号	最小割集	序号	最小割集
1	X_1	5	X_{33}	9	$X_{18}X_{31}$	13	$X_{22}X_{31}$
2	X_2	6	X_{34}	10	$X_{19}X_{31}$	14	$X_{23}X_{31}$
3	X_3	7	X_{35}	11	$X_{20}X_{31}$	15	$X_{24}X_{31}$
4	X_{32}	8	$X_{17}X_{31}$	12	$X_{21}X_{31}$	16	$X_{25}X_{31}$

续表

序号	最小割集	序号	最小割集	序号	最小割集	序号	最小割集
17	$X_{26}X_{31}$	29	$X_{37}X_{45}$	41	$X_{40}X_{45}$	53	$X_{12}X_{14}X_{16}$
18	$X_{27}X_{31}$	30	$X_{38}X_{42}$	42	$X_{41}X_{42}$	54	$X_{12}X_{15}X_{16}$
19	$X_{28}X_{31}$	31	$X_{38}X_{43}$	43	$X_{42}X_{43}$	55	$X_{46}X_{47}X_{48}X_{17}$
20	$X_{29}X_{31}$	32	$X_{38}X_{44}$	44	$X_{43}X_{44}$	56	$X_{46}X_{47}X_{48}X_{18}$
21	$X_{30}X_{31}$	33	$X_{37}X_{45}$	45	$X_{44}X_{45}$	57	$X_{46}X_{47}X_{48}X_{19}$
22	$X_{36}X_{42}$	34	$X_{39}X_{42}$	46	$X_{10}X_{13}X_{16}$	58	$X_{46}X_{47}X_{48}X_{22}$
23	$X_{36}X_{43}$	35	$X_{39}X_{43}$	47	$X_{10}X_{14}X_{16}$	59	$X_{46}X_{47}X_{48}X_{23}$
24	$X_{36}X_{44}$	36	$X_{39}X_{44}$	48	$X_{10}X_{14}X_{16}$	60	$X_{46}X_{47}X_{48}X_{21}$
25	$X_{36}X_{45}$	37	$X_{39}X_{45}$	49	$X_{11}X_{13}X_{16}$	61	$X_{46}X_{47}X_{48}X_{49}$
26	$X_{37}X_{42}$	38	$X_{40}X_{42}$	50	$X_{11}X_{14}X_{16}$	62	$X_{46}X_{47}X_{48}X_{50}$
27	$X_{37}X_{43}$	39	$X_{40}X_{43}$	51	$X_{11}X_{15}X_{16}$	63	$X_4X_5X_7X_8X_9$
28	$X_{37}X_{44}$	40	$X_{40}X_{44}$	52	$X_{12}X_{13}X_{16}$	64	$X_4X_6X_7X_8X_9$

（3）地下综合管廊天然气管道泄漏事故树分析结果

由表 5-8 可知，事故树共由 64 个最小割集组成：包含 7 个一阶最小割集、38 个二阶最小割集、9 个三阶最小割集以及 10 个六阶最小割集。越小阶数的最小割集，其危害性就越大。因此，需要特别注意防范这 7 个一阶最小割集。

根据对综合管廊内天然气管道系统事故树及其最小割集的分析，可以得到造成顶事件发生的因素主要有以下几个方面：

①自然灾害，如一阶最小割集 $\{X_{34}\}$、$\{X_{35}\}$，自然灾害的发生后果一般都是比较严重的。对于管道系统的破坏力度大，一旦发生，可能导致管道直接断裂，造成天然气瞬时大量泄漏，火灾甚至爆炸等大型事故，后果非常严重。所以尽管自然灾害发生概率较低，但在日常工作中，仍然要做好应对紧急事故的准备，加强对自然灾害的预测。

②系统维护不当、工作人员不严谨，如一阶最小割集 $\{X_{32}\}$、$\{X_{33}\}$、以及底事件 X_{31}、X_{36}，频繁出现在二阶、三阶最小割集中。因此应重视对施工人员的培训教育，提高工作人员素质和责任心，加强日常系统安全监管，从而确保综合管廊内天然气管道系统的安全。

③第三方破坏，尤其是违章施工导致的破坏。如一阶最小割集 $\{X_1\}$、$\{X_2\}$、$\{X_3\}$，在实际工程事故中，遇到最多的就是由于外部单位施工导致地下空间被击穿。

对比传统的埋地管道系统事故，同样也是第三方破坏较为严重。燃气管道敷设在综合管廊内，相比于埋地管道，有了更多的安全保障，线路标识也更为清晰，避免了埋地较浅的缺陷，但第三方破坏仍然是危害性最大的因素。地铁与地下综合管廊建设方式相同，类比深圳地铁，仅在 2017 年，深圳地铁的隧道就在一个月内被击穿两次，且都是由外部单位违规施工所致。据统计，仅仅在一年内，深圳就已纠正在地铁保护区范围内违规施工 176 次，其中包括未报建、无审批手续、施工过程中违规操作等。除此之外，在一些政治局势不稳定、治安不稳定的国家或地区，容易发生人为故意破坏的情况，据统计，地下综合管廊安全威胁事件发生概率较大的有恐怖分子破坏、暴力事件、社会人员不满等。但在中国，人民安居乐业，所以这种情况也是极少的，虽在事故树中有所提及，但发生概率很低。

④管材缺陷引起的腐蚀如底事件 X_{37}、X_{38}、X_{39}、X_{40}、X_{41} 多次频繁出现在二阶最小割集中，包括管材初始缺陷和安装缺陷。初始缺陷如内防腐涂层薄、缓蚀剂失效等等。安装缺陷比如清管不当损坏内防腐层，一般是在管道安装施工过程中由于施工不当造成。管材缺陷对于管道应力增加，管道腐蚀影响极大。因此为避免顶事件的发生，应尽力提高管道材质，加

强施工技术监管及检测制度。

5.2.2.2 地下综合管廊中毒窒息事故树分析

（1）地下综合管廊中毒窒息事故树的建立

地下综合管廊属于受限空间，根据事故致因理论，确定顶上事件为受限空间作业中毒窒息事故，分析中毒窒息事故的各类原因，其直接原因有 3 个，分别为：①盲目进入受限空间。②有毒气体含量超标或氧含量过低。③个体防护措施未起到作用。

以此为基础，逐层深入分析事故的基本原因，建立事故树，如图 5-3 所示，事件符号说明见表 5-9。

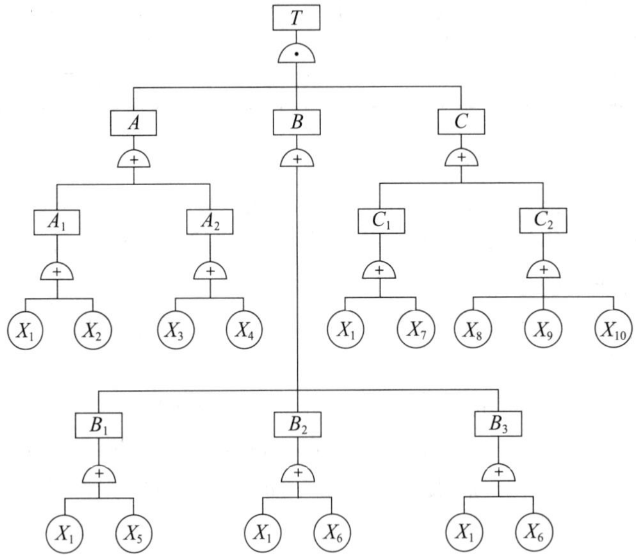

图 5-3 地下综合管廊中毒窒息事故树分析

表 5-9 地下综合管廊中毒窒息事故树中事件符号说明表

符号	类型	事件符合说明
T	顶上事件	受限空间中毒、窒息事故
A	中间事件	盲目进入受限空间
B	中间事件	有毒气体含量超标或氧含量过低
C	中间事件	个体防护措施未起作用
A_1	中间事件	未对受限空间有毒气体含量或氧含量进行检测分析
A_2	中间事件	对受限空间有毒气体含量或氧含量分析错误
B_1	中间事件	未对受限空间进行通风或通风不足
B_2	中间事件	可能产生有毒有害气体的管道、阀门等没有有效的隔绝
B_3	中间事件	受限空间未清理干净
C_1	中间事件	未佩戴个体防护装备
C_2	中间事件	所佩戴个体防护装备不能满足要求
X_1	基本事件	安全意识缺失
X_2	基本事件	缺少分析仪器
X_3	基本事件	分析仪器故障
X_4	基本事件	分析操作失误

续表

符号	类型	事件符合说明
X_5	基本事件	没有通风设施或通风设施能力不足
X_6	基本事件	人员操作失误
X_7	基本事件	未设置防护装备
X_8	基本事件	个体防护装备选择错误
X_9	基本事件	个体防护装备配置不当
X_{10}	基本事件	个体防护装备不完好

（2）地下综合管廊中毒窒息事故树最小割集

最小割集是导致顶上事件发生的最低限度的基本事件的组合。由事故树可见，顶上事件：

$$T=ABC=(A_1+A_2)(B_1+B_2+B_3)(C_1+C_2)$$

$$=(X_1+X_2+X_3+X_4)(3X_1+X_5+2X_6)(X_1+X_7+X_8+X_9+X_{10})$$

利用布尔代数化简法可以求得事故树的25个最小割集：{ X_1 }，{ X_2，X_5，X_7 }，{ X_2，X_5，X_8 }，{ X_2，X_5，X_9 }，{ X_2，X_5，X_{10} }，{ X_2，X_6，X_7 }，{ X_2，X_6，X_8 }，{ X_2，X_6，X_9 }，{ X_2，X_6，X_{10} }，{ X_3，X_5，X_7 }，{ X_3，X_5，X_8 }，{ X_3，X_5，X_9 }，{ X_3，X_5，X_{10} }，{ X_3，X_6，X_7 }，{ X_3，X_6，X_8 }，{ X_3，X_6，X_9 }，{ X_3，X_6，X_{10} }，{ X_4，X_5，X_7 }，{ X_4，X_5，X_8 }，{ X_4，X_5，X_9 }，{ X_4，X_5，X_{10} }，{ X_4，X_6，X_7 }，{ X_4，X_6，X_8 }，{ X_4，X_6，X_9 }，{ X_4，X_6，X_{10} }。

说明顶上事件（中毒窒息事故）发生的路径有25个，任何一个最小割集所包含的基本事件同时发生，都会导致顶上事件的发生，可见中毒窒息事故的风险很高。各基本事件在25个最小割集中出现的频率大小，反映了该事件在中毒窒息事故中的重要程度。

（3）地下综合管廊中毒窒息事故树分析结果

用最小割集法求解各基本事件结构重要度顺序。

判断各基本事件结构重要度大小，遵循以下原则：

①最小割（径）集中基本事件的数目不等时，基本事件数目较少的割（径）集中的事件的结构重要度较大。

②最小割（径）集中基本事件的数目相等时，重复出现次数越多的基本事件，其结构重要度就越大。

③当以上两个原则冲突时，原则①优先。

依据以上原则，可以得出各基本事件结构重要度大小顺序为：

$$I_\phi(X_1)>I_\phi(X_5)=I_\phi(X_6)>I_\phi(X_2)=I_\phi(X_3)=I_\phi(X_4)>I_\phi(X_7)=I_\phi(X8)=I_\phi(X_9)=I_\phi(X_{10})$$

通过事故树分析，可以看出，对于地下综合管廊中毒窒息事故，基本事件 X_1（安全意识欠缺）的结构重要度最大，应作为主要风险因素，给予足够重视。事实上，据不完全统计，2012年以来国内发生的53起受限空间作业中毒窒息的较大事故中，绝大多数都存在作业人员或救援人员安全意识欠缺的问题，典型表现就是未通风，未对受限空间中的气体进行检测分析，未采取任何个体防护措施，就冒险进入受限空间作业或是进行事故救援，导致中毒窒息事故发生或是伤亡扩大。究其原因，作业人员或救援人员多数存在侥幸心理，忽视了或者根本没有意识到事故风险。因此，应强化对员工的安全培训教育，加强对受限空间作业中毒窒息典型事故案例和有关标准规范、操作规程的学习，切实增强作业人员的安全意识和安全素质。

其次，X_5（没有通风设施或通风设施能力不足）和 X_6（人员操作失误）的结构重要度较大。地下综合管廊作业前，应先进行通风置换，确保其中有毒气体含量不超标，氧含量符合要求，因此，应保证在作业现场配备有强制通风设施，且通风能力满足要求。人员操作失误，主要包括与地下综合管廊内作业流程失误，未进行通风、检测就进入地下综合管廊内作业。因此，应加强操作人员的安全培训，受限空间作业前应严格检查确认，防止因操作失误导致事故发生。

再次，X_2（缺少分析检测仪器）、X_3（分析检测仪器故障）和 X_4（分析操作失误）的结构重要度也较大。因此，应配置合格的分析检测仪器设备并加强维护，避免因仪器故障导致检测结果错误；同时，应严谨认真分析操作，避免分析检测失误。

此外，还应该注意 X_7（未配备个体防护装备）、X_8（个体防护装备选择错误）、X_9（个体防护装备配置不当）和 X_{10}（个体防护装备不完好）等基本事件，应根据地下综合管廊的危险因素和危险介质，合理配置个体防护装备，并加强日常检查维护，确保完好备用；进入地下综合管廊作业前，应分析本次作业的具体危险因素，选择合适的防护装备并能够正确穿戴使用。

第 6 章　安全管理机制分析

6.1　青岛市地下综合管廊安全管理机制分析

从本报告第三章介绍可知，青岛市拟采用“有关行政主管部门负责监管，青岛市政空间城市物业管理有限公司负责综合管廊本体及其附属设施的养护和运营管理，各管线单位负责各自管线的运行维护管理”的管理模式运行维护地下综合管廊，尽管《青岛市智慧管廊建设研究课题研究报告》针对青岛市管廊后期运维特点，按运维单位参与管廊运维管理程度不同，提出了有青岛特色的多模式结合的管廊运维服务模式，并为青岛市管廊运维服务模式提出了远期目标。但无论今后采取哪种运行维护模式，青岛市地下综合管廊运行维护过程中都涉及政府监督管理部门、建设单位、运行维护单位、各专业管线单位四大管理单位。

依据《中华人民共和国安全生产法》第九条的规定：“县级以上地方各级人民政府安全生产监督管理部门依照本法，对本行政区域内安全生产工作实施综合监督管理。县级以上地方各级人民政府有关部门依照本法和其他有关法律、法规的规定，在各自的职责范围内对有关行业、领域的安全生产工作实施监督管理。”可知市级有关行政主管部门负责本市地下综合管廊安全运营的行业监督管理，统筹协调本市涉及地下综合管廊运营安全的重大事项。各区（市）有关行政主管部门按照规定的职责负责本行政区域内地下综合管廊运营安全生产的行业监督管理。管廊所属区域的区、县人民政府应当配合市级主管部门，协调落实本行政区域内影响管廊安全隐患的整改、安全保护区、控制区的综合治理、突发事件的应急处置等相关工作。

秉承“管生产必须管安全”的原则，根据青岛市地下综合管廊运行维护责任主体可知，应由综合管廊运行维护管理单位负责综合管廊本体及附属设施日常运行维护的安全管理工作，由管线单位负责纳入综合管廊的地下管线养护以及日常安全管理工作。

依据《中华人民共和国安全生产法》第四十六条的规定："生产经营单位对承包单位、承租单位的安全生产工作统一协调、管理，定期进行安全检查，发现安全问题的，应当及时督促整改。"可知建设单位应对综合管廊运行维护管理单位和各管线单位的安全生产工作进行统一协调、管理。

6.2　相关单位安全生产职责分析

由于综合管廊涉及多方管理，在日常安全生产工作中，如何界定清楚各单位安全生产职责，明确各项安全管理工作衔接节点，对于今后高效、有序开展安全管理工作至关重要。

6.2.1　政府有关监管部门安全生产职责

根据《中华人民共和国安全生产法》《山东省安全生产条例》《关于明确党委政府及其部门安全生产监督管理职责的规定》《中华人民共和国突发事件应对法》《青岛市生产安全事故应急预案管理办法》有关条款的要求（表 6-1），对青岛市地下综合管廊运行维护监督管理部门安全生产职责进行详细梳理，结果如下所述。

表 6-1　政府有关监管部门安全生产职责梳理参考条款一览表

序号	法律法规名称	文号	有关条款	条例内容
1	《山东省安全生产条例》	山东省人民代表大会常务委员会公告［2017］第 168 号	第八条	各级人民政府及有关部门应当采取多种形式，加强安全生产法律法规和安全生产知识的宣传，推动安全文化建设，增强全社会安全生产意识
2	《关于明确党委政府及其部门安全生产监督管理职责的规定》	青发［2013］20 号	第十三条	政府有关部门应当创新安全生产监督管理方式，健全安全生产监督管理机构，成立行业专家队伍，建立健全符合行业特点的安全生产制度、措施和管理办法，编制行业安全生产监管标准规范，每年至少组织一次行业性安全生产风险评估，全面落实行业主管部门的安全监管责任
3	《中华人民共和国安全生产法》	中华人民共和国主席令［2007］第 65 号，根据主席令［2012］第 13 号修订	第七十条	负有安全生产监督管理职责的部门应当建立举报制度，公开举报电话、信箱或者电子邮件地址，受理有关安全生产的举报；受理的举报事项经调查核实后，应当形成书面材料；需要落实整改措施的，报经有关负责人签字并督促落实
4	《山东省安全生产条例》	山东省人民代表大会常务委员会公告［2017］第 168 号	第三十一条	县级以上人民政府负有安全生产监督管理职责的部门应当根据监督管理权限，制定安全生产年度监督检查计划，明确监督检查的方式、内容、措施和频次；对安全生产问题突出的生产经营单位进行重点检查，发现问题及时处理
5	《中华人民共和国突发事件应对法》	中华人民共和国主席令［2007］第 69 号	第十七条	地方各级人民政府和县级以上地方各级人民政府有关部门根据有关法律、法规、规章、上级人民政府及其有关部门的应急预案以及本地区的实际情况，制定相应的突发事件应急预案
6	《青岛市生产安全事故应急预案管理办法》	青安监规［2018］2 号	第七条	市、区（市）人民政府各负有安全生产监督管理职责的部门，应当根据法律、法规、规章和同级人民政府、上级部门的应急预案以及应急预案编制方面的规范要求，结合本地区、本行业（领域）的实际，编制本地区政府专项应急预案，同时结合本部门的工作职责，编制相应的部门应急预案

续表

序号	法律法规名称	文号	有关条款	条例内容
7	《中华人民共和国安全生产法》	中华人民共和国主席令［2007］第65号，根据主席令［2012］第13号修订	第八十二条	有关地方人民政府和负有安全生产监督管理职责的部门的负责人接到生产安全事故报告后，应当按照生产安全事故应急救援预案的要求立即赶到事故现场，组织事故抢救
8	《山东省安全生产条例》	山东省人民代表大会常务委员会公告［2017］第168号	第十八条	生产经营单位新建、改建、扩建工程项目的，其安全设施应当与主体工程同时设计、同时施工、同时投入生产和使用。 矿山、金属冶炼和用于生产、储存、装卸危险物品的建设项目的安全设施设计，应当按照国家有关规定报经有关部门审查；设计单位应当对其安全设施设计负责。建设项目竣工投入生产或者使用前，建设单位应当依法对安全设施进行验收，验收可以聘请专家参与，专家应当对其出具的验收结果负责；负有安全生产监督管理职责的部门应当对建设单位验收活动和验收结果进行监督核查

（1）有关行政主管部门应建立行业专家队伍，编制行业安全生产监管标准规范，每年至少组织一次行业性安全生产风险评估，全面落实行业主管部门的安全监管责任。

（2）有关行政主管部门应当采取多种形式，向社会公众宣传有关城市地下综合管廊安全运营的法律规定和安全知识，提高市民的安全意识。

（3）有关行政主管部门应当根据监督管理权限，制定安全生产年度监督检查计划，明确监督检查的方式、内容、措施和频次；对安全生产问题突出的生产经营单位进行重点检查，发现问题及时处理。

（4）有关行政主管部门应当建立举报制度，公开举报电话、信箱或者电子邮件地址，受理有关安全生产的举报；受理的举报事项经调查核实后，应当形成书面材料；需要落实整改措施的，报经有关负责人签字并督促落实。

（5）有关行政主管部门应当根据法律、法规、规章和同级人民政府、上级部门的应急预案以及应急预案编制方面的规范要求，结合本地区、本行业（领域）的实际，编制本地区政府专项应急预案，同时结合本部门的工作职责，编制相应的部门应急预案。

（6）有关行政主管部门的负责人接到生产安全事故报告后，应当按照生产安全事故应急救援预案的要求立即赶到事故现场，组织事故抢救。

（7）有关行政主管部门应对本行业领域突发安全事件应急处置和生产安全事故进行统计、报告。

（8）有关行政主管部门应参与相应级别生产安全事故调查处理，并对事故单位整改措施的落实情况进行监督检查。

（9）有关行政主管部门应参照高危行业监管部门的做法对新建、改建、扩建燃气管线舱室安全设施“三同时”执行情况进行监督核查。

（10）法律法规规定和上级政府及其部门、本级政府明确的其他职责。

6.2.2 建设单位安全生产职责

依据《中华人民共和国安全生产法》第四十六条的规定：“生产经营单位不得将生产经营项目、场所、设备发包或者出租给不具备安全生产条件或者相应资质的单位或者个人。生产经营项目、场所发包或者出租给其他单位的，生产经营单位应当与承包单位、承租单位签订专门的安全生产管理协议，或者在承包合同、租赁合同中约定各自的安全生产管理职责；生产经营单位对承包单位、承租单位的安全生产工作统一协调、管理，定期进行安全检查，发现安全问题的，应当及时督促整改。”和《山东省安全生产条例》有关条款要求，结合实际情况，对综合管廊建设单位安全生产职责进行梳理，结果如下：

（1）应提供符合安全要求的建构筑物，并提供有关证明文件资料。

（2）应与运行维护单位、各管线单位签订专门的安全生产管理协议，或者在合同中约定各自的安全生产职责。

（3）应当保障日常监测、安全隐患整改等安全投入所需资金。

（4）应参与新入廊管线的安全设施“三同时”工作。

（5）应参与重大隐患的治理工作。

（6）应参与事故应急救援工作。

（7）应定期对管廊运行维护单位和管线单位的各项安全生产工作进行监督检查。

6.2.3　运行维护单位安全生产职责

依据《山东省生产经营单位安全生产主体责任规定》、《山东省安全生产条例》有关要求，参照《深圳市地下综合管廊管理办法（试行）》《厦门经济特区城市地下综合管廊管理办法》等其他省市对地下综合管廊运行维护单位、管线单位职责的梳理情况，以安全生产主体责任涉及内容为主线，结合青岛市地下综合管廊运行维护管理特点，对运行维护单位和各管线单位的安全生产职责进行梳理，详见表 6-2 所示，其中运行维护单位的安全生产职责包括以下几方面：

（1）建立、健全本单位安全生产责任制和安全生产规章制度，与管线单位有关制度相衔接。

（2）确定符合条件的分管安全生产的负责人、技术负责人。

（3）设置专职安全管理人员或成立安全管理机构。

（4）编制安全投入计划，确保安全投入的有效实施。

（5）制定培训计划，定期对监控运行人员、日常巡查维修人员进行培训，并对入廊检维修、参观学习等外来人员进行入廊前安全教育培训。

（6）养护和维修管廊本体及共用设施设备，建立工程维修档案，保证设备正常运转。

（7）定期对管廊的运行状况进行检测评定，对管廊本体及附属设施的运行状况进行安全评估。

（8）统筹安排管线单位日常维护管理，配合管线单位的巡查、维护和维修工作，发现入廊管线出现隐患及时通知管线单位。

（9）对管廊及其周边区域的施工作业进行安全监督，对影响管廊安全的施工行为予以制止，及时报告管廊主管部门。

（10）对新入廊管线安全设施“三同时”情况进行综合监督管理，并将有关材料报建设单位备案。

（11）对入廊作业进行严格审批，对作业人员资质、作业人员应穿戴的劳动防护用品及携带的设备设施进行检查确认，对廊内环境符合性进行安全确认。

（12）对入廊检维修单位施工方案进行审定，确保安全风险分析全面，安全对策措施能够有效防范安全风险，并对施工现场进行监督检查。

（13）做好消防、监控中心、配电室值班和安全巡查等工作，保障管廊安全运行。

（14）与管线单位实施监控信息互通，及时将管廊内有关监控情况反馈给管线单位。

（15）负责管廊本体及附属设施隐患排查和治理工作，定期组织本单位和各管线单位进行联合检查，发现重大隐患应报建设单位和主管单位备案。

（16）结合实际，制定本单位应急预案，与各管线单位建立日常和应急联络机制，定期进行演练，发生险情时，及时启动相应的应急预案，并应将应急预案抄送给管线单位，并报行政主管部门、建设单位备案。

（17）负责事故状态下信息沟通和传递，负责事故初期应急处置，紧急情况下有权切断各管线入廊阀门。

（18）为保障管廊及入廊管线安全运行应当履行的其他义务。

6.2.4 管线单位安全生产职责

管线单位安全生产职责包括以下几方面：

（1）建立管廊内管线安全管理制度，并与综合管廊运行维护单位有关要求相衔接。

（2）指定管线巡检及检维修负责人，人员变动时应到综合管廊运行维护单位进行备案。

（3）确保各专业管线维护保养及隐患整改的安全生产经费。

（4）定期对负责管廊内管线巡检和检维修人员进行安全教育培训。

（5）结合综合管廊运行维护单位管理要求，编制实施管廊内管线维护和巡检计划，并接受综合管廊运行维护单位的监督检查。

（6）有新管线入廊时应在设计、施工、验收阶段编制安全设施“三同时”方案报管廊运行维护单位备案。

（7）每次入廊前应到综合管廊运行维护单位办理审批手续。

（8）按照综合管廊运行维护单位的有关要求穿戴相应的劳动防护用品、携带必要的防护设备设施入廊。

（9）在管廊内实施明火作业、有限空间作业、高处作业、临时用电作业等危险作业的，应制定施工方案，报管廊运行维护单位备案，经确认安全条件符合要求后方能施工。

（10）巡检及检维修施工过程中应严格按照操作规程进行施工，并服从综合管廊运行维护单位的管理。

（11）对管线重要参数实施远程监测、监控，并及时将管线有关监测信息反馈给管廊运行维护单位。

（12）负责各专业管线的隐患排查和治理工作，参与综合管廊运行维护单位组织的联合检查。

（13）制定管廊内管线事故应急预案，明确本单位管线发生各类事故以及同舱室其他管线发生事故时本单位应采取的应急措施，制定的预案应与运行维护单位预案相衔接，并抄送给运行维护单位。

（14）与管廊运行维护单位建立应急联动机制，定期进行演练。

（15）及时参与各自管线抢险救援工作，同舱室其他管线发生事故时，应及时评估事故对本单位管线的影响，采取相应的应对措施，确保将影响降到最小。

（16）为保障管廊及入廊管线安全运行应当履行的其他义务。

表 6-2 青岛市地下综合管廊运行管理各方安全生产职责一览表

安全管理涉及的主要内容	建设单位	运行维护单位	管线单位
一、安全生产规章制度建设	对综合管廊运行维护单位、管线单位有关管理情况进行监督检查	建立健全本单位安全生产责任制和安全生产规章制度，与管线单位有关制度相衔接	建立健全管廊内管线安全管理制度，并与综合管廊运行维护单位有关要求相衔接

续表

安全管理涉及的主要内容	建设单位	运行维护单位	管线单位
二、组织机构和职责	指定有关人员负责综合管廊运行维护单位和管线单位安全生产工作的监督检查	①确定符合条件的分管安全生产的负责人、技术负责人。 ②设置专职安全管理人员或成立安全管理机构	指定管线维护保养及检维修负责人，人员变动时应到综合管廊运行维护单位进行备案
三、安全生产投入	应当保障日常监测、安全隐患整改等安全投入所需资金	编制安全投入计划，确保安全投入的有效实施	确保各专业管线维护保养及隐患整改的安全生产经费
四、安全教育与培训	对综合管廊运行维护单位、管线单位有关管理情况进行监督检查	①制定培训计划，定期为监控运行人员、日常巡查维修人员进行培训。 ②对入廊检维修、参观学习等外来人员进行入廊前安全教育培训	结合管廊内实际情况，定期对负责管廊内管线巡检和检维修人员进行安全教育培训
五、设备设施管理	对综合管廊运行维护单位、管线单位有关管理情况进行监督检查	①养护和维修管廊本体及共用设施设备，建立工程维修档案，保证设备正常运转。 ②定期对管廊的运行状况进行检测评定，对管廊本体及附属设施的运行状况进行安全评估。 ③统筹安排管线单位日常维护管理，配合管线单位的巡查、维护和维修工作，发现入廊管线出现隐患及时通知管线单位。 ④对管廊及其周边区域的施工作业进行安全监督，对影响管廊安全的施工行为予以制止，及时报告管廊主管部门	结合综合管廊运行维护单位管理要求，编制实施管廊内管线维护和巡检计划，并接受综合管廊运行维护单位的监督检查
六、“三同时”管理	参与新入廊管线的安全设施“三同时”工作	对新入廊管线安全设施“三同时”情况进行综合监督管理，并将有关材料报建设单位备案	管线新入廊时在设计、施工、验收阶段编制安全设施“三同时”方案报管廊运行维护单位备案
七、作业安全	对综合管廊运行维护单位、管线单位有关管理情况进行监督检查	①对入廊作业进行严格审批，对作业人员资质、作业人员应穿戴的劳动防护用品及携带的设备设施进行检查确认，对廊内环境符合性进行安全确认。 ②对入廊检维修单位施工方案进行审定，确保安全风险分析全面，安全对策措施能够有效防范安全风险。 ③对施工现场进行监督检查	①入廊前对到综合管廊运行维护单位办理审批手续。 ②按照综合管廊运行维护单位的有关要求穿戴相应的劳动防护用品和必要的防护设备设施入廊。 ③在管廊内实施明火作业、有限空间作业、高处作业、临时用电作业等危险作业的，应制定施工方案，报管廊运行维护单位备案，经确认安全条件符合要求后方能施工。 ④巡检及检维修施工过程中应严格按照操作规程进行施工，并服从综合管廊运行维护单位的管理
八、危险源监控	对综合管廊运行维护单位、管线单位有关管理情况进行监督检查	①做好消防、监控中心、配电室值班和安全巡查等工作，保障管廊安全运行。 ②与管线单位实施监控信息互联互通，及时将管廊内有关监控情况反馈给管线单位	①对管线重要参数实施远程监测、监控。 ②及时将管线有关监测信息发聩给管廊运行维护单位
九、隐患排查和治理	参与重大隐患的治理工作	负责管廊本体及附属设施隐患排查和治理工作，定期组织本单位和各管线单位进行联合检查，发现重大隐患应报建设单位和主管单位备案	负责各专业管线的隐患排查和治理工作，参与综合管廊运行维护单位组织的联合检查

续表

安全管理涉及的主要内容	建设单位	运行维护单位	管线单位
十、应急管理	对综合管廊运行维护单位、管线单位有关管理情况进行监督检查	①结合实际，制定本单位应急预案，与各管线单位建立日常和应急联络机制，定期进行演练，发生险情时，及时启动相应的应急预案。 ②应急预案应抄送给管线单位，并报行政主管部门、建设单位备案。	①制定管廊内管线事故应急预案，明确本单位管线发生各类事故以及同舱室其他管线发生事故时本单位应采取的应急措施，制定的预案应与运行维护单位预案相衔接，并抄送给运行维护单位。 ②与管廊运行维护单位建立应急联动机制，定期进行演练
十一、事故管理	参与事故救援工作	①负责事故状态下信息沟通和传递。 ②负责事故初期应急处置。 ③紧急情况下有权切断各管线入廊阀门	及时参与各自管线抢险救援工作，同舱室其他管线发生事故时，应及时评估事故对本单位管线的影响，采取相应的应对措施，确保将影响降到最小

第 7 章　安全管理对策措施研究

根据青岛市地下综合管廊的特点，依据有关法律法规标准规范要求，针对青岛市地下综合管廊的安全影响因素，从系统的角度出发，提出以下安全对策措施。

7.1　安全技术对策措施

7.1.1　严格按照标准规范设计施工

综合管廊本体及附属设施的设计应符合《城市综合管廊工程技术规范》（GB 50838—2015）、《城镇综合管廊监控与报警系统工程技术标准》（GB/T 51274—2017）等现行标准规范的要求，纳入综合管廊的工程管线的设计应符合综合管廊总体设计的规定及相应管线设计标准的规定，施工过程中应严格按照设计要求进行施工。在设计、施工、验收各阶段建设单位应严格按照《建设项目安全设施“三同时”监督管理办法》的有关要求落实安全设施“三同时”工作，确保新建管廊符合安全要求。

7.1.2　消除天然气管线舱室点火源

天然气舱室火灾爆炸风险较高，设计施工中应严格按《爆炸危险环境电力装置设计规范》（GB 50058—2014）、《城镇燃气设计规范》（GB 50028—2006）等标准规范要求落实防火、防爆措施，此外建成后还应采取以下技术措施，消除静电、雷电、撞击火花等点火源：天然气管线舱室入口处应设置人体导除静电设施；天然气管线舱室道路路面应采用不发火地面；进入天然气管线舱室的门及门框四周应采用胶皮内衬，防止启闭过程中产生火花；管道及排风扇电机应进行静电接地并保持系统可靠；放空管应设置阻火器。

7.1.3　强化智慧管廊的研究应用

为更好地保障综合管廊安全应加强智慧管廊的研究应用，建立智慧运营系统。受智慧运营系统保护的具体对象是综合管廊廊体、综合管廊环境、管线、附属设施、人员及综合管廊相关数据、资料，除了要采用先进的设备及检测体系外，综合管廊智慧运营系统还必须是一个高度可靠的系统，能保证实时数据及时收集上传、数据的优化分析、反馈信息的应时返还，其中监控系统的设置应能确保管廊运行维护单位监控的管廊内信息与管线单位监控的管线信息实行互联互通，管廊运行维护单位自控系统应具有切断所有管线进出管廊阀门的功能。另外，由于生物入侵因素对综合管廊安全的影响较大，因此该系统中应包含防入侵子系统，实现对生物入侵的监控。

加强智慧管廊的研究，还应研发应用巡检机器人等先进技术，用机器人代替人工巡检，减少人员暴露在地下综合管廊内有限空间作业的风险，提高巡检安全性。

7.1.4　其他应采取的安全技术措施

应加强地下综合管廊内通信系统的建设，确保入廊人员与地面人员保持信息通畅。

项目建成后，管廊本体有发生沉降的可能，管廊运行维护单位应对综合管廊结构进行变形监测，变形监测观测点应设在能反映管廊结构变形特征的位置或监测断面上。

项目建成后，应在各管廊入口处设置入廊安全须知，并应按照《安全标志及其使用导则》(GB 2894—2008）的要求在存在相应危险的部位设置“严禁烟火”“当心触电”“当心灼烫”等安全警示标志。各管道应按照《工业管道的基本识别色》（GB 7231—2003）的有关要求设置安全色标。

7.2　安全管理对策措施

7.2.1　配置专职安全管理人员

地下综合管廊运营特点决定了项目投入运营后涉及的工作人员数量不多，主要是巡检、检维修、监控中心等岗位人员以及相应的管理人员，按照《青岛市安全生产条例》第十二条的规定：“其他生产经营单位从业人员不足三十人的，可配备专职或者兼职安全生产管理人员。”但鉴于综合管廊属于有限空间，中毒窒息风险较大，运行维护单位应至少设置 1 名专职安全管理人员来负责安全管理工作，人数较多时，应按要求成立安全管理机构负责安全管理工作。

7.2.2　建立健全安全生产规章制度

综合管廊运行维护单位应当建立、健全安全生产责任制度，实行全员安全生产责任制，明确主要负责人、其他负责人、职能部门负责人、一般从业人员等全体从业人员的安全生产责任，并逐级进行落实和考核。同时应参照《企业安全生产标准化基本规范》（GB/T 33000—2016）有关规定制定涵盖本单位生产经营全过程和全体从业人员的安全生产管理制度和安全操作规程，制定入廊巡查、维修安全作业标准，对管廊进行综合管理，对入廊人员进行统一管理。

安全生产管理制度应当涵盖本单位的安全生产会议、安全生产资金投入、安全生产教育培训、劳动防护用品管理、安全设施和设备管理、安全生产检查、检维修施工作业管理、危险作业管理、事故隐患排查治理、安全生产奖惩、事故报告、应急救援，以及法律、法规、规章规定的其他内容，并应将安全生产规章制度发放到相关工作岗位，职工应掌握相关内容（表 7-1）。

表 7-1 管廊运行维护单位应建立的制度一览表

序号	制度名称	制度应包含的内容	管理依据
1	安全生产工作会议管理制度	明确安全生产领导小组会议、日常安全生产会议、管廊运行维护单位与各管线单位联席会议的频次和内容	《山东省生产经营单位安全生产主体责任规定》(山东省人民政府令第 260 号，根据省政府令［2016］第 303 号第一次修订，根据省政府令［2018］第 311 号第二次修订)
2	安全生产费用提取使用管理制度	明确安全生产费用提取标准、使用范围、使用流程等内容	《企业安全生产费用提取和使用管理办法》(财企［2012］16 号)
3	安全生产教育培训管理制度	明确主要负责人、安全管理人员、特种作业人员、新职工、转岗、复岗人员、管线单位等外来人员培训内容、培训学时、培训责任部门	《生产经营单位安全培训规定》(国家安全生产监督管理总局令［2015］第 80 号) 《特种设备作业人员监督管理办法》(国家质量监督检验检疫总局令［2011］第 140 号) 《山东省安全生产培训管理规定（试行）》(鲁安监发［2006］81 号)
4	主要设备设施管理制度	明确设备设施运行、检维修、检测检验、变更、拆除报废等环节的责任部门和管理要求	
5	建设项目安全设施“三同时”管理	明确新入廊管线“三同时”的要求	《建设项目安全设施“三同时”监督管理办法》(国家安全生产监督管理总局令第 36 号，根据国家安全生产监督管理总局令［2015］第 77 号修订)
6	安全设施管理制度	明确安全设施范畴（应包含预防事故设施、控制事故设施、减少与消除事故影响设施）、明确建设、验收、使用、拆除报废等环节的管理责任部门和管理要求	
7	施工和检维修安全管理制度	明确施工和检维修前、中、后的管理要求	
8	危险作业安全管理制度	明确危险作业范畴，应包含明火作业、有限空间作业、高处作业、临时用电作业等；明确各危险作业作业票办理流程、作业要求	《城镇排水管道维护安全技术规程》(CJJ6-2009) 《工贸企业有限空间作业安全管理与监督暂行规定》(国家安全生产监督管理总局令第 59 号，根据国家安全生产监督管理总局令［2015］第 80 号修订)《高处作业分级》(GB/T 3608—2008)
9	相关方安全管理制度	应明确相关方范畴、明确相关方管理要求	
10	变更管理	应明确变更管理部门、变更流程等要求	
11	个体防护用品管理制度	应明确劳动防护用品购买、发放、使用、更换等流程管理要求	
12	安全风险分级管控制度	明确风险辨识范围、风险评估方法、风险分级管控原则等内容	
13	生产安全事故隐患排查治理制度	明确排查、建档、报告、治理、监控、举报奖励、资金保障及使用等工作要求及相应责任	《青岛市生产安全事故隐患排查治理办法》(青岛市人民政府令［2012］第 225 号)
14	安全信息化系统管理制度	明确维护、保养内容、保养频次等要求	

续表

序号	制度名称	制度应包含的内容	管理依据
15	应急管理制度	明确应急预案编制、评审、备案的，明确演练频次和组织责任部门	《生产安全事故应急预案管理办法》（国家安全生产监督管理总局令［2016］第88号） 《青岛市生产安全事故应急预案管理办法》（青安监规［2018］2号） 《生产经营单位安全生产事故应急预案编制导则》（GB/T 29639—2013） 《生产安全事故应急演练指南》（AQ/T 9007-2011） 《生产安全事故应急演练评估规范》（AQ/T 9009-2015）
16	事故管理制度	明确事故分类标准、事故报告流程、事故调查与处理、事故档案等有关要求	《生产安全事故报告和调查处理条例》（中华人民共和国国务院令［2017］第493号） 《企业职工伤亡事故分类》（GB 6441—1986）

7.2.3　加强安全生产教育培训

综合管廊运行维护单位的主要负责人和安全生产管理人员应具备与本单位所从事的生产经营活动相适应的安全生产知识与能力，并经当地安监部门考核合格，持证上岗，同时按时参加再培训。同时应对各级管理人员进行教育培训，确保其具备正确履行岗位安全生产职责的知识与能力。

综合管廊运行维护单位应对从业人员进行安全生产教育培训，保证从业人员具备满足岗位要求的安全生产知识，熟悉有关的安全生产法律法规、规章制度、操作规程，掌握本岗位的安全操作技能和职业危害防护技能、安全风险辨识和管控方法，了解事故现场应急处置措施，并根据实际需要，定期进行复训考核。未经安全教育培训合格的从业人员，不应上岗作业。

综合管廊运行维护单位应对新上岗的临时工、合同工、劳务工、协议工等进行强制性安全培训，保证其具备本岗位安全操作、自救互救以及应急处置所需的知识和技能后，方能安排上岗作业。

新入职从业人员上岗前应经过公司、部门、班组三级安全培训教育，岗前安全教育培训学时和内容应符合国家和行业的有关规定。

从业人员在内部调整工作岗位或离岗一年以上重新上岗时，应重新进行部门级和班组级的安全教育培训。

从事电工、电焊工等特种作业的人员应按照有关规定，经专门安全作业培训，考核合格，取得相应资格后，方可上岗作业，并定期接受复审。

综合管廊运行维护单位专职应急救援人员应按照有关规定，经专门应急救援培训，考核合格后，方可上岗，并定期参加复训。

其他从业人员每年应接受再培训，每年接受再培训的时间不得少于8学时。安全培训内容包括：①本单位安全生产情况及安全生产基本知识；②本单位安全生产规章制度和劳动纪律；③工作岗位环境及危险因素；④所从事工种预防事故和职业危害的措施及应注意的安全事项；⑤所从事工种的安全职责、操作技能及强制性标准；⑥自救互救、急救方法、疏散和现场紧急情况的处理；⑦事故应急救援、事故应急预案演练及防范措施；⑧安全设备设施、个人防护用品的使用和维护；⑨从业人员安全生产权利和义务；⑩有关事故案例；其他需要培训的内容。

管廊运行维护单位应对进入管廊内从事检维修施工人员进行入廊前安全教育培训，主要内容包括：入廊有关安全规定、可能接触到的危害因素、所从事作业的安全要求、作业安全风险分析及安全控制措施、防护措施、应急知识等。

管廊运行维护单位应对进入管廊内检查、参观、学习等外来人员进行安全教育，主要内容包括：安全规定、可能接触到的危险有害因素、防护措施、应急知识等。

7.2.4 做好日常检测维护保养

7.2.4.1 管廊的检测维护保养

管廊运行维护单位应指定有关人员对管廊本体进行日常巡检，其中内部主体结构巡检频次不少于1周1次，外部各类口部巡检频次不少于1天1次。在极端异常气候、周边环境复杂、灾害预警等特殊情况下，应增加巡检频次（表7-2）。

表7-2　管廊本体日常巡检内容

项目	检查内容
主体结构	破损（裂缝、压溃）、剥落、剥离
	材料劣化（起毛、疏松、蜂窝麻面、起鼓）
	渗漏水（挂冰、冰柱）、钢筋锈蚀
变形缝	填塞物脱落（预制）、压溃、错台、渗漏水
螺栓孔、注浆孔	填塞物脱落、渗漏水
管线引出孔	填塞物脱落、渗漏水
井盖、盖板	占压、破损、遗失
其他构筑物	变配电室
	监控中心等

综合管廊本体结构宜每6～10年进行1次全面专业检测，发生“经多次小规模维修，结构劣损或渗漏水等情况反复出现，且影响范围与程度逐步增大；遭受地震、火灾、爆炸等灾害事故后，受周边环境影响，结构本体变形监测超出预警值或显示位移速率异常增加时；结构改造、用途改变等需要进行专业检测的其他情况。”应及时进行全面或单项专业检测。

管线分支口维护保养应符合下列要求：当出现渗漏时应及时进行封堵；预埋排管应保持管路畅通、无积水，管材及包封完好，当出现堵塞或损坏时应进行疏通、维修；管线工井应保持结构、井盖完好，并及时进行排水、清理。

另外露出地面的人员出入口、逃生口、吊装口、通风口等应保持外观完整、结构完好、功能正常。支吊架应无变形，保持构件完整、表面完好、连接可靠；排水沟渠及集水坑应保持结构完好、排水畅通、无渗漏，盖板完好有效，每季度检查不少于1次；楼梯、爬梯及栏杆应保持外观完整、结构完好、连接可靠、功能正常，每季度检查不少于1次；结构装饰应保持外观清洁、结构完好，发现缺损及时维修、更换；综合管廊本体其他各类外露金属构件应及时进行紧固、补焊、防腐及更换等；应定期对结构地面、墙体、支架等部位进行清洁维护。

7.2.4.2 管线的检测维护保养

各管线的维护保养应由各管线单位负责，巡检内容和要求见表7-3所示。

表 7-3　管线的巡检内容一览表

管线名称	巡检内容	巡检频次	其他要求
天然气管线	①管道舱内无燃气异味，便携式甲烷气体检测报警装置无报警； ②管道支架及附件防腐涂层应完好，支架固定应牢靠； ③管道温度补偿措施、管道穿墙保护功能正常； ④管道阀门应无泄漏、损坏； ⑤管道附件及标志不得丢失或损坏	应根据天然气管道的不同压力等级及廊内外环境制定综合管廊内天然气管道巡检计划，通常情况下巡检周期宜不大于 2 周	天然气舱内不应带气动火作业，其他必要作业应符合现行行业标准《城镇燃气设施运行、维护和检修安全技术规程》（CJJ51—2006）中生产作业的规定，发现天然气泄漏应立即停止作业
热力管线	①管道无泄漏； ②补偿器运行状态应正常； ③活动支架应无失稳、失垮，固定支架应无变形； ④阀门应无跑冒滴现象； ⑤疏水器排水应正常； ⑥管道保温层外表面温度无异常升高； ⑦廊内其他管线应无影响热力管线安全运行和操作的因素	热力管道运行期间巡检应每月不少于 2 次，非运行期巡检应每月不少于 1 次。蒸汽管道运行期巡检应每周不少于 1 次，当供热管网新投入使用或运行参数变化较大时，应增加巡检频次	
电力电缆	①有无受到同舱其他市政管线的影响； ②电缆本体有无破损，电缆铭牌是否完好，相色标志是否齐全、清晰； ③电缆外护套与支架、金属构件处有无磨损、锈蚀、老化、放电现象，衬垫是否脱落； ④电缆及接头位置是否固定正常，电缆及接头上的防火涂料、防火带是否完好。 ⑤支吊架、接地扁钢是否锈蚀，与电气连接点有无松动、锈蚀； ⑥中间接头是否过热，是否渗胶或漏油，中间接头外观是否正常，摆放是否合理，两端电缆是否平直； ⑦终端头有无发热，绝缘油渗漏；引出线连接点有无发热，发热检测应采用红外测温仪测量； ⑧接地线是否良好，连接处是否紧固可靠，有无发热或放电现象；必要时测量电缆连接处温度和单芯电缆金属保护层接地电流，有较大突变时，进行接地系统检查，必要时通知供电公司申请停电检查； ⑨电缆出线部位是否有渗漏、破损、腐蚀等情况，防火分隔封堵是否严密完好	电缆线路的巡检应不少于 3 个月 1 次，综合管廊路段洪涝或暴雨过后应进行 1 次巡检，综合管廊内有管线施工作业、遭遇洪涝、地震、火灾以及周边场地开挖作业或非开挖作业施工时，应该加强对电缆的非定期巡视	电力电缆运行维护及安全管理还应符合国家现行标准《电力安全工作规程》（GB 26859—2011）、《电力电缆线路运行规程》（DL/T1253-2013）和《电力电缆分布式光纤测温系统技术规范》（DL/T 1573-2016）的有关规定
通信线缆	①线缆的敷设状况，线缆固定设施有无脱落和丢失，线缆是否有严重下沉和倾斜、折裂； ②周围环境对线缆运行有无影响； ③线缆有无损毁迹象； ④配属装置是否完整有效； ⑤线缆的附属设备是否牢固，有无丢失缺损等情况	线路及设备日常巡查应每月不少于 1 次，遇综合管廊内部施工、洪涝、地震、火灾等情况时应增加巡查频次	综合管廊内通信线缆的运行维护及安全管理应符合现行行业标准《通信线路工程设计规范》（YD 5102-2010）和《电力系统光纤通信运行管理规程》（DL/T 547-2010）的有关规定。

续表

管线名称	巡检内容	巡检频次	其他要求
污水管线	①管道外部破损、腐蚀、渗漏情况； ②管道支吊架、支墩腐蚀及破损情况； ③管道连接井外观、渗漏及淤积情况； ④管道检查井或检查孔外观变形、破损情况、密闭情况； ⑤当采用结构本体排水时，应从临近舱室巡视排水舱的气密情况、渗漏情况	排水管道巡查周期应每周不少于1次	综合管廊内排水管道或舱室排水的运行维护及安全管理还应符合现行行业标准《城镇排水管道维护安全技术规程》(CJJ6-2009）和《城镇排水管渠与泵站维护技术规程》(CJJ 68-2007） 综合管廊舱室内清掏作业应符合现行行业标准《城镇排水管道维护安全技术规程》(CJJ6-2009）中井下作业的有关规定，采取通风、检测、防爆等安全保护措施，并持续保持廊内通风良好
其他水系管线	①管道及设备的运行是否正常； ②管道漏损情况； ③管道防腐层破损情况、管道及设备锈蚀情况； ④管道阀门、倒流防止器、消火栓、泄水阀、伸缩节、支吊架等附属设施的完好情况	每周不少于1次	综合管廊内给水管道的运行维护及安全管理还应符合现行行业标准《城镇供水管网运行、维护及安全技术规程》(CJJ58-2009）

7.2.4.3 附属设施的检测维护管理

地下综合管廊附属设施包括：消防系统、通风系统、供电系统、照明系统、给排水系统、标识系统等，各附属设施的检测维护管理要求见表7-4所示。

表7-4 各附属设施的检测维护管理要求一览表

系统名称	巡检项目	巡检内容	巡检频次	其他要求
消防系统	灭火器	灭火器数量、外观、维修标示以及灭火器压力指示器等	每周不少于1次	干粉灭火器、二氧化碳灭火器满5年后每隔2年进行一次维修保养，干粉灭火器有效期是10年，二氧化碳灭火器有效期是12年
	火灾自动报警系统和自动灭火系统	按照《建筑消防设施的维护管理》(GB 25201）要求执行	每月不少于1次	每年应由有资质单位进行一次维护保养，并出具维护保养报告
通风系统	通风百叶	异物、松动、腐蚀	每月不少于1次	事故后排烟风机及排烟防火阀等的维护、检测应纳入消防系统由第三方公司定期保养
	风机及附件	异物、松动、腐蚀、传动锈死		
	空调系统	滤网、制冷剂		
供电系统	变电站、配电站	异响、异味、异物入侵、清洁情况、接头固定情况、部件缺失破损、腐蚀情况	每周不少于1次	台风预警、雷电预警、高温预警、强冷气候等特殊情况下，应对供电系统进行专项检查。 防雷接地装置应聘请有资质单位每年测试1次，电阻值应符合设计要求
	电力电缆线路	电缆运行环境、地表情况、敷设情况、标识缺损情况、绝缘层破损情况、支桥架牢固与锈蚀情况、电流指示、电缆接头和端头有无过热或烧坏等		
	防雷与接地系统	接地导线有无损伤、腐蚀、断股，避雷器损坏情况与设备连接情况		

续表

系统名称	巡检项目		巡检内容	巡检频次	其他要求
照明系统	正常照明、应急照明、应急逃生照明、线路等		应包含灯具、线路及控制功能的完好状况	每月不少于1次	照明系统的照度检测每年不少于1次。应急照明系统的功能试验每季度不少于1次
给排水系统	排水管道及其附属阀件、水泵、仪表等		集水坑内水位是否正常，有无杂物；水泵能否正常运行，有无异响；附属阀件是否动作可靠；管道、管件是否存在堵塞现象、有无锈蚀和破损；仪表功能是否正常	每月不少于1次	汛期、供热期应增加巡检频次
报警和监控系统	环境与设备监控系统	温湿度传感器、有害气体探测器、可燃气体探测器等传感设备以及氧含量监测设备	检查外观及工作状态	每天不少于1次	
报警和监控系统	环境与设备监控系统	通风系统、排水系统、供配电系统、照明系统室的监控设备	检查外观及工作状态	每天不少于1次	
报警和监控系统	环境与设备监控系统	ACU箱	查看箱体外观；检查PLC系统及外围控制电器元件的运行状态	每天不少于1次	
报警和监控系统	环境与设备监控系统	线缆、接插件	检查连接情况	每天不少于1次	
报警和监控系统	安全防范系统	摄像机	检查外观、角度与牢固情况；检查视频画面质量及控制功能	每天不少于1次	
报警和监控系统	安全防范系统	入侵检测设备、出入口控制设备	检查外观及工作状态 测试设备控制功能	每天不少于1次	
报警和监控系统	安全防范系统	电子巡查设备、人员定位装置	检查设备外观及工作状态；测试巡查轨迹、定位准确性	每天不少于1次	
报警和监控系统	安全防范系统	线缆、接插件	检查连接情况	每天不少于1次	
报警和监控系统	预警与报警系统	火灾探测器、手动报警装置、火灾报警控制器、火灾显示盘、消防联动控制器	检查外观及运行状态	每天不少于1次	
报警和监控系统	预警与报警系统	可燃气体报警控制器、天然气探测器、声光警报器	检查外观及运行状态	每天不少于1次	
报警和监控系统	预警与报警系统	线缆、接插件	检查连接情况	每天不少于1次	
报警和监控系统	通信系统	通话设备	检查外观及运行状态； 测试通话质量与稳定性	每天不少于1次	
报警和监控系统	通信系统	无线设备、手持终端	检查信号强度、连接灵敏度	每天不少于1次	
报警和监控系统	通信系统	线缆、插接件	检查连接情况	每天不少于1次	

续表

系统名称	巡检项目		巡检内容	巡检频次	其他要求
报警和监控系统	统一管理平台	报警信息	核查信息报警、联动、处理及记录情况	每天不少于1次	
		无线设备、手持终端	检查信号强度、连接灵敏度		
		线缆、插接件	检查连接情况		
	监控中心用房	用房环境	查看温度、湿度、照明、卫生情况		
		用房空调系统	查看制冷运行、排水情况		
		计算机、工作站、打印机、服务器、大屏幕显示系统	检查外观及工作状态		
		数据存储设备	检查工作情况及剩余容量		
		UPS电源	检查供电工作情况，确定所有运行参数都处于正常值范围内		
		线缆、接插件	检查连接情况		

7.2.4.4 设备设施其他管理要求

管廊运行维护单位应对设备设施进行规范化管理，建立设备设施管理台账。新入廊管线的安全设施应与建设项目主体工程同时设计、同时施工、同时投入生产和使用。天然气、蒸汽等压力管道、压力表、安全阀等安全附件以及可燃气体报警器和有毒气体报警器、绝缘靴、绝缘手套、绝缘棒等电工作业工具以及防雷防静电设施应由权属单位委托具有专业资质的检测、检验机构进行定期检测、检验，由管线单位负责检测检验的，应及时将检验报告报综合管廊运行维护单位存档。管廊运行维护单位应有专人负责管理各种安全设施以及检测与监测设备，定期检查维护并做好记录。

安全设备设施不得随意拆除、挪用或弃置不用；确因检维修拆除的，应采取临时安全措施，检维修完毕后立即复原。各设施的报废应办理审批手续，在报废设备设施拆除前应制定方案，并在现场设置明显的报废设备设施标志。报废、拆除涉及许可作业的，应执行严格的作业票制度，并在作业前对相关作业人员进行培训和安全技术交底。报废、拆除应按方案和许可内容组织落实。

7.2.5 强化入廊前监督检查

管廊运行维护单位应加强巡检、检维修施工等入廊作业的监督检查工作，每次入廊前应严格办理审批手续，确保管廊内氧含量、有毒有害气体浓度等符合安全要求后方能入廊，每次入廊人员应不少于两人，且必须携带应急手电、对讲机等设施，并检查入口处空气呼吸器、救援绳等应急物资是否配备到位，若是天然气管廊，入廊人员还应穿戴防静电工作服，并严禁携带不防爆电器、易产生火花的作业工具以及打火机、火柴等点火源入廊，作业过程中应严格按照相应的操作规程进行操作。

7.2.6 加强检维修过程管理

各专业管线单位应编制所属管线的年度维护维修计划，并报送综合管廊运行维护单位，经协调后统一安排管线的维修时间。检维修应落实“五定”原则，即定检维修方案、定检维修人员、定安全措施、定检维修质量、定检维修进度，并做好记录。各管线单位检维修前，应将检维修方案报管廊运行维护单位备案，检维修方案应包含作业安全风险分析、控制措施、应急处置措施及安全验收标准。检维修过程中应执行安全控制措施，隔离能量和危险物质，并进行监督检查，检维修后应进行安全确认。管廊运行维护单位应对作业人员的上岗资格、条件等进行作业前的安全检查，做到特种作业人员持证上岗，并安排专人进行现场安全管理，确保作业人员遵守岗位操作规程和落实安全防护措施。

检维修过程中涉及危险作业的，管廊运行维护单位应对动火作业、有（受）限空间作业、临时用电作业等危险性较大的作业活动，实施作业许可管理，严格履行作业许可审批手续。作业许可应包含安全风险分析、安全防护措施、应急处置等内容。作业许可实行闭环管理。两个以上作业队伍在同一作业区域内进行作业活动时，不同作业队伍相互之间应签订管理协议，明确各自的安全生产职责和采取的有效措施，并指定专人进行检查与协调。检维过程中应确保安全通道和安全出入口畅通。

7.2.7 实施风险分级管控

综合管廊运行维护单位应梳理设备设施清单和作业活动清单，应选择 LEC、LS 等合适的安全风险评估方法，进行风险评估，确定风险等级、管控措施和管控责任人，并将安全风险评估结果及所采取的控制措施告知相关从业人员，使其熟悉工作岗位和作业环境中存在的安全风险，掌握、落实应采取的控制措施。

参照危险化学品企业的管理要求，有燃气管道的综合管廊每 3 年应委托具备规定资质条件的专业技术服务机构对本企业的安全生产状况进行安全评价。

综合管廊运行维护单位应制定变更管理制度。变更前应对变更过程及变更后可能产生的安全风险进行分析，制定控制措施，履行审批及验收程序，并告知和培训相关从业人员。

7.2.8 开展隐患排查治理

综合管廊运行维护单位应依据有关法律法规、标准规范等，组织制定隐患排查治理标准或排查清单，明确隐患排查的时限、范围、内容和要求，并组织开展相应的培训。隐患排查的范围应包括所有与综合管廊相关的人员、设备设施和作业活动，包括各管线单位相关服务范围。综合管廊运行维护单位应按照有关规定，结合安全生产的需要和特点，采用综合检查、专业检查、季节性检查、节假日检查、日常检查等不同方式，定期组织各管线单位进行联合检查。对排查出的隐患，按照隐患的等级进行记录，建立隐患信息档案，并按照职责分工实施监控治理。组织有关人员对本单位可能存在的重大隐患做出认定，并按照有关规定进行管理。综合管廊运行维护单位应将相关方排查出的隐患统一纳入本单位隐患管理。

综合管廊运行维护单位应按照责任分工立即或限期组织整改一般隐患。主要负责人应组织制定并实施重大隐患治理方案。治理方案应包括目标和任务、方法和措施、经费和物资、机构和人员、时限和要求、应急预案。综合管廊运行维护单位在隐患治理过程中，应采取相应的监控防范措施。隐患排除前或排除过程中无法保证安全的，应从危险区域内撤出作业人员，疏散可能危及的人员。隐患治理完成后，综合管廊运行维护单位应按照有关规定对治理情况进行评估、验收。重大隐患治理完成后，综合管廊运行维护单位应组织本企业的安全管理人员和有关技术人员进行验收或委托依法设立的为安全生产提供技术、管理服务的机构进行评估。

综合管廊运行维护单位应如实记录隐患排查治理情况，至少每月进行统计分析，及时将隐患排查治理情况向从业人员和相关管线单位进行通报。综合管廊运行维护单位应运用隐患自查、自改、自报信息系统，通过信息系统对隐患排查、报告、治理、销账等过程进行电子化管理和统计分析，并按照当地安全监管部门和有关部门的要求，定期或实时报送隐患排查治理情况。

7.2.9 建设企业安全文化

管廊运行维护单位应牢固树立“以人为本、生命至上”的安全理念，开展形式多样、职工喜闻乐见的安全意见征集、“安全榜样人物”评选等活动，多方位渗透安全文化，使得安全文化深入人心，充分发挥安全文化的引导作用，引导员工增强安全意识，提高安全防护能力，同时充分利用网络、短信、微信等平台进行安全宣传，逐步形成“人人讲安全、事事讲安全，时时讲安全”的浓厚氛围。

7.3 应急管理对策措施

7.3.1 建立健全预警机制

综合管廊运行维护单位应对可燃气体或有毒气体探头报警系统、火灾报警系统报警等监测预警信号进行分级，明确不同响应级别应采取的处置程序。

综合管廊运行维护单位应明确不同响应级别的恶劣天气应采取的响应措施。当暴雨等恶劣天气来临前，应及时检查各出入口、吊装口、逃生口等孔口的密封情况，并关闭通风窗的密封设施，防止雨水倒灌。

7.3.2 建立完善的应急预案体系

综合管廊运行维护单位应在开展安全风险评估和应急资源调查的基础上，建立突发事件应急预案体系，结合综合管廊安全生产特点，预案体系应包含突发事件总体应急预案和火灾爆炸、洪水倒灌等专项应急预案，以及火灾、触电等现场处置方案（详见应急预案体系图 7-1 所示)，制定的预案应符合《生产经营单位生产安全事故应急预案编制导则》(GB/T 29639—2013）的规定。

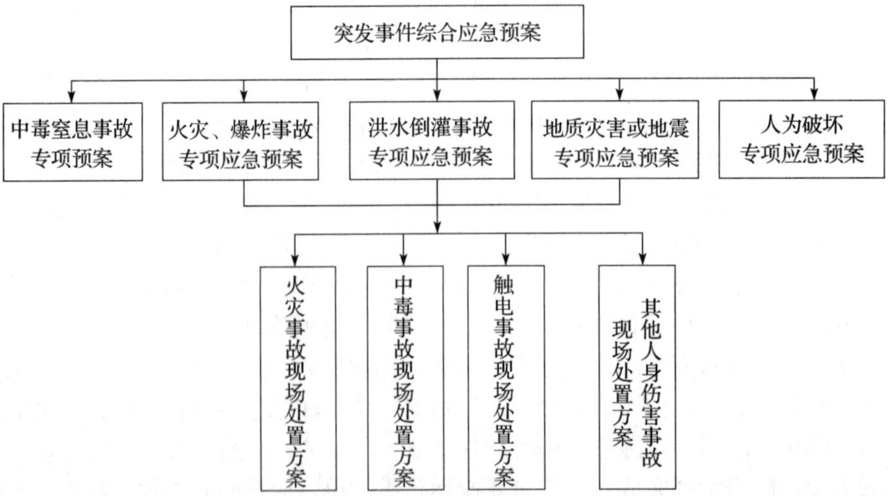

图 7-1 应急预案体系图

各管线单位应制定相应管线事故应急预案并明确同舱室其他管线发生事故时本单位应采取的应急处置措施，应急预案应报综合管廊运行维护单位备案，管线单位的应急预案应与管廊运行维护单位预案相衔接。综合管廊运行维护单位应按照有关规定将应急预案报当地主管部门备案，并通报应急救援队伍、周边企业等有关应急协作单位，并按照有关规定将修订的应急预案及时报当地主管部门备案。应急预案应当至少每三年修订一次，预案修订情况应有记录并归档。

7.3.3　配备相应的应急物资和装备

从本文第四、五章分析结果可知，综合管廊可能存在火灾、爆炸、中毒窒息、触电、灼烫等生产安全事故，因此综合管廊运行维护单位应按照设计有关要求配置灭火器、自动灭火设施等火灾救援设施，配备空气呼吸器等中毒窒息事故救援设施，配备绝缘手套、绝缘棒等触电事故的应急救援物资，配备应急药箱等通用应急物资应对灼烫等事故初期伤害的处理，同时还应配备沙袋、排水泵等防汛、防淹溺应急物资。综合管廊运行维护单位应建立应急物资管理台账，安排专人管理，并定期检查、维护、保养，确保其完好、可靠。

7.3.4　建立协调处置的应急队伍

鉴于地下综合管廊系统的复杂性，建议综合管廊运行维护单位联合各管线单位建立专业的应急救援队伍，以满足事故状态下多种管线的应急抢险工作，并建立包含运行维护管理单位、入廊管线单位和相关行政主管单位相协同的安全管理与应急处置联动机制。

7.3.5　定期组织联席演练

综合管廊运行维护单位应定期组织预案的培训和联合演练工作，其中综合预案和专项预案的演练，每年不少于 1 次，现场处置方案演练每年不应少于 2 次，各管线单位应按运行维护单位的要求按时参加演练。演练结束后应对演练情况进行总结和评估，根据评估结论和演练发现的问题，修订、完善应急预案，改进应急准备工作。

7.3.6　及时组织应急响应

一旦发生事故，管廊运行维护单位应及时通知事发管线单位和可能受事故影响的其他管线单位，并报告建设单位、当地行政主管部门和安全生产监督管理部门，同时应负责事故初期应急救援工作。当燃气管线发生泄漏，并引发着火、爆炸时应由泄爆口进行泄压，应紧急关闭防火门，关闭所有管道入廊阀门，切断其他电力设备和打开防爆风机等消防设施，舱内工作人员应及时撤离；当蒸汽管道发生泄漏时，应打开风机，并及时切断上下游阀；当电力管线或其他管线及设备设施发生火灾事故时，应立即关闭防火门，启动自动灭火系统灭火或关闭各通风口采用窒息性灭火方法灭火；当其他水系管线发生爆管泄漏时，应及时切断进水阀门，打开排水设施进行排水。

各管线单位应负责各管线的抢修、维修工作。接到事故信息应立即组织有关人员赶赴现场救援，抢险人员下舱进行抢修时，应提前测量舱内氧浓度、燃气或有毒有害气体浓度，避免发生中毒窒息事故。

受事故影响的其他管线单位应及时评估事故对本单位管线的影响，采取相应的应对措施，确保将影响降到最小。

7.4 其他安全管理措施

综合管廊应设置安全保护区，保护区外边线距本体结构外边线宜不小于3m。安全保护区内不得从事影响综合管廊正常运行的下列活动：①排放、倾倒腐蚀性液体、气体等有害物质；②擅自挖掘岩土；③堆土或堆放建筑材料、垃圾等；④其他危害综合管廊安全的行为。

综合管廊应设置安全控制区，控制区外边线距本体结构外边线宜不小于15m，综合管廊安全控制区内，限制从事深基坑开挖、爆破、桩基施工、地下挖掘、顶进及灌浆作业等等影响综合管廊安全运行的行为，对必须从事限制的活动，应进行安全评估，对涉及的综合管廊本体及可能影响的管线应进行监测，并采取安全保护控制措施。综合管廊运行维护单位应指定专人负责管廊安全保护区和控制区的日常巡检工作。

国办发［2018］59号文和“国家（青岛）军民融合创新示范区建设示范任务清单”中明确要求“城市地铁、综合管廊等基础设施建设落实人防（防护）要求”，有关行政主管部门应结合青岛市各区市地形、地势、地质条件，参照目前其他省市有关研究成果（目前，浙江省住房城乡建设厅、人防办联合出台了《浙江省城市地下综合管廊工程兼顾人防需要设计导则》，在结构防护、附属设施防护、孔口防护等方面进行了明确的规定）和实践经验，出台有关标准规范，指导地下综合管廊的建设工作，确保综合管廊在满足平时使用功能的基础上，采取对综合管廊主体结构、材料、孔口、给排水、电气、消防、通风等方面的技术补强措施，对楼梯式、竖井式出入口、临空墙、舱室等增加预埋或临战封堵等措施，满足战时人员防护的要求。

综合管廊兼顾人防工程，还应与临近的人防工程实行互联互通，实现战时可兼做人员、物资的输送通道的功能。平时应加强人防工程和综合管廊联通处的安全管理工作：联通处防火门平时应处于关闭状态，并设置防入侵报警系统；连通处防火门的启闭应由管廊综合管理单位控制，紧急情况下应在确保管廊内含氧量、有毒有害气体浓度符合要求的前提下，才能开启；应在管廊内侧入口处设置醒目的安全警示标志和入廊须知；应在管廊内设置醒目的疏散路线图；应加强对连通处防火门的安全巡检工作；鉴于天然气和蒸汽管廊的危险性，建议采取隔断措施与人防工程连通的其他管廊进行完全隔断。战时应加强综合管廊内各管线以及消防、通风、照明、排水等辅助系统的巡检工作，并保持通道畅通，同时加强出入口的安全管理。

第8章 结论及建议

8.1 结论

青岛市地下综合管廊是青岛市基础设施的重要组成部分，综合管廊的安全运作可为青岛市的高速发展提供必要的保障。本文通过研究，得出以下结论及成果：

（1）从系统的角度出发，分析了青岛市地下综合管廊运营过程中人的不安全行为，物的不安全状态（管廊本体、各种管线、各管线之间以及附属设施）、内部和外部环境影响因素以及安全管理因素对地下综合管廊安全运营的影响，通过分析可知，青岛市地下综合管廊投入运营后可能存在火灾、爆炸、中毒窒息、触电、淹溺、灼烫、坍塌等危险有害因素。

（2）采用作业条件危险性分析评价方法（LEC法）对管廊运行期间的危险性进行了评价，在无安全措施的情况下，“天然气管线火灾爆炸事故”“污水管线发生中毒窒息事故”“管廊内中毒窒息事故”危险等级均为“极其危险”；“综合管廊坍塌事故”“天然气管线中毒窒息事故”“污水管线火灾爆炸事故”“电力电缆触电火灾事故”危险等级为“高度危险”；在采取相关技术措施，并落实有效的管控措施后，各管线发生事故的风险等级降低为“可能危险”和“稍有危险”。采用事故树分析方法对风险程度较高的天然气泄漏事故和管廊内中毒窒息事故原因进行分析，为安全管理措施的制定提供了方向。

（3）结合实际情况，梳理了青岛市地下综合管廊政府监督管理部门、建设单位、运行维护单位以及各专业管线单位安全生产职责。

（4）结合青岛市地下综合管廊安全影响因素分析有关结果，从安全技术措施、安全管理措施、应急管理措施以及安全保护区和控制区管理、综合管廊兼顾人防工程等其他方面有针对性地提出了详细的安全对策措施，为今后青岛市地下综合管廊运营的安全管理工作提供了参考依据。

8.2 建议

建议青岛市有关行政主管部门结合本文有关研究成果，编制行业安全生产监管标准规范，指导地下综合管廊运行维护单位开展安全管理工作，并加强监督考核，确保地下综合管廊的安全运营。

参考文献

[1] 朱嘉. 城市综合管廊安全风险辨识及评价体系研究 [D]. 重庆交通大学，2017.

[2] 王恒栋. 城市市政综合管廊安全保障措施 [J]. 城市道桥与防洪，2014.

[3] 翟瑞瑞. 城市地下综合管廊安全保障措施 [J]. 工程技术（引文版），2016.

[4] 陈超. 加强城市地下综合管廊安全管理的思考 [J]. 城乡建设，2015.

[5] 黎珍，尤英俊，杨光. 综合管廊内天然气管道的安全性探讨 [J]. 燃气与动力，2016.

[6] 陆瑞，鲍硕超，高建，田珈宁，上官丙鑫，刘永佳. 国内城市地下综合管廊发展方向及管理模式分析 [J]. 工程建设，2018.

[7] 李冠勋. 综合管廊安全运行维护管理思考 [J]. 价值工程，2018.

[8] 王兰华. 城市地下综合管廊现状及发展方向分析 [J]. 甘肃电力技术，2013

[9] 于晨龙，张作慧. 国内外城市地下综合管廊的发展历程及现状 [J]. 建设科技，2015.

[10] 钱七虎，陈晓强. 国内外地下综合管线廊道发展的现状、问题及对策 [J]. 地下空间与工程学报，2007.

[11] 李林峰. 地下综合管廊在城市建设中的运用研究及实践 [J]. 中国西部科技，2015.

[12] 王珏. 杭州城市地下管线综合管理研究 [D]. 浙江大学，2006.

[13] 白海龙. 城市综合管廊发展趋势研究 [J]. 中国市政工程，2015.

[14] 油新华. 城市综合管廊现状与发展趋势 [D]. 大连：大连理工大学，2015.

［15］《深圳市地下综合管廊管理办法（试行）》(深圳市人民政府令［2017］第296号).

［16］《厦门经济特区城市地下综合管廊管理办法》（2017年7月27日厦门市第十五届人民代表大会常务委员会第五次会议通过）.

［17］《南京市城市地下综合管廊管理暂行办法》(南京市人民政府令［2017］第319号).

［18］ 上海市城市综合管廊维护技术规程：(DG/TJ08-2168-2015［S］.

［19］ 河北省城市地下综合管廊建设技术规程：(DB13（J）/T183-2015［S］.

［20］《深圳市地下综合管廊工程技术规程》(SJG 32-2017［S］.

［21］《中华人民共和国安全生产法》（中华人民共和国主席令［2002］第70号，根据主席令［2014］第13号修订）.

［22］《山东省主体生产经营单位安全生产主体责任规定》（山东省人民政府令第260号，根据省政府令［2016］第303号第一次修订，根据省政府令［2018］第311号第二次修订）.

［23］《建设项目安全设施“三同时”监督管理办法》（国家安全生产监督管理总局令［2012］第36号，根据国家安全生产监督管理总局令［2015］第77号修订）.

［24］《山东省安全生产条例》(山东省人民代表大会常务委员会公告［2017］第168号).

［25］《关于明确党委政府及其部门安全生产监督管理职责的规定》(青发［2013］20号).

［26］《企业安全生产费用提取和使用管理办法》(财企［2012］16号).

［27］《生产经营单位安全培训规定》（国家安全生产监督管理总局令［2005］第3号，根据国家安全生产监督管理总局［2015］第80号令修订）.

［28］《特种设备作业人员监督管理办法》(国家质量监督检验检疫总局令［2011］第140号).

［29］《山东省安全生产培训管理规定（试行）》(鲁安监发［2006］81号).

［30］《工贸企业有限空间作业安全管理与监督暂行规定》（国家安全生产监督管理总局令［2013］第59号，根据国家安全生产监督管理总局令［2015］第80号修订）.

［31］《青岛市生产安全事故隐患排查治理办法》(青岛市人民政府令［2012］第225号).

［32］《生产安全事故应急预案管理办法》(国家安全生产监督管理总局令［2016］第88号).

［33］《青岛市生产安全事故应急预案管理办法》(青安监规［2018］2号).

［34］《青岛市城市地下管线管理条例》（2016年8月31日青岛市第十五届人民代表大会常务委员会第三十七次会议通过）.

［35］《青岛市人民政府关于组建青岛市政空间开发集团有限责任公司的通知》(青政字［2015］115号).

［36］《关于支持青岛市政空间开发集团有限责任公司开展工作的通知》(青政办字［2016］4号).

［37］《防雷减灾管理办法》(中国气象局令［2013］第24号).

［38］ 城市综合管廊工程技术规范：GB 50838—2015［S］.

［39］ 城镇综合管廊监控与报警系统工程技术标准：GB/T 51274—2017［S］.

［40］ 城镇燃气设计规范：GB 50028—2006［S］.

［41］ 城镇燃气设施运行、维护和抢修安全技术规程：CJJ51-2006［S］.

［42］ 爆炸危险环境电力装置设计规范：GB 50058—2014［S］.

［43］ 通信线路工程设计规范：YD5102-2010［S］.

［44］ 电力安全工作规程：GB 26859—2011［S］.

[45] 电力电缆线路运行规程》(DL/T1253-2013 [S].
[46] 电力系统光纤通信运行管理规程：DL/T547-2010 [S].
[47] 电力电缆分布式光纤测温系统技术规范：DL/T1573-2016 [S].
[48] 城镇供热管网设计规范：CJJ34-2010 [S].
[49] 城镇供热管网工程施工及验收规范：CJJ28-2014 [S].
[50] 城镇供热系统运行维护技术规程：CJJ88-2014 [S].
[51] 室外排水设计规范：GB 50014—2006，2014 年版 [S].
[52] 室外给水设计规范：GB 50013—2006 [S].
[53] 城镇排水管道维护安全技术规程：CJJ6-2009 [S].
[54] 城镇供水管运行、维护及安全技术规程：CJJ58-2009 [S].
[55] 建筑灭火器配置设计规范：GB J50014—2005 [S].
[56] 火灾自动报警系统设计规范：GB 50116—2013 [S].
[57] 企业职工伤亡事故分类：GB 6441—1986 [S].
[58] 建筑物防雷设计规范：GB 50057—2010 [S].
[59] 建筑工程抗震设防分类标准：GB 50223—2008 [S].
[60] 工业管道的基本识别色：GB 7231—2003 [S].
[61] 安全色：GB 2893—2008 [S].
[62] 安全标志及其使用导则：GB 2894—2008 [S].
[63] 生产经营单位安全生产事故应急预案编制导则：GB/T 29639—2013 [S].
[64] 生产安全事故应急演练指南：AQ/T9007-2011 [S].
[65] 生产安全事故应急演练评估规范：AQ/T9009-2015 [S].

第九篇
青岛市智慧管廊建设研究

PART 9

第1章　绪　　论

1.1　研究背景与研究目的

1. 研究背景

地下管线是城市的血管和脉络，管线的增容扩容不但造成了“马路拉链”现象，而且导致了管线事故频发。近年来，全国仅媒体报道的地下管线事故平均每天高达5.6起，每年由于路面开挖造成的直接经济损失高达2000亿元。为此，国务院办公厅于2015年发布了《关于推进城市地下综合管廊建设的指导意见》，并明确提出“推进城市地下综合管廊建设，统筹各类市政管线规划、建设和管理，解决反复开挖路面、架空线网密集、管线事故频发等问题”。国家发改委、住建部、财政部及各级政府部门也相继下发文件并制定相关政策大力推动综合管廊发展，并要求到2020年建成一批具有国际先进水平的地下综合管廊并投入运营。从此，全国各地都开始了大规模的城市地下综合管廊规划与建设，据统计，“十三五”期间，全国各地规划建设地下综合管廊高达8000公里以上，2016年底，全国有141个城市正在规划或建设城市地下综合管廊，我国地下综合管廊建设迎来了快速发展期。

2016年4月，青岛市正式入选国家第二批综合管廊试点城市，并确定2016～2018年建设17个地下综合管廊试点项目，建设长度55.7公里。自2016年开始陆续开工建设了21条，共计49公里的城市地下综合管廊。目前大部分管廊都已开工建设，并将陆续进入交付、运营阶段。此外，青岛市地下综合管廊的建设范围，涵盖市内七区（市南区、市北区、崂山区、李沧区、城阳区、黄岛区、即墨区）及莱西、平度两个县级市，而各区又分别负责辖区的地下综合管廊建设，不仅管廊建设分散，并且各个管廊工程项目的建设模式也各不相同。

目前青岛市试点管廊主要建设模式为PPP模式，城市综合管廊在PPP模式运维过程中，如果由社会企业直接运维，社会企业较注重经济效益，行政主管单位必须提供强有力的监管方式，并对相关对象进行考评，提高服务标准，发挥社会效益。针对青岛市特点，管廊运维应配套怎样的运维、监管模式并建立相对应的管廊运维监管平台，实现管廊经济、高效运行是城市管廊运维监管部门面临的重要问题。

因此青岛市政府需要尽快建立一套可行、完善的智慧管廊管理和运营机制，抓住机遇实现智慧管廊运维管理平台及运维模式的创新，建立具有创新性的管理体制机制。青岛市政府部门一直致力于城市地下综合管廊运维模式、监管模式研究，希望通过对青岛市智慧管廊系统建设相关领域成果的研究，指导青岛市因地制宜的建设城市地下智慧管廊系统。同时也为智慧管廊系统在全国范围内更广泛的应用、发展提供建设经验，起到良好的示范带动作用。

2. 研究目的和意义

本课题研究的主要目的是通过青岛市综合管廊试点项目建设及智慧管廊应用的实际，从城市级管廊监管平台、区域管廊信息系统、城市级管廊运维管理模式及运营机构三个方面总结智慧管廊系统在建设和应用过程中的经验和存在的问题，探寻青岛市智慧管廊运维管理模式和体制机制，力求在实践的基础上建立一套较为完善合理的管理体制。

本报告的理论意义在于丰富目前国内城市智慧管廊的理论研究体系，深化各方对智慧管廊系统建设的认识。本报告在实际应用中将对青岛市研究建立完善合理的智慧管廊管理体制机制，创新智慧管廊运维管理模式提供理论依据，为地方政府决策提供参考，为智慧管廊在全国范围内更广泛的应用、发展提供成功样板，起到良好的示范带动作用。目前国内在智慧管廊建设系统方面的研究大多集中在管廊智能化配套建设及统一管理软件平台建设，也有部分专家学者对智慧管廊的城市级运维监管及管理模式进行过研究，可以开拓视野，作为参考。

本研究报告主要针对青岛市地下综合管廊建设应用实际进行研究，具备良好的实践基础。另外青岛市智慧管廊的管理体制和运维模式等在目前阶段尚不完善，在工作实际中也迫切需要加紧推进这方面的工作，研究完善相关体制机制。因此本研究也可成为地方政府政策制定以及体制机制建设和创新的决策参考依据，具有较显著的实际应用价值和现实意义。

1.2 智慧管廊建设概述

城市地下综合管廊是统筹利用地下空间、提高城市综合承载力、改善人居环境的重大举措。其作为一种集合多种类型地下管线于一体的城市基础设施工程，担负着输送介质、能量和传输信息的功能，是城市赖以生存和发展的物质基础，是城市的“生命线”。智慧管廊是智慧城市中基础设施智能化的重要组成部分，地下综合管廊的智慧化建设水平是智慧城市发展水平的重要内容之一。

智慧管廊的概念源于智慧城市。继 2008 年提出“智慧地球”的概念之后，IBM 公司于 2009 年针对性发布了《智慧地球赢在中国》计划书，“智慧地球”“智慧城市”等新概念引起国内各界广泛关注。为此，我国从中央到地方各级政府高度重视智慧城市建设，许多城市将其作为发展重点并积极探索和试点。

按照 IBM 提出的智慧城市“3I”特征，智慧管廊应通过监控摄像机、传感器、移动和手持设备等形成“更透彻的感知”，通过宽带、无线和移动通信网络连接形成“更全面的互联互通”，通过高速分析工具和集成 IT 平台实现“更深入的智能化”(图 1-1)。

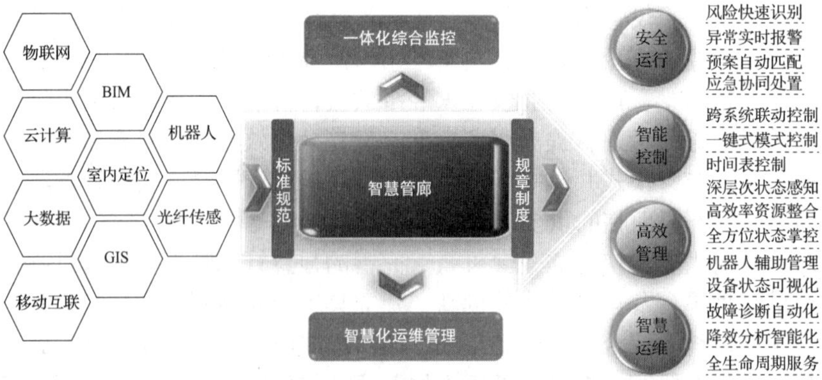

图 1-1　智慧管廊的建设理念

通常认为，智慧管廊是应用物联网、云计算、大数据、移动互联、室内定位、机器人、光纤传感等先进技术，对管廊进行全方位监测和集成应用，同时利用 BIM、GIS 等可视化技术进行展示，通过对管廊进行一体化综合监控和智慧化运维管理，达到管廊全生命周期安全运行、智能控制、高效管理、智慧运维的管理目标。

智慧管廊一体化综合监控是采用先进的计算机技术、通信技术、自动化控制技术，对管廊环境（有害气体、淹积水、温湿度、风机、水泵、照明）安全、人员安全（视频监控、出入口管理、人员定位、远程广播、应急通信）、入廊管线（电力电缆、给排水管线、燃气管道等）运行安全、管廊本体结构安全（应力、振动、沉降等）进行实时监控和管理，使管廊内设备设施运行状态、管廊环境状态处于受控状态，实现管廊的“自动化监控、智能化管理”。

智慧化运维是通过设备故障自动检测，一键报障以及维修全过程的监管和科学评价，结合移动运维终端、物联网、大数据分析技术，实现对城市管廊的信息共享、资源整合、精准管控和智能决策，并为管理者提供规范化、标准化、可监管、可追溯的管理手段。

智慧管廊从软硬件构成上，既包括前端管廊状态自动监测与远程控制的智能化设备，还包括后端功能完善的智慧管廊综合监控与运维管理平台软件。此外，为保障智慧管廊运行管理达到效果，智慧管廊还需要具备相应的运维管理模式、配套的标准规范和运行管理制度等管理体系的支持，从而实现管廊全生命周期、可视化、智慧化的运行管理。

目前，在智慧管廊建设方面，行业内普遍存在管廊内智能化设备配套不足，前端采集不全面、不完整，后端应用功能不完备，难以支撑管廊长期高效运行的管理需要等问题；由于城市地下综合管廊工程项目大多地理位置分散且分期建设，智慧管廊信息系统也缺乏顶层设计，智慧管廊在实际建设与运营过程中存在各自为营，标准不统一，信息无法共享，存在难以支撑城市级管廊运营管理体系，无法进行城市级管廊运行的统一监管，不利于提高城市综合管廊管理水平等难题。

而具备哪些功能的城市地下综合管廊才能称得上“智慧管廊”，“智慧管廊”应该配套建设哪些智能化设备，区域管廊信息系统应具备什么样的功能，智慧管廊运维管理模式和体制机制应该怎么建，智慧管廊体系架构应该怎么建设等也是智慧管廊研究的难点。

1.3　本文主要研究内容

城市地下综合管廊建设在我国是一个新生事物，它起源于欧洲，成熟于日本，近年来在我国得到了大规模、快速的发展。管廊内智能化系统的建设也从没有国家标准到国家标准逐步推出并不断完善，为实现综合管廊安全运营，管廊内部署了环境与设备（包括消防、通风、温控、供电、照明、监视与报警、排水、标识）、安全防范系统、火灾探测与报警系统、可燃气体探测与报警系统、通信系统、入廊管线监测系统等。

为提高管廊运营管理水平，行业内诸多厂家也提出了应用GIS、BIM、物联网、大数据、人工智能、机器人等先进技术，建立智慧管廊统一管理平台，实现管廊运行状态全面感知、设备远程可视监控并能辅助分析决策与应急处置的管理需求。但是在当前地下管廊建设投资压力大的情况下，如何因地制宜的建设智慧管廊系统，将成为本课题研究的一项重要内容。本课题通过对青岛市智慧管廊系统建设相关领域的研究，总结青岛市智慧管廊建设的成果，以指导青岛市因地制宜的建设城市地下智慧管廊系统，也为国内其他城市建设提供经验。

此外，要实现综合管廊安全运营，除了需要构建完整的综合监控与报警系统及管廊统一管理平台，同时需要配合相应的管理模式和制度法规，为智慧管廊的成功建设保驾护航，本课题将结合青岛市管廊建设现状，对青岛市综合管廊运维监管平台以及配套制度、运营机构的需求进行研究，并给出了可行的建议方案。

此外，青岛市正在开展城市级运维监管平台的建设，在城市级管廊运维监管平台建设中，将重点研究数据管理、运作模式等，解决目前智慧管廊在技术、协调难度或其他方面的困境，为城市级管廊运维监管提供可选方案。

第2章　国内外智慧管廊研究介绍

2.1　智慧管廊建设理念

2015年底，针对新时期的城市发展形势和人民的需求，中央网信办、国家互联网信息办提出了“新型智慧城市”概念。强调“创新、协调、绿色、开放、共享”五大发展理念，为城市发展赋予了新的内涵，为智慧城市建设提出了新的要求。新型智慧城市建设具有“六个一”的建设理念，即“一个体系架构、一张天地一体的栅格网、一个通用功能平台、一个数据体系、一个高效的运行中心、一套统一的标准体系”。

一个开放的体系架构：遵循体系建设规律，运用系统工程方法，构建开放的体系架构，通过“强化共用、整合通用、开放应用”的思想，指导各类新型智慧城市的建设和发展。

共性基础“一张网”：构建一张天地一体化的城市信息服务栅格网，夯实新型智慧城市建设的基础，实现城市的精确感知、信息系统的互联互通和惠民服务。

一个通用功能平台：构建一个通用功能平台，实施各类信息资源的调度管理和服务化封装，进而支撑城市管理与公共服务的智慧化，有效管理城市基础信息资源，提高系统使用效率。

一个数据体系：建立一个开放共享的数据体系，通过对数据的规范整编和融合共用，实现并形成数据的“总和”，进而有效提高决策支持数据的生产与运用，进一步提升城市治理的科学性和智能化水平。

一个高效的运行中心：构建新型智慧城市统一的运行中心，实现城市资源的汇聚共享和跨部门的协调联动，为城市高效精准管理和安全可靠运行提供支撑，更好对城市的市政设施、公共安全、生态环境、宏观经济、民生民意等状况有效掌握和管理。

一套统一的标准体系：标准化是新型智慧城市规范、有序、健康发展的重要保证，需要通过政府主导，结合各城市特色，分类规划建设内容和核心要素，建立健全涵盖“建设、改革、评价”三方面内容的标准体系。

而智慧管廊的建设理念是什么，目前业内没有一个统一的认识，对于其基本概念的界定也是众说纷纭。我们认为，智慧管廊建设是在新型智慧域市建设背景下所提出的一种建设理念，智慧管廊建设是新型智慧城市建设的必然产物。智慧管廊也是新时期新型智慧城市的重要组成部分，智慧管廊建设也应遵循新型智慧城市的建设理念，按照“六个一”的理念进行建设。

基于对新型智慧城市的认识，我们可以将智慧管廊的概念界定为智慧管廊是立足于城市地下综合管廊为建设对象，应用空间信息技术、自动化控制技术、云计算技术、建筑信息模型技术等新一代信息技术，实现城市地下管廊的规划、设计、建设、运营和维护等全方位的智慧化管理和运营（图 2-1）。

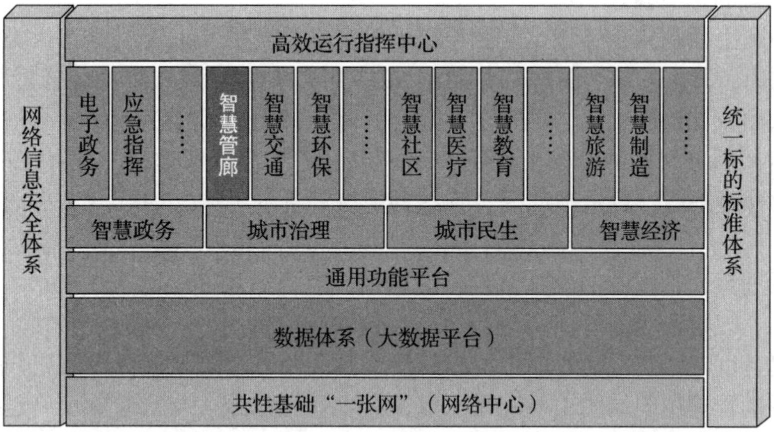

图 2-1　智慧管廊在新型智慧城市中的地位

智慧管廊建设除应遵循新型智慧城市的建设理念外，在实际建设过程中，还需要随城市管廊实际建设需求、建设规模、入廊管线种类的不同而进行适应性的改变。但无论如何改变都需要以安全、可靠为基本准绳，以智慧运行管理为主线，全面提升城市管廊的运营管理水平。

2.2　国内外管廊建设、运维情况分析

随着国内各城市综合管廊建设的逐步完成，其后期的运维管理成为当前普遍关注的问题。综合管廊的准公共产品属性，决定了其需要寻求一定的收益，这需要更合适、高效、创新的运维管理模式。综合管廊建设较早的国家，如：欧洲的法国、英国，亚洲的日本、新加坡，以及我国台湾地区，都已运行了数十年，具有较好的先进经验。而这方面的经验在国内较少，管理体系还比较模糊，近两年来，随着我国城市管廊试点建设，上海、厦门、苏州等地管廊建设与运营单位也对管廊建设、运维管理模式进行了有益的探索。

2.2.1　国外管廊建设、运维情况分析

国外综合管廊发展较好的国家及地区主要集中在欧洲、日本及新加坡等。各个国家和地区发展模式也大不相同，主要分为法国的议会听证制、日本的完善的法律规范模式、新加坡的“全生命周期”管理模式。

1. 法国议会听证制模式

1832 年，巴黎人结合巴黎下水道的富裕空间，开始建设世界上第一条综合管廊，综合管廊内容纳了自来水、通信、电力、压缩空气管道等市政公用管道。法国等西欧国家政府财政能力较强，将综合管廊归纳为公共产品，建设资金全部由政府负担，管廊建成后产权归政府所有，建成后由政府将管廊租给各管线单位使用，收取租费。因此法国的运维管理都是由政府进行操作，如巴黎设置了下水道管理局，负责综合管廊的运营维护工作，各市辖区按照属地原则分段管护地下管廊。

这种属于“业主自管”模式，业主既是产权方也是运营维护方，享受管廊的收益并承担管理成本。“业主自管”模式由于有政府最终承担费用，使得管廊对民众生活影响较小，能

较好维持其社会效益。

2. 日本完善的法律模式

日本因为国土面积狭小，城市化程度高的特点，造成城市非常拥挤，因此十分注重地下空间的综合利用。日本的综合管廊修建始于1958年，1964年颁布了《综合管廊实施法》，成为第一个在该领域立法的国家。根据法律规定，地下综合管廊成为道路的合法附属物，由公路管理部门负担部分费用的基础上开始长期大规模的综合管廊建设，并在1991年成立了专门的综合管廊管理部门，负责推动综合管廊的建设和管理工作。1981年末，日本全国综合管廊总长约156.6公里，到1992年达到310公里，目前已超过500公里。综合管廊的功能也随之不断发展进步，管廊内的设施从早期的通信、电力、煤气、给水、排水、工业用水等逐步增加了供热、废物输送等管道。建造地下综合管廊的费用，一部分由管线单位负担，一部分由道路管理者负责，其中管线单位负担的投资额大约占全部工程费用的三分之二。

日本的运维管理组织结构由政府牵头制定相关法律法规，综合管廊所在地方政府和管线单位通过招标的方式，由专业公司对综合管廊主体进行运维管理。管道科对综合管廊的运营进行监督管理，对运维管理公司进行考核。

为维护和保持管廊状态及运行处理，日本在综合管廊内设置了各种附属设备，并建立了中央监控系统进行这些附属设备运转、故障报警及各种异常报警的监视，保障管廊安全、稳定运行。

3. 新加坡的全生命周期模式

新加坡综合管廊运营情况在全球处于领先地位。新加坡综合管廊建设投资全部由政府承担，所有权归政府，运营方式采取收取运维费用，由运维单位提出收费额度，业主向管线运营商收取费用。对综合管廊全程、全生命周期的管理，是新加坡综合管廊管理的最大亮点，也是它得以安全、平稳运维，令管廊投资方获得最大收益的可靠保证。

（1）运维管理组织

新加坡的综合管廊建设，由国家发展部投资，市区重建局规划，由企业施工建设，并通过招投标确定运维公司（目前一直由CPG FM公司负责运维）。在运营管理架构上，业主（国家发展部）负责投资，筹建；市区重建局作为管理代表，负责行政和质量管理；运营单位负责实际运营，并与入廊单位打交道（图2-2）。

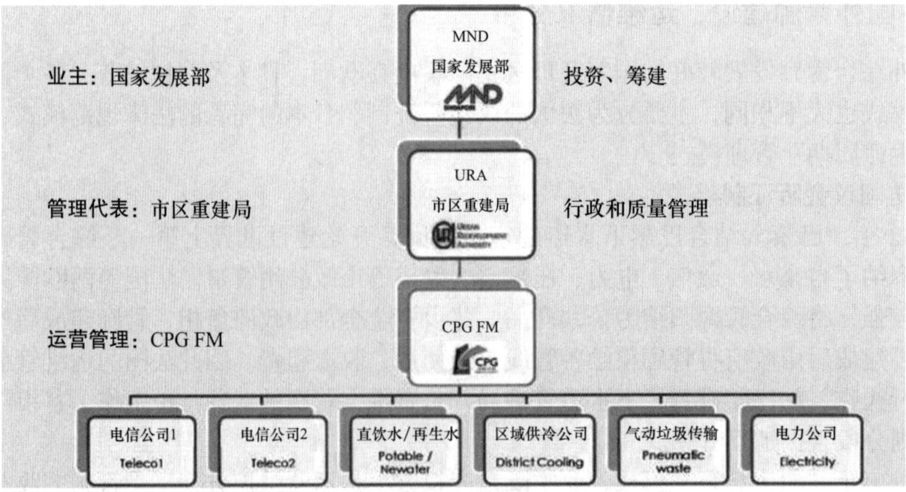

图2-2 新加坡管廊运维管理组织

其中，运营工作又可以由分包商和专业承包商进行具体的运维工作。分包商负责清洁服务、害虫防治服务、保安服务、建筑维修、机电设备维护；专业承包商负责呼叫中心、设备设施管理系统、发电机组、门禁系统、机械通风系统。

（2）运维管理办法

在管廊运维管理方面，CPG 公司对综合管廊进行了全过程、全生命周期的管理（图 2-3）。

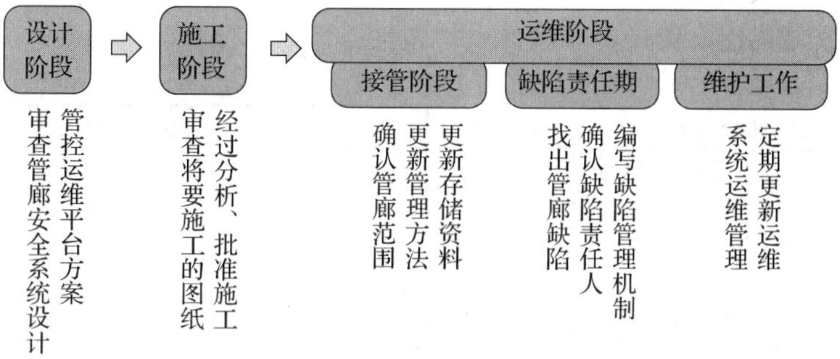

图 2.3 全过程、全生命周期运维

在设计阶段，CPG 公司就开始审查管廊安全系统设计、管控运维平台 IT 方案；在施工阶段审查将要施工的图纸是否符合设计，经过分析，批准施工；运维阶段又分接管阶段、缺陷责任监测期和维护工作。其中，在接管阶段，一般需要 2 ～ 3 个月时间进行运维接管工作确认管廊的范围，更新管理方法，更新存储的资料；在缺陷责任监测期，用 1 年的时间对管廊的缺陷进行检测，确定管廊有哪些缺陷，分清责任，并编写缺陷管理机制，通过专业化的运维，避免缺陷演变为事故。在维护阶段，开展系统的运维管理，并定期更新运维信息。

管廊的运维管理包括人员管理、设施硬件管理、软件管理三部分，均有标准流程手册进行指导和严格的考核机制作为保障。如《质量保证 SOP》和《主要通讯程序 SOP》是根本要求，《运营和维护 SOP》《计费与征收管理 SOP》《结构 SOP》《安全与健康和环境 SOP》《特殊程序 SOP》是支持系统。系统的、精细化的管理方法，有利于提前预测、排查、解决故障，延缓了设备、设施老化，延长了设备、设施的寿命，为投资方带来了更好的回报。

CPG 公司参与管廊安全设计方面，由于地下空间存在火灾、水灾、恐怖袭击、地下空间犯罪、污染及有毒化学品泄漏、供电故障等众多致灾风险，加之美国“9・11”恐怖袭击事件的发生，如何保障综合管廊的安全成为摆在新加坡政府和 CPG 公司面前的重要课题。国家发展局邀请 CPG 公司人员参与有关地下综合管廊的研发小组，并采纳 CPG 公司两大有关综合管廊在设计上的改进意见。

一个是管廊内安全的考虑。由于美国 2001 年发生了恐怖袭击事件，这种公共设施的安全措施显得尤为重要，政府负责部门邀请该公司帮助规划编写一个标准操作流程，其中包括有人操作管廊的安全措施和应对措施（包括软件和应急），以及操作人员出入管廊的各种安全考虑，建议在管廊内设置各种最新科技来 24 小时不停监控管廊内的状况。

第二个是保证管廊内操作人员安全措施的实时监控技术手段，保证管廊内工作环境的安全水平。由于有人在内操作综合管廊的操作流程比无人管廊的操作流程要复杂得多，而且通风口、安全口逃生梯、工作人员办公室、廊内空气质量等在设计阶段就必须确定，经过综合细致的考量和研究，CPG 提出需要使用实时内环境监控软件和随身携带空气探测器，以确保管内操作人员的安全。

（3）运维管理模式优势

新加坡采取“全生命周期”运维管理模式，运维单位从设计咨询开始便参与管理，对整个综合管廊的建设情况十分熟悉，能准确掌握各功能，有助于提高综合管廊运维管理。“全生命周期”模式最大程度地避免了在综合管廊的建设管理中浪费资源的情况，通过高效的运维方式节省公共资源，保障社会效益。

（4）智慧管廊建设情况

新加坡综合管廊内配套的硬件、软件系统包括：

硬件 Hardware	软件 Software
通风系统及空气质量检测系统 开关设备组件 低压配电系统 灯具 备用发电机组 播音装置 内部通信系统 闭路电视 感应卡门禁系统 消防系统	设备设施管理系统 自动呼叫 / 短信报警系统 无线通信系统

该综合管廊自2004年投入运维至今，软件系统已接近10～15年的生命周期，近年来随着新加坡智慧城市建设的兴起，自2014年起，CPG FM公司与大学机构联手进行智能管廊运维平台的研究和探索。

该智慧平台是一个高度自动化的系统，从操作人员进廊前的保安工作到入廊后的人员追踪，都可用闭路电视或传感器了解他们的行动且能自动分析报警。运用人工智能闭路电视分析仪，此闭路电视分析仪适用于管廊内所有一般的摄像头，如果摄像头拍摄到任何廊内工作人员不正常的活动情况或者超过其工作活动范围，闭路电视分析仪可以立即分析并报警，监控室内工作人员可以立即做出反应。这样既可以保证廊内工作人员的安全也可以保证管廊内不会发生任何违规的行为。另外，还运用装有探测头和GPS定位系统的自动飞行器进行管廊日常巡查，此飞行器不受天气限制且可以设定飞行路程，使管理人员足不出户就能完成日常巡查，而且此飞行器上的探测头还可以进行智能拍摄，检测到管廊周围有异常能自动报警，使管理人员在最短的时间了解管廊安全状况并能立即做出适当的反应。

此外还将现有的管廊维护管理系统软件不断升级，建立具有分析能力的集成运营平台，将建筑信息模型（BIM）应用于物业管理、开发手机APP进行移动化运维、建设能源管理（区域能源使用量、平均每人能源使用量等）系统实现管廊的绿化节能；利用大数据分析进行设备设施预防性诊断。利用传感器、机器人等技术节省能源的同时，又可以提高效率。通过智慧管廊升级建设，确保管廊能在最少人力资源下，保持正常运营，保障整个城市公共事业的可靠运行。

2.2.2 国内管廊建设、运维情况分析

国内综合管廊建设最早可追溯到1958年，但真正意义上的综合管廊建设是从1994年上海浦东新区修建的张杨路综合管廊开始的。2014年国办发27号文《关于加强城市地下管线建设管理的指导意见》出台以后，我国开始大规模建设城市综合管廊。其中，国内有代表性的厦门、苏州、上海管廊建设及运维情况如下。

1. 厦门模式

厦门市作为全国首批试点城市，连续两年绩效排名全国第一，在管廊建设维护过程中，探索形成了“规划有统筹、建设有标准、管理有制度、资金有来源、运营有保障”的厦门模式。

（1）运维管理组织

厦门综合管廊的运维管理组织结构，以市长任组长的厦门市地下综合管廊建设工作领导小组是城市综合管廊建设的总负责单位；厦门市市政园林局作为综合管廊的行政主管部门，负责具体工作的落实，实行综合管廊的监管工作、绩效考核、日常工作指导；厦门市政管廊投资管理公司是厦门市综合管廊的投资建设运营维护管理公司，旨在推动管廊建设运营专业化和跨区域发展。

（2）运维管理办法

市政园林局作为厦门市综合管廊的行政主管部门，主要行使行政职能。在运维管理方面，参与编制了多项法律条文，包括《厦门市城市综合管廊管理办法》《厦门市城市下综合管廊运营维护管理考核办法》《厦门市地下综合管理运营维护补助资金管理办法》及《厦门市城市地下综合管廊有偿使用收费标准》（试行），这些法律条文构成了综合管廊运维管理的基础。同时市政园林局对运维单位（管廊公司）进行考核，以政府的角度行使监督权，确保公众有效权益。管廊公司是综合管廊运维管理的实施单位，对综合管廊的运维管理起直接作用，公司主要进行运营和维护两方面的工作。

（3）运维管理特性分析

厦门市的组织管理机构是国内目前采用较多的模式，其投资单位也是运营维护单位，这种模式近似于新加坡的“全生命周期”管理体系，信息衔接通畅，能有效掌握整个综合管廊的信息。同时运营和维护是一家，容易与管线单位沟通，方便后期的维护管理。

（4）智慧管廊建设情况

为解决管廊智能化系统各自独立建设、分期建设导致标准不一、数据完整性不够等问题，厦门提出了建设城市综合管廊智慧管控运营服务平台的理念。

1）综合管廊管理模式及平台逻辑架构

综合管廊管理模式上，分行业监管部门、运营管理公司、区域监控中心、本地管理站四级管理模式（图 2-4）。

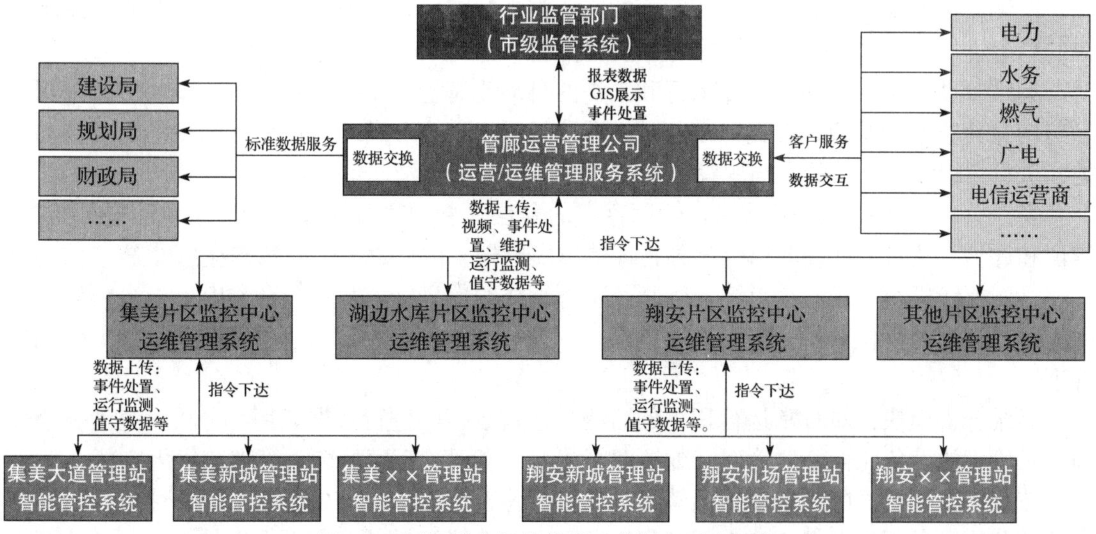

图 2-4　厦门城市智慧管廊运营服务平台架构

在软件平台建设上，针对每个片区和本地管理站部署一套统一的机电一体化智能管控系统，满足各片区、管理站现场监控与现场处置的需要；在管廊运营管理公司部署一套城市综合管廊运营运维服务系统，满足管廊运营管理公司和管线单位进行全市管廊运营、运维管理的需要；基于城市综合管廊运营运维服务系统汇聚的数据，通过数据提取、汇总、统计，定制城市级监管系统应用，满足行业监管部门进行监管工作、绩效考核、日常工作指导的需要（图 2-5）。

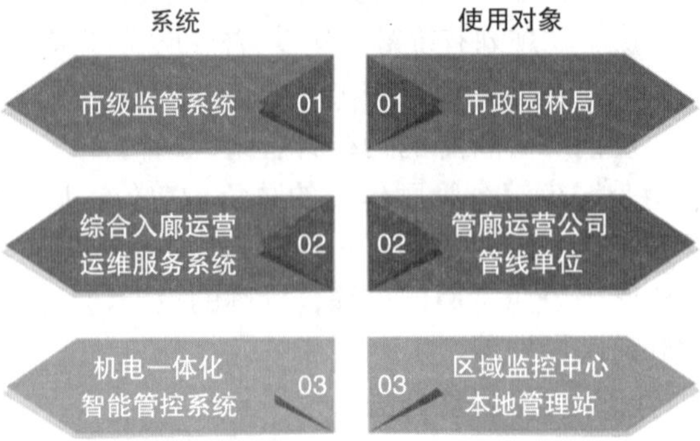

图 2-5　各级系统对应的使用对象

厦门市通过构建“综合管廊智慧管控运营服务平台”，统筹全市综合管廊的运营维护管理，实现物联感知、数据融合、资源共享、智慧应用等各层数据互联互通（图 2-6）。

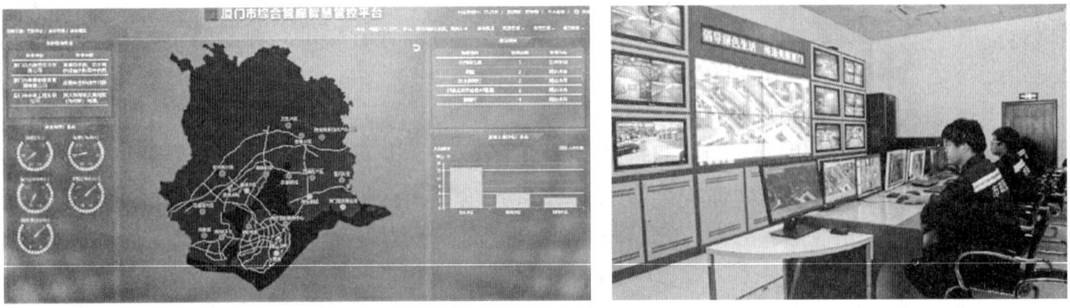

图 2-6　厦门市综合管廊智慧管控平台及监控指挥中心

该平台包括监测监控、运维管理、安全管理、管廊管线及运维分析五大模块，对全市综合管廊的设备运行、运行维护、应急指挥等实现了智慧化统一管理，有效提高了综合管廊的管理水平。

监测监控模块：实时显示综合管廊的当前设备状态、环境监测状态；第一时间对现场存在的隐患进行预警，有效提升管廊的可视化管理。

运维管理模块：实现对管廊运行和维护的自动化管理。动态显示巡检人员轨迹，采用人工与信息化技术相结合，辅助人工智能（巡检机器人）的方式；对存在的问题平台可自动分类，进行后续维护工单派发与跟踪。同时建立了综合管廊资产信息库。

安全管理模块：实时显示综合管廊存在的安全隐患，对可能存在的安全风险进行监控、辨识和评估，及时、准确向综合管廊管理单位发出告警信息，提示有效的应急处置。

管廊管线模块：建立全市综合管廊及入廊管线的信息资料库；结合 GIS 系统分析管线入廊的路径和廊内管位分析；实现入廊申请、审批、合同、有偿使用、年度收费、预警流程化管理。

运维分析模块：对日常运行积累的监测、运营数据库进行数据调用、分析、统计；全过程记录管廊的设备能耗、故障率、维护率等数据，实现对管廊的统一管理和优化控制。

厦门市综合管廊的投资建设运营维护管理公司作为全市唯一的管廊投资、建设、运营与维护单位，通过顶层规划，建立了城市级智慧管廊建设运维的“四个一”体系，包括一套标准规范体系、一套支撑环境体系、一套业务功能体系、一套对外服务体系，为从下到上一贯式的城市智慧管廊综合监控、运维、运营与监管体系奠定了基础。

2. 苏州模式

苏州市作为全国首批 10 个地下综合管廊试点城市，历时三年，完成了桑田岛、城北路、澄阳路、太湖新城启动区和太湖新城二期 5 个综合管廊项目的建设，并有序推进管线入廊工作，其管廊建设、运维管理情况如下。

（1）运维管理组织

苏州市地下综合管廊工作领导小组是总负责单位，由市长担任组长；苏州市市容市政管理局作为市行政主管部门，明确综合管廊建设管理的安全责任主体、监管主体及违法行为的查处机制，市地下管线管理所负责具体相关事宜的推进。

在投资、建设、运营及维护方面，苏州市较厦门市复杂，苏州各区综合管廊的投资建设并非同一单位，投融资建设方式也不同。一是在市区范围内的综合管廊由苏州城市地下综合管廊开发有限公司（以下简称“管廊公司”）负责综合管廊投资、建设、运营及维护管理工作，并获得由政府授权的 25 年特许经营权，其建设、运维情况与厦门市相似。二是工业园区的桑田岛综合管廊由苏州工业园区地产经营管理公司投资建设，由中新苏州工业园区市政物业管理有限公司（以下简称“中新物业”）进行运营管理。综合管廊的维护工作由专业物业公司进行维护管理，物业公司由中新物业招标产生。

（2）运维管理办法

苏州市区内的综合管廊运维管理模式与厦门的相似，故不再做分析。工业园区的特点在于运营与维护管理进行了分割。由专业的物业公司对综合管廊进行管理，不参与运营方面内容，物业按照合同内容执行相关工作，业绩受中新物业监管考核。中新物业作为运营单位，主要负责管线的入廊及收费管理，监管考核物业公司的维护管理业绩，同时受行政主管单位监管。

（3）运维管理特性分析

苏州市综合管廊的建设管理模式多，市区内的综合管廊采用 PPP 模式建设，管廊公司由苏州城投公司控股，水务、供电等参股。后期运营维护管理由管廊公司负责，通过 25 年的特许经营权，收取管线单位的入廊费来回收投资成本，同时收取运营维护费来维持日常维护费用。管廊公司的运营可以发挥一定市场运营的积极性，提高入廊管线的业绩，这种模式充分发挥综合管廊的准公共产品的属性，有效减少政府的财政压力。与此同时，由于管廊公司未将运营和维护分开，其运营所带来的收益得到提高，但维护所产生的消费仍属于公司内部消耗，具有一定的消极性。

工业园区内建设的桑田岛综合管廊仍属于政府直投，其产权也属于国有。中新物业不是投资单位，作为运营单位其缺少一定的运营积极性，难以实现财政收入，其日常运营费用主要来自于政府的补贴。桑田岛综合管廊运维管理过程具有特色的是将运营和维护分开，维护工作通过招标，由专业维护单位实施，实现“管养分离”。这充分发挥了市场积极性在维护工作的作用，降低维护成本，同时通过考核保障综合管廊的安全高效运营。

（4）智慧管廊建设情况

管廊公司设立了“苏州城市地下综合管廊开发有限公司运营分公司”，按照两级运维架构模式，在城北路设立苏州地下综合管廊市级指挥监控中心，在各片区建立片区级监控中心，实现了片区级至市级两级运维管理，并通过建立苏州综合管廊智慧运维管理系统，同步建立全面的监控、感知系统，实现了市级指挥监控中心与片区级监控中心的一体化的运维管理（图 2-7）。

图 2-7　苏州地下综合管廊市级指挥监控中心

作为苏州试点管廊的亮点，其正在建设一套监控苏州全部管廊的统一运营平台，准备将所有数据全部接入，充分展现“综合监控、运维管理、势态感知、应急指挥、安全预警”的五大功能。

3. 上海模式

上海模式是管廊由政府部门直接委托物业公司管理，即政府建政府管。如世博会的管廊已移交上海市浦东新区环境保护和市容卫生管理局管理，市政管理局又委托第三方单位上海电器科学研究所进行管廊的运维工作。安亭新镇的管廊也由市政主管部门委托专业公司管理。

上海世博会、安亭新镇地下综合管廊建设较早，并且都是独立运行，其管廊智能化配套建设及监控与报警平台相较当前智慧管廊系统建设无出彩之处。

目前上海一共有三个综合管廊建设试点区，分别位于临港地区、松江南部大型居住社区和普陀桃浦及真如地区。其中松江南部新城规划管廊总长度 24.7km，总投资约 35 亿元，为上海最大规模的综合管廊试点工程。其一期工程总长 7.4km，2018 年建设完成并实现管线入廊和试运行。该管廊施工建设过程中引进 BIM、视频监控与航拍、VR 仿真模拟等技术手段，做到安全施工、高效管理，为绿色文明工地插上“智慧”的翅膀。该项目提出了智慧综合管廊的概念，让综合管廊的监控与报警系统成为综合管廊的“鼻子”和“眼睛”，确保综合管廊安全。自来水压力、电缆发热情况、管廊排水系统是否有积水、管廊空气质量等指标都通过管廊内传感器被实时在线监测。依靠信息化技术，将构建统一的综合管廊集成智能化运营管理平台，建立综合管廊日常和应急状态下的安全保障技术。

2.3　国内管廊建设、运维面临的问题分析

厦门、苏州、上海等城市依据各自城市管廊建设、运维的特点，建立了独具城市特色的管廊运维管理模式。同时，其在智慧管廊建设、运维过程中都面临以下问题：

（1）各区域管廊智能化系统各自独立建设、存在管廊前端智能化系统建设内容不统一，分期建设导致标准不一、数据完整性不够等问题，面临如何针对每个区域部署统一的管廊监控与运维管理信息系统，满足区域管廊现场监控与运维管理的问题。

（2）各城市管廊面临如何通过顶层规划，建立从下到上一贯式的城市智慧管廊综合监控、运维、运营与监管平台，既能满足行业监管部门进行监管工作、绩效考核、日常工作指

导问题；又能满足各区域管廊监控与运维管理的问题。

（3）针对各城市管廊不同投资主体的实际情况，面临应建设怎样的运维和监管模式，既能充分发挥市场积极性在维护工作的作用，降低维护成本，又能通过考核保障综合管廊的安全高效运营问题。

2.4 青岛市管廊超前性研究及发展方向

青岛市高度重视智慧管廊的建设，针对国内管廊建设、运维面临的问题，结合青岛市智慧管廊建设的特点、难点，青岛市管廊运维、监管组织特点及试点项目运维、监管的实际需求，对智慧管廊的未来发展进行了超前性研究，取得了丰硕的成果。本课题将重点从运维管理模式及运营机构、区域管廊监控与运维管理系统、城市级管廊监管平台三个方面进行研究：

（1）青岛市授权各区市建管局、新区管委负责辖区管廊投资、建设、运营工作，同时授权青岛市政空间集团代表政府进行管廊的投资、运营、监管、运维工作，针对该特点对青岛市管廊运维管理模式及运营机构进行研究。

（2）目前青岛市各管廊试点项目存在管廊智能化系统建设缺乏顶层设计，建设标准不统一，平台建设多，重复投资和管廊运行监管难等问题，本课题将对区域管廊信息系统建设及标准进行研究。

（3）青岛市各区市管廊采用不同的投融资模式，具有不同的社会资本，存在管廊运营及运维单位多，难以监管的问题；本课题重点通过城市级管廊运维监管平台研究，为城市管廊监管部门提供有效的监管手段。

第3章　青岛市智慧管廊建设概况

3.1 青岛市综合管廊建设概况

青岛是国内较早开展城市地下综合管廊研究与建设的城市之一，早在2004年，就组织以青岛市政院为主的课题组进行了研究，并在辽阳西路、山东路大胆尝试，在中央分隔带设置综合管廊，同时在辽阳西路入廊了电力管线，在山东路入廊了电力、通信管线，并配套了照明设施。

2008年青岛高新区胶州湾北部园区正式开工建设，提供了综合管廊建设的试验田，青岛高新区用3年时间建成了50km综合管廊，并实现了电力、通信、热力、给水、再生水五种管线入廊运行，管廊内配套了环境与设备、安防、消防、通信、供热管线泄漏监测与阀门远程控制等智能化设备。为青岛市城市地下综合管廊的建设、运维管理积累了有益的经验。

2016年，青岛市作为综合管廊试点城市，制定了《青岛市地下综合管廊专项规划（2016～2030年）》，按照规划，“十三五”期间青岛市计划新建地下综合管廊93.7km，至2030年新建地下综合管廊195.7km。并计划在三年内，完成李沧区、高新区、西海岸新区、蓝色硅谷核心区、胶东新机场五个区域规划建设试点项目 21 个，总长度 49km，截至 2019 年年底，试点项目已全部建成并投入使用。

在城市管廊管理方面，青岛市成立了以市长为组长的地下综合管廊建设工作领导小组，领导小组办公室设在市城乡建设委，并由市建委综合管廊办公室具体负责综合管廊的日常管理。为推进城市地下综合管廊建设，青岛市政府授权各试点区市政府作为地下综合管廊试点 PPP 项目实施机构，组建管理架构，编制、审核、批准试点项目 PPP 方案，组织招投标、社会资本（或投资、设计、施工联合体）招标采购，监督 PPP 项目公司设立、融资管理、绩效监测、评估，组织办理相关手续、组织项目建设实施、移交等工作。青岛市管廊从组织管理方面，具有青岛市、各区市、各区域管廊单位三级管理的特点。

此外，青岛市政府授权青岛市直企业青岛市政空间开发集团作为地下综合管廊建设试点项目的出资代表，与社会资本方合作成立 SPV 公司，参与城市管廊的投资建设；并授权青岛市政空间集团承担全市地下综合管廊维护管理工作。为此，青岛市政空间开发集团成立了青岛市政空间综合管廊投资运营有限公司进行管廊的投资建设，并成立青岛市政空间城市物业管理有限公司，承担全市地下综合管廊建成后的运维、监管职责。

各区市试点项目管廊牵头单位、建设单位情况如下：

项目名称	牵头单位（部门）	建设单位	项目模式
蓝色硅谷管廊	青岛蓝谷管理局	青岛蓝谷管理局	PPP 项目
李沧区安顺路管廊	李沧区建管局	李沧交通商务区建设办公室	PPP 项目
中德生态园管廊	中德生态园管委规划建设局	中德联合集团有限公司	PPP 项目
黄岛区贡北路管廊	黄岛区城建局	中国建筑中建筑港	PPP 项目
黄岛区海口路管廊	青岛海洋高新区管委	青岛海洋高新区管委	PPP 项目
黄岛区江山路管廊	黄岛区城建局	黄岛区城建局	政府投资
青岛高新区管廊	高新区建设局	高新区建设局	PPP 项目
胶东国际新机场管廊	胶东机场建设集团	胶东机场建设集团	政府投资

其中，江山路管廊和胶东国际新机场管廊是由政府投资的管廊，其他 PPP 管廊项目均由青岛市政空间开发集团作为地下综合管廊建设试点项目的出资代表，与社会资本方合作成立 SPV 公司进行建设、运营。

青岛市还出台了《青岛市城市综合管廊工程建设技术导则（试行）》《关于我市地下综合管廊试行有偿使用制度的指导意见》《地下综合管廊建设资金管理暂行办法》《青岛市综合管廊建设考核评价暂行办法》《青岛市人民政府办公厅关于加快地下综合管廊建设的实施意见》《青岛市财政局地下综合管廊及海绵城市建设 PPP 项目运作组织管理办法》《关于进一步明确地下综合管廊运营维护管理职责的通知》等一系列规章制度作为青岛市地下综合管廊建设的依据，分别从政策、技术、法律法规等方面对综合管廊规划、建设、运营管理提出相应要求，为综合管廊的长远发展提供了强有力的保障。

3.1.1 各区域管廊建设情况

1）蓝色硅谷综合管廊试点项目

蓝色硅谷综合管廊项目由青岛蓝谷管理局为牵头和建设单位，项目位于包含山大东路（滨海大道—山大东路）综合管廊、山大南路（滨海大道—泰安街）综合管廊、硅谷大道（规划九号线—鹤山路）综合管廊、滨海公路（尼姑山路—新民河）综合管廊 4 个综合管廊工程。

蓝色硅谷综合管廊项目试点段设计长度 8.445km，包含单舱、三舱、局部四舱结构，入廊管线包含给水、电力、通信、中水、燃气、热力、污水等。

2）安顺路综合管廊试点项目

李沧区安顺路综合管廊由李沧区建管局为牵头单位，李沧交通商务区建设办公室为建设单位，全长约 10km，项目分 6 段建设实施，其中汾阳路—衡阳路段为管廊试点城市项目，全长 0.77km。管廊为四舱结构，入廊管线包含电力、通信、热力、燃气、给水输水、给水配水、污水等。

3）中德生态园综合管廊项目

青岛西海岸新区中德生态园园区综合管廊试点项目由青岛中德生态园管委规划建设局牵头，由中德联合集团有限公司建设，该项目为政府投资的 PPP 项目，共包含 3 个子项目，中德园区四号路（珠宋路 – 纵七路）综合管沟工程、生态园十七号综合管廊工程、中德创新产业园纵七路道路综合管廊工程，设计长度 3.5km。包含双舱和四舱结构，入廊管线包含给水、中水、热力、污水、电力、通信等。

4）海口路和贡北路综合管廊

海口路地下综合管廊由青岛海洋高新区管委牵头、建设，试点段位于青岛海洋高新区海口路，西起滨海大道，东至凤凰山路。试点段管廊总长度 1.63km，主要为两舱管廊，纳入综合管廊的管线有给水、再生水、电力、通信、热力五类管线。

5）董家口经济区贡北路综合管廊试点项目由黄岛区城建局牵头，PPP 项目中标单位中国建筑股份有限公司与中建筑港集团有限公司联合建设，项目位于贡北路，平行道路中心线敷设，位于道路红线外北侧 20 米绿化带内。干支线主管廊全长 12.8km，支线管廊长 395 米，包括双舱、三舱、四舱结构。规划入廊管线有给水、再生水、污水、热力、天然气、110kV 电力、10kV 电力、通信 8 种管线。

6）江山路前湾港路交叉口地下综合管廊

江山路前湾港路交叉口地下综合管廊试点项目位于青岛经济技术开发区北部区域江山路与前湾港路交汇处，由黄岛区城建局牵头建设，该管廊全部由政府投资，全长 1.4km。其中江山路综合主线管廊长约 652k，主线管廊采用三舱及两舱断面形式，前湾港路综合管廊主线管廊长约 756k，主线管廊采用三舱及两舱断面形式。规划入廊管线有给排水、中水、通信、电力。

7）高新区综合管廊试点项目

高新区规划西 1 号线综合管廊试点项目位于规划西 1 号线高新区西片区，是一条南北向的城市主干路，南起规划经二路，北至河东路，全长约 4.5km。本试点项目南起规划经二路，往北依次与规划路 1、规划路 2、规划路 3、规划路 4 相交，北至火炬路，全长约 923m，主要为五舱结构，入廊管线包含给水、电力、通信、热力、燃气、中水、污水、雨水 8 种管线。

8）胶东国际机场综合管廊试点项目

青岛胶东机场综合管廊项目由国营单位青岛胶东机场建设集团自筹资金建设，总长度约 19km，主要包含双舱、三舱、四舱结构，入廊管线包含给水、电力、通信、热力、燃气、中水、污水等。该管廊属于全国首个结合地铁、高铁、公交零换乘大型构筑物组织建设的综合管廊项目，其中工作区综合管廊依托主要道路进行建设，总长度约 11.6km，航站楼综合管廊依托大型构筑物进行建设，总长度约 3.6km，飞行区综合管廊依托跑道进行建设，总长度约 3.8km。

3.1.2 各区域管廊智能化配套建设情况

青岛市各区市管廊采用不同的投融资模式，具有不同的社会资本，各单位管廊内配套的智能化系统配套建设标准、建设内容、智能化系统完善程度不一。通过调研，目前青岛市各管廊智能化系统的配套建设情况可分为三类：

1）按照《城市综合管廊工程技术规范》（GB 50838—2015）的建设标准，进行管廊智能化的配套建设，如蓝硅管廊、安顺路管廊。对监控中心的监控与报警管理、运维管理和应急管理均没有建设，等待运维单位统一安排。

2）在《城市综合管廊工程技术规范》（GB 50838—2015）建设标准基础上，参考《城镇综合管廊监控与报警系统工程技术标准》（GBT 51274—2017）的建设要求，管廊内配套无线AP及移动终端，基于无线AP实现对入廊人员的实时定位和轨迹管理，基于无线网络和移动终端，实现无线通信及移动化运维。监控中心平台软件规划建有综合监控、应急管理、运维管理功能，能够提高管廊的运维管理效率，如：海口路、贡北路管廊、江山路管廊和中德生态园管廊都规划了这些功能，但由于需要增加建设投资，部分项目虽已招标，还需要进一步的资金变更审批。此外，高新区综合管廊还建设了检修车道，准备纳入检修车，为后期管线入廊提供便利。

3）在按照国标规范建设要求基础上，应用BIM、GIS、物联网等先进技术，满足管廊日常监控与运维管理需求的需要，实现了专业管线监控系统的对接，实现了与专业管线单位的信息共享应用。

如青岛胶东机场管廊，所有入廊管线都建立了地理信息系统，并将给水、再生水、热力专业管线的检测数据（压力、流量、温度等）接入到管廊的监控平台，在管廊监控平台能够对管线状态进行实时监控，出现异常时还可对管线阀门进行控制。胶东机场管廊还利用设计、施工阶段的BIM模型，开发了基于BIM的运维管理系统，大大提高了管廊可视化、精细化管理水平。另外，胶东机场管廊在智能井盖方面，也有自己的特色，其智能井盖除具备助理井盖的功能外，井盖外边还加装了机械锁和门禁锁，门禁锁由平台统一进行授权，实现了井盖安全开启的双保险。

各单位智能化配套系统建设（说明：尚未完成建设的主要参考监控与报警系统设计图纸、已招标的按招标文件技术方案）情况如下：

智能化设备		设备小类		蓝硅	安顺路	中德生态园	贡北路海口路	江山路	高新区	新机场
1	环境监测	1	温度传感器	✓	✓	✓	✓	✓	✓	✓
		2	湿度传感器	✓	✓	✓	✓	✓	✓	✓
		3	氧气传感器	✓	✓	✓	✓	✓	✓	✓
		4	H2S 传感器		✓	✓	✓	✓	✓	✓
		5	液位传感器	✓	✓	✓	✓	✓	✓	✓
		6	CH4 传感器		✓	✓	✓	✓	✓	✓
		7	热力舱分布式光纤温度			✓	✓		✓	✓
2	控制设备	8	水泵	✓	✓	✓	✓	✓	✓	✓
		9	风机	✓	✓	✓	✓	✓	✓	✓
		10	照明	✓	✓	✓	✓	✓	✓	✓
		11	供配电设备	✓	✓	✓	✓	✓	✓	✓

续表

智能化设备		设备小类		蓝硅	安顺路	中德生态园	贡北路海口路	江山路	高新区	新机场
3	安防设备	12	摄像机	✓	✓	✓	✓	✓	✓	✓
		13	入侵报警器	✓	✓	✓	✓	✓	✓	✓
		14	门禁系统	✓	✓	✓	✓	✓	✓	✓
		15	电子巡查	✓离线式	✓离线式	✓离线式	✓在线式	✓离线式	✓离线式	✓在线式
		16	电控井盖			✓	✓			✓
		17	人员定位		✓	✓	✓			✓
4	火灾探测	18	烟感传感器	✓	✓	✓	✓	✓	✓	✓
		19	温感传感器	✓	✓	✓	✓	✓	✓	✓
		20	手动报警	✓	✓	✓	✓	✓	✓	✓
		21	感温电缆式火灾探测器							
		22	分布式光纤火灾探测器	✓	✓	✓	✓	✓	✓	✓
		23	防火门控制器		✓	✓				✓
5	可燃气体	24	可燃气体监测		✓	✓	✓	✓	✓	✓
6	管线检测设备	25	光纤传感（管线泄漏监测）				✓热力管线			✓热力管线
		26	压力传感器							✓
		27	温度传感器							✓
		28	流量传感器							✓
		29	阀门状态及开关控制							✓
7	管廊本体检测	30	沉降传感器							
		31	应变传感器							
8	通信系统	32	无线 AP		✓	✓	✓	✓	✓	✓1.8G 数字无线集群
		33	光纤电话	✓	✓	✓	✓	✓	✓	✓
		34	无线通信	✓	✓VOIP 手机	✓VOIP 手机	✓VOIP 手机	✓VOIP 手机	✓VOIP 手机	✓专用终端
		35	音视频调度				✓海口路			
9	可视化平台	36	GIS 平台			✓	✓	✓	✓	✓
		37	BIM 模型							✓
10	运维工具	38	移动终端				✓	✓	✓	✓
		39	机器人							
		40	巡检车						✓	
11	监控中心平台软件	41	监控与报警	等待运维公司统一建设	等待运维公司统一建设	✓(未招标)	✓(已招标)	✓(已招标)	✓(未招标)	✓建设中
		42	应急管理			✓(未招标)	✓(已招标)	✓(已招标)	✓(未招标)	✓建设中
		43	运维管理含运维 APP			✓(未招标)	✓(已招标)	✓(已招标)	✓(未招标)	✓建设中

3.2 青岛市智慧管廊建设需求分析

智慧管廊建设需要满足管廊运营管理单位、专业管线单位和政府监管部门三方面的需求，同时通过配套的标准规范、规章制度、运营架构和运维管理模式，实现管廊安全、高效、经济运行。其中管廊运营管理单位主要关注区域管廊的综合监控与运维管理需求，政府监管部门主要关注城市级管廊运维监管的管理需求。

3.2.1 运维管理模式及运营机构的需求

要实现综合管廊安全运营，不仅需要构建一个完整的运行监管系统，同时需要配合严密的管理制度设计和专业的管理执行团队，需要建立高效的运维管理体系、完善的标准规范。建立适应青岛市实际情况的运维管理模式及运营机构、制度规范，成为当前迫切需求。

3.2.2 城市级（区市级）管廊运行监管的管理需求

城市级管廊运行监管核心需求是汇聚全市各区域管廊运行状态及运维、应急信息，实现城市管廊整体运行、运维情况的集中监管和指挥调度，解决城市级管廊运行监管和考核评价需求。由于青岛市各管廊内智能化系统建设标准、建设内容不统一，管廊交付后运维管理手段不一致，为城市级管廊运行考核带来了挑战。需要对其数据管理、运作模式等进行研究，解决目前智慧管廊城市级监管方面的技术问题。

3.2.3 区域管廊综合监控与运维管理需求

区域管廊综合监控与运维管理，主要是满足管廊运营管理单位的管理需求，需要对管廊内安防、通信、环境监测等进行智能化系统配套基础上，采用信息化手段，实时掌握管廊运行状态，并与专业管线单位、政府监管部门保持互联互通，为管廊的安全运行、维修维护、运营管理提供保障，其业务需求，主要包括综合监控、应急管理、运维管理和运营管理4大核心业务。

综合监控业务，主要完成综合管廊日常运行监控、各类异常报警的核实、处理。主要包括环境与设备监控、火灾自动报警、安全防范、管线监控、设备联动控制、报警管理、报表管理等工作，由监控中心监控人员完成。其核心需求有两个，一是能够实现管廊全方位的监测，二是能够实现异常事件的快速发现、准确定位、快速处置。

应急管理业务，主要完成管廊内应急处置事件的管理，在突发事件下，快速启动应急预案，有效调度应急资源，辅助应急决策，实现应急事件的快速、科学处置、减少事故损失。其核心需求有三个，一是预案快速生成，能够针对所有应急场景制定预案，每种应急场景形成标准化的处置流程；二是通过智能化的手段辅助救援指挥调度；三是能够与城市应急平台接入，与110、120、应急办等互联互通。

运维管理：主要完成管廊日常巡检、检修和保养，对采集的信息、发现的问题及时上传、快速处理，实现管廊运维的全过程闭环管理。同时通过移动化设备，辅助运维管理，提高管理效率。其核心需求有三个，一是实现准确、快速的故障检测与定位，二是发现故障后，进行高效的维修管理；三是故障处置完毕后，对维修全过程进行监管和评价，提升运维保障能力。

运营管理：主要完成入廊业务申请、审批、费用核算、合同管理、资产管理等。需要通过信息化手段为运营单位提供技术支撑，推动管廊运营实现高效、规范化管理。其核心需求是实现各种运营业务信息化、智能化，通过业务的规范化、流程化，减少运营成本，提高综合效益。

目前青岛市各试点项目在区域管廊综合监控与运维管理方面，迫切需要建立全市智慧化系统的配套标准、业务处理标准、数据标准和接口规范，解决全市管廊智能化系统的顶层设计和标准规范等问题。

3.3　运维管理平台建设研究

3.3.1　城市级管廊管理模式研究

1. 城市级管廊监管模式

（1）总体管理架构

创新城市级地下综合管廊运维监管模式，建立三级中心（城市级管廊运维监管指挥中心、区市级管廊运维监管中心、区域级监控中心）、三级管理（城市级、区市级、区域级）的运维监管架构，实现城市管廊一体化、集约化、高效化管理（图 3-1）。

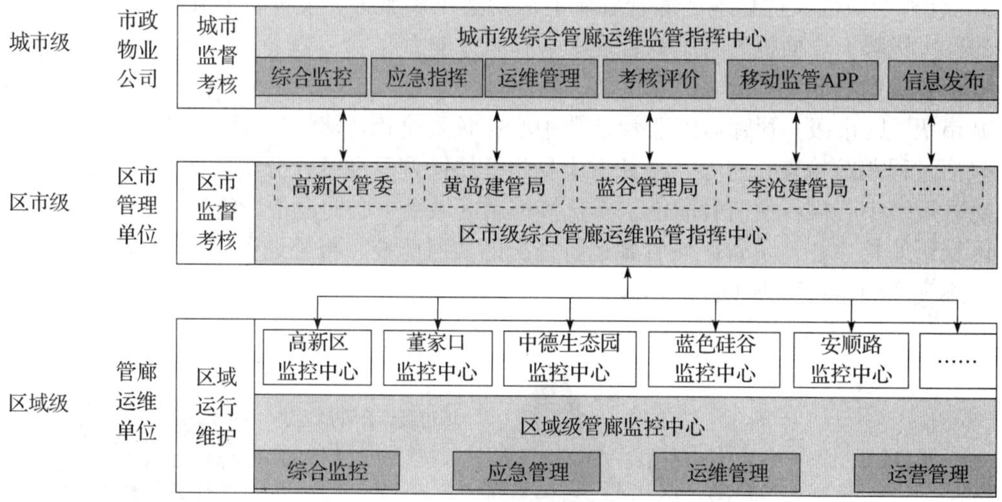

图 3-1　三级中心、三级管理运维监管模式

鉴于城市管廊建设初期，各区市管廊试点项目规模比较小，区市级管廊监管单位及人员配置尚不成熟，可先建立两级中心、三级管理的监管模式，对全市城市管廊运行情况进行整体监管（图 3-2）。

建立城市级管廊运维监管模式，能够为城市管廊运行管理带来以下效果：

1）有利于对管廊建设与运维管理进行顶层设计，为其集约化、高效化运营维护管理创造良好的条件。

通过顶层设计，统一规划，可在建设期形成前端采集全面、完整，后端应用功能完备的城市级管廊运维管理体系。

2）有利于强化管廊运维监管单位的管理地位，增强与管线单位协同的话语权，加快管线入廊、促进经营工作。

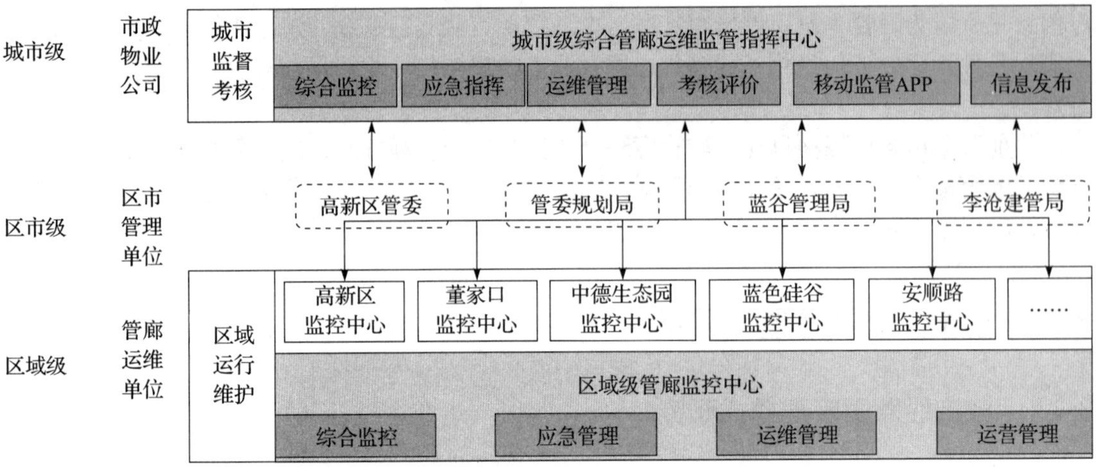

图 3-2　两级中心、三级管理运维监管模式

利用城市级管廊监控与运维监管平台，将管廊及其容纳的管线所有需要监控的因素汇集于同一系统内，实现管线运行和管廊监管有机融合，能够形成管廊与管线系统高效的运维管理效果。

3）有利于规范及优化地下综合管廊的后期运维和服务，发挥智慧化在城市综合管廊运维中的巨大优势，全面提升管廊的管理水平和服务能力。

（2）各级中心职责划分

城市级（区市级）管廊运维监管指挥中心：负责全市（辖区）管廊总体运维情况监管功能，包括过程跟踪检查、督办、考评、应急指挥协同调度和统计分析等职能。城市级中心原则上对区域级中心仅行使监管职能，不直接控制区域级中心的设备设施。

区域级监控中心：负责区域管廊运行情况的实时监控、报警处置、设备运维等，也就是完成管廊现场的运行管理（图 3-3）。

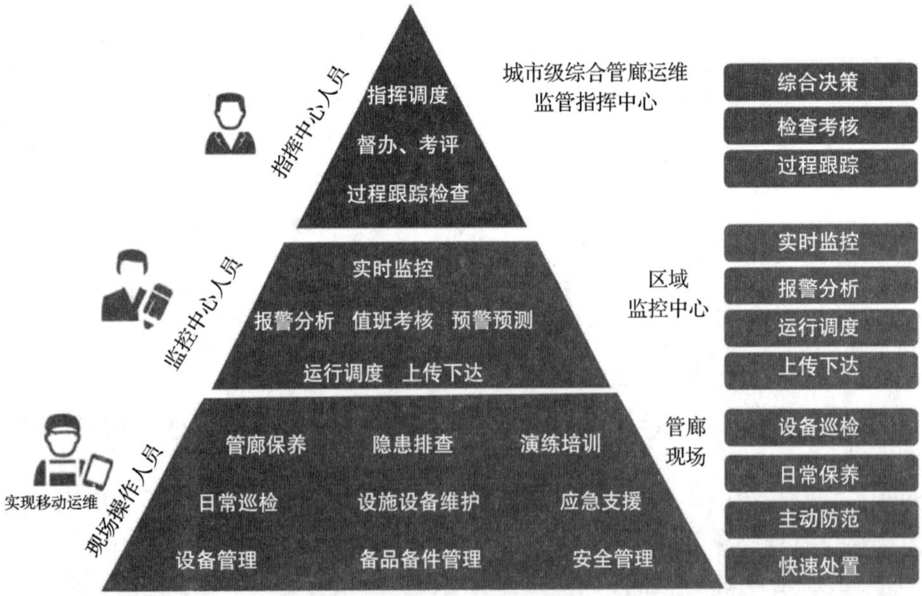

图 3-3　各级指挥、监控、管理人员职责

2. 城市级管廊运维模式

（1）多模式结合的管廊运维模式

青岛市城市地下管廊各 SPV 公司具有不同的社会资本，若任由 SPV 公司自行确定运维队伍，由于 SPV 公司投资方自身缺乏管廊运维队伍、管廊运维经验及运维管理监督经验，运维队伍的选择与管理不仅费时费力，而且运维服务队伍技术参差不齐，运维质量难保障；管廊运维队伍多，导致城市级运维监管力量分散，管廊运营安全难保障。因此，非常有必要建立专业化的管廊运维服务队伍，参与城市管廊运维服务。

按城市运维服务队伍参与管廊运维管理程度不同，城市级管廊运维服务可分为三种模式：

模式一：仅代政府监管，不参与管廊具体运维

适用范围：PPP 管廊移交政府前、已有专业运维服务队伍的现状管廊。

如青岛高新区管廊、青岛胶东机场管廊有独立的运维队伍单位；未来平度市、莱西市较远，管廊运维队伍如当地自行组建，城市级管廊监管部门仅行使监管职责。

模式二：既履行监管职责，又参与管廊运维

适用范围：由政府出资的新建管廊、PPP 管廊移交政府后、PPP 管廊运营期愿意交由专业运维团队代运维。

优点：易推行标准化、规范化运维管理；运维队伍稳定、专业，运维质量有保障。

据了解，目前青岛市各 PPP 项目均有意向管廊建成后委托青岛市政空间集团代运维。

模式三：集约化运维管理模式（管廊、管线同时运维）

欧洲、新加坡均采用管廊与管线同时运维的集约化管理模式，该模式可实现管线运行和管廊管理有机融合，可解决管廊、管线分属管理带来低效、应急响应效果打折扣问题。而目前国内尚无一个综合管廊项目建立了具备集约化运维管理的机制，但类似综合管廊的工业或民用设施的集约化管理早已在市场上自然形成，比如城市地下商城运维管理、矿井生产管理等都是由一个部门统一负责。随着城市管廊运维管理模式、城市级管廊运维监管平台、城市级运维服务队伍的建立、运行机制和经验技术的成熟，该模式作为远期目标未来可期。

（2）全生命周期运维及监管

目前，青岛市在管廊运维及监管方面，存在管廊运维监管部门对管廊移交前的设计、施工监管能力不足，验收交付无标准、建设与运维脱节，运维接收工作被动等问题，对管廊后期的运维和监管带来诸多问题。主要表现在以下几个方面：

一是 SPV 公司建设单位只关注管廊建设，对管廊运维考虑甚少，或其本身也不清楚如何运维，对后期运维难以形成有力支撑。如市政空间进行管廊运维对接时，对管廊交接前运维管理方面的设计、建设等情况不熟悉，而 SPV 公司及建设单位对管廊内运维配套建设情况、档案资料情况也说不明白，管廊建设与运维管理脱节严重。

二是 SPV 公司内虽有政府出资代表，但代表人因经验、能力所限，对管廊设计、施工过程智能化系统的建设监管能力不足。

三是当前市政空间集团在竣工、移交前才参与对接，对管廊缺陷进行检测，并对管廊交付情况进行评估，由于管廊验收交付无标准，同时管廊建设情况已成事实，此时运维单位对管廊内存在的问题、缺陷只能被动接收，对管廊后期的运维管理带来诸多问题。

鉴于此，建议青岛市建立全生命周期的运维及监管机制，运维单位能参与到管廊规划设计、施工建设、竣工交接、运行维护的全流程管理中。运维单位将项目交接验收、运维过程中发现的问题、总结的经验，及时导入到规划设计中，并全程对设计、施工形成有力监管，

为后期运维、监管形成有力支撑（图 3-4）。

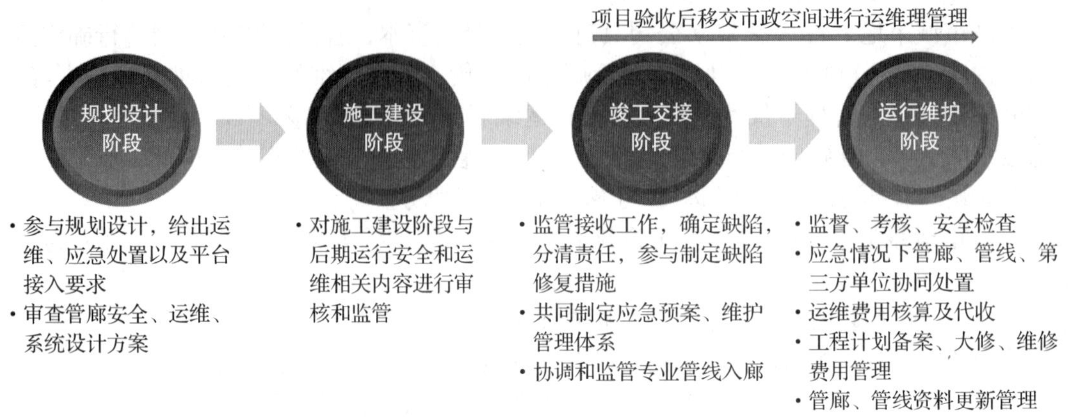

图 3-4　全流程、全生命周期运维

运维单位全生命周期参与的工作可包括：

规划设计阶段：参与规划设计，给出运维、应急处置以及平台接入要求；审查管廊安全、运维、系统设计方案。

施工建设阶段：对施工建设阶段与后期运行安全和运维相关内容进行审核和监管。

竣工交接阶段：监管接收工作，确定缺陷，分清责任，参与制定缺陷修复措施；共同制定应急预案、维护管理体系；协调和监管专业管线入廊。

运行维护阶段：监督、考核、安全检查；应急情况下管廊、管线、第三方单位协同处置；工程计划备案、大修、维修费用管理；管廊、管线资料更新管理。

（3）专业化的运维服务队伍

为发挥资源共享和专业化优势，逐步培养城市级管廊运维服务队伍，通过资源集中管理、统一调配、共享共用，对区域管廊形成有力支撑。各专业队伍平时可按属地驻守管廊现场或城市级中心，根据现场任务、需求进行统一调度。

专业化的安全队伍：包括安全管理总工、安全管理骨干。可远程制定安全管理方案、进行安排评估、安全隐患解决方案及日常的安全培训及管理工作。

专业化的技术队伍：包括土建、机电类技术总工、技术员等，远程根据管廊现场情况进行技术分析、诊断，并给出技术方案，能够指导现场操作。

专业化的维修队伍：各类维修技术骨干人员，按维修任务，进行管廊专业化维修，包括智能化系统的维修技术人员。尤其是管廊大修、保养等，可以派遣专业的维修人员进行处理。

专业化的应急队伍：包括不同类别的应急处置专家、应急车辆、管廊专用应急装备等应急资源。在发生应急事件时，可以快速调动专业化的队伍及应急资源进行现场快速处置。

（4）对接应急办平台的应急协同体系

城市地下综合管廊的应急管理是一项涉及多级结构、多个单位、多种专业的复杂活动。其涉及管廊运维单位、管廊监管单位、管廊内各专业管线单位、应急办、110、119、120 等的协同联动。

国标也要求统一管理平台应具备将综合管廊管线信息和综合管廊运行安全信息上传至相关管理部门信息平台的功能，但在实践中，由于管廊应急是新生事物，城市各应急联动部门均尚不清楚如何进行管廊应急协同，各地管廊均存在管廊统一管理平台与 110、120、119 等应急联动部门对接难的问题（图 3-5）。

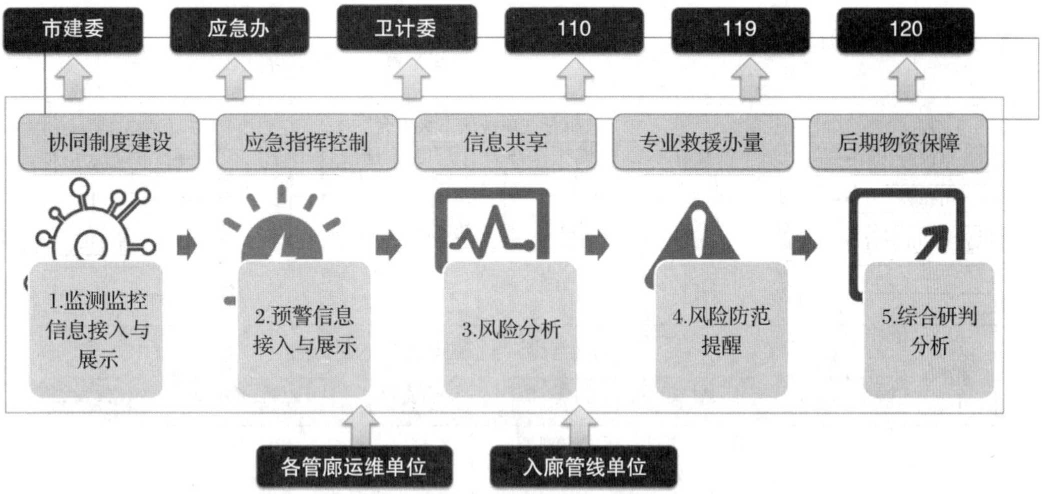

图 3-5　城市级管廊应急联动部门

目前，青岛市应急管理部门正在打造“区市两级协同联动，数据互通”的新一代城市应急指挥平台体系，已经建成了青岛市应急指挥管理平台和黄岛区、崂山区两个区的应急指挥平台。基于青岛市应急指挥平台，实现城市级（区市级）管廊运维监管平台、区域级管廊监控平台与青岛市应急办平台、各区市应急办平台的对接，可解决各级管廊平台与应急办、110、120、119 等城市应急联动部门的应急协同问题，形成具有青岛特色、实现多级结构、异地分布、跨职能部门的城市管廊应急协同处置体系（图 3-6）。

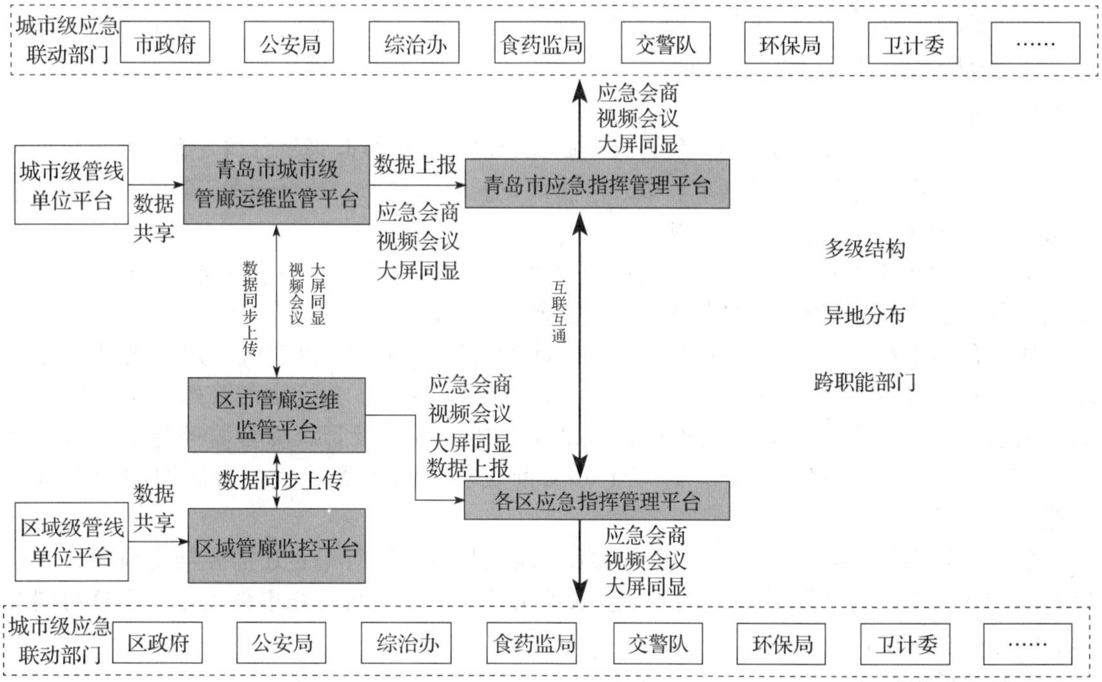

图 3-6　城市级管廊应急联动体系构建

3.3.2 城市级（区市级）管廊运维监管平台研究

1. 总体技术架构（图 3-7）

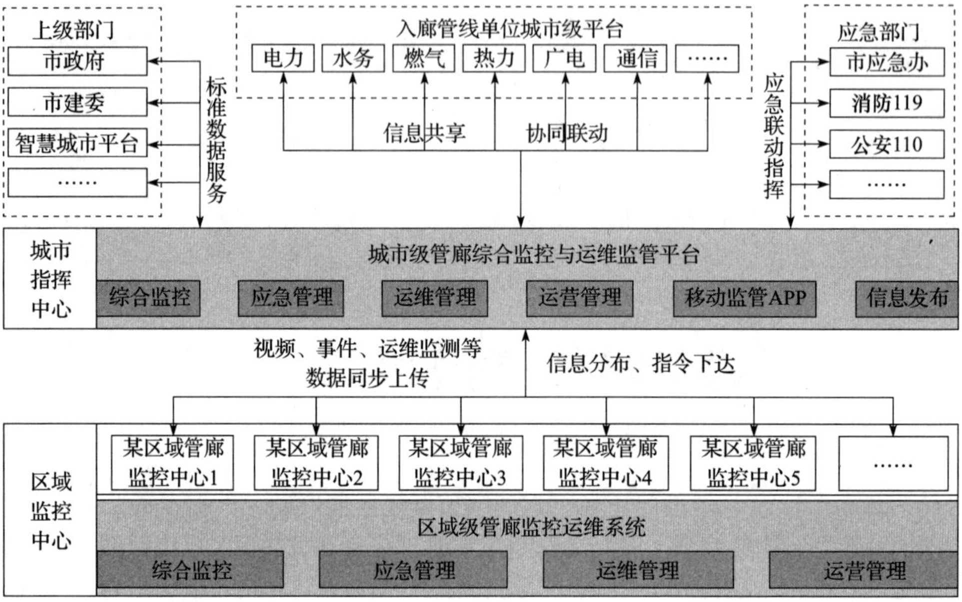

图 3-7 平台总体技术架构

平台与各区域监控中心的对接：城市级管廊综合监控与运维监管平台能够汇聚全市各个区域监控中心区域级管廊监控运维系统的视频数据、实时数据和业务数据，实现视频、事件、运维监测等数据的同步上传，同时城市级管廊综合监控与运维监管平台能够对各区域级管廊监控运维系统进行信息发布和指令下达，实现对各区域管廊现场的控制。如：视频摄像头的控制等。

平台与入廊管线单位的对接：城市级管廊综合监控和运维监管平台与入廊管线单位城市级平台之间能够实现管廊信息共享，以及应急情况的协同联动，减少管廊、管线分属管理带来低效、应急响应效果打折扣等问题。

平台与上级部门的对接：城市级管廊综合监控与运维监管平台与市政府、市建委、市智慧城市平台之间通过标准数据服务的方式，实现信息的共享。

如：管廊工程项目勘察、规划、立项、建设都归市建委（如青岛市建委公共事业管理处一公用事业工程建设管理中心）管理，管廊工程项目移交给城市管廊运维监管单位前的所有资料，都在市建委的工程项目管理系统中，城市级管廊综合监控与运维监管平台可与市建委平台对接，共享管廊竣工移交前资料，满足管廊全生命周期的档案资料管理。

平台与应急部门的对接：城市级管廊综合监控与运维监管平台还需要与市应急办、市110、市 119、市人防办等对接，建立应急联动指挥机制，实现应急事件上报、应急协同会商、应急指挥调度等。

2. 平台建设模式

城市级管廊综合监控与运维监管平台的建设，主要有以下两种方案：

方案 1：标准统一，即统一城市级平台及区域级平台的对接标准。

特点是每个工程项目按此标准建立区域级运维平台，通过统一标准接入市级平台。

方案 2：平台统一，即全市城市、区域共用一套平台。

平台可复制、易扩展，有利于将城市级管廊运维管理技术标准固化到平台软件中，实现管廊应急、运维处置的标准化、规范化。同时可以减少各个区域级管廊平台的建设成本，但是不利于各区域管廊平台的个性化运行管理。

针对青岛市管廊试点项目建设情况，可采用两种方案相结合的方式，由区域级管廊单位选择采用平台软件建设模式。

3. 平台软件结构及功能

平台包括 6 大功能模块，满足市政空间物业公司对管廊运维单位综合监管、信息共享、上传下达、统计考核的需要；满足与专业管线和 110、120、119 等第三方单位对接的需要；满足与政府上级职能部门的管理需要（图 3-8）。

各模块主要功能描述：

（1）综合监控

通过基于 GIS 的全方位、一体化、可视化展现方式，帮助城市管廊监控人员全面、准确掌握全市各管廊现场运行动态和各个环节的运行情况，提高管廊综合监管能力。

主要包括以下功能模块。具体功能如下：

1）GIS 监控：能够可视化的查看全市管廊整体运行情况，还能够按权限下钻到每个管廊，查看每个管廊每个系统详细的运行状态。

2）报警管理：具有分级报警提醒、报警处理跟踪记录功能。当管廊发生异常事件时，能按照报警级别实时发送给中心监控人员和相关领导，便于各级监管人员及时掌握事件状态及进展。

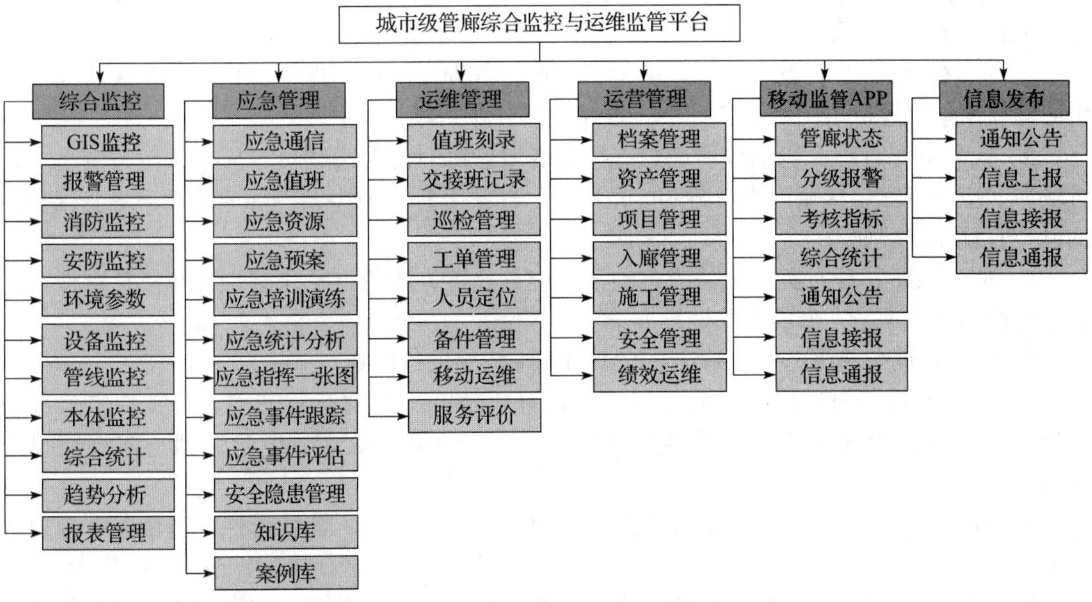

图 3-8　城市级管廊运维监管平台功能结构

3）消防监控：能集成火灾报警系统，发生火灾时，能实时查看火灾实时状态，调取相近的摄像头查看火灾现场信息，还能够进一步调取应急处置功能，跟踪现场救援情况。

4）安防监控：包括入侵报警、视频监控、门禁管理、井盖管理、人员定位五方面的防护，城市级监管人员不仅能及时掌握管廊外部人员入侵情况，管廊内部检修、维修、维护人员分布情况，还能够通过视频监控值班人员情况，实现对管廊和人员的有效监管。

5）环境参数：能够对管廊内环境参数实时监控，第一时间获取环境参数异常事件，避免二级中心瞒报、漏报事件发生；同时通过事件处置时间的评价，也能对二级中心起到督查作用，督促二级中心及时处置异常，做好运维服务。

6）设备监控：对通风系统、排水系统、照明系统、供配电系统运行状态进行监控，掌握其运行状态，并对其维修、保养记录进行跟踪，实现运维质量的考核。

7）管线监测：通过与各专业管线单位对接，及时掌握各专业管线会影响到管廊本体安全或其他专业管线安全运行的信息，以及管线单位的异常处置情况，提高对专业管线单位的考核和监管能力。主要包括电力电缆、燃气管线、供水管线、供热管线、雨污水管线、通信线缆等管线运行状态的监控。

8）本体监测：能够对全市管廊本体健康情况进行实时监控，掌握其应力变化、沉降变化情况，监督区域中心及时处置，避免管廊事故发生。

（2）应急管理

针对不同应急事件、级别编制电子化的处置预案，应急事件发生时，能快速启动，展示事件标准化处置步骤，一键通知，快速处置。

一级中心监管人员能通过应急指挥一张图、应急处置跟踪功能实时查看应急事件进展情况，及时准确的掌握被困人员情况、现场破坏程度、蔓延情况、现场环境情况、救援力量分布、救援物资等信息。事后能够依据事件处置过程记录，对事故原因进行还原、评估、追责，并形成案例库，经验总结，避免事故的再次发生。

主要包括以下功能：

1）应急通信：包括与城市级110、120、119、应急办等对接的通讯录，并能实现一键拨号功能；

2）应急值班：对一级中心应急值班情况进行管理，应急事件发生后，能够快速与二级中心建立应急处置机制，协同二级中心做好应急事件处理。

3）应急资源管理：包括政府应急办、各区域管廊对应应急物资、应急队伍与装备、避难场所、应急专家、区域内人口分布、危险源、防护目标、典型案例和应急知识等基础数据的分类管理和维护业务。

4）应急预案管理：实现相关应急预案、应急处置方案的电子化管理，在应急事件发生后，能快速匹配预案，形成应急处置方案。

5）应急培训与演练：对日常应急培训与演练情况进行监管。

6）应急统计分析：提供对应急工作统计分析功能，帮助应急管理人员掌握应急准备情况，加强应急管理。其中包括事件类型统计、应急资源统计、应急培训与演练情况统计等。

7）应急指挥一张图：应急事件发生后，通过应急一张图，辅助指挥人员快速掌握现场情况。

8）应急事件跟踪：一级中心能够实时跟踪应急事件处置情况，实现对应急事件的全局动态掌握。

9）应急事件评估：应急事件处理结束后，能够对整个应急过程通过应急评估模型进行分析评价，主要包括应急组织体系、应急能力、处置效果、灾害损失的综合评估，能生成评估报告，为完善应急预案提供支撑。

10）案例库管理：应急评估结束，并形成案例库，供学习和分析，提高应急处置和防范能力。

11）安全隐患管理：对管廊周边存在的安全隐患（危险源）进行识别，出现异常时，通过管廊周围的风险隐患管理，及时采取预防措施，保障管廊安全。

（3）运维管理

主要对各二级中心运维情况进行监管，提高运维服务质量，保障管廊平稳、安全运行。

1）值班记录：能够查看、掌握每条管廊每天的值班人员情况、值班记录情况。

2）交接班记录：能够查看、掌握每个管廊每天交接班记录情况。

3）巡检管理：能够查看每个管廊的巡检方案、巡检任务安排、巡检过程执行情况，实现对巡检情况的有效监管。

4）缺陷管理：对设备自动监测、现场巡检、中心轮巡等发现的设备故障进行记录和处置跟踪。

5）工单管理：能够对发现的各类请求进行全流程跟踪管理，以便尽可能快地完成故障修复，保证系统正常运行。包括工单分配、工单处置和完工验收等。

6）备件管理：能够对备件出入库、备件库存情况进行查询和监管。

7）服务评价：能够对服务保障、服务能力、服务效果、服务过程进行全方位监管，通过完善的服务评价指标体系，满足不同角色、服务过程各环节全面监管评价的需要。

此外，还能够对各区域管廊日常运营情况进行监督和考评。尤其是对重点工程项目、重点施工、重点工作进行监管，如安全管理、绩效检查等。

1）绩效考核管理：进行各管廊日常维护工作的检查、督办和考评，促进地下综合管廊运营维护的规范化、精细化。

2）能够进行以下四个方面的考评：

①日常监督考评：每日远程平台巡查、现场巡查情况考评；

②定期联合考评：定期集中进行联合互检互查考评；

③社会监督考评：将社会公众、服务热线、新闻媒体曝光等社会反映的问题纳入考评；

④基础工作考评：按照考评细则内容进行检查，确定考评结果；

（4）运营管理

通过数据综合分析，各级管廊监管人员能及时、直观、精准的掌控全市管廊运维总体情况，快速定位关注点；还能够按权限下钻到每条管廊，查看每条管廊每个系统详细的运行状态，实现对管廊全过程跟踪检查、督查，提高管廊综合监管能力。

1）考核指标：包括每日不同等级应急事件分布情况、设备完好率、维护及时率、投诉情况、客户满意度等，便于高层监管人员直观、精准的掌控全市管廊运维总体情况，快速定位关注点。

2）综合统计：对全市各个管廊报警事件、能耗计量、消防、环境异常、维护、值班、应急等情况进行统计，使中高层监管人员实时、全面掌握全市每个管廊的总体运行情况。

3）趋势分析：对管廊运行状态进行趋势分析，分析其长期运行发展变化规律，以便总结问题并改进维护措施，提高管廊运维效率。

4）报表管理：对全市各管廊运行情况进行自动汇总、自动形成统计报表，及时、准确掌握相关信息。

（5）运维监管 APP

通过移动监管 APP 的分级授权管理，使各级监管人员能够随时随地的关注、查看管廊运行状态、分级报警通知、考核指标、综合统计、通知公告、信息接报、信息通报情况，及时掌握全市管廊运行态势，快速决策，提高监管效率。

例如，分级报警 APP 功能，当管廊发生异常事件时，能按照报警级别实时发送给中心监控人员和相关领导，便于各级监管人员及时掌握事件状态及进展。

（6）信息发布

主要实现城市级中心信息发布、信息共享和上传下达等功能。主要包括通知公告、信息接报、信息通报、信息上报四个功能。

1）信息接报：突发事件的信息接收与审核，信息合并，信息报告、领导批示、联动相关部门处理，并根据情况上报上级政府应急办，对突发事件、相关接报信息综合查询与统计分析等业务。

2）信息通报：将各二级中心发生的安全事故情况、检查考核结果情况进行发布，共享给各个单位，通过学习减少同类事故发生。

3）信息上报：主要与管廊主管部门市建委以及智慧城市等对接，按照职能部门要求，完成城市级管廊运行、运维情况的信息上报。

4. 平台实现效果

（1）全方位、一体化管廊运行监管

平台具有全市管廊整体运维态势总揽功能，通过各单位绩效考核排名、告警响应及时率、系统完好率、服务闭合率、管廊发生的实时报警和异常事件等的实时监控，实现对全市管廊全方位、一体化的运行监管（图 3-9）。

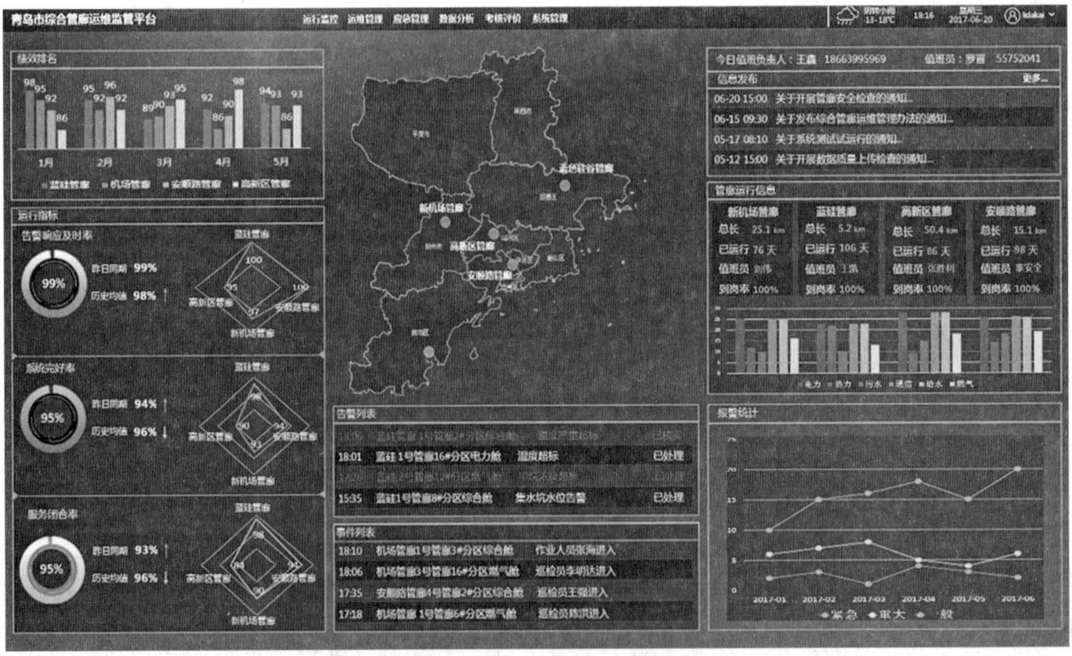

图 3-9　城市级管廊运维监管画面

平台还具有下钻功能，能够进入到某条管廊，实时查看该管廊的运行状态。并能够以

GIS 地图监控、组态监控、视频监控的方式进行异常事件的快速定位、联动处置、一键核实和一键启动应急预案，提高城市级管廊运维监管效率。

（2）全过程的运维监管机制

平台通过流程化的管理实现运维各环节的数据采集和管控，能够建立全过程的运维监管机制，强化运维监管职能，保障运维过程的效率和效果。

管好人：实现对管廊运维人员运维全过程的监管，包括人员安全、到岗情况、交接、巡检、维修等情况，也能够对管廊监管人员的现场监管工作进行全过程的监管。

管好事：通过工作流程的标准化、规范化，实现对运维服务人员工作过程的严格管控，确保维修效果和质量。

管好钱：以工单为载体，记录运维过程中消耗的人工、材料、机械等详细费用，通过维修工作量、及时率、人机材费用统计、备品备件消耗等专项指标，为运维费用准确预算、费用支付等活动，提供运维监管与准确的数据支撑。

（3）多维度运维评价体系

通过对服务效果、服务质量、人员绩效、设备质量的多维度分析，建立起多维度、多视角的评价体系，提升运维服务综合管理水平，为服务绩效考核提供客观的依据，确保运维质量持续改善（图 3-10）。

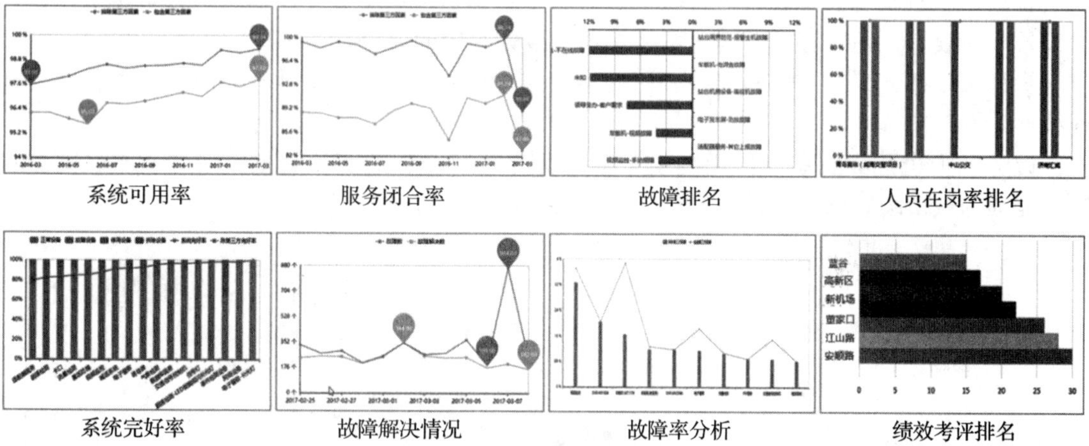

图 3-10　多维度运维评价体系

（4）多级联动的应急事件协同指挥与处置

平台能够形成城市管廊多级联动应急体系 (支持城市级 / 区市级 / 区域级)，城市监管及指挥人员可通过平台实现应急指挥“总览总控”，对全市管廊应急物资、救援队伍、车辆等进行空间分析查询和集中调度，提高管廊应急协同处置能力，实现应急指挥“看得到、听得见、喊得应”，大幅提升指挥调度效率（图 3-11）。

5. 平台数据存储云服务

随着城市地下综合管廊建设规模的不断扩大，城市级管廊运维监管平台接入的管廊将不断增加，数据存储量将持续增长，将城市级管廊综合监管平台机房系统（机房管理、服务器等软硬件系统）部署到云上，可实现平台机房集约化、高效化、专业化的云管理，不仅减少机房建设投入和运维人员投入，同时也能够满足今后城市级管廊综合监管平台接入区域管廊数量不断增多，监管规模逐渐增大，对机房数据存储设备等不断增加的需求。

图 3-11　多级联动的应急事件协同指挥与处置

方案一是租用阿里、腾讯等公有云资源，其优势是能够节省硬件资源投入及后期维护成本，劣势是数据安全和应用存在风险。

方案二是建设城市管廊监控中心私有云，优势是能保障管廊各系统可靠性，维护、扩展、升级方便，还可为专业管线单位、其他行业等提供服务器、存储、网络及安全的增值服务。

青岛市已有政务云资源，可将城市级管廊平台部署到政务云上，不仅保证数据安全，而且节省政府投资，还能够成为国内城市管廊云服务应用的典范。

青岛市政务云采用“两地三中心”的容灾架构，能实现区域级业务容灾，全面保证业务连续性（图 3-12）。

政务云上也建设有私有专用网络，实现资源池及业务的安全隔离，节约成本、安全可靠，能够为城市级管廊平台数据安全提供有效保障（图 3-13）。

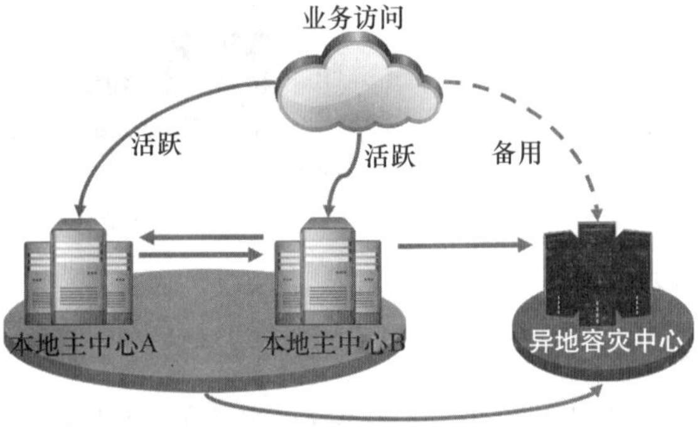

图 3-12　“两地三中心”架构

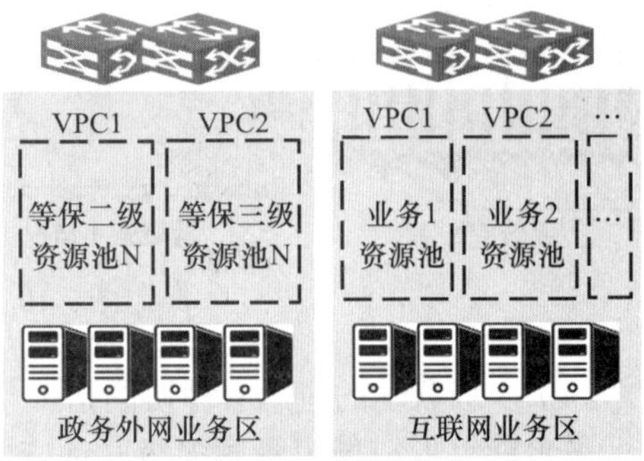

图 3-13　私有专用网络（VPC）建设

3.3.3　区域管廊监控与运维管理平台研究

区域管廊综合监控与运维管理平台主要立足城市智慧管廊安全监控与运营管理需求，应用物联网、大数据、BIM、移动互联等先进技术，对管廊进行全方位监测和集成应用，建立智慧管廊综合监控与运维管理平台，实现管廊一体化综合监控和智慧化运维管理，达到“安全运行、高效管理、智慧运维”的目标。

1. 平台总体架构

平台可分为 7 层技术架构，能够满足综合监控、运维管理、应急管理、运营管理 4 大核心业务管理需求（图 3-14）。

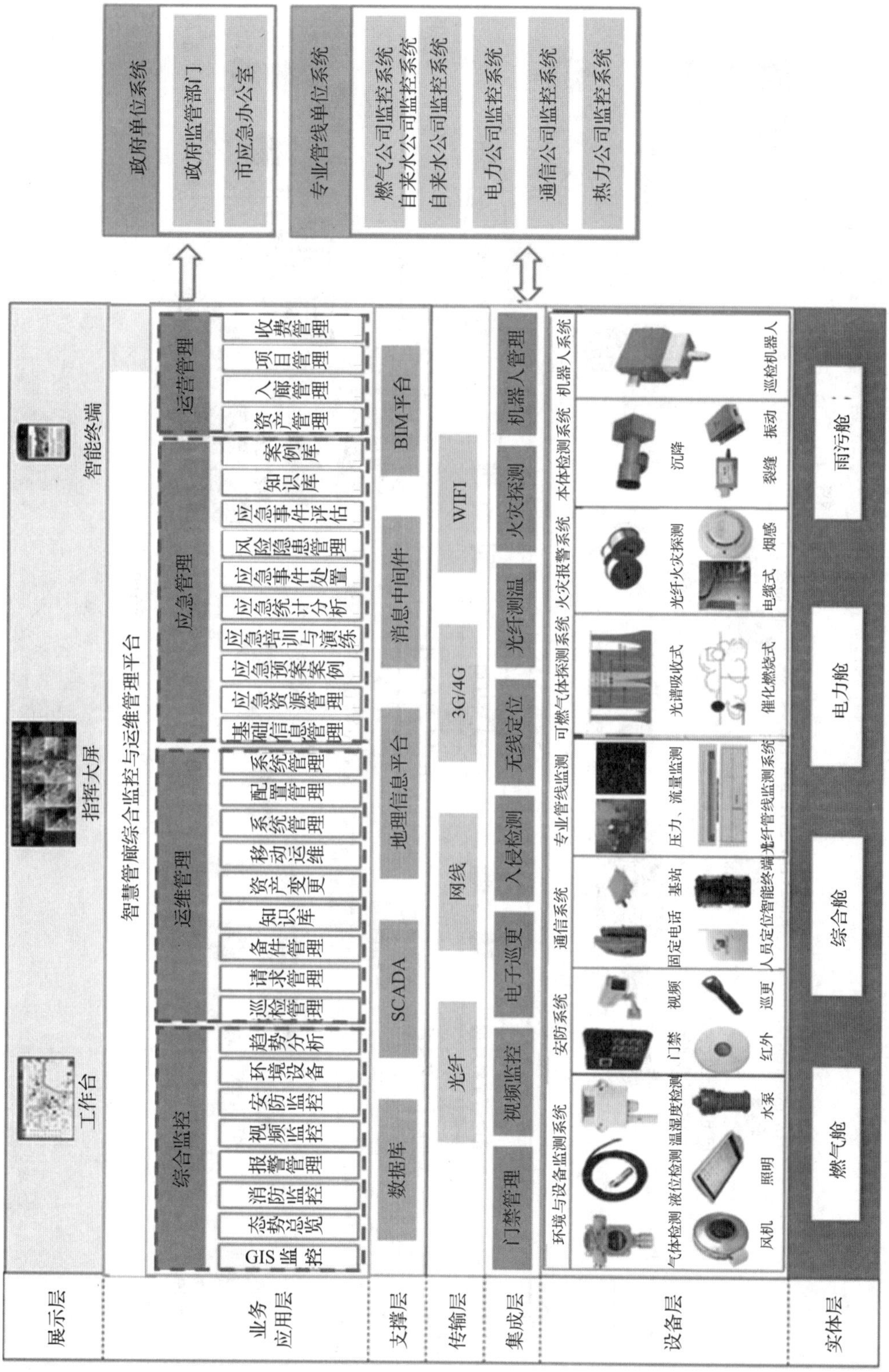

图 3-14　系统总体技术架构

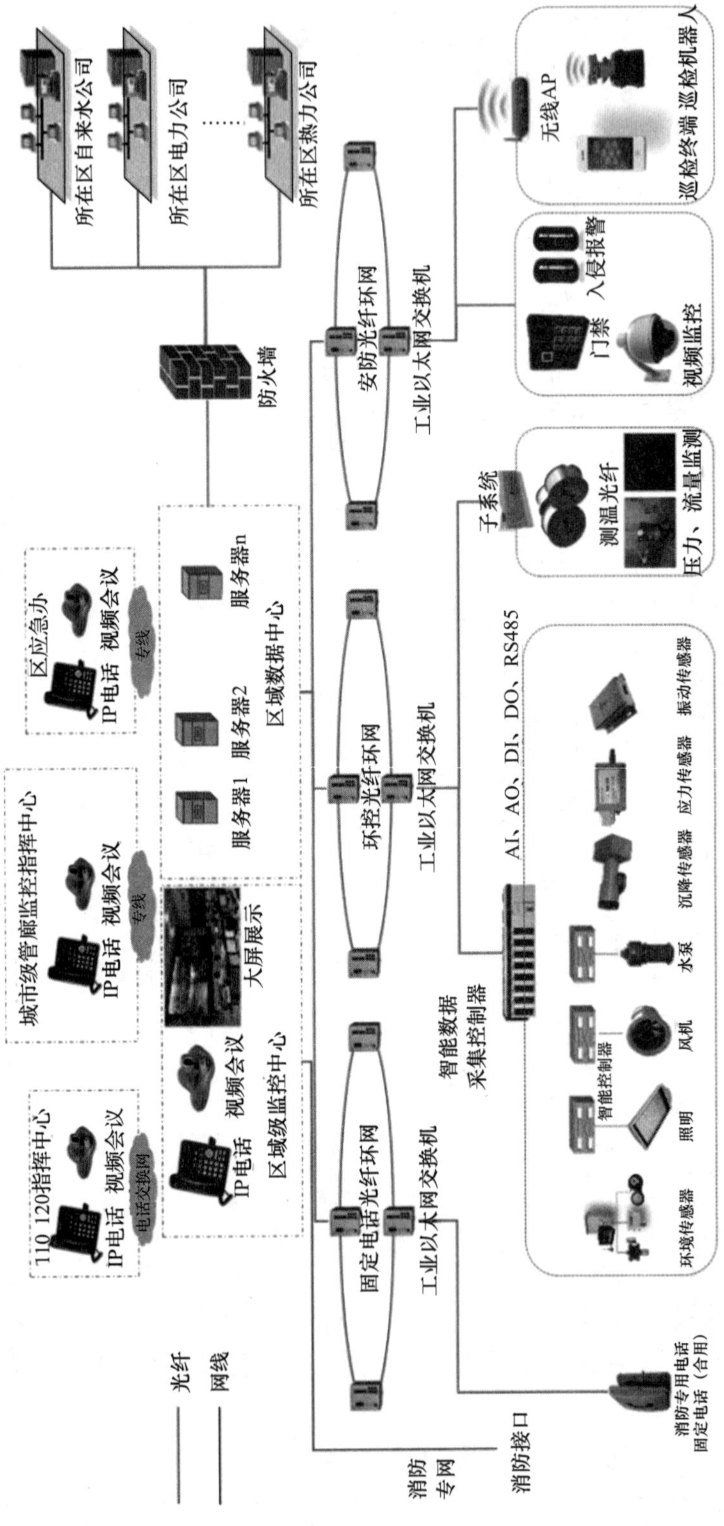

图 3-15 区域平台总体网络拓扑图

第一层：实体层，即燃气、综合、电力、雨污等实体舱，是智能化系统最基础的载体。

第二层：设备层，融合传感器、物联网技术对管廊现场状态进行实时感知，全面监测，包括环境监测与相关控制设备、安防类设备、通信设备、专业管线监测、火灾探测、管廊本体监测等各类传感器，是管廊综合监控与运维管理的基础。

第三层：集成层，管廊各子系统的集成应用，包括门禁管理、视频监控、电子巡更、入侵检测，以及管廊内无线定位等子系统，此外，平台还能够集成专业管线单位的监测系统，实现对专业管线运行状态的集中管控。

第四层：传输层，设备层、集成层采集的所有数据，通过光纤、无线等网络汇聚到监控中心，满足对管廊现场业务管理和集中管控的需要。

第五层：支撑层，业务应用系统所需的各类支撑平台，包括 SCADA、GIS、BIM 等。综合管廊监控与运维管理平台对这些支撑平台的稳定性、可靠性、可扩展性，都提出了更高的要求，既要能满足管廊底层设备不断扩展、快速接入的需要，又能很好的支撑上层应用。

第六层：业务应用层，主要包括四大业务应用子系统，满足管廊日常监控、应急管理、运维管理、运营管理的需求。

平台采用模块化、定制化设计，可以根据项目实际业务需求，量身定制、灵活配置各功能模块。满足监控中心和指挥中心的不同业务需求，此外，还可以通过各种定制服务，满足政府监管部门及各专业管线单位的不同管理需求。

第七层：展示层，平台可以通过工作台、监控大屏、智能手机等方式提供随时随地的管廊智能化管理服务。

2. 平台网络架构

管廊现场与监控中心之间建立三个光纤环网、一个消防专网；与专业管线单位建立专网通信（图 3-15）。

1）管廊内设备设施与监控中心之间，采用三个光纤环网、一个消防专网。

环控光纤环网：传感设备及现场控制类的设备，通过智能数据采集控制器接入光纤环网；专业管线类检测系统，通过交换机接入光纤环网。

安防光纤环网：门禁、入侵、视频及移动终端及巡检机器人；巡检机器人和移动终端，通过无线路由接入安防光纤环网。

固定电话光纤环网：管廊内固定电话与消防电话合用，单独组建一个光纤环网。

消防专网：火灾检测系统，通过消防专网直接接入监控中心。

2）管廊与外部单位的网络，在监控指挥中心与 110、120、管廊上级管理部门、应急办等建立 VPN 专线，满足协同处置的需要。

3. 平台功能

平台能够实现综合监控、运维管理、应急管理和运营管理功能。

（1）综合监控功能

综合监控平台通过将环境与设备监控系统、视频监控系统、门禁系统、入侵报警系统、火灾（燃气）自动报警系统、管线监控系统、巡更系统等智能设备系统的控制管理集中在一个管理界面上，进行全方位、一体化的集成监控，能够实现子系统间信息互通和跨系统联动，提高管廊日常管理效率和事件快速响应能力，保障管廊安全。

1）平台应采用 GIS 地图监控、状态监控、视频监控三屏联动的一体化监控方式（图 3-16），在发生异常时，GIS 屏可定位报警点所在防火分区，直观的确定报警位置及其周边的情况；状态监控科调取报警点所在防火分区各设备运行状态，掌握设备运行状态及其变化趋势；视频监控可定位报警点附近视频进行确认，监控员通过GIS可视化监控、状态监控、视频监控，能够最直观、最便捷、最高效进行问题核实和综合研判。同时在监控过程中，可实现异常报警一键核实、一键报障、联动控制和一键上报应急事件等，实现异常事件的高效处置。

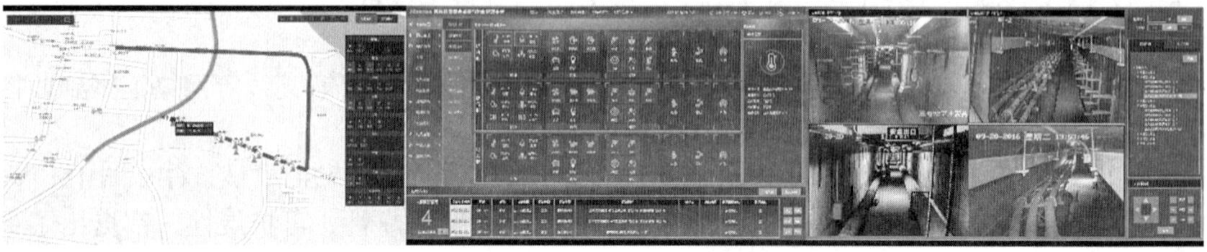

图3-16　管廊运行一机三屏，三屏联动监控模式

2）平台具有报警管理功能，能够对管廊每个防火分区每个子系统的设备运行状态进行总览，并可对实时报警进行一键核实、确认等操作。同时，为了防止可能出现的报警信息淹没现象，导致重大报警信息没有得到响应及解决，在智能化集成系统的设计中，采用规范化的闭环型报警处理流程。当系统发生报警时，将按照报警级别及类别以短信（需要用户具备收发短信的设备）、界面滚动的报警条、报警警报灯等多种方式提示管理人员，显示报警具体信息，并提供紧急预案。直到报警故障被处理，管理人员手动解除系统报警，确认故障处理完毕，系统才会停止报警状态，恢复正常。

3）平台具有管廊异常报警集中处置功能，具有异常报警监控、报警一键核实、设备报警联动控制、一键报障、应急预案一键启动等功能。

4）平台应具有联动控制配置功能，通过联动控制，实现各设备间的联动处理，实现异常事件的快速、自动处置。联动控制包括人工联动、半联动、自动控制三种联动处置方式，满足不同的管理需要。

5）平台应具有日志管理功能，通过日志管理，对执行命令及运行情况进行记录，便于系统管理和问题追踪。

（2）运维管理功能

管廊处于地下封闭空间，湿度大、腐蚀强、电磁环境复杂，入廊设备防水、防潮、抗干扰措施不足，导致故障率远高于常规环境。一旦设备发生故障，将对管廊安全运行带来较大的隐患。综合管廊运维管理，主要包括以下三个方面的核心需求：

1）管廊“三分建、七分管”，高效运维是保证管廊全生命周期运行的前提，通过全面的故障检测，及时发现、消除缺陷，使设备处于良好的工作状态，确保运营过程不中断。

2）管廊日常运维管理的核心业务主要包括对管廊进行日常巡检、检修和保养，对采集的信息、发现的问题及时上传、快速处理，需要实现管廊运维的高效管理。通过智能化手段，提高运维人员巡检效率，是用户的核心需求。

3）管廊内部设施设备数量多、分布广、维护难度大，设备长期处于潮湿环境下，故障率高，而且设备的运维过程涉及设备报障、派工、维修、维修确认、服务评价业务内容，维修全过程监管和科学评价是用户的核心需求之一。

平台需要围绕设备监控、设备维修、运维监管三大功能，能够从发现问题、解决问题、统计分析、优化改进形成运维过程的闭环管理。同时借助移动终端，能够实现规范化、标准化、可监管、可追溯的智慧化移动运维，提供管廊运维管理效率，降低综合运维成本，提高运维综合效益。

1）平台可以对照明、风机、视频摄像头等设备异常，以及设备的自身的温度、湿度业务数据异常进行故障诊断，生成服务请求进行维修处理。

2）平台支持对照明、风机、视频摄像头等的服务器、网络设备等资源使用情况进行监控，对设备故障及隐患信息进行预警，生成服务请求进行维修处理。

3）平台具备服务请求派工、处理的过程管理功能，并可对派工时间、响应时间、维修完成时间各节点的用时进行统计分析，监督服务及时性。

4）平台具备巡检管理功能，支持巡检方案的编制，以及巡检任务的管理。

5）平台具备维护设备信息管理功能，包括设备编号、类型、状态、位置等信息，支持电子信息的上传及更新，并支持对设备信息进行变更管理。

6）平台具有逾期处理一键预警功能，对已经逾期的请求，可以一键预警，发送站内信（系统消息）或者邮件进行提醒。

7）平台具有入廊前环境检查功能，维修人员进入管廊前，可通过移动终端查看管廊内环境是否适宜，并通过移动终端 APP 远程开启照明、风机。

8）平台具备现场二维码扫描，查看设备详细信息；也可以在巡检过程中，发现设备故障后，用移动终端扫描设备二维码，读取设备信息后，在 APP 上直接添加请求，发起设备维修处理流程的功能。

9）平台能够通过系统完好率和服务闭合率等指标，对管廊整体运维服务质量情况进行总体评价，满足上层管理者对运维服务质量总体评价、考核的需要。

（3）应急管理功能

管廊应急管理是一个复杂的系统工程，包括监控预警、应急值守、应急资源保障、危险隐患管理、态势分析、事故模拟、现场救援、紧急疏散、事故善后、应急评估等多个方面。

管廊应急管理子系统具备从日常应急准备、应急值班、应急处置以及事后评估闭环管理功能，具备供热管线泄漏、燃气管线泄漏、供水 / 中水 / 雨污水管线泄漏事件、管廊火灾事件、地震塌方事件、洪涝水浸事件的场景化预案配置功能，能够根据预案配置规则，自动生成处置方案。

1）应急处置方案应实现预案与处置步骤内容的关联。当发生事故时通过选择预案，可关联出事故各个阶段的应急处置步骤，能够直观的通过各个处置阶段对事故信息进行处理。

2）应急预案配置能够针对预置的应急处置预案流程，配置每个节点的详细处置内容，并对联动单位、报送领导、物资类型、应急专家、处置流程、防护目标进行规则化预案配置。

3）方案支持事故处置的图形化和事故处置的可配置化，并且可通过图表形式，对事故在抢险抢修阶段处置内容时间进行数据分析，可对事故处置过程中发生的问题进行跟踪处理。

4）应急处置结束后的评估，需对整个应急过程通过应急评估模型进行分析评价，将结果收入数据库为以后同类性质的事件提供历史数据参考，为进一步完善应急预案提供支撑。包括应急组织体系评估，评估主要内容包括评估结论、组织体系存在的问题、机构调整建议等内容；应急能力评估，内容主要包括参与应急部门、参与人员、资源配置等方面经评估模型对应急能力的评估分析。应急评估结束，并形成案例库，供事后学习，提高应急处置和防范能力。

（4）运营管理功能

运营管理能够将各种运营业务实现全面信息化，通过业务的规范化、流程化，大大减少运营成本，提高综合效益。该业务员需满足管廊基础信息维护与管理、入廊业务申请与审批管理、施工维护项目管理等业务需求。运营管理主要包括资产管理、物资管理、管线管理、入廊管理、施工管理以及收费管理等功能模块，满足运营单位对管廊运营业务的需要。系统可以实现管廊基础信息的维护与整理，避免数据的遗失，可以更加便捷的查找、调阅资料。另外对入廊、项目施工等业务形成规范化的审核、管理流程，提高审批效率。

4. 管廊前端智能化配套建设

管廊内前端智能化配套系统可分为环境与设备监控系统、安全防范系统、可燃气体探测报警系统、火灾自动报警系统、专业管线监测系统、管廊本体监控系统、信息设施子系统、机器人辅助管理系统八大子系统，管廊湿度大、腐蚀强，设备故障率高，设备故障会造成监测失效，给管廊运行带来潜在的隐患，需要对管廊内前端智能化配套技术及设备选型进行研究，保障管廊运行经济、可靠。

（1）环境与设备监控系统

管廊内需要对温湿度、氧气含量及可燃有毒气体甲烷、硫化氢等进行实时监测，异常报警，保证管廊内适宜的工作环境。同时需要对附属设备（通风系统、排水系统、照明系统、供配电系统）的运行状态、故障信号进行远程监测、操控和管理，当管廊内发生异常，能够联动相关区域安全防范系统的摄像机监视现场情况。

需要根据管廊舱体类别及国标要求标准，配置环境传感器和附属设备检测与控制器。对环境异常能够自动联动相关设备，进行联动控制。如当工作人员进入管廊前或管廊内有人员时，若管廊内氧气含量低于 19.5%（V/V），应启动通风设备直至氧气含量恢复至正常值；当管廊内湿度 >80% 时，自动启动排风设备；当管廊内温度 >40% 时，自动启动排风设备；当管廊内 H2S 含量高于 10mg/m3 时或 CH4 含量高于 1%（V/V）时，自动启动排风设备。

环境与设备监控系统设备采用工业级产品；防护等级不低于 IP65。建议敷设有热力管线的舱室能够部署分布式光纤温度传感系统，通过管廊全线温度监测，及时发现和定位供热管线泄漏，及时处置，避免对管廊和人员的受害，提供安全防护能力。

（2）安全防范系统

管廊安全防范主要解决对人的防范和监管，包括对外部非法入侵人员的防范以及管廊内人员安全的防护和监管，同时能够实现对管廊内设备设施的全天候、无死角的监控，保障管廊运行安全。

通过电控井盖、入侵报警、视频监控、出入口控制、电子巡查、人员定位，建立多道防线，实现管廊外部、内部人员及设备情况全方位的监控和防护，防止外部非法入侵，保障管廊安全的同时对管廊内人员进行有效监管。

1）电控井盖

按国标规定，露出地面的各类孔口盖板应设置在内部使用时易于人力开启，且在外部使用时非专业人员难以开启的安全装置。在管廊检修口等处配置电控井盖，通过安防交换机，接入监控中心，对井盖状态进行监测和报警，防止井盖丢失的同时，开启防止外来人员侵入的第一道防线。

2）视频监控

视频监控的重点在于对防火分区、重要设备安装位置、管廊出入口的监控。监控系统的主要目的在于对管廊内人员、设备及管廊运行情况进行监控，同时也能对外部入侵情况及异常报警进行监控与确认。

建议在靠近防火门位置安装两台枪式网络红外摄像机进行对射，能够保障管廊内监控无死角；此外，红外摄像机在晚上及平时不开照明时也能够起到监控作用；管廊内摄像机有效监控距离一般不超过 80m，在管廊 200m 防火分区内，中间位置视频监控图像效果不佳，在管廊内交叉口、拐弯等关键地点，加装 1 台网络高清智能球机，一可满足对关键位置重点监控管理需求，二可弥补两端对射中间效果差的不足。在设备集中安装地点（设备间）、配电室（分变电所）和监控中心各安装 1 台网络高清智能球机。

管廊建成后，可能面临恐怖活动，一旦发生将给城市造成巨大影响，建议视频监控具有智能侦测技术，能够为管廊内异常行为识别、预警，预防恐怖事件发生。另外，管廊内视频设备多，人工巡检工作量大，出现故障发现不及时的问题，建议视频监控具备故障自动诊断等技术，能够对清晰度异常、偏色、雪花干扰等进行快速检测和处置。

3）入侵报警

每个人员出入口、通风口处设置红外双鉴探测装置，并设置声光报警器，发生入侵报警时，能够实时报警、联动摄像头核实、同时自动联动开启报警区域照明，监控中心能实时掌握哪一防区入侵，以便采取相应措施。

4）出入口控制系统

出入口控制即门禁，在管廊人员出入口（如参观入口、监控中心到管廊的入口处）设置出入口控制系统，并能与入侵报警、视频监控系统联动。系统具有对非正常开启、出入口长时间不关闭、通讯中断、设备故障等非正常情况的实时报警功能。

5）电子巡查系统

通过对管廊内重点位置设置巡查点，对入廊巡检人员进行有效监管。传统方案采用离线式，无法实现人员的实时定位和监管，在管廊内部署无线 AP 的情况下，可利用无线 AP 网络覆盖技术，结合移动终端设备实现在线式电子巡查，提高巡检效率的同时，实现对巡检人员的安全监管。

6）人员定位系统

管廊内环境压抑，人员长时间在管廊内活动，易引发疾病，此外，管廊内发生火灾、水淹等异常事件后，需要通过技术措施保障管廊内人员安全。人员定位系统也体现了对人员安全防护的重视。建议利用管廊的无线 AP 网络覆盖技术实现人员定位问题。

（3）可燃气体探测报警系统

天然气管道泄漏是造成管道燃烧及爆炸事故的根源，为保证纳入综合管廊后的安全，必须对管廊内的天然气浓度情况进行实时检测、异常报警，及时排除安全隐患。按照《石油化工可燃气体和有毒气体检测报警设计规范》，管廊作为密闭环境，天然气探测器设置间隔不宜大于 15 米，燃气舱的可燃气体探测器的数量远大于环境传感器。天然气的主要成分是甲烷（85%），对可燃气体的探测主要是对甲烷浓度的监测。对甲烷浓度的监测技术，从原理上主要包括两种，一是传统的基于化学的催化燃烧甲烷监测技术，另一种是基于物理的红外吸收式甲烷监测技术。国内应用最广泛的是采用化学催化燃烧式的甲烷检测技术，低成本，价格低廉，但其易中毒或污染需定期标定（3 ～ 6 个月），维护成本高。红外吸收式甲烷传感器初次投入成本高，但对污染性气体的信号抗干扰强，维护成本低，建议选用红外吸收式传感器，综合成本低。

（4）火灾自动报警系统

火灾探测报警系统属于消防系统的一部分，地下综合管廊火灾危险主要来自敷设的电力电缆，如电缆运行时间较长，产生老化；电缆长期过负荷运行或处于恶劣的环境；电缆施工质量或接头制作工艺水平较低，都会引起电缆表皮发热、电缆接头发热，容易造成火灾。

电力电缆的火灾监测，主要有两种技术，一种是传统缆式线型感温火灾探测技术，另一种新型的线型光纤感温火灾探测技术。缆式感温探测器即感温电缆，是一种电信号检测技术，感温电缆具有高阻抗特性，通过监测电阻变化来感应温度的变化，该技术较光纤传感结构复杂，仅能实现区域报警，不能对报警点定位。光纤火灾报警系统是利用分布式光纤温度传感器，对被测物体温度异常变化进行实时监测、预警、报警的管理系统。该技术可快速、准确的对电力电缆表皮、接头点损坏、绝缘层损坏情况、电缆桥架发热情况进行监测，在热量聚集达到燃点，发生火灾之前进行预警和准确定位，有利于及时发现问题，及时采取措施，消除安全隐患，避免火灾发生，因此，管廊火灾探测推荐应用线型光纤感温火灾探测技术。

（5）专业管线监测系统

专业管线布设在管廊内，专业管线的运行状态直接影响管廊的安全。需要针对管廊专业管线检测的特点，给出不同的监测技术，实现管线运行情况的实时监测、预警报警，预防管线异常事件的发生，保障管廊安全。

由于管廊建设在前，专业管线入廊在后，对专业管线的监测，需要在管线入廊后部署，并能够通过标准的通信接口接入平台中。

（6）管廊本体监控系统

地下管廊作为百年工程，其本体结构的健康直接影响管廊的使用寿命，管廊沉降是影响管廊本体健康的重要因素之一，需要在管廊重点部位部署监测设备，及时发现、评估管廊的沉降情况，对管廊健康情况进行预警、报警，保障管廊安全。管廊健康监测包括在线式检测和定期检测两种方式。在线式监测建议选用基于光纤光栅的应力、位移等技术，寿命长、耐腐蚀，能够对管廊进行长期的在线监测；定期检测是在运维过程中，定期对管廊沉降、裂缝情况进行监测。无论采用何种方式，应能对监测数据进行保存，满足管廊全生命周期数据分析的需要。

青岛市由于特殊的地质结构，地质沉降严重，建议在管廊地质复杂的关键节点，能够进行管廊沉降的在线监测。

（7）信息设施系统

信息设施系统包括信息网络子系统、固定电话子系统、无线通信子系统三部分内容。

1）信息网络子系统

网络作为管廊业务的承载，必须针对业务特点及未来发展的需求做充分考虑，管廊网络设计不仅要满足现在的需求，而且还要适应至少未来系统升级扩展的网络传输需要。

通过光纤环网（根据功能舱情况划分光纤环网）技术，建立设备间到监控中心的主干信息传输，保障设备连接、信息采集的稳定性，减少单点故障。此外，通过部署无线覆盖网络，可满足在线式电子巡查、移动运维、人员定位、无线通信等多种运维管理需求。

2）固定电话子系统

固定式电话与消防专用电话可合用，采用独立通信系统。应用独立光纤环网的传输控制方式，实现光纤型应急电话系统。所有紧急电话节点均采用光纤网络串联，整体形成环形自愈网结构，保障了管廊内部通信能力。同时具有智能排障功能，确保故障节点快速发现、快速处理和快速恢复。

3）无线通信子系统

传统方案一般选用 130 ～ 170MHZ 或 400 ～ 430MHZ 频段进行无线通信；目前设计院方案多采用 VoIP 手机 + 无线 AP 解决无线对讲，仅解决无线对讲功能。建议基于无线 AP+

移动智能终端，建立集在线式电子巡查、人员定位、移动化运维、无线对讲、音视频调度于一体的管廊移动化、智能化管理，提高运营管理效率的同时，保障管廊安全。

智能移动终端应采用工业级设计，防水、防尘，防摔，具有指纹识别、本地图像存储、4G/WiFi 无线传输、一键语音对讲、组呼、群呼、音视频调度等功能，连续业务操作不小于8 小时，满足管廊内长时间巡视、运维管理需要。

3.3.4　标准规范建设方案

智慧管廊的建设离不开完善的标准规范和配套的管理体系，要实现智慧管廊城市级运维监管，需要建立以下四个统一标准规范："统一的运维技术标准、统一的运维定额标准、统一的绩效考核标准、统一的平台建设接入标准"。

1. 综合管廊运维技术标准

全市统一的综合管廊运维技术标准，是实现智慧管廊运维技术的标准化、规范化的前提，也为城市管廊的考核评价提供依据。

目前，青岛市参照《城市综合管廊工程技术规范》（GB 50838—2015）、《城镇综合管廊监控与报警系统工程技术规范》（GBT/ 51274—2017）、住建部《城市地下综合管廊运行维护及安全技术标准(征求意见稿)》、山东省住建厅发布《城市地下综合管廊运维管理技术标准》（DB37/T 5111—2018），正在编制的《青岛市城市综合管廊运维技术导则》，为青岛市综合管廊的运维管廊提供了统一的技术标准规范。

2. 综合管廊运维定额标准

全市统一的综合管廊运维定额标准，能够为管廊运维服务单位参与管廊运维管理提供统一的费用核算依据。有利于专业化的管廊运维服务单位的培育，目前青岛市综合管廊运维定额标准正在制定中。

3. 综合管廊绩效考核标准

全市统一的综合管廊绩效考核标准，有利于对全市管廊按照统一的标准进行监管、考核，有利于提高管廊运维的精细化管理水平。考核方式上，可采用定期考核、随机抽查、自动统计指标考核等多种方式。目前，青岛市正在制定综合管廊运维绩效考核标准。

4. 区域级智慧管廊建设及接入标准

城市级管廊运维监管平台的建设，需要区域级管廊信息系统及其前端的智能化系统建设，具有统一的功能实现和数据接口标准。

（1）管廊智能化设备设施配套标准

管廊内智能化设备、设施的配套，应按照《城市综合管廊工程技术规范》（GB 50838—2015）、《城镇综合管廊监控与报警系统工程技术规范》(GBT/ 51274—2017）的相关要求进行配置，具体包括 40 项配套内容，按照各管廊智能化系统投资情况及高效运维管理，应标配 36 项，选配 4 项。

其中，鉴于青岛市特殊的地质特点，管廊本体沉降严重，管廊本体应力、沉降监测建议能够成为青岛市管廊智能化建设的标配。对地质复杂的关键节点配置在线检测仪，进行管廊本体健康情况的长期监测，也为管廊长期运行健康评估提供数据基础。此外，管廊内入廊管线的状态检测无论是由管廊运营单位建设还是由入廊管线单位建设，管线的状态检测都应是标配，并且必须接入统一平台中进行集中监控。

选配 4 项。其中智能井盖单个费用高达 2 ～ 4 万元（蓝色硅谷管廊配置几个智能井盖），性价比不高，建议选配；管廊 BIM 建模如果设计、实施阶段有 BIM 模型并可支持后期精细化运维，可进行 BIM 的深化应用，如设计、设施阶段没有 BIM 模型，后期重新建模投入成本高，建议选配；机器人巡检初始投资成本高，作为选配。防火门控制器如果规划配置巡检机器人，应将其作为标配，如没有规划巡检机器人，可作为选配。

具体内容如下：

设备大类		设备小类		作用	配套
1	环境监测	1	温度传感器	管廊环境温度，应提供报警信息、位置（舱室、防火分区）及设备故障信息	标配
		2	湿度传感器	管廊环境湿度，应提供报警信息、位置（舱室、防火分区）及设备故障信息	标配
		3	氧气传感器	管廊环境氧气含量，应提供报警信息、位置（舱室、防火分区）及设备故障信息	标配
		4	H2S 传感器	管廊环境硫化氢含量，应提供报警信息、位置（舱室、防火分区）及设备故障信息	标配
		5	液位传感器	管廊环境集水井液位，应提供报警信息、位置（舱室、防火分区）及设备故障信息	标配
		6	CH4 传感器	管廊环境甲烷含量，应提供报警信息、位置（舱室、防火分区）及设备故障信息	标配
		7	光纤温度传感系统	热力舱管廊环境温度，应提供报警信息、报警位置（舱室、防火分区、防火分区相对位置）及故障信息；提供整条光纤实时位置、温度信息	标配
2	控制设备	8	水泵	水泵状态及开关控制	标配
		9	风机	风机、风阀状态及开关控制	标配
		10	照明	照明状态及开关控制	标配
		11	供配电设备	电力设备运行参数	标配
3	安防设备	12	摄像机	视频监控，应提供摄像机故障信息、摄像机识别的异常报警信息（如摄像机具备智能识别功能）	标配
		13	入侵报警器	入侵报警，应提供设备故障信息输出、报警视频联动图像记录	标配
		14	门禁系统	门禁管理，应提供门禁报警信息、刷卡记录、报警视频联动图像记录	标配
		15	电子巡查	采用在线式，需要无线网络和移动巡检终端。 应提供巡检任务信息，包含巡检时间、巡检人员、巡检项、执行进度、人员位置以及巡检结果等信息	标配
		16	智能井盖	井盖入侵，应提供报警信息、开关状态、故障信息	选配
		17	人员定位	进行管廊内人员位置管理。应能够 推送人员定位信息、位置信息刷新频率不低于 10 秒，位置信息包含舱室、防火区等	标配
4	火灾探测	18	烟感传感器	火灾探测，应提供报警信息、位置（舱室、防火分区）及故障信息	标配
		19	温感传感器	火灾探测，应提供报警信息、位置（舱室、防火分区）及故障信息	标配
		20	手动报警	火灾手动报警信号，应提供报警信息、位置（舱室、防火分区）及故障信息	标配
		21	感温电缆式火灾探测器	火灾报警信号，应提供报警信息、位置（舱室、防火分区、防火分区相对位置）及故障信息	标配
		22	分布式光纤火灾探测器	火灾报警信号，应提供报警信息、报警位置（舱室、防火分区、防火分区相对位置）及故障信息；提供整条光纤实时的位置、温度信息	标配
		23	防火门控制器	火灾时能自动联动关闭防火门，应提供报警信息、位置（舱室、防火分区）及故障信息	选配
5	可燃气体探测报警	24	可燃气体监测	进行燃气舱可燃气体监测、报警，提供报警信息、报警位置（舱室、防火分区）及故障信息	标配

续表

设备大类		设备小类		作用	配套
5	管线检测设备	25	光纤传感（管线泄漏监测）	可进行供热管线泄漏检测、电力电缆接头发热检测、火灾检测； 应提供报警信息、报警位置（舱室、防火分区、防火分区相对位置）及故障信息；提供整条光纤实时的位置、温度信息	标配
		26	光纤传感（电缆载流量监测）	可进行电力电缆负载超载检测； 应提供报警信息、电缆编号、监测数据及故障信息	标配
		27	压力传感器	传统的供热、供水、中水、雨污水管线泄漏检测； 应提供报警信息、管线类别、监测数据及故障信息	标配
		28	温度传感器		标配
		29	流量传感器		标配
		30	阀门状态及开关控制	阀门远程开、关； 应提供阀门开关状态信息	标配
6	管廊本体检测设备	31	沉降传感器	对管廊沉降情况监测，判断结构稳定性。 应提供监测数据、报警信息、报警位置（舱室、防火分区、防火分区相对位置）及故障信息	建议标配
		32	应变传感器	对管廊应变情况监测，找出应变集中点；预防管廊坍塌事件发生。 应提供监测数据、报警信息、报警位置（舱室、防火分区、防火分区相对位置）及故障信息	标配
7	数据采集设备	33	智能数据采集控制器	数据采集、处理。 应提供采集控制器监测数据、报警信息、状态信息	标配
8	运维终端	34	移动智能终端	实现在线式巡检、移动化运维、音视频调度。 应支持 wifi+3G、4G 网络，具有一键对讲和音视频调度功能；具有语音通话、广播、拨打控制、联动配置、获取录音信息、录像信息等功能； 相关信息集成到统一管理平台，管理平台具备城市级中心远程调用的功能	标配
9	通信设备	35	无线基站	建立无线覆盖，实现无线通讯、无线上网，为移动运维、智能巡检、人员定位管理提供技术支持。 应具备对接入无线的设备、人员定位功能，并接入到统一管理平台	标配
		36	光纤网络	通过光纤环网将管廊内的视频和设备状态传输到监控中心。 具备网络诊断及拓扑功能，并接入到统一管理平台	标配
10	可视化平台	37	GIS 平台	满足管廊可视化运维的基本需求 应提供管廊及附属设施、设备、管线及其检测设备的地理位置、基本信息、状态信息、档案信息等； 提供行政区划空间信息、道路地理资源信息、专题数据基础信息（包含各类企业、各类重大危险源、各类应急资源的单位名称、所在区、经度、维度等信息）	标配
		38	BIM 模型	能够进行管廊三维空间可视化应用。 应提供管廊及附属设施、设备、管线及其检测设备的地理位置、基本信息、状态信息、档案信息等	选配
11	机器人巡检辅助巡检	39	巡检机器人	能够携带传感器及红外监测装备，进行管廊内运行情况的在线巡视	选配
12	监控中心软件	40	区域管廊综合监控与运维管理平台软件	含管廊统一管理平台（综合监控）、应急管理、运维管理、管廊管线基础信息管理等功能模块。 1）管廊统一管理平台（综合监控）： 应能够将管廊内所有子系统的信息进行集成；并能够推送给城市级平台应用。 2）应急管理 按照标准统一业务流程、统一数据格式 3）运维管理： 按照标准统一业务流程、统一数据格式	标配

（2）区域级中心与上级中心数据接入标准

区域级中心中，已建管廊、新建管廊，其数据可分为三类：一是视频监控数据；二是前端采集的设备实时数据；三是基础数据和业务数据。

城市级平台与区域管廊二级平台数据和应用对接，方案如图 3-17：

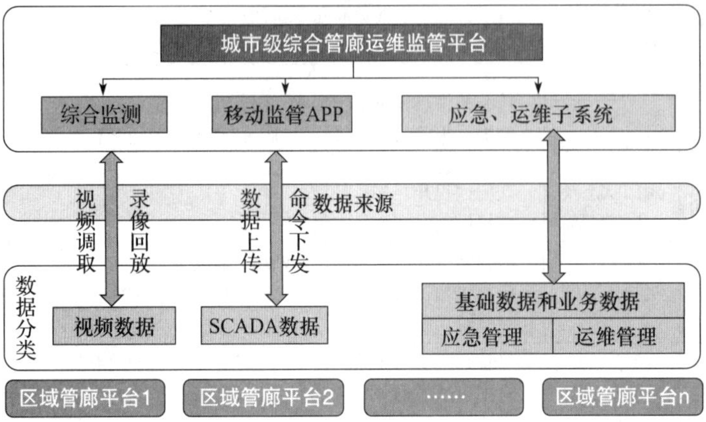

图 3-17 数据对接方案

1）视频数据

视频监控数据由区域级中心分布式存储，城市级中心可远程调取、控制，并对重要视频针对性长期保存。

存储标准：

区域监控中心视频存储：存储记录时间不应小于 30 天。由报警信号联动触发的视频图像、应急处置视频应长期存储，且严禁被系统自动覆盖。

城市级中心视频存储：由报警信号联动触发的视频图像、应急处置过程视频、城市级中心远程调取二级监控中心的视频，应能提供实时传输到城市级中心的接口，城市级中心可选择性存储。

调取标准：

城市级中心需要进行视频监控时，直接通过专线网络连接到各区域监控中心的视频管理平台，进行视频调取和摄像头的控制。

接入标准：

视频监控系统的传输、交换、控制协议应符合视频监控系统现行国家标准《视频安防监控系统工程规范》（GB/T 28181）的要求；支持 GB/T 28181、ONVIF 等标准协议；需统一不同厂家的视频报警接入规范，并在上级平台定义报警的接收方式和格式（报警类型、报警内容），完成城市级平台与区域级平台的跨域、跨网段对接。

2）实时数据

环境与设备、入侵报警、门禁管理、供配电、火灾报警、可燃气体探测报警、管线监测、管廊本体监测的实时状态及报警数据通常接入区域监控中心统一管理平台进行集中监控。城市级平台通过“同步传输，数据分级存储”的方案实现实时数据的接入与存储。

调取标准：城市级平台能够从各区域中心同步实时提取到城市级中心，实现城市级中心的集中监管。

存储标准：城市级平台根据数据用途的不同，确定存储策略及周期，规划数据存储方案。

如管廊运行的实时状态数据，可保留 1 个月，管廊运行的趋势数据；如每小时形成一条记录，可保留 3 年，每天形成 1 条记录，可永久保存。

接入标准：

二级统一管理平台应开放并支持标准 Modbus TCP 协议，通过 Modbus 协议格式进行实时数据打包传输。

城市级中心与区域监控中心之间数据通过消息中间件方式完成城市级平台与区域级平台的跨域、跨网段信息传递。

3）基础数据和业务数据

基础数据包括管廊建设档案信息、管线信息、运维单位信息、管廊及管线地理空间信息、管廊内设备设施等基础信息，具体如下：

管廊基本信息：包括管廊信息、舱室信息、防火分区基本信息、档案信息以及相应的 GIS 地理位置信息。

人员信息：包括管廊负责人、安全管理人员、值班人员，包括监控人员、巡检人员、检修人员等。

设备设施信息：包括管廊内通风、照明、排水、供电等附属设施以及智能化监测设备的基本信息及位置信息。

管线种类及管线信息：包括管线类别、位置标绘、专业名称、管理单位等。

专题数据基础信息：包含各类企业、各类重大危险源、各类应急资源、主要包含专题名称、专题类型、所属单位、所在地区、经度、纬度。

BIM 数据：包括 BIM 管廊的模型数据、BIM 模型设备设施空间数据等。

业务数据包括应急管理、运维管理等业务处理信息。这些数据融合在管廊日常业务处理过程中，如应急管理是从管廊、管线现场监控，直达区域级、城市级，应急管理的流程化处理过程产生的过程数据，任何独立环节的数据都是不完整的，业务处理流程是割裂的。应保证各二级监控中心的业务流程、二级中心与城市级中心的业务流程、数据结构基本保持一致，便于规范化、标准化管理及考核标准的一致性。

应急管理数据

处置流程标准：

对突发事件的处置以管廊区域监控中心为主，城市级监管指挥中心协同管理，重大跨区域监控中心管理范围的事件，以城市级监管指挥中心处置为主。

区域监控中心处置突发事件的过程中，需要将处置过程数据上传到城市级监管指挥中心，城市级监管指挥中心可以监控事件处置的全过程。城市级监管指挥中心可根据区域监控中心突发事件及影响程度通过系统向区域监控中心下达调度指令、或通过系统下发指令到相邻区域监控中心进行协调调度，以更好的协同处置突发事件。

运维管理数据

处置流程标准：

运维管理相关业务应实现流程化、可跟踪、可监管、可评价的闭环管理，能够形成每个流程处置节点、处理人、处理时间、处理事项、完成情况，停留时间的记录。

调取标准：

城市级平台能够从各区域中心提取需要的数据到城市级中心，实现城市级中心的集中监管。

各区域中心也应具备数据自动推送功能，能够按照城市级平台确定的数据提取策略自动推送数据给城市级中心。

接入标准：

城市级平台与区域级平台建立消息传递机制，平台间通过消息中间件方式，实现信息的对接，接口定义由城市级平台统一制定。

4）实时数据报警级别划分标准

城市级与区域级实时数据的报警级别应进行统一定义，形成标准规范，管廊实时报警级别可分为 4 级：

报警级别	含义	报警确认方式			已确认但未解除报警，报警解除后是否需要再次确认
		不需要确认	确认后删除	确认并解除后删除	
1 级	紧急报警：可能导致人身伤亡或设备重大损失，直接影响运行安全的报警。一级报警需要监控员立即进行干预，并立刻向上级报告。只有少数的重要报警被划分为紧急报警，如火灾报警、燃气泄漏报警等			√	是
2 级	事故报警：影响到管廊、管线的正常运行，或需要监控员立即干预的重要报警			√	是
3 级	普通报警：不会立刻影响到管廊、管线正常运行，需要监控员在一定时间内干预的报警。风机故障报警、门禁长时间未关报警、UPS 系统供电故障报警等			√	是
4 级	非关键报警：对管廊、管线正常运行无影响或影响轻微，监控员一般不需要干预的报警。此类报警只需要引起操作员注意。如不重要的模拟量（空气温湿度等）越限报警等		√		是

第 4 章　青岛市智慧管廊关键技术应用情况

4.1　BIM 技术在青岛智慧管廊系统中的应用研究

BIM(建筑信息模型) 是以三维数字技术为基础，以建筑工程各种相关信息建立三维数据模型，是对工程实体和功能特性的数字化表达。BIM 通过 3D 数字技术为运维管理提供虚拟模型，它具有可视化、协调性、模拟性等特点。

国家政策大力推进 BIM 技术在建筑行业的发展，2016 年，住建部发布《2016 ～ 2020 年建筑业信息化发展纲要》指出，需要大力推进 BIM、GIS 等技术在综合管廊建设中的应用，建立综合管廊集成管理信息系统，逐步形成智能化城市综合管廊运营服务能力。

管廊内专业多、管线复杂，二维 GIS 可视化展示方法，无法完全展现管廊纷繁复杂的内容。而 BIM 技术通过三维的共同工作平台以及三维的信息传递方式，可以为实现设计、施工一体化提供良好的技术平台和解决思路，利用设计、施工阶段的 BIM 模型提供可视化运维服务，目前已经成为整个行业的研究热点。

建筑行业引入 BIM 技术已经成为了不可逆转的趋势，在 BIM 的理念中，前期设计的可行性、全面性是支撑整个项目有序进行的基础，在项目建设过程中运用计算机手段辅助施工、运维是保证项目建造质量和良好运营的条件。所以，BIM 技术在综合管廊中的应用应该是步步紧扣的，而不是零散的应用点。在项目的每个阶段系统地运用 BIM 技术可保证在项目的前端控制项目的质量、成本和工期，避免中途的修改与变更。并且形成 BIM 应用体系后可以减少各方、各阶段的重复建模工作，真正做到信息集成和协同工作，为项目带来最大化效益。将成熟 BIM 实施体系运用于城市综合管廊有助于推动地下管廊的智能化建设、运营和管理。

4.1.1　BIM 技术在青岛智慧管廊中的应用

青岛市部分管廊试点项目应用 BIM 技术进行了管廊关键节点的分析，解决管廊交叉点等复杂节点的设计问题，但大都未能形成完整的管廊 BIM 模型，不能支撑后期管廊精细化运维的管理需要。

而青岛胶东机场作为拥有全国首个结合地铁、高铁、公交零换乘大型构筑物组织建设的综合管廊项目，机场建设指挥部专门组织各专业建立了 BIM 技术团队，对管廊及机场所有构筑物进行 BIM 设计、施工、运维的统筹管理，实现了机场构筑物 BIM 全流程管理。其中，机场管廊采用 BIM 技术对管廊内所有节点、出线井、附属设施等进行了 3D 建模，可直观完成多舱管廊交叉等复杂节点设计。机场智慧管廊平台的 BIM 应用，包括综合管廊智能化系统设备和管线 BIM 建模、BIM 模型平台展现、智能化设备和管线模型融入 BIM 系统三部分内容。综合管廊智能化系统设备和管线 BIM 建模，主要是建立智能化专业 BIM 模型，并根据需要建立设备族。BIM 模型平台展现，主要是实现 BIM 与平台的联动管理和三维呈现。智能化设备和管线模型融入 BIM 系统，主要是根据设计图纸，将管廊智能化系统模型融入整个 BIM 系统。

在青岛胶东机场项目中，还首次应用 BIM 技术开展了项目审计跟踪，在设计阶段，审计人员运用 BIM 技术辅助完成 118 项图纸会审、124 处碰撞调账，避免了施工过程中设计调整可能带来的损失；在施工阶段，审计人员利用 BIM 技术辅助审核 21 份施工方案、17 份技术交底，极大的提高了工作效率；在项目运营维护阶段，审计人员运用 BIM 技术，能够更充分的了解项目建成后运营维护工艺流程，可以比较迅速、准确的找到项目维护维修的关键点、关键部位，有效核实维修维护的实际工作量和成本，更客观准确的从技术角度对项目运营维护开展绩效评价。

4.1.2　BIM 技术在智慧管廊中创新应用探索

1. 管廊 BIM 可视化运维

利用管廊设计阶段的 BIM 模型，发挥 BIM 在管廊运维中作用，进行基于 BIM 的管廊运维管理，通过管廊空间浏览、实时监控、故障定位、人员定位、应急管理、模拟巡检等三维立体展示，提高管廊运维可视化、智能化管理水平。基于 BIM 的管廊可视化运维应具备以下功能：

1）能够展示管廊（或管网）空间与周围环境的空间关系，能够任意变换视角并具有虚拟漫游功能（图 4-1）。

2）能通过 BIM 对管廊内环境、附属设备、管线状态进行可视化监控，能够将 BIM 模型内管廊设备设施与其实时运行状态进行融合，在 BIM 进行模拟巡检时，能够实时查看其周边的设备运行参数及状态，如周边环境参数、设备的开关状态等；能够在 BIM 中打开摄像头，通过视频监控核实现场情况（图 4-2）。

图 4-1　管廊内设备、设施进行三维可视化漫游和定位

图 4-2　模拟巡检及设备状态实时展示

3）设备出现故障时，能够实时显示设备报警信息，并能够准确定位设备在 BIM 中的所在位置。同时能够查看设备信息，并能完成远程控制（图 4-3）。

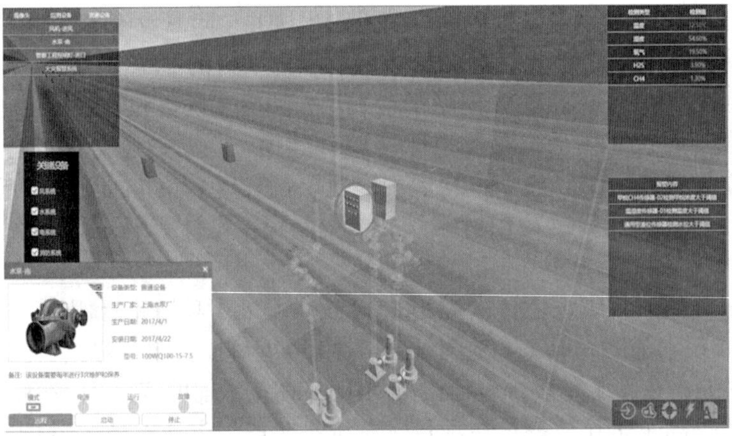

图 4-3　设备故障准确定位及信息查看与远程控制

4）能够在运维过程中对 BIM 模型中管廊各构件尺寸、位置关系、表观材质等信息进行查看，在管廊维修、维护过程中能够进行构件级的精细化运维（图 4-4）。

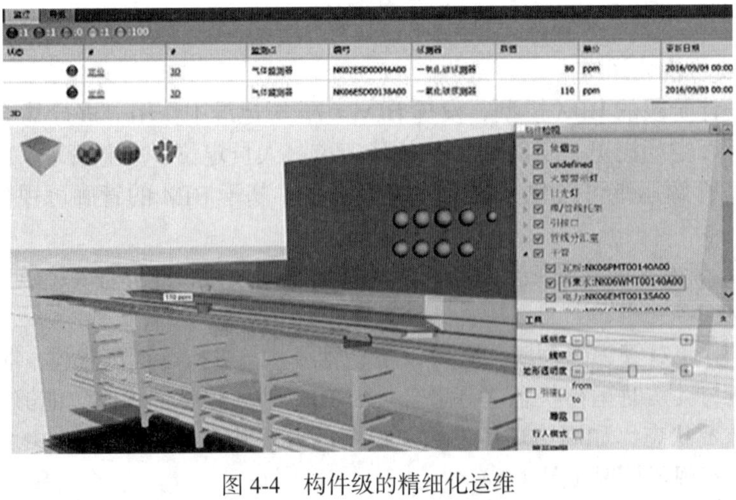

图 4-4　构件级的精细化运维

5）BIM 模型能够添加维修、维护记录，并能够查看历史维修维护记录，通过记录其全生命周期的运维记录，实现管廊 BIM 全生命周期的运维管理（图 4-5）。

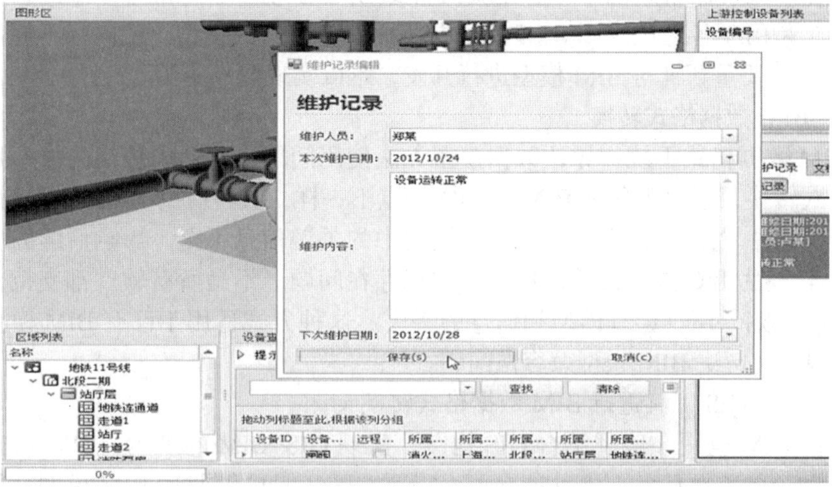

图 4-5　维修保养记录、全程跟踪运维管理

6）能够在 BIM 中维护档案资料，在管廊全生命周期运维过程中，按照需要随时调取相关位置的档案资料，方便资料查找和运维管理（图 4-6）。

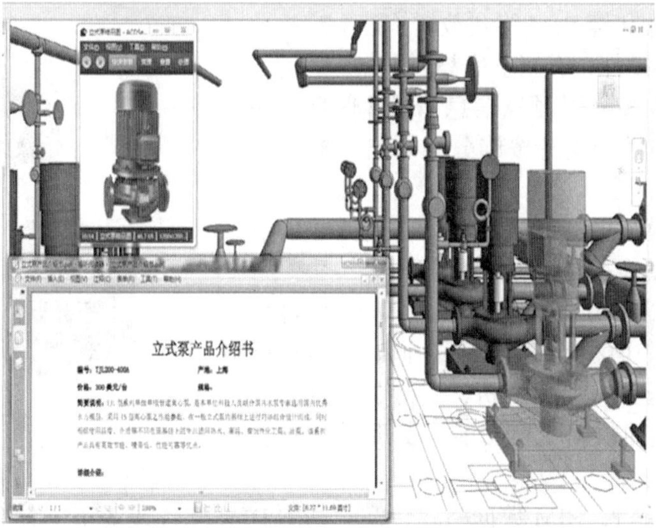

图 4-6　管廊及设备设施相关资料随需即取

2. 城市级管廊 BIM 集成应用技术

关于 BIM 技术在城市级管廊平台中的集成应用，目前行业中尚无应用案例，青岛市针对城市级管廊运维监管需求，对 BIM 在城市级管廊平台中的应用进行了初步的探索。

BIM 建模软件有很多类，其核心的建模软件包括 Autodesk、Bentley、Nemetschek Graphisoft、Gery Technology Dassault。每种核心建模软件具有不同的应用场景，如民用建筑一般采用 Autodesk Revit、工厂设计和基础设施一般采用 Bentley、单专业建筑事务选择 ArchiCAD、Revit、Bentley 都有可能成功；项目完全异形、预算比较充裕的可以选择 Digital

Project 或 CATIA。由于 BIM 建模软件的厂家不相同、技术路线各不相同，BIM 的数据格式也不相同，同时在 BIM 模型中各种设备设施的类型编码也都没有规范，这就给城市管廊 BIM 模型的驱动及应用带来困难，一是城市管廊 BIM 驱动不了标准不一致的各区域管廊的 BIM 模型，二是由于各区域管廊 BIM 模型中各种设备设施的类型，编码都不规范，使城市级 BIM 的应用需要重新针对 BIM 模型进行开发，难以实现统一应用。

方案 1：BIM 数据格式转换

针对 BIM 数据格式不统一导致数据模型无法使用问题，行业中传统的技术是通过管廊 BIM 数据格式转换，但由于各种 BIM 工具的特点不一样，其特有的 BIM 模型属性不完全一致，这种转换往往导致数据丢失，使 BIM 模型中的关键信息不全，影响后续的应用。例如将 BIM 模型转换为 IFC 数据格式，这种方式仍存在问题，不是所有软件都支持，而且支持的软件中也有缺陷，还是会有模型和信息的丢失。这种方式适用于已有 BIM 模型的转换应用，不能从根本上解决 BIM 模型兼容性问题。

方案 2：利用 GIS 工具进行 BIM 数据格式转换

在管廊内 BIM 应用一般都结合 GIS 地图，实现 GIS+BIM 的展示，BIM 数据的对接是 GIS 与 BIM 融合的首要任务。这种情况下，需要 GIS 工具能够驱动 BIM 模型，可用 GIS 厂家的插件对 BIM 设计软件数据进行导出。以某公司的 BIM 插件应用为例，其提供了 BIM 导入机制，针对多种 BIM 数据格式，主要通过以下两种方式实现数据导入：

（1）利用其三维 GIS 提供的多种 BIM 设计软件数据导出插件

该工具提供 Revit、Bentley、CATIA 三款 BIM 设计软件数据导出插件，可以一键式导入 rvt、dgn、CATProduct 等 BIM 格式数据（图 4-7）。

利用 BIM 导出插件，有以下优势：

1）一键式导入 BIM 的顶点信息和属性信息，保证了 BIM 信息的完整性；支持按族分类导出，提供快捷的 BIM 分组管理。

2）支持大规模数据的高效的渲染；支持导出带多细节层次（LOD）模型；支持实例化绘制。

3）支持导出拓扑闭合的 BIM 三维实体数据模型，可以计算其体积、表面积及任意剖面，同时可以进行空间关系判断、空间运算和空间分析，支持 3D 打印。

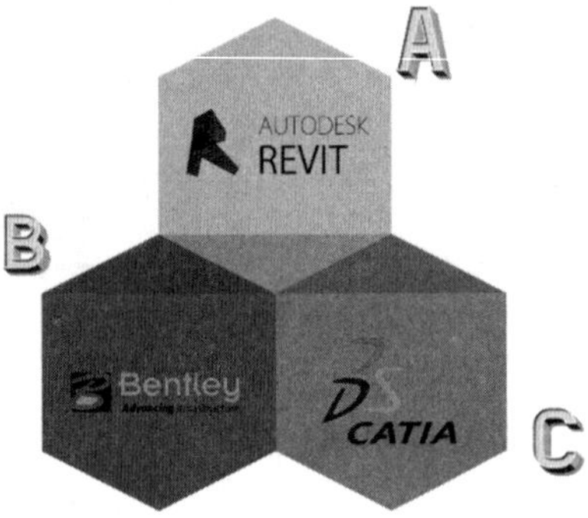

图 4-7　BIM 插件

（2）利用 BIM 的数据交换功能，实现多种交换格式的导入

该方式类似方案 1，BIM 数据格式转换。利用 BIM 软件或者第三方插件将 BIM 数据导出 GIS 工具支持的数据交换格式，该 GIS 工具支持的数据交换格式有：*.osg、*.osgb、*.dae、*.obj、*.ifc、*.3ds、*.dxf、*.fbx、*.X、*.flt。同时该软件支持导入 BIM 属性信息，通过关键字段“SmUserID”将 BIM 的几何数据与属性数据关联起来，便于后续支持 BIM 的扩展应用。

方案 3：建立管廊 BIM 建模规范

以上两种方案都是解决已有 BIM 模型的数据交换问题，并不能从根本上解决 BIM 模型的兼容问题。例如：即使采用同样的建模软件，由于每个 BIM 模型的建模标准不同、深度不同、构件的编码规范不同，还是存在 BIM 模型应用的不兼容问题。要从根本上解决管廊 BIM 模型的兼容性问题，需要对管廊 BIM 建模及交付标准进行规范，采用统一的建设标准。

目前行业内已有此标准的制定，如广西省住建厅与中建八局等编制了地方标准《城市综合管廊建筑信息模型（BIM）建模与交付标准》，对城市综合管廊行业的工程建模与交付过程进行了规范，其具体内容包括建模需求和依据、建模标准、建模内容、相关深度要求、BIM模型的交付成果和交付物，构件资源库入库标准等，以期望解决管廊BIM建模与交付过程中难以协同统一的问题。

为此，建议青岛市也以此课题研究为契机，组织专家对青岛市管廊BIM的建模工具、建模标准与交付标准提出明确要求或发布相应的标准规范，解决管廊BIM模型的兼容性问题，为城市级管廊BIM集成应用奠定基础。

4.2　大数据技术在青岛智慧管廊中的应用研究

2017年，青岛市人民政府发布了《关于促进大数据发展的实施意见》(以下简称《大数据实施意见》)，提出围绕创新、协调、绿色、开放、共享发展理念和建设宜居幸福创新型国际城市目标，充分发挥大数据在推进供给侧结构性改革、提升政府履职效能、构建信息惠民体系、推进智慧城市建设、促进经济转型升级和提质增效、培育新兴产业和新业态等方面的创新引领作用，推动数据、技术、应用、安全协同发展，形成大数据创新发展新模式和智慧城市竞争新优势。

《大数据实施意见》要求紧跟全球大数据发展趋势和前沿动态，加强大数据采集、处理、开发和应用模式创新，推进大数据应用关键技术突破，促进大数据与政务服务、社会治理、智慧城市和产业发展等的深度融合。

城市地下综合管廊大数据应用是涵盖管廊数据采集、梳理、管理、服务、应用于一体的数据资源综合服务与管理。也需要按照统一、集约、高效的数据开发利用理念，打造“新型智慧管廊”，有效解决“信息孤岛”“数据烟囱”等现象，通过以应用为抓手，打通信息流，满足城市管廊多方位、多层次的数据需求，推进全市地下综合管廊信息资源共享及城市地下综合管廊治理的现代化，从而不断提升“智慧城市”公共基础设施“智慧管廊”的管理水平。

在大数据实施意见指导下，大数据技术在青岛市智慧管廊中得到了初步的应用，而青岛市智慧管廊在大数据采集处理、开发和应用模式创新方面刚刚起步，还需要进一步的探索和创新。

4.2.1　大数据技术在青岛智慧管廊中的应用

1. 城市级管廊大数据基础支撑云服务应用

按照大数据实施意见，在各级、各部门、各单位全面推行大数据基础支撑云服务模式，实现资源集约化利用。政务大数据和云计算中心(以下简称“大数据云中心”)建成启用后，无特殊需要或上级明确规定的，各部门一律不得安排机房建设和改造项目，不得分散配备机房设备、主机服务器、存储系统等基础软硬件设施。

城市级管廊运维监管平台将部署在青岛市政务云上，不仅保证了数据安全、而且节省了政府投资，树立了城市级管廊大数据云服务应用的典范。

2. 形成青岛市城市管廊一体化数据中心

《大数据实施意见》提出建成一体化城市大数据中心，通过公共数据和社会数据的“聚、通、用”，形成跨部门、跨行业数据资源共享共用和统一开放格局，提升政府决策能力和风险防范水平，提高政务服务和社会治理的精准性和有效性。

城市级管廊运维监管平台将全市地下综合管廊视频监控数据、前端采集的设备实时数据、基础数据和业务数据，包括管廊、管线的 GIS 数据、BIM 数据和电子档案数据进行了汇聚和云存储，初步形成了青岛市城市管廊一体化数据中心；通过城市级管廊监管平台将城市管廊实时监控信息和影响管廊、管线安全的实时状态信息与电力、燃气等入廊管线单位实现共享共用，在管廊应急处置时，能够与政府主管部门、应急办等应急联动部门进行跨部门、跨行业的协同处置，能够有效提升政府决策能力和风险防范水平。

3. 管廊前端智能化设备提高大数据采集与信息惠民能力

《大数据实施意见》提出加快建设城市智能感知网络，支持传感器、智能可穿戴设备等数据采集设备的应用推广，提高大数据采集能力和信息惠民水平。

管廊前端智能化设备能够实时采集城市地下管廊环境数据、视频监控数据、管线状态等数据，实现对城市地下管廊、管线运行态势的实时感知、预警报警，保障城市地下管线运行安全，创造良好的城市公共基础设施服务，为建设宜居幸福创新型国际城市，提升政府履职效能、构建信息惠民体系、推进智慧城市建设发挥重要作用。

4.2.2 大数据技术在青岛智慧管廊创新应用探索

全球已步入大数据时代，作为继云计算后的新一代信息技术，大数据技术与产业的发展和应用已经对政府、企业决策和人们的生活方式产生深远的影响。

城市管廊大数据是智慧城市大数据中心的一个重要组成部分，青岛市智慧管廊在大数据采集处理、开发和应用模式创新方面刚刚起步，还需要进一步的探索和创新。

1. 智慧管廊大数据构建

大数据通常被认为是 PB(1024 terabytes) 或 EB(1EB=100 万 TB) 或更高数量级的数据，包括结构化、半结构化和非结构化的数据。青岛市管廊大数据的构建，也包括了管廊设计、施工、运行及影响管廊运行、结构健康、入廊管线状态的结构化、半结构化和非结构化数据，通过数据的抽取和加载，转换、清洗对比和校验，形成城市管廊大数据。具体可分为以下内容：

（1）管廊内的视频监控数据、前端采集的设备实时数据、管廊的基础数据和业务数据（日常运维管理、应急管理数据）。

（2）管廊本体结构定期进行的沉降、裂缝、应力等健康监测数据及管廊健康情况的评估数据。

（3）管廊内管线的档案数据、运行数据、管线的壁厚及腐蚀情况监测数据。

（4）管廊、管线的规划数据、地形数据，BIM 模型数据以及管廊和管线及设备设施的历次大修、改造数据；管廊内历次发生的火灾、水淹、坍塌等事故前后的监测数据及评估数据。

（5）管廊、管线项目立项前的勘探数据、地质结构数据。

（6）管廊周边施工建设等隐患数据，如周边轨道交通、人防工程、海绵城市、居民建筑等对管廊影响的监测与评估数据。

（7）青岛市作为海洋性城市，空气中盐分高，对管廊内设备设施腐蚀性大，还需要对管廊内历年空气盐分含量监测数据、城市管廊地下地质监测数据进行归集。

以管廊监测大数据构建为例，其包括管廊范围内所有的管廊本体数据（管廊本体空间位置、属性信息），管廊内部附属设施数据（消防栓、通风口、积水井等），以及管廊环境监测系统所产生的温湿度传感数据、液位传感数据、氧气传感数据、甲烷传感数据、硫化氢传感数据等，管廊大数据的采集处理与构建过程如图 4-8 所示。

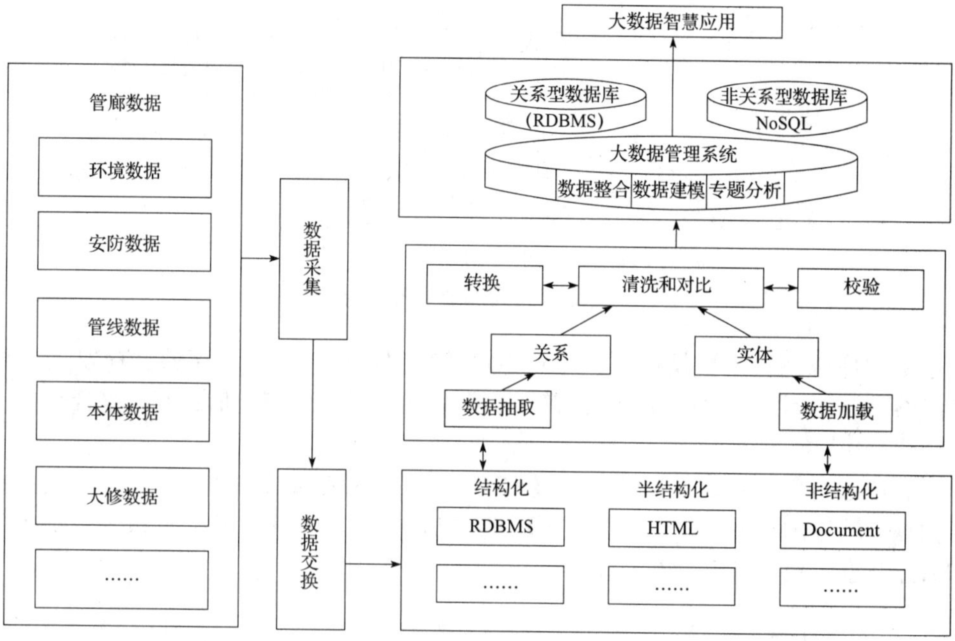

图 4-8　管廊监测大数据构建

管廊大数据构建完成后，还需要通过大数据整合、大数据建模与专题分析，为管廊大数据的智慧应用提供支撑。

目前各区域管廊信息系统建设，存在分散开发应用的问题，数据自采自用，必然产生“信息孤岛”，导致城市级管廊大数据的共享应用难，数据转换工作量大，数据难融合等实际问题。在管廊大数据构建过程中，需要统一数据标准，共建共用主题数据库，从根本上取消接口，实现信息资源共享和应用系统集成。建立主题数据库的前提是搞好总体数据规划（图 4-9）。

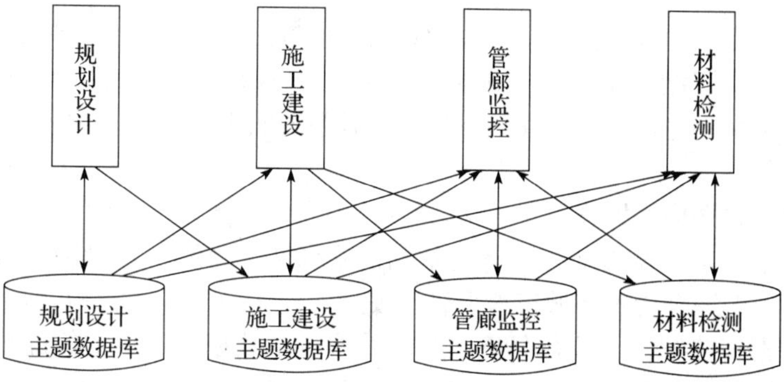

图 4-9　管廊数据总体规划

通过信息资源规划，分析和改变不合理的数据流，统一数据标准，建立数据中心，实现内部业务信息共享和外部数据自动化交换，支持跨部门、跨地区、多层次的业务协同（图 4-10）。

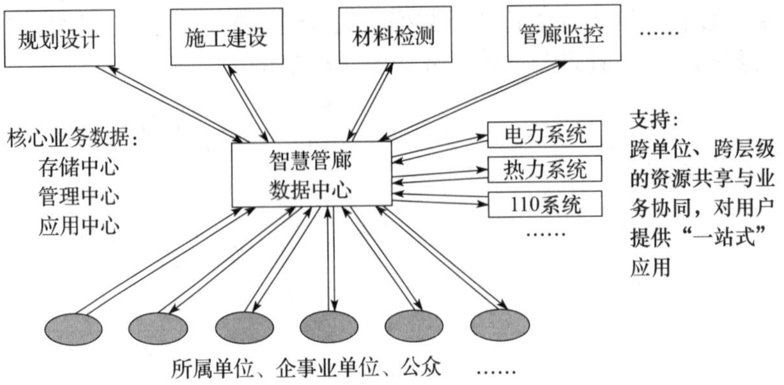

图 4-10 智慧管廊数据交换服务

主题数据库强调统一数据标准，建立稳定的数据结构，应用程序通过存取主题数据库实现信息共享，而不需要数据接口，最简单、最快捷、最安全实现信息资源整合与应用系统集成。

最后，通过智慧管廊的数据环境升级重建，建立智慧管廊数据中心，去除冗余的数据、过时的数据、琐碎的数据，将低档次数据环境和无序矛盾的数据堆积，升级为高档次数据环境，即有序共享的数据重组（图 4-11）。

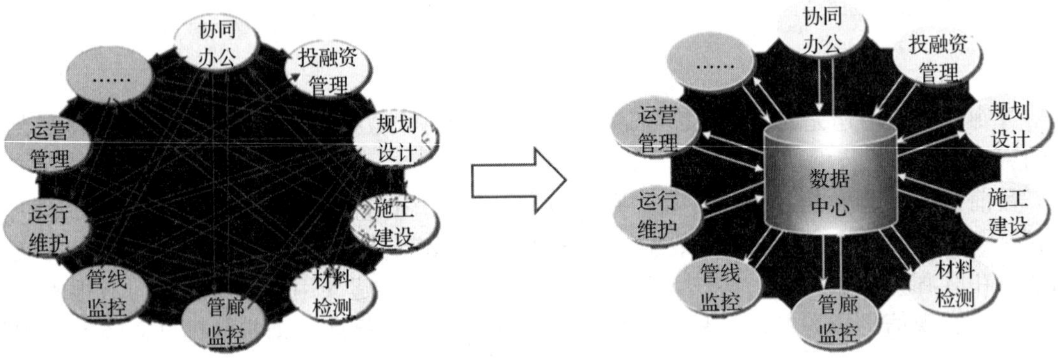

图 4-11 智慧管廊数据中心升级重建

在管廊大数据构建过程中，还需要对管廊的数据按照“分类存储、时限各异”的存储方式，对数据进行分类存储，如资料数据永久保存，运行数据中期保存，状态数据短期保存，图像数据选择性保存。优化大数据存储空间、提升系统效率、满足管廊运行分析、数据挖掘及辅助决策应用需要。

2. 智慧管廊大数据应用探索

城市地下管线是保障城市运行的重要基础设施和“生命线”，也是智慧城市的重要基础子系统。而城市地下综合管廊是城市地下管廊安全、经济、高效运行的重要保障，通过将管廊多源异构的数据正确解读、综合分析问题，并从海量数据环境中，挖掘出数据中潜在的、事先未知的有用信息，探索智慧管廊大数据的开发与应用。

（1）通过智慧管廊大数据与城市地理信息大数据、城市地下管线等大数据的融合，实现智慧城市跨部门协作，共享数据，可充分利用管廊大数据信息资源，做好城市地下空间工程规划、施工建设、运营维护、应急防灾、公共服务等工作，实现地下综合管廊与智慧城市管理有机衔接，提高城市规划与治理能力。

（2）通过智慧管廊、管线长期、海量数据的挖掘，可以对管廊、管线健康状况进行分析与预警，提前采取措施，避免管廊、管线事故的发生，提高管廊、管线的寿命，保障城市生命线的安全运行，大大提升城市公共基础服务水平。

（3）通过对管廊运维服务大数据的积累与分析，可对管廊运营维保行为、人员绩效、各种设备、设施的故障情况及有效服务年限等进行评价；可分析设备设施及运维服务的技术瓶颈，为改进管廊、管线运维服务质量，优化设备设施的选型提供依据，实现管廊经济、高效运行。

（4）通过对管廊施工工艺、地质状况、运行情况及健康监测情况等大数据的积累及分析，可对管廊在不同地质情况下的设计工艺、施工工艺等进行分析评价，通过对其深度挖掘，得出对设计单位今后改进优化设计有帮助的信息和结论，从而进一步完善、优化管廊设计，实现管廊全生命周期、全方位、螺旋上升式的闭环管理。

总之，青岛市特殊的地质环境和高湿、高盐、高腐蚀的环境，对管廊、管线及管廊内设备实施的寿命造成了特殊影响，通过大数据应用保障管廊、管线和设备设施的安全更具现实意义。

4.3　其他关键技术的可推广性

4.3.1　管廊内无线覆盖技术及基于无线覆盖的应用

管廊内实现无线覆盖后，结合移动智能终端，能够为在线式电子巡查、人员定位、移动化运维、无线对讲、音视频调度等功能提供无线数据传输链路及业务功能载体，对实现管廊移动化、智能化管理，提高运营管理效率，保障管廊安全具有重要意义。

青岛市智慧管廊试点项目中，主要应用了两种无线覆盖技术，一是基于无线 AP 的 WIFI 网络覆盖，该技术在海口路管廊中进行了应用。在管廊各舱室及设备间内部署无线 AP，实现管廊内无线全覆盖。基于无线网络 + 智能移动终端，可实现集在线式电子巡查、人员定位、移动化运维、无线对讲、音视频调度多种功能于一体管廊移动化、智慧化运维管理。二是采用 1.8G 数字无线集群通信业务，该技术在机场管廊地下及机场地面进行了应用，主要解决机场管廊内人员与地面人员的语音对讲、音视频调度、移动化运维业务，以及机场地面的人员集群通信业务。

无线 AP 的方案与 1.8G 数字无线集群通信业务相比，无线 AP 的方案人员定位的精度相对低，成本也具有优势。1.8G 数字无线集群通信更多的应用于机场等高端、人群数量多、对定位精度、稳定性更高的应用场景，但在成本上更高。无线 AP+ 移动智能终端的一体化运维管理技术在管廊内的推广应用更具经济性。

4.3.2　分布式光纤、光栅传感器技术

管廊内环境恶劣，腐蚀性强，传统电子传感器宜腐蚀、寿命短。光纤、光栅传感器技术作为新一代信息技术，具有精度高、不带电，抗射频和电磁干扰、防燃、防爆、抗腐蚀、耐高压和强电磁场、耐辐射、数据传输及读取速度快、自适应性能好等优点，能在各种有害的环境中工作。

其中，分布式光纤温度传感技术可应用于地下综合管廊以下环节：

（1）供热管道、输油管道泄漏监测：综合管廊内管道泄漏后，流体温度大大高于环境温

度，泄漏点环境温度将会上升。

（2）电力电缆电流泄漏监测：综合管廊内电力电缆电流泄漏后，会引起泄漏点温度的升高。

（3）天然气管道的泄漏监测：天然气管道大都低温、压缩后输送，管道泄漏后会导致泄漏点周围温度的下降。

（4）火灾预报警监测：综合管廊内电力电缆电流泄漏等极易引起火灾，火灾发生时，都有大量热量产生的过程，系统对于热量敏感，在热量积聚，达到燃点前的温度变化也可以做出很准确的判断，准确定位事故点，同时可以给出事故点的准确温度，对于早期预警有很大的作用。

光栅传感技术可应用于管廊内的温度监测、应力监测等场景，与传统的监测方式相比，光纤、光栅传感技术有以下突出优势：

（1）光纤寿命长，可达 30 年，传统的电子传感器寿命短，需要配置大量的备品备件，维修维护工作量大。

（2）光纤传感系统的探测及传输部件皆为无源光学器件，对外无辐射，又防电磁、射频、雷击、雷达等影响；同时耐腐蚀，能够在传统传感器无法适应的恶劣环境中运行。

在青岛市综合管廊试点项目中，分布式光纤温度传感技术已成功应用于热力舱的温度监测、电力舱高压电缆火灾监测中，随着该技术的发展，将在城市地下综合管廊中得到越来越多的应用。

4.3.3 管廊机器人辅助巡检技术

目前管廊巡检以人工方式为主，工作强度大、安全风险高，特别是在危险环境（电力舱高压电缆、污水舱有害气体等）下，存在人工探查难、人员安全风险大等问题，引入机器人进行日常巡检，可提高巡检密度，可降低人员投入，提高人员巡检的安全性。

此外，巡检机器人携带传感器、红外测温摄像头等可实时监测管廊内运行状态，发现人工发现不了的一些问题（如管线泄漏、老化引发的温度温蒂），成为智慧管廊巡视人员的“眼睛”和“手”，即可代替一部分人工巡检，还可代替管廊内一部分传感器。

巡检机器人按运行形式分为挂轨、轮式、履带、双足、多足式机器人等，在综合管廊中以挂轨、轮式机器人应用为主。挂轨、轮式机器人在管廊内的应用各有优劣势，挂轨式机器人导轨成本高，轮式机器人在管廊内导航与定位成本高。

各类巡检机器人优劣势分析

类型		优势	劣势
	挂轨	移动速度快、爬坡性能好（垂直升降）、环境适应能力强、具备紧急灭火功能	已建成管廊中使用时，需要施工架设轨道，对管廊本体有影响，超长管廊成本高。
	轮式	视觉盲区少、巡检路径可灵活、超长管廊系统成本低、项目实施速度快	管廊地面需要相对平滑，不能适应坡度较大的环境

综合管廊智能机器人系统由以下几部分组成：巡检机器人、灭火机器人、轨道平台、自动充电平台、上位机平台、无线通讯平台。

管廊机器人核心业务包括以下内容：

序号	业务分类
1	定时、周期、遥控巡检
2	可见光实时视频监控
3	红外测温与故障报警
4	温湿度检测、超限报警
5	有毒气体检测、超限报警
6	表计智能识别
7	监控及数据报表分析
8	交互式对讲平台
9	应急消防

机器人巡检应用需要能够与管廊监控与运维管理平台集成，实现机器人辅助管理的集成应用。机器人巡检过程监测的数据，能够实时返回监控中心，进行实时展示、报警。例如：机器人携带的红外测温摄像头，能够实时监测所在区域的管廊及管线表面的温度情况，通过温度色谱的分析，查找异常点，并结合视频摄像头，进行异常的确认与核实，实现管道运行的远程实时监控。

巡检机器人在电力隧道中已有较多应用案例，机器人可代替人的巡检，也可代替一部分现场传感器，减少现场传感器的配置，随着技术的进步，机器人代替人的巡检将成为未来的发展趋势；建议青岛市可选用一条管廊进行机器人巡检代替人工巡检和现场传感器配置的试点应用，并对其经济性和可用性进一步评估。

第 5 章 总结与建议

5.1 青岛市智慧管廊建设成果

通过对青岛市智慧管廊系统建设相关领域成果的研究，在青岛市管廊试点建设过程中，主要取得了以下成果：

1. 创新城市级管廊运维监管机制，建立了青岛市级、区市级、区域级三级中心、三级管理的城市级管廊运维监管模式，实现城市级管廊一体化、集约化、高效化运维管理。

2. 针对城市级管廊运维监管模式，首次提出了建立城市级管廊运行监管平台，不仅实现城市级管廊大数据基础支撑云服务应用，而且通过管廊城市级平台与城市级应急平台的对接，实现与 110、120、119 等城市级应急联动部门的对接。

3. 针对青岛市管廊后期运维特点，按运维单位参与管廊运维管理程度不同，提出了有青岛特色的多模式结合的管廊运维服务模式，并为青岛市管廊运维服务模式提出了远期目标。同时青岛市政空间物业公司通过市场化运作参与运维，既能保证管廊运维市场化，又能最大程度的保障公共产品的公益性。

4. 针对当前管廊建设与运维脱节，运维接收工作被动等问题，提出了城市级管廊运维及监管单位应从管廊规划设计阶段就参与的全生命周期的运维监管机制。

5. 针对管廊运维服务特点，为发挥资源共享和专业化优势，通过资源集中管理、统一调配、共享共用，对区域管廊形成有力支撑，提出了建立城市级专业化的运维服务队伍的运营架构建设思路。

6. 通过顶层设计，统一规划，规范了城市级监管平台与区域级管廊监控中心智能化系统及平台接入标准，为区域中心在建设期形成前端采集全面、完整，后端应用功能完备的城市级管廊运维管理体系提供了技术保障。

此外，青岛市智慧管廊在智能化先进技术应用方面，也有以下亮点：

1. 基于管廊内无线 AP 网络覆盖技术，实现了人员定位、在线式电子巡查、音视频调度及移动化运维的一体化运维管理，提高管廊运维管理效率的同时，还对管廊内人员实现了有效监管。

2. 将设计、施工阶段的管廊 BIM 模型应用于管廊的运维，通过管廊空间浏览、实时监控、故障定位、人员定位、应急管理、模拟巡检等三维立体展示，提高了管廊运维可视化、精细化管理水平。

3. 将大数据技术应用于智慧管廊建设中，为建设宜居幸福创新型国际城市，提升政府履职效能、构建信息惠民体系、推进智慧城市建设发挥了重要作用。

4. 胶东机场管廊在智能井盖方面，也有自己的特色，井盖外边加装了机械锁、门禁锁，实现了井盖开启的双保险，提供了智能井盖技术的新思路。

5. 青岛高新区管廊设计了检修车道，并内置了检修车，不仅为后期管线入廊提供了便利，也为运维管理、应急管理提供了拓展空间。

5.2　青岛市智慧管廊建设下一步建议

青岛市智慧管廊过程中，还存在以下问题与不足，建议青岛市能够以此课题研究为契机，继续深入开展智慧管廊的研究工作：

1. 智慧管廊建设与交付标准问题

目前智慧管廊建设标准不明确，建设单位配套的前端智能化系统设备设施及统一管理平台在移交运维管理单位过程中，没有可参考的交付标准，运维单位处于被动接收状态。

建议能够以此课题研究成果为参考，尽快制定青岛市智慧管廊的建设标准、管廊体系和运维规范，进一步推进青岛市智慧管廊的建设。

2. 城市级管廊应急协同管理体系的建设问题

由于管廊应急是新生事物，城市各应急联动部门均尚不清楚如何进行管廊应急协同，各地管廊均存在管廊统一管理平台与 110、120、119 等应急联动部门对接难的问题。本课题提出了对接市应急办平台，构建城市级管廊应急管理体系的思路。建议以此为契机，组织相关联动部门，进一步研究性制定城市级管廊应急协同处置预案，切实形成具有青岛特色、实现多级结构、异地分布、跨职能部门的城市管廊应急协同处置体系。

3. 全流程、全生命周期的运维及监管机制构建问题

目前青岛市运维单位从竣工阶段开始交接，造成被动接收，建议青岛市进一步制定相关规范，使运维监管单位能切实参与到管廊规划设计、施工建设中，通过对设计、施工形成有力监管，为后期运维、监管形成有力支撑。

4. 管廊 BIM 建模及交付无标准、难集成问题

由于 BIM 建模及交付没有规范，给城市管廊 BIM 模型的驱动及应用带来困难。建议青岛市也以此课题研究为契机，组织专家对青岛市管廊 BIM 的建模工具、建模标准与交付标准提出明确要求或发布相应的标准规范，解决管廊 BIM 模型的兼容性问题，为城市级管廊 BIM 集成应用奠定基础。

5. 青岛市管廊大数据构建及创新应用问题

青岛市智慧管廊在大数据采集处理、开发和应用模式创新方面刚刚起步，还需要进一步的探索和创新。建议以此研究为基础，深入开展管廊大数据的数据规划、数据采集、大数据建模及创新应用的研究，切实实现大数据在智慧管廊中的应用，提高城市级管廊的安全运营问题。

6. 青岛市管廊大数据与地下管线大数据的融合应用问题

管廊大数据与城市地下管线大数据都是城市地下空间大数据应用的重要组成内容，缺少管线数据的城市管廊大数据是不完整的。通过智慧管廊大数据与城市地理信息大数据、城市地下管线等大数据的融合、创新应用，可提高城市规划与治理能力。建议能够基于该课题，进一步开展青岛市管廊大数据与地下管线大数据的融合研究，建立有青岛特色的地下空间大数据创新应用，为智慧城市建设提供有力支撑。

7. 地下综合管廊及入廊管线数据及信息系统的保密问题

城市地下管线信息属于涉密信息，目前我国对地下管线档案资料、数据信息密级划分有明确的规定。如《城市建设档案密级及保管期限表》《建设工作中国家秘密及其密级具体范围的规定》中都对地下管线档案资料的查阅给出了明确的密级要求。青岛市《青岛市城市地下管线管理条例》也指出“地下管线信息的存储、处理、传递、使用、销毁应当符合国家有关保密规定”。城市地下综合管廊中容纳了诸多的市政管线，如何解决管廊及入廊管线信息系统的保密问题还需要进一步的研究。如管廊信息系统作为涉密系统，涉密信息系统的特殊要求会使地下管廊信息系统的软硬件设施投入成本成几何级的倍数增加，从而影响地下管廊信息系统的推广。此外，管廊运维单位及人员如何进行保密管理及如何具体操作都是需要研究的问题。

在当前管廊保密制度及具体操作尚不成熟的情况下，建议智慧管廊信息系统建设过程中应增强保密意识，并选用安全性更高的设备，从基础上解决信息保密问题，保障核心信息不会被泄漏、扩散。

参考文献

[1] 王梦恕，王永红，谭忠盛，黄明利，王秀英，余童真，周振梁，张志恩，陈雪莹 . 我国智慧城市地下空间综合利用探索 [J] . 北京交通大学学报，2016.

[2] 范海林，李姗迟 . 综合管廊地理时空大数据全生命周期管理平台研究 [J] . 测绘通报，2016.

[3] 童丽闺，杨浩 . 大数据技术在综合管廊环境监测中的应用 [J] . 科技资讯，2017.

[4] 李德仁，姚远，邵振峰 . 智慧城市中的大数据 [J] . 武汉大学学报 (信息科学版)，2014.

[5] 王静远，李超，熊璋，单志广 . 以数据为中心的智慧城市研究综述 [J] . 计算机研究与发展，2014.

第十篇
青岛市地下综合管廊投融资模式研究

PART 10

第1章 绪　论

1.1 课题研究背景

城市地下综合管廊又称综合管沟、共同沟，可容纳电力、通信、热力、给水、排水、燃气等两类及以上工程管线，并设有专门的检修口、吊装口和监测系统，以达到地下空间的综合利用和资源的共享。推进地下综合管廊建设，统筹各类市政管线规划、建设和管理，是创新城市基础设施建设的重要举措，不仅可以有效解决反复开挖路面、架空线网密集、管线事故频发等问题，还可以保障城市安全、完善城市工程、美化城市景观、促进城市集约高效和转型发展。

1.1.1 基本情况

按照国家“十三五”基础设施规划要求和“城市新区确保建设，城市旧区鼓励建设”的规划思路，青岛市地下综合管廊建设紧密结合《青岛市城市总体规划（2011—2020年)》、主次干道管线综合规划和供水、排水、燃气、热力、电力等专业规划，以及编制并获得批复的《青岛地下综合管廊专项规划（2016—2030年)》(以下简称《管廊规划》)，规划确定崂山湾国际生态健康城、董家口港城和红岛经济区三个区域为综合管廊重点建设区域，东岸城区、西海岸新区及原胶南市区三个区域为综合管廊一般建设区域。根据《管廊规划》，2016—2020年共计划建设地下综合管廊93.7km，2020—2030年青岛共建设完成地下综合管廊102km。

2016年5月，通过竞争性评选，青岛市成功入选全国第二批地下综合管廊试点城市名单，同时入选国家第二批“海绵城市”试点，是全国第二批试点城市中唯一一个获得“双试点”的城市。截至2019年6月12日，试点项目已建成49.16km，占管廊计划建设总长度的99.66%，入廊市政管线累计达到318.92km，在住房城乡建设部综合考评中位居同类城市前列。

1.1.2 投融资情况

青岛市地下综合管廊试点项目共计21个，总建设长度49.54km，建设总投资40.99亿元。其中，采用纯政府投资模式项目1个，采用PPP模式项目11个，企业自筹项目9个。按照“区级实施，市级补助”原则，中央资金和市本级安排的18亿元补助资金统筹用于青岛市地下综合管廊试点建设项目补助。

其中，采用PPP模式11个的试点项目总长度29.75km，分为5个PPP项目包，约占试点项目总投资的64%，采用BOT建设运营模式以及“可行性缺口补助”的回报机制，市政府授权青岛市政空间开发集团作为政府出资代表与社会资本方组建SPV公司，由SPV公司负责管廊的投融资、建设及运营维护，社会资本取得投资回报的资金来源于政府补贴和管线使用单位付费等。

1.1.3 建设管理情况

为保障青岛市地下综合管廊试点项目的顺利实施，青岛市成立了地下综合管廊建设工作领导小组，负责地下综合管廊建设工作的统筹调度和组织推进，由市长任组长，副市长任副组长。领导小组办公室设在市城乡建设委（现住房和城乡建设局），具体负责综合管廊相关规划、政策制度拟订、协调实施和监督考评工作。

各试点建设项目所在区政府和功能区管委、青岛国际机场集团有限公司等作为项目建设单位，PPP 项目由青岛市政空间集团授权的专业管廊投资运营公司作为政府出资方代表与社会资本联合成立项目公司进行建设；非 PPP 项目是由区市政府、园区管委和机场集团负责建设。项目运营期，PPP 项目由项目公司进行运营管理；非 PPP 项目由区市政府、园区管委建设，后期交由青岛市政空间物业管理有限公司进行管理。

1.2 课题提出过程

由于地下综合管廊建设投资大，但公共属性强、收费低，管廊的有偿使用收费无法分担全部投资，最终大部分仍归于政府财政，随着管廊建设规模的增大，政府的财政负担逐年增加。根据青岛市管廊试点项目的统计，青岛市的地下综合管廊建设成本约 8300 万元 /km。青岛市 11 个采用 PPP 模式的试点项目，付费机制均采用了可行性缺口补助方式，即：项目公司通过收取入廊使用费和日常维护费弥补项目建设投资和项目公司利润，不足部分采用政府补助的方式，实际一次性建设投资约 24.29 亿元，扣除可行性缺口补助费用后，在合作期内，政府累计支出约 34.74 亿元，运营期财力负担相对较重。因此需要探索融资模式创新，保证项目长足发展。

1. 探索"共建共治共享"模式，鼓励管线单位出资参与建设管廊，实行入廊管线单位"众筹"。参建管廊的管线单位，可以根据后续颁布的《青岛市地下综合管廊有偿使用收费标准》，在免除相应年度的入廊费和运维费的基础上，再给予适当年限的优惠，以此拓展资金渠道。

2. 参照土地竞拍活动中"限地价、竞配建"的方式，即设置土地价达到竞拍上限转入竞拍经适房、廉租房或学校的建设指标等方式，在新区建设和老城改造项目招拍挂土地时，设置土地竞拍价格上限，结合地块的综合管廊建设规划，将管廊的建设长度作为竞拍条件。通过不同地块间的组合，在解决资金渠道的基础上，逐步完善基础设施建设。

3. 探索地下综合管廊产权制度，将管廊资产注入管廊公司并办理产权，拓宽融资渠道，有效盘活管廊资产。地下综合管廊产权登记制度的完善和实施，将有利于综合管廊资金渠道的拓展。目前，哈尔滨已经明确了综合管廊的政府的所有权、项目公司的经营权、入廊管线单位的空间使用权等权属，向管线单位核发管廊空间使用权登记证。苏州明确了地下空间使用权属实行分层供地、分层登记等原则，尝试进行管廊产权登记工作；海口市通过相应的管廊登记制度建设，已有两条管廊取得不动产权证。

4. 探索设立"管廊基础建设资金"，并出台《青岛市综合管廊项目基础建设资金监督管理办法》，专项用于综合管廊项目建设和项目贷款还本付息。资金来源主要包括：（1）市本级财政预算安排的资金；（2）各区、市按照规定上缴的管廊资金；（3）国家和山东省安排下达的用于管廊项目建设的各项资金；（4）用于管廊项目建设的银行贷款；（5）以企业债券、中长期票据等融资方式取得的管廊资金；（6）其他用于管廊项目建设的资金。

1.3　课题预期目标

本项课题研究拟结合国家最新政策，参考国内外其他城市的先进做法，达到以下方面的预期研究目标：

（1）总结目前青岛市地下综合管廊融资方面存在的困难，提出管廊融资和资金筹集的初步思路。

（2）根据国内外地下综合管廊融资模式的经验，结合国家现行法律法规，探索投融资的创新模式。

第2章　青岛市地下综合管廊投融资现状与问题分析

2.1　青岛市地下综合管廊投融资情况

2.1.1　试点建设项目

青岛市2008年开始启动高新区地下综合管廊的规划、建设工作，建立了成网成片的地下综合管廊系统，截至2014年已建成长度达54km，并全部投入运营。在六年的安全运营中，青岛市积累了丰富的建设和运营经验，形成了具有积极示范意义的地下综合管廊样板工程，相关做法得到了上级的充分认可。

青岛市地下综合管廊试点项目共计21个，总建设长度49.54km，建设总投资40.99亿元（图2-1）。其中，采用纯政府投资模式项目1个，采用PPP模式项目11个，企业自筹项目9个。中央财政连续三年，每年补助地下综合管廊建设资金3亿元，三年共计9亿元；根据市政府研究确定意见，市本级财政同步安排资金用于试点项目建设，市级财政补助地下综合管廊试点共计9亿元。按照“区级实施，市级补助”原则，中央资金和市本级安排的18亿元补助资金统筹用于青岛市地下综合管廊试点建设项目补助。补助原则为：对非PPP项目按照约占总投资的30%进行补助；PPP项目按照约占总投资的40%进行补助，其中，PPP项目资本金政府出资部分（约占项目总投资的9.17%）直接拨付至市政空间开发集团；补助资金根据中央资金下达情况和试点项目建设进度逐年安排（表2-1）。

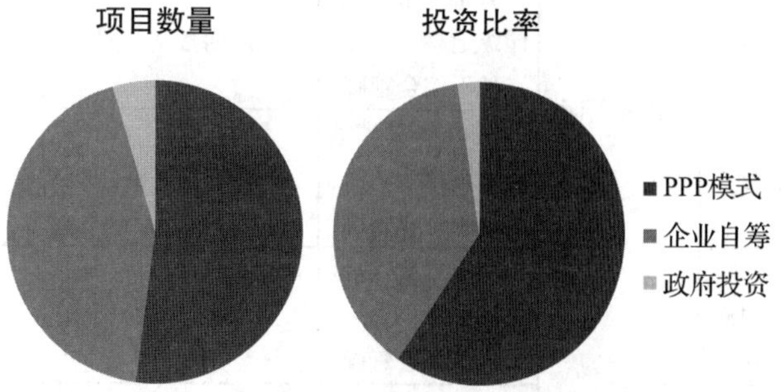

图2-1　管廊建设试点项目投资构成

表 2-1　管廊建设试点项目汇总表

序号	所在区域	项目名称	项目地点（施工范围）	投融资模式	管廊长度（m）	管廊总投资（万元）
1	蓝谷	山大南路综合管廊建设工程	滨海大道—山大东路	PPP	1934.47	4709.31
2		山大东路综合管廊建设工程	滨海大道—泰安街	PPP	3497.00	9287.98
3		硅谷大道综合管廊建设工程	规划九号线—鹤山路	PPP	804.00	7214.30
4		滨海公路综合管廊建设工程	尼姑山路—新民河	PPP	2688.00	21890.75
蓝谷综合管廊小计					8923.47	43102.34
5	新机场	青岛新机场综合管廊工程	南三路（南六路—南十路）	企业自筹	1700	11695.75
6			南六路（南十五路—T1 航站楼）含航站区 T3 综合管廊		3200.69	28729.88
7			南八路（南三路—南十七路）		2047.15	23282.86
8			南十路（南三路—T1 航站楼）含航站区 T2 综合管廊		2593.85	19314.11
9			南十一路（南八路—南十八路）		903.00	10194.40
10			T1 综合管廊（T2 航站楼—T3 航站楼）		272.40	3631.01
11			T1 航站楼 A 指廊西—新机场货运区		3098.00	23536.89
12			T1 航站楼 A 指廊—远期西二跑道		740.00	5622.11
13			航站楼管廊		3677.44	30065.00
新机场综合管廊小计					18232.53	156072.00
14	西海岸新区	青岛中德生态园十七号线地下综合管廊	生态园环三号路—珠宋路	PPP	1636.00	12130.00
15		青岛中德生态园园区四号路地下综合管廊	珠宋路—纵七路	PPP	1338.96	14407.00
16		青岛中德生态园纵七路地下综合管廊	园区四号路—团结路	PPP	957.00	4721.58
17		江山路前湾港路交叉口地下综合管廊	江山路前湾港路交叉口	政府投资	1557.00	10863.00
18		董家口经济区贡北路地下综合管廊	滨海大道—204 国道	PPP	13095.00	132429.00
19		青岛海洋高新区海口路地下综合管廊	滨海大道—凤凰山路	PPP	1610.00	17348.00
西海岸新区综合管廊小计					20193.96	191898.60

续表

序号	所在区域	项目名称	项目地点（施工范围）	投融资模式	管廊长度（m）	管廊总投资（万元）
20	高新区	高新区规划西1号线道路及综合配套工程	经二路—火炬路	PPP	1117.30	7491.15
21	李沧区	安顺路综合管廊项目	汾阳路—衡阳路	PPP	1069.50	11305.65
试点项目合计					49536.76	409869.70

1. 政府投资模式

试点项目中共有1个项目采用纯政府投资模式，项目建设长度1.56km，约占试点项目总投资的2.7%。该试点项目与江山路、前湾港路交叉口立交桥合建，资金来源于黄岛区政府财政投资。

2. PPP 模式

试点项目中共有11个项目采用PPP模式，总长度29.75km，分为5个PPP项目包，约占试点项目总投资的64%，采用BOT建设运营模式以及“可行性缺口补助”的回报机制，市政府授权青岛市政空间开发集团作为政府出资代表与社会资本方组建SPV公司，由SPV公司负责管廊的投融资、建设及运营维护，社会资本取得投资回报的资金来源包括政府补贴和管线使用单位付费等。其中：李沧区管廊试点项目社会资本占股比率为51%；高新区管廊试点项目社会资本占股比率为65.5%；西海岸中德生态园管廊试点项目社会资本占股比率为70%，贡北路、海口路管廊试点项目社会资本占股比率为70%；即墨区管廊试点项目总投资30119万元，全部为社会资本，注资类型为低息贷款。

3. 企业自筹项目

青岛胶东国际机场区域的9条试点管廊项目，由青岛国际机场集团有限公司进行自筹，总长度18.23km，约占试点项目总投资的38.08%。

2.1.2　非试点建设项目

据初步统计，青岛市拟于2020年前开工建设非试点管廊项目约59.78km，拟全部采用政府投资模式进行建设（表2-2）。

表2-2　管廊建设非试点项目汇总表

序号	所在区域	项目名称	责任单位	舱室数量	断面尺寸（m^2）	建设长度（m）	开竣工时间
1	市北区	威海路平战结合人防工程结建地下综合管廊	青岛中防兴业投资管理有限公司	两舱	待定	1200	2018—2019
2		唐河路打通工程结建地下综合管廊	市北区城管局	两舱	待定	1500	2017—2018
3		开平路打通工程结建地下综合管廊	市北区开发局	两舱	6.1 × 3.6	710	2017.9—2017.12

续表

序号	所在区域	项目名称	责任单位	舱室数量	断面尺寸（m^2）	建设长度（m）	开竣工时间
4	李沧区	安顺路地下综合管廊项目（衡阳路—北区界）	李沧交通商务区建设办公室	四舱	15.7×4.5	4430	2018—2020
5		唐山路综合管廊（安顺路—黑龙江路）		三舱	10×3.6	5500	2018—2020
6	崂山区	新南路综合管廊	崂山区市政公用局	双舱	7.1×3.35	1000	2017—2018
7	城阳区	世界动车小镇岙东路地下综合管廊	青岛城阳工业园区管委会	三舱	10.9×4	4000	2017.10—2018.12
8	西海岸新区	海西二路综合管廊	青岛西海岸交通投资建设有限公司	待定	待定	1880	2018.12—2019.12
9		玉泉路综合管廊	青岛西海岸交通投资建设有限公司	待定	待定	620	2018.12—2019.12
10	即墨市	营流路（文化路至珠江二路）综合管廊	即墨建设局	单舱	待定	4670	2017—2018
11		振华街架空线入地建设缆线型综合管廊		单舱	待定	2900	2017—2018
12		华山三路（青威路至文化路）综合管廊		待定	待定	1600	2017—2018
13	胶州市	胶东国际机场临空经济区综合管廊项目	胶州市城乡建设局	双舱	待定	5000	2018—2019
14	平度市	杭州路管廊项目	平度市城乡建设局	双舱	6.2×3.4	3200	2017.8—2017.12
15		常州路管廊项目		双舱	5.9×3.4	1500	2017.8—2017.12
16		漳州路管廊工程		双舱	5.9×3.4	5200	2018.6—2019.6
17	莱西市	济南路（青岛路至珠海路）地下综合管廊工程	莱西市城乡建设局	双舱	6.4×3.8	1650	2018—2020
18		济南路（扬州路至绍兴路）地下综合管廊工程		三舱	8.3×3.8	1750	2018—2020
19	高新区	经二路管廊	高新区建设局	待定	待定	2600	2018.1—2019.10
20		规划西10号线		待定	待定	562	2017.11—2018.8
21		规划西8号线		待定	待定	1700	2018.1—2019.5
22	蓝谷	硅谷大道与山大南路综合管廊连接段建设工程	蓝谷管理局	待定	待定	857	2017.12—2018.12
23		硅谷大道（鹤山路—沙滩一路）管廊		四舱	12.4×3.6	2060	2018.10—2019.12
24		青龙高速连接线（蓝鳌路—滨海公路）干线及支线管廊		双舱	7.1×3.8	2670	2018.10—2019.12
25		柴岛路西通干线及支线管廊		双舱	6.25×3.8	1020	2018.10—2019.12
合计						59779	

2.2　其他试点城市投融资模式分析

2.2.1　首批地下综合管廊试点城市——厦门

1. 厦门市地下综合管廊政策

厦门市为2015年4月国家确定的首批地下综合管廊试点城市之一。为配合中央的试点城市管廊建设工作，2015年7月，厦门市政府出台《厦门市人民政府关于加快地下综合管廊试点项目建设的实施意见》指导地下综合管廊建设试点工作。

2. 厦门市地下综合管廊建设总体目标

地下综合管廊三个试点项目总长度为38.9km，总投资约28.5亿元。计划三年内完成地下综合管廊试点项目22.7km，完成投资19.61亿元。其中：2016年下半年集美大道地下综合管廊投入运营；2017年翔安南部新城地下综合管廊完工并部分投入使用；翔安新机场片区地下综合管廊2015年底开工建设，2017年底前完成70%以上，燃气管线入廊，部分路段污水和雨水管线入廊。

3. 典型做法

（1）引导多元化投资体制的建立

《厦门市人民政府关于加快地下综合管廊试点项目建设的实施意见》中提出关于鼓励多元化投资体制建设的两种模式：①推动PPP模式。建立起多元化投资体制，采取PPP投融资模式，广泛吸收社会资本参与地下综合管廊建设。按照政府PPP项目采购原则，采取风险分担、利益共享、公开透明、诚信守约等基本原则选择合作单位，通过特许经营、财政补贴、贷款贴息、政府购买服务等机制，科学合理引入社会资金投资建设地下综合管廊。②鼓励各管线单位入股共建。引导和鼓励电力、燃气、给水等管线单位入股参与投资建设、运营地下综合管廊，探索建立“共建共管”的良性合作模式。

（2）政府投入和支持

在城市建设年度计划中优先安排地下综合管廊建设项目，将地下综合管廊建设纳入重点建设的市政、民生工程，支持地下综合管廊建设运营企业发行可续期项目收益债券。

4. 典型项目

2016年5月，厦门首个地下综合管廊PPP项目即厦门翔安新机场片区地下综合管廊项目开建。该项目位于翔安区大嶝岛，工程建设总长度19.74km。中国铁建股份以14.77亿元中标厦门翔安新机场片区地下综合管廊项目。该项目采用政府和社会资本合作模式（PPP模式）。厦门翔安新机场片区综合管廊是第三批次国家示范项目，项目将承载该区域主要对外市政主干管线的连接通道，服务片区的市政配套，将为新机场建设与发展、沿线区域经济和社会发展提供重要的保障。纳入管线包括：110kV和220kV高压电力、10kV电力、通信电缆（含有线、交通）、给水管、中水管，部分道路纳入雨水、污水、燃气管道。厦门翔安新机场片区地下综合管廊PPP项目交易结构如图2-2所示。厦门市人民政府成立了地下综合管廊建设工作领导小组，指定厦门市政管廊投资管理有限公司作为政府方的出资代表，与引进的社会资本共同设立项目公司。

市政府授权厦门市市政工程管理处作为本项目的实施机构，具体负责本项目PPP相关前期准备及社会资本采购工作，代表市政府签署PPP项目协议，并负责本项目合作期内的履约监管等。厦门市市政工程管理处根据项目协议授予项目公司负责厦门翔安新机场片区地下综合管廊项目的投融资、建设和运营维护经营权。项目公司承担地下综合管廊项目的投融资建设，并通过运营维护向管线单位提供综合管廊服务，依据授权及厦门市相关管理制度向管线单位收取入廊费及日常维护费，并按照本项目的回报机制从厦门市财政获得可行性缺口补助。

在融资安排上，项目公司成立后可向厦门市城市发展基金申请部分融资支持，在建设期后两年（分段运营期）获得使用者付费和可行性缺口补助。投资所需其余资金主要由项目公司通过银行贷款等债务融资方式解决，鼓励项目公司按照融资、投资建设、回收资金封闭运行的模式，开展项目收益债券试点。

值得一提的是，在风险分配上，本项目结合综合管廊空间利用的集约要求，考虑到不同行业的管线之间会存在着相互的干扰，包括管线本身的干扰及因特定管线的安全事故等应急条件下带来的干扰，对于项目公司与入廊管线单位之间的风险分配问题，参考《厦门市城市综合管廊管理办法》对管廊维护和管理责任的分配原则，并要求在项目公司与入廊管线单位签订的入廊协议中予以进一步明确。

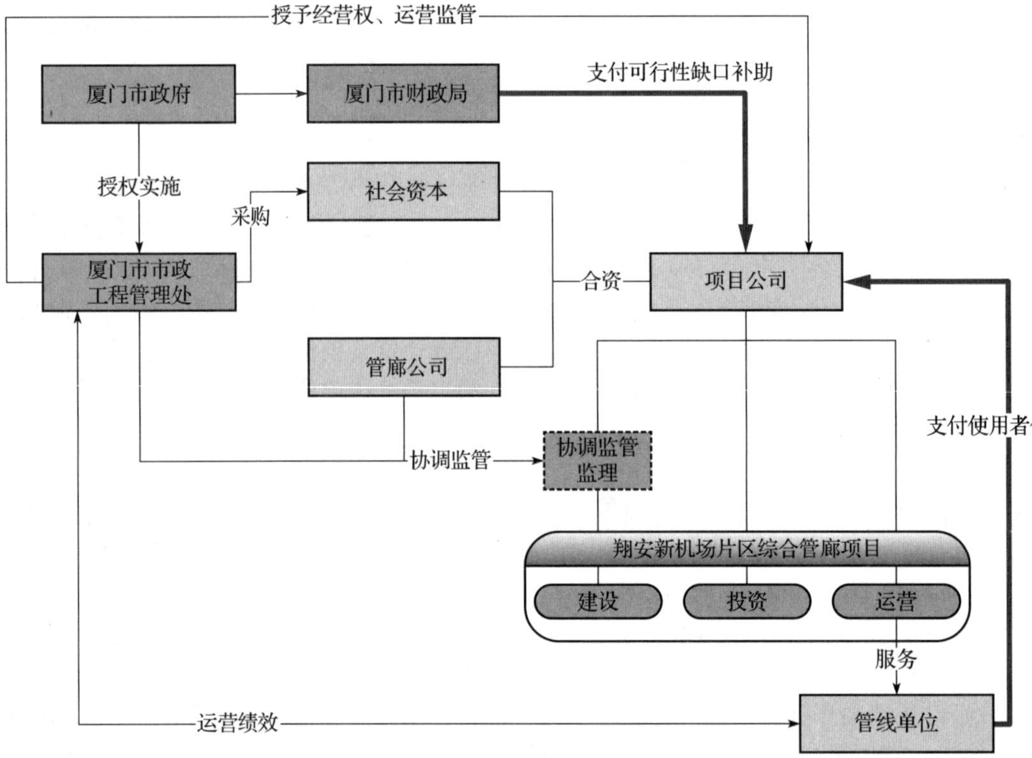

图 2-2　项目交易结构

2.2.2　首批地下综合管廊试点城市——包头市

1. 包头市地下综合管廊政策

2015 年 4 月 8 日，包头市成为全国首批 10 个“地下综合管廊”建设试点城市之一。为保障地下综合管廊项目建设顺利开展，包头市政府制定出台了《包头市地下综合管廊规划管理办法》《包头市综合管廊运营管理暂行办法》《包头市人民政府关于综合管廊建设费用和运行费用合理分担的意见》等政策，并于 2016 年制定了《包头市地下综合管廊管理办法（试行）》，对包头市地下综合管廊的管理工作进行了全方位的规定。

2. 包头市地下综合管廊建设总体目标

包头市在地下管线普查的基础上，按照“科学规划、适度超前、统筹建设、协调管理、科技先导、分期实施”的原则，结合各类市政基础设施专项规划、城市轨道交通建设、新区开发、棚户区改造等重点建设项目，于 2014 年编制完成了《包头市城市综合管廊专项规划（2014—2020 年）》，并根据《城市地下综合管廊工程规划编制指引》（建城［2015］70 号）的要求，结合住建部专家组的意见，于 2016 年对该专项规划进行了完善及重新修编，完成了综合管廊专项规划（2016—2020 年）。计划按照近期（2016—2017 年）、远期（2018—2020 年）、远景（2021 年以后）进行规划建设，在全市范围内规划管廊总里程约 227.12km，其中近期综合管廊建设长度为 103.85km，主要为城市新建区域，配合城市建设一并建设；远期规划综合管廊建设长度为 123.27km，主要结合旧城区道路改造升级进行管廊建设。规划建设区域包括昆区北部建设区、昆区中部建设区、昆区南部建设区、青山建设区、稀土高新建设区、新都市建设区、北梁建设区、东河建设区、麻池—小白河建设区、滨河新区。

3. 包头市管廊建设的资金支持

在试点城市享用中央专项资金补贴的基础上，包头市积极发挥市场配置资源，通过 PPP 模式建立由政府、市场和社会共同参与的多元化、多形式投融资机制。统筹考虑地下综合管廊的建设运行费用、投资回报和管线单位的使用成本，合理确定管廊各项收费标准，研究制定地下综合管廊运行、管理等制度。以购买服务、特许经营、股权融资、项目融资以及财政补助、以奖代补、贷款贴息等方式，鼓励引导社会资本参与综合管廊的投资建设。

4. 典型项目

包头市城市轨道交通 1 号线及城市轨道交通 1 号线沿线综合管廊工程 PPP 项目位于内蒙古自治区包头市，该 PPP 项目共包括两个子项目：包头市城市轨道交通 1 号线 PPP 项目和包头市城市轨道交通 1 号线沿线综合管廊 PPP 项目。子项目 1：包头市城市轨道交通 1 号线由包钢站至二里半机场站，为东西向串联昆北片区和九东片区的骨干线路，线路全长 26.86km，全线均为地下线，共设 22 座车站（图 2-3）。1 号线工程经市政府主管部门确认批准的初步设计文件，概算总投资约 2077084.00 万元，同步实施工程概算总投资约 102170.7 万元；特许经营期 30.5 年，包括建设期和运营期，建设期期限为 5.5 年，运营期期限为 25 年。子项目 2：包头市城市轨道交通 1 号线沿线综合管廊工程起于昆河东路、止于南门外大街，沿钢铁大街—建设路—巴彦塔拉大街敷设，主线管廊全长约 24km，交叉预留管廊约 1.3km；工程全线设置 1 座监控中心和 2 座监控站。根据不同路段管线现状和规划情况采用 1～2 舱断面形式，入廊管线种类包括：通信、电力、给水、中水。依据项目初步设计及概算，本项目总投资 340648.99 万元。

图 2-3　包头市地铁 1 号线三八路站与管廊相对位置示意图

包头市城市轨道交通 1 号线及城市轨道交通 1 号线沿线综合管廊工程 PPP 项目采用政府和社会资本合作（PPP）方式运作，通过国内公开招标方式选择社会资本方，在正式成交后将依据中国适用法律及《 PPP 项目合同》等有关约定，与各子项目的授权出资主体分别组建项目公司，在特许期内分别负责各子项目的投融资、建设、运营维护管理、更新改造、追加投资和移交。包头市轨道交通是由包头市地铁投资（集团）有限公司（以下简称地铁公司）负责建设，综合管廊是由包头市地下综合管廊管理有限公司（以下简称管廊公司）负责建设，因此，综合开发 PPP 项目有两个建设主体。采用的运作模式是社会资本控股、社会投资人分别与地铁公司和管廊公司合资组建特许项目公司的 PPP 模式。本项目中，以中铁建为牵头人的联合体作为社会资本方，需要分别与包头市地铁公司和管廊公司合资组建项目公司，并全部由社会资本控股。

综合开发项目的特殊之处在于，地铁与管廊同步建设，两者需共用施工场地、施工组织存在交叉。为了能够便于组织施工、降低施工成本，优化资源配置，提高资源利用率，要求两个 PPP 子项目的社会资本方必须为同一主体，并且社会资本方要承担综合开发 PPP 项目施工总承包范围内的施工总承包任务。图 2-4 是包头市城市轨道交通 1 号线及城市轨道交通 1 号线沿线综合管廊工程 PPP 项目的运作模式。项目公司甲的职责的是负责筹资完成地铁项目的施工部分，然后在特许期内经营地铁，提供符合标准的运营服务，并负责设备的更新维护。项目的收益来源主要有三部分：地铁票务收入、地铁车站及沿线商业开发（如广告、便利店、自助服务机等)、财政可行性缺口补贴。其中，财政补贴部分，按照 PPP 项目合同约定的绩效考核机制，按效付费。项目公司乙的职责是负责筹资完成综合管廊项目的施工部分，然后在特许期内经营综合管廊，提供符合标准的运营服务，并负责设备的更新维护。项目采用“使用者付费 + 可行性缺口补贴”的收益方式，项目公司在特许期内按照 PPP 项目合同中约定的收费机制，向入廊管线单位收取入廊费和日常维护费，财政部门按照绩效考核机制，按效提供补贴资金。

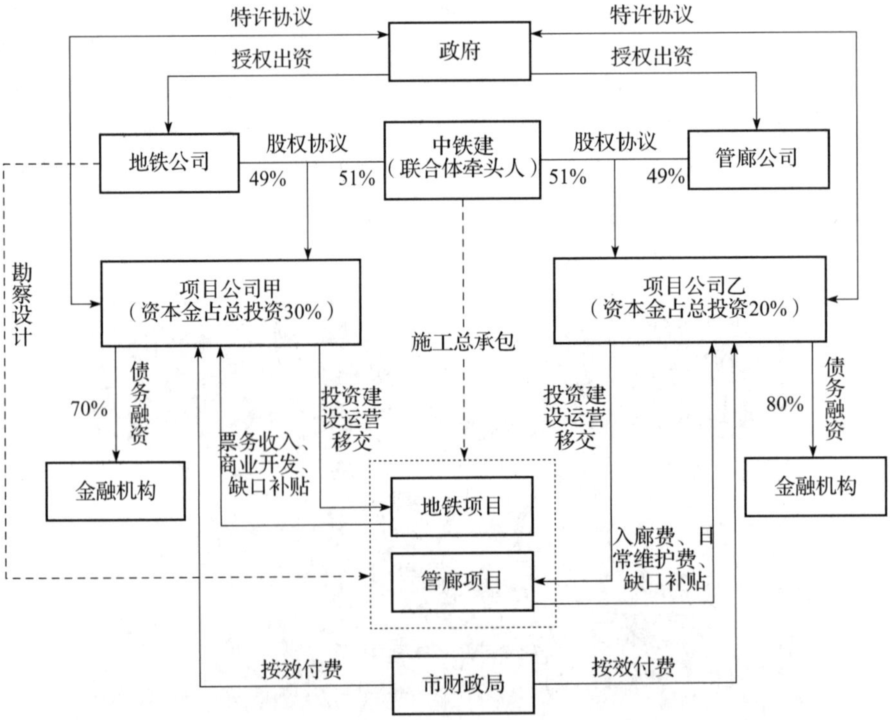

图 2-4 包头市轨道交通 1 号线及沿线综合管廊工程 PPP 项目运作模式

当前我国部分城市在尝试借鉴香港地铁“地铁+地产”的模式，用地铁收益弥补建设运营所需的投入，实现一种良性循环。由于该模式不成熟，且需要政策制度环境作为支撑，包头市轨道交通1号线未选择此种收益模式，采用的是“地铁+商业开发+可行性缺口补贴”的方式。项目公司通过轨道交通票务收入、轨道交通车站及周边商业经营（如广告租金、自助贩卖机、便利店等）、政府财政补贴收回投资并获得预期收益。其中，财政补贴部分，需按照PPP项目合同约定的绩效考核机制，按效付费。目前，综合管廊PPP项目投资回收基本都是采用“使用者付费+可行性缺口补助”的方式。

地下综合管廊与轨道交通同步建设模式，在设计过程中充分利用地下富余空间建设综合管廊，结合地下空间和地铁建设，节约投资，实现了地下空间集约利用。此外，地铁与综合管廊均具有显著的外部效益，综合开发项目的外部效益将更加显著。在建有地铁与综合管廊的区域或周边，土地可能会出现大幅溢价。各地政府应抓住这一特性，将这种外部效益转化为内部收益，可为地铁与管廊的建设带来大量资金，综合开发项目有可能实现完全市场化，包头市已经在研究采用这种模式。

2.2.3　第二批地下综合管廊试点城市——石家庄

1. 石家庄市地下综合管廊政策

2016年，石家庄市成为了第二批地下综合管廊建设试点城市，作为省会城市，石家庄市每年享受中央地下综合管廊专项补贴4亿元。2015年12月，石家庄市人民政府办公厅印发《石家庄市推进城市地下综合管廊建设实施意见》，规定了地下综合管廊建设工作的工作目标、工作要求以及保障措施等内容。

2. 石家庄市地下综合管廊建设总体目标

主城区、正定新区、鹿泉区、栾城区、藁城区、晋州市、新乐市在2016年6月底前完成地下综合管廊规划编制工作，其他县2016年底前完成规划编制工作。正定新区2016年底前开工建设不少于15km地下综合管廊，2017年底前开工建设不少于20km，并于2020年底前投入运营。鹿泉区、栾城区、藁城区、晋州市、新乐市2017年底前开工建设不少于2km的地下综合管廊，2020年底前投入运营。其他县也要因地制宜，积极开展地下综合管廊建设，力争2020年底前建成投用部分综合管廊。

3. 石家庄市管廊建设的资金支持

财政部门要加大地下综合管廊建设资金投入，在年度预算中优先安排地下综合管廊项目资金。发改、财政、住建等部门要支持综合管廊建设单位多渠道、多形式争取和筹措建设资金，支持符合条件的地下综合管廊建设运营企业发行企业债券和项目收益票据，专项用于地下综合管廊建设项目，积极开展特许经营权、收费权和购买服务协议预期收益等担保创新类贷款业务。积极推广运用PPP模式，通过特许经营、投资补贴、贷款贴息等形式，鼓励社会资本组建项目公司参与地下综合管廊的投资、建设和运营管理。

4. 典型案例

石家庄正定新区的TBOT（Transfer Built-Operate-Transfer），即转让—建设—运营—转让模式，是指政府通过TOT模式将已经建成的相关基础设施的经营权，在合约期限内转让给社会资本投资者。同时，通过BOT模式进行相关项目设施的建设与运营，在授予的特许经营期限内让社会资本进行运营。在此期间，政府需要对现有的基础设施进行相关资产估值，并以此为依据对将要建设的和拟建的设施同时进行公开招标，选择合格的社会资本方。在确定社会资本方后，政府与其签订两份特许经营合同，转让已建设施的特许经营权和拟建项目的建设与特许经营权。该模式充分发挥了社会资本的建设运营优势，减轻了政府建设的负担，节约了资金成本。

石家庄正定新区为新建城区，原用地为村庄及农用地，地下市政管网几乎没有，土地现状已基本完成收储，处于基础设施建设阶段。根据区域控制性详细规划，区域内共需敷设给水、再生水、雨水、污水、燃气、供热、电力、通信、南水北调输水管等管线，并预留集中供冷管位。正定新区起步区主干路下规划管线密集，如采用传统敷设方式，地下空间利用率低，后期维护运营成本高，不适宜新区发展定位的要求，根据区域控规，需在主干路下建设综合管廊，形成层次化、骨架化、网格化的综合管廊系统，以满足除排水、燃气外的其他管线敷设需求。依据国务院、国家发改委、财政部等部委以及河北省、石家庄市出台的有关政策法律法规，正定新区管委会为缓解财政压力，筹集项目建设所需资金，提高正定新区地下综合管廊的建设水平、建设速度和运营管理水平，提升正定新区基础设施的整体服务水平，结合正定新区实际情况，决定采用 PPP 模式运作本项目，充分吸引社会资本参与本项目的投资、建设和运营维护。

石家庄正定新区地下综合管廊 PPP 项目，依靠正定新区主干路路网规划，在北京大街、天津大街、迎旭大道、柏坡大道、隆兴大道、上海大街和西藏大道 7 条道路下共建设 36.23km 长地下市政综合管廊，满足区域主干线路（给水、再生水、供热、电力、通信等管线、线缆）的敷设需求。同步配套给排水、照明、检测、监控、消防、通风等设施。最初，起步区范围综合管廊工程（约 24.63km）的建设主体为石家庄市滹沱新区投资开发有限公司（以下简称“滹沱投资开发公司”），项目于 2012 年开始建设，在采用 PPP 模式前起步区内已开工建设综合管廊约 19km（北京大街、天津大街、迎旭大道、隆兴大道、上海大街），其中主体工程已完工约 15km（北京大街、天津大街、迎旭大道、上海大街）。根据石家庄正定新区经济发展局文件石新管经 [2010]11 号、石新管经 [2010]12 号、石新管经 [2010]13 号，起步区范围综合管廊工程总投资合计约 23 亿元，已投资约 15.76 亿元。

新区管委会经研究后，决定将正定新区起步区范围内综合管廊、东通干线综合管廊和北延干线综合管廊捆绑实施，采用 PPP 模式投资、建设、运营和维护正定新区综合管廊项目。具体运作模式如下：通过法定程序选择的境内外投资人，与浩运建设投资公司签订《合资经营合同》和《公司章程》，双方按照一定股权比例在石家庄正定新区合资组建特许经营项目公司；新区管委会将滹沱投资开发公司拥有的起步区范围综合管廊所有在建工程资产划转到浩运建设投资公司名下，由浩运建设投资公司通过法定转让程序再将起步区范围综合管廊所有在建工程资产转让给项目公司，项目公司向浩运建设投资公司支付资产转让价款；正定新区管委会与项目公司签订《特许经营协议》，授予项目公司本项目的特许经营权；项目公司负责起步区范围未完工综合管廊、东通干线综合管廊和北延干线综合管廊的投资与建设；在整个特许经营期内，由项目公司负责运营和维护所有管廊（包括起步区范围综合管廊、东通干线综合管廊和北延干线综合管廊）项目设施，并取得相应收入；在特许经营期期满后，将所有管廊项目设施完好、无偿移交给新区管委会或其指定机构。

2.3 青岛市地下综合管廊投融资存在的问题分析

2.3.1 PPP 模式的市场化不足

从青岛市管廊已建工程来看，管廊的投融资模式主要采用 PPP 模式，由于国资企业（政府平台）被禁止作为社会资本参与本地区管廊等基础设施项目投资建设，只能吸引央企、其他地区国企和民营企业参与管廊投融资建设。此类企业多数为施工建设企业，真正的管廊专业运营公司比较少。让施工企业作为管廊项目投资主体，是难以持续的。首先，施工企业具有专业施工能力，主要通过施工获取利润，专业管理、运营能力较弱，运营风险较大。其次，管廊项目投资额大，回报周期长，法律关系复杂，施工企业投资辨别能力较弱，让其负责管廊项目长期投资，承担项目融资债务，后期风险较大。同时，由于一个城市不同区域的管廊 PPP 项目中标社会资本方并不一定是同一家企业，会造成管廊运营管理的区块化，不利于管廊的统一运营和绩效管理。因此青岛市的地下综合管廊 PPP 项目都由青岛市政空间开发集团统一运营，有效地保证了管廊统一运营和绩效管理，但是其缺点是社会资本只关注建设阶段，而无法真正参与到运营阶段，这与财政部鼓励的市场主体参与到运营阶段，并实现按效付费的大方向很难统一。

2.3.2　管廊实际收费难以落实

当前管廊收费标准和落实极大地限制了管廊的建设推广。PPP 模式中使用者付费包含入廊费与运营维护费。入廊费主要根据地下综合管廊主体和附属设施建设成本以及各管线单独敷设和更新改造的成本计算确定，用以弥补管廊建设成本。维护费主要根据管廊本体及附属设施维修、更新等维护成本以及水电消耗费用等因素确定，用以弥补管廊的运营维护成本。虽然国家发改委和住建部出台了《关于城市地下综合管廊实行有偿使用制度的指导意见》，但由于各地实际差异，入廊使用费的定价仍然缺乏具体的标准，操作难度大。

2.3.3　管廊建设收益难以量化

据住建部测算，地下综合管廊造价约为 0.5 ～ 1.7 亿元 /km，投资金额较大。尤其是当前政府债务管理不断趋严，社保民生支出居高不下，受政府年度一般债务付息支出占当年一般公共预算支出 10% 的比率限制，用于管廊等项目投资建设的资金有限。虽然地下管廊能带来一定的土地收益等经济效益和环境等社会效益，但如果不能准确量化比较项目投资建设成本和收益，政府的投资建设积极性会打折扣。同时，作为“地下政绩”的综合管廊建设，涉及政府多个部门和管线单位，牵扯多方的利益诉求和平衡，需要大量的协调配合工作。因此，迫切需要量化管廊的综合收益，明确项目经济效益和社会效益，进而推动地方政府加强组织统筹，牵头协调解决管廊投资建设运营中遇到的各种实际问题。

2.3.4　地下综合管廊确权问题

当前，国内有几个地方政府制定出台地下空间建设用地使用权审批与确权登记办法，青岛市还没有建立地下空间和地下管廊的确权相关的规章制度。在政府全权出资建设、运营和管理的模式下，管廊产权问题仅是一个观念和法理上的问题，不影响管廊的实际建设和运营。但在 PPP 模式中，管廊确权涉及资产主体、风险分配和法律关系，需要积极推动管廊确权。明确的资产产权关系到项目公司、社会资本的资产状况和履约能力，是项目公司、社会资本在银行融资贷款和资本市场债券融资的重要保证。清晰的产权也会影响到管廊投资建设运营中各方的积极性，以及风险和责任的分配。尤其是 PPP 模式更是以合同为核心，以完整的契约体系和完备的法律架构维系并协调项目各方利益。

第3章 国内外地下综合管廊投融资经验

3.1 国外地下综合管廊投融资的现状分析

3.1.1 法国、英国等欧洲国家政府建设地下综合管廊

地下综合管廊的建设最早在欧洲兴起。法国巴黎在1832年建造以排水为主的管廊中，创造性地在其中敷设了一些供水管、煤气管和通信电缆等管线，形成了早期的地下综合管廊。目前，巴黎建成的地下综合管廊已超过100km，并且收容的各类管线也越来越多。目前，西班牙也有9km长的地下综合管廊，除煤气管外，所有市政公用设施管线均已进入管廊，并制定了下一步的发展规划，计划在马德里主要交通道路的下面继续扩建。俄罗斯莫斯科建有120km的地下综合管廊，除煤气管线外，各种公用设施管线均进入地下综合管廊。瑞典斯德哥尔摩市区街道下有30km的地下综合管廊，建在了岩体中，战时还可作为民防工程。前东德在1964年开始修建地下综合管廊，已有15km建成投入使用。芬兰则将地下综合管廊深埋于地下20m的岩层中，而不直接建于街道下，这样做的目的是可节省30%的管线长度。

地下综合管廊的建设首先在经济比较发达的欧洲国家兴起，正因为他们的经济条件好，管廊所需资金较易筹措到位，政府的财政能力足够支付。在欧洲，地下综合管廊的建设费用几乎都是由政府通过拨款满足的，建成以后再收取使用管廊的管线单位的租金，政府前期所投入资金的回报就是通过租金获得的。但涉及到具体的租金，目前还没有形成统一的收取标准，而是每年经过当地的一些相关会议进行应收取租金的反复讨论和谈判，最终确定这一年应收取的租金数额。一般根据地下综合管廊的实际运营情况每年都有所变化和调整。其中收取租金的方法在一定程度上体现了发达的资本主义国家对于一些事关民生的产品的收费思路，也体现了通过社会大众的整体意愿来给产品定价，基本符合社会公众的利益需求，跟其他一些关系人民基本生活的公共设施的定价是相似的。这些欧洲发达国家通过政府的行政能力来制约管线单位必须采用地下综合管廊的形式敷设管线，不得再采用传统直埋方式，也给政府回收资金提供了保障。这也是欧洲国家比较先进的一面，有利于地下综合管廊的建设和运营管理。

3.1.2 日本各级政府负担部分费用

日本建设地下综合管廊的开始时间比较早，并且一开始建设政府就比较重视，政府集中主要精力开始不断追加投资，来完成其想要建设的地下综合管廊。到后来的东京等大城市也逐步开始建设地下综合管廊，有关资料显示，日本国内拥有的地下综合管廊的数量非常之多，大约为310km。

日本地下综合管廊的建设初期主要集中在日本的大型城市，人口相对较多，基础设施建设也相对较完善的地区，最主要的还是经济发达，能够负担巨额的投资。但随着地下综合管廊在日本的逐渐推广，日本进一步提出了充分利用更深一层的地下资源的想法，提出要在地下建设更加科学和更加广阔的地下综合管廊体系，与此同时跟这一设想相关的建筑工程的设计技术和建设技术以及相关的法律问题等也已得到了初步解决，这也是地下综合管廊在日本

得以兴起的主要原因。

在日本的综合管廊建设中，政府起到了主要作用。综合管廊作为道路的一个附属工程，建设资金由政府提供，管理由交通运输省下属专职部门管理。在建设阶段，道路管理者（政府）承担大部分的建设费用，管线公司承担小部分建设费用（主要是管线的建设费用）；在运营阶段，政府承担小部分维修管理费用，管线公司承担大部分维修管理费用（表3-1）。

表3-1　日本综合管廊的投融资机制

建设阶段	投融资机制
前期组织	规划、建设、运营由都市建设局统一负责。建设基金来源于包括建设省的建设基金、道路公团的建设基金、地方政府的建设基金等
建设投资	若道路为国道，则道路管理者为中央政府，由政府承担一部分共同沟的建设费用。若道路为地方道路，则地方政府承担部分共同沟的建设费用，同时地方政府可申请中央政府的无息贷款用作共同沟的建设费用
后期运营	由专业公司负责后期的运营管理，其管理费用由政府与各管线单位共同承担，费用承担比率由所属管线在共同沟中所占的体积或面积综合确定

3.1.3　我国地下综合管廊投融资的现状分析

1. 北京、上海等地区政府全权出资

上海的松江新城项目在2003年完工，这一项目成功地展示了地下综合管廊项目带来的效益。自从项目成功竣工以来城市内的街道再也没有被反复开挖过，并且城市的市容市貌得以改善。据悉，这也是上海在开发区建设的第一个地下综合管廊项目。廊内宛如绿色通道一般，整个地下综合管廊内部气派宏伟，各类管线架设得整齐有序，并且设置了专门的检修口和控制室，每类管线都有各自的监控室，方便专业工程师进行专业的监控与维修。另外各类管线还预留了增设空间，因为随着城市的不断扩大和生活的需要，可能在不久的将来就要增设很多管线，这样地下综合管廊就可以满足这里所有的要求。由于这一项目为上海市的示范工程，并且项目的建设规模和投资规模都相对较小，因此当时主要是采用政府资金，即由政府全权出资建设地下综合管廊。但是随着城市的发展和市政管线的增多，规模小的地下综合管廊的建设已成为过去，未来和现在真正需要建设的将是建设规模宏大、投资规模巨大的地下综合管廊项目，如果单纯依靠政府的财力，势必会增加政府的财政负担，不利于地下综合管廊项目的发展和推动，因此，要不断寻求投资模式的创新。

2. 我国台湾地区政府管线单位共同出资

我国台湾地区自20世纪90年代以来，地下综合管廊的建设速度相当快。我国台湾地区地下综合管廊的快速发展同样离不开政府的直接支持。其相对日本的政府政策更进了一步，先进之处就在于找到了各方均能接受的合理费用分摊办法，并通过法律的形式保证其执行。从投资资金来看，我国台湾地区地下综合管廊的建设资金是由政府主管单位和管线单位共同出资的，其中政府主管单位承担1/3的建设资金，管线单位承担2/3的建设资金，然后各管线单位再以各自所占用的管廊空间以及传统直埋形式下的成本为基础，分摊各自的建设费用。

3. 2014年以来PPP模式吸引社会资本出资

自《关于加强地方政府性债务管理的意见》（国务院［2014］43号）开始规范地方政府

融资行为以来，各个城市的地下综合管廊项目主要以 PPP 模式为主进行融资建设。例如：10 个试点城市规划未来 3 年总投资 351 亿元，其中中央财政投入 102 亿元，地方政府投入 56 亿元，拉动社会投资约 193 亿元。发改委 PPP 项目库中，目前共有 13 个 PPP 项目，总投资约 100 亿元。作为首批试点城市的苏州也已由城投公司牵头，与供电、水务、电信、移动、联通、江苏有线 6 家公司共同出资组建了苏州城市地下综合管廊开发有限公司，作为市区范围内地下综合管廊投资建设运营的实施主体，被授予特许经营权 25 年。根据另一试点城市六盘水的项目招标方案，拟建设管廊长度 39.65km，项目金额 29.9 亿元，中央财政补助、地方政府配套资金、社会资本投资、银行贷款等是其主要资金来源。

3.2　我国目前地下综合管廊投融资模式比较

根据我国已建的地下综合管廊，例如广州大学城、上海安亭新镇地下综合管廊、深圳的大梅沙—盐田坳地下综合管廊、上海张杨路地下综合管廊以及世博园区的地下综合管廊，现阶段建设地下综合管廊的资金来源主要有两种：一是“政府全权出资”，二是“政府管线单位联合出资”。

3.2.1　政府全权出资

1. 政府全权出资的概念及特点

“政府全权出资”模式是指由政府全权负责地下综合管廊的建设所需资金，包括建设工程成本和廊内基本设施设备所需的资金。建成后各个管线单位根据其自身的需求，选择是否进廊，当然管线单位使用地下综合管廊的前提是要缴纳相应的费用，这部分费用包括租赁廊内空间所需的占用费以及后期的运营维护费用。租赁的费用相对较高。“政府全权出资”的常见形式主要包括（图 3-1）：

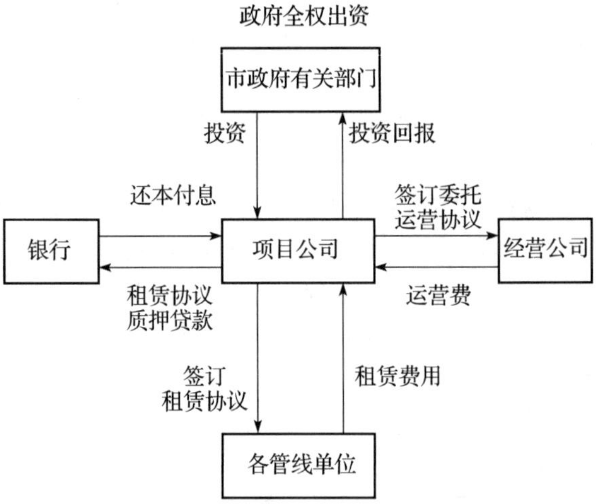

图 3-1　“政府全权出资”建设模式

（1）政府直接财政拨款

政府直接通过拨款形式将资金注入地下综合管廊建设项目，此项资金一般是全额拨付的，并且这部分资金是同时拨付，不存在分期支付形式。

（2）银行贷款

不是一般建设项目的银行贷款，而是由政府出面，以地下综合管廊建设的名义向国有银行申请政策性的贷款，这种形式实质上也是由政府全权出资的，只不过是形式上的不同。

（3）贴息资金

政府以拨付专项基础设施建设资金的形式给地下综合管廊项目拨款，此款项将作为地下综合管廊建设的投资专用资金，这些建设资金会逐渐随着项目的进展转为贴息资金。然后由大型的被国家认可的投资运营公司作为政府所投建设项目的项目法人单位，负责建设项目的融资和资金的使用，其中的一部分资金可以通过向金融机构贷款的方式来筹集，这些资金的利息最后也是政府来支付，只不过要求地下综合管廊项目单位要持银行出具的索要凭证才能给予支付。

（4）以上三种模式的综合使用

地下综合管廊的建设所需资金其中既包括政府的直接财政拨款，同时包括政府通过其他形式拨付的款项（银行贷款和贴息资金的形式）。上述方式的综合运用，使政府投资的形式更加多样化，一定程度上可以暂时缓解政府的直接财政压力，政府还是比较倾向于采用这种模式的。由于地下综合管廊在我国起步比较晚，从设计到最后的建设运营，各方面的理论和实践经验都十分不足，因此我国这种"政府全权出资"的模式是最常用的一种方法，因为国内的投融资市场不十分活跃，加之地下综合管廊是新鲜事物，被社会公众认可还需要一个过程。但是由于地下综合管廊投资规模较大，并且建设期较长，这种模式无疑增加了政府的财政负担。因此想要吸引更多的非国有资金投入到地下综合管廊项目的建设中来，还需要一段时间的努力，不过"政府全权出资"模式也有其优缺点。

2. 政府全权出资的优缺点

从地下综合管廊建设的性质看，其属于重点基础设施项目，外部效应突出，是地方生产生活正常进行的重要保证。采取政府全权出资的方式可以有效地防范风险，保证政府对项目的控制，对于服务的稳定比较有利。从经济效益看，其投资规模较大、短期效益不明显、回报率较低，因此吸引社会资本的难度较大。由政府出资则可以避免因为综合管沟建设经济效益不明显而出现融资困难的问题，确保项目的及时建设和完成，避免因谈判时间过长而引起的项目时间延误。采用这种模式，对于管线单位而言，可以有效地降低管线的建设成本，对于政府投资者而言，也可以通过合理地收取租赁费回收投资，并保证对项目的控制权。一般在财政状况较好的地区较为适用。

"政府全权出资"的缺点主要包括两方面：（1）加重政府财政负担。地下综合管廊项目一般投资规模较大，采用政府全权出资的模式会加重财政负担。由于政府必须一次性投入巨额资金，使得资产在公用事业上的沉淀现象加重，不利于盘活国有资产，同时也不利于开拓投融资渠道，利用民间资本。（2）后期运营风险较大。政府投资建成地下综合管廊之后，往往在后期运营和租赁方面遇到困难。目前电信等管线单位均设有专门负责线路敷设的部门，如果放弃自行直埋方式而采用地下综合管廊，则管线单位可能被迫裁撤该类部门，从而引起人员安置问题。另外，租赁费用或运营维护费用过高等原因也可能造成管线单位不愿进入地下综合管廊经营，从而导致公共资源浪费。

3.2.2　政府、管线单位联合投资

1. 政府、管线单位联合投资的概念及特点

政府和管线单位共同投资进行地下综合管廊建设的最重要的一点是如何确定各方应投资多少，如何科学合理地确定政府机构和投资的管线单位的投资额，如何权衡各方的利益。根据现有的一些基础设施及地下综合管廊的投资方式，总结政府机构与管线单位共同投资建设地下综合管廊的方式大致分为如下两种（图 3-2）：

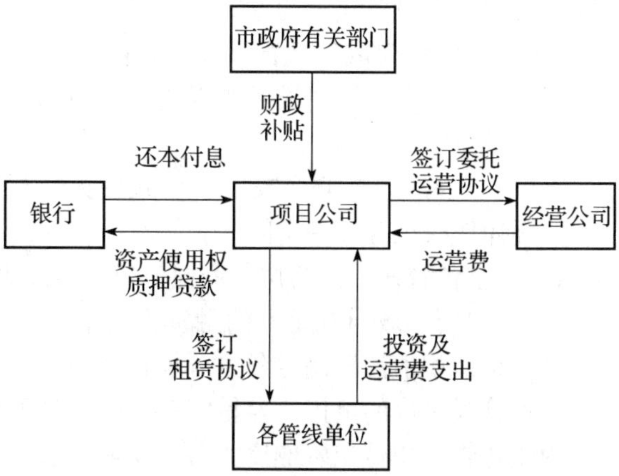

图 3-2 "政府－管线单位联合投资"建设模式

（1）“企业出资，政府补足”模式

即前提是地下综合管廊的建设资金不是由政府或管线单位其中一方单独承担，而是首先由将来使用地下综合管廊的各管线单位，根据传统直埋形式下自己的成本，或者考虑单位本身的资金能力，又或者根据管线的占用空间的比率和未来的经营收益，先提供部分地下综合管廊建设资金。剩余的建设资金的不足部分由政府机构补齐。至于管线单位到底该出多少，可以由政府和管线单位在决策阶段通过谈判协商的方式具体确定，或者采用政府的行政能力，不过最重要的原则就是权衡双方的利益，最终达成共同投资建设的协议，不致增加双方的负担。

（2）采用“比例分摊”模式

首先政府和各管线单位按照之前的约定确定各自的投资比例，政府投资剩余部分由各管线单位补足，其次就是各管线单位之间如何分配投资比例，可以由政府出面结合传统埋设条件下不同管线的成本以及未来的经营收益等指标综合考虑确定各管线单位之间的出资比例。

2. 政府－管线单位联合投资的优缺点

（1）优点

“政府－管线单位联合投资”的投融资方式下，建设地下综合管廊的资金由原来仅仅依靠政府转变为政府和各管线单位联合投资建设。联合投资以后，后续政府通常对共建单位不再收取入廊费，对新入廊单位收取的入廊费与共建单位分成。这种模式既保证了建设资金的按时供给，在一定程度上也可以减小政府的压力，可以说这种方式无论对政府来说还是对管线单位来说都是有利的，因此在实施上也较为顺利。这种方式比较适用于政府部门财政能力有限但又非常愿意建设地下综合管廊的国家和地区。通过这种前期投资建设的方式，不用再考虑地下综合管廊建成后管线单位不愿意进廊的问题，因为在前期管线单位已经投入了一定数量的资金来建设地下综合管廊，所以建成后必定会将管线进廊，这样也就可以解决地下综合管廊将来的租用问题。“政府－管线单位联合投资”模式目前为国外共同沟建设所普遍采用，是一种较为成熟的建设投融资模式，其优点如下：

1）从共同沟建设投资特点看，其投资额较大，建设周期长，回收见效较慢，如果单纯依靠政府拨款全额出资建设就可能加重政府财政负担，甚至导致推迟建设，从而影响城市基础设施的建设。“政府－管线单位联合投资”的融资模式下，政府和各管线单位分担了共同沟的建设资金，从而大大减少了政府出资额，减轻了政府的财政负担。尤其是当政府财力不足时，这种联合投资建设的方式较为适用。

2）从共同沟建成后运营风险看，由于以企业为投资主体，采用了企业和政府联合投资的方式，故不存在管沟建成后的租赁风险问题，保证了共同沟的使用效率。

（2）缺点

“政府－管线单位联合投资”模式使大额建设资金得到各方分担，有利于资金的筹集，但在实际操作时也存在一定问题。

1）加重各管线单位的财务负担，贷款难度大

“企业出资、政府补足”的融资模式下，要求各管线单位投入共同沟的建设资金。尤其是按“传统体积值法”制定各方分摊比例时，要求各管线单位投入较大数额的建设资金，这可能增加管线单位的负担，容易使企业产生抵触情绪。

由于各管线单位出资额度大，在实际出资时通常要部分依靠银行贷款的支持。但由于联

合投资模式中，各管线单位仅取得共同沟的使用权，而并未取得所有权，故难以通过项目质押贷款。若仅仅依靠自有资金则很可能难以负担所要求的出资比例，这就造成了各管线单位的出资困难。

如果考虑采用以项目公司名义贷款，各投资方以其出资额承担有限责任，则由于项目没有现金流入量，只能以共同沟项目资产进行抵押，这就使共同沟项目风险大大增加，一旦管线单位无力还款，则会严重影响共同沟的正常运营。

2）共同沟建设资金分摊比例的制定难度较大

很难找到各企业的共同认可的分摊模式，协调难度大。“推定投资额模式”和“传统体积值法”两种制定投资分摊比例的方法虽然在理论上解决了资金分摊比率的问题，但在实际执行过程中仍然困难重重。同时，政府还需防止企业直接将负担转嫁给广大用户，引起社会不良反响。

3）产权界限模糊

虽然一般认为管沟建成后所有权应归政府所有，但是在缺乏相关法规明确界定的情况下，“政府 – 管线单位联合投资”的融资模式容易造成产权界限的模糊，这也将对共同沟建设投资的多元化造成一定影响。例如：入廊管线单位较多，如果部分管线单位后期转移产权，将会有一定难度；后期入廊管线单位不是最早的出资单位，是否需要涉及到是确定产权，还是只出租使用权的问题。

4）要求完善的配套法规

“政府 – 管线单位联合投资”模式对法律环境要求较高。其建设资金分摊比例的制定，共同沟建成后的所有权、使用权、管理权的归属问题等均需要完善的法律法规加以界定。日本和我国台湾地区等在共同沟建设中采用联合出资模式的国家和地区均建立了与之配套的法律法规体系。而在我国，目前共同沟建设尚未建立相关配套法规，因此采用该模式的难度较大。

3.2.3　PPP 模式

1. PPP 模式投资的概念及特点

PPP 模式是政府和社会资本在基础设施与公共服务领域建立的一种长期合作关系。通常模式是由社会资本承担设计、建设、运营、维护基础设施的大部分工作，并通过“使用者付费”及必要的“政府付费”获得合理投资回报。政府部门则主要负责基础设施及公共服务价格和质量监管，以确保公共利益最大化。

PPP 模式下地下综合管廊常见的操作方式如下：

（1）BOT 模式（建设—运营—移交）

在 BOT 模式下，政府与社会投资人签订 BOT 协议，由社会投资人设立项目公司（“项目公司”）具体负责地下综合管廊的设计、投资、建设、运营，并在运营期满后将管廊无偿移交给政府或政府指定机构。运营期内，政府授予项目公司特许经营权，项目公司在特许经营期内向管线单位收取租赁费用，并由政府每年度根据项目的实际运营情况进行核定并通过财政补贴、股本投入、优惠贷款和其他优惠政策的形式，给予项目公司可行性缺口补助。其中，项目公司向管线单位收取的租赁费用可以包括两方面：一是管廊的空间租赁费用，如电力单位等管线敷设专业性要求较高的，可以租用管廊的空间，自行敷设和管理管线；二是管线的租赁费用，如供水、供热等单位可直接租用管廊内已经敷设好的管线进行使用，由项目公司进行维护和管理。具体模式如图 3-3 所示。

（2）TOT 模式（移交—运营—移交）

对于政府现有的存量项目，可以采用 TOT 模式进行运作。在 TOT 模式下，政府将项目有偿转让给项目公司，并授予项目公司一定期限的特许经营权，特许经营期内项目公司向管线单位收取租赁费，并由政府提供可行性缺口补助，特许期满后项目公司再将管廊移交给政府或政府指定机构。具体模式与 BOT 类似。

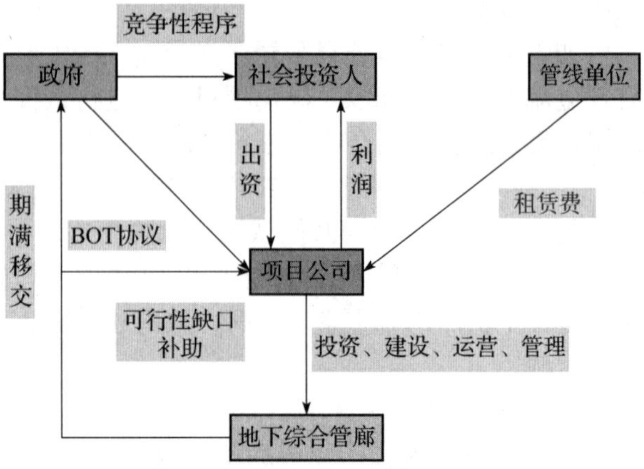

图 3-3　BOT 模式（建设—运营—移交）

（3）BOO 模式（建设—拥有—运营）

在 BOO 模式下，政府与社会投资人签订 BOO 协议，由社会投资人设立项目公司具体负责地下综合管廊的设计、投资、建设、运营，政府同时授予项目公司特许经营权，项目公司在特许经营期内向管线单位收取租赁费用，并由政府向其提供可行性缺口补助。特许期满后地下综合管廊的产权属于项目公司所有，项目公司可以通过法定程序再次获得特许经营权，或将管廊出租给其他竞得特许经营权的经营者。

（4）BLT 模式（建设—租赁—移交）

在 BLT 模式下，政府与社会投资人签订 BLT 协议，由社会投资人设立项目公司具体负责地下综合管廊的设计、投资、建设，建成后由项目公司租赁给政府或其指定实体，由政府负责经营和管理，政府向项目公司支付租赁费用。租赁期满后，项目公司将管廊移交给政府或政府指定机构。在国务院最新规定出台之前，BLT 模式有其适用空间。但在最新的政策环境下，如果出租给政府，政府收取入廊费，则和现有的规定冲突。

2. PPP 模式的优缺点

PPP 模式作为一种创新的融资与管理模式，通过吸引民间资本参与公共产品供给，带来了私营部门的创新能力、技术知识、管理经验，在缓解政府财政压力的同时提升了公共服务供给效率。PPP 模式通过将设计、建造、运营多阶段打包进入一个长期合同，促使私人部门从全生命周期效益出发从而降低成本提高运营绩效。另外，PPP 模式通过多方合作供给公共产品和服务，有效助推公共服务领域的市场化体制改革，促进治理结构多元化和政府职能转变，在治理层面为可持续发展提供了新的实践。由于具有以上传统公共采购模式所不具备的优势，PPP 模式被认为是实现可持续发展目标的重要途径。

但是由于社会资本的逐利性，市场力量进入公共产品供给领域也容易对可持续发展造成阻碍。例如：大量的举债进行过度的、低效率的基础设施投资；私营部门偏好盈利性项目而忽视公益性项目；私营部门重视施工利润而忽视运营维护效益，从而产生短视行为；私营部门收取高额票价，造成公共服务覆盖面窄及社会不公平现象；私营部门为了降低成本而降低公共产品和服务的质量，对公共利益造成巨大损害；私营部门将投资集中在能带来经济回报的设施，忽视对环境保护、员工安全与福利和社会责任等方面的投入。PPP 的优点、缺点和应对策略见表 3-2。

表 3-2　PPP 模式的优缺点与应对策略

分类	编号	观点
优点	1	利用 PPP 模式发展经济类的基础设施，实现了消除贫困、发展经济、改善生活质量等目标
	2	利用 PPP 模式发展社会类的基础设施，实现了促进公平、教育、健康、就业等目标
	3	利用 PPP 模式发展环境类的基础设施，实现了生态环境保护、资源有效利用等目标
	4	PPP 模式下社会资本的创新性大大提高了公共产品的供给效率
	5	相比传统模式，PPP 模式下对公共服务的提供者问责更加容易
	6	相比传统模式，PPP 模式实现了更合理的风险分担
	7	PPP 模式使得地方政府的预算软约束变成预算硬约束，控制了地方政府债务风险
	8	相比传统模式，PPP 模式增加了公共事务的信息透明度
	9	PPP 模式促进了地方政府的改革，有利于公共治理水平的提高
	10	PPP 模式增加了民营企业的投资机会，有利于市场经济的发展
缺点	11	利用 PPP 模式大量的举债进行过度的、低效率的基础设施建设
	12	PPP 模式下，社会资本偏好盈利性项目，忽视公益性项目
	13	PPP 模式下，社会资本重视施工利润，忽视运营维护效益，从而产生短视行为
	14	PPP 模式下，社会资本收取高额票价，从而造成公共服务覆盖面窄以及不公平的现象
	15	PPP 模式下，社会资本为了降低成本而降低公共产品和服务的质量，从而对公共利益造成损害
	16	PPP 模式下，社会资本将投资集中在能带来经济回报的设施，忽视了对环境保护、员工安全与福利、社会责任等方面的投入
	17	运作 PPP 项目过程中，政府部门官员能力不足，导致公共资源的浪费
	18	PPP 模式下公私双方信任程度低，信用危机严重
	19	PPP 模式下容易公私合谋，滋生腐败
	20	PPP 模式下合同期长，降低了灵活性，不适应环境变化
应对策略	21	PPP 模式下需要进行可持续性评估，综合考虑对经济、社会、环境的影响，确定项目的必要性
	22	PPP 模式下需要进行财政可承受能力评估，规范地方政府的举债行为
	23	PPP 模式下需要进行物有所值评估，确保 PPP 模式比传统模式更有效率
	24	对公益性强的社会类与环境类的 PPP 项目，政府应该提供更多的优惠政策以吸引社会资本进入
	25	PPP 模式下需要增加公众参与，保障公共利益
	26	PPP 模式下地方政府需要提供增信措施，增加投资者信心
	27	PPP 模式下政府需要聘请高水平的咨询公司，弥补自身能力不足
	28	PPP 模式下需要合理利用再谈判，增加合同的灵活性
	29	PPP 项目的采购应该增加竞争性，优先采用公开招标
	30	PPP 项目中政府应该限制主要权益人提前退出，保证运营维护能力
	31	PPP 模式下应该利用金融创新（资产证券化、再融资等），拓宽融资渠道，降低融资成本

3.3　小结

我国目前地下综合管廊投融资模式各有其特点，具体的优缺点见表 3-3。

表 3-3　我国目前公共管廊投融资模式优缺点

建设模式	出资人	所有权	优点	缺点
政府全权出资	政府	政府	全权控制、产权清晰、谈判时间短	财政压力大、建设效率低

续表

建设模式	出资人	所有权	优点	缺点
政府－管线单位联合投资	政府	产权界限模糊	减轻财政负担	产权难以界定
	管线单位		运营风险小	分摊比例难以确定
PPP 模式	社会资本	产权视合同而定	减轻财政负担、运营风险小	财政可承受能力约束、操作流程复杂

由以上分析可总结如下：无论是“政府全权出资”，还是“政府－管线单位联合投资”，就目前的形式来看，事实上都是由政府出面以各种形式筹措资金，主导建设地下综合管廊，即使是政府与管线单位联合投资，也是政府负责项目的整个过程，政府不仅要承担项目的投资融资工作，还要负责建设地下综合管廊一直到项目运营，项目运营期政府还要继续负责其盈亏。政府在整个项目的建设和运营过程中都是主角，所以政府的工作是极其繁琐的。并且，各管线单位租用的费用存在较大的分歧，后期的运营费用基本上是由政府的财政保证，所以政府从项目立项到后期运营都参与其中，并且始终要负责项目的资金问题。这种模式不利于政府积极鼓励管线单位参与项目，因为虽然做了大量的工作，包括中间过程等的无数次的谈判协调，可是最后还是由政府负责买单，所以对政府参与项目的积极性也会产生不利的影响。

在 PPP 模式下，地下综合管廊的大部分资本金来自于社会资本方，项目所需的债务资金也是以项目公司为主进行借贷，后期项目建设与运营工作也主要由社会资本方承担。虽然地方政府在项目中也会少量入股，但是其主要目的是减轻社会资本方资本金的压力，促进项目尽快开工建设，同时政府入股可以在项目公司董事会占据一个席位，进而享有信息公开和决策投票的权利，有些项目中甚至还设置了地方政府的一票否决权，以保证地方政府对项目的控制能力和对公共服务供给的保证。但是在实施过程中，由于地下综合管廊的收益远远达不到自负盈亏的水平，社会资本方在进行股权投资以及金融机构在进行借贷审批时，势必会要求地方政府提供一定程度的担保。然而，在严控地方债务风险的大环境下，地方政府无法直接提供各种形式的担保。地下综合管廊 PPP 项目必须要严格按照财政部所规定的流程操作，在地方政府财政可承受能力（10% 的红线）范围内，通过按效付费的方式，才能保证社会资本方和金融机构的投资在未来 10 ～ 30 年间能够得到稳定的财政支付。但是，从 2014 年大力推广 PPP 模式以来，大部分地方政府可以用于 PPP 项目的 10% 财政预算已经用完。与此同时，财政部连续发文强调严控 PPP 模式可能被异化带来地方政府隐形负债增长的风险，因此过去 5 年间大力发展的地下综合管廊 PPP 模式面临着严峻的挑战，迫切需要进一步研究其他创新的投融资模式。

第 4 章　地下综合管廊投融资模式创新分析

4.1　私营部门参与（PSP）公共基础设施的模式理论基础

由于世界各国的意识形态、社会文化背景、经济体制的不同，以及在吸引私营部门参与公共基础设施时所积累的经验不同，各种国际组织机构以及专家学者对于 PSP 模式的分类分歧很大。基于对 PSP 模式概念的深刻理解，并结合国内外组织机构及专家学者的分类以及我国的实际情况，对 PSP 模式进行了如图 4-1 所示的分类。

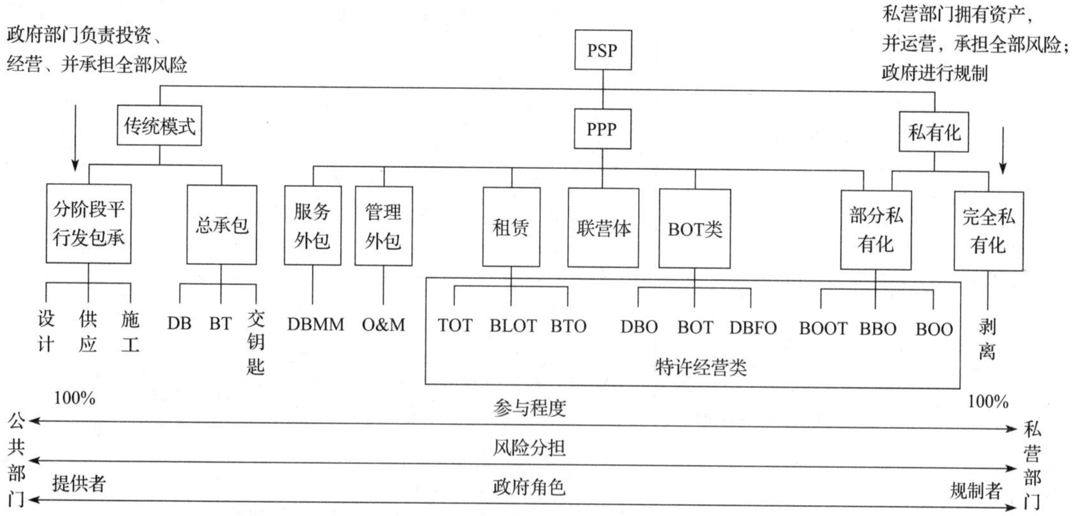

图 4-1　私营部门参与（PSP）分类示意图

从图 4-1 中可以看出，从左至右，公共部门的参与程度减小、承担的风险也相应地减小，而私营部门的参与程度增加，所承担的风险也在增加。其两极分别是公共部门承担全部风险和私营部门承担全部风险。政府的角色也从公共产品的提供者转为规制者。PPP 模式介于两者之间。表 4-1 对各种模式进行了解释，并列出了相应的典型案例。

表 4-1　私人部门参与（PSP）各种模式及其含义

序号	模式	说明	典型案例
1	设计、施工、供应、DB 总承包、交钥匙工程	政府部门与私营部门签订合同，私营部门设计和建设符合政府标准和绩效要求的设施	传统的公共工程的提供方式
2	建设—转让 Build-Transfer（BT）	政府授权企业对项目融资建设，项目建成后所有权和使用权交给政府，政府以项目的经营收益或财政收入还款	北京地铁 2008 奥运支线
3	设计—建造—主要维护 Design-Build-Major Maintenance（DBMM）	公共部门承担公共设施的经营责任，但主要的维修功能交给私人部门	加拿大多伦多 407 号公路
4	经营和维护 Operation& Maintenance（O&M）	政府部门拥有产权，私营机构与公共部门签订协议，在约定的期限内提供服务、管理和维护公共设施，政府向私人部门支付一定费用	伦敦地铁，Hamilton Wentworth 水务设施
5	转让—经营—转让 Transfer-Operate-Transfer（TOT）	政府将现有公共设施交给私营机构经营，特许期满后经营权交还给政府	上海南浦大桥、杨浦大桥
6	建设—租赁—经营—转让 Build-Lease-Operate-Transfer（BLOT）	私人部门建设基础设施，并在租赁期内经营该设施，租赁期结束后将将该设施交还给公共部门。有时也用 BROT（Build-Rent-Operate-Transfer）表示	菲律宾 Metro Rail Transit Corporation（MRTC）
7	设计—建造—转移—经营 Design-Build-Transfer-Operate（BTO）	私人部门先投资建设公共设施，完工后以约定好的价格移交给公共部门。公共部门再将该设施回租给私人部门，由私人部门经营该设施	加州 SR-91 收费公路

续表

序号	模式	说明	典型案例
8	联营体 Joint Venture（JV）	联营体是指公共部门和私营部门组建基于项目的公司，对公共设施进行联合投资、拥有和运营	香港迪斯尼公园、北京地铁4号线
9	设计—建造—经营 Design-Build-Operate（DBO）	又称为超级交钥匙（Super Turnkey），指私人部门承担设计、建造、经营基础设施，但资产的所有权仍由公共部门保留	新西兰 Clearwater Wellington 污水处理厂
10	建设—拥有—转让 Build Own Transfer（BOT）	政府与私营机构签订特许权协议，私营机构负责筹资和建设公共设施项目，并在特许期内拥有、运营和维护该设施，回收投资并取得合理利润；特许期满后，投资人将运作良好的项目无偿转让给东道国政府，包括所有权和经营权	香港三条过江隧道、深圳沙角B电厂、广西来宾电厂、深圳地铁4号线
11	设计—建造—融资—经营 Design-Build-Finance-Operate（DBFO）	私人部门投资建设公共设施，并进行相应的设计、建造和经营。营运收入来自公共部门的支付或者是最终用户	伦敦大学学院医院重建及发展计划
12	建设—拥有—经营—转让 Build-Own-Operate-Transfer（BOOT）	私人部门在获得公共部门授予的特许权后，投资、建设基础设施，并通过向用户收费而收回投资实现利润。在特许期内私人部门具有该设施的所有权，特许期结束后交还给公共部门	英法海底隧道、悉尼奥运体育场和悉尼圆顶体育场
13	购买—建设—经营 Buy-Build-Operate（BBO）	公共基础设施通过合约的方式转移给私营机构，私营机构对基础设施经过一定程度的更新、扩建后并在特定期限内经营该设施。公共部门通过合同控制其经营	加拿大 Goderich 港改造工程
14	建设—拥有—经营 Build-Own-Operate（BOO）	私人部门投资、建设并永久拥有和经营基础设施，在与公共部门签订的合同中注明保证公益性的条款，受政府管理和监督	北京高安屯垃圾焚烧处理项目
15	剥离 Divestiture	将公共资产或国有股权通过出售或者管理层收购等形式转让给私人称为“剥离”	私营机构提供的服务完全市场化，受政府法定部门的规制

传统“政府全权出资”模式下，通常采用设计、施工、供应、DB总承包、交钥匙工程的方式。私营部门通常只能以施工承包商的角色参与，在融资、设计、运营与维护过程中发挥的作用非常有限，不利于提高基础设施建设的快速发展和效率提高。

在设计—建设（BT）模式中，私营机构只是部分参与，在约定的一定期限内，私营机构提供与基础设施相联系的服务，这种合作是短暂的，并且项目的收益与私营机构无关。BT模式中，私营机构虽然也参与融资，建设完毕后，将项目移交给政府，但是项目的经营收益与私营机构没有任何关系，BT模式其实就是私营部门（承包商）的一种垫资行为，这种合作也不是持久稳定的。建设部已经明确禁止BT模式在基础设施领域的应用。

PPP模式是介于传统模式和完全私有化之间的所有模式的总称，通常可以分为特许经营和非特许经营。根据特许经营权的获得，分为通过租赁方式取得和通过融资方式取得两类。TOT、BTO（或DBTO）模式中，政府将现有公共基础设施交给私营机构经营，特许期满后经营权交还给政府，这种经营权的取得实际上是一种租赁。私营部门还可以通过融资的方式获得特许经营权。在特许经营期内，私营部门可以拥有产权，如BOO/BOOT/BBO；也可以不拥有产权，如DBO/DBFO/BOT；特许经营期结束后，可以将项目移交给政府，如BOT/

BOOT，也可以不移交给政府，如BOO/BBO/DBO。另外，私营部门参与基础设施项目不一定是特许经营。譬如：在联营体模式下，政府与私营机构共同投资于旅游、商业等基础设施项目，共同拥有和运营。如香港迪斯尼乐园，港府拥有57%的股份，迪斯尼公司拥有43%的股份，就是典型的联营体模式。

私有化模式是国际上常见的一类基础设施建设模式。英国的公共基础设施项目运作中，完全私有化项目占比约为60%，传统的政府投资项目占比约20%，采用各类PPP模式运作的项目占比约为20%。私有化模式下，基础设施项目通过企业投资项目的形式运作，政府只负责对项目规划、建设和运营进行监督和审批。目前我国基础设施建设均是通过政府投资项目的方式进行，采用“政府全权出资”或者PPP模式，对私有化模式还没有尝试。在基础设施投融资出现困境的情况下，实践中开始在这个方向上进行一些探索，例如F + EPC模式。

4.2 地下综合管廊融资创新

2015年8月国务院发布《关于推进城市地下综合管廊建设的指导意见》(国办发［2015］61号文）要求，“由发展改革委会同住房城乡建设部制定指导意见，引导规范供需双方协商确定地下综合管廊收费标准，形成合理的收费机制”。12月9日，国家发改委、住建部联合印发《关于城市地下综合管廊实行有偿使用制度的指导意见》(发改价格［2015］2754号)，以求形成合理的收费机制，调动社会资本投入的积极性，促进城市地下综合管廊建设发展。《关于城市地下综合管廊实行有偿使用制度的指导意见》(发改价格［2015］2754号）是对《关于推进城市地下综合管廊建设的指导意见》(国办发［2015］61号文）的响应。有偿使用制度的逐渐完善，为地下综合管廊采用PPP等创新的融资模式提供了更大的政策空间。

《关于推进城市地下综合管廊建设的指导意见》(国办发［2015］61号文）强调，地下综合管廊建设运营单位与入廊管线单位根据市场化原则共同协商确定收费标准。地下综合管廊作为准经营性的城市基础设施，长远来看，应尽可能发挥市场在资源配置中的基础作用，但必须考虑到目前在全国范围内管廊收费普遍尚处于探索阶段，管廊建设运营单位普遍缺乏成本数据积累和谈判制约手段，市场机制发育不够成熟，单一的协商方式可能带来过高的交易成本。《关于城市地下综合管廊实行有偿使用制度的指导意见》(发改价格［2015］2754号）延续了《关于推进城市地下综合管廊建设的指导意见》(国办发［2015］61号文）提倡市场化协商的原则，但同时对暂不具备供需双方协商定价条件的城市地下综合管廊，也允许实行政府定价或政府指导价。这一更加务实的政策强调了政府对于市场的培育和监管作用，体现了更为公平合理的风险分配，为社会资本参与综合管廊PPP项目创造了更好的条件。

地下综合管廊具有使用寿命长、初期投资高的特点，《关于城市地下综合管廊实行有偿使用制度的指导意见》(发改价格［2015］2754号）通过对费用构成因素的充分列举，强调了管廊设计寿命期内节省管线重复敷设、管线维护等成本的理念。这种全生命周期成本的理念，也正好贴合了地下综合管廊PPP模式将项目的设计、建造、融资、运营和维护等全生命周期环节整合实现物有所值的重要机理。在以PPP模式推动社会资本参与城市地下综合管廊建设和运营管理上，相比《关于推进城市地下综合管廊建设的指导意见》(国办发［2015］61号文）列举的特许经营、投资补贴、贷款贴息等形式，2754号文则给出了更多的选择，包括依法依规为管廊建设运营项目配置土地、物业等经营资源，统筹运用价格补偿、财政补贴、政府购买服务等多种渠道筹集资金等。特别是配置土地、物业等经营资源和政府购买服务的明确提出，为今后地下综合管廊不同融资模式下的交易结构、回报机制设计提供了更丰富的选择空间。本文根据私人部门参与公共基础设施的不同模式的理论基础，结合国家财政部、发改委和各行业部委的最新政策文件，进一步探讨地下综合管廊融资模式中的各种可能的创新。

4.2.1 “F + EPC”模式

与 PPP 模式已经初步形成系统的操作规则不同，F + EPC 在监管规定层面上并无系统的规定。因此，从实践情况来看，F + EPC 变化多端。以下仅列举几种典型的操作方式：

1. 政府方作为项目业主进行 F + EPC。由政府方作为项目业主进行 F + EPC 招标，项目承接主体在作为 EPC 主体承接项目的同时需要承担项目的融资责任，提供或者筹措资金用于项目建设（图 4-2）。

2. 企业作为项目单位进行 F + EPC。上述第一种方式与 BT 存在较大相似性，因此，为了规避合规风险，大部分地方在进行 F + EPC 的操作时避免直接以政府方作为主体，而是由政府方指定或者授权融资平台公司或者地方国有企业作为项目单位，由该项目单位作为 F + EPC 的操作主体。在此种情况下，又有以下具体的方式：

股权型：项目承接主体与项目单位共同出资成立合资公司，合资公司在项目承接主体的协助下筹措项目建设资金，用于支付 EPC 工程总承包费用（图 4-3）。

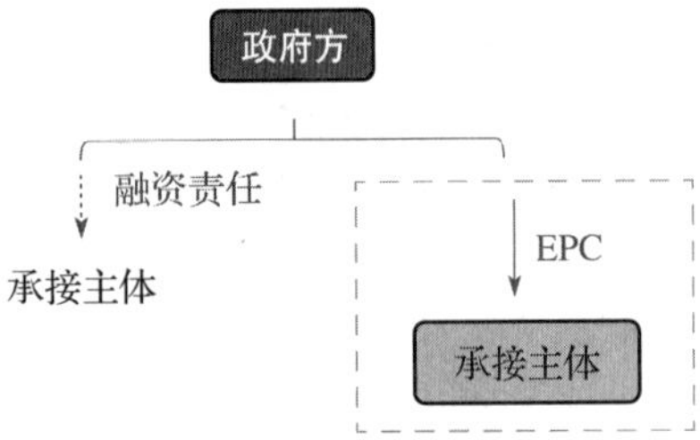

图 4-2　政府方作为项目业主 F + EPC

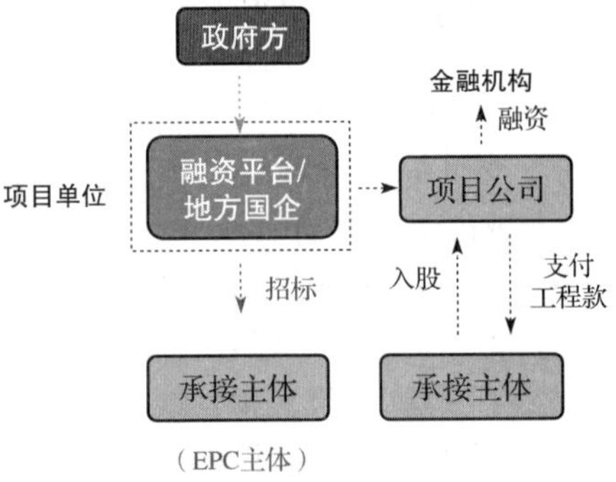

图 4-3　股权型

债权型：项目承接主体以委托贷款、信托贷款或者借款等方式向项目单位提供建设资金，由项目单位用于支付 EPC 工程总承包费用（见图 4-4）。

延付型：项目承接主体先行融资建设，EPC 工程总承包费用在建设期间部分支付，剩余部分由项目单位延期支付，或者在合同中设置项目单位可以选择将部分或者全部 EPC 工程总承包费用延期支付的权利（图 4-5）。

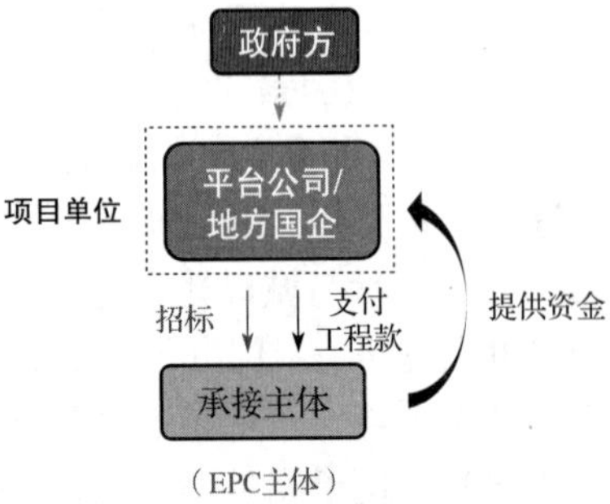

图 4-4　债权型

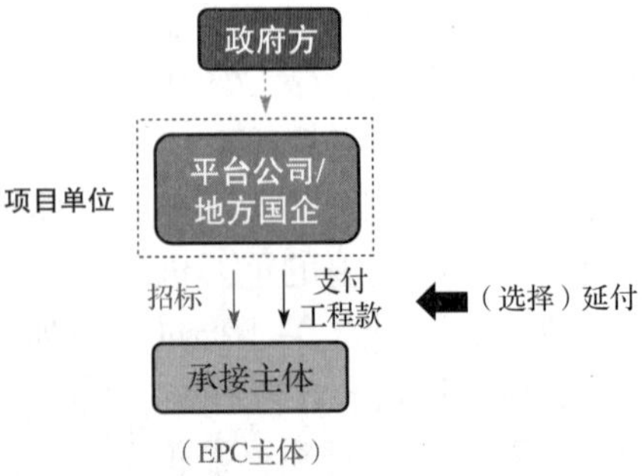

图 4-5　延付型

在考察 F + EPC 的合规性时，上述以政府方作为项目业主进行 F + EPC 的模式实际上属于地方政府以建设一移交（BT）方式举债或以委托代建等名义变相举债，存在较大合规风险。如果不是由政府方作为项目业主进行 F + EPC，而是由企业作为项目单位进行 F + EPC 的，是否可以认为地方政府未承担直接或者间接的债务责任，从而认为该项目系企业投资项目，与地方政府无关，属于合规的模式？对于由企业作为项目单位进行的 F + EPC 的模式，需要从以下角度进行分析：

（1）款项来源。在公益性项目中，由于缺乏“使用者付费”基础，主要依靠“政府付费”回收投资成本。在准经营性项目中，经营收费不足以覆盖投资成本，需政府补贴部分资金或资源。因此，在公益性项目和准经营性项目中，政府实际上承担了一定支付责任。公益性项目实际的最终支付来源系政府方，准经营性项目的部分资金来源于政府。由此来看，在公益性项目与准经营性项目中，政府理应支付一定的资金，此种资金支付系政府在获得税收等收入后履行为社会提供基础设施与公共服务的公共职责所发生的支出，是合理的。经营性项目具有明确的收费基础，并且经营收费能够覆盖投资成本。因此，经营性项目中政府不需要承担支出责任。在企业投资时，可以由企业自负盈亏、自行平衡。那么，企业是否可以作为公益性项目或者准经营性项目的项目单位，然后主动表示其不需要政府支付任何资金，由其以自身力量进行建设与款项偿还？

公益性项目或者准经营性项目无法在项目层面实现收支的平衡，理应涉及到一定的政府支出。企业在作为项目单位进行公益性项目或者准经营性项目时，如果在项目层面不能收支平衡，必将从其他途径获得政府的支持或者资金。由此，企业作为项目单位进行公益性项目或者准经营性项目而声称不需要政府进行任何支出的，其操作方式难度大，需要谨慎对待。

在实践中，有人提出，准经营性项目与公益性项目有时难以区分，部分准经营性项目在项目启动时项目是否可以实现收支平衡难以确定，作为项目单位的企业愿意承担此种商业风险。也有人提出，部分准经营性项目的缺口较小，作为项目单位的国有企业从国有企业承担社会责任的角度出发，可以也愿意以自身的经营性资金去弥补此部分资金缺口。对此，准经营性项目由企业作为项目单位进行 F + EPC 的，其合规风险的程度根据准经营性项目的实际情况会有所差异。

（2）企业性质。如前所述，企业投资项目中“企业”的范围包括未转型完毕的融资平台公司、公益类国有企业（部分融资平台公司在进行市场化转型后转型为公益类国有企业）和商业化、市场化的企业。其中，作为 F + EPC 的项目单位的一般是融资平台公司或者公益类国有企业。如前所述，自 2015 年 1 月 1 日起，融资平台公司不再承担政府投资项目的融资职能。在公益性项目和准经营性项目的 F + EPC 中，未转型完毕的融资平台公司作为项目单位的，容易被认为属于融资平台公司仍然承担政府投资项目的融资职能，合规风险较大。

（3）立项主体。在企业作为项目单位进行 F + EPC 时，就立项主体一般存在两种做法：一种是由政府方作为立项主体，企业仅是作为项目单位承担建设和运营等方面的管理责任（类似于代建单位）。近期发布的防范化解地方政府隐性债务风险的文件将以委托代建等名义变相举债作为地方政府隐性债务的一种表现形式。因此，由政府方作为立项主体的，仍然需要还原其本质，作为政府投资项目来看待，而不能作为企业投资项目来看待。另一种是直接由企业作为立项主体。在此种情况下，项目由企业进行立项和操作，在不涉及政府方直接进行股权投入的情况下，可以作为企业投资项目来看待。

（4）项目授予。企业获得项目的方式也是需要考虑的问题。实践中，可能出现地方政府将公共项目指定或者授权由企业来操作的情况。在此种情况下，因项目具有公益性，需要适当考虑项目授予的合规性问题。例如：根据国家发展改革委、财政部、住房城乡建设部、交通运输部、水利部、人民银行于2015年4月25日联合发布的《基础设施和公用事业特许经营管理办法》的规定，基础设施和公用事业特许经营需要由政府采用竞争方式依法授权中华人民共和国境内外的法人或者其他组织实施。由此，在特许经营权的授予中需要采用“竞争方式”。在实践中，各地在进行项目授予方面存在一些地方性规定，在考察项目授予时可以适当考虑地方性规定。

尤其是在公益性项目和准经营性项目中，因可能涉及到财政资金安排，对项目授予事宜更加需要予以关注。根据财政部于2018年3月28日发布的《关于规范金融企业对地方政府和国有企业投融资行为有关问题的通知》(财金［2018］23号）第三条的规定，项目现金流涉及可行性缺口补助、政府付费、财政补贴等财政资金安排的，国有金融企业应严格核实地方政府履行相关程序的合规性和完备性。由此来看，在公益性项目和准经营性项目中如果涉及到财政资金安排的，金融机构在提供融资时需要对地方政府履行相关程序的合规性和完备性进行核实。其中，项目授予的合规性和完备性是需要核实的重要环节之一。因此，为了便于项目后续融资，需要对项目授予的合规性和完备性予以关注。综合上述因素，就F + EPC的合规性评价，可以以表4-2表示：

表4-2　F + EPC的合规性评价

项目类型 / 项目主体	公益性项目	准经营性项目	经营性项目
政府方	不合规	不合规	—
未转型完毕的融资平台公司	不合规	不合规。准经营性项目与经营性项目难以区分或者准经营性项目的缺口较小时，有一定的解释空间	合规。需要考虑项目授予的合规性
公益类国有企业（含转型完毕的融资平台公司）	不合规	存疑。准经营性项目与经营性项目难以区分或者准经营性项目的缺口较小时，有较大的解释空间	合规。需要考虑项目授予的合规性

4.2.2　地下综合管廊产权制度

探索地下综合管廊产权制度，将管廊资产注入管廊公司并办理产权，拓宽融资渠道，有效盘活管廊资产。地下综合管廊产权登记制度的完善和实施，将有利于综合管廊资金渠道的拓展。目前，哈尔滨已经明确了综合管廊的政府的所有权、项目公司的经营权、入廊管线单位的空间使用权等权属，向管线单位核发管廊空间使用权登记证。苏州明确了地下空间使用权属实行分层供地、分层登记等原则，尝试进行管廊产权登记工作。海口市通过相应的管廊登记制度建设，已有两条管廊取得不动产权证。对于大部分为政府投资项目的地下综合管廊，产权通常归属于地方政府。但是，在通过PPP模式建设时，地方政府可以将产权转让给社会资本方，从而方便项目的融资。

PPP项目契约为不完全契约，由于PPP项目契约不能把在各种条件下的所有责任和权利规定得清清楚楚，因此没有详细规定的那部分权利，即剩余控制权就必然归资产所有者（比如对合同条款的解释权与对“未尽事宜”的决定权）。如果PPP项目资产所有权归项目公司所有，项目公司将拥有PPP项目的剩余控制权，同时承担项目的主要残值风险。项目公司不需要政府同意就可以改变PPP项目的资产，进行相关投资，项目公司为了降低项目成本，获得最大收益，项目公司可以利用PPP项目契约的不完全性，在不违反PPP项目契约条款的前提下，尽可能地降低PPP项目的设施性能水准或改变所提供的服务质量。而这会影响PPP项目的效率，损害PPP项目所能产生的社会效益。一旦此类事件发生了，即使政府和项目公司之间围绕项目性能水准进行重新谈判，也不会完全挽回由于公共利益受损所引起的损失。但是，如果政府可以有效地监督项目公司的绩效，并且风险发生的相应损失由项目公司承担，那么项目公司拥有产权也会有很多优点。例如：在融资阶段，项目公司可以利用项目资产的产权进行抵押融资，降低融资成本；在运营阶段，项目公司必须要考虑到项目资产的保值，从而增加对项目设施维护的投入，避免了过度消耗项目资产。而且，项目公司还会积极利用新技术，降低运营与维护成本，提高项目设施的性能水平与服务质量。

但是如果政府拥有项目所有权，PPP 项目的剩余控制权将会归政府所有，同时，政府应该承担项目的主要残值风险。项目公司需要经政府同意才可以改变 PPP 项目资产，这样政府可以有效抑制项目公司降低 PPP 项目的设施性能水准和所提供的服务质量的行为，从而有效地控制残值风险的发生。但是这种情况下，由于是项目公司负责运营与维护，但是相关的决策权以及与项目资产的收益权在政府，可能降低项目公司对项目成本、提高设施性能水平或服务质量的积极性。另外由于 PPP 项目特许期较长，在运营期间会发生性能水准的变更或者是创新技术的导入。在这种情况下，政府和项目公司之间会就特许权协议的变更进行重新谈判。这样就会涉及到 PPP 项目设施的投资改造。而在重新谈判过程中，契约双方行使各自的谈判能力使重新谈判的结果向自己有利的方向发展，在这种情况下，一般是政府和项目公司共同投资，项目公司负责具体的改造，项目公司可能会提高报价，从而增加了政府更新项目设施的难度。

通过以上分析，可以发现 PPP 项目内部资产所有权的分配对 PPP 项目的融资、建设和运维绩效影响很大。对不同类型的 PPP 项目，其所有权类型不同。以下是对常见的 PPP 模式的所有权的认定（表 4-3）。

表 4-3　几种常见 PPP 模式所有权比较

<table>
<tr><th colspan="2">比较项</th><th>DBO</th><th>DBTO</th><th>DBFO</th><th>BOT</th><th>BOOT</th><th>BOO</th></tr>
<tr><td rowspan="3">投资</td><td>私营部门投资</td><td></td><td></td><td>√</td><td>√</td><td>√</td><td>√</td></tr>
<tr><td>通过向用户收费收回投资</td><td></td><td>√</td><td></td><td>√</td><td>√</td><td>√</td></tr>
<tr><td>通过政府付费收回投资</td><td>√</td><td></td><td>√</td><td></td><td></td><td></td></tr>
<tr><td>建设</td><td>私营部门建设工程</td><td>√</td><td>√</td><td>√</td><td>√</td><td>√</td><td>√</td></tr>
<tr><td>经营</td><td>私营部门提供运营服务</td><td>√</td><td>√</td><td>√</td><td>√</td><td>√</td><td>√</td></tr>
<tr><td rowspan="3">拥有</td><td>公共部门永久拥有</td><td>√</td><td>√</td><td rowspan="3" colspan="2">视合同而定</td><td></td><td></td></tr>
<tr><td>合同期间私营部门拥有</td><td></td><td></td><td>√</td><td></td></tr>
<tr><td>私营部门永久拥有</td><td></td><td></td><td></td><td>√</td></tr>
</table>

我国目前关于 PPP 模式的立法和实践均十分混乱，关于 PPP 项目立法对特许期期间的所有权的规定互相矛盾。

我国涉及 PPP 的相关法规主要有：原对外贸易经济合作部《关于以 BOT 方式吸收外商投资有关问题的通知》——外经贸法函（1994）第 89 号；原国家计委、电力部、交通部 1995 年发布的《关于试办外商投资特许权项目审批管理有关问题的通知》；原国家计委 2001 年发布的《关于促进和引导民间投资的若干意见》；建设部 2004 年发布的《市政公用事业特许经营管理办法》(以下简称《办法》)；2005 年 1 月 1 日实施的《外商投资产业指导目录》等。这些立法对 PPP 模式在特许运营期间内项目所有权是归政府还是归项目公司规定并不一致：三部委通知中规定："在特许期限内，项目公司拥有特许项目设施的所有权，以及为特许项目进行投融资、工程设计、施工建设、设备采购、运营管理和合理收费的权利，并承担对特许项目的设施进行维修保养的义务"（第 2 条），而目录中要求一些涉及国计民生的基础设施不允许外商独资、或要求中方国有资产占主导地位和控股；另外，建设部的《办法》一方面要求特许经营协议应当对设施的权属与处置做出约定，一方面又禁止项目公司擅自将所经营的财产进行处置或者抵押。

上述不一致的规定，让投资人和地方政府无法明确我国对PPP项目运营期间所有权应该归谁所有。尽管这些规定只属于行政规章，严格按《合同法》规定理解，这些规章的规定不影响政府和项目公司对项目所有权约定的效力，但立法混乱事实上导致了实践中操作不统一的尴尬局面，目前实践中对PPP项目运营期间的所有权一般是由政府和项目公司协商约定，大多数约定运营期间内项目所有权归项目公司，特许协议示范文本也有相应条款；也有一些地方政府明确要求项目运营期间的所有权归政府，如湖南省衡阳市南岳区水镰洞开发项目。

除了考虑PPP不同运作模式外，还要考虑PPP用地的产权归属（这里的土地产权指的是产权的具体形态，而非土地的终极所有权）。土地产权的获取是公共基础设施所有权的形成基础。我国作为土地公有制国家，国家是土地终极所有权的拥有者。公共基础设施所有权的判断基础不是土地的终极所有权，而是土地产权的具体形态，即土地产权具体形态的产权归属是制约PPP项目资产权属的基础条件。土地产权具体形态表现为土地的使用权、租赁权、经营权、转让权等。与PPP项目产权确属相关的土地产权具体形态只有土地使用权，土地使用权的获取方式体现在《国务院办公厅转发财政部发展改革委人民银行关于在公共服务领域推广政府和社会资本合作模式指导意见的通知》（国办发［2015］42号文）中，提出PPP项目的用地保障可以采用划拨、出让、租赁、入股等方式。PPP项目到底采用何种方式获取土地，取决于国土资源部的用地政策、招投标规定、土地获取与施工许可的关系等。由于土地划拨和土地出让的具体要求和操作方式不同，实际操作中会出现土地使用权在政府方、投资平台方、项目公司方等不同情况。这样会因为土地使用权的归属问题，造成土地使用权和公共基础设施投资权一致或不一致两种情况，即政府方（包括实施机构和平台公司）拥有土地使用权、项目公司拥有公共基础设施投资权，造成土地使用权和地上（或地下）公共基础设施投资权不一致的情况，或项目公司拥有土地使用权、并拥有公共基础设施投资权两种情形。这种两权的一致性差异影响着项目的PPP运作模式安排，如BOOT（建设—拥有—运营—移交）或BOO（建设—拥有—运营）模式必须是在土地使用权和公共基础设施投资权一致的情况下才可行。

根据常见的PPP模式运作方式，结合土地使用权和公共基础设施投资权是否分离的情况，确定两权关系与PPP运作模式的可行性安排可区分为三种情况：

（1）当土地使用权和公共基础设施投资权不一致时，公共基础设施所有权依据土地使用权的归属关系进行确认，不管PPP何种运作模式，公共基础设施所有权都归属于政府方。

（2）当土地使用权和公共基础设施投资权一致时，需要依据PPP运作模式确定公共基础设施所有权的归属，BOO和BOOT情况下，通常项目公司（或社会资本）拥有公共基础设施所有权。

（3）当土地使用权和公共基础设施投资权一致时，若采用BOT、ROT、TOT模式，则需要依据对公共基础设施的控制权来确定其所有权归属，这几种模式也是在地下综合管廊PPP项目中最经常采用的模式。因此，在合同中约定项目资产的所有权分配给项目公司，在理论上和实践中都具有可行性。

4.2.3 “管廊基础建设基金”

探索设立“管廊基础建设基金”，并出台《青岛市综合管廊项目基础建设资金监督管理办法》，专项用于综合管廊项目建设和项目贷款还本付息。资金来源主要包括：（1）市本级财政预算安排的资金；（2）各区、市按照规定上缴的管廊资金；（3）国家和山东省安排下达的用于管廊项目建设的各项资金；（4）用于管廊项目建设的银行贷款；（5）以企业债券、中长期票据等融资方式取得的管廊资金；（6）其他用于管廊项目建设的资金。

根据《国务院关于加强地方政府性债务管理的意见》（国发［2014］43号文）关于政府债务和融资管理的办法出台，要求政府创新公共服务供给机制，规范、合理、有效地运用专项建设基金、政府和社会资本合作（PPP）、政府投资基金等新型模式，坚持市场化运作，充分发挥财政资金的杠杆作用，严格划分财政支出边界，地方政府依法依规承担相应责任。为了实现在国发［2014］43号文的规定的框架内解决地方财政投入不足与基础设施建设融资缺口之间的矛盾，地方基础设施建设投资发展基金应运而生，其灵活的形式和汇集资本的方式，必然会成为地方政府基建融资的新途径。

地方基础设施建设投资发展基金本质上是一种融资媒介，各方合作伙伴共同出资成立该基金，通过股权、债权、股权＋债权的形式介入项目公司，参与基建类项目的建设和运营，可以主要解决地方政府五个问题：（1）解决项目后续融资的问题。无论在过去所推广的BT项目还是PPP项目在招标时基本都是以建设单位为主，而忽略了资金问题，所以很多项目在实施过程中不能得到顺利的实施，资金问题是阻碍项目推进的源头。而地方基础设施建设投资发展基金可以吸引银行、保险、信托、基金等金融机构来提供项目建设所需要的资金，解决项目后续建设资金不足的问题。（2）解决地方政府平台在新监管政策下融资难的问题。对于存量的项目，地方基础设施建设投资发展基金可以通过应收账款质押，提供流动性支持，大大减轻地方政府的短期偿债压力。（3）优化城投公司资产负债结构。过去绝大多数基建类项目都由地方城投公司负责融资、建设和运营，城投公司直接融资会造成公司负债陡增，增加城投公司的资产负债率，从而影响公司的银行贷款和债券发行。地方基础设施建设投资发展基金的设立，可以实现表外化的融资，降低城投公司的资产负债率。（4）解决PPP项目入库难的问题。PPP模式推广以来，项目入库问题是阻碍PPP项目推进的一个主要问题，本模式所适用的项目可不入PPP项目库，节约当地政府申报PPP入库的时间，使项目得以提前实施。（5）解决以前资金使用周期短的问题。该模式的期限可以做到5年至8年，可以有效缓解政府短期的偿债压力，能够更好的控制资金的使用，提高资金的使用效率。

如表4-4所示，地方基础设施建设投资发展基金依照《合伙企业法》设立，采取有限合伙制，由普通合伙人和有限合伙人组成。普通合伙人负责有限合伙基金的项目选择、资金运用、风险控制和贷后管理，在基金中占有的份额较小。有限合伙人主要是机构投资者，其中银行的理财资金作为优先级；信托计划资金作为中间级或优先级；地方平台公司的资金作为劣后级。其交易结构如图4-6所示，在地方政府的引导下，XX建筑公司、XX地方平台公司、XX信托公司、XX银行共同签订合作框架协议，约定基金总规模、认缴出资比率、收益分配机制等，初步锁定可合作的系列项目。基金规模初步定为X亿元，根据后续运作情况，可分期募集。第三方平台公司（最好评级在AA级以上）对本基金提供保证担保；地方政府出具同意成立该基金（有限合伙）批复文件，并对该基金提供流动性支持（表4-5）。

表4-4　地方基础设施建设投资基金交易主体

XX基金管理有限公司	基金管理人
XX银行	优先级
XX信托有限公司	优先级或中间级
XX地方平台公司	劣后级
XX建筑企业（一体化时适用）	劣后级

表 4-5　地方基础设施建设投资基金示例

产品名称	地方基础设施建设投资发展基金（以下简称“基金”）
基金类型	有限合伙
基金规模	亿元
基金存续期	5 ~ 8 年
投资方式	以股权、债权、股权 + 债权的形式
基金结构	本基金由地方政府作为基金发起人，所提供的资金作为劣后级；基金管理公司作为基金管理人，所提供的资金作为劣后级；信托计划资金作为中间级或者优先级；银行的理财资金作为优先级（说明：根据基金的实际情况需要，建筑企业所提供的资金作为劣后级）
利益分配	
投资回报	7% 以内
托管银行	

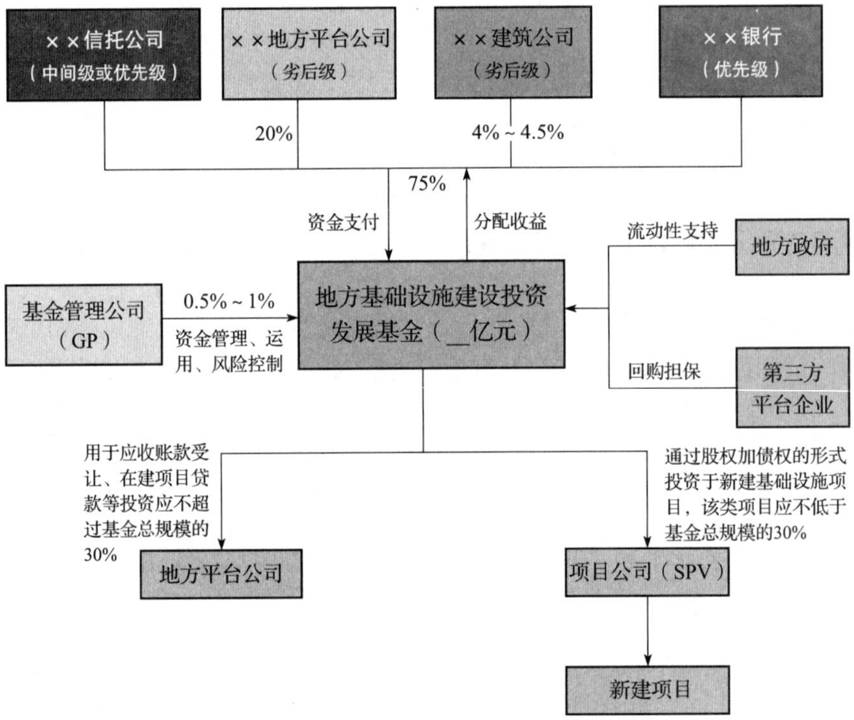

图 4-6　地方基础设施建设投资基金交易结构

表 4-6　地方基础设施建设投资基金出资方式

出资人	方式	金额	出资比率	期限
XX 基金管理有限公司	货币		0.5% ~ 1%	5 ~ 8 年
XX 银行	货币		75%	
XX 信托有限公司	货币			
XX 建筑公司	货币		4% ~ 4.5%	
XX 地方平台公司	货币		20%	
合计	货币		100%	

基金收益来源通常包括：（1）平台公司经营性收益（30% 部分用于平台公司项目投资）。（2）政府购买服务费用（用于新建项目投资）。（3）当地政府提供流动性支持。基金收益虽

然一部分来自于地下综合管廊的入廊费收入，但是大部分来自于政府购买服务的费用（隐含了中长期的购买服务的承诺）。因此基金的收益稳定性也主要取决于地方政府的信用。

基金收益分配方式如下：该基金以结构化的方式设置，基金分为优先级与劣后级，XX银行作为为优先级，按约定取得固定回报（不高于 7%）；XX 信托公司作为中间级或优先级（不高于 7%），在基金结束后，按固定回报分配收益；XX 建筑公司（暂定）和 XX 地方平台公司作为劣后级，在优先保证优先级和中间级的本金和固定回报的情况下，参与剩余收益的分配；基金管理公司作为基金的管理人，每年收取一定费率的基金管理费和在优先保证优先级和中间级的本金和固定回报的情况下，按比例参与剩余收益的分配。

基金存续期内，由于所投资的项目均为政府付费的项目或者有稳定现金流的经营性项目，可通过 ABS 或并购重组的方式退出，若所投资的项目通过 ABS 或并购重组的方式收回投资，基金可提前解散。基金存续期届满，按约定分配完优先级和劣后级的本金和收益后，基金解散。

基金的操作流程如下：（1）基金参与方与当地政府签订合作框架协议，同意设立该只基金，并初步锁定可合作的系列项目。（2）当地政府出具成立该基金（有限合伙）的相关批复文件，并为该基金提供流动性支持和提供第三方平台公司（最好评级在 AA 及以上）对本基金提供保证担保。（3）当地平台公司、XX 建筑公司、XX 信托公司、XX 银行签订有限合伙协议，约定出资比率、资金到位时间、出资方式、基金后期管理运作等。（4）当地平台公司就框架协议中所签订的项目完成前期手续，根据项目成熟度进行分步实施。

基金的主要增信措施包括：（1）XX 建筑企业和 XX 地方平台公司作为劣后级，优先保障优先级和中间级本金和收益的安全。（2）基金存续期内，由于所投资的项目均为政府付费的项目或者有稳定现金流的经营性项目，可通过 ABS 或并购重组的方式退出，降低基金的最终风险。（3）第三方平台公司对基金提供保证担保。（4）地方政府对基金提供流动性支持。（5）在投资于新建项目时，地方政府与 SPV 公司签订政府购买服务协议，当地政府将该项目购买服务的费用纳入中长期财政预算。

4.2.4　管廊 PPP 项目资产证券化

管廊 PPP 项目属于基础设施 PPP 项目中的一类，政府对于基础设施 PPP 项目资产证券化制定了相关的政策文件以支持其开展资产证券化活动。2014 年 11 月，国务院在《关于创新重点领域投融资机制鼓励社会投资的指导意见》中即强调大力发展债权投资计划、股权投资计划、资产支持计划等融资工具，延长投资期限，引导社保资金、保险资金等用于收益稳定、回收期长的基础设施和产业项目，这为 PPP 项目资产证券化提供了顶层设计。紧接着 12 月，为落实国务院的政策，基金业协会便发布了《资产证券化基础资产负面清单》，文件对于 PPP 项目刻意强调，以地方政府为直接或间接债务人的基础资产，若地方政府按照事先公开的收益约定规则支付或承担财政补贴的，PPP 项目可以进行资产证券化。2015 年 4 月，在基础设施和公用事业特许经营管理办法中，国家发改委明确指出鼓励特许经营项目公司进行结构化融资，其明确了资产证券化在 PPP 项目融资中的重要地位。2015 年 8 月，保监会发文对国家政策支持基础设施项目等领域资产证券化放宽了限制，积极推行基础设施领域资产证券化引入保险资金。综合管廊建设项目属于国家重点支持的项目，根据以上政策，管廊 PPP 项目的收益权现金流收入的来源虽然部分来自于政府，但是只要地方政府按照事先公开收益约定规则支付或承担财政补贴，管廊 PPP 项目亦符合资产证券化政策的范围要求，管廊 PPP 项目资产证券化具有政策上的可行性。

在法律上与归属权上，由管廊 PPP 项目特许经营权而产生的收益，即通过管廊提供的服务进行收费和收取政府的补贴，其属于管廊 PPP 项目中的收益权，该收益权属于基础资产在证券化交易开始时还是一项尚未产生的债权，在法律上其可界定为未来债权，故而法律上其收益权能够准确并清晰地界定。管廊 PPP 项目的特许经营权收益归属于综合管廊 PPP 项目公司，其不存在其他从属的归属权，故而在归属权上亦符合资产证券化的要求。管廊 PPP 项目收益权的基础是政府授予的管廊特许经营权，而国内法规对于特许经营权的受让的主体有非常严格的准入要求，且管廊 PPP 模式要求具有技术力量的项目公司完成管廊在运营期的运营维护，故而其运营管理权是不能够进行转移的。但管廊 PPP 项目公司特许经营权中的运营管理权和管廊运营的收益权可以发生分离，故其具备转让的基础。虽然管廊 PPP 项目公司由于建设期的需要，可能将收益权进行质押以换取银行的贷款，但其收益权质押可以通过与贷款银行约定，通过资产证券化的收入，偿还银行剩余贷款，以解除收益权的质押。故而其亦具备管廊 PPP 项目收益权的资产证券化的要求（图 4-7）。

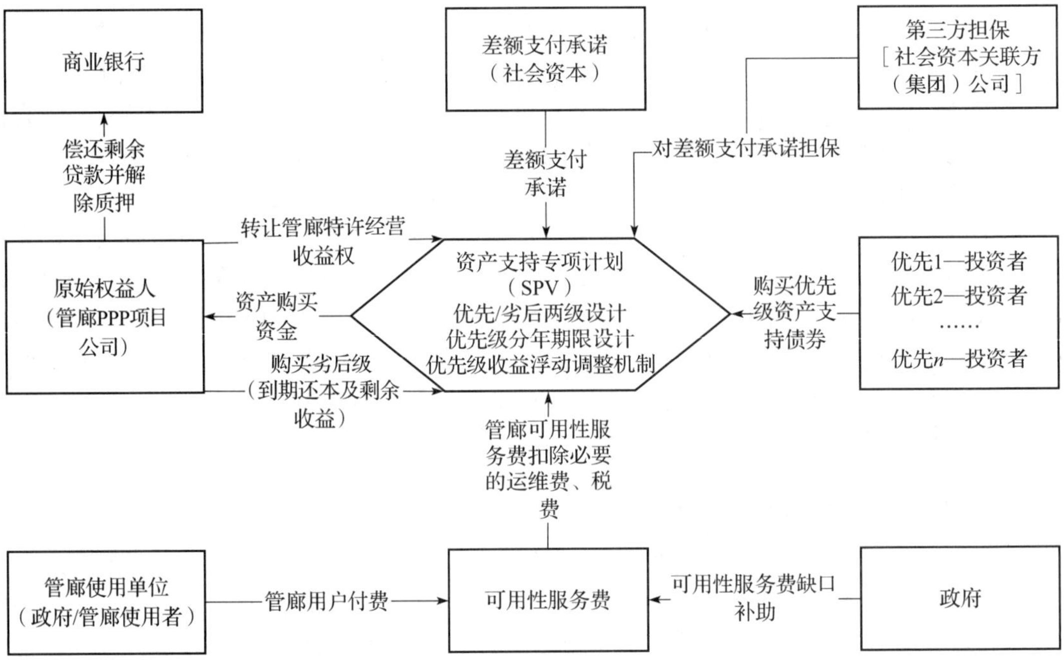

图 4-7　管廊 PPP 项目资产证券化操作流程图

通过以上分析可知，管廊 PPP 项目收益权资产具备法律上、归属权上、转让效力上资产证券化对于基础资产的要求。管廊 PPP 项目资产证券化的基础资产现金流产生于管廊用户的使用者付费及政府的付费（可用性服务费缺口补助）。但在管廊运营期，项目公司的收入必然要经过政府的监督和考核，管廊运营和维护达到政府考核要求标准的基础上才会进行付费，其现金流收益依赖于项目公司完成管廊的运营和维护。故而进行资产证券化的基础资产现金流应从收益权收入中扣除必要的运营维护费用，以保证管廊基础设施的正常运转。由于管廊 PPP 项目公司属于独立法人企业，其经营的同时必然涉及到缴税，故而还应扣除其因收益权的现金流而应缴纳的税收。故管廊 PPP 项目资产证券化的基础资产现金流应为由管廊收益权产生的可用性服务费，扣除应缴纳的税款和必要的运维费后的现金流资产。

只有在现金流不足的情况下，才会启动社会资本的差额支付承诺，故而其是一种较为经济的方式。由于管廊 PPP 项目的社会资本一般皆为技术力量较强的大型施工企业，其可能为其集团公司的子公司，信用等级还不够高，故而可以在管廊 PPP 项目公司对资产支持证券进行差额支付承诺的同时，通过其信用等级更高的关联方公司（集团公司）对社会资本的差额支付承诺进行担保，以进行信用增级。结合以上分析，综合管廊 PPP 项目资产证券化信用增级具体措施为：

（1）优先／劣后结构化增信。通过专项计划安排优先／劣后的证券分层设计，在实现公开发行或处分时，优先级资产支持证券的预期收益和本金将优先于劣后级资产支持证券获得偿付，即通过劣后级对优先级形成了信用支持，属于专项计划的内部增信模式。管廊 PPP 项目资产证券化时，原始权益人管廊 PPP 项目公司全额认购资产支持证券的劣后级证券，劣后级证券每期所得的收益，不参与分配，而是等到资产证券化存续期结束后，一次性进行还本付息。劣后级证券的本金以及未分配的收益，形成了资金储备，其储备的资金形成了对优先级证券的支持。

（2）社会资本的差额支付承诺。即由管廊 PPP 项目的社会资本以出具《差额支付承诺函》的形式做出承诺，对管廊 PPP 项目资产证券化的资产支持专项计划中现金流资金不足以支付优先级资产支持证券的各期预期收益（当期分配的利息或本金）的差额部分承担补足义务，以降低资产支持证券不能获得完全偿付的风险。差额支付承诺只有在现金流不足的情况下，才会启动社会资本的差额支付承诺，故而其是一种较为经济的方式，使资产支持证券得到了信用增级。

（3）信用等级更高的社会资本关联方（集团）公司的第三方担保。通过信用等级更高的社会资本的关联方（集团）公司对社会资本开具的差额支付承诺进行担保，若社会资本无法在发生现金流风险的情况下，对优先级资产支持证券的应付本息进行差额补足时，由信用等级更高的社会资本集团公司进行差额补足，从而提升资产支持证券的信用等级。

（4）管廊 PPP 项目资产证券化的内部信用增级。主要是依靠优先／劣后的分层结构设计，而外部的信用增级则要对管廊 PPP 项目的基础资产关联方进行担保的有效性和担保的效果分析后设计其信用增级的具体措施。可为管廊 PPP 项目的外部信用增级的机构主要为基础资产的关联方，即管廊 PPP 项目公司、社会资本、政府方。对于管廊 PPP 项目公司而言，其本身资产较少，其除了可用性服务费之外无其他收入来源，信用等级一般，故而其不能够为管廊 PPP 项目资产证券化进行信用增级。对于政府来说，管廊 PPP 项目资产证券化收益权资产的现金流不足的信用风险主要来自于政府，若政府违约会造成基础资产的现金流不足。但政府同时作为管廊 PPP 项目可用性服务费的付费方，其已经是资产证券化基础资产的原始债务人，即便是通过政府担保也并不具备增信效果，故而其资产证券化是不能通过政府方进行增信的。虽然政府方可以通过管廊的付费列入到当地政府预算以及列入长期支出规划中以使该付费成当地法定支付范围的方式间接降低资产证券化的风险，但这没有直接对资产支持证券形成信用支持。对于社会资本来说，管廊 PPP 项目资产证券化的收益权资产现金流不足的经营风险主要来自于社会资本主导的项目公司。由于管廊的运营维护质量不到位可能致使项目运营达不到预期的绩效考核要求，而造成的支付的服务费相应地减少，使基础资产产生的现金流不足。而且资产证券化最主要的推动动力和受益者是社会资本，故而管廊 PPP 项目资产证券化的外部信用增级可以通过社会资本对其资产证券化进行增级，使管廊 PPP 项目的运营与社会资本的收益挂钩，促进了社会资本主导的项目公司提高管廊的运营质量，同时使基础资产的信用等级提升。社会资本主要可采取的最经济的信用增级对策为对管廊 PPP 项目进行差额支付。

4.2.5 “共建共治共享”模式

探索“共建共治共享”模式，鼓励管线单位出资参与建设管廊，实行入廊管线单位“众筹”。参建管廊的管线单位，可以根据后续颁布的《青岛市地下综合管廊有偿使用收费标准》，在免除相应年度的入廊费和运维费的基础上，再给予适当年限的优惠，以此拓展资金渠道。这种模式属于政府与管线单位共同投资模式，虽然在日本和我国台湾等地区已经有了成功的经验，但是目前在国内还没有出现此类案例。其背后的原因主要是地下综合管廊虽然可以向使用者收费，但是盈利性较差，如果不能将管廊建设所带来的外部性溢价综合考虑在项目收益中，管线单位出资参与建设管廊不具有财务可行性。地下综合管廊节约了土地资源，理论上是可以参考香港地铁的融资模式，将周边土地捆绑打包进项目进行商业化操作，从而实现管廊项目的自负盈亏。但是在我国，国有资源部关于土地使用性质的规定和财政部关于 PPP 模式的政策并不允许如此操作。例如：《关于推进政府和社会资本合作规范发展的实施意见》(财金［2019］10 号）规定，“PPP 项目必须是属于公共服务领域的公益性项目”；“新签约项目不得从政府性基金预算、国有资本经营预算安排 PPP 项目运营补贴支出。”原来大量使用土地资源补偿的片区开发 PPP 项目都陷入了停滞的状态，因此此类模式在地下综合管廊 PPP 项目中更加难以使用。

在国内的一些城市，例如苏州，出现了类似“共建共治共享”的 ABO 模式，即授权（Authorize）—建设（Build）—运营（Operate）。苏州地下管廊建设是由苏州城市建设投资发展有限公司、水务集团有限公司、各管线公司共同出资设立城市地下综合管廊开发有限公司（城投占股 45%，水务占股 20%，供电公司占股 15%，移动、联通、电信和有线电视公司各占股 5%），拥有市政府授予的地下管廊特许经营权，承担地下管廊的投资、建设、运营及维护管理。在融资方面，管廊公司与金融机构签订融资协议，与各管线单位签订入廊协议。如果管廊特许经营期内收费不能实现预期目标，财政将进行一定补贴，确保股东投资安全且获得基础收益。ABO 模式与基础设施和公共服务领域常见的投融资模式（如 PPP/ 特许经营、代建管理、BT 模式）之间的差异如下。

1. ABO 模式与 PPP 模式

ABO 模式项下，在确定项目业主（社会资本方）时，可能是通过公开招标等政府采购程序（如上述某县级公路项目），也可能是由本级政府直接以授权方式确定项目业主而不进行任何采购程序。如：2016 年 4 月 20 日，北京市交通委员会代表北京市政府与京投公司正式签署《北京市轨道交通授权经营协议》，提出 ABO 模式，即由市政府授权京投公司履行北京市轨道交通业主职责，京投公司按照授权负责整合各类市场主体资源。可见，采用 ABO 模式确定合作方的已知案例中并非都经由竞争性采购程序。PPP 模式项下，由项目实施机构通过公开招标等法定采购程序确定社会资本方，采购程序系法定要求，也是该模式的必备要素。同时，PPP 模式需要经过必要的识别论证程序，通过“两评一案”，方可确定以 PPP 模式实施并依规启动采购程序。因此，相较于 PPP 模式而言，ABO 模式缺乏前期必要的识别论证程序和必要的采购程序。

合作期限的基本要求不同。基于 PPP 模式长期合作、风险分担原则，PPP 项目最短合作年限不得低于 10 年（含建设期），如合作期限低于该限制性要求，则存在项目合规性风险。而 ABO 模式并无明确的合作年限限制，系根据政府方的具体授权内容和授权期限等因素确定合作期限。项目回报机制不同。ABO 模式项下，由政府方根据项目的投资及运营维护成本，在运营维护期每年按时支付一定的服务费用，并无明确的按效付费要求以及政府列支费用纳入预算和中期财政规划的强制性要求。而PPP模式需要根据项目类型、政府财政承受能力、是否有稳定使用者付费基础等因素，确定采用使用者付费、政府付费或者政府提供可行性缺口补助的回报机制，同时，政府方付费责任须与项目绩效考核直接挂钩，并且政府支出责任必须依法纳入预算管理。

2. ABO模式与委托代建模式

相较于ABO模式，委托代建是项目法人通过招标等方式选择满足相应要求的项目管理单位为代建单位，由代建单位承担项目建设管理及相关工作（如根据代建合同约定，组织编制招标文件，完成勘察设计、施工、监理、材料设备供应等招标工作，协助完成征地拆迁工作，拟定项目进度计划、资金使用计划、工程质量和安全保障措施等），与ABO项目的合作内容具有明显差异。ABO模式项下，由政府方授权确定的社会资本方直接或另行选定合作方负责筹集项目建设所需资金，或者由政府方直接拨付部分资金用于项目建设。委托代建模式下，选定的代建单位并不负责筹措项目建设所需资金，而是由项目法人自行筹集项目建设资金，由其按照约定支付工程建设的各项费用。项目业主不同。是由政府方通过采购程序或直接签署协议等方式授权确定项目业主单位（即社会资本方），履行授权范围内的项目业主职责。委托代建模式下，是由项目法人（或项目业主）通过招标等方式选定的委托代建单位，该代建单位是专业化的项目管理单位，并不发生项目业主的变更。

3. ABO模式与BT模式

相较于ABO模式，BT模式中由社会资本方负责项目的投融资、建设及竣工验收后的移交工作，并不涉及“O”这一“运营”环节。ABO模式要求社会资本方同时向政府方提供投资、建设、养护等整体服务。根据《财政部关于进一步做好政府和社会资本合作项目示范工作的通知》（财金［2015］57号）第2条、《关于组织开展第四批政府和社会资本合作示范项目申报筛选工作的通知》(财金［2017］76号）第2条等规定，在政府与社会资本合作项目上，BT模式因涉及保底承诺、回购安排等而被认定为政府变相融资举债，且不涉及项目运维及绩效付费，已被逐渐禁止使用。而ABO模式在国家层面并无明确立法或者政策规定进行调整和规制，但是，该模式仍面临当下规范地方政府举债融资、防控政府隐性债务政策等有关规定的挑战和质疑。

4.2.6 “限地价、竞配建”模式

另外一种模式是参照土地竞拍活动中“限地价、竞配建”的方式，即设置土地价达到竞拍上限转入竞拍经适房、廉租房或学校的建设指标等方式，在新区建设和老城改造项目招拍挂土地时，设置土地竞拍价格上限，结合地块的综合管廊建设规划，将管廊的建设长度作为竞拍条件。通过不同地块间的组合，在解决资金渠道的基础上，逐步完善基础设施建设。此类做法本质上是和土地补偿型PPP模式属于同一性质，只是不再走PPP的程序，规避了财政部关于PPP的一系列约束政策。但是此类模式在国内经常通过房地产开发项目代建公共服务设施的途径实施。

房地产开发项目代建公共服务设施在国内并没有统一的模式。广州根据2016年出台的《广州居住区配套公共服务设施管理暂行规定》，对居住区配套公共服务设施主要采取无偿代建、成本价代建和自建自用三种方式。对于幼儿园、小学、中学、社区卫生服务中心、文化站、派出所、公共厕所、垃圾收集站、消防站、公交首末站等符合划拨用地条件的公益性配套公共服务设施，不计入房地产开发项目用地的土地出让金，由建设单位统一代建，建成后无偿移交给市、区住房和城乡建设行政主管部门。国土资源和规划行政管理部门在土地出让

底价评估时综合考虑上述配套公共服务设施的建设成本。对于变电站、邮政所，由电力、邮政企业按照建设成本出资委托建设单位代建；独立用地的变电站，可以由建设单位代征用地后移交给电力企业自行组织建设。群众性体育运动场地、家庭综合服务中心、托儿所、农贸市场、老年人福利院、社会停车场和其他商业服务设施等，由建设单位建成后按照规划确定的使用功能进行使用和组织经营管理。

而重庆的公共配套服务设施也以房地产开发企业代建为主，而且严格执行房地产开发企业建设承诺制度。依据最新的《重庆市城市房地产开发经营管理条例（2013 年）》，房地产开发企业应当按照开发建设方案对开发项目配套设施的建设内容、建设期限、产权界定、移交使用等事项做出书面承诺，并在办理预售许可手续之前填写房地产开发项目配套设施建设承诺书，自预售当日起在销售现场显著位置张贴公示。一旦开发商违规，一方面将面临限期整改和罚款，另一方面购房人也可将承诺书作为重要的起诉证据来进行追责。

近年来，房地产开发项目代建公共服务设施在北京也得到了广泛应用。依据北京居住公共服务设施的分类标准，通过对市发展改革委 2013 年到 2016 年 4 月期间批复立项的房地产开发项目进行筛选，共查找出 138 个房地产开发项目的建设内容中有代建的公共服务设施，共建设各类公共服务设施 252 个，总投资（建安成本，不含土地费用）近 50 亿元。从代建公共服务设施类型看，教育类设施数量最多，共 149 个，总建筑面积 102.3 万 m^2。其中数量最多的是幼儿园，共计 102 个，规划建筑面积 36.9 万 m^2。中小学 43 个，规划建筑面积 60.9 万 m^2，其中小学 25 个，规划建筑面积 28.2 万 m^2，中学 9 个，规划建筑面积 20.9 万 m^2，中小学合校 13 个，规划建筑面积 16.8 万 m^2；社区综合管理服务类设施共有 32 个，规划建筑面积 16.9 万 m^2。这类设施中使用代建模式的主要是面积比较大的文体设施、养老设施、办公用房等，以及派出所一类特殊机构。其中，养老服务设施的比重最大，共 12 个，规划建筑面积 7.3 万 m^2。交通类设施共 29 个。其中社会停车场 18 个，公交场站设施 11 个，包括首末站、停车楼、充电站等。此类设施的特点是占地面积较大，但建筑体量较小。不同项目的建筑体量差异较大，最少的建筑面积仅 500m^2，最多的上万平方米；市政公用设施类共 20 个，建筑面积 4.8 万 m^2。其中邮政、电信类设施 9 个，建筑面积 2.6 万 m^2。环卫设施 7 个，建筑面积 0.8 万 m^2。水电气热设施 4 个，建筑面积 1.4 万 m^2。医疗卫生设施类共 21 个，总建筑面积 8.1 万 m^2。此类设施中使用代建模式的主要是社区卫生服务中心级别的设施，单个建筑面积一般在 2000 ～ 4000m^2。其中 2 个地块兼有医疗和养老性质，建筑面积分别为 7643m^2 和 12600m^2。除上述 5 大类设施之外，代建设施还包括消防站 1 个，面积 4063m^2，位于大兴区亦庄新城。

北京市各区之间代建项目数量差异很大，其原因主要有三个：一是受本区房地产开发项目数量的制约，近几年来房地产开发项目集中的区域，使用代建模式的机会也就较多，如丰台区、朝阳区。二是区级财政财力强弱不一，财力较强的区代建量较少，如海淀区。三是受公共服务设施缺口情况影响，特别是外来常住人口比重较高的区缺口较大，选择代建模式可以尽快补充供给，如昌平区、通州区。从承担公共服务设施代建任务的项目类型看，各类住宅开发项目中均有所涉及，个别非住宅开发项目也有所涉及。其中商品住宅项目（含自住型商品房）83 个，代建公共服务设施共 158 个；保障房项目 52 个，代建公共服务设施 89 个（其中安置房项目 37 个，代建公共服务设施 67 个）；其他类型项目 4 个，包括 3 个集资建房和 1 个非住宅项目，代建公共服务设施 5 个。

房地产开发项目代建公共服务设施，虽然大体上都是政府提供土地、开发商承担建设成本、建成后移交政府部门，但在细节上，不同地区、不同项目、不同类型代建设施的具体操作方式多种多样。在土地出让方式上，以招拍挂方式供地的商品房项目，代建公共服务设施用地主要采取在出让范围之外划拨土地的方式，也有少部分可以社会化运营的设施（如社会停车场）收取了土地出让金。保障房、安置房通常采取与住宅一起整体划拨或协议出让地块，并限定各个用途地块的占地面积及建筑面积。在移交—接收环节，不同类型的公共服务设施、不同接收主体，方式也不相同。多数公共服务设施是无偿接收，邮局等少部分设施，接收方按照一定标准向开发商支付费用。在接收部门上，有的区是由区住建委先统一接收，再转给具体使用部门，如朝阳区、丰台区；有的区则是由相对应的主管部门直接接收，如大兴区、房山区；有的是具体使用者接收，如房山区的环卫设施由环卫集团接收。

综上所述，“限地价、竞配建”模式已经在全国很多城市广泛使用，虽然没有应用在地下综合管廊项目中的案例，但是参考上述城市的经验，可以综合无偿代建（公益性配套公共服务设施）和成本价代建（管线设施）两种方式的特征，由房地产开发商与管线单位共同出资成立项目公司，由专门的管线施工单位负责施工，最终移交给政府运营和维护。首先，结合地块的综合管廊建设规划，参考管线单位的直埋成本，确定管廊参建单位的出资额度；然后，在土地招拍挂中设置土地竞拍价格上限，将管廊的建设长度作为竞拍条件，选择房地产开发商；最后由房地产开发商和管线单位共同出资成立项目公司，向社会招标合适的管廊施工单位；建设完成之后，由项目公司独立进行运营维护，或者交给地方政府的管廊公司进行运营和维护。如图 4-8 所示。

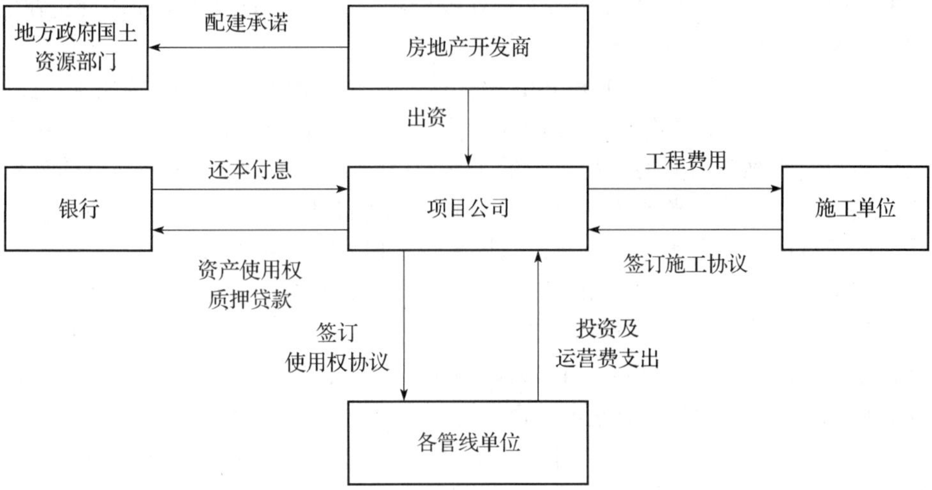

图 4-8　“限地价、竞配建”模式

第 5 章　结论与建议

由于地下综合管廊建设对城市发展具有十分重要的意义，近年来国家对城市地下综合管廊建设十分重视。青岛市入选了地下综合管廊建设试点城市，在前期取得了非常好的进展，积累了大量宝贵的经验。因此，青岛市在未来需要积极创新，全力发展地下综合管廊，以提升城市建设水平，满足经济社会发展需要。但是，由于地下综合管廊投资巨大、周期长，投融资方式成为了制约地下综合管廊发展的关键因素。青岛市充分利用国家在地下综合管廊方面的政策与财政支持，结合本市的实际情况，对投融资方式进行了大胆创新。在已建项目中，采用纯政府投资模式项目1个，采用PPP模式项目11个，企业自筹项目9个。

2019年5月5日，中国政府网公布了《政府投资条例》(以下简称《条例》)，详细规定了政府投资资金的范围，如何决策、计划以及项目如何实施，监督管理和法律责任等。根据《条例》解释，政府投资，是指在中国境内使用预算安排的资金进行固定资产投资建设活动，包括新建、扩建、改建、技术改造等。地下综合管廊项目由于会使用政府资金，因此也属于该《条例》的管辖范围。在《条例》第六章，第三十四条规定，项目单位有下列情形之一的，责令改正，根据具体情况，暂停、停止拨付资金或者收回已拨付的资金，暂停或者停止建设活动，对负有责任的领导人员和直接责任人员依法给予处分：(一) 未经批准或者不符合规定的建设条件开工建设的政府投资项目；(二) 弄虚作假骗取政府投资项目审批或者投资补助、贷款贴息等政府投资资金；(三) 未经批准变更政府投资项目的建设地点或者对建设规模、建设内容等做较大变更；(四) 擅自增加投资概算；(五) 要求施工单位对政府投资项目垫资建设；(六) 无正当理由不实施或者不按照建设工期实施已批准的政府投资项目。在该《条例》出台后，地下综合管廊的投融资模式创新需要更加谨慎，结合前文提出的六种投融资创新模式，本研究给出如下建议：

1. 由于地下综合管廊属于准经营性项目，通常会使用到政府资金，在该模式下，社会资本如果直接和政府签"F + EPC"合同，根据《条例》规定属于违规行为；但是，目前部分地方政府通过平台公司，将项目立项为企业投资项目，通过平台公司和垫资企业签"F + EPC"合同，该模式的合规性依然无法准确定义。

2. 地下综合管廊产权制度通常和PPP模式或"共建共治共享"模式配套使用，只能作为地下综合管廊投融资的配套措施，以增加其他模式下项目的可融资性。因此，建议青岛市可以对已建和拟建管廊项目开展产权确权的工作，以盘活存量，增加未来项目的吸引力。同时，在传统模式下的管位资源作为一种公共资源，也应该明确其公共产权属性，尝试通过立法，对管线直埋占用管位资源予以收费，以提高管线单位入廊的积极性。

3. "管廊基础建设资金"是青岛市可以借鉴的较为成熟的融资模式，该基金既可以用于平台公司自主建设的项目，又可以用于解决PPP项目中的资本金问题。例如：广东省城市地下综合管廊PPP产业基金成立于2016年，首期规模100.00亿元人民币，由广州市政府发起设立，由广东省城市地下综合管廊PPP产业基金负责管理，专项投资于广东省内条件成熟的城市地下综合管廊项目。2019年6月10日，中共中央办公厅、国务院办公厅印发《关于做好地方政府专项债券发行及项目配套融资工作的通知》(以下简称《通知》)，其中一个重要变化就是对重大项目资本金的调整，《通知》称允许将专项债券作为符合条件的重大项目资本金。该文件提供了另外一种思路，通过发行"管廊基础设施专项债"也可以解决资本金问题。但是由于专项债的发现额度有严格限制，地下综合管廊的专项债发行将会远远难于高速公路等盈利性好的项目。

4. 管廊PPP项目资产证券化主要针对已经建成的项目，以盘活存量资产，对地方政府地下综合管廊的融资有较大的作用。资产证券化能为已经做出大量固定资产投资的社会资本提供流动性，对激发社会资本进一步投资地下综合管廊项目有一定的促进作用。同时，也可以盘活PPP项目中政府入股的部分财政资金，以投入新项目的建设。根据青岛市地下综合管廊PPP项目的股权结构来看，通常政府占股约30%～49%，如果通过资产证券化盘活该部分存量资产，带来的新增融资规模将会比较可观。2019年6月24日，中国证监会发布了《政府和社会资本合作（PPP）项目资产证券化业务尽职调查工作细则》，为PPP项目资产证券化提供了政策保障，也表明了主管机构关于PPP模式未来的推进方向。

5.“共建共治共享”模式虽然在理论上具有可行性，但是如果不能将管廊建设所带来的外部性溢价综合考虑在项目收益中，管线单位出资参与建设管廊不具有财务可行性。在《政府投资条例》的规定下，如果使用财政资金，该模式下的项目依然会被认定为政府投资项目，需要谨慎实施。但是，ABO 模式在国内多个城市已经有了成功的应用，通过市政府授予的地下管廊特许经营权，由平台公司与管线单位合资成立项目公司，共同承担地下管廊的投资、建设、运营及维护管理。同时，在土地或者商业开发上给予合资公司一定的政策优惠，例如注入土地或者写字楼等物业，将会更加有助于该模式的可行性。

6.“限地价、竞配建”模式下，由于将管廊建设所带来的外部性溢价综合考虑在项目收益中，地下综合管廊建设不需要使用财政资金，因此可以通过企业投资项目进行实施。虽然该模式目前在北京、广州等城市广泛地应用在市政基础设施建设中，但是还没有发现在地下综合管廊中应用的成功案例。在政府投资项目投融资模式遇到瓶颈的背景下，该模式也可以成为青岛市考虑的方案。

基于此，青岛市地下综合管廊建设投融资模式的总体思路按照优先级顺序可设计为：首先，通过 ABO 模式实现“共建、共治、共享”；其次，组建“管廊基础建设资金”解决资本金问题；第三，推广“限地价、竞配建”模式，探索企业独立投资；第四，通过资产证券化，盘活存量的 PPP 项目；第五，开展管廊确权工作和直埋管位资源的收费工作，提高管线单位入廊积极性；最后，在 10% 财政约束下，继续挖掘潜在 PPP 项目。

参考文献

[1] 李艳艳，郭伟 . 城市地下综合管廊 PPP 项目交易结构设计［J］. 地下空间与工程学报，2017，13（5）：1150-1156.

[2] 王建波，赵佳，覃英豪 . 城市地下综合管廊投融资体制［J］. 土木工程与管理学报，2016，33（4）：8-11.

[3] 朱珊，孟肖旭，王海平 . 基于 VFM 评价的地下综合管廊投融资模式选择选择研究［J］. 工程经济，2016，26（9）：77-80.

[4] 朱晓虎，刘士李，李建青，刘丽 . PPP 模式下电网公司参与合肥市城市地下综合管廊项目的融资分析［J］. 工程管理学报，2018，v.32；159（02）：83-88.

[5] 杜娅妮 . 地下综合管廊项目 PPP 模式应用研究［J］. 建筑经济，2016，37（10）：58-61.

[6] 那迪 . 城市地下综合管廊 PPP 项目关注要点分析［J］. 工程经济，2018，28（3）：46-48.

[7] 曾定波 . 广州城市地下综合管廊管理一体化研究［J］，2017，华南理工大学 .

[8] 汪文龙，倪燕翎 . 旧城改造中城市综合管廊的建设困境［J］. 价值工程，2017，36（21）：30-31.

第十一篇
青岛市地下综合管廊
创新特色

PART 11

第1章 序　　言

1.1 课题研究背景

城市地下综合管廊又称综合管沟、共同沟，即在城市地下建造一个市政共用隧道，可容纳电力、通信、热力、给水、排水、燃气等工程管线的两类及以上，设有专门的检修口、吊装口和监测系统，实施统一规划、统一建设和统一管理的市政公用设施，以达到地下空间的综合利用和资源的共享。按纳入的管线种类和功能，可分为干线综合管廊、支线综合管廊及缆线综合管廊。

推进地下综合管廊建设，统筹各类市政管线规划、建设和管理，是创新城市基础设施建设的重要举措，不仅可以解决反复开挖路面、架空线网密集、管线事故频发等问题，还可以保障城市安全、完善城市工程、美化城市景观、促进城市集约高效和转型发展，有利于提高城市综合承载能力和城镇化发展质量，有利于增加公共产品有效投资，拉动社会资本投入、打造经济发展新动力。

2014 年 6 月 3 日，国务院办公厅发布《关于加强城市地下管线建设管理的指导意见》（国办发［2014］27 号）提出，随着城市快速发展，地下管线建设规模不足、管理水平不高等问题突显，一些城市相继发生大雨内涝、管线泄漏爆炸、路面塌陷等事件，严重影响了人民群众生命财产安全和城市运行秩序。为切实加强城市地下管线建设管理，保障城市安全运行，提高城市综合承载能力和城镇化发展质量，要把加强城市地下管线建设管理作为履行政府职能的重要内容，统筹地下管线规划建设、管理维护、应急防灾等全过程，综合运用各项政策措施，提高创新能力，全面加强城市地下管线建设管理。

青岛市 2008 年开始启动高新区地下综合管廊的规划、建设工作，建立了成网成片的地下综合管廊系统，目前已建成总长度约 57km，并全部投入运营。为加快城市基础设施建设，自 2013 年以来，青岛市大力贯彻落实国家有关部署要求，出台贯彻《关于加强城市基础设施建设的意见》(国发［2013］36 号）的文件，按照《关于加强城市地下管线建设管理的指导意见》（国办发［2014］27 号)、《关于推进城市地下综合管廊建设的指导意见》（国办发［2015］61 号）及中央城市工作会议的有关要求，积极推进各项政策措施的贯彻落实。2016 年 5 月，青岛市经过竞争性评选成为全国第二批唯一获批综合管廊和海绵城市的双试点城市，试点项目建设的实施期为 2016—2018 年。2018 年 10 月又成为黑臭水体治理试点城市，2019 年既是综合管廊、海绵城市试点的冲刺收官之年，同时也是黑臭水体项目试点的开局之年。

截至 2019 年 6 月 12 日，青岛市综合管廊试点项目建设计划开工的 49.32km 地下综合管廊全部开工建设，已建成廊体 49.16km，占管廊总长度的 99.66%，入廊市政管线累计达到 318.92km。

在历时 3 年的试点建设工作中，青岛市海绵城市和地下综合管廊建设工作领导小组从前期规划设计、制度建设、监督管理等方面多措并举，高位推动、汇聚智慧、创新方法、协调推进试点项目建设。在此过程中，摸索出了一批指导意义极强的工作经验、技术方法和制度体系等。

结合国家财政部和住建部《关于开展 2016 年中央财政支持地下综合管廊试点工作的通知》(财办建［2016］21 号）的相关要求和《青岛市地下综合管廊试点城市实施方案》提出的“为国内其他城市提供可复制的实用性强的规划建设、管理运营经验，发挥引领示范作用”的试点建设目标，为总结和发掘技术创新和工作亮点，提炼出可复制、可推广的建设经验，委托青岛市工程咨询院开展本次《青岛市地下综合管廊创新特色案例》课题的研究工作。

1.2 课题提出过程

本项课题是在青岛市地下综合管廊建设在政策引导、规划布局、建设实施、监督管理和运维管理等方面积累形成的优秀经验基础上提出的。

1.2.1 政策引导

青岛市综合管廊试点建设工作注重高位推动，由青岛市市长担任青岛市海绵城市和地下综合管廊建设工作领导小组的组长，定期督导试点项目建设进度，多次主持建设工作领导小组会议研究推动项目建设。为保证综合管廊试点项目顺利实施，青岛市共研讨出台管廊建设配套政策 30 余项，涉及规划、土地、资金、产权、管理等方面，形成了覆盖全面、指导科学的政策体系。

1.2.2 规划布局

2016 年，青岛市编制并实施了《青岛地下综合管廊专项规划（2016—2030 年)》，规划编制范围为青岛市市域（青岛市行政辖区)，包括市南、市北、李沧、崂山、城阳、黄岛区、胶州、即墨、莱西、平度。青岛市 2016—2020 年共计划建设地下综合管廊 93.7km，2020—2030 年青岛共计划建设完成地下综合管廊 102km。《青岛市地下综合管廊专项规划（2016—2030 年)》自印发以来，对于指导青岛市地下综合管廊建设、优化各类市政管线布局、巩固和提升市政基础设施总体水平起到了重要的作用。

1.2.3 建设实施

青岛市地下综合管廊试点项目共计 21 个，试点建设总长度 49km，覆盖全市 5 个区、市，共采用政府投资、政府与社会资本合作（PPP)、自筹资金 3 种资金来源，具有项目覆盖区域全面、各类建设条件综合、资金来源渠道丰富等特点，试点项目的代表性极强。在建设实施的过程中注重设计和施工技术的创新，探索出了一批典型的施工工法和技术专利。如西海岸新区贡北路综合管廊中心路段暗挖技术、江山路与前湾港路立交桥地下综合管廊预制拼装技术、青岛新机场飞行区综合管廊轻型钢模台车技术、高新区综合管廊 IO 站加装轴流风机除湿技术、李沧区地下综合管廊视频监控技术、蓝色硅谷 BIM 软件优化技术、燃气舱安全措施和新型施工工法等。

1.2.4 监督管理

青岛市海绵城市和地下综合管廊建设工作领导小组办公室把加强地下综合管廊试点建设

项目监督管理、规范财政资金使用作为一项突出重点工作来抓，为确保试点项目按期高质量完工，建立了科学完善的监督考察制度，实行周报告、月督查、季度考核和年度考核，并将考核结果与专项资金的奖补挂钩。同时，为科学使用中央和地方政府补助资金，委托专业机构开展管廊概算投资审核，保证试点补助资金分配合理，规范补助资金使用流程，发挥建设单位的主观能动性，确保各级补助资金规范高效使用。

1.2.5　运维管理

创造性地构建专业化的管理维护团队作为城市地下综合管廊运营维护主体，组建市政空间开发集团，充分发挥企业拥有的技术人员优势、大型市政基础设施建设和运营管理经验优势，承担全市的地下综合管廊投资、建设、运营、维护、管理等工作，同时作为PPP项目的政府出资方代表。依托青岛市市政空间开发集团构建市级管廊监管平台，规范管廊运行维护管理制度，针对目前试点项目建设管理主体不同、投资模式不同、运营管理费用测算标准不同等实际情况，系统研究未来的管廊运营维护管理体制、机制、经费保障等问题，打造管廊运维“青岛体制”。

1.3　研究思路和技术路线

本项课题，重点在政策引导、规划布局、建设实施、监督管理和运维管理五个方面开展研究，主要按照以下步骤开展研究工作。

1. 资料收集，开展青岛市现状的梳理

对青岛市地下综合管廊建设的配套政策、专项规划、试点城市申报材料、项目审批资料、施工档案、考核记录等进行收集整理，对优秀经验进行总结整理。

2. 城市调研，了解国内外的先进做法

通过现场实地调研、函件传真、学习培训和文献研究等方式，收集整理国内外城市的先进做法，横向对比，寻找青岛市管廊建设的领先和独特经验。

3. 分析梳理，总结项目建设管理、特殊工艺等可借鉴经验

结合项目建设过程中的经验，分析梳理可供其他城市借鉴的建设管理、特殊工艺等经验。

4. 总结提炼，整理青岛市管廊的特色案例

结合前期资料收集整理和调研学习，总结梳理青岛市地下综合管廊的特色做法，形成案例材料和研究报告。

5. 专家咨询，审定课题研究最终报告

融集专家智慧，对前期形成的案例材料进行审查审定，形成最终研究成果。

1.4　课题预期目标

本项课题研究拟达到以下方面的预期研究目标：

1. 对青岛市综合管廊在政策引导、规划布局、建设实施、监督管理和运维管理五个方面的工作进行全面梳理，总结分析经验。

2. 形成特色案例研究报告，宣传推介青岛市管廊的先进经验和特色做法。

第 2 章　特色案例

2.1　政策引导

2.1.1　组织结构

为保障青岛市地下综合管廊试点项目的顺利实施，青岛市地下综合管廊试点项目通过成立试点工作领导小组、建立部门协调联动机制等措施，系统推进试点工作。通过设立市本级、试点区域级和管廊公司级的三级推进机构和联席会议制度，试点工作决策、协调、统筹落实机制进一步完善，有效促进管廊试点项目的建设实施。其中：

（1）青岛市市本级层面成立了地下综合管廊建设工作领导小组，负责地下综合管廊建设工作的统筹调度和组织推进，由市长任组长，副市长任副组长。小组成员涵盖市政府副秘书长，市发改委、市经济信息化委（现市工业和信息化局）、市财政局、市城乡建设委（现住房和城乡建设局）、市规划局（现市自然资源和规划局）、市城市管理局、市交通运输委（现市交通运输局）、市国有资产监督管理委、市人防办和市物价局（现并入市发改委）主要领导，各区、市和功能区管委主要领导，青岛市政空间开发集团、青岛国际机场集团、青岛能源集团、青岛水务集团和青岛地铁集团的董事长（图 2-1）。领导小组办公室设在市城乡建设委（现住房和城乡建设局），具体负责综合管廊相关规划、政策制度拟订、协调实施和监督考评工作。市城乡建设局增设海绵城市建设推进处，主要负责组织拟订综合管廊建设规划、政策并协调实施，统筹协调综合管廊建设工作，协调解决重大问题，承担青岛市地下综合管廊建设工作领导小组办公室的具体工作。

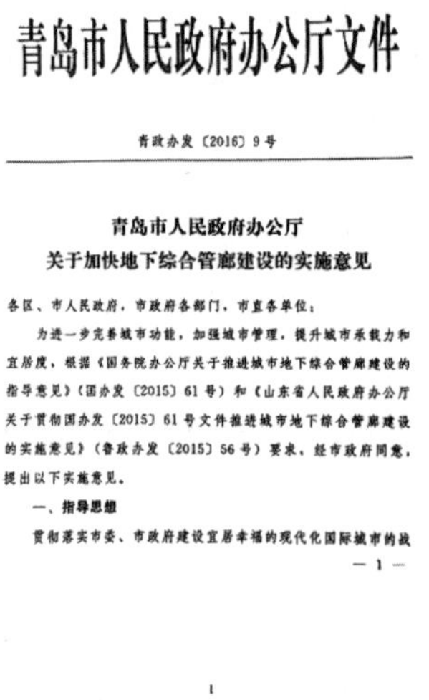
青岛市人民政府办公厅文件

青政办发〔2016〕9 号

青岛市人民政府办公厅
关于加快地下综合管廊建设的实施意见

各区、市人民政府，市政府各部门，市直各单位：

力进一步完善城市功能，加强城市管理，提升城市承载力和宜居度，根据《国务院办公厅关于推进城市地下综合管廊建设的指导意见》（国办发〔2015〕61 号）和《山东省人民政府办公厅关于贯彻国办发〔2015〕61 号文件推进城市地下综合管廊建设的实施意见》（鲁政办发〔2015〕56 号）要求，经市政府同意，提出以下实施意见。

一、指导思想

贯彻落实市委、市政府建设宜居幸福的现代化国际城市的战

— 1 —

1

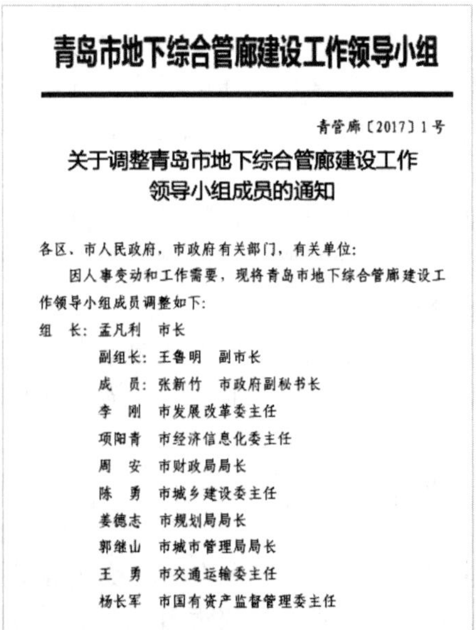
青岛市地下综合管廊建设工作领导小组

青管廊〔2017〕1 号

关于调整青岛市地下综合管廊建设工作
领导小组成员的通知

各区、市人民政府，市政府有关部门，有关单位：

因人事变动和工作需要，现将青岛市地下综合管廊建设工作领导小组成员调整如下：

组　长：孟凡利　市长

副组长：王鲁明　副市长

成　员：张新竹　市政府副秘书长

李　刚　市发展改革委主任

项阳青　市经济信息化委主任

周　安　市财政局局长

陈　勇　市城乡建设委主任

姜德志　市规划局局长

郭继山　市城市管理局局长

王　勇　市交通运输委主任

杨长军　市国有资产监督管理委主任

图 2-1　青岛市地下综合管廊建设工作领导小组成员名单

（2）李沧区、西海岸新区、高新区、蓝色硅谷、胶东国际机场等各试点项目所在区、市和

功能区管委也分别成立相应的地下综合管廊建设工作领导小组，由主要领导担任组长（图 2-2）。

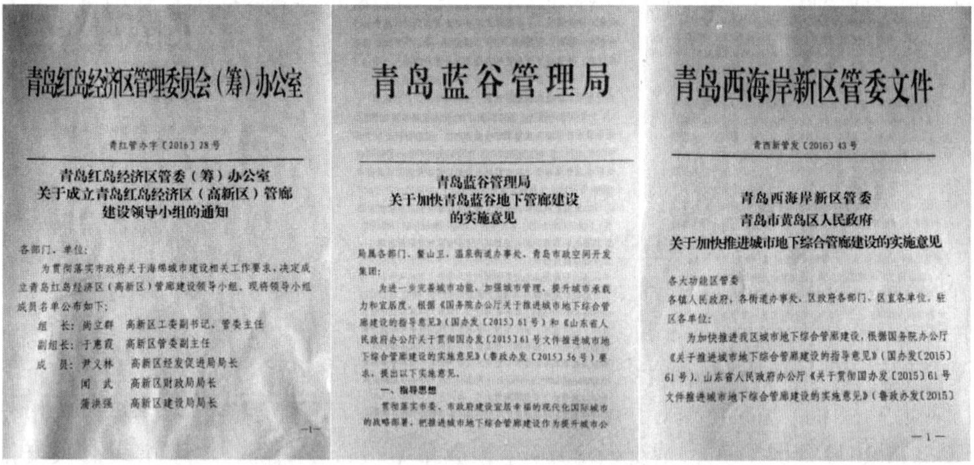

青岛红岛经济区管理委员会（筹）办公室

青红管办字〔2016〕28号

青岛红岛经济区管委（筹）办公室
关于成立青岛红岛经济区（高新区）管廊
建设领导小组的通知

各部门、单位：

为贯彻落实市政府关于海绵城市建设相关工作要求，决定成立青岛红岛经济区（高新区）管廊建设领导小组，现将领导小组成员名单公布如下：

组　长：尚立群　高新区工委副书记、管委主任

副组长：于惠霞　高新区管委副主任

成　员：尹文林　高新区经发促进局局长

闫　武　高新区财政局局长

蒲洪强　高新区建设局局长

—1—

青岛蓝谷管理局

青岛蓝谷管理局
关于加快青岛蓝谷地下管廊建设
的实施意见

局属各部门、鳌山卫、温泉街道办事处、青岛市政空间开发集团：

为进一步完善城市功能、加强城市管理、提升城市承载力和宜居度，根据《国务院办公厅关于推进城市地下综合管廊建设的指导意见》（国办发〔2015〕61号）和《山东省人民政府办公厅关于贯彻国办发〔2015〕61号文件推进城市地下综合管廊建设的实施意见》（鲁政办发〔2015〕56号）要求，提出以下实施意见。

一、指导思想

贯彻落实市委、市政府建设宜居幸福的现代化国际城市的战略部署，把推进城市地下综合管廊建设作为提升城市公

青岛西海岸新区管委文件

青西新管发〔2016〕43号

青岛西海岸新区管委
青岛市黄岛区人民政府
关于加快推进城市地下综合管廊建设的实施意见

各大功能区管委

各镇人民政府，各街道办事处，区政府各部门、区直各单位，驻区各单位：

为加快推进我区城市地下综合管廊建设，根据国务院办公厅《关于推进城市地下综合管廊建设的指导意见》（国办发〔2015〕61号），山东省人民政府办公厅《关于贯彻国办发〔2015〕61号文件推进城市地下综合管廊建设的实施意见》（鲁政办发〔2015〕

— 1 —

图 2-2　各区、市地下综合管廊建设工作领导小组成员名单

（3）青岛市人民政府发布组建和支持青岛市政空间开发集团有限责任公司开展工作的相关通知，原青岛市市政工程集团有限责任公司更名并组建为青岛市政空间开发集团有限责任公司，负责开展城市地下综合管廊的投资、建设、运营及维护管理等工作（图 2-3）。

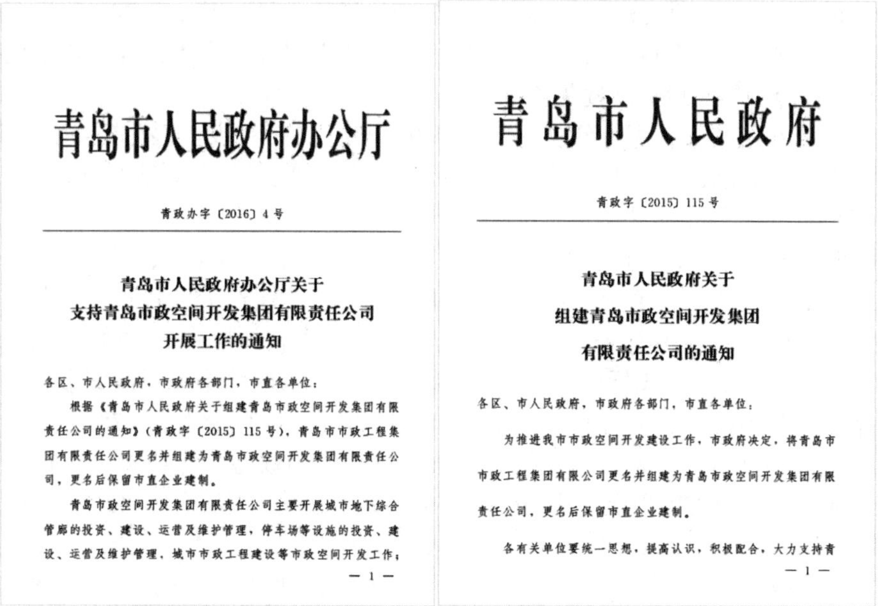

青岛市人民政府办公厅

青政办字〔2016〕4号

青岛市人民政府办公厅关于
支持青岛市政空间开发集团有限责任公司
开展工作的通知

各区、市人民政府，市政府各部门，市直各单位：

根据《青岛市人民政府关于组建青岛市政空间开发集团有限责任公司的通知》（青政字〔2015〕115号），青岛市市政工程集团有限责任公司更名并组建为青岛市政空间开发集团有限责任公司，更名后保留市直企业建制。

青岛市政空间开发集团有限责任公司主要开展城市地下综合管廊的投资、建设、运营及维护管理，停车场等设施的投资、建设、运营及维护管理，城市市政工程建设等市政空间开发工作；

— 1 —

青岛市人民政府

青政字〔2015〕115号

青岛市人民政府关于
组建青岛市政空间开发集团
有限责任公司的通知

各区、市人民政府，市政府各部门，市直各单位：

为推进我市市政空间开发建设工作，市政府决定，将青岛市市政工程集团有限公司更名并组建为青岛市政空间开发集团有限责任公司，更名后保留市直企业建制。

各有关单位要统一思想，提高认识，积极配合，大力支持青

— 1 —

图 2-3　青岛市政空间开发集团有限责任公司组建通知

（4）建立由市长牵头，各相关职能部门及管线单位参加的试点工作会议制度。定期或者不定期召开小组会议，统一协调管廊试点工作，重点研究解决试点工作推进过程中的难点问题。

（5）为保证青岛市地下综合管廊建设工作领导小组办公室的各项工作顺利实施，青岛市协调各领导小组成员单位借调专业人员统一办公，从原青岛市城乡建设委员会城建处、公用建设处、经济建设处，青岛市房屋和国土资源管理局规划处、青岛市环保局环境监察支队、原青岛市物价局、青岛市公用事业工程建设管理中心、青岛市建筑工程质量监督站、青岛市

公用事业工程质量安全监督站、青岛市规划建筑服务中心、青岛市城市规划设计研究院、青岛市勘察测绘研究院、青岛市排水管理处、青岛市工程咨询院、青岛市水利物资站和青岛市李沧交通商务区建设办公室等抽调专职人员26人进行集中办公。

2.1.2 资金支持

2.1.2.1 计划投资

青岛市地下综合管廊试点21个项目计划总投资41亿元，其中，PPP项目11个，总投资28.07亿元；政府投资项目1个，总投资1.43亿元；企业自筹项目9个，总投资11.59亿元。中央财政连续三年，每年补助地下综合管廊建设资金3亿元，三年共计9亿元；根据市政府研究确定意见，市本级财政同步安排资金用于试点项目建设，市级财政补助地下综合管廊试点共计9亿元。青岛市《关于青岛市2016年预算执行情况及2017年预算草案报告》及《关于青岛市2017年预算执行情况及2018年预算草案报告》明确，由市本级财政安排地下综合管廊建设资金9亿元，作为配套专项资金统筹安排使用，分期拨付。

2.1.2.2 资金拨付

按照“区级实施，市级补助”原则，中央资金和市本级安排的18亿元补助资金统筹用于青岛市地下综合管廊试点建设项目补助。补助原则为：对非PPP项目按照约占总投资的30%进行补助；对PPP项目按照约占总投资的40%进行补助，其中，PPP项目资本金政府出资部分（约占项目总投资的9.17%）直接拨付至市政空间开发集团；补助资金根据中央资金下达情况和试点项目建设进度逐年安排。

截至2019年6月12日，青岛市地下综合管廊试点项目累计完成土建投资30.26亿元。其中，李沧区管廊试点项目完成投资7848.6万元；高新区管廊试点项目完成投资7480万元；西海岸新区管廊试点项目完成投资136210万元；即墨区管廊试点项目完成投资33714万元；青岛新机场管廊试点项目完成投资117394万元。累计下达中央、地方资金共11.03亿元，具体情况如下：

（1）中央财政资金执行情况。中央财政城市管网专项资金分四批下达至青岛市，共计7.5亿元。青岛市根据“先干先补、鼓励先进”的原则，严格按照中央财政资金的使用管理，结合试点项目建设时序、招投标、建设进度等统筹安排，及时将中央财政资金拨付给试点项目和有关单位，其中：试点项目奖补资金57186.59万元，项目资本金17813.41万元。试点区结合项目进展向项目拨付资金，发挥中央财政资金使用效益，专项资金执行率为100%。其中：拨付高新区2489.35万元、李沧区2831万元、西海岸新区46142.41万元、即墨区12850万元、青岛新机场25687.24万元。

（2）市级财政资金拨付情况。按照青岛市《地下综合管廊建设资金管理办法》和《关于进一步加强青岛市地下综合管廊资金使用管理的通知》，本着资金使用效益最大化的原则，定期调度、统筹安排，根据项目进展情况拨付，避免形成资金结余。市级财政累计拨付配套资金2.03亿元，其中：青岛新机场管廊试点项目13400万元；西海岸新区管廊试点项目4000万元；用于地下综合管廊专项课题研究及市级监管平台等2897.02万元；其余资金按照建设进展和绩效评价情况统筹安排，同时加强对试点项目资金使用监管，确保资金使用效益。

（3）区级财政资金。西海岸新区江山路地下综合管廊试点项目为政府投资项目，除中央和市级财政资金补助外，区级财政承担70%投资，累计完成投资7055.4万元。

（4）社会资本投资。20个管廊试点项目中，通过PPP方式融资或企业自筹，目前累计完成投资 31.47 亿元，社会资本投资 20.76 亿元。

2.1.2.3　资金监管

（1）为规范和加强地下综合管廊建设资金管理，确保提高财政资金的使用效益，青岛市先后印发并实施了《地下综合管廊建设资金管理暂行办法》（青财建［2016］42 号）、《关于进一步加强青岛市地下综合管廊资金使用管理的通知》（青管廊办字［2016］1 号）以及《青岛市地下综合管廊专项建设资金使用实施细则》等制度，对建设资金实行专款专用、专项管理，由市住建局和市财政局共同负责管理。市住建局负责制定全市年度地下综合管廊建设计划，会同市财政局研究制定专项资金使用分配方案，对建设项目实施情况进行动态管理和考核监督。市财政局负责地下综合管廊建设资金的预算管理，会同市住建局等相关部门对资金使用情况进行监督检查和绩效评价。

（2）截至目前，市住建局和市财政局共发布下达管廊试点专项资金计划四批次，下达调整资金计划一批次。为保证试点项目资金分配的公平、合理，加强对该专项资金的管理及使用，便于对各试点项目的财政奖补资金情况进行统一监管，确定专项资金分配基数，鉴于各区市和功能区管委对试点项目概算投资审查标准不一致的情况，市管廊办委托第三方专业咨询机构组织管廊工艺、结构、电气和造价等专业专家对各试点项目的工程概算投资进行统一审查，并以审查后的工程概算投资为基数，作为确定各试点项目奖补资金的依据。经过审查，青岛市地下综合管廊试点项目概算原批复总投资 464825 万元，统一标准重新审定后管廊总投资 409870 万元，审减投资 54955 万元。

（3）结合各试点项目建设进度和财政部关于规范 PPP 项目建设的相关要求，市住建局和市财政局及时对试点项目资金进行调整。2018 年 7 月，将市政空间集团结余的 PPP 项目资本金收回预算，调整下达至青岛新机场综合管廊建设项目；原由地方政府债券安排的地下综合管廊 PPP 项目资本金，调整用于青岛新机场综合管廊项目建设补助资金，将原由中央财政资金安排的对青岛新机场综合管廊经济建设补助资金，调整用于地下综合管廊 PPP 项目资本金。

2.1.3　政策保障

2.1.3.1　强制入廊政策

（1）市政府制定实施意见。2016 年 4 月，青岛市政府印发《关于加快地下综合管廊建设的实施意见》（青政办发［2016］9 号），明确提出：“通过行政和市场手段，协调、引导和鼓励相关单位使用地下综合管廊，发挥经济和社会综合效益。规划建设地下综合管廊的区域，符合安全规定的市政管线必须统一入廊，规划、城乡建设、城市管理等部门不得审批管廊以外的管线路由、施工许可和掘路许可。已建成使用的既有管线，要结合管线改造逐步入廊。市政府有关部门要各司其职、共同把关，加大地下综合管廊的入廊执法力度，保障地下综合管廊的可持续发展”。要求政府相关职能部门从规划、建设、管理三个方面，共同把好许可审批关，确保落实强制建设管廊政策。

（2）部门印发规范性文件。2016 年 4 月，青岛市城乡建设、发改、财政、规划、城管、物价六部门联合出台《青岛市地下综合管廊规划建设运营管理暂行办法》（青建城字［2016］47 号）（图 2-4），其中第十三条明确提出“对已建设管廊的城市道路，在规划期内不得再进行管线直埋的建设”。“在管廊满载前，除无法纳入管廊的管线和管廊与外部用户的连接管线外，不再批准管线单位挖掘道路建设管线”，进一步明确敷设管廊的区域不得进行管线直埋。

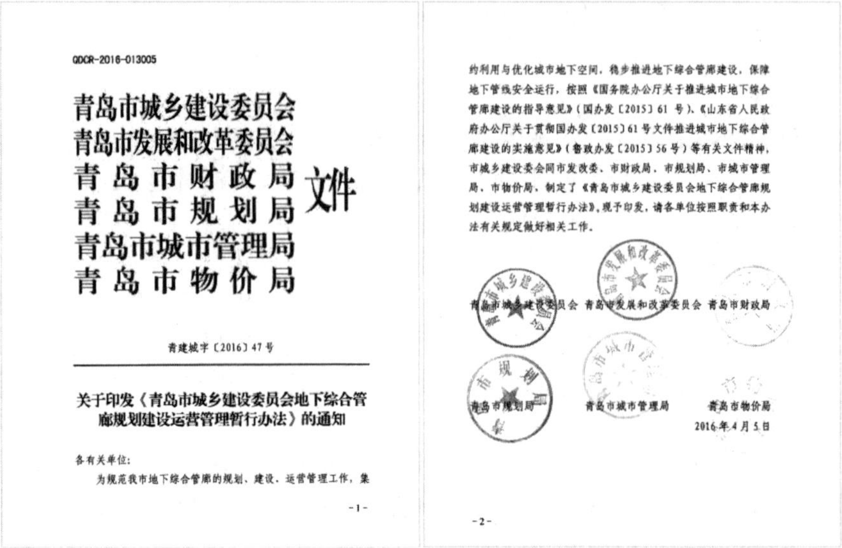

QDCR-2016-013005

青岛市城乡建设委员会
青岛市发展和改革委员会
青岛市财政局
青岛市规划局
青岛市城市管理局
青岛市物价局
文件

青建城字〔2016〕47号

关于印发《青岛市城乡建设委员会地下综合管廊规划建设运营管理暂行办法》的通知

各有关单位：

为规范我市地下综合管廊的规划、建设、运营管理工作，集

-1-

约利用与优化城市地下空间，稳步推进地下综合管廊建设，保障地下管线安全运行，按照《国务院办公厅关于推进城市地下综合管廊建设的指导意见》（国办发〔2015〕61 号）、《山东省人民政府办公厅关于贯彻国办发〔2015〕61号文件推进城市地下综合管廊建设的实施意见》（鲁政办发〔2015〕56号）等有关文件精神，市城乡建设委会同市发改委、市财政局、市规划局、市城市管理局、市物价局，制定了《青岛市城乡建设委员会地下综合管廊规划建设运营管理暂行办法》，现予印发，请各单位按照职责和本办法有关规定做好相关工作。

青岛市城乡建设委员会 青岛市发展和改革委员会 青岛市财政局

青岛市规划局 青岛市城市管理局 青岛市物价局

2016年4月5日

-2-

图 2-4　青岛市地下综合管廊规划建设运营管理暂行办法

（3）率先实施管廊立法。为保障地下管线有序建设和安全运行，按照“问题引导立法、立法解决问题”的工作思路，青岛市人大于 2016 年 11 月颁布实施了《青岛市城市地下管线管理条例》(以下简称《条例》)，青岛市成为全国 25 个试点城市和 15 个副省级城市中，第一个针对管廊进行立法（单设章节）的城市。《条例》第四十三条规定“城乡建设行政主管部门应当会同城乡规划、城市管理及有关行业主管部门编制综合管廊专项规划，报同级人民政府批准后组织实施”，利用规划把住源头，在特定区域强制性建设地下综合管廊；《条例》第四十四条规定“城市新区、各类园区、成片开发区域应当同步规划建设综合管廊。新建、改建、扩建城市道路，按照综合管廊专项规划应当建设综合管廊的，应当同步配套建设综合管廊”，解决了什么地方必须要规划建设管廊的问题。《条例》第四十五条规定“在建有综合管廊的区域，各类地下管线应当全部纳入综合管廊”，明确了设置管廊区域市政管线不得直埋，必须强制入廊的要求（图 2-5）。

截至 2019 年 6 月 12 日，管廊试点项目已累计完成市政管线入廊 318.92km。其中：李沧区入廊 0.6km，即墨区入廊 104.5km，西海岸新区入廊 12.8km，高新区入廊 2.4km，青岛新机场入廊 198.6km，入廊管线种类包括给水、热力、电力、通信 4 类。

2.1.3.2　入廊收费政策

1. 制定文件提出明确要求

2016 年，青岛市先后出台了《关于加快地下综合管廊建设的实施意见》（青政办发［2016］9 号）、《青岛市地下综合管廊规划建设运营管理暂行办法》（青建城字［2016］47 号）和《关于青岛市地下综合管廊实行有偿使用制度的指导意见》（青价费［2016］11 号）等文件，对管廊收费提出要求。

《关于加快地下综合管廊建设的实施意见》(青政办发［2016］9 号）提出，管廊“实行有偿使用。构建科学合理的收费机制，促进地下综合管廊行业的健康有序发展。管理运营单位负责提供入廊服务和日常管理，入廊管线单位交纳入廊费和日常维护费。具体收费标准要统筹考虑建设和运营、成本和收益的关系，入廊费主要根据地下综合管廊本体及附属设施建设成本，以及各入廊管线单独敷设和更新改造成本等确定，日常维护费主要根据地下综合管廊本体及附属设施维修、更新等维护成本，以及管线占用地下综合管廊空间比率、对附属设施使用强度等因素合理确定”。

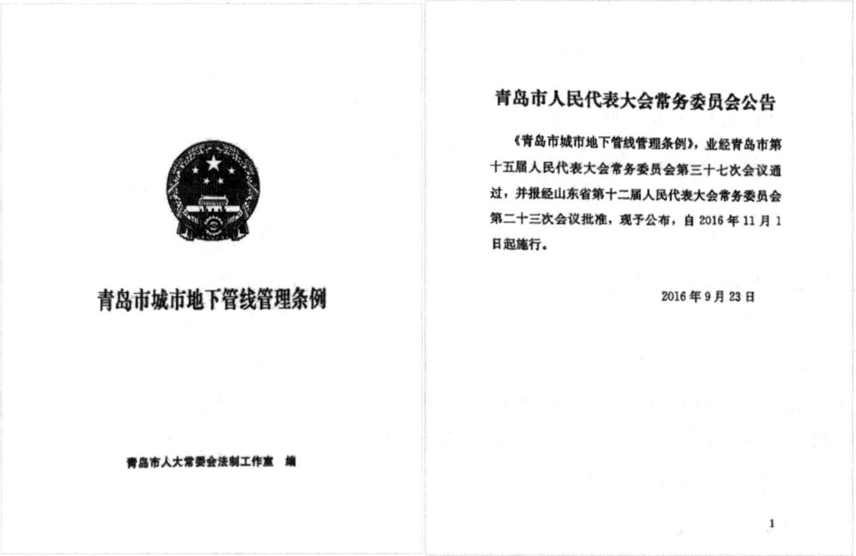
青岛市城市地下管线管理条例

青岛市人大常委会法制工作室　编

青岛市人民代表大会常务委员会公告

《青岛市城市地下管线管理条例》，业经青岛市第十五届人民代表大会常务委员会第三十七次会议通过，并报经山东省第十二届人民代表大会常务委员会第二十三次会议批准，现予公布，自2016年11月1日起施行。

2016年9月23日

1

图 2-5　青岛市城市地下管线管理条例

《青岛市地下综合管廊规划建设运营管理暂行办法》（青建城字［2016］47号）第十九条规定，“管廊有偿使用费可由双方协商一次性支付或按约定周期分期支付。政府为主投资建设的管廊有关有偿使用费等指导标准由物价部门会同有关部门确定；采取PPP模式建设的管廊经营有偿使用费等，按照投资协议约定执行”。青岛市物价、财政、城乡建设三部门联合出台的《关于青岛市地下综合管廊实行有偿使用制度的指导意见》(青价费［2016］11号）再次对管廊有偿使用进行了规定。

2. 通过立法确定有偿使用原则

青岛市人大于2016年11月颁布实施了《青岛市城市地下管线管理条例》，第四十七条规定：“综合管廊实行有偿使用制度。纳入综合管廊的地下管线，其管理维护单位应当向综合管廊运营管理单位支付管廊使用费”。

3. 出台有偿使用收费标准

（1）建立理论测算模型。通过专家研讨会、主管部门和管线单位座谈会等形式，深入开展管廊收费方面的理论研究，确定：入廊费 = 管廊设计寿命周期（100年）内，入廊管线一次直埋和多次翻建费用的总和；维护费 = 日常养护费用 + 大修费用 + 工资及福利费用 + 管理费用。

（2）通过实践经验印证。6年来，青岛市高新区已投入使用的54km管廊，在维护管理体制、标准、人力和设备投入、维修保养、经费测算等方面积累了经验。

4. 不断开展有偿使用收费标准的探索研究

结合国内其他城市地下综合管廊有偿使用收费的研究情况，继续对青岛市有偿使用收费标准开展深入研究。先后对上海、厦门、海口、广州等城市的收费方案进行调研，在充分吸取业内专家意见和各试点项目单位建议的基础上，采用青岛市的管线直埋成本为基础数据进行入廊费分析测算，借鉴上海、成都等地的管廊运行维护技术标准进行运营维护费的测算，从引导和规范供需双方的角度有效确定地下综合管廊收费标准，研究并编制出适用于青岛市实际情况的有偿使用制度收费标准，为最终整个青岛市实行“一城一价”管廊收费模式提供了数据支撑和依据，实质性地带动了管线入廊工作的开展。其中，运营维护费采用的“公共空间政府补贴、管线空间按比率分摊”的计算原则在同类城市中首次提出并应用，得到业内评审专家的一致好评。

2.1.3.3 运营维护政策

1. 人大立法明确运营维护管理责任主体

《青岛市城市地下管线管理条例》第四十六条规定：综合管廊本体及其附属设施的养护和运营管理由综合管廊运营管理单位负责，纳入综合管廊的地下管线养护以及日常管理由其管理维护单位负责。通过立法明确了管廊和市政管线的运营维护管理责任主体。

2. 出台规章明确部门主管责任

市城乡建设、发改、财政、规划、城管、物价六部门联合印发《青岛市地下综合管廊规划建设运营管理暂行办法》（青建城字［2016］47 号），第四条规定：城市规划主管部门、建设主管部门、城市管理部门分别是管廊规划、建设、运营的主管部门。同时，对地下综合管廊的运营管理方面单独成章，就管廊有偿使用、运营管理主体、入廊协议签订、管廊设施改建、管廊保护等方面进行了详细阐述。

3. 部门联动确保运维

2016 年 12 月，青岛市管廊建设工作领导小组办公室印发《关于进一步加强地下综合管廊运维管理工作的通知》（青管廊办字［2016］2 号），要求部门联动确保管线入廊、加快出台管廊运维标准、入廊协议约定管理责权，就加强管廊运营维护管理工作进一步明确责权（图 2-6）。

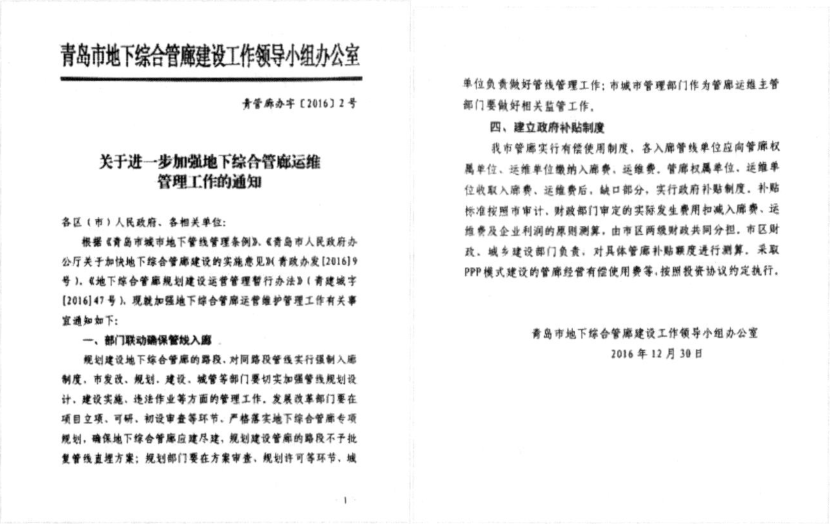

青岛市地下综合管廊建设工作领导小组办公室

青管廊办字〔2016〕2 号

关于进一步加强地下综合管廊运维管理工作的通知

各区（市）人民政府、各相关单位：

根据《青岛市城市地下管线管理条例》、《青岛市人民政府办公厅关于加快地下综合管廊建设的实施意见》（青政办发〔2016〕9 号）、《地下综合管廊规划建设运营管理暂行办法》（青建城字〔2016〕47 号），现就加强地下综合管廊运营维护管理工作有关事宜通知如下：

一、部门联动确保管线入廊

规划建设地下综合管廊的路段，对同路段管线实行强制入廊制度，市发改、规划、建设、城管等部门要切实加强管线规划设计、建设实施、违法作业等方面的管理工作，发展改革部门要在项目立项、可研、初设审查等环节，严格落实地下综合管廊专项规划，确保地下综合管廊应建尽建，规划建设管廊的路段不予批复管线直埋方案；规划部门要在方案审查、规划许可等环节、城

1

单位负责做好管线管理工作；市城市管理部门作为管廊运维主管部门要做好相关监管工作。

四、建立政府补贴制度

我市管廊实行有偿使用制度，各入廊管线单位应向管廊权属单位、运维单位缴纳入廊费、运维费，管廊权属单位、运维单位收取入廊费、运维费后，缺口部分，实行政府补贴制度，补贴标准按照市审计、财政部门审定的实际发生费用扣减入廊费、运维费及企业利润的原则测算，由市区两级财政共同分担，市区财政、城乡建设部门负责，对具体管廊补贴额度进行测算，采取 PPP 模式建设的管廊经营有偿使用费等，按照投资协议约定执行。

青岛市地下综合管廊建设工作领导小组办公室
2016 年 12 月 30 日

图 2-6 关于进一步加强地下综合管廊运维管理工作的通知

4. 拟定出台运营维护技术导则

为加强地下综合管廊的运行维护，统一维护技术标准，在运行维护中做到安全适用、技术先进、经济合理、确保质量，延长地下综合管廊的使用寿命，根据国家有关标准，结合青岛市实际情况，由青岛市政空间物业管理有限公司编制完成了《青岛市城市地下综合管廊运维技术导则》（图 2-7），突出安全管理，明确管廊运营管理机构、管线单位分别依法承担管廊、管线运行管理责任，从运维管理工作要求、主体结构与附属构筑物维护内容与标准、附属工程维护内容与标准、安全与应急管理、地下综合管廊维护智能化管理等方面，统一技术要求。

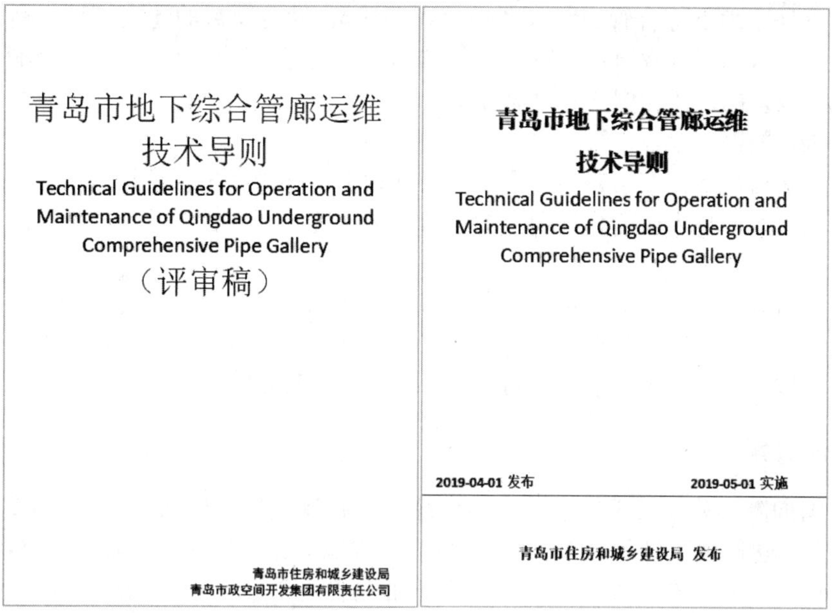
青岛市地下综合管廊运维
技术导则
Technical Guidelines for Operation and Maintenance of Qingdao Underground Comprehensive Pipe Gallery
（评审稿）

青岛市住房和城乡建设局
青岛市政空间开发集团有限责任公司

青岛市地下综合管廊运维
技术导则
Technical Guidelines for Operation and Maintenance of Qingdao Underground Comprehensive Pipe Gallery

2019-04-01 发布　　2019-05-01 实施

青岛市住房和城乡建设局 发布

图 2-7　青岛市城市地下综合管廊运维技术导则

2.1.3.4　政府补贴制度

1. 建设资金补贴

为规范建设资金预算管理，保证资金使用的科学性、安全性和有效性，提高财政资金使用效益，在委托专业咨询机构和专家进行地下综合管廊试点建设项目概算投资审查工作的基础上，依据《青岛市人民政府办公厅关于加快地下综合管廊建设的实施意见》（青政办发［2016］9 号）和《地下综合管廊建设资金管理办法》等文件要求，制定了《青岛市地下综合管廊建设资金使用实施细则》，对专项资金使用原则、资金分配方式、资金拨付流程、资金使用要求等进行了明确规定（图 2-8）。

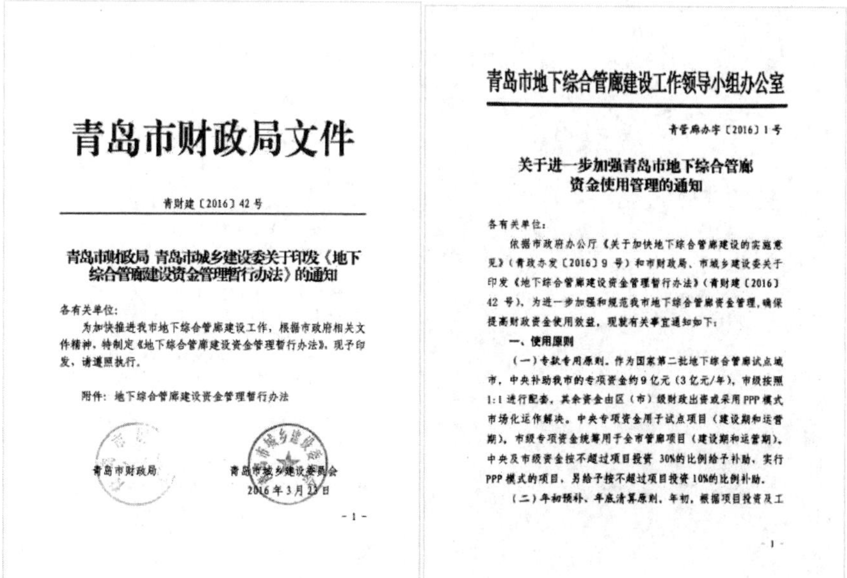
青岛市财政局文件

青财建〔2016〕42 号

青岛市财政局 青岛市城乡建设委关于印发《地下综合管廊建设资金管理暂行办法》的通知

各有关单位：

为加快推进我市地下综合管廊建设工作，根据市政府相关文件精神，特制定《地下综合管廊建设资金管理暂行办法》，现予印发，请遵照执行。

附件：地下综合管廊建设资金管理暂行办法

青岛市财政局　　青岛市城乡建设委员会

2016 年 3 月 23 日

- 1 -

青岛市地下综合管廊建设工作领导小组办公室

青管廊办字〔2016〕1 号

关于进一步加强青岛市地下综合管廊资金使用管理的通知

各有关单位：

依据市政府办公厅《关于加快地下综合管廊建设的实施意见》（青政办发〔2016〕9 号）和市财政局、市城乡建设委关于印发《地下综合管廊建设资金管理暂行办法》（青财建〔2016〕42 号），为进一步加强和规范我市地下综合管廊资金管理，确保提高财政资金使用效益，现就有关事宜通知如下：

一、使用原则

（一）专款专用原则。作为国家第二批地下综合管廊试点城市，中央补助我市的专项资金约 9 亿元（3 亿元/年），市级按照 1:1 进行配套，其余资金由区（市）级财政出资或采用 PPP 模式市场化运作解决。中央专项资金用于试点项目（建设期和运营期），市级专项资金统筹用于全市管廊项目（建设期和运营期）。中央及市级资金按不超过项目投资 30%的比例给予补助，实行 PPP 模式的项目，另给予按不超过项目投资 10%的比例补助。

（二）年初预补、年底清算原则。年初，根据项目投资及工

- 1 -

图 2-8　青岛市地下综合管廊建设资金使用相关规定

根据《青岛市地下综合管廊绩效考核管理办法》，针对项目的建设管理、运营服务水平等进行考核，考核结果与政府补贴额度进行挂钩。绩效考核评价良好的，可全额支付政府补贴；考核成绩较差的，按比例核减政府补贴。

2. 运营维护补贴

（1）选定西海岸新区江山路前湾港路交叉口地下综合管廊试点项目，由青岛市政空间开发集团结合高新区已投入运行管廊项目的运营维护情况，开展日常运营维护费的收费和补贴方案研究。

（2）青岛市政空间开发集团负责青岛市城市地下综合管廊的运营维护管理，成立了地下综合管廊运维指挥事业部，正在筹建管廊监管运维和监督考核平台，通过监管平台对管廊运维管理进行考核，按照考核结果计算和调整运营维护补贴额度。

2.1.4 责任分解

根据《国务院办公厅关于推进城市地下综合管廊建设的指导意见》（国办发［2015］61号）、《财政部住建部关于批复2016年中央财政支持地下综合管廊试点城市绩效目标的通知》（财建［2016］651号）、《青岛市人民政府关于加快地下综合管廊建设的实施意见》（青政办发［2016］9号）的相关要求，为高质量的完成青岛市地下综合管廊试点工作建设任务，青岛市人民政府分别与李沧区人民政府、黄岛区人民政府、青岛高新技术产业开发区管理委员会、青岛蓝谷管理局、青岛国际机场集团有限公司签订了目标责任书，将建设任务进行层层分解，确保按时完成建设（图2-9）。总体确定：按照适应新型城镇化和现代化城市的建设要求，创新和完善市政基础设施建设，构建合理、高效的综合管廊系统，提升城市综合承载力。综合考虑城市远景发展，控制和预留城市地下空间，实现地下空间资源的可持续发展。同时授权各责任主体作为PPP项目的政府方授权代表，要求各责任主体切实加强组织领导、资金保障和过程监管，并将责任工作完成情况及时上报市政府。市地下综合管廊建设工作领导小组办公室受市政府委托，对责任书的执行情况进行监督，对逾期未完成的予以问责。

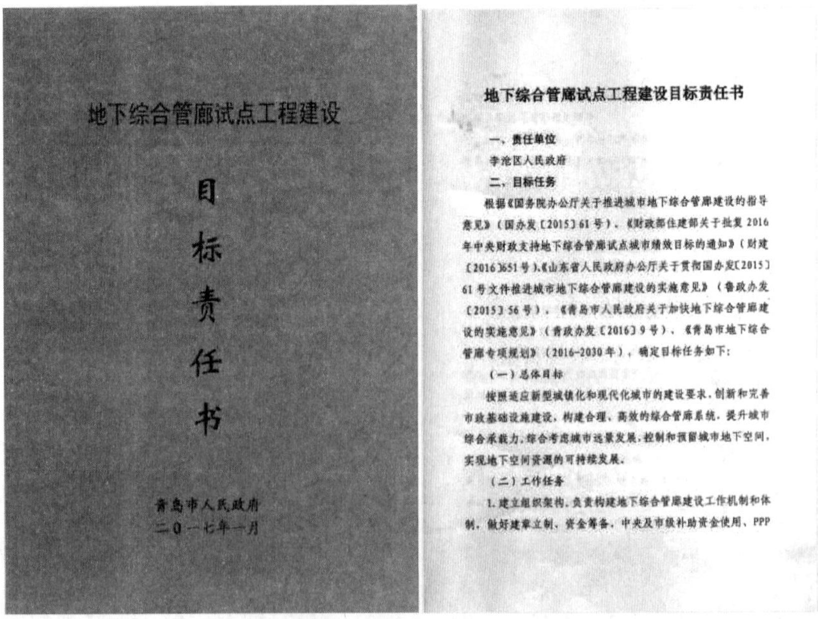
地下综合管廊试点工程建设

目标责任书

青岛市人民政府

二〇一七年一月

地下综合管廊试点工程建设目标责任书

一、责任单位

李沧区人民政府

二、目标任务

根据《国务院办公厅关于推进城市地下综合管廊建设的指导意见》（国办发〔2015〕61号）、《财政部住建部关于批复2016年中央财政支持地下综合管廊试点城市绩效目标的通知》（财建〔2016〕651号）、《山东省人民政府办公厅关于贯彻国办发〔2015〕61号文件推进城市地下综合管廊建设的实施意见》（鲁政办发〔2015〕56号）、《青岛市人民政府关于加快地下综合管廊建设的实施意见》（青政办发〔2016〕9号）、《青岛市地下综合管廊专项规划》（2016-2030年），确定目标任务如下：

（一）总体目标

按照适应新型城镇化和现代化城市的建设要求，创新和完善市政基础设施建设，构建合理、高效的综合管廊系统，提升城市综合承载力，综合考虑城市远景发展，控制和预留城市地下空间，实现地下空间资源的可持续发展。

（二）工作任务

1. 建立组织架构，负责构建地下综合管廊建设工作机制和体制，做好建章立制、资金筹备、中央及市级补助资金使用、PPP

图2-9 青岛市地下综合管廊试点工程建设目标责任书

市住建局代表市政府，率先与国网山东电力公司青岛供电公司签订《青岛市地下综合管廊电力设施入廊协议书》（图 2-10），明确入廊内容及要求，申明双方权利和义务；由李沧交通商务区建设办公室，分别与青岛能源华润燃气有限公司泰能北部燃气分公司、青岛后海热电有限公司、青岛水务集团有限公司排水分公司签订相应的燃气、热力和污水管线入廊协议；由青岛高新区公用事业服务中心与青岛高新热电有限公司签订热力管线入廊协议书；由青岛西海岸公用事业集团与青岛西海岸公用事业集团能源有限公司、青岛西海岸公用事业集团市政管理有限公司、青岛西海岸公用事业集团水务有限公司、青岛新奥燃气有限公司分别签订热力、给排水、燃气管线入廊协议；青岛蓝色硅谷核心区管理委员会规划建设部与青岛即东供水有限公司、青岛泰能硅谷燃气热电有限公司分别签订给水和燃气管线入廊协议。

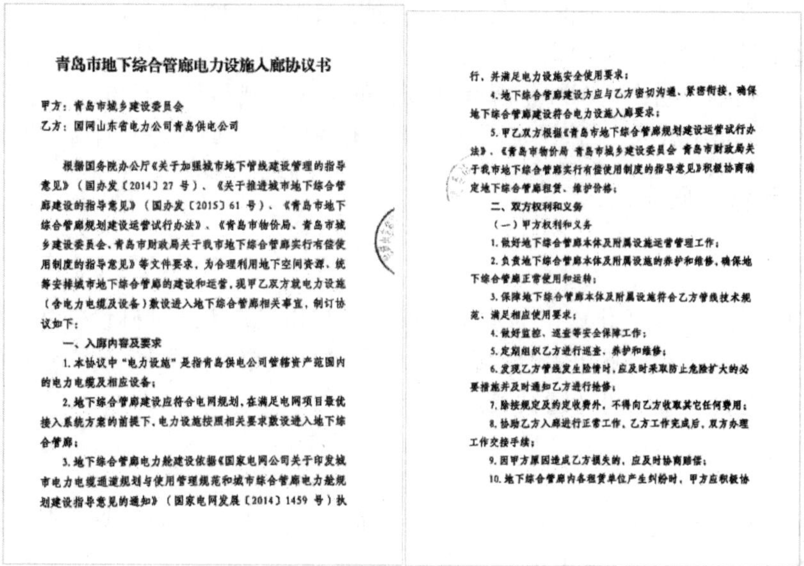
青岛市地下综合管廊电力设施入廊协议书

甲方：青岛市城乡建设委员会
乙方：国网山东省电力公司青岛供电公司

根据国务院办公厅《关于加强城市地下管线建设管理的指导意见》（国办发〔2014〕27 号）、《关于推进城市地下综合管廊建设的指导意见》（国办发〔2015〕61 号）、《青岛市地下综合管廊规划建设运营试行办法》、《青岛市物价局、青岛市城乡建设委员会、青岛市财政局关于我市地下综合管廊实行有偿使用制度的指导意见》等文件要求，为合理利用地下空间资源，统筹安排城市地下综合管廊的建设和运营，现甲乙双方就电力设施（含电力电缆及设备）敷设进入地下综合管廊相关事宜，制订协议如下：

一、入廊内容及要求

1. 本协议中“电力设施”是指青岛供电公司管辖资产范围内的电力电缆及相应设备；

2. 地下综合管廊建设应符合电网规划，在满足电网项目最优接入系统方案的前提下，电力设施按照相关要求敷设进入地下综合管廊；

3. 地下综合管廊电力舱建设依据《国家电网公司关于印发城市电力电缆通道规划与使用管理规范和城市综合管廊电力舱规划建设指导意见的通知》（国家电网发展〔2014〕1459 号）执行，并满足电力设施安全使用要求；

4. 地下综合管廊建设方应与乙方密切沟通、紧密衔接，确保地下综合管廊建设符合电力设施入廊要求；

5. 甲乙双方根据《青岛市地下综合管廊规划建设运营试行办法》、《青岛市物价局 青岛市城乡建设委员会 青岛市财政局关于我市地下综合管廊实行有偿使用制度的指导意见》积极协商确定地下综合管廊租赁、维护价格；

二、双方权利和义务

（一）甲方权利和义务

1. 做好地下综合管廊本体及附属设施运营管理工作；

2. 负责地下综合管廊本体及附属设施的养护和维修，确保地下综合管廊正常使用和运转；

3. 保障地下综合管廊本体及附属设施符合乙方管线技术规范、满足相应使用要求；

4. 做好监控、巡查等安全保障工作；

5. 定期组织乙方进行巡查、养护和维修；

6. 发现乙方管线发生险情时，应及时采取防止危险扩大的必要措施并及时通知乙方进行抢修；

7. 除按规定及约定收费外，不得向乙方收取其它任何费用；

8. 协助乙方入廊进行正常工作，乙方工作完成后，双方办理工作交接手续；

9. 因甲方原因造成乙方损失的，应及时协商赔偿；

10. 地下综合管廊内各租赁单位产生纠纷时，甲方应积极协

图 2-10　青岛市地下综合管廊试点工程入廊协议书

2.2　规划布局

2.2.1　基本情况

2015 年 7 月 17 日，青岛市人民政府发文批复了《青岛城市地下空间资源综合利用总体规划（2014—2030 年）》（青政字［2015］76 号）。其中，该规划对地下综合管廊规划引导、发展策略、规划方案做出具体要求：要积极推进地下综合管廊建设，在建成区，结合地下街、综合体等其他大规模地下功能开发建设地下综合管廊；在新城区，鼓励综合管廊建设；在新区开发、地下公共空间开发利用及地铁等快速轨道交通设施建设时，考虑整合建设综合管廊；规划建设完善高新区综合管廊；规划在中德生态园、西海岸国际经济产业合作区、西海岸中央商务区、董家口临港工业产业综合经济功能区、蓝色硅谷核心区等新建区域的重要地段探讨建设部分综合管廊。规划还要求即墨、胶州、平度、莱西的地下市政设施发展策略将参照重点规划区发展模式，重点在新区开发中进行地下综合管廊、缆线管廊的示范建设。

2016 年 1 月 14 日，国务院发布《国务院关于青岛市城市总体规划的批复》（国函［2016］11 号），原则同意《青岛市城市总体规划（2011—2020 年）》。规划要求加快推进市政设施地下化，利用新区开发、旧区改造以及地下公共空间、地铁等建设时机，因地制宜推

进建设地下综合管廊、缆线管沟。在建设资金和管理技术有保证的前提下，在有条件的路段、区域和新开发地区进行地下综合管廊的建设，地下综合管廊建设应与道路改造、管线改造、土地开发等相结合，并应留有余地、适度超前，满足远期需求。

按照国家“十三五”基础设施规划要求和“城市新区确保建设，城市旧区鼓励建设”的规划思路，青岛市地下综合管廊建设紧密结合《青岛市城市总体规划（2011—2020年）》《青岛市市内四区主次干道管线综合规划》《青岛市城市供水专业规划（2011—2020年）》《青岛市排水专业规划（2009—2020年）》《青岛市燃气专业规划（2011—2020年）》《青岛市热力专业规划（2011—2020年）》和《青岛市电力专业规划（2011—2020年）》等，编制并批复实施《青岛地下综合管廊专项规划（2016—2030年）》，规划编制范围为青岛市市域（青岛市行政辖区），包括市南、市北、李沧、崂山、城阳、黄岛区、胶州、即墨、莱西、平度。规划中采用指标体系评估青岛地下综合管廊建设适宜性，划分慎建区、宜建区和优先建设区，并确定各区域管廊系统布局。规划确定崂山湾国际生态健康城、董家口港城和红岛经济区三个区域为综合管廊重点建设区域，东岸城区、西海岸新区及原胶南市区三个区域为综合管廊一般建设区域。

2.2.2 规划目标及原则

2.2.2.1 规划目标

适应新型城镇化和现代化城市的建设要求，创新和完善市政基础设施建设，构建合理、高效的综合管廊系统，提升城市综合承载力；综合考虑城市远景发展，控制和预留城市地下空间，实现地下空间资源的可持续发展。

2.2.2.2 规划原则

（1）满足城市总体规划的要求，并与地下空间利用规划、道路规划、各专业管线规划、管线综合规划及建设计划等紧密衔接。

（2）按照统筹兼顾、统一规划、远近结合、分期实施原则规划建设综合管廊。

（3）坚持高标准、高起点、适度超前的原则，预留远景发展空间。

（4）创新规划的原则，发挥示范和引领作用。

（5）集约利用地下空间、统筹规划管廊内部空间，并与地上、地下设施及环境景观相协调。

（6）城市新区、各类园区、成片开发区域优先建设，在高强度开发区、轨道交通、地下综合体及管线密集区等地段结合道路同步建设；老旧城区因地制宜建设，结合旧城更新、主干道路改造、主要管线改造、地下空间开发等逐步建设。

2.2.3 规划布局

根据《管廊规划》要求，青岛市2016年至2020年共计划建设地下综合管廊93.7km。其中，青岛市六区建成地下综合管廊46.9km、即墨建成地下综合管廊13.4km、胶州市建成地下综合管廊28.1km、平度市建成地下综合管廊4.7km、莱西市建成地下综合管廊0.6km。2020年至2030年青岛共建设完成地下综合管廊102km。其中，青岛市六区建成地下综合管廊73.2km、即墨建成地下综合管廊8.3km、胶州市建成地下综合管廊8.8km、平度市建成地下综合管廊4.7km、莱西市建成地下综合管廊7km。地下综合管廊分为干线、支线和缆线综合管廊，其中，干线综合管廊长度24.5km，支线综合管廊长度162.4km，缆线综合管廊长度8.7km。规划地下综合管廊总投资为168.5亿元，其中，近期（2016—2020年）为77.7亿元，远期（2021—2030年）为90.81亿元（图2-11～图2-22）。

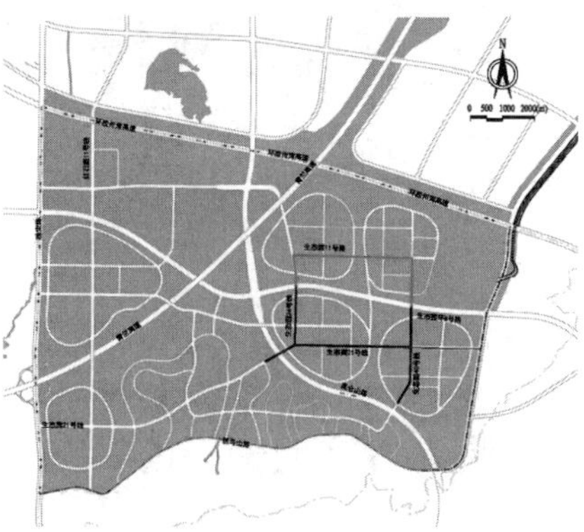

图 2-11　西海岸中德生态园分期规划图

图 2-12　西海岸海洋高新区分期规划图

图 2-13　西海岸开发区分期规划建设图

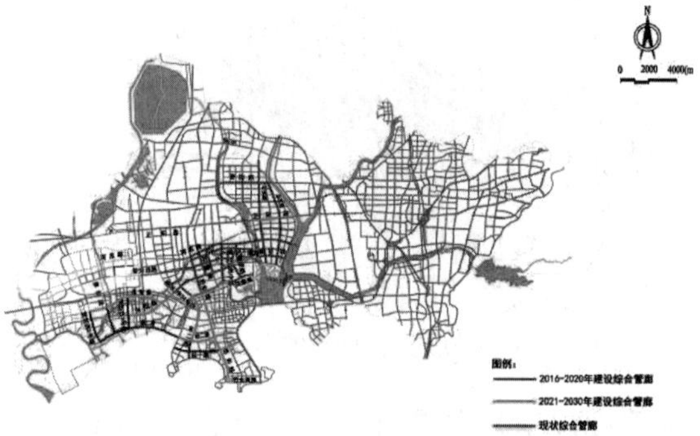

图 2-14　北岸城区分期规划建设图

图 2-15　东岸城区分期规划建设图

图 2-16　董家口循环经济区分期规划建设图

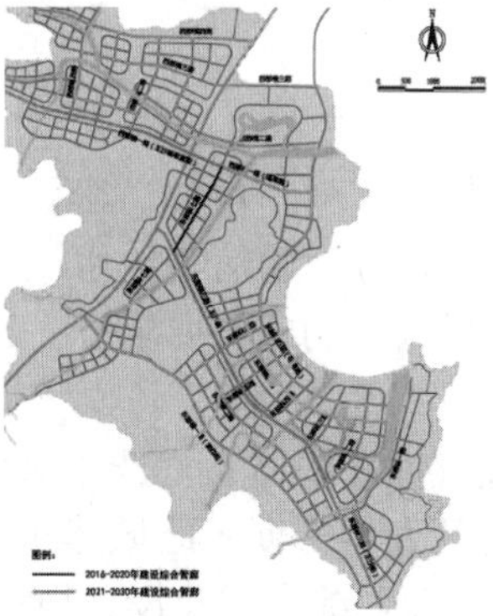

图 2-17　崂山湾国际生态健康城分期规划建设图

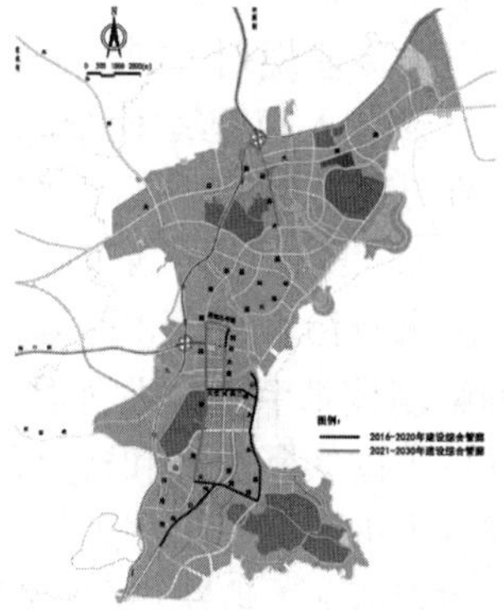

图 2-18　蓝色硅谷核心区分期规划建设图

图 2-19　胶州市临空经济区及加东机场分期规划建设图

图 2-20　胶州市市区分期规划建设图

图 2-21　平度市分期规划建设图

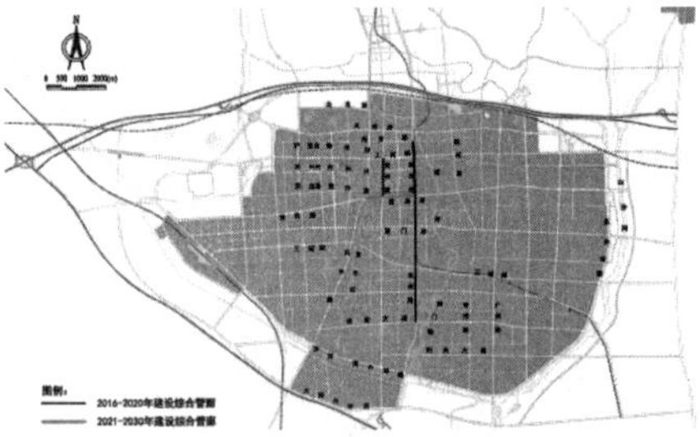

图 2-22　莱西市分期规划建设图

《管廊规划》中提出，要结合地下空间开发、人防工程建设实施综合管廊，为青岛市及全国同类工程的规划建设提供可以借鉴的经验。规划要求在条件允许的情况下，可以将燃气管道纳入地下综合管廊，但要加强通风、排烟、监测、报警等技术措施解决燃气管道入廊带来的安全隐患，探索燃气入廊经验，发挥创新和示范作用。规划中还要求探索山地丘陵城市排水管道入廊建设经验。规划建议综合管廊在建设过程中推行标准化模块化设计、生产及施工，提高整体结构安全性及工程质量。

2.2.4　规划亮点

1. 紧密结合上位规划

按照国家"十三五"基础设施规划要求和"城市新区确保建设，城市旧区鼓励建设"的规划思路，紧密结合《青岛市城市总体规划（2011—2020 年）》《青岛市市内四区主次干道管线综合规划》《青岛市城市供水专业规划（2011—2020 年）》《青岛市排水专业规划（2009—2020 年）》《青岛市燃气专业规划（2011—2020 年）》《青岛市热力专业规划（2011—2020 年）》和《青岛市电力专业规划（2011—2020 年）》等各类规划。

2. 规划区域和入廊管线类型全覆盖

规划编制范围覆盖青岛市市域（青岛市行政辖区），包括市南、市北、李沧、崂山、城阳、黄岛区、胶州、即墨、莱西、平度。入廊管线包括：电力、通信、给水、热力、再生水、燃气、雨水及污水管线 8 种类型，实现了国家"应入尽入"的建设要求。

3. 规划编制技术手段先进科学

针对青岛市的实际情况和特点，引入综合管廊建设适宜性评估体系。选取对地下综合管廊建设影响较大的因子，如用地性质、地下空间利用、地区人口密度、区域建筑密度、路网密度、交通拥堵情况、地铁建设情况、地下空间开发情况、商业综合体建设、规划管线种类、重要程度、管径容量、敷设空间等 15 个主要评估因子，通过建设适宜性评估公式，计算出各区综合管廊建设适宜性等级划分，确定慎建区、宜建区和优先建设区。对宜建区和优先建设区内的管廊系统布局，采用综合评分法对区域内道路进行评价后，根据评价结果进行确定。

2.3　建设实施

各试点建设项目所在区政府和功能区管委、青岛国际机场集团有限公司等作为项目建设单位，PPP 项目由青岛市政空间集团授权的专业管廊投资运营公司作为政府出资方代表与社会资本联合成立项目公司进行建设，非 PPP 项目是由区市政府、园区管委和机场集团负责建设。

2.3.1　设计技术

2.3.1.1　BIM 设计技术

在新机场综合管廊项目中，将给水、电力、通信、给水、污水、燃气等管线纳入综合管廊，管线种类较多。尤其是污水入廊后对管廊横断面设计、出线井形式均提出更高要求，出线井内重力流污水管道衔接、专业管线间碰撞检查、集约化的孔口布置形式等均增大设计难度和复杂程度。出线井空间有限，构造复杂，专业管线众多，面临大量的线缆弯折倒弧、管件阀门定位，传统的二维设计成果不利于施工识图、材料筹备和后期管线安装。

设计中应用 BIM 理念，充分发挥 BIM 技术中可视化、参数化、关联性、准确性、多专业协同等优势，应用基于 Revit 平台的 BIM 技术，全部实现综合管廊标准段、出线井、附属设施、专业管线等的三维设计，构建良好的工作平台，优势显著。

西海岸新区综合管廊建设中，应用 BIM 技术，在可视化交底、制定现状管线保护方案、新模板工艺方案设计等方面形成了相应成果，为项目宣传、技术交底、成本管控方面起到了一定效果（图 2-23）。

2.3.1.2　污水入廊设计

重力流污水入廊是目前国内普遍面临的难点。机场项目根据污水入廊存在的特点，通过实践性尝试，较好地解决了一系列问题。主要包括以下几个方面；

（1）创新污水管道在管廊中的布置位置，在不改变原有污水系统、不设置中途提升泵站的条件下，满足污水管道入廊的标高要求。

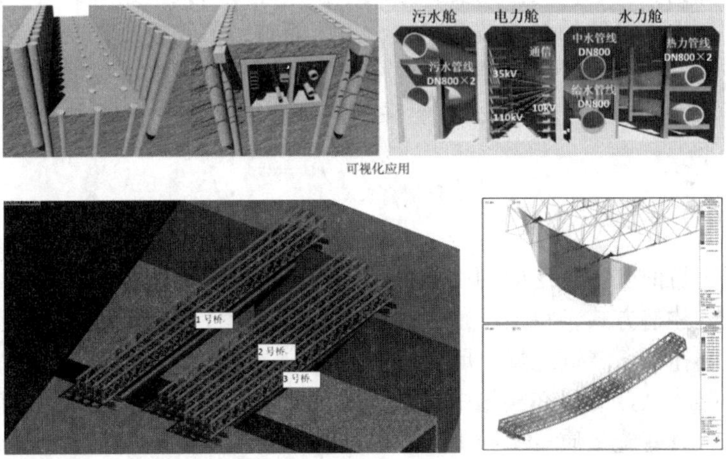

图 2-23　施工阶段现状管线保护方案的设计和验算

（2）创新出线井方式，提出“降板法”“斜板法”的出线井形式，解决重力流污水出线这一难点和重点。

（3）污水管道纳入综合管廊同步解决检修、养护、通气等系列问题，本工程对检查井设置方案进行探讨，对检查井防水进行研究。

2.3.1.3 燃气入廊设计

天然气入廊的安全问题是目前推进燃气入廊工作中遇到的最大的问题。其中硅谷大道综合管廊除按照规范设置天然气独立舱室外，天然气舱室结构也进行独立设计，尽可能减少对相邻舱室的影响，保障其他舱室安全。燃气舱内排水沟、集水井也进行优化，采用真空排水系统，舱室内不出现水泵等强电设备，不布置强电管线。另外，结合真空系统、通风系统在天然气舱室内设置专门的泄压设施，一旦发生天然气泄漏意外事故时，能够做到最短时间内减少舱室内天然气密度，降低爆炸的概率。通过各种安全措施强化燃气舱安全保障，大大降低了燃气舱内爆炸的概率。

2.3.2 施工方法技术

施工方法通常根据施工地层、施工环境和设计断面等进行确定。目前地下综合管廊的施工方法主要包括明挖法和暗挖法两种，明挖法包含明挖基槽支护方法、结构主体施工方法（明挖现浇、明挖预制拼装）两种；暗挖法包括顶管法（预制顶推法）、盾构法和浅埋暗挖法三种。

2.3.2.1 明挖现浇法

青岛市目前规划建设的综合管廊主要集中在近期重点发展的区域，如蓝色硅谷、中德生态园、新机场、高新区等，以新城区为主。新城区典型的特点是地面建构筑物拆迁以及管线迁改总量较少，对综合管廊的建设的限制较少。目前综合管廊最常用的仍是明挖现浇施工工艺。该工艺具有施工简单、方便，能够提供作业面多、速度快、工期短、工程质量易保证和工程造价低等特点；同时也存在占地多、影响交通、噪声污染等缺点，一般对于新区来讲，这些影响可以大大地忽略。

明挖现浇法主要有放坡开挖和支护开挖两种形式。其中蓝色硅谷山大东路管廊因临近海边，主要采用拉森钢板桩 + 内支撑的支护方式；蓝色硅谷山大南路及硅谷大道因地质条件较好，地下水位低，主要采取的是放坡开挖法，工艺简单，节约投资；安顺路综合管廊临近后海，地下水位较高，且地质状况较差，主要采取的是旋喷桩止水 + 放坡喷锚支护的方式；机场综合管廊地质较好，且场地空旷，主要采用的是放坡开挖 + 喷锚支护，工艺简单，施工简便。

2.3.2.2 明挖预制拼装施工

叠合装配式为目前国内广泛应用的一种半预制综合管廊建造方式。借鉴建筑工程中叠合装配式高层建筑的建造方式，将工厂预制的混凝土叠合板件运输至现场，待拼装就位后，以叠合板件为模板绑扎钢筋浇筑混凝土形成结构整体。

青岛市开平路非试点项目在实施中尝试采用该项技术。采用标准段预制装配式和节点现浇相结合的方式，具有施工质量、施工技术、施工周期、环境影响以及产业政策等多方面的优势；但对施工现场人员的技术水平要求较高。

2.3.2.3　非开挖施工

综合管廊常采用明挖现浇施工，但在一些穿越重要节点时常采用非开挖施工，如在横穿现状道路、河道及其他构筑物时，可采用非开挖施工。较为常用的方式有顶管法，工序为为沉井（工作井、接收井）→顶进过路管廊→取出顶进设备→改造工作井作为管廊管线衔接节点。

非试点项目正阳路配套工程中即采用顶管的非开挖施工方式，正阳路为进出高新区主干道，为避免过路管廊施工时交通断流，通过方案比选采用该方式施工，顶进管道管径为DN2600和DN3000。顶进结束后，将工作井和接收井改造成管道接线井。该方法虽然可以降低对重要节点的交通、环境等影响因素，但投资较大，约3～5万元/米。

2.3.3　其他设计施工技术

2.3.3.1　施工支护技术

西海岸贡北路综合管廊地质条件变化大，周边有自然湿地、村庄、道路等构筑物，根据不同的地质条件，因地制宜，分别采取了拉森钢板桩、高压旋喷桩加内插型钢、分段放坡搭配复合土钉墙（图2-24）、钻孔灌注桩加高压旋喷桩（图2-25）等多种基坑支护施工工艺。实现了对施工成本的合理控制，并且最大限度地保护了周边构筑物。

图2-24　多段放坡搭配复合土钉墙、拉森钢板桩

图2-25　灌注桩加高压旋喷桩施工工艺

2.3.3.2　多种主体结构模板技术

为提高主体结构的施工效率和表观质量，西海岸综合管廊施工中采用了新型模板结构，包括滑移式钢模板体系（图2-26）和分段移动式整体模板体系（图2-27），提高了工程模板周转效率，减少了混凝土分层浇筑次数，缩短了施工工期，降低了施工成本。两种体系均已申请相关国家专利和施工工法。常规模板体系与新模板体系表观质量对比如图2-28所示。

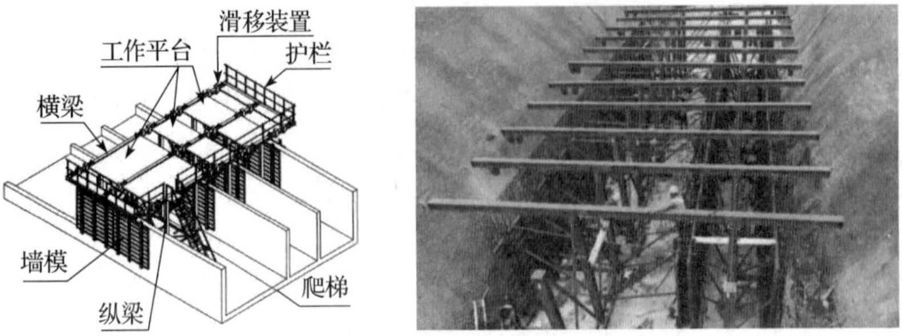

图 2-26　滑移式钢模板体系

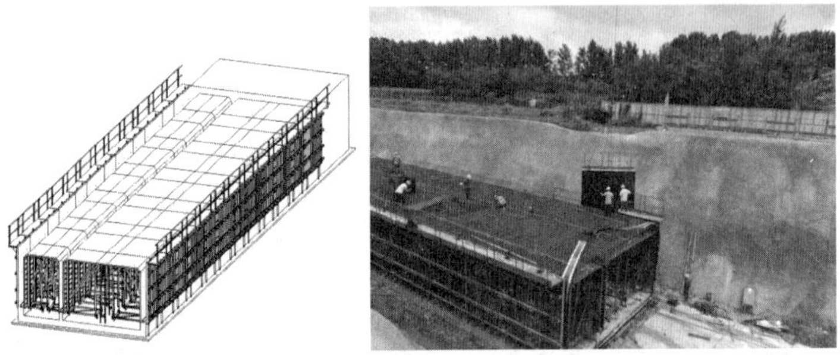

图 2-27　分段移动式整体模板体系

图 2-28　常规模板体系与新模板体系表观质量对比图

2.3.3.3　无人机 GIS 应用

综合管廊工程跨度大，平面尺度狭长，为提高现场施工管理效率，自清表阶段，西海岸综合管廊项目公司即在现场引入无人机设备协助日常施工管理（图 2-29）。在天气条件允许的情况下，各工区项目部通过无人机航拍，以空中视角直观地记录工程周边环境、每日施工进度，工作面进展情况，现场施工难点等内容，提高了协同管理效率。

图 2-29　应用无人机实现对施工进度及周边环境的高效巡视

基坑开挖规模较大，开挖前和开挖后的地形原始数据量大，加重了现场测量人员和内业技术人员的工作量和作业时间．为提高地形数据采集处理效率，减轻作业人员负担，缩短因测量工作而影响的工期，以该项目作为试点，利用无人机结合测绘软件进行了 GIS 技术的应用探索，并采取措施弥补了无人机本身的误差，通过与试验段 GPS 测量数据的比对，确定该方案基本满足工程使用需求，并在全线多处进行推广应用（图 2-30）。

图 2-30　无人机结合航测软件对施工现场的模型还原

2.3.3.4　内外钢模台车浇筑技术

新机场综合管廊施工受 2019 年机场转场的时间影响，决定了其施工工期非常紧，在飞行区综合管廊采用创新性轻型钢模台车进行施工。管廊以现浇混凝土箱涵为主，箱涵结构为 C40P8 混凝土结构，结构形式单一，混凝土量大，且施工强度高，为满足按合同工期完成，通过采用轻型钢模板台车大大缩短了模板的支护和拆除时间，加快了混凝土的施工进度，保证了混凝土的质量。

台车模板具有以下三项优点：

（1）整体性好。台车桁架的整体性较好，且各部件具有可拆性，部件间采用连接钢板及螺栓进行连接，在桁架下部装设行走装置，在实际施工时可利用其下部行走装置整体移动。

（2）简易性好。箱涵内部用定型钢桁架做支撑系统，前期投入较大，但在后期运行过程中，不需要大量的人工和机动设备来搬运钢架管和模板，大量减少人工费用。

（3）机动性强。采用钢模台车在相邻箱涵之间甚至短距离之间的移动都较为方便快捷，省去了大量安装和拆卸时间，对工程成本和工期控制有利。

2.3.4　技术专利

2.3.4.1　一种背贴式橡胶止水带固定装置（实用新型专利）

背贴式橡胶止水带由于其结构为柔性且质量较大，在施工过程中如果不对其进行加固处理，无法在浇筑混凝土的时候保证背贴式橡胶止水带不移位，必须有一个可靠简易的固定装置对其进行固定。本实用新型固定装置涉及综合管廊施工领域，具体是一种背贴式橡胶止水带固定装置；其特征是：在混凝土内部设置一个塑料定型结构．两边用止水对拉螺杆，对拉螺杆拉紧塑料定型结构和外墙模板，将背贴式橡胶止水带紧贴外侧模板，从而使背贴式橡胶止水带固定（图 2-31）。本固定装置采用上述设计，通过对拉螺杆使塑料结构和模板中间紧固背贴橡胶止水带。如此，具有便于支模、便于固定和有利于提高背贴式橡胶止水带质量的优点。

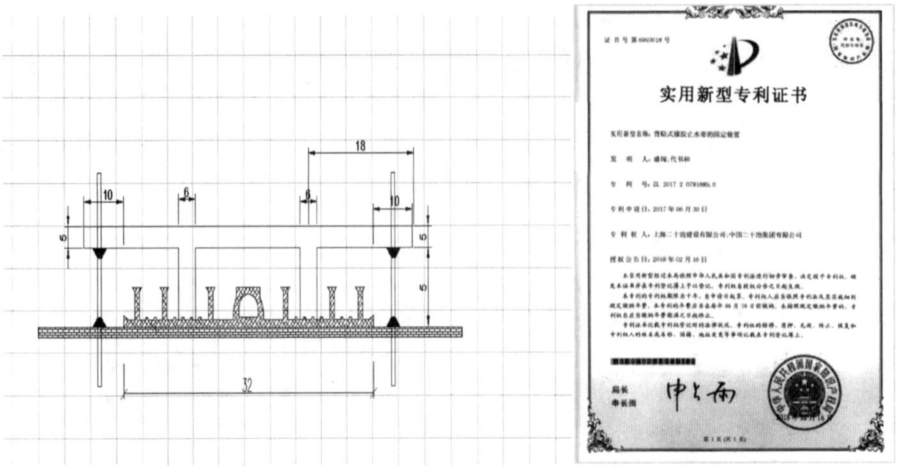

图 2-31　专利方案及证书

2.3.4.2　一种用于管廊施工明装接地扁钢固定装置（实用新型专利）

在国家和地方政府大力支持下，新建综合管廊越来越多，管廊内接地方式也多种多样。明配通长焊接接地扁钢的方式也在不断增多；综合管廊接地施工焊接量大，施工时间长，电焊敷设对人体伤害会很大。通常明装接地做法是：在预埋件处焊接预制好的扁钢加工件，再利用扁钢加工件与扁钢焊接形成通常接地通路。此种方法的缺点是焊接量大，施工周期长，在作业中进行安装施工，不容易控制接地的水平及高度，加工件及大量的焊接需要人工多。

本实用新型固定装置所要解决的技术问题是要提供一种用于管廊施工明装接地扁钢固定装置，解决传统接地大量焊接，施工周期长，在作业中进行安装施工，不容易控制接地的水平及高度，加工件及大量的焊接需要人工多的问题。本实用新型固定装置采用的技术方案是：一种用于管廊施工明装接地扁钢固定装置（图 2-32），包括扁钢放置槽（扁钢夹具）（1）和紧固扁钢螺丝（2），其特征在于：所述 T 形螺栓（3）与螺母（4）固定；所述 T 形螺栓（3）与扁钢夹具（1）固定；所述扁钢夹具（1）和紧固螺丝（2）采用内侧套丝紧固；所述紧固螺丝（2）固定热镀锌扁钢（5）。

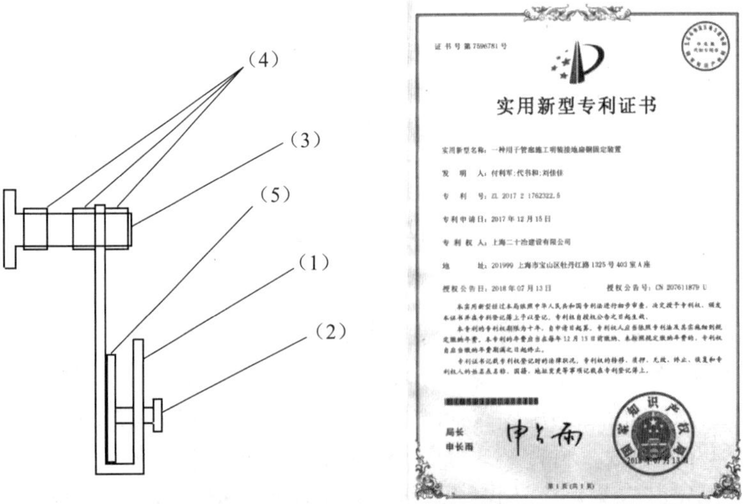

图 2-32　专利方案及证书

2.3.4.3　一种混凝土模板的支撑装置（实用新型专利）

普通模板的支撑系统只有等到混凝土强度达到拆模设计强度后才能够拆除模板和支撑，因而普通模板的支撑系统存在材料周转效率低、施工效率低的问题。本实用新型支撑装置涉及混凝土施工领域，具体是一种混凝土模板的支撑装置，目的在于克服上述缺陷，提供一种便于拆除的模板支撑装置。

本实用新型装置（图 2-33）包括支撑板、顶杆、连接件、横梁、横梁接头、销钉和楔片；其中，支撑板和横梁连接板均呈马凳形，横梁接头焊接在横梁上，连接件为矩形方钢，分别穿设在横梁连接板和支撑板内，在连接件的两侧各开设圆孔，用于插入销钉，通过插入的销钉使横梁连接板、支撑板与连接件实现连接；在支撑板的中间位置竖直焊接顶杆。使用本支撑装置可以提前拆除模板，仅剩下支撑板、横梁及立柱钢管，直到混凝土强度达到设计要求后，再拆除独立支撑系统。这样先拆模后拆支撑的做法改变了传统的先拆支撑后拆模板的操作，可以加快模板的周转，缩短其使用周期，大大降低了模板费用，加快施工进度，缩短工期，使用后回收价值高，低碳排放，实现文明环保施工。

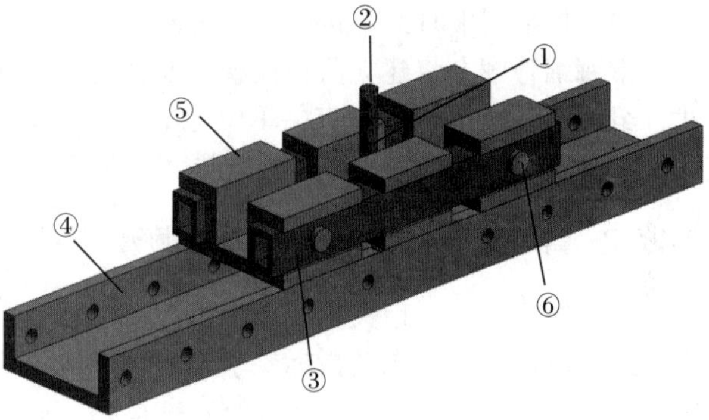

图 2-33　专利方案
①支撑板；②顶杆；③连接杆；④横梁；⑤横梁接头；⑥销钉；⑦楔片

2.4　监督管理

为保障青岛市地下综合管廊试点项目的顺利实施，青岛市市本级层面成立了地下综合管廊建设工作领导小组，负责地下综合管廊建设工作的统筹调度和组织推进，由市长任组长，副市长任副组长。领导小组办公室设在市城乡建设委（现住房和城乡建设局），具体负责综合管廊相关规划、政策制度拟订、协调实施和监督考评工作。各试点项目所在区市和功能区管委也分别成立相应的地下综合管廊建设工作领导小组。

在地下综合管廊试点建设项目的建设过程中，制定并实施了“周汇报、月督查、季度考核和年度考核”的监督管理制度，督促各试点项目建设单位在进度、质量和财政资金使用等方面严格落实实施方案要求，考核结果与绩效评比和资金拨付挂钩。

2.4.1　相关监督管理制度

2.4.1.1　关于建立地下综合管廊建设工作周报制度的通知

为全面掌握青岛市地下综合管廊建设动态，进一步加强工作联系，及时了解工作进展情况，及早发现工作中存在的问题，增进工作协调机制，尽快制定解决方案，促进问题有效解决，确保地下综合管廊建设年度任务目标顺利完成，经研究决定，建立地下综合管廊建设工作周报制度。现将有关事项通知如下：

1. 周报范围

各区（市）、各功能区在建和计划年内开工的地下综合管廊建设项目。

2. 周报时间

自 2017 年 7 月 1 日起，每周一上午 12 点前将上周地下综合管廊建设工作推进情况发送到电子邮箱 qdglbgs@163.com．如遇节假日，顺延至节假日后第一个工作日。

3. 周报内容

（1）未开工项目履行基本建设程序前期手续办理工作推进情况；PPP 工作推进情况；施工进展情况及进度计划完成情况；中央财政专项补助资金及市本级财政配套补助资金的拨付、使用、管理情况。

（2）存在的问题及解决措施或建议。

（3）本周工作计划。

4. 有关要求

（1）周报内容要全面、真实、准确，周报中要涵盖每一个项目，不得漏报、瞒报。市海绵管廊办在现场督查时将逐一核实。

（2）提报周报时，要同时提报现场施工照片、有关会议照片等影像资料，并附简单说明。

市海绵管廊办将建立监督检查和通报制度，成立督查组，采取资料查阅、实地检查等方式，组织对各区（市）、各有关单位地下综合管廊项目推进情况进行现场督查、核实，以通报和简报等形式定期向市、区有关领导和相关部门通报情况。

2.4.1.2 青岛市海绵城市和地下综合管廊建设现场督查工作方案

根据国家、省、市关于海绵城市和地下综合管廊建设工作有关要求，为加强工程建设项目管理、落实设计理念及指标要求、顺利推进工程项目建设，青岛市海绵城市和地下综合管廊建设工作领导小组办公室研究制定并严格实施了《青岛市海绵城市和地下综合管廊建设现场督查工作方案》。

1. 适用范围

各区（市）、各功能区海绵城市和地下综合管廊建设项目推进与管理（含海绵城市试点区及地下综合管廊试点项目）。

2. 实施部门

市海绵管廊办规划建设部.

3. 督查周期

督查组按照市海绵管廊办规划建设部制订的月度督查计划及上级有关要求，原则上每周安排 2 批次及以上现场督查，每月末确保所有在建项目现场督查不少于 1 次。

4. 督查主要内容

未开工项目主要检查前期手续办理工作推进情况；已开工项目主要检查前期手续完善情况、施工进度计划完成及资金拨付情况和建设成效。

（1）前期手续办理情况

履行基本建设程序情况，主要包括各种前期手续是否应办尽办，各环节手续办理时效及衔接情况。

（2）PPP 工作推进情况

主要检查 PPP 实施方案编制评审与审批、社会资本招标、SPV 公司成立及融资落实等情况。

（3）施工进展情况

主要检查在建项目施工推进情况及计划完成情况。其中，海绵城市建设项目按照建筑与小区、道路与广场、公园与绿地、管网建设、内涝治理、防洪工程、水系生态八大类工程项目分类，根据不同标准进行现场检查。

1）施工进度。对照月度进度计划及各区（市）、各功能区提报的进度报表，通过查看工程档案资料、实地踏勘核查工程项目施工进度完成情况。

2）实施成效。检查工程项目是否按照管理要求、审批文件、设计方案等指标要求实施建设。

3）文明施工。检查施工现场是否按照标准化工地有关要求组织施工。

（4）建设成效

1）样板引领。是否按要求实施样板项目或示范段，检查实际完成情况以及可复制、可推广的经验和模式情况。

2）实用性。有条件的选择测试方法进行实地测试，检查工程项目是否实用有效。

3）系统性。检查工程项目是否系统化建设，配备相适应的其他设施、措施。

（5）资金使用和管理情况

主要检查专项资金（中央财政专项补助资金、市本级财政配套补助资金）拨付到位后，资金管理和使用情况。主要包括资金使用程序是否规范、使用方向是否符合专款专用相关规定，查看资金拨付凭证等。

5. 督查方式方法

各受检区（市）、功能区相关建设主管部门应做好日常相关资料搜集整理和归档工作。在接到检查通知后，应及时备齐相关资料并做好现场检查工作安排。

督查组通过听取汇报、工作询问、查看资料、现场核查等形式对海绵城市和地下综合管廊建设工作推进情况进行督查。

检查人员依据此方案及检查表格采取察看、测量等方式检查工程项目，详实记录检查结果，填写检查报告后现场双方签字确认。

检查过程留存影像资料，包括检查区域、部位的实际效果和存在问题等。

6. 督查结果应用

1）督查结果要真实体现工程项目前期手续、资金使用及施工进度完成情况，用于验证报表内容准确性，作为市海绵管廊办调度各工程项目进展的主要依据。

2）督查发现的问题以《整改通知单》的形式下达给责任单位，要求在规定时限内按要求整改完毕，并适时复检整改情况。

3）督查结果列入市海绵城市和地下综合管廊建设工作通报及工作简报，定期向市、区有关领导和部门通报情况。

2.4.1.3　青岛市地下综合管廊试点建设项目绩效考核评价办法

根据住房和城乡建设部《关于地下综合管廊试点年度绩效评价工作的通知》（建城地函［2017］56号）、财政部《关于印发2016年度城市管网专项资金重点绩效评价工作实施方案的通知》（财建便函［2017］14号）和市政府办公厅《关于加快地下综合管廊建设的意见》（青政办发［2016］9号）等要求，为进一步加强地下综合管廊试点建设项目监督管理，规范财政资金使用，确保试点项目按期完工，青岛市地下综合管廊建设工作领导小组制定了《青岛市地下综合管廊试点建设项目绩效考核评价办法》。

1. 绩效考核评价目的

贯彻落实好国家第二批地下综合管廊试点工作任务，全面掌握试点项目建设情况，及时解决出现的矛盾问题，确保按期完成住房和城乡建设部、财政部、省政府和市委市政府确定的工作任务和责任目标。

2. 绩效考核评价内容

绩效考核评价内容主要包括：项目前期工作情况、项目计划制定情况、项目资金情况、项目进度情况、项目验收情况、安全措施落实情况、资料归档情况、日常工作情况和制度执行情况，并根据以上考核内容建立《青岛市地下综合管廊建设绩效考核评价指标体系》(以下简称《考核指标体系》)。

（1）项目前期工作情况：重点考核项目建设审批程序履行情况和工程设计方案是否合理。

（2）项目计划制定情况：重点考核控制性详细规划、年度建设计划和月度建设计划的制定和实施情况。

（3）项目资金情况：重点考核资金到位情况、资金使用情况和财务管理情况。

（4）项目进度情况：重点考核廊体建设进度、管线入廊进度和监控中心建设进度。

（5）项目验收情况：重点考核廊体工程和管廊安装工程验收情况。

（6）安全措施落实情况：重点考核施工现场安全管理和措施落实情况。

（7）资料归档情况：重点考核工程建设资料归档管理情况。

（8）日常工作情况：重点考核项目周报制度执行情况和日常通知文件办理情况。

（9）制度执行情况：重点考核强制入廊制度和入廊收费制度的执行情况。

3. 绩效考核评价方式

（1）地下综合管廊试点建设项目绩效考核以科学考核、客观评价为出发点，对地下综合管廊试点项目工作开展情况和项目建设完成情况等进行评价，综合反映项目建设目标的实现程度。

（2）地下综合管廊试点建设项目实行月督查、季度考核和年度考核，必要时可根据实际需要随时组织考核评价。

（3）月督查考核工作于次月月初开展，季度考核于每季度的月督查工作结束后进行综合评价，年度考核于季度考核工作结束后进行综合评价。

（4）青岛市地下综合管廊建设工作领导小组办公室（以下简称“市管廊办”）负责开展全市地下综合管廊试点建设项目的绩效考核评价工作，并结合考核工作实际情况组建考核小组，考核小组成员由市管廊办、市政府督查室和工程类、经济类专家等组成。

4. 绩效考核评价程序

（1）月度督查

考核小组采用现场踏勘、项目单位汇报、文件资料查阅、问询等方式，依据《考核指标体系》进行考核评价。

（2）季度考核

季度考核根据每季度各月份的督查考核情况进行综合评价，原则上不单独组织考核评价。

（3）年度考核

1）自评初评

各管廊试点建设项目建设主体根据绩效考核要求对本年度地下综合管廊建设工作进行书面自评，并于当年 12 月底前将《自评报告》提报市管廊办。

2）年度考核

年度考核小组结合《自评报告》、月督查和季度考核结果进行综合评定及考核结果量化，形成《综合考核评价报告》。

5. 绩效考核评价结果

（1）绩效考核评价结果按照综合评分进行排名。月督查考核排名按照当月考核评分确定，季度考核排名按照每季度各月的平均考核得分确定，年度考核排名按照各季度平均考核得分确定。

（2）市管廊办联合市政府督查室以《督查专报》《青综报》等形式报市委、市政府主要领导，并抄送市地下综合管廊建设工作领导小组各成员单位。

具体见表 2-1。

表 2-1　青岛市地下综合管廊建设绩效考核评价指标体系

序号	评价指标	分值	分项内容	分值	指标解释	评分标准
1	前期工作情况	7	前期工作手续	4	是否按照项目建设审批程序开展项目前期工作	结合区市审批工作实际要求，每缺 1 项扣 1 分，扣完为止
			设计方案	3	工程设计方案是否符合工程规范、技术规程、行业标准	项目设计符合标准规范且结构布局合理得 3 分；项目设计符合标准规范强制条款但结构布局有较大优化空间得 1 分；项目设计不符合标准规范强制条款得 0 分
2	项目计划制定情况	12	控制性详细规划	4	是否编制并审批控制性详细规划	完成编制得 2 分，完成审批得 4 分，未编制得 0 分
			年度建设计划	4	编制并按时提报年度建设计划	提报得 4 分，未提报得 0 分
			月度建设计划	4	编制并按时提报月度建设计划	每缺 1 次月度建设计划扣 0.5 分，扣完为止
3	项目资金情况	18	资金到位情况	6	资金是否及时到位，到位率 = 实际到位 / 计划到位 ×100%；若未及时到位，是否影响项目进度	根据项目实际到位资金占计划的比率计算得分；未及时到位并影响项目进度得 0 分
			资金使用情况	6	是否存在支出依据不合规、虚列项目支出的情况；是否存在截留、挤占、挪用项目资金情况；是否存在超标准开支情况	虚列（套取）不合规扣 4 ～ 6 分、支出依据不合规扣 3 分；截留、挤占、挪用扣 4 ～ 6 分；超标准开支扣 4 ～ 6 分；扣完为止
			财务管理情况	6	资金管理、费用支出等是否严格执行财务制度；会计核算是否规范	严格执行财务制度得 3 分；会计核算规范得 3 分
4	项目进度情况	25	廊体建设进度	10	根据项目建设长度是否完成进度计划评价	按项目建设长度占月度进度计划长度经率 ×10 分计算
			管线入廊进度	10	根据管线入廊长度是否完成进度计划评价	按入廊长度占月度进度计划长度比率 ×10 分计算
			监控中心建设进度	5	根据监控中心的形象建设进度进行评价	未开展工作得 0 分，完成项目选址得 1 分，完成选址并开始主体建设得 3 分，完成主体建设并投入运营得 5 分
5	项目验收情况	10	廊体工程验收	5	廊体工程建设完毕后是否按规定时间进行验收	按照规定时间及时开展并完成验收得 5 分，未及时开展验收工作扣 3 分，未通过验收得 0 分
			管廊安装工程验收	5	管廊安装工程建设完毕后是否按规定时间进行验收	按照规定时间及时开展并完成验收得 5 分，未及时开展验收工作扣 3 分，未通过验收得 0 分
6	安全措施落实情况	5	安全措施落实情况	5	项目施工现场安全管理是否符合相关规定	参照工程监理日志，项目现场管理全部符合相关管理规定的得 5 分，根据不符合的事项数量酌情扣分，扣完为止
7	资料存档情况	5	工程资料管理	5	工程建设资料归档是否齐全、完整	根据项目建设资料的存档情况，资料齐全完整的得 5 分，根据不符合的事项数量，每项扣 1 分，扣完为止
8	日常工作情况	6	项目周报	3	是否严格执行项目周报制度	按照提报信息的完整准确程度和及时性进行打分
			文件办理	3	查看日常通知文件办理情况是否及时	按照日常通知文件的办理及时性进行打分
9	制度执行情况	12	强制入廊制度执行情况	6	管廊建设区域内是否存在应强制入廊但未入廊的管线	每存在 1 种应强制入廊但未入廊的管线扣 3 分，扣完为止
			入廊收费制度执行情况	6	管廊产权单位是否按照入廊收费制度与使用单位签订入廊协议	按照签订的入廊协议中确定的入廊管线长度占应入廊管线总长度的比率 ×6 分计算
	总分	100		100		

2.4.1.4 青岛市地下综合管廊建设资金使用实施细则

依据《青岛市人民政府办公厅关于加快地下综合管廊建设的实施意见》（青政办发［2016］9号）和《青岛市财政局、青岛市城乡建设委关于印发地下综合管廊建设资金管理暂行办法的通知》（青财建［2016］42号）等文件要求，为加快推进青岛市地下综合管廊建设，规范建设资金预算管理，保证资金使用的科学性、安全性和有效性，提高财政资金使用效益，青岛市地下综合管廊建设工作领导小组办公室（以下简称“市管廊办”）在委托专业咨询机构和专家进行地下综合管廊试点建设项目概算投资审查工作的基础上，制定了《青岛市地下综合管廊建设资金使用实施细则》，经市政府研究同意，其有关事宜如下：

1. 资金使用原则

（1）本细则所称地下综合管廊建设资金包括以下两部分：

1）作为国家第二批地下综合管廊试点城市，国家补助青岛市的中央城市管网专项资金，资金总额约为9亿元（3亿元/年，共3年）；

2）市本级财政按照中央城市管网专项资金1∶1配套的专项资金，资金总额约为9亿元（3亿元/年，共3年）。

（2）按照“区级实施，市级补助”原则，中央资金和市本级安排资金统筹用于青岛市地下综合管廊试点建设项目补助。补助原则为：对非PPP项目按照约占总投资的30%左右进行补助；对PPP项目按照约占总投资的40%进行补助，其中，PPP项目资本金部分（项目总投资的12%）由市本级直接拨付至市政空间开发集团；补助资金根据中央资金下达情况和试点项目建设进度逐年安排。

（3）中央城市管网专项资金的全部和市本级专项资金的20%用于试点项目建设和运行管理；市本级专项资金的75%用于在“十三五”期间未列入地下综合管廊试点范围的项目建设和运行管理；市本级专项资金的5%用于试点项目考核奖励、课题与政策研究、专家咨询与评估论证等。

2. 资金分配方式

（1）用于试点建设项目补助的中央城市管网专项资金和市本级专项资金，根据专业咨询机构核定的各试点建设项目概算总投资，分别按照以下公式进行补助：

1）采用PPP模式的项目

$$\text{补助总额}=\frac{\sum \text{PPP类项目概算投资}\times 1.33}{\sum \text{PPP类项目概算投资}\times 1.33+\sum \text{非PPP类项目概算投资}\times} \\ (\text{中央专项补助资金}+\text{市本级专项资金}\times 20\%)$$

2）未采用PPP模式的项目

$$\text{补助总额}=\sum \text{非PPP类项目概算投资}\,[\sum \text{PPP类项目概算投资}\times 1.33+ \\ \sum \text{非PPP类项目概算投资}\times(\text{中央专项补助资金}+\text{市本级专项资金}\times 20\%)]$$

（2）用于非试点建设项目补助的市本级专项资金，根据专业咨询机构核定的各试点建设项目单位管廊截面概算投资指标［0.23万元/（$m^2\cdot m$）］，按照以下公式进行补助，并按照市本级专项资金的75%进行总额控制：

$$\text{补助总额}=0.23\times \text{管廊截面面积（含外框）}\times \text{建设长度}\times 10\%$$

（3）按照住建部批复的项目建设调整方案和委托中介机构审核后的概算投资，结合试点项目建设进度，对已下达的项目资金计划进行清算和调整，对后续补助资金计划按照分配额度进行总额控制。

3. 资金拨付流程

（1）市管廊办按照中央城市管网专项资金的补助情况，结合专业咨询机构核定的各建设项目概算总投资、建设进度和上年度绩效考核情况确定补助额度和下达专项补助资金计划，由市财政局下达财政支出预算至各区、市财政局和相关单位。

（2）市管廊办结合中央城市管网专项资金的补助情况和项目建设进度，会同市财政局共同确定试点项目和非试点项目的市本级专项资金补助额度，适时下达资金补助计划。

4. 资金使用要求

（1）各区、市财政局和相关单位要根据项目建设单位提出的支付申请、项目建设进度及相关资料等，按照项目支出预算、国库集中支付制度及基本建设程序等要求，及时足额拨付资金，不得截留、挤占、挪用。

（2）项目建设单位收到建设资金后，必须专款专用，单独建账核算，并按照《基本建设财务管理规定》加强财务管理、提高资金使用效益。

5. 绩效考核评价

（1）在项目实施过程中，市管廊办按照国家和青岛市的相关要求进行考核。年度绩效考核结果作为制定下年度资金补助计划和进行奖惩的依据之一。

（2）建设期年度考核排名为第一名和第二名的，分别在下年度资金补助计划中增加2000万元和1000万元；年度考核排名为第三名的，继续按照下年度资金补助计划给予补助；年度考核排名为第四名和第五名的，分别从下年度资金补助计划中扣减1000万元和2000万元，当年度资金补助计划达不到扣减数额的，不足部分从已拨付的补助资金中进行扣减。

（3）试点期结束后考核排名为第一名、第二名和第三名的，从市本级级专项资金的5%中，分别奖励1000万元、600万元和300万元。

在上级有关部门和市管廊办组织的绩效考核工作中，发现存在违规使用补助资金的，将一律予以清缴，并取消获得年度额外奖补的资格。清缴资金全部直接用于补助年度考核第一名。

2.4.2　监督管理过程

2.4.2.1　现场监督检查

自2017年7月以来，青岛市地下综合管廊建设工作领导小组办公室共组织和抽调工作人员、专家120人次，共计15批次前往综合管廊试点项目建设现场进行监督检查，形成督查工作报告15篇。其中，发现问题20次，口头警告10次，下达整改通知单8次。

2.4.2.2　工程概算投资审查

目前，青岛市现行的管廊建管体制是“市级监管、区级实施、市政空间统一运维”，在推进管廊项目建设的过程中，各区市政府和功能区管委是管廊试点项目的建设主体，自行审批各自范围内管廊建设项目，导致管廊设计的标准不统一、投资审查的深度不一致、PPP项目的入廊费和运维费收费标准低、特许经营合同模式差别大等问题，对后期管廊的竣工验收、费用收取、运营管理、综合调度等造成困扰。

根据财政部、住房城乡建设部《关于开展中央财政支持地下综合管廊试点工作的通知》，中央财政对地下综合管廊试点城市给予专项资金补助。为加强对该专项资金的管理及使用，便于对各试点项目的财政奖补资金情况进行统一监管，确定专项资金分配基数，鉴于各区市和功能区管委对试点项目概算投资审查标准不一致的情况，市管廊办委托第三方专业咨询机构组织管廊工艺、结构、电气和造价等专业专家对各试点项目的工程概算投资进行统一审查，并以审查后的工程概算投资为基数作为确定各试点项目奖补资金的依据。

投资审查的原则为：①以各级发改部门批复的初设概算投资为基数进行管廊投资确认。②管廊工程投资主要包含管廊建安工程费、管廊工程建设其他费用及预备费。③管廊工程投资建安工程费主要包括管廊土建工程费、安装工程费。其中，施工围挡费、支护工程费、特殊地基处理费、监控中心、管廊建设范围内管线迁改及绿化迁移费等，均应计入管廊投资。④入廊管线安装等费用，同期批复的道路、绿化等市政工程投资，土地征用、房屋及附属物拆迁补偿费，建设期融资费用等不属于管廊直接投资部分不计入管廊投资。⑤外电引入费、管廊的市政配套给排水管道等费用，原则上不纳入管廊投资。⑥监控中心、弱电系统、消防系统、电气系统等共用系统，按工程具体情况进行投资分摊。⑦除特殊项目外，管廊工程建设其他费用、预备费按管廊建安工程费占总建安工程费的比率进行分摊。

经过审查，青岛市地下综合管廊试点项目概算原批复总投资 464825 万元，统一标准重新审定管廊总投资 409870 万元，审减投资 54955 万元。各试点项目的工程概算投资审查和财政补助情况详见表 2-2，2-3。

2.4.2.3 财政补贴资金审查

为保证财政专项资金的资金拨付及时有效和“专款专用”，青岛市住房和城乡建设局、青岛市财政局按照中央资金的拨付情况和各试点项目建设进度，按照《地下综合管廊建设资金管理暂行办法》的有关规定，将中央专项资金和青岛市财政补助专项资金统一拨付至各区市财政局、胶东国际机场集团和青岛市政空间开发集团有限责任公司。

各受款单位按照《关于进一步加强青岛市地下综合管廊资金使用管理的通知》（青管廊办［2016］1 号）的有关要求，严格履行基本建设程序，加强专项资金使用管理（图 2-34）。青岛市住房和城乡建设局、青岛市财政局按照监督检查的结果，对专项资金的使用情况进行考核，对截留、挤占和挪用情况进行通报，并对资金进行回收，必要时以专题报告形式上报市政府。

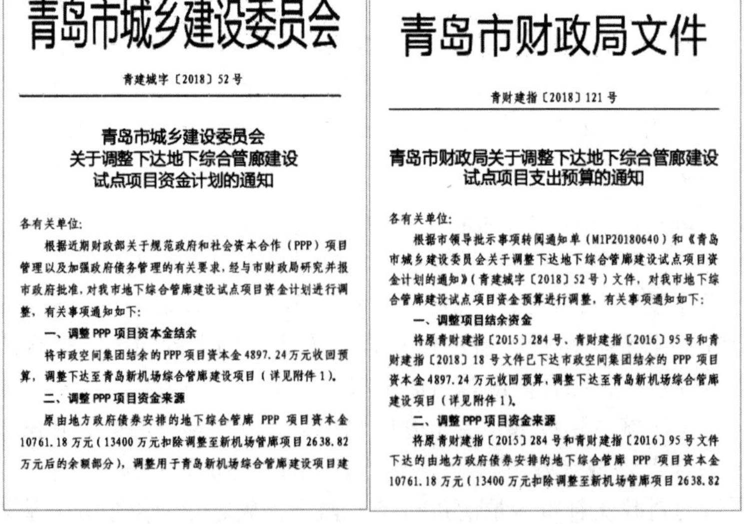
青岛市城乡建设委员会

青建城字〔2018〕52 号

青岛市城乡建设委员会
关于调整下达地下综合管廊建设
试点项目资金计划的通知

各有关单位：

根据近期财政部关于规范政府和社会资本合作（PPP）项目管理以及加强政府债务管理的有关要求，经与市财政局研究并报市政府批准，对我市地下综合管廊建设试点项目资金计划进行调整，有关事项通知如下：

一、调整 PPP 项目资本金结余

将市政空间集团结余的 PPP 项目资本金 4897.24 万元收回预算，调整下达至青岛新机场综合管廊建设项目（详见附件 1）。

二、调整 PPP 项目资金来源

原由地方政府债券安排的地下综合管廊 PPP 项目资本金 10761.18 万元（13400 万元扣除调整至新机场管廊项目 2638.82 万元后的余额部分），调整用于青岛新机场综合管廊建设项目建

青岛市财政局文件

青财建指〔2018〕121 号

青岛市财政局关于调整下达地下综合管廊建设
试点项目支出预算的通知

各有关单位：

根据市领导批示事项转阅通知单（M1P20180640）和《青岛市城乡建设委员会关于调整下达地下综合管廊建设试点项目资金计划的通知》（青建城字〔2018〕52 号）文件，对我市地下综合管廊建设试点项目资金预算进行调整，有关事项通知如下：

一、调整项目结余资金

将原青财建指〔2015〕284 号、青财建指〔2016〕95 号和青财建指〔2018〕18 号文件已下达市政空间集团结余的 PPP 项目资本金 4897.24 万元收回预算，调整下达至青岛新机场综合管廊建设项目（详见附件 1）。

二、调整 PPP 项目资金来源

将原青财建指〔2015〕284 号和青财建指〔2016〕95 号文件下达的由地方政府债券安排的地下综合管廊 PPP 项目资本金 10761.18 万元（13400 万元扣除调整至新机场管廊项目 2638.82

图 2-34 加强青岛市地下综合管廊资金使用管理的通知

表 2-2　青岛市地下综合管廊各试点项目投资概算审查汇总表

序号	所在区域	项目名称	项目地点（施工范围）	概算批复总投资（万元）	管廊总投资（万元）	投资审减额（万元）	备注
1	蓝谷	山大南路综合管廊建设工程	滨海大道—山大东路	4737	4709	–28	扣除入廊管线投资，相应调整其他费用和预备费
2		山大东路综合管廊建设工程	滨海大道—泰安街	9432	9288	–144	扣除外电引入费，相应调整其他费用和预备费
3		硅谷大道综合管廊建设工程	规划九号线—鹤山路	7645	7214	–431	扣除入廊管线投资，相应调整其他费用和预备费
4		滨海公路综合管廊建设工程	尼姑山路—新民河	22826	21891	–935	扣除外电引入费，相应调整其他费用和预备费
蓝谷综合管廊小计				**44640**	**43102**	**–1538**	
5	新机场	青岛新机场综合管廊工程	南三路（南六路—南十路）	11861	11696	–165	扣除外电引入费，相应调整其他费用和预备费
6			南六路（南十五路—T1 航站楼）含航站区 T3 综合管廊	29065	28730	–335	扣除外电引入费，相应调整其他费用和预备费
7			南八路（南三路—南十七路）	23449	23283	–166	扣除外电引入费，相应调整其他费用和预备费
8			南十路（南三路—T1 航站楼）含航站区 T2 综合管廊	19642	19314	–328	扣除外电引入费，相应调整其他费用和预备费
9			南十一路（南八路—南十八路）	10265	10194	–71	扣除外电引入费，相应调整其他费用和预备费
10			T1 综合管廊（T2 航站楼—T3 航站楼）	3702	3631	–71	扣除外电引入费，相应调整其他费用和预备费
11			T1 航站楼 A 指廊西—新机场货运区	23537	23537	0	
12			T1 航站楼 A 指廊—远期西二跑道	5622	5622	0	
13			航站楼管廊	30065	30065	0	
新机场综合管廊小计				**157208**	**156072**	**–1136**	

续表

序号	所在区域	项目名称	项目地点（施工范围）	概算批复总投资（万元）	管廊总投资（万元）	投资审减额（万元）	备注
14	西海岸	青岛中德生态园十七号线地下综合管廊	生态园环三号路—珠宋路	12130	12130	0	
15		青岛中德生态园园区四号路地下综合管廊	珠宋路—纵七路	14407	14407	0	
16		青岛中德生态园纵七路地下综合管廊	园区四号路—团结路	4810	4722	–88	扣除外电引入费，相应调整其他费用和预备费
17		江山路前湾港路交叉口地下综合管廊	江山路前湾港路交叉口	48724	10863	–37861	管廊建设管线及绿化迁移投资按工程投资比率分摊，其他非管廊工程投资：市政工程含道路工程 4489 万元、管线工程 974 万元、路灯工程 492 万元、景观环境工程 1280 万元、交通设施 319 万元
18		董家口经济区贡北路地下综合管廊	滨海大道—204 国道	135429	132429	–3000	扣除供电外线费
19		青岛海洋高新区海口路地下综合管廊	滨海大道—凤凰山路	17473	17348	–125	扣除供电外线费
西海岸新区综合管廊小计				**232973**	**191899**	**–41074**	
20	高新区	高新区规划西一号线道路及综合配套工程	经二路—火炬路	18360	7491	–10869	扣除管线投资和其他非管廊工程投资，相应调整工程其他费用
21	李沧区	安顺路综合管廊项目	汾阳路—衡阳路	11644	11306	–338	扣除重复计列的监控中心费用，管廊监控中心及征拆费为李沧发改[2016]313 号文批复投资
试点项目合计				**464825**	**409870**	**–54955**	

表 2-3　青岛市地下综合管廊试点建设项目专项资金补助计划表

序号	所在区域	项目名称	项目地点（施工范围）	建设单位	入廊管线种类	舱室类型	投融资模式	管廊长度（m）	管廊总投资（万元）	调整系数	拟拨付中央财政补助资金（万元）	拟拨付市财政补助资金（万元）	补助比例	单位截面面积、单位长度投资［万元/（m^2·m）］	备注
1	蓝谷	山大南路综合管廊建设工程	滨海大道—山大东路	青岛蓝谷管理局	4种：给水、电力、通信、再生水	单舱	PPP	1934.47	4709.31	1.33	1141.97	228.39	0.29	0.18	
2	蓝谷	山大东路综合管廊建设工程	滨海大道—泰安街	青岛蓝谷管理局	4种：给水、电力、通信、再生水	单舱	PPP	3497.00	9287.98	1.33	2252.27	450.45	0.29	0.21	
3	蓝谷	硅谷大道综合管廊建设工程	规划九号线—鹤山路	青岛蓝谷管理局	6种：给水、电力、通信、燃气、热力、再生水	三舱	PPP	804.00	7214.30	1.33	1749.41	349.88	0.29	0.28	
4	蓝谷	滨海公路综合管廊建设工程	尼姑山路—新民河	青岛蓝谷管理局	6种：给水、电力、通信、燃气、再生水、污水	三舱四舱	PPP	2688.00	21890.75	1.33	5308.35	1061.67	0.29	0.25	
蓝谷综合管廊小计								**8923.47**	**43102.34**		**10452.01**	**2090.40**			
5	新机场	青岛新机场综合管廊工程	南三路（南六路—南十路）	青岛胶东机场建设指挥部	6种：给水、电力、通信、热力、再生水、污水	北侧单舱南侧双舱	企业自筹	1700.00	11695.75	1.00	2132.43	426.49	0.22	0.31	预制管廊，指标偏高。概算批复内容与其他预制管廊相同，投资中列计管廊长度2236m，造成总投资较高
6	新机场	青岛新机场综合管廊工程	南六路（南十五路—T1航站楼）含航站区T3综合管廊	青岛胶东机场建设指挥部	7种：给水、电力、通信、热力、燃气、再生水、污水	三舱四舱	企业自筹	3200.69	28729.88	1.00	5238.19	1047.64	0.22	0.19	预制管廊
7	新机场	青岛新机场综合管廊工程	南八路（南三路—南十七路）	青岛胶东机场建设指挥部	5种：给水、电力、通信、热力、再生水	三舱	企业自筹	2047.15	23282.86	1.00	4245.06	849.01	0.22	0.24	预制管廊

续表

序号	所在区域	项目名称	项目地点（施工范围）	建设单位	入廊管线种类	舱室类型	投融资模式	管廊长度（m）	管廊总投资（万元）	调整系数	拟拨付中央财政补助资金（万元）	拟拨付市财政补助资金（万元）	补助比例	单位截面面积、单位长度投资［万元 /（m²·m）］	备注
8	新机场	青岛新机场综合管廊工程	南十路（南三路—T1 航站楼）含航站区 T2 综合管廊	青岛胶东机场建设指挥部	7 种：给水、电力、通信、燃气、热力、再生水、压力污水	双舱三舱四舱	企业自筹	2593.85	19314.11	1.00	3521.45	704.29	0.22	0.20	预制管廊
9			南十一路（南八路—南十八路）		6 种：给水、电力、通信、热力、再生水、污水	双舱		903.00	10194.40	1.00	1858.70	371.74	0.22	0.49	预制管廊，指标偏高。概算批复内容与其他预制管廊相同，投资中列计管廊长度 2042m，造成总投资较高
10			T1 综合管廊（T2 航站楼—T3 航站楼）		5 种：给水、电力、通信、热力、再生水	双舱		272.40	3631.01	1.00	662.02	132.40	0.22	0.39	预制管廊，指标偏高。概算批复内容与其他预制管廊相同，投资中列计管廊长度 476m，造成总投资较高
11			T1 航站楼 A 指廊西—新机场货运区		5 种：电力、通信、热力、给水、再生水	双舱		3098.00	23536.89	1.00	4291.37	858.27	0.22	0.20	
12			T1 航站楼 A 指廊—远期西二跑道		5 种：电力、通信、热力、给水、再生水	双舱		740.00	5622.11	1.00	1025.05	205.01	0.22		
13			航站楼管廊		4 种：给水、暖通、电力、通信	单舱		3677.44	30065.00	1.00	5481.61	1096.32	0.22	0.19	
新机场综合管廊小计								**18232.53**	**156072.01**		**28455.89**	**5691.18**			

续表

序号	所在区域	项目名称	项目地点（施工范围）	建设单位	入廊管线种类	舱室类型	投融资模式	管廊长度（m）	管廊总投资（万元）	调整系数	拟拨付中央财政补助资金（万元）	拟拨付市财政补助资金（万元）	补助比例	单位截面面积、单位长度投资［万元/（m^2·m）］	备注
14	西海岸新区	青岛中德生态园十七号线地下综合管廊	生态园环三号路—珠宋路	中德联合集团有限公司	6种：给水、再生水、热力、污水、电力、通信	三舱	PPP	1636.00	12130.00	1.33	2941.44	588.29	0.29	0.27	
15	西海岸新区	青岛中德生态园园区四号路地下综合管廊	珠宋路—纵七路	中德联合集团有限公司	5种：给水、再生水、污水、电力、通信	三舱 四舱	PPP	1338.96	14407.00	1.33	3493.59	698.72	0.29	0.29	
16	西海岸新区	青岛中德生态园纵七路地下综合管廊	园区四号路—团结路	中德联合集团有限公司	5种：给水、再生水、污水、电力、通信	双舱	PPP	957.00	4721.58	1.33	1144.95	228.99	0.29	0.27	
17	西海岸新区	江山路前湾港路交叉口地下综合管廊	江山路前湾港路交叉口	黄岛区城建局	5种：给水、电力、通信、热力、再生水	双舱 三舱	政府投资	1557.00	10863.00	1.33	2634.20	526.84	0.29	0.26	
18	西海岸新区	董家口经济区贡北路地下综合管廊	滨海大道—204国道	由ppp招标确定	8种：给水、再生水、污水、热力、天然气、110kV和10kV电力、通信	三舱 四舱	PPP	13095.00	132429.00	1.33	32113.07	6422.61	0.29	0.19	
19	西海岸新区	青岛海洋高新区海口路地下综合管廊	滨海大道—凤凰山路	青岛海洋高新区管委	5种：给水、电力、通信、热力、再生水	双舱	PPP	1610.00	17348.00	1.33	4206.76	841.35	0.29	0.39	地质条件差，地基特殊处理费约占建安工程费40%
西海岸新区综合管廊小计								**20193.96**	**191898.58**		**46534.02**	**9306.80**	**0.29**		
20	高新区	高新区规划西一号线道路及综合配套工程	经二路—火炬路	高新区建设局	8种：给水、电力、通信、热力、燃气、再生水、污水、雨水	五舱 四舱	PPP	1117.30	7491.15	1.33	1816.55	363.31	0.29	0.17	
21	李沧区	安顺路综合管廊项目	汾阳路—衡阳路	李沧交通商务区建设办公室	7种：给水、电力、通信、燃气、热力、污水、再生水	四舱	PPP	1069.50	11305.65	1.33	2741.54	548.31	0.29	0.19	
试点项目合计								**49536.76**	**409869.72**		**90000.00**	**18000.00**		**0.23**	管廊投资指标为21条管廊加权平均值

2.5 运维管理

2.5.1 管理机制

根据《青岛市城市地下管线管理条例》第四十六条规定：综合管廊本体及其附属设施的养护和运营管理由综合管廊运营管理单位负责，纳入综合管廊的地下管线养护以及日常管理由其管理维护单位负责。通过立法明确了管廊和市政管线的运营维护管理责任主体。

根据《青岛市人民政府关于组建青岛市政空间开发集团有限责任公司的通知》（青政字[2015]115号）（图2-35）和《关于支持青岛市政空间开发集团有限责任公司开展工作的通知》（青政办字[2016]4号）（图2-36），青岛市市政工程集团有限责任公司更名并组建为青岛市政空间开发集团有限责任公司，负责开展城市地下综合管廊的投资、建设、运营及维护管理等工作。

目前青岛市地下综合管廊的建管模式是：PPP项目由青岛市政空间物业管理有限公司作为政府出资方代表与社会资本联合成立项目公司进行运营管理；非PPP项目是由区市政府、园区管委建设，后期交由青岛市政空间物业管理有限公司进行管理。

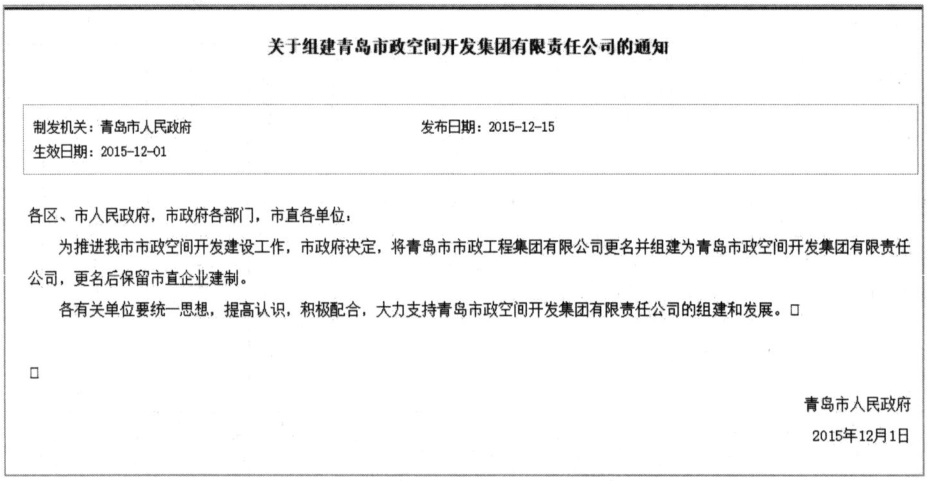

关于组建青岛市政空间开发集团有限责任公司的通知

制发机关：青岛市人民政府　　发布日期：2015-12-15
生效日期：2015-12-01

各区、市人民政府，市政府各部门，市直各单位：

为推进我市市政空间开发建设工作，市政府决定，将青岛市市政工程集团有限公司更名并组建为青岛市政空间开发集团有限责任公司，更名后保留市直企业建制。

各有关单位要统一思想，提高认识，积极配合，大力支持青岛市政空间开发集团有限责任公司的组建和发展。

青岛市人民政府

2015年12月1日

图2-35　关于组建青岛市政空间开发集团有限责任公司的通知

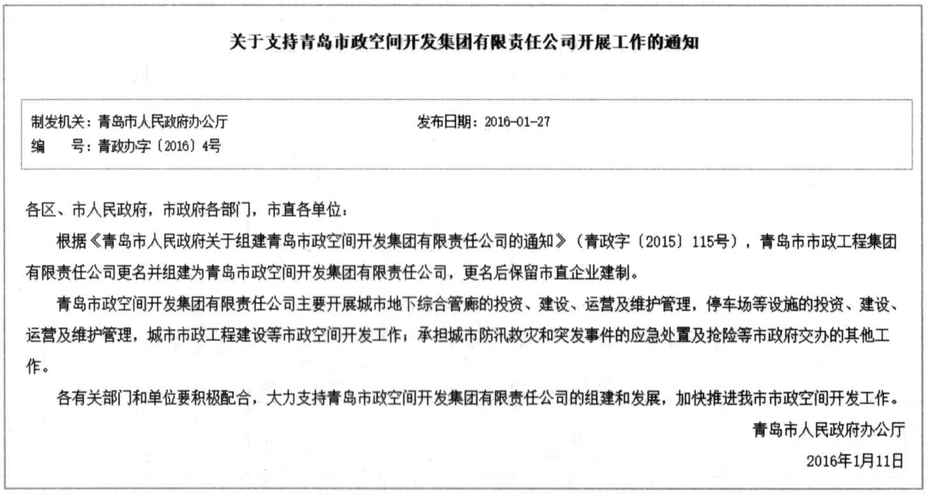

关于支持青岛市政空间开发集团有限责任公司开展工作的通知

制发机关：青岛市人民政府办公厅　　发布日期：2016-01-27
编　　号：青政办字〔2016〕4号

各区、市人民政府，市政府各部门，市直各单位：

根据《青岛市人民政府关于组建青岛市政空间开发集团有限责任公司的通知》（青政字〔2015〕115号），青岛市市政工程集团有限责任公司更名并组建为青岛市政空间开发集团有限责任公司，更名后保留市直企业建制。

青岛市政空间开发集团有限责任公司主要开展城市地下综合管廊的投资、建设、运营及维护管理，停车场等设施的投资、建设、运营及维护管理，城市市政工程建设等市政空间开发工作；承担城市防汛救灾和突发事件的应急处置及抢险等市政府交办的其他工作。

各有关部门和单位要积极配合，大力支持青岛市政空间开发集团有限责任公司的组建和发展，加快推进我市市政空间开发工作。

青岛市人民政府办公厅

2016年1月11日

图2-36　关于支持市政空间开发集团有限责任公司开展工作的通知

2.5.2 管理平台

为做好青岛市综合管廊试点建设工作，保障综合管廊的安全运维，青岛市结合试点项目运维管理的实际需求，建设了统一的青岛市市级综合管廊运维监管平台项目，对各级综合管廊监控系统进行整合，对各级综合管廊运维工作进行考核，突出信息资源整合和自动智能监管等功能，全面实现“实时监测、联动处置、智能决策”的总体目标。

青岛市市级综合管廊运维监管平台项目，利用青岛市市政空间开发集团有限责任公司现状办公楼，选址建设综合管廊监控应急指挥中心1处，并配套建设机房和相应的硬件系统；开发建设综合管廊运维监管平台1套，主要包括：物联网接入共享服务系统、态势决策支持系统、运行维护管理系统、应急联动指挥系统、综合展示系统和考核监管系统，优化升级地下管线管理信息系统、地下管线三维展示系统和地下管线信息共享平台，并开发移动App（图2-37）。项目建设有利于加强青岛市地下综合管廊入廊管线管理，提升管廊运维监管能力和应急联动效率，创新管理模式，保障管廊安全运行，充分发挥管廊效益。

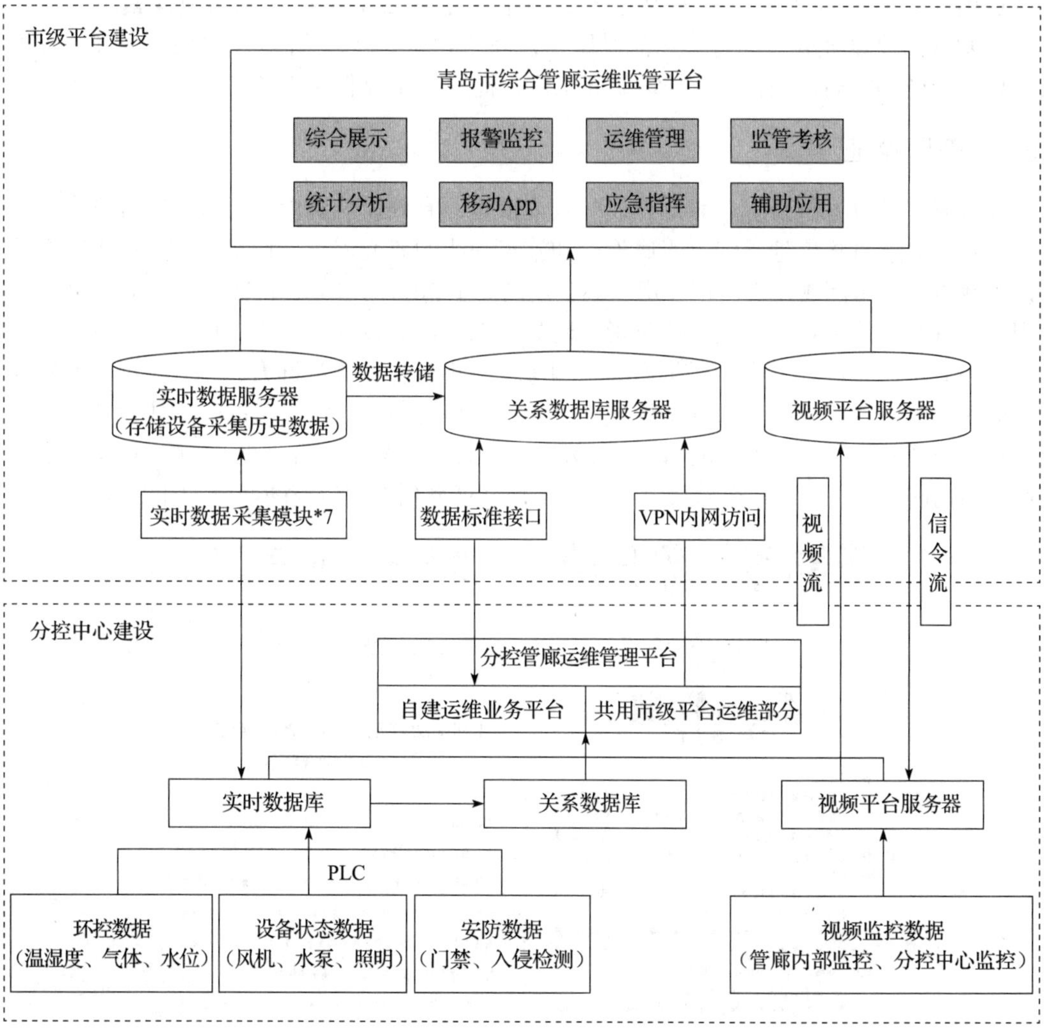

图2-37　市级综合管廊运维监管平台数据汇聚体系

2.6 课题研究

青岛市于2016年5月通过竞争性评选，成功入选全国第二批地下综合管廊试点城市名单，是综合管廊、海绵城市和黑臭水体三大国家试点工作的第一项。青岛市住房和城乡建设局高度重视地下综合管廊试点项目的建设工作，从前期规划设计、制度建设、监督管理和建设实施等方面多措并举，协调推进试点项目建设。结合国家财政部和住建部《关于开展2016年中央财政支持地下综合管廊试点工作的通知》(财办建［2016］21号）的相关要求和《青岛市地下综合管廊试点城市申报文本》《青岛市地下综合管廊试点城市实施方案》提出的“为国内其他城市提供可复制的实用性强的规划建设、管理运营经验，发挥引领示范作用”的试点建设目标，同时为给后续海绵城市、黑臭水体试点建设工作探索经验，青岛市住房和城乡建设局开拓思路、大胆创新，通过公开招标方式委托第三方专业咨询机构针对青岛市地下综合管廊的规划、设计、施工、运行维护和制度建设等全过程，开展了综合管廊系列课题研究工作，重点在综合管廊有偿使用收费、竣工验收、运行管理等重点难点方面寻求突破，以总结和发掘技术创新和工作亮点，提炼出可复制、可推广的建设经验。

目前，课题研究工作已基本结束，课题组立足青岛市实际，成功地探索出了“三二二一”的管廊建设经验，通过“纵横对比”合理“对标定标”，针对性地提出合理化发展建议，总体推进了青岛市综合管廊建设研究工作，提升了在行业的知名度。

2.6.1 开题论证

为准确理解国家推行综合管廊建设的政策依据，有效摸清国内同类城市综合管廊的建设进展，真实掌握青岛市地下综合管廊设计和施工一线的研究需求，切实解决青岛市综合管廊建设的政策和技术问题，青岛市住房和城乡建设局于2017年10月至2018年4月期间，先后组织国内综合管廊领域的知名专家学者、同类试点城市的设计和运维单位、各试点项目建设区域的主管部门、第三方专业咨询研究机构等，融集智慧、群策群力，先后开展了5轮课题前期研讨，吸纳专家建议，摒弃空谈理论，最终立足青岛市沿海丘陵的管廊建设特点，从试点项目建设经验总结、政策突破和特色创新3个方面，共确定研究课题11项。截至目前，青岛市是目前国内唯一针对综合管廊试点建设工作开展系列课题研究的城市（图2-38、表2-3）。

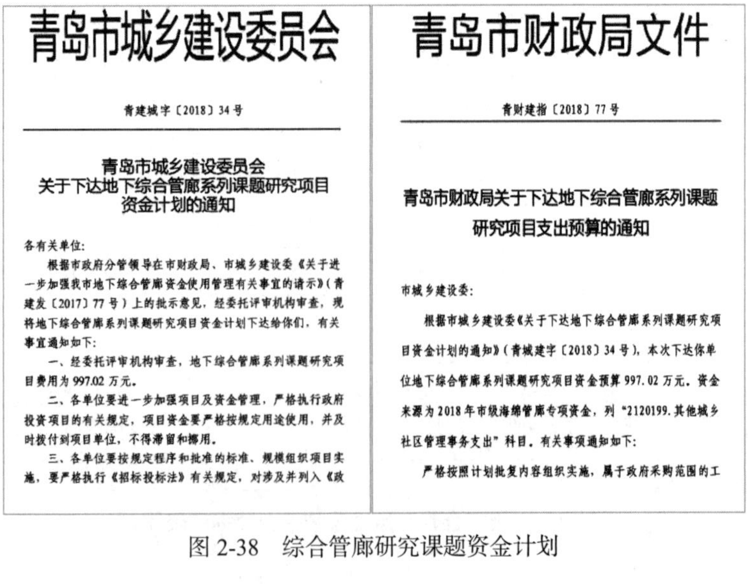
青岛市城乡建设委员会

青建城字〔2018〕34号

青岛市城乡建设委员会
关于下达地下综合管廊系列课题研究项目
资金计划的通知

各有关单位:

根据市政府分管领导在市财政局、市城乡建设委《关于进一步加强我市地下综合管廊资金使用管理有关事宜的请示》(青建发〔2017〕77号）上的批示意见，经委托评审机构审查，现将地下综合管廊系列课题研究项目资金计划下达给你们，有关事宜通知如下:

一、经委托评审机构审查，地下综合管廊系列课题研究项目费用为997.02万元。

二、各单位要进一步加强项目及资金管理，严格执行政府投资项目的有关规定，项目资金要严格按规定用途使用，并及时拨付到项目单位，不得滞留和挪用。

三、各单位要按规定程序和批准的标准、规模组织项目实施，要严格执行《招标投标法》有关规定，对涉及并列入《政

青岛市财政局文件

青财建指〔2018〕77号

青岛市财政局关于下达地下综合管廊系列课题研究项目支出预算的通知

市城乡建设委:

根据市城乡建设委《关于下达地下综合管廊系列课题研究项目资金计划的通知》(青城建字〔2018〕34号)，本次下达你单位地下综合管廊系列课题研究项目资金预算997.02万元。资金来源为2018年市级海绵管廊专项资金，列“2120199.其他城乡社区管理事务支出”科目。有关事项通知如下:

严格按照计划批复内容组织实施，属于政府采购范围的工

图2-38 综合管廊研究课题资金计划

表 2-3　青岛市地下综合管廊系列研究课题明细

序号	课题类型	课题名称
1	经验总结	青岛市地下综合管廊建设现状研究
2		青岛市地下综合管廊发展趋势研究
3		青岛市地下综合管廊建设期成本控制研究
4		青岛市地下综合管廊防水技术总结运用
5		青岛市地下综合管廊重力流管线入廊
6	政策突破	青岛市地下综合管廊有偿使用收费研究
7		青岛市地下综合管廊验收导则研究
8		青岛市地下综合管廊安全保障和相关措施研究
9	特色创新	青岛市智慧管廊建设研究
10		青岛市地下综合管廊投融资模式研究
11		青岛市地下综合管廊创新特色案例

2.6.2　研究成效

2.6.2.1　为青岛市地下综合管廊建设探索出了“三套体系、两类标准、两种工艺、一条途径”的建设经验。

1. 构建出了“建设期成本控制体系”“运行维护安全管理体系”“智慧运营管理体系”三套技术体系，为综合管廊投资控制和智慧运维提供指导方案。

（1）建设期成本控制体系。青岛市 21 个地下综合管廊试点项目平均建安成本约 8300 万元 /km，投资额度相对较大。《青岛市地下综合管廊建设期成本控制研究》课题分析了影响青岛市地下综合管廊建设期成本控制的因素，针对性地提出了目前青岛市地下综合管廊建设存在的主要问题和建设期成本控制的主要改进措施，并以西海岸新区贡北路地下综合管廊项目为实例进行验证分析，构建出了青岛市地下综合管廊的建设期成本控制体系。重点提出：青岛市地下综合管廊建设期成本应主要结合工程设计对建安工程费进行控制，并以控制土建工程成本为主；土石方工程成本最难控制，在新区建设时采用明挖法较暗挖法经济，在老区建设时应考虑征地拆迁费用的影响来确定采用明挖法或暗挖法；管廊埋深与增加投资值近似成正比关系，在满足地下空间使用要求情况下，应尽量浅埋；管廊投资与舱室数量近似成正比关系，每舱室投资约 3 万元 /m ；燃气舱建设费用约为燃气管线直埋成本的 13 倍，从经济性的角度考虑，不建议燃气管线入廊（图 2-39）。

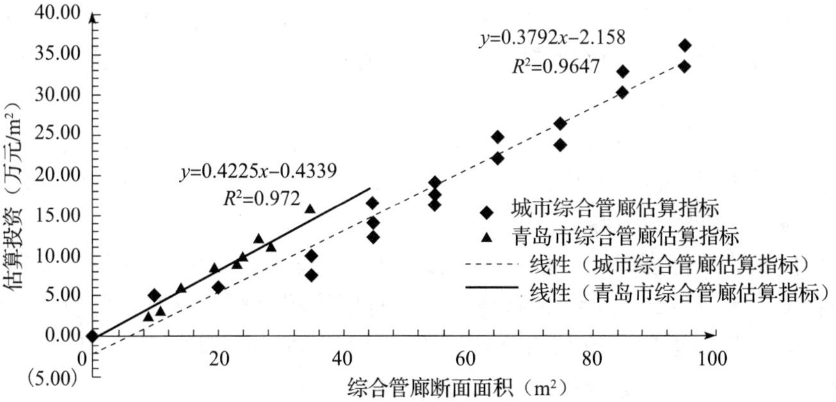

图 2-39　综合管廊投资与断面面积的关系

（2）运行维护安全管理体系研究。地下综合管廊有效改善了城市“拉链道路”和“高空蜘蛛网”现象，但由于内含多种市政管线，各种管线相伴共存，相互影响，且涉及多方管理，如何高效、安全运行维护地下综合管廊是目前迫切需要解决的问题。《青岛市地下综合管廊运行维护安全管理对策措施研究》课题全面分析管廊涉及的人、物、环境、管理四方面安全影响因素，分析管廊本体及各种管线的安全风险，梳理地下综合管廊各相关管理单位安全生产职责，并针对性地提出运行维护安全管理对策措施，构建出了青岛市地下综合管廊的运行维护安全管理体系。重点提出：在未采取任何安全措施的情况下，“天然气管线火灾爆炸事故”“污水管线发生中毒窒息事故”“管廊内中毒窒息事故”危险等级均为“极其危险”；“综合管廊坍塌事故”“天然气管线中毒窒息事故”“污水管线火灾爆炸事故”“电力电缆触电、火灾事故”危险等级为“高度危险”；通过构建政府安全监管部门、管廊建设单位、运行维护单位和入廊管线单位四位一体的安全管理机制，并在安全技术、安全管理和应急管理三个方面采取严格的对策措施，在采取相关技术措施，并落实有效的管控措施后，各管线发生事故的风险等级降低为“可能危险”和“稍有危险”（图 2-40）。

（3）智慧运营管理体系研究。青岛市地下综合管廊试点项目的建设模式包括政府投资、企业自筹和政府与社会资本合作（PPP）三种，项目布局相对分散、建设和运维参与方较多，构建出一套完善可行、运行高效的智慧管廊管理和运营机制势在必行。《青岛市智慧管廊建设研究》课题从城市级管廊监管平台、区域管廊信息系统、城市级管廊运维管理模式及运营机构三个方面总结智慧管廊系统在建设和应用过程中的经验和存在的问题，创新城市级管廊运维监管机制，建立了青岛市级、区市级和区域级三级中心、三级管理的城市级管廊运维监管模式，实现了城市级管廊一体化、集约化、高效化运维管理。针对城市级管廊运维监管模式，在国内首次提出了建立城市级管廊运行监管平台，不仅能够实现城市级管廊大数据基础支撑云服务应用功能，而且能够通过管廊城市级平台与城市级应急平台的对接，实现与 110、120、119 等城市级应急联动部门的对接（图 2-41）。

2. 探索制定了“竣工验收标准”“有偿使用收费标准”两类标准，为综合管廊试点建设项目的竣工验收、入廊费和入廊使用费的收取提供了技术标准。

（1）竣工验收标准研究。地下综合管廊属于综合性极强的地下构筑物，涉及土石方及地基基础、主体钢筋混凝土结构、模板、防水、附属构筑物、电气、照明火灾自动报警系统、通风系统以及各类专业管线等多个专业工程，国家现行的地下综合管廊工程验收标准主要指导廊体结构及附属设施的验收，对其他专业工程缺少具体的验收要求，为综合管廊的整体验收造成严重困扰。《青岛市地下综合管廊竣工验收导则》课题重点结合试点项目的建设实际，借鉴青岛市工程咨询院此前成功开展的青岛市农村规模化供水项目综合验收工作经验，全面梳理综合管廊竣工验收程序，综合工程档案资料验收和工程施工质量验收两大方面、10 个附属专业，制定出了适合青岛市自身的竣工验收标准、竣工移交程序以及绩效和评价工作要求等，并在试点建设项目中进行应用，有效地补齐了综合管廊验收缺少标准的制度性“缺陷”，同时也为其他城市提供经验借鉴。

（2）有偿使用收费标准研究。根据国家发展改革委、住房和城乡建设部发布的地下综合管廊相关的收费指导意见，地下综合管廊应实行有偿使用收费，收费类型包括入廊费和日常维护费两种，管廊建设运营单位与入廊管线单位协商不成的，实行政府定价或政府指导价。由于此前青岛市未有效开展综合管廊收费的研究测算工作，因涉及多方利益争议较大，按照市场机制进行供需双方协商定价缺少谈判基础，入廊管线单位在交费问题上存疑，一定程度

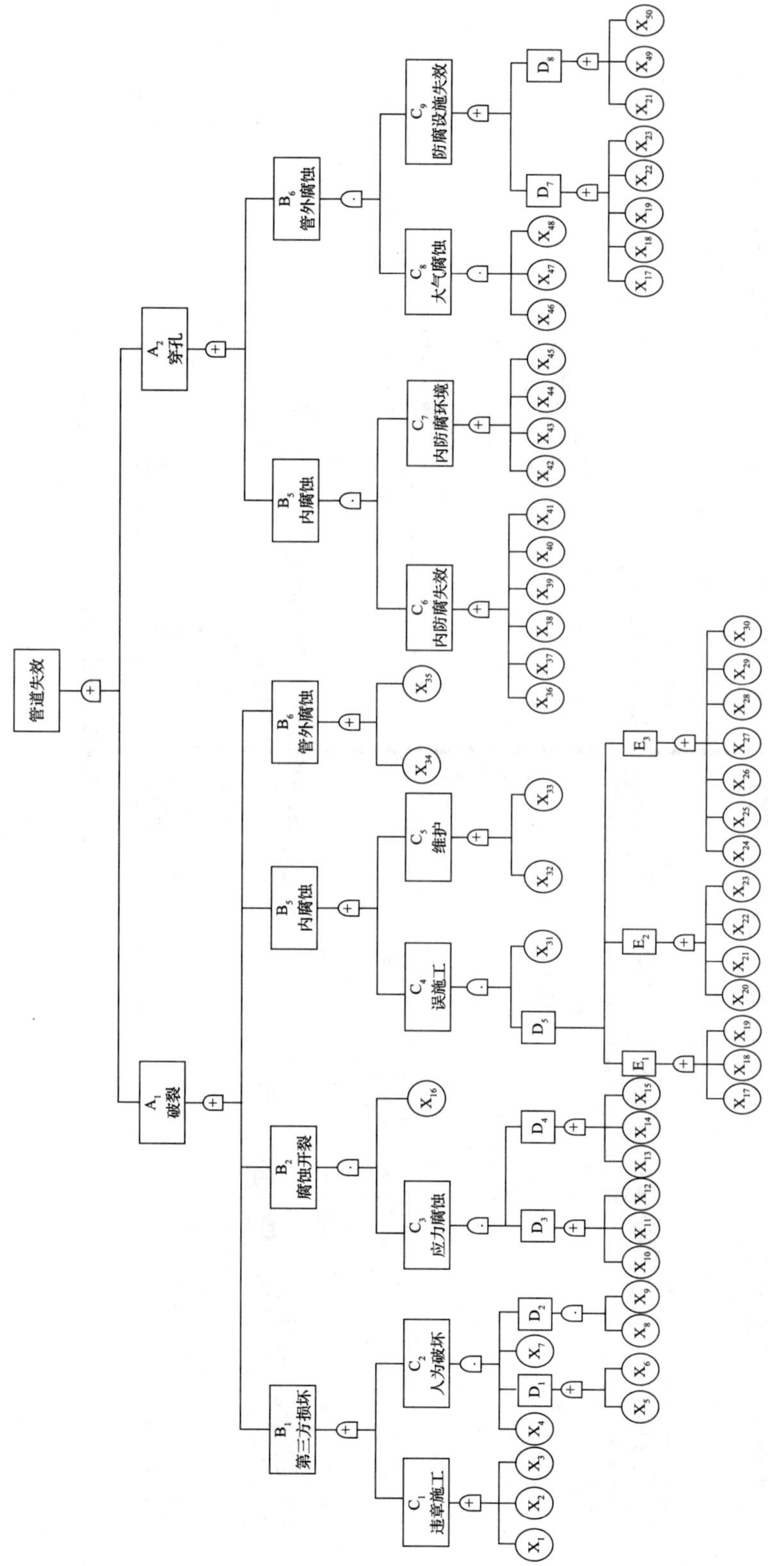

图 2-40　综合管廊天然气管道泄漏事故树分析

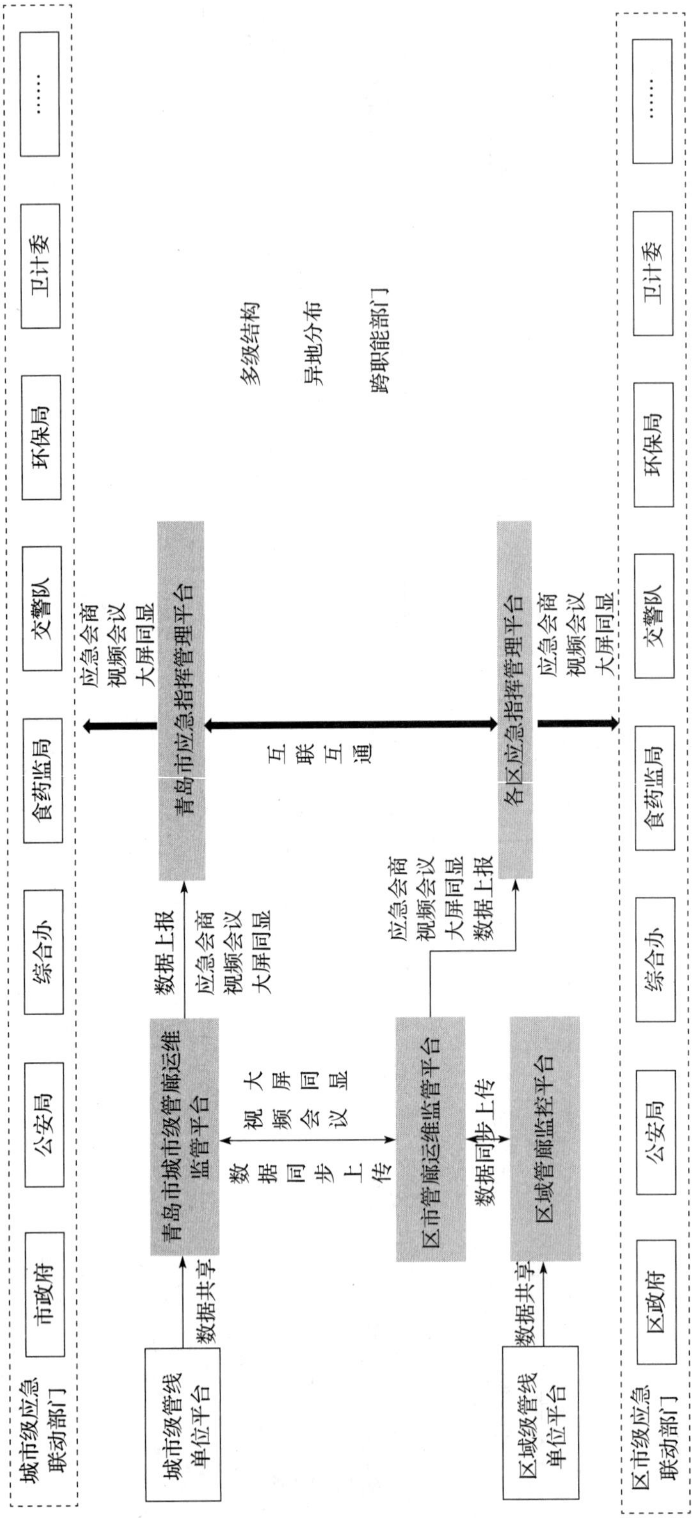

图 2-41 城市级管廊应急联动体系构建

上造成了管线入廊工作的停滞。同时，国家收费指导意见仅提出了入廊费和日常维护费的费用构成内容，推荐综合考虑“直埋成本”“空间比率”和“使用强度”等因素，由于意见过于宏观从而指导意义不强。《青岛市地下综合管廊有偿使用费收费标准》课题结合广州、厦门、海口等国内先进城市的收费经验，充分吸取业内专家意见和各试点项目单位建议，采用青岛市的管线直埋成本为基础数据进行入廊费分析测算，借鉴上海、成都等地的管廊运行维护技术标准进行运营维护费的测算，从引导和规范供需双方的角度有效确定地下综合管廊收费标准，研究并编制出适用于青岛市实际情况的有偿使用制度收费标准，为最终整个青岛市实行“一城一价”管廊收费模式提供了数据支撑和依据，实质性地带动了管线入廊工作的开展。其中，运营维护费采用的“公共空间政府补贴、管线空间按比率分摊”的计算原则在同类城市中首次提出并应用，得到业内评审专家的一致好评（图 2-42）。

图 2-42　有偿使用收费标准专题研讨

3. 研究提出了“防水技术工艺”“重力流（污水）入廊技术工艺”两种典型的设计技术工艺，为沿海丘陵城市提供了可复制、可推广的技术经验。

（1）防水技术工艺研究。综合管廊属于地下结构且整体连通，对防水的要求很高，若发生渗水、漏水问题，其影响面极大，严重影响管廊内电气、燃气、热力、给水、通信等各种管线的使用功能且后期维修费用较高，同时带来较大安全风险。青岛市属沿海地区，地下水位高且存在一定的腐蚀性，防水技术的应用效果关乎工程施工、运营状况、使用功能以及使用寿命等目标能否达成。《青岛市地下综合管廊防水技术总结运用》课题结合青岛市的实际地质和水利条件，全方位综合分析 21 个试点项目的防水工艺做法，总结提出了沿海地区综合管廊的防水设防等级要求和典型的防水设计方案，为青岛市后续管廊项目建设和其他同类沿海城市提供了可借鉴的“技术模板”（图 2-43）。

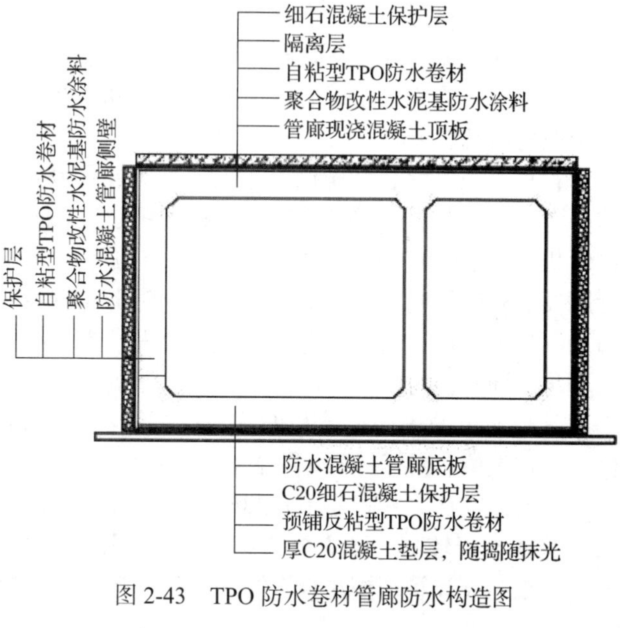

图 2-43　TPO 防水卷材管廊防水构造图

（2）重力流（污水）入廊技术工艺研究。根据《中共中央国务院关于进一步加强城市规划建设管理工作的若干意见》，“凡建有地下综合管廊的区域，各类管线必须全部入廊，管廊以外区域不得新建管线”，各地在推进污水等重力流管线入廊时因为水压等技术问题造成管廊投资增加，因而管线入廊受阻。青岛市属丘陵地形，重力流管线入廊具有较好条件，在不增加管廊埋深的情况下可以有效实现污水重力自流排放，有利于集约利用地下空间，为城市地下空间的开发提供便利条件，重力流管线入廊属青岛市管廊建设的亮点之一（图 2-44）。《青岛市地下综合管廊重力流（污水）管线入廊研究》课题，从设计技术、运营维护等角度对重力流（污水）管线入廊的先进经验进行总结分析，提出了重力流（污水）管线入廊的技术路径、设计要点、适用范围和注意事项，在全国范围内形成了可复制、可推广的技术经验，为住建部推进污水管线入廊提供了技术依据。

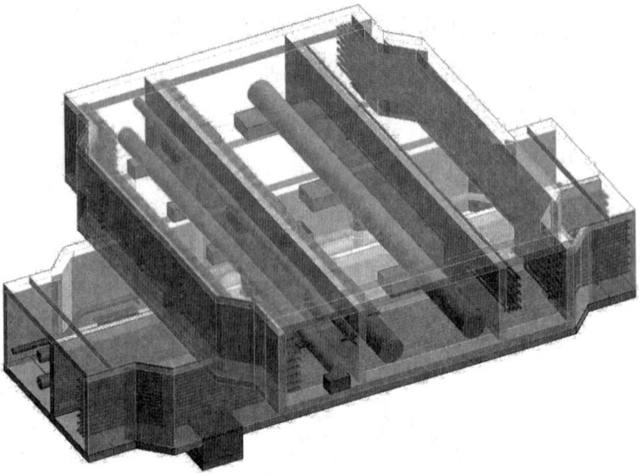

图 2-44　基于 revit 平台的出线井模型

4. 探索提出了综合管廊新的投融资途径，拓展了综合管廊建设资金的来源途径，最大程度地减轻政府财政负担。

由于地下综合管廊建设投资大，但公共属性强、收费低，有偿使用收费无法分担全部投资，最终大部分归于政府投资，随着管廊建设规模的增大，政府的财政负担逐年增加。随着财政部严控政府负债等相关规定的颁布，综合管廊的资金短缺问题日益突出。青岛市共有 11 个试点项目采用 PPP 模式进行建设，付费机制均采用了可行性缺口补助方式，即：项目公司通过收取入廊使用费和日常维护费弥补项目建设投资和项目公司利润，不足部分采用政府补助的方式，实际一次性建设投资约 24.29 亿元，扣除可行性缺口补助费用后，在合作期内，政府累计支出约 34.74 亿元，容易形成政府的隐性债务。《青岛市地下综合管廊融资模式研究》课题结合国家和省市最新的财政要求，广开思路，探索提出了“共建共治共享”、地下综合管廊产权抵押和“管廊基础建设基金”等多种融资方式，有利于进一步拓宽投融资渠道，为后续管廊项目解决资金问题提供合理化建议。

2.6.2.2　为青岛市综合管廊建设情况进行整体“梳理把脉”，纵横对比、发现问题，针对性地提出发展策略。

青岛市地下综合管廊试点建设工作取得了优异的建设成绩，在 2018 年住建部和财政部综合考评中位居同类城市前列（5/15），但在规划布局、建管体制、投融资模式和建管体制方面仍然存在一定的提升空间。《青岛市地下综合管廊建设现状研究》和《青岛市地下综合管廊发展趋势研究》两项课题，重点针对青岛市各区域管廊项目的总体规划布局、试点项目布局、建设难点、施工工艺、建设成效进行纵向细致梳理，从试点建设项目中发现问题、提出不足。同时，与国内的广州、厦门、海口、哈尔滨、包头等试点城市进行横向对比，认真学习其他城市的先进经验和做法，挖掘青岛市管廊建设优势和不足。通过纵横向分析和对比，合理定位、对标提升（图 2-45）。

课题研究认为：青岛市管廊建设布局相对分散，未能“成网成片”，综合效益不易发挥；项目总体投资较高，融资模式单一，政府财力负担相对较重；管廊建设主体分散，建设进度、审批标准和管理模式难以统一，后期运行维护管理难度较大；设计和施工技术创新能力相对较弱，常规施工问题难以避免。针对上述问题，课题组分别立足青岛市实际，就规划布局、融资渠道、监管体制和技术创新等方面，提出了合理化的发展建议。

图 2-45　市住建局带队前往厦门、海口调研学习

2.6.2.3　为提升青岛市的综合管廊试点建设项目知名度、提高城市整体形象贡献力量。

地下综合管廊系列课题研究工作的开展，除在经济、技术、管理等“硬核”方面卓有成效外，同时也迅速提升了青岛市在管廊建设领域的规划、研究和推广方面的“软实力”，促进了青岛市与住建部、财政部及国内其他试点城市的技术交流，拓展了青岛市的“朋友圈”。课题研究工作前后历经一年半时间，市住建局和课题组先后赴哈尔滨、包头、广州、厦门和海口等城市进行调研学习和参加培训，相互交流探讨管廊建设经验，很大程度上加深了青岛市与其他先进城市的伙伴关系。同时，凭借课题研究的有利契机，课题组组建了青岛市地下综合管廊专家智库，前后邀请了中国城市规划设计研究院、上海市城市建设设计研究总院（集团）有限公司、上海电器科学研究所（集团）有限公司、上海市政工程设计研究总院、中国建筑业协会智能建筑分会、中信建设有限责任公司、中国环境保护集团有限公司、厦门市政管廊投资管理有限公司、海口市市政工程设计研究院、山东省城乡规划设计研究院等住建部专家委员会和省级专家委员会的约 80 名专家学者进行研究、咨询和审查等交流活动，既提升了青岛市地下综合管廊的专业技术水平，为青岛市的地下综合管廊建设工作出谋划策，同时也以青岛市为行业支点，带动了行业的学习交流，整体提升了青岛市的对外形象。

第 3 章　典型项目案例

3.1　董家口经济区贡北路地下综合管廊

3.1.1　项目基本情况

董家口经济区贡北路综合管廊工程位于贡北路下方，平行道路中心线敷设。范围起点位于琅琊镇王家台后村西北侧滨海公路，终点位于 G204 国道，干线管廊全长约 12.8km，自东向西经过滨海公路、旅游路、琅琊东路、贡口西路、中心路、藏马路、红石路和 G204 国道（图 3-1）。

总长度	12.8km
建设单位	青岛市黄岛区城市建设局
设计单位	北京城建设计发展集团股份有限公司
勘察单位	北京城建设计发展集团股份有限公司
监理单位	青岛信达工程管理有限公司
总承包单位	中建股份有限公司、中建筑港集团有限公司联合体
质量监督单位	黄岛区建筑工程质量（安全）监督站
工程主要功能或用途	规划入廊管线有给水、再生水、污水、热力、天然气、110kV电力、10kV电力、通信八种管线。

图 3-1　贡北路综合管廊示意图

贡北路综合管廊工程干线管廊全长 12.8km，分为四个舱；支线管廊全长约 395m，共 6 处。综合管廊干支线管廊位于道路红线外北侧 20m 绿化带内，平行于道路中心线布置。干支线管廊穿越地铁 13 号线车站 4 处、地铁 13 号线桥墩 1 处，穿越河道 6 处，穿越防洪排涝渠 1 处；支线管廊穿越地铁 13 号线桥墩 5 处，与管理监控中心等市政用地用房专属管廊 1 处。

项目总投资约 132429 万元，采用 PPP 模式进行融资建设，采用 BOT 建设运营模式以及“可行性缺口补助”的回报机制，市政府授权青岛市政空间开发集团作为政府出资代表与社会资本方组建 SPV 公司，由 SPV 公司负责管廊的投融资、建设及运营维护，社会资本取得投资回报的资金来源包括政府补贴和管线使用单位付费等，社会资本占股比率为 70%。

3.1.2　项目建设背景

董家口港城位于青岛胶南市西南部，范围包括藏南、海青、大场、泊里、琅琊五个乡镇及青岛琅琊台省级旅游度假区，简称“五镇一区”，陆域规模 566.4km^2，包括港口填海及水库围海，总规模达 616km^2。其中沈海高速公路以东 284km^2 为董家口港城范围。

国家发改委印发《山东半岛蓝色经济区发展规划》，指出“把青岛建设成为全国重要的现代海洋产业发展先行区、东北亚国际航运枢纽、国际海洋科研教育中心、国际滨海旅游度假胜地和国际海上体育运动基地；建成山东半岛蓝色经济区的核心城市，充分发挥其辐射全省、服务沿黄地区的龙头带动作用。”

《青岛城市空间发展战略》提出将青岛建设成为“世界海湾、蓝色之都”的发展目标，既深化了我国的海洋开发战略，也是青岛实现向蓝色经济转型发展，承担国家蓝色崛起，走向深蓝的重要任务和使命。具体表现如下：立足蓝色科技优势，建设蓝色硅谷，形成国家科学开发利用海洋资源、走向深海的桥头堡。培育现代海洋产业体系，建设东北亚地区的海洋人才集聚中心和海洋科技交流中心，形成具有可持续竞争力的国家蓝色经济增长极。

西海岸新区是发挥半岛蓝色经济核心的重要区域，是“青潍日一体化”发展的重要引擎。胶南作为大青岛西海岸的重要的组成部分，具有广阔的发展腹地，特别是胶南西部董家口港发展可以与日照形成有机的联系，周边主要经济腹地为青岛沿海西部（潍坊、诸城、高密）以及鲁南城镇带区域。

董家口港处于我国三大港口群之一的环渤海港口群南侧，两大亿吨港口青岛港和日照港之间，是青岛港实现可持续空间拓展的重要港区，将发展成青岛港南翼的大型综合性港区。青岛市整体规划建设鳌山湾港、四方港和董家口港三大新港区，并与前湾港区一起，从北到南打造新的大青岛港口集群。贡北路是青岛董家口经济区港城生活区的一条东西向主干路。可以有效满足董家口经济区的市政配套功能，为区域内的地块开发建设提供交通保障系统。贡北路起点位于琅琊镇王家台后村西北侧滨海公路，终点位于泊里镇丁莪家庄村西侧顺接规划产业二路。路线全长为 14.687km。

3.1.3　服务范围

贡北路位于新规划的董家口经济区港城生活区内，自东向西经过滨海公路、旅游路、琅琊东路、贡口西路、中心路、藏马路、红石路、G204 国道，西至疏港一路西侧，规划为城市主干路，双向六车道，道路红线为 45m，路线宽度为 85m。道路中央分隔带 6m 为地铁 13 号线廊带，道路两侧绿化带宽度为 20m。沿线敷设的市政管线主要服务于周边居住用地、公共管理及公共服务设施用地、商业服务业设施用地、村庄安置区等。其中居住用地包括琅琊东南、西南、中部、东北、西北居住片区，贡口湾东南、西南、北部居住片区，泊里组团东、南、西、北居住片区等；公共管理及公共服务设施用地包括港城 CBD，泊里东生活组团中心，泊里综合服务中心，贡口生态城生活服务中心等。贡北路综合管廊东起滨海公路，西至 G204 国道，长 12.8km（见图 3-2）。

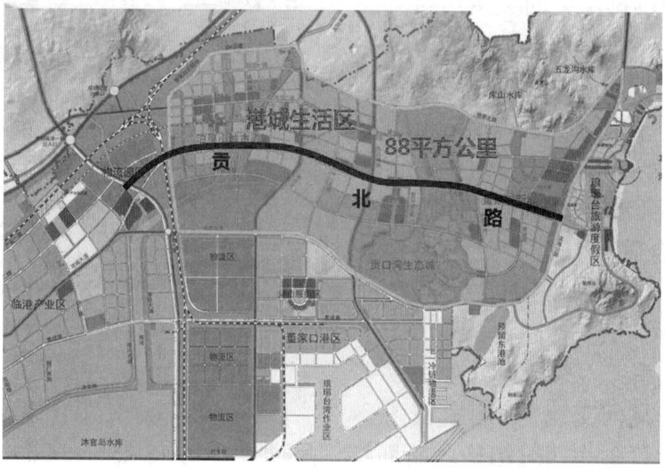

图 3-2　贡北路综合管廊服务范围示意图

3.1.4　设计方案概况

3.1.4.1　设计等级

管廊结构的安全等级为一级，结构中主要构件按设计使用年限 100 年设计，相应结构可靠度理论的设计基准期采用 50 年；结构防水等级为二级。结构耐火等级为一级。

3.1.4.2　总体方案

贡北路综合管廊工程干支线管廊全长 12.8km，分为四个舱；支线管廊全长约 395m，共 6 处。综合管廊干支线管廊位于道路红线外北侧 20m 绿化带内，平行于道路中心线布置。干支线管廊穿越地铁 13 号线车站 4 处、地铁 13 号线桥墩 1 处，穿越河道 6 处，穿越防洪排涝渠 1 处；支线管廊穿越地铁 13 号线桥墩 5 处，与管理监控中心等市政用地用房专属管廊 1 处。

综合管廊干支线管廊标准断面采用 4 舱通行管沟结构（分为污水舱、水力舱、电力舱、天然气舱），设计结构标准断面内尺寸为 13.85m × 4.6m。入廊管线涵盖 DN800mm 给水管道、DN400 ～ DN1000 再生水管道、DN400 ～ DN800 污水管道、2-DN250 ～ DN700mm 供热管道、1 ～ 3 回 110kV 电力电缆、24 孔 10kV 电力电缆、12 ～ 15 孔通信管道、DN200 天然气管道（图 3-3）。

3.1.4.3 干支线主管廊与其他工程的关系

1. 与道路的关系：综合管廊位于道路红线外北侧 20m 绿化带内，平行于道路中心线布置。

2. 与地铁车站的关系：综合管廊穿越地铁车站时，从道路中央高架车站和坐落于道路北侧 20m 绿化带内的人行天桥楼梯之间的道路下通过。管廊外墙与高架车站桥墩桩基础最小距离 3.53m，与人行天桥楼梯最小距离 3.5m。

3. 与河道和防洪排涝渠的关系：综合管廊全线需穿越六条河道及一条防洪排涝渠，即夏河支流 1（15m），夏河支流 2（30m），夏河支流 3（70m），辛家庄河（30 ～ 40m），唐家庄河（40 ～ 90m），横河（80m），东封家庄排涝渠（15m）。综合管廊在此七处为单层结构（与标准段干线管廊通过斜坡连接），综合管廊顶距河底设计高程 1m。

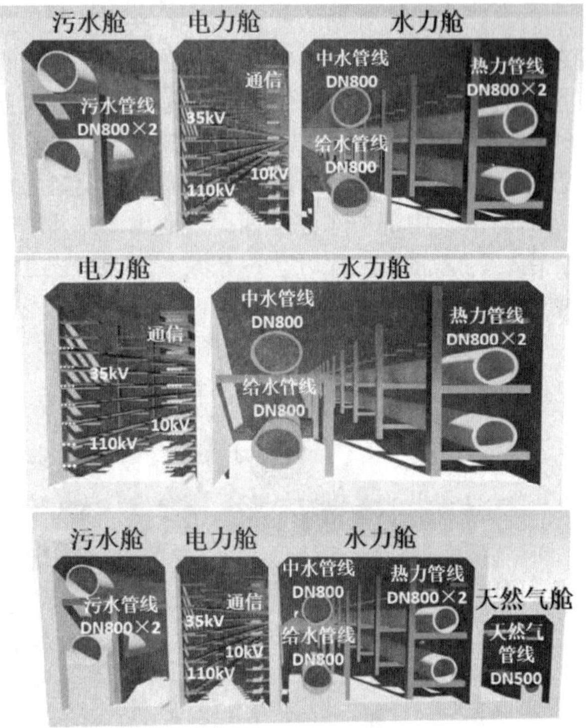

图 3-3 贡北路综合管廊断面示意图

4. 与桥梁的关系：六条河道处分别设有六座跨河桥。夏河支流 1、唐家庄河、横河三处综合管廊为四舱结构，断面结构尺寸设计为 13.85m × 4.6m，桥墩桩基础与管廊结构边墙净距 4m；夏河支流 2、夏河支流 3、辛家庄河综合管廊由四个舱减少为三个舱，断面结构尺寸设计为 12.15m × 4.6m，桥墩桩基础与管廊结构边墙净距 6.7m。

3.1.4.4 舱室划分及管线类型

贡北路综合管廊规划入廊管线有给水、再生水、污水、热力、天然气、110kV 电力、10kV 电力、通信八种管线。综合管廊采用采用明挖预制法施工，矩形箱涵结构，天然气管道、污水管道分别单独成舱，通信线缆、电力电缆敷设于电力舱，给水管道、再生水管道及热力管道敷设于水力舱。主管廊标准断面尺寸：13.85m × 4.60m；南侧污水舱，净宽 2.4m，净高 2.8m；中间水力舱净宽 5.1m，净高 3.8m；电力舱净宽 2.3m，净高 3.8m；北侧天然气舱，净宽 1.9m，净高 2.8m。纵向坡度 0.2% ～ 1.8%，标准段覆土深度 3.0 ～ 3.5m，局部 5.7m，电力舱设 75 个防火分隔区，天然气舱设 74 个防火分隔区。管廊共设 30 个进风亭，60 个排风亭，115 处吊装口，109 处逃生口，4 个人员出入口，259 处集水坑，80 处出线舱，6 处支线管廊。

3.1.4.5 管理监控中心

管理监控中心位于贡北路与中心路交叉口处，主要功能为管廊的集中管理中心。总用地面积 3000m^2，总建筑面积约 2354m^2，其中地下建筑面积 589m^2，地上建筑面积 1765m^2，地上 3 层，地下 1 层（图 3-4）。

图 3-4　贡北路地下综合管廊监控中心

项目建立地下空间的统一运维管理平台，构建智能化集成系统、通信系统、信息化应用系统、环境与设备监控系统、安全防范系统、火灾自动报警系统、可燃气体探测报警系统、电子井盖系统、防雷接地及安全系统等，实现各种信息共享和运维监管、指挥调度。

3.1.5　项目审批及建设过程

3.1.5.1　项目立项

2016 年 12 月 12 日，青岛西海岸新区管委、青岛市黄岛区人民政府印发《关于印发青岛市黄岛区 2016 年度基础设施和社会公益性项目固定资产投资调整计划的通知》（青西新管发［2016］52 号），将“贡北路综合管廊工程”列入黄岛区 2016 年度基础设施和社会公益性项目固定资产投资计划，对董家口经济区贡北路地下综合管廊进行立项（图 3-5）。

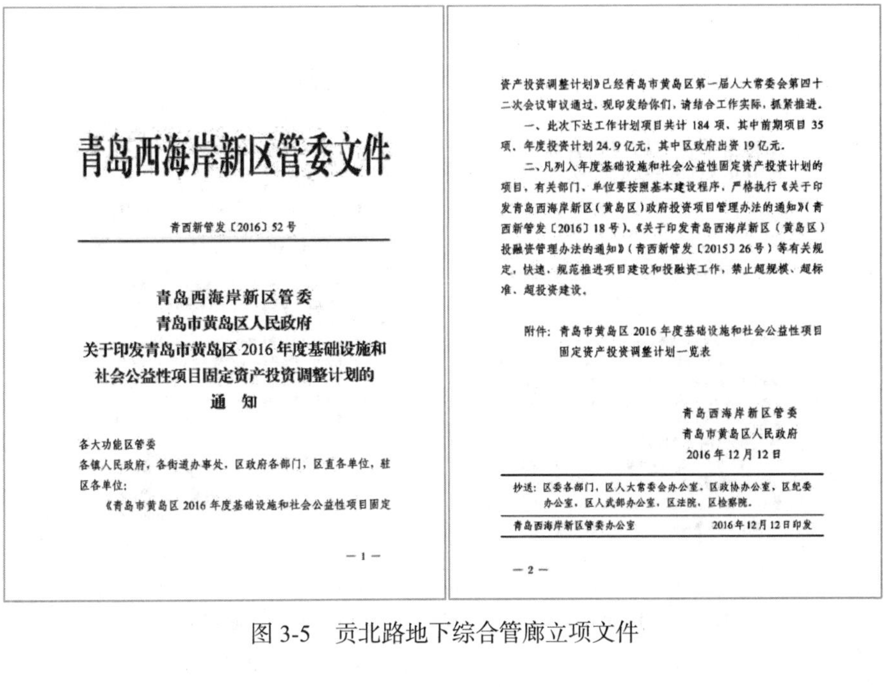

青岛西海岸新区管委文件

青西新管发〔2016〕52 号

青岛西海岸新区管委
青岛市黄岛区人民政府
关于印发青岛市黄岛区 2016 年度基础设施和社会公益性项目固定资产投资调整计划的通知

各大功能区管委
各镇人民政府，各街道办事处，区政府各部门，区直各单位，驻区各单位：

《青岛市黄岛区 2016 年度基础设施和社会公益性项目固定资产投资调整计划》已经青岛市黄岛区第一届人大常委会第四十二次会议审议通过，现印发给你们，请结合工作实际，抓紧推进。

一、此次下达工作计划项目共计 184 项，其中前期项目 35 项，年度投资计划 24.9 亿元，其中区政府出资 19 亿元。

二、凡列入年度基础设施和社会公益性固定资产投资计划的项目，有关部门、单位要按照基本建设程序，严格执行《关于印发青岛西海岸新区（黄岛区）政府投资项目管理办法的通知》（青西新管发〔2016〕18 号）、《关于印发青岛西海岸新区（黄岛区）投融资管理办法的通知》（青西新管发〔2015〕26 号）等有关规定，快速、规范推进项目建设和投融资工作，禁止超规模、超标准、超投资建设。

附件：青岛市黄岛区 2016 年度基础设施和社会公益性项目固定资产投资调整计划一览表

青岛西海岸新区管委
青岛市黄岛区人民政府
2016 年 12 月 12 日

抄送：区委各部门，区人大常委会办公室，区政协办公室，区纪委办公室，区人武部办公室，区法院，区检察院。

青岛西海岸新区管委办公室　　2016 年 12 月 12 日印发

— 1 —　— 2 —

图 3-5　贡北路地下综合管廊立项文件

3.1.5.2　土地预审

2016年10月19日，青岛市黄岛区国土资源和房屋管理局出具了《关于“贡北路综合管廊工程”等项目土地预审意见》(青黄土预字［2016］134号)，提出“涉及新增建设用地的必须符合土地利用规划，按程序办理建设用地手续，不涉及新增建设用地的，服从相关专项规划”(图3-6)。

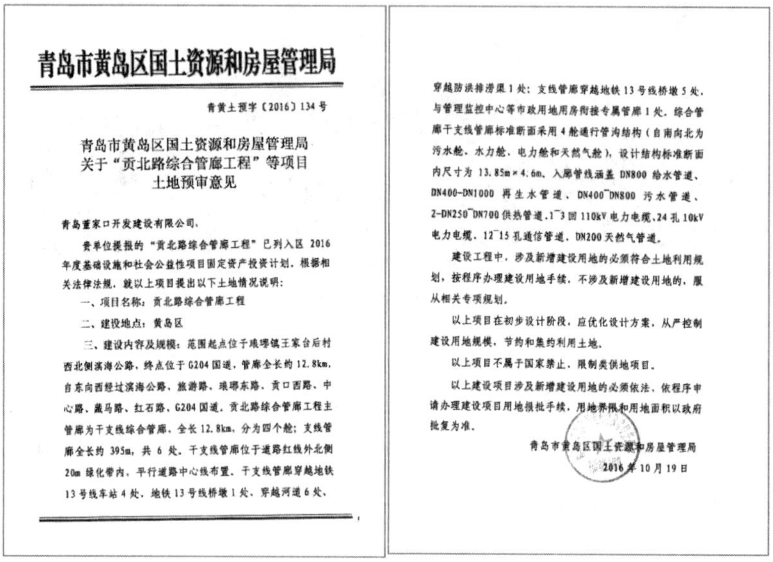

青岛市黄岛区国土资源和房屋管理局

青黄土预字〔2016〕134号

青岛市黄岛区国土资源和房屋管理局
关于“贡北路综合管廊工程”等项目
土地预审意见

青岛董家口开发建设有限公司，

贵单位提报的“贡北路综合管廊工程”已列入区2016年度基础设施和社会公益性项目固定资产投资计划。根据相关法律法规，就以上项目提出以下土地情况说明：

一、项目名称：贡北路综合管廊工程

二、建设地点：黄岛区

三、建设内容及规模：范围起点位于琅琊镇王家台后村西北侧滨海公路，终点位于G204国道，管廊全长约12.8km，自东向西经过滨海公路、旅游路、琅琊东路、贡口西路、中心路、藏马路、红石路、G204国道。贡北路综合管廊工程主管廊为干支线综合管廊，全长12.8km，分为四个舱；支线管廊全长约395m，共6处。干支线管廊位于道路红线外北侧20m绿化带内，平行道路中心线布置。干支线管廊穿越地铁13号线车站4处，地铁13号线桥墩1处，穿越河道6处，穿越防洪排涝渠1处；支线管廊穿越地铁13号线桥墩5处，与管理监控中心等市政用地用房衔接专属管廊1处。综合管廊干支线管廊标准断面采用4舱通行管沟结构（自南向北为污水舱、水力舱、电力舱和天然气舱），设计结构标准断面内尺寸为13.85m×4.6m，入廊管线涵盖DN800给水管道、DN400~DN1000再生水管道、DN400~DN800污水管道、2-DN250~DN700供热管道，1~3回110kV电力电缆，24孔10kV电力电缆、12~15孔通信管道、DN200天然气管道。

建设工程中，涉及新增建设用地的必须符合土地利用规划，按程序办理建设用地手续，不涉及新增建设用地的，服从相关专项规划。

以上项目在初步设计阶段，应优化设计方案，从严控制建设用地规模，节约和集约利用土地。

以上项目不属于国家禁止、限制类供地项目。

以上建设项目涉及新增建设用地的必须依法、依程序申请办理建设项目用地报批手续，用地界限和用地面积以政府批复为准。

青岛市黄岛区国土资源和房屋管理局
2016年10月19日

图3-6　贡北路地下综合管廊土地预审文件

3.1.5.3　可研批复

2017年2月17日，青岛市黄岛区发展和改革局以《关于贡北路综合管廊工程可行性研究报告批复的函》(青黄发改函［2017］22号）对项目进行批复（图3-7)。

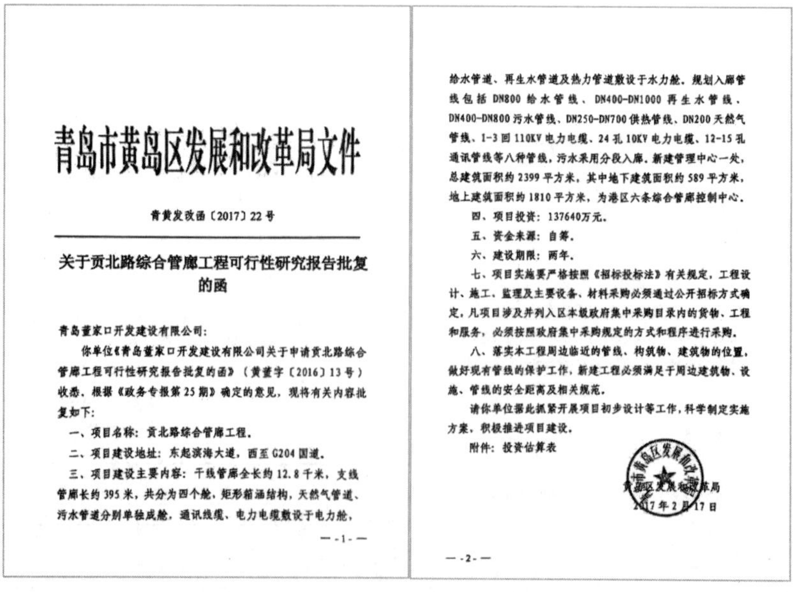

青岛市黄岛区发展和改革局文件

青黄发改函〔2017〕22号

关于贡北路综合管廊工程可行性研究报告批复的函

青岛董家口开发建设有限公司：

你单位《青岛董家口开发建设有限公司关于申请贡北路综合管廊工程可行性研究报告批复的函》（黄董字〔2016〕13号）收悉，根据《政务专报第25期》确定的意见，现将有关内容批复如下：

一、项目名称：贡北路综合管廊工程。

二、项目建设地址：东起滨海大道，西至G204国道。

三、项目建设主要内容：干线管廊全长约12.8千米，支线管廊长约395米，共分为四个舱，矩形箱涵结构，天然气管道、污水管道分别单独成舱，通讯线缆、电力电缆敷设于电力舱，

— -1- —

给水管道、再生水管道及热力管道敷设于水力舱。规划入廊管线包括DN800给水管线、DN400-DN1000再生水管线、DN400-DN800污水管线、DN250-DN700供热管线、DN200天然气管线、1-3回110KV电力电缆、24孔10KV电力电缆、12-15孔通讯管线等八种管线，污水采用分段入廊。新建管理中心一处，总建筑面积约2399平方米，其中地下建筑面积约589平方米，地上建筑面积约1810平方米，为港区六条综合管廊控制中心。

四、项目投资：137640万元。

五、资金来源：自筹。

六、建设期限：两年。

七、项目实施要严格按照《招标投标法》有关规定，工程设计、施工、监理及主要设备、材料采购必须通过公开招标方式确定，凡项目涉及并列入区本级政府集中采购目录内的货物、工程和服务，必须按照政府集中采购规定的方式和程序进行采购。

八、落实本工程周边临近的管线、构筑物、建筑物的位置，做好现有管线的保护工作，新建工程必须满足于周边建筑物、设施、管线的安全距离及相关规范。

请你单位据此抓紧开展项目初步设计等工作，科学制定实施方案，积极推进项目建设。

附件：投资估算表

黄岛区发展和改革局
2017年2月17日

— -2- —

图3-7　贡北路地下综合管廊可行性研究报告的批复文件

3.1.5.4　规划审批

2017 年 2 月 23 日，青岛市规划局黄岛分局出具规划审查意见（青规西规审字［2017］40 号），原则同意方案设计，但应：（1）建议进一步核实道路网规划；（2）处理好道路两侧的交通联系和管廊管网的衔接预留，并深化节点方案，做好竖向设计；（3）项目须满足与周边建（构）筑物、设施、管线的安全距离及相关规范，做好相邻各类现状管线的安全保护措施（图 3-8）。

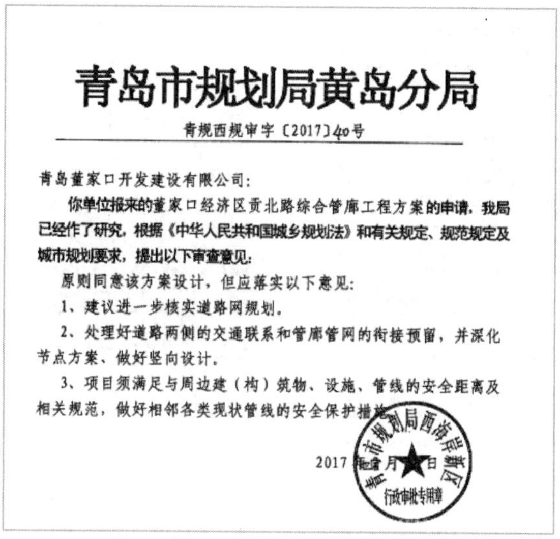
青岛市规划局黄岛分局

青规西规审字〔2017〕40号

青岛董家口开发建设有限公司：

你单位报来的董家口经济区贡北路综合管廊工程方案的申请，我局已经作了研究，根据《中华人民共和国城乡规划法》和有关规定、规范规定及城市规划要求，提出以下审查意见：

原则同意该方案设计，但应落实以下意见：

1、建议进一步核实道路网规划。

2、处理好道路两侧的交通联系和管廊管网的衔接预留，并深化节点方案、做好竖向设计。

3、项目须满足与周边建（构）筑物、设施、管线的安全距离及相关规范，做好相邻各类现状管线的安全保护措施。

2017 月 日

图 3-8　贡北路地下综合管廊规划审批文件

3.1.5.5　初设及概算批复

2017 年 4 月 6 日，青岛市黄岛区发展和改革局以《关于贡北路综合管廊工程初步设计及概算批复的函》(青黄发改函［2017］40 号）对项目初步设计及概算进行批复（图 3-9）。

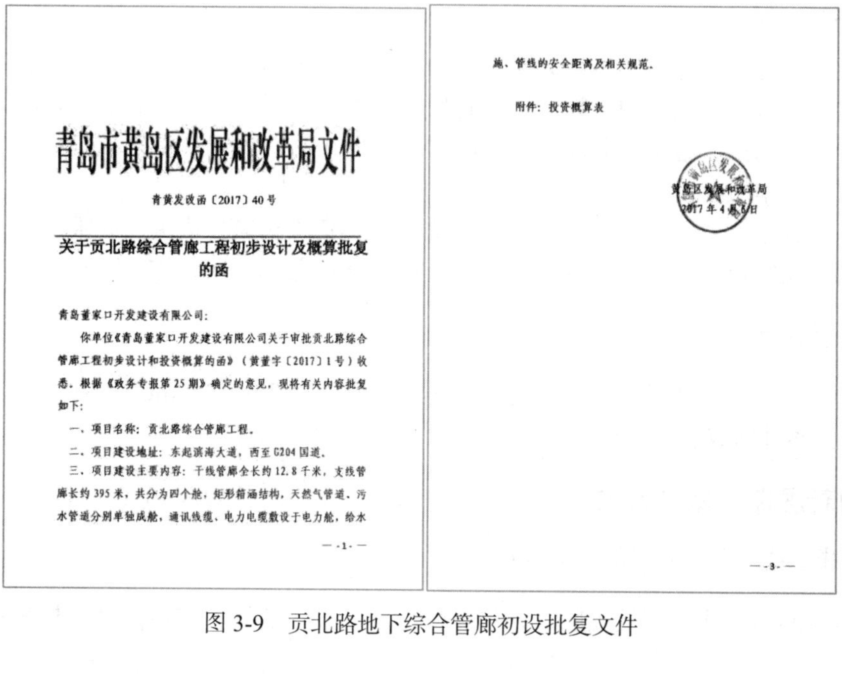
青岛市黄岛区发展和改革局文件

青黄发改函〔2017〕40 号

关于贡北路综合管廊工程初步设计及概算批复的函

青岛董家口开发建设有限公司：

你单位《青岛董家口开发建设有限公司关于审批贡北路综合管廊工程初步设计和投资概算的函》（董建字〔2017〕1 号）收悉。根据《政务专报第 25 期》确定的意见，现将有关内容批复如下：

一、项目名称：贡北路综合管廊工程。

二、项目建设地址：东起滨海大道，西至 G204 国道。

三、项目建设主要内容：干线管廊全长约 12.8 千米，支线管廊长约 395 米，共分为四个舱，矩形箱涵结构，天然气管道、污水管道分别单独成舱，通讯线缆、电力电缆敷设于电力舱，给水

施、管线的安全距离及相关规范。

附件：投资概算表

青岛区发展和改革局

2017 年 4 月 6 日

— 3 —

图 3-9　贡北路地下综合管廊初设批复文件

3.1.5.6 PPP 招标

2017 年 5 月 25 日，青岛市黄岛区城市建设局委托北京中京天元工程咨询有限公司对本项目进行社会资本方招标，中国建筑股份有限公司和中建筑港集团有限公司（联合体）中标，合作期 20 年。

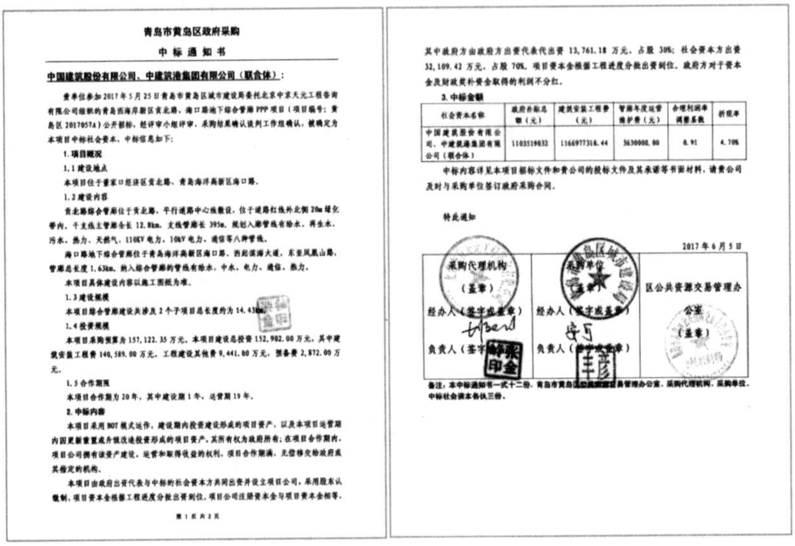

青岛市黄岛区政府采购

中 标 通 知 书

中国建筑股份有限公司、中建筑港集团有限公司（联合体）：

贵单位参加2017年5月25日青岛市黄岛区城市建设局委托北京中京天元工程咨询有限公司组织的青岛西海岸新区贡北路、海口路地下综合管廊PPP项目（项目编号：黄岛区2017057A）公开招标，经评审小组评审，采购结果确认谈判工作组确认，被确定为本项目中标社会资本，中标信息如下：

1.项目概况

1.1建设地点

本项目位于董家口经济区贡北路、青岛海洋高新区海口路。

1.2建设内容

贡北路综合管廊位于贡北路，平行道路中心线敷设，位于道路红线外北侧20m绿化带内，干支线主管廊全长12.8km，支线管廊长395m，规划入廊管线有给水、再生水、污水、热力、天然气、110KV电力、10kV电力、通信等八种管线。

海口路地下综合管廊位于青岛海洋高新区海口路，西起滨海大道，东至凤凰山路，管廊总长度1.63km，纳入综合管廊的管线有给水、中水、电力、通信、热力。

本项目具体建设内容以施工图纸为准。

1.3建设规模

本项目综合管廊建设共涉及2个子项目总长度约为14.43km。

1.4投资规模

本项目采购预算为157,122.35万元，本项目建设总投资152,902.00万元，其中建筑安装工程费140,589.00万元，工程建设其他费9,441.00万元，预备费2,872.00万元。

1.5合作期限

本项目合作期为20年，其中建设期1年，运营期19年。

2.中标内容

本项目采用BOT模式运作，建设期内投资建设形成的项目资产，以及本项目运营期内因更新重置或升级改造投资形成的项目资产，其所有权为政府所有；在项目合作期内，项目公司拥有该资产建设、运营和取得收益的权利，项目合作期满，无偿移交给政府或其指定的机构。

本项目由政府出资代表与中标的社会资本方共同出资并设立项目公司，采用股东认缴制，项目资本金根据工程进度分批出资到位，项目公司注册资本金与项目资本金相等，

第1页共2页

其中政府方由政府方出资代表代出资13,761.18万元，占股30%；社会资本方出资32,109.42万元，占股70%，项目资本金根据工程进度分批出资到位，政府方对于资本金及财政奖补资金取得的利润不分红。

3.中标金额

社会资本名称	政府补贴总额（元）	建筑安装工程费（元）	管廊年度运营维护费（元）	合理利润率调整系数	折现率
中国建筑股份有限公司、中建筑港集团有限公司（联合体）	1103519032	1166977318.44	3630000.00	0.91	4.70%

中标内容详见本项目招标文件和贵公司的投标文件及其承诺等书面材料，请贵公司及时与采购单位签订政府采购合同。

特此通知

2017年6月5日

采购代理机构（盖章） 经办人（签字或盖章） 负责人（签字或盖章）	采购单位（盖章） 经办人（签字或盖章） 负责人（签字或盖章）	区公共资源交易管理办公室（盖章）

备注：本中标通知书一式十二份，青岛市黄岛区公共资源交易管理办公室、采购代理机构、采购单位、中标社会资本各执三份。

图 3-10　贡北路地下综合管廊 PPP 中标文件

3.1.5.7 用地预审

2018 年 3 月 23 日，青岛西海岸新区国土资源和房屋管理局出具了《关于董家口贡北路地下综合管廊工程（监控中心）项目用地预审意见》（青黄土预字［2018］76 号）对监控中心用地进行审批。

3.1.6 施工工艺

由于贡北路综合管廊与周边基础设施同步实施，周边均为规划待开发用地，并且场地范围内无重要市政管线及地下构筑物，同时管廊结构整体埋深较浅，具有非常好的开槽明挖条件，可充分发挥明挖法施工作业面多、速度快、工期短、造价低、施工风险小、易保证工期等优点，因此采用明挖法施工。

在施工过程中，遵循的工艺流程为：基坑开挖→基坑支护→垫层及底板防水→底板钢筋混凝土→侧墙及底板钢筋混凝土→侧墙及顶板防水→基坑回填→水电安装（图 3-11）。

3.1.7 项目进度

截至 2019 年 6 月 12 日，贡北路地下综合管廊累计建成 13.1km，其中，主廊 12.7km，支廊 0.4km。累计完成投资 9.53 亿元。

3.1.8 创新思路、做法及方式

3.1.8.1 积极完善全区管廊工程前期手续

1. 严格按照项目建设审批程序，办理可行性研究报告批复、初步设计及概算批复、建设

工程规划许可证、建设项目环境影响评价批复、质量（安全）监督、施工许可证等审批手续。

2. 按照《城市综合管廊工程技术规范》(GB 50838—2015)、《青岛西海岸新区综合管廊建设技术导则（试行）》有关规定，管廊项目设计方案通过规划部门审批，施工图通过施工图审查机构的审查，并出具审图合格证，符合项目设计规范、技术规范、布局合理。

3.1.8.2　注重管廊设计方案优化，提高经济技术效益

贡北路综合管廊原规划入廊管线有DN800给水管道、DN400～DN1000再生水管道、DN400～DN800污水管道、DN250～DN700mm供热管道、DN200中压天然气管道、1～3回110kV电力电缆、24孔10kV电力电缆、12～15孔通信管道共八种管线。天然气管道、污水管道分别单独成舱，通信线缆、电力电缆敷设于电力舱，给水管道、再生水管道及热力管道敷设于水力舱。主管廊四舱标准断面尺寸为13.85m×4.60m，包括污水舱、水力舱、电力舱、天然气舱。

前期经组织专家进行多次评审论证，认为应：按照因地制宜的原则，进一步分析论证污水管道分段设置的可行性；根据市政管线近远期发展规模优化管廊断面设计；按照《城市综合管廊工程技术规范》(GB 50838—2015)要求配备相应附属设施，取消管廊内给水等不必要的设施；建议论证增设检修车的可行性。

图 3-11　贡北路地下综合管廊施工工艺对比图

设计单位根据专家组意见进行论证修改后：采用污水分段入廊方案，即：西段泊里镇（长4190m）、东段琅琊镇（长3140m）的污水管道入廊设置，中段区域地块目前无实际排污需求，暂不考虑入廊；标准断面尺寸由13.85m×4.6m调整为13.15m×4.6m；取消了管廊内给水等冲洗设施和检修车；节约总投资约3.5亿元。

3.1.8.3　加强施工管理，保证工程质量

1. 加强施组和方案的管理

严格按照相关规范要求组织编写，切合实际，重在实施，确保有效的指导施工（图3-12）。

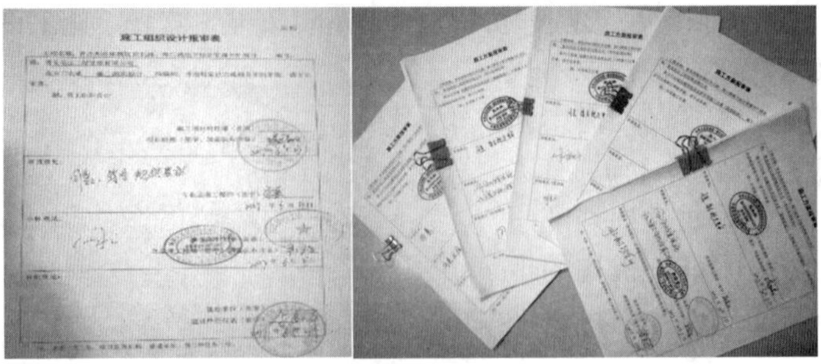

图 3-12　贡北路地下综合管廊施工记录

2. 抓好图纸管理、图纸会审、设计变更等管理

做好图纸管理等工作，及时组织图纸会审，并形成图纸会审记录及设计变更资料（图 3-13）。

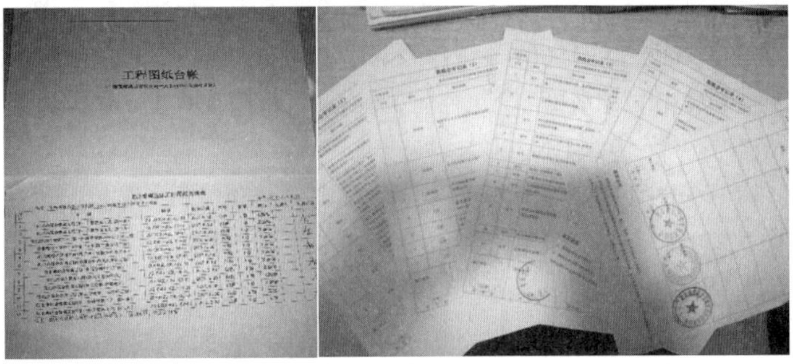

图 3-13　贡北路地下综合管廊图纸会审记录

3. 做好危大方案的编制工作

根据施工方案编制计划进行相关方案的编制，根据是否是危大方案组织专家评审，并进行二级和三级交底（图 3-14）。

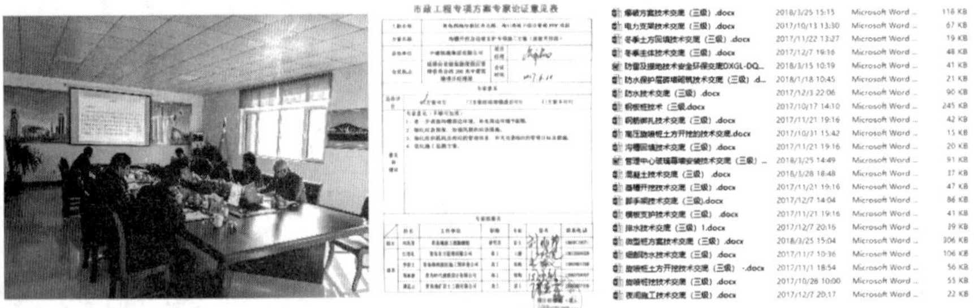

图 3-14　贡北路地下综合管廊方案论证记录

4. 做好各种试验工作

针对管廊的各个工序，结合图纸设计，对施工过程严格把控，做好各方面的试验工作（图 3-15）。

3.1.8.4　实行分级、分段、分部验收制度

地下综合管廊隐蔽工程较多，技术较复杂，为保障建筑工程建设质量，根据质监部门有关规定，对地下综合管廊实行分级、分段、分部验收制度，根据工程进度，先由施工单位自检，再由建设单位按照规定时间组织设计、监理对完成的管廊、安装工程的支架、支墩等及

时开展验收，保证了管廊建设验收程序合理、合法。

图 3-15　贡北路地下综合管廊试验记录

3.1.8.5　先进管理经验及新材料新技术应用

（1）通过 PPP 方式选择施工经验丰富、资金实力雄厚的施工企业，中国建筑股份有限公司和中建筑港集团有限公司、中建八局、中铁十七局集团、中铁十四局集团等企业参与地下综合管廊建设。施工过程中，施工单位科学统筹，齐头并进，多开作业面，平行作业，提效增速保证管廊建设进度。在贡北路地下综合管廊建设过程中，全线分为 50 多个施工作业面，“白加黑”“5 + 2” 增效提速，确保管廊建设进度。

（2）在施工现场建设了施工安全生产教育平台，所有参建人员全部进入平台参加安全施工教育，确保施工人员安全。

（3）采用 BIM + GIS + 无人机的管理手段，每周航拍一次，整体调度，及时协调解决施工过程中遇到的问题，保障了工程建设进度。

（4）贡北路管廊全长 12.8km，距离 13 号线轻轨墩柱较近，过河段、软基段等分布较多，采用开挖放坡 + 喷浆挂网、拉森钢板桩、高压旋喷桩、微型桩等支护方式，因地制宜，多种支护方式组合，节省了投资，有效地解决基坑防水和支护问题。

3.2　青岛胶东国际机场综合管廊工程

3.2.1　项目基本情况

青岛胶东国际机场位于青岛市所辖胶州市中心东北 11km，大沽河以西、东外环以东、胶济铁路和胶济客运专线之间，距青岛市中心约 39km。按照总体工作计划，青岛胶东国际机场在 2015 年开建，总工期为四年，预计在 2019 年竣工验收（图 3-16）。

图 3-16　胶东国际机场效果图

工程总投资约 381.75 亿元，其中机场工程 300.45 亿元，建设 2 条平行远距跑道，跑道长度 3600m，跑道间距 2200m，航站楼面积 45 万 m^2，建成后可满足年旅客吞吐量 3500 万人次、货邮吞吐量 50 万吨，飞机起降 30 万架次的保障需求。空管工程、供油工程、东航基地工程和山航基地工程，分别由各自业主投资，合计 81.3 亿元。远期以 2045 年为目标年，规划将再建设 2 条近距跑道，跑道长度 3200m，航站楼面积达 70 万 m^2，可满足年旅客吞吐量 5500 万人次、终端 6000 万人次，货邮吞吐量 100 万吨，飞机起降 45 万架次的保障需求。

根据民航华东地区管理局和青岛市人民政府联合印发的《关于青岛新机场工程初步设计(第二批）及概算的批复》(民航华东函［2016］387 号)，项目新建综合管廊 19749m。其中：航站区与工作区新建综合管廊 15976m，飞行区综合管廊 3773m。综合管廊采用现浇、预制拼装钢筋混凝土结构，结构安全等级为一级，设计使用年限为 100 年，抗震设防烈度为 7 度。配套建设给排水、暖通、电器、弱电等设施（图 3-17）。

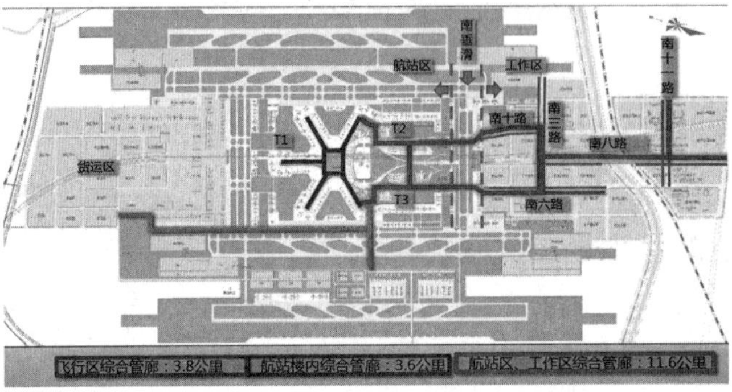

图 3-17　青岛新机场综合管廊位置示意图

3.2.2　设计方案概况

3.2.2.1　总体方案

青岛新机场出于环胶州湾北部的核心区域，新机场综合管廊包括南三路、南六路、南八路、南十路、南十一路及航站区共六条管廊，总长约 11.4km。

主线管廊设计采用单箱单室、单箱双室结构共 4 种标准断面，其中单箱单室标准断面尺寸为 3.6m × 3.6m 和 3.4m × 3.3m 两种，单箱双室标准断面尺寸为（2.8m + 2.4m）× 3.6m 和（2.8m + 2.4m）× 3.0m 两种。

设计技术标准：结构设计基准期 100 年，设计使用年限 100 年，工程防水等级为二级。综合管廊采用整体现浇闭合框架结构，顶底板及外侧壁厚度均为 0.30m。

3.2.2.2　南三路综合管廊

南三路综合管廊布置于南三路道路两侧，管廊西起南六路，东至南十路，总长度约 750m（图 3-18）。本次主线管廊设计采用单箱单室、单箱双室结共 4 种标准断面，单箱单室标准段断面净尺寸为 $B \times H$ = 3.6m × 3.6m 和 3.4m × 3.3m 两种，单箱双室标准段断面净尺寸为 $B \times H$ =（2.8 + 2.4）m × 3.6m 和（2.8 + 2.4）m × 3.0m 两种（图 3-19）。本综合管廊内敷设的管线主要包括电力、通信、给水、再生水、污水及热力 6 种管线。

3.2.2.3　南六路综合管廊

南六路为北工作区主干路，南起南十五路，北至航站区 T2、T3 联络通道，全长约 2380m（图 3-20）。道路沿线主要为生产辅助区、航站区。南六路管廊主线分为两舱、三舱断面。其中三舱断面尺寸为：净（2.4 + 2.8 + 3.6）m × 3.6m；两舱断面为：净（2.4 + 4.0）m × 3.6m、净（2.8 + 3.6）m × 3.0m 两种（图 3-21）。

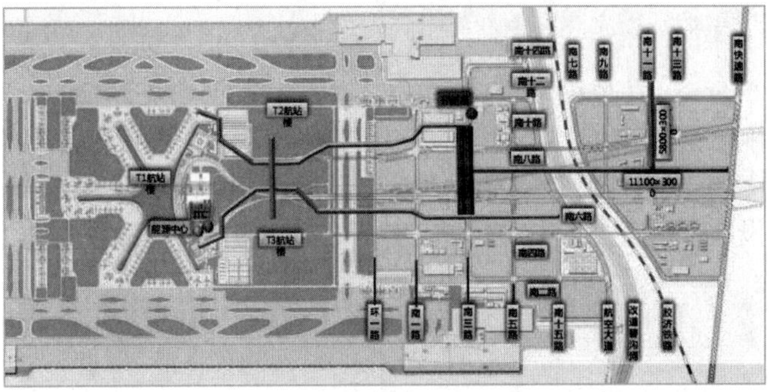

图 3-18　南三路管廊平面示意图

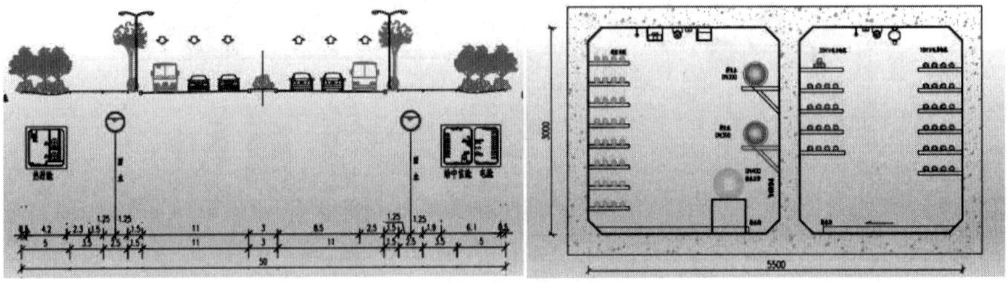

图 3-19　南三路管廊断面示意图

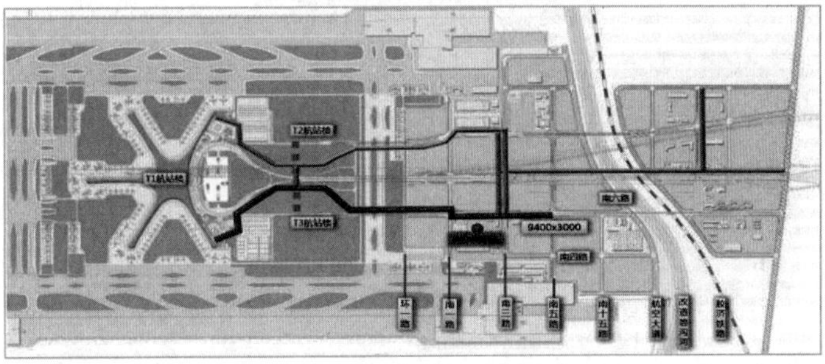

图 3-20　南六路管廊平面示意图

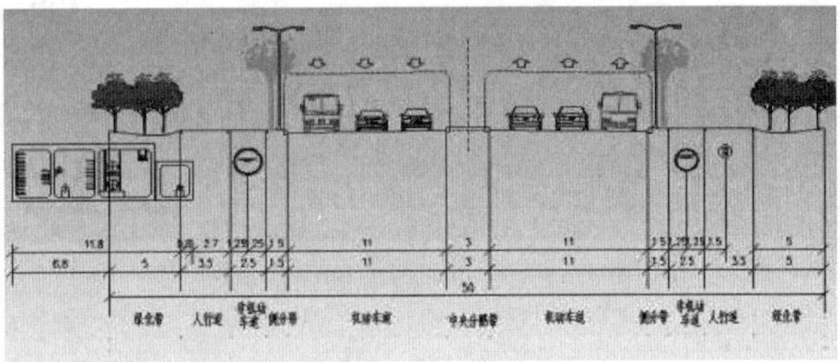

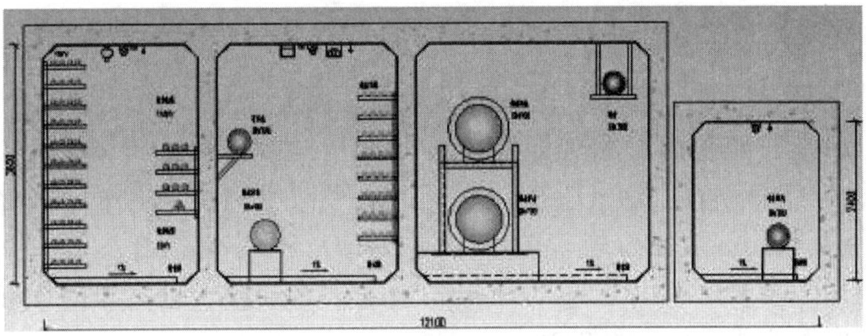

图 3-21　南六路管廊断面示意图

3.2.2.4 南八路综合管廊

工程全长约 1545m。道路沿线主要为航空公司基地（图 3-22）。南八路（南进场路）综合管廊主廊采用三舱结构断面，其中电力管线敷设在西侧舱室，净断面尺寸 $B\times H=2.4\text{m}\times3.0\text{m}$；热力、预留管线敷设在中间舱室，净断面尺寸 $B\times H=5.3\text{m}\times3.0\text{m}$，输水、再生水、通信管线敷设在东侧舱室，净断面尺寸 $B\times H=2.9\text{m}\times3.0\text{m}$（图 3-23）。

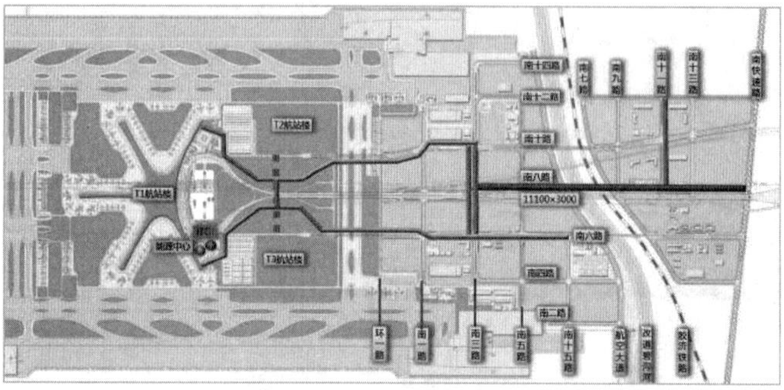

图 3-22 南八路管廊平面示意图

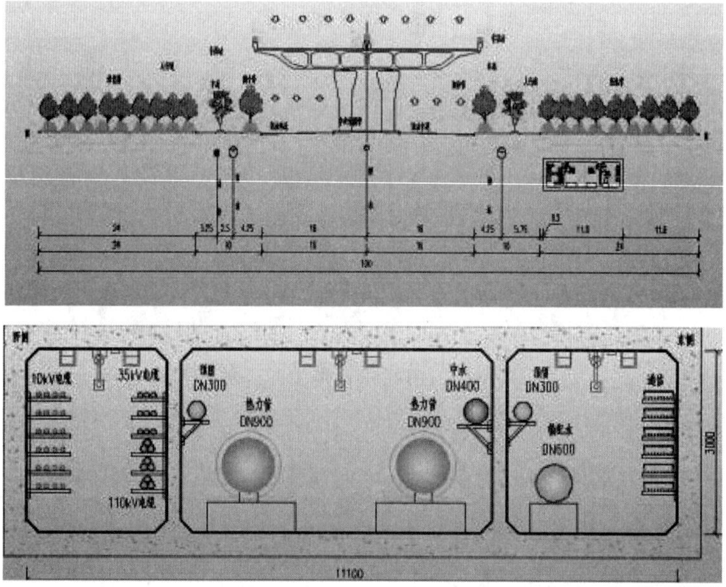

图 3-23 南八路管廊断面示意图

3.2.2.5 南十路综合管廊

南十路主线管廊总长约 1775m（图 3-24）。南十路全线敷设燃气舱，净断面尺寸为 $B\times H=2.0\text{m}\times2.4\text{m}$。南三路至南一路为四舱结构断面，净断面尺寸 $B\times H=(2.0+2.6+2.8+2.4)\text{m}\times3.6\text{m}$（燃气舱室净高 2.4m）；南一路至环一路为四舱结构断面，净断面尺寸 $B\times H=(2.0+2.6+2.8+2.4)\text{m}\times3.0\text{m}$（燃气舱室净高 2.4m）；环一路至 T2、T3 联络通道为三舱结构断面，净断面尺寸 $B\times H=(2.0+2.0+3.0)\text{m}\times3.0\text{m}$（燃气舱室净高 2.4m），结构形式均为钢筋混凝土矩形框架式结构（图 3-25）。

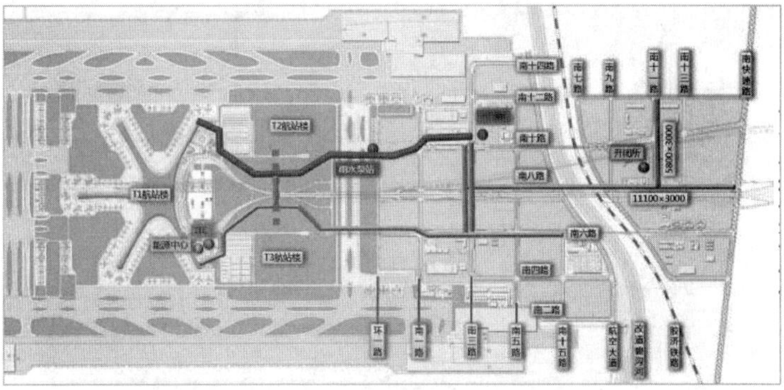

图 3-24　南十路管廊平面示意图

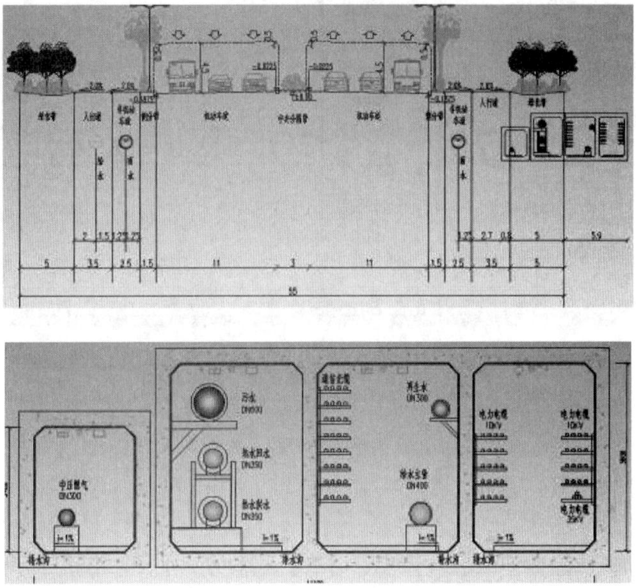

图 3-25　南十路管廊断面示意图

3.2.2.6　南十一路综合管廊

南十一路主线总长约 650m（图 3-26）。结构断面为双舱断面，断面尺寸为（2.3 + 3.2）m × 3m，支廊断面尺寸有（2.3 + 2.5）m × 2.4m、2.0m × 2.4m 两种，结构形式均为钢筋混凝土矩形框架式结构（3-27）。

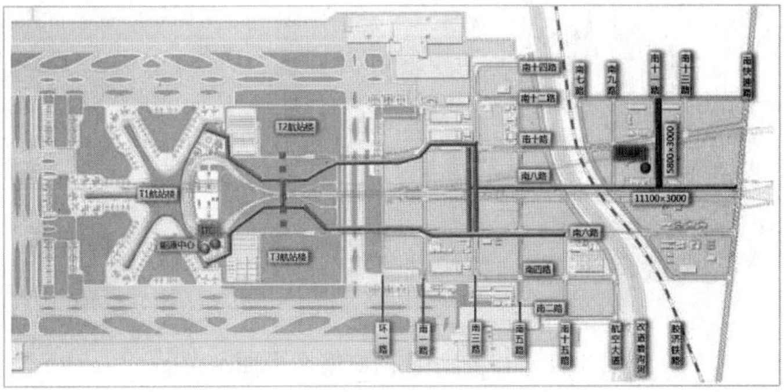

图 3-26　南十一路管廊平面示意图

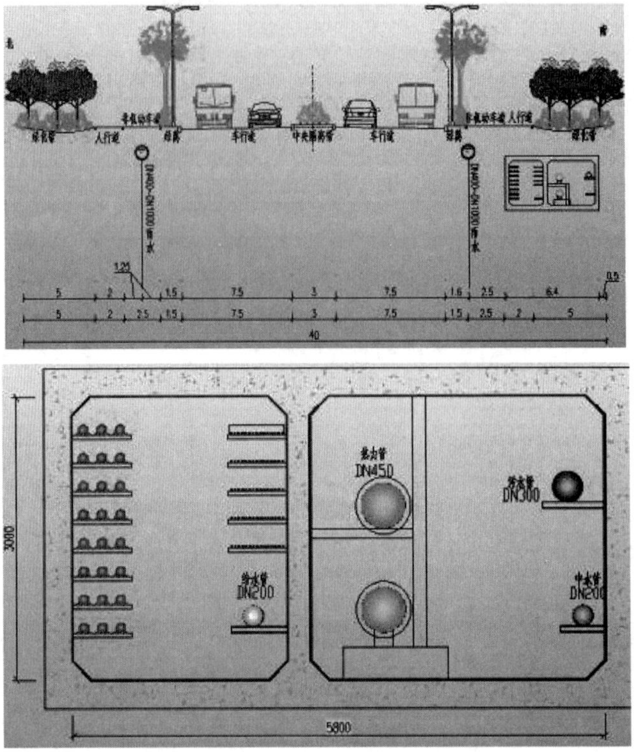

图 3-27　南十一路管廊断面示意图

3.2.2.7　航站区综合管廊

航站区综合管廊工程分西线、南线、东线三部分，西线北接飞行区综合管廊、南接南六路综合管廊，长约 730m；东线南接南十路综合管廊、北至航站区 T1 航站楼 B 指廊，长约 720m；南线西起西线与南六路管廊交口、东至东线与南十路管廊交口，长约 280m（图 3-28 ～图 3-35）。

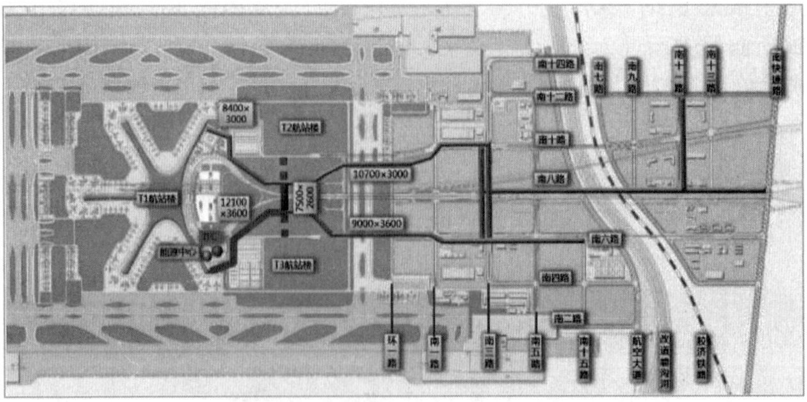

图 3-28　T1 航站楼南侧管廊平面示意图

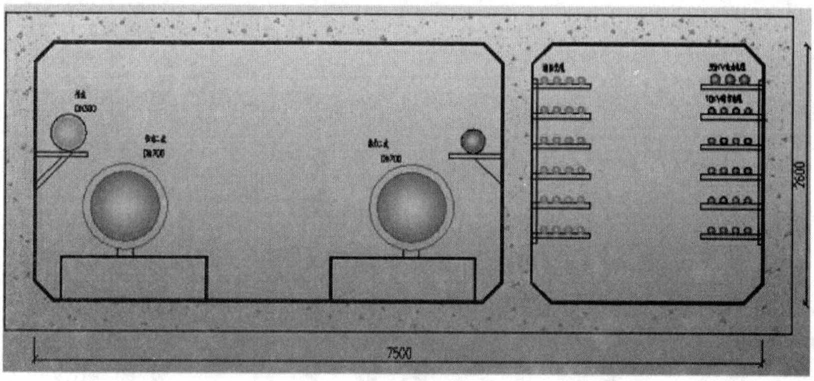

图 3-29　T1 航站楼南侧管廊断面示意图

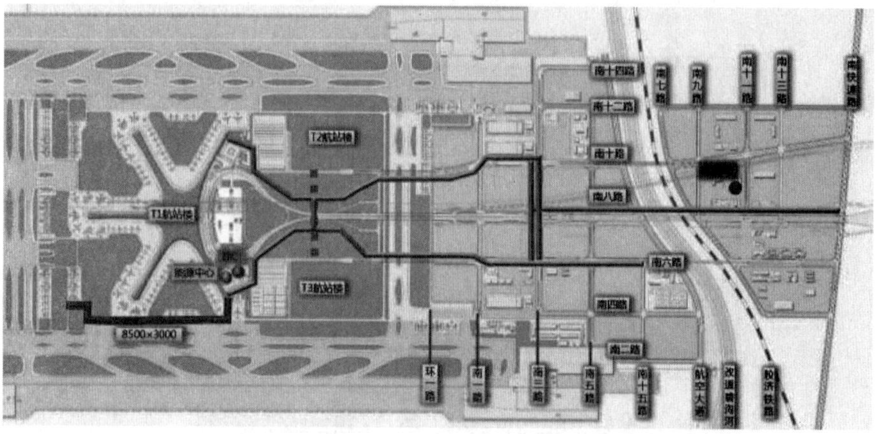

图 3-30　T1 航站楼 A 指廊—货运区管廊平面示意图

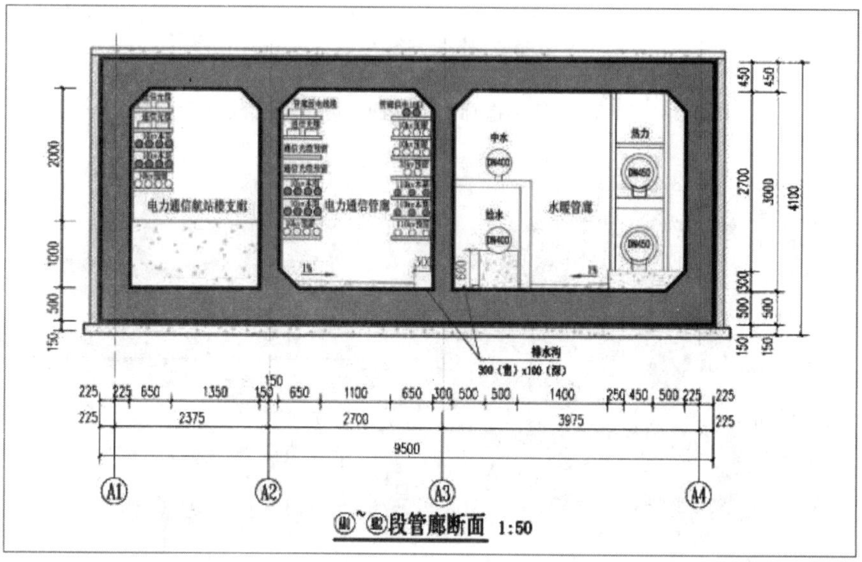

图 3-31　T1 航站楼 A 指廊—货运区管廊断面示意图

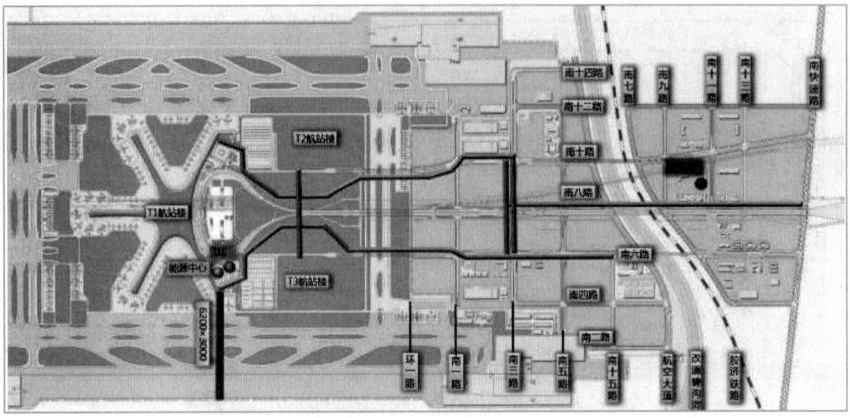

图 3-32　T1 航站楼 A 指廊—远期西二跑道管廊平面示意图

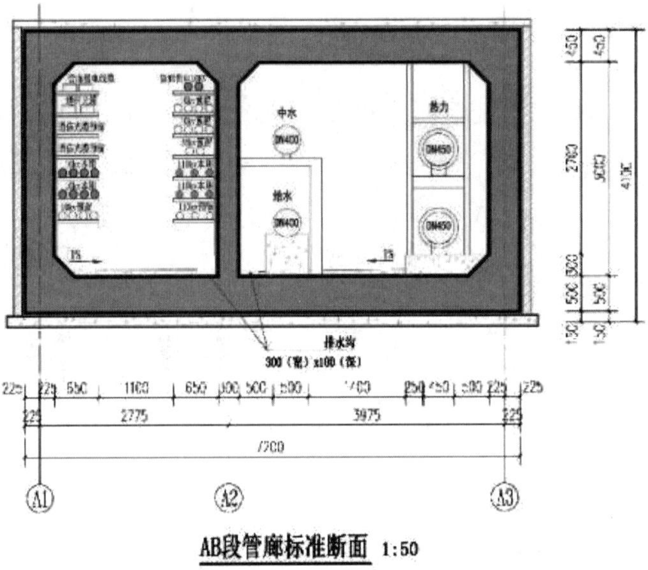

图 3-33　T1 航站楼 A 指廊—远期西二跑道管廊断面示意图

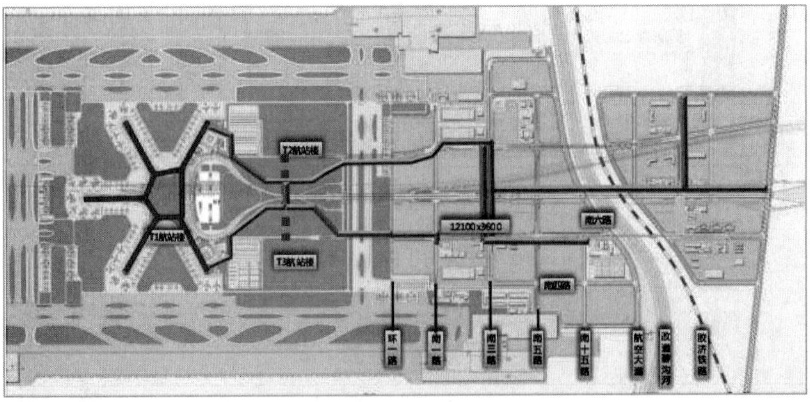

图 3-34　航站楼管廊平面示意图

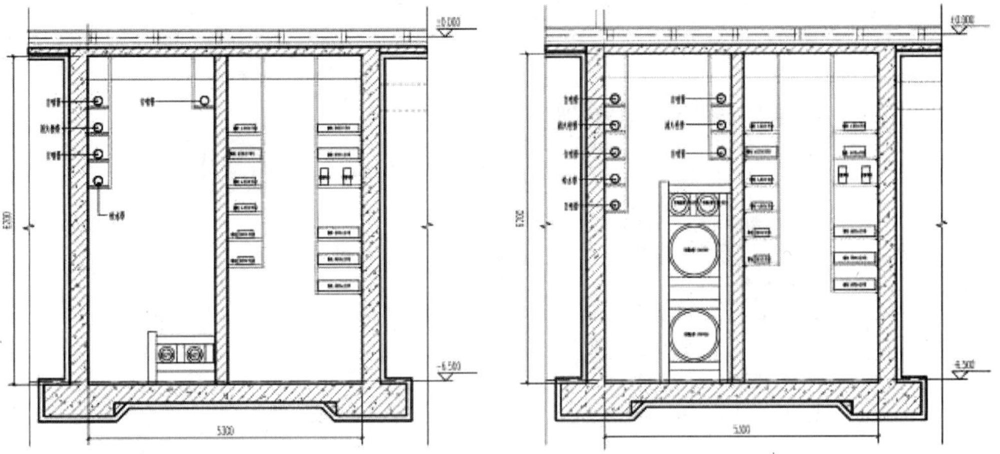

图 3-35　航站楼管廊断面示意图

3.2.3　项目审批及建设过程

3.2.3.1　国务院批复

2014 年 10 月 11 日，国务院印发了《国务院中央军委关于同意建设青岛新机场的批复》（国函［2014］137 号），复函山东省人民政府，同意建设青岛新机场，机场性质为区域枢纽机场（图 3-36）。

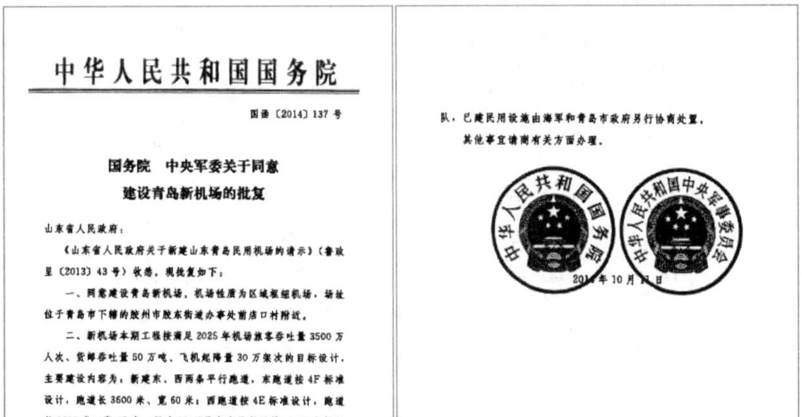

中华人民共和国国务院

国函〔2014〕137 号

国务院　中央军委关于同意
建设青岛新机场的批复

山东省人民政府：

《山东省人民政府关于新建山东青岛民用机场的请示》（鲁政呈〔2013〕43 号）收悉，现批复如下：

一、同意建设青岛新机场，机场性质为区域枢纽机场，场址位于青岛市下辖的胶州市胶东街道办事处前店口村附近。

二、新机场本期工程按满足 2025 年机场旅客吞吐量 3500 万人次、货邮吞吐量 50 万吨、飞机起降量 30 万架次的目标设计，主要建设内容为：新建东、西两条平行跑道，东跑道按 4F 标准设计，跑道长 3600 米、宽 60 米；西跑道按 4E 标准设计，跑道长 3600 米、宽 45 米。新建 45 万平方米的航站楼、154 个机位的站坪、9.55 万平方米的货运站等，建设航管、通信、导航、监视、气象等设施，以及 1 座塔台和 1.84 万平方米的空管用房。新建机场油库、机坪加油管线、加油站、场外输油管线等。建设中国东方航空股份有限公司山东分公司和山东航空股份有限公司基地。具体建设方案在可行性研究阶段确定。

队，已建民用设施由海军和青岛市政府另行协商处置。

其他事宜请商有关方面办理。

中华人民共和国国务院　中华人民共和国中央军事委员会

201[illegible]年 10 月 [illegible]日

图 3-36　胶东国际机场建设批复文件

3.2.3.2　可研批复

2015 年 6 月 2 日，国家发改委以《国家发展改革委关于青岛新机场工程可行性研究报告的批复》（发改基础〔2015〕1176 号）批复《青岛新机场可行性研究报告》（图 3-37）。

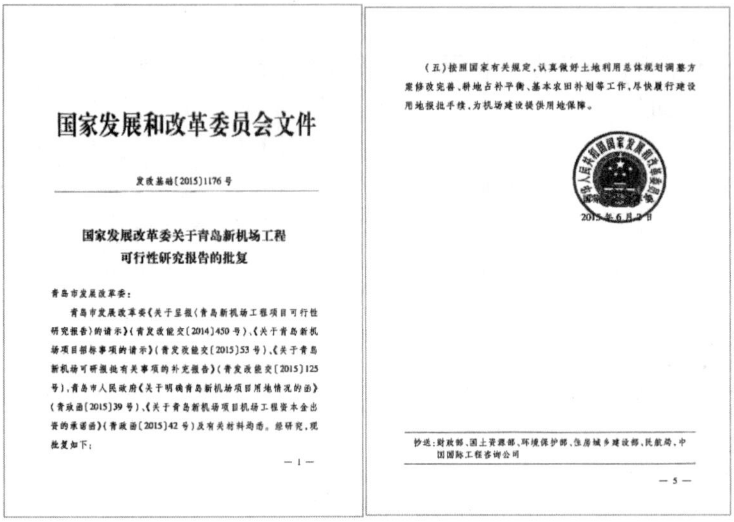

国家发展和改革委员会文件

发改基础〔2015〕1176号

国家发展改革委关于青岛新机场工程
可行性研究报告的批复

青岛市发展改革委：

青岛市发展改革委《关于呈报〈青岛新机场工程项目可行性研究报告〉的请示》（青发改能交〔2014〕450号）、《关于青岛新机场项目招标事项的请示》（青发改能交〔2015〕53号）、《关于青岛新机场可研报批有关事项的补充报告》（青发改能交〔2015〕125号），青岛市人民政府《关于明确青岛新机场项目用地情况的函》（青政函〔2015〕39号）、《关于青岛新机场项目机场工程资本金出资的承诺函》（青政函〔2015〕42号）及有关材料均悉。经研究，现批复如下：

— 1 —

（五）按照国家有关规定，认真做好土地利用总体规划调整方案修改完善、耕地占补平衡、基本农田补划等工作，尽快履行建设用地报批手续，为机场建设提供用地保障。

2015年6月2日

抄送：财政部、国土资源部、环境保护部、住房城乡建设部、民航局、中国国际工程咨询公司

— 5 —

图 3-37　胶东国际机场可研批复文件

3.2.3.3　总体规划批复

2015 年 11 月 30 日，中国民用航空局和青岛市人民政府联合印发《关于青岛新机场总体规划的批复》(民航函［2015］1258 号)，同意修改后上报的《青岛新机场总体规划（2015 年版)》。提出“近期规划给水、电力、通信、热力等综合管网，在南工作区规划建设供水站”(图 3-38)。

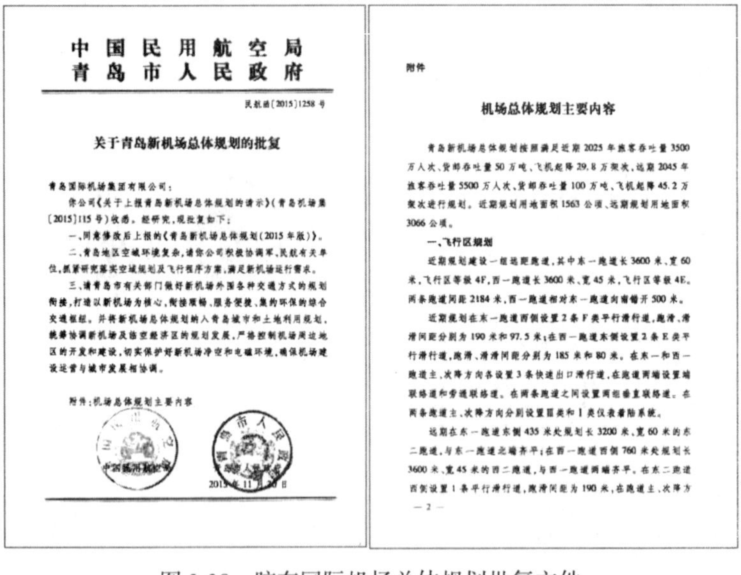

中国民用航空局
青岛市人民政府

民航函〔2015〕1258号

关于青岛新机场总体规划的批复

青岛国际机场集团有限公司：

你公司《关于上报青岛新机场总体规划的请示》（青岛机场集〔2015〕115号）收悉。经研究，现批复如下：

一、同意修改后上报的《青岛新机场总体规划（2015年版）》。

二、青岛地区空域环境复杂，请你公司积极协调军、民航有关单位，抓紧研究落实空域规划及飞行程序方案，满足新机场运行需求。

三、请青岛市有关部门做好新机场外围各种交通方式的规划衔接，打造以新机场为核心，衔接顺畅、服务便捷、集约环保的综合交通枢纽。并将新机场总体规划纳入青岛城市和土地利用规划，统筹协调新机场及临空经济区的规划发展，严格控制机场周边地区的开发和建设，切实保护好新机场净空和电磁环境，确保机场建设运营与城市发展相协调。

附件：机场总体规划主要内容

2015年11月30日

附件

机场总体规划主要内容

青岛新机场总体规划按照满足近期2025年旅客吞吐量3500万人次、货邮吞吐量50万吨、飞机起降29.8万架次，远期2045年旅客吞吐量5500万人次、货邮吞吐量100万吨、飞机起降45.2万架次进行规划。近期规划用地面积1563公顷、远期规划用地面积3066公顷。

一、飞行区规划

近期规划建设一组远距跑道，其中东一跑道长3600米、宽60米，飞行区等级4F，西一跑道长3600米、宽45米，飞行区等级4E。两条跑道间距2184米，西一跑道相对东一跑道向南错开500米。

近期规划在东一跑道西侧设置2条F类平行滑行道，跑滑、滑滑间距分别为190米和97.5米；在西一跑道东侧设置2条E类平行滑行道，跑滑、滑滑间距分别为185米和80米。在东一和西一跑道主、次降方向各设置3条快速出口滑行道，在跑道两端设置端联络道和旁通联络道。在两条跑道之间设置两组垂直联络道。在两条跑道主、次降方向分别设置Ⅲ类和Ⅰ类仪表着陆系统。

远期在东一跑道东侧435米处规划长3200米、宽60米的东二跑道，与东一跑道北端齐平；在西一跑道西侧760米处规划长3600米、宽45米的西二跑道，与西一跑道两端齐平。在东二跑道西侧设置1条平行滑行道，跑滑间距为190米，在跑道主、次降方

— 2 —

图 3-38　胶东国际机场总体规划批复文件

3.2.3.4　初步设计及概算批复

2015 年 12 月 4 日和 2016 年 9 月 26 日，民航华东地区管理局和青岛市人民政府分别联合以《关于青岛新机场工程初步设计（第一批）的批复》（民航华东函〔2015〕519 号）和《关于青岛新机场工程初步设计（第二批）及概算的批复》（民航华东函［2016］387 号），对项目的初步设计及概算进行批复（图 3-39）。

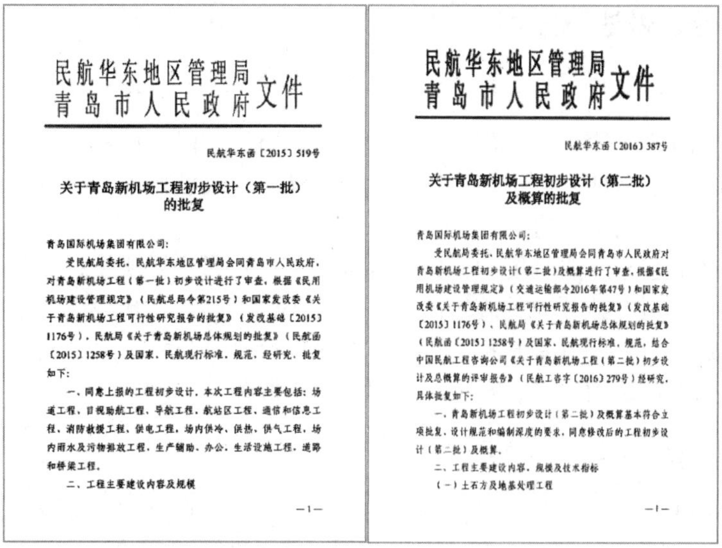

民航华东地区管理局
青岛市人民政府文件

民航华东函〔2015〕519号

关于青岛新机场工程初步设计（第一批）
的批复

青岛国际机场集团有限公司：

受民航局委托，民航华东地区管理局会同青岛市人民政府，对青岛新机场工程（第一批）初步设计进行了审查，根据《民用机场建设管理规定》（民航总局令第215号）和国家发改委《关于青岛新机场工程可行性研究报告的批复》（发改基础〔2015〕1176号），民航局《关于青岛新机场总体规划的批复》（民航函〔2015〕1258号）及国家、民航现行标准、规范，经研究，批复如下：

一、同意上报的工程初步设计，本次工程内容主要包括：场道工程、目视助航工程、导航工程、航站区工程、通信和信息工程、消防救援工程、供电工程，场内供冷、供热、供气工程，场内雨水及污物排放工程，生产辅助、办公、生活设施工程，道路和桥梁工程。

二、工程主要建设内容及规模

—1—

民航华东地区管理局
青岛市人民政府文件

民航华东函〔2016〕387号

关于青岛新机场工程初步设计（第二批）
及概算的批复

青岛国际机场集团有限公司：

受民航局委托，民航华东地区管理局会同青岛市人民政府对青岛新机场工程初步设计（第二批）及概算进行了审查，根据《民用机场建设管理规定》（交通运输部令2016年第47号）和国家发改委《关于青岛新机场工程可行性研究报告的批复》（发改基础〔2015〕1176号）、民航局《关于青岛新机场总体规划的批复》（民航函〔2015〕1258号）及国家、民航现行标准，规范，结合中国民航工程咨询公司《关于青岛新机场工程（第二批）初步设计及总概算的评审报告》（民航工咨字〔2016〕279号）经研究，具体批复如下：

一、青岛新机场工程初步设计（第二批）及概算基本符合立项批复、设计规范和编制深度的要求，同意修改后的工程初步设计（第二批）及概算。

二、工程主要建设内容，规模及技术指标

（一）土石方及地基处理工程

—1—

图 3-39　胶东国际机场初步设计及概算批复文件

3.2.3.5　用地预审

2015 年 5 月 12 日，国土资源部印发《关于新建胶东国际机场项目建设用地预审意见的复函》(国土资预审字〔2015〕95 号)，原则同意通过用地预审。

2016 年 5 月 31 日，胶州市规划局出具《青岛新机场航站区 T1 航站楼工程建设工程规划许可证》。

2016 年 11 月 18 日，胶州市规划局出具《青岛新机场工作区、航站区综合管廊工程建设工程规划许可证》(图 3-40)。

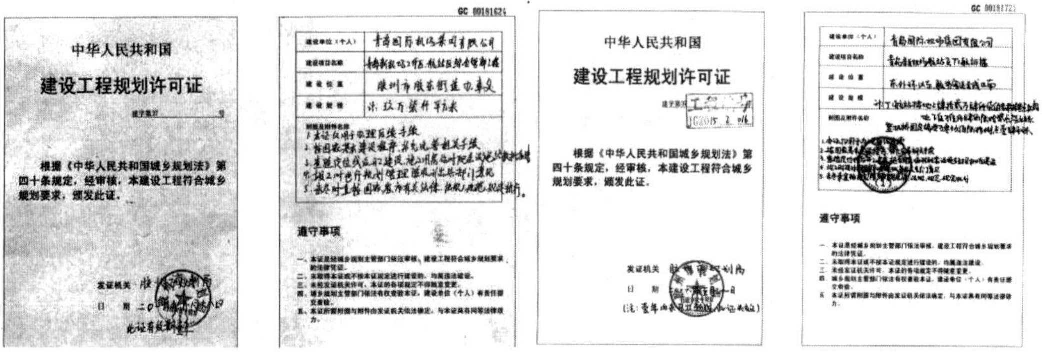

中华人民共和国

建设工程规划许可证

根据《中华人民共和国城乡规划法》第四十条规定，经审核，本建设工程符合城乡规划要求，颁发此证。

发证机关

日　期

GC 00181624

遵守事项

中华人民共和国

建设工程规划许可证

根据《中华人民共和国城乡规划法》第四十条规定，经审核，本建设工程符合城乡规划要求，颁发此证。

发证机关

日　期

遵守事项

图 3-40　胶东国际机场规划许可文件

3.2.4　项目进度

青岛新机场地下综合管廊工程共计 9 个试点项目，管廊内管线种类有热力、电力、通信、给水、燃气、再生水、污水等。截止到 2019 年 2 月 27 日，9 个项目全部完成廊体长度，累计建成廊体长度 18934m，土建完成总投资 115833.37 万元；目前管廊施工处于附属设施及管线安装阶段，管线累计入廊 190600m，投资 14591.53 万元。

3.2.5 创新思路、做法及方式

3.2.5.1 充分发挥总包建设管理经验，解决平面和立体交叉施工问题

工作区、航站区综合管廊平面布置比较分散，在施工平面上与相邻市政道路、房建项目、济青高铁、地铁 8 号线、碧水河、胶济铁路等相互交叉或影响；在管廊内部又涉及多管线和介质众多总包单位的交叉施工。

施工单位发挥总包组织管理能力，配备经验丰富的项目领导班子，在施工部署上应用最佳的施工技术，选用最有战斗力的施工队伍，投入先进的施工机械设备，安排合理的施工顺序，对工程施工进行科学的部署和精心组织，合理安排施工流程、工序搭接、密切配合相邻各方施工单位，以保证达到合格、安全、按期竣工的目标。

3.2.5.2 采用 BIM 技术辅助设计施工

施工前，采用 BIM 技术依靠计算机辅助制图手段，模拟管线排布情况，直观地反映出设计图纸的问题，有效解决了设备管线的位置冲突和标高打架等问题。利用 BIM 模型，组织可视化交底，保证机电安装工程的顺利进行（图 3-41 ～图 3-43）。

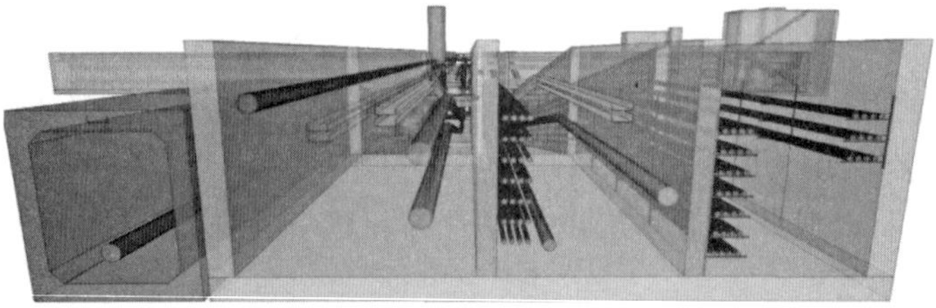

图 3-41　综合管廊断面 BIM 效果图

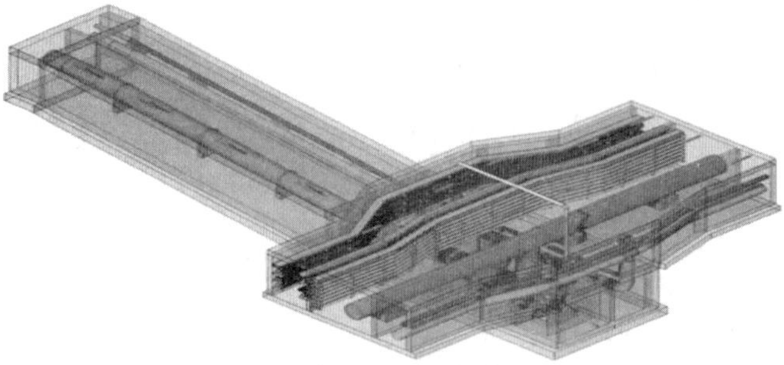

图 3-42　综合管廊交叉井及标准段 BIM 效果图

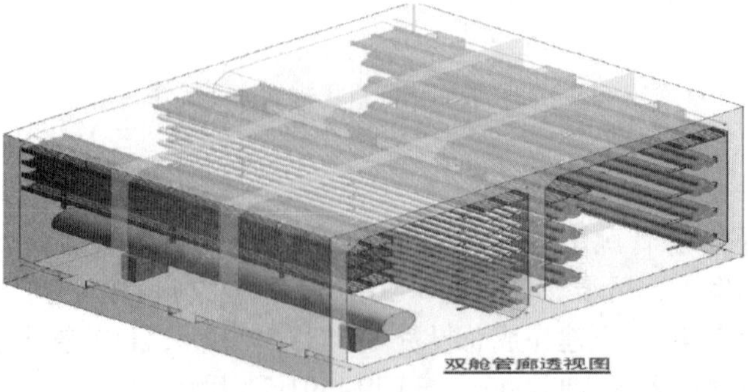

图 3-43　综合管廊管线布置 BIM 效果图

3.2.5.3　采用工厂化钢筋制作和成品钢筋成套配送技术

在钢筋加工制作方面，通过设置场外钢筋加工厂，采用数控钢筋加工机械进行钢筋定点加工，以及按需组织成品钢筋成套配送，有效地提高了钢筋加工效率和钢筋加工质量，从根本上杜绝了现场钢筋加工过程成本高、管理难的问题（图 3-44）。

3.2.5.4　采用“四新”技术和工艺，保障施工

在施工中，积极运用新技术、新工艺、新材料、新设备，不仅能在保证工程质量的前提下，加快施工进度，而且也能大大地降低施工成本。比如结构施工中采用快拆模板技术，加快模板的周转，缩短使用周期，大大降低了模板费用，加快施工进度，并且模板使用后回收价值高，低碳排放，实现文明环保施工。

在支架、托臂和管道安装中，制作开发专用运输工具和吊装定位专用工具，以保证准确定位，提高安装质量和安装效率。

图 3-44　数控钢筋加工机械进行钢筋加工

3.2.5.5　推行样板引路和首件制

关键工序或重要部位施工前，均要先做样板和首件，经各方认可后再大面积施工。

3.2.5.6　污水管道入廊

为避免出现因污水管廊坡度要求不断加深管廊埋深，新机场管廊设计多次与道路设计对接，做到管廊坡度尽可能与道路坡度一致，且保证道路最小坡度能够满足重力流污水管道最小坡度要求，基本做到污水管道与路面平行，使污水管道埋深保持一致，不至于压低下游污水管道埋深。入廊污水管道通过可调节吊架安装在管廊顶板上，能够根据需要灵活调整污水管道坡度，满足重力流污水排放要求。吊架每隔两米布置一组，保证污水管道不变形，管径尺寸总体控制在 DN500 以内。结合管道的检修要求，隔段距离设置外部检修井（图 3-45）。

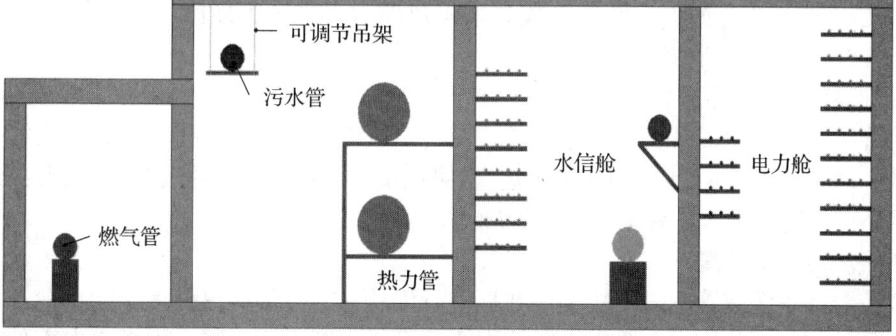

图 3-45　污水管道可调节支架示意图

3.2.5.7　燃气管道入廊

燃气管道易燃易爆，布置在管廊内，稍有不慎极易造成重大事故。为此，新机场入廊燃

气管线布置在独立舱室内，燃气舱室结构也独立设计，一旦发生意外时，尽可能减少对相邻舱室的影响，保障其他舱室安全。燃气舱室除满足规范要求的防爆、防恐设计外，新机场管廊特别要求燃气舱室内监控报警系统、照明系统以及控制系统等均采用阻燃材料，确保在发生意外时这些设施不能成为危险的“帮凶”。优化燃气舱室的监控报警及系统设计，结合通风系统，在燃气舱室内设置专门的泄压设施，一旦发生意外泄漏时，能够做到在最短时间内降低舱室内燃气密度，降低爆炸的概率。

3.3 青岛市地下综合管廊运维监管平台

3.3.1 项目基本情况

3.3.1.1 建设背景

为做好青岛市综合管廊试点建设工作，保障综合管廊的安全运维，项目单位提出建设统一的青岛市市级综合管廊运维监管平台项目，对各级综合管廊监控系统进行整合，对各级综合管廊运维工作进行考核，突出信息资源整合和自动智能监管等功能，全面实现“实时监测、联动处置、智能决策”的总体目标。项目建设有利于加强青岛市地下综合管廊入廊管线管理，提升管廊运维监管能力和应急联动效率，创新管理模式，保障管廊安全运行，充分发挥管廊效益。

3.3.1.2 项目概况

青岛市综合管廊运维监管平台包含：数据采集、数据汇聚、数据分析、运维管理、事故报警、应急指挥以及管廊监管系统等功能，实现对青岛市各区域综合管廊的统一监管指挥。市级平台对各区域监控平台的报警数据、运维数据等进行统一数据分析，形成各类统计结果和考核标准，并对各区域监控中心进行监管考核。

项目建设地点为青岛市市北区金华路 34 号青岛市政空间城市物业管理有限公司办公楼内，项目建设单位为青岛市政空间开发集团有限责任公司。项目建设投资约 1600 万元。

项目建设目标：

1. 采集数据全面融合

以整个市级平台为核心，通过对监控、报警、运营系统的建设，将 GIS 地理信息和环境信息以及安全防范信息与视频监控进行融合，建立统一的资源数据库，满足大数据的空间积累，实现各类业务数据的全面融合。

本次建设的市级管廊监管平台以数据采集及展示为主，黄岛区江山路管廊作为试点项目，需包含设备远程控制功能。

2. 管廊运维业务监管

监管管廊运维数据记录，通过分析各区域管廊运维情况进行量化考核，形成绩效考核标准及依据；对考核未达标的下发整改意见、限期整改；各分控中心能够及时查看并反馈，形成监管闭环。提高实际工作效率、降低管廊运营成本。

3. 统一应急指挥调度

市级平台将各区域管廊的事故事件数据进行汇总，实时掌握事件发生的事前、事中、事后进展情况。结合在分控中心及市级监控中心建设的视频会议系统，根据突发事件应急处置方案对抢险人员、物资进行统一调拨和集中指挥，将事件的危害性降到最低。

4. 提高信息安全等级

充分认识地下综合管廊的特殊属性，坚持安全第一的原则，在平台开发建设中落实相关安全保密要求；市级平台系统开发符合信息安全等级，采取技术手段规避安全风险；监管平台硬件符合信息安全和保密要求。

5. 指导管廊技术运维

项目通过编制《青岛市城市地下综合管廊运行维护技术导则》，对全市统一的综合管廊运行维护进行指导，实现运行维护技术的标准化、规范化，也为运行维护定额及运维费结算提供统一标准。

6. 突发事件管理精细化

城市地下综合管廊突发事件是应急处置过程中最为重要的环节，项目通过编制《青岛市城市地下综合管廊突发事件应急处置方案》，统一总控中心及区域分控中心的突发事件分类、分级和应急处置过程，以指导信息化软件的开发和应急处置过程的规范化，提高应急处置效率和人员安全性，降低财产损失。区域分控中心建设将依据此标准，对信息系统和规范化应急处置进行建设。

3.3.1.3　建设内容及规模

利用青岛市政空间城市物业管理有限公司现状办公楼，选址建设综合管廊监控应急指挥中心 1 处，并配套建设视频会议系统和视频监控平台；开发建设综合管廊运维监管平台 1 套，主要包括：综合展示系统、报警监控系统、运维管理系统、应急管理系统、考核监管系统、辅助应用系统和统计分析系统，并开发移动 App。

3.3.1.4　建设范围

1. 体系建设

本项目建设范围包括信息化建设体系、数据汇聚体系、运维标准体系、应急指挥体系。编制《青岛市城市地下综合管廊运行维护技术导则》以指导管廊综合运维，编制《青岛市城市地下综合管廊突发事件应急处置方案》，满足市级应急部门的要求。

2. 数据对接

项目建设范围包含对 8 个试点分控中心和 1 个已建成的分控中心的数据接入调试工作，具体包含：蓝色硅谷分控中心、李沧区安顺路分控中心、西海岸中德生态分控中心、西海岸海口路分控中心、西海岸江山路分控中心、董家口贡北路分控中心、高新区火炬路分控中心、青岛胶东国际机场分控中心、高新区智力岛路分控中心。

3. 指挥平台及基础工程建设

指挥平台及基础工程建设包含青岛市综合管廊运维监管平台（软件）、综合管廊监控应急指挥中心建设、指挥中心配套基础硬件设施等。因地下综合管廊的特殊属性，监管平台硬件及硬件设施需提高信息安全等级，采取技术手段规避安全风险；符合信息安全和保密要求。

本次建设的市级平台除黄岛区江山路管廊外原则上采用“只监不控”的权限划分，无各区域管廊的设备控制权限；黄岛地区、江山路管廊内的相关设备可在市级平台进行远程控制。

4. 后期拓展接口

项目同时应为在建或即将建设的各市级应急平台预留管廊应急事件、预警等各类数据的开放性接口。

3.3.2　总体方案

项目总体由一个平台、两级共享、四大体系、七大功能构成，力求制定一个既符合国家政策导向，又适合本地实际需求的市级平台建设规划（图 3-46）。

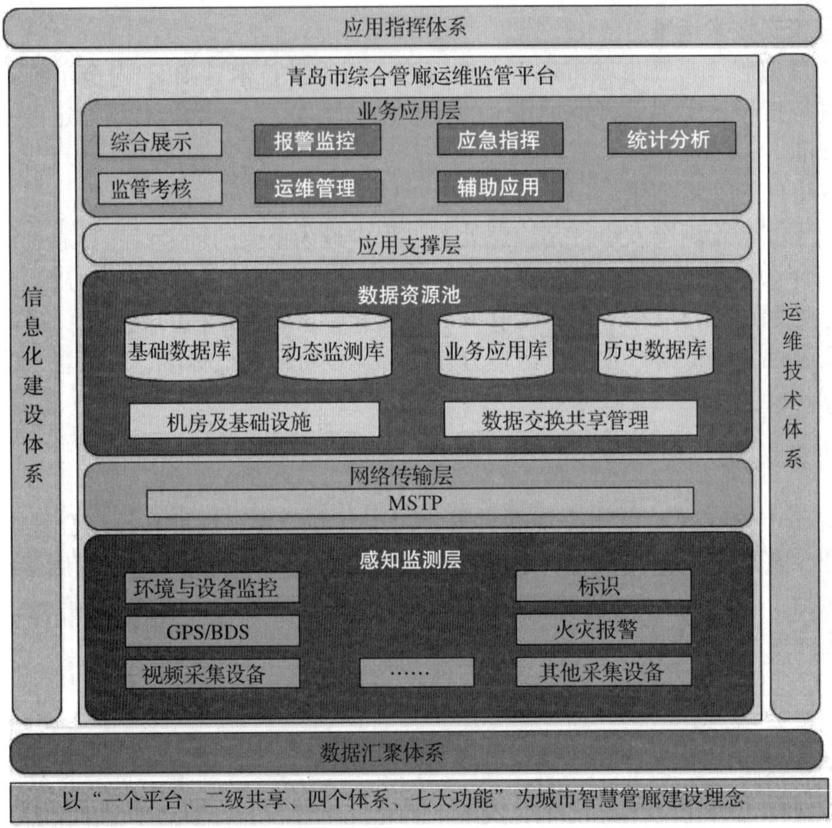

图 3-46　平台总体逻辑架构

3.3.2.1　一个平台

市级平台是智慧城市建设的重要应用成果和组成项目之一，由其完成数据共享、体系建设及系统功能的框架及覆盖。

3.3.2.2　两级共享

市级平台分别从全市管廊运维养护、应急指挥和监管考核的角度出发，实现了青岛市综合管廊的应用整合与融会贯通。既满足了市级监管人员对各区域综合管廊的日常运维业务掌控与考核，又可以使各区域综合管廊管理人员远程登录及时掌握市级平台对各自管廊运维分析数据及监管考核结果、贯彻上级部门下达的政策与任务等相关信息。实现了自上而下的综合管廊运营维护监管考核，从而提高青岛市综合管廊运维管理工作的安全性、可靠性和先进性。

3.3.2.3　四大体系

包括信息化建设体系、数据汇聚体系、运维标准体系、应急指挥体系。通过统一的标准化体系建设实现同一标准、同一流程、同一管理平台上协调运作，共享一体化、标准化的操作和流程。

1. 信息化建设体系：根据国家颁布的现行规范，制定各区域管廊监控子系统信息化建设的标准体系，明确各区域管廊分控中心信息化建设内容和建设标准、统一信息化标准。

2. 数据汇聚体系：实现实时监测数据、视频监控数据、业务应用数据三大数据汇聚。

3. 运维标准体系：编制全市统一的综合管廊运维技术导则，实现运维技术的标准化、规范化，也为运维定额及运维费结算提供统一标准。以青岛市综合管廊运维技术导则为标准，从管廊运维、设施养护、安全应急、入廊管线等多个方面，通过对汇聚数据的统计分析，对监控中的运维情况进行量化考核。

4. 应急指挥体系：建立一套完善的应急指挥体系，能够提高预防与应对突发事件能力，最大程度地减少突发事件造成的损害，保障公众生命财产安全。

3.3.2.4　七大功能模块

包括综合展示、报警监控、运维管理、监管考核、应急指挥、辅助应用、统计分析七大功能模块（图 3-47）。

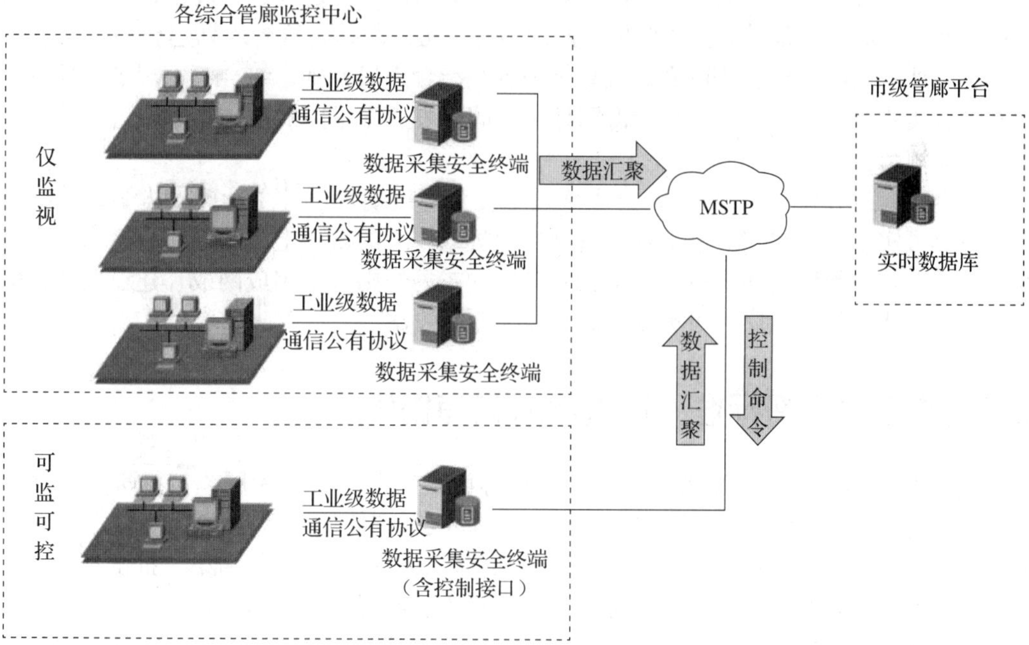

图 3-47　数据汇聚拓扑图

第 4 章　发展建议

为更加因地制宜、合理有序地推进青岛市的地下综合管廊建设工作，结合课题研究工作过程中发现的不足、学习的先进经验及住建部的最新推进意见，提出以下推荐建议。

4.1　兼顾老城、成网成片，系统布局、有序推进

目前国内多数城市和青岛市在管廊规划布局和项目实施上，主要是在行政新区或新的产

业园区范围内，开展"段落式"建设，"方便建"的理念胜于"需要建"的理念，老城区几乎未曾涉及，实际的应用效果较差，并且给管廊的后期运维管理造成困难。在实际的实施过程中，部分区市的管廊项目与《青岛市城市地下综合管廊专项规划》(2016—2030年）不一致。

建议：

（1）2019年启动管廊专项规划的修编工作，与拟调整的新版青岛市总体规划相结合，合理确定规划范围、规划年限及规划目标，将老城区纳入规划范围。按照《城市地下综合管廊建设规划技术导则》相关要求，完善规划内容，合理确定入廊管线，明确综合管廊配套设施、附属设施要求。加快推动详细规划编制，突出综合管廊区域性、组团性、系统性。

（2）充分考虑新区开发建设、道路建设、老旧管网改造、地下空间开发利用等，按照需求配置综合管廊，优化管廊规划布局和建设规模，形成"大中型综合管廊、小型综合管廊、微型管廊、缆线管廊"并存、布局合理的综合管廊供给结构，统筹考虑规划超前性、因地制宜性和经济合理性。如青岛临空经济区、青岛蓝谷等新区开发建设，青岛钢铁集团、青岛碱业公司等搬迁区域以及张村河上游两侧村庄改造等，可以与综合管廊规划建设相结合。

（3）与地下空间规划、轨道交通规划等内容相结合，研究确定综合管廊规划与地下空间开发相结合实施位置及可行性。如威海路地下空间开发、太平路隧道、李沧院士港等建设与综合管廊规划结合。

（4）全市管廊建设"一盘棋"，合理确定综合管廊近期建设计划及建设内容，使综合管廊规划更具可实施性。在完成地下综合管廊专项规划修编的基础上，制定综合管廊滚动建设计划，坚持"轴向敷设、环状布局、网状服务"的布局原则，采用成网成片建设模式，建成一片，使用一片，服务一片，切实发挥地下综合管廊效益。

4.2 尽快出台收费标准，让管线入廊有据可依

目前，作为第一批试点城市的厦门、海口等城市已发布有偿使用收费标准，并且截至2018年7月第一批试点项目验收考核时，厦门市共收取有偿使用费7212万元，落实运营维护资金3592.74万元；海口市已收取入廊费及运维费192.67万元。作为第二批试点城市的银川、成都等城市已发布有偿使用收费标准，广州市也已经提报市政府审议。一方面，青岛市在2018年的第二批试点项目绩效考核时，因未发布有偿收费标准的原因未能取得更加优异的成绩，目前试点期限即将结束，考核压力较大；另一方面，青岛市目前试点管廊项目已基本完成廊体建设，各类管线已陆续开展入廊管理，但未能形成有偿使用的价格机制，缺乏收费标准，确实在很大程度上阻碍了各类管线的入廊工作。

建议：在目前已完成《青岛市地下综合管廊有偿使用收费标准》课题研究论证和充分调研的情况下，在2019年上半年由市住建局、市发展改革委和市财政局联合出台青岛市的地下综合管廊有偿使用收费参考标准，试用期二年，为供需双方提供收费指导，并在入廊初期给予积极响应入廊的管线单位以优惠鼓励政策。待试用期结束后，根据实际入廊和运行维护工作情况对收费标准进行修正。

4.3 理顺建设管理模式，形成政府管理合力

目前，青岛市现行的管廊建管体制是"市级监管、区级实施、市政空间统一运维"，在推进管廊项目建设的过程中，出现了综合管廊建设的系统性不强、设计和审查标准不统一、

各区域建设积极性不易调动等问题，融资、建设、监督和运维管理的“主线”不够清晰直接。厦门、海口等同类城市在管廊的运营管理上，均建立了全市统一的“管廊公司”负责建设运营维护，并且均通过出台制度、理清职责，建立了运营考核、应急保障等运营管理制度体系。

建议： 结合青岛市目前综合管廊的建管体制现状，重新理顺建管模式，形成“市级监管建设、区级配合实施、管廊公司全程参与投资建设运维”的模式。市本级层面负责项目的建设审批、资金拨付、监督管理和建设实施，各区市政府和功能区管委等负责项目的资金配合和相关审批工作协调配合。在市级层面专门成立或由青岛市政空间开发集团有限责任公司重新组建“青岛市地下综合管廊投资发展有限公司”，全过程、专业化负责青岛市全市地下综合管廊的投资、建设、运营和管理工作。

4.4 探索融资模式创新，保证项目长足发展

青岛市地下综合管廊试点项目共计 21 个，总建设长度 49.54km，建设总投资 40.99 亿元。其中，采用纯政府投资模式项目 1 个，采用 PPP 模式项目 11 个，企业自筹项目 9 个。除企业自筹项目以外，实际一次性建设投资约 25.37 亿元，扣除可行性缺口补助费用后，在 PPP 合作期内，政府累计支出约 35.82 亿元，财政投资压力相对较大。

建议：

1. 由市财政局和市住建局等，共同探索“共建共治共享”模式，鼓励管线单位出资参与建设管廊，或者入股“青岛市地下综合管廊投资发展有限公司”，实行入廊管线单位“众筹”。参建管廊的管线单位，可以根据后续颁布的《青岛市地下综合管廊有偿使用收费标准》，在免除相应年度的入廊费和运维费的基础上，再给予适当年限的优惠，以此拓展资金渠道。

2. 由市公用事业中心探索地下综合管廊产权登记制度，将管廊资产注入管廊公司并办理产权证书，拓宽融资渠道，有效盘活管廊资产。

3. 设立“管廊基础建设资金”，并出台《青岛市综合管廊项目基础建设资金监督管理办法》，专项用于综合管廊项目建设和项目贷款还本付息。

4.5 加强设计施工技术创新，打造管廊建设“样板工程”

目前，青岛市的地下综合管廊建设广泛采用的是大开挖放坡支护和钢筋混凝土现浇技术，设计施工方面存在的变形缝渗漏、预埋槽道（预埋钢板）偏移和沉降移位等常规问题难以避免。

建议： 以政府指导意见的形式，由市住建局出台促进技术创新的相关政策，结合项目建设实际需求，加强新型技术的推广和应用。重点：在综合管廊等基础设施建设过程中全面推进 BIM 设计；在重要节点、附属设施等非常规异型结构推行 3D 打印技术；在地下工况条件复杂、穿越主要道路及众多地下管线以及对地面沉降控制要求较高的区域推行矩形盾构、浅埋暗挖等技术；推广综合管廊标准化、模块化做法，倡导预制拼装技术。